4　試験の免除

① 科目合格

国家試験で合格点を得た試験科目については、3年以内に実施されるその資格の国家試験を受ける場合は、その合格点を得た試験科目が免除されます。

② 資格を有する者

第一級総合無線通信士の資格を有する者は、「法規」の科目が免除されます。

伝送交換主任技術者の資格を有する者は、「無線工学の基礎」と「無線工学A」の科目が免除されます。

線路主任技術者の資格を有する者は、「無線工学の基礎」の科目が免除されます。

③ 業務経歴

第二級陸上無線技術士又は第一級総合無線通信士の資格を有する者で無線局（アマチュア局を除く。）の無線設備の操作に3年以上従事した業務経歴を有する者は、「無線工学の基礎」と「法規」の科目が免除されます。

④ 学校認定等の科目免除

総務大臣の認定を受けた大学を卒業した者が、3年以内に実施される国家試験を受験する場合は「無線工学の基礎」の科目が免除されます。

これらの免除の詳細については、協会のホームページを参照して受験申請をしてください。

5　最新の国家試験問題

最近行われた国家試験問題と解答は、協会のホームページからダウンロードすることができるので、前回出題された試験問題をチェックすることができます。また、受験した国家試験問題は持ち帰れるので、試験終了後に発表される協会のホームページの解答によって、自己採点することができます。

6　無線従事者免許の申請

国家試験に合格したときは、無線従事者免許を申請します。定められた様式の申請書、氏名及び生年月日を証する書類（住民票の写し等、ただし、申請書に住民票コード又は現に有する無線従事者免許の番号等を記載すれば添付しなくてもよい。）、写真が必要になります。書類は総務省（地方総合通信局）のホームページからダウンロードして印刷することができます。

2024-2025年版

一陸技

第一級陸上無線技術士試験

吉川先生の過去問 解答・解説集

吉川忠久・著

まえがき

無線従事者とは、「無線設備の操作又はその監督を行う者であって、総務大臣の免許を受けたもの」と電波法で定義されています。

無線従事者には、無線技術士、無線通信士、特殊無線技士、アマチュア無線技士の資格があります。第一級陸上無線技術士（一陸技）は、陸上に開設する放送局、航空局、固定局等の無線局の無線設備の操作又はその監督を行う無線従事者として必要な資格であり、陸上に開設したすべての無線局の無線設備の技術操作を行うことができる資格です。また、無線局の無線設備を国の検査に代わって点検や検査を実施しているのが登録検査等事業者です。登録検査等事業者の点検員や判定員として従事するときも無線従事者の資格が必要となります。無線従事者の免許を受けるためには国家試験に合格しなければなりません。

無線従事者の最高峰の資格である一陸技の国家試験科目は、「無線工学の基礎」、「無線工学 A」、「無線工学 B」、「法規」の 4 科目です。出題範囲は大学卒業レベルの内容なので、試験問題を解くには、かなりの専門的な知識が要求されます。そこで、本書は問題ごとに出題傾向やポイントとなる事項を掲載するだけでなく、計算問題は途中式をできるだけ省かず、計算のポイントや必要な数学の公式を掲載しています。

国家試験ではこれまでに出題された問題が繰り返し出題されていますので、本書では各科目の出題傾向と対策、出題された問題の分析をまとめた表を掲載しています。これを活用して、効率よく既出問題を解けるように学習することが、合格への近道です。

各科目の解説書として、「第一級陸上無線技術士試験　やさしく学ぶ」シリーズの改訂 3 版を 2022 年に発刊いたしました。本シリーズは、合格に必要な知識をやさしくていねいに解説していますので、合わせて学習することをおすすめいたします。

本書によって、効率よく国家試験に合格することのお役に立てれば幸いです。

2024 年 3 月

筆者しるす

無線工学の基礎

<出題の分野と問題数>

分　野	問題数
電気物理	5
電気回路	5
半導体・電子管	5
電子回路	5
電気磁気測定	5
合計	25

表は、この科目で出題される分野と各分野の標準的な問題数です。各分野の問題数は試験期によって増減することがありますが、合計の問題数は変わりません。

問題形式は、5肢択一式のA形式問題（1問5点）が20問、穴埋め補完式及び正誤式で五つの設問（1問1点で5点満点）で構成されたB形式問題が5問出題されます。

1問5点×25問の125点満点で75点（6割）以上が合格となります。

<学習のポイント>

一般に工業系の学校で学習する基礎専門科目です。各分野は異なった科目として学習するので範囲も広く内容も異なります。各分野からの出題数はほぼ同じなので、苦手な分野を避けて学習することも可能です。

既出問題が出題される周期は、各分野によって異なります。「電気物理」や「電気回路」は問題の種類も多く、既出問題が繰り返して出題される周期が長いのですが、「半導体・電子管」は同じような既出問題が短い周期で繰り返して出題されます。

出題傾向（無線工学の基礎）

1　各分野別の出題傾向

「電気物理」、「電気回路」の分野は計算問題や公式を答える問題が中心です。試験問題は、単に公式を答えるのではなく、公式を誘導する問題が多いので結果式を誘導する過程を正確に理解してください。

「半導体・電子管」の分野は半導体に関する電気現象（効果）、半導体の名称や特徴についての説明問題が多く出題されています。広範囲の内容が出題されていますが、既出問題が多いので、いままでに出題された内容を整理して学習するとよいでしょう。

「電子回路」に出題される増幅回路は、用いられる素子によって動作原理が異なりますので、違いを確認しながら学習してください。デジタル回路も頻繁に出題されますが、真理値表や計算式による方法などのいくつかの解き方で解答を見つけることができるので、分かりやすい方法で解いてください。この分野はB形式の正誤式問題がよく出題されます。

「電気磁気測定」の分野は計算問題と説明問題が半々くらいで構成されています。計算問題は「電気回路」の分野で出題される問題と類似している問題が多いので、電気回路の分野の問題も参考にして学習するとよいでしょう。

2　計算問題の対策

「電気物理」や「電気磁気測定」の計算問題では、単位が分かっていると誤った式を見分けることができます。単位に該当する量と選択肢の計算式において分母か分子かの組合せなどに注意してください。たとえば、磁界 H の単位は〔A/m〕ですから、電流 I〔A〕/ 距離 r〔m〕の関係となります。選択肢が

1　$H=I/(\sqrt{2}r)$〔A/m〕　　2　$H=I/\sqrt{r}$〔A/m〕

となっていれば、1が答えであることが分かります。

「電気回路」の回路の解き方は、手順を間違えるとなかなか解けない問題がありますので、手順を確認しながら学習してください。

「電気磁気測定」の分野は、計算式を誘導する途中の式が穴あきになっている問題が多く出題されていますので、その誘導過程を正確に覚えてください。

付録には令和3年7月期以前に出題された問題のうち、令和4年1月期から令和5年7月期に出題されていない問題を厳選して収録しています。

分野	項目	6年	5年				4年				3年				2年	
		1月	7月①	7月②	1月①	1月②	7月①	7月②	1月①	1月②	7月①	7月②	1月①	1月②	11月①	11月②
電気物理	球体の電界						A1						A1			
	電界中の電子の運動				A1						A1					
	磁界中の電子の運動											A1			B1	
	平行平板電極間の電子の運動			A1					A1				B1			
	二つの点電荷による電位差		A2											A2		
	二つの点電荷間の電荷を移動させる仕事量										A2					
	x 軸上の電界（電位）分布と電位差（電界）	A1				A2			A2						A2	
	平行無限長直線導体間の静電容量							A1								A1
	平行平板コンデンサの誘電率と静電容量		B1			A4				B1				A4		
	コンデンサ回路の条件	A4					A4						A4			
	コンデンサの絶縁破壊電圧				A3											
	平行平板電極間に働く力											A4				A3
	円形や直線状電流による磁界	B1	A1		A2		A2	B1	A3					A1	A3	
	無限長ソレノイドコイルの磁界					A1										
	三角形の無限長平行導線の電流による電磁力			B1						A3	B1					
	磁界中を正方形導線が移動したときの誘導起電力	A2				B1	B1		A4					B1		
	回転する方形コイルの起電力、周波数		A4	A2	B1			A2				B1	A2			
	金属円板に発生する過電流				A4						A3				A4	
	環状鉄心ソレノイドの自己インダクタンス、巻数			A3							A4					A2
	環状鉄心の磁気回路の磁束	A3	A3				A3					A3		A3		
	二つの異なる環状鉄心コイルに流れる電流							A3					A3			
	二つのコイルによる合成インダクタンス									A2						
	コイルに蓄えられるエネルギー								B1							
	L と C のエネルギーが等しいときの条件					A3		A4								
	正弦波交流の合成波形												B2			
	ひずみ波のフーリエ級数による展開									A1		A2			A1	

※白字は付録に収録している問題

分野	項目	6年	5年				4年				3年				2年	
		1月	7月①	7月②	1月①	1月②	7月①	7月②	1月①	1月②	7月①	7月②	1月①	1月②	11月①	11月②
電気回路	導線の抵抗値の測定値から温度を求める			A4						A4						A4
	多数の抵抗回路の合成抵抗	A5			A5	A5	A5		A5	A5				A5	A5	A5
	多数の抵抗回路の端子間電圧							A5					A5			
	テブナンの定理を用いた回路	B2								B2						
	ノートンの定理を用いた回路										A5					
	相反の定理の証明		A6													
	電池の直並列接続における最大出力電力			A5										A6		
	三角波、のこぎり波電圧の消費電力									A6						A8
	*RLC*直列共振回路の周波数特性		A7							A7				A7		
	*RLC*直列共振回路	A7		A7	A7	A7	A6	A6	A7		A7	A8	A6		A7	
	RL(*RC*)回路の伝達特性									A8					A8	
	*RLC*直並列回路の電流と電圧の位相の条件					A8										A6
	インピーダンスのベクトル軌跡				A8		A8		A6						A6	
	直流ブリッジ回路の抵抗値		A5									A5				
	交流ブリッジ回路の定数										A6					
	相互誘導結合回路のインピーダンス			A6									A7			
	逆回路の定数	A8						A8								
	四端子回路網の各定数			B2		B2	A7		B2			A7		A8		B2
	並列負荷の有効電力、皮相電力、力率	A6		A8		A6	B2	B2	A8		A8	A6	A8	B2	B2	
	インピーダンス回路に C を接続したときの力率と C		A8													
	交流回路の消費電力				A6											
	RL、*RC*、*RLC*回路の過渡現象		B2		B2			A7			B2					A7
半導体・電子管	半導体の導電率を表す式		A9						A9							
	半導体を流れる電流、電子の移動度	A9				A12	A9					A12		A9		
	半導体の雑音特性			A9				A9			A9				A9	
	ダイオードの等価回路と電圧、電流特性	A10	A10					A10			A10		A10			
	ダイオードの組合せ回路の電圧、電流特性			B3					B3					A10		B3

※白字は付録に収録している問題

分野	項目	6年	5年				4年				3年				2年	
		1月	7月①	7月②	1月①	1月②	7月①	7月②	1月①	1月②	7月①	7月②	1月①	1月②	11月①	11月②
半導体・電子管	トランジスタのコレクタ損失									A10						
	トランジスタの周波数特性								A10						A10	
	トランジスタの h-y パラメータの変換				A10											
	ダーリントン接続		A11									A11				
	トランジスタの熱抵抗と放熱板					A9										
	FET の図記号と伝達特性				A11											A11
	接合形 FET の特徴					A10					A12					
	MOS 形 FET の特徴	A12					A11		A11			A10		A11	A11	
	サイリスタの構造と特性	A11		A11		B3				A11	A11					
	CdS、ホトダイオード、ホトトランジスタ									A9						
	可変容量ダイオード				A9							A9				A9
	各種半導体と電子管の特性				A12		B3						B3		A12	
	ホール素子の動作原理							A11					A11			
	マイクロ波用電子管と半導体の特性		A12	A12		A11	A12		A12	A12	B3		A9			A12
	マグネトロンの動作原理				B3							B3			B3	
	進行波管（TWT）の動作原理	B3						B3						B3		
電子回路	トランジスタのバイアス回路	A13		A10			A10	A12			A13		A12	A12		A10
	エミッタ接地増幅回路の電圧増幅度				A13											A13
	エミッタフォロワ増幅回路のインピーダンス					A13						A13				
	エミッタフォロワ増幅回路の動作		A13						B4	A13						
	変成器を用いた A 級電力増幅回路の動作							B4					B4			
	SEPP 回路で消費される最大電力			A14			A14						A14			
	FET ソース接地増幅回路の増幅度					A14										
	FET ドレイン接地増幅回路の動作							A13	A13				A13		A14	
	FET カスコード回路			B4												
	FET 増幅回路のミラー効果		B3							B3						
	OP アンプを用いた増幅回路の動作	A14	A14			A15	A15	A15		A14		A14	A15	A14	A15	B4

※白字は付録に収録している問題

分野	項目	6年	5年				4年				3年				2年	
		1月	7月①	7月②	1月①	1月②	7月①	7月②	1月①	1月②	7月①	7月②	1月①	1月②	11月①	11月②
電子回路	負帰還増幅回路の高域遮断周波数													A15		
	トランジスタや FET 発振回路の発振条件	B4			B4		B4					B4			B4	
	移相形 RC 発振回路の動作		B4					A14		B4				B4		A14
	ブリッジ形 RC 発振回路の発振条件			A15					A14							
	ターマン RC 発振回路の発振条件					B4					B4					
	ラダー形 DA 変換回路の出力電圧				A14						A14					
	方形波パルスを入力した CR 回路の出力電圧		A15											A13		
	半波整流回路の出力電力											A16				
	半波倍電圧整流回路			A13	A15		A13		A15		A16				A13	A15
	クランプ回路の動作	A15								A15						
	論理回路と論理式			A16		A16				A16	A15			A16	A16	A16
	論理回路と真理値表				A16			A16	A16			A15	A16			
	一致回路の論理素子	A16														
	jk フリップフロップの動作		A16				A16									
電気磁気測定	SI 単位で物理量の表し方			A20			B5					B2		B5		B1
	各種指示計器の特徴		A17							A17					A17	
	電流計・電圧計による百分率誤差の大きさ					A18					A18					A18
	百分率誤差から内部抵抗を求める	A18	A18							A18						
	電流を測定したときの誤差率			A18	A17				A18							
	電力測定回路の百分率誤差						A17									
	抵抗の消費電力を求めるときの誤差率							A18					A18			
	直流電流・電圧計の内部抵抗	B5						B5				B5				
	摺動抵抗を用いた分流器									A20						A20
	複数の電圧計、電流計による測定			A17	A18	B5			A17		B5			A17		
	二つの回路による未知抵抗の測定												B5			
	可動コイル形計器による電力の測定											A18				
	整流形電流計												A17			

※白字は付録に収録している問題

分野	項目	6年	5年				4年				3年				2年	
		1月	7月①	7月②	1月①	1月②	7月①	7月②	1月①	1月②	7月①	7月②	1月①	1月②	11月①	11月②
電気磁気測定	電流計に半波整流電圧を加えたときの指示値	A17						A17								A17
	整流形電圧計による方形波電圧の測定						A18								A18	
	ひずみ波交流電流の測定				B5						A17					B5
	3電流計法による電力の測定										A19					
	3電圧計法による力率、電力の測定											A20	A20	A18		
	共振法によるコイルの分布容量の測定			A19		A17			A19			A17			A19	
	静電容量の測定		A19													
	Qメータによる測定	A20					A20									
	交流ブリッジ回路による R、L、Q、$\tan\delta$ の測定	A19		B5	A19			A20		B5		A19		A19		A19
	交流ブリッジ回路による R、C、$\tan\delta$ の測定														B5	
	交流ブリッジ平衡時の R と C の値					A19	A19						A19			
	ケルビンダブルブリッジ		B5						B5							
	板状絶縁物の体積抵抗率				A20						A20					
	二重積分形A-D変換回路					A20										
	リサジュー図形							A19		A19				A20		
	オシロスコープのプローブ回路		A20						A20						A20	

※白字は付録に収録している問題

無線工学の基礎（令和５年７月期①）

A－1 03(1②)

次の記述は、図１に示すような円形コイルＬの中心軸上の点Ｐの磁界の強さを求める過程について述べたものである。［　　］内に入れるべき字句の正しい組合せを下の番号から選べ。ただし、Ｌの円の半径を r〔m〕、Ｌに流す直流電流を I〔A〕、点ＰとＬの円の中心Ｏとの間の距離を a〔m〕とする。なお、同じ記号の［　　］内には、同じ字句が入るものとする。

(1) Ｌの微小部分の長さ dl〔m〕に流れる I によってＰに生じる磁界の強さ dH_P は、ビオ・サバールの法則によって、次式で表される。

$$dH_P = \{\boxed{\text{A}}\}\, dl \text{〔A/m〕}$$

また、dH_P の方向は、図２に示すように右ねじの法則に従い、dl とＰを結ぶ直線に対して直角な方向である。

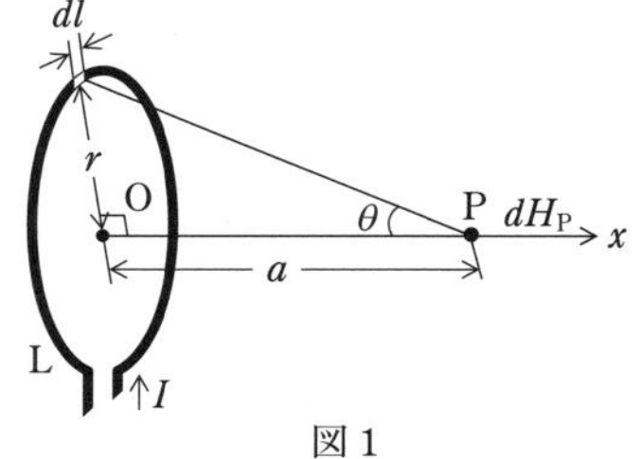

図１

(2) Ｌ全体に流れる電流で点Ｐに生じる磁界の強さ H は、dH_P を円周全体にわたって積分することにより求められる。図２に示すように、dH_P を x 軸方向成分 dH_{Px} と x 軸に直角な y 軸方向成分 dH_{Py} に分けると、dH_{Py} は積分すると０(零)になる。したがって、dH_{Px} を円周全体にわたって積分することで H が求められる。

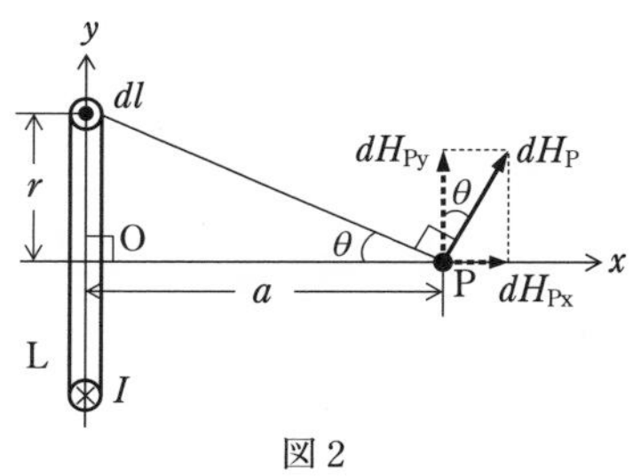

図２

(3) dH_{Px} は、次式で表される。

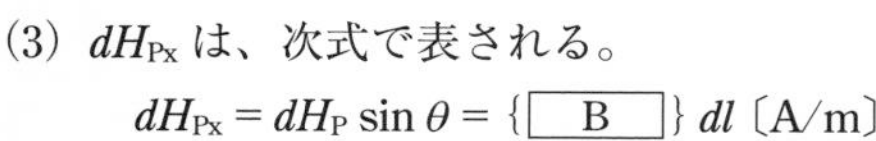

$$dH_{Px} = dH_P \sin\theta = \{\boxed{\text{B}}\}\, dl \text{〔A/m〕}$$

(4) したがって、H は次式で表される。

$$H = \int_0^{2\pi r} \{\boxed{\text{B}}\}\, dl = \boxed{\text{C}} \text{〔A/m〕}$$

	A	B	C
1	$\dfrac{I}{4\pi(a^2+r^2)^2}$	$\dfrac{Ir}{4\pi(a^2+r^2)^{1/2}}$	$\dfrac{Ir^2}{2(a^2+r^2)^{3/2}}$
2	$\dfrac{I}{4\pi(a^2+r^2)^2}$	$\dfrac{Ir}{4\pi(a^2+r^2)^{3/2}}$	$\dfrac{Ir^2}{4(a^2+r^2)^{3/2}}$
3	$\dfrac{I}{4\pi(a^2+r^2)}$	$\dfrac{Ir}{4\pi(a^2+r^2)^{1/2}}$	$\dfrac{Ir^2}{4(a^2+r^2)^{1/2}}$
4	$\dfrac{I}{4\pi(a^2+r^2)}$	$\dfrac{Ir}{4\pi(a^2+r^2)^{3/2}}$	$\dfrac{Ir^2}{2(a^2+r^2)^{3/2}}$
5	$\dfrac{I}{4\pi(a^2+r^2)}$	$\dfrac{Ir}{4\pi(a^2+r^2)^{3/2}}$	$\dfrac{Ir^2}{4(a^2+r^2)^{3/2}}$

解説 H は、微小部分 dl を円周全体にわたって積分すれば求めることができるので

$$H=\int_0^{2\pi r}\frac{Ir}{4\pi(a^2+r^2)^{3/2}}\,dl=\frac{Ir}{4\pi(a^2+r^2)^{3/2}}\int_0^{2\pi r}1\,dl$$

$$=\frac{Ir}{4\pi(a^2+r^2)^{3/2}}[l]_0^{2\pi r}=\frac{Ir}{4\pi(a^2+r^2)^{3/2}}(2\pi r-0)$$

$$=\frac{Ir^2}{2(a^2+r^2)^{3/2}}\text{〔A/m〕}$$

Point
$\sin\theta=\dfrac{r}{(a^2+r^2)^{1/2}}$
積分しないで、円周の $2\pi r$ を掛けてもよい

▶ **解答　4**

A－2　03(1②)

図に示すように、真空中で r〔m〕離れた点 a 及び b にそれぞれ点電荷 Q〔C〕($Q>0$) が置かれているとき、線分 ab の中点 c と、c から線分 ab に垂直方向に $\sqrt{3}\,r/2$〔m〕離れた点 d との電位差の値として、正しいものを下の番号から選べ。ただし、真空の誘電率を ε_0〔F/m〕とする。

1　$\dfrac{Q}{\pi\varepsilon_0 r}$〔V〕　2　$\dfrac{2Q}{\pi\varepsilon_0 r}$〔V〕　3　$\dfrac{Q}{2\pi\varepsilon_0 r}$〔V〕

4　$\dfrac{3Q}{2\pi\varepsilon_0 r}$〔V〕　5　$\dfrac{Q}{4\pi\varepsilon_0 r}$〔V〕

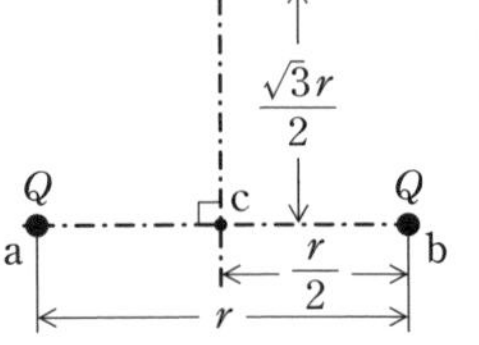

解説 $\overline{\mathrm{ad}}=\overline{\mathrm{bd}}$ の長さを求めると

$$\overline{\mathrm{ad}}=\sqrt{\left(\frac{r}{2}\right)^2+\left(\frac{\sqrt{3}\,r}{2}\right)^2}=\sqrt{\frac{r^2}{4}+\frac{3r^2}{4}}=r\text{〔m〕}$$

電位はスカラなので、二つの点電荷 Q〔C〕によって、r〔m〕離れた点 d に生じる電位 V_{d}〔V〕は一つの電荷による電位の２倍となるので

$$V_{\mathrm{d}}=2\times\frac{Q}{4\pi\varepsilon_0 r}=\frac{Q}{2\pi\varepsilon_0 r}\text{〔V〕}$$

二つの点電荷 Q〔C〕によって、$r/2$〔m〕離れた点 c に生じる電位 V_{c}〔V〕は

$$V_{\mathrm{c}}=2\times\frac{Q}{4\pi\varepsilon_0\dfrac{r}{2}}=\frac{Q}{\pi\varepsilon_0 r}\text{〔V〕}$$

Point
問題図から adb の作る三角形が正三角形であることが分かるので、$\overline{\mathrm{ad}}=r$〔m〕と求めることもできる

点 c と点 d との電位差 V_{cd}〔V〕は

$$V_{\mathrm{cd}}=V_{\mathrm{c}}-V_{\mathrm{d}}=\frac{Q}{\pi\varepsilon_0 r}-\frac{Q}{2\pi\varepsilon_0 r}=\frac{Q}{2\pi\varepsilon_0 r}\text{〔V〕}$$

▶ **解答　3**

出題傾向　電界を答える問題も出題されている。電界のときはベクトル和によって求める。

A－3 類 06(1) 類 04(7①) 03(7②) 類 03(1②)

図に示すような透磁率が μ〔H/m〕の鉄心で作られた磁気回路の磁路 ab の磁束 ϕ を表す式として、正しいものを下の番号から選べ。ただし、磁路の断面積はどこも S〔m^2〕であり、図に示す各磁路の長さ ab、cd、ef、ac、ae、bd、bf は l〔m〕で等しいものとし、磁気回路に漏れ磁束はないものとする。また、コイル C の巻数を N、C に流す直流電流を I〔A〕とする。

1 $\phi = \dfrac{2\mu NIS}{5l}$〔Wb〕　2 $\phi = \dfrac{2\mu N^2 IS}{5l}$〔Wb〕

3 $\phi = \dfrac{5\mu N^2 Il}{2S}$〔Wb〕　4 $\phi = \dfrac{5\mu NIS}{2l}$〔Wb〕

5 $\phi = \dfrac{5\mu NIl}{2S}$〔Wb〕

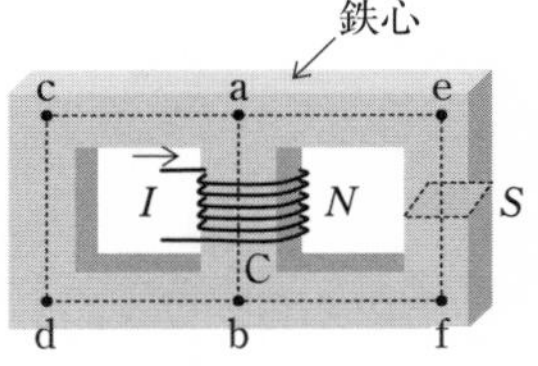

解説 コイルが巻かれた ab 間の磁気抵抗 R_m〔H^{-1}〕は、磁路の長さが l〔m〕なので

$$R_m = \frac{l}{\mu S}\ 〔\mathrm{H}^{-1}〕$$

ほかの区間は、長さが $3l$〔m〕の磁気抵抗として解説図のように表すことができるので、合成磁気抵抗 R_{m0}〔H^{-1}〕を求めると

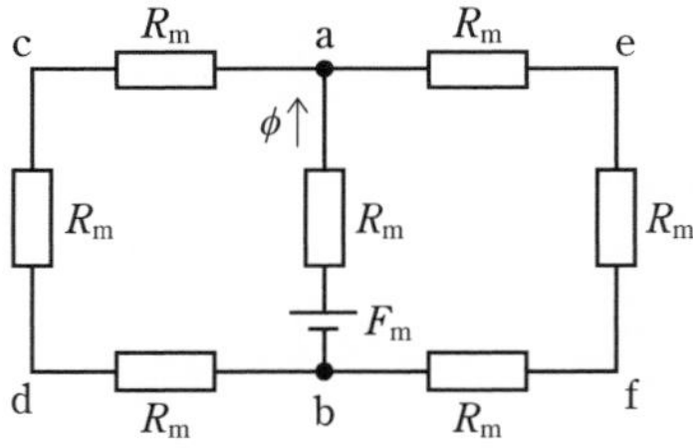

$$R_{m0} = R_m + \frac{3 \times R_m}{2} = \frac{5l}{2\mu S}\ 〔\mathrm{H}^{-1}〕$$

起磁力を $F_m = NI$〔A〕とすると、磁束 ϕ〔Wb〕は

$$\phi = \frac{F_m}{R_{m0}} = \frac{2\mu NIS}{5l}\ 〔\mathrm{Wb}〕$$

▶ **解答 1**

関連知識

電気回路では、抵抗率を ρ〔Ω･m〕、導電率を σ〔S/m〕とすると導体の抵抗 R〔Ω〕は

$$R = \rho\frac{l}{S} = \frac{l}{\sigma S}\ 〔\Omega〕$$

磁気回路の磁気抵抗 R_m〔H^{-1}〕は

$$R_m = \frac{l}{\mu S}\ 〔\mathrm{H}^{-1}〕$$

電気回路の起電力 E〔V〕は、磁気回路では起磁力 F_m〔A〕で表されるので

$F_m = NI$〔A〕

電気回路の電流 I〔A〕は、磁気回路では磁束 ϕ〔Wb〕で表され、オームの法則が成り立つ。

$$\phi = \frac{F_m}{R_m}\ 〔\mathrm{Wb}〕$$

A－4　類 04(7②)　21(7)

次の記述は、図に示すように、磁石Mの磁極間において巻数N、面積S〔m^2〕の長方形コイルLが、コイルの中心軸OPを中心として反時計方向に角速度ω〔rad/s〕で回転しているときの、Lに生ずる起電力について述べたものである。□内に入れるべき字句の正しい組合せを下の番号から選べ。ただし、磁極間の磁束密度B〔T〕は均一とし、Lの面がBと平行な状態から回転を始めるときの時間tを$t=0$〔s〕とする。また、OPは、Bの方向と直角とする。

(1) 任意の時間t〔s〕におけるLの磁束鎖交数ϕは、$\phi=$ [A]〔Wb〕で表される。

(2) Lに生ずる誘導起電力eは、ϕを用いて表すと、$e=-\dfrac{\boxed{\text{B}}}{dt}$〔V〕である。

(3) したがって、eは(1)及び(2)より、最大値が [C]〔V〕の交流電圧となる。

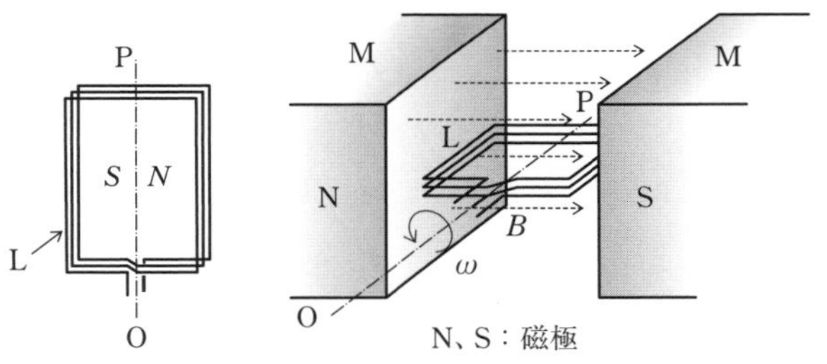

	A	B	C
1	$\dfrac{NB\sin\omega t}{S}$	$\omega d\phi$	$NBS\omega^2$
2	$\dfrac{NB\sin\omega t}{S}$	$d\phi$	$NBS\omega$
3	$NBS\sin\omega t$	$\omega d\phi$	$NBS\omega^2$
4	$NBS\sin\omega t$	$d\phi$	$NBS\omega^2$
5	$NBS\sin\omega t$	$d\phi$	$NBS\omega$

解説　問題図において、$\omega t=0$〔rad〕のときは磁束鎖交数は0〔Wb〕であり、$\omega t=\pi/2$〔rad〕のときに磁束鎖交数は最大の$\phi_m=NBS$〔Wb〕となる。Lの面がBと平行な状態から回転を始めるので、任意の時間t〔s〕の磁束鎖交数ϕは、$\phi=\phi_m\sin\omega t=NBS\sin\omega t$〔Wb〕で表される。

Lに生ずる誘導起電力e〔V〕は、次式で表される。

$$e = -\frac{d\phi}{dt} = -NBS\frac{d}{dt}\sin\omega t$$
$$= -NBS\omega\cos\omega t \text{〔V〕}$$

したがって、e は最大値が $NBS\omega$〔V〕の交流電圧となる。 ▶ **解答 5**

数学の公式

$y = f\{u(x)\}$ 関数を $f(x)$ とすると合成関数の微分

$$\frac{dy}{dx} = \frac{dy}{du} \cdot \frac{du}{dx}$$

$$\frac{d}{dt}\sin\omega t = \frac{d}{d(\omega t)}\sin(\omega t) \cdot \frac{d}{dt}\omega t = \omega\cos\omega t$$

A－5 03(7②)

次の記述は、図 1 に示すブリッジ回路によって、抵抗 R_X を求める過程について述べたものである。□内に入れるべき字句の正しい組合せを下の番号から選べ。ただし、回路は平衡しているものとする。

(1) 抵抗 R_1、R_2 及び R_3 の部分を、△-Y 変換した回路を図 2 とすると、図 2 の抵抗 R_a 及び R_b は、それぞれ R_a = [A]〔Ω〕、R_b = [B]〔Ω〕となる。

(2) 図 2 の回路が平衡しているので R_X は、R_X = [C]〔Ω〕となる。

	A	B	C
1	30	30	18
2	30	30	27
3	20	30	18
4	20	20	18
5	20	20	27

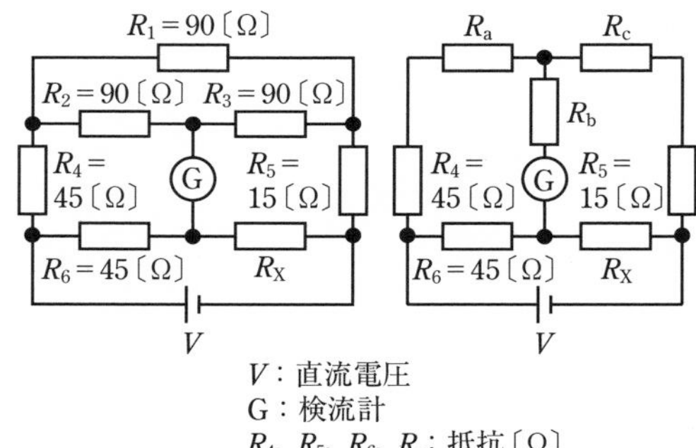

図 1　図 2

解説 問題図の変換する部分の回路を解説図に示す。解説図において、端子 c を切り離したとき、端子 ab 間の Δ 接続回路と Y 接続回路のそれぞれの合成抵抗より、次式が成り立つ。

$$R_a + R_b = \frac{R_2(R_1 + R_3)}{R_2 + R_1 + R_3} = \frac{90 \times (90 + 90)}{90 \times (1 + 1 + 1)} = \frac{180}{3} = 60 \quad \cdots (1)$$

端子 b を切り離したとき端子 ac 間より

$$R_a + R_c = \frac{R_1(R_3 + R_2)}{R_1 + R_3 + R_2} = \frac{90 \times (90 + 90)}{90 \times (1 + 1 + 1)} = \frac{180}{3} = 60 \quad \cdots (2)$$

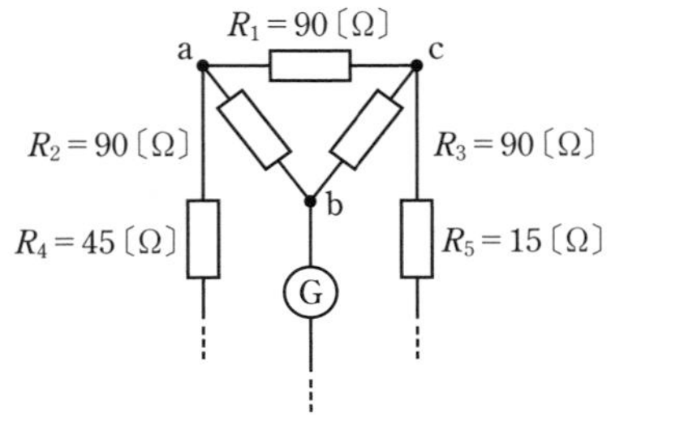

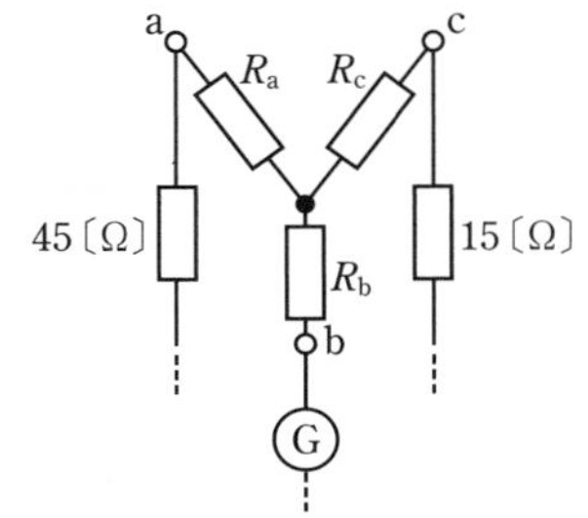

端子 a を切り離したとき端子 bc 間より

$$R_b + R_c = \frac{R_3(R_2 + R_1)}{R_3 + R_2 + R_1} = \frac{90 \times (90 + 90)}{90 \times (1 + 1 + 1)} = \frac{180}{3} = 60 \quad \cdots \ (3)$$

式 (1) + 式 (2) + 式 (3) − 2 × 式 (3) より

$$2R_a = 60 + 60 + 60 - 2 \times 60 = 60 \quad したがって \quad R_a = 30 〔\Omega〕$$

となる。また、三つの抵抗が同じ値 $R_1 = R_2 = R_3$ なので、$R_a = R_b = R_c = 30$〔Ω〕となる。

Point
$R_1 = R_2 = R_3$ のときは、$R_a = \dfrac{R_1}{3}$ より求めてもよい

ブリッジが平衡しているときは次式が成り立つ。

$$R_X = \frac{R_5 + R_c}{R_4 + R_a} \times R_6 = \frac{15 + R_c}{45 + R_a} \times 45 = \frac{45}{75} \times 45$$

$$= \frac{(9 \times 5)^2}{3 \times 5^2} = 27 〔\Omega〕$$

▶ **解答　2**

Δ-Y 変換の公式：問題図１の Δ 接続から図２の Y 接続への変換は次式で表される。

$$R_a = \frac{R_1 R_2}{R_1 + R_2 + R_3} 〔\Omega〕 \qquad R_b = \frac{R_2 R_3}{R_1 + R_2 + R_3} 〔\Omega〕 \qquad R_c = \frac{R_3 R_1}{R_1 + R_2 + R_3} 〔\Omega〕$$

A−6　　24(1)

次の記述は、相反の定理の証明について述べたものである。［　　］内に入れるべき字句の正しい組合せを下の番号から選べ。

(1) 図１に示す回路において、$\dot{Z}_1$ を流れる電流を $\dot{I}_{10}$ とすれば $\dot{I}_3$ は、$\dot{I}_3 = \dot{I}_{10} \times \dfrac{\boxed{\text{A}}}{\dot{Z}_2 + \dot{Z}_3}$〔A〕である。

(2) 図 2 に示す回路において、$\dot{Z}_1$ を流れる電流 $\dot{I}_1$ は、$\dot{I}_1 = \left\{\dot{V}/\left(\boxed{\text{B}} + \dfrac{\dot{Z}_1\dot{Z}_2}{\dot{Z}_1 + \dot{Z}_2}\right)\right\}$ $\times \dfrac{\dot{Z}_2}{\dot{Z}_1 + \dot{Z}_2}$〔A〕である。

(3) $\dot{I}_3$ 及び $\dot{I}_1$ を計算し $\dfrac{\dot{I}_3}{\dot{I}_1}$ を求めると、$\dfrac{\dot{I}_3}{\dot{I}_1} = \boxed{\text{C}}$ となり、相反の定理が成立する。

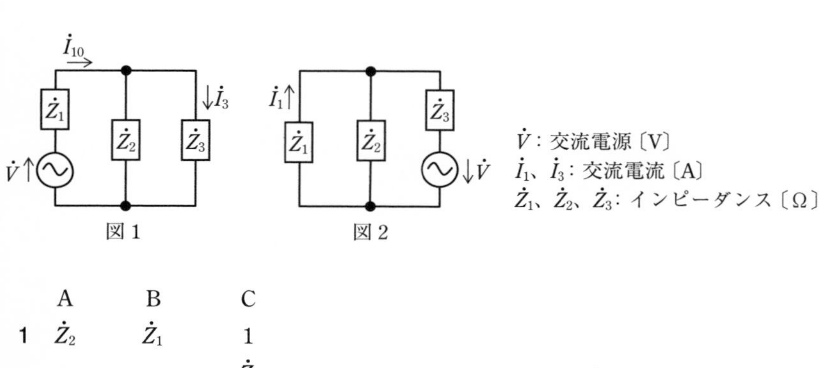

図 1　　図 2

	A	B	C
1	$\dot{Z}_2$	$\dot{Z}_1$	1
2	$\dot{Z}_2$	$\dot{Z}_1$	$\dfrac{\dot{Z}_1}{\dot{Z}_3}$
3	$\dot{Z}_2$	$\dot{Z}_3$	1
4	$\dot{Z}_3$	$\dot{Z}_1$	$\dfrac{\dot{Z}_1}{\dot{Z}_3}$
5	$\dot{Z}_3$	$\dot{Z}_3$	1

解説　(1) 問題図 1 の $\dot{Z}_2$ と $\dot{Z}_3$ の並列回路のインピーダンス $\dot{Z}_{23}$ は

$$\dot{Z}_{23} = \frac{\dot{Z}_2\dot{Z}_3}{\dot{Z}_2 + \dot{Z}_3} \quad \cdots (1)$$

$\dot{Z}_{23}$ の両端電圧を $\dot{V}_{23}$ とすると、電流 $\dot{I}_3$ は

$$\dot{I}_3 = \frac{\dot{V}_{23}}{\dot{Z}_3} = \frac{\dot{Z}_{23}\dot{I}_{10}}{\dot{Z}_3} = \dot{I}_{10} \times \frac{\dot{Z}_2}{\dot{Z}_2 + \dot{Z}_3}$$

$$= \frac{\dot{V}}{\dot{Z}_1 + \dfrac{\dot{Z}_2\dot{Z}_3}{\dot{Z}_2 + \dot{Z}_3}} \times \frac{\dot{Z}_2}{\dot{Z}_2 + \dot{Z}_3} = \frac{\dot{V}\dot{Z}_2}{\dot{Z}_1\dot{Z}_2 + \dot{Z}_2\dot{Z}_3 + \dot{Z}_3\dot{Z}_1} \quad \cdots (2)$$

Point
電流比は $\dfrac{\text{対辺の } \dot{Z}}{\dot{Z} \text{ の和}}$

(2) 問題図 2 の $\dot{Z}_3$ を流れる電流を $\dot{I}_{30}$ とすると、電流 $\dot{I}_1$ は

$$\dot{I}_1 = \dot{I}_{30} \times \frac{\dot{Z}_2}{\dot{Z}_1 + \dot{Z}_2} = \frac{\dot{V}}{\dot{Z}_3 + \dfrac{\dot{Z}_1\dot{Z}_2}{\dot{Z}_1 + \dot{Z}_2}} \times \frac{\dot{Z}_2}{\dot{Z}_1 + \dot{Z}_2}$$

$$= \frac{\dot{V}\dot{Z}_2}{\dot{Z}_1\dot{Z}_2 + \dot{Z}_2\dot{Z}_3 + \dot{Z}_3\dot{Z}_1} \quad \cdots (3)$$

(3) 式(2)÷式(3)より、$\dot{I}_3/\dot{I}_1 = 1$となり、相反の定理が成り立つ。

▶ **解答　3**

関連知識　相反の定理：4端子回路において、入力電圧$\dot{V}_1$を加えたときの出力短絡電流が$\dot{I}_2$であり、出力側に電圧$\dot{V}_2$を加えたときの出力短絡電流が$\dot{I}_1$であるとき、次式が成り立つ。

$$\frac{\dot{V}_1}{\dot{I}_2} = \frac{\dot{V}_2}{\dot{I}_1}$$

A－7　04(1②)

次の記述は、図に示す直列共振回路とその周波数特性について述べたものである。このうち誤っているものを下の番号から選べ。ただし、抵抗Rを10〔Ω〕、静電容量Cを0.001〔μF〕、自己インダクタンスをL〔H〕、交流電圧$\dot{V}$を10〔V〕、共振周波数f_0を100〔kHz〕とする。また、f_0における回路の電流をI_0〔A〕、$I_0/\sqrt{2}$〔A〕になる周波数をそれぞれf_1及びf_2〔Hz〕($f_1 < f_2$)とする。

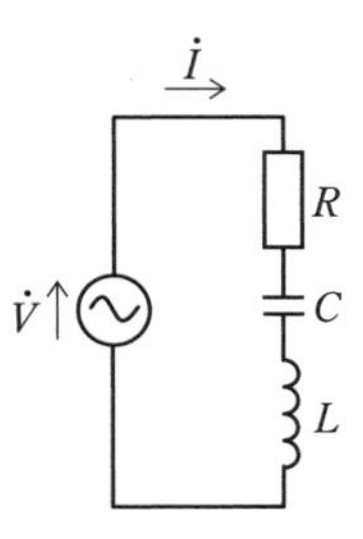

R：抵抗〔Ω〕
C：静電容量〔F〕
L：自己インダクタンス〔H〕

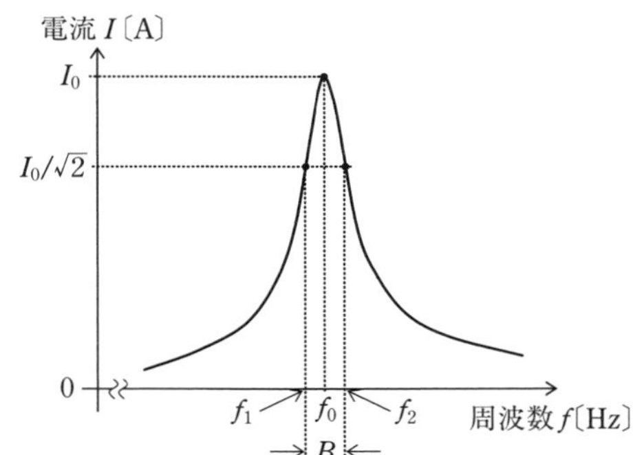

1　f_0のときにRで消費される電力は、10〔W〕である。
2　f_1のときにRで消費される電力は、20〔W〕である。
3　f_2のときに回路に流れる電流$\dot{I}$の位相は、$\dot{V}$よりも遅れる。
4　回路の尖鋭度Qは、$Q = 500/\pi$である。
5　帯域幅Bは、$B = f_2 - f_1 = 200\pi$〔Hz〕である。

解説

1　共振時はリアクタンスが 0〔Ω〕となるので、共振時の電流 I_0〔A〕は

$$I_0=\frac{V}{R}=\frac{10}{10}=1\,〔\mathrm{A}〕$$

電力 P〔W〕は

$$P=I_0^2R=1^2\times10=10\,〔\mathrm{W}〕$$

2　f_1 のときの電力 P_1〔W〕は

$$P_1=\left(\frac{I_0}{\sqrt{2}}\right)^2R=\frac{1^2}{2}\times10=5\,〔\mathrm{W}〕$$

よって，誤りである。

3　回路のインピーダンス $\dot{Z}$〔Ω〕と電流 $\dot{I}$〔A〕は

$$\dot{Z}=R+j\left(\omega_2L-\frac{1}{\omega_2C}\right)〔\Omega〕\quad\cdots(1)\qquad \dot{I}=\frac{\dot{V}}{\dot{Z}}〔\mathrm{A}〕\quad\cdots(2)$$

共振周波数 f_0 より高い f_2 のときに、式(1)の虚数部は + となるので、$\dot{I}=a-jb$ となり、$\dot{I}$ の位相は $\dot{V}$ よりも遅れる。

4　回路の Q は

$$Q=\frac{1}{\omega_0CR}=\frac{1}{2\pi f_0CR}=\frac{1}{2\pi\times100\times10^3\times0.001\times10^{-6}\times10}$$

$$=\frac{10^3}{2\pi}=\frac{500}{\pi}$$

Point
L が分かっているときは
$Q=\dfrac{\omega_0L}{R}$

5　帯域幅 B〔Hz〕は

$$B=f_2-f_1=\frac{f_0}{Q}=\frac{\pi}{500}\times100\times10^3=200\pi\,〔\mathrm{Hz}〕$$

▶ **解答　2**

出題傾向　共振回路の問題は頻繁に出題される。Q の求め方には回路定数から求める方法と、共振特性曲線から求める方法がある。

A－8　28(7)

図に示す回路において、スイッチ SW が断(OFF)のとき、回路に流れる電流 $\dot{I}$ の大きさが 2〔A〕で力率は 0.6 であった。次に SW を接(ON)にすると回路の力率が 0.8 になった。このときの静電容量 C の値として、正しいものを下の番号から選べ。ただし、交流電圧の角周波数 ω を 7×10^2〔rad/s〕とする。

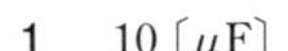

1　10〔μF〕
2　20〔μF〕
3　30〔μF〕
4　50〔μF〕
5　100〔μF〕

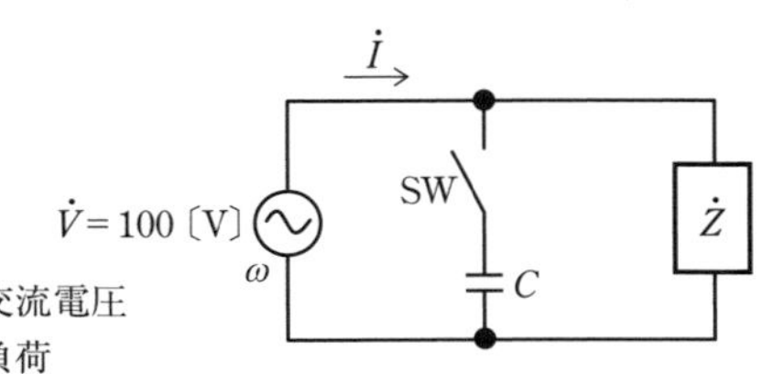

解説　SWが断（OFF）のとき、回路に流れる電流の大きさをI〔A〕とすると、力率$\cos\theta_1=0.6$なので、電流の実数部成分I_{e1}及び虚数部成分I_{q1}〔A〕は

$$I_{e1}=I\cos\theta_1=2\times0.6=1.2\text{〔A〕}\quad\cdots(1)$$

$$I_{q1}=I\sin\theta_1=2\times\sqrt{1-0.6^2}=2\times0.8=1.6\text{〔A〕}\quad\cdots(2)$$

SWを接（ON）にすると、電流の虚数部成分I_{q2}はコンデンサにI_Cの電流が流れるので減少するが、実数部成分I_{e2}は変化しないので、$I_{e2}=I_{e1}$となる。回路に流れる電流の大きさをI_2〔A〕とすると力率$\cos\theta_2$は

$$\cos\theta_2=\frac{I_{e2}}{I_2}=\frac{I_{e1}}{I_2}\quad\cdots(3)$$

Point
直角三角形の比
3：4：5
を覚えておくと
計算が楽

ここで

$$I_2=\sqrt{(I_{q1}-I_C)^2+I_{e1}{}^2}=\sqrt{(1.6-I_C)^2+1.2^2}\text{〔A〕}\quad\cdots(4)$$

式(3)に式(1)、式(4)を代入すると

$$0.8=\frac{1.2}{\sqrt{(1.6-I_C)^2+1.2^2}}$$

$$(1.6-I_C)^2+1.2^2=\frac{1.2^2}{0.8^2}$$

$$(1.6-I_C)^2=2.25-1.44=0.81=0.9^2\quad\text{したがって}\quad I_C=0.7\text{〔A〕}$$

コンデンサのリアクタンスを$X_C=1/(\omega C)$とすると、次式が成り立つ。

$$I_C=\frac{V}{X_C}=\omega CV$$

よって

$$C=\frac{I_C}{\omega V}=\frac{0.7}{7\times10^2\times100}=\frac{0.7}{7}\times10^{-4}=10\times10^{-6}\text{〔F〕}=10\text{〔μF〕}$$

▶ **解答　1**

A－9　　04(1①)

電子密度及びホール（正孔）密度がそれぞれn〔1/m³〕及びp〔1/m³〕である半導体の導電率σを表す式として、正しいものを下の番号から選べ。ただし、電子及びホールの移動速度は、半導体内部の電界に比例するものとし、移動度をそれぞれμ_n〔m²/(V·s)〕及びμ_p〔m²/(V·s)〕とする。また、電子の電荷の値をq〔C〕とする。

1　$\sigma = q\{(n\mu_n)^2 + (p\mu_p)^2\}$〔S/m〕
2　$\sigma = q(n+p)(\mu_n + \mu_p)$〔S/m〕
3　$\sigma = q/(n^2\mu_n + p^2\mu_p)$〔S/m〕
4　$\sigma = q(n\mu_n + p\mu_p)$〔S/m〕
5　$\sigma = q(p\mu_n + n\mu_p)$〔S/m〕

解説　半導体の電気伝導は、電子とホール（正孔）によって行われる。ここで、電子の移動速度を v_n〔m/s〕，半導体内部の電界の強さを E〔V/m〕、電子の電荷を q〔C〕、電子密度を n〔1/m³〕とすると、半導体内の電子の電流密度 J_n〔A/m²〕は

$$J_n = qnv_n = qn\mu_n E \text{〔A/m}^2\text{〕} \quad \cdots (1)$$

電子による導電率を σ_n〔S/m〕とすると

$$J_n = \sigma_n E \text{〔A/m}^2\text{〕} \quad \cdots (2)$$

式(1)と式(2)より、σ_n は

$$\sigma_n = qn\mu_n \text{〔S/m〕} \quad \cdots (3)$$

ホールも同様に考えて、半導体の電子およびホールの移動度を μ_n、μ_p、密度を n、p とすると、式(3)より導電率 σ は

$$\sigma = q(n\mu_n + p\mu_p) \text{〔S/m〕}$$

真性半導体では、$n = p$ となる。

▶ 解答　4

A－10　類 06(1)　類 04(7②)　22(1)

次の記述は、図1に示すダイオードDを用いた回路の電流 I_D 及びDの両端の電圧 V_D を求める方法について述べたものである。□内に入れるべき字句の正しい組合せを下の番号から選べ。ただし、Dの順方向特性は、図2に示すものとする。

(1) Dの順方向特性は、$V_D \geqq 0.6$〔V〕のとき、$I_D = \dfrac{V_D}{2} - \boxed{\text{A}}$〔A〕で表される。

(2) (1)及びキルヒホッフの法則により、I_D は $\boxed{\text{B}}$〔A〕、V_D は $\boxed{\text{C}}$〔V〕となる。

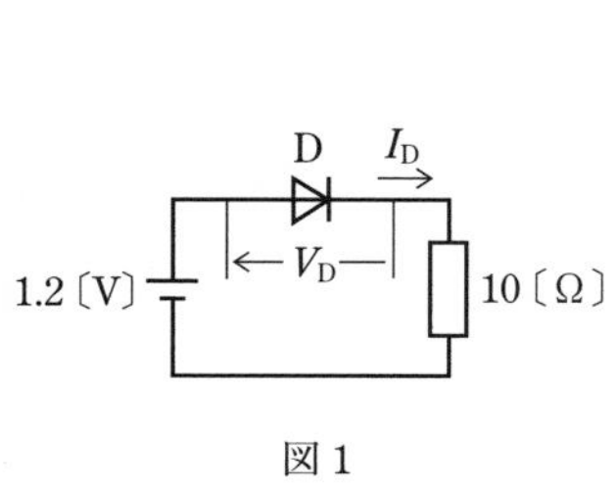

図1

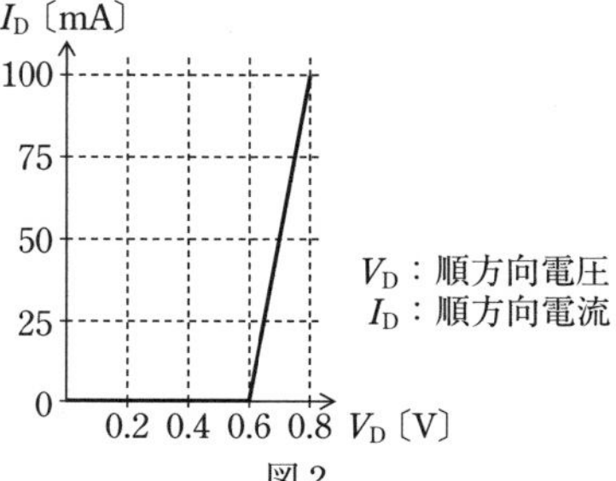

図2

	A	B	C
1	0.3	0.05	0.7
2	0.3	0.07	0.7
3	0.3	0.07	0.8
4	0.2	0.05	0.7
5	0.2	0.07	0.8

解説　ダイオードの特性曲線の変化は直線なので、問題図２の $V_D \geqq 0.6$〔V〕の電流 I_D を表す式は

$$I_D = (V_D - 0.6) \times \frac{100 \times 10^{-3}}{0.8 - 0.6} = V_D \times \frac{0.1}{0.2} - 0.6 \times \frac{0.1}{0.2} = \frac{V_D}{2} - 0.3 \text{〔A〕} \quad \cdots (1)$$

閉回路より次式が成り立つ。

$$V_D + R\,I_D = V$$

$$V_D + 10I_D = 1.2 \quad \text{よって} \quad V_D = 1.2 - 10I_D \text{〔V〕} \quad \cdots (2)$$

式(2)を式(1)に代入すると

$$I_D = \frac{1.2 - 10I_D}{2} - 0.3$$

$$6I_D = 0.6 - 0.3 \quad \text{よって} \quad I_D = \frac{0.3}{6} = 0.05 \text{〔A〕} \quad \cdots (3)$$

式(3)を式(2)に代入すると

$$V_D = 1.2 - 10 \times 0.05 = 0.7 \text{〔V〕}$$

▶ **解答　1**

関連知識　V_D の横軸が電源電圧の 1.2〔V〕まであれば、$V_D = 0$〔V〕のときの電流 $V_D/R = 0.12$〔A〕＝120〔mA〕と 1.2〔V〕を結ぶ負荷線を引くと、ダイオードの特性曲線との交点がダイオードの動作点を表す。

A－11　03(7②)

図に示すように、二つのトランジスタ Tr_1 及び Tr_2 で構成した回路の電流増幅率 $A_i = I_o/I_i$ 及び入力抵抗 $R_i = V_i/I_i$ の値の組合せとして、最も近いものを下の番号から選べ。ただし、Tr_1 及び Tr_2 の h 定数は表の値とし、h_{re} 及び h_{oe}〔S〕は無視するものとする。

無線工学の基礎　無線工学A　無線工学B　法規

h 定数の名称	記号	Tr_1	Tr_2
入力インピーダンス	h_{ie}	3〔kΩ〕	2〔kΩ〕
電流増幅率	h_{fe}	120	50

	A_i	R_i
1	3,370	245〔kΩ〕
2	4,150	285〔kΩ〕
3	4,150	245〔kΩ〕
4	6,170	285〔kΩ〕
5	6,170	245〔kΩ〕

V_i ：入力電圧〔V〕
I_i ：入力電流〔A〕
I_o ：出力電流〔A〕

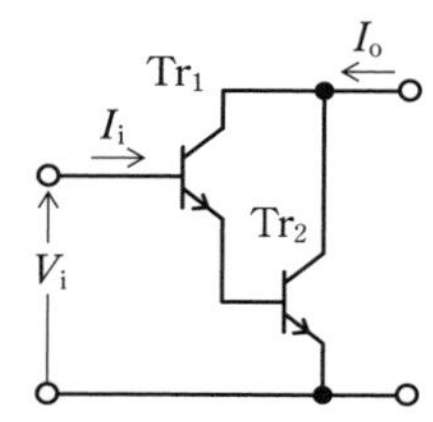

解説 等価回路は解説図のようになる。入力電圧 V_i は、図より

$$V_i = h_{ie1} I_{b1} + h_{ie2} I_{b2} = h_{ie1} I_{b1} + h_{ie2} (I_{b1} + h_{fe1} I_{b1}) \quad \cdots (1)$$

出力電流 I_o は

$$I_o = h_{fe1} I_{b1} + h_{fe2} I_{b2} = h_{fe1} I_{b1} + h_{fe2} (I_{b1} + h_{fe1} I_{b1}) \quad \cdots (2)$$

式(2)より、電流増幅率 A_i は

$$A_i = \frac{I_o}{I_{b1}} = h_{fe1} + h_{fe2} + h_{fe1} h_{fe2} = 120 + 50 + 120 \times 50 = 6{,}170$$

式(1)より、入力抵抗 R_i〔kΩ〕は

$$R_i = \frac{V_i}{I_{b1}} = h_{ie1} + h_{ie2} + h_{fe1} h_{ie2} = 3 + 2 + 120 \times 2 = 245 \text{〔kΩ〕}$$

〔kΩ〕のまま計算してもよい

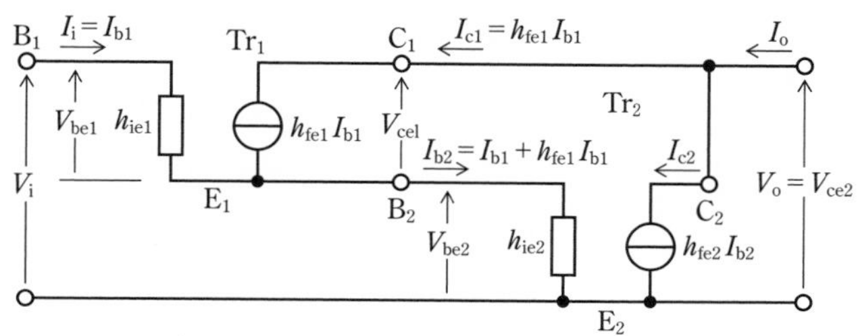

▶ **解答 5**

A－12 04(1②) 02(11②)

次の記述は、マイクロ波やミリ波帯の回路に用いられる電子管及び半導体素子について述べたものである。□内に入れるべき字句の正しい組合せを下の番号から選べ。

(1) インパットダイオードは、PN 接合のなだれ現象とキャリアの［ A ］により発振する。

(2) トンネルダイオードは、PN 接合に［ B ］を加えたときの負性抵抗特性を利用し発振する。

(3) 進行波管は、界磁コイル内に置かれた［ C ］の作用を利用し、広帯域の増幅が可能である。

	A	B	C
1	走行時間効果	逆方向電圧	空洞共振器
2	走行時間効果	順方向電圧	空洞共振器
3	走行時間効果	順方向電圧	ら旋遅延回路
4	トムソン効果	逆方向電圧	ら旋遅延回路
5	トムソン効果	順方向電圧	空洞共振器

▶ **解答　3**

出題傾向　マイクロ波の電子管は、マグネトロン、進行波管、クライストロンが出題される。

A－13

04(1②)

次の記述は、図に示すトランジスタ (Tr) 増幅回路について述べたものである。［　　］内に入れるべき最も近い値の組合せを下の番号から選べ。ただし、Tr の h 定数のうち入力インピーダンス h_{ie} を 2〔kΩ〕、電流増幅率 h_{fe} を 100 とする。また、入力電圧 V_i〔V〕の信号源の内部抵抗を 0 (零) とし、静電容量 C_1、C_2〔F〕及び抵抗 R_1〔Ω〕の影響は無視するものとする。

(1) 端子 ab から見た入力インピーダンスは、約［ A ］〔kΩ〕である。

(2) 端子 cd から見た出力インピーダンスは、約［ B ］〔Ω〕である。

(3) 電圧増幅度 V_o/V_i は、約［ C ］である。

	A	B	C
1	200	10	10
2	200	20	1
3	300	10	1
4	300	20	10
5	600	10	1

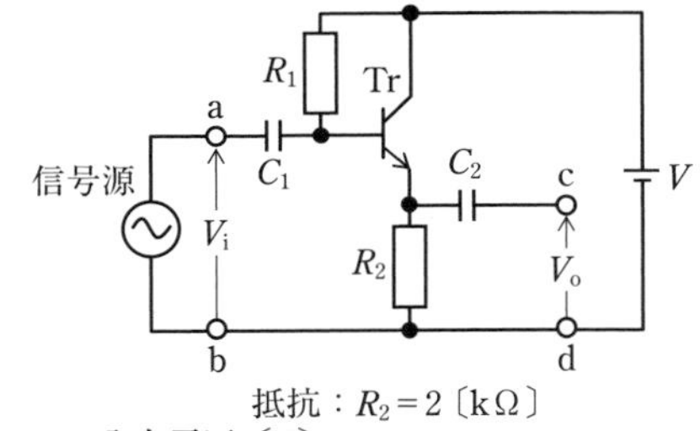

抵抗：$R_2 = 2$〔kΩ〕
V_i：入力電圧〔V〕
V_o：出力電圧〔V〕
V：直流電源電圧〔V〕

解説 R_2 に流れる電流は、ベース電流 I_B〔A〕とコレクタ電流 $I_C = h_{fe} I_B$〔A〕の和となるので、入力電圧 V_i〔V〕は

$$V_i = h_{ie} I_B + R_2 (I_B + h_{fe} I_B) = h_{ie} I_B + R_2 (1 + h_{fe}) I_B \text{〔V〕} \quad \cdots (1)$$

式(1)より、インピーダンス Z_i〔Ω〕は

$$Z_i = \frac{V_i}{I_B} = h_{ie} + R_2 (1 + h_{fe}) \text{〔Ω〕}$$

$h_{fe} \gg 1$、$h_{ie} \ll R_2 (1 + h_{fe})$ なので

$$Z_i \fallingdotseq R_2 h_{fe} = 2 \times 10^3 \times 100 = 200 \times 10^3 \text{〔Ω〕} = 200 \text{〔kΩ〕}$$

出力を短絡したときに流れる電流 i_o〔A〕は

$$i_o \fallingdotseq (1 + h_{fe}) \times \frac{V_i}{h_{ie}} \text{〔A〕} \quad \cdots (2)$$

式(1)より

$$I_B = \frac{V_i}{h_{ie} + R_2 (1 + h_{fe})} \text{〔A〕} \quad \cdots (3)$$

出力を開放したときの電圧 V_o〔V〕は

$$V_o \fallingdotseq (1 + h_{fe}) I_B R_2 \text{〔V〕} \quad \cdots (4)$$

出力インピーダンス Z_o〔Ω〕は、式(4)の V_o と式(2)の i_o に式(3)を用いると

$$Z_o = \frac{V_o}{i_o} = \frac{(1 + h_{fe}) I_B R_2}{(1 + h_{fe}) \times \dfrac{V_i}{h_{ie}}} = \frac{I_B R_2 h_{ie}}{V_i}$$

$$= \frac{V_i}{h_{ie} + R_2 (1 + h_{fe})} \times \frac{R_2 h_{ie}}{V_i}$$

$$\fallingdotseq \frac{R_2 h_{ie}}{R_2 (1 + h_{fe})} \fallingdotseq \frac{h_{ie}}{h_{fe}} = \frac{2 \times 10^3}{100} = 20 \text{〔Ω〕}$$

Point
式の誘導が難しいので
$Z_o \fallingdotseq \dfrac{h_{ie}}{h_{fe}}$
を覚えておこう

式(1)より $V_i \fallingdotseq R_2 (1 + h_{fe}) I_B$、式(4)より $V_o \fallingdotseq (1 + h_{fe}) I_B R_2$ なので、$V_o/V_i \fallingdotseq 1$ となる。

▶ **解答 2**

A－14 類 04(1②) 03(1①)

図1に示す回路と図2に示す回路の伝達関数($\dot{V}_o/\dot{V}_i$)が等しいとき、自己インダクタンス L の値として、正しいものを下の番号から選べ。ただし、A_{OP} は理想的な演算増幅器とする。

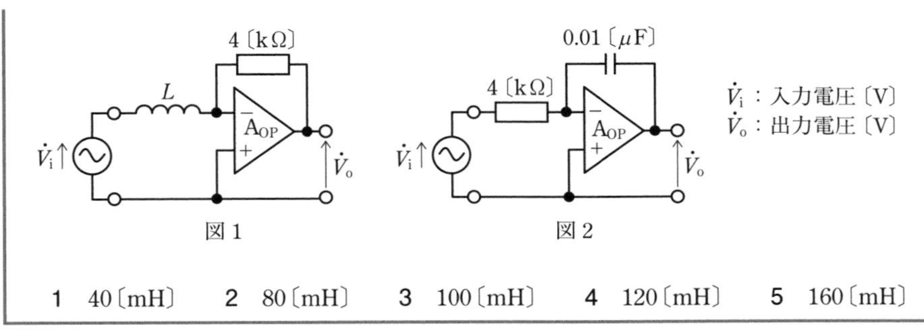

１　40〔mH〕　２　80〔mH〕　３　100〔mH〕　４　120〔mH〕　５　160〔mH〕

解説　入力が－端子の反転増幅回路なので、インダクタンス L〔H〕と抵抗 R〔Ω〕で構成された問題図１の増幅回路の電圧増幅度 $\dot{A}_1$ は

$$\dot{A}_1 = \frac{\dot{V}_o}{\dot{V}_i} = -\frac{R}{j\omega L} \quad \cdots \ (1)$$

抵抗 R〔Ω〕と静電容量 C〔F〕で構成された問題図２の増幅回路の電圧増幅度 $\dot{A}_2$ は

$$\dot{A}_2 = \frac{\dot{V}_o}{\dot{V}_i} = -\frac{\dfrac{1}{j\omega C}}{R} = -\frac{1}{j\omega CR} \quad \cdots \ (2)$$

伝達関数が等しい条件より、式(1)＝式(2)とすると

$$\frac{R}{L} = \frac{1}{CR} \quad よって \quad L = CR^2 \quad \cdots \ (3)$$

式(3)に題意の数値を代入して自己インダクタンス L を求めると

$$L = CR^2 = 0.01 \times 10^{-6} \times (4 \times 10^3)^2 = 0.16〔H〕= 160〔mH〕$$

Point
反転増幅回路の入力回路のインピーダンスを $\dot{Z}_1$、帰還回路のインピーダンスを $\dot{Z}_2$ とすると増幅度 $\dot{A}$ は

$$\dot{A} = -\frac{\dot{Z}_2}{\dot{Z}_1}$$

▶ **解答　５**

出題傾向　記号式を求める問題も出題されている。

A－15　25(7)

図１に示す CR 回路の入力に、図２に示す矩形パルス列の電圧 v_i〔V〕を加えたとき、図３に示す出力電圧 v_o が得られた。このときの電圧 V_1 の値として、正しいものを下の番号から選べ。ただし、CR の時定数は v_i の T_2 よりも十分大きく、また、回路は定常状態にあるものとする。

	V_1
1	3.5〔V〕
2	4.0〔V〕
3	4.5〔V〕
4	5.0〔V〕
5	5.5〔V〕

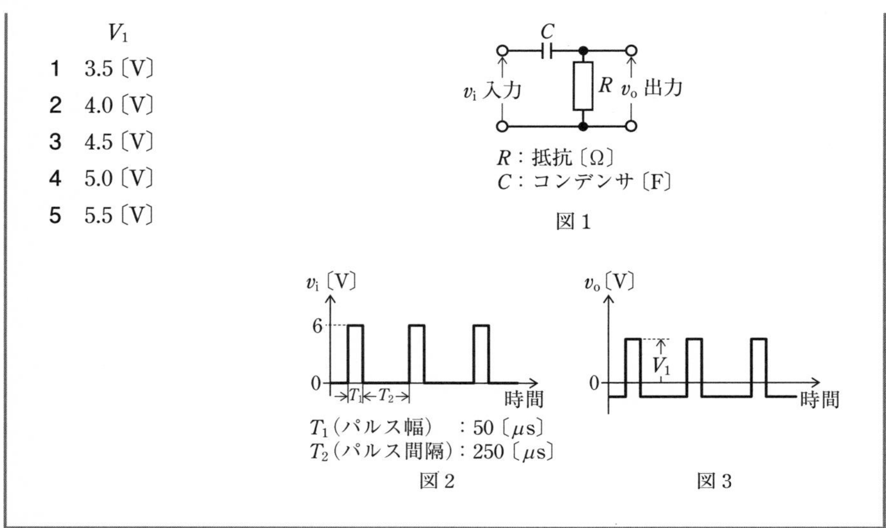

解説　出力電圧の0〔V〕レベルは、入力電圧の平均値を示す。解説図のように入力電圧が0〔V〕の位置からの平均値電圧の大きさをV_S〔V〕とすると、入力電圧の最大値$V_m = 6$〔V〕とパルス幅T_1と間隔T_2〔μs〕よりV_S〔V〕を求めることができるので

Point
Cは、V_S〔V〕に充電される

$$V_S = \frac{T_1}{T_1 + T_2} V_m = \frac{50}{50 + 250} \times 6 = 1 \text{〔V〕}$$

よって、問題図3のV_1〔V〕は次式で表される。

$$V_1 = V_m - V_S = 6 - 1 = 5 \text{〔V〕}$$

▶ **解答　4**

A－16　　04(7①)

図1に示すJKフリップフロップ(FF)のFF_1、FF_2及びFF_3を用いた回路の入力A及びCに、図2に示す「1」、「0」のデジタル信号をそれぞれ入力したとき、時間$t = t_1$〔s〕におけるデジタル出力X_1、X_2及びX_3の組合せとして、正しいものを下の番号から選べ。ただし、FFはエッジトリガ形であり、CK入力の立ち下がりで動作する。また、時間$t = 0$〔s〕ではすべてのFFはリセットされているものとする。

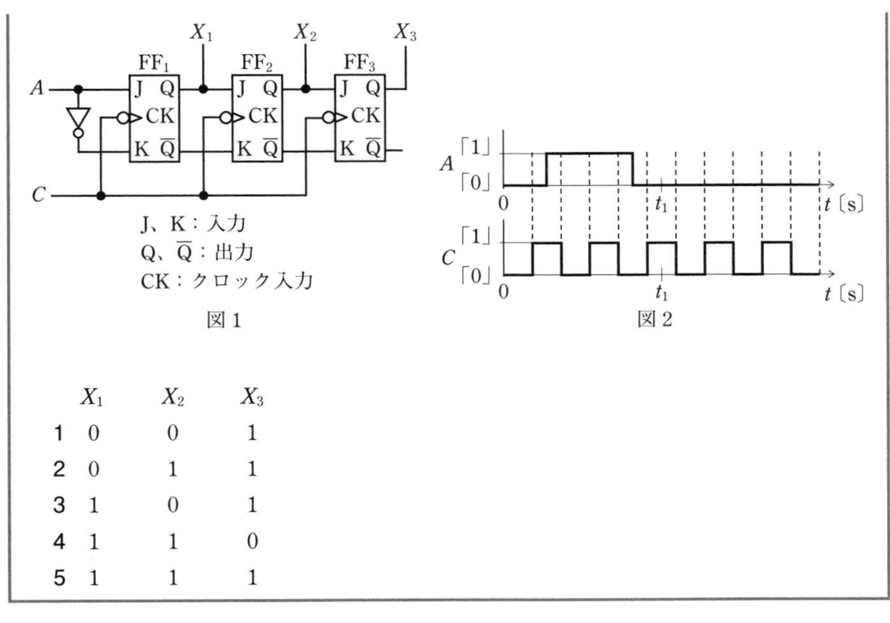

J、K：入力
Q、$\overline{Q}$：出力
CK：クロック入力

図１

図２

	X_1	X_2	X_3
1	0	0	1
2	0	1	1
3	1	0	1
4	1	1	0
5	1	1	1

解説　JKフリップフロップは次の真理値表のように動作する。

入　力		出　力		説　明
J	K	Q	$\overline{Q}$	
0	0	保持		ホールド
0	1	0	1	リセット
1	0	1	0	セット
1	1	反転		トグル（前の状態）

$\overline{Q}$ は Q の反転値が出力される。

入力 J と K が表に示す値のときに、CK に波形の立ち下がりが入力されると、出力 Q と $\overline{Q}$ は表に示す値となる。

問題図１の各FFの出力 X_1、X_2、X_3 のタイミング図を解説図に示す。

FF$_1$ の出力 X_1 はFF$_2$ の J 入力、FF$_2$ の出力 X_2 はFF$_3$ の J 入力である。各FFにおいて、$J=1\,(K=0)$ の状態のときに、CK が「1」から「0」に変化するときの波形の立ち下がりで出力 $Q=1\,(\overline{Q}=0)$ のセット状態となる。$J=0\,(K=1)$ の状態のときに、CK が「1」から「0」に変化するときの波形の立ち下がりで出力 $Q=0\,(\overline{Q}=1)$ のリセット状態となる。

解説図より、t_1 のときの各FFの出力は、X_1 が「1」、X_2 が「1」、X_3 が「0」となる。

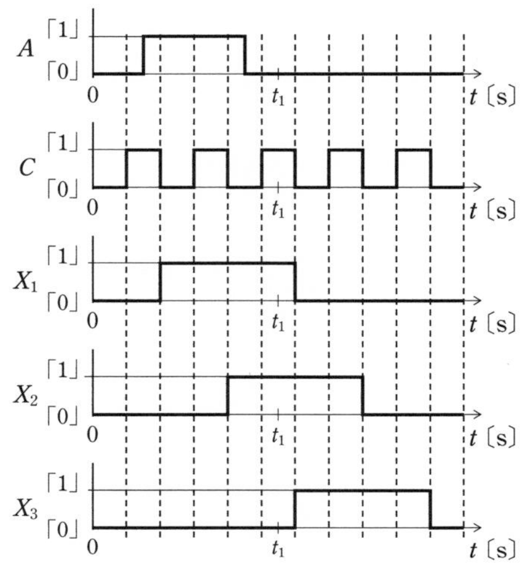

▶ **解答　4**

A－17　04(1②)

次の記述は、指示電気計器の特徴について述べたものである。このうち誤っているものを下の番号から選べ。

1　熱電対形計器は、波形にかかわらず最大値を指示する。
2　整流形計器は、整流した電流を永久磁石可動コイル形計器を用いて測定する。
3　誘導形計器は、移動磁界などによって生ずる誘導電流を利用し、交流専用の指示計器として用いられる。
4　電流力計形計器は、電力計としてよく用いられる。
5　静電形計器は、直流及び交流の高電圧の測定に用いられる。

解説　誤っている選択肢は、次のようになる。

1　熱電対形計器は、波形にかかわらず**実効値**を指示する。

▶ **解答　1**

A－18　24(7)

図に示す回路の抵抗 $R = 500$〔Ω〕で消費される電力 P を直流電流計Aの指示値 I〔A〕と直流電圧計Vの指示値 V〔V〕の積 IV〔W〕として求めたい。このときの誤差率を5〔%〕以下にするとき、直流電圧計Vの内部抵抗 R_V〔Ω〕の最小の値として、正しいものを下の番号から選べ。ただし、誤差は R_V〔Ω〕によってのみ生ずるものとする。

1　5〔kΩ〕
2　8〔kΩ〕
3　10〔kΩ〕
4　12〔kΩ〕
5　15〔kΩ〕

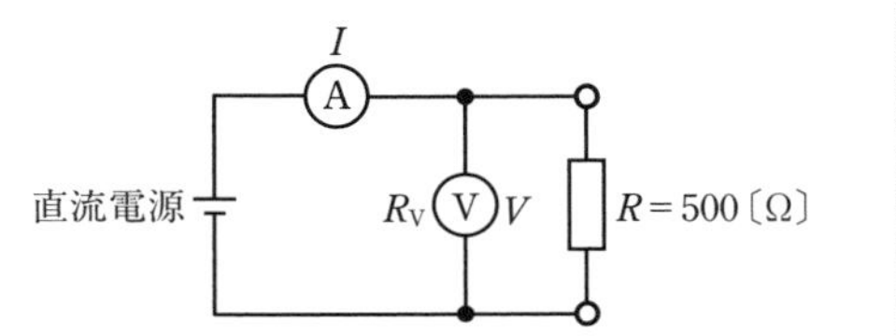

解説　問題図の回路において、直流電源の電圧をE〔V〕とすると、抵抗Rを流れる電流の真値I〔A〕は

$$I = \frac{E}{R}\ 〔\mathrm{A}〕$$

で表される。測定値I_M〔A〕は

$$I_M = \frac{E}{R} + \frac{E}{R_V}\ 〔\mathrm{A}〕$$

Point
誤差の原因となるのは電圧計の内部抵抗R_Vに流れる電流

ここで、$I_M > I$なので、百分率誤差の最大値ε（＝5〔%〕）は

$$\varepsilon = \frac{I_M - I}{I} \times 100 = \frac{\dfrac{E}{R} + \dfrac{E}{R_V} - \dfrac{E}{R}}{\dfrac{E}{R}} \times 100 = \frac{\dfrac{E}{R_V}}{\dfrac{E}{R}} \times 100 = \frac{R}{R_V} \times 100 = 5\ 〔\%〕$$

よって

$$R_V = R \times \frac{100}{5} = \frac{500 \times 100}{5} = 10 \times 10^3\ 〔\Omega〕 = 10\ 〔\mathrm{k\Omega}〕$$

▶ **解答　3**

A－19　30(7)

次の記述は、図に示す回路を用いて静電容量C〔F〕を求める過程について述べたものである。□内に入れるべき字句の正しい組合せを下の番号から選べ。ただし、回路は、交流電圧$\dot{V}$〔V〕の角周波数ω〔rad/s〕に共振しており、そのときの合成インピーダンス$\dot{Z}_0$は、次式で表されるものとする。

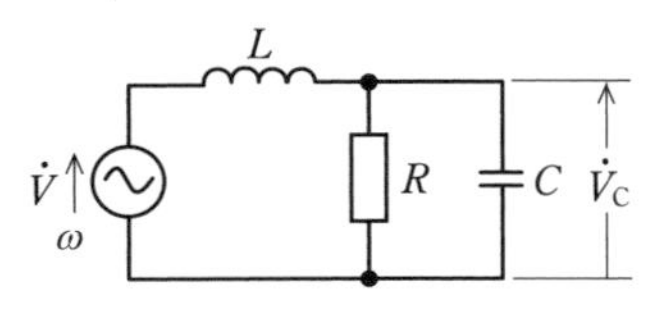

R：抵抗〔Ω〕
L：自己インダクタンス〔H〕
$\dot{V}$：交流電圧〔V〕

$$\dot{Z}_0 = \frac{R}{1 + \omega^2 C^2 R^2}\ 〔\Omega〕$$

(1)　共振時において、$\dot{V}$とCの両端の電圧$\dot{V}_C$〔V〕の間には、$\dfrac{\dot{V}_C}{\dot{V}} =$ [A] が成り立つ。

(2) したがって、$\left|\dfrac{\dot{V}_C}{\dot{V}}\right| = $ [B] が成り立つ。

(3) よって、$\dot{V}$ 及び $\dot{V}_C$ の大きさをそれぞれ V〔V〕及び V_C〔V〕とすれば C は、$C=$ [C]〔F〕である。

	A	B	C
1	$1-j\omega CR$	$\sqrt{1-(\omega CR)^2}$	$\dfrac{1}{\omega R}\sqrt{\dfrac{V_C}{V}-1}$
2	$1-j\omega CR$	$\sqrt{1+(\omega CR)^2}$	$\dfrac{1}{\omega R}\sqrt{\dfrac{V_C^2}{V^2}-1}$
3	$1-j\omega CR$	$\sqrt{1-(\omega CR)^2}$	$\dfrac{1}{\omega R}\sqrt{\dfrac{V_C^2}{V^2}-1}$
4	$1+j\omega CR$	$\sqrt{1-(\omega CR)^2}$	$\dfrac{1}{\omega R}\sqrt{\dfrac{V_C}{V}-1}$
5	$1+j\omega CR$	$\sqrt{1+(\omega CR)^2}$	$\dfrac{1}{\omega R}\sqrt{\dfrac{V_C^2}{V^2}-1}$

解説 R と C の並列回路のインピーダンス $\dot{Z}_C$〔Ω〕は

$$\dot{Z}_C = \frac{R\times\dfrac{1}{j\omega C}}{R+\dfrac{1}{j\omega C}} = \frac{R}{1+j\omega CR}\ 〔\Omega〕 \quad \cdots (1)$$

共振時の電圧比 $\dot{V}_C/\dot{V}$ は、インピーダンスの比で求めることができるので

$$\frac{\dot{V}_C}{\dot{V}} = \frac{\dot{Z}_C}{\dot{Z}_0} = \frac{\dfrac{R}{1+j\omega CR}}{\dfrac{R}{1+\omega^2C^2R^2}} = \frac{1+(\omega CR)^2}{1+j\omega CR}$$

$$= \frac{(1+j\omega CR)(1-j\omega CR)}{1+j\omega CR} = 1-j\omega CR \quad \cdots (2)$$

Point
$a^2-b^2=(a+b)(a-b)$
$j^2=-1$

式 (2) の絶対値から C を求めると

$$\left|\frac{\dot{V}_C}{\dot{V}}\right| = \frac{V_C}{V} = \sqrt{1+(\omega CR)^2} \quad より \quad \left(\frac{V_C}{V}\right)^2 = 1+(\omega CR)^2$$

よって $C = \dfrac{1}{\omega R}\sqrt{\dfrac{V_C^2}{V^2}-1}$〔F〕

▶ **解答 2**

A－20　　04（1①）

次の記述は、図１に示すオシロスコープ（OSC）のプローブについて述べたものである。［　］内に入れるべき字句の正しい組合せを下の番号から選べ。なお、同じ記号の［　］内には、同じ字句が入るものとする。また、OSC の入力抵抗を1〔MΩ〕とし、プローブの等価回路は、図２で表されるものとする。

(1) C_1 及び C_2 を無視するとき、プローブの減衰比（V_1：V_2）を 10：1 にする抵抗 R_1 の値は、［ A ］〔MΩ〕である。

(2) C_1 及び C_2 を考慮し、R_1 の値が、［ A ］〔MΩ〕であるとき、周波数に無関係に V_1：V_2 を 10：1 にする C_2 の値は、［ B ］〔pF〕である。

	A	B
1	11	55
2	10	25
3	10	45
4	9	25
5	9	45

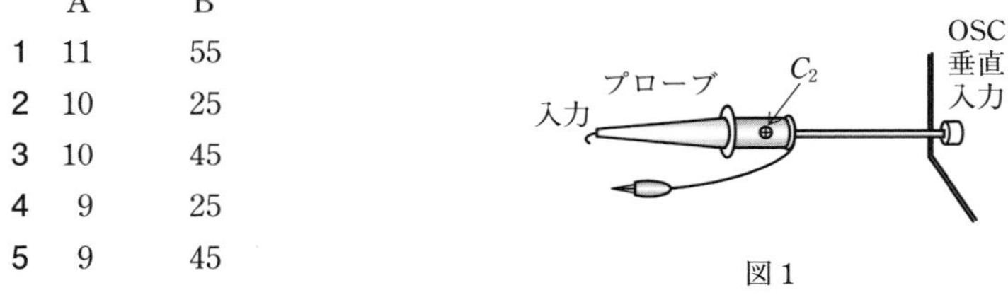

図１

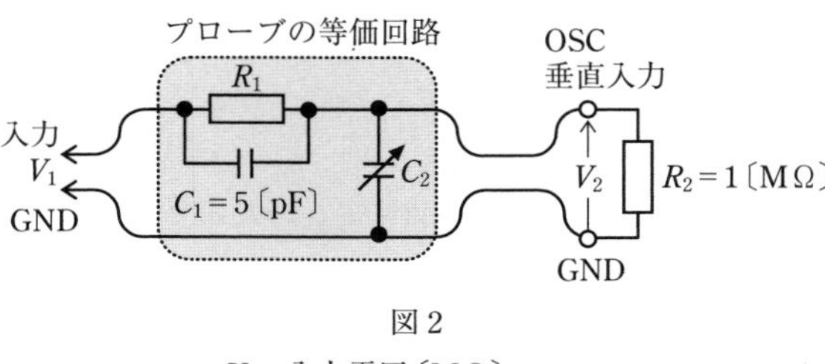

図２

V_1＝入力電圧〔MΩ〕
V_2＝OSC 垂直入力電圧〔V〕
R_1、R_2：抵抗
C_1、C_2：静電容量

解説　C_1 及び C_2 を無視すると、プローブの減衰量は、プローブの抵抗 R_1〔MΩ〕とオシロスコープの入力抵抗 R_2〔MΩ〕の比で表されるので、次式が成り立つ。

$$\frac{V_1}{V_2}=\frac{R_1+R_2}{R_2}=10$$

$$10R_2=R_1+R_2 \quad よって \quad R_1=9R_2=9〔MΩ〕 \quad \cdots (1)$$

Point
分圧回路の抵抗の比で表される

次に C_1 及び C_2 を考慮して、R_1〔MΩ〕と C_1〔pF〕の並列インピーダンスを $\dot{Z}_1$〔MΩ〕、R_2〔MΩ〕と C_2〔pF〕の並列インピーダンスを $\dot{Z}_2$〔MΩ〕とすると、減衰比が式(1)と同じ比率となるので、次式が成り立つ。

$$\dot{Z}_1 = 9\,\dot{Z}_2$$

$$\frac{R_1\dfrac{1}{j\omega C_1}}{R_1+\dfrac{1}{j\omega C_1}} = \frac{9R_2\dfrac{1}{j\omega C_2}}{R_2+\dfrac{1}{j\omega C_2}}$$

$$\frac{R_1}{1+j\omega\,C_1R_1} = \frac{9R_2}{1+j\omega\,C_2R_2}$$

$$\frac{1+j\omega\,C_2R_2}{1+j\omega\,C_1R_1} = \frac{9R_2}{R_1}\quad\cdots\ (2)$$

Point
抵抗や静電容量の比で求めるので、単位は〔MΩ〕や〔pF〕のまま計算してよい

式 (2) において、$9R_2/R_1 = 1$ なので、左辺の虚数項が等しいときに周波数と無関係な値となる。よって、次式が成り立つ。

$$\omega C_2 R_2 = \omega C_1 R_1$$

したがって

$$C_2 = \frac{C_1 R_1}{R_2} = \frac{5\times 9}{1} = 45\ \text{〔pF〕}$$

Point
ω を含まない式で表されるとき、周波数と無関係な値となる

▶ **解答　5**

B－1　04(1②)

次の記述は、図 1 に示すように平行平板コンデンサの電極間の半分が誘電率 ε_0 の空気で、残りの半分が誘電率 ε_r の誘電体であるときの静電容量について述べたものである。［　　］内に入れるべき字句を下の番号から選べ。

(1) 電極間では空気中の電束密度と誘電体中の電束密度は等しく、これを D〔C/m²〕とすると、空気中の電界の強さ E_0 は次式で表される。

　$E_0 =$ ［ア］〔V/m〕

　同様にして、誘電体中の電界の強さ E_r を求めることができる。

(2) 空気及び誘電体の厚さをともに d〔m〕とすると、空気の層の電圧（電位差）V_0 は次式で表される。

　$V_0 =$ ［イ］$\times E_0$〔V〕

　同様にして、誘電体の層の電圧（電位差）V_r を求めることができる。

(3) 電極間の電圧 V は、$V = V_0 + V_r$〔V〕で表される。また、電極に蓄えられる電荷 Q は、電極の面積を S〔m²〕とすれば、

　$Q =$ ［ウ］〔C〕で表される。

(4) したがって、コンデンサの静電容量 C は次式で表される。

　$C =$ ［エ］〔F〕　…　①

(5) 式①より、C は、図 2 に示す二つのコンデンサの静電容量 C_0〔F〕及び C_r〔F〕の［オ］接続の合成静電容量に等しい。

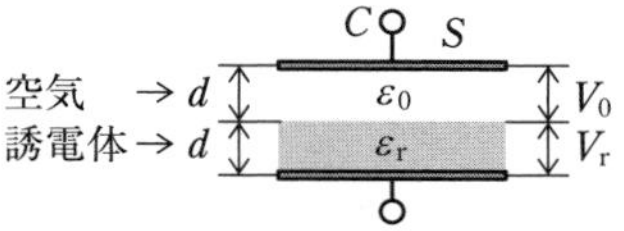

図1

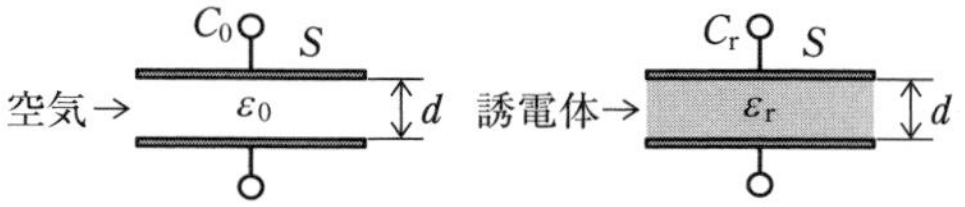

図2

1 $\dfrac{D}{\varepsilon_0}$	2 d	3 $\dfrac{D}{S}$	4 $\dfrac{S\varepsilon_0\varepsilon_r}{d(\varepsilon_0+\varepsilon_r)}$	5 直列
6 $D\varepsilon_0$	7 $2d$	8 DS	9 $\dfrac{S(\varepsilon_0+\varepsilon_r)}{d}$	10 並列

解説 電極間の電圧 V〔V〕は

$$V=V_0+V_r=E_0d+E_rd=\frac{D}{\varepsilon_0}d+\frac{D}{\varepsilon_r}d\ \text{〔V〕}$$

静電容量 C〔F〕を求めると

$$C=\frac{Q}{V}=\frac{DS}{\dfrac{D}{\varepsilon_0}d+\dfrac{D}{\varepsilon_r}d}=\frac{S}{\dfrac{\varepsilon_0+\varepsilon_r}{\varepsilon_0\varepsilon_r}d}=\frac{S\varepsilon_0\varepsilon_r}{d(\varepsilon_0+\varepsilon_r)}\ \text{〔F〕}$$

▶ **解答　アー1　イー2　ウー8　エー4　オー5**

B－2

類 04(7②)　03(7①)　02(11②)

次の記述は、図に示す回路の過渡現象について述べたものである。［　　］内に入れるべき字句を下の番号から選べ。ただし、初期状態で C の電荷は0(零)とし、時間 t はスイッチSWを接(ON)にした時を $t=0$〔s〕とする。また、自然対数の底を e とする。

(1) t〔s〕後に C に流れる電流 i_C は、$i_C=\dfrac{V}{R}\times$［ア］〔A〕である。

(2) t〔s〕後に L に流れる電流 i_L は、$i_L=\dfrac{V}{R}\times$［イ］〔A〕である。

(3) したがって、t〔s〕後に V から流れる電流 i は、次式で表される。

$$i=\frac{V}{R}\times\text{［ウ］〔A〕}$$

(4) t が十分に経過し定常状態になったとき、C の両端の電圧 v_C は［エ］〔V〕である。

(5) また、$R=\sqrt{\dfrac{L}{C}}$ のとき、i は、［オ］〔A〕である。

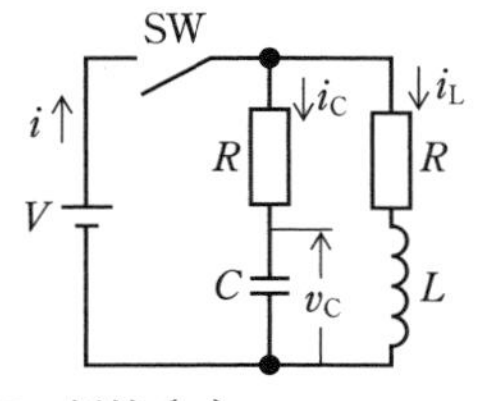

R：抵抗〔Ω〕
C：静電容量〔F〕
L：自己インダクタンス〔H〕
V：直流電圧〔V〕

1 $e^{-\frac{R}{L}t}$	2 $(1-e^{-\frac{t}{RC}})$	3 $(1+e^{-\frac{t}{RC}}-e^{-\frac{R}{L}t})$	4 $2V$	5 $\frac{V}{R}$
6 $e^{-\frac{t}{RC}}$	7 $(1-e^{-\frac{R}{L}t})$	8 $(1-e^{-\frac{t}{RC}}+e^{-\frac{R}{L}t})$	9 V	10 $\frac{V}{2R}$

解説 i_C と i_L は次式で表される。これらの変化を解説図に示す。

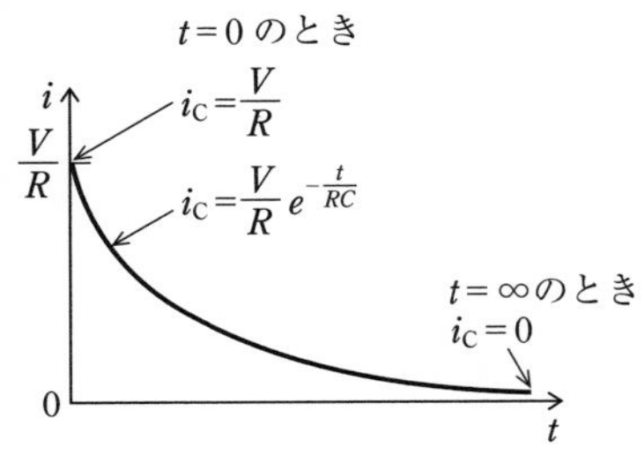

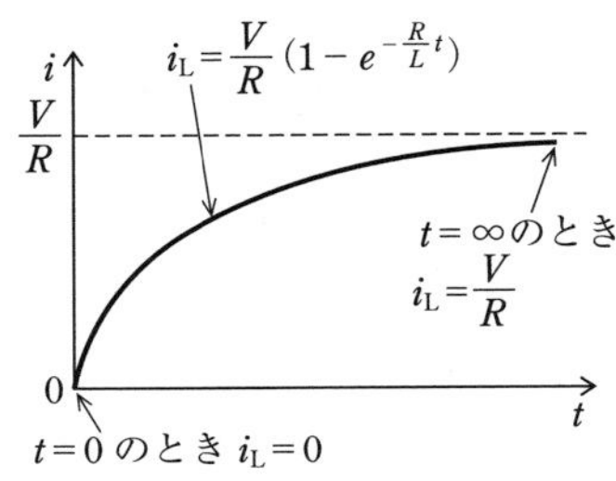

$$i_C=\frac{V}{R}e^{-\frac{t}{RC}}\ \text{〔A〕} \cdots (1)$$

$$i_L=\frac{V}{R}(1-e^{-\frac{R}{L}t})\ \text{〔A〕} \cdots (2)$$

Point
e^{-xt} か $(1-e^{-xt})$ の式となる。$t=0$、$t=\infty$ の値からどちらの式になるか分かる

式(1)、式(2)より i を求めると

$$i=i_C+i_L=\frac{V}{R}(1+e^{-\frac{t}{RC}}-e^{-\frac{R}{L}t}) \cdots (3)$$

C の両端の電圧 v_C は

$$v_C=V-Ri_C$$

$t=\infty$ のとき $i_C=0$ となるので

$$v_C=V\ \text{〔V〕}$$

$R=\sqrt{\frac{L}{C}}$ より

$$\frac{1}{RC}=\frac{1}{C}\sqrt{\frac{C}{L}}=\frac{1}{\sqrt{CL}}$$

$$\frac{R}{L}=\frac{1}{L}\sqrt{\frac{L}{C}}=\frac{1}{\sqrt{CL}}$$

よって、式(3)は、$i=\frac{V}{R}(1+e^{-\frac{t}{\sqrt{CL}}}-e^{-\frac{t}{\sqrt{CL}}})=\frac{V}{R}$ 〔A〕

▶ **解答　ア－6　イ－7　ウ－3　エ－9　オ－5**

B－3

04(1②)

次の記述は、図１に示す電界効果トランジスタ(FET)増幅回路において、D-G間静電容量 C_{DG}〔F〕の高い周波数における影響について述べたものである。［　　］内に入れるべき字句を下の番号から選べ。なお、同じ記号の［　　］内には、同じ字句が入るものとする。また、図２は、高い周波数では静電容量 C_S、C_1 及び C_2 のリアクタンスが十分小さくなるものとして表した等価回路である。

(1) 図２に示す回路で、C_{DG} に流れる電流 $\dot{I}_G$ は、$\dot{I}_G = (\boxed{ア})/\{1/(j\omega C_{DG})\}$〔A〕で表される。

(2) この式を整理すると、$\dot{I}_G = j\omega C_{DG}(\boxed{イ})\dot{V}_i$〔A〕が得られる。

(3) 回路の電圧増幅度を A_V とすると、$\dot{V}_o/\dot{V}_i = -A_V$ であるから、A_V を使って $\dot{I}_G$ を表すと、$\dot{I}_G = j\omega C_{DG}(\boxed{ウ})\dot{V}_i$〔A〕が得られる。

(4) この式の $C_{DG}(\boxed{ウ})$ を C_i〔F〕とすれば、C_i は等価的に［エ］間に接続された静電容量となる。

(5) このように C_{DG} が C_i となって表れる効果を［オ］効果という。

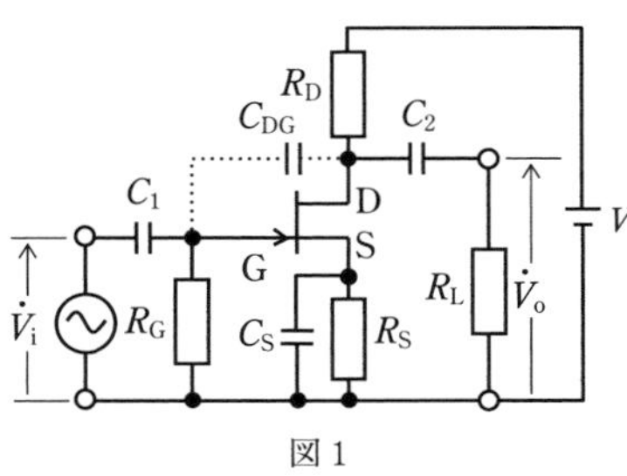

R_G、R_D、R_S、R_L：抵抗〔Ω〕
g_m：相互コンダクタンス〔S〕
$\dot{V}_i$：入力電圧〔V〕
$\dot{V}_o$：出力電圧〔V〕
V：直流電源電圧〔V〕
D：ドレイン
S：ソース
G：ゲート

図１

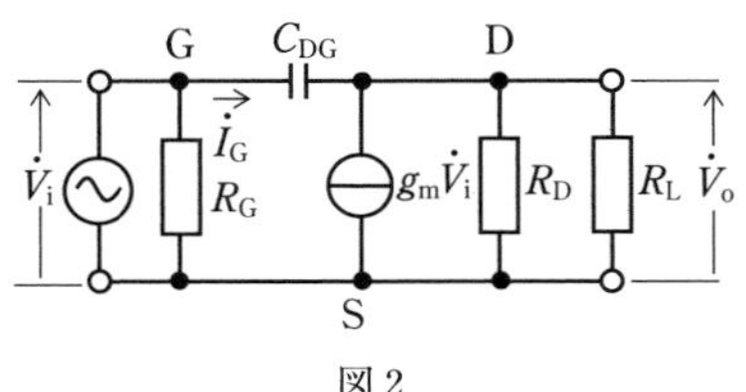

図２

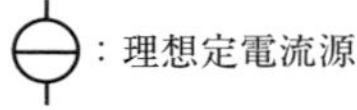

1　ミラー	2　G-S	3　$1+\dfrac{1}{A_V}$	4　$1-\dfrac{\dot{V}_o}{\dot{V}_i}$	5　$\dot{V}_i$
6　シュミット	7　D-S	8　$1+A_V$	9　$1-\dfrac{\dot{V}_i}{\dot{V}_o}$	10　$\dot{V}_i-\dot{V}_o$

無線工学の基礎　無線工学A　無線工学B　法規

解説 問題図 2 の等価回路において、C_{DG} に加わる電圧は $(\dot{V}_i - \dot{V}_o)$ なので、C_{DG} を流れる電流 $\dot{I}_G$ は

$$\dot{I}_G = \frac{\dot{V}_i - \dot{V}_o}{\dfrac{1}{j\omega C_{DG}}}$$

$$= j\omega C_{DG}\,(\dot{V}_i - \dot{V}_o) = j\omega C_{DG}\left(1 - \frac{\dot{V}_o}{\dot{V}_i}\right)\dot{V}_i$$

$$= j\omega C_{DG}\,(1 + A_V)\,\dot{V}_i$$

$$= j\omega C_i \dot{V}_i \quad \cdots \ (1)$$

式 (1) において、C_i は等価的に入力の G（ゲート）-S（ソース）間に接続された静電容量となる。C_{DG} の静電容量が等価的に $(1 + A_V)$ 倍となって入力静電容量に表れる効果をミラー効果という。

▶ 解答　ア－10　イ－4　ウ－8　エ－2　オ－1

B－4　04(1②)　03(1②)　類 02(11②)

次の記述は、図に示す原理的な移相形 RC 発振回路の動作について述べたものである。このうち正しいものを 1、誤っているものを 2 として解答せよ。ただし、回路は発振状態にあるものとし、増幅回路の入力電圧及び出力電圧をそれぞれ $\dot{V}_i$〔V〕及び $\dot{V}_o$〔V〕とする。

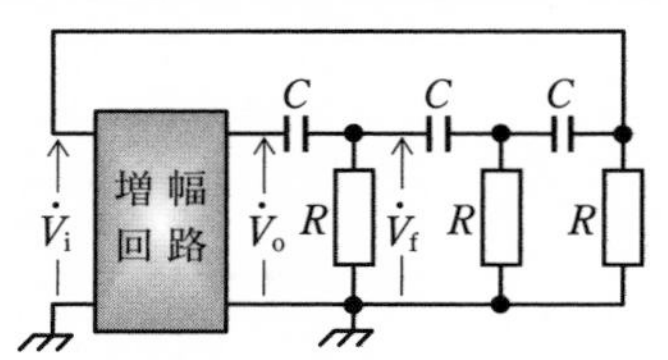

R：抵抗〔Ω〕
C：静電容量〔F〕

ア　増幅回路の増幅度の大きさ $|\dot{V}_o/\dot{V}_i|$ は、29 以上必要である。

イ　発振周波数 f は、$f = 1/(\pi RC)$〔Hz〕である。

ウ　$\dot{V}_o$ と図に示す電圧 $\dot{V}_f$ の位相を比べると、$\dot{V}_o$ に対して $\dot{V}_f$ は進んでいる。

エ　$\dot{V}_i$ と $\dot{V}_o$ の位相差は、0〔rad〕である。

オ　この回路は、一般的に低周波の正弦波交流の発振に用いられる。

解説 誤っている選択肢は次のようになる。

イ　発振周波数 f は、$f = \mathbf{1/(2\pi\sqrt{6}\,RC)}$〔Hz〕である。

エ　$\dot{V}_i$ と $\dot{V}_o$ の位相差は、$\boldsymbol{\pi}$〔rad〕である。

▶ 解答　ア－1　イ－2　ウ－1　エ－2　オ－1

B－5　04(1①)

次の記述は、ブリッジ回路による抵抗材料 M の抵抗測定について述べたものである。[　　]内に入れるべき字句を下の番号から選べ。

(1) 図に示す回路は、[ア]の原理図である。

(2) このブリッジ回路は、接続線の抵抗や接触抵抗の影響を除くことができることから[イ]の測定に適している。

(3) 回路図で抵抗 P、p、Q、q、R_S〔Ω〕を変えて検流計 G の振れを 0(零)にすると、次式が成り立つ。

$$PR_X = \boxed{\text{ウ}} + \frac{Qpr - Pqr}{p+q+r} \quad \cdots ①$$

(4) 一般に、このブリッジは $\dfrac{Q}{P} = \boxed{\text{エ}}$ の条件を満たすようになっている。

(5) したがって、(4)の条件を用いて式①より R_X を求めると R_X は、次式で表される。

$R_X = \boxed{\text{オ}}$〔Ω〕

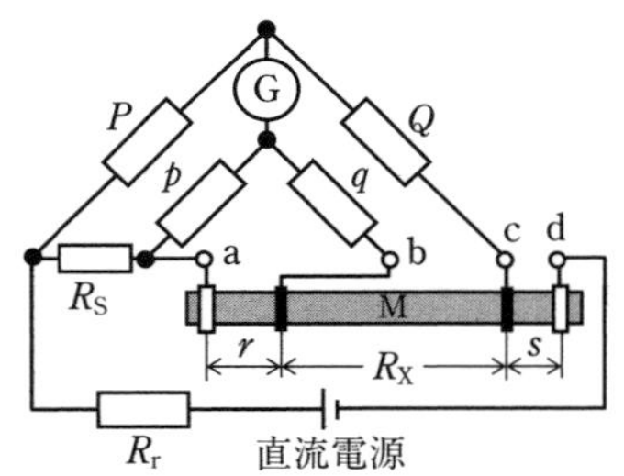

a、b、c、d：電極
R_X：bc 間の未知抵抗〔Ω〕
r　：ab 間の抵抗〔Ω〕
R_r：抵抗〔Ω〕
s　：cd 間の抵抗〔Ω〕

1　$\dfrac{P}{Q}R_S$	2　$\dfrac{p}{q}$	3　QR_S	4　高抵抗	5　シェーリングブリッジ
6　$\dfrac{Q}{P}R_S$	7　$\dfrac{q}{p}$	8　QP	9　低抵抗	10　ケルビンダブルブリッジ

解説　解説図のように電流を定めると、ブリッジが平衡しているときは、次式が成り立つ。

$$PI_1 = R_S I_2 + I_3 p \quad \cdots (1)$$

$$QI_1 = R_X I_2 + I_3 q \quad \cdots (2)$$

電流の分流は抵抗の比から求められるので

$$I_3 = \frac{rI_2}{p+q+r} \quad \cdots (3)$$

式(1)、式(2)に式(3)を代入すると

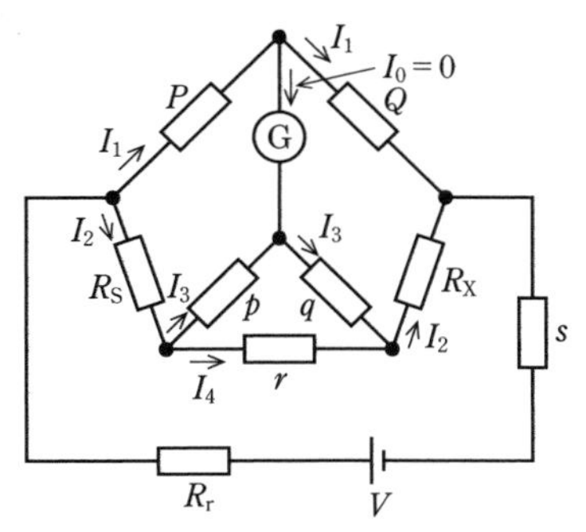

$$PI_1 = R_S I_2 + p\frac{rI_2}{p+q+r} \quad \cdots (4)$$

$$QI_1 = R_X I_2 + q\frac{rI_2}{p+q+r} \quad \cdots (5)$$

式(5)/Q を式(4)の I_1 に代入して、I_2 を消去すると

$$\frac{P}{Q}R_X + \frac{P}{Q}q\frac{r}{p+q+r} = R_S + p\frac{r}{p+q+r} \quad \cdots (6)$$

式(6)より、R_X を求めると

$$PR_X = QR_S + \frac{Qpr - Pqr}{p+q+r}$$

$$R_X = \frac{Q}{P}R_S + \frac{pr}{p+q+r}\left(\frac{Q}{P} - \frac{q}{p}\right) \quad \cdots (7)$$

$\dfrac{Q}{P} = \dfrac{q}{p}$ の条件を式(7)に代入すると R_X は

$$R_X = \frac{Q}{P}R_S$$

となるので、接続点の抵抗 r に関係ない値となり、接続線の抵抗や接触抵抗の影響を取り除くことができる。

▶ 解答　ア－10　イ－9　ウ－3　エ－7　オ－6

無線工学の基礎（令和５年７月期②）

A－1 04(1①) 類 03(1①)

次の記述は、図に示すように、電界が一様な平行板電極間（PQ）に、速度 v〔m/s〕で電極に平行に入射する電子の運動について述べたものである。［　　］内に入れるべき字句の正しい組合せを下の番号から選べ。ただし、電界の強さを E〔V/m〕とし、電子はこの電界からのみ力を受けるものとする。また、電子の電荷を $-q$〔C〕（$q>0$）、電子の質量を m〔kg〕とする。

(1) 電子が受ける電界の方向の加速度の大きさ α は、$\alpha=$［ A ］〔m/s²〕である。

(2) 電子が電極間を通過する時間 t は、$t=$［ B ］〔s〕である。

(3) 電子が電極間を抜けるときの電界方向の偏位の大きさ y は、$y=$［ C ］〔m〕である。

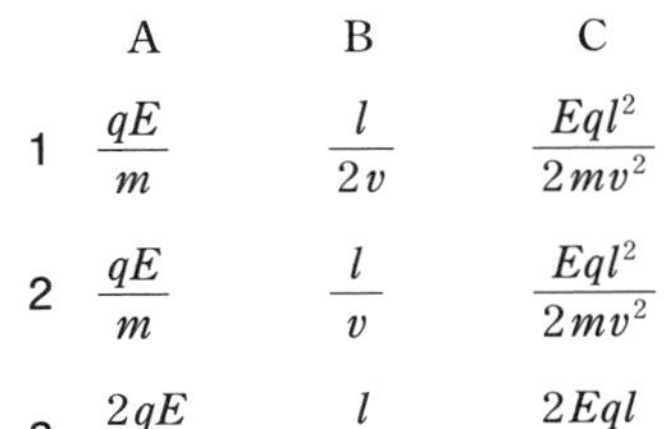
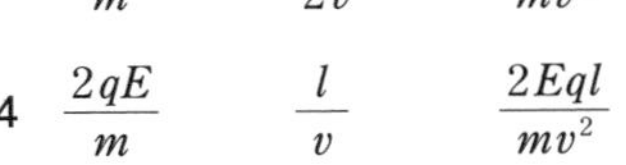

	A	B	C
1	$\dfrac{qE}{m}$	$\dfrac{l}{2v}$	$\dfrac{Eql^2}{2mv^2}$
2	$\dfrac{qE}{m}$	$\dfrac{l}{v}$	$\dfrac{Eql^2}{2mv^2}$
3	$\dfrac{2qE}{m}$	$\dfrac{l}{2v}$	$\dfrac{2Eql}{mv^2}$
4	$\dfrac{2qE}{m}$	$\dfrac{l}{v}$	$\dfrac{2Eql}{mv^2}$
5	$\dfrac{2qE}{m}$	$\dfrac{l}{v}$	$\dfrac{Eql^2}{2mv^2}$

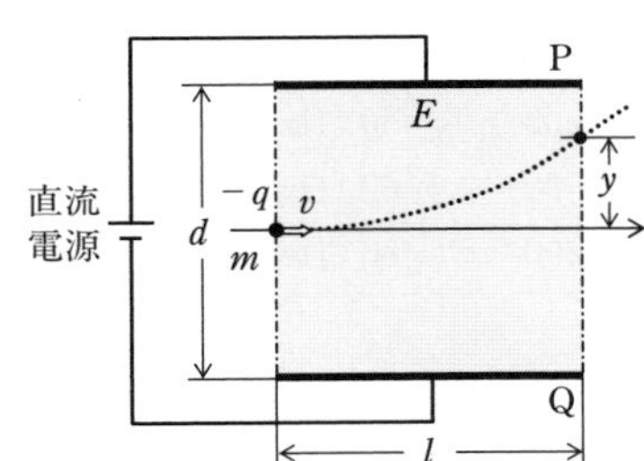

d ：PQ 間の距離〔m〕
l ：P 及び Q の長さ〔m〕

解説 (1) y 方向の電界 E〔V/m〕によって、電子の電荷 q〔C〕に働く力 F〔N〕は

$$F=qE \text{〔N〕} \quad \cdots (1)$$

運動方程式 $F=m\alpha$ より、加速度 α〔m/s²〕は式(1)を用いて

$$\alpha=\frac{F}{m}=\frac{qE}{m} \text{〔m/s}^2\text{〕} \quad \cdots (2)$$

(2) x 軸方向の電極の長さ l〔m〕と速度 v〔m/s〕より、電極間を通過する時間 t〔s〕は

$$t=\frac{l}{v} \text{〔s〕} \quad \cdots (3)$$

(3) t 時間後の y 軸方向の移動距離 y〔m〕は、式(2)、式(3)より

$$y=\int_0^t \alpha t dt=\frac{qE}{m}\int_0^t t dt=\frac{qE}{m}\times\frac{t^2}{2}=\frac{Eql^2}{2mv^2} \text{〔m〕}$$

▶ **解答 2**

出題傾向　電極間の電界 E を V/d として求める問題も出題されている。

A−2 17(1)

磁束密度 B が、$B=0.4$〔T〕の一様な磁界中で、図に示すような辺 a が 0.1〔m〕及び b が 0.2〔m〕で巻数 N の長方形のコイルを、OP を中心軸として一定の角速度 $\omega=100\pi$〔rad/s〕で回転させるとき、コイルに生じる起電力の最大値 V_m が $V_m=192\pi$〔V〕となるコイルの巻数 N 及び起電力の周波数 f の値の組合せとして、最も近いものを下の番号から選べ。ただし、磁界は紙面の表から裏の方向(⊗)とし、また、コイルの辺 b は、磁界の方向と直角にあるものとする。

	N	f
1	240	50〔Hz〕
2	240	60〔Hz〕
3	200	50〔Hz〕
4	200	60〔Hz〕
5	200	80〔Hz〕

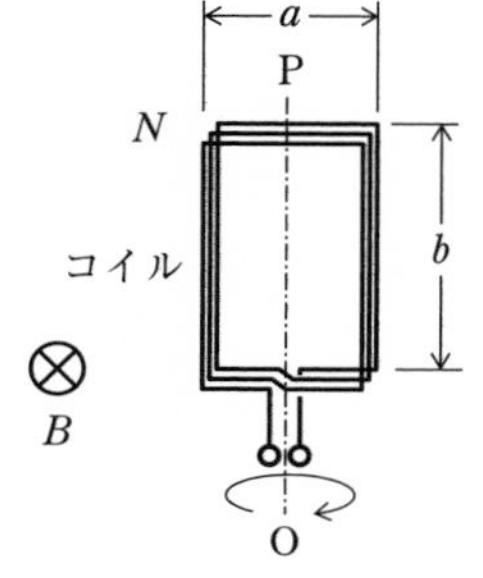

解説 面積 $S=ab$ のコイルが角速度 ω〔rad/s〕で回転しているとき、時刻 $t=0$〔s〕にコイルの鎖交する磁束が最大になるとすれば、磁束鎖交数 ϕ〔Wb〕の瞬時値は

$$\phi=NBS\cos\omega t=NB\,ab\cos\omega t \quad \cdots (1)$$

コイルに誘起される起電力 e〔V〕は

$$e=-\frac{d\phi}{dt}=-NB\,ab\frac{d}{dt}\cos\omega t=NB\,ab\,\omega\sin\omega t=V_m\sin\omega t\text{〔V〕} \quad \cdots (2)$$

式(1)に題意の値を代入して、コイルの巻数 N を求めると、次式が成り立つ。

$$N=\frac{V_m}{Bab\omega}=\frac{192\pi}{0.4\times0.1\times0.2\times100\pi}=\frac{192}{0.8}=240$$

周波数を f〔Hz〕とすると、次式で表される。

$$f=\frac{\omega}{2\pi}=\frac{100\pi}{2\pi}=50\text{〔Hz〕}$$

▶ **解答 1**

数学の公式

$y=f\{u(x)\}$ 関数を $f(x)$ とすると合成関数の微分

$$\frac{dy}{dx}=\frac{dy}{du}\cdot\frac{du}{dx}$$

$$\frac{d}{dt}\cos\omega t=\frac{d}{d(\omega t)}\cos(\omega t)\cdot\frac{d}{dt}\omega t=-\omega\sin\omega t$$

A－3 22(7)

図１に示す環状鉄心Aの中に生ずる磁束ϕ〔Wb〕が、Aにr〔m〕の空隙を設けた図２に示す環状鉄心Bの中に生ずる磁束に等しいとき、図２のコイルの巻数N_2を表す式として、正しいものを下の番号から選べ。ただし、コイルに流す直流電流の大きさは等しく、また、$l \gg r$とし、磁気飽和及び漏れ磁束はないものとする。

S：環状鉄心の断面積〔m²〕
μ：鉄心の透磁率〔H/m〕
μ_0：空隙の透磁率〔H/m〕
l：平均磁路長〔m〕
r：空隙長〔m〕

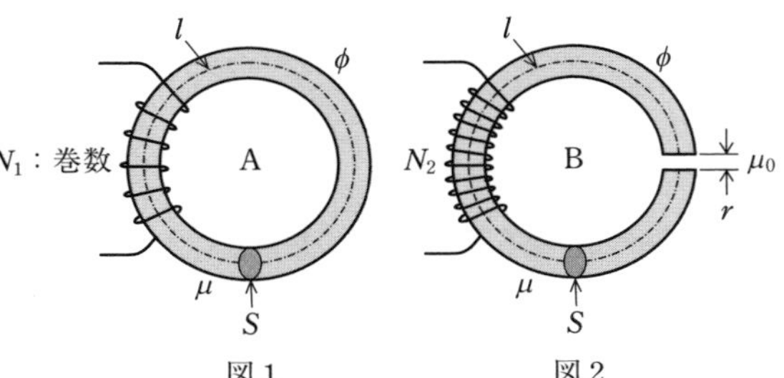

図１　図２

1　$N_2 = N_1\left(\dfrac{\mu}{\mu_0}\right)$

2　$N_2 = N_1\left(1 + \dfrac{r}{l}\right)$

3　$N_2 = N_1\left(\dfrac{\mu l}{\mu_0 r}\right)$

4　$N_2 = N_1\left(1 + \dfrac{\mu r}{\mu_0 l}\right)$

5　$N_2 = N_1\left(1 + \dfrac{\mu_0 l}{\mu r}\right)$

解説　問題図１の磁気回路の磁気抵抗R_1〔$\mathrm{H^{-1}}$〕は

$$R_1 = \frac{l}{\mu S}\ 〔\mathrm{H^{-1}}〕\quad \cdots\ (1)$$

問題図２の環状鉄心Bの空隙r〔m〕は$r \ll l$なので、$l - r \fallingdotseq l$とすると、図２の磁気回路の磁気抵抗R_2は

$$R_2 \fallingdotseq \frac{l}{\mu S} + \frac{r}{\mu_0 S}\ 〔\mathrm{H^{-1}}〕\quad \cdots\ (2)$$

コイルAおよびBに流す電流は等しいのでI〔A〕として、磁束ϕ〔Wb〕が等しい条件より、次式が成り立つ。

$$\phi = \frac{N_1 I}{R_1} = \frac{N_2 I}{R_2}\ 〔\mathrm{Wb}〕\quad \cdots\ (3)$$

Point
磁束ϕが等しい条件から、A、Bそれぞれの磁束の式が等しいとして、ϕを消去する。

式(1)、式(2)、式(3)より

$$N_1 R_2 = N_2 R_1$$

$$N_1 \left(\frac{l}{\mu S} + \frac{r}{\mu_0 S} \right) = N_2 \frac{l}{\mu S}$$

よって

$$N_2 = N_1 \left(\frac{l}{\mu S} + \frac{r}{\mu_0 S} \right) \times \frac{\mu S}{l}$$

$$= N_1 \left(1 + \frac{\mu r}{\mu_0 l} \right)$$

▶ **解答　4**

関連知識　磁気回路の磁気抵抗 R_m〔H^{-1}〕は

$$R_m = \frac{l}{\mu S} \text{〔}H^{-1}\text{〕}$$

起磁力 F_m〔A〕は

$$F_m = NI \text{〔A〕}$$

磁束 ϕ〔Wb〕は磁気回路のオームの法則より

$$\phi = \frac{F_m}{R_m} \text{〔Wb〕}$$

電気回路の起電力が E〔V〕、導電率が σ〔S/m²〕、電流が I〔A〕のとき

$$R = \frac{l}{\sigma S} \text{〔}\Omega\text{〕} \qquad I = \frac{E}{R} \text{〔A〕}$$

A－4　04(1②)

導線の抵抗の値を温度 T_1〔℃〕及び T_2〔℃〕で測定したとき、表のような結果が得られた。このときの温度差 $(T_2 - T_1)$ の値として、正しいものを下の番号から選べ。ただし、T_1〔℃〕のときの導線の抵抗の温度係数 α を $\alpha = 1/238$〔℃$^{-1}$〕とする。

1　73.6〔℃〕　2　61.3〔℃〕　3　58.8〔℃〕
4　51.6〔℃〕　5　47.6〔℃〕

T_1〔℃〕	T_2〔℃〕
0.15〔Ω〕	0.18〔Ω〕

解説　T_1〔℃〕の抵抗値を R_1〔Ω〕とすると、T_2〔℃〕の抵抗値 R_2〔Ω〕は次式で表される。

$$R_2 = \{1 + \alpha (T_2 - T_1)\} R_1 = R_1 + \alpha (T_2 - T_1) R_1$$

Point
$\alpha (T_2 - T_1) R_1$ は温度差による抵抗の変化を表す

よって

$$T_2 - T_1 = \frac{1}{\alpha} \times \frac{R_2 - R_1}{R_1}$$

$$= 238 \times \frac{0.18 - 0.15}{0.15} = 238 \times \frac{3}{15} = 47.6 \text{〔℃〕}$$

▶ **解答　5**

A－5

01(7)

図１に示す内部抵抗が r〔Ω〕で起電力が V〔V〕の同一規格の電池Cを、図２に示すように、直列に５個接続したものを並列に６個接続したとき、端子abから得られる最大出力電力の値として、正しいものを下の番号から選べ。

1　$\dfrac{5V^2}{2r}$〔W〕

2　$\dfrac{15V^2}{2r}$〔W〕

3　$\dfrac{20V^2}{r}$〔W〕

4　$\dfrac{25V^2}{2r}$〔W〕

5　$\dfrac{30V^2}{r}$〔W〕

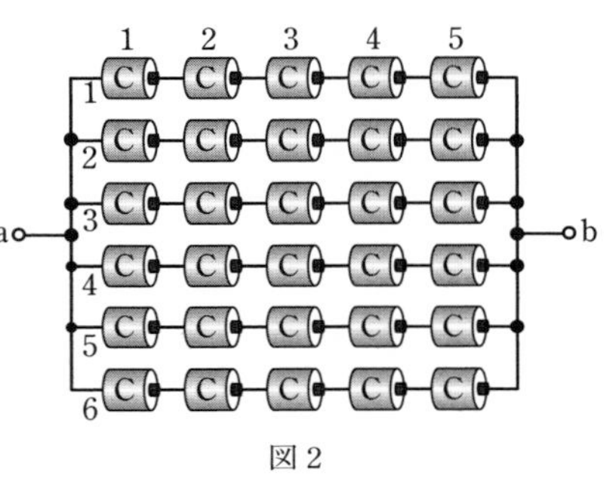

図１　　図２

解説　電池を $m=5$ 個直列に、$n=6$ 個並列に接続したときの合成抵抗 r_0〔Ω〕は

$$r_0=\frac{mr}{n}=\frac{5r}{6}\ 〔Ω〕$$

最大出力電力 P_m〔W〕が得られるのは、合成抵抗と同じ大きさの負荷 r_0〔Ω〕を接続したときである。ab間の開放電圧 $V_{ab}=mV=5V$〔V〕は、r_0 の負荷を接続すると1/2になるので、P_m を求めると

$$P_m=\left(\frac{V_{ab}}{2}\right)^2\times\frac{1}{r_0}=\frac{(5V)^2}{4}\times\frac{6}{5r}=\frac{15V^2}{2r}\ 〔W〕$$

Point
抵抗の直列接続は m 倍、並列接続は $(1/n)$ 倍、起電力 V は短絡して考える

▶ **解答　2**

A－6

03(1①)

次の記述は、図に示す相互誘導結合された二つのコイルP及びSによる回路の端子abから見たインピーダンス $\dot{Z}$ を求める過程について述べたものである。□内に入れるべき字句の正しい組合せを下の番号から選べ。ただし、１次側を流れる電流を $\dot{I}_1$〔A〕、２次側を流れる電流を $\dot{I}_2$〔A〕とする。また、角周波数を ω〔rad/s〕とする。

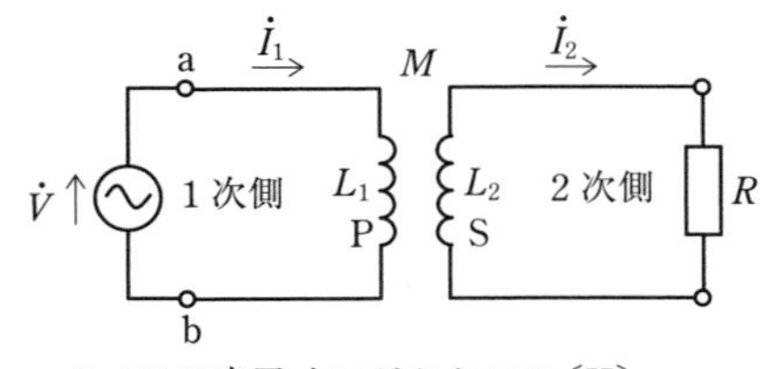

L_1：Pの自己インダクタンス〔H〕
L_2：Sの自己インダクタンス〔H〕
M：P、S間の相互インダクタンス〔H〕
R：抵抗〔Ω〕

(1) 回路の１次側では、電源電圧を$\dot{V}$〔V〕とすると、$\dot{V} = j\omega\ L_1\dot{I}_1 -$ [A] $\times\dot{I}_2$〔V〕が成り立つ。

(2) 回路の２次側では、$0 = -j\omega M\dot{I}_1 +$ [B] $\times\dot{I}_2$〔V〕が成り立つ。

(3) (1) 及び (2) より$\dot{I}_2$を消去して$\dot{Z} = \dot{V}/\dot{I}_1$を求め$\dot{Z}$の実数分 (抵抗分) を$R_e$、虚数分 (リアクタンス分) を$X_e$とすると、$R_e$及び$X_e$はそれぞれ次式で表される。

$$R_e = \boxed{\text{C}}\ 〔\Omega〕、X_e = \omega\left(L_1 - \underset{\sim\sim\sim\sim\sim\sim\sim}{\frac{\omega^2 M^2 L_2}{R^2+\omega^2 {L_2}^2}}\right)〔\Omega〕$$

	A	B	C
1	$j\omega M$	$(R+j\omega M)$	$\dfrac{\omega M^2 R}{R^2+\omega^2 {L_2}^2}$
2	$j\omega M$	$(R+j\omega L_2)$	$\dfrac{\omega M^2 R}{R^2+\omega^2 {L_2}^2}$
3	$j\omega M$	$(R+j\omega L_2)$	$\dfrac{\omega^2 M^2 R}{R^2+\omega^2 {L_2}^2}$
4	$j\omega L_2$	$(R+j\omega M)$	$\dfrac{\omega^2 M^2 R}{R^2+\omega^2 {L_2}^2}$
5	$j\omega L_2$	$(R+j\omega L_2)$	$\dfrac{\omega^2 M^2 R}{R^2+\omega^2 {L_2}^2}$

解説　１次側の回路から

$$\dot{V} = j\omega L_1\dot{I}_1 - j\omega M\dot{I}_2〔V〕\quad\cdots\ (1)$$

２次側の回路から

$$0 = -j\omega M\dot{I}_1 + (R+j\omega L_2)\dot{I}_2〔V〕\quad\cdots\ (2)$$

式 (2) より、$\dot{I}_2 = \dfrac{j\omega M}{R+j\omega L_2}\dot{I}_1$となるので、これを式 (1) に代入すると

$$\dot{V} = \left(j\omega L_1 + \frac{\omega^2 M^2}{R+j\omega L_2}\right)\dot{I}_1〔V〕\quad\cdots\ (3)$$

Point
$a^2 - b^2 = (a+b)(a-b)$
$j^2 = -1$

式 (3) より

$$\dot{Z} = \frac{\dot{V}}{\dot{I}_1} = j\omega L_1 + \frac{\omega^2 M^2 (R-j\omega L_2)}{(R+j\omega L_2)(R-j\omega L_2)}$$
$$= \frac{\omega^2 M^2 R}{R^2+\omega^2 {L_2}^2} + j\omega\left(L_1 - \frac{\omega^2 M^2 L_2}{R^2+\omega^2 {L_2}^2}\right)〔\Omega〕\quad\cdots\ (4)$$

式 (4) の右辺実数項がR_e〔Ω〕、虚数項がX_e〔Ω〕を表す。　▶ **解答　3**

下線の部分は、ほかの試験問題で穴埋めの字句として出題されている。

A－7　04(7①)　類 03(7①)　03(1①)

次の記述は、図に示す直列共振回路について述べたものである。［　　］内に入れるべき字句の正しい組合せを下の番号から選べ。ただし、交流電源$\dot{V}$〔V〕の角周波数をω〔rad/s〕、回路に流れる電流を$\dot{I}$〔A〕、回路の共振角周波数をω_0〔rad/s〕とする。

(1)　$\omega = \omega_0$のとき、$\dot{V}$と$\dot{V}_L$の位相差は、［　A　］〔rad〕である。

(2)　$\omega > \omega_0$のとき、$\dot{I}$は$\dot{V}$よりも位相が［　B　］いる。

(3)　$\omega < \omega_0$のとき、$|\dot{V}_L|$は$|\dot{V}_C|$よりも［　C　］。

$\dot{V}_L$：Lの両端の電圧〔V〕
$\dot{V}_C$：Cの両端の電圧〔V〕
R：抵抗〔Ω〕
L：自己インダクタンス〔H〕
C：静電容量〔F〕

	A	B	C
1	$\frac{\pi}{2}$	遅れて	小さい
2	$\frac{\pi}{2}$	進んで	大きい
3	π	進んで	小さい
4	π	遅れて	小さい
5	π	進んで	大きい

解説　回路のインピーダンス$\dot{Z}$、電流$\dot{I}$、各部の電圧$\dot{V}$は

$$\dot{Z} = R + j\left(\omega L - \frac{1}{\omega C}\right)〔\Omega〕\quad\cdots\ (1)$$

$$\dot{I} = \frac{\dot{V}}{\dot{Z}}〔A〕\quad\cdots\ (2)$$

$$\dot{V} = \dot{Z}\dot{I} = \dot{V}_R + \dot{V}_L + \dot{V}_C〔V〕\quad\cdots\ (3)$$

(1)　$\omega = \omega_0$のとき、式(1)の虚数部＝0となるので、式(2)より$\dot{V}$と$\dot{I}$は同位相となる。$\dot{V}_L = j\omega L\dot{I}$なので、$\dot{V}$と$\dot{V}_L$の位相差は、$\pi/2$〔rad〕である。

(2)　$\omega > \omega_0$のとき、式(1)は$\dot{Z} = R + jX$となるので、$\dot{I} = a - jb$となり、$\dot{I}$は$\dot{V}$よりも位相が遅れている。

(3)　$\omega < \omega_0$のとき、式(1)の$\omega L < (1/\omega C)$なので、式(3)より$|\dot{V}_L|$は$|\dot{V}_C|$よりも小さい。

▶ **解答　1**

共振回路の問題は頻繁に出題される。共振時は$\dot{V}$と$\dot{I}$は同位相となる。

A−8 06(1) 04(1①) 03(7②)

図に示すように、交流電圧 $\dot{V}=100$〔V〕に誘導性負荷 $\dot{Z}_1$、容量性負荷 $\dot{Z}_2$ 及び抵抗負荷 R を接続したとき、回路全体の皮相電力及び力率の値の組合せとして、正しいものを下の番号から選べ。ただし、$\dot{Z}_1$、$\dot{Z}_2$、R の有効電力及び力率は表の値とする。

	皮相電力	力率
1	1,200〔VA〕	$\frac{11}{12}$
2	1,200〔VA〕	$\frac{12}{13}$
3	1,300〔VA〕	$\frac{11}{12}$
4	1,300〔VA〕	$\frac{12}{13}$
5	1,300〔VA〕	$\frac{10}{13}$

負荷	有効電力	力率
$\dot{Z}_1$	600〔W〕	0.6
$\dot{Z}_2$	400〔W〕	0.8
R	200〔W〕	1.0

$\dot{V}$ 100〔V〕 $\dot{Z}_1$ $\dot{Z}_2$ R

解説 交流電源電圧の大きさを $V=100$〔V〕、誘導性負荷 $\dot{Z}_1$、容量性負荷 $\dot{Z}_2$、純抵抗負荷 R を流れる電流の大きさを I_1、I_2、I_3〔A〕、力率 $\cos\theta_1=0.6$、$\cos\theta_2=0.8$、$\cos\theta_3=1$ のとき、有効電力 $P_1=600$〔W〕、$P_2=400$〔W〕、$P_3=200$〔W〕なので、$P_1=VI_1\cos\theta_1$ より

$$I_1=\frac{P_1}{V\cos\theta_1}=\frac{600}{100\times0.6}=10\text{〔A〕}$$

$$I_2=\frac{P_2}{V\cos\theta_2}=\frac{400}{100\times0.8}=5\text{〔A〕}$$

$$I_3=\frac{P_3}{V\cos\theta_3}=\frac{200}{100\times1}=2\text{〔A〕}$$

負荷 $\dot{Z}_1$、$\dot{Z}_2$、R を流れる電流の実数部成分 I_{e1}、I_{e2}、I_{e3} は

$$I_{e1}=I_1\cos\theta_1=10\times0.6=6\text{〔A〕}$$

$$I_{e2}=I_2\cos\theta_2=5\times0.8=4\text{〔A〕}$$

$$I_{e3}=I_3\cos\theta_3=2\times1=2\text{〔A〕}$$

負荷 $\dot{Z}_1$、$\dot{Z}_2$、R を流れる電流の虚数部成分 I_{q1}、I_{q2}、I_{q3} は

$$I_{q1}=I_1\sin\theta_1=I_1\sqrt{1-\cos^2\theta_1}=10\sqrt{1-0.6^2}=8\text{〔A〕}$$

$$I_{q2}=I_2\sin\theta_2=I_2\sqrt{1-\cos^2\theta_2}=5\sqrt{1-0.8^2}=3\text{〔A〕}$$

$$I_{q3}=0\text{〔A〕}$$

Point

$\sin^2\theta+\cos^2\theta=1$

$\sin\theta=\sqrt{1-\cos^2\theta}$

容量性負荷を流れる電流の虚数部成分を負とすると、電源から流れる電流の大きさ I〔A〕は

$$I = \sqrt{(I_{e1} + I_{e2} + I_{e3})^2 + (I_{q1} - I_{q2})^2}$$
$$= \sqrt{(6+4+2)^2 + (8-3)^2} = \sqrt{12^2 + 5^2} = \sqrt{144 + 25} = \sqrt{169} = 13 \text{〔A〕}$$

回路の皮相電力 P_s〔VA〕は

$$P_s = VI = 100 \times 13 = 1{,}300 \text{〔VA〕}$$

力率 $\cos\theta$ は

$$\cos\theta = \frac{I_{e1} + I_{e2} + I_{e3}}{I} = \frac{6+4+2}{13} = \frac{12}{13}$$

▶ **解答　4**

$\dot{Z}_2$ が誘導性負荷の問題も出題されている。その場合は、電流の虚数部成分の合成電流は和で計算する。また、負荷が二つの問題も出題されている。

A－9

類 04(7②) 03(7①)

次の記述は、ダイオード又はトランジスタから発生する雑音について述べたものである。［　　］内に入れるべき字句の正しい組合せを下の番号から選べ。

(1) 周波数特性の高域で観測され、エミッタ電流がベース電流とコレクタ電流に分配される比率のゆらぎによって生ずる雑音は、［ A ］である。

(2) 周波数特性の中域で観測され、電界を加えて電流を流すとき、キャリアの数やドリフト速度のゆらぎによって生ずる雑音は、［ B ］である。

(3) 周波数特性の低域で観測され、周波数 f に反比例する特性があることから $1/f$ 雑音ともいわれる雑音は、［ C ］である。

	A	B	C
1	フリッカ雑音	分配雑音	ホワイト雑音
2	フリッカ雑音	散弾雑音	熱雑音
3	分配雑音	散弾雑音	フリッカ雑音
4	分配雑音	フリッカ雑音	ホワイト雑音
5	散弾雑音	フリッカ雑音	熱雑音

解説　分配雑音は周波数の2乗に比例して発生する。散弾雑音は周波数に関係しないが、低域や高域は他の雑音が大きいので中域で観測される。フリッカ雑音は低域で発生し周波数に反比例する。

▶ **解答　3**

A－10

04(7①) 類04(7②) 類03(7①) 類03(1①) 03(1②)

図に示すトランジスタ(Tr)のバイアス回路において、コレクタ電流 I_C を 3〔mA〕にするためのベース抵抗 R_B の値として、最も近いものを下の番号から選べ。ただし、Tr のエミッタ接地直流電流増幅率 h_{FE} を 300、回路のベース－エミッタ間電圧 V_{BE} を 0.7〔V〕とする。

1 790〔kΩ〕
2 730〔kΩ〕
3 680〔kΩ〕
4 590〔kΩ〕
5 530〔kΩ〕

C ：コレクタ
B ：ベース
E ：エミッタ
R_C：抵抗
V ：直流電源電圧

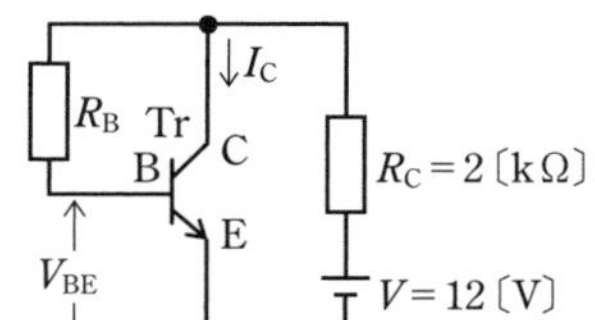

解説 $I_C = 3$〔mA〕、$h_{FE} = 300$ より、ベース電流 I_B〔mA〕は

$$I_B = \frac{I_C}{h_{FE}} = \frac{3}{300} = 0.01 \text{〔mA〕}$$

コレクタ－エミッタ間電圧 V_{CE}〔V〕を求めると

$$V_{CE} = V - R_C (I_C + I_B)$$

$$= 12 - 2 \times 10^3 \times (3 + 0.01) \times 10^{-3} = 12 - 2 \times 3.01 = 5.98 \text{〔V〕}$$

ベース－コレクタ間の電圧から、抵抗 R_B〔Ω〕を求めると

$$R_B = \frac{V_{CE} - V_{BE}}{I_B} = \frac{5.98 - 0.7}{0.01 \times 10^{-3}} = 5.28 \times 10^3 \text{〔Ω〕} \fallingdotseq 530 \text{〔kΩ〕}$$

Point
トランジスタの動作範囲では、I_B が変化しても、V_{BE} = 0.7〔V〕はほぼ一定の値

▶ **解答 5**

出題傾向 V_{BE}＝0.6〔V〕の値で出題されている問題もある。

A－11

03(7①)

次の記述は、図1に示す図記号のサイリスタについて述べたものである。［　　］内に入れるべき字句の正しい組合せを下の番号から選べ。

(1) 名称は、［ A ］逆阻止3端子サイリスタである。
(2) 等価回路をトランジスタで表すと、図2の［ B ］である。
(3) 図3に示す回路に図4に示す G-K 間電圧 v_{GK}〔V〕を加えてサイリスタを ON させたとき、抵抗 R〔Ω〕には、ほぼ t_1〔s〕から［ C ］〔s〕の時間だけ電流が流れる。

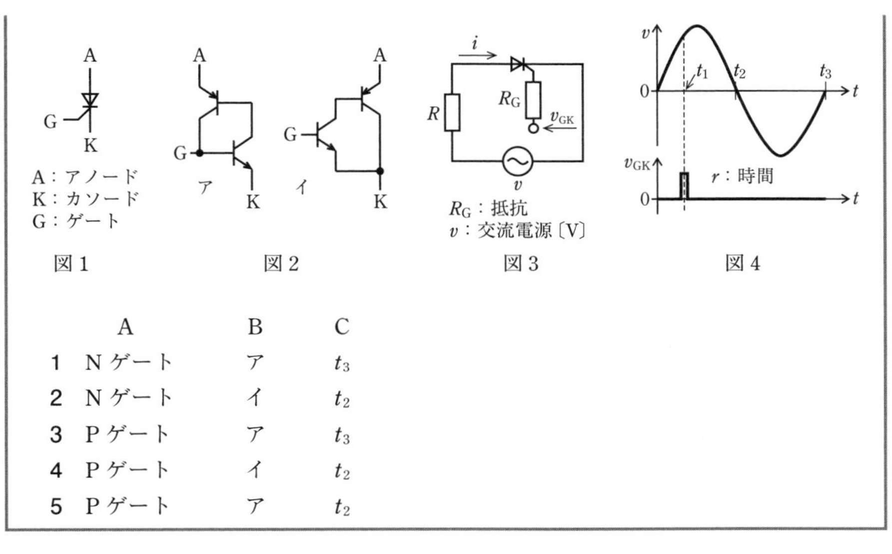

	A	B	C
1	N ゲート	ア	t_3
2	N ゲート	イ	t_2
3	P ゲート	ア	t_3
4	P ゲート	イ	t_2
5	P ゲート	ア	t_2

解説　問題で与えられた回路は、ゲート-カソード間のゲート電極 G に正の電圧を加えて、ゲートに順方向の電流を流すと ON になる。ゲートは P 形、カソードは N 形半導体で構成されているので、P ゲート逆阻止３端子サイリスタである。

サイリスタは PNPN 構造を持っているので、解説図のようにトランジスタの等価回路で表すことができる。よって問題図２のアの回路となる。問題図２のイはインバーテッドダーリントン接続である。

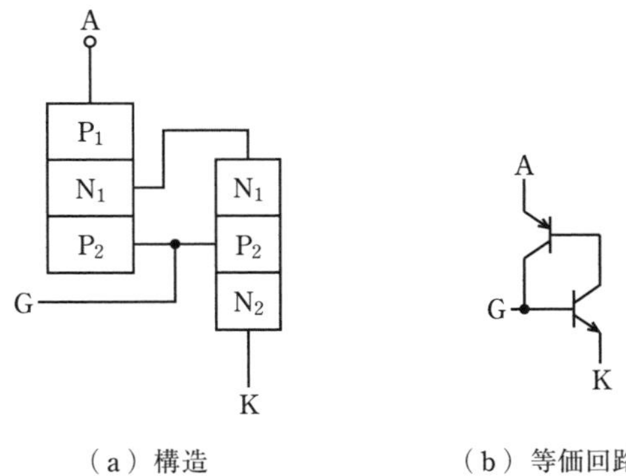

（a）構造　　（b）等価回路

問題図３のように G-K 間にトリガ電圧 v_{GK} を加えると、アノードから急激に電流 i が流れ始めて ON（導通状態）となる。次にアノード-カソード間電圧 v_{GK} が保持電圧以下になるまで電流は流れ続けるので、問題図４の t_1 から t_2 の時間だけ電流 i が流れる。

▶ **解答　5**

A－12 04(7①) 類03(7①) 03(1①)

次の記述は、マイクロ波帯やミリ波帯の回路に用いられる電子管及び半導体素子について述べたものである。このうち誤っているものを下の番号から選べ。

1 マグネトロンは、電界の作用と磁界の作用を利用して発振する二極真空管である。
2 進行波管は、界磁コイル内に置かれた空洞共振器の作用を利用し、雑音の少ない狭帯域の増幅が可能である。
3 インパットダイオードは、PN 接合のなだれ現象とキャリアの走行時間効果による負性抵抗特性を利用し発振する。
4 ガンダイオードは、GaAs（ガリウムヒ素）半導体などに強い直流電界を加えたときに生ずるガン効果により発振する。
5 トンネルダイオードは、PN 接合に順方向電圧を加えたときの負性抵抗特性を利用し発振する。

解説 誤っている選択肢は次のようになる。

2 進行波管は、界磁コイル内に置かれた**ら旋遅延回路**の作用を利用し、雑音の少ない**広帯域**の増幅作用が可能である。

▶ **解答 2**

A－13 類05(1①) 類03(7①) 類02(11②)

図に示す整流回路において、端子 ab 間の電圧 V_{ab}（最大値）及び端子 cd 間の電圧 V_{cd} の値の組合せとして、正しいものを下の番号から選べ。ただし、交流電源 V の電圧は、実効値 100〔V〕の正弦波交流電圧とし、変成器 T 及びダイオード D_1、D_2 は理想的な特性をもち、静電容量 C_1、C_2〔F〕は十分大きい値とする。

	V_{ab}	V_{cd}
1	$50\sqrt{2}$〔V〕	$100\sqrt{2}$〔V〕
2	$50\sqrt{2}$〔V〕	$200\sqrt{2}$〔V〕
3	100〔V〕	200〔V〕
4	$200\sqrt{2}$〔V〕	$400\sqrt{2}$〔V〕
5	$200\sqrt{2}$〔V〕	$800\sqrt{2}$〔V〕

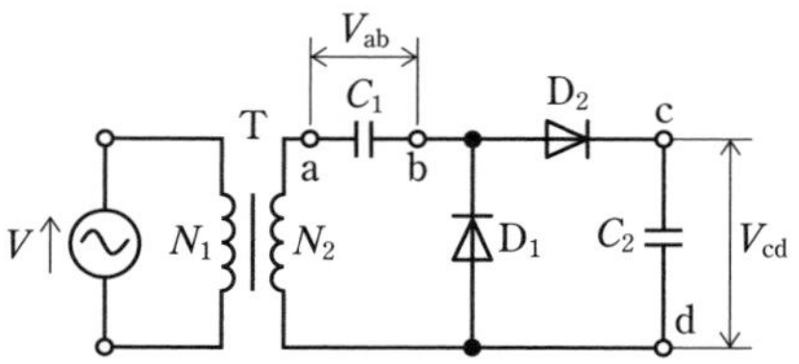

N_1：T の 1 次側巻数 280
N_2：T の 2 次側巻数 560

解説 変成器 T の巻数比が $N_1 : N_2 = 280 : 560 = 1 : 2$ なので、整流回路の入力電圧は、電源電圧の実効値 100〔V〕の 2 倍となるので、その実効値は 200〔V〕となる。

入力交流電圧の負の半周期では、ダイオード D_1 が導通して、コンデンサ C_1 は整流回路の交流入力電圧の最大値 $V_{\mathrm{m}} = 200\sqrt{2}$〔V〕に充電される。この電圧が端子 ab 間の電圧の最大値となるので $V_{\mathrm{ab}} = 200\sqrt{2}$〔V〕である。負荷に電流が流れないので、コンデンサ C_1 の端子 ab 間の電圧は V_{ab} に保持される。

次に入力交流電圧の正の半周期では、ダイオード D_2 の入力は、最大値 $V_{\mathrm{m}} = 200\sqrt{2}$〔V〕の整流回路の交流入力電圧に、$V_{\mathrm{ab}} = 200\sqrt{2}$〔V〕の直流電圧が加わった脈流電圧となる。この脈流電圧が D_2 よって整流されてコンデンサ C_2 が充電されるので、端子 cd 間の電圧 V_{cd} は、$V_{\mathrm{cd}} = 200\sqrt{2} + 200\sqrt{2} = 400\sqrt{2}$〔V〕となる。

▶ **解答　4**

A－14　　04(7①)　03(1①)

図に示す理想的な B 級動作をするコンプリメンタリ SEPP 回路において、トランジスタ $\mathrm{Tr_1}$ のコレクタ電流の最大値 I_{Cm1} 及び負荷抵抗 R_{L}〔Ω〕で消費される最大電力 P_{mo} の値の組合せとして、最も近いものを下の番号から選べ。ただし、二つのトランジスタ $\mathrm{Tr_1}$ 及び $\mathrm{Tr_2}$ の特性は相補的（コンプリメンタリ）で、入力は単一正弦波とする。

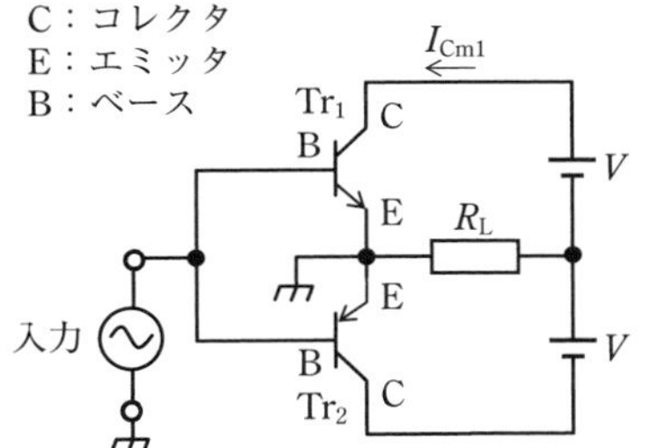

	I_{Cm1}	P_{mo}
1	1.0〔A〕	8〔W〕
2	1.5〔A〕	6〔W〕
3	1.5〔A〕	9〔W〕
4	2.0〔A〕	6〔W〕
5	2.0〔A〕	8〔W〕

解説　入力交流電圧の正の半周期と負の半周期では、$\mathrm{Tr_1}$ と $\mathrm{Tr_2}$ が交互に動作する。$\mathrm{Tr_1}$ を流れる出力電流の最大値 I_{Cm1}〔A〕は、電圧の最大値 V_{Cm} が電源電圧 V〔V〕となるので、次式で表される。

$$I_{\mathrm{Cm1}} = \frac{V_{\mathrm{Cm}}}{R_{\mathrm{L}}} = \frac{V}{R_{\mathrm{L}}} = \frac{12}{8} = 1.5\ \text{〔A〕}$$

各トランジスタの電圧と電流の最大値 V_{Cm}〔V〕、I_{Cm}〔A〕は同じ値となる。正弦波交流の実効値を V_{e}〔V〕、I_{e}〔A〕とすると、負荷抵抗で消費される最大電力 P_{om}〔W〕は

$$P_{\mathrm{om}} = V_{\mathrm{e}} I_{\mathrm{e}} = \frac{V_{\mathrm{Cm}}}{\sqrt{2}} \times \frac{I_{\mathrm{Cm}}}{\sqrt{2}}$$

$$= \frac{V}{\sqrt{2}} \times \frac{V}{\sqrt{2}R_{\mathrm{L}}} = \frac{V^2}{2R_{\mathrm{L}}} = \frac{12^2}{2 \times 8} = 9\ \text{〔W〕}$$

▶ **解答　3**

式を誘導する問題も出題されている。

A－15 04(1①)

図に示す理想的な演算増幅器(A_{OP})を用いたブリッジ形 CR 発振回路の発振周波数 f_o 及び発振状態のときの電圧帰還率 $\beta\,(\dot{V}_f/\dot{V}_o)$ の値の組合せとして、正しいものを下の番号から選べ。ただし、$R=10/\pi$〔kΩ〕、$C=0.01$〔μF〕とする。

	f_o	β
1	5〔kHz〕	$\frac{1}{3}$
2	5〔kHz〕	$\frac{1}{29}$
3	10〔kHz〕	$\frac{1}{6}$
4	$\frac{5}{\sqrt{6}}$〔kHz〕	$\frac{1}{3}$
5	$\frac{5}{\sqrt{6}}$〔kHz〕	$\frac{1}{29}$

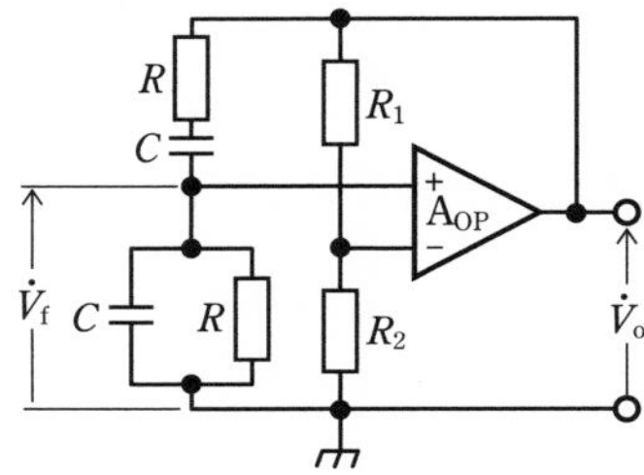

R、R_1、R_2：抵抗〔Ω〕
C：静電容量〔F〕
$\dot{V}_o$：出力電圧〔V〕
$\dot{V}_f$：帰還電圧〔V〕

解説 問題図の帰還回路において、RC 並列回路の合成インピーダンス $\dot{Z}_p$〔Ω〕は

$$\dot{Z}_p=\frac{\dfrac{R}{j\omega C}}{\dfrac{1}{j\omega C}+R}=\frac{R}{1+j\omega CR}\text{〔Ω〕}\quad\cdots(1)$$

RC 直列回路の合成インピーダンスを $\dot{Z}_s$ とすると、電圧帰還率 β は

$$\beta=\frac{\dot{V}_f}{\dot{V}_o}=\frac{\dot{Z}_p}{\dot{Z}_s+\dot{Z}_p}=\frac{\dfrac{R}{1+j\omega CR}}{R+\dfrac{1}{j\omega C}+\dfrac{R}{1+j\omega CR}}$$

$$=\frac{R}{R(1+j\omega CR)+\dfrac{1+j\omega CR}{j\omega C}+R}$$

$$=\frac{1}{1+j\omega CR+\dfrac{1}{j\omega CR}+1+1}=\frac{1}{3+j\left(\omega CR-\dfrac{1}{\omega CR}\right)}\quad\cdots(2)$$

Point
β は帰還回路の入力と出力のインピーダンスの比で表される

式(2)の虚数部＝0とすると

$$\omega CR = \frac{1}{\omega CR} \quad \text{よって} \quad \omega = \frac{1}{CR}$$

したがって、発振周波数 f_o〔Hz〕は $\omega = 2\pi f_o$ なので

$$f_o = \frac{1}{2\pi CR} = \frac{1}{2\pi \times 0.01 \times 10^{-6} \times \dfrac{10}{\pi} \times 10^3}$$

$$= \frac{1}{2} \times 10^4 = 5 \times 10^3 \text{〔Hz〕}$$

$$= 5 \text{〔kHz〕}$$

式 (2) の実数部より

$$\beta = \frac{1}{3}$$

▶ **解答　1**

出題傾向　発振周波数を記号式で求める問題も出題されている。また、式の誘導が面倒なので結果式を覚えるとよい。

A－16

05(1②)　03(1②)

図に示す論理回路の入出力関係を示す論理式として、正しいものを下の番号から選べ。ただし、正論理とし、A、B 及び C を入力、X を出力とする。

1　$X = (A + B) \cdot (A + \overline{C})$

2　$X = (A + B) \cdot (A + C)$

3　$X = \overline{A} \cdot \overline{B} + A \cdot C$

4　$X = A \cdot B + \overline{A} \cdot C$

5　$X = A \cdot B + A \cdot C$

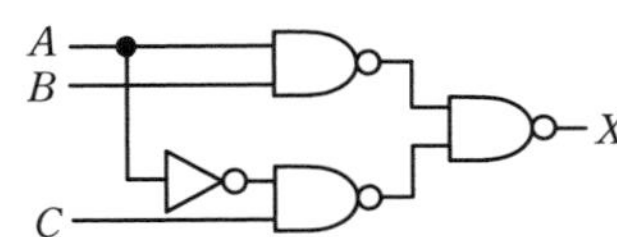

解説　問題図の回路より論理式を作ると

$$X = \overline{(\overline{A \cdot B}) \cdot (\overline{\overline{A} \cdot C})}$$

ド・モルガンの定理より

$$= (\overline{\overline{A \cdot B}}) + (\overline{\overline{\overline{A} \cdot C}}) = A \cdot B + \overline{A} \cdot C$$

▶ **解答　4**

Point
ド・モルガンの定理
$\overline{A \cdot B} = \overline{A} + \overline{B}$
$\overline{A + B} = \overline{A} \cdot \overline{B}$

A－17

類 05(1①)　04(1①)　類 03(1②)

図に示すように、直流電圧計 V_1、V_2 及び V_3 を直列に接続したとき、それぞれの電圧計の指示値 V_1、V_2 及び V_3 の和の値から測定できる端子 ab 間の電圧 V_{ab} の最大値として、正しいものを下の番号から選べ。ただし、それぞれの電圧計の最大目盛値及び内部抵抗は、表の値とする。

無線工学の基礎　無線工学A　無線工学B　法規

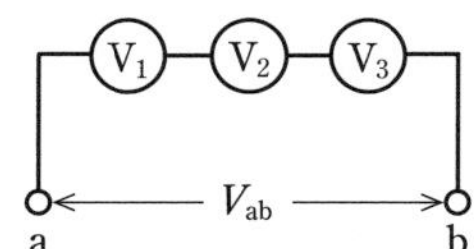

電圧計	最大目盛値	内部抵抗
V_1	30〔V〕	30〔kΩ〕
V_2	100〔V〕	200〔kΩ〕
V_3	300〔V〕	300〔kΩ〕

1　355〔V〕　2　325〔V〕　3　265〔V〕　4　245〔V〕　5　225〔V〕

解説　各電圧計に流れる電流は同じなので、各電圧計の最大目盛値 V_1、V_2、V_3〔V〕の電圧となるときに流れる電流 I_1、I_2、I_3〔A〕が各電圧計の最大電流となる。それらは内部抵抗 r_1、r_2、r_3〔Ω〕の電圧降下なので、I_1、I_2、I_3 を求めると

$$I_1 = \frac{V_1}{r_1} = \frac{30}{30 \times 10^3} = 1 \times 10^{-3}\text{〔A〕} \quad \cdots (1)$$

$$I_2 = \frac{V_2}{r_2} = \frac{100}{200 \times 10^3} = 0.5 \times 10^{-3}\text{〔A〕} \quad \cdots (2)$$

$$I_3 = \frac{V_3}{r_3} = \frac{300}{300 \times 10^3} = 1 \times 10^{-3}\text{〔A〕} \quad \cdots (3)$$

Point
$k = 10^3$ と $m = 10^{-3}$ は掛けると消えるので、10^{-3} を残して計算する

I_2 が最小なので式(2)の電流が流れたときに電圧計 V_2 が最大目盛に到達する。そのとき、ab 間の電圧 V_{ab}〔V〕は

$$V_{ab} = (r_1 + r_2 + r_3) I_2$$
$$= (30 + 200 + 300) \times 10^3 \times 0.5 \times 10^{-3} = 265\text{〔V〕}$$

▶ **解答　3**

出題傾向　電圧計が二つの問題も出題されている。

A－18

類 05(1①)　類 04(1①)　27(7)

次の記述は、図に示す直流電流計 A_a を用いた回路において、電流を測定したときの誤差率の大きさ ε について述べたものである。□内に入れるべき字句の正しい組合せを下の番号から選べ。ただし、A_a の内部抵抗を R_A〔Ω〕とする。

(1) 回路に流れる電流の真値 I_T は、$R_A = 0$〔Ω〕のときの電流であるから、$I_T = \dfrac{V}{R}$〔A〕である。

(2) 電流計 A_a の測定値 I_M は、$I_M = \dfrac{V}{R + R_A}$〔A〕である。

(3) ε を I_T と I_M で表すと、$\varepsilon = |$ A $|$ となる。

(4) また、ε を R と R_A で表すと、$\varepsilon = 1 -$ B となる。

(5) したがって、ε を 0.1 未満にする条件は、$R_A <$ C〔Ω〕である。

	A	B	C
1	$\dfrac{I_T - I_M}{I_M}$	$\dfrac{R}{R+R_A}$	$\dfrac{R}{9}$
2	$\dfrac{I_M - I_T}{I_T}$	$\dfrac{R}{R+R_A}$	$\dfrac{R}{9}$
3	$\dfrac{I_M - I_T}{I_T}$	$\dfrac{R}{R+R_A}$	$9R$
4	$\dfrac{I_T - I_M}{I_M}$	$\dfrac{R_A}{R+R_A}$	$9R$
5	$\dfrac{I_M - I_T}{I_T}$	$\dfrac{R_A}{R+R_A}$	$\dfrac{R}{4.5}$

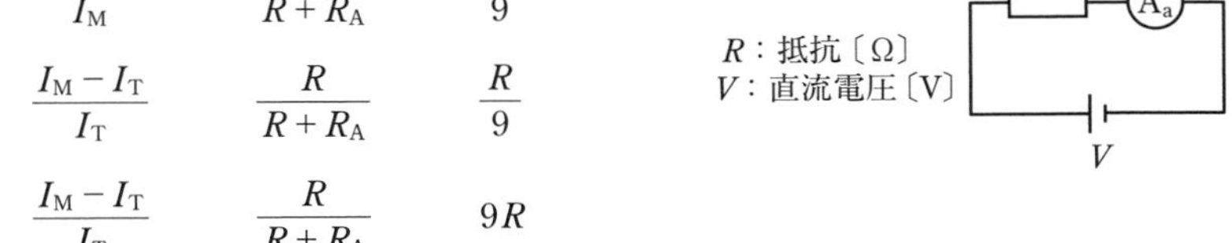

解説　誤差率 ε は次式で表される。

$$\varepsilon = \frac{I_M - I_T}{I_T}$$

R_A によって電流が減少し、$I_M < I_T$ となるので、誤差率の大きさは

$$|\varepsilon| = \left|\frac{I_M - I_T}{I_T}\right| = \frac{I_T - I_M}{I_T} \quad \cdots (1)$$

$R_A = 0$〔Ω〕のとき、抵抗 R を流れる電流の真値 I_T〔A〕は

$$I_T = \frac{V}{R} \text{〔A〕} \quad \cdots (2)$$

測定値 I_M〔A〕は

$$I_M = \frac{V}{R+R_A} \text{〔A〕} \quad \cdots (3)$$

誤差率の大きさは式(1)に式(2)、式(3)を代入すると

$$|\varepsilon| = \frac{I_T - I_M}{I_T} = \frac{\dfrac{V}{R} - \dfrac{V}{R+R_A}}{\dfrac{V}{R}} = 1 - \frac{R}{R+R_A} \quad \cdots (4)$$

式(4)の $|\varepsilon| < 0.1$ とすると

$$1 - \frac{R}{R+R_A} < 0.1$$

$$R + R_A - R < 0.1 \times (R + R_A)$$

$$R_A < \frac{0.1R}{1-0.1} = \frac{R}{9} \quad \text{よって} \quad R_A < \frac{R}{9} \text{〔Ω〕}$$

▶ **解答　2**

A－19 04(1①) 02(11①)

図に示す回路において、標準信号発生器 SG の周波数 f を 200〔kHz〕にしたとき可変静電容量 C_V が 457〔pF〕で回路が共振し、f を 400〔kHz〕にしたとき C_V が 112〔pF〕で回路が共振した。このとき自己インダクタンスが L〔H〕のコイルの分布容量 C_0 の値として、最も近いものを下の番号から選べ。

1 15〔pF〕
2 12〔pF〕
3 9〔pF〕
4 6〔pF〕
5 3〔pF〕

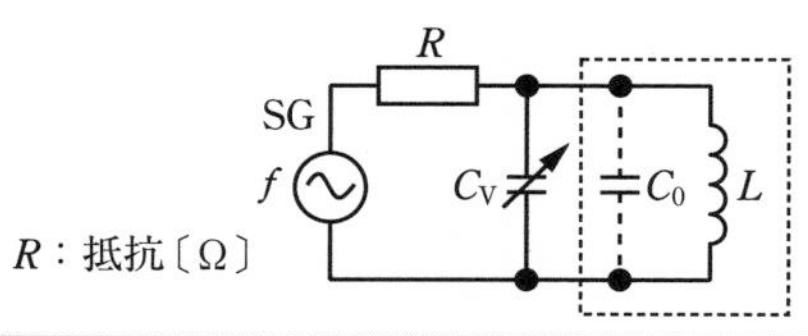

解説 共振周波数をそれぞれ f_1、f_2、角周波数を ω_1、ω_2、そのときの可変静電容量の値を C_{V1}、C_{V2}、コイルの自己インダクタンスを L、分布容量を C_0 とすると、次式が成り立つ。

$$\omega_1{}^2 = \frac{1}{L(C_{V1}+C_0)} \quad \cdots (1) \qquad \omega_2{}^2 = \frac{1}{L(C_{V2}+C_0)} \quad \cdots (2)$$

周波数 $f_1 = 200$〔kHz〕、$f_2 = 400$〔kHz〕なので、それらの関係は次式となる。

$$2\omega_1 = \omega_2 \quad \cdots (3)$$

式(2)÷式(1)に式(3)を代入すると、次式が得られる。

$$\left(\frac{\omega_2}{\omega_1}\right)^2 = \frac{L(C_{V1}+C_0)}{L(C_{V2}+C_0)} = \frac{C_{V1}+C_0}{C_{V2}+C_0} = 2^2$$

$$4(C_{V2}+C_0) = C_{V1}+C_0$$

よって、C_0〔pF〕を求めると

$$C_0 = \frac{C_{V1}-4C_{V2}}{3} = \frac{457-4\times 112}{3} = \frac{9}{3} = 3\text{〔pF〕}$$

Point
L の値が与えられてないので、C のみの式となるように誘導する

▶ **解答 5**

A－20 31(1)

次の記述は、国際単位系(SI)で表された電気磁気量の単位を他の SI 単位で表したものである。このうち、誤っているものを下の番号から選べ。

1 静電容量の単位〔F〕を、他の SI 単位で表すと〔V･C〕である。
2 電圧、電位の単位〔V〕を、他の SI 単位で表すと〔W/A〕である。
3 インダクタンスの単位〔H〕を、他の SI 単位で表すと〔Wb/A〕である。
4 磁束の単位〔Wb〕を、他の SI 単位で表すと〔V･s〕である。
5 電力の単位〔W〕を、他の SI 単位で表すと〔J/s〕である。

解説

1　電荷 Q〔C〕、電圧 V〔V〕より、静電容量 C は

$$C\,[\mathrm{F}] = \frac{Q\,[\mathrm{C}]}{V\,[\mathrm{V}]}$$

よって、誤りである。

2　電力 P〔W〕、電流 I〔A〕より、電圧 V は

$$V\,[\mathrm{V}] = \frac{P\,[\mathrm{W}]}{I\,[\mathrm{A}]}$$

3　磁束 ϕ〔Wb〕、電流 I〔A〕より、インダクタンス L は

$$L\,[\mathrm{H}] = \frac{\phi\,[\mathrm{Wb}]}{I\,[\mathrm{A}]}$$

4　誘導起電力 e〔V〕、磁束 ϕ〔Wb〕、時間 t〔s〕より

$$e = \frac{\Delta\phi}{\Delta t} \quad \text{から} \quad \phi\,[\mathrm{Wb}] = e\,[\mathrm{V}] \times t\,[\mathrm{s}]$$

5　仕事 W〔J〕、電荷 Q〔C〕より、電圧 V は

$$V\,[\mathrm{V}] = \frac{W\,[\mathrm{J}]}{Q\,[\mathrm{C}]}$$

電力 P〔W〕は

$$P\,[\mathrm{W}] = V\,[\mathrm{V}] \times I\,[\mathrm{A}] = \frac{W\,[\mathrm{J}]}{Q\,[\mathrm{C}]} \times \frac{Q\,[\mathrm{C}]}{t\,[\mathrm{s}]} = \frac{W\,[\mathrm{J}]}{t\,[\mathrm{s}]}$$

▶ **解答　1**

B－1　類 04(1②)　03(7①)

次の記述は、図に示すように、一辺の長さ r〔m〕の正三角形の三つの頂点に紙面に垂直な無限長導線X、Y及びZを置き、それぞれの導線に同じ大きさと方向の直流電流 I〔A〕を流したときの、導線Xの長さ１〔m〕当たりに作用する電磁力について述べたものである。［　　］内に入れるべき字句を下の番号から選べ。ただし、導線は真空中にあり、真空の透磁率を $4\pi \times 10^{-7}$〔H/m〕とする。

(1)　XとYの間に働く力 F_{XY} の方向は、［ ア ］力である。

(2)　F_{XY} の大きさは、F_{XY} = ［ イ ］〔N/m〕である。

(3)　XとZの間に働く力 F_{XZ} の大きさは、F_{XY} と同じである。

(4)　F_{XY} と F_{XZ} の方向は、［ ウ ］〔rad〕異なる。

(5)　したがって、導線Xが受ける力の大きさ F_0 は、F_0 = ［ エ ］〔N/m〕である。

(6)　F_0 の方向は、正三角形の［ オ ］に向かう方向である。

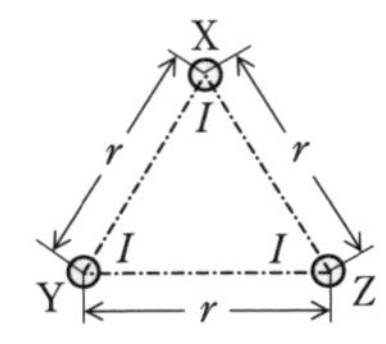

1	反発	2	$\frac{2I^2}{r}\times10^{-7}$	3	$\frac{\pi}{3}$	4	$\frac{3\sqrt{2}\,I^2}{r}\times10^{-7}$	5	XからZ
6	吸引	7	$\frac{2I}{r^2}\times10^{-7}$	8	$\frac{\pi}{6}$	9	$\frac{2\sqrt{3}\,I^2}{r}\times10^{-7}$	10	外接円の中心

解説 導線Xに働く力を解説図に示す。導線YとZは右ねじの法則に従う回転磁界が発生するので、それぞれの導線に同じ方向の電流が流れているときは、フレミングの左手の法則によって吸引力が発生する。導線1〔m〕当たりに働く力の大きさ F_{XY}〔N/m〕は

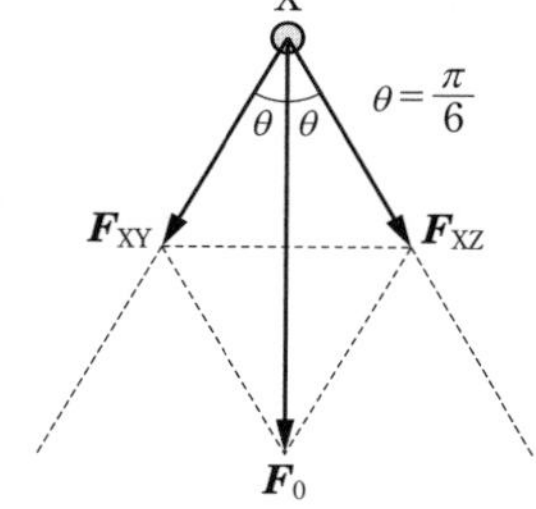

$$F_{XY}=\frac{\mu_0 I^2}{2\pi r}=\frac{2I^2}{r}\times10^{-7}\text{〔N/m〕}$$

解説図より、F_{XY} と F_{XZ} の作る三角形は正三角形なので、F_0〔N/m〕を求めると

$$F_0=2\times F_{XY}\cos\theta$$

$$=2\times\frac{2I^2}{r}\times10^{-7}\times\frac{\sqrt{3}}{2}$$

$$=\frac{2\sqrt{3}\,I^2}{r}\times10^{-7}\text{〔N/m〕}$$

Point $\cos\frac{\pi}{6}=\frac{\sqrt{3}}{2}$

Point 力はベクトル量なので、図を用いて大きさを求める

▶ **解答　ア－6　イ－2　ウ－3　エ－9　オ－10**

B－2

類 04(1①) 02(11②)

次の記述は、図に示す回路について述べたものである。　　内に入れるべき字句を下の番号から選べ。ただし、入力電圧 $\dot{V}_1$〔V〕、入力電流 $\dot{I}_1$〔A〕、出力電圧 $\dot{V}_2$〔V〕及び出力電流 $\dot{I}_2$〔A〕の間の関係は次式で表されるものとする。

$$\dot{V}_1=\dot{A}\dot{V}_2+\dot{B}\dot{I}_2$$

$$\dot{I}_1=\dot{C}\dot{V}_2+\dot{D}\dot{I}_2$$

(1) $\dot{A}$, $\dot{B}$, $\dot{C}$, $\dot{D}$ を、［ア］という。

(2) $\dot{A}$ =［イ］である。

(3) $\dot{B}$ =［ウ］である。

(4) $\dot{C}$ =［エ］である。

(5) $\dot{D}$ =［オ］である。

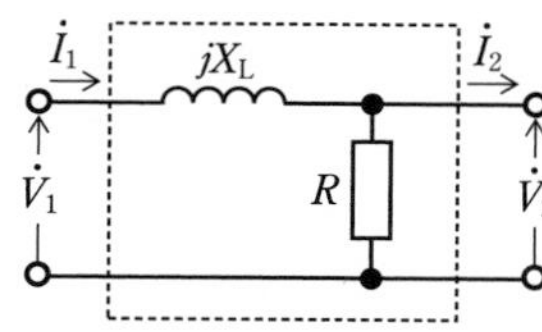

R：抵抗 30〔Ω〕
X_L：誘導リアクタンス 60〔Ω〕

1	減衰定数	2	$2+j1$	3	$j60$〔Ω〕	4	$\frac{1}{20}$〔S〕	5	3
6	四端子定数	7	$1+j2$	8	$j30$〔Ω〕	9	$\frac{1}{30}$〔S〕	10	1

解説 $\dot{A}, \dot{B}, \dot{C}, \dot{D}$ を四端子定数と呼び、四端子定数は、出力端子を開放あるいは短絡することで求めることができる。

出力端子を開放すると $\dot{I}_2 = 0$ となるので、電圧比は jX_L と R の比より、定数 $\dot{A}$ は

$$\dot{A} = \frac{\dot{V}_1}{\dot{V}_2} = \frac{jX_L + R}{R} = \frac{j60 + 30}{30} = 1 + j2$$

出力端子を短絡すると $\dot{V}_2 = 0$、$\dot{I}_1 = \dot{I}_2$ なので、定数 $\dot{B}$ は

$$\dot{B} = \frac{\dot{V}_1}{\dot{I}_2} = \frac{\dot{V}_1}{\dot{I}_1} = jX_L = j60 \text{〔Ω〕}$$

出力端子を開放すると $\dot{I}_2 = 0$ なので、定数 $\dot{C}$ は

$$\dot{C} = \frac{\dot{I}_1}{\dot{V}_2} = \frac{\dot{I}_1}{R\dot{I}_1} = \frac{1}{R} = \frac{1}{30} \text{〔S〕}$$

出力端子を短絡すると $\dot{V}_2 = 0$、$\dot{I}_1 = \dot{I}_2$ なので、定数 $\dot{D}$ は

$$\dot{D} = \frac{\dot{I}_1}{\dot{I}_2} = 1$$

▶ **解答　ア－6　イ－7　ウ－3　エ－9　オ－10**

B－3

04(1①)　02(11②)

次の図は、理想的なダイオードD、ツェナー電圧2〔V〕の定電圧ダイオードD_Z及び1〔kΩ〕の抵抗Rを組み合わせた回路とその回路の電圧電流特性を示したものである。このうち正しいものを1、誤っているものを2として解答せよ。ただし、端子ab間に加える電圧をV、流れる電流をIとする。

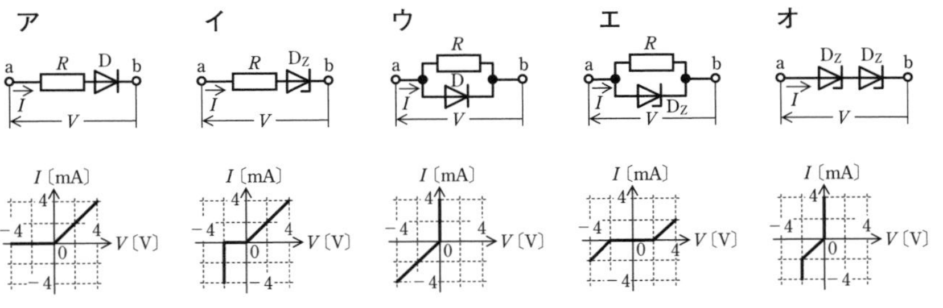

解説 理想ダイオードの順方向特性は順方向抵抗が0〔Ω〕なので、電流軸方向に電流が流れる。定電圧ダイオードも順方向特性は同じになる。理想ダイオードの逆方向特性は電流が流れない。定電圧ダイオードの逆方向特性は2〔V〕から電流が流れ始める。

誤っている選択肢の電圧電流特性は、イの選択肢の特性は解説図1、エの選択肢の特性は問題の選択肢オの特性図、オの選択肢の特性は解説図2となる。

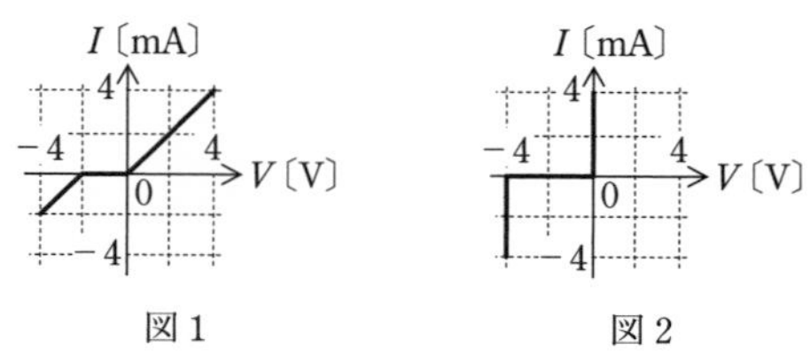

図1　　図2

▶ **解答　ア－1　イ－2　ウ－1　エ－2　オ－2**

B－4　16(1)

次の記述は、図に示す電界効果トランジスタ(FET)を用いたカスコード増幅回路の原理的構成について述べたものである。□内に入れるべき字句を下の番号から選べ。

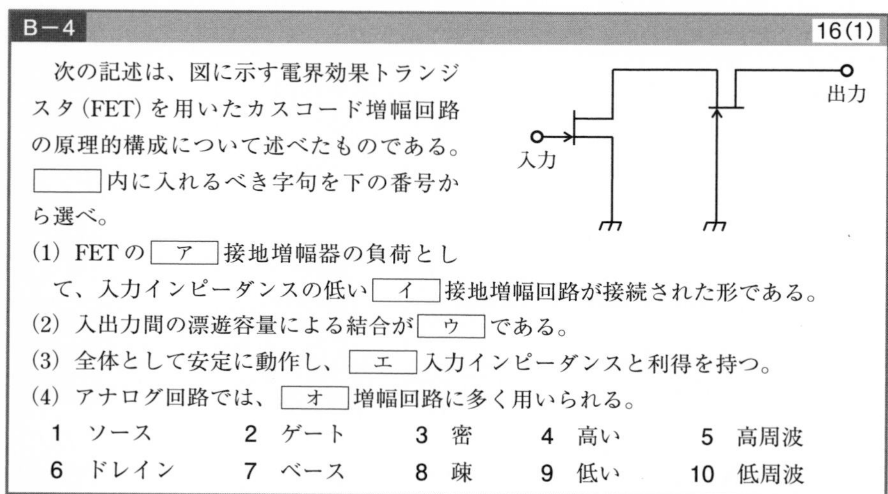

(1) FETの［ア］接地増幅器の負荷として、入力インピーダンスの低い［イ］接地増幅回路が接続された形である。
(2) 入出力間の漂遊容量による結合が［ウ］である。
(3) 全体として安定に動作し、［エ］入力インピーダンスと利得を持つ。
(4) アナログ回路では、［オ］増幅回路に多く用いられる。

1	ソース	2	ゲート	3	密	4	高い	5	高周波
6	ドレイン	7	ベース	8	疎	9	低い	10	低周波

解説　FETなどの増幅素子を高周波で用いると、入出力間の漂遊容量によって発生するミラー効果の影響により、入力インピーダンスの低下や増幅回路の動作が不安定となることがある。カスコード増幅回路では、前段のソース接地FET増幅回路には、出力に低入力インピーダンスのゲート接地増幅回路が接続されている。このことにより前段の増幅回路の負荷インピーダンスが小さくなるので、前段の電圧増幅度が小さくなることによってミラー効果の影響が小さくなる。よって、入出力間の漂遊容量による結合が疎になる。

▶ **解答　ア－1　イ－2　ウ－8　エ－4　オ－5**

B－5　04(1②)

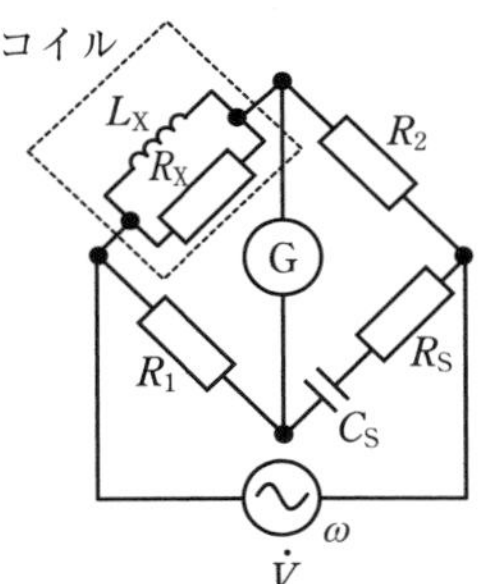

G ：交流検流計
R_1、R_2、R_S：抵抗〔Ω〕
C_S：静電容量〔F〕

次の記述は、図に示す交流ブリッジを用いてコイルの自己インダクタンス L_X〔H〕、等価抵抗 R_X〔Ω〕及び尖鋭度 Q を測定する方法について述べたものである。［　］内に入れるべき字句を下の番号から選べ。ただし、ブリッジは平衡しており、交流電源 $\dot{V}$〔V〕の角周波数を ω〔rad/s〕とする。

(1) L_X と R_X の合成インピーダンスを $\dot{Z}_X$、静電容量 C_S〔F〕と抵抗 R_S〔Ω〕の合成インピーダンスを $\dot{Z}_s$ とすると、平衡状態では、次式が成り立つ。

$$\dot{Z}_s = R_S - j\frac{1}{\omega C_S} = R_1 R_2 \times \frac{1}{\dot{Z}_X}\ 〔\Omega〕 \quad \cdots ①$$

(2) 式①の $\frac{1}{\dot{Z}_X}$ は、$\frac{1}{\dot{Z}_X} =$ ［ア］になる。

(3) したがって、(2)を用いて式①を計算すると、次式が得られる。

$$R_S - j\frac{1}{\omega C_S} = \boxed{イ} \quad \cdots ②$$

(4) 平衡状態では、式②の右辺と左辺で実数部と虚数部がそれぞれ等しくなるので R_X 及び L_X は次式で求められる。

$R_X =$ ［ウ］〔Ω〕, $L_X =$ ［エ］〔H〕

(5) また、コイルの Q は、次式で表される。

$Q =$ ［オ］

1 $\frac{R_X + j\omega L_X}{j\omega L_X R_X}$　2 $R_1 R_2\left(\frac{1}{R_X} - j\frac{1}{\omega L_X}\right)$　3 $\frac{R_1 R_2}{R_S}$　4 $\frac{C_S}{R_1 R_2}$　5 $\frac{R_S}{\omega C_S}$

6 $\frac{j\omega L_X R_X}{R_X + j\omega L_X}$　7 $R_1\left(\frac{R_X}{R_2} - j\frac{\omega L_X}{R_2}\right)$　8 $\frac{R_1 R_S}{R_2}$　9 $C_S R_1 R_2$　10 $\frac{1}{\omega C_S R_S}$

解説　問題の式①の $\dot{Z}_X$ は、R_X と $j\omega L_X$ の並列合成インピーダンスなので

$$\frac{1}{\dot{Z}_X} = \frac{1}{R_X} + \frac{1}{j\omega L_X} = \frac{R_X + j\omega L_X}{j\omega L_X R_X} \quad \cdots (1)$$

問題の式①に式(1)を代入すると

$$R_S - j\frac{1}{\omega C_S} = R_1 R_2 \times \frac{R_X + j\omega L_X}{j\omega L_X R_X} = R_1 R_2\left(\frac{1}{R_X} - j\frac{1}{\omega L_X}\right) \quad \cdots (2)$$

式(2)の実数部より

$$R_S = \frac{R_1 R_2}{R_X} \quad よって \quad R_X = \frac{R_1 R_2}{R_S}\ 〔\Omega〕$$

Point
直列回路は
$Q = \frac{\omega L}{R}$
並列回路は
$Q = \frac{R}{\omega L}$

式(2)の虚数部より

$$\frac{1}{C_S} = \frac{R_1 R_2}{L_X} \quad \text{よって} \quad L_X = C_S R_1 R_2 \text{〔H〕}$$

コイルの尖鋭度 Q は

$$Q = \frac{R_X}{\omega L_X} = \frac{1}{\omega C_S R_1 R_2} \times \frac{R_1 R_2}{R_S} = \frac{1}{\omega C_S R_S}$$

出題傾向 交流ブリッジ回路は、5 肢選択式の B 問題で出題されることが多い。対辺のインピーダンスの積が等しいとき、ブリッジが平衡する条件となる。

▶ **解答　ア－1　イ－2　ウ－3　エ－9　オ－10**

無線工学の基礎（令和５年１月期①）

A－1 03(7①)

次の記述は、電界の強さが E〔V/m〕の均一な電界中の電子 D の運動について述べたものである。　　　内に入れるべき字句の正しい組合せを下の番号から選べ。ただし、図に示すように、D は、電界の方向との角度 θ が $\pi/6$〔rad〕、初速度が V_0〔m/s〕で原点 O から電界中に放出されるものとし、D はこの電界からのみ力を受けるものとする。また、D の電荷の大きさ及び質量を e〔C〕及び m〔kg〕とし、D が O から放出されてからの時間を t〔s〕とする。

(1) D は、x 方向には力を受けないので、x 方向の速さは、$V_x = \dfrac{V_0}{2}$〔m/s〕の等速度である。

(2) D は、y 方向には減速する力を受けるので、y 方向の速さは、$V_y = \dfrac{\sqrt{3}\,V_0}{2} -$ [A] t〔m/s〕に従って変化する。

(3) $V_y = 0$〔m/s〕のとき y が最大となり、その値 y_m は、$y_m =$ [B]〔m〕である。

(4) また、そのときの x を x_m とすると、その値 x_m は、$x_m =$ [C]〔m〕である。

	A	B	C
1	$\dfrac{eE}{m}$	$\dfrac{3mV_0^2}{8eE}$	$\dfrac{\sqrt{3}\,mV_0^2}{4eE}$
2	meE	$\dfrac{3mV_0^2}{8eE}$	$\dfrac{\sqrt{3}\,mV_0^2}{4eE}$
3	meE	$\dfrac{3mV_0^2}{4eE}$	$\dfrac{mV_0^2}{4eE}$
4	$\dfrac{eE}{m}$	$\dfrac{3mV_0^2}{4eE}$	$\dfrac{mV_0^2}{4eE}$
5	$\dfrac{eE}{m}$	$\dfrac{3mV_0^2}{8eE}$	$\dfrac{mV_0^2}{4eE}$

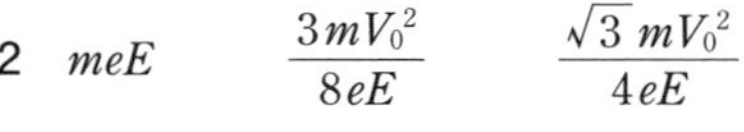

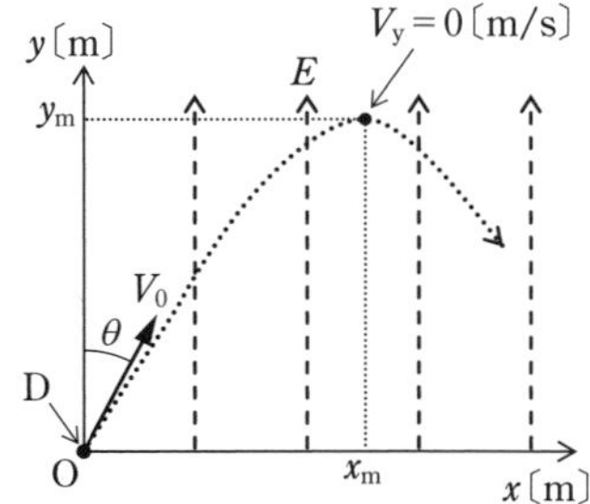

x：E と直角方向の距離〔m〕
y：E と同一方向の距離〔m〕
θ：E と V_0 との角度〔rad〕

解説 V_0 と y 軸の成す角度 $\theta = \pi/6$〔rad〕より、x 方向の速さ V_x〔m/s〕は

$$V_x = V_0 \sin\frac{\pi}{6} = \frac{V_0}{2}\text{〔m/s〕} \quad \cdots (1)$$

y 方向の初速度 V_{y0}〔m/s〕は

$$V_{y0} = V_0 \cos\theta = V_0 \cos\frac{\pi}{6} = \frac{\sqrt{3}\,V_0}{2}\text{〔m/s〕} \quad \cdots (2)$$

電界 E〔V/m〕中の電荷 e〔C〕に働く力 $F = eE$〔N〕なので、$-y$ 方向の加速度 α〔m/s²〕を求めると

Point
電子の電荷は負なので、y 方向の電界によって $-y$ 方向の力 $F = eE$ を受ける。運動方程式は、$F = m\alpha$

$$\alpha = \frac{F}{m} = \frac{eE}{m} \text{〔m/s}^2\text{〕} \quad \cdots (3)$$

t〔s〕後の y 方向の速度 V_y は、式(3)の加速度によって減速されるため

$$V_y = V_{y0} - \alpha t = \frac{\sqrt{3}\,V_0}{2} - \frac{eE}{m}t \text{〔m/s〕} \quad \cdots (4)$$

$V_y = 0$ となる時刻 t_m〔s〕は、式(4) = 0 として求めることができるので

$$t_m = \frac{\sqrt{3}\,mV_0}{2eE} \text{〔s〕} \quad \cdots (5)$$

t〔s〕後の y 方向の移動距離 y〔m〕は、式(4)より

Point
$$\int x dx = \frac{x^2}{2}$$

$$y = V_{y0}t - \int_0^t \alpha t dt = \frac{\sqrt{3}\,V_0}{2}t - \frac{eE}{m}\int_0^t t dt$$

$$= \frac{\sqrt{3}\,V_0}{2}t - \frac{eE}{2m}t^2 \text{〔m〕} \quad \cdots (6)$$

y_m〔m〕は、式(6)の t に式(5)の t_m を代入すると求めることができるので

$$y_m = \frac{\sqrt{3}\,V_0}{2} \times \frac{\sqrt{3}\,mV_0}{2eE} - \frac{eE}{2m} \times \left(\frac{\sqrt{3}\,mV_0}{2eE}\right)^2 = \frac{3mV_0^2}{8eE} \text{〔m〕}$$

t_m〔s〕後の x 方向の移動距離 x_m〔m〕は、式(1)の x 方向の速さ V_x と式(5)より

$$x_m = V_x t_m = \frac{V_0}{2} \times \frac{\sqrt{3}\,mV_0}{2eE} = \frac{\sqrt{3}\,mV_0^2}{4eE} \text{〔m〕}$$

▶ **解答　1**

出題傾向　θ が $\pi/4$ の問題も出題されている。$\cos\theta$ と $\sin\theta$ の値が異なるので注意すること。また、下線の部分は、ほかの試験問題で穴埋めの字句として出題されている。

A－2　類 04(1①) 02(11①)

図に示すように、I〔A〕の直流電流が流れている半径 r〔m〕の円形コイル A の中心 O から $3r$〔m〕離れて πI〔A〕の直流電流が流れている無限長の直線導線 B があるとき、O における磁界の強さ H_O を表す式として、正しいものを下の番号から選べ。ただし、A の面は紙面上にあり、B は紙面に直角に置かれているものとする。

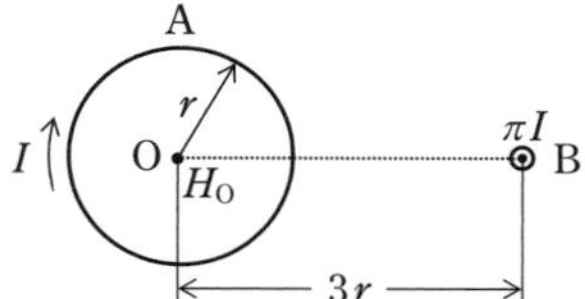

B に流れる電流の方向は、紙面の裏から表の方向とする。

1　$H_O = \dfrac{I}{\sqrt{2}\,r}$〔A/m〕　2　$H_O = \dfrac{\sqrt{10}\,I}{6r}$〔A/m〕　3　$H_O = \dfrac{\sqrt{5}\,I}{6r}$〔A/m〕

4　$H_O = \dfrac{2I}{r}$〔A/m〕　5　$H_O = \dfrac{\sqrt{2}\,I}{r}$〔A/m〕

解説 電流 $I_1 = I$〔A〕の円形コイルによって点 O に生じる磁界の強さ H_1〔A/m〕は

$$H_1 = \frac{I}{2r} \text{〔A/m〕} \quad \cdots (1)$$

電流 $I_2 = \pi I$〔A〕の直線導線による $r_2 = 3r$〔m〕離れた点 O の磁界の強さ H_2〔A/m〕はアンペアの法則より

$$H_2 = \frac{I_2}{2\pi r_2} = \frac{\pi I}{2\pi \times 3r} = \frac{I}{6r} \text{〔A/m〕} \quad \cdots (2)$$

Point
アンペアの法則は
$2\pi r_2 \times H_2 = I_2$

$\boldsymbol{H_1}$ と $\boldsymbol{H_2}$ の合成磁界 $\boldsymbol{H_O}$ は、解説図のようにベクトル和で求めることができるので、式(1)、式(2)より

$$H_O = \sqrt{H_1^2 + H_2^2} = \sqrt{\left(\frac{I}{2r}\right)^2 + \left(\frac{I}{6r}\right)^2} = \frac{I}{r}\sqrt{\left(\frac{1}{2}\right)^2 + \left(\frac{1}{6}\right)^2} = \frac{I}{r}\sqrt{\frac{3^2 + 1^2}{6^2}}$$

$$= \frac{\sqrt{10}\, I}{6r} \text{〔A/m〕}$$

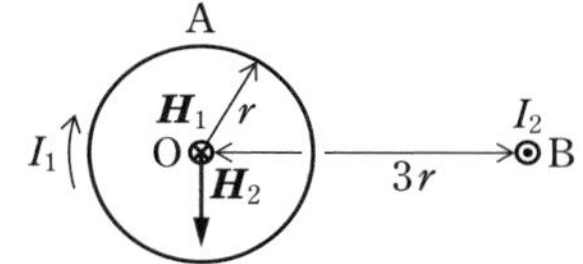

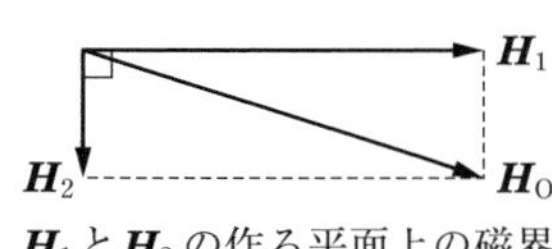

$\boldsymbol{H}_1$ と $\boldsymbol{H}_2$ の作る平面上の磁界

▶ **解答　2**

A－3　　21(7)

図１に示す厚さ $2d$〔m〕の平行平板空気コンデンサの空気層が、電圧 V を昇圧中に 200〔V〕で破壊された。次に、図２に示すように、同じコンデンサの極板の間に厚さが d〔m〕で面積が平行平板の面積に等しく比誘電率 ε_r の値が 5 の誘電体を挿入し、V を昇圧中にコンデンサの空気層が破壊された。このときの V の値として、正しいものを下の番号から選べ。ただし、空気の比誘電率を 1 とする。

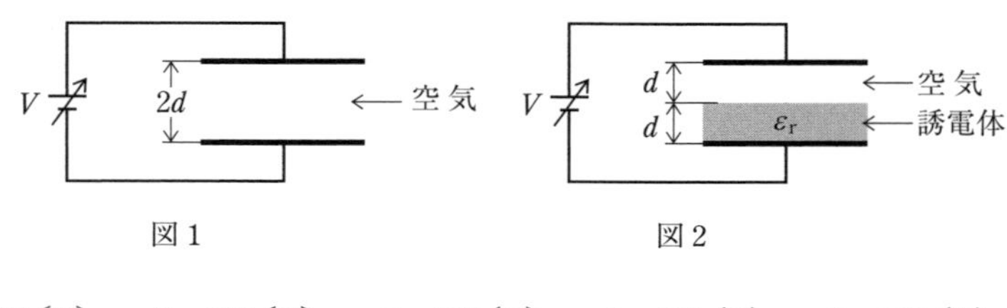

図１　　図２

1　80〔V〕　　2　100〔V〕　　3　120〔V〕　　4　160〔V〕　　5　200〔V〕

解説 問題図２のコンデンサは、空気コンデンサ C_1〔F〕と誘電体で構成されたコンデンサ C_2〔F〕の二つのコンデンサの直列接続として表すことができる。

絶縁破壊電圧は、極板の間隔 d〔m〕に反比例するので、電極の間隔が問題図 1 のコンデンサの 1/2 である問題図 2 の空気コンデンサの絶縁破壊電圧は、問題図 1 の空気コンデンサの 1/2 となるので、C_1 の絶縁破壊電圧 $V_1 = 100$〔V〕である。

問題図 2 の空気コンデンサの静電容量 C_1〔F〕は

$$C_1 = \varepsilon_0 \frac{S}{d} \text{〔F〕} \quad \cdots \ (1)$$

誘電体で構成されたコンデンサの静電容量 C_2〔F〕は

$$C_2 = \varepsilon_r \varepsilon_0 \frac{S}{d} \text{〔F〕} \quad \cdots \ (2)$$

問題の条件 $\varepsilon_r = 5$ と式 (1) を式 (2) に代入すると

$$C_2 = 5\varepsilon_0 \frac{S}{d} = 5C_1 \text{〔F〕} \quad \cdots \ (3)$$

問題図 2 において、電圧 $V_1 = 100$〔V〕でコンデンサ C_1 に絶縁破壊が起きたとき、コンデンサに蓄えられる電荷を Q〔C〕とすると

$$Q = C_1 V_1 = 100 C_1 \quad \cdots \ (4)$$

誘電体で構成されたコンデンサは同じ電荷 Q が蓄えられるので、式 (3) を用いると次式が成り立つ。

$$Q = C_2 V_2 = 5 C_1 V_2 \quad \cdots \ (5)$$

式 (4) = 式 (5) より

$$100 C_1 = 5 C_1 V_2$$

よって $V_2 = 20$〔V〕

電源電圧 V〔V〕を求めると

$$V = V_1 + V_2 = 100 + 20 = 120 \text{〔V〕}$$

▶ **解答　3**

A－4　03(7①)　類 02(11①)

図 1 に示すように、磁石 M の磁極 (NS) 間におかれた金属円板 P を軸 O を中心に一定の速さで回転させたとき、磁極付近の P に流れる電流 i の様子を示した図として、最も近いものを下の番号から選べ。ただし、図は、図 1 を上から見た図とし、矢印は i の方向とする。

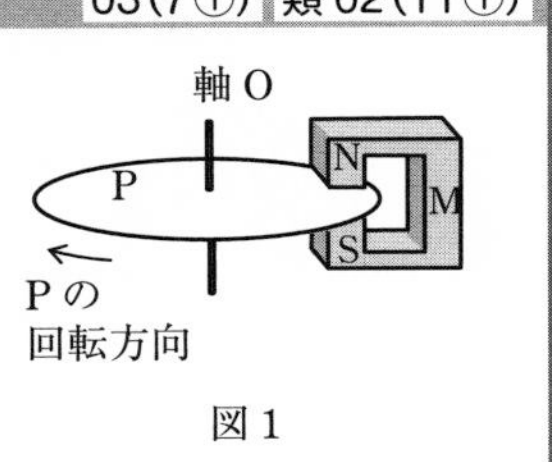

図 1

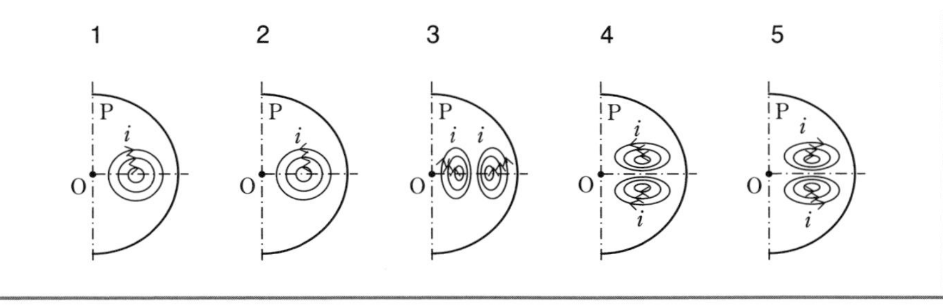

解説　磁石Ｍの磁極ＮとＳの磁界による磁束が通過する円板において、解説図のように磁束付近の面積を考えると、円板が回転すると磁石の下側ａの付近の面積内部の磁束は減少し、上側ｂの付近の面積内部の磁束は増加する。回転電流と発生する磁束は右ねじの法則で表されるので、下方向では磁束を増加させる方向の電流が発生し、上方向では磁束を減少させる方向の電流が発生するので、解説図（選択肢４）のように電流が流れる。このとき発生する電流は渦状に流れるので渦電流と呼ばれる。

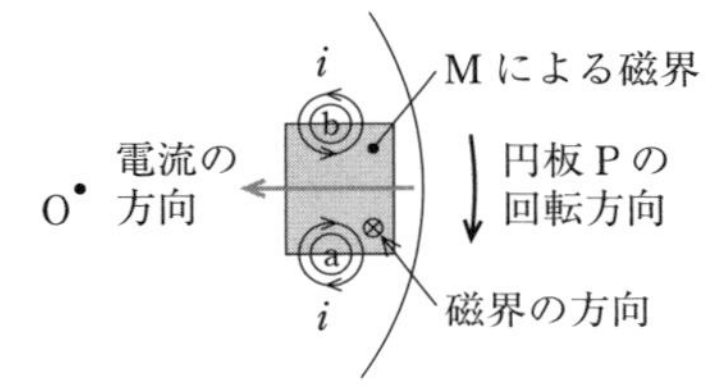

▶ **解答　4**

A－5　類03(1②)　30(1)

図に示すように R〔Ω〕の抵抗が接続されている回路において、端子ab間から見た合成抵抗 R_{ab} を表す値として、正しいものを下の番号から選べ。ただし、抵抗 $R=8$〔Ω〕とする。

1　7〔Ω〕
2　8〔Ω〕
3　10〔Ω〕
4　12〔Ω〕
5　16〔Ω〕

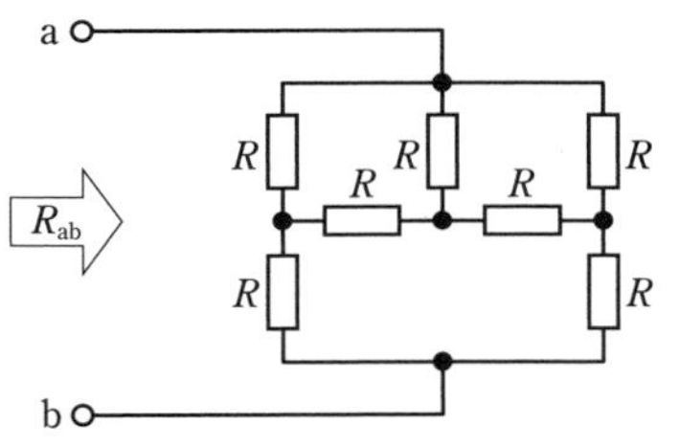

解説　端子abから見た抵抗のうち中央の抵抗 R〔Ω〕を、二つの同じ値の抵抗 $2R$〔Ω〕の並列接続として解説図のような回路とする。端子ab間の合成抵抗 R_{ab}〔Ω〕は、解説図の左側の回路の合成抵抗を求めて、1/2とすればよいので次式で表される。

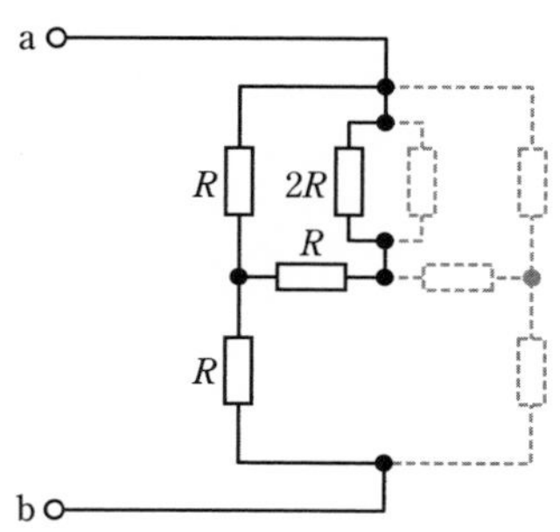

$$R_{ab} = \frac{1}{2} \times \left(\frac{R \times (2R + R)}{R + (2R + R)} + R \right)$$

$$= \frac{1}{2} \times \left(\frac{3}{4} R + R \right) = \frac{7}{8} R$$

$$= \frac{7}{8} \times 8 = 7 \ 〔\Omega〕$$

Point
二つの同じ値の抵抗 R を並列接続すると合成抵抗は $R/2$

▶ **解答　1**

A－6　　30(1)

図に示す回路において、電圧及び電流の瞬時値 v 及び i がそれぞれ次式で表されるとき、v と i の間の位相差 θ 及び回路の有効電力（消費電力）P の値の組合せとして、正しいものを下の番号から選べ。ただし、角周波数を ω〔rad/s〕、時間を t〔s〕とする。

$$v = 100 \cos\left(\omega t - \frac{\pi}{6}\right) 〔\mathrm{V}〕$$

$$i = 5 \sin\left(\omega t + \frac{\pi}{6}\right) 〔\mathrm{A}〕$$

	θ	P
1	$\frac{\pi}{3}$〔rad〕	500〔W〕
2	$\frac{\pi}{3}$〔rad〕	125〔W〕
3	$\frac{\pi}{3}$〔rad〕	$125\sqrt{3}$〔W〕
4	$\frac{\pi}{6}$〔rad〕	500〔W〕
5	$\frac{\pi}{6}$〔rad〕	$125\sqrt{3}$〔W〕

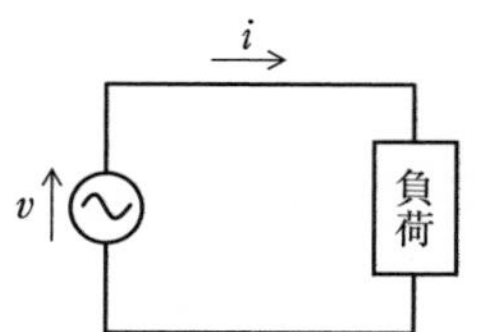

解説 電圧の瞬時値 v〔V〕は cos 関数で表されているので、sin にすると

$$v = 100\cos\left(\omega t - \frac{\pi}{6}\right) = 100\sin\left(\omega t - \frac{\pi}{6} + \frac{\pi}{2}\right) = 100\sin\left(\omega t + \frac{2\pi}{6}\right)\text{〔V〕}$$

電圧 v〔V〕と電流 i〔A〕の位相差 θ〔rad〕は

$$\theta = \frac{2\pi}{6} - \frac{\pi}{6} = \frac{\pi}{6}\text{〔rad〕}$$

Point

$$\cos\theta = \sin\left(\theta + \frac{\pi}{2}\right)$$

よって、力率 $\cos\theta = \cos(\pi/6)$ となり、電圧と電流の最大値 $V_m = 100$〔V〕、$I_m = 5$〔A〕より、実効値は $V = 100/\sqrt{2}$〔V〕、$I = 5/\sqrt{2}$〔A〕なので有効電力 P〔W〕は

$$P = VI\cos\theta = \frac{100}{\sqrt{2}} \times \frac{5}{\sqrt{2}} \times \cos\frac{\pi}{6} = \frac{500}{2} \times \frac{\sqrt{3}}{2} = 125\sqrt{3}\text{〔W〕}$$

▶ **解答　5**

A－7　06(1)　04(1①)　03(7②)　類 02(11①)

次の記述は、図に示す直列共振回路について述べたものである。［　　］内に入れるべき字句の正しい組合せを下の番号から選べ。ただし、コイル及びコンデンサには損失は無いものとする。

(1) 共振周波数 f_r は、$f_r =$ ［ A ］$\times 10^3$〔Hz〕である。

(2) 尖鋭度 Q は、$Q =$ ［ B ］である。

(3) 共振曲線の半値幅 B の値は、［ C ］$\times 10^3$〔Hz〕である。

	A	B	C
1	$\frac{25}{\pi}$	40	$\frac{5}{4\pi}$
2	$\frac{25}{\pi}$	40	$\frac{5}{2\pi}$
3	$\frac{25}{\pi}$	20	$\frac{5}{2\pi}$
4	$\frac{50}{\pi}$	40	$\frac{5}{4\pi}$
5	$\frac{50}{\pi}$	20	$\frac{5}{2\pi}$

5〔Ω〕
0.1〔μF〕
1〔mH〕
V　f

V：交流電圧〔V〕
f：周波数〔Hz〕

解説 共振周波数 f_r〔Hz〕は

$$f_r = \frac{1}{2\pi\sqrt{LC}} = \frac{1}{2\pi\sqrt{1\times10^{-3}\times0.1\times10^{-6}}} = \frac{1}{2\pi\sqrt{10^{-10}}}$$

$$= \frac{1}{2\pi}\times10^5 = \frac{50}{\pi}\times10^3\text{〔Hz〕}$$

共振回路の Q は

$$Q=\frac{\omega_r L}{R}=\frac{2\pi f_r L}{R}=\frac{2\pi}{5}\times\frac{50}{\pi}\times 10^3\times 1\times 10^{-3}=20$$

共振したときの電流が I_0〔A〕のとき、$I_0/\sqrt{2}$ になる周波数の幅を半値幅と呼び、半値幅 B〔Hz〕は

$$B=\frac{f_r}{Q}=\frac{50}{\pi}\times 10^3\times\frac{1}{20}=\frac{5}{2\pi}\times 10^3\text{〔Hz〕}$$

▶ **解答　5**

直列共振回路の Q は、次式によって求めることもできる。

$$Q=\frac{1}{\omega_r CR}$$

$$Q=\frac{1}{R}\sqrt{\frac{L}{C}}$$

A－8　類 04(7①)　類 04(1①)

図に示す抵抗 R〔Ω〕及び自己インダクタンス L〔H〕の並列回路において、角周波数 ω〔rad/s〕を零(0)から無限大(∞)まで変化させたとき、端子 ab 間のインピーダンス $\dot{Z}$〔Ω〕のベクトル軌跡として、最も近いものを下の番号から選べ。

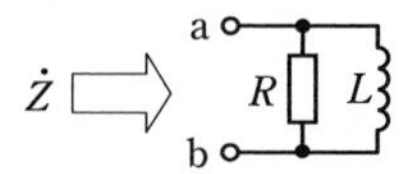

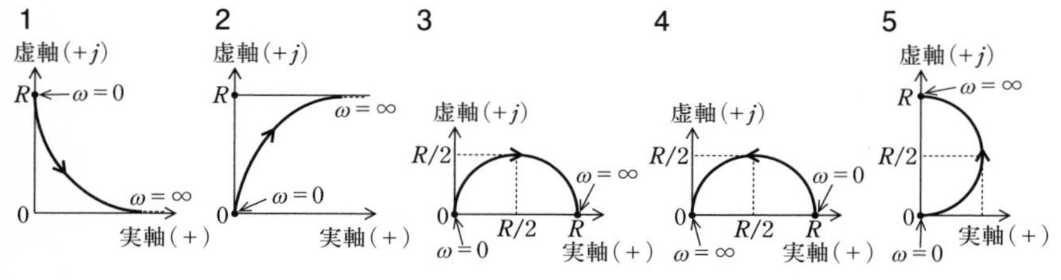

解説　抵抗 R〔Ω〕とコイルのリアクタンス $j\omega L$〔Ω〕を並列接続したときの合成アドミタンス $\dot{Y}$〔S〕は

$$\dot{Y}=\frac{1}{R}-j\frac{1}{\omega L}\text{〔S〕}\quad\cdots(1)$$

並列合成インピーダンス $\dot{Z}$〔Ω〕は

$$\dot{Z}=\frac{j\omega LR}{R+j\omega L}=\frac{j\omega LR\times(R-j\omega L)}{(R+j\omega L)\times(R-j\omega L)}$$

$$=\frac{\omega^2 L^2 R}{R^2+\omega^2 L^2}+j\frac{\omega LR^2}{R^2+\omega^2 L^2}\text{〔Ω〕}\quad\cdots(2)$$

式(2)よりω〔rad/s〕を変化させたときに$\dot{Z}$の取り得る範囲は、実軸と虚軸で構成された座標系の第1象限であることがわかる。$\omega=0$〔rad/s〕を式(2)に代入すると、$\dot{Z}=0$〔Ω〕となる。$\omega=\infty$〔rad/s〕を式(1)に代入すると、アドミタンスが$\dot{Y}=1/R$〔S〕となるので、そのインピーダンスは$\dot{Z}=R$〔Ω〕である。これらの値より、インピーダンスのベクトル軌跡は、選択肢3となることがわかる。

▶ **解答　3**

関連知識

並列合成アドミタンス$\dot{Y}$〔S〕よりインピーダンス$\dot{Z}$は

$$\dot{Z}=\frac{1}{\dot{Y}}=\frac{1}{\frac{1}{R}-j\frac{1}{\omega L}}$$

$$=\frac{\frac{1}{R}}{\left(\frac{1}{R}\right)^2+\left(\frac{1}{\omega L}\right)^2}+j\frac{\frac{1}{\omega L}}{\left(\frac{1}{R}\right)^2+\left(\frac{1}{\omega L}\right)^2}\quad\cdots\ (1)$$

実軸をx、虚軸をjyとすると式(1)は

$$\dot{Z}=x+jy\quad\cdots\ (2)$$

$$x=\frac{\frac{1}{R}}{\left(\frac{1}{R}\right)^2+\left(\frac{1}{\omega L}\right)^2}\quad\cdots\ (3)$$

$$y=\frac{\frac{1}{\omega L}}{\left(\frac{1}{R}\right)^2+\left(\frac{1}{\omega L}\right)^2}\quad\cdots\ (4)$$

式(3)と式(4)より

$$x^2+y^2=\frac{\left(\frac{1}{R}\right)^2}{\left(\left(\frac{1}{R}\right)^2+\left(\frac{1}{\omega L}\right)^2\right)^2}+\frac{\left(\frac{1}{\omega L}\right)^2}{\left(\left(\frac{1}{R}\right)^2+\left(\frac{1}{\omega L}\right)^2\right)^2}$$

$$=\frac{1}{\left(\frac{1}{R}\right)^2+\left(\frac{1}{\omega L}\right)^2}\quad\cdots\ (5)$$

式(3)と式(5)より、$x^2+y^2=xR$となるので、円の方程式を求めるために両辺に$(R/2)^2$を加えて整理すると

$$x^2+y^2+\left(\frac{R}{2}\right)^2=xR+\left(\frac{R}{2}\right)^2$$

$$x^2-xR+\left(\frac{R}{2}\right)^2+y^2=\left(\frac{R}{2}\right)^2$$

$$\left(x-\frac{R}{2}\right)^2+y^2=\left(\frac{R}{2}\right)^2\quad\cdots\ (6)$$

式(6)は、実軸上にある座標$(R/2, 0)$に中心を持ち、半径が$R/2$の円の方程式を表す。

A－9 03(7②) 02(11②)

次の記述は、可変容量ダイオード D_C について述べたものである。[ ]内に入れるべき字句の正しい組合せを下の番号から選べ。なお、同じ記号の[ ]内には、同じ字句が入るものとする。

(1) 可変容量ダイオードの図記号は、図1の[A]である。

(2) 図2に示すように、D_C に加える逆方向電圧の大きさ V〔V〕を大きくしていくと、PN 接合の空乏層が[B]なる。

(3) 空乏層が[B]なると、D_C の電極間の静電容量 C_d〔F〕は[C]なる。

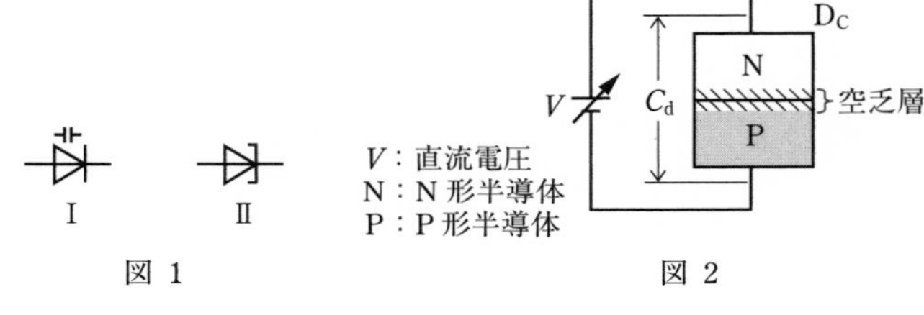

図 1　　図 2

	A	B	C
1	I	厚く	大きく
2	I	厚く	小さく
3	II	薄く	小さく
4	II	薄く	大きく
5	II	厚く	小さく

解説 平行平板電極の面積を S〔m²〕、極板の間隔（空乏層の厚さ）を W〔m〕、誘電率を ε とすると、コンデンサの静電容量 C_d〔F〕は

$$C_d = \varepsilon \frac{S}{W} \text{〔F〕}$$

となり、空乏層の厚さ W が**厚く**なると C_d は**小さく**なる。

▶ **解答 2**

出題傾向 下線の部分は、ほかの試験問題で穴埋めの字句として出題されている。

A－10　　25(1)

次の表は、図１に示すトランジスタの h 定数を、図２に示す y 定数に変換したものである。［　　］内に入れるべき字句の正しい組合せを下の番号から選べ。ただし、トランジスタはエミッタ接地で用い、ベース電流、コレクタ電流、ベースエミッタ間電圧及びコレクタエミッタ間電圧をそれぞれ I_b〔A〕、I_c〔A〕、V_{be}〔V〕及び V_{ce}〔V〕とする。また、h 定数の入力インピーダンス、電圧帰還率、電流増幅率及び出力アドミタンスをそれぞれ h_{ie}〔Ω〕、h_{re}、h_{fe} 及び h_{oe}〔S〕とする。

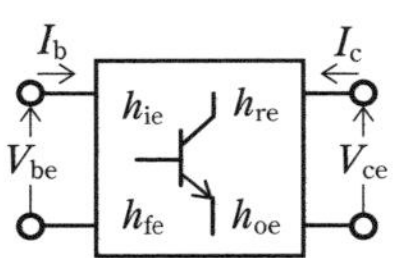

h 定数の関係式　$V_{be} = h_{ie} I_b + h_{re} V_{ce}$〔V〕
$I_c = h_{fe} I_b + h_{oe} V_{ce}$〔A〕

図１

I_b　I_c　y_{ie}　y_{re}　V_{be}　V_{ce}　y_{fe}　y_{oe}

y 定数の関係式　$I_b = y_{ie} V_{be} + y_{re} V_{ce}$〔A〕
$I_c = y_{fe} V_{be} + y_{oe} V_{ce}$〔A〕

図２

y 定数の記号	y_{ie}〔S〕	y_{re}〔S〕	y_{fe}〔S〕	y_{oe}〔S〕
名　称	入力アドミタンス	帰還アドミタンス	伝達アドミタンス	出力アドミタンス
h 定数による式	$\dfrac{1}{h_{ie}}$	A	B	C

	A	B	C
1	$-\dfrac{h_{fe}}{h_{ie}}$	$h_{oe}+\dfrac{1}{h_{ie}}$	$h_{oe}-\dfrac{h_{re}}{h_{ie}}$
2	$-\dfrac{h_{re}}{h_{ie}}$	$h_{oe}+\dfrac{1}{h_{ie}}$	$h_{oe}-\dfrac{h_{re}}{h_{ie}}$
3	$-\dfrac{h_{fe}}{h_{ie}}$	$\dfrac{h_{fe}}{h_{ie}}$	$h_{oe}-\dfrac{h_{re}}{h_{ie}}$
4	$-\dfrac{h_{re}}{h_{ie}}$	$\dfrac{h_{fe}}{h_{ie}}$	$h_{oe}-\dfrac{h_{re}h_{fe}}{h_{ie}}$
5	$-\dfrac{h_{fe}}{h_{ie}}$	$\dfrac{h_{fe}}{h_{ie}}$	$h_{oe}-\dfrac{h_{re}h_{fe}}{h_{ie}}$

解説　h パラメータは

$$V_{be} = h_{ie} I_b + h_{re} V_{ce} \quad \cdots (1)$$

$$I_c = h_{fe} I_b + h_{oe} V_{ce} \quad \cdots (2)$$

y パラメータは

$I_b = y_{ie} V_{be} + y_{re} V_{ce}$ … (3)

$I_c = y_{fe} V_{be} + y_{oe} V_{ce}$ … (4)

出力端子を短絡すると $V_{ce} = 0$ となるので、式(1)、式(2)、式(3)、式(4)より

$V_{be} = h_{ie} I_b$ … (5)

$I_c = h_{fe} I_b$ … (6)

$I_b = y_{ie} V_{be}$ … (7)

$I_c = y_{fe} V_{be}$ … (8)

式(5)、式(7)より

$$y_{ie} = \frac{I_b}{V_{be}} = \frac{1}{h_{ie}} \text{〔S〕}$$

式(5)、式(6)、式(8)より

$$y_{fe} = \frac{I_c}{V_{be}} = \frac{I_c}{I_b} \times \frac{I_b}{V_{be}} = \frac{h_{fe}}{h_{ie}} \text{〔S〕}$$

入力端子を短絡すると、$V_{be} = 0$ となるので、式(1)、式(3)、式(4)より

$0 = h_{ie} I_b + h_{re} V_{ce}$ … (9)

$I_b = y_{re} V_{ce}$ … (10)

$I_c = y_{oe} V_{ce}$ … (11)

式(9)を式(10)に代入すると

$$y_{re} = \frac{I_b}{V_{ce}} = -\frac{h_{re}}{h_{ie}} \text{〔S〕} \quad \cdots (12)$$

式(9)を式(2)に代入すると

$$I_c = h_{fe} \times \left(-\frac{h_{re}}{h_{ie}} V_{ce} \right) + h_{oe} V_{ce} \quad \cdots (13)$$

式(11)、式(13)より y_{oe} を求めると

$$y_{oe} = \frac{I_c}{V_{ce}} = h_{oe} - \frac{h_{re} h_{fe}}{h_{ie}} \text{〔S〕}$$

▶ **解答　4**

下線の部分は、ほかの試験問題で穴埋めの字句として出題されている。

A－11 02(11②)

次の図は、電界効果トランジスタ(FET)の図記号と伝達特性の概略図の組合せを示したものである。このうち誤っているものを下の番号から選べ。ただし、伝達特性は、ゲート(G)－ソース(S)間電圧 V_{GS}〔V〕とドレイン(D)電流 I_D〔A〕間の特性である。また、V_{GS} 及び I_D は図の矢印で示した方向を正(＋)とする。

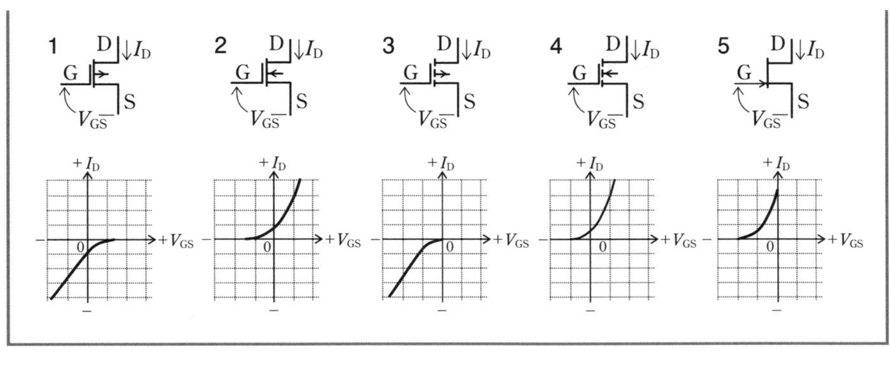

解説 選択肢４はＮチャネル、エンハンスメント形 MOSFET である。正しい伝達特性を解説図に示す。

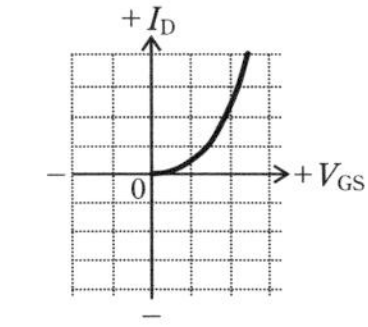

▶ **解答　４**

A－12 02(11①)

次の記述は、各種半導体素子について述べたものである。［　　］内に入れるべき字句の正しい組合せを下の番号から選べ。

(1) バリスタは、電圧の変化に対して［ A ］が変化する素子である。

(2) サーミスタは、温度の変化に対して［ B ］が変化する素子である。

(3) ホール素子は、磁界の強さの変化に対して［ C ］が変化する素子である。

	A	B	C
1	電気抵抗	電気抵抗	起電力
2	静電容量	磁気抵抗	起電力
3	静電容量	電気抵抗	起電力
4	静電容量	磁気抵抗	起磁力
5	電気抵抗	電気抵抗	起磁力

▶ **解答　１**

出題傾向 下線の部分は、ほかの試験問題で穴埋めの字句として出題されている。

無線工学の基礎　無線工学A　無線工学B　法規

A－13 02(11②)

図に示すトランジスタ(Tr)増幅回路の電圧増幅度 $A = V_o/V_i$ の大きさの値として、最も近いものを下の番号から選べ。ただし、h 定数のうち入力インピーダンス h_{ie} を3〔kΩ〕、電流増幅率 h_{fe} を300とする。また、入力電圧 V_i〔V〕の信号源の内部抵抗を零とし、静電容量 C_1、C_2、h 定数の h_{re}、h_{oe} 及び抵抗 R_1 の影響は無視するものとする。

C ：コレクタ
E ：エミッタ
B ：ベース
V_i ：入力電圧〔V〕
V_o ：出力電圧〔V〕
V ：直流電源〔V〕

抵抗
$R_2 = 4$〔kΩ〕
$R_L = 4$〔kΩ〕
$R_F = 100$〔Ω〕

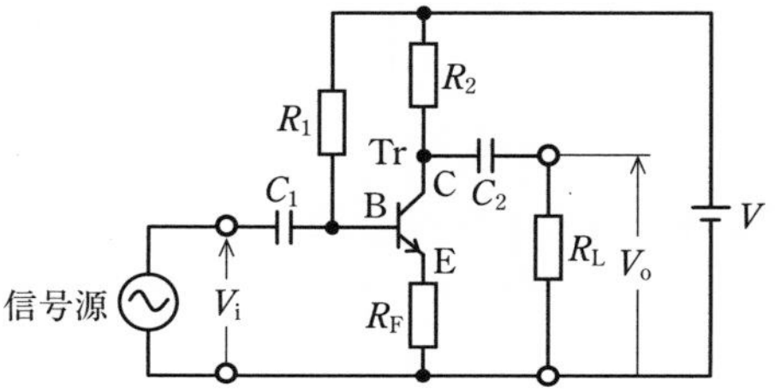

1 108　　2 90　　3 72　　4 36　　5 18

解説 エミッタ電流 I_E とコレクタ電流 I_C が $I_E \fallingdotseq I_C$ とすると、入力電圧 V_i〔V〕は

$$V_i = h_{ie} I_B + R_F I_C \fallingdotseq h_{ie} I_B + R_F h_{fe} I_B$$
$$= (h_{ie} + R_F h_{fe}) I_B \text{〔V〕} \quad \cdots (1)$$

Point
R_F は負帰還回路の抵抗である

出力インピーダンス Z_o〔kΩ〕は、C_2 のリアクタンスを無視すると、コレクタ抵抗 R_2〔Ω〕と負荷抵抗 R_L〔Ω〕の並列接続となるので

$$Z_o = \frac{R_2 R_L}{R_2 + R_L} = \frac{4 \times 4}{4 + 4} = 2 \text{〔kΩ〕}$$

出力電圧 V_o〔V〕は

$$V_o = Z_o I_C = Z_o h_{fe} I_B \text{〔V〕} \quad \cdots (2)$$

電圧増幅度 A は、式(1)、式(2)より

$$A = \frac{V_o}{V_i} = \frac{Z_o h_{fe} I_B}{(h_{ie} + R_F h_{fe}) I_B} = \frac{Z_o h_{fe}}{h_{ie} + R_F h_{fe}}$$

$$= \frac{2 \times 10^3 \times 300}{3 \times 10^3 + 100 \times 300} = \frac{600 \times 10^3}{33 \times 10^3} \fallingdotseq 18.18 \fallingdotseq 18$$

▶ **解答 5**

A－14　03(7①)

図に示す理想的な演算増幅器（A_{OP}）を用いた原理的なラダー（梯子）形 D-A 変換回路において、スイッチ SW_2 を a 側にし、他のスイッチ SW_0、SW_1 及び SW_3 を b 側にしたときの出力電圧 V_o の大きさとして、正しいものを下の番号から選べ。

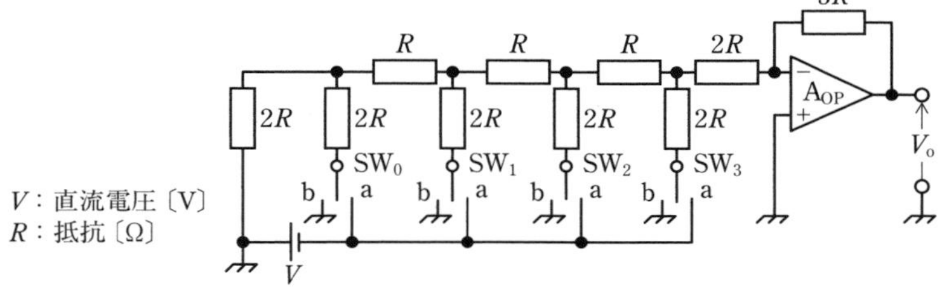

1　$\dfrac{V}{2}$〔V〕　2　$\dfrac{V}{4}$〔V〕　3　$\dfrac{V}{8}$〔V〕　4　$\dfrac{V}{16}$〔V〕　5　$\dfrac{V}{32}$〔V〕

解説　問題のスイッチ設定から回路は解説図のようになる。解説図の点 A から左と右を見た合成抵抗はそれぞれ $2R$ となるので、それらの合成抵抗は $2R/2 = R$ となる。よって、点 A の電圧 V_A〔V〕は次式で表される。

$$V_A = -\frac{R}{2R+R}V = -\frac{1}{3}V\text{〔V〕}\quad\cdots\ (1)$$

Point
演算増幅器の入力端子間の電位差は 0〔V〕、仮想短絡状態

Point
直列抵抗の比と電圧の比は等しい

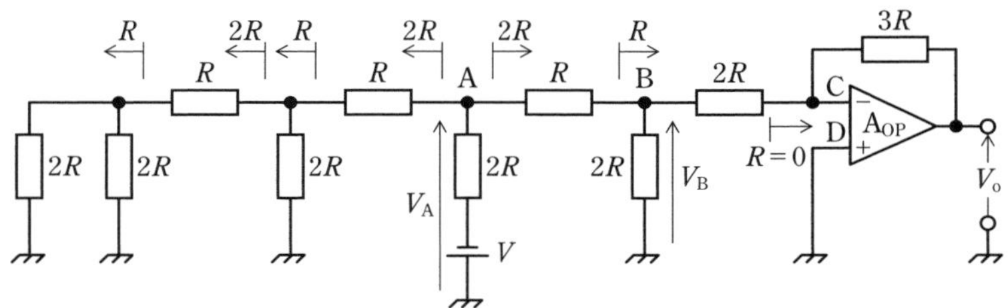

演算増幅器の入力端子 CD 間は仮想短絡状態なので、点 B の電位 V_B は点 B と右側に接続された抵抗の合成抵抗が R なので $V_B = V_A/2$ となるから、式(1)より

$$V_B = \frac{V_A}{2} = -\frac{V}{6}\text{〔V〕}\quad\cdots\ (2)$$

演算増幅器の出力電圧 V_o〔V〕は、帰還抵抗 $3R$ と入力抵抗 $2R$ の比で表されるので、次式で求めることができる。

$$V_o = -\frac{3R}{2R}V_B = -\frac{3}{2}V_B \text{〔V〕} \quad \cdots \ (3)$$

Point
－は、電圧の向きを表す

式(3)に式(2)を代入すると、V_o は次式で表される。

$$V_o = -\frac{3}{2}\times\left(-\frac{1}{6}V\right) = \frac{V}{4} \text{〔V〕}$$

▶ **解答　2**

出題傾向　各スイッチ SW の切り替え位置 ab が異なる問題も出題されている。SW の切り替え位置により出力電圧の値が変わる。

A－15

05(7②)　03(7①)　02(11②)

図に示す整流回路において、静電容量 C_1 の電圧 V_{C1} 及び C_2 の電圧 V_{C2} の最も近い値の組合せとして、正しいものを下の番号から選べ。ただし、電源電圧 V は、実効値 100〔V〕の正弦波交流電圧とし、ダイオード D_1、D_2 は理想的な特性を持つものとする。

	V_{C1}	V_{C2}
1	141〔V〕	282〔V〕
2	141〔V〕	200〔V〕
3	100〔V〕	282〔V〕
4	100〔V〕	200〔V〕
5	100〔V〕	141〔V〕

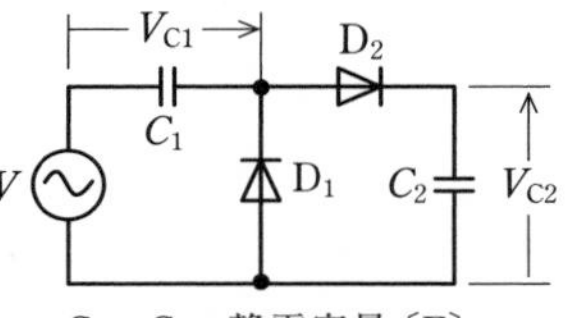

C_1、C_2：静電容量〔F〕

解説▶　入力交流電圧の負の半周期では、ダイオード D_1 が導通して、コンデンサ C_1 は交流電圧の最大値 V_m〔V〕に充電される。負荷に電流が流れないので、その電圧が保持されるため V_{C1}〔V〕は次式で表される。

$$V_{C1} = V_m = 100\sqrt{2} \fallingdotseq 100\times 1.414 \fallingdotseq 141 \text{〔V〕}$$

Point
正弦波交流電圧の最大値は実効値の $\sqrt{2}$ 倍

D_1 には、入力交流電圧 v_i と直流電圧 $V_{C1} = 100\sqrt{2}$ が加わるので、D_1 の両端の電圧 v_1 は

$$v_1 = v_i + V_{C1} = v_i + 100\sqrt{2} \text{〔V〕}$$

V_{C2} は v_1 の脈流電圧が整流されて C_2 が v_1 の最大値に充電されるので、$100\sqrt{2} + 100\sqrt{2} = 200\sqrt{2} \fallingdotseq 282$〔V〕となる。

▶ **解答　1**

出題傾向　ダイオード D_1 の端子電圧を答える問題も出題されている。また、入力電圧の実効値を V〔V〕として、記号式を答える問題も出題されている。

A－16

類 04(7②)　類 04(1①)　03(7②)　03(1①)

表に示す真理値表と異なる動作をする論理回路を下の番号から選べ。ただし、正論理とし、A 及び B を入力、X を出力とする。

真理値表

A	B	X
0	0	1
0	1	0
1	0	0
1	1	1

1

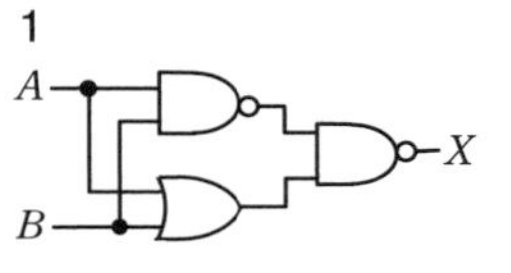

2

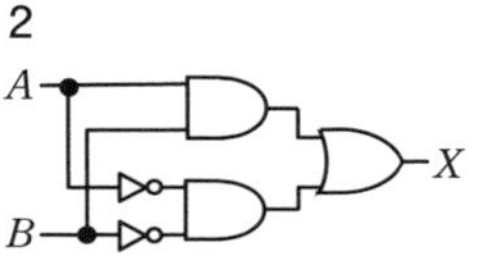

3

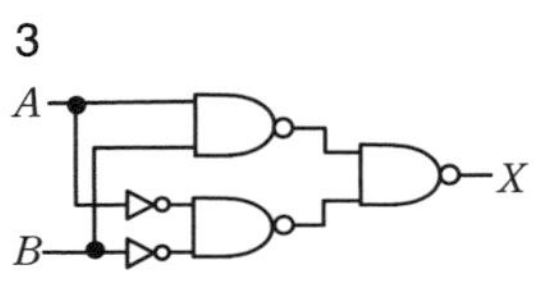

4

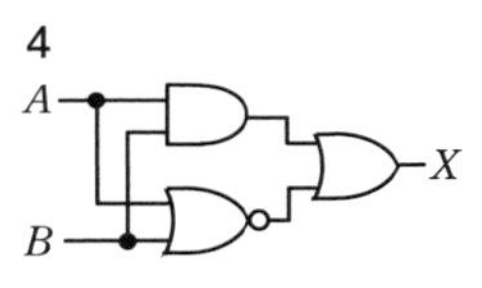

5

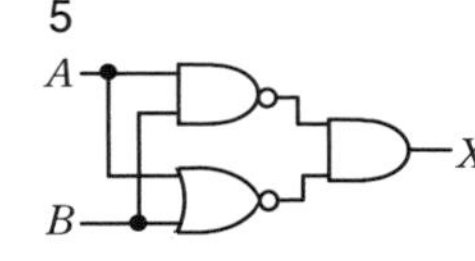

解説　５の真理値表

入力		各素子の出力		出力
A	B	NAND	NOR	X
0	0	1	1	1
0	1	1	0	0
1	0	1	0	0
1	1	0	0	0

Point
NAND は、AND の出力に NOT、NOR は OR の出力に NOT を付けた回路

▶ **解答　5**

A－17

類 05(7②)　類 04(1①)　24(1)

次の記述は、図１に示す直流回路に流れる電流 I_T〔A〕を図２に示すように内部抵抗が R_A〔Ω〕の直流電流計 A_a を用いて測定するときの誤差率の大きさ ε について述べたものである。［　　］内に入れるべき字句の正しい組合せを下の番号から選べ。

(1) 誤差率の大きさ ε を I_T と測定値 I_M〔A〕で表すと、ε =［ A ］となる。

(2) また、ε を R と R_A で表すと、ε =［ B ］となる。

(3) したがって、ε を 0.05 未満にする条件は、R_A <［ C ］〔Ω〕である。

	A	B	C
1	$\dfrac{I_T}{I_T - I_M}$	$1-\dfrac{R}{R+R_A}$	$\dfrac{R}{19}$
2	$\dfrac{I_T}{I_T - I_M}$	$1+\dfrac{R}{R+R_A}$	$\dfrac{R}{19}$
3	$\dfrac{I_T - I_M}{I_T}$	$1-\dfrac{R}{R+R_A}$	$\dfrac{R}{19}$
4	$\dfrac{I_T - I_M}{I_T}$	$1+\dfrac{R}{R+R_A}$	$\dfrac{R}{9}$
5	$\dfrac{I_T}{I_T - I_M}$	$1+\dfrac{R}{R+R_A}$	$\dfrac{R}{9}$

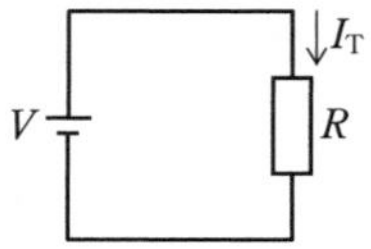

図 1 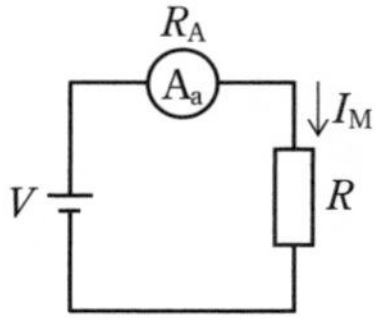　　図 2

V：直流電源電圧〔V〕
R：抵抗〔Ω〕

解説 (1) 誤差率 ε は次式で表される。

$$\varepsilon = \frac{I_M - I_T}{I_T}$$

R_A によって電流が減少し、$I_M < I_T$ となるので、誤差率の大きさは

$$|\varepsilon| = \frac{I_T - I_M}{I_T} \quad \cdots (1)$$

(2) 図 1 の回路において、抵抗 R を流れる電流の真値 I_T〔A〕は

$$I_T = \frac{V}{R}\ \text{〔A〕} \quad \cdots (2)$$

問題図 2 の回路において、測定値 I_M〔A〕は

$$I_M = \frac{V}{R+R_A}\ \text{〔A〕} \quad \cdots (3)$$

誤差率の大きさは式 (1) に式 (2)、式 (3) を代入すると

$$|\varepsilon| = \frac{I_T - I_M}{I_T} = \frac{\dfrac{V}{R} - \dfrac{V}{R+R_A}}{\dfrac{V}{R}} = 1 - \frac{R}{R+R_A} \quad \cdots (4)$$

(3) 式 (4) の $|\varepsilon| < 0.05$ とすると

$$1 - \frac{R}{R+R_A} < 0.05$$

$$R + R_A - R < 0.05 \times (R + R_A)$$

$$R_A < \frac{0.05R}{1-0.05} = \frac{R}{19} \quad \text{よって} \quad R_A < \frac{R}{19}\ \text{〔Ω〕}$$

▶ **解答　3**

A－18　類 05(7②)　類 04(1①)　03(1②)

図に示すように、直流電圧計 V_1 及び V_2 を直列に接続したとき、それぞれの電圧計の指示値 V_1 及び V_2 の和の値から測定できる端子 ab 間の電圧 V_{ab} の最大値として、正しいものを下の番号から選べ。ただし、それぞれの電圧計の最大目盛値及び内部抵抗は、表の値とする。

1　130〔V〕
2　125〔V〕
3　120〔V〕
4　115〔V〕
5　110〔V〕

a ○—(V1)—(V2)—○ b
V_{ab}

電圧計	最大目盛値	内部抵抗
V_1	100〔V〕	200〔kΩ〕
V_2	30〔V〕	30〔kΩ〕

解説　各電圧計に流れる電流は同じなので、各電圧計の最大目盛値 V_1、V_2〔V〕の電圧となるときに流れる電流 I_1、I_2〔A〕が各電圧計の最大電流となる。それらは内部抵抗 r_1、r_2〔Ω〕の電圧降下なので、I_1、I_2 を求めると

$$I_1 = \frac{V_1}{r_1} = \frac{100}{200 \times 10^3} = 0.5 \times 10^{-3}\ \text{〔A〕} \quad \cdots (1)$$

$$I_2 = \frac{V_2}{r_2} = \frac{30}{30 \times 10^3} = 1 \times 10^{-3}\ \text{〔A〕} \quad \cdots (2)$$

Point
$k = 10^3$ と $m = 10^{-3}$ は掛けると消えるので、10^{-3} を残して計算する

$I_1 < I_2$ なので式(1)の電流が流れたときに電圧計 V_1 が最大目盛に到達する。そのとき、ab 間の電圧 V_{ab}〔V〕は

$$V_{ab} = (r_1 + r_2) I_1 = (200 + 30) \times 10^3 \times 0.5 \times 10^{-3} = 115\ \text{〔V〕}$$

▶ **解答　4**

出題傾向　電圧計が三つの問題も出題されている。

A－19　06(1)　類 05(7②)　類 04(7②)　類 04(1②)　03(7②)　03(1②)

次の記述は、図に示すブリッジ回路を用いてコイルの自己インダクタンス L_X〔H〕及び抵抗 R_X〔Ω〕を求める方法について述べたものである。［　　］内に入れるべき字句の正しい組合せを下の番号から選べ。ただし、交流電源 V〔V〕の角周波数を ω〔rad/s〕とする。

(1) ブリッジ回路が平衡しているとき、次式が得られる。

$$R_1 R_2 = (\boxed{\text{A}}) \times \frac{R_S}{1 + j\omega C_S R_S} \quad \cdots ①$$

(2) 式①より R_X 及び L_X は、次式で表される。

$R_X = \boxed{\text{B}}$〔Ω〕、$L_X = \boxed{\text{C}}$〔H〕

	A	B	C
1	$R_X + j\omega L_X$	$\dfrac{R_1 R_S}{R_2}$	$R_1 R_2 C_S$
2	$R_X + j\omega L_X$	$\dfrac{R_1 R_S}{R_2}$	$\dfrac{R_1 R_2}{C_S}$
3	$R_X + j\omega L_X$	$\dfrac{R_1 R_2}{R_S}$	$R_1 R_2 C_S$
4	$\dfrac{j\omega L_X}{R_X + j\omega L_X}$	$\dfrac{R_1 R_2}{R_S}$	$R_1 R_2 C_S$
5	$\dfrac{j\omega L_X}{R_X + j\omega L_X}$	$\dfrac{R_1 R_S}{R_2}$	$\dfrac{R_1 R_2}{C_S}$

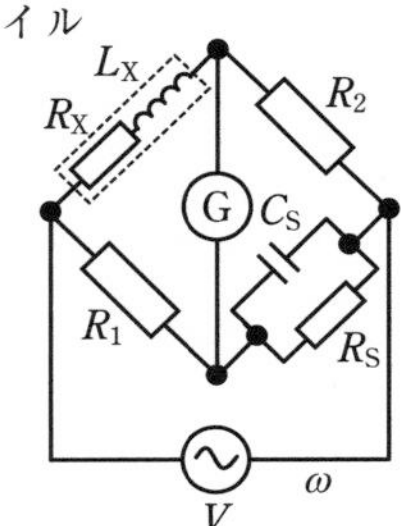

G : 交流検流計
R_1、R_2、R_S : 抵抗〔Ω〕
C_S : 静電容量〔F〕

解説 R_S と C_S の並列回路のインピーダンス $\dot{Z}_S$〔Ω〕は

$$\dot{Z}_S = \frac{R_S \times \dfrac{1}{j\omega C_S}}{R_S + \dfrac{1}{j\omega C_S}} = \frac{R_S}{1 + j\omega C_S R_S} \text{〔Ω〕} \quad \cdots (1)$$

ブリッジ回路の平衡条件より、対辺のインピーダンスの積は

$$R_1 R_2 = (R_X + j\omega L_X) \times \frac{R_S}{1 + j\omega C_S R_S}$$

$$(1 + j\omega C_S R_S) R_1 R_2 = (R_X + j\omega L_X) R_S$$

$$R_1 R_2 + j\omega C_S R_S R_1 R_2 = R_X R_S + j\omega L_X R_S \quad \cdots (2)$$

Point
対辺のインピーダンスの積が等しいとき、ブリッジは平衡する

式(2)の実数部より

$$R_X = \frac{R_1 R_2}{R_S} \text{〔Ω〕}$$

式(2)の虚数部より

$$L_X = R_1 R_2 C_S \text{〔H〕}$$

▶ **解答 3**

出題傾向 下線の部分は、ほかの試験問題で穴埋めの字句として出題されている。

A－20 03(7①)

次の記述は、図に示す回路を用いて、絶縁物 M の体積抵抗率を測定する方法について述べたものである。[　　]内に入れるべき字句の正しい組合せを下の番号から選べ。ただし、直流電流計 A_a の内部抵抗は、M の抵抗に比べて十分小さいものとする。

(1) M に円盤状の主電極 P_m、対向電極 P_p、高圧直流電源 V〔V〕、直流電圧計 V_a 及び直流電流計 A_a を接続する。

(2) P_m を取り囲むリング状の保護電極 G を設け、その端子 g を図の［ A ］に接続する。

(3) (2) のように端子 g を接続するのは、M の表面を流れる漏れ電流が、A_a に［ B ］ようにするためである。

(4) M に電圧を加えたとき、V_a の指示値を V〔V〕、A_a の指示値を I〔A〕とすると、M の体積抵抗率 ρ は、$\rho=$［ C ］〔Ω・m〕で表される。

	A	B	C
1	端子 a	流れる	$\dfrac{VS}{Il^2}$
2	端子 a	流れない	$\dfrac{VS}{Il}$
3	端子 b	流れる	$\dfrac{VS}{Il}$
4	端子 b	流れない	$\dfrac{VS}{Il^2}$
5	端子 b	流れない	$\dfrac{VS}{Il}$

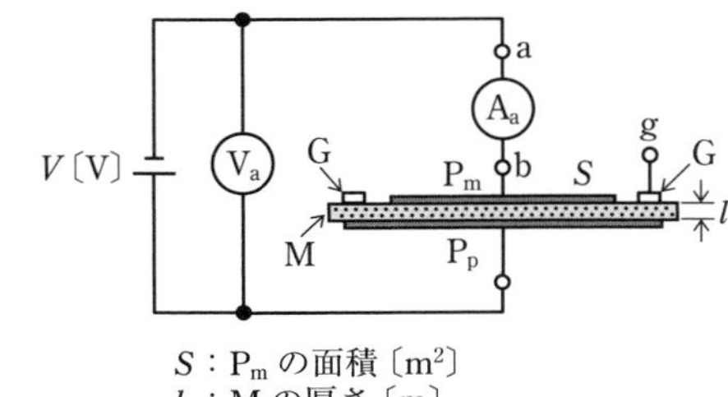

解説　指示値 V〔V〕と I〔A〕から、電極間の抵抗 R〔Ω〕は

$$R=\frac{V}{I}\text{〔Ω〕}\quad\cdots\ (1)$$

体積抵抗率 ρ〔Ω・m〕、電極の面積 S〔m^2〕、絶縁物の厚さ l〔m〕から、抵抗 R は

$$R=\rho\frac{l}{S}\text{〔Ω〕}\quad\cdots\ (2)$$

式 (1)、式 (2) より、ρ〔Ω・m〕を求めると

$$\rho=\frac{RS}{l}=\frac{VS}{Il}\text{〔Ω・m〕}$$

▶ **解答　2**

B－1 03(7②) 類03(1①)

次の記述は、図1に示すような磁束密度が B〔T〕の一様な磁界中で、図2に示す形状のコイルLが角速度 ω〔rad/s〕で回転しているとき、Lに生じる誘導起電力について述べたものである。□内に入れるべき字句を下の番号から選べ。ただし、図3に示すようにLは中心軸OPを磁界の方向に対して直角に保って回転し、さらに時間 t は、Lの面が磁界の方向と直角となる位置(X-Y)を回転の始点とし、このときを $t=0$〔s〕とする。なお、同じ記号の□内には、同じ字句が入るものとする。

(1) Lの中を鎖交する磁束を ϕ〔Wb〕とすると、誘導起電力 e は、$e=-$ ア 〔V〕である。

(2) 時間 t〔s〕における ϕ は、$\phi=$ イ 〔Wb〕となるので、時間 t〔s〕における e は、$e=$ ウ $\times\sin$ エ 〔V〕で表される。

(3) したがって、e は、最大値が ウ 〔V〕で周波数が オ 〔Hz〕の正弦波交流電圧となる。

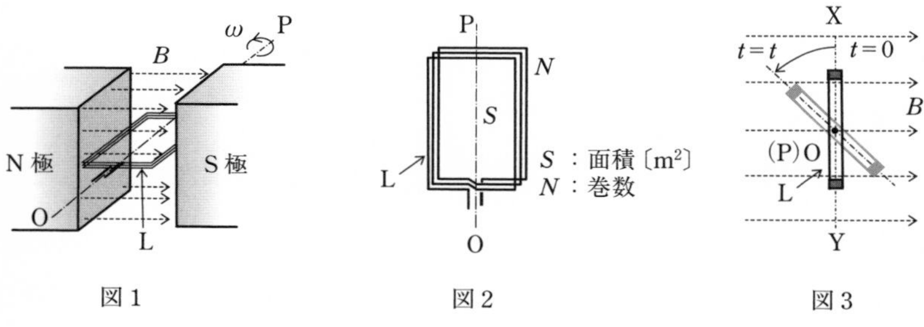

1 ωt^2　2 ωt　3 $N^2BS\omega$　4 $BS\cos\omega t$　5 $N\dfrac{d\phi}{dt}$

6 $\dfrac{\omega}{2\pi}$　7 $2\pi\omega$　8 $NBS\omega$　9 $BS\sin\omega t$　10 $N^2\dfrac{d\phi}{dt}$

解説 $t=0$〔s〕のときに鎖交する磁束が最大となる。時間 t〔s〕の鎖交する磁束 $\phi=BS\cos\omega t$〔Wb〕より、起電力 e〔V〕を求めると

$$e=-N\frac{d\phi}{dt}=-NBS\frac{d}{dt}\cos\omega t$$
$$=NBS\omega\sin\omega t\ 〔V〕$$

Point 磁束密度 B は、単位面積あたりの磁束を表す

周波数を f〔Hz〕とすると $\omega=2\pi f$ で表されるので、$f=\omega/(2\pi)$ である。

▶ **解答　アー5　イー4　ウー8　エー2　オー6**

数学の公式

$y=f\{u(x)\}$ 関数を $f(x)$ とすると合成関数の微分

$$\frac{dy}{dx}=\frac{dy}{du}\cdot\frac{du}{dx}$$

$$\frac{d}{dt}\cos\omega t=\frac{d}{d(\omega t)}\cos(\omega t)\cdot\frac{d}{dt}\omega t=-\omega\sin\omega t$$

B－2 19(7)

次の記述は、図に示す抵抗 R〔Ω〕と自己インダクタンス L〔H〕を直列に接続した回路の過渡現象について述べたものである。□内に入れるべき字句を下の番号から選べ。ただし、同じ記号の□内には、同じ字句が入るものとする。また、時間を t〔s〕とし、自然対数の底を e とする。

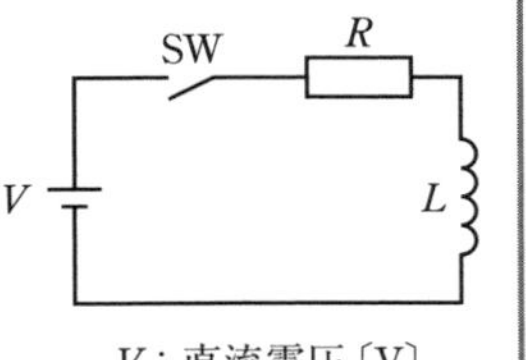

V：直流電圧〔V〕

(1) SW を断(OFF)から接(ON)にした瞬間($t=0$〔s〕)に回路に流れる電流 i は、□ア〔A〕である。

(2) SW を接(ON)にしてから十分長い時間が経過したとき($t=\infty$〔s〕)の i は、□イ〔A〕である。

(3) t〔s〕後の i は、(□イ)×□ウ〔A〕である。

(4) $t=L/R$〔s〕のときの i は、(□イ)×□エ〔A〕である。

(5) L/R〔s〕を□オという。

1　0	2　$\dfrac{V}{R}$	3　$e^{Lt/R}$	4　$e^{-Rt/L}$	5　位相定数
6　$\dfrac{1}{e}$	7　$\dfrac{V}{2R}$	8　$(1-e^{-Rt/L})$	9　$\left(1-\dfrac{1}{e}\right)$	10　時定数

解説　SW が接(ON)の状態で電圧 V〔V〕が回路に加わっているときは、次式が成り立つ。

$$V=Ri+L\frac{di}{dt}\ \text{〔V〕}\quad\cdots\ (1)$$

式(1)は未知数 i〔A〕が時間 t〔s〕の関数で表される微分方程式なので、解を求めると

$$i=\frac{V}{R}(1-e^{-Rt/L})\ \text{〔A〕}\quad\cdots\ (2)$$

SW を断(OFF)から接(ON)にした瞬間に回路に流れる電流 i は、式(2)に $t=0$〔s〕を代入すれば

$$i=\frac{V}{R}(1-e^{-0})=0\ \text{〔A〕}\quad\cdots\ (3)$$

SW を接（ON）にしてから十分長い時間が経過したとき（$t=\infty$〔s〕）の i は

$$i=\frac{V}{R}(1-e^{-\infty})=\frac{V}{R}\,\text{〔A〕} \quad \cdots\ (4)$$

$t=L/R$〔s〕（時定数）のときの i は

$$i=\frac{V}{R}(1-e^{-1})=\frac{V}{R}\left(1-\frac{1}{e}\right)\text{〔A〕}$$

▶ **解答　ア－1　イ－2　ウ－8　エ－9　オ－10**

B－3　03(7②)

次の記述は、図に示す原理的な構造のマイクロ波用電子管について述べたものである。［　　］内に入れるべき字句を下の番号から選べ。

(1) 図に示すマイクロ波用電子管の名称は、［ア］である。

(2) 陽極-陰極間には［イ］を加える。

(3) 作用空間では、電界と磁界の方向は互いに［ウ］。

(4) 使用する周波数を決める主な要素は、［エ］である。

(5) レーダーや調理用電子レンジなどで、マイクロ波の［オ］に広く用いられている。

1	発振用	2	陰極	3	直交している		
4	交流電圧	5	マグネトロン	6	検波用		
7	空洞共振器	8	平行である	9	直流電圧	10	進行波管

解説▶　外部から円柱の軸方向に磁界が加えられているので、陰極から放出された電子は電界によって陽極方向に進むが、磁界による直交する力を受けて作用空間内を回転する。作用空間内の電子が空洞共振器を通過するときに空洞にエネルギーを与えて、空洞共振器の形状で決まる発振周波数で発振する。

Point
マグネは magnet
（磁石）の意味

▶ **解答　ア－5　イ－9　ウ－3　エ－7　オ－1**

出題傾向　下線の部分は、ほかの試験問題で穴埋めの字句として出題されている。

B－4 03(7②)

次の図は、トランジスタ(Tr)を用いた発振回路の原理的構成例を示したものである。このうち発振が可能なものを1、不可能なものを2として解答せよ。

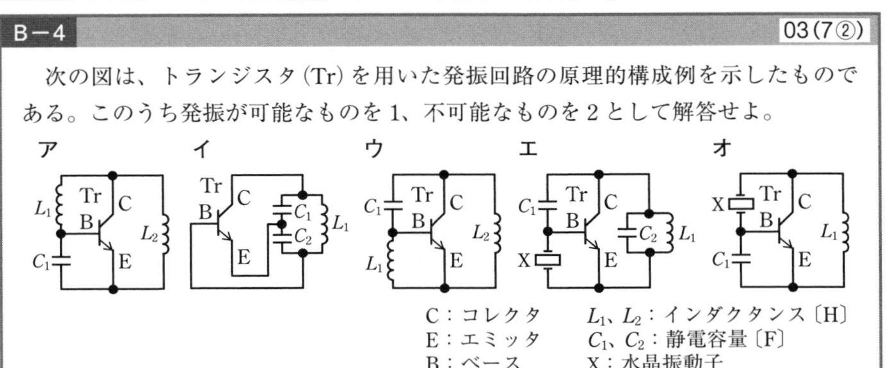

解説 解説図にリアクタンス発振回路を示す。トランジスタの電流増幅率を h_{fe} とすると発振条件は次式で表される。

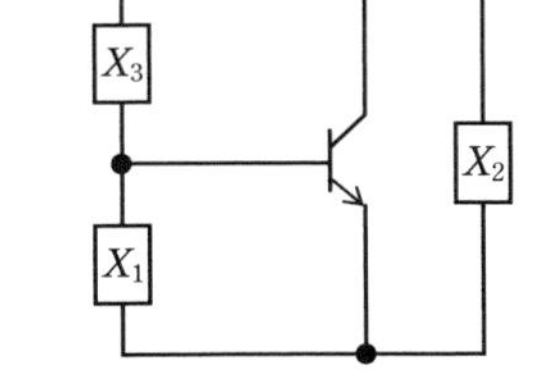

$$\frac{h_{fe}X_2}{X_1} \geqq 1 \quad \cdots (1) \qquad X_1 + X_2 = -X_3 \quad \cdots (2)$$

式(1)、式(2)より、X_1 と X_2 は同符号で、X_3 は X_1、X_2 と異符号であるときに発振する。

ア　式(1)、式(2)の条件を満足しないので発振しない。

イ　式(1)、式(2)の条件を満足するので発振する。

ウ　式(1)、式(2)の条件を満足するので発振する。

エ　水晶振動子が誘導性リアクタンスで、L_1 と C_2 の共振回路が誘導性となる周波数で発振する。

オ　水晶振動子は誘導性リアクタンスの周波数の範囲で用いるので、式(1)、式(2)の条件を満足しないので発振しない。

▶ **解答　ア－2　イ－1　ウ－1　エ－1　オ－2**

B－5 02(11②)

次の記述は、ひずみ波交流電流 $i = I_m \sin \omega t + \frac{1}{3} I_m \sin 3\omega t$〔A〕を熱電対形電流計 A_1 と整流形電流計 A_2 を用いて測定したときの指示値について述べたものである。□内に入れるべき字句を下の番号から選べ。ただし、A_2 は全波整流形で、目盛は正弦波交流の実効値を指示するように校正されているものとする。なお、同じ記号の□内には同じ字句が入るものとする。

(1) i は、基本波に、最大値が基本波の $\frac{1}{3}$ で周波数が基本波の［ア］倍の高調波が加わった電流である。
(2) 周波数が基本波の［ア］倍の高調波の電流の実効値は、［イ］〔A〕である。
(3) 熱電対形電流計 A_1 は、i の［ウ］を指示し、その値は［エ］〔A〕である。
(4) 整流形電流計 A_2 は、i の平均値の［オ］倍の値を指示する。

1　3	2　$\frac{1}{3} I_m$	3　実効値	4　$\frac{\sqrt{5}}{3} I_m$	5　$\frac{\pi}{2\sqrt{2}}$
6　5	7　$\frac{1}{3\sqrt{2}} I_m$	8　平均値	9　$\frac{\sqrt{5}}{9} I_m$	10　$\frac{\pi}{\sqrt{2}}$

解説 (1) 周波数を f〔Hz〕とすると、角周波数 $\omega = 2\pi f$〔rad/s〕で表されるので、i は基本波 (ω) に3倍の高調波 (3ω) が加わった電流である。

(2) 基本波の電流の実効値は $(1/\sqrt{2}) I_m$、3倍の高調波の電流の実効値は $(1/3\sqrt{2}) I_m$ である。

(3) 熱電対形電流計は実効値 I_e を指示する。

$$I_e = \sqrt{\left(\frac{1}{\sqrt{2}} I_m\right)^2 + \left(\frac{1}{3\sqrt{2}} I_m\right)^2}$$

$$= \sqrt{\frac{1}{2} + \frac{1}{18}} I_m = \sqrt{\frac{5}{9}} I_m = \frac{\sqrt{5}}{3} I_m \text{〔A〕}$$

Point
実効値は、最大値の $1/\sqrt{2}$

(4) 整流形電流計は、指針が正弦波の平均値 $(2/\pi) I_m$ に比例するが、目盛は正弦波の実効値 $(1/\sqrt{2}) I_m$ なので、ひずみ波交流電流の平均値の

$$\frac{\frac{1}{\sqrt{2}} I_m}{\frac{2}{\pi} I_m} = \frac{\pi}{2\sqrt{2}}$$

倍の値を指示する。

Point
整流形電流計は、ひずみ波交流電流の実効値を正しく指示しない

▶ **解答　ア－1　イ－7　ウ－3　エ－4　オ－5**

A－1 22(1)

次の記述は、図に示す無限長ソレノイドコイルSの磁界の強さをアンペアの周回路の法則を用いて求める過程について述べたものである。［　］内に入れるべき字句の正しい組合せを下の番号から選べ。ただし、Sの外部の磁界の強さは零とする。またSの軸長1〔m〕当たりのコイルの巻数をNとし、Sに流れる直流電流をI〔A〕とする。

(1) Sの構造及び流す電流の方向から、Sの内部の磁界は、図のx方向のみであり、y方向の磁界は零である。

(2) Sの内部に閉路a→b→c→d→aを作り、この閉路にab及びcd上の磁界の強さをH_{ab}〔A/m〕及びH_{cd}〔A/m〕としてアンペアの周回路の法則を適用すると、次式が成り立つ。

$(\overline{ab} \times H_{ab}) - (\overline{cd} \times H_{cd}) =$ ［ A ］〔A〕 …①

(3) 式①よりSの内部の磁界の強さは一様になるので、その強さをH〔A/m〕とし、Sの内部から外部にわたって閉路e→f→g→h→eを作り、アンペアの周回路の法則を適用すると、次式が成り立つ。

$\overline{ef} \times H =$ ［ B ］〔A〕 …②

(4) したがって、$H =$ ［ C ］〔A/m〕となる。

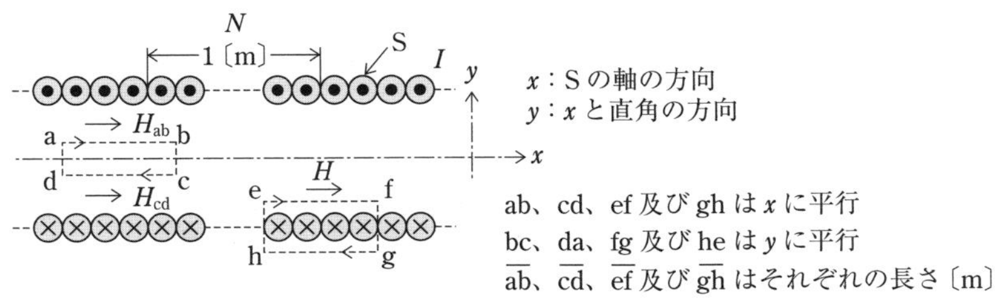

⦿：電流の方向は、紙面の裏から表の方向とする。
⊗：電流の方向は、紙面の表から裏の方向とする。

	A	B	C
1	0	$\overline{ef} \times NI$	NI
2	0	$\overline{ef} \times N^2 I$	NI
3	0	$\overline{ef} \times N^2 I$	$2NI$
4	I	$\overline{ef} \times NI$	NI
5	I	$\overline{ef} \times N^2 I$	$2NI$

解説 アンペアの周回路の法則は、電流を取り囲む磁界の線積分を求めると、その内部の電流に等しいことを表した法則である。積分路において磁界の大きさと向きが等しいときは、磁界と長さの積で求めることができる。閉路 a→b→c→d→a は次式で表される。

$$(\overline{\mathrm{ab}} \times H_{\mathrm{ab}}) - (\overline{\mathrm{cd}} \times H_{\mathrm{cd}}) = 0 \quad \cdots \ (1)$$

式(1)の左辺の第2項は、磁界の方向と閉路の向きが逆なので－とする。閉路 a→b→c→d→a では内部に電流がないから、式(1)の右辺は電流を表すので0である。

$\overline{\mathrm{ab}} = \overline{\mathrm{cd}}$ より、$H_{\mathrm{ab}} = H_{\mathrm{cd}} = H$ が成り立つ。

閉路 e→f→g→h→e は

$$(\overline{\mathrm{ef}} \times H) + (\overline{\mathrm{gh}} \times 0) = \overline{\mathrm{ef}} \times NI \quad \cdots \ (2)$$

式(2)において、問題の条件から左辺の外部の磁界は0、N は単位長さあたりの巻数なので、右辺の $\overline{\mathrm{ef}} \times N$ は区間 $\overline{\mathrm{ef}}$ 間の電流 I の数を表す。

$\overline{\mathrm{ef}} \times H = \overline{\mathrm{ef}} \times NI$ したがって $H = NI$〔A/m〕

▶ **解答 1**

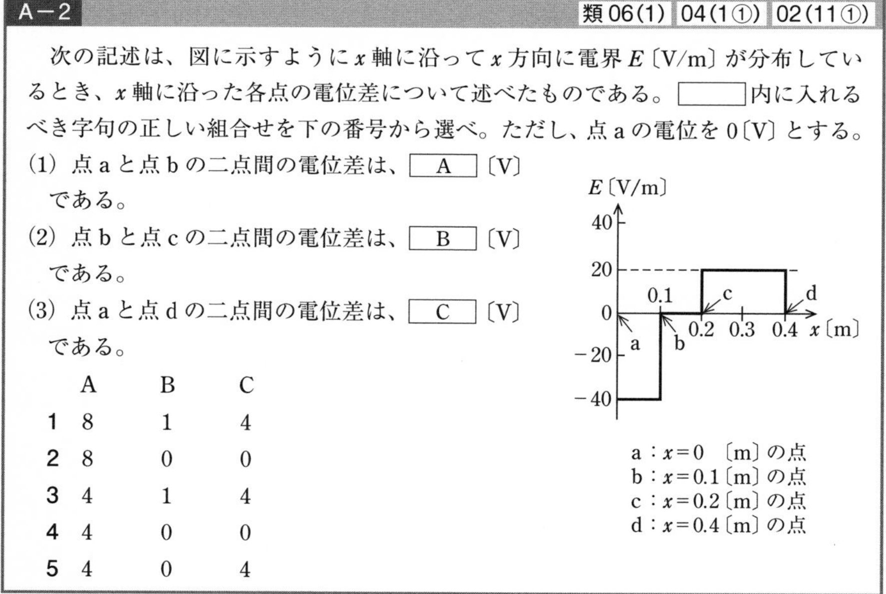

A－2 類 06(1) 04(1①) 02(11①)

次の記述は、図に示すように x 軸に沿って x 方向に電界 E〔V/m〕が分布しているとき、x 軸に沿った各点の電位差について述べたものである。［　　］内に入れるべき字句の正しい組合せを下の番号から選べ。ただし、点 a の電位を 0〔V〕とする。

(1) 点 a と点 b の二点間の電位差は、［ A ］〔V〕である。

(2) 点 b と点 c の二点間の電位差は、［ B ］〔V〕である。

(3) 点 a と点 d の二点間の電位差は、［ C ］〔V〕である。

	A	B	C
1	8	1	4
2	8	0	0
3	4	1	4
4	4	0	0
5	4	0	4

解説 問題図のように電界 E が一定の値で分布している x 軸上の区間内において、区間 $x_1 \sim x_2$〔m〕の電界が E〔V/m〕のときの電位差 V〔V〕は、次式で表される。

$$V = -E(x_2 - x_1) \ \text{〔V〕}$$

(1) 点 a と点 b の二点間の電位差 V_1〔V〕は、次式で表される。

$$V_1 = -(-40) \times (0.1 - 0) = 4 \ \text{〔V〕}$$

(2) 点 b と点 c の二点間の電位差 V_2〔V〕は、次式で表される。

$$V_2 = -0 \times (0.2 - 0.1) = 0 \text{〔V〕}$$

(3) 点 c と点 d の二点間の電位差 V_3〔V〕は、次式で表される。

$$V_3 = -20 \times (0.4 - 0.2) = -4 \text{〔V〕}$$

点 a と点 d の二点間の電位差 V_4〔V〕は、これらの電位差の和となるので、次式で表される。

$$V_4 = V_1 + V_2 + V_3 = 4 + 0 - 4 = 0 \text{〔V〕}$$

▶ **解答　4**

A－3　類 04(7②)　類 01(7)

図に示す回路において、コンデンサ C に蓄えられた静電エネルギーとコイル L に蓄えられた電磁（磁気）エネルギーが等しいときの L の自己インダクタンスの値として、正しいものを下の番号から選べ。ただし、$C = 0.1$〔μF〕、$R = 200$〔Ω〕とし、回路は定常状態にあり、コイルの抵抗及び電源の内部抵抗は無視するものとする。

1　1〔mH〕
2　2〔mH〕
3　4〔mH〕
4　6〔mH〕
5　8〔mH〕

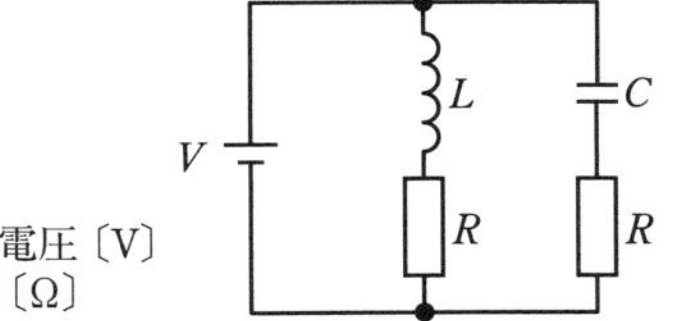

解説　定常状態ではコンデンサに加わる電圧は電源電圧 V〔V〕なので、コンデンサに蓄えられる静電エネルギー W_C〔J〕は

$$W_C = \frac{1}{2} CV^2 \text{〔J〕} \quad \cdots (1)$$

コイルに流れる電流 I〔A〕は

$$I = \frac{V}{R} \text{〔A〕} \quad \cdots (2)$$

コイルに蓄えられる磁気エネルギー W_L〔J〕は

$$W_L = \frac{LI^2}{2} \text{〔J〕} \quad \cdots (3)$$

問題の条件より、式(1) = 式(3) であり、式(2) を代入すると

$$\frac{1}{2} CV^2 = \frac{LV^2}{2R^2}$$

よって

$$L = CR^2 = 0.1 \times 10^{-6} \times 200^2 = 4 \times 10^{-3} \text{〔H〕} = 4 \text{〔mH〕}$$

Point
定常状態において、コンデンサには電流は流れない。コイルは電流が流れる

▶ **解答　3**

A－4 03(1②)

図1に示す静電容量 C〔F〕の平行平板空気コンデンサの電極板間の間隔 r〔m〕を、図2に示すように d_0〔m〕広げ、そこに厚さ d〔m〕の誘電体を片方の電極板Pに接しても静電容量は C〔F〕で変わらなかった。このときの誘電体の誘電率 ε〔F/m〕を表す式として、正しいものを下の番号から選べ。ただし、空気の誘電率を ε_0〔F/m〕、誘電体の面積は電極板の面積 S〔m^2〕に等しいものとする。

1　$\varepsilon = \dfrac{\varepsilon_0 (d - d_0)}{d_0}$

2　$\varepsilon = \dfrac{\varepsilon_0 (d_0 - d)}{d}$

3　$\varepsilon = \dfrac{\varepsilon_0 d_0}{d - d_0}$

4　$\varepsilon = \dfrac{\varepsilon_0 d}{d_0 - d}$

5　$\varepsilon = \dfrac{\varepsilon_0 d}{d - d_0}$

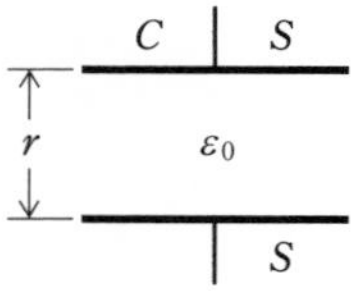

図1

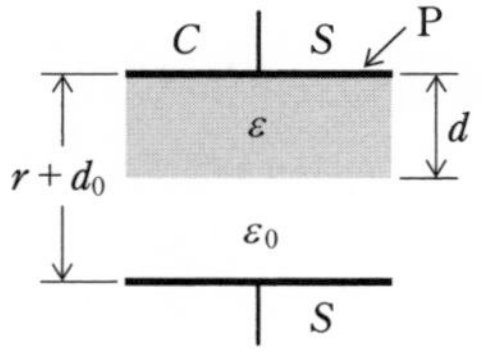

図2

解説 問題図1のコンデンサの静電容量 C〔F〕は

$$C = \varepsilon_0 \frac{S}{r} \text{〔F〕} \quad \cdots (1)$$

問題図2のコンデンサは、誘電率 ε と ε_0 のコンデンサ C_1、C_2〔F〕が直列に接続されているものとして、合成静電容量を C〔F〕とすると

$$\frac{1}{C} = \frac{1}{C_1} + \frac{1}{C_2} = \frac{d}{\varepsilon S} + \frac{r + d_0 - d}{\varepsilon_0 S} \quad \cdots (2)$$

$\dfrac{1}{\text{式(1)}}$ = 式(2)より

$$\frac{r}{\varepsilon_0 S} = \frac{d}{\varepsilon S} + \frac{r + d_0 - d}{\varepsilon_0 S} \quad \text{よって} \quad -\frac{d_0 - d}{\varepsilon_0} = \frac{d}{\varepsilon} \quad \cdots (3)$$

式(3)から ε を求めると

$$\varepsilon = \frac{\varepsilon_0 d}{d - d_0} \text{〔F/m〕}$$

▶ **解答　5**

A－5　類 04(1②)　類 02(11①)

図に示すように、R_1〔Ω〕と R_2〔Ω〕の抵抗が無限に接続されている回路において、端子 ab 間から見た合成抵抗 R_{ab} の値として、正しいものを下の番号から選べ。ただし、抵抗 R_1 及び R_2 の値をそれぞれ $R_1 = 3$〔Ω〕、$R_2 = 4$〔Ω〕とする。

1　0.6〔Ω〕
2　1.2〔Ω〕
3　1.5〔Ω〕
4　2.0〔Ω〕
5　3.0〔Ω〕

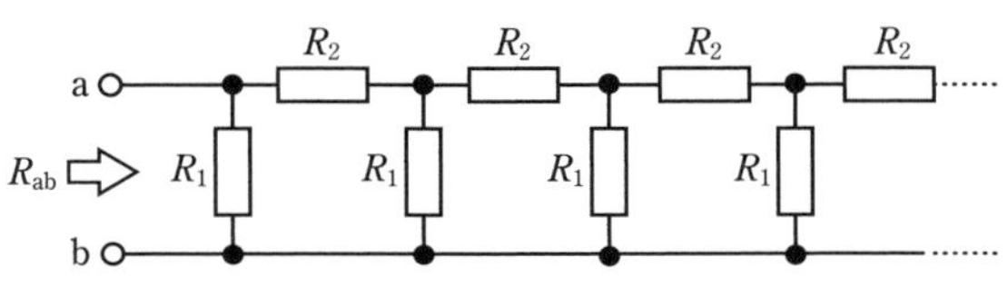

解説　問題図の回路は、R_1 と R_2 の二つの抵抗で構成された⌐形回路の抵抗が無限に接続されているので、解説図のように端子 ab 間にもう１段 R_1 と R_2 の⌐形回路の抵抗を付けて端子 cd としても合成抵抗は変わらない。

Point
抵抗が無限に接続されているので、単純に合成抵抗の計算はできない

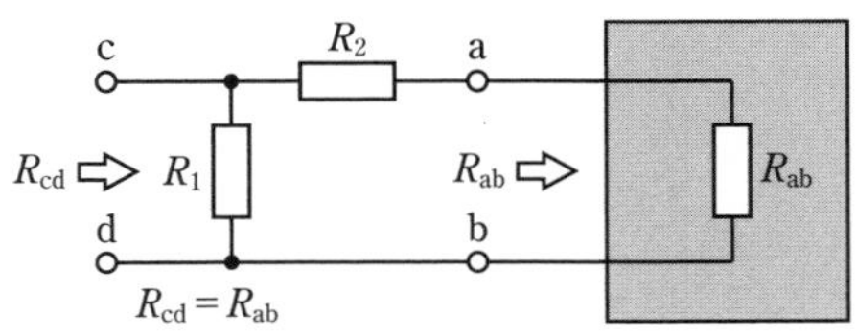

解説図の端子 cd から右の回路を見た合成抵抗 R_{cd} は R_{ab} と等しくなるので、$R_{cd} = R_{ab}$ とすると

$$R_{ab} = \frac{R_1(R_2 + R_{ab})}{R_1 + R_2 + R_{ab}} \quad \cdots (1)$$

$$R_{ab}(R_1 + R_2 + R_{ab}) - R_1(R_2 + R_{ab}) = 0$$

$$R_{ab}^2 + R_2 R_{ab} - R_1 R_2 = 0 \quad \cdots (2)$$

式(2)に解の公式を使うと

$$R_{ab} = \frac{-R_2 \pm \sqrt{R_2^2 - (-4R_1R_2)}}{2} \quad \cdots (3)$$

抵抗値は正の値を持つので式(3)は

$$R_{ab} = \frac{-R_2 + \sqrt{R_2^2 + 4R_1R_2}}{2} = \frac{-4 + \sqrt{4^2 + 4 \times 3 \times 4}}{2} = \frac{-4 + \sqrt{16 + 48}}{2}$$

$$= \frac{-4 + \sqrt{64}}{2} = \frac{-4 + 8}{2} = 2 \text{〔Ω〕}$$

▶ **解答　4**

出題傾向　抵抗 R_1, R_2 の記号式で答える問題も出題されている。この問題では数値が与えられているので、解説の式 (2) に問題で与えられた数値を代入して計算してもよい。

数学の公式　2 次方程式の解の公式：2 次方程式の一般式は次式で表される。

$$ax^2 + bx + c = 0 \quad \cdots \ (1)$$

式 (1) の根は二つあり、解の公式を用いると次式で表される。

$$x = \frac{-b \pm \sqrt{b^2 - 4ac}}{2a} \quad \cdots \ (2)$$

A－6

03(7①)　03(1②)

図に示すように、交流電源電圧 $\dot{V} = 100$〔V〕に誘導性負荷 $\dot{Z}_1$ 及び $\dot{Z}_2$〔Ω〕を接続したとき、回路全体の皮相電力及び力率の値の組合せとして、正しいものを下の番号から選べ。ただし、$\dot{Z}_1$ 及び $\dot{Z}_2$ の有効電力及び力率は表の値とする。

	皮相電力	力率
1	$1{,}400\sqrt{2}$〔VA〕	$\frac{1}{\sqrt{2}}$
2	$1{,}400\sqrt{2}$〔VA〕	$\frac{2}{\sqrt{5}}$
3	$1{,}800\sqrt{2}$〔VA〕	$\frac{1}{\sqrt{2}}$
4	$1{,}800\sqrt{2}$〔VA〕	$\frac{1}{\sqrt{3}}$
5	$1{,}800\sqrt{2}$〔VA〕	$\frac{2}{\sqrt{5}}$

負荷	負荷の性質	有効電力	力率
$\dot{Z}_1$	誘導性	800〔W〕	0.8
$\dot{Z}_2$	誘導性	600〔W〕	0.6

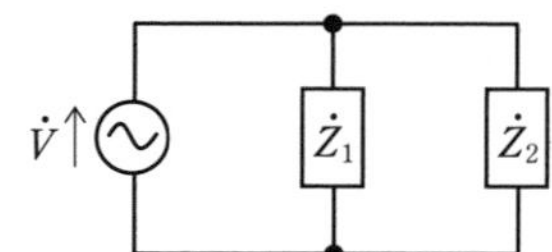

解説　交流電源電圧の大きさを $V = 100$〔V〕、インピーダンス $\dot{Z}_1$〔Ω〕、$\dot{Z}_2$〔Ω〕の負荷を流れる電流の大きさを I_1、I_2〔A〕、力率 $\cos\theta_1 = 0.8$、$\cos\theta_2 = 0.6$ のとき、有効電力 $P_1 = 800$〔W〕、$P_2 = 600$〔W〕なので、$P = VI\cos\theta$ より

$$I_1 = \frac{P_1}{V\cos\theta_1} = \frac{800}{100 \times 0.8} = 10 \text{〔A〕}$$

$$I_2 = \frac{P_2}{V\cos\theta_2} = \frac{600}{100 \times 0.6} = 10 \text{〔A〕}$$

$\dot{Z}_1$、$\dot{Z}_2$ を流れる電流の実数部成分 I_{e1}、I_{e2} は

$$I_{e1} = I_1\cos\theta_1 = 10 \times 0.8 = 8 \text{〔A〕}$$

$$I_{e2} = I_2\cos\theta_2 = 10 \times 0.6 = 6 \text{〔A〕}$$

$\dot{Z}_1$、$\dot{Z}_2$ を流れる電流の虚数部成分 I_{q1}、I_{q2} は

$$I_{q1} = I_1 \sin\theta_1 = I_1\sqrt{1-\cos^2\theta_1} = 10\sqrt{1-0.8^2} = 6\ \text{〔A〕}$$
$$I_{q2} = I_2 \sin\theta_2 = I_2\sqrt{1-\cos^2\theta_2} = 10\sqrt{1-0.6^2} = 8\ \text{〔A〕}$$

Point
$\sin^2\theta + \cos^2\theta = 1$
$\sin\theta = \sqrt{1-\cos^2\theta}$

$\dot{Z}_1$、$\dot{Z}_2$ は二つとも誘導性負荷なので、回路全体を流れる電流の虚数部成分はそれらの和で表されるので、回路全体の皮相電力 P_s〔VA〕は

$$P_s = V\sqrt{(I_{e1}+I_{e2})^2+(I_{q1}+I_{q2})^2}$$
$$= 100\sqrt{(8+6)^2+(6+8)^2}$$
$$= 100\sqrt{2\times14^2} = 1{,}400\sqrt{2}\ \text{〔VA〕}$$

力率 $\cos\theta$ は

$$\cos\theta = \frac{I_{e1}+I_{e2}}{\sqrt{(I_{e1}+I_{e2})^2+(I_{q1}+I_{q2})^2}} = \frac{14}{14\sqrt{2}} = \frac{1}{\sqrt{2}}$$

▶ **解答　1**

出題傾向　$\dot{Z}_2$ が抵抗の回路も出題されている。同様に計算すればよい。

A－7　04(7②)　03(7①)　類 03(1①)

次の記述は、図に示す直列共振回路について述べたものである。このうち、正しいものを下の番号から選べ。ただし、共振角周波数を ω_0〔rad/s〕及び共振電流を I_0〔A〕とする。また、回路の電流 $\dot{I}$ の大きさが、$I_0/\sqrt{2}$〔A〕となる二つの角周波数をそれぞれ ω_1 及び ω_2〔rad/s〕($\omega_1 < \omega_2$) とし、回路の尖鋭度を Q とする。

R：抵抗〔Ω〕
L：自己インダクタンス〔H〕
C：静電容量〔F〕
$\dot{V}$：交流電源電圧〔V〕

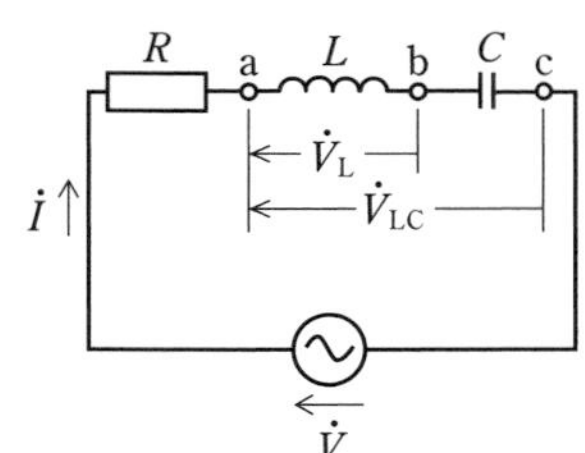

1　ω_0 のとき、端子 ab 間の電圧 $\dot{V}_L$ の大きさは、$|\dot{V}|/Q$〔V〕である。
2　ω_0 のとき、端子 ac 間の電圧 $\dot{V}_{LC}$ の大きさは、0〔V〕である。
3　回路の電流 $\dot{I}$ の位相は、ω_1 で $\dot{V}$ より遅れ、ω_2 で $\dot{V}$ より進む。
4　Q は、$Q = R/(\sqrt{L/C})$ で表される。
5　Q は、$Q = (\omega_2-\omega_1)/\omega_0$ で表される。

解説

1　$|\dot{V}_L| = \omega_0 L I_0 = \dfrac{\omega_0 L}{R}|\dot{V}| = Q \times |\dot{V}|$〔V〕

2　L と C の共振時のリアクタンス X_L と X_C〔Ω〕の大きさは等しいので、端子 ab 間の電圧 $\dot{V}_L$ と端子 bc 間の電圧 $\dot{V}_C$ は、逆位相で大きさが等しいから

$$\dot{V}_{LC} = \dot{V}_L + \dot{V}_C = jX_L\dot{I} - jX_C\dot{I} = 0 \text{〔V〕}$$

よって、正しい。

3　回路のインピーダンス $\dot{Z}$〔Ω〕と電流 $\dot{I}$〔A〕は

$$\dot{Z} = R + j\left(\omega L - \frac{1}{\omega C}\right) \text{〔Ω〕}$$

$$\dot{I} = \frac{\dot{V}}{\dot{Z}} \text{〔A〕}$$

$\omega_1 < \omega_0$ のときは $\dot{Z} = R - jX$ となるので、$\dot{I} = a + jb$ となり、位相が $\dot{V}$ より進む。
$\omega_2 > \omega_0$ のときは $\dot{I} = a - jb$ となり、位相が $\dot{V}$ より遅れる。

4　$Q = \dfrac{\omega_0 L}{R} = \dfrac{1}{\omega_0 CR}$　より　$Q^2 = \dfrac{\omega_0 L}{R} \times \dfrac{1}{\omega_0 CR} = \dfrac{L}{CR^2}$

よって　$Q = \dfrac{1}{R}\sqrt{\dfrac{L}{C}}$

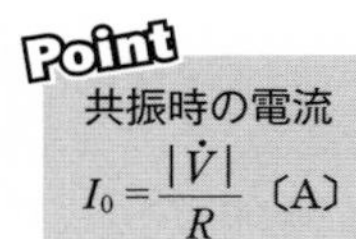

5　$I_0/\sqrt{2}$ になったときの周波数帯幅を B〔Hz〕とすると

$$Q = \frac{f_0}{B} = \frac{\omega_0}{\omega_2 - \omega_1}$$

▶ **解答　2**

出題傾向　並列回路も出題される。損失が小さいほど Q が大きいので、直列回路では直列抵抗 R が小さいほど Q が大きいが、並列回路では並列抵抗 R が大きいほど Q が大きい。

A－8　23(1)

次の記述は、図に示す回路の交流電源電圧 $\dot{V}$〔V〕と電源から流れる電流 $\dot{I}$〔A〕の位相について述べたものである。［　　］内に入れるべき字句の正しい組合せを下の番号から選べ。

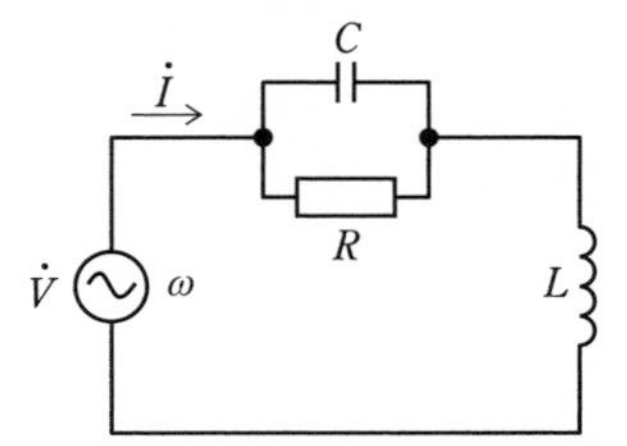

ω：角周波数〔rad/s〕
C：静電容量〔F〕
L：自己インダクタンス〔H〕
R：抵抗〔Ω〕

(1) 回路の合成インピーダンス$\dot{Z}$は、$\dot{Z}=\dfrac{R}{1+\omega^2C^2R^2}+j($ A $)$〔Ω〕で表される。

(2) $\dot{I}$〔A〕と$\dot{V}$〔V〕は、$\dot{Z}$の虚数部が零のとき、同相になる。そのとき次式が成り立つ。

$$\frac{L}{CR}=\boxed{\text{B}}\quad\cdots①$$

(3) 式①が成り立つときの$\dot{I}$を$\dot{I}_r$とすると、$\dot{I}_r$は$\dot{I}_r=\dfrac{\dot{V}}{\boxed{\text{C}}}$〔A〕で表される。

	A	B	C
1	$\omega L+\dfrac{\omega CR^2}{1+\omega^2C^2R^2}$	$\dfrac{R}{1+\omega^2C^2R^2}$	R
2	$\omega L+\dfrac{\omega CR^2}{1+\omega^2C^2R^2}$	$\dfrac{R}{1-\omega^2C^2R^2}$	$\dfrac{L}{CR}$
3	$\omega L-\dfrac{\omega CR^2}{1+\omega^2C^2R^2}$	$\dfrac{R}{1-\omega^2C^2R^2}$	$\dfrac{L}{CR}$
4	$\omega L-\dfrac{\omega CR^2}{1+\omega^2C^2R^2}$	$\dfrac{R}{1+\omega^2C^2R^2}$	$\dfrac{L}{CR}$
5	$\omega L-\dfrac{\omega CR^2}{1+\omega^2C^2R^2}$	$\dfrac{R}{1+\omega^2C^2R^2}$	R

解説　問題図のRC並列回路の合成インピーダンス$\dot{Z}_p$〔Ω〕は

$$\dot{Z}_p=\frac{\dfrac{R}{j\omega CR}}{\dfrac{1}{j\omega C}+R}=\frac{R}{1+j\omega CR}=\frac{R}{1+\omega^2C^2R^2}-j\frac{\omega CR^2}{1+\omega^2C^2R^2}\quad\cdots(1)$$

回路全体の合成インピーダンス$\dot{Z}$〔Ω〕は

$$\dot{Z}=j\omega L+\dot{Z}_p=\frac{R}{1+\omega^2C^2R^2}+j\left(\omega L-\frac{\omega CR^2}{1+\omega^2C^2R^2}\right)〔\Omega〕\cdots(2)$$

式(2)の虚数部を0とすると

$$\omega L-\frac{\omega CR^2}{1+\omega^2C^2R^2}=0$$

$$1+\omega^2C^2R^2=\frac{CR^2}{L}\quad よって\quad \frac{L}{CR}=\frac{R}{1+\omega^2C^2R^2}\quad\cdots(3)$$

Point
選択肢の式の形に合わせて、式を変形する

式(2)の虚数部を0として式(3)を式(2)に代入すると、インピーダンス$\dot{Z}_r$〔Ω〕は

$$\dot{Z}_r=\frac{R}{1+\omega^2C^2R^2}=\frac{L}{CR}〔\Omega〕\cdots(4)$$

そのときの電流 $\dot{I}_r$〔A〕は

$$\dot{I}_r = \frac{\dot{V}}{\dot{Z}_r} = \frac{\dot{V}}{\dfrac{L}{CR}} \text{〔A〕}$$

▶ **解答　4**

数学の公式

$(a+b)(a-b) = a^2 - b^2$
$j^2 = -1$

A－9 23(1)

次の記述は、トランジスタの熱抵抗と放熱板について述べたものである。□内に入れるべき字句の正しい組合せを下の番号から選べ。

(1) トランジスタのコレクタ接合の消費電力が P〔W〕でコレクタ接合部の温度と周囲との温度差が ΔT〔℃〕であるとき、そのトランジスタの熱抵抗 R_{th} は、R_{th} = [A] である。

(2) トランジスタに放熱板を取り付けて用いるときの R_{th} は、放熱板を取り付けないで用いるときの R_{th} よりも [B] 値になる。

	A	B
1	$\dfrac{\Delta T}{P}$〔℃/W〕	大きな
2	$\dfrac{\Delta T}{P}$〔℃/W〕	小さな
3	ΔTP〔℃W〕	小さな
4	$\dfrac{P}{\Delta T}$〔W/℃〕	大きな
5	$\dfrac{P}{\Delta T}$〔W/℃〕	小さな

解説　熱抵抗 R_{th}〔℃ /W〕は、消費電力 P〔W〕当たりの温度上昇 ΔT〔℃〕を表すので、次式で表される。

$$R_{th} = \frac{\Delta T}{P} \text{〔℃/W〕}$$

トランジスタに放熱板を取り付けるとトランジスタの温度を下げることができる。よって、接合部温度 ΔT を下げることができ、放熱板を取り付けないで用いるときの R_{th} よりも**小さな**値になる。

▶ **解答　2**

A－10　03(7①)

次の記述は、図１に示す図記号の電界効果トランジスタ(FET)について述べたものである。このうち誤っているものを下の番号から選べ。ただし、電極のドレイン、ゲート及びソースをそれぞれD、G及びSとする。

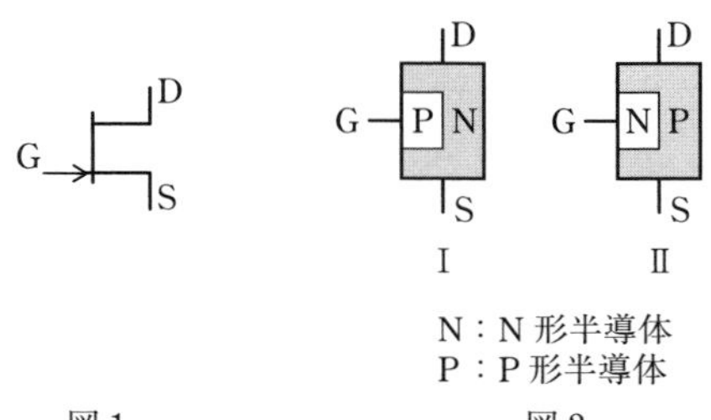

図１　　図２

1　接合形のFETである。
2　一般に、GS間に加える電圧の極性は、Gが負(－)、Sが正(＋)である。
3　一般に、DS間に加える電圧の極性は、Dが正(＋)、Sが負(－)である。
4　チャネルはN形である。
5　内部の原理的な構造は、図２のIIである。

解説　誤っている選択肢は、次のようになる。

5　内部の原理的な構造は、図２のIである。

▶ **解答　5**

A－11　04(1①)

次の記述は、マイクロ波の回路に用いられる電子管及び半導体素子について述べたものである。［　　］内に入れるべき字句の正しい組合せを下の番号から選べ。

(1) 強い直流電界とその電界と［ A ］の作用を利用し、発振出力が大きなマイクロ波を発振する電子管は、マグネトロンである。

(2) 界磁コイル内に置かれた［ B ］を利用し、広帯域のマイクロ波を増幅する電子管は、進行波管である。

(3) 逆方向電圧を加えたときのPN接合の［ C ］を利用し、マイクロ波の周波数逓倍などに用いることができるのは、バラクタダイオードである。

	A	B	C
1	直角方向の磁界	空洞共振器	抵抗
2	直角方向の磁界	ら旋遅延回路	静電容量
3	同方向の磁界	ら旋遅延回路	抵抗
4	同方向の磁界	空洞共振器	抵抗
5	同方向の磁界	ら旋遅延回路	静電容量

解説 バラクタ（varactor）は可変リアクタンス（variable reactance）の略称。

▶ **解答 2**

出題傾向 マイクロ波の電子管は、マグネトロン、進行波管、クライストロンが出題される。

A－12 03(7②) 類 03(1②)

図に示すN形半導体の両端に8〔V〕の直流電圧を加えたときに流れる電流Iの値として最も近いものを下の番号から選べ。ただし、電流Iは自由電子の移動によってのみ生ずるものとする。また、自由電子の定数及びN形半導体の形状は表に示す値とする。

自由電子の定数	密度 $\sigma = 1 \times 10^{21}$〔個/m^3〕 電荷 $e = -1.6 \times 10^{-19}$〔C〕 移動度 $\mu = 0.2$〔m^2/(V・s)〕
N形半導体の形状	断面積 $S = 2 \times 10^{-6}$〔m^2〕 長さ $l = 2 \times 10^{-2}$〔m〕

1 25.6〔mA〕
2 38.4〔mA〕
3 51.2〔mA〕
4 64.0〔mA〕
5 76.8〔mA〕

解説 半導体の体積 $X = Sl$〔m^3〕の半導体内部に存在する電荷の量 Q〔C〕は

$$Q = X\sigma e = Sl\sigma e \text{〔C〕} \quad \cdots \ (1)$$

半導体に加えた電圧をV〔V〕とすると、半導体内の電界E〔V/m〕は$E = V/l$なので、自由電子の移動度μ〔m^2/(V・s)〕より自由電子の速度を求めると

$$v = \mu E = \frac{\mu V}{l} \text{〔m/s〕} \quad \cdots \ (2)$$

長さl〔m〕の半導体を自由電子が移動するときの時間t〔s〕は$t = l/v$なので、電流I〔A〕は式(1)、式(2)より

$$I=\frac{Q}{t}=\frac{Sl\sigma e}{t}=Sv\sigma e$$

$$=\frac{S\mu V\sigma e}{l}$$

$$=\frac{2\times10^{-6}\times0.2\times8\times1\times10^{21}\times1.6\times10^{-19}}{2\times10^{-2}}$$

$$=0.2\times8\times1.6\times10^{-6+21-19-(-2)}$$

$$=2.56\times10^{-2}\,〔\mathrm{A}〕=25.6\,〔\mathrm{mA}〕$$

▶ **解答　1**

A－13　　03（7②）

図に示すトランジスタ（Tr）増幅回路の入力インピーダンス Z_i 及び出力インピーダンス Z_o の値の組合せとして、最も近いものを下の番号から選べ。ただし、Tr の h 定数のうち h_{ie} 及び h_{fe} を表の値とする。また、入力電圧 V_i〔V〕の信号源の内部抵抗を零とし、静電容量 C_1、C_2、h 定数の h_{re}、h_{oe} 及び抵抗 R_1 の影響は無視するものとする。

名　称	記号	値
入力インピーダンス	h_{ie}	4〔kΩ〕
電流増幅率	h_{fe}	200

C：コレクタ　　V_i：入力電圧〔V〕
E：エミッタ　　V_o：出力電圧〔V〕
B：ベース　　V：直流電源〔V〕

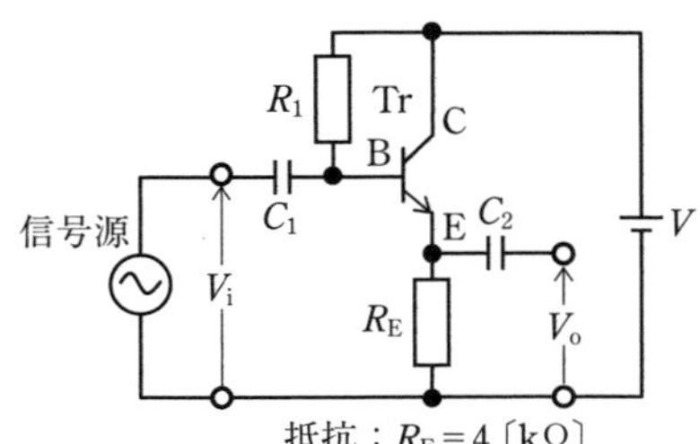

抵抗：$R_E=4$〔kΩ〕

	Z_i	Z_o
1	1,000〔kΩ〕	30〔Ω〕
2	1,000〔kΩ〕	20〔Ω〕
3	800〔kΩ〕	30〔Ω〕
~~4~~	~~800〔kΩ〕~~	~~30〔Ω〕~~（誤りによる試験問題の訂正）
5	800〔kΩ〕	20〔Ω〕

解説　入力電流を i_i〔A〕とすると、入力電圧 V_i〔V〕は

$$V_i=h_{ie}i_i+V_o=h_{ie}i_i+(i_i+h_{fe}i_i)R_E\,〔\mathrm{V}〕$$

入力インピーダンス Z_i〔Ω〕は

$$Z_i=\frac{V_i}{i_i}=h_{ie}+(1+h_{fe})R_E\fallingdotseq h_{fe}R_E=200\times4\times10^3\,〔\Omega〕=800\,〔\mathrm{k\Omega}〕$$

入力側が信号源の内部抵抗で短絡しているとして、その内部抵抗を零とすれば、出力電圧 V_o〔V〕は

$$V_o = h_{ie} i_i \text{〔V〕}$$

負荷を短絡したときの電流を i_o〔A〕とすると、出力インピーダンス Z_o〔Ω〕は

$$Z_o = \frac{V_o}{i_o} = \frac{h_{ie} i_i}{i_i + h_{fe} i_i} = \frac{h_{ie}}{1 + h_{fe}} \fallingdotseq \frac{h_{ie}}{h_{fe}} = \frac{4 \times 10^3}{200} = 20 \text{〔Ω〕}$$

▶ **解答　5**

A－14 　15(7)

図に示すソース接地電界効果トランジスタ (FET) 増幅器の簡易等価回路における電圧増幅度の大きさの値として、正しいものを下の番号から選べ。ただし、増幅率 μ を 180、ドレイン抵抗 r_D 及び負荷抵抗 R_L の値をそれぞれ 36〔kΩ〕及び 4〔kΩ〕とする。

1　8
2　16
3　18
4　36
5　52

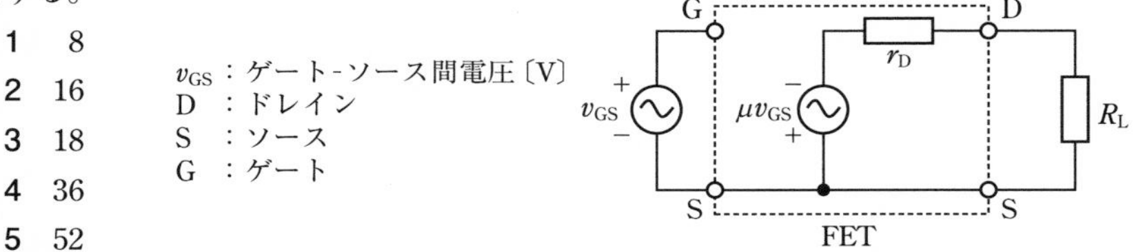

解説　問題図の出力側の等価回路より、ドレイン電流 I_D〔A〕は

$$I_D = \frac{\mu v_{GS}}{r_D + R_L} \text{〔A〕} \quad \cdots \ (1)$$

出力電圧 v_O〔V〕は負荷抵抗 R_L〔Ω〕の端子電圧なので、式(1)を用いて

$$v_O = I_D R_L = \frac{\mu v_{GS} R_L}{r_D + R_L} \text{〔V〕}$$

よって、電圧増幅度 A_V は

$$A_V = \frac{v_O}{v_{GS}} = \frac{\mu R_L}{r_D + R_L}$$

$$= \frac{180 \times 4 \times 10^3}{(36 + 4) \times 10^3} = 18$$

Point
問題図において、μv_{GS} の＋－の符号は電圧の向きを表すが、この問題は電圧増幅度の大きさを求めるので無視する。

▶ **解答　3**

A－15 　02(11①)

次の記述は、図に示す理想的な演算増幅器 (A_{OP}) を用いた増幅回路について述べたものである。［　　］内に入れるべき字句の正しい組合せを下の番号から選べ。ただし、抵抗の値はそれぞれ $R_1 = 1$〔kΩ〕、$R_2 = 9$〔kΩ〕とする。

(1) 電圧増幅度 $A_V = V_o/V_i$ の大きさの値は、$A_V =$ [A] である。

(2) V_i と V_o の位相差は、[B]〔rad〕である。

(3) ボルテージホロワとも呼ばれているのは、[C] にした回路である。

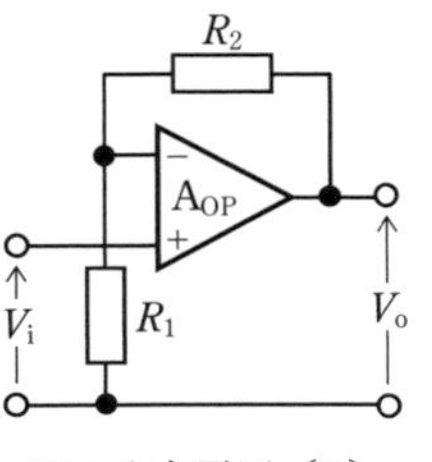

V_i：入力電圧〔V〕
V_o：出力電圧〔V〕
R_1、R_2：抵抗〔Ω〕

	A	B	C
1	10	0	$R_1 = 0$、$R_2 = \infty$
2	10	π	$R_1 = \infty$、$R_2 = 0$
3	10	0	$R_1 = \infty$、$R_2 = 0$
4	9	0	$R_1 = 0$、$R_2 = \infty$
5	9	π	$R_1 = \infty$、$R_2 = 0$

解説 (1) A_{OP} の電圧増幅度を A_0 とすると、負帰還増幅回路の増幅度 A_V は次式で表される。

$$A_V = \frac{A_0}{1 + A_0\beta} \quad \cdots (1)$$

Point 理想的な演算増幅器の増幅度 $A_0 = \infty$、入力インピーダンス $Z_i = \infty$

理想的な演算増幅器の条件より、$A_0\beta \gg 1$ とすると、式(1)は

$$A_V \fallingdotseq \frac{A_0}{A_0\beta} = \frac{1}{\beta}$$

抵抗の比より A_V を求めると

$$A_V = \frac{1}{\beta} = \frac{R_1 + R_2}{R_1} = 1 + \frac{R_2}{R_1} = 1 + \frac{9}{1} = 10$$

(2) ＋入力と出力は同位相(0〔rad〕)。

(3) ボルテージホロワ回路を解説図に示す。$R_1 = \infty$、$R_2 = 0$ である。

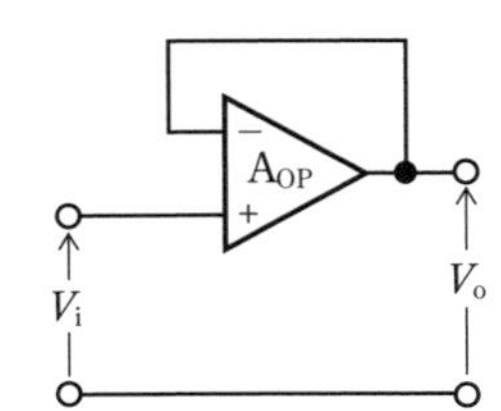

▶ **解答　3**

A－16

05(7②)　03(1②)

図に示す論理回路の入出力関係を示す論理式として、正しいものを下の番号から選べ。ただし、正論理とし、A、B 及び C を入力、X を出力とする。

1　$X = A \cdot B + A \cdot C$
2　$X = A \cdot B + \overline{A} \cdot C$
3　$X = (A + B) \cdot (A + \overline{C})$
4　$X = (A + B) \cdot (A + C)$
5　$X = \overline{A} \cdot \overline{B} + A \cdot C$

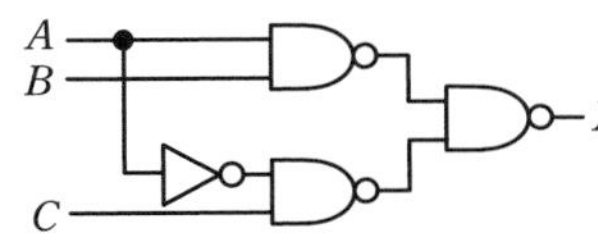

解説 問題図の回路より論理式を作ると

$$X=(\overline{\overline{A\cdot B}})\cdot(\overline{\overline{\overline{A}\cdot C}})$$

ド・モルガンの定理より

$$X=(\overline{\overline{A\cdot B}})+(\overline{\overline{\overline{A}\cdot C}})=A\cdot B+\overline{A}\cdot C$$

▶ **解答 2**

Point
ド・モルガンの定理
$\overline{A\cdot B}=\overline{A}+\overline{B}$
$\overline{A+B}=\overline{A}\cdot\overline{B}$

A－17 03(7②)

図に示す回路において自己インダクタンス L〔H〕のコイル M の分布容量 C_O を求めるために、標準信号発生器 SG の周波数 f を変化させて回路を共振させたとき、表に示す静電容量 C_S の値が得られた。このときの C_O の値として、正しいものを下の番号から選べ。ただし、SG の出力は、コイル T を通して M と疎に結合しているものとする。

1 1〔pF〕
2 2〔pF〕
3 4〔pF〕
4 6〔pF〕
5 8〔pF〕

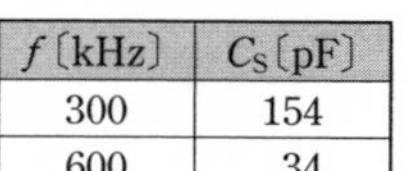

f〔kHz〕	C_S〔pF〕
300	154
600	34

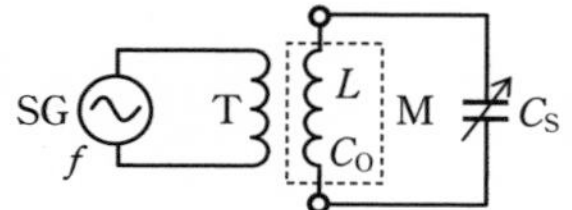

解説 共振周波数をそれぞれ f_1、f_2、角周波数を ω_1、ω_2、そのときの可変静電容量の値を C_{S1}、C_{S2}、コイルの自己インダクタンスを L、分布容量を C_O とすると、次式が成り立つ。

$$\omega_1{}^2=\frac{1}{L(C_{S1}+C_O)}\quad\cdots(1)\qquad \omega_2{}^2=\frac{1}{L(C_{S2}+C_O)}\quad\cdots(2)$$

周波数 $f_1=300$〔kHz〕、$f_2=600$〔kHz〕なので、それらの関係は次式となる。

$$2\omega_1=\omega_2\quad\cdots(3)$$

式(2)÷式(1)に式(3)を代入すると、次式が得られる。

$$\left(\frac{\omega_2}{\omega_1}\right)^2=\frac{L(C_{S1}+C_O)}{L(C_{S2}+C_O)}=\frac{C_{S1}+C_O}{C_{S2}+C_O}=2^2$$

$$4(C_{S2}+C_O)=C_{S1}+C_O$$

よって、C_O〔pF〕を求めると

$$C_O=\frac{C_{S1}-4C_{S2}}{3}=\frac{154-4\times 34}{3}=\frac{18}{3}=6\text{〔pF〕}$$

Point
L の値が与えられてないので、C のみの式となるように誘導する

▶ **解答 4**

A－18　03(7①)

図に示す回路において、未知抵抗 R_X〔Ω〕の値を直流電流計A及び直流電圧計Vのそれぞれの指示値 I_A 及び V_V から、$R_X = V_V/I_A$ として求めたときの百分率誤差の大きさの値として、最も近いものを下の番号から選べ。ただし、I_A 及び V_V をそれぞれ $I_A = 31$〔mA〕及び $V_V = 10$〔V〕、A及びVの内部抵抗をそれぞれ $r_A = 1$〔Ω〕及び $r_V = 10$〔kΩ〕とする。また、誤差は r_A 及び r_V のみによって生ずるものとする。

1　3.2〔%〕
2　4.8〔%〕
3　5.2〔%〕
4　6.4〔%〕
5　7.2〔%〕

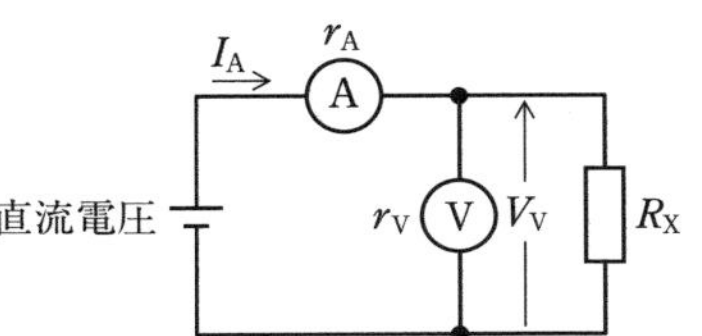

解説　未知抵抗 R_X〔Ω〕を電流の測定値 $I_A = 31$〔mA〕と電圧の測定値 $V_V = 10$〔V〕から求めた値 R_{XM}〔Ω〕は

$$R_{XM} = \frac{V_V}{I_A} = \frac{10}{31 \times 10^{-3}} = \frac{1}{3.1} \times 10^3 \text{〔Ω〕} \quad \cdots (1)$$

電圧計の内部抵抗によって電圧計を流れる電流を I_V〔A〕とすると、R_X を流れる電流 I_R〔A〕は

$$I_R = I_A - I_V = I_A - \frac{V_V}{r_V} = 31 \times 10^{-3} - \frac{10}{10 \times 10^3} = 30 \times 10^{-3} \text{〔A〕} \quad \cdots (2)$$

未知抵抗の真の値を R_X とすると

$$R_X = \frac{V_V}{I_R} = \frac{10}{30 \times 10^{-3}} = \frac{1}{3} \times 10^3 \text{〔Ω〕} \quad \cdots (3)$$

式(1)、式(3)より、百分率誤差 ε〔%〕は

$$\varepsilon = \left(\frac{R_{XM}}{R_X} - 1\right) \times 100$$

$$= \left(\frac{\frac{1}{3.1} \times 10^3}{\frac{1}{3} \times 10^3} - 1\right) \times 100 = \left(\frac{3}{3.1} - 1\right) \times 100 \fallingdotseq -3.2 \text{〔%〕}$$

よって、百分率誤差の大きさは3.2〔%〕となる。　▶ **解答　1**

関連知識　測定値を M、真の値を T とすると誤差 δ は

$$\delta = M - T$$

百分率誤差（誤差率）ε〔%〕は

$$\varepsilon = \frac{M - T}{T} \times 100 = \left(\frac{M}{T} - 1\right) \times 100 \text{〔%〕}$$

A－19 類 04(7①) 類 03(1①)

図に示すブリッジで静電容量 C_X〔F〕及び抵抗 R_X〔Ω〕を測定する場合、平衡条件が $\omega C_X R_X = 1/(\omega C_0 R_0)$ のとき成立する式として、正しいものを下の番号から選べ。

1 $\dfrac{C_X}{C_0} = \dfrac{R_X}{R_1} - \dfrac{R_0}{R_2}$

2 $\dfrac{C_X}{C_0} = \dfrac{R_2}{R_1} + \dfrac{R_0}{R_X}$

3 $\dfrac{C_X}{C_0} = \dfrac{R_2}{R_1} - \dfrac{R_0}{R_X}$

4 $\dfrac{C_0}{C_X} = \dfrac{R_0}{R_1} + \dfrac{R_X}{R_2}$

5 $\dfrac{C_0}{C_X} = \dfrac{R_1}{R_0} + \dfrac{R_2}{R_X}$

R_0、R_1、R_2：抵抗〔Ω〕
C_0：静電容量〔F〕
G：検流計
ω：角周波数〔rad/s〕

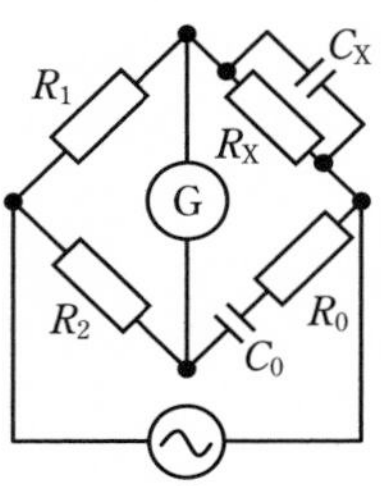

解説 C_X と R_X の並列回路のインピーダンスを $\dot{Z}_X$、C_0 と R_0 の直列回路のインピーダンスを $\dot{Z}_0$ とするとブリッジが平衡しているときは、次式が成り立つ。

$$R_1 \dot{Z}_0 = R_2 \dot{Z}_X$$

$$R_1 \times \left(R_0 + \frac{1}{j\omega C_0}\right) = R_2 \times \left(\frac{1}{\dfrac{1}{R_X} + j\omega C_X}\right)$$

$$\left(R_0 + \frac{1}{j\omega C_0}\right) \times \left(\frac{1}{R_X} + j\omega C_X\right) = \frac{R_2}{R_1}$$

$$\frac{R_0}{R_X} + j\omega C_X R_0 + \frac{1}{j\omega C_0 R_X} + \frac{j\omega C_X}{j\omega C_0} = \frac{R_2}{R_1} \quad \cdots (1)$$

問題の条件より、$1/(\omega C_0) = \omega C_X R_X R_0$ となるので、これを式(1)に代入すると

$$\frac{R_0}{R_X} + j\omega C_X R_0 - j\,\frac{\omega C_X R_X R_0}{R_X} + \frac{C_X}{C_0} = \frac{R_2}{R_1}$$

よって

$$\frac{C_X}{C_0} = \frac{R_2}{R_1} - \frac{R_0}{R_X}$$

▶ **解答 3**

A－20　　24(7)

次の記述は、図に示す原理的な二重積分形A-D変換回路の動作について述べたものである。[　　]内に入れるべき字句の正しい組合せを下の番号から選べ。ただし、積分回路は、演算増幅器(A_{OP})、抵抗R〔Ω〕、静電容量C〔F〕を用いて、理想的に動作するものとし、初期状態で出力電圧V_oは、0〔V〕とする。なお、同じ記号の[　　]内には、同じ字句が入るものとする。

(1) 制御回路により、スイッチSWをa側に切り替えて未知の入力電圧(直流電圧)V_x〔V〕を、クロックパルスの数がN_oになるまでの間、積分回路の入力に加える。このとき、クロックパルスの周波数をf_c〔Hz〕とすると、パルス数がN_oになった時の出力電圧V_{ox}〔V〕は、次式で表される。

$$V_{ox} = -\left(\frac{V_x}{CR}\right) \times (\boxed{\text{A}})\text{〔V〕} \cdots ①$$

(2) パルス数がN_oになると、SWはb側に切り替えられ、積分回路の入力にはV_xとは逆極性の規定の直流電圧V_s〔V〕が入力される。このため、V_oは、V_{ox}〔V〕から0〔V〕に向かって増加を始める。

(3) 比較回路でV_oと0〔V〕を比較し、SWがb側に切り替えられてから$V_o = 0$〔V〕となるまでの間のパルス数をカウンタで計数する。このときのパルス数をN_xとすると次式が成り立つ。

$$-\left(\frac{V_x}{CR}\right) \times (\boxed{\text{A}}) + \left(\frac{V_s}{CR}\right) \times (\boxed{\text{B}}) = 0\text{〔V〕} \cdots ②$$

(4) 式②より、次式が得られる。

$$V_x = (\boxed{\text{C}}) \times V_s\text{〔V〕} \cdots ③$$

したがって、式③よりN_oとV_sは既知数であるから、N_xからV_xを求めることができる。

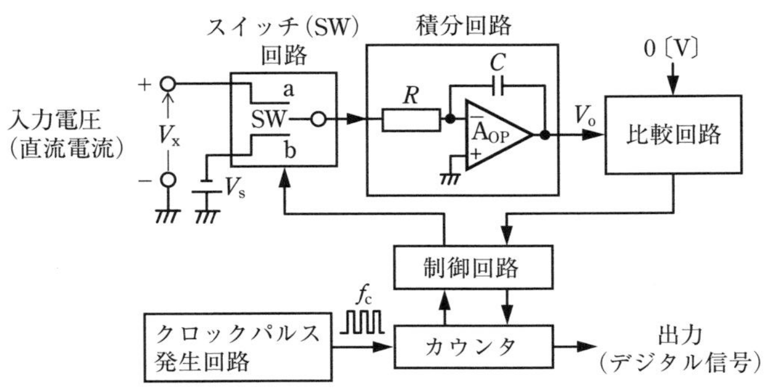

	A	B	C
1	$N_o f_c$	$\dfrac{N_x}{f_c}$	$\dfrac{N_o}{N_x}$
2	$N_o f_c$	$N_x f_c$	$\dfrac{N_x}{N_o}$
3	$\dfrac{N_o}{f_c}$	$N_x f_c$	$\dfrac{N_x}{N_o}$
4	$\dfrac{N_o}{f_c}$	$\dfrac{N_x}{f_c}$	$\dfrac{N_o}{N_x}$
5	$\dfrac{N_o}{f_c}$	$\dfrac{N_x}{f_c}$	$\dfrac{N_x}{N_o}$

解説 クロックパルスが N_o になるまでの時間 T_o〔s〕は、クロックパルスの周波数 f_c〔Hz〕より

$$T_0=\frac{N_0}{f_c}$$

出力電圧 V_{ox}〔V〕は

$$V_{ox}=-\frac{V_x}{CR}\times T_0=-\frac{V_x}{CR}\times\frac{N_0}{f_c}\ \text{〔V〕}$$

問題の式②は

$$-\frac{V_x}{CR}\times\frac{N_0}{f_c}+\frac{V_s}{CR}\times\frac{N_x}{f_c}=0\quad \text{よって}\quad V_x=\frac{N_x}{N_0}V_s\ \text{〔V〕}$$

▶ **解答 5**

B－1 類 04(7①) 類 04(1①) 03(1②)

次の記述は、図1に示すように正方形の導線Dが、磁石Mの磁極NS間を、v〔m/s〕の速度で直線的に移動するときの現象について述べたものである。［　　］内に入れるべき字句を下の番号から選べ。ただし、磁極は一辺が m〔m〕の正方形で、磁極間の磁束密度は一様で B〔T〕とする。またDは、一辺を l〔m〕($l<m$)、巻数を1回とし、その面を磁極面に平行に保ち、かつ、磁極間の中央を辺abと磁極の辺pqが平行を保って移動するものとする。

(1) Dに生ずる起電力の大きさ e は、D内部の磁束が Δt〔s〕間に $\Delta\phi$〔Wb〕変化すると、$e=$［ア］〔V〕である。

(2) 辺dcが面pp′q′qに達した時間 t_1 から、辺abが面pp′q′qに達する時間 t_2 の間にDに生ずる起電力の大きさは、$e=$［イ］$\times v$〔V〕である。

(3) (2)のとき、e によってDに流れる電流の方向は、点aから［ウ］の方向である。

(4) D 全体が磁界中にあるときには、起電力の大きさは、 エ 〔V〕である。

(5) D に生ずる起電力の時間による変化の概略は、図２の オ である。

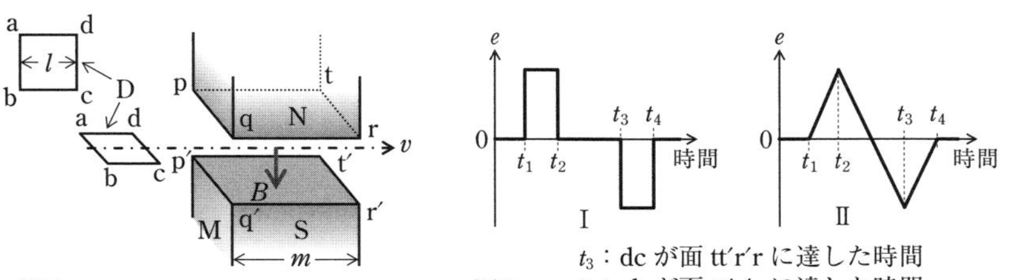

図１　　図２

1　I	2　$\dfrac{B}{l}$	3　b → c → d → a	4　Bl	5　$\dfrac{\Delta\phi}{\Delta t}$
6　II	7　0(零)	8　d → c → b → a	9　$2Bl$	10　$\Delta\phi\Delta t$

解説　(1) 導線 D 内部の磁束が Δt〔s〕間に $\Delta\phi$〔Wb〕変化すると、起電力の大きさ e〔V〕はファラデーの法則より次式で表される。

$$e = \frac{\Delta\phi}{\Delta t} \text{〔V〕} \quad \cdots (1)$$

(2) t_1 から t_2〔s〕の時間に、導線 D の辺 l が Δx の距離を移動したときに作る面積 $\Delta S = l\Delta x$ 内の磁束の変化を $\Delta\phi$ とすると、起電力 e〔V〕は次式で表される。

$$e = \frac{\Delta\phi}{\Delta t} = \frac{B\Delta S}{\Delta t} = \frac{Bl\Delta x}{\Delta t} = Blv \text{〔V〕} \quad \cdots (2)$$

式(2)の $v = \Delta x/\Delta t$ は導線の移動速度を表す。

(3) 磁束の向きは上から下に向かっているが、発生する起電力の向きは磁束の増加を妨げる方向となる。上向きの磁束が発生する方向の電流の向きは、右ねじの法則より点 a から b → c → d → a の向きとなる。

(4) 導線 D の全体が磁束中にあるときは、導線の枠内の磁束は変化しないので、起電力の大きさ $e = 0$〔V〕である。

(5) 導線が磁束から外に出る t_3 から t_4〔s〕の時間は、逆向きの起電力が発生するので変化の概略は問題図２の I である。

▶ **解答　ア－5　イ－4　ウ－3　エ－7　オ－1**

無線工学の基礎
無線工学A
無線工学B
法規

B－2 類 03(7②)

次の記述は、図に示す回路について述べたものである。[ ] 内に入れるべき字句を下の番号から選べ。ただし、抵抗の値は、それぞれ $R_1 = 200$〔Ω〕、$R_2 = 200$〔Ω〕及び $R_3 = 400$〔Ω〕とし、入力電圧 V_1〔V〕、入力電流 I_1〔A〕、出力電圧 V_2〔V〕及び出力電流 I_2〔A〕の間の関係は、各定数 (A、B、C、D) を用いた次式で表されるものとする。

$$V_1 = AV_2 + BI_2 \text{〔V〕} \quad \cdots ①$$

$$I_1 = CV_2 + DI_2 \text{〔A〕} \quad \cdots ②$$

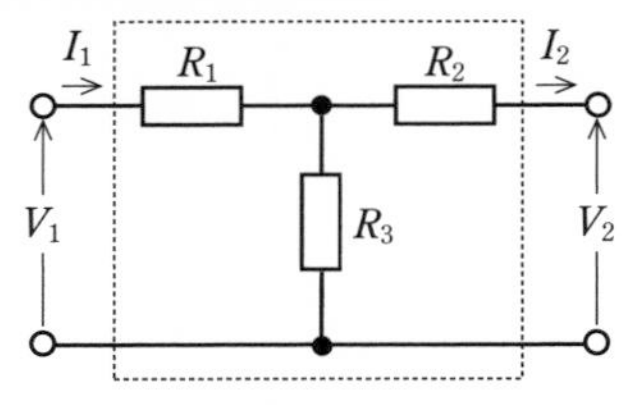

V_1：入力電圧〔V〕
V_2：出力電圧〔V〕
I_1：入力電流〔A〕
I_2：出力電流〔A〕

(1) 式①及び②の各定数 (A、B、C、D) を、[ア] という。
(2) A は、抵抗 R_1、R_2 及び R_3 を用いて表すと、式 A = [イ] と表せる。
(3) B の値は、[ウ]〔Ω〕である。
(4) C の値は、[エ]〔S〕である。
(5) D の値は、[オ] である。

1 減衰定数	2 $\dfrac{R_2 + R_3}{R_3}$	3 500	4 $\dfrac{1}{500}$	5 $\dfrac{2}{3}$
6 四端子定数	7 $\dfrac{R_1 + R_3}{R_3}$	8 400	9 $\dfrac{1}{400}$	10 $\dfrac{3}{2}$

解説

(2) 出力端子を開放すると $I_2 = 0$ となるので、定数 A を抵抗 R_1、R_2、R_3 を用いて表すと

$$A = \frac{V_1}{V_2} = \frac{V_1}{\dfrac{R_3}{R_1 + R_3} V_1} = \frac{R_1 + R_3}{R_3}$$

Point
$I_2 = 0$ のとき、R_2 の電圧降下がないので、V_2 は R_3 の電圧と等しい

(3) 出力端子を短絡すると $V_2 = 0$ となるので、I_1 を求めると

$$I_1 = \frac{V_1}{R_1 + \dfrac{R_2 R_3}{R_2 + R_3}} = \frac{V_1}{200 + \dfrac{200 \times 400}{200 + 400}} = \frac{3}{1{,}000} V_1 \text{〔A〕} \quad \cdots (1)$$

定数 B の値は式 (1) を用いると

$$B = \frac{V_1}{I_2} = \frac{V_1}{\dfrac{R_3}{R_2 + R_3} I_1} = \frac{V_1}{\dfrac{400}{200 + 400} \times \dfrac{3}{1{,}000} V_1} = 500 \text{〔Ω〕}$$

Point
並列抵抗を流れる電流は
$\dfrac{\text{他の辺の抵抗}}{\text{抵抗の和}} \times I$

(4) 出力端子を開放すると、定数 C の値は

$$C=\frac{I_1}{V_2}=\frac{I_1}{R_3 I_1}=\frac{1}{400}\ \text{〔S〕}$$

(5) 出力端子を短絡すると、定数 D の値は

$$D=\frac{I_1}{I_2}=\frac{I_1}{\dfrac{R_3}{R_2+R_3}I_1}=\frac{R_2+R_3}{R_3}=\frac{200+400}{400}=\frac{3}{2}$$

Point
対称回路の性質より
$D=A$

▶ **解答　ア－6　イ－7　ウ－3　エ－9　オ－10**

B－3　04(1②)

次の記述は、Pゲート逆阻止３端子サイリスタについて述べたものである。このうち正しいものを1、誤っているものを2として解答せよ。ただし、電極のアノード、カソード及びゲートをそれぞれA、K及びGとする。

A—[P|N|P|N]—K
G

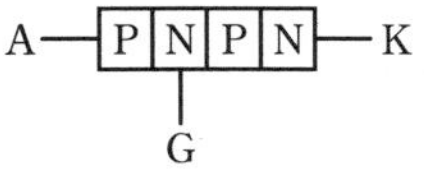

P：P形半導体
N：N形半導体

図１

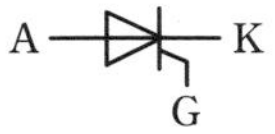

A　K
G

図２

ア　ゲート電流でアノード電流を制御する半導体スイッチング素子である。

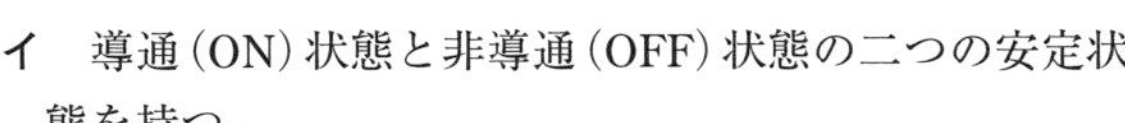

イ　導通(ON)状態と非導通(OFF)状態の二つの安定状態を持つ。

ウ　導通(ON)状態から非導通(OFF)にするには、ゲート電流を遮断すればよい。

エ　このサイリスタの基本構造(電極を含む)は、図１に示すようなP、N、P、Nの４層からなる。

オ　図２は、Pゲート逆阻止３端子サイリスタの図記号である。

解説　誤っている選択肢は次のようになる。

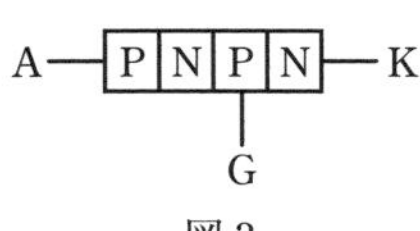

図３

ウ　導通(ON)状態から非導通(OFF)にするには、**アノード-カソード間電圧を保持電圧以下に下げればよい**。

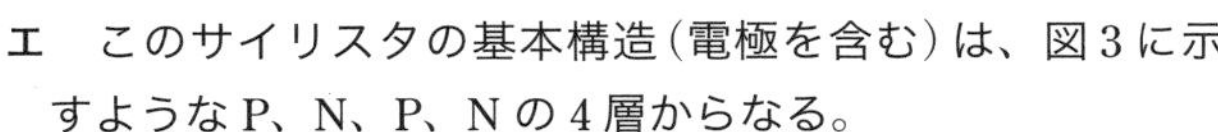

エ　このサイリスタの基本構造(電極を含む)は、図３に示すようなP、N、P、Nの４層からなる。

▶ **解答　ア－1　イ－1　ウ－2　エ－2　オ－1**

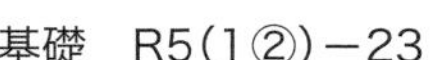

B－4 03(7①)

次の記述は、図に示すターマン発振回路の発振条件について述べたものである。□内に入れるべき字句を下の番号から選べ。ただし、増幅回路は、入力抵抗及び出力抵抗を無限大及び0(零)とし、入出力間に位相差はないものとする。また、角周波数を ω〔rad/s〕とする。

(1) 帰還回路の帰還率 $\beta=\dfrac{\dot{V}_3}{\dot{V}_2}$ は、C と R の直列インピーダンス及び並列インピーダンスをそれぞれ $\dot{Z}_S$〔Ω〕及び $\dot{Z}_P$〔Ω〕とすると、次式で表される。

$\beta=$ [ア] …①

(2) 式①に C と R を代入して整理すると、次式が得られる。

$\beta=$ [イ] …②

(3) 発振状態においては、β は実数である。したがって発振周波数 f は、次式で表される。

$f=$ [ウ]〔Hz〕 …③

(4) また、発振状態においては、増幅回路の増幅度 $A_V=\dfrac{\dot{V}_2}{\dot{V}_1}$ は、[エ] である。

(5) この回路は、主に [オ] の発振に適している。

$\dot{V}_1$、$\dot{V}_2$、$\dot{V}_3$：電圧〔V〕
C：静電容量〔F〕
R：抵抗〔Ω〕

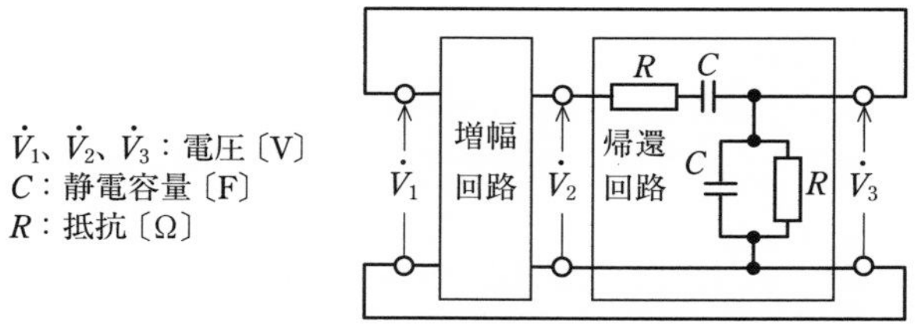

1 $\dfrac{\dot{Z}_P}{\dot{Z}_S+\dot{Z}_P}$　2 $\dfrac{1}{3+j\{\omega CR-1/(\omega CR)\}}$　3 $\dfrac{1}{\sqrt{2}CR}$　4 3

5 低周波

6 $\dfrac{\dot{Z}_S}{\dot{Z}_S+\dot{Z}_P}$　7 $\dfrac{1}{6-j\{\omega CR-1/(\omega CR)\}}$　8 $\dfrac{1}{2\pi CR}$　9 1

10 高周波(数百〔MHz〕以上)

解説 C と R の並列回路のインピーダンス $\dot{Z}_P$〔Ω〕は

$$\dot{Z}_P=\frac{R\times\dfrac{1}{j\omega C}}{R+\dfrac{1}{j\omega C}}=\frac{R}{1+j\omega CR}\ \text{〔Ω〕}$$

帰還率 β を求めると

$$\beta=\frac{\dot{Z}_P}{\dot{Z}_S+\dot{Z}_P}=\frac{\dfrac{R}{1+j\omega CR}}{R+\dfrac{1}{j\omega C}+\dfrac{R}{1+j\omega CR}}=\frac{1}{\left(R+\dfrac{1}{j\omega C}\right)\times\left(\dfrac{1+j\omega CR}{R}\right)+1}$$

$$=\frac{1}{1+j\omega CR+\dfrac{1}{j\omega CR}+1+1}=\frac{1}{3+j\left(\omega CR-\dfrac{1}{\omega CR}\right)}$$

虚数部＝0 より、発振周波数 f〔Hz〕を求めると

$$\omega CR=\frac{1}{\omega CR}\quad より\quad \omega=2\pi f=\frac{1}{CR}\quad よって\quad f=\frac{1}{2\pi CR}\ \text{〔Hz〕}$$

このとき、$\beta=1/3$ となるので

$$A_V=\frac{\dot{V}_2}{\dot{V}_1}=\frac{\dot{V}_2}{\dot{V}_3}=\frac{1}{\beta}=3$$

▶ **解答　アー１　イー２　ウー８　エー４　オー５**

B－5　　03(7①)

次の記述は、最大目盛値が 30〔mA〕で、内部抵抗がそれぞれ 2〔Ω〕及び 4〔Ω〕の二つの直流電流計 A_1 及び A_2 を用いて直流電流 I_0 を測定する方法について述べたものである。[　　] 内に入れるべき字句を下の番号から選べ。ただし、図 1、図 2 及び図 3 において、A_1 及び A_2 の指示値をそれぞれ I_1〔mA〕及び I_2〔mA〕とする。

(1) 図 1 に示すように 2〔Ω〕の抵抗を接続したとき、$\dfrac{I_1}{I_2}$ = [ア] である。

したがって、I_1 または I_2 の [イ] 倍が測定電流 I_0〔mA〕となる。

(2) 図 2 に示すように 4〔Ω〕の抵抗を接続したとき、$\dfrac{I_1}{I_0}$ = [ウ] である。

したがって、[エ] の 2 倍が測定電流 I_0〔mA〕となる。

(3) 図 3 に示す回路において、$I_0=I_1+I_2$ で測定できる I_0 の最大値は、[オ]〔mA〕である。

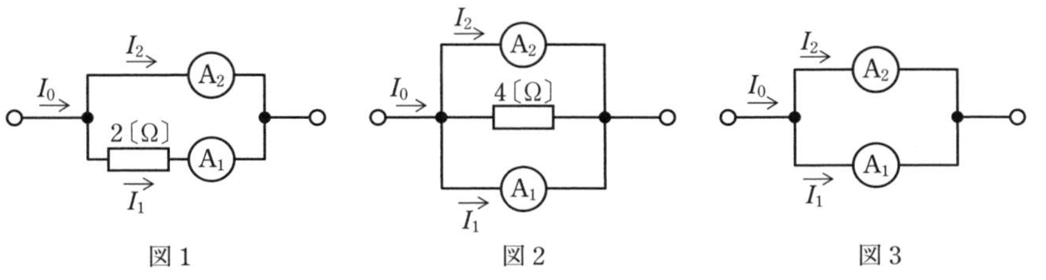

図 1　　図 2　　図 3

1 60	2 I_1	3 $\frac{3}{2}$	4 $\frac{1}{4}$	5 1
6 45	7 I_2	8 $\frac{1}{2}$	9 2	10 10

解説 (1) A_1 と 2〔Ω〕の直列回路と、A_2 の内部抵抗が同じ値の 4〔Ω〕になるので、$I_1/I_2=1$ となる。また、測定電流 I_0 は I_1 または I_2 の 2 倍となる。

(2) A_2 の内部抵抗 4〔Ω〕と 4〔Ω〕の抵抗の並列接続は 2〔Ω〕となる。これらの並列抵抗の値が A_1 の内部抵抗の 2〔Ω〕と同じ値になるので、I_0 は I_1 の 2 倍となる。よって、$I_1/I_0=1/2$ である。したがって、I_1 の 2 倍が測定電流 I_0 となる。

(3) A_1 の方が内部抵抗が小さいので、先に最大目盛値 30〔mA〕となる。そのとき、A_2 には $I_1/2$ の電流が流れるので、測定電流 $I_0=30+30/2=45$〔mA〕である。

▶ **解答 アー5 イー9 ウー8 エー2 オー6**

無線工学の基礎（令和４年７月期①）

A－1

03(1①)

次の記述は、図に示すように、真空中で、半径 a〔m〕の球の全体積内に一様に Q〔C〕の電荷が分布しているとしたときの電界について述べたものである。□内に入れるべき字句の正しい組合せを下の番号から選べ。ただし、球の中心Oから r〔m〕離れた点をPとし、真空の誘電率を ε_0〔F/m〕とする。なお、同じ記号の□内には、同じ字句が入るものとする。

(1) 図1のようにPが球の外部($r > a$)のとき、Pの電界の強さを E_o〔V/m〕として、ガウスの定理を当てはめると次式が成り立つ。

$$E_o \times 4\pi r^2 = \boxed{\text{A}} \quad \cdots ①$$

(2) 式①から E_o は、次式で表される。

$$E_o = \frac{1}{4\pi r^2} \times \boxed{\text{A}} \text{〔V/m〕}$$

(3) 図2のようにPが球の内部($r \leqq a$)のとき、電界の強さを E_i〔V/m〕として、ガウスの定理を当てはめると次式が成り立つ。

$$E_i \times 4\pi r^2 = \boxed{\text{B}} \quad \cdots ②$$

(4) 式②から E_i は、次式で表される。

$$E_i = \boxed{\text{C}} \text{〔V/m〕}$$

	A	B	C
1	$\frac{\varepsilon_0}{Q}$	$\frac{Qr^2}{\varepsilon_0 a^2}$	$\frac{Qr^2}{4\pi\varepsilon_0 a^2}$
2	$\frac{\varepsilon_0}{Q}$	$\frac{Qr^3}{\varepsilon_0 a^3}$	$\frac{Qr}{4\pi\varepsilon_0 a^2}$
3	$\frac{Q}{\varepsilon_0}$	$\frac{Qr^3}{\varepsilon_0 a^3}$	$\frac{Qr}{4\pi\varepsilon_0 a^3}$
4	$\frac{Q}{\varepsilon_0}$	$\frac{Qr^2}{\varepsilon_0 a^2}$	$\frac{Qr}{4\pi\varepsilon_0 a^3}$
5	$\frac{Q}{\varepsilon_0}$	$\frac{Qr^2}{\varepsilon_0 a^3}$	$\frac{Qr^2}{4\pi\varepsilon_0 a^3}$

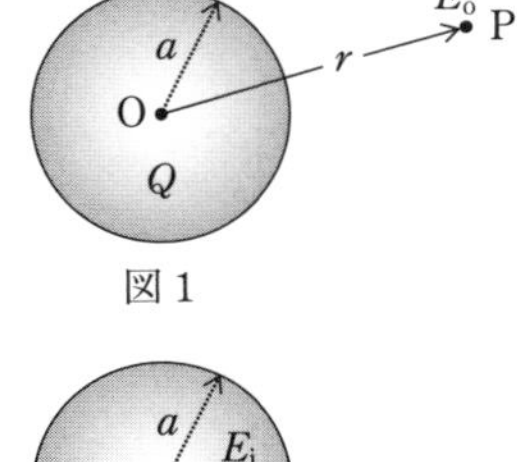

図1

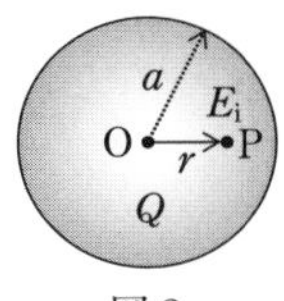

図2

解説 ガウスの定理によると、電荷を取り囲む平曲面を通過する全電気力線数は、内部の電荷を誘電率で割った値に等しい。それを、E_n〔V/m〕が微小面積 ds 上の電界の法線成分とした式で表すと

$$\int E_n\, ds = \frac{Q}{\varepsilon_0} \quad \cdots (1)$$

電界が一定な半径 r〔m〕の球では、$E_n = E_o$ とすると

Point
電界の大きさが電気力線密度を表すので、式(1)の左辺の積分は面全体から飛び出す電気力線の総数を表す

$$E_o \times 4\pi r^2 = \frac{Q}{\varepsilon_0} \quad \cdots\ (2)$$

半径 r〔m〕の球の表面積 $S_r = 4\pi r^2$〔m^2〕、体積 $V_r = 4\pi r^3/3$〔m^3〕、半径 a〔m〕の球の表面積 $S_a = 4\pi a^2$〔m^2〕、体積 $V_a = 4\pi a^3/3$〔m^3〕より、点Pが球の内部 ($r \leqq a$) のときは

$$E_i \times 4\pi r^2 = \frac{QV_r}{\varepsilon_0 V_a} = \frac{Qr^3}{\varepsilon_0 a^3} \quad \cdots\ (3)$$

Point
$\dfrac{Q}{V_a}$ は電荷の体積密度

式 (3) より

$$E_i = \frac{Qr^3}{4\pi r^2 \varepsilon_0 a^3} = \frac{Qr}{4\pi\varepsilon_0 a^3}\ \text{〔V/m〕}$$

▶ **解答　3**

A－2　　22(7)

次の記述は、図に示すように、半径が a〔m〕で中心軸を共有して $2a$〔m〕離して置かれた二つのコイルX及びYに I〔A〕の直流電流を同一方向に流したときの、中心軸上のXYの中間点Oにおける磁界の強さ H について述べたものである。□内に入れるべき字句の正しい組合せを下の番号から選べ。ただし、X及びYの中心をそれぞれP及びQとする。

(1) XによってOに生ずる磁界は、方向がPからOに向かう方向であり、その強さは、［A］〔A/m〕である。

(2) X及びYによってOに生ずる磁界の方向は、［B］である。

(3) したがって、O点の磁界の強さ H は、［C］〔A/m〕となる。

	A	B	C
1	$\dfrac{I}{4\sqrt{2}\,a}$	同じ	$\dfrac{I}{2\sqrt{2}\,a}$
2	$\dfrac{I}{4\sqrt{2}\,a}$	逆	0
3	$\dfrac{I}{2\sqrt{2}\,a}$	同じ	$\dfrac{I}{\sqrt{2}\,a}$
4	$\dfrac{I}{2\sqrt{2}\,a}$	逆	0
5	$\dfrac{I}{4a}$	同じ	$\dfrac{I}{2\sqrt{2}\,a}$

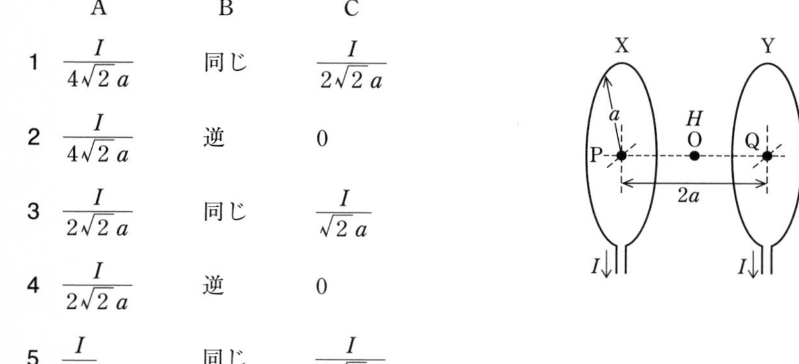

解説　解説図に示すように、円形導体上の微小長さ dl によって点Pに生じる磁界 dH〔A/m〕は、紙面に垂直な線分 dl と点Oのなす角度が $\pi/2$〔rad〕なので、ビオ・サバールの法則より

$$dH = \frac{Idl}{4\pi \times (\sqrt{2}\,a)^2}$$
$$= \frac{Idl}{8\pi a^2} \text{〔A/m〕}$$

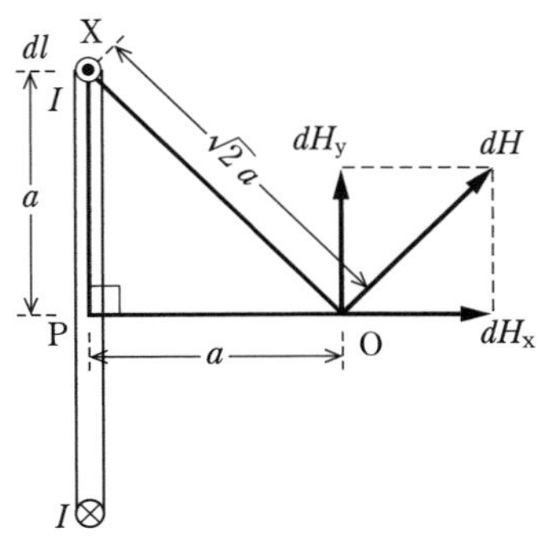

点Oに生じる磁界は、中心軸と同じ方向の成分 dH_x と中心軸に対して垂直な成分 dH_y によって表される。全円周による磁界を考えると、dH_y は円周上の中心Pと対称な部分で打ち消し合うので、dH_x のみを考える。全円周による磁界 H〔A/m〕は

$$H = \int_0^{2\pi a} dH_x = \int_0^{2\pi a} \frac{1}{\sqrt{2}}\,dH$$
$$= \frac{I}{\sqrt{2} \times 8\pi a^2} \int_0^{2\pi a} dl$$
$$= \frac{I}{4\sqrt{2}\,a} \text{〔A/m〕}$$

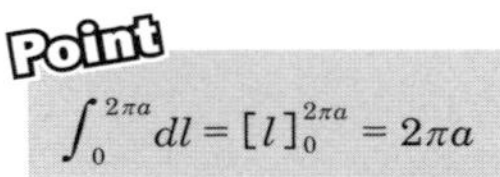

XによってOに生じる磁界の方向は、右ネジの法則によって、PからQの方向である。YによってOに生じる磁界の方向は、PからQの方向であり同じ方向である。

その強さは $2H$〔A/m〕となるので $\dfrac{I}{2\sqrt{2}\,a}$〔A/m〕となる。

▶ **解答　1**

A－3　06(1)　類05(7①)　類03(7②)　03(1②)

図に示すような透磁率が μ〔H/m〕の鉄心で作られた磁気回路の磁路abの磁束 ϕ〔Wb〕を表す式として、正しいものを下の番号から選べ。ただし、磁路の断面積はどこも S〔m²〕であり、図に示す各磁路の長さab、bc、cd、adは l〔m〕で等しいものとし、磁気回路に磁気飽和及び漏れ磁束はないものとする。また、コイルCの巻数を N、Cに流す直流電流を I〔A〕とする。

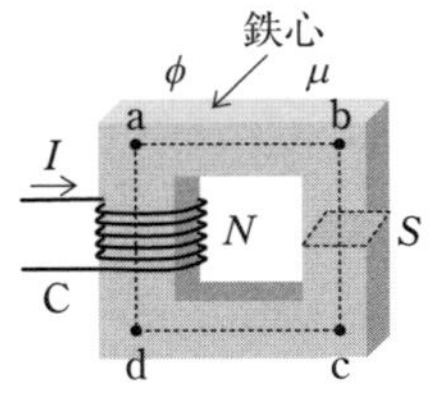

1　$\phi = \dfrac{\mu NIl}{4S}$　　2　$\phi = \dfrac{\mu NIS}{5l}$　　3　$\phi = \dfrac{2\mu NIS}{l}$

4　$\phi = \dfrac{\mu NIS}{4l}$　　5　$\phi = \dfrac{2\mu NIl}{5S}$

解説 ab、bc、cd、ad 間の各磁気抵抗 R_m〔H^{-1}〕は、各磁路の長さが l〔m〕なので

$$R_m = \frac{l}{\mu S} \text{〔}H^{-1}\text{〕}$$

磁気回路は、四つの磁気抵抗 R_m の直列接続として解説図のように表すことができるので、合成磁気抵抗 R_{m0}〔H^{-1}〕を求めると

$$R_{m0} = 4R_m = \frac{4l}{\mu S} \text{〔}H^{-1}\text{〕}$$

起磁力を $F_m = NI$〔A〕とすると、磁束 ϕ〔Wb〕は

$$\phi = \frac{F_m}{R_{m0}} = \frac{\mu NIS}{4l} \text{〔Wb〕}$$

▶ **解答 4**

関連知識

電気回路では、抵抗率を ρ〔Ω・m〕、導電率を σ〔S/m〕とすると導体の抵抗 R〔Ω〕は

$$R = \rho\frac{l}{S} = \frac{l}{\sigma S} \text{〔Ω〕}$$

磁気回路の磁気抵抗 R_m〔H^{-1}〕は

$$R_m = \frac{l}{\mu S} \text{〔}H^{-1}\text{〕}$$

電気回路の起電力 E〔V〕は、磁気回路では起磁力 F_m〔A〕なので

$$F_m = NI \text{〔A〕}$$

電気回路の電流 I〔A〕は、磁気回路では磁束 ϕ〔Wb〕で表され、オームの法則が成り立つ。

$$\phi = \frac{F_m}{R_m} \text{〔Wb〕}$$

A－4

06(1) 03(1①)

図に示すような、静電容量 C_1、C_2、C_3 及び C_0〔F〕の回路において、C_1、C_2 及び C_3 に加わる電圧が定常状態で等しくなるときの条件式として、正しいものを下の番号から選べ。

1 $3C_1 = C_2 + C_0 = 5C_3 + C_0$
2 $2C_1 = C_2 + C_0 = C_3 + 5C_0$
3 $C_1 = C_2 + C_0 = 4C_3 + C_0$
4 $C_1 = 3C_2 + 2C_0 = 3C_3 + C_0$
5 $C_1 = C_2 + 2C_0 = C_3 + 3C_0$

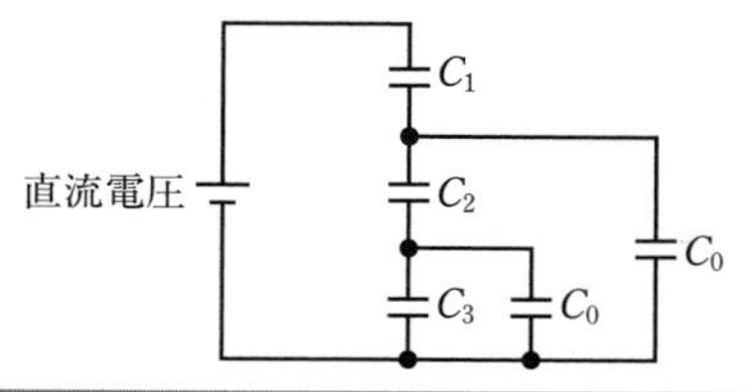

解説 C_2 に加わる電圧と、C_3 と C_0 が並列に接続された静電容量に加わる電圧 V が同じであり、それらの電荷 Q も同じなので

$$Q = C_2V = (C_3 + C_0)V \quad \text{よって} \quad C_2 = C_3 + C_0 \text{〔F〕} \quad \cdots (1)$$

C_1 を除いた回路の合成静電容量を C とすると

$$C = \frac{C_2 \times (C_3 + C_0)}{C_2 + (C_3 + C_0)} + C_0 \quad \cdots \ (2)$$

Point C_1 を含まない式を誘導する

式 (2) の C_2 に式 (1) を代入すると

$$C = \frac{C_3 + C_0}{2} + C_0 \quad \cdots \ (3)$$

C_1 に加わる電圧が V、C に加わる電圧が $2V$ であり、それらの電荷 Q_1 は同じ値じなので

Point C_1 と C の関係から式を誘導する

$$Q_1 = C_1 V = 2CV \quad \cdots \ (4)$$

式 (3) より

$$2C = C_3 + C_0 + 2C_0 = C_3 + 3C_0 \quad \cdots \ (5)$$

式 (1) と式 (3) より

$$2C = C_3 + C_0 + 2C_0 = C_2 + 2C_0 \quad \cdots \ (6)$$

よって、式 (4)、式 (5)、式 (6) より

$$C_1 = 2C = C_2 + 2C_0 = C_3 + 3C_0$$

▶ **解答　5**

A－5

類 04(1①)　02(11②)

図に示すように、R の抵抗が接続されている回路において、端子 ab 間から見た合成抵抗 R_{ab} の値として、正しいものを下の番号から選べ。ただし、$R = 30$〔Ω〕とする。

1　$R_{ab} = 45$〔Ω〕　　2　$R_{ab} = 75$〔Ω〕

3　$R_{ab} = 90$〔Ω〕　　4　$R_{ab} = 100$〔Ω〕

5　$R_{ab} = 120$〔Ω〕

解説　四角形の組合せ回路の抵抗は対称回路となるので、解説図のように二つに分けたときの実線で表される合成抵抗を求めて、1/2 とすればよい。よって

Point 二つの同じ値の抵抗 R を並列接続すると、$R/2$

$$R_x = \frac{1}{2} \times \left(R + \frac{R+R}{2} + R \right) = \frac{1}{2} \times 3R$$

$$= \frac{3 \times 30}{2} = 45 \text{〔Ω〕}$$

直列に接続された R との合成抵抗 R_{ab} は

$$R_{ab} = R + R_x = 30 + 45 = 75 \text{〔Ω〕}$$

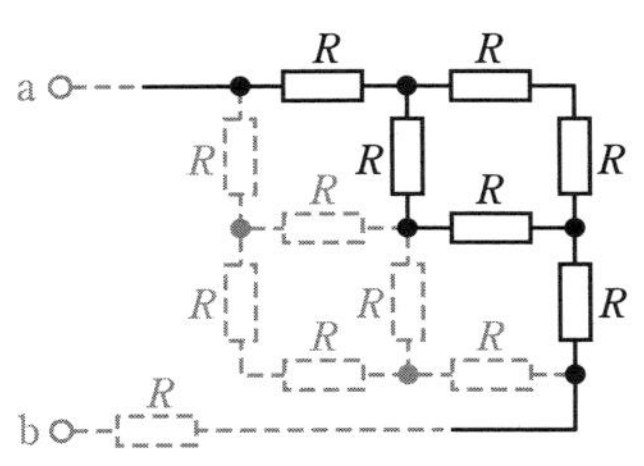

▶ **解答　2**

A－6 05(7②) 類 03(7①) 03(1①)

次の記述は、図に示す直列共振回路について述べたものである。[　　] 内に入れるべき字句の正しい組合せを下の番号から選べ。ただし、交流電源 $\dot{V}$〔V〕の角周波数を ω〔rad/s〕、回路に流れる電流を $\dot{I}$〔A〕、回路の共振角周波数を ω_0〔rad/s〕とする。

(1) $\omega < \omega_0$ のとき、$|\dot{V}_L|$ は $|\dot{V}_C|$ よりも [A]。

(2) $\omega = \omega_0$ のとき、$\dot{V}$ と $\dot{V}_L$ の位相差は、[B]〔rad〕である。

(3) $\omega > \omega_0$ のとき、$\dot{I}$ は $\dot{V}$ よりも位相が [C] いる。

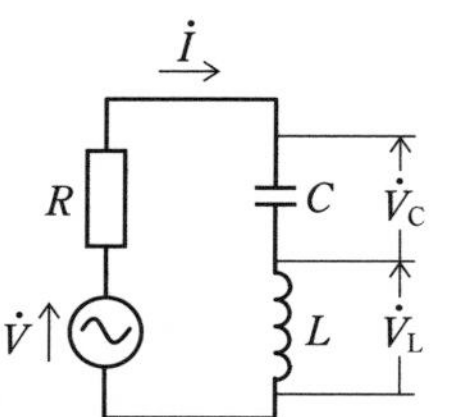

R：抵抗〔Ω〕
L：自己インダクタンス〔H〕
C：静電容量〔F〕
$\dot{V}_L$：L の両端の電圧〔V〕
$\dot{V}_C$：C の両端の電圧〔V〕

	A	B	C
1	小さい	$\frac{\pi}{2}$	遅れて
2	大きい	π	遅れて
3	大きい	$\frac{\pi}{2}$	進んで
4	小さい	$\frac{\pi}{2}$	進んで
5	大きい	π	進んで

解説 回路のインピーダンス $\dot{Z}$、電流 $\dot{I}$、各部の電圧 $\dot{V}$ は

$$\dot{Z} = R + j\left(\omega L - \frac{1}{\omega C}\right)〔\Omega〕 \quad \cdots (1)$$

$$\dot{I} = \frac{\dot{V}}{\dot{Z}}〔A〕 \quad \cdots (2)$$

$$\dot{V} = \dot{Z}\dot{I} = \dot{V}_R + \dot{V}_L + \dot{V}_C〔V〕 \quad \cdots (3)$$

(1) $\omega < \omega_0$ のとき、式(1)の $\omega L < (1/\omega C)$ なので、式(3)より $|\dot{V}_L|$ は $|\dot{V}_C|$ よりも小さい。

(2) $\omega = \omega_0$ のとき、式(1)の虚数部＝0となるので、式(2)より $\dot{V}$ と $\dot{I}$ は同位相となる。$\dot{V}_L = j\omega L\dot{I}$ なので、$\dot{V}$ と $\dot{V}_L$ の位相差は、$\pi/2$〔rad〕である。

(3) $\omega > \omega_0$ のとき、式(1)は $\dot{Z} = R + jX$ となるので、$\dot{I} = a - jb$ となり、$\dot{I}$ は $\dot{V}$ よりも位相が遅れている。

▶ **解答　1**

出題傾向 共振回路の問題は頻繁に出題される。共振時は $\dot{V}$ と $\dot{I}$ は同位相となる。

A－7

類 04(1①)　03(1②)　類 02(11②)

図に示す四端子回路網において、各定数（$\dot{A}$、$\dot{B}$、$\dot{C}$、$\dot{D}$）の値の組合せとして、正しいものを下の番号から選べ。ただし、各定数と電圧電流の関係式は、図に示したとおりとする。

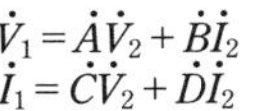

$\dot{V}_1 = \dot{A}\dot{V}_2 + \dot{B}\dot{I}_2$
$\dot{I}_1 = \dot{C}\dot{V}_2 + \dot{D}\dot{I}_2$

$\dot{V}_1$：入力電圧〔V〕
$\dot{V}_2$：出力電圧〔V〕
$\dot{I}_1$：入力電流〔A〕
$\dot{I}_2$：出力電流〔A〕

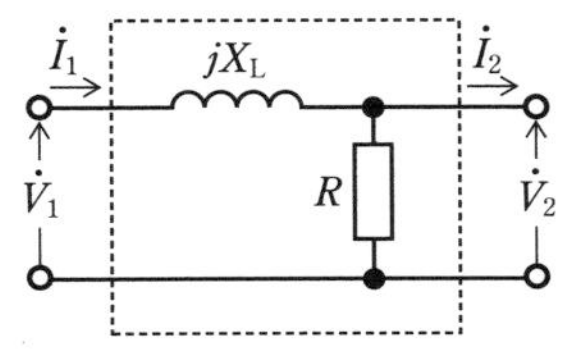

抵抗 $R = 20$〔Ω〕
誘導リアクタンス $X_L = 40$〔Ω〕

	$\dot{A}$	$\dot{B}$	$\dot{C}$	$\dot{D}$
1	$1+j2$	$j40$〔Ω〕	$\frac{1}{30}$〔S〕	$\frac{1}{3}$
2	$1+j2$	$j40$〔Ω〕	$\frac{1}{20}$〔S〕	1
3	$1+j2$	$-j40$〔Ω〕	$\frac{1}{30}$〔S〕	$\frac{1}{2}$
4	$2+j1$	$-j20$〔Ω〕	$\frac{1}{20}$〔S〕	1
5	$2+j1$	$j30$〔Ω〕	$\frac{1}{20}$〔S〕	$\frac{1}{2}$

解説　四端子定数は、出力端子を開放あるいは短絡することで求めることができる。

出力端子を開放すると $\dot{I}_2 = 0$ となるので、電圧比は X_L と R の比より、定数 $\dot{A}$ は

$$\dot{A} = \frac{\dot{V}_1}{\dot{V}_2} = \frac{jX_L + R}{R} = \frac{j40 + 20}{20} = 1 + j2$$

出力端子を短絡すると $\dot{V}_2 = 0$、$\dot{I}_1 = \dot{I}_2$ なので、定数 $\dot{B}$ は

$$\dot{B} = \frac{\dot{V}_1}{\dot{I}_2} = \frac{\dot{V}_1}{\dot{I}_1} = jX_L = j40 \text{〔Ω〕}$$

出力端子を開放すると $\dot{I}_2 = 0$ なので、定数 $\dot{C}$ は

$$\dot{C} = \frac{\dot{I}_1}{\dot{V}_2} = \frac{\dot{I}_1}{R\dot{I}_1} = \frac{1}{R} = \frac{1}{20} \text{〔S〕}$$

出力端子を短絡すると $\dot{V}_2 = 0$、$\dot{I}_1 = \dot{I}_2$ なので、定数 $\dot{D}$ は

$$\dot{D} = \frac{\dot{I}_1}{\dot{I}_2} = 1$$

▶ **解答　2**

A－8 類 05(1①) 類 04(1①)

図に示す抵抗 R〔Ω〕及び静電容量 C〔F〕の直列回路において、R の値を零(0)から無限大(∞)まで変えたとき、合成インピーダンス$\dot{Z}$のベクトル軌跡として、正しいものを下の番号から選べ。ただし、角周波数 ω〔rad/s〕は一定とする。

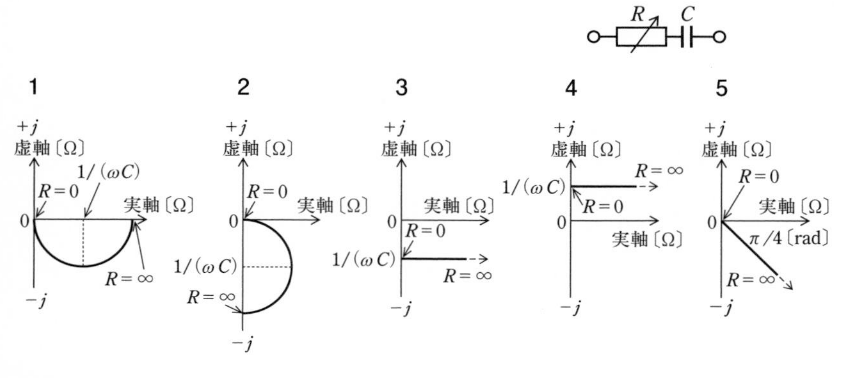

解説 合成インピーダンス$\dot{Z}$〔Ω〕は、次式で表される。

$$\dot{Z}=R-j\frac{1}{\omega C}\text{〔Ω〕} \quad \cdots (1)$$

式(1)において、ωC は一定なので虚数の値 $-j\{1/(\omega C)\}$ は変化しない。R が変化すると $R=0$〔Ω〕のときは

$$\dot{Z}=-j\frac{1}{\omega C}\text{〔Ω〕} \quad \cdots (2)$$

$R=\infty$〔Ω〕のときは

$$\dot{Z}=\infty-j\frac{1}{\omega C}\text{〔Ω〕} \quad \cdots (3)$$

の値をとり、選択肢 3 のような直線となる。

▶ **解答　3**

A－9 03(1②)

図に示すように、断面積が S〔m^2〕、長さが l〔m〕、電子密度が σ〔個/m^3〕、電子の移動度が μ_n〔$m^2/(V\cdot s)$〕の N 形半導体に、V〔V〕の直流電圧を加えたときに流れる電流 I〔A〕を表す式として、正しいものを下の番号から選べ。ただし、電流は電子によってのみ流れるものとし、電子の電荷の大きさを q〔C〕とする。

1　$I=\dfrac{S\mu_n V}{\sigma q l}$

2　$I=\dfrac{S\sigma q V^2}{\mu_n l}$

3　$I=\dfrac{S\sigma q V}{\mu_n l}$

4　$I=\dfrac{S\mu_n \sigma q V}{l}$

5　$I=\dfrac{S\mu_n \sigma q V^2}{l}$

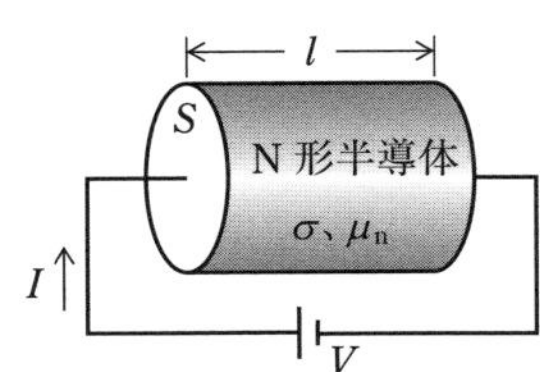

解説　半導体の体積 $X=Sl$〔m³〕の半導体内に存在する電子の数 N〔個〕は、電子密度が σ なので

$$N=X\sigma = Sl\sigma$$

半導体内に存在する電荷の量 Q〔C〕は

$$Q=Nq=Sl\sigma q\ \text{〔C〕}\quad\cdots\ (1)$$

長さ l〔m〕を時間 t〔s〕で移動する電子の移動速度 v〔m/s〕は

$$v=\frac{l}{t}\ \text{〔m/s〕}\quad\cdots\ (2)$$

半導体内の電界 E〔V/m〕は、電圧 V〔V〕より

$$E=\frac{V}{l}\ \text{〔V/m〕}\quad\cdots\ (3)$$

電子の移動度 μ_n〔m²/(V·s)〕と式 (3) より速度 v は

$$v=\mu_n E=\frac{\mu_n V}{l}\ \text{〔m/s〕}\quad\cdots\ (4)$$

式 (1)、式 (2)、式 (4) より、電流 I〔A〕を求めると

$$I=\frac{Q}{t}=\frac{Sl\sigma q}{t}=S\sigma v q=\frac{S\mu_n \sigma q V}{l}\ \text{〔A〕}$$

Point
電流 I〔A〕は、単位時間〔s〕当たりに電荷〔C〕が移動した電気量を表す

▶ **解答　4**

出題傾向　数値を代入して計算する問題も出題されている。

A－10　05(7②)　類 03(7①)　類 03(1①)　03(1②)　02(11②)

図に示すトランジスタ (Tr) のバイアス回路において、コレクタ電流 I_C を 2〔mA〕にするためのベース抵抗 R_B の値として、最も近いものを下の番号から選べ。ただし、Tr のエミッタ接地直流電流増幅率 h_{FE} を 200、回路のベース－エミッタ間電圧 V_{BE} を 0.7〔V〕とする。

1　880〔kΩ〕
2　730〔kΩ〕
3　680〔kΩ〕
4　530〔kΩ〕
5　480〔kΩ〕

C ：コレクタ
B ：ベース
E ：エミッタ
R_C：抵抗
V ：直流電源電圧

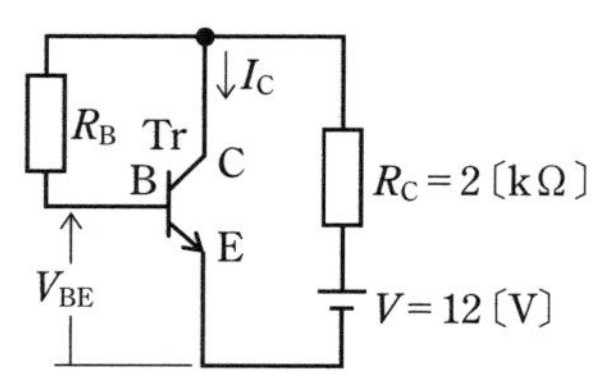

解説 $I_C = 2$〔mA〕、$h_{FE} = 200$ より、ベース電流 I_B〔mA〕は

$$I_B = \frac{I_C}{h_{FE}} = \frac{2}{200} = 0.01 \text{〔mA〕}$$

コレクタ－エミッタ間電圧 V_{CE}〔V〕を求めると

$$V_{CE} = V - R_C(I_C + I_B)$$
$$= 12 - 2 \times 10^3 \times (2 + 0.01) \times 10^{-3} = 12 - 2 \times 2.01 = 7.98 \text{〔V〕}$$

ベース－コレクタ間の電圧から、抵抗 R_B〔Ω〕を求めると

$$R_B = \frac{V_{CE} - V_{BE}}{I_B} = \frac{7.98 - 0.7}{0.01 \times 10^{-3}} = 7.28 \times 10^5 \text{〔Ω〕} \fallingdotseq 730 \text{〔kΩ〕}$$

▶ **解答　2**

Point
トランジスタの動作範囲では、I_B が変化しても、V_{BE} = 0.7〔V〕はほぼ一定の値

出題傾向　V_{BE} ＝0.6〔V〕の値で出題されている問題もある。

A－11　06(1)　03(7②)　02(11①)

次の記述は、図1に示す図記号の電界効果トランジスタ(FET)について述べたものである。［　　］内に入れるべき字句の正しい組合せを下の番号から選べ。

(1) 図記号は、Nチャネル絶縁ゲート形FETで、［ A ］形である。
(2) 原理的な構造は、図2の［ B ］である。
(3) 一般に、D－S間に加える電圧の極性は、Dが正(＋)、Sが負(－)である。
(4) (3)の場合、G－S間電圧を、Gが正(＋)、Sを負(－)として大きさを増加させると、Dに流れる電流は［ C ］する。

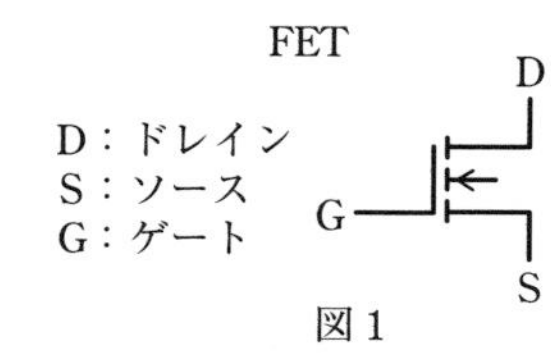

図1

	A	B	C
1	エンハンスメント	Ⅰ	減少
2	デプレション	Ⅰ	増加
3	デプレション	Ⅱ	増加
4	デプレション	Ⅱ	減少
5	エンハンスメント	Ⅱ	増加

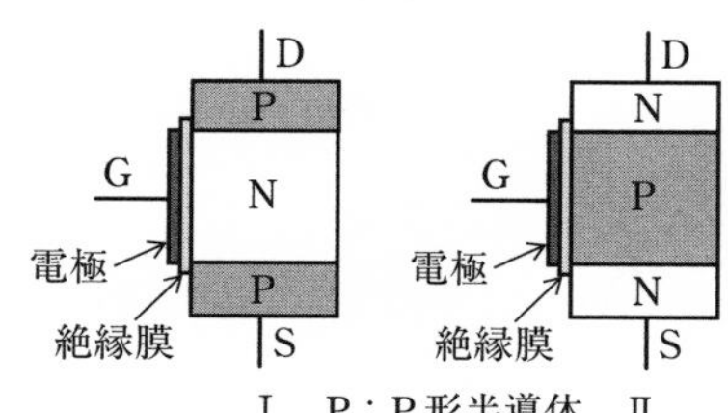

図2

解説　絶縁ゲート形（MOS）FETには、デプレッション（Depletion：減少）形とエンハンスメント（Enhancement：増大）形がある。エンハンスメント形はゲート電圧を加えないと電流が流れない。問題図1のFETのDS間にDが正（＋）、Sが負（－）の電圧を加えて、Sに負（－）、Gに正（＋）の電圧を加えると、問題図2の構造図Ⅱで表されるP形半導体内にN形のチャネルが形成されて電流が流れ始める。Gに加えた正（＋）の電圧を増加させるとDに流れる電流は増加する。

▶ **解答　5**

出題傾向　下線の部分は、ほかの試験問題で穴埋めの字句として出題されている。

A－12　05（7②）　類03（7①）　03（1①）

次の記述は、マイクロ波やミリ波帯回路に用いられる半導体素子及び電子管について述べたものである。このうち誤っているものを下の番号から選べ。

1　マグネトロンは、電界の作用と磁界の作用を利用してマイクロ波を発振し、他の素子や電子管と比べて大きな発振出力が得られるので、レーダーや電子レンジなどに用いられる。

2　進行波管は、らせん遅延回路を利用し、マイクロ波で雑音の少ない広帯域の増幅ができるので、多重通信や衛星通信などに用いられる。

3　インパットダイオードは、PN接合のなだれ現象とキャリアの走行時間効果を利用し、直接ミリ波帯の周波数の発振が可能である。

4　バラクタダイオードは、逆方向電圧を加えたときのPN接合の静電容量を利用し、マイクロ波の周波数逓倍などに用いられる。

5　ガンダイオードは、ガリウム・ひ素（GaAs）などの金属化合物結晶に強い交流電界を加えたときに生じるガン効果を利用して発振し、マイクロ波を利用したセンサなどに用いられる。

解説　誤っている選択肢は次のようになる。

5　ガンダイオードは、ガリウム・ひ素（GaAs）**半導体**などに強い直流電界を加えたときに生じるガン効果により発振し、マイクロ波を利用した**発振回路**などに用いられる。

▶ **解答　5**

A－13　類05（7②）　類04（1①）　02（11①）　類02（11②）

図1に示す整流回路において、端子ab間の電圧 v_{ab} の波形及び端子cd間の電圧 V_{cd} の値の組合せとして、正しいものを下の番号から選べ。ただし、電源電圧 V は、実効値100〔V〕の正弦波交流電圧とし、ダイオード D_1、D_2 は理想的な特性を持つものとする。また、端子ab間の電圧 v_{ab} の波形は、図2に示したものから選ぶものとする。

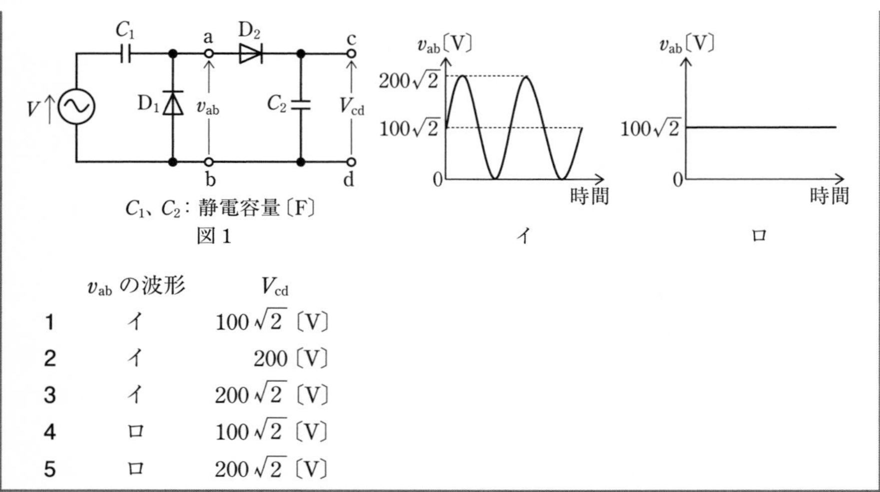

C_1、C_2：静電容量〔F〕
図1　　イ　　ロ

	v_{ab} の波形	V_{cd}
1	イ	$100\sqrt{2}$〔V〕
2	イ	200〔V〕
3	イ	$200\sqrt{2}$〔V〕
4	ロ	$100\sqrt{2}$〔V〕
5	ロ	$200\sqrt{2}$〔V〕

解説 入力交流電圧の負の半周期では、ダイオード D_1 が導通して、コンデンサ C_1 は交流電圧の最大値 $V_m = 100\sqrt{2}$〔V〕に充電される。負荷に電流が流れないので、その電圧が保持される。端子 ab 間の電圧 v_{ab} は、入力交流電圧 v_i に直流電圧 $V_{C1} = 100\sqrt{2}$ が加わるので

$$v_{ab} = v_i + V_{C1} = v_i + 100\sqrt{2}\text{〔V〕}$$

V_{cd} は問題図イで表される v_{ab} の電圧が整流されて C_2 が v_{ab} の最大値に充電されるので、$200\sqrt{2}$〔V〕となる。

▶ **解答 3**

A−14

05(7②) 03(1①)

図に示す理想的なB級動作をするコンプリメンタリ SEPP 回路において、トランジスタ Tr_1 のコレクタ電流の最大値 I_{Cm1} 及び負荷抵抗 R_L〔Ω〕で消費される最大電力 P_{om} の値の組合せとして、最も近いものを下の番号から選べ。ただし、二つのトランジスタ Tr_1 及び Tr_2 の特性は相補的（コンプリメンタリ）で、入力は単一正弦波とする。

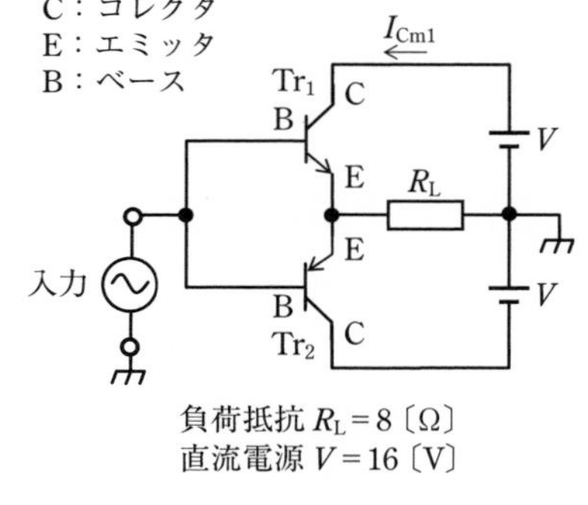

負荷抵抗 $R_L = 8$〔Ω〕
直流電源 $V = 16$〔V〕

	I_{Cm1}	P_{om}
1	1〔A〕	8〔W〕
2	2〔A〕	12〔W〕
3	2〔A〕	16〔W〕
4	3〔A〕	12〔W〕
5	3〔A〕	16〔W〕

解説　入力交流電圧の正の半周期と負の半周期では、Tr_1 と Tr_2 が交互に動作する。Tr_1 を流れる出力電流の最大値 I_{Cm1}〔A〕は、電圧の最大値 V_{Cm} が電源電圧 V〔V〕となるので、次式で表される。

$$I_{Cm1} = \frac{V_{Cm}}{R_L} = \frac{V}{R_L} = \frac{16}{8} = 2\ \text{〔A〕}$$

各トランジスタの電圧と電流の最大値 V_{Cm}〔V〕、I_{Cm}〔A〕は同じ値となる。正弦波交流の実効値を V_e〔V〕、I_e〔A〕とすると、負荷抵抗で消費される最大電力 P_{om}〔W〕は

$$P_{om} = V_e I_e = \frac{V_{Cm}}{\sqrt{2}} \times \frac{I_{Cm}}{\sqrt{2}}$$

$$= \frac{V}{\sqrt{2}} \times \frac{V}{\sqrt{2}R_L} = \frac{V^2}{2R_L} = \frac{16^2}{2\times 8} = 16\ \text{〔W〕}$$

▶ **解答　3**

出題傾向　式を誘導する問題も出題されている。

A－15　　06(1)　03(1②)

次の記述は、図に示す理想的な演算増幅器 (A_{OP}) を用いた回路の動作について述べたものである。[　　] 内に入れるべき字句の正しい組合せを下の番号から選べ。

(1) A_{OP} の負 (－) 入力及び正 (＋) 入力端子の電圧をそれぞれ V_N〔V〕及び V_P〔V〕とすると、次式が成り立つ。

$V_N = V_P = ($ [A] $) \times V_2$〔V〕　… ①

(2) 入力端子 a から流れる電流 I_1 は、図に示す電流 I_F に等しいので、次式で表される。

$I_1 =$ [B] $= (V_N - V_o)/R_F$〔A〕　… ②

(3) 式①及び式②より V_o を求めると、次式が得られる。

$V_o = -$ [C]〔V〕

	A	B	C
1	$\frac{R_F}{R+R_F}$	$\frac{V_1 - V_N}{R}$	$\frac{R_F(V_1 - V_2)}{R}$
2	$\frac{R}{R+R_F}$	$\frac{V_1 - V_N}{R_F}$	$\frac{R(V_1 + V_2)}{R_F}$
3	$\frac{R_F}{R+R_F}$	$\frac{V_1 - V_N}{R_F}$	$\frac{R_F(V_1 - V_2)}{R}$
4	$\frac{R}{R+R_F}$	$\frac{V_1 - V_N}{R}$	$\frac{R_F(V_1 - V_2)}{R}$
5	$\frac{R_F}{R+R_F}$	$\frac{V_1 - V_N}{R_F}$	$\frac{R(V_1 + V_2)}{R_F}$

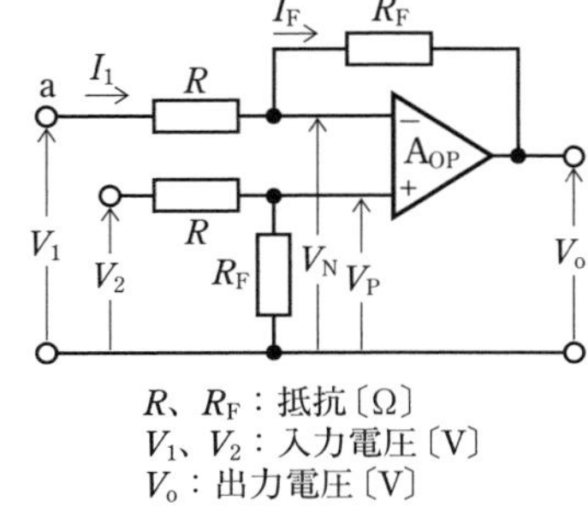

R、R_F：抵抗〔Ω〕
V_1、V_2：入力電圧〔V〕
V_o：出力電圧〔V〕

解説 理想的な演算増幅器の入力端子は仮想短絡状態なので、正入力端子に接続された抵抗の比から電圧を求めると

$$V_N = V_P = \frac{R_F}{R+R_F} \times V_2 〔\mathrm{V}〕 \quad \cdots (1)$$

理想的な演算増幅器の入力インピーダンスは無限大なので、I_1〔A〕を求めると

$$I_1 = I_F = \frac{V_1 - V_N}{R} = \frac{V_N - V_o}{R_F} 〔\mathrm{A}〕 \quad \cdots (2)$$

式(2)の第3辺、第4辺より

$$\frac{V_o}{R_F} = -\frac{V_1}{R} + V_N \times \left(\frac{1}{R} + \frac{1}{R_F}\right) = -\frac{V_1}{R} + V_N \times \frac{R+R_F}{RR_F} \quad \cdots (3)$$

式(3)に式(1)を代入して V_o〔V〕を求めると

$$V_o = -\frac{R_F V_1}{R} + \frac{R_F V_2}{R+R_F} \times \frac{R+R_F}{R}$$

$$= -\frac{R_F(V_1 - V_2)}{R} 〔\mathrm{V}〕$$

Point 問題(3)の式に−符号があるので、注意して式を求める

▶ **解答 1**

出題傾向 下線の部分は、ほかの試験問題で穴埋めの字句として出題されている。

A−16 05(7①)

図1に示すjkフリップフロップ(FF)のFF_1、FF_2、及びFF_3を用いた回路の入力A及びCに、図2に示す「1」、「0」のデジタル信号をそれぞれ入力したとき、時間$t=t_1$〔s〕におけるデジタル出力X_1、X_2及びX_3の、正しい組み合わせを下の番号から選べ。ただし、FFはエッジトリガ形でck入力の立ち下がりで動作する。また、時間$t=0$〔s〕ではすべてのFFはリセットされているものとする。

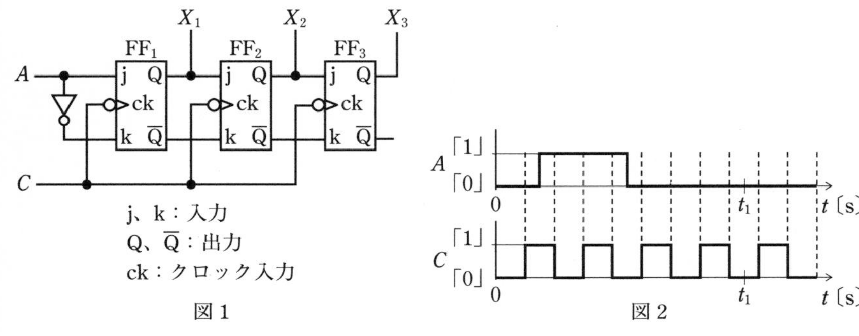

図1　図2

	X_1	X_2	X_3
1	「1」	「0」	「1」
2	「1」	「0」	「0」
3	「1」	「1」	「0」
4	「0」	「0」	「1」
5	「0」	「1」	「1」

解説 jk フリップフロップは次の真理値表のように動作する。

入力		出力		説明
j	k	Q	$\overline{Q}$	
0	0	保持		ホールド
0	1	0	1	リセット
1	0	1	0	セット
1	1	反転		トグル（前の状態）

$\overline{Q}$ は Q の反転値が出力される。

入力 j と k が表に示す値のときに、ck に波形の立ち下がりが入力されると、出力 Q と $\overline{Q}$ は表に示す値となる。

問題図１の各 FF の出力 X_1、X_2、X_3 のタイミング図を解説図に示す。

FF_1 の出力 X_1 は FF_2 の j 入力、FF_2 の出力 X_2 は FF_3 の j 入力である。各 FF において、$j=1\ (k=0)$ の状態のときに、ck が「1」から「0」に変化するときの波形の立ち下がりで出力 $Q=1\ (\overline{Q}=0)$ のセット状態となる。$j=0\ (k=1)$ の状態のときに、ck が「1」から「0」に変化するときの波形の立ち下がりで出力 $Q=0\ (\overline{Q}=1)$ のリセット状態となる。

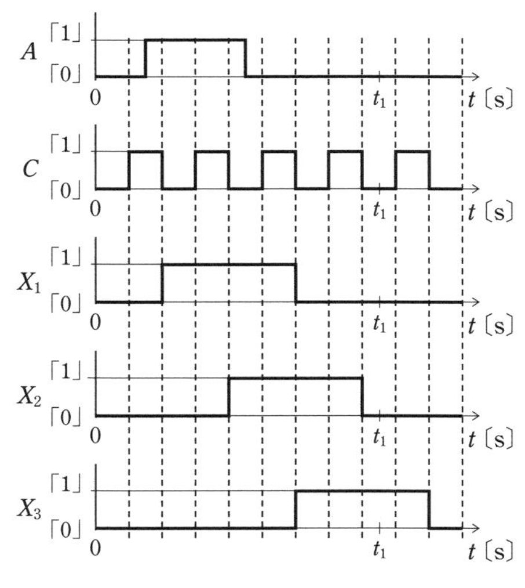

解説図より、t_1 のときの各 FF の出力は、X_1 が「0」、X_2 が「0」、X_3 が「1」となる。

▶ **解答　4**

A－17 20(7)

次の記述は、図に示す回路を用いて抵抗 R〔Ω〕で消費される電力を測定したときの誤差について述べたものである。□内に入れるべき字句の正しい組合せを下の番号から選べ。ただし、直流電流計Aの指示値が I〔A〕、直流電圧計Vの指示値が V〔V〕のときの電力の測定値 P は、VI〔W〕とする。また、Aの内部抵抗を R_A〔Ω〕、Vの内部抵抗を R_V〔Ω〕とする。

(1) SWをaに入れたとき、P には［A］で消費される電力が含まれるので、P の百分率誤差の値は、［B］×100〔%〕である。

(2) SWをbに入れたとき、P の百分率誤差の値は、［C］×100〔%〕である。

	A	B	C
1	R_A	$\dfrac{R_A}{R}$	$\dfrac{R}{R_V}$
2	R_A	$\dfrac{R}{R_A}$	$\dfrac{R_V}{R}$
3	R_A	$\dfrac{R}{R_A}$	$\dfrac{R}{R_V}$
4	R_V	$\dfrac{R_A}{R}$	$\dfrac{R_V}{R}$
5	R_V	$\dfrac{R}{R_A}$	$\dfrac{R}{R_V}$

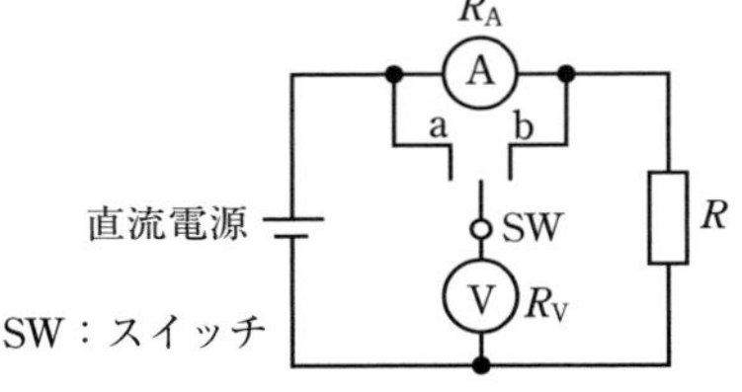

解説 (1) SWをaに入れたとき、誤差の原因となるのは電流計の内部抵抗 R_A で消費される電力 P_A なので、電力の真の値を P とすると、百分率誤差 ε_A は

$$\varepsilon_A = \frac{P_A}{P} \times 100$$

$$= \frac{I^2 R_A}{I^2 R} \times 100 = \frac{R_A}{R} \times 100 \text{〔\%〕}$$

(2) SWをbに入れたとき、誤差の原因となるのは電圧計の内部抵抗 R_V で消費される電力 P_V なので、百分率誤差 ε_V は次式で表される。

$$\varepsilon_V = \frac{P_V}{P} \times 100$$

$$= \frac{\dfrac{V^2}{R_V}}{\dfrac{V^2}{R}} \times 100 = \frac{R}{R_V} \times 100 \text{〔\%〕}$$

▶ **解答 1**

A－18　02(11①)

図１に示す整流形電圧計を用いて、図２に示すような方形波電圧を測定したとき16〔V〕を指示した。方形波電圧の最大値 V として、最も近いものを下の番号から選べ。ただし、ダイオードDは理想的な特性とし、また、整流形電圧計は正弦波の実効値で目盛ってあるものとする。

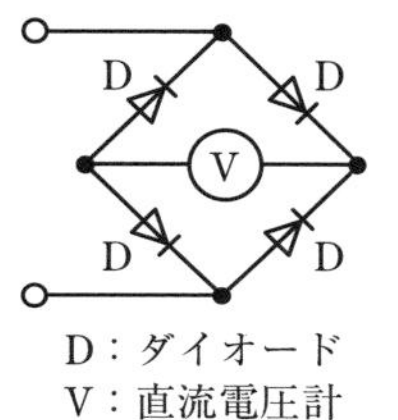

図１

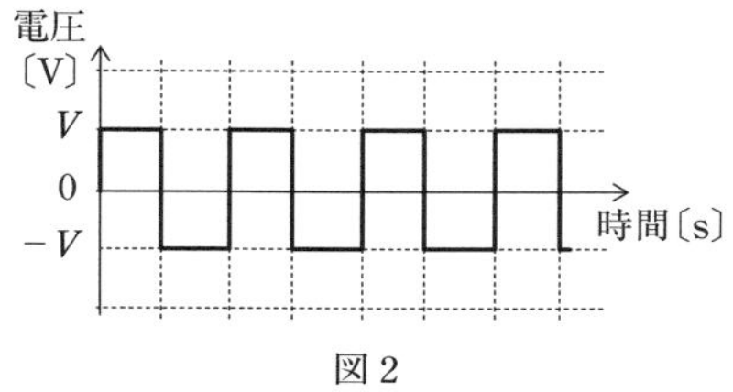

図２

1　16.0〔V〕　2　14.4〔V〕　3　12.4〔V〕　4　10.4〔V〕　5　8.0〔V〕

解説　正弦波電圧の最大値が V_m〔V〕のとき、平均値 V_a〔V〕、実効値 V_e〔V〕は

$$V_a = \frac{2}{\pi} V_m \text{〔V〕} \quad \cdots (1)$$

$$V_e = \frac{1}{\sqrt{2}} V_m \text{〔V〕} \quad \cdots (2)$$

Point
正弦波の最大値、平均値、実効値の変換式は、よく使われるから覚えておこう

整流形計器は平均値 V_a〔V〕に比例して動作するが、指示値は正弦波の実効値で目盛られているため、式(1)、式(2)より、それらの比を求めると

$$V_e = \frac{1}{\sqrt{2}} V_m = \frac{1}{\sqrt{2}} \times \frac{\pi}{2} V_a \fallingdotseq 1.11 V_a \text{〔V〕} \quad \cdots (3)$$

方形波電圧の最大値を $V_m = V$〔V〕とすると、平均値 $V_a = V$、実効値 $V_e = V$ なので、整流形電圧計に方形波電圧を加えると、指示値 V_M〔V〕は、式(3)より平均値 V_a の1.11倍となる。指示値 V_M から最大値（＝平均値）$V = V_a$〔V〕を求めれば

$$V \fallingdotseq \frac{V_M}{1.11} = \frac{16}{1.11} \fallingdotseq 14.4 \text{〔V〕}$$

▶ **解答　2**

A－19　類 05(1②)　03(1①)

図に示すシェーリングブリッジが平衡したとき、抵抗 R_X〔Ω〕及び静電容量 C_X〔F〕を表す式の組合せとして、正しいものを下の番号から選べ。

	R_X	C_X
1	$\frac{C_S R_2}{C_2}$	$\frac{R_2 C_S}{R_1}$
2	$\frac{C_S R_1}{C_2}$	$\frac{R_1 C_S}{R_2}$
3	$\frac{C_2 R_1}{C_S}$	$\frac{R_1 C_S}{R_2}$
4	$\frac{C_2 R_1}{C_S}$	$\frac{R_2 C_2}{R_1}$
5	$\frac{C_2 R_1}{C_S}$	$\frac{R_2 C_S}{R_1}$

R_1、R_2：抵抗〔Ω〕
C_S、C_2：静電容量〔F〕
G：検流計
V：交流電源〔V〕

解説　R_2 と C_2 の並列回路のインピーダンスを $\dot{Z}_2$〔Ω〕、R_X と C_X の直列回路のインピーダンスを $\dot{Z}_X$〔Ω〕とすると、ブリッジ回路が平衡しているので、次式が成り立つ。

$$R_1 \times \frac{1}{j\omega C_S} = \dot{Z}_X \dot{Z}_2$$

$$\dot{Z}_X = \frac{1}{\dot{Z}_2} \times \frac{R_1}{j\omega C_S} = \left(\frac{1}{R_2} + j\omega C_2\right) \times \frac{R_1}{j\omega C_S}$$

$$R_X - j\frac{1}{\omega C_X} = -j\frac{R_1}{\omega C_S R_2} + \frac{C_2 R_1}{C_S} \quad \cdots \ (1)$$

式 (1) の実数部より

$$R_X = \frac{C_2 R_1}{C_S} \ 〔\Omega〕$$

虚数部より

$$C_X = \frac{R_2 C_S}{R_1} \ 〔\mathrm{F}〕$$

Point
対辺のインピーダンスの積が等しいとき、ブリッジは平衡する

Point
$\dot{Z}_1$ と $\dot{Z}_2$ の並列回路の合成インピーダンス $\dot{Z}_0$ は
$\frac{1}{\dot{Z}_0} = \frac{1}{\dot{Z}_1} + \frac{1}{\dot{Z}_2}$

▶ **解答　5**

A－20　06(1)

次の記述は、図に示す原理的なQメータによるコイルの尖鋭度 Q の測定原理について述べたものである。[　　]内に入れるべき字句の正しい組合せを下の番号から選べ。ただし、回路は静電容量が C〔F〕で共振状態にあるものとし、交流電圧計Vの内部抵抗は無限大とする。

(1) C を流れる電流の大きさを I_C〔A〕とすると、I_C = [A]〔A〕である。
(2) 交流電源の角周波数を ω〔rad/s〕とすると、V_2 = ([A]×[B])〔V〕である。
(3) コイルの尖鋭度 Q は、Q = [C] である。
(4) (3) より、V_1 を一定電圧とすると、Vの目盛から Q を直読することができる。

	A	B	C
1	$\frac{V_2}{R_X}$	ωL_X	$\frac{V_1}{V_2}$
2	$\frac{V_2}{R_X}$	ωL_X	$\frac{V_2}{V_1}$
3	$\frac{V_2}{R_X}$	$\frac{1}{\omega C}$	$\frac{V_2}{V_1}$
4	$\frac{V_1}{R_X}$	$\frac{1}{\omega C}$	$\frac{V_2}{V_1}$
5	$\frac{V_1}{R_X}$	$\frac{1}{\omega C}$	$\frac{V_1}{V_2}$

L_X：コイルの自己インダクタンス〔H〕
R_X：コイルの抵抗〔Ω〕
V_1：交流電源電圧〔V〕
V_2：C の両端の電圧（V の指示値）〔V〕
ω：交流電源の角周波数〔rad/s〕

解説　(1) 回路のインピーダンス$\dot{Z}$〔Ω〕は

$$\dot{Z} = R_X + j\omega L_X - j\frac{1}{\omega C} \quad \cdots (1)$$

共振状態のときは式(1)の虚数部が0となるので、インピーダンスの大きさは$Z = R_X$〔Ω〕となる。よって、直列回路のCを流れる電流の大きさI_C〔A〕は

$$I_C = \frac{V_1}{Z} = \frac{V_1}{R_X} \quad \cdots (2)$$

(2) コンデンサに加わる電圧の大きさV_2〔V〕は

$$V_2 = I_C \times \frac{1}{\omega C} = \frac{V_1}{R_X} \times \frac{1}{\omega C} \quad \cdots (3)$$

(3) コイルの尖鋭度Qは式(3)を用いると

$$Q = \frac{\omega L_X}{R_X} = \frac{1}{\omega C R_X} = \frac{V_2}{V_1} \quad \cdots (4)$$

▶ **解答　4**

B－1　類 06(1)　類 05(1②)　類 04(1①)　類 03(1②)

次の記述は、図1に示すような一辺の長さが0.5〔m〕の正方形で平行な磁極面をもつ磁石MのN極及びS極の中間を、図2に示すような正方形の導線Dが、磁極面に平行な状態を保ちながら左から右に通るときの現象について述べたものである。□内に入れるべき字句を下の番号から選べ。ただし、磁極間の磁束密度は、$B = 0.2$〔T〕で均一であり、漏れ磁束はないものとし、Dの速度は$v = 2$〔m/s〕とする。

(1) Dに生ずる起電力の大きさeは、D内部の磁束がΔt〔s〕間に$\Delta\phi$〔Wb〕変化すると、$e=$ ア 〔V〕である。

(2) 辺dcが面pp′q′qに達した時間t_1から、辺abが面pp′q′qに達する時間t_2の間にDに生ずる起電力の大きさは、$e=$ イ 〔V〕である。

(3) Dの辺dcがMの面pp′q′qに達してから、辺abが面pp′q′qに達する間にDに流れる電流の大きさは、 ウ 〔A〕である。

(4) D全体が磁界の中にあるとき、Dに流れる電流は、 エ 〔A〕である。

(5) Dの辺dcがMの面tt′r′rに達してから、辺abが面tt′r′rに達する間にDに流れる電流の方向は、図3の オ の方向である。

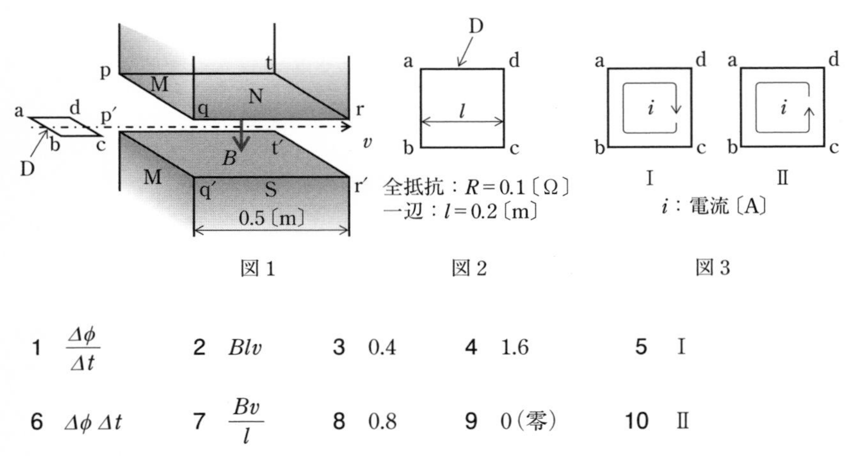

図1　図2　図3

1	$\dfrac{\Delta\phi}{\Delta t}$	2	Blv	3	0.4	4	1.6	5	I
6	$\Delta\phi\,\Delta t$	7	$\dfrac{Bv}{l}$	8	0.8	9	0(零)	10	II

解説 (1) 導線D内部の磁束がΔt〔s〕間に$\Delta\phi$〔Wb〕変化すると、起電力の大きさe〔V〕はファラデーの法則より次式で表される。

$$e=\frac{\Delta\phi}{\Delta t}\text{〔V〕}\quad\cdots(1)$$

(2) t_1からt_2〔s〕の時間Δt〔s〕に、導線Dの辺lがΔxの距離を移動したときに作る面積$\Delta S=l\Delta x$内の磁束の変化を$\Delta\phi$とすると、起電力e〔V〕は次式で表される。

$$e=\frac{\Delta\phi}{\Delta t}=\frac{B\Delta S}{\Delta t}=\frac{Bl\Delta x}{\Delta t}=Blv\text{〔V〕}\quad\cdots(2)$$

式(2)の$v=\Delta x/\Delta t$は導線の移動速度を表す。

(3) 式(2)に題意の数値を代入して、誘導起電力e〔V〕を求めると

$$e=Blv=0.2\times0.2\times2=0.08\text{〔V〕}$$

導線の全抵抗R〔Ω〕に流れる電流の大きさi〔A〕は

$$i=\frac{e}{R}=\frac{0.08}{0.1}=0.8〔A〕$$

(4) 導線 D の全体が磁束中にあるときは、導線の枠内の磁束は変化しないので、$e=0$〔V〕となるから D に流れる電流は、0(零)〔A〕である。

(5) 磁界の向きは上から下の向きであり、D が磁界の外に出るときは、磁束の減少を妨げる方向(上から下向きの磁束が発生する向き)の起電力が発生して電流が流れるので、右ネジの法則より問題図３の I となる。

▶ **解答　ア－１　イ－２　ウ－８　エ－９　オ－５**

B－2　　類 03(7①)　03(1②)

次の記述は、図に示す交流回路の電流と電力について述べたものである。[　　]内に入れるべき字句を下の番号から選べ。ただし、負荷 A 及び B の特性は、表に示すものとする。また、交流電圧 $\dot{V}$ は、$\dot{V}=100$〔V〕とする。

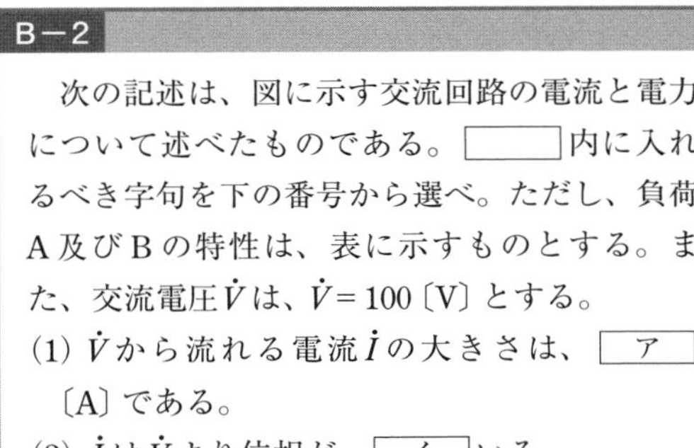

負　荷	A	B
性　質	容量性	誘導性
有効電力	600〔W〕	400〔W〕
力　率	0.6	0.8

(1) $\dot{V}$ から流れる電流 $\dot{I}$ の大きさは、[ア]〔A〕である。

(2) $\dot{I}$ は $\dot{V}$ より位相が、[イ]いる。

(3) 回路の有効電力は、[ウ]〔W〕である。

(4) 回路の力率は、[エ]である。

(5) 回路の皮相電力は、[オ]〔VA〕である。

1　$5\sqrt{3}$	2　遅れて	3　1,000	4　$\frac{2}{\sqrt{5}}$	5　$500\sqrt{3}$
6　$5\sqrt{5}$	7　進んで	8　2,000	9　$\frac{1}{\sqrt{2}}$	10　$500\sqrt{5}$

解説　交流電源電圧の大きさを $V=100$〔V〕、容量性負荷 A、誘導性負荷 B を流れる電流の大きさを I_1、I_2〔A〕、力率 $\cos\theta_1=0.6$、$\cos\theta_2=0.8$ のとき、有効電力 $P_1=600$〔W〕、$P_2=400$〔W〕なので、$P_1=VI_1\cos\theta_1$ より

$$I_1=\frac{P_1}{V\cos\theta_1}=\frac{600}{100\times0.6}=10〔A〕$$

$$I_2=\frac{P_2}{V\cos\theta_2}=\frac{400}{100\times0.8}=5〔A〕$$

負荷 A、B を流れる電流の実数部成分 I_{e1}、I_{e2} は

$$I_{e1}=I_1\cos\theta_1=10\times0.6=6〔A〕$$

$$I_{e2}=I_2\cos\theta_2=5\times0.8=4〔A〕$$

負荷 A、B を流れる電流の虚数部成分 I_{q1}、I_{q2} は

$$I_{q1} = I_1 \sin\theta_1 = I_1\sqrt{1-\cos^2\theta_1} = 10\sqrt{1-0.6^2} = 8 \text{〔A〕}$$

$$I_{q2} = I_2 \sin\theta_2 = I_2\sqrt{1-\cos^2\theta_2} = 5\sqrt{1-0.8^2} = 3 \text{〔A〕}$$

Point

$\sin^2\theta + \cos^2\theta = 1$

$\sin\theta = \sqrt{1-\cos^2\theta}$

電源から流れる電流の大きさ I〔A〕は、容量性負荷 A の電流 I_{q1} と誘導性負荷 B の電流 I_{q2} は逆位相なので

$$I = \sqrt{(I_{e1}+I_{e2})^2 + (I_{q1}-I_{q2})^2}$$

$$= \sqrt{(6+4)^2 + (8-3)^2} = \sqrt{5^2(2^2+1)} = 5\sqrt{5} \text{〔A〕}$$

Point

$10^2 + 5^2 = 5^2 \times 2^2 + 5^2$

$= 5^2(2^2+1)$

$I_{q1} > I_{q2}$ なので回路は容量性負荷となるから、$\dot{I}$ は $\dot{V}$ より位相が進んでいる。

回路の有効電力 P〔W〕は

$$P = V(I_{e1}+I_{e2}) = P_1 + P_2 = 600 + 400 = 1{,}000 \text{〔W〕}$$

力率 $\cos\theta$ は

$$\cos\theta = \frac{I_{e1}+I_{e2}}{I} = \frac{10}{5\sqrt{5}} = \frac{2}{\sqrt{5}}$$

回路の皮相電力 P_s〔VA〕は

$$P_s = VI = 100 \times 5\sqrt{5} = 500\sqrt{5} \text{〔VA〕}$$

▶ **解答　ア－6　イ－7　ウ－3　エ－4　オ－10**

B－3　類 03(1①)　類 02(11①)

次の記述は、各種半導体素子について述べたものである。このうち正しいものを 1、誤ったものを 2 として解答せよ。

ア　トンネルダイオードは、逆方向の電圧電流特性で、負性抵抗特性が現れる素子である。

イ　フォトダイオードは、電気エネルギーを光エネルギーに変換する素子である。

ウ　サイリスタは、二つの安定状態を持つスイッチング素子である。

エ　サーミスタは、温度によって電気抵抗が変化する素子である。

オ　バリスタは、電圧によって電気抵抗が変化する素子である。

解説　誤っている選択肢は次のようになる。

ア　トンネルダイオードは、**順方向**の電圧電流特性で、負性抵抗特性が現れる素子である。

イ　フォトダイオードは、**光エネルギーを電気エネルギー**に変換する素子である。

▶ **解答　ア－2　イ－2　ウ－1　エ－1　オ－1**

B－4　　06(1)

次の記述は、図１に示すような、電界効果トランジスタ（FET）を用いた３点接続発振回路の発振条件について述べたものである。□内に入れるべき字句を下の番号から選べ。ただし、図２は図１を FET の等価回路を用いて表した回路である。また、図３に示すように FET のドレイン抵抗 r_D を含んだ負荷インピーダンスを $\dot{Z}_0$ とする。

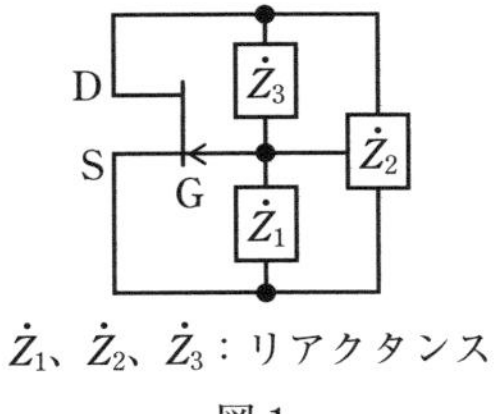

$\dot{Z}_1$、$\dot{Z}_2$、$\dot{Z}_3$：リアクタンス

図１

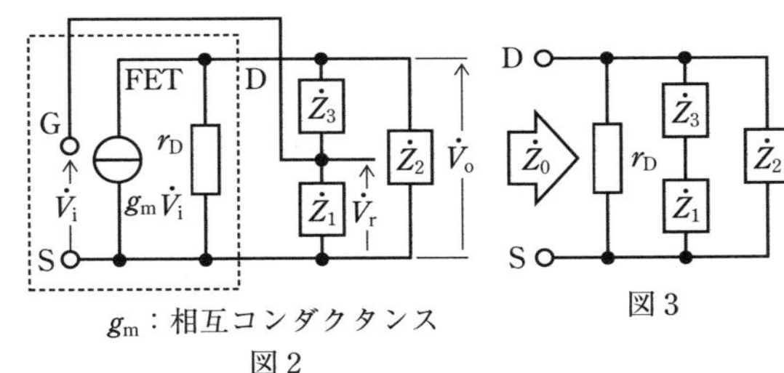

g_m：相互コンダクタンス

図２　　　図３

(1) 図２に示す回路において、FET の入力電圧を $\dot{V}_i$、出力電圧を $\dot{V}_o$ とすると、電圧増幅度 $\dot{A}$ 及び帰還率 $\dot{\beta}$ はそれぞれ次式で表される。

$$\dot{A} = \dot{V}_o/\dot{V}_i = -g_m\dot{Z}_0$$

$$\dot{\beta} = \dot{V}_f/\dot{V}_o = \boxed{\text{ア}}$$

(2) したがって、$\dot{Z}_0 = 1/\{\boxed{\text{イ}} + 1/\dot{Z}_2 + 1/(\dot{Z}_1 + \dot{Z}_3)\}$ であるから、$\dot{A}\dot{\beta}$ は、次式で表される。

$$\dot{A}\dot{\beta} = -g_m r_D \dot{Z}_1\dot{Z}_2/\{r_D(\dot{Z}_1 + \dot{Z}_2 + \dot{Z}_3) + \dot{Z}_2(\dot{Z}_1 + \dot{Z}_3)\} \quad \cdots ①$$

(3) 発振状態では、$\dot{A}\dot{\beta} = 1$ であるから、式①より次式が得られる。

$$r_D(\dot{Z}_1 + \dot{Z}_2 + \dot{Z}_3) + \dot{Z}_2\{\dot{Z}_1(1 + g_m r_D) + \dot{Z}_3\} = \boxed{\text{ウ}} \quad \cdots ②$$

(4) 式②の左辺の第１項を P、第２項を Q として、P 及び Q が実数か虚数かを考えたとき、□エ□であるから、次式が成り立つ。

$$(1 + g_m r_D) = -\dot{Z}_3/\dot{Z}_1 \quad \cdots ③$$

$$\dot{Z}_3 = -(\dot{Z}_1 + \dot{Z}_2) \quad \cdots ④$$

(5) したがって、式③より $\dot{Z}_1$ と $\dot{Z}_3$ は□オ□符号のリアクタンスである。

(6) また、式④より $\dot{Z}_2$ が決まれば、$\dot{Z}_1$ と $\dot{Z}_3$ のリアクタンスの符号が決まる。

1 $\dfrac{\dot{Z}_1}{\dot{Z}_2 + \dot{Z}_3}$　　2 $\dfrac{1}{r_D + \dot{Z}_3}$　　3 0　　4 P は虚数、Q は実数　　5 異なる

6 $\dfrac{\dot{Z}_1}{\dot{Z}_1 + \dot{Z}_3}$　　7 $\dfrac{1}{r_D}$　　8 1　　9 P は実数、Q は虚数　　10 同じ

解説 問題の式①は

$$\dot{A}\dot{\beta}=\frac{-g_m r_D \dot{Z}_1\dot{Z}_2}{r_D(\dot{Z}_1+\dot{Z}_2+\dot{Z}_3)+\dot{Z}_2(\dot{Z}_1+\dot{Z}_3)} \quad \cdots (1)$$

発振条件から、$\dot{A}\dot{\beta}=1$ とすると

$$\frac{-g_m r_D \dot{Z}_1\dot{Z}_2}{r_D(\dot{Z}_1+\dot{Z}_2+\dot{Z}_3)+\dot{Z}_2(\dot{Z}_1+\dot{Z}_3)}=1$$

$$r_D(\dot{Z}_1+\dot{Z}_2+\dot{Z}_3)+\dot{Z}_2(\dot{Z}_1+\dot{Z}_3)+g_m r_D \dot{Z}_1\dot{Z}_2=0$$

$$r_D(\dot{Z}_1+\dot{Z}_2+\dot{Z}_3)+\dot{Z}_2\{\dot{Z}_1(1+g_m r_D)+\dot{Z}_3\}=0 \quad \cdots (2)$$

$\dot{Z}_1$、$\dot{Z}_2$、$\dot{Z}_3$ は、リアクタンスなので $+jX$ または $-jX$ である。よって、式(2)の左辺の第1項をPとすると、Pは虚数となる。第2項をQとすると、Qは二つのインピーダンスの積の和となるので、正または負の実数の和となるから、Qは実数となる。

▶ **解答 アー6 イー7 ウー3 エー4 オー5**

B－5 類 03(7②) 03(1②) 類 02(11②)

次の表は、電気磁気量に関する国際単位系(SI 単位)を他の SI 単位を用いて表したものである。[　　]内に入れるべき字句を下の番号から選べ。

電気磁気量	電圧・電位差	コンダクタンス	インダクタンス	静電容量	磁束密度	電　力
単位	〔V〕	〔S〕	〔H〕	〔F〕	〔T〕	〔W〕
他のSI単位表示	〔W/A〕	ア	イ	ウ	エ	オ

1 〔N/C〕　2 〔W/A〕　3 〔C/V〕　4 〔Wb/A〕　5 〔A/V〕
6 〔J/s〕　7 〔Wb/m^2〕　8 〔V・s〕　9 〔N・m〕　10 〔Wb〕

解説 ア　電流 I〔A〕、電圧 V〔V〕より、コンダクタンス G は

$$G\,[\mathrm{S}]=\frac{I\,[\mathrm{A}]}{V\,[\mathrm{V}]}$$

イ　磁束 Φ〔Wb〕、電流 I〔A〕より、インダクタンス L〔H〕は

$$L\,[\mathrm{H}]=\frac{\Phi\,[\mathrm{Wb}]}{I\,[\mathrm{A}]}$$

ウ　電荷 Q〔C〕、電圧 V〔V〕より、静電容量 C〔F〕は

$$C\,[\mathrm{F}]=\frac{Q\,[\mathrm{C}]}{V\,[\mathrm{V}]}$$

エ　磁束 Φ〔Wb〕、面積 S〔m^2〕より、磁束密度 B〔T〕は

$$B\,〔\mathrm{T}〕=\frac{\Phi\,〔\mathrm{Wb}〕}{S\,〔\mathrm{m}^2〕}$$

オ　仕事 W〔J〕、電荷 Q〔C〕より、電圧 V〔V〕は

$$V\,〔\mathrm{V}〕=\frac{W\,〔\mathrm{J}〕}{Q\,〔\mathrm{C}〕}$$

電力 P〔W〕は

$$P\,〔\mathrm{W}〕=V\,〔\mathrm{V}〕\times I\,〔\mathrm{A}〕=\frac{W\,〔\mathrm{J}〕}{Q\,〔\mathrm{C}〕}\times\frac{Q\,〔\mathrm{C}〕}{t\,〔\mathrm{s}〕}=\frac{W\,〔\mathrm{J}〕}{t\,〔\mathrm{s}〕}$$

▶ **解答　ア－5　イ－4　ウ－3　エ－7　オ－6**

無線工学の基礎（令和４年７月期②）

A－1 02(11②)

次の記述は、図に示すように真空中に置かれた２本の平行無限長直線導体Ｘ及びＹの間の静電容量について述べたものである。□内に入れるべき字句の正しい組合せを下の番号から選べ。ただし、真空の誘電率を ε_0〔F/m〕とし、Ｘ及びＹの半径がともに r〔m〕、導体間の間隔を d〔m〕($r \ll d$) とする。

(1) XY間に V〔V〕の直流電圧を加え、Ｘ及びＹにそれぞれ単位長さ当たり Q〔C/m〕及び $-Q$〔C/m〕の電荷が蓄えられたとき、Ｘの Q によってＸの中心より x〔m〕離れた点Ｐに生ずる電界の強さの大きさ E_X は、ガウスの定理により次式で表される。

$E_X =$ [A]〔V/m〕

(2) 同様にしてＹの $-Q$ によって点Ｐに生ずる電界の強さの大きさを求めて E_Y とすると、E_X 及び E_Y の方向は同方向であるから、点Ｐの合成電界の強さ E は、$E = E_X + E_Y$〔V/m〕で表される。

(3) したがって、V は次式で表される。

$$V = -\int_{d-r}^{r} E dx = \int_{r}^{d-r} E dx = \frac{Q}{\pi\varepsilon_0} \times \boxed{\text{B}} \text{〔V〕}$$

(4) よって、XY間の単位長さ当たりの静電容量 C は、$r \ll d$ であるから、次式で求めることができる。

$C \fallingdotseq$ [C]〔F/m〕

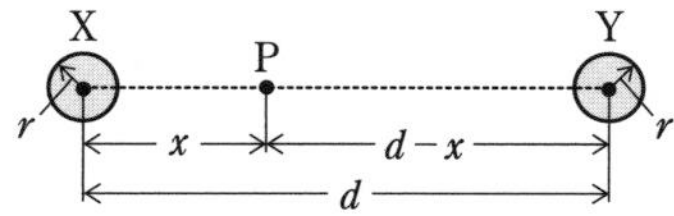

	A	B	C
1	$\dfrac{Q}{2\pi\varepsilon_0 x}$	$\log_e \dfrac{r}{d-r}$	$\dfrac{2\pi\varepsilon_0}{\log_e \dfrac{d}{r}}$
2	$\dfrac{Q}{2\pi\varepsilon_0 x}$	$\log_e \dfrac{d-r}{r}$	$\dfrac{\pi\varepsilon_0}{\log_e \dfrac{d}{r}}$
3	$\dfrac{Q}{2\pi\varepsilon_0 x}$	$\log_e \dfrac{r}{d-r}$	$\dfrac{\pi\varepsilon_0}{\log_e \dfrac{d}{r}}$
4	$\dfrac{Q}{4\pi\varepsilon_0 x}$	$\log_e \dfrac{d-r}{r}$	$\dfrac{\pi\varepsilon_0}{\log_e \dfrac{d}{r}}$
5	$\dfrac{Q}{4\pi\varepsilon_0 x}$	$\log_e \dfrac{r}{d-r}$	$\dfrac{2\pi\varepsilon_0}{\log_e \dfrac{d}{r}}$

解説　無限長直線導体から発生する電気力線は、導体を囲む円筒から放射状に発生するので、単位長さ（1〔m〕）の円筒の側面の面積 S〔m²〕にガウスの定理を適用して電界を求めると

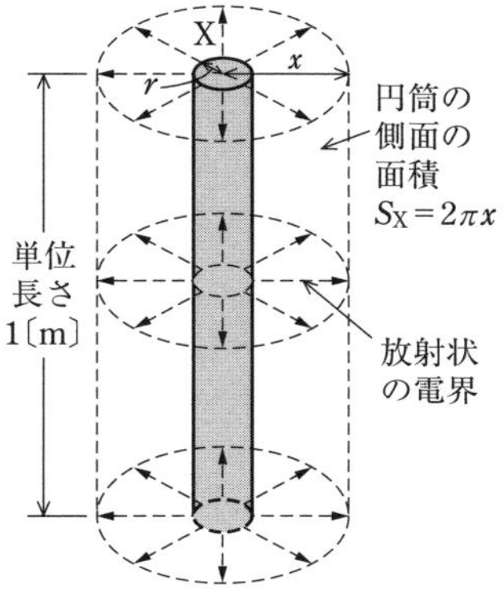

$$E_X = \frac{Q}{\varepsilon_0 S_X} = \frac{Q}{2\pi\varepsilon_0 x}\ \text{〔V/m〕}\quad\cdots\ (1)$$

$$E_Y = \frac{Q}{\varepsilon_0 S_Y} = \frac{Q}{2\pi\varepsilon_0 (d-x)}\ \text{〔V/m〕}\quad\cdots\ (2)$$

合成電界 E〔V/m〕より電位 V〔V〕を求めると

$$V = -\int_{d-r}^{r} E\,dx = \int_{r}^{d-r} (E_X + E_Y)\,dx$$

$$= \frac{Q}{2\pi\varepsilon_0}\int_{r}^{d-r}\left(\frac{1}{x} + \frac{1}{d-x}\right)dx$$

$$= \frac{Q}{2\pi\varepsilon_0}\left(\left[\log_e x\right]_r^{d-r} + \left[-\log_e(d-x)\right]_r^{d-r}\right)$$

$$= \frac{Q}{2\pi\varepsilon_0}\{\log_e(d-r) - \log_e r - \log_e r + \log_e(d-r)\}$$

$$= \frac{Q}{2\pi\varepsilon_0}\left(2\times\log_e\frac{d-r}{r}\right) = \frac{Q}{\pi\varepsilon_0}\log_e\frac{d-r}{r}\ \text{〔V〕}$$

問題の条件から、$d-r \fallingdotseq d$ とすると、単位長さ当たりの静電容量 C〔F/m〕は次式で表される。

$$C = \frac{Q}{V} \fallingdotseq \frac{\pi\varepsilon_0}{\log_e\dfrac{d}{r}}\ \text{〔F/m〕}$$

▶ **解答　2**

数学の公式

$$\frac{d}{dx}\log_e x = x^{-1} = \frac{1}{x}$$

$$\frac{d}{dx}\log_e(d-x) = \frac{d}{du}\log_e u \times \frac{d}{dx}(d-x)$$　（合成関数の微分）

$$= -\frac{1}{d-x}$$　ただし、$u = d-x$

$$\int x^{-1}\,dx = \log_e x$$　（積分定数は省略）

$$\int \frac{1}{d-x}\,dx = -\log_e(d-x)$$

$$\log_e a + \log_e b = \log_e(ab)$$

$$\log_e a - \log_e b = \log_e\frac{a}{b}$$

A－2 類 05(7①) 類 03(7②) 03(1①)

次の記述は、図に示すように、磁束密度が B〔T〕で均一な磁石の磁極間において、巻数 N、面積 S〔m^2〕の長方形コイル L がコイルの中心軸 OP を中心として反時計方向に角速度 ω〔rad/s〕で回転しているときの、L に生ずる起電力について述べたものである。［　］内に入れるべき字句の正しい組合せを下の番号から選べ。ただし、L の面が B と直角な状態から回転を始めるものとし、そのときの時間 t を $t=0$〔s〕とする。また、OP は、B の方向と直角とする。

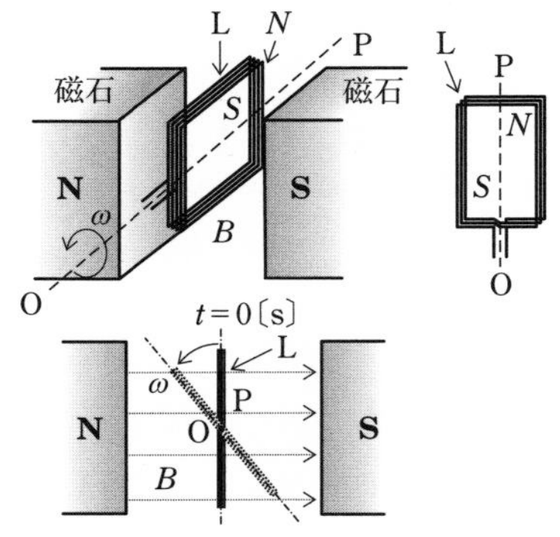

(1) 任意の時間 t〔s〕における L の磁束鎖交数 ϕ は、$\phi=$［ A ］〔Wb〕で表される。

(2) L に生ずる誘導起電力 e は、ϕ を用いて表すと、$e=-$［ B ］〔V〕である。

(3) したがって、e は(1)及び(2)より、$e=$［ C ］〔V〕で表される交流電圧となる。

	A	B	C
1	$\dfrac{NS}{B}\sin\omega t$	$\dfrac{Nd\phi}{dt}$	$\dfrac{NS}{B}\omega\cos\omega t$
2	$NBS\cos\omega t$	$\dfrac{Nd\phi}{dt}$	$\dfrac{NS}{B}\omega\cos\omega t$
3	$\dfrac{NS}{B}\sin\omega t$	$\dfrac{d\phi}{dt}$	$NBS\omega\sin\omega t$
4	$NBS\cos\omega t$	$\dfrac{d\phi}{dt}$	$NBS\omega\sin\omega t$
5	$NBS\cos\omega t$	$\dfrac{d\phi}{dt}$	$\dfrac{NS}{B}\omega\cos\omega t$

解説 $t=0$〔s〕のときに鎖交する磁束が最大となる。時間 t〔s〕の磁束鎖交数 $\phi=NBS\cos\omega t$〔Wb〕より、起電力 e〔V〕を求めると

$$e=-\frac{d\phi}{dt}=-NBS\frac{d}{dt}\cos\omega t$$
$$=NBS\omega\sin\omega t\text{〔V〕}$$

▶ **解答　4**

Point
磁束密度 B は、単位面積あたりの磁束を表す

出題傾向　周波数（$f=\omega/(2\pi)$）を答える問題も出題されている。

数学の公式

$y = f\{u(x)\}$ において関数を $f(x)$ とすると合成関数の微分

$$\frac{dy}{dx} = \frac{dy}{du} \cdot \frac{du}{dx}$$

$$\frac{d}{dt}\cos\omega t = \frac{d}{du}\cos u \times \frac{d}{dt}\omega t = -\omega\sin\omega t \quad ただし、u = \omega t$$

A－3　03(1①)

図１に示す平均磁路長 l が 50〔mm〕の環状鉄心 A の中に生ずる磁束と、図２に示すように A に 0.5〔mm〕の空隙 l_g を設けた環状鉄心 B の中に生ずる磁束が共に ϕ〔Wb〕で等しいとき、図２のコイルに流す電流 I_B を表す近似式として、正しいものを下の番号から選べ。ただし、A に巻くコイルに流れる電流を I_A〔A〕とし、コイルの巻数 N は図１及び図２で等しく、鉄心の比透磁率 μ_r を 1,000 とする。また、磁気飽和及び漏れ磁束はないものとする。

1　$I_B \fallingdotseq 51 I_A$〔A〕
2　$I_B \fallingdotseq 41 I_A$〔A〕
3　$I_B \fallingdotseq 31 I_A$〔A〕
4　$I_B \fallingdotseq 21 I_A$〔A〕
5　$I_B \fallingdotseq 11 I_A$〔A〕

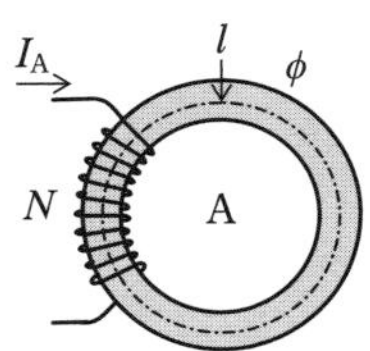

図１

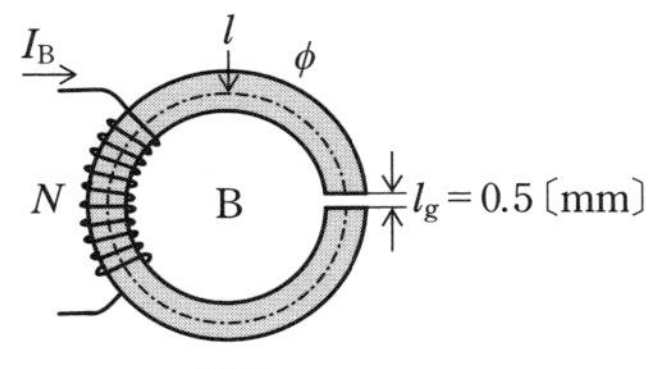

図２

解説　問題図１の環状鉄心 A の断面積を S〔m²〕、平均磁路長を l〔m〕とすると、磁気抵抗 R_A〔H⁻¹〕は

$$R_A = \frac{l}{\mu_r \mu_0 S} \ 〔H^{-1}〕 \quad \cdots (1)$$

問題図２の環状鉄心 B の空隙 l_g〔m〕は $l_g \ll l$ なので、$l - l_g \fallingdotseq l$ とすると、磁気抵抗 R_B は

$$R_B \fallingdotseq \frac{l}{\mu_r \mu_0 S} + \frac{l_g}{\mu_0 S} \ 〔H^{-1}〕 \quad \cdots (2)$$

コイル A 及び B の磁束 ϕ〔Wb〕は等しいので、次式が成り立つ。

$$\phi = \frac{N I_A}{R_A} = \frac{N I_B}{R_B} \ 〔Wb〕 \quad \cdots (3)$$

式(3)に式(1)及び式(2)を代入すれば

$$\frac{\mu_r \mu_0 I_A}{l} = \left(\frac{1}{\dfrac{l}{\mu_r \mu_0} + \dfrac{l_g}{\mu_0}} \right) I_B$$

したがって

Point
磁束 ϕ が等しい条件より、A、B それぞれの磁束の式が等しいとして、ϕ を消去する

$$I_B = \frac{\mu_r \mu_0 I_A}{l}\left(\frac{l}{\mu_r \mu_0} + \frac{l_g}{\mu_0}\right) = \left(1 + \frac{\mu_r l_g}{l}\right) I_A$$

$$= \left(1 + \frac{1{,}000 \times 0.5 \times 10^{-3}}{50 \times 10^{-3}}\right) I_A = 11\, I_A \text{〔A〕}$$

▶ **解答　5**

A－4　　類 05(1②)　01(7)

図に示す回路において、静電容量 C〔F〕に蓄えられる静電エネルギーと自己インダクタンス L〔H〕に蓄えられる電磁(磁気)エネルギーが等しいときの条件式として、正しいものを下の番号から選べ。ただし、回路は定常状態にあり、コイルの抵抗及び電源の内部抵抗は無視するものとする。

1　$R = \sqrt{\dfrac{L}{C}}$〔Ω〕

2　$R = \sqrt{\dfrac{C}{L}}$〔Ω〕

3　$R = \sqrt{\dfrac{1}{CL}}$〔Ω〕

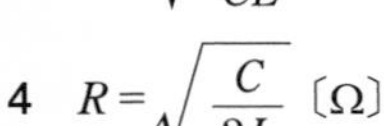

4　$R = \sqrt{\dfrac{C}{2L}}$〔Ω〕

5　$R = \sqrt{\dfrac{1}{2CL}}$〔Ω〕

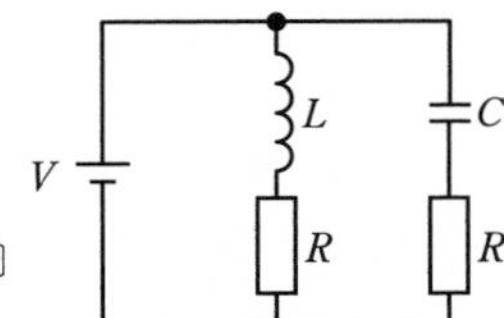

V：直流電圧〔V〕
R：抵抗〔Ω〕

解説　定常状態ではコンデンサに加わる電圧は電源電圧 V〔V〕なので、コンデンサに蓄えられる静電エネルギー W_C〔J〕は

$$W_C = \frac{1}{2} CV^2 \text{〔J〕} \quad \cdots (1)$$

コイルに流れる電流 I〔A〕は

$$I = \frac{V}{R} \text{〔A〕} \quad \cdots (2)$$

コイルに蓄えられる磁気エネルギー W_L〔J〕は

$$W_L = \frac{LI^2}{2} \text{〔J〕} \quad \cdots (3)$$

問題の条件より、式(1)＝式(3)であり、式(2)を代入すると

$$\frac{1}{2} CV^2 = \frac{LV^2}{2R^2} \quad \text{よって} \quad R = \sqrt{\frac{L}{C}} \text{〔Ω〕}$$

Point
定常状態において、コンデンサには電流は流れない。コイルは電流が流れる

▶ **解答　1**

A－5　03(1①)

図に示す回路において、端子 ab 間に流れる直流電流 I が 16〔mA〕であるとき、抵抗 R_0 の両端の電圧 V_0 の値として、正しいものを下の番号から選べ。ただし、抵抗は $R_0 = R = 3$〔kΩ〕とする。

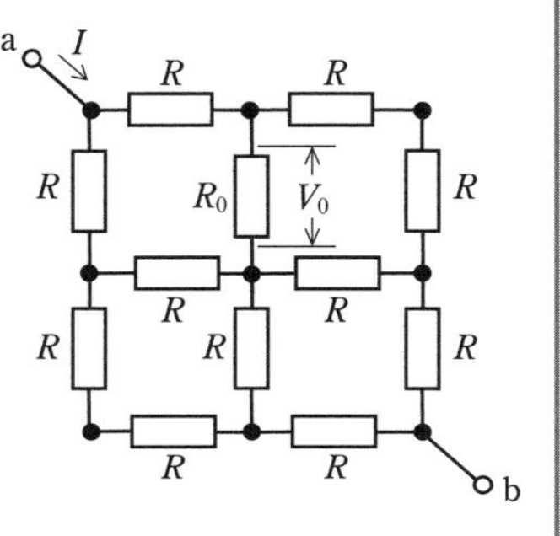

1　4〔V〕
2　6〔V〕
3　8〔V〕
4　10〔V〕
5　12〔V〕

解説　各枝路を流れる電流は対称な形状をした抵抗回路なので、解説図のようになる。R_0〔Ω〕を流れる電流 I_0〔mA〕は

$$I_0 = \frac{I}{4} = \frac{16}{4} = 4\text{〔mA〕}$$

よって、電圧 V_0〔V〕は

$$V_0 = I_0 R_0 = 4 \times 10^{-3} \times 3 \times 10^3 = 12\text{〔V〕}$$

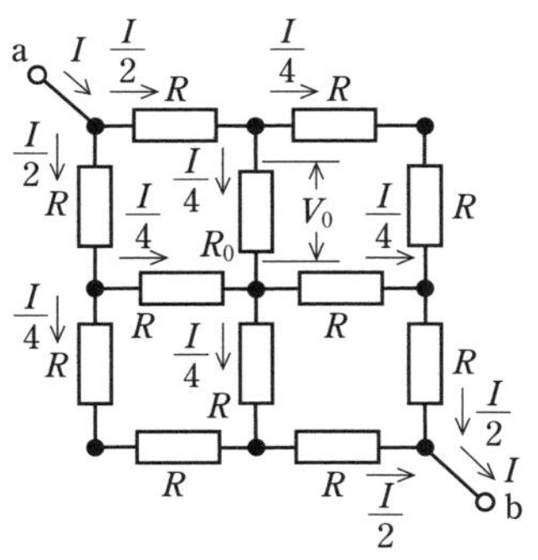

▶ **解答　5**

A－6　05(1②)　03(7①)　類 03(1①)

次の記述は、図に示す直列共振回路について述べたものである。このうち誤っているものを下の番号から選べ。ただし、共振角周波数を ω_0〔rad/s〕及び共振電流を I_0〔A〕とする。また、回路の電流 $\dot{I}$〔A〕の大きさが $I_0/\sqrt{2}$ となる二つの角周波数をそれぞれ ω_1 及び ω_2〔rad/s〕($\omega_1 < \omega_2$) とし、回路の尖鋭度を Q とする。

R：抵抗〔Ω〕
L：自己インダクタンス〔H〕
C：静電容量〔F〕
$\dot{V}$：交流電源電圧〔V〕

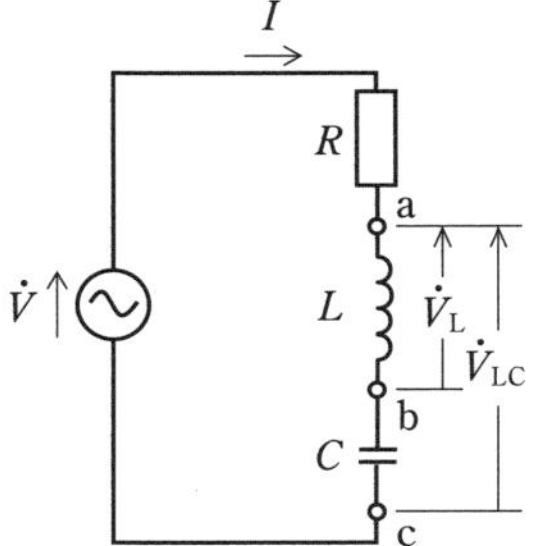

1　Q は、$Q=\omega_0/(\omega_2-\omega_1)$ で表される。

2　ω_0 のとき、端子 ac 間の電圧 $\dot{V}_{LC}$ の大きさは、0〔V〕である。

3　ω_0 のとき、端子 ab 間の電圧 $\dot{V}_L$ の大きさは、$|\dot{V}|/Q$〔V〕である。

4　回路の電流 $\dot{I}$ の位相は、ω_1 で $\dot{V}$ より進み、ω_2 で $\dot{V}$ より遅れる。

5　Q は、$Q=(\sqrt{L/C})/R$ で表される。

解説

Point
共振時の電流
$I_0=\dfrac{|\dot{V}|}{R}$〔A〕

1　$I_0/\sqrt{2}$ になったときの周波数帯幅を B〔Hz〕とすると

$$Q=\frac{f_0}{B}=\frac{\omega_0}{\omega_2-\omega_1}$$

2　L と C の共振時のリアクタンス X_L と X_C〔Ω〕の大きさは等しいので、端子 ab 間の電圧 $\dot{V}_L$ と端子 bc 間の電圧 $\dot{V}_C$ は、逆位相で大きさが等しいから

$$\dot{V}_{LC}=\dot{V}_L+\dot{V}_C=jX_L\dot{I}-jX_C\dot{I}=0\text{〔V〕}$$

3　$|\dot{V}_L|=\omega_0 L I_0=\dfrac{\omega_0 L}{R}|\dot{V}|=Q\times|\dot{V}|$〔V〕

4　回路のインピーダンス $\dot{Z}$〔Ω〕と電流 $\dot{I}$〔A〕は

$$\dot{Z}=R+j\left(\omega L-\frac{1}{\omega C}\right)\text{〔Ω〕}$$

$$\dot{I}=\frac{\dot{V}}{\dot{Z}}\text{〔A〕}$$

$\omega_1<\omega_0$ のときは $\dot{Z}=R-jX$ となるので、$\dot{I}=a+jb$ となり、位相が $\dot{V}$ より進む。

$\omega_2>\omega_0$ のときは $\dot{I}=a-jb$ となり、位相が $\dot{V}$ より遅れる。

5　$Q=\dfrac{\omega_0 L}{R}=\dfrac{1}{\omega_0 CR}$　より　$Q^2=\dfrac{\omega_0 L}{R}\times\dfrac{1}{\omega_0 CR}=\dfrac{L}{CR^2}$

よって　$Q=\dfrac{1}{R}\sqrt{\dfrac{L}{C}}$

▶ **解答　3**

並列回路も出題される。損失が小さいほど Q が大きいので、直列回路では直列抵抗 R が小さいほど Q が大きいが、並列回路では並列抵抗 R が大きいほど Q が大きい。

A－7　類 05(7①)　類 03(7①)　02(11②)

次の記述は、図に示す回路の過渡現象について述べたものである。[　　]内に入れるべき字句の正しい組合せを下の番号から選べ。ただし、初期状態で C の電荷は零とし、時間 t はスイッチ SW を接(ON)にしたときを $t=0$〔s〕とする。また、自然対数の底を e とする。

(1) t〔s〕後に C に流れる電流 i_C は、$i_C = \frac{V}{R} \times$ [A]〔A〕である。

(2) t〔s〕後に L に流れる電流 i_L は、$i_L = \frac{V}{R} \times \{1 -$ [B]$\}$〔A〕である。

(3) $R = \sqrt{\frac{L}{C}}$ のとき t〔s〕後に V〔V〕から流れる電流 i は、[C]〔A〕である。

	A	B	C
1	$e^{-t/(RC)}$	$e^{-t/(LR)}$	$\frac{2V}{R}$
2	$e^{-t/(RC)}$	$e^{-Rt/L}$	$\frac{V}{R}$
3	$e^{-tC/R}$	$e^{-Rt/L}$	$\frac{2V}{R}$
4	$e^{-tC/R}$	$e^{-Rt/L}$	$\frac{V}{R}$
5	$e^{-tC/R}$	$e^{-t/(LR)}$	$\frac{2V}{R}$

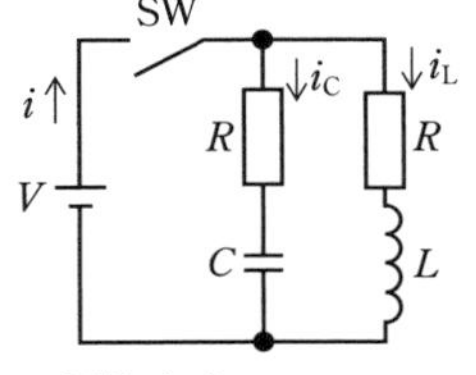

R：抵抗〔Ω〕
C：静電容量〔F〕
L：自己インダクタンス〔H〕
V：直流電源電圧〔V〕

解説 i_C と i_L は次式で表される。これらの変化を解説図に示す。

$$i_C = \frac{V}{R} e^{-\frac{t}{RC}} \text{〔A〕} \quad \cdots \ (1)$$

$$i_L = \frac{V}{R} (1 - e^{-\frac{R}{L}t}) \text{〔A〕} \quad \cdots \ (2)$$

式(1)、式(2)より i を求めると

$$i = i_C + i_L = \frac{V}{R} (1 + e^{-\frac{t}{RC}} - e^{-\frac{R}{L}t}) \text{〔A〕} \quad \cdots \ (3)$$

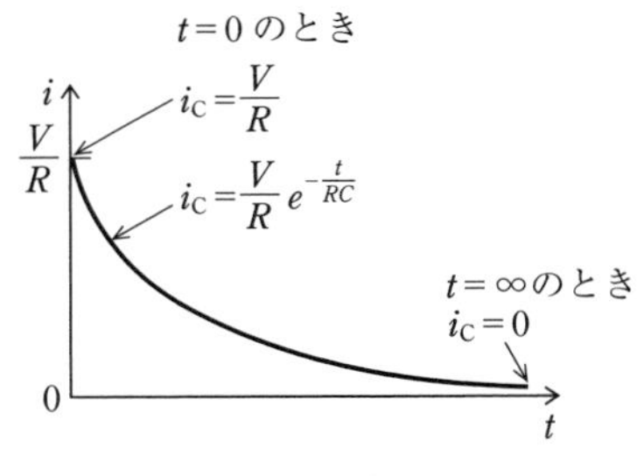

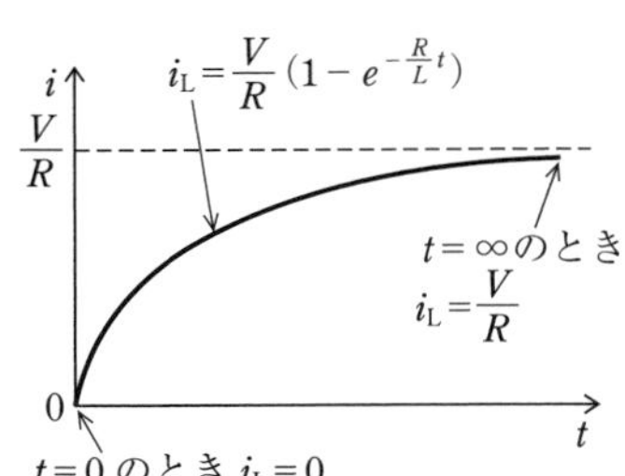

$R = \sqrt{\dfrac{L}{C}}$ より

$$\frac{1}{RC} = \frac{1}{C}\sqrt{\frac{C}{L}} = \frac{1}{\sqrt{CL}}$$

$$\frac{R}{L} = \frac{1}{L}\sqrt{\frac{L}{C}} = \frac{1}{\sqrt{CL}}$$

よって、式(3)は、$i = \dfrac{V}{R}\left(1 + e^{-\frac{t}{\sqrt{CL}}} - e^{-\frac{t}{\sqrt{CL}}}\right) = \dfrac{V}{R}$〔A〕

▶ **解答　2**

A－8　　06(1)

図1に示すインピーダンス$\dot{Z}_1$及び$\dot{Z}_2$の積が周波数と無関係になり、抵抗をR〔Ω〕としたときに$\dot{Z}_1\dot{Z}_2 = R^2$の関係が成り立つとき、それらの回路は互いにR〔Ω〕に対する逆回路であるという。いま、図2に示す回路の$R = 600$〔Ω〕に対する逆回路が図3に示す回路であるとき、自己インダクタンスL_1、静電容量C_1及び静電容量C_2の値の組合せとして、正しいものを下の番号から選べ。

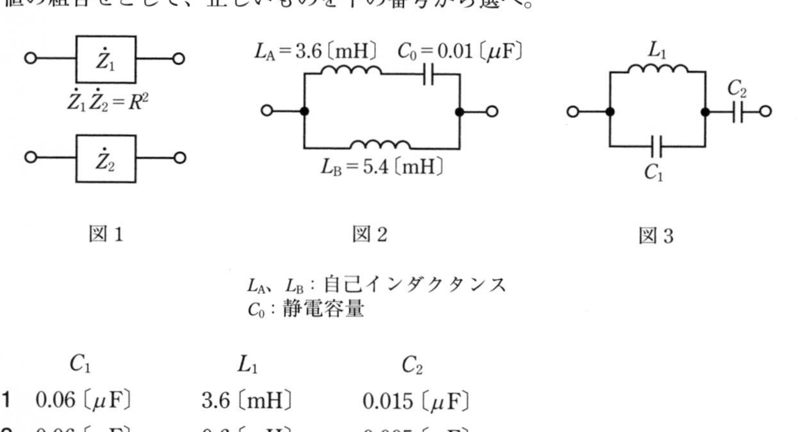

図1　　図2　　図3

L_A、L_B：自己インダクタンス
C_0：静電容量

	C_1	L_1	C_2
1	0.06〔μF〕	3.6〔mH〕	0.015〔μF〕
2	0.06〔μF〕	0.6〔mH〕	0.005〔μF〕
3	0.01〔μF〕	3.6〔mH〕	0.005〔μF〕
4	0.01〔μF〕	3.6〔mH〕	0.015〔μF〕
5	0.01〔μF〕	0.6〔mH〕	0.005〔μF〕

解説　インピーダンス$\dot{Z}_1$〔Ω〕がインダクタンスL〔H〕で、$\dot{Z}_1 = j\omega L$、インピーダンス$\dot{Z}_2$〔Ω〕が静電容量C〔F〕で、$\dot{Z}_2 = 1/(j\omega C)$のとき、$\dot{Z}_1\dot{Z}_2 = R^2$の関係が成り立つ$L$と$C$の逆回路は、$L/C = R^2$の関係式によって相互に変換することができる。このとき、LとCの直列回路は並列回路に、並列回路は直列回路に変換される。

問題図２の L_A と C_0 の直列回路の逆回路は、問題図３の L_1 と C_1 の並列回路となるので

$$C_1=\frac{L_A}{R^2}=\frac{3.6\times10^{-3}}{600^2}=0.01\times10^{-6}\,〔\mathrm{F}〕=0.01\,〔\mu\mathrm{F}〕$$

$$L_1=C_0R^2=0.01\times10^{-6}\times600^2=3.6\times10^{-3}\,〔\mathrm{H}〕=3.6\,〔\mathrm{mH}〕$$

問題図２の L_B と $L_A C_0$ の並列回路の逆回路は、問題図３の C_2 と $L_1 C_1$ の直列回路となるので

$$C_2=\frac{L_B}{R^2}=\frac{5.4\times10^{-3}}{600^2}=0.015\times10^{-6}\,〔\mathrm{F}〕=0.015\,〔\mu\mathrm{F}〕$$

▶ **解答　4**

A－9

類 05(7②)　類 03(7①)　02(11①)

次の記述は、ダイオード又はトランジスタから発生する雑音について述べたものである。このうち誤っているものを下の番号から選べ。

1　白色（ホワイト）雑音は、特定の周波数で発生する雑音である。
2　熱雑音は、半導体の自由電子の不規則な熱運動によって生ずる。
3　散弾（ショット）雑音は、電界を加えて電流が流れているとき、キャリアの数やドリフト速度のゆらぎによって生ずる。
4　分配雑音は、エミッタ電流がベース電流とコレクタ電流に分配される比率のゆらぎによって生ずる。
5　フリッカ雑音は、低周波領域で観測される雑音であり、周波数 f に反比例する特性があることから $1/f$ 雑音ともいう。

解説　誤っている選択肢は次のようになる。

1　白色（ホワイト）雑音は、**広い周波数帯域内で一様に分布**する雑音であり、**主として熱雑音及び散弾（ショット）雑音からなる**。

Point
白色は周波数特性が広いという意味

▶ **解答　1**

出題傾向　正しい選択肢の内容が誤った選択肢として出題される問題もある。

A－10

06(1)　類 05(7①)　03(1①)

図１に示すダイオードＤと抵抗 R を用いた回路に流れる電流 I_D 及びＤの両端の電圧 V_D の値の組合せとして、最も近いものを下の番号から選べ。ただし、ダイオードＤの順方向特性は、図２に示す折れ線で近似するものとする。

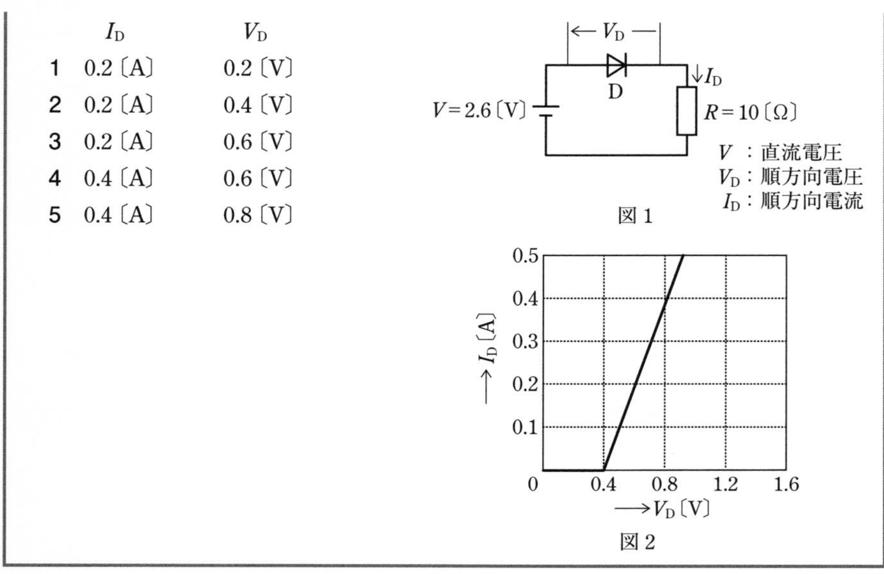

	I_D	V_D
1	0.2〔A〕	0.2〔V〕
2	0.2〔A〕	0.4〔V〕
3	0.2〔A〕	0.6〔V〕
4	0.4〔A〕	0.6〔V〕
5	0.4〔A〕	0.8〔V〕

図 1

図 2

解説 ダイオードの特性曲線の変化は直線なので、問題図 2 の $V_D \geqq 0.4$〔V〕の電流 I_D を表す式は

$$I_D = (V_D - 0.4) \times \frac{0.4}{0.8 - 0.4} = V_D - 0.4 \text{〔A〕} \quad \cdots \ (1)$$

閉回路より次式が成り立つ。

$$V_D + R\,I_D = V$$

$$V_D + 10 I_D = 2.6 \quad \text{よって} \quad V_D = 2.6 - 10 I_D \text{〔V〕} \quad \cdots \ (2)$$

式 (2) を式 (1) に代入すると

$$I_D = 2.6 - 10 I_D - 0.4$$

$$11 I_D = 2.6 - 0.4 \quad \text{よって} \quad I_D = \frac{2.6 - 0.4}{11} = 0.2 \text{〔A〕} \quad \cdots \ (3)$$

式 (3) を式 (2) に代入すると

$$V_D = 2.6 - 10 \times 0.2 = 0.6 \text{〔V〕}$$

▶ **解答　3**

関連知識 V_D の横軸が電源電圧の 2.6〔V〕まであれば、$V_D = 0$〔V〕のときの電流 $V_D/R = 0.26$〔A〕と 2.6〔V〕を結ぶ負荷線を引くとダイオードの特性曲線との交点がダイオードの動作点を表す。

A－11　03(1①)

次の記述は、図に示すＰ形半導体で作られた直方体のホール素子Ｓの動作原理について述べたものである。［　　］内に入れるべき字句の正しい組合せを下の番号から選べ。ただし、電流はホール(正孔)によってのみ流れるものとする。

(1) Ｓ内のホールは、［ A ］力を受けるため密度に偏りが生ずる。このためｚ方向にホール起電力 E_H が生ずる。

(2) E_H の極性は、図の端子ａが［ B ］、端子ｂがその逆の極性となる。

(3) E_H の大きさは、Ｓのｙ方向の長さを t〔m〕、ホール係数を R_H とすると、$E_H = R_H \times$［ C ］〔V〕で表される。

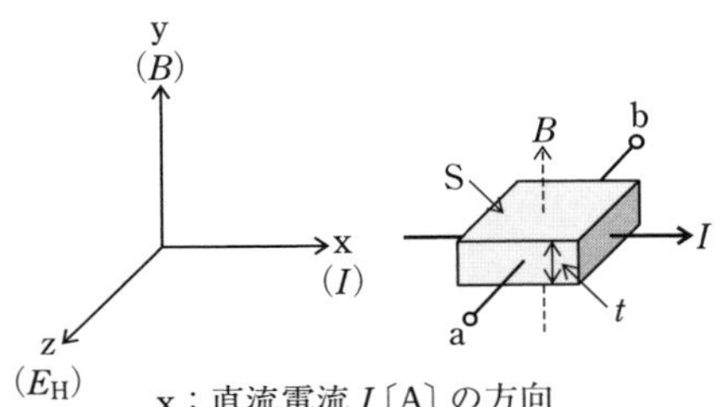

	A	B	C
1	静電	負(－)	$\frac{I}{Bt}$
2	静電	正(＋)	$\frac{IB}{t}$
3	静電	正(＋)	$\frac{I}{Bt}$
4	ローレンツ	負(－)	$\frac{I}{Bt}$
5	ローレンツ	正(＋)	$\frac{IB}{t}$

解説　ローレンツ力(電磁力)によって、正孔に力が加わるのでホール密度に偏りが生じる。電流が流れる方向と正孔が移動する方向は同じなので、フレミングの左手の法則によって、正孔に力が加わって端子ａ方向に正孔が移動する。よって、端子ａが正(＋)の極性となる。起電力は電磁力と同様に電流 I と磁束密度 B に比例し、素子の厚み t に反比例する。

Point
ローレンツ力は移動する電荷に働く力

▶ **解答　5**

A－12 06(1) 類 04(1①) 03(7①) 03(1①) 類 03(1②)

図に示すトランジスタ(Tr)の自己バイアス回路において、コレクタ電流 I_C を 2〔mA〕にするためのベース電流 I_B と抵抗 R_B の値の組合せとして、最も近いものを下の番号から選べ。ただし、Tr のエミッタ接地直流電流増幅率 h_{FE} を 200、回路のベース-エミッタ間電圧 V_{BE} を 0.6〔V〕とする。

	I_B	R_B
1	0.02〔mA〕	380〔kΩ〕
2	0.02〔mA〕	440〔kΩ〕
3	0.02〔mA〕	540〔kΩ〕
4	0.01〔mA〕	440〔kΩ〕
5	0.01〔mA〕	540〔kΩ〕

C：コレクタ
B：ベース
E：エミッタ
R_C：抵抗
V：直流電源電圧

解説 $I_C = 2$〔mA〕、$h_{FE} = 200$ より、ベース電流 I_B〔mA〕は

$$I_B = \frac{I_C}{h_{FE}} = \frac{2}{200} = 0.01 \text{〔mA〕}$$

コレクタ-エミッタ間電圧 V_{CE}〔V〕を求めると

$$V_{CE} = V - R_C (I_C + I_B)$$

$$= 9 - 2 \times 10^3 \times (2 + 0.01) \times 10^{-3} = 9 - 2 \times 2.01 = 4.98 \text{〔V〕}$$

ベース-コレクタ間の電圧から、抵抗 R_B〔Ω〕を求めると

$$R_B = \frac{V_{CE} - V_{BE}}{I_B} = \frac{4.98 - 0.6}{0.01 \times 10^{-3}} = 438 \times 10^3 \text{〔Ω〕} \fallingdotseq 440 \text{〔kΩ〕}$$

Point
トランジスタの動作範囲では、I_B が変化しても、$V_{BE} = 0.6$〔V〕はほぼ一定の値

▶ **解答 4**

A－13 類 04(1①) 03(1①) 類 02(11①)

次の記述は、図 1 に示す電界効果トランジスタ(FET)を用いたドレイン接地増幅回路の出力インピーダンス(端子 cd から見たインピーダンス)Z_o〔Ω〕を求める過程について述べたものである。□内に入れるべき字句の正しい組合せを下の番号から選べ。ただし、FET の等価回路を図 2 とし、また、Z_o は抵抗 R_S〔Ω〕を含むものとする。

(1) 回路を等価回路を用いて書くと、図 3 になる。出力インピーダンス Z_o〔Ω〕は、図 3 の出力端子 cd を短絡したとき cd に流れる電流を I_{so}〔A〕とし、出力端子 cd を開放したときに現れる電圧を V_{oo}〔V〕とすると、次式で表される。

$$Z_o = \frac{V_{oo}}{I_{so}} \text{〔Ω〕} \quad \cdots ①$$

(2) I_{so} は、次式で表される。

$$I_{so} = \boxed{\text{A}} \text{〔A〕} \quad \cdots ②$$

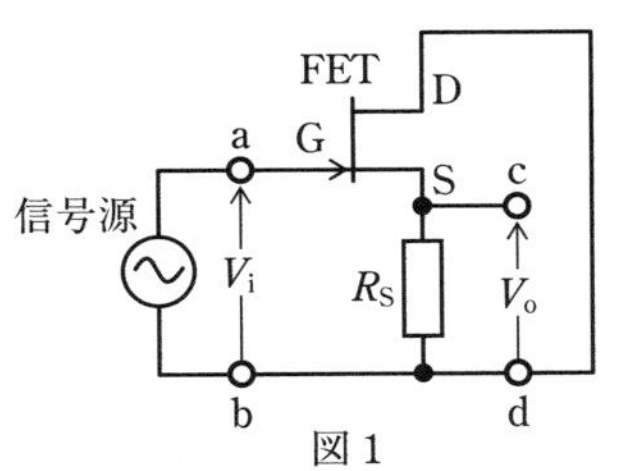

図 1

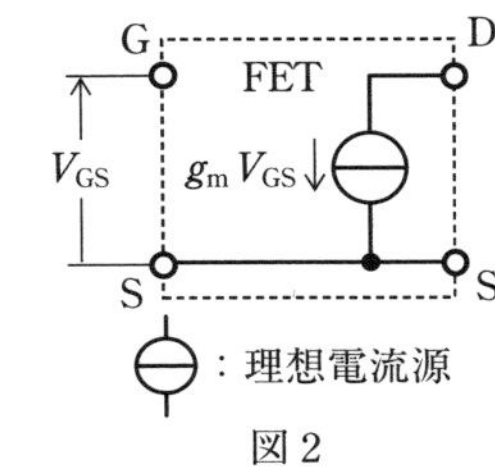

図 2

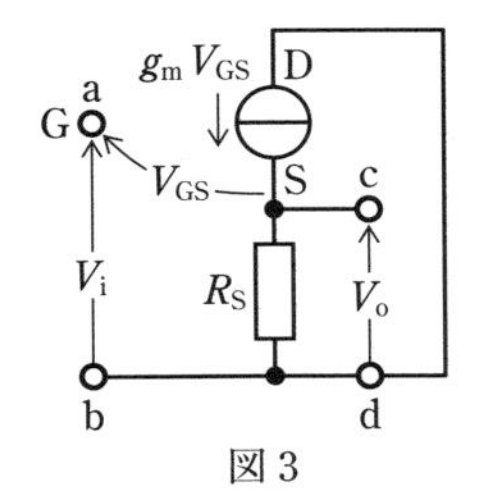

図 3

D：ドレイン　　V_i：入力電圧〔V〕
G：ゲート　　V_o：出力電圧〔V〕
S：ソース　　V_{GS}：GS 間電圧〔V〕
　　　　　　g_m：相互コンダクタンス〔S〕

(3) V_{oo} は、次式で表される。

$V_{oo} =$ [B] $\times V_i$〔V〕 … ③

(4) したがって、Z_o は式①、②、③より、次式で表される。

$Z_o =$ [C]〔Ω〕

	A	B	C
1	$(1+g_m)V_i$	$\dfrac{g_m R_S}{1+g_m R_S}$	$\dfrac{R_S}{1+g_m R_S}$
2	$(1+g_m)V_i$	$\dfrac{g_m}{1+g_m R_S}$	$\dfrac{1}{1+g_m R_S}$
3	$g_m V_i$	$\dfrac{g_m R_S}{1-g_m R_S}$	$\dfrac{1}{1+g_m R_S}$
4	$g_m V_i$	$\dfrac{g_m R_S}{1+g_m R_S}$	$\dfrac{R_S}{1+g_m R_S}$
5	$g_m V_i$	$\dfrac{g_m}{1+g_m R_S}$	$\dfrac{R_S}{1+g_m R_S}$

解説　cd 間を短絡すると、$V_{GS} = V_i$ となるので問題図 3 より、I_{so}〔A〕は

$$I_{so} = g_m V_{GS} = g_m V_i \text{〔A〕} \quad \cdots (1)$$

cd 間を開放したときの電圧 V_{oo}〔V〕は R_S の電圧降下なので

$$V_{oo} = g_m V_{GS} R_S \quad \cdots (2)$$

$V_{GS} = V_i - V_{oo}$〔V〕なので、式(2)は

$$V_{oo} = g_m (V_i - V_{oo}) R_S = g_m R_S V_i - g_m R_S V_{oo}$$

V_{oo} を求めると

$$V_{oo} = \frac{g_m R_S V_i}{1 + g_m R_S} \text{〔V〕} \quad \cdots (3)$$

式(3)÷式(1)より

$$Z_o = \frac{V_{oo}}{I_{so}} = \frac{R_S}{1 + g_m R_S} \text{〔Ω〕}$$

▶ **解答　4**

A－14　類 03(1②)　類 02(11②)

図に示す移相形 RC 発振回路が発振状態にあるとき、発振周波数 f_o の値及び増幅回路の入力電圧 $\dot{V}_i$〔V〕と出力電圧 $\dot{V}_o$〔V〕の位相差の値の組合せとして、最も近いものを下の番号から選べ。ただし、静電容量 $C = 0.01$〔μF〕、抵抗 $R = 5$〔kΩ〕とし、$\sqrt{6} = 2.45$ とする。

	f_o	位相差
1	$f_o = 1.3$〔kHz〕	π〔rad〕
2	$f_o = 1.3$〔kHz〕	$\frac{\pi}{2}$〔rad〕
3	$f_o = 1.3$〔kHz〕	$\frac{\pi}{4}$〔rad〕
4	$f_o = 2.6$〔kHz〕	π〔rad〕
5	$f_o = 2.6$〔kHz〕	$\frac{\pi}{2}$〔rad〕

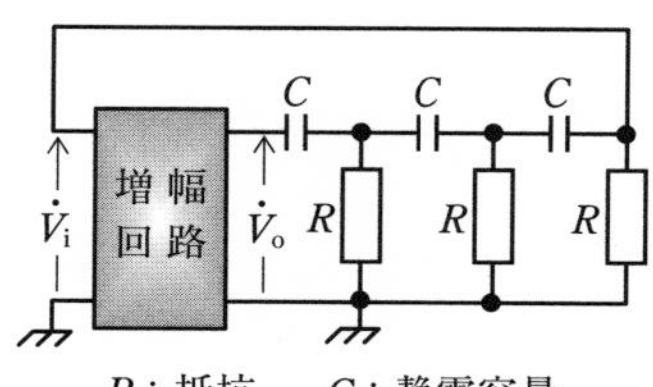

解説　発振周波数 f_o〔Hz〕は

$$f_o = \frac{1}{2\pi\sqrt{6}\,CR} = \frac{1}{2 \times 3.14 \times 2.45 \times 0.01 \times 10^{-6} \times 5 \times 10^3}$$

$$= \frac{1}{76.93 \times 10^{-5}} \fallingdotseq 1.3 \times 10^3 \text{〔Hz〕} = 1.3 \text{〔kHz〕}$$

増幅回路にはトランジスタや FET が用いられるが、増幅回路の入出力の位相は逆位相なので、CR 帰還回路の位相差が逆位相(π〔rad〕)のときに正帰還となり発振する。

▶ **解答　1**

出題傾向　記号式で答える問題も出題されている。

A－15　03(7②)

図1、図2及び図3に示す理想的な演算増幅器(A_{OP})を用いた回路の出力電圧 V_o〔V〕の大きさの値の組合せとして、正しいものを下の番号から選べ。ただし、抵抗 $R_1 = 1$〔kΩ〕、$R_2 = 9$〔kΩ〕、入力電圧 V_i を 0.2〔V〕とする。

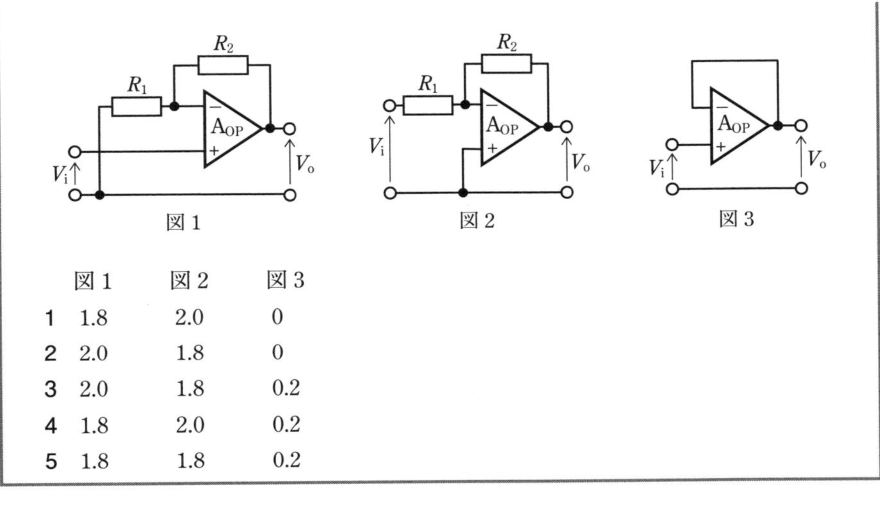

図1　図2　図3

	図1	図2	図3
1	1.8	2.0	0
2	2.0	1.8	0
3	2.0	1.8	0.2
4	1.8	2.0	0.2
5	1.8	1.8	0.2

解説　問題図1は非反転形増幅回路である。電圧増幅度の大きさ A_v は

$$A_v = 1 + \frac{R_2}{R_1} = 1 + \frac{9 \times 10^3}{1 \times 10^3} = 10 \quad \cdots \ (1)$$

よって、出力電圧 V_o〔V〕は

$$V_o = A_v V_i = 10 \times 0.2 = 2.0 \ 〔\mathrm{V}〕$$

問題図2は反転増幅回路である。電圧増幅度の大きさ A_v は

$$A_v = \frac{R_2}{R_1} = \frac{9 \times 10^3}{1 \times 10^3} = 9$$

よって、出力電圧 V_o〔V〕は

$$V_o = A_v V_i = 9 \times 0.2 = 1.8 \ 〔\mathrm{V}〕$$

問題図3は式(1)において、$R_1 = \infty$、$R_2 = 0$ とすると $A_v = 1$ となるので

$$V_o = A_v V_i = 0.2 \ 〔\mathrm{V}〕$$

▶ **解答　3**

A－16　類05(1①)　04(1①)　類03(7②)　類03(1①)

次に示す真理値表と異なる動作をする論理回路を下の番号から選べ。ただし、正論理とし、A 及び B をそれぞれ入力、X 及び Y をそれぞれ出力とする。

真理値表

入力		出力	
A	B	X	Y
0	0	0	0
0	1	1	0
1	0	1	0
1	1	0	1

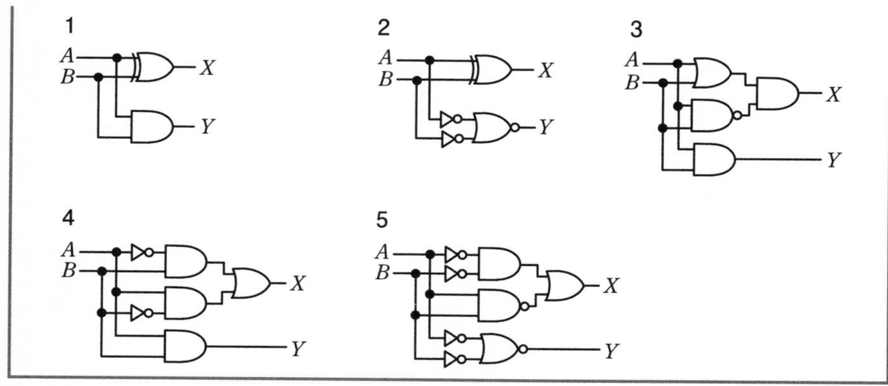

解説 選択肢 1 と 2 の出力が X の回路は、EX-OR 回路であり、A、B どちらかが「1」のとき出力が「1」となる。選択肢 3 と 4 の出力が X の回路は、同様な動作をする。選択肢 2 と 5 の出力が C の回路は、AND 回路と同様な動作をする。5 の真理値表は次のようになる。

入力		NOT出力		各素子の出力		出力	
A	B	$\overline{A}$	$\overline{B}$	AND	NAND	X	Y
0	0	1	1	1	1	1	0
0	1	1	0	0	1	1	0
1	0	0	1	0	1	1	0
1	1	0	0	0	0	0	1

Point
NAND は AND の出力に NOT、NOR は OR の出力に NOT を付けた回路

▶ **解答 5**

A－17

06(1) 02(11②)

図 1 に示す回路の端子 ab 間に図 2 に示す半波整流電圧 v_{ab}〔V〕を加えたとき、整流形電流計 A の指示値として、正しいものを下の番号から選べ。ただし、A は全波整流形で目盛は正弦波交流の実効値で校正されているものとする。また、A の内部抵抗は無視するものとする。

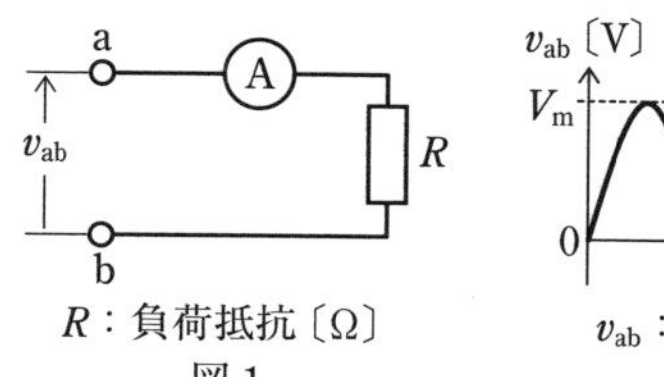

R：負荷抵抗〔Ω〕
図 1

v_{ab}：半波整流電圧〔V〕
図 2

1 $\dfrac{2V_m}{R}$〔A〕　2 $\dfrac{V_m}{2R}$〔A〕　3 $\dfrac{V_m}{2\sqrt{2}R}$〔A〕

4 $\dfrac{V_m}{\sqrt{2}R}$〔A〕　5 $\dfrac{\sqrt{2}V_m}{R}$〔A〕

解説　整流形計器は平均値 I_a〔A〕に比例して動作するが、指示値は正弦波の実効値 I_e〔A〕で目盛られているので、最大値を I_m〔A〕とすると次式が成り立つ。

$$I_e = \frac{1}{\sqrt{2}} I_m = \frac{1}{\sqrt{2}} \times \frac{\pi}{2} I_a \quad \cdots (1)$$

抵抗を流れる電流の最大値 $I_m = V_m/R$ より、半波整流回路の出力電流の平均値は、交流波形の平均値の 1/2 なので、I_m/π となる。よって、式(1)より指示値 I_e は

$$I_e = \frac{\pi}{2\sqrt{2}} \times \frac{I_m}{\pi} = \frac{V_m}{2\sqrt{2}R} \text{〔A〕}$$

Point

正弦波電流の最大値 I_m より、平均値 I_a、実効値 I_e は

$$I_a = \frac{2}{\pi} I_m$$

$$I_e = \frac{1}{\sqrt{2}} I_m$$

▶ **解答　3**

A－18

03(1①)

抵抗と電流の測定値から抵抗で消費する電力を求めるときの測定の誤差率 ε を表す式として、最も適切なものを下の番号から選べ。ただし、抵抗の真値を R〔Ω〕、測定誤差を $\varDelta R$〔Ω〕、電流の真値を I〔A〕、測定誤差を $\varDelta I$〔A〕としたとき、抵抗の誤差率 ε_R を $\varepsilon_R = \varDelta R/R$ 及び電流の誤差率 ε_I を $\varepsilon_I = \varDelta I/I$ とする。また、ε_R 及び ε_I は十分小さいものとする。

1 $\varepsilon \fallingdotseq \varepsilon_I - 2\varepsilon_R$

2 $\varepsilon \fallingdotseq 2\varepsilon_I + \varepsilon_R$

3 $\varepsilon \fallingdotseq \varepsilon_I - \varepsilon_R$

4 $\varepsilon \fallingdotseq 2\varepsilon_I\varepsilon_R + 1$

5 $\varepsilon \fallingdotseq 2(\varepsilon_I + \varepsilon_R)$

解説　抵抗の測定値 $R_M = R + \varDelta R$〔Ω〕と電流の測定値 $I_M = I + \varDelta I$〔A〕から、電力の測定値 P_M〔W〕を求めると

$$P_M = I_M{}^2 R_M = (I + \varDelta I)^2 \times (R + \varDelta R)$$

電力の真値 $P = I^2 R$ なので、誤差率 ε は

$$\varepsilon = \frac{P_M - P}{P} = \frac{(I + \varDelta I)^2 \times (R + \varDelta R) - I^2 R}{I^2 R}$$

$$= \frac{(I^2 + 2I\varDelta I + \varDelta I^2) \times R + (I^2 + 2I\varDelta I + \varDelta I^2) \times \varDelta R - I^2 R}{I^2 R}$$

$$= \frac{2IR\Delta I + R\Delta I^2 + I^2\Delta R + 2I\Delta I\Delta R + \Delta I^2\Delta R}{I^2R}$$

$$= \frac{2\Delta I}{I} + \frac{\Delta I^2}{I^2} + \frac{\Delta R}{R} + \frac{2\Delta I\Delta R}{IR} + \frac{\Delta I^2\Delta R}{I^2R}$$

$$= 2\varepsilon_I + {\varepsilon_I}^2 + \varepsilon_R + 2\varepsilon_I\varepsilon_R + {\varepsilon_I}^2\varepsilon_R$$

$\varepsilon_I\varepsilon_R$ と ε_I の 2 乗項を無視すると、$\varepsilon \fallingdotseq 2\varepsilon_I + \varepsilon_R$

▶ **解答 2**

A－19 04(1②) 03(1②)

次の記述は、図 1 に示すリサジュー図について述べたものである。□内に入れるべき字句の正しい組合せを下の番号から選べ。ただし、図 1 は、図 2 に示すようにオシロスコープの水平入力及び垂直入力に最大値が V〔V〕で等しく、周波数の異なる正弦波交流電圧 v_x 及び v_y〔V〕を加えたときに得られたものとする。また、v_x の周波数を 2〔kHz〕とする。

(1) v_y の周波数は [A] である。

(2) 図 1 の点 a における v_x の値は、[B] である。

	A	B
1	3〔kHz〕	$\frac{V}{\sqrt{2}}$〔V〕
2	3〔kHz〕	$\frac{\sqrt{3}V}{2}$〔V〕
3	1〔kHz〕	$\frac{V}{\sqrt{2}}$〔V〕
4	1〔kHz〕	$\frac{\sqrt{3}V}{2}$〔V〕
5	1〔kHz〕	$\frac{\sqrt{3}V}{3}$〔V〕

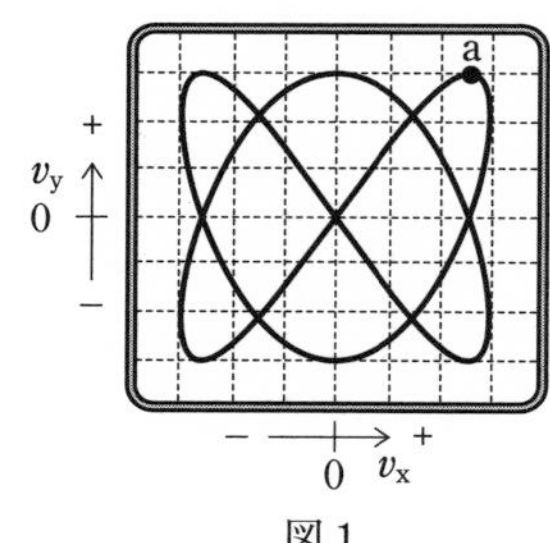

図 1

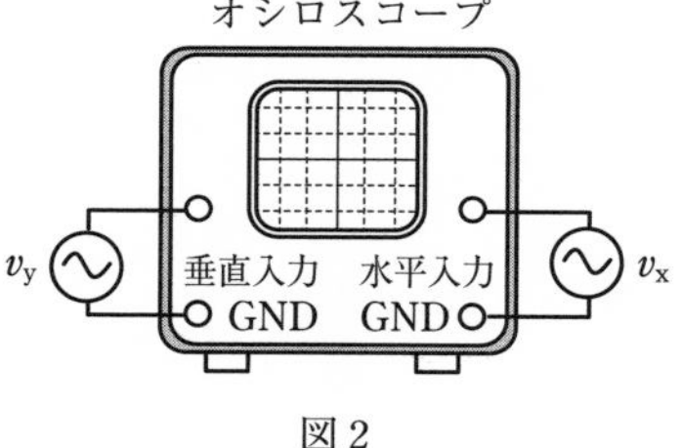

図 2

解説 (1) 問題図 1 において、図 1 の画面上の任意の位置に垂直線 V と水平線 H を引くと、垂直に引いた線 V を横切る回数（水平方向の変化）は 4 で、水平に引いた線 H を横切る回数（垂直方向の変化）が 6 となるので、水平方向の周波数 f_x〔kHz〕と垂直方向の周波数 f_y〔kHz〕は次式の関係がある。

$$\frac{f_x}{f_y} = \frac{4}{6} \quad よって \quad f_y = \frac{6}{4} f_x = \frac{6}{4} \times 2 = 3\,〔\mathrm{kHz}〕$$

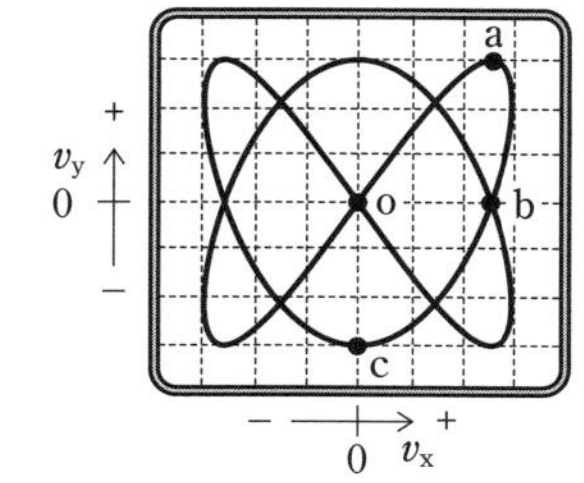

(2) 解説図の中心点oから点aを通って点bまでリサジュー図形を描くとき、垂直入力 v_y は1/2周期（π〔rad〕）変化する。また、点oから点cまでが水平入力 v_x の1/2周期である。

点aは v_y の最大値となるので、v_y は点oから1/4周期（$\pi/2$〔rad〕）経過したときである。v_y の周波数 $f_y = 3\times 10$〔Hz〕なので、点oから点aまでの時間 t〔s〕は

$$t=\frac{1}{4}\times\frac{1}{f_y}=\frac{1}{4\times 3\times 10^3}\text{〔s〕}$$

となるので、点aのときの水平入力 v_x の瞬時値は、周波数を f_x とすると

$$v_x = V\sin\omega_x t = V\sin 2\pi f_x t$$

$$= V\sin\left(2\pi\times 2\times 10^3\times\frac{1}{4\times 3\times 10^3}\right)=V\sin\frac{\pi}{3}=\frac{\sqrt{3}\,V}{2}\text{〔V〕}$$

▶ **解答　2**

A－20　類06(1)　類05(1①)　類03(7②)　類03(1②)　類02(11②)

図に示すブリッジ回路が平衡しているとき、抵抗 R_0 及びインダクタンス L の値の組合せとして、正しいものを下の番号から選べ。ただし、抵抗 R_1、R_2 及び R_3 が、それぞれ100〔Ω〕、500〔Ω〕及び2〔kΩ〕、静電容量 C が0.01〔μF〕、交流電源の角周波数を ω〔rad/s〕とする。

	R_0	L
1	25〔Ω〕	5×10^{-4}〔H〕
2	25〔Ω〕	5×10^{-3}〔H〕
3	50〔Ω〕	5×10^{-4}〔H〕
4	50〔Ω〕	5×10^{-3}〔H〕
5	50〔Ω〕	5×10^{-2}〔H〕

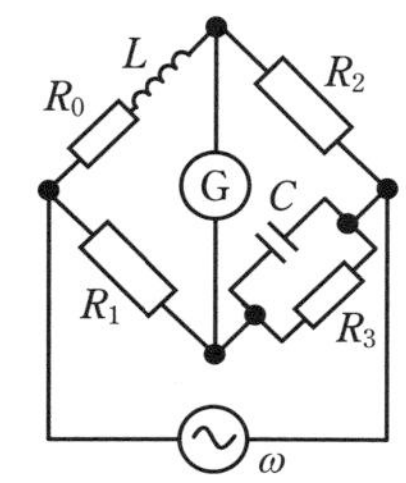

G：検流計

解説　R_3 と C の並列回路のインピーダンス $\dot{Z}_3$〔Ω〕は

$$\dot{Z}_3=\frac{R_3\times\dfrac{1}{j\omega C}}{R_3+\dfrac{1}{j\omega C}}=\frac{R_3}{1+j\omega CR_3}\text{〔Ω〕}\quad\cdots\ (1)$$

ブリッジ回路の平衡条件より、対辺のインピーダンスの積は

$$R_1R_2 = (R_0 + j\omega L) \times \frac{R_3}{1 + j\omega CR_3}$$

$$(1 + j\omega CR_3)\,R_1R_2 = (R_0 + j\omega L)\,R_3$$

$$R_1R_2 + j\omega CR_3R_1R_2 = R_0R_3 + j\omega LR_3 \quad \cdots \ (2)$$

Point 対辺のインピーダンスの積が等しいとき、ブリッジは平衡する

式(2)の実数部より

$$R_0 = \frac{R_1R_2}{R_3} = \frac{100 \times 500}{2 \times 10^3} = 25\ [\Omega]$$

式(2)の虚数部より

$$L = R_1R_2C = 100 \times 500 \times 0.01 \times 10^{-6} = 5 \times 10^{-4}\ [\mathrm{H}]$$

▶ **解答　1**

出題傾向　記号式を求める問題も出題されている。

B－1　　06(1)

次の記述は、図1に示すように、面が直交した半径 r〔m〕の円形コイルA及びBのそれぞれに直流電流 I〔A〕を流したときのA及びBの中心点Oにおける合成磁界 H_O について述べたものである。［　　］内に入れるべき字句を下の番号から選べ。

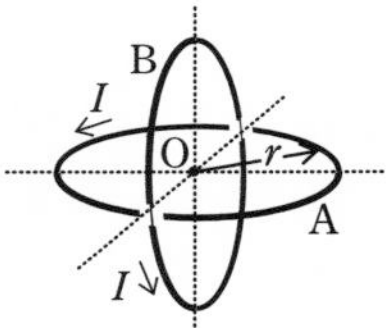

図1

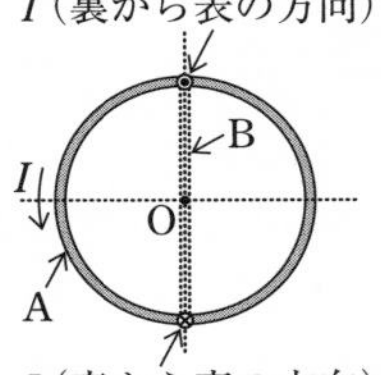

図2

(1) 図2に示すように、Aの面を紙面上に置いて電流 I を流したとき、Aによる点Oの磁界 H_A の方向は、紙面の［ア］の方向である。

(2) H_A の強さは、［イ］〔A/m〕である。

(3) H_A の方向とBによる点Oの磁界 H_B の方向は、［ウ］〔rad〕異なる。

(4) したがって、H_O の強さは、［エ］〔A/m〕である。

(5) また、H_A の方向と H_O の方向は、［オ］〔rad〕異なる。

1　表から裏	2　$\dfrac{I}{2\pi r}$	3　$\dfrac{\pi}{2}$	4　$\dfrac{I}{\sqrt{2}\,r}$	5　$\dfrac{\sqrt{2}\,I}{\pi r}$
6　裏から表	7　$\dfrac{I}{2r}$	8　$\dfrac{\pi}{3}$	9　π	10　$\dfrac{\pi}{4}$

解説　円形導体A上の微小長さ dl によって中心点Oに生じる磁界 dH_A〔A/m〕は、ビオ・サバールの法則より

$$dH_A = \frac{Idl}{4\pi r^2}\sin\theta\ 〔\mathrm{A/m}〕\quad\cdots\ (1)$$

dl から点 O に引いた直線と dl の成す角度 $\theta=\pi/2$〔rad〕なので、円形導体全周によって生じる磁界 H_A〔A/m〕は

$$H_A = \int_0^{2\pi r} dH_A = \int_0^{2\pi r}\frac{Idl}{4\pi r^2} = \frac{I}{4\pi r^2}\,[l]_0^{2\pi r} = \frac{I\times 2\pi r}{4\pi r^2} = \frac{I}{2r}\ 〔\mathrm{A/m}〕\quad\cdots\ (2)$$

右ネジの法則より、回転電流の向きをネジが回転する方向とすると、ネジが進む向きが磁界の向きを表す。

$\boldsymbol{H_A}$ と $\boldsymbol{H_B}$ の合成磁界 $\boldsymbol{H_O}$ は、解説図のようにベクトル和で求めることができるので、磁界の強さを $H_A=H_B$ とすると式 (2) より

$$H_O = \sqrt{H_A^2+H_B^2} = \sqrt{2H_A^2} = \frac{\sqrt{2}I}{2r} = \frac{I}{\sqrt{2}\,r}\ 〔\mathrm{A/m}〕$$

また、$\boldsymbol{H_A}$ と $\boldsymbol{H_B}$ の方向は、$\dfrac{\pi}{2}$〔rad〕異なり、$\boldsymbol{H_A}$ と $\boldsymbol{H_O}$ の方向 θ は、$\dfrac{\pi}{4}$〔rad〕異なる。

▶ 解答　ア－6　イ－7　ウ－3　エ－4　オ－10

B－2　　02（11①）

次の記述は、図に示す交流回路の電流と電力等について述べたものである。このうち正しいものを 1、誤っているものを 2 として解答せよ。ただし、負荷 A、B 及び C の特性は、表に示すものとする。また、交流電源電圧 $\dot{V}$ は、$\dot{V}=100$〔V〕とする。

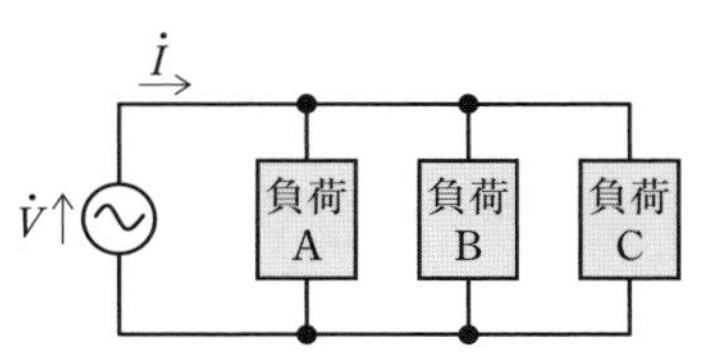

負　荷	A	B	C
性　質	容量性	誘導性	純抵抗
有効電力	400〔W〕	600〔W〕	200〔W〕
力　率	0.8	0.6	1.0

ア　$\dot{V}$ から流れる電流 $\dot{I}$ の大きさは、13〔A〕である。
イ　回路の有効電力は、1,200〔W〕である。
ウ　回路の力率は、7/12 である。
エ　回路の皮相電力は、1,000〔VA〕である。
オ　$\dot{I}$ は $\dot{V}$ より位相が、遅れている。

解説　交流電源電圧の大きさを $V=100$〔V〕、容量性負荷 A、誘導性負荷 B、純抵抗負荷 C を流れる電流の大きさを I_1、I_2、I_3〔A〕、力率 $\cos\theta_1=0.8$、$\cos\theta_2=0.6$、$\cos\theta_3=1$ のとき、有効電力 $P_1=400$〔W〕、$P_2=600$〔W〕、$P_3=200$〔W〕なので、$P_1=VI_1\cos\theta_1$ より

$$I_1 = \frac{P_1}{V\cos\theta_1} = \frac{400}{100\times 0.8} = 5 \text{〔A〕}$$

$$I_2 = \frac{P_2}{V\cos\theta_2} = \frac{600}{100\times 0.6} = 10 \text{〔A〕}$$

$$I_3 = \frac{P_3}{V\cos\theta_3} = \frac{200}{100\times 1} = 2 \text{〔A〕}$$

負荷 A、B、C を流れる電流の実数部成分 I_{e1}、I_{e2}、I_{e3} は

$$I_{e1} = I_1\cos\theta_1 = 5\times 0.8 = 4 \text{〔A〕}$$
$$I_{e2} = I_2\cos\theta_2 = 10\times 0.6 = 6 \text{〔A〕}$$
$$I_{e3} = I_3\cos\theta_3 = 2\times 1 = 2 \text{〔A〕}$$

負荷 A、B、C を流れる電流の虚数部成分 I_{q1}、I_{q2}、I_{q3} は

$$I_{q1} = I_1\sin\theta_1 = I_1\sqrt{1-\cos^2\theta_1} = 5\sqrt{1-0.8^2} = 3 \text{〔A〕}$$
$$I_{q2} = I_2\sin\theta_2 = I_2\sqrt{1-\cos^2\theta_2} = 10\sqrt{1-0.6^2} = 8 \text{〔A〕}$$
$$I_{q3} = I_3\sin\theta_3 = I_3\sqrt{1-\cos^2\theta_3} = 2\sqrt{1-1^2} = 0 \text{〔A〕}$$

Point
$\sin^2\theta + \cos^2\theta = 1$
$\sin\theta = \sqrt{1-\cos^2\theta}$

電源から流れる電流の大きさ I〔A〕は、容量性負荷 A の電流 I_{q1} と誘導性負荷 B の電流 I_{q2} は逆位相なので

$$I = \sqrt{(I_{e1}+I_{e2}+I_{e3})^2 + (I_{q1}-I_{q2})^2}$$
$$= \sqrt{(4+6+2)^2 + (3-8)^2} = \sqrt{12^2+5^2} = \sqrt{169} = 13 \text{〔A〕}$$

よって、選択肢**ア**は正しい。

$I_{q1} < I_{q2}$ なので回路は誘導性負荷となるから、$\dot{I}$ は $\dot{V}$ より位相が遅れている。よって、選択肢**オ**は正しい。

回路の有効電力 P〔W〕は

$$P = V(I_{e1}+I_{e2}+I_{e3}) = P_1 + P_2 + P_3 = 400 + 600 + 200 = 1{,}200 \text{〔W〕}$$

よって、選択肢**イ**は正しい。

力率 $\cos\theta$ は

$$\cos\theta = \frac{I_{e1}+I_{e2}+I_{e3}}{I} = \frac{12}{13}$$

よって、選択肢**ウ**は誤り。

回路の皮相電力 P_s〔VA〕は

$$P_s = VI = 100\times 13 = 1{,}300 \text{〔VA〕}$$

よって、選択肢**エ**は誤り。

▶ 解答　ア－1　イ－1　ウ－2　エ－2　オ－1

負荷が二つの回路も出題されている。

B－3　類 06(1)　03(1②)

次の記述は、図１に示す進行波管（TWT）について述べたものである。［　　］内に入れるべき字句を下の番号から選べ。ただし、図２は、ら旋の部分のみを示したものである。

(1) 電子銃からの電子流は、コイルで［ア］され、マイクロ波の通路であるら旋の中心を貫き、コレクタに達する。

(2) 導波管 W_1 から入力されたマイクロ波は、ら旋上を進行すると同時に、ら旋の［イ］に軸方向の進行波電界を作る。

(3) ら旋の直径が D〔m〕、ピッチが P〔m〕のとき、マイクロ波のら旋の軸方向の位相速度 v_p は、光速 c〔m/s〕の約［ウ］倍になる。

(4) 電子の速度 v_e を v_p より少し速くすると、マイクロ波の大きさは、v_e と v_p の速度差により、ら旋を進むにつれて［エ］される。

(5) 進行波管は、空洞共振器などの同調回路がないので、［オ］信号の増幅が可能である。

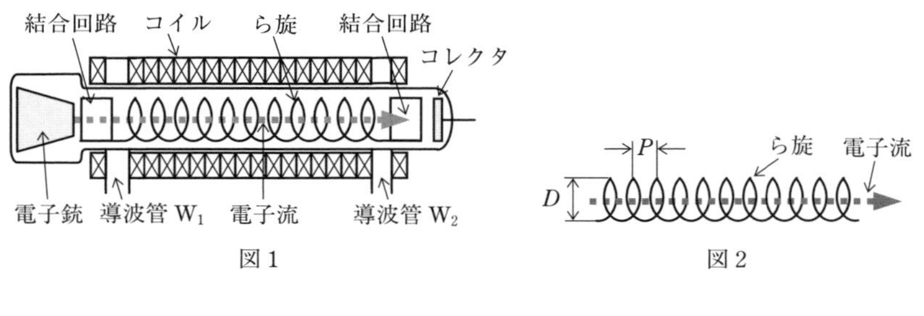

図１　図２

1　集束	2　外部	3　$\frac{\pi D}{P}$	4　増幅	5　広帯域の
6　発散	7　内部	8　$\frac{P}{\pi D}$	9　減衰	10　狭帯域の

解説　マイクロ波がら旋上をピッチ P の軸方向に進むとき、円周 πD〔m〕に沿って進むので、伝搬速度は $c \times P/(\pi D)$ に遅くなる。

進行波管は、空洞共振器がないので広帯域の増幅が可能である。マグネトロンとクライストロンは、空洞共振器を持つので狭帯域である。

▶ **解答　ア－1　イ－7　ウ－8　エ－4　オ－5**

出題傾向　マイクロ波の電子管は、マグネトロン、進行波管、クライストロンが出題される。また、下線の部分は、ほかの試験問題で穴埋めの字句として出題されている。

B－4 03(1①)

次の記述は、図に示す変成器Tを用いたA級トランジスタ(Tr)電力増幅回路の動作について述べたものである。[ ]内に入れるべき字句を下の番号から選べ。ただし、入力は正弦波交流で、回路は理想的なA級動作とし、バイアス回路及びTの損失は無視するものとする。また、Tの巻数比($N_1:N_2$)を$N_1/N_2=a$とする。

(1) Trのコレクタ(C)-エミッタ(E)間から見た交流負荷抵抗R_{LA}は、$R_{LA}=$[ア]〔Ω〕である。

(2) 動作点のコレクタ(C)-エミッタ(E)間電圧V_{CE}は、$V_{CE}=$[イ]〔V〕である。

(3) 動作点のコレクタ(C)電流I_Cは、$I_C=$[ウ]〔A〕である。

(4) 負荷R_Lで得られる最大交流出力電力P_{om}は、$P_{om}=$[エ]〔W〕である。

(5) P_{om}出力時の直流入力電力をP_{DC}〔W〕としたとき、電源効率(P_{om}/P_{DC})ηは、$\eta=$[オ]である。

C ：コレクタ
B ：ベース
E ：エミッタ
R_L：負荷抵抗〔Ω〕
V ：直流電源電圧〔V〕
N_1：Tの一次側の巻数
N_2：Tの二次側の巻数
C_1：結合コンデンサ

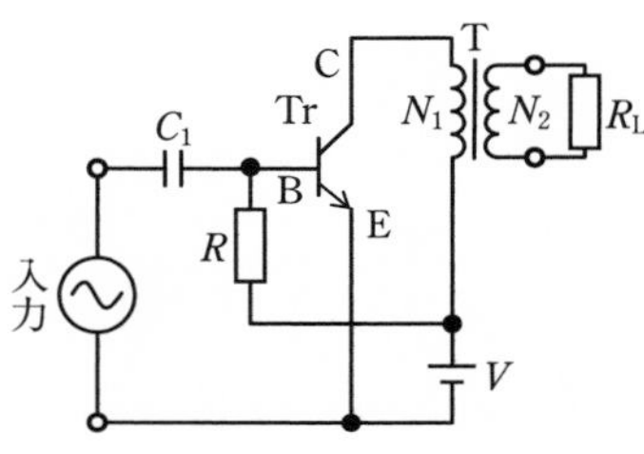

1 aR_L	2 V	3 $\dfrac{V}{a^2R_L}$	4 $\dfrac{V^2}{2a^2R_L}$	5 $\dfrac{1}{4}$
6 a^2R_L	7 $2V$	8 $\dfrac{V}{aR_L}$	9 $\dfrac{2V^2}{a^2R_L}$	10 $\dfrac{1}{2}$

解説 問題図の回路において、端子abから見た交流負荷抵抗R_{LA}は、巻数比($N_1/N_2=a$)の2乗に比例するので

$$R_{LA}=\left(\frac{N_1}{N_2}\right)^2R_L=a^2R_L〔\Omega〕 \quad \cdots (1)$$

Point 実効値は、最大値の$1/\sqrt{2}$

出力正弦波の最大値V_mは、電源電圧V〔V〕に等しいので、電圧の実効値をV_eとすると、最大出力電力P_{om}〔W〕は

$$P_{om}=\frac{(V_e)^2}{R_{LA}}=\left(\frac{V}{\sqrt{2}}\right)^2\times\frac{1}{a^2R_L}=\frac{V^2}{2a^2R_L}〔W〕 \quad \cdots (2)$$

動作点のコレクタ電流$I_C=V/(a^2R_L)$、直流電源電圧V〔V〕より、直流入力電力P_{DC}〔W〕は

$$P_{DC}=VI_C=\frac{V^2}{a^2R_L} \quad \cdots (3)$$

式(1)、式(3)より、電源効率ηは

$$\eta = \frac{P_{om}}{P_{DC}} = \frac{1}{2}$$

▶ **解答　ア－6　イ－2　ウ－3　エ－4　オ－10**

B－5　　06(1)　03(7②)

次の記述は、図1に示す直流電流・電圧計の内部の抵抗値について述べたものである。[　　]内に入れるべき字句を下の番号から選べ。ただし、内部の回路を図2とし、直流電流計Aの最大目盛値での電流を0.5〔mA〕、内部抵抗を9〔Ω〕とする。

(1) 抵抗R_1は、[ア]〔Ω〕である。
(2) 5〔mA〕の電流計として使用するとき、電流計の内部抵抗は、[イ]〔Ω〕である。
(3) 抵抗R_2は、[ウ]〔Ω〕である。
(4) 抵抗R_3は、[エ]〔kΩ〕である。
(5) 30〔V〕の電圧計として使用するとき、電圧計の内部抵抗は、[オ]〔kΩ〕である。

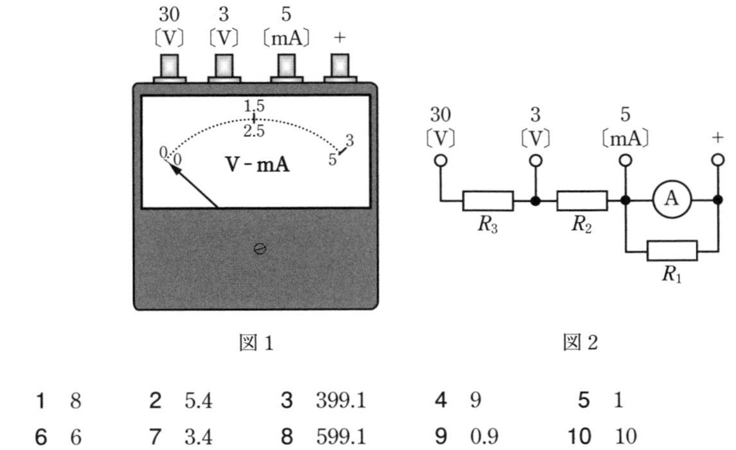

図1　　　図2

1	8	**2**	5.4	**3**	399.1	**4**	9	**5**	1
6	6	**7**	3.4	**8**	599.1	**9**	0.9	**10**	10

解説　(1) 電流計を流れる電流が最大目盛値I_Mのとき、電流計の内部抵抗をr_A〔Ω〕とすると、電流計に加わる電圧V_1〔V〕は次式で表される。

$$V_1 = I_M r_A = 0.5 \times 10^{-3} \times 9 = 4.5 \times 10^{-3} \text{〔V〕}$$

$I = 5$〔mA〕の電流計として使用するとき、分流器の抵抗R_1〔Ω〕にV_1の電圧が加わる。R_1に流れる電流は、$I_1 = I - I_M = 5 - 0.5 = 4.5$〔mA〕となるので、$R_1$を求めると

$$R_1 = \frac{V_1}{I_1} = \frac{4.5 \times 10^{-3}}{4.5 \times 10^{-3}} = 1 〔\Omega〕$$

(2) 5〔mA〕の電流計として使用するとき、電流計の内部抵抗 R_A〔Ω〕は

$$R_A = \frac{r_A R_1}{r_A + R_1} = \frac{9 \times 1}{9 + 1} = 0.9 〔\Omega〕$$

(3) $V_2 = 3$〔V〕の電圧計として使用するとき、R_2 と R_A に $I = 5$〔mA〕の電流が流れるので、次式が成り立つ。

$$V_2 = (R_2 + R_A) I$$

R_2 を求めると

$$R_2 = \frac{V_2}{I} - R_A$$

$$= \frac{3}{5 \times 10^{-3}} - 0.9 = 600 - 0.9 = 599.1 〔\Omega〕$$

(4) $V_3 = 30$〔V〕の電圧計として使用するとき、R_3、R_2、R_A に $I = 5$〔mA〕の電流が流れるので、次式が成り立つ。

$$V_3 = (R_3 + R_2 + R_A) I$$

R_3 を求めると

$$R_3 = \frac{V_3}{I} - (R_2 + R_A)$$

$$= \frac{30}{5 \times 10^{-3}} - (599.1 + 0.9) = 6 \times 10^3 - 600 〔\Omega〕 = 6 - 0.6 〔k\Omega〕 = 5.4 〔k\Omega〕$$

(5) 30〔V〕の電圧計として使用するとき、電圧計の内部抵抗 R_V〔kΩ〕は次式で表される。

$$R_V = R_3 + (R_2 + R_A) = 5.4 + 0.6 〔k\Omega〕 = 6 〔k\Omega〕$$

▶ 解答　アー5　イー9　ウー8　エー2　オー6

無線工学の基礎（令和４年１月期①）

A－1　　05(7②)　類 03(1①)

次の記述は、図に示すように、電界が一様な平行板電極間（PQ）に、速度 v〔m/s〕で電極に平行に入射する電子の運動について述べたものである。□内に入れるべき字句の正しい組合せを下の番号から選べ。ただし、電界の強さを E〔V/m〕とし、電子はこの電界からのみ力を受けるものとする。また、電子の電荷を $-q$〔C〕（$q>0$）、電子の質量を m〔kg〕とする。

(1) 電子が受ける電界の方向の加速度の大きさ α は、$\alpha=$ [A]〔m/s²〕である。

(2) 電子が電極間を通過する時間 t は、$t=$ [B]〔s〕である。

(3) 電子が電極間を抜けるときの電界方向の偏位の大きさ y は、$y=$ [C]〔m〕である。

	A	B	C
1	$\frac{qE}{m}$	$\frac{l}{v}$	$\frac{Eql^2}{2mv^2}$
2	$\frac{qE}{m}$	$\frac{l}{2v}$	$\frac{Eql^2}{2mv^2}$
3	$\frac{2qE}{m}$	$\frac{l}{v}$	$\frac{2Eql}{mv^2}$
4	$\frac{2qE}{m}$	$\frac{l}{v}$	$\frac{Eql^2}{2mv^2}$
5	$\frac{2qE}{m}$	$\frac{l}{2v}$	$\frac{2Eql}{mv^2}$

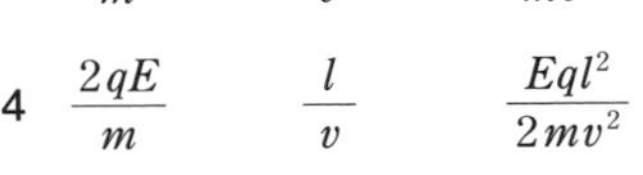

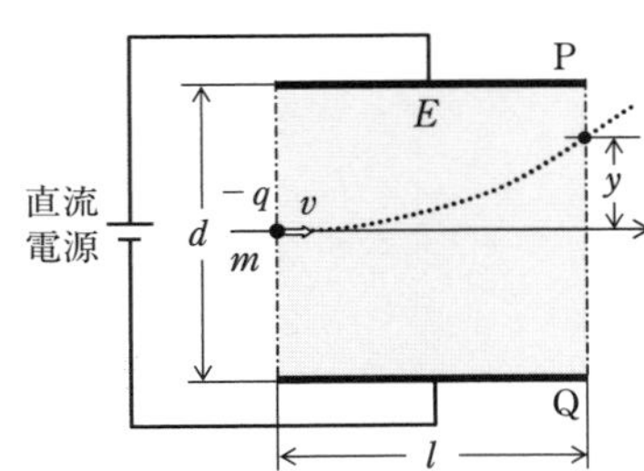

d：PQ 間の距離〔m〕
l：P 及び Q の長さ〔m〕

解説　(1) y 方向の電界 E〔V/m〕によって、電子の電荷 q〔C〕に働く力 F〔N〕は

$$F=qE\text{〔N〕}\quad\cdots\ (1)$$

運動方程式 $F=m\alpha$ より、加速度 α〔m/s²〕は式(1)を用いて

$$\alpha=\frac{F}{m}=\frac{qE}{m}\text{〔m/s}^2\text{〕}\quad\cdots\ (2)$$

(2) x 軸方向の電極の長さ l〔m〕と速度 v〔m/s〕より、電極間を通過する時間 t〔s〕は

$$t=\frac{l}{v}\text{〔s〕}\quad\cdots\ (3)$$

(3) t 時間後の y 軸方向の移動距離 y〔m〕は、式(2)、式(3)より

$$y=\int_0^t \alpha t dt=\frac{qE}{m}\int_0^t t dt=\frac{qE}{m}\times\frac{t^2}{2}=\frac{Eql^2}{2mv^2}\text{〔m〕}$$

▶ **解答　1**

出題傾向：電極間の電界 E を V/d として求める問題も出題されている。

A－2 類 06(1) 05(1②) 02(11①)

次の記述は、図に示すように x 軸に沿って x 方向に電界 E〔V/m〕が分布しているとき、x 軸に沿った各点の電位差について述べたものである。□内に入れるべき字句の正しい組合せを下の番号から選べ。ただし、点 a の電位を 0〔V〕とする。

(1) 点 a と点 b の二点間の電位差は、[A]〔V〕である。

(2) 点 b と点 c の二点間の電位差は、[B]〔V〕である。

(3) 点 a と点 d の二点間の電位差は、[C]〔V〕である。

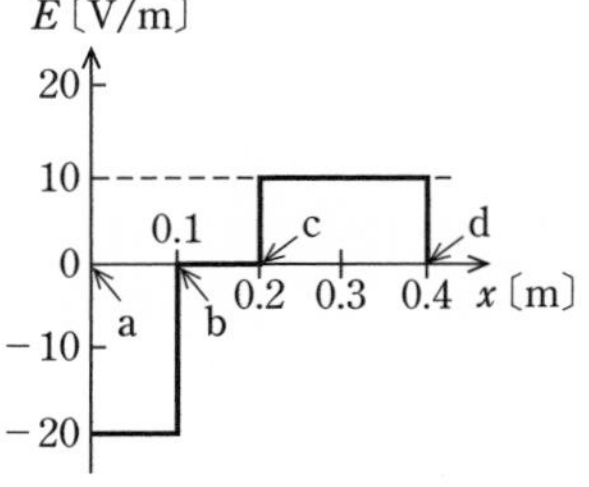

	A	B	C
1	2	0	2
2	2	0	0
3	4	2	0
4	4	2	2
5	4	0	0

解説 問題図のように電界 E が一定の値で分布している x 軸上の区間内において、区間 $x_1 \sim x_2$〔m〕の電界が E〔V/m〕のときの電位差 V〔V〕は、次式で表される。

$$V = -E(x_2 - x_1)\ \text{〔V〕}$$

(1) 点 a と点 b の二点間の電位差 V_1〔V〕は、次式で表される。

$$V_1 = -(-20) \times (0.1 - 0) = 2\ \text{〔V〕}$$

(2) 点 b と点 c の二点間の電位差 V_2〔V〕は、次式で表される。

$$V_2 = -0 \times (0.2 - 0.1) = 0\ \text{〔V〕}$$

(3) 点 c と点 d の二点間の電位差 V_3〔V〕は、次式で表される。

$$V_3 = -10 \times (0.4 - 0.2) = -2\ \text{〔V〕}$$

点 a と点 d の二点間の電位差 V_4〔V〕は、これらの電位差の和となるので、次式で表される。

$$V_4 = V_1 + V_2 + V_3 = 2 + 0 - 2 = 0\ \text{〔V〕}$$

▶ **解答 2**

A－3 類 05(1①) 類 02(11①)

図に示すように、I〔A〕の直流電流が流れている半径 r〔m〕の円形コイル A の中心 O から $2r$〔m〕離れて $2\pi I$〔A〕の直流電流が流れている無限長の直線導線 B があるとき、O における磁界の強さ H_O の大きさの値として、正しいものを下の番号から選べ。ただし、直流電流 $I = 8$〔A〕、円形コイルの半径 $r = \sqrt{2}$〔m〕とし、A の面は紙面上にあり、B は紙面に直角に置かれているものとする。

1　1〔A/m〕
2　2〔A/m〕
3　3〔A/m〕
4　4〔A/m〕
5　8〔A/m〕

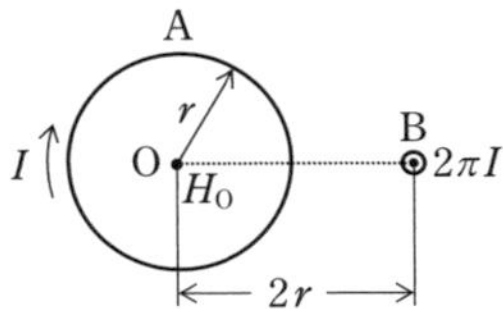

直線導線Bに流れる電流の方向は、紙面の裏から表の方向とする。

解説 電流 $I_1 = I$〔A〕の円形コイルによって点Oに生じる磁界の強さ H_1〔A/m〕は

$$H_1 = \frac{I}{2r} \text{〔A/m〕} \quad \cdots \ (1)$$

電流 $I_2 = 2\pi I$〔A〕の直線導線による $r_2 = 2r$〔m〕離れた点Oの磁界の強さ H_2〔A/m〕はアンペアの法則より

$$H_2 = \frac{I_2}{2\pi r_2} = \frac{2\pi I}{2\pi \times 2r} = \frac{I}{2r} \text{〔A/m〕} \quad \cdots \ (2)$$

Point
アンペアの法則は
$2\pi r_2 \times H_2 = I_2$

$\boldsymbol{H_1}$ と $\boldsymbol{H_2}$ の合成磁界 $\boldsymbol{H_O}$ は、解説図のようにベクトル和で求めることができるので、式(1)、式(2)より

$$H_O = \sqrt{H_1{}^2 + H_2{}^2} = \sqrt{\left(\frac{I}{2r}\right)^2 + \left(\frac{I}{2r}\right)^2} = \frac{I}{r}\sqrt{\left(\frac{1}{2}\right)^2 + \left(\frac{1}{2}\right)^2} = \frac{\sqrt{2}I}{2r} = \frac{I}{\sqrt{2}\,r}$$

$$= \frac{8}{\sqrt{2} \times \sqrt{2}} = 4 \text{〔A/m〕}$$

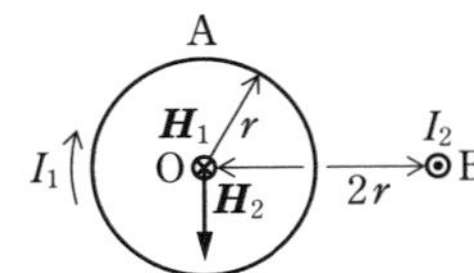

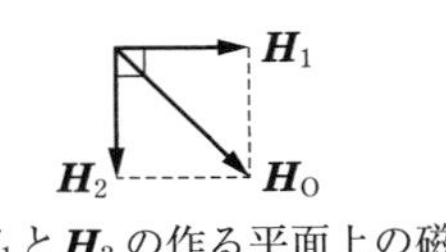

$\boldsymbol{H_1}$ と $\boldsymbol{H_2}$ の作る平面上の磁界

▶ **解答　4**

出題傾向 記号式を求める問題も出題されている。

A－4　類06(1)　類05(1②)　類04(7①)　類03(1②)　30(7)

次の記述は、図1に示すように一辺が m〔m〕の正方形の磁極の磁石Mの磁極NS間を、図2に示すような一辺が l〔m〕($m > l$)の正方形の導線Dが、その面をMの磁極の面と平行に、v〔m/s〕の速度で左から右に通るときの現象について述べたものである。□内に入れるべき字句の正しい組合せを下の番号から選べ。ただし、磁極間の磁束密度は B〔T〕で均一であり、漏れ磁束はないものとする。また、Dは、磁極間の中央を辺abと磁極の辺qrが平行を保ち、移動するものとする。

(1) Dの辺dcが面pqrtに達してから、辺abが面pqrtに達する間にDに生ずる起電力eの大きさは、[A]〔V〕である。

(2) D全体が磁界の中にあるとき、Dに生ずる起電力eの大きさは、[B]〔V〕である。

(3) Dの辺dcが面uvwxに達してから、辺abが面uvwxに達する間にDに生ずる起電力eの方向は、図3の[C]の方向である。

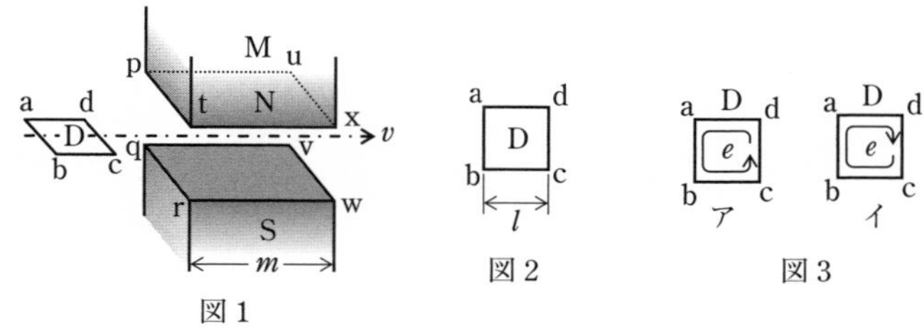

図1　図2　図3

	A	B	C
1	lv^2B	$2lvB$	ア
2	lv^2B	0	イ
3	lvB	$2lvB$	ア
4	lvB	$2lvB$	イ
5	lvB	0	イ

解説 (1) 導線DがΔt〔s〕間にΔx〔m〕の距離を移動したときの面積ΔS〔m^2〕内の磁束を$\Delta\phi$〔Wb〕とすると、起電力e〔V〕の大きさは

$$e=\frac{\Delta\phi}{\Delta t}=\frac{B\Delta S}{\Delta t}=\frac{Bl\Delta x}{\Delta t}=lvB\text{〔V〕}$$

ただし、$v=\Delta x/\Delta t$〔m/s〕は導線の移動速度である。

(2) 導線Dの全体が磁界の中にあるときは、導線の枠内の磁束は変化しないので、$e=0$〔V〕

(3) 磁界の向きは上から下の向きであり、減少を妨げる方向（上から下向きの磁束が発生する向き）の起電力が発生するので、右ネジの法則より問題図3のイとなる。

▶ **解答　5**

A－5　27(7)

図に示すように、R〔Ω〕の抵抗が接続されている回路において、端子ab間から見た合成抵抗R_{ab}を表す式として、正しいものを下の番号から選べ。

1　$R_{ab} = \dfrac{5R}{2}$〔Ω〕

2　$R_{ab} = \dfrac{5R}{3}$〔Ω〕

3　$R_{ab} = \dfrac{5R}{4}$〔Ω〕

4　$R_{ab} = \dfrac{4R}{3}$〔Ω〕

5　$R_{ab} = \dfrac{4R}{5}$〔Ω〕

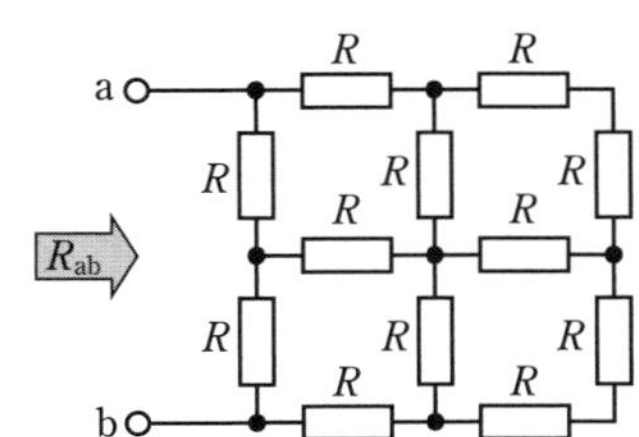

解説　入力 a から b を見たとき、解説図に示すように、接続点 B、C、D は対称回路の中点となり、それらの電位は ab 間の電位の 1/2 となるので等しくなる。そこで、点 BC 間及び CD 間の抵抗を開放した回路として、点 AE から右側を見た合成抵抗 R_{AE}〔Ω〕を求めると

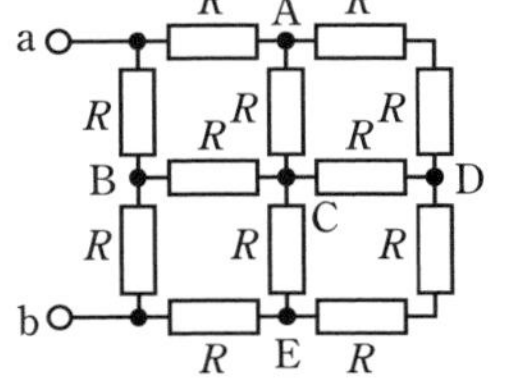

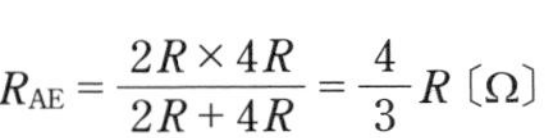

$$R_{AE} = \frac{2R \times 4R}{2R + 4R} = \frac{4}{3} R \text{〔Ω〕}$$

合成抵抗 R_{ab}〔Ω〕を求めると

$$R_{ab} = \frac{2R \times (2R + R_{AE})}{2R + 2R + R_{AE}} = \frac{2 \times \left(2 + \frac{4}{3}\right)}{4 + \frac{4}{3}} R$$

$$= \frac{12 + 8}{12 + 4} R = \frac{5}{4} R \text{〔Ω〕}$$

▶ **解答　3**

Point
合成抵抗を求めるときは、同電位の点は接続しても開放してもよい

出題傾向　抵抗 R が数値で与えられる問題も出題されている。合成抵抗を求める問題はかなり複雑なので、それぞれの問題に対応する解答手順を覚えること。

A－6　02(11①)

図に示す抵抗 R〔Ω〕及び静電容量 C〔F〕の並列回路において、角周波数 ω〔rad/s〕を零 (0) から無限大 (∞) まで変化させたとき、端子 ab 間のインピーダンス $\dot{Z}$〔Ω〕のベクトル軌跡として、最も近いものを下の番号から選べ。

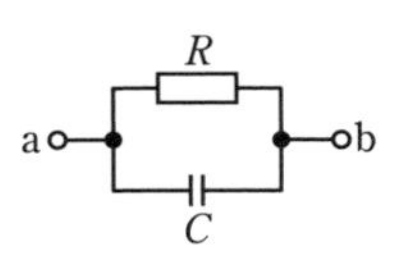

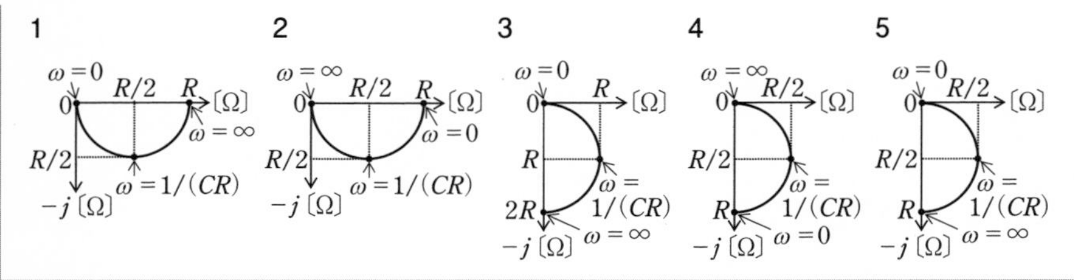

解説 $X_C = 1/(\omega C)$ とすると、ab 間のインピーダンス $\dot{Z}$〔Ω〕は

$$\dot{Z} = \frac{R \times (-jX_C)}{R + (-jX_C)} \quad \cdots (1)$$

$$= \frac{-jRX_C}{R - jX_C} \times \frac{R + jX_C}{R + jX_C} = \frac{RX_C^2}{R^2 + X_C^2} - j\frac{R^2 X_C}{R^2 + X_C^2} \text{〔Ω〕} \quad \cdots (2)$$

式 (2) の $\dot{Z}$ のとり得る値は実軸が +、虚軸が − の第 4 象限となる。ω が変化して、$\omega = \infty$ のときは、$\omega C = \infty$、$X_C = 0$ となるので、$\dot{Z} = 0$ となる。

式 (1) の分子と分母を $-jX_C$ で割ると

$$\dot{Z} = \frac{R}{\dfrac{R}{-jX_C} + 1} \text{〔Ω〕} \quad \cdots (3)$$

Point
$\omega = 0$ と $\omega = \infty$ のときの $\dot{Z}$ の値が分かれば、答えが見つかる

$\omega = 0$ のときは、$X_C = \infty$ となるので、式 (3) より、$\dot{Z} = R$〔Ω〕となる。 ▶ **解答 2**

A−7 06(1) 05(1①) 03(7②) 類 02(11①)

次の記述は、図に示す直列共振回路について述べたものである。□内に入れるべき値の正しい組合せを下の番号から選べ。

(1) 共振周波数 f_0 は、$f_0 =$ [A]〔Hz〕である。

(2) 尖鋭度 Q は、$Q =$ [B] である。

(3) f_0 における回路の電流を I_0〔A〕としたとき、$I_0/\sqrt{2}$〔A〕になる周波数を f_1〔Hz〕及び f_2〔Hz〕($f_1 < f_2$) とすると、$f_2 - f_1 =$ [C]〔Hz〕である。

	A	B	C
1	1,250	5π	$\frac{250}{\pi}$
2	1,250	20	$\frac{250}{\pi}$
3	2,500	5π	125
4	2,500	20	125
5	2,500	20	$\frac{250}{\pi}$

交流電源
2〔Ω〕
$40/\pi^2$〔μF〕
4〔mH〕

解説 共振周波数 f_0〔Hz〕は

$$f_0=\frac{1}{2\pi\sqrt{LC}}=\frac{1}{2\pi\sqrt{4\times10^{-3}\times\dfrac{40}{\pi^2}\times10^{-6}}}=\frac{1}{2\pi\sqrt{\dfrac{4^2}{\pi^2}\times10^{-8}}}$$

$$=\frac{1}{2\times4}\times10^4=\frac{10}{8}\times10^3=1.25\times10^3=1{,}250\text{〔Hz〕}$$

共振回路の Q は

$$Q=\frac{\omega_0L}{R}=\frac{2\pi f_0L}{R}=\frac{2\pi}{2}\times1.25\times10^3\times4\times10^{-3}=5\pi$$

$I_0/\sqrt{2}$ になる周波数の幅を半値幅と呼び、半値幅 B〔Hz〕は

$$B=\frac{f_0}{Q}=1.25\times10^3\times\frac{1}{5\pi}=\frac{1{,}250}{5\pi}=\frac{250}{\pi}\text{〔Hz〕}$$

▶ **解答　1**

関連知識 直列共振回路の Q は、次式によって求めることもできる。

$$Q=\frac{1}{\omega_0CR}$$

$$Q=\frac{1}{R}\sqrt{\frac{L}{C}}$$

A－8　06(1)　05(7②)　03(7②)

図に示すように、交流電圧 $\dot{V}=100$〔V〕に容量性負荷 $\dot{Z}_1$、誘導性負荷 $\dot{Z}_2$ 及び抵抗負荷 R を接続したとき、回路全体の皮相電力及び力率の値の組合せとして、正しいものを下の番号から選べ。ただし、$\dot{Z}_1$、$\dot{Z}_2$、R の有効電力及び力率は表の値とする。

	皮相電力	力率
1	1,200〔VA〕	$\frac{11}{12}$
2	1,200〔VA〕	$\frac{12}{13}$
3	1,300〔VA〕	$\frac{12}{13}$
4	1,300〔VA〕	$\frac{11}{12}$
5	1,300〔VA〕	$\frac{10}{13}$

負荷	有効電力	力率
$\dot{Z}_1$	400〔W〕	0.8
$\dot{Z}_2$	600〔W〕	0.6
R	200〔W〕	1.0

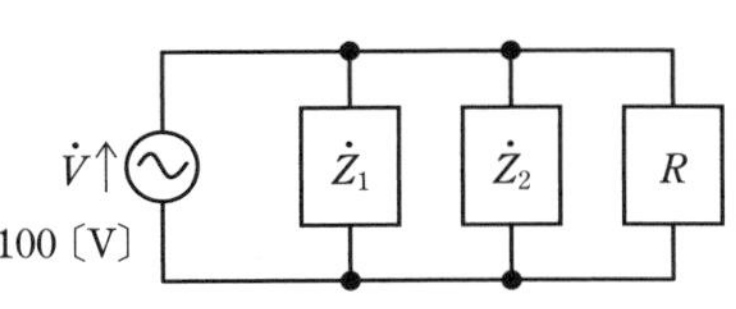

解説 交流電源電圧の大きさを $V=100$〔V〕、容量性負荷 $\dot{Z}_1$、誘導性負荷 $\dot{Z}_2$、純抵抗負荷 R を流れる電流の大きさを I_1、I_2、I_3〔A〕、力率 $\cos\theta_1=0.8$、$\cos\theta_2=0.6$、$\cos\theta_3=1$ のとき、有効電力 $P_1=400$〔W〕、$P_2=600$〔W〕、$P_3=200$〔W〕なので、$P_1=VI_1\cos\theta_1$ より

$$I_1=\frac{P_1}{V\cos\theta_1}=\frac{400}{100\times0.8}=5\text{〔A〕}$$

$$I_2=\frac{P_2}{V\cos\theta_2}=\frac{600}{100\times0.6}=10\text{〔A〕}$$

$$I_3=\frac{P_3}{V\cos\theta_3}=\frac{200}{100\times1}=2\text{〔A〕}$$

負荷 $\dot{Z}_1$、$\dot{Z}_2$、R を流れる電流の実数部成分 I_{e1}、I_{e2}、I_{e3} は

$$I_{e1}=I_1\cos\theta_1=5\times0.8=4\text{〔A〕}$$
$$I_{e2}=I_2\cos\theta_2=10\times0.6=6\text{〔A〕}$$
$$I_{e3}=I_3\cos\theta_3=2\times1=2\text{〔A〕}$$

負荷 $\dot{Z}_1$、$\dot{Z}_2$、R を流れる電流の虚数部成分 I_{q1}、I_{q2}、I_{q3} は

$$I_{q1}=I_1\sin\theta_1=I_1\sqrt{1-\cos^2\theta_1}=5\sqrt{1-0.8^2}=3\text{〔A〕}$$
$$I_{q2}=I_2\sin\theta_2=I_2\sqrt{1-\cos^2\theta_2}=10\sqrt{1-0.6^2}=8\text{〔A〕}$$
$$I_{q3}=0\text{〔A〕}$$

Point
$\sin^2\theta+\cos^2\theta=1$
$\sin\theta=\sqrt{1-\cos^2\theta}$

容量性負荷を流れる電流の虚数部成分を負とすると、電源から流れる電流の大きさ I〔A〕は

$$I=\sqrt{(I_{e1}+I_{e2}+I_{e3})^2+(-I_{q1}+I_{q2})^2}$$
$$=\sqrt{(4+6+2)^2+(-3+8)^2}=\sqrt{12^2+5^2}=\sqrt{144+25}=\sqrt{169}=13\text{〔A〕}$$

回路の皮相電力 P_s〔VA〕は

$$P_s=VI=100\times13=1{,}300\text{〔VA〕}$$

力率 $\cos\theta$ は

$$\cos\theta=\frac{I_{e1}+I_{e2}+I_{e3}}{I}=\frac{12}{13}$$

▶ **解答 3**

出題傾向 $\dot{Z}_1$ が誘導性負荷の問題も出題されている。その場合は、電流の虚数部成分の合成電流は和で計算する。また、負荷が二つの問題も出題されている。

A－9 05(7①)

電子密度及びホール（正孔）密度がそれぞれ n〔1/m³〕及び p〔1/m³〕である半導体の導電率 σ を表す式として、正しいものを下の番号から選べ。ただし、電子及びホールの移動速度は、半導体内部の電界に比例するものとし、移動度をそれぞれ μ_n〔m²/(V･s)〕及び μ_p〔m²/(V･s)〕とする。また、電子の電荷の値を q〔C〕とする。

1　$\sigma = q(p\mu_n + n\mu_p)$〔S/m〕
2　$\sigma = q(n\mu_n + p\mu_p)$〔S/m〕
3　$\sigma = q\{(n\mu_n)^2 + (p\mu_p)^2\}$〔S/m〕
4　$\sigma = q(n + p)(\mu_n + \mu_p)$〔S/m〕
5　$\sigma = q/(n^2\mu_n + p^2\mu_p)$〔S/m〕

解説　半導体の電気伝導は、電子とホール（正孔）によって行われる。ここで、電子の移動速度を v_n〔m/s〕，半導体内部の電界の強さを E〔V/m〕、電子の電荷を q〔C〕、電子密度を n〔$1/m^3$〕とすると、半導体内の電子の電流密度 J_n〔A/m^2〕は

$$J_n = qnv_n = qn\mu_n E \text{〔A/m}^2\text{〕} \quad \cdots (1)$$

電子による導電率を σ_n〔S/m〕とすると

$$J_n = \sigma_n E \text{〔A/m}^2\text{〕} \quad \cdots (2)$$

式(1)と式(2)より、σ_n は

$$\sigma_n = qn\mu_n \text{〔S/m〕} \quad \cdots (3)$$

ホールも同様に考えて、半導体の電子およびホールの移動度を μ_n、μ_p、密度を n、p とすると、式(3)より導電率 σ は

$$\sigma = q(n\mu_n + p\mu_p) \text{〔S/m〕}$$

真性半導体では、$n = p$ となる。

▶ **解答　2**

A－10　02(11①)

低周波領域におけるエミッタ接地電流増幅率 h_{fe0} が 320 で、トランジション周波数 f_T が 80〔MHz〕のトランジスタのエミッタ接地電流増幅率 h_{fe} の遮断周波数 f_C の値として、最も近いものを下の番号から選べ。ただし、高周波領域の周波数 f〔Hz〕における h_{fe} は、$h_{fe} = h_{fe0}/\{1 + j(f/f_C)\}$ で表せるものとする。また、f_C は $h_{fe} = h_{fe0}/\sqrt{2}$ になる周波数であり、f_T は $h_{fe} = 1$ になる周波数である。

1　1.25〔MHz〕
2　1.00〔MHz〕
3　0.75〔MHz〕
4　0.50〔MHz〕
5　0.25〔MHz〕

解説　題意の式より、h_{fe} の大きさを求めると

$$h_{fe} = \frac{h_{fe0}}{\sqrt{1 + \left(\dfrac{f}{f_C}\right)^2}} \quad \cdots (1)$$

トランジション周波数 f_T〔MHz〕のときに h_{fe} の大きさが 1 となるので、式(1)に $f=f_T$、$h_{fe}=1$ を代入して遮断周波数 f_C〔MHz〕を求めると

$$1=\frac{h_{fe0}}{\sqrt{1+\left(\frac{f_T}{f_C}\right)^2}} \quad \cdots (2)$$

$$1+\left(\frac{f_T}{f_C}\right)^2=h_{fe0}{}^2$$

$$f_C=\frac{f_T}{\sqrt{h_{fe0}{}^2-1}}=\frac{80}{\sqrt{320^2-1}}\fallingdotseq\frac{80}{320}=0.25\text{〔MHz〕}$$

▶ **解答　5**

A－11　　類 03(7②)

次の記述は、電界効果トランジスタ(FET)について述べたものである。［　　］内に入れるべき字句の正しい組合せを下の番号から選べ。ただし、V_{GS} 及び I_D は図 1 の矢印で示した方向を正(＋)とする。

(1) 図 1 に示す図記号の電界効果トランジスタは［ A ］チャネルで、［ B ］形である。

(2) (1)の伝達特性の概略図を、ゲート(G)-ソース(S)間電圧 V_{GS}〔V〕とドレイン(D)電流 I_D〔A〕間の特性で示すと図 2 の［ C ］である。

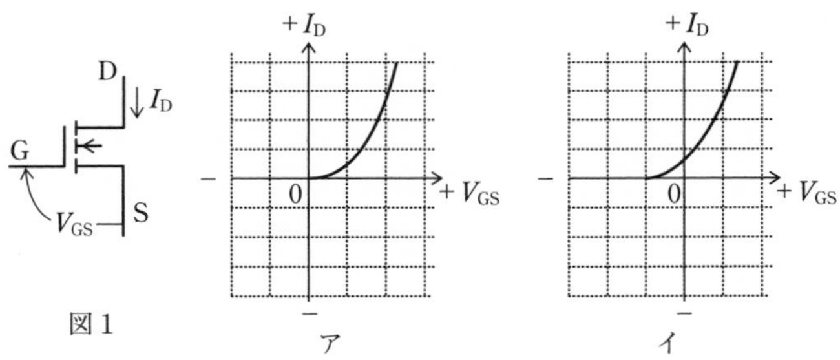

図 1　　図 2

	A	B	C
1	N	MOS(絶縁ゲート)	ア
2	N	接合	イ
3	P	MOS(絶縁ゲート)	ア
4	P	接合	ア
5	P	MOS(絶縁ゲート)	イ

解説　絶縁ゲート形（MOS）FETには、デプレッション（Depletion：減少）形とエンハンスメント（Enhancement：増大）形がある。エンハンスメント形はゲート電圧を加えないと電流が流れない。問題図１のFETのDS間にDが正（＋）、Sが負（－）の電圧を加えて、Sに負（－）、Gに正（＋）の電圧 V_{GS} を加えると、問題図２のアで表される特性曲線のように I_D が流れ始める。Gに加えた正（＋）の電圧 V_{GS} を増加させると I_D は増加する。

▶ 解答　1

A－12

05（1②）

次の記述は、マイクロ波の回路に用いられる電子管及び半導体素子について述べたものである。[　　]内に入れるべき字句の正しい組合せを下の番号から選べ。

(1) 強い直流電界とその電界と[A]の作用を利用し、発振出力が大きなマイクロ波を発振する電子管は、マグネトロンである。
(2) ガリウム・ひ素などの結晶に、[B]を加えたときに生じるガン効果を利用し、マイクロ波を発振するのは、ガンダイオードである。
(3) 逆方向電圧を加えたときのPN接合の[C]を利用し、マイクロ波の周波数逓倍などに用いられるのは、バラクタダイオードである。

	A	B	C
1	同方向の磁界	強い直流電界	静電容量
2	同方向の磁界	弱い交流磁界	抵抗
3	直角方向の磁界	強い直流電界	静電容量
4	直角方向の磁界	弱い交流磁界	抵抗
5	直角方向の磁界	強い直流電界	抵抗

解説　バラクタ（varactor）は可変リアクタンス（variable reactance）の略称。

▶ 解答　3

出題傾向　マイクロ波の電子管は、マグネトロン、進行波管、クライストロンが出題される。

A－13

02（11①）

図１に示す電界効果トランジスタ（FET）を用いたドレイン接地増幅回路の原理図において、電圧増幅度 A_V 及び出力インピーダンス（端子cdから見たインピーダンス）Z_o を表す式の組合せとして、正しいものを下の番号から選べ。ただし、FETの等価回路を図２とし、また、Z_o は抵抗 R_S〔Ω〕を含むものとする。

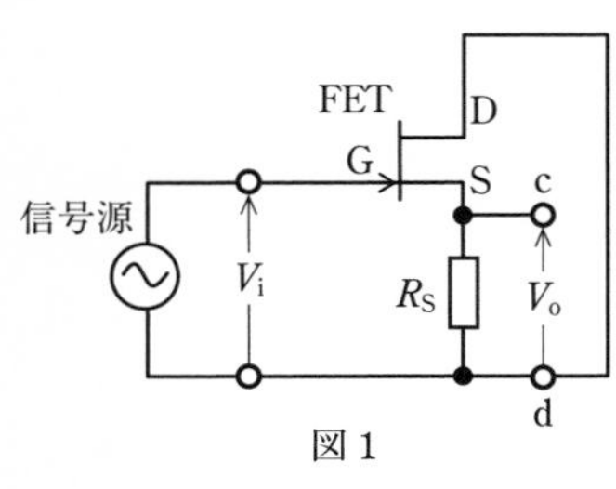

図 1

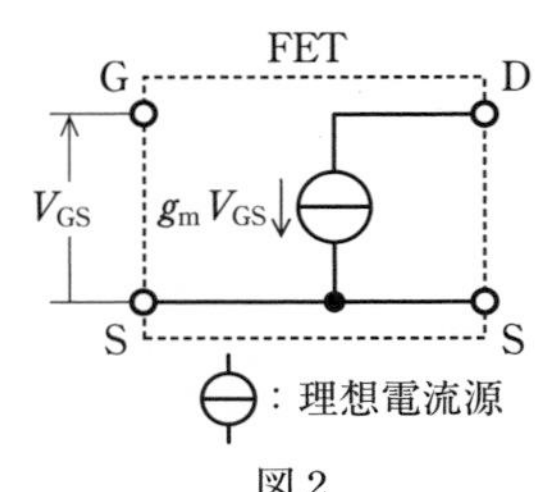

図 2

D ：ドレイン
G ：ゲート
S ：ソース
V_i ：入力電圧〔V〕
V_o ：出力電圧〔V〕
V_{GS} ：G-S 間電圧〔V〕
g_m ：相互コンダクタンス〔S〕

1 $A_V = \dfrac{g_m R_S}{1 + g_m R_S}$ $Z_o = \dfrac{R_S}{2 + g_m}$〔Ω〕

2 $A_V = \dfrac{g_m + R_S}{R_S}$ $Z_o = \dfrac{1 + g_m R_S}{g_m}$〔Ω〕

3 $A_V = \dfrac{g_m + R_S}{R_S}$ $Z_o = \dfrac{R_S}{2 + g_m}$〔Ω〕

4 $A_V = \dfrac{g_m + R_S}{R_S}$ $Z_o = \dfrac{R_S}{1 + g_m R_S}$〔Ω〕

5 $A_V = \dfrac{g_m R_S}{1 + g_m R_S}$ $Z_o = \dfrac{R_S}{1 + g_m R_S}$〔Ω〕

解説 ゲート・ソース間電圧を V_{GS}〔V〕とすると、ドレイン電流 $i_D = g_m V_{GS}$〔A〕より、出力電圧 V_o〔V〕を求めると

$$V_o = i_D R_S = g_m V_{GS} R_S \text{〔V〕} \quad \cdots (1)$$

入力電圧 $V_i = V_{GS} + V_o$〔V〕なので、電圧増幅度 A_V は

$$A_V = \frac{V_o}{V_i} = \frac{V_o}{V_{GS} + V_o} = \frac{g_m V_{GS} R_S}{V_{GS} + g_m V_{GS} R_S} = \frac{g_m R_S}{1 + g_m R_S} \quad \cdots (2)$$

出力インピーダンス Z_o〔Ω〕は、出力を開放したときの電圧 $V_{oo} = A_V V_i$〔V〕と出力を短絡したとき ($V_o = 0$) の電流 $i_s = g_m V_{GS} = g_m V_i$〔A〕より

$$Z_o = \frac{V_{oo}}{i_s} = \frac{A_V V_i}{g_m V_{GS}} = \frac{A_V V_i}{g_m V_i} = \frac{A_V}{g_m} \text{〔Ω〕} \quad \cdots (3)$$

Point
出力を短絡すると $V_{GS} = V_i$ となる

式 (3) に式 (2) を代入すると

$$Z_o = \frac{R_S}{1 + g_m R_S} \text{〔Ω〕}$$

▶ **解答 5**

A－14　05(7②)

図に示す理想的な演算増幅器（A_{OP}）を用いたブリッジ形 CR 発振回路の発振周波数 f_o を表す式及び発振状態のときの電圧帰還率 β（$\dot{V}_f/\dot{V}_o$）の値の組合せとして、正しいものを下の番号から選べ。

1　$f_o = \dfrac{1}{\pi CR}$〔Hz〕　$\beta = \dfrac{1}{3}$

2　$f_o = \dfrac{1}{2\pi CR}$〔Hz〕　$\beta = \dfrac{1}{2}$

3　$f_o = \dfrac{1}{2\pi CR}$〔Hz〕　$\beta = \dfrac{1}{3}$

4　$f_o = \dfrac{1}{2\pi\sqrt{CR}}$〔Hz〕　$\beta = \dfrac{1}{2}$

5　$f_o = \dfrac{1}{\sqrt{2}\,\pi CR}$〔Hz〕　$\beta = \dfrac{1}{3}$

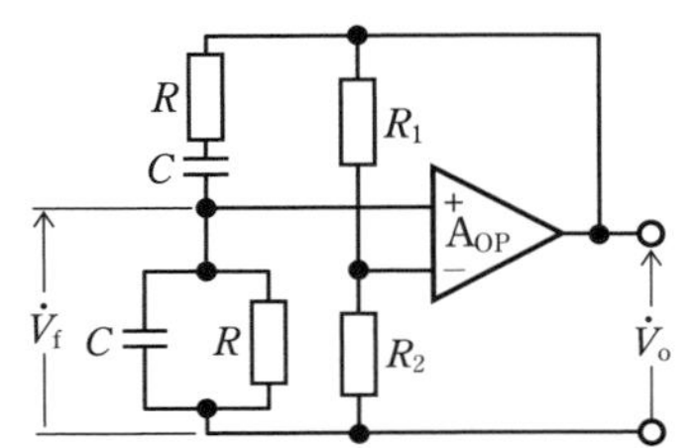

R、R_1、R_2：抵抗〔Ω〕
C：静電容量〔F〕
$\dot{V}_o$：出力電圧〔V〕
$\dot{V}_f$：帰還電圧〔V〕

解説　問題図の帰還回路において、RC 並列回路の合成インピーダンス $\dot{Z}_p$〔Ω〕は

$$\dot{Z}_p = \frac{\dfrac{R}{j\omega C}}{\dfrac{1}{j\omega C}+R} = \frac{R}{1+j\omega CR}\ \text{〔Ω〕} \quad \cdots (1)$$

RC 直列回路の合成インピーダンスを $\dot{Z}_s$ とすると、電圧帰還率 β は

$$\beta = \frac{\dot{V}_f}{\dot{V}_o} = \frac{\dot{Z}_p}{\dot{Z}_s+\dot{Z}_p} = \frac{\dfrac{R}{1+j\omega CR}}{R+\dfrac{1}{j\omega C}+\dfrac{R}{1+j\omega CR}}$$

$$= \frac{R}{R(1+j\omega CR)+\dfrac{1+j\omega CR}{j\omega C}+R}$$

$$= \frac{1}{1+j\omega CR+\dfrac{1}{j\omega CR}+1+1} = \frac{1}{3+j\left(\omega CR-\dfrac{1}{\omega CR}\right)} \quad \cdots (2)$$

Point
β は帰還回路の入力と出力のインピーダンスの比で表される

式(2)の虚数部＝0とすると

$$\omega CR = \frac{1}{\omega CR} \quad \text{よって} \quad \omega = \frac{1}{CR}$$

したがって、発振周波数 f_o〔Hz〕は $\omega = 2\pi f_o$ なので

$$f_o = \frac{1}{2\pi CR}\ \text{〔Hz〕}$$

式(2)の実数部より

$$\beta = \frac{1}{3}$$

▶ **解答　3**

出題傾向　数値を計算する問題も出題されている。式の誘導が面倒なので結果式を覚えるとよい。

A－15　類 04(7①)　類 02(11①)　02(1)

次の記述は、図1に示す整流回路の各部の電圧について述べたものである。□内に入れるべき字句の正しい組合せを下の番号から選べ。ただし、交流電源は実効値が V〔V〕の正弦波交流とし、ダイオード D_1、D_2 は理想的な特性を持つものとする。

(1) 静電容量 C_1〔F〕のコンデンサの両端の電圧 V_{C1} は、直流の［A］〔V〕である。

(2) D_1 の両端の電圧 v_{D1} は、図2の［B］のように変化する電圧である。

(3) 静電容量 C_2〔F〕のコンデンサの両端の電圧 V_{C2} は、直流の［C］〔V〕である。

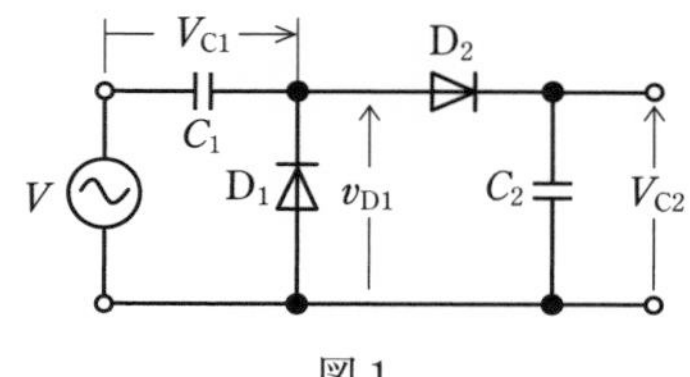

図1

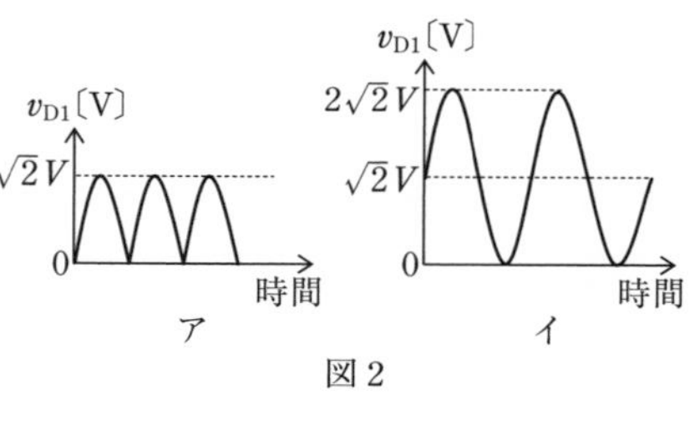

図2

	A	B	C
1	$\sqrt{2}V$	ア	$2\sqrt{2}V$
2	$2V$	ア	$2\sqrt{2}V$
3	$\sqrt{2}V$	ア	$2V$
4	$\sqrt{2}V$	イ	$2\sqrt{2}V$
5	$2V$	イ	$2V$

解説　入力交流電圧の負の半周期では、ダイオード D_1 が導通して、コンデンサ C_1 は交流電圧の最大値 $V_m = \sqrt{2}V$〔V〕に充電される。負荷に電流が流れないので、V_{C1} はその電圧が保持される。D_1 の両端の電圧 v_{D1} は、入力交流電圧 v_i に直流電圧 $V_{C1} = \sqrt{2}V$〔V〕が加わるので

$$v_{D1} = v_i + V_{C1} = v_i + \sqrt{2}V \text{〔V〕}$$

V_{C2} は問題図2のイで表される v_{D1} の電圧が整流されて C_2 が v_{D1} の最大値に充電されるので、$2\sqrt{2}V$〔V〕となる。

▶ **解答　4**

A－16

04(7②)　類 03(7②)　類 03(1①)

次に示す真理値表と同じ動作をする論理回路を下の番号から選べ。ただし、正論理とし、A 及び B をそれぞれ入力、X 及び Y をそれぞれ出力とする。

真理値表

入力		出力	
A	B	X	Y
0	0	0	0
0	1	1	0
1	0	1	0
1	1	0	1

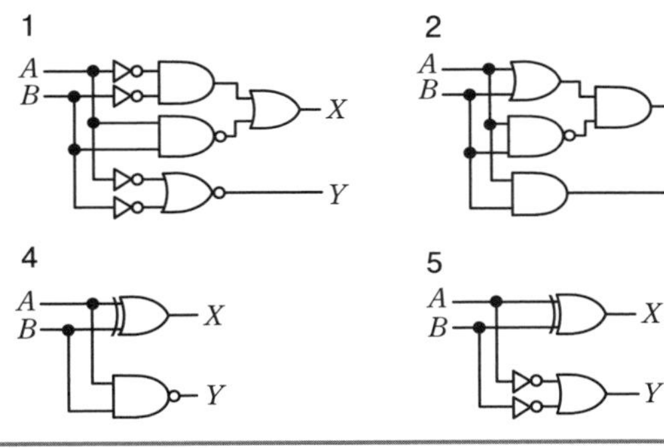

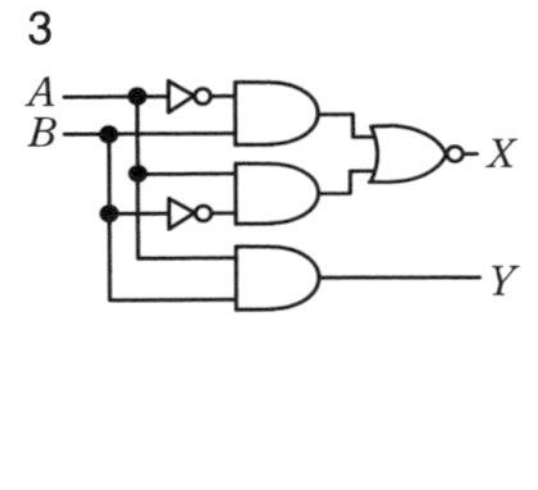

解説　選択肢 4 と 5 の出力が X の回路は、EX-OR 回路であり、A、B どちらかが「1」のとき出力が「1」となる。選択肢 2 の出力が X の回路は、同様な動作をする。選択肢 2 と 3 の出力が Y の回路は、AND 回路であり、選択肢 1 の出力が Y の回路は、AND 回路と同様な動作をする。選択肢 2 の真理値表は次のようになる。

入力		各素子の出力		出力	
A	B	OR	NAND	X	Y
0	0	0	1	0	0
0	1	1	1	1	0
1	0	1	1	1	0
1	1	1	0	0	1

Point
NAND は AND の出力に NOT、NOR は OR の出力に NOT を付けた回路

▶ **解答　2**

出題傾向　異なる動作をする回路を選ぶ問題も出題されている。

A－17

05(7②)　類 05(1①)　類 03(1②)

図に示すように、直流電圧計 V_1、V_2 及び V_3 を直列に接続したとき、それぞれの電圧計の指示値 V_1、V_2 及び V_3 の和の値から測定できる端子 ab 間の電圧 V_{ab} の最大値として、正しいものを下の番号から選べ。ただし、それぞれの電圧計の最大目盛値及び内部抵抗は、表の値とする。

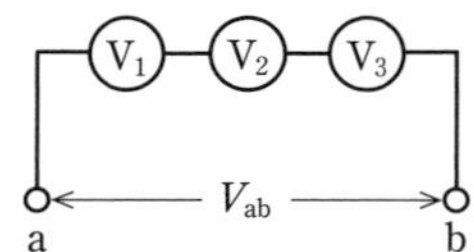

電圧計	最大目盛値	内部抵抗
V_1	50〔V〕	50〔kΩ〕
V_2	100〔V〕	200〔kΩ〕
V_3	300〔V〕	500〔kΩ〕

1　250〔V〕　2　265〔V〕　3　325〔V〕　4　375〔V〕　5　450〔V〕

解説　各電圧計に流れる電流は同じなので、各電圧計の最大目盛値 V_1、V_2、V_3〔V〕の電圧となるときに流れる電流 I_1、I_2、I_3〔A〕が各電圧計の最大電流となる。それらは内部抵抗 r_1、r_2、r_3〔Ω〕の電圧降下なので、I_1、I_2、I_3 を求めると

$$I_1 = \frac{V_1}{r_1} = \frac{50}{50 \times 10^3} = 1 \times 10^{-3} \text{〔A〕} \quad \cdots (1)$$

$$I_2 = \frac{V_2}{r_2} = \frac{100}{200 \times 10^3} = 0.5 \times 10^{-3} \text{〔A〕} \quad \cdots (2)$$

$$I_3 = \frac{V_3}{r_3} = \frac{300}{500 \times 10^3} = 0.6 \times 10^{-3} \text{〔A〕} \quad \cdots (3)$$

Point
$\mathrm{k} = 10^3$ と $\mathrm{m} = 10^{-3}$ は掛けると消えるので、10^{-3} を残して計算する

I_2 が最小なので式 (2) の電流が流れたときに電圧計 V_2 が最大目盛に到達する。そのとき、ab 間の電圧 V_{ab}〔V〕は

$$V_{ab} = (r_1 + r_2 + r_3) I_2$$
$$= (50 + 200 + 500) \times 10^3 \times 0.5 \times 10^{-3} = 375 \text{〔V〕}$$

▶ **解答　4**

出題傾向　電圧計が二つの問題も出題されている。

A－18

類 05(7②)　類 05(1①)

次の記述は、図に示す直流電流計 A_a を用いた回路において、電流を測定したときの誤差率の大きさ ε について述べたものである。誤っているものを下の番号から選べ。ただし、A_a の内部抵抗を R_A〔Ω〕、電流の真値を I_T、SW を断 (OFF) にしたときの電流計 A_a の測定値を I_M とする。

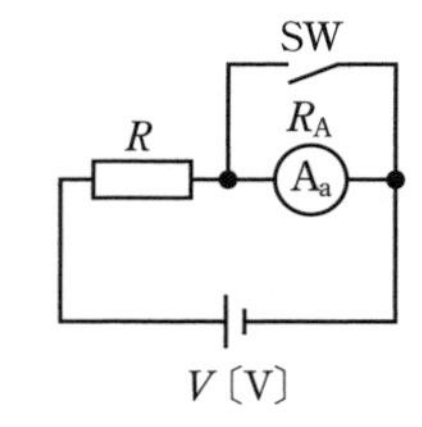

R：抵抗〔Ω〕
V：直流電圧

1　電流の真値 I_T は、SW を接 (ON) にしたときの電流であるから、$I_T = V/R$〔A〕である。

2　電流計 A_a の測定値 I_M は、$I_M = V/(R + R_A)$〔A〕である。

3　ε を I_T と I_M で表すと、$\varepsilon = |(I_M - I_T)/I_T|$ となる。

4　ε を R と R_A で表すと、$\varepsilon = 1 - \{R/(R + R_A)\}$ となる。

5　ε を 0.1 未満にする条件は、$R_A > (R/9)$〔Ω〕である。

解説 誤差率εは次式で表される。

$$\varepsilon = \frac{I_M - I_T}{I_T}$$

R_Aによって電流が減少し、$I_M < I_T$となるので、誤差率の大きさは

$$|\varepsilon| = \left| \frac{I_M - I_T}{I_T} \right| \quad \cdots (1)$$

よって、選択肢3は正しい。

$R_A = 0$〔Ω〕のとき、抵抗Rを流れる電流の真値I_T〔A〕は

$$I_T = \frac{V}{R}\ 〔\mathrm{A}〕 \quad \cdots (2)$$

よって、選択肢1は正しい。

測定値I_M〔A〕は

$$I_M = \frac{V}{R + R_A}\ 〔\mathrm{A}〕 \quad \cdots (3)$$

よって、選択肢2は正しい。

誤差率の大きさは式(1)に式(2)、式(3)を代入すると

$$|\varepsilon| = \frac{I_T - I_M}{I_T} = \frac{\dfrac{V}{R} - \dfrac{V}{R + R_A}}{\dfrac{V}{R}} = 1 - \frac{R}{R + R_A} \quad \cdots (4)$$

よって、選択肢4は正しい。

式(4)の$|\varepsilon| < 0.1$とすると

$$1 - \frac{R}{R + R_A} < 0.1$$

$$R + R_A - R < 0.1 \times (R + R_A)$$

$$R_A < \frac{0.1R}{1 - 0.1} = \frac{R}{9} \quad \text{なので} \quad R_A < \frac{R}{9}\ 〔\Omega〕$$

よって、選択肢5は誤り。

▶ **解答　5**

A－19　　05(7②)　02(11①)

図に示す回路において、発振器SGの周波数fを300〔kHz〕にしたとき可変静電容量C_Vが426〔pF〕で回路が共振し、fを600〔kHz〕にしたときC_Vが102〔pF〕で回路が共振した。このとき自己インダクタンスがL〔H〕のコイルの分布容量C_0の値として、最も近いものを下の番号から選べ。

1　6〔pF〕
2　4〔pF〕
3　3〔pF〕
4　2〔pF〕
5　1〔pF〕

R：抵抗〔Ω〕

解説 共振周波数をそれぞれ f_1、f_2、角周波数を ω_1、ω_2、そのときの可変静電容量の値を C_{V1}、C_{V2}、コイルの自己インダクタンスを L、分布容量を C_0 とすると、次式が成り立つ。

$$\omega_1{}^2 = \frac{1}{L(C_{V1}+C_0)} \quad \cdots (1) \qquad \omega_2{}^2 = \frac{1}{L(C_{V2}+C_0)} \quad \cdots (2)$$

周波数 $f_1 = 300$〔kHz〕、$f_2 = 600$〔kHz〕なので、それらの関係は次式となる。

$$2\omega_1 = \omega_2 \quad \cdots (3)$$

式 (2) ÷ 式 (1) に式 (3) を代入すると、次式が得られる。

$$\left(\frac{\omega_2}{\omega_1}\right)^2 = \frac{L(C_{V1}+C_0)}{L(C_{V2}+C_0)} = \frac{C_{V1}+C_0}{C_{V2}+C_0} = 2^2$$

$$4(C_{V2}+C_0) = C_{V1}+C_0$$

よって、C_0〔pF〕を求めると

$$C_0 = \frac{C_{V1}-4C_{V2}}{3} = \frac{426-4\times 102}{3} = \frac{18}{3} = 6 \text{〔pF〕}$$

Point
L の値が与えられてないので、C のみの式となるように誘導する

▶ **解答　1**

A－20　05(7①)　02(11①)

次の記述は、図1に示すオシロスコープのプローブについて述べたものである。　　内に入れるべき字句の正しい組合せを下の番号から選べ。ただし、オシロスコープの入力抵抗 R_o は 1〔MΩ〕、プローブの等価回路は図 2（破線内）で表されるものとし、静電容量 C_2 を 108〔pF〕とする。なお、同じ記号の　　には同じ字句が入るものとする。

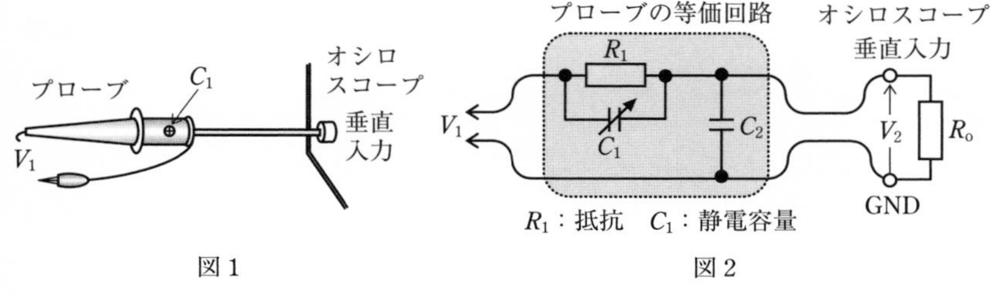

図 1　　図 2

(1) C_1 及び C_2 を無視するとき、プローブの減衰比 V_1：V_2 を 10：1 にする抵抗 R_1 の値は、 A 〔MΩ〕である。
(2) C_1 及び C_2 を考慮し、R_1 の値が、 A 〔MΩ〕であるとき、周波数に無関係に V_1：V_2 を 10：1 にする C_1 の値は、 B 〔pF〕である。

	A	B
1	6	8
2	6	10
3	9	10
4	9	12
5	12	12

解説　C_1 及び C_2 を無視すると、プローブの減衰量は、プローブの抵抗 R_1〔MΩ〕とオシロスコープの入力抵抗 R_o〔MΩ〕の比で表されるので、次式が成り立つ。

$$\frac{V_1}{V_2}=\frac{R_1+R_o}{R_o}=10$$

$$10R_o=R_1+R_o \quad \text{よって} \quad R_1=9R_o=9\,〔\text{M}\Omega〕 \quad \cdots\ (1)$$

Point
分圧回路の抵抗の比で表される

次に C_1 及び C_2 を考慮して、R_1〔MΩ〕と C_1〔pF〕の並列インピーダンスを $\dot{Z}_1$〔MΩ〕、R_o〔MΩ〕と C_2〔pF〕の並列インピーダンスを $\dot{Z}_2$〔MΩ〕とすると、減衰比が式(1)と同じ比率となるので、次式が成り立つ。

$$\dot{Z}_1=9\dot{Z}_2$$

$$\frac{R_1\dfrac{1}{j\omega C_1}}{R_1+\dfrac{1}{j\omega C_1}}=\frac{9R_o\dfrac{1}{j\omega C_2}}{R_o+\dfrac{1}{j\omega C_2}}$$

$$\frac{R_1}{1+j\omega C_1R_1}=\frac{9R_o}{1+j\omega C_2R_o}$$

$$\frac{1+j\omega C_2R_o}{1+j\omega C_1R_1}=\frac{9R_o}{R_1} \quad \cdots\ (2)$$

Point
抵抗や静電容量の比で求めるので、単位は〔MΩ〕や〔pF〕のまま計算してよい

式(2)において、$9R_o/R_1=1$ なので、左辺の虚数項が等しいときに周波数と無関係な値となる。よって、次式が成り立つ。

$$\omega C_2R_o=\omega C_1R_1$$

したがって

$$C_1=\frac{C_2R_o}{R_1}=\frac{108\times 1}{9}=12\,〔\text{pF}〕$$

Point
ω を含まない式で表されるとき、周波数と無関係な値となる

▶ **解答　4**

B－1 　　02(1)

次の記述は、図に示す磁気回路に蓄えられるエネルギーについて述べたものである。[ ]内に入れるべき字句を下の番号から選べ。ただし、磁気回路には、漏れ磁束及び磁気飽和がないものとする。

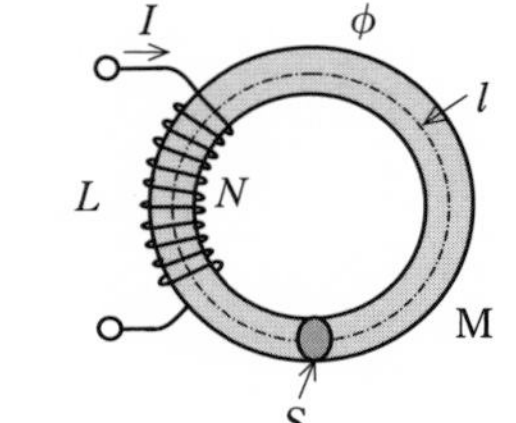

(1) 自己インダクタンスL〔H〕のコイルに直流電流I〔A〕が流れているとき、磁気回路に蓄えられるエネルギーWは、L及びIで表すと、次式で表される。

$W=$ [ア]〔J〕 …①

(2) Lは、環状鉄心Mの中の磁束をϕ〔Wb〕、コイルの巻数をNとすると、次式で表される。

$$L=\frac{N\phi}{I}〔\mathrm{H}〕 \quad \cdots ②$$

(3) Mの断面積をS〔m^2〕、平均磁路長をl〔m〕、Mの中の磁束密度をB〔T〕とすると、ϕ及び磁界の強さHは、それぞれ次式で表される。

$\phi=$ [イ]〔Wb〕 …③

$H=\dfrac{[ウ]}{l}$〔A/m〕 …④

(4) 式②、③、④を用いると、式①は次式で表される。

$W=$ [エ]〔J〕

(5) したがって、磁路の単位体積当たりに蓄えられるエネルギーwは、$w=$ [オ]〔J/m^3〕である。

1 LI^2　2 N^2I　3 NI　4 BS^2　5 HB

6 $\dfrac{LI^2}{2}$　7 BS　8 $\dfrac{HBS}{l}$　9 $\dfrac{HBSl}{2}$　10 $\dfrac{HB}{2}$

解説 問題の式④より

$NI=Hl$ … (1)

問題の式①に、式②、式③、式(1)を代入して磁気回路に蓄えられるエネルギーW〔J〕を求めると

$$W=\frac{LI^2}{2}=\frac{N\phi I^2}{2I}=\frac{NBSI}{2}=\frac{HBSl}{2}〔\mathrm{J}〕$$

▶ **解答　ア－6　イ－7　ウ－3　エ－9　オ－10**

B－2　類 05(7②)　02(11②)

次の記述は、図に示す回路について述べたものである。[　　]内に入れるべき字句を下の番号から選べ。ただし、入力電圧 $\dot{V}_1$〔V〕、入力電流 $\dot{I}_1$〔A〕、出力電圧 $\dot{V}_2$〔V〕及び出力電流 $\dot{I}_2$〔A〕の間の関係は次式で表されるものとする。

$$\dot{V}_1 = \dot{A}\dot{V}_2 + \dot{B}\dot{I}_2 \text{〔V〕}$$

$$\dot{I}_1 = \dot{C}\dot{V}_2 + \dot{D}\dot{I}_2 \text{〔A〕}$$

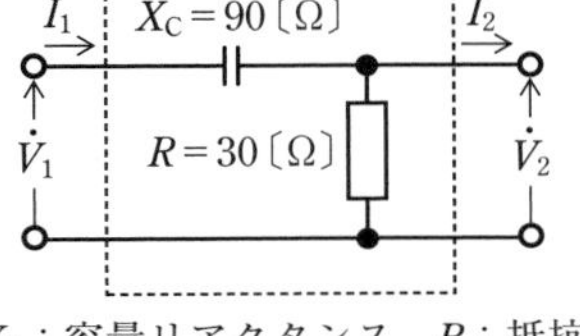

X_C：容量リアクタンス　R：抵抗

(1) $\dot{A}$, $\dot{B}$, $\dot{C}$, $\dot{D}$ を、[ア]という。
(2) $\dot{A}$ = [イ]である。
(3) $\dot{B}$ = [ウ]である。
(4) $\dot{C}$ = [エ]である。
(5) $\dot{D}$ = [オ]である。

1　四端子定数	2　$1-j3$	3　$j30$〔Ω〕	4　$\frac{1}{30}$〔S〕	5　1
6　減衰定数	7　$3+j1$	8　$-j90$〔Ω〕	9　$\frac{1}{90}$〔S〕	10　0

解説　$\dot{A}$, $\dot{B}$, $\dot{C}$, $\dot{D}$ を四端子定数と呼び、四端子定数は、出力端子を開放あるいは短絡することで求めることができる。

出力端子を開放すると $\dot{I}_2 = 0$ となるので、電圧比は $-jX_C$ と R の比より、定数 $\dot{A}$ は

$$\dot{A} = \frac{\dot{V}_1}{\dot{V}_2} = \frac{-jX_C + R}{R} = \frac{-j90 + 30}{30} = 1 - j3$$

出力端子を短絡すると $\dot{V}_2 = 0$、$\dot{I}_1 = \dot{I}_2$ なので、定数 $\dot{B}$ は

$$\dot{B} = \frac{\dot{V}_1}{\dot{I}_2} = \frac{\dot{V}_1}{\dot{I}_1} = -jX_C = -j90 \text{〔Ω〕}$$

出力端子を開放すると $\dot{I}_2 = 0$ なので、定数 $\dot{C}$ は

$$\dot{C} = \frac{\dot{I}_1}{\dot{V}_2} = \frac{\dot{I}_1}{R\dot{I}_1} = \frac{1}{R} = \frac{1}{30} \text{〔S〕}$$

出力端子を短絡すると $\dot{V}_2 = 0$、$\dot{I}_1 = \dot{I}_2$ なので、定数 $\dot{D}$ は

$$\dot{D} = \frac{\dot{I}_1}{\dot{I}_2} = 1$$

▶ **解答　ア－1　イ－2　ウ－8　エ－4　オ－5**

B－3 05(7②) 02(11②)

次の図は、理想的なダイオードD、ツェナー電圧2〔V〕の定電圧ダイオードD_Z及び1〔kΩ〕の抵抗Rを組み合わせた回路とその回路の電圧電流特性を示したものである。このうち正しいものを1、誤ったものを2として解答せよ。ただし、端子ab間に加える電圧をV、流れる電流をIとする。

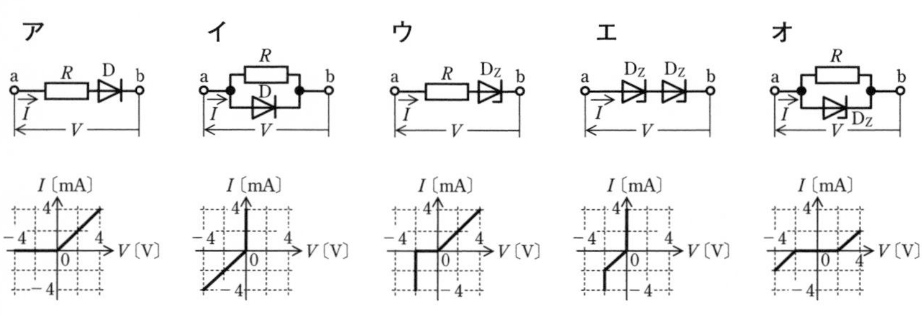

解説 理想ダイオードの順方向特性は順方向抵抗が0〔Ω〕なので、電流軸方向に電流が流れる。定電圧ダイオードも順方向特性は同じになる。理想ダイオードの逆方向特性は電流が流れない。定電圧ダイオードの逆方向特性は2〔V〕から電流が流れ始める。

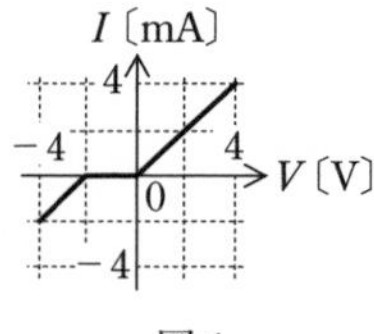

図1

誤っている選択肢の電圧電流特性は、ウの選択肢の特性は解説図1、エの選択肢の特性は解説図2、オの選択肢の特性は問題の選択肢エの特性図となる。

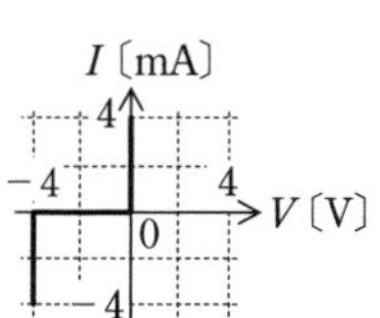

図2

▶ **解答 ア－1 イ－1 ウ－2 エ－2 オ－2**

B－4 23(1)

次の記述は、図に示すエミッタホロワ増幅回路について述べたものである。□内に入れるべき字句を下の番号から選べ。ただし、トランジスタ(Tr)のh定数のうち入力インピーダンスをh_{ie}、電流増幅率をh_{fe}とし、また、静電容量C_1、C_2〔F〕、入力電圧源の内部抵抗及び抵抗R_1の影響は無視するものとする。

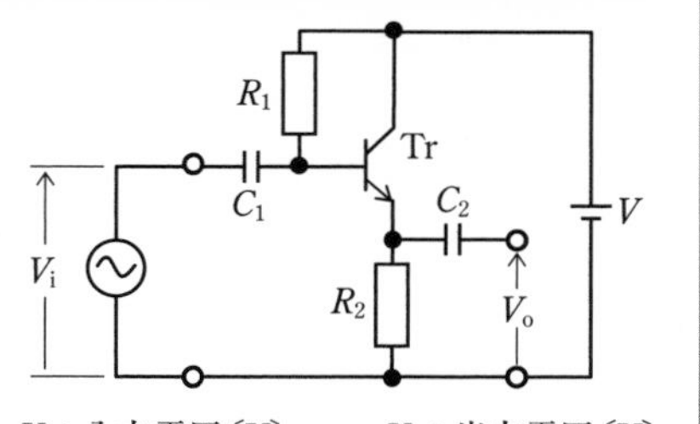

V_i：入力電圧〔V〕　V_o：出力電圧〔V〕
V：直流電源電圧〔V〕　R_2：抵抗〔Ω〕

(1) 電圧増幅度 V_o/V_i は、約［ア］である。
(2) 入力インピーダンスは、約［イ］〔Ω〕である。
(3) 出力インピーダンスは、約［ウ］〔Ω〕である。
(4) V_i と V_o の位相は、［エ］位相である。
(5) 別名で、［オ］接地増幅回路と呼ばれる。

1　1	2　$h_{fe}R_2$	3　$\dfrac{h_{ie}}{h_{fe}}$	4　逆	5　ベース
6　3	7　$\dfrac{h_{fe}R_2}{h_{ie}}$	8　$h_{fe}h_{ie}$	9　同	10　コレクタ

解説　$R_1 \gg h_{ie}$ の条件で、入力電流を I_i〔A〕とすると、入力電圧 V_i〔V〕は

$$V_i = h_{ie}I_i + V_o = h_{ie}i_i + I_oR_2$$
$$= h_{ie}I_i + (I_i + h_{fe}I_i)R_2 \text{〔V〕} \quad \cdots (1)$$

出力電圧 V_o〔V〕は

$$V_o = (I_i + h_{fe}I_i)R_2 \text{〔V〕} \quad \cdots (2)$$

電圧増幅度の大きさ A は

$$A = \frac{V_o}{V_i}$$
$$= \frac{(I_i + h_{fe}I_i)R_2}{h_{ie}I_i + (I_i + h_{fe}I_i)R_2}$$
$$= \frac{(1 + h_{fe})R_2}{h_{ie} + (1 + h_{fe})R_2} \quad \cdots (3)$$

式(3)の $1 \ll h_{fe}$ なので $h_{ie} \ll (1 + h_{fe})R_2$ となるから、$A \fallingdotseq 1$ となる。

式(1)より、入力インピーダンス Z_i〔Ω〕は

$$Z_i = \frac{V_i}{I_i} = h_{ie} + (1 + h_{fe})R_2 \quad \cdots (4)$$

$h_{ie} \ll (1 + h_{fe})R_E$ とすれば、式(4)は

$$Z_i \fallingdotseq h_{fe}R_2 \text{〔Ω〕} \quad \cdots (5)$$

入力電圧源の内部抵抗を零とすれば、出力電圧 V_o〔V〕は

$$V_o = h_{ie}I_i \text{〔V〕} \quad \cdots (6)$$

出力電流 I_o〔A〕は

$$I_o = I_i + h_{fe}I_i \text{〔A〕} \quad \cdots (7)$$

出力インピーダンス Z_o〔Ω〕は、式(6)、式(7)を用いて次式で表される。

$$Z_o = \frac{V_o}{I_o}$$

$$= \frac{h_{ie} I_i}{I_i + h_{fe} I_i} = \frac{h_{ie}}{1 + h_{fe}} 〔\Omega〕 \quad \cdots (8)$$

$1 \ll h_{fe}$ とすれば式(8)は

$$Z_o \fallingdotseq \frac{h_{ie}}{h_{fe}} 〔\Omega〕 \quad \cdots (9)$$

▶ 解答　ア－1　イ－2　ウ－3　エ－9　オ－10

B－5　　05(7①)

次の記述は、ブリッジ回路による抵抗材料 M の抵抗測定について述べたものである。□内に入れるべき字句を下の番号から選べ。

(1) 図に示す回路は、[ア]の原理図である。

(2) このブリッジ回路は、接続線の抵抗や接触抵抗の影響を除くことができることから[イ]の測定に適している。

(3) 回路図で抵抗 P、p、Q、q、R_S〔Ω〕を変えて検流計 G の振れを 0(零)にすると、次式が成り立つ。

$$PR_X = [ウ] + \frac{Qpr - Pqr}{p + q + r} \quad \cdots ①$$

(4) 一般に、このブリッジは $\frac{Q}{P}$＝[エ]の条件を満たすようになっている。

(5) したがって、(4)の条件を用いて式①より R_X を求めると R_X は、次式で表される。

R_X = [オ]〔Ω〕

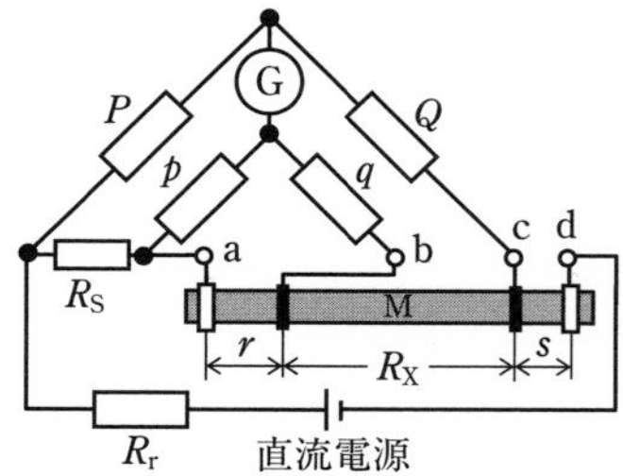

a、b、c、d：電極
R_X：bc 間の未知抵抗〔Ω〕
r　：ab 間の抵抗〔Ω〕
R_r：抵抗〔Ω〕
s　：cd 間の抵抗〔Ω〕

1　$\frac{Q}{P} R_S$　　2　$\frac{q}{p}$　　3　QP　　4　低抵抗　　5　ケルビンダブルブリッジ

6　$\frac{P}{Q} R_S$　　7　$\frac{p}{q}$　　8　QR_S　　9　高抵抗　　10　シェーリングブリッジ

解説 解説図のように電流を定めると、ブリッジが平衡しているときは、次式が成り立つ。

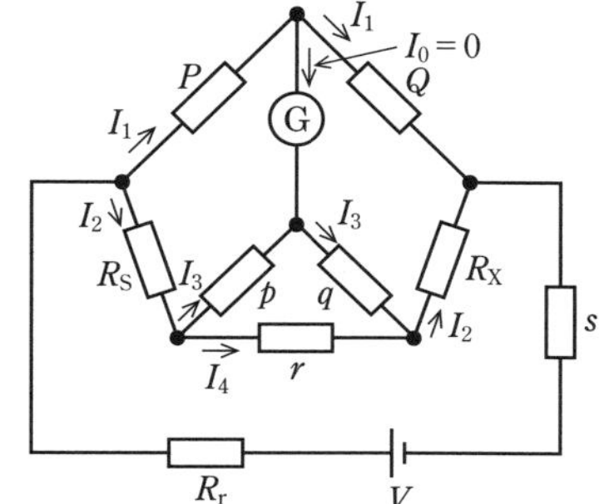

$$PI_1 = R_S I_2 + I_3 p \quad \cdots (1)$$

$$QI_1 = R_X I_2 + I_3 q \quad \cdots (2)$$

電流の分流は抵抗の比から求められるので

$$I_3 = \frac{rI_2}{p+q+r} \quad \cdots (3)$$

式(1)、式(2)に式(3)を代入すると

$$PI_1 = R_S I_2 + p\frac{rI_2}{p+q+r} \quad \cdots (4)$$

$$QI_1 = R_X I_2 + q\frac{rI_2}{p+q+r} \quad \cdots (5)$$

式(5)/Qを式(4)のI_1に代入して、I_2を消去すると

$$\frac{P}{Q}R_X + \frac{P}{Q}q\frac{r}{p+q+r} = R_S + p\frac{r}{p+q+r} \quad \cdots (6)$$

式(6)より、R_Xを求めると

$$PR_X = QR_S + \frac{Qpr - Pqr}{p+q+r}$$

$$R_X = \frac{Q}{P}R_S + \frac{pr}{p+q+r}\left(\frac{Q}{P} - \frac{q}{p}\right) \quad \cdots (7)$$

$\dfrac{Q}{P} = \dfrac{q}{p}$の条件を式(7)に代入すると$R_X$は

$$R_X = \frac{Q}{P}R_S$$

となるので、接続点の抵抗rに関係ない値となり、接続線の抵抗や接触抵抗の影響を取り除くことができる。

▶ **解答　アー5　イー4　ウー8　エー2　オー1**

A－1 02(11①)

次の記述は、図に示す最大値が V_a〔V〕の正弦波交流を半波整流した電圧 v のフーリエ級数による展開について述べたものである。[　　]内に入れるべき字句の正しい組合せを下の番号から選べ。

(1) v は、n を 1、2、3…∞の整数とすると、角度 θ〔rad〕の関数として、次式のフーリエ級数で表される。

$$v(\theta) = a_0 + \sum_{n=1}^{\infty}(a_n \cos n\theta + b_n \sin n\theta)\ \text{〔V〕}$$

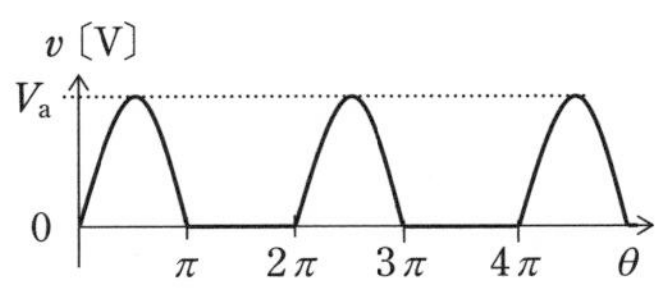

a_0、a_n 及び b_n は次式で表される。

$$a_0 = \frac{1}{2\pi} \times \int_0^{2\pi} v d\theta\ \text{〔V〕},$$

$$a_n = \frac{1}{\pi} \times \int_0^{2\pi} v \cos n\theta\, d\theta\ \text{〔V〕},\quad b_n = \frac{1}{\pi} \times \int_0^{2\pi} v \sin n\theta\, d\theta\ \text{〔V〕}$$

(2) a_0 は、v の直流分であり、$a_0 =$ [A]〔V〕となる。

(3) a_n は、n が奇数のとき $a_n = 0$〔V〕であり、偶数のとき次式で表される。

$$a_n = -\left(\frac{2V_a}{\pi}\right) \times \boxed{\ \text{B}\ }\ \text{〔V〕}$$

(4) b_n は、$n \neq 1$ のとき、$b_n = 0$〔V〕であり、$n = 1$ のとき、$b_n =$ [C]〔V〕となる。

(5) したがって、v は直流分、基本波分及び偶数次の高調波からなる電圧である。

	A	B	C
1	$\dfrac{V_a}{\pi}$	$\dfrac{1}{(n-1)(n+1)}$	$\dfrac{V_a}{3}$
2	$\dfrac{V_a}{\pi}$	$\dfrac{1}{n(n+1)}$	$\dfrac{V_a}{3}$
3	$\dfrac{V_a}{\pi}$	$\dfrac{1}{(n-1)(n+1)}$	$\dfrac{V_a}{2}$
4	$\dfrac{2V_a}{\pi}$	$\dfrac{1}{(n-1)(n+1)}$	$\dfrac{V_a}{2}$
5	$\dfrac{2V_a}{\pi}$	$\dfrac{1}{n(n+1)}$	$\dfrac{V_a}{3}$

解説 $\theta = 0 \sim \pi$〔rad〕の区間においては $v = V_a \sin\theta$、$\theta = \pi \sim 2\pi$〔rad〕の区間では $v = 0$ なので、平均値 a_0 は

$$a_0 = \frac{1}{2\pi}\int_0^{\pi} v d\theta = \frac{V_a}{2\pi}\int_0^{\pi} \sin\theta\, d\theta$$

$$= \frac{V_a}{2\pi}(-1)\times[\cos\theta]_0^{\pi} = \frac{V_a}{2\pi}(-1)\times[\cos\pi - \cos 0] = \frac{V_a}{\pi}\ 〔\mathrm{V}〕$$

問題で与えられた式より a_n を求めると

$$a_n = \frac{1}{\pi}\int_0^{\pi} V_a \sin\theta\cos n\theta\, d\theta = \frac{1}{\pi}\times\frac{V_a}{2}\int_0^{\pi}\{\sin(n\theta+\theta)-\sin(n\theta-\theta)\}\,d\theta$$

$$= -\frac{V_a}{2\pi}\left[\frac{\cos(n+1)\theta}{n+1} - \frac{\cos(n-1)\theta}{n-1}\right]_0^{\pi} \quad \cdots (1)$$

n が奇数のときは、$n+1$ 及び $n-1$ は偶数となるので、$n=3$ として 4θ と 2θ とすると

$$[\cos 4\theta]_0^{\pi} = \cos 4\pi - \cos 0 = 1 - 1 = 0$$

$$[\cos 2\theta]_0^{\pi} = \cos 2\pi - \cos 0 = 1 - 1 = 0$$

よって、n が奇数のときは $a_n = 0$ となる。n が偶数のときは $n+1$ 及び $n-1$ は奇数となるので、$n=2$ として 3θ と θ とすると

$$[\cos 3\theta]_0^{\pi} = \cos 3\pi - \cos 0 = -1 - 1 = -2$$

$$[\cos\theta]_0^{\pi} = \cos\pi - \cos 0 = -1 - 1 = -2$$

となるので、式(1)は

$$a_n = -\frac{V_a}{2\pi}\left(\frac{-2}{n+1} - \frac{-2}{n-1}\right) = -\frac{V_a}{2\pi}\times\frac{-2\times(n-1)+2\times(n+1)}{(n+1)(n-1)}$$

$$= -\frac{2V_a}{\pi}\times\frac{1}{(n+1)(n-1)}\ 〔\mathrm{V}〕$$

問題で与えられた式より $n=1$ のときの b_n を求めると

$$b_n = \frac{1}{\pi}\int_0^{\pi} V_a \sin\theta\,\sin\theta\, d\theta = \frac{1}{\pi}\times\frac{V_a}{2}\int_0^{\pi}(1-\cos 2\theta)\,d\theta$$

$$= \frac{V_a}{2\pi}\left\{[\theta]_0^{\pi} - \left[\frac{\sin 2\theta}{2}\right]_0^{\pi}\right\} = \frac{V_a}{2\pi}\left\{(\pi-0) - \left(\frac{\sin 2\pi - \sin 0}{2}\right)\right\} = \frac{V_a}{2}\ 〔\mathrm{V}〕$$

▶ **解答　3**

数学の公式

$$\cos\alpha\times\sin\beta = \frac{1}{2}\{\sin(\alpha+\beta) - \sin(\alpha-\beta)\}$$

$$\sin^2\theta = \frac{1}{2}(1-\cos 2\theta)$$

$$\frac{d}{d\theta}\cos\theta = -\sin\theta \qquad \frac{d}{d\theta}\cos n\theta = -n\sin n\theta$$

$$\int \sin n\theta\, d\theta = -\frac{\cos n\theta}{n}$$ （積分定数は省略）

$$\int \cos 2\theta\, d\theta = \frac{\sin 2\theta}{2}$$

A－2 30(7)

次の記述は、図に示すような円筒に、同一方向に巻かれた二つのコイルX及びYの合成インダクタンス及びXY間の相互インダクタンスの原理について述べたものである。□内に入れるべき字句の正しい組合せを下の番号から選べ。

(1) 端子bと端子cを接続したとき、二つのコイルは［ A ］接続となる。このとき、端子ad間の合成インダクタンスL_{ad}は、XY間の相互インダクタンスをM〔H〕とすると、次式で表される。

L_{ad} = ［ B ］〔H〕

(2) 端子bと端子dを接続したときの端子ac間の合成インダクタンスをL_{ac}とすると、L_{ad}とL_{ac}からMは次式で表される。

$$M = \frac{\boxed{\ C\ }}{\underset{\sim}{4}} \text{〔H〕}$$

	A	B	C
1	和動	$L_1 + L_2 + 2M$	$L_{ad} + L_{ac}$
2	和動	$L_1 + L_2 + 2M$	$L_{ad} - L_{ac}$
3	差動	$L_1 + L_2 + 4M$	$L_{ad} - L_{ac}$
4	差動	$L_1 - L_2 + 4M$	$L_{ad} + L_{ac}$
5	差動	$L_1 + L_2 - 2M$	$L_{ad} - L_{ac}$

L_1　M　L_2
X　Y
a　b c　d

L_1：Xの自己インダクタンス〔H〕
L_2：Yの自己インダクタンス〔H〕

解説 aからbに直流電流を流すと磁界の向きは右向き、cからdに直流電流を流すと磁界の向きは右向きなので、端子bと端子cを接続すると和動接続となるので、L_{ad}〔H〕は

$$L_{ad} = L_1 + L_2 + 2M \text{〔H〕} \quad \cdots (1)$$

L_{ac}は差動接続になるので

$$L_{ac} = L_1 + L_2 - 2M \text{〔H〕} \quad \cdots (2)$$

式(1)－式(2)より

$$L_{ad} - L_{ac} = 2M - (-2M)$$

$$M = \frac{L_{ad} - L_{ac}}{4} \text{〔H〕}$$

Point
電流の流れる向きに右ねじを回すと、磁界の向きはネジが進む向き

▶ **解答　2**

下線の部分は、ほかの試験問題で穴埋めの字句として出題されている。

A－3

類 05(7②)　類 03(7①)　02(1)

図に示すように、一辺の長さ r〔m〕の正三角形 abc のそれぞれの頂点に紙面に垂直な無限長導線を置き、それぞれの導線に同じ大きさと方向の直流電流 I〔A〕を流した。このとき、一本の導線の 1〔m〕当たりに作用する電磁力の大きさ F_0 を表す式として、正しいものを下の番号から選べ。ただし、導線は真空中にあり、真空の透磁率を $4\pi\times10^{-7}$〔H/m〕とする。

1　$F_0=\dfrac{2\sqrt{3}\,I^2}{r}\times10^{-7}$〔N/m〕

2　$F_0=\dfrac{3\sqrt{3}\,I^2}{r}\times10^{-7}$〔N/m〕

3　$F_0=\dfrac{2\sqrt{3}\,\pi I^2}{r}\times10^{-7}$〔N/m〕

4　$F_0=\dfrac{\sqrt{3}\,\pi I^2}{r}\times10^{-7}$〔N/m〕

5　$F_0=\dfrac{\sqrt{2}\,\pi I^2}{r}\times10^{-7}$〔N/m〕

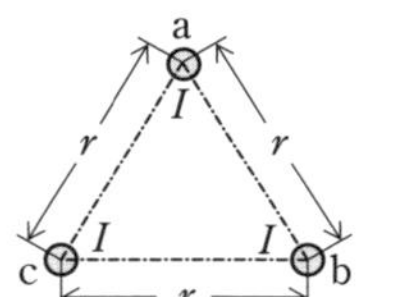

解説　真空中で間隔が r〔m〕の位置に平行に並んだ無限に長い 2 本の導線に、電流 I_1〔A〕、I_2〔A〕を流すと、導線の長さ l〔m〕当たりに働く力 F〔N〕は、真空の透磁率を μ_0 $(=4\pi\times10^{-7})$ とすると

Point　$2\pi r$ は円周を表す

$$F=\frac{\mu_0 l I_1 I_2}{2\pi r}\text{〔N〕}\quad\cdots(1)$$

で表される。各正三角形の頂点に置かれた電流は、他の 2 本の電流間の力が合成されるので、解説図のようになる。$l=1$〔m〕、電流を I〔A〕として、式(1)より F_0〔N/m〕を求めると

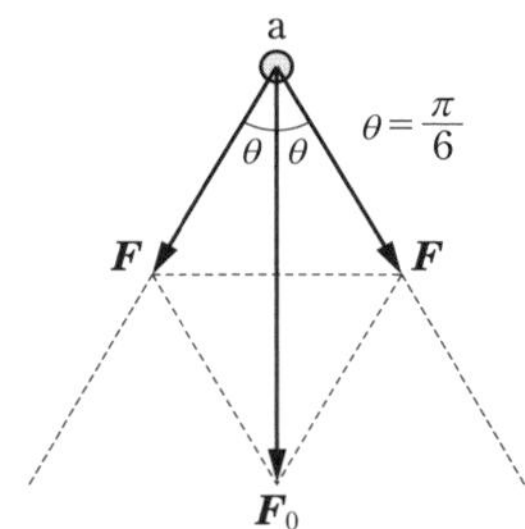

$$F_0=2F\cos\frac{\pi}{6}=\sqrt{3}F=\sqrt{3}\times\frac{4\pi\times10^{-7}\times I^2}{2\pi r}$$

$$=\frac{2\sqrt{3}I^2}{r}\times10^{-7}\text{〔N/m〕}$$

▶ **解答　1**

出題傾向　電界、磁界や力の大きさを答える問題は、ベクトル合成によって求める問題が多い。図を用いてその大きさを求めればよい。

A－4

05(7②)　02(11②)

導線の抵抗の値を温度 T_1〔℃〕及び T_2〔℃〕で測定したとき、表のような結果が得られた。このときの温度差 (T_2-T_1) の値として、最も近いものを下の番号から選べ。ただし、T_1〔℃〕のときの導線の抵抗の温度係数 α を $\alpha=1/235$〔℃$^{-1}$〕とする。

1　73.6〔℃〕　2　61.3〔℃〕　3　58.8〔℃〕
4　47.6〔℃〕　5　29.4〔℃〕

T_1〔℃〕	T_2〔℃〕
0.128〔Ω〕	0.144〔Ω〕

解説　T_1〔℃〕の抵抗値を R_1〔Ω〕とすると、T_2〔℃〕の抵抗値 R_2〔Ω〕は次式で表される。

$$R_2=\{1+\alpha(T_2-T_1)\}R_1=R_1+\alpha(T_2-T_1)R_1$$

よって

$$T_2-T_1=\frac{1}{\alpha}\times\frac{R_2-R_1}{R_1}$$

$$=235\times\frac{0.144-0.128}{0.128}=235\times\frac{0.016}{0.128}\fallingdotseq 29.4\text{〔℃〕}$$

Point
$\alpha(T_2-T_1)R_1$ は温度差による抵抗の変化を表す

▶ **解答　5**

A－5

類 05(1②)　02(11①)

図に示すように、R_1 と R_2 の抵抗が無限に接続されている回路において、端子 ab 間から見た合成抵抗 R_{ab} の値として、正しいものを下の番号から選べ。ただし、$R_1=200$〔Ω〕、$R_2=150$〔Ω〕とする。

1　220〔Ω〕
2　240〔Ω〕
3　260〔Ω〕
4　280〔Ω〕
5　300〔Ω〕

解説　問題図の回路は、R_1 と R_2 の二つの抵抗で構成された ㇕ 形回路の抵抗が無限に接続されているので、解説図のように端子 ab 間にもう 1 段 R_1 と R_2 の ㇕ 形回路の抵抗を付けて端子 cd としても合成抵抗は変わらない。

解説図の端子 cd から右の回路を見た合成抵抗 R_{cd} は R_{ab} と等しくなるので、$R_{cd}=R_{ab}$ とすると

$$R_{ab}=R_1+\frac{R_2R_{ab}}{R_2+R_{ab}}\quad\cdots\ (1)$$

$$(R_{ab}-R_1)(R_2+R_{ab})-R_2R_{ab}=0$$

Point
抵抗が無限に接続されているので、単純に合成抵抗の計算はできない

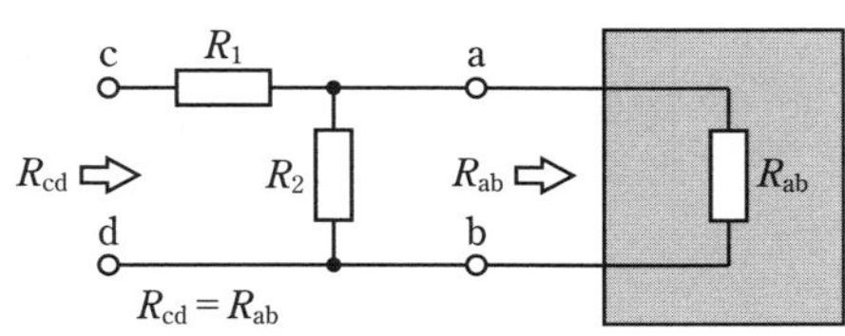

$$R_{ab}{}^2 - R_1 R_{ab} - R_1 R_2 = 0 \quad \cdots \ (2)$$

式 (2) に解の公式を使うと

$$R_{ab} = \frac{-(-R_1) \pm \sqrt{R_1{}^2 - (-4R_1R_2)}}{2} \quad \cdots \ (3)$$

抵抗値は正の値を持つので式 (3) は

$$R_{ab} = \frac{R_1 + \sqrt{R_1{}^2 + 4R_1R_2}}{2} = \frac{200 + \sqrt{200^2 + 4 \times 200 \times 150}}{2} = \frac{200 + \sqrt{4 \times 10^4 + 12 \times 10^4}}{2}$$

$$= \frac{200 + \sqrt{16 \times 10^4}}{2} = \frac{200 + 400}{2} = 300 \ 〔\Omega〕$$

▶ **解答　5**

出題傾向　抵抗 R_1, R_2 の記号式で答える問題も出題されている。この問題では数値が与えられているので、解説の式 (2) に問題で与えられた数値を代入して計算してもよい。

数学の公式　2 次方程式の解の公式：2 次方程式の一般式は次式で表される。

$$ax^2 + bx + c = 0 \quad \cdots \ (1)$$

式 (1) の根は二つあり、解の公式を用いると次式で表される。

$$x = \frac{-b \pm \sqrt{b^2 - 4ac}}{2a} \quad \cdots \ (2)$$

A－6　　02(11②)

図に示すような最大値が V_m〔V〕ののこぎり波交流電圧 v〔V〕を R〔Ω〕の抵抗に加えたとき、R で消費される電力の値として、正しいものを下の番号から選べ。ただし、のこぎり波交流電圧の角周波数を ω〔rad/s〕、時間を t〔s〕とする。

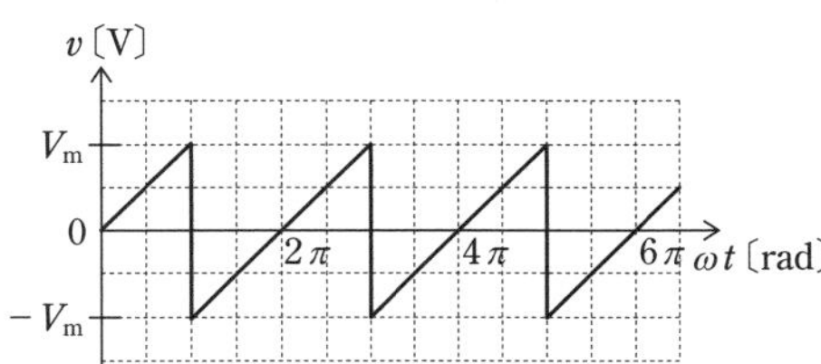

1　$\dfrac{V_m{}^2}{2R}$〔W〕　2　$\dfrac{V_m{}^2}{3R}$〔W〕　3　$\dfrac{V_m{}^2}{4R}$〔W〕　4　$\dfrac{V_m{}^2}{\sqrt{2}R}$〔W〕　5　$\dfrac{V_m{}^2}{\sqrt{3}R}$〔W〕

解説 最大値 V_m〔V〕ののこぎり波の実効値 $V_e = V_m/\sqrt{3}$〔V〕なので、電力 P〔W〕は

$$P = \frac{V_e^2}{R} = \left(\frac{V_m}{\sqrt{3}}\right)^2 \times \frac{1}{R} = \frac{V_m^2}{3R}\ \text{〔W〕}$$

▶ **解答　2**

問題の図において、$\theta = \omega t$ とすると、0 から π の区間ではのこぎり波の瞬時値電圧 $v = V_m\theta/\pi$ の式で表されるので、実効値 V_e は

$$V_e = \sqrt{\frac{1}{\pi}\int_0^{\pi} V_m^2 d\theta} = \sqrt{\frac{1}{\pi}\int_0^{\pi} \frac{V_m^2\theta^2}{\pi^2} d\theta} = V_m\sqrt{\frac{1}{3\pi^3}\left[\theta^3\right]_0^{\pi}} = \frac{V_m}{\sqrt{3}}\ \text{〔V〕}$$

A－7

05(7①)

次の記述は、図に示す直列共振回路とその周波数特性について述べたものである。このうち誤っているものを下の番号から選べ。ただし、抵抗 R を 10〔Ω〕、静電容量 C を 0.001〔μF〕、自己インダクタンスを L〔H〕、交流電圧 $\dot{V}$ を 10〔V〕、共振周波数 f_0 を 100〔kHz〕とする。また、f_0 における回路の電流を I_0〔A〕、$I_0/\sqrt{2}$〔A〕になる周波数を f_1 及び f_2〔Hz〕($f_1 < f_2$) とする。

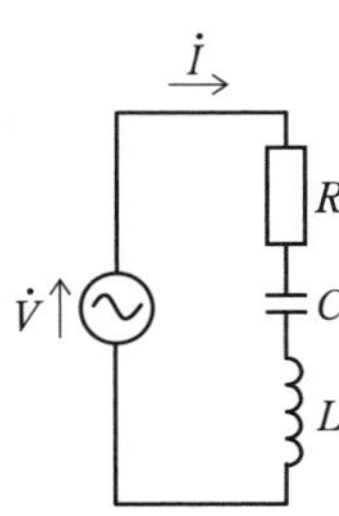

R：抵抗〔Ω〕
C：静電容量〔F〕
L：自己インダクタンス〔H〕

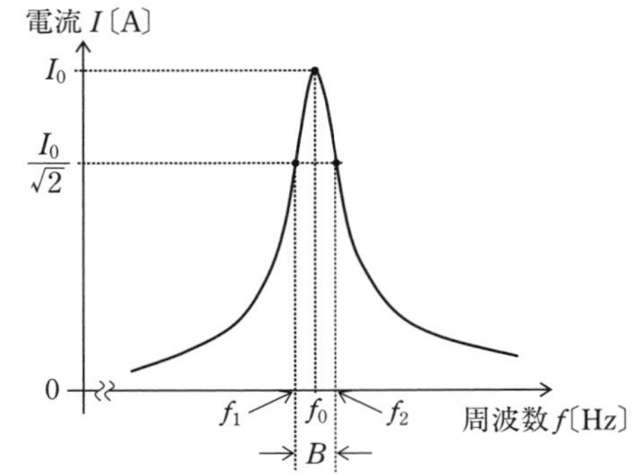

1　回路の尖鋭度 Q は、$Q = 500/\pi$ である。
2　帯域幅 B は、$B = f_2 - f_1 = 200\pi$〔Hz〕である。
3　f_0 のときに R で消費される電力は、10〔W〕である。
4　f_1 のときに R で消費される電力は、20〔W〕である。
5　f_2 のときに回路に流れる電流 $\dot{I}$ の位相は、$\dot{V}$ よりも遅れる。

解説

Point
L が分かっているときは
$Q=\dfrac{\omega_0 L}{R}$

1　回路の Q は

$$Q=\frac{1}{\omega_0 CR}=\frac{1}{2\pi f_0 CR}=\frac{1}{2\pi\times 100\times 10^3\times 0.001\times 10^{-6}\times 10}$$
$$=\frac{10^3}{2\pi}=\frac{500}{\pi}$$

2　帯域幅 B〔Hz〕は

$$B=f_2-f_1=\frac{f_0}{Q}=\frac{\pi}{500}\times 100\times 10^3=200\pi\ \text{〔Hz〕}$$

3　共振時はリアクタンスが 0〔Ω〕となるので、共振時の電流 I_0〔A〕は

$$I_0=\frac{V}{R}=\frac{10}{10}=1\ \text{〔A〕}$$

電力 P〔W〕は

$$P=I_0^2 R=1^2\times 10=10\ \text{〔W〕}$$

4　f_1 のときの電力 P_1〔W〕は

$$P_1=\left(\frac{I_0}{\sqrt{2}}\right)^2 R=\frac{1^2}{2}\times 10=5\ \text{〔W〕}$$

よって，誤りである。

5　回路のインピーダンス $\dot{Z}$〔Ω〕と電流 $\dot{I}$〔A〕は

$$\dot{Z}=R+j\left(\omega_2 L-\frac{1}{\omega_2 C}\right)\ \text{〔Ω〕}\quad\cdots(1)\qquad \dot{I}=\frac{\dot{V}}{\dot{Z}}\ \text{〔A〕}\quad\cdots(2)$$

式 (1) の虚数部は + となるので、$\dot{I}=a-jb$ となり、$\dot{I}$ の位相は $\dot{V}$ よりも遅れる。

▶ **解答　4**

共振回路の問題は頻繁に出題される。Q の求め方には回路定数から求める方法と、共振特性曲線から求める方法がある。

A－8

類 02(11①)

図に示す抵抗 R〔Ω〕及び静電容量 C〔F〕の回路において、電源電圧 $\dot{V}$〔V〕の角周波数 ω が、$\omega=1/(RC)$〔rad/s〕であるとき、C の両端電圧 $\dot{V}_C$ と $\dot{V}$ の大きさの比の値（$|\dot{V}_C|/|\dot{V}|$）として、正しいものを下の番号から選べ。

1　$\dfrac{1}{2}$　　2　$\dfrac{1}{3}$　　3　$\dfrac{1}{\sqrt{2}}$

4　$\dfrac{1}{\sqrt{3}}$　　5　$\dfrac{1}{\sqrt{5}}$

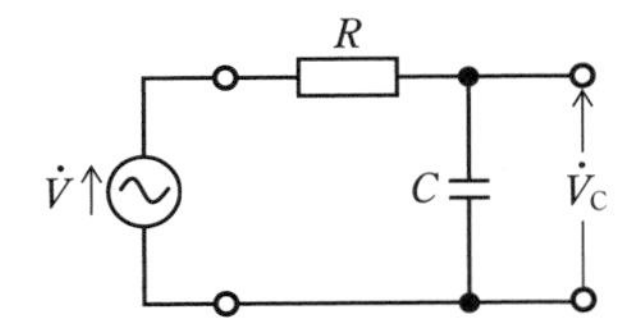

解説 直列回路の電圧比は抵抗とリアクタンスの比で表されるので、次式が成り立つ。

$$\frac{\dot{V}_{\mathrm{L}}}{\dot{V}}=\frac{\dfrac{1}{j\omega C}}{R+\dfrac{1}{j\omega C}}=\frac{1}{1+j\omega CR} \quad \cdots (1)$$

問題の条件より、$\omega=1/(RC)$ を式 (1) に代入すると

$$\frac{\dot{V}_{\mathrm{L}}}{\dot{V}}=\frac{1}{1+j1} \quad \cdots (2)$$

式 (2) の絶対値は次式で求めることができる。

$$\frac{|\dot{V}_{\mathrm{L}}|}{|\dot{V}|}=\frac{1}{\sqrt{1^2+1^2}}=\frac{1}{\sqrt{2}}$$

▶ **解答 3**

A−9 31 (1)

次の記述は、フォトダイオードについて述べたものである。[ ]内に入れるべき字句の正しい組合せを下の番号から選べ。

(1) 光電変換には、[A]を利用している。

(2) 一般に、[B]電圧を加えて使用し、受光面に当てる光の強さが強くなると電流の大きさの値は[C]なる。

	A	B	C
1	光導電効果	順方向	小さく
2	光導電効果	逆方向	小さく
3	光導電効果	順方向	大きく
4	光起電力効果	逆方向	大きく
5	光起電力効果	順方向	大きく

解説 PN 接合に逆方向電圧を加え、PN 接合部付近に光を照射すると、共有結合をしている電子が光エネルギーを受け取って、電子と正孔の対が発生する。これによってそれらがキャリアとなり電流が増加する。これを光起電力効果という。

▶ **解答 4**

A−10 30 (1)

次の記述は、トランジスタの最大コレクタ損失 P_{Cmax} について述べたものである。[ ]内に入れるべき字句の正しい組合せを下の番号から選べ。

(1) 動作時に［ A ］において連続的に消費しうる電力の最大許容値をいう。
(2) 周囲温度が高くなると、［ B ］なる。
(3) $P_{Cmax}=5$〔W〕のトランジスタでは、コレクタ-エミッタ間の電圧 V_{CE} を 40〔V〕で連続使用するとき、流しうる最大のコレクタ電流 I_C は、［ C ］〔mA〕である。

	A	B	C
1	コレクタ接合	小さく	625
2	コレクタ接合	大きく	125
3	コレクタ接合	小さく	125
4	エミッタ接合	小さく	625
5	エミッタ接合	大きく	125

解説　$I_C=\dfrac{P_{Cmax}}{V_{CE}}=\dfrac{5}{40}=125\times10^{-3}$〔A〕$=125$〔mA〕

▶ **解答　3**

A－11

06(1)　05(1②)

次の記述は、Pゲート逆阻止３端子サイリスタについて述べたものである。このうち誤っているものを下の番号から選べ。ただし、電極のアノード、カソード及びゲートをそれぞれA、K及びGとする。

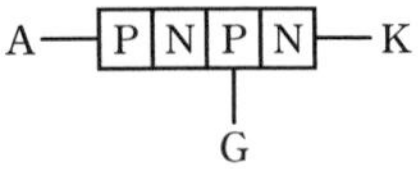

A—[P|N|P|N]—K
G
P：P形半導体
N：N形半導体

図１

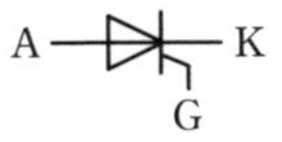

A　K
G

図２

1　このサイリスタの基本構造（電極を含む）は、図１に示すようなP、N、P、Nの４層からなる。
2　図２は、Pゲート逆阻止３端子サイリスタの図記号である。
3　ゲート電流でアノード電流を制御する半導体スイッチング素子である。
4　導通（ON）状態と非導通（OFF）状態の二つの安定状態を持つ。
5　導通（ON）状態から非導通（OFF）にするには、ゲート電流を遮断すればよい。

解説　誤っている選択肢は次のようになる。

5　導通（ON）状態から非導通（OFF）にするには、**アノード・カソード間電圧を保持電圧以下に下げればよい**。

▶ **解答　5**

A－12

05(7①)　02(11②)

次の記述は、マイクロ波やミリ波帯の回路に用いられる電子管及び半導体素子について述べたものである。［　　］内に入れるべき字句の正しい組合せを下の番号から選べ。

(1) インパットダイオードは、PN 接合のなだれ現象とキャリアの［ A ］により発振する。
(2) トンネルダイオードは、PN 接合に［ B ］を加えたときの負性抵抗特性を利用し発振する。
(3) 進行波管は、界磁コイル内に置かれた［ C ］の作用を利用し、広帯域の増幅作用が可能である。

	A	B	C
1	走行時間効果	順方向電圧	ら旋遅延回路
2	走行時間効果	逆方向電圧	空洞共振器
3	トムソン効果	逆方向電圧	空洞共振器
4	トムソン効果	逆方向電圧	ら旋遅延回路
5	トムソン効果	順方向電圧	空洞共振器

▶ **解答 1**

出題傾向 マイクロ波の電子管は、マグネトロン、進行波管、クライストロンが出題される。

A－13

05(7①)

次の記述は、図に示すトランジスタ (Tr) 増幅回路について述べたものである。［　］内に入れるべき最も近い値の組合せを下の番号から選べ。ただし、Tr の h 定数のうち入力インピーダンス h_{ie} を 4〔kΩ〕、電流増幅率 h_{fe} を 200 とする。また、入力電圧 V_i〔V〕の信号源の内部抵抗を零とし、静電容量 C_1、C_2〔F〕及び抵抗 R_1〔Ω〕の影響は無視するものとする。

(1) 端子 ab から見た入力インピーダンスは、約［ A ］〔kΩ〕である。
(2) 端子 cd から見た出力インピーダンスは、約［ B ］〔Ω〕である。
(3) 電圧増幅度 V_o/V_i は、約［ C ］である。

	A	B	C
1	200	10	2
2	200	20	1
3	400	10	2
4	400	20	1
5	600	10	2

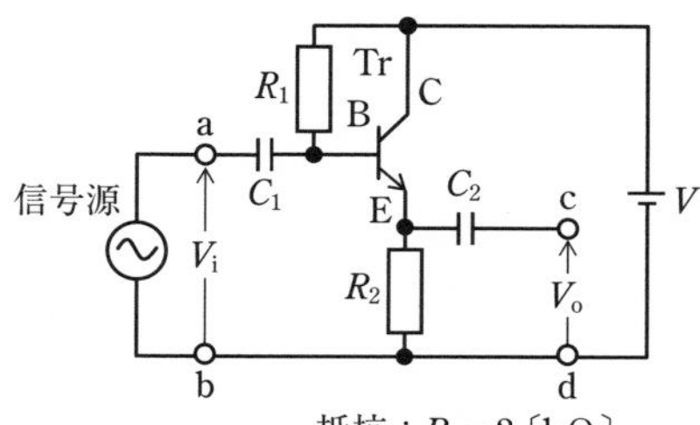

抵抗：R_2＝2〔kΩ〕
C：コレクタ　V_i：入力電圧〔V〕
E：エミッタ　V_o：出力電圧〔V〕
B：ベース　V：直流電源電圧〔V〕

解説 R_2 に流れる電流は、ベース電流 I_B〔A〕とコレクタ電流 $I_C = h_{fe} I_B$〔A〕の和となるので、入力電圧 V_i〔V〕は

$$V_i = h_{ie} I_B + R_2 (I_B + h_{fe} I_B) = h_{ie} I_B + R_2 (1 + h_{fe}) I_B \text{〔V〕} \quad \cdots (1)$$

式(1)より、インピーダンス Z_i〔Ω〕は

$$Z_i = \frac{V_i}{I_B} = h_{ie} + R_2 (1 + h_{fe}) \text{〔Ω〕}$$

$h_{fe} \gg 1$、$h_{ie} \ll R_2 (1 + h_{fe})$ なので

$$Z_i \fallingdotseq R_2 h_{fe} = 2 \times 10^3 \times 200 = 400 \times 10^3 \text{〔Ω〕} = 400 \text{〔kΩ〕}$$

出力を短絡したときに流れる電流 i_o〔A〕は

$$i_o \fallingdotseq (1 + h_{fe}) \times \frac{V_i}{h_{ie}} \text{〔A〕} \quad \cdots (2)$$

式(1)より

$$I_B = \frac{V_i}{h_{ie} + R_2 (1 + h_{fe})} \text{〔A〕} \quad \cdots (3)$$

出力を開放したときの電圧 V_o〔V〕は

$$V_o \fallingdotseq (1 + h_{fe}) I_B R_2 \text{〔V〕} \quad \cdots (4)$$

出力インピーダンス Z_o〔Ω〕は、式(4)の V_o と式(2)の i_o に式(3)を用いると

$$Z_o = \frac{V_o}{i_o} = \frac{(1 + h_{fe}) I_B R_2}{(1 + h_{fe}) \times \dfrac{V_i}{h_{ie}}} = \frac{I_B R_2 h_{ie}}{V_i}$$

$$= \frac{V_i}{h_{ie} + R_2 (1 + h_{fe})} \times \frac{R_2 h_{ie}}{V_i}$$

$$\fallingdotseq \frac{R_2 h_{ie}}{R_2 (1 + h_{fe})} \fallingdotseq \frac{h_{ie}}{h_{fe}} = \frac{4 \times 10^3}{200} = 20 \text{〔Ω〕}$$

Point
式の誘導が難しいので
$Z_o \fallingdotseq \dfrac{h_{ie}}{h_{fe}}$
を覚えておこう

式(1)より $V_i \fallingdotseq R_2 (1 + h_{fe}) I_B$、式(4)より $V_o \fallingdotseq (1 + h_{fe}) I_B R_2$ なので、$V_o / V_i \fallingdotseq 1$ となる。

▶ **解答　4**

A－14　類 05(7①)　類 03(1①)　01(7)

図１に示す回路と図２に示す回路の伝達関数 $(\dot{V}_o / \dot{V}_i)$ が等しくなる条件を表す式として、正しいものを下の番号から選べ。ただし、角周波数を ω〔rad/s〕とし、演算増幅器 A_{OP} は理想的な特性を持つものとする。

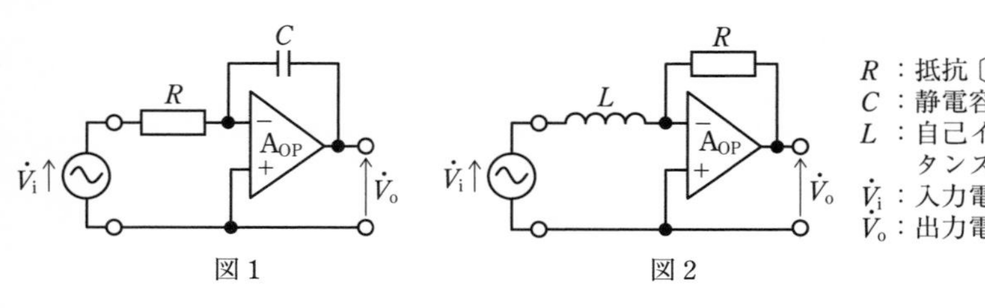

1 $C=\dfrac{L^2}{R}$　2 $C=\dfrac{L}{R^2}$　3 $C=\dfrac{R}{L^2}$　4 $L=\dfrac{C}{R^2}$　5 $L=\dfrac{R}{C^2}$

解説 入力が－端子の反転増幅回路なので、問題図 1 の電圧増幅度$\dot{A}_1$は

$$\dot{A}_1=\frac{\dot{V}_o}{\dot{V}_i}=-\frac{\dfrac{1}{j\omega C}}{R}=-\frac{1}{j\omega CR}\quad\cdots\ (1)$$

問題図 2 の電圧増幅度$\dot{A}_2$は

$$\dot{A}_2=\frac{\dot{V}_o}{\dot{V}_i}=-\frac{R}{j\omega L}\quad\cdots\ (2)$$

伝達関数が等しい条件より、式(1)＝式(2)とすると

$$\frac{1}{CR}=\frac{R}{L}\quad\cdots\ (3)$$

選択肢の式に変形すると、$C=\dfrac{L}{R^2}$

Point
反転増幅回路の入力回路のインピーダンスを$\dot{Z}_1$、帰還回路のインピーダンスを$\dot{Z}_2$とすると増幅度$\dot{A}$は

$$\dot{A}=-\frac{\dot{Z}_2}{\dot{Z}_1}$$

▶ **解答 2**

出題傾向 数値を代入して計算する問題も出題されている。

A－15　06(1)

図 1 に示すような、静電容量C〔F〕と理想ダイオード D の回路の入力電圧v_i〔V〕として、図 2 に示す電圧を加えた。このとき、Cの両端電圧v_c〔V〕及び出力電圧v_o〔V〕の波形の組合せとして、正しいものを下の番号から選べ。ただし、回路は定常状態にあるものとする。また、図 3 のvは、v_c又はv_oを表す。

	v_c	v_o
1	ア	イ
2	イ	ア
3	ア	ウ
4	イ	ウ
5	ア	エ

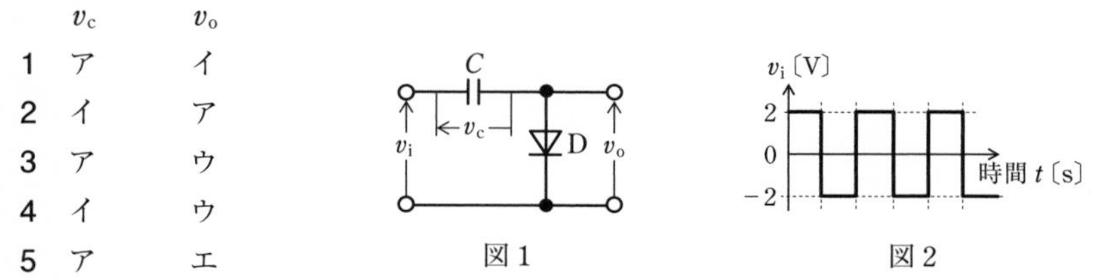

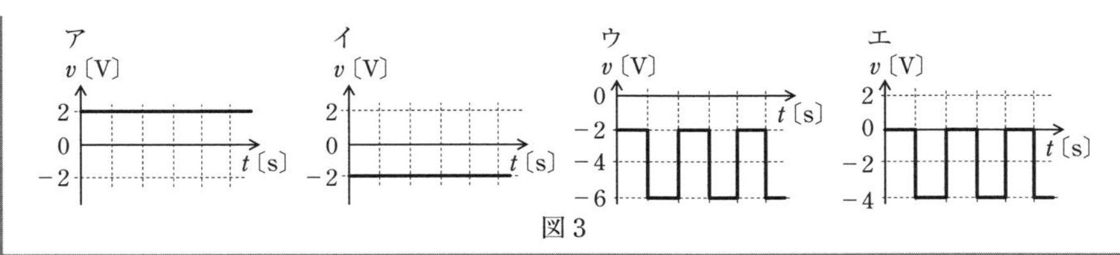

図3

解説　入力電圧 v_i が正の半周期のとき、ダイオードが導通して電流が流れるので、C は入力電圧の最大値＋2〔V〕に充電される。負荷に電流が流れないので、C の電圧 v_c は入力が負の半周期においても＋2〔V〕の電圧が保持される。よって v_c は問題図3のアとなる。

Point
クランプ回路は、直流分（2〔V〕）が加わった波形が出力される。電圧の向きに注意すること

出力電圧は、v_i に直流電圧 v_c が逆向きの極性で加わる。よって、出力電圧 v_o は次式で表される。

$$v_o = v_i - v_c = v_i - 2\ 〔V〕$$

v_o は入力電圧が2〔V〕下がった波形となるので、問題図3のエとなる。

▶ **解答　5**

A－16

03(7①)　類02(11①)　02(11②)

次は、論理式とそれに対応する論理回路を示したものである。このうち、正しい組合せを下の番号から選べ。ただし、正論理とし、A、B 及び C を入力、X を出力とする。

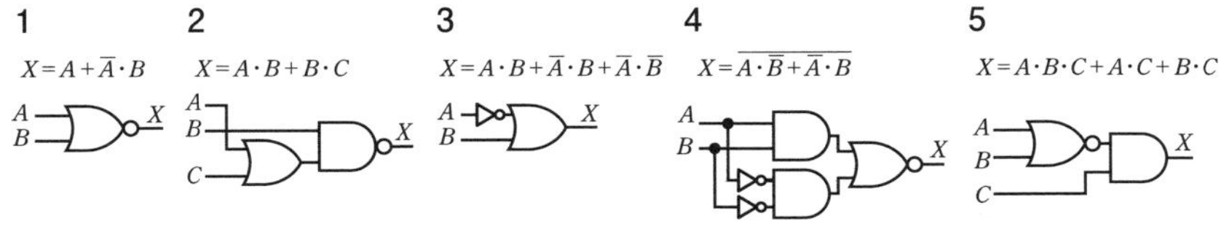

解説

1　$X = A + \overline{A} \cdot B = A \cdot (B + \overline{B}) + \overline{A} \cdot B$

$= A \cdot B + A \cdot B + A \cdot \overline{B} + \overline{A} \cdot B$

$= A \cdot (B + \overline{B}) + B \cdot (A + \overline{A}) = A + B$

なので、回路図 $X = \overline{A + B}$ と異なる。

Point
$B + \overline{B} = 1$
$A \cdot B = A \cdot B + A \cdot B$

2　$X = A \cdot B + B \cdot C = B \cdot (A + C)$

なので、回路図 $X = \overline{(A + C) \cdot B}$ と異なる。

3　$X=A\cdot B+\overline{A}\cdot B+\overline{A}\cdot\overline{B}$

$=A\cdot B+\overline{A}\cdot B+\overline{A}\cdot B+\overline{A}\cdot\overline{B}$

$=(A+\overline{A})\cdot B+\overline{A}\cdot(B+\overline{B})=B+\overline{A}$

Point
$\overline{A}\cdot B=\overline{A}\cdot B+\overline{A}\cdot B$
$A+\overline{A}=1$

4　$X=\overline{\overline{A}\cdot\overline{B}+\overline{A}\cdot B}=(\overline{\overline{A}\cdot\overline{B}})\cdot(\overline{\overline{A}\cdot B})$

$=(\overline{A}+B)\cdot(A+\overline{B})$

$=\overline{A}\cdot A+\overline{A}\cdot\overline{B}+B\cdot A+B\cdot\overline{B}=\overline{A}\cdot\overline{B}+B\cdot A$

なので、回路図 $X=\overline{A\cdot B+\overline{A}\cdot\overline{B}}$ と異なる。

Point
ド・モルガンの定理

Point
$A\cdot\overline{A}=0$

5　$X=A\cdot B\cdot C+A\cdot C+B\cdot C$

$=(A\cdot B+A+B)\cdot C$

$=(A\cdot(B+1)+B)\cdot C=(A+B)\cdot C$

なので、回路図 $X=(\overline{A+B})\cdot C$ と異なる。

Point
$B+1=1$

▶ **解答　3**

関連知識

ブール代数

$A+A=A$　　$A+1=1$　　$A+0=A$　　$A\cdot A=A$　　$A\cdot 1=A$

$A\cdot 0=0$　　$A+\overline{A}=1$　　$A\cdot\overline{A}=0$　　$\overline{\overline{A}}=A$

ド・モルガンの定理

$\overline{A+B}=\overline{A}\cdot\overline{B}$　　$\overline{A\cdot B}=\overline{A}+\overline{B}$

A－17

05(7①)　02(11①)

次の記述は、指示電気計器の特徴について述べたものである。このうち誤っているものを下の番号から選べ。

1　整流形計器は、整流した電流を永久磁石可動コイル形計器を用いて測定する。
2　熱電対形計器は、波形にかかわらず最大値を指示する。
3　誘導形計器は、移動磁界などによって生ずる誘導電流を利用し、交流専用の指示計器として用いられる。
4　電流力計形計器は、電力計としてよく用いられる。
5　静電形計器は、直流及び交流の高電圧の測定に用いられる。

解説　誤っている選択肢は、次のようになる。

2　熱電対形計器は、波形にかかわらず**実効値**を指示する。

▶ **解答　2**

A－18

06(1)

図 1 に示す回路の抵抗 R〔Ω〕に流れる電流 I〔A〕を測定するために、図 2 に示すように、内部抵抗が R_A〔Ω〕の直流電流計 A を接続した。このとき指示値の百分率誤差の大きさを 2〔%〕以下にするための R_A の最大値を表す式として、正しいものを下の番号から選べ。ただし、誤差は R_A によってのみ生ずるものとする。

1　$R_A = \dfrac{R}{49}$〔Ω〕

2　$R_A = \dfrac{R}{32}$〔Ω〕

3　$R_A = \dfrac{R}{25}$〔Ω〕

4　$R_A = \dfrac{R}{19}$〔Ω〕

5　$R_A = \dfrac{R}{10}$〔Ω〕

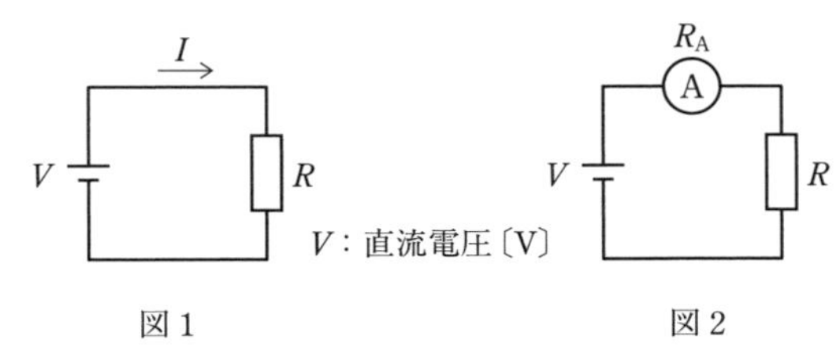

図1　図2

解説　問題図1の回路において、抵抗 R を流れる電流の真値 I〔A〕は

$$I = \frac{V}{R}\text{〔A〕} \quad \cdots \ (1)$$

問題図2の回路において、測定値 I_M〔A〕は

$$I_M = \frac{V}{R + R_A}\text{〔A〕} \quad \cdots \ (2)$$

ここで、$I_M < I$ なので百分率誤差の最大値 ε（$= -2$〔%〕）は、式(1)、式(2)より

$$\varepsilon = \frac{I_M - I}{I} \times 100 = \frac{\dfrac{V}{R + R_A} - \dfrac{V}{R}}{\dfrac{V}{R}} \times 100$$

$$= \left(\frac{R}{R + R_A} - 1\right) \times 100 = -2\text{〔%〕}$$

よって

$$\frac{R}{R + R_A} = 0.98$$

$$R = 0.98R + 0.98R_A$$

$$0.02R = 0.98R_A$$

$$R_A = \frac{0.02R}{0.98} = \frac{R}{49}\text{〔Ω〕}$$

▶ **解答　1**

A－19 03(1②)

次の記述は、図1に示すリサジュー図について述べたものである。[　　]内に入れるべき字句の正しい組合せを下の番号から選べ。ただし、図1は、図2に示すようにオシロスコープの垂直入力及び水平入力に最大値が V〔V〕で等しく、周波数の異なる正弦波交流電圧 v_y 及び v_x〔V〕を加えたときに得られたものとする。

(1) v_x の周波数が1〔kHz〕のとき、v_y の周波数は[A]〔kHz〕である。

(2) 図1の点aにおける v_y の値は、約[B]〔V〕である。

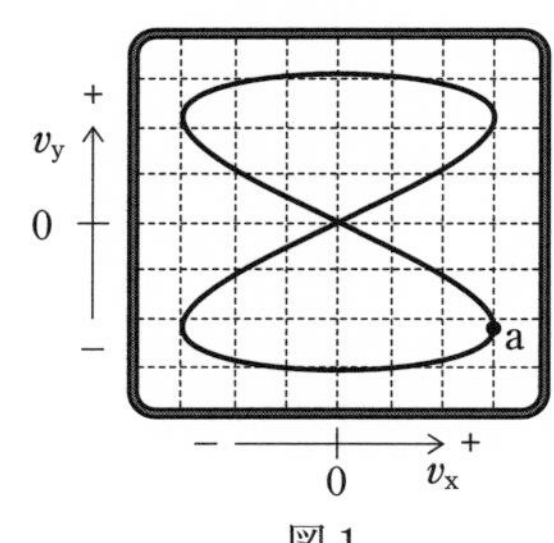

図1

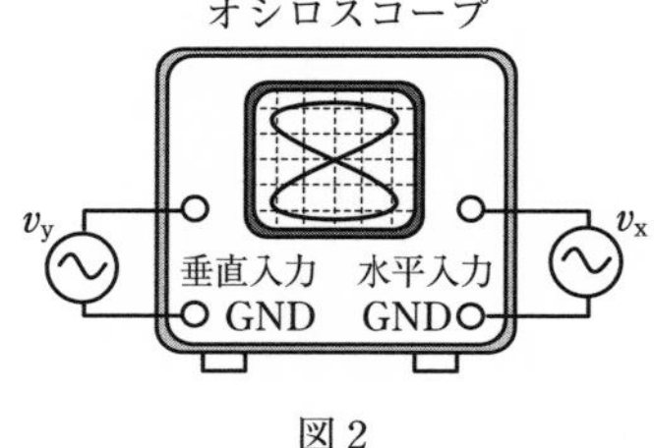

図2

	A	B
1	2	$\dfrac{-V}{\sqrt{2}}$
2	2	$\dfrac{-V}{\sqrt{3}}$
3	2	$\dfrac{-2V}{\sqrt{2}}$
4	0.5	$\dfrac{-V}{\sqrt{2}}$
5	0.5	$\dfrac{-V}{\sqrt{3}}$

解説 v_y と v_x の波形を解説図に示す。垂直に引いた線Xを横切る回数（水平方向の変化）は、水平に引いた線Yを横切る回数（垂直方向の変化）の2倍なので、垂直方向の周波数 f_y〔Hz〕は水平方向の周波数 f_x = 1〔kHz〕の1/2倍となり、$f_y = 0.5$〔kHz〕である。

点aを中心点eから始まる角度 θ〔rad〕の三角関数で表すと、x 軸の位相角は $\theta_x = 2\pi + \pi/2$〔rad〕、y 軸の位相角は $\theta_y = \pi + \pi/4$〔rad〕となるので、v_y〔V〕を求めると

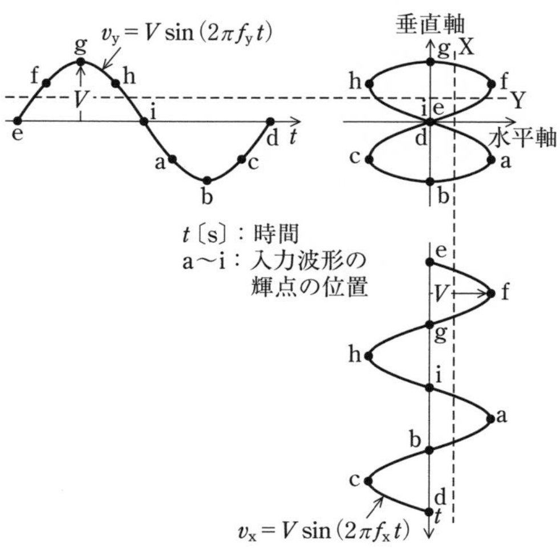

$$v_y = V\sin\theta_y = V\sin\left(\pi + \frac{\pi}{4}\right) = \frac{-V}{\sqrt{2}}\ \text{〔V〕}$$

▶ **解答　4**

A－20　　02(11②)

図に示すような、均一な抵抗線XY及び直流電流計A_aの回路で、XY上の接点を点Pに移動させたところ、端子aに流れる電流I〔A〕の1/5がA_aに流れた。このとき、抵抗線XP間の抵抗の値として、正しいものを下の番号から選べ。ただし、A_aの内部抵抗rを8〔Ω〕、XY間の抵抗Rを10〔Ω〕とする。

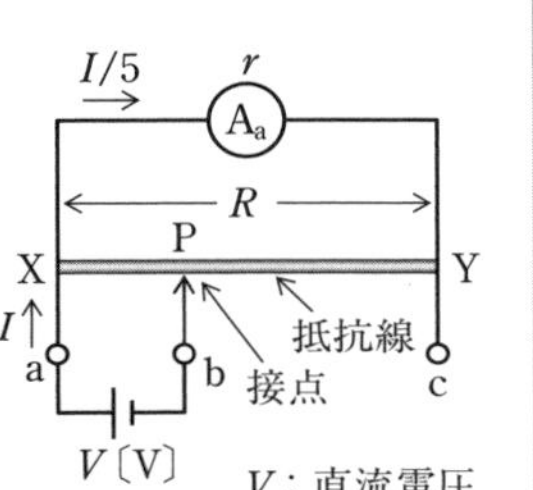

1　3.6〔Ω〕　　2　4.5〔Ω〕　　3　5.6〔Ω〕
4　8.2〔Ω〕　　5　9.6〔Ω〕

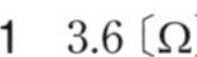
解説　抵抗線XP間の抵抗をR_{XP}〔Ω〕、YP間の抵抗をR_{YP}〔Ω〕、XY間の抵抗を$R = R_{XP} + R_{YP}$〔Ω〕、電流計とYP間を流れる電流を$I_a = I/5$〔A〕とすると、電流の分流比より次式が成り立つ。

$$I_a = \frac{R_{XP}}{R_{XP} + R_{YP} + r} I$$

よって　$\dfrac{I}{I_a} = \dfrac{R_{XP} + R_{YP} + r}{R_{XP}}$　　$5 = \dfrac{R + r}{R_{XP}}$

Point
端子abから見るとR_{XP}と$(R_{YP} + r)$の並列抵抗回路となる

R_{XP}を求めれば

$$R_{XP} = \frac{R + r}{5} = \frac{10 + 8}{5} = 3.6\ \text{〔Ω〕}$$

▶ **解答　1**

B－1　　05(7①)

次の記述は、図1に示すように平行平板コンデンサの電極間の半分が誘電率ε_r〔F/m〕の誘電体で、残りの半分が誘電率ε_0〔F/m〕の空気であるときの静電容量について述べたものである。[　　]内に入れるべき字句を下の番号から選べ。

(1) 電極間では誘電体中の電束密度と空気中の電束密度は等しく、これをD〔C/m²〕とすると、誘電体中の電界の強さE_rは次式で表される。

E_r = [ア]〔V/m〕

同様にして、空気中の電界の強さE_0を求めることができる。

(2) 誘電体及び空気の厚さをともにd〔m〕とすると、誘電体の層の電圧（電位差）V_rは次式で表される。

V_r = [イ] × E_r〔V〕

同様にして、空気の層の電圧（電位差）V_0 を求めることができる。

(3) 電極間の電圧 V は、$V = V_r + V_0$〔V〕で表される。また、電極に蓄えられる電荷 Q は、電極の面積を S〔m^2〕とすれば、$Q =$ [ウ]〔C〕で表される。

(4) したがって、コンデンサの静電容量 C は次式で表される。

$C =$ [エ]〔F〕 …①

(5) 式①より、C は、図2に示す二つのコンデンサの静電容量 C_r〔F〕及び C_0〔F〕の [オ] 接続の合成静電容量に等しい。

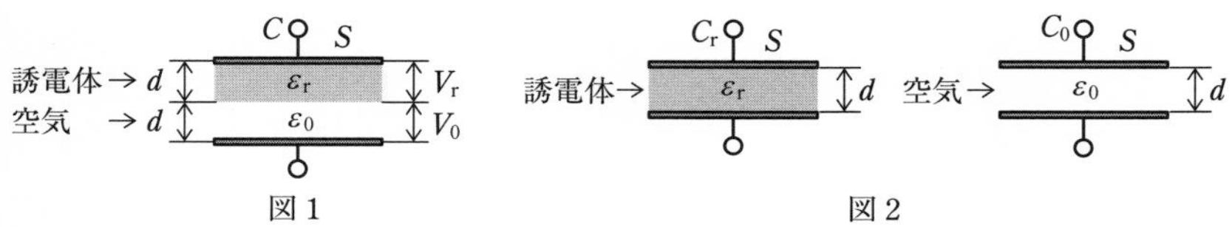

図1　　図2

1	$D\varepsilon_r$	2	d	3	DS	4	$\dfrac{d(\varepsilon_r+\varepsilon_0)}{S}$	5	直列
6	$\dfrac{D}{\varepsilon_r}$	7	$2d$	8	$\dfrac{D}{S}$	9	$\dfrac{S\varepsilon_r\varepsilon_0}{d(\varepsilon_r+\varepsilon_0)}$	10	並列

解説 電極間の電位 V〔V〕は

$$V = V_r + V_0 = E_r d + E_0 d = \frac{D}{\varepsilon_r}d + \frac{D}{\varepsilon_0}d \text{〔V〕}$$

静電容量 C〔F〕を求めると

$$C = \frac{Q}{V} = \frac{DS}{\dfrac{D}{\varepsilon_r}d + \dfrac{D}{\varepsilon_0}d} = \frac{S}{\dfrac{\varepsilon_r+\varepsilon_0}{\varepsilon_r\varepsilon_0}d} = \frac{S\varepsilon_r\varepsilon_0}{d(\varepsilon_r+\varepsilon_0)} \text{〔F〕}$$

▶ **解答 ア－6 イ－2 ウ－3 エ－9 オ－5**

B－2　　06(1)

次の記述は、図1に示す回路の抵抗 R_0〔Ω〕に流れる電流 I_0〔A〕を求める方法について述べたものである。[　　] 内に入れるべき字句を下の番号から選べ。ただし、直流電源 V_1 及び V_2〔V〕の内部抵抗は零とする。

(1) 図2に示すように、端子ab間を開放したときのab間の電圧を V_{ab}〔V〕、abから左側を見た抵抗を R_{ab}〔Ω〕とすると電流 I_0 は、[ア] の定理により、次式で表される。

$I_0 =$ [イ]〔A〕 …①

(2) V_{ab} は、抵抗 R_2〔Ω〕の電圧を V_{R2}〔V〕とすると、$V_{ab} = V_{R2} +$ [ウ]〔V〕で表される。

ここで V_{R2} は、$V_{R2} = \dfrac{(V_1 - V_2) R_2}{R_1 + R_2}$〔V〕である。

(3) R_{ab} は、$R_{ab} =$ [エ]〔Ω〕で表される。

(4) したがって、式①は、次式で表される。

$I_0 =$ [オ]〔A〕

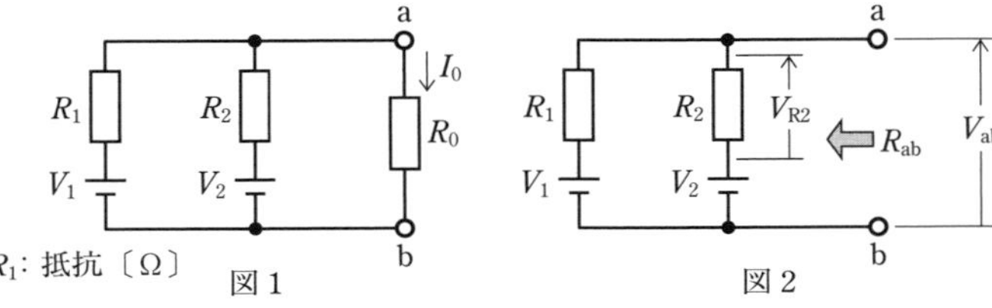

図1　　図2

1　テブナン　　2　$\dfrac{V_{ab}}{R_{ab}}$　　3　$V_2 - V_1$　　4　$\dfrac{R_1 R_2}{R_1 + R_2}$

5　$R_1 + R_2$　　6　相反　　7　$\dfrac{V_{ab}}{R_{ab} + R_0}$　　8　V_2

9　$R_1 R_0 + R_2 R_0$　　10　$\dfrac{V_1 R_2 + V_2 R_1}{R_1 R_2 + R_1 R_0 + R_2 R_0}$

解説　問題図2の回路は端子ab間を開放しているので、回路を流れる電流 I〔A〕は回路の外に流れない。電流の向きを V_{R2} の電圧の向きより定めると、電流 I〔A〕は次式で表される。

$$I = \frac{V_1 - V_2}{R_1 + R_2}\text{〔A〕} \quad \cdots (1)$$

端子ab間の開放電圧 V_{ab}〔V〕は

$$V_{ab} = V_{R2} + V_2 = IR_2 + V_2$$

$$= \frac{(V_1 - V_2) R_2}{R_1 + R_2} + V_2 \quad \cdots (2)$$

端子abから左側を見た抵抗 R_{ab}〔Ω〕は

$$R_{ab} = \frac{R_1 R_2}{R_1 + R_2}\text{〔Ω〕} \quad \cdots (3)$$

Point
電圧源の内部抵抗は0〔Ω〕

テブナンの定理に、式(2)、式(3)を代入して、I_0〔A〕を求めると

$$I_0 = \frac{V_{ab}}{R_{ab} + R_0}$$

$$= \frac{\dfrac{(V_1 - V_2)\,R_2}{R_1 + R_2} + V_2}{\dfrac{R_1 R_2}{R_1 + R_2} + R_0}$$

$$= \frac{(V_1 - V_2)\,R_2 + V_2\,(R_1 + R_2)}{R_1 R_2 + R_0\,(R_1 + R_2)} = \frac{V_1 R_2 + V_2 R_1}{R_1 R_2 + R_1 R_0 + R_2 R_0}\ \text{〔A〕}$$

▶ **解答　ア－1　イ－7　ウ－8　エ－4　オ－10**

B－3　05(7①)

　次の記述は、図1に示す電界効果トランジスタ(FET)増幅回路において、D-G 間静電容量 C_{DG}〔F〕の高い周波数における影響について述べたものである。［　　］内に入れるべき字句を下の番号から選べ。なお、同じ記号の［　　］内には、同じ字句が入るものとする。また、図2は、高い周波数では静電容量 C_S、C_1 及び C_2 のリアクタンスが十分小さくなるものとして表した等価回路である。

(1) 図2に示す回路で、C_{DG} に流れる電流 $\dot{I}_G$ は、$\dot{I}_G = ($［ア］$)/\{1/(j\omega C_{DG})\}$〔A〕で表される。

(2) この式を整理すると、$\dot{I}_G = j\omega C_{DG}\,($［イ］$)\,\dot{V}_i$〔A〕が得られる。

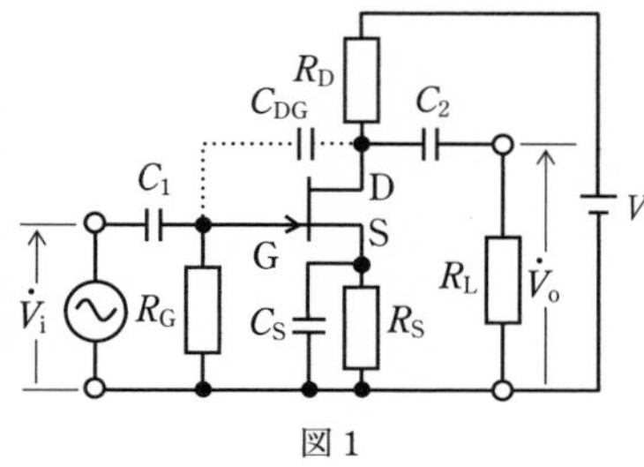

図1

R_G、R_D、R_S、R_L：抵抗〔Ω〕
g_m：相互コンダクタンス〔S〕
$\dot{V}_i$：入力電圧〔V〕
$\dot{V}_o$：出力電圧〔V〕
V：直流電源電圧〔V〕
D：ドレイン
S：ソース
G：ゲート

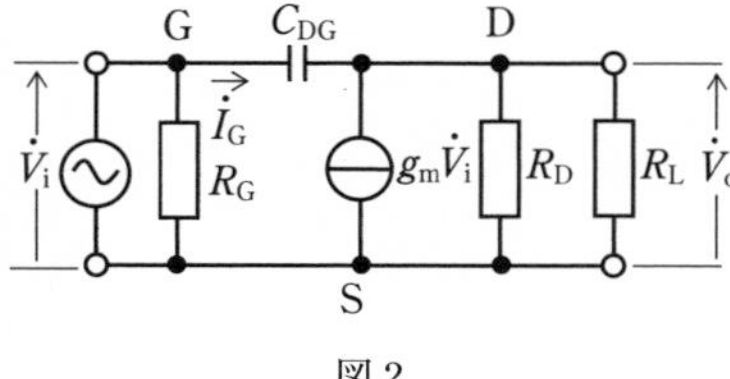

図2

：理想定電流源

(3) 回路の電圧増幅度をA_Vとすると、$\dot{V}_o/\dot{V}_i=-A_V$であるから、A_Vを使って$\dot{I}_G$を表すと、$\dot{I}_G=j\omega C_{DG}$(ウ)$\dot{V}_i$〔A〕が得られる。

(4) この式のC_{DG}(ウ)をC_i〔F〕とすれば、C_iは等価的に エ 間に接続された静電容量となる。

(5) このようにC_{DG}がC_iとなって表れる効果を オ 効果という。

1　ミラー	2　G-S	3　$1+A_V$	4　$1-\dfrac{\dot{V}_i}{\dot{V}_o}$	5　$\dot{V}_i-\dot{V}_o$
6　シュミット	7　D-S	8　$1+\dfrac{1}{A_V}$	9　$1-\dfrac{\dot{V}_o}{\dot{V}_i}$	10　$\dot{V}_i$

解説　問題図2の等価回路において、C_{DG}に加わる電圧は$(\dot{V}_i-\dot{V}_o)$なので、C_{DG}を流れる電流$\dot{I}_G$は

$$\dot{I}_G=\frac{\dot{V}_i-\dot{V}_o}{\dfrac{1}{j\omega C_{DG}}}$$

$$=j\omega C_{DG}(\dot{V}_i-\dot{V}_o)=j\omega C_{DG}\left(1-\frac{\dot{V}_o}{\dot{V}_i}\right)\dot{V}_i$$

$$=j\omega C_{DG}(1+A_V)\dot{V}_i$$

$$=j\omega C_i\dot{V}_i \quad \cdots (1)$$

式(1)において、C_iは等価的に入力のG(ゲート)-S(ソース)間に接続された静電容量となる。C_{DG}の静電容量が等価的に$(1+A_V)$倍となって入力静電容量に表れる効果をミラー効果という。

▶ **解答　ア－5　イ－9　ウ－3　エ－2　オ－1**

B－4　05(7①)　03(1②)　類02(11②)

次の記述は、図に示す原理的な移相形RC発振回路の動作について述べたものである。このうち正しいものを1、誤っているものを2として解答せよ。ただし、回路は発振状態にあるものとし、増幅回路の入力電圧及び出力電圧をそれぞれ$\dot{V}_i$〔V〕及び$\dot{V}_o$〔V〕とする。

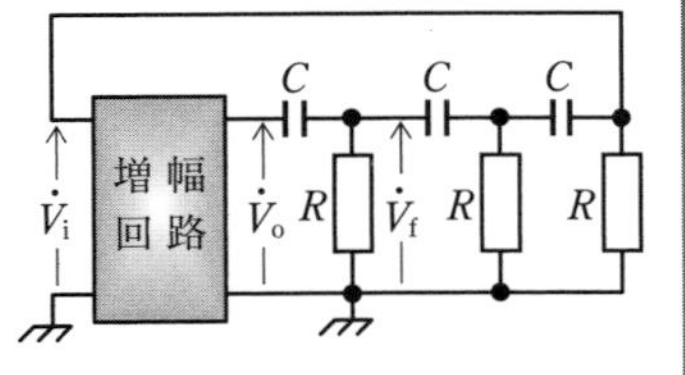

R：抵抗〔Ω〕
C：静電容量〔F〕

ア　増幅回路の増幅度の大きさ $|\dot{V}_o/\dot{V}_i|$ は、1以下である。
イ　発振周波数 f は、$f=1/(\pi RC)$〔Hz〕である。
ウ　$\dot{V}_o$ と図に示す電圧 $\dot{V}_f$ の位相を比べると、$\dot{V}_o$ に対して $\dot{V}_f$ は進んでいる。
エ　この回路は、一般的に低周波の正弦波交流の発振に用いられる。
オ　$\dot{V}_i$ と $\dot{V}_o$ の位相差は、π〔rad〕である。

解説　誤っている選択肢は次のようになる。
ア　増幅回路の増幅度の大きさ $|\dot{V}_o/\dot{V}_i|$ は、**29以上必要**である。
イ　発振周波数 f は、$f=\mathbf{1/(2\pi\sqrt{6}\,RC)}$〔Hz〕である。

▶ **解答　ア－2　イ－2　ウ－1　エ－1　オ－1**

B－5　05(7②)

次の記述は、図に示す交流ブリッジを用いてコイルの自己インダクタンス L_X〔H〕、等価抵抗 R_X〔Ω〕及び尖鋭度 Q を測定する方法について述べたものである。[　　　]内に入れるべき字句を下の番号から選べ。ただし、ブリッジは平衡しており、交流電源 $\dot{V}$〔V〕の角周波数を ω〔rad/s〕とする。

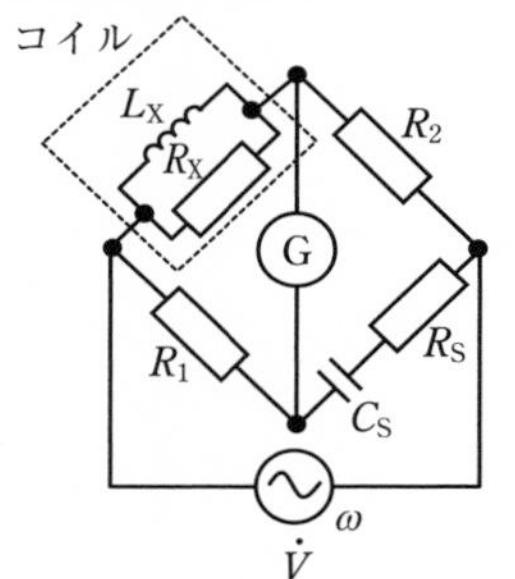

G ：交流検流計
R_1、R_2、R_S：抵抗〔Ω〕
C_S：静電容量〔F〕

(1) L_X と R_X の合成インピーダンスを $\dot{Z}_X$、静電容量 C_S〔F〕と抵抗 R_S〔Ω〕の合成インピーダンスを $\dot{Z}_S$ とすると、平衡状態では、次式が成り立つ。

$$\dot{Z}_S = R_S - j\frac{1}{\omega C_S} = R_1R_2\times\frac{1}{\dot{Z}_X}\text{〔Ω〕}\quad\cdots①$$

(2) 式①の $\dfrac{1}{\dot{Z}_X}$ は、$\dfrac{1}{\dot{Z}_X}=$ [ア] になる。

(3) したがって、(2)を用いて式①を計算すると、次式が得られる。

$$R_S - j\frac{1}{\omega C_S} = \boxed{\text{イ}}\quad\cdots②$$

(4) 平衡状態では、式②の右辺と左辺で実数部と虚数部がそれぞれ等しくなるので R_X 及び L_X は次式で求められる。

$R_X=$ [ウ]〔Ω〕, $L_X=$ [エ]〔H〕

(5) また、コイルの Q は、次式で表される。

$Q=$ [オ]

1	$\dfrac{j\omega L_X R_X}{R_X + j\omega L_X}$	2	$R_1\left(\dfrac{R_X}{R_2} - j\dfrac{\omega L_X}{R_2}\right)$	3	$\dfrac{R_1 R_S}{R_2}$	4	$C_S R_1 R_2$	5	$\dfrac{1}{\omega C_S R_S}$
6	$\dfrac{R_X + j\omega L_X}{j\omega L_X R_X}$	7	$R_1 R_2\left(\dfrac{1}{R_X} - j\dfrac{1}{\omega L_X}\right)$	8	$\dfrac{R_1 R_2}{R_S}$	9	$\dfrac{C_S}{R_1 R_2}$	10	$\dfrac{R_S}{\omega C_S}$

解説　問題の式①の$\dot{Z}_X$は、R_Xと$j\omega L_X$の並列合成インピーダンスなので

$$\frac{1}{\dot{Z}_X} = \frac{1}{R_X} + \frac{1}{j\omega L_X} = \frac{R_X + j\omega L_X}{j\omega L_X R_X} \quad \cdots (1)$$

問題の式①に式(1)を代入すると

$$R_S - j\frac{1}{\omega C_S} = R_1 R_2 \times \frac{R_X + j\omega L_X}{j\omega L_X R_X} = R_1 R_2\left(\frac{1}{R_X} - j\frac{1}{\omega L_X}\right) \quad \cdots (2)$$

式(2)の実数部より

$$R_S = \frac{R_1 R_2}{R_X} \quad よって \quad R_X = \frac{R_1 R_2}{R_S} 〔\Omega〕$$

式(2)の虚数部より

$$\frac{1}{C_S} = \frac{R_1 R_2}{L_X} \quad よって \quad L_X = C_S R_1 R_2 〔\mathrm{H}〕$$

コイルの尖鋭度Qは

$$Q = \frac{R_X}{\omega L_X} = \frac{1}{\omega C_S R_1 R_2} \times \frac{R_1 R_2}{R_S} = \frac{1}{\omega C_S R_S}$$

Point
直列回路は
$Q = \dfrac{\omega L}{R}$
並列回路は
$Q = \dfrac{R}{\omega L}$

出題傾向　交流ブリッジ回路は、5肢選択式のB問題で出題されることが多い。対辺のインピーダンスの積が等しいとき、ブリッジが平衡する条件となる。

▶ **解答**　ア－6　イ－7　ウ－8　エ－4　オ－5

無線工学の基礎（付録）

付録には令和３年７月期以前に出題された問題のうち、令和４年１月期から令和５年７月期に出題されていない問題を厳選して収録しています。

03（7②）A－1　　類 02（11①）　類 02（1）

次の記述は、図に示すように、磁束密度が B〔T〕で方向が紙面の表から裏の方向の一様な磁界中に、磁界の方向に対して直角に速さ v〔m/s〕で等速運動している電子について述べたものである。□内に入れるべき字句の正しい組合せを下の番号から選べ。ただし、電子の電荷を $-q$〔C〕（$q>0$）、質量を m〔kg〕とする。

(1) 電子は、v の方向と直角方向のローレンツ力（電磁力）F_1 = [A]〔N〕を常に受けるので円運動をする。

(2) F_1 は、円運動の半径を r〔m〕とすれば、円運動で受ける遠心力 $F_c = mv^2/r$〔N〕と釣り合う。

(3) したがって、円運動の半径 r は、r = [B] $/qB$〔m〕となり、角速度 ω は、ω = [C] $/m$〔rad/s〕となる。

	A	B	C
1	qv^2B	m	qB
2	qv^2B	mv	qBv
3	qvB	m	qBv
4	qvB	mv	qBv
5	qvB	mv	qB

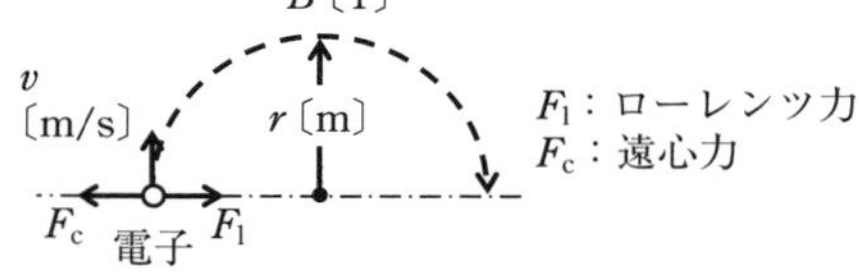

解説　磁界に直角方向から入射した電子に働く電磁力 F_1〔N〕は

$$F_1 = qvB \text{〔N〕} \cdots (1)$$

円運動する電子が受ける遠心力 F_c〔N〕は

$$F_c = \frac{mv^2}{r} \text{〔N〕} \cdots (2)$$

式(1)＝式(2)より、半径 r〔m〕を求めると

$$qvB = \frac{mv^2}{r} \quad \text{よって} \quad r = \frac{mv}{qB} \quad \cdots (3)$$

電子が回転する周期を T〔s〕とすると、角速度 $\omega = 2\pi/T$、速度 $v = 2\pi r/T$ 及び式(3)より

$$\omega = \frac{2\pi}{T} = \frac{2\pi v}{2\pi r} = \frac{v}{r} = \frac{qB}{m} \text{〔rad/s〕}$$

▶ **解答　5**

Point
磁界と電子の進入角度が θ のときの電磁力は
$F_1 = qvB \sin\theta$

03 (1①) B－2　　30(1)

次の図は、三つの正弦波交流電圧 v_1、v_2 及び v_3 を合成したときの式と概略の波形の組合せを示したものである。このうち正しいものを 1、誤っているものを 2 として解答せよ。ただし、正弦波交流電圧は、角周波数を ω〔rad/s〕、時間を t〔s〕としたとき、次式で表されるものとする。

$v_1 = \sin \omega t$〔V〕、$v_2 = \sin 2\omega t$〔V〕、$v_3 = \sin 3\omega t$〔V〕

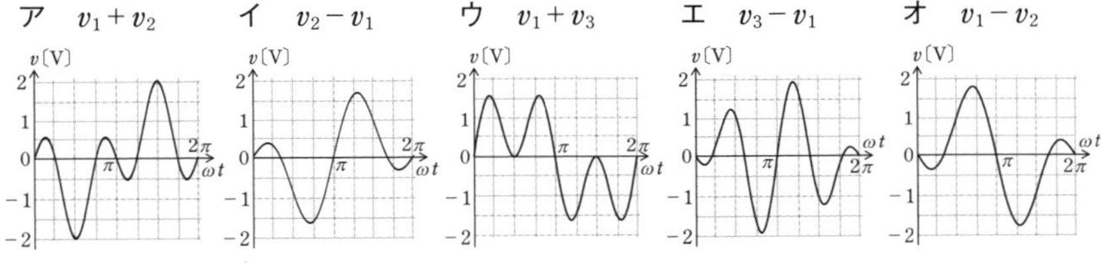

解説　誤っている選択肢は次のようになる。

ア　$v_3 - v_1$

エ　$v_2 - v_3$

▶ **解答　ア－2　イ－1　ウ－1　エ－2　オ－1**

03 (7①) A－5　　24(7)

図1に示す回路の端子 ab から左を電圧電源と考えたとき、図2に示す等価電流電源の抵抗 R_0 及び定電流 I_0 の値の組合せとして、正しいものを下の番号から選べ。

	R_0	I_0
1	12〔Ω〕	2〔A〕
2	12〔Ω〕	3〔A〕
3	12〔Ω〕	4〔A〕
4	24〔Ω〕	3〔A〕
5	24〔Ω〕	4〔A〕

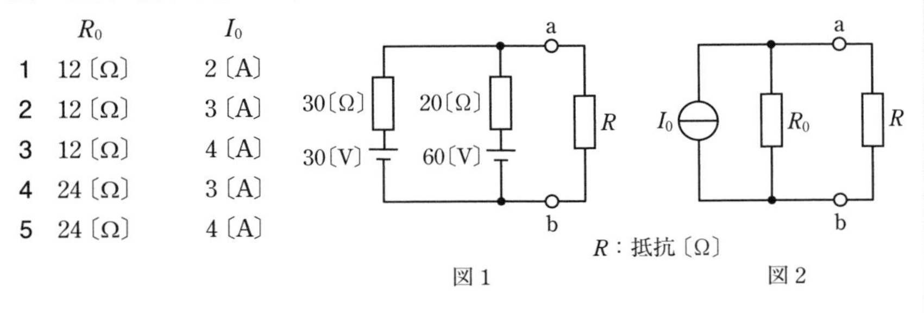

図1　　図2

解説　電圧電源の内部抵抗は 0 なので、抵抗 R〔Ω〕から電源側を見た合成抵抗 R_0〔Ω〕は解説図のような並列接続となり、次式で表される。

$$R_0 = \frac{R_1 R_2}{R_1 + R_2} = \frac{30 \times 20}{30 + 20} = 12 \text{〔Ω〕}$$

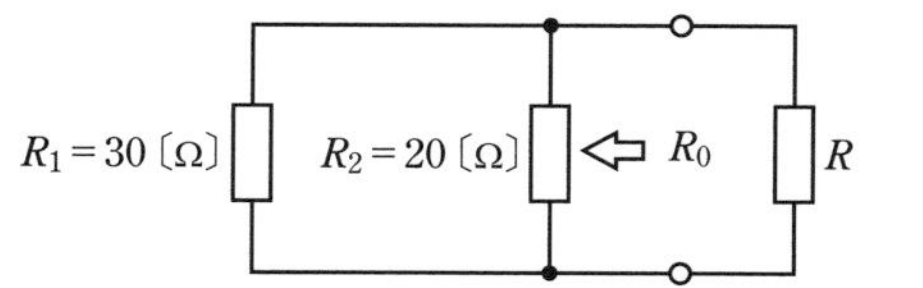

Point
電圧電源自体の内部抵抗は 0〔Ω〕

電圧電源 $V_1 = 30$〔V〕と R_1 の枝路を短絡したときの短絡電流を I_{S1}〔A〕、電圧電源 $V_2 = 60$〔V〕と R_2 の枝路を短絡したときの短絡電流を I_{S2}〔A〕とすると、等価電流電源の定電流 I_0〔A〕は

$$I_0 = I_{S1} + I_{S2} = \frac{V_1}{R_1} + \frac{V_2}{R_2} = \frac{30}{30} + \frac{60}{20} = 4 \text{〔A〕}$$

▶ **解答　3**

03 (1②) A－6

図に示す回路において、負荷抵抗 R〔Ω〕の値を変えて R で消費する電力 P の値を最大にした。このときの P の値として、正しいものを下の番号から選べ。

1　12〔W〕
2　16〔W〕
3　24〔W〕
4　32〔W〕
5　48〔W〕

直流電圧	抵抗
$V_1 = 18$〔V〕	$R_1 = 3$〔Ω〕
$V_2 = 12$〔V〕	$R_2 = 6$〔Ω〕

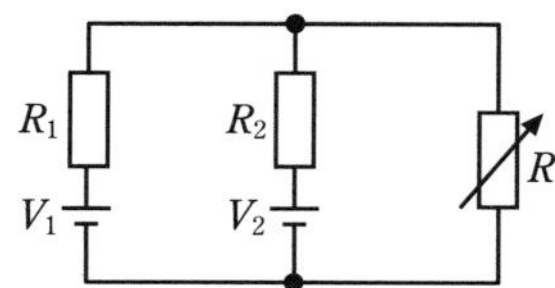

解説　解説図のように負荷抵抗 R〔Ω〕を取り外したときに回路内部を流れる電流 I_0〔A〕は

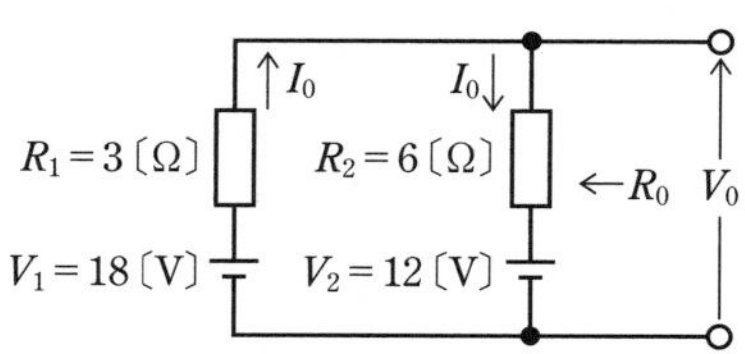

$$I_0 = \frac{V_1 - V_2}{R_1 + R_2} = \frac{18 - 12}{3 + 6} = \frac{2}{3} \text{〔A〕}$$

開放電圧 V_0〔V〕は

$$V_0 = V_2 + R_2 I_0 = 12 + 6 \times \frac{2}{3} = 16 \text{〔V〕}$$

Point
電圧源自体の内部抵抗は 0〔Ω〕として求める

電源側を見た内部抵抗 R_0〔Ω〕は

$$R_0 = \frac{R_1 R_2}{R_1 + R_2} = \frac{3 \times 6}{3 + 6} = 2 \text{〔Ω〕}$$

$R_0 = R$ のときに R で消費する電力は最大値 P〔W〕となる。そのとき、R の端子電圧は開放電圧の 1/2 なので

$$P = \left(\frac{V_0}{2}\right)^2 \times \frac{1}{R_0} = \left(\frac{16}{2}\right)^2 \times \frac{1}{2} = 32 \text{〔W〕}$$

▶ **解答　4**

最大消費電力を答える問題はいろいろな回路が出題されている。電源側を見た内部抵抗と開放電圧が分かれば、最大消費電力を求めることができる。

03（7②）A－16

次の記述は、図に示す理想的なダイオードDによる半波整流回路の抵抗R〔Ω〕で消費される電力Pについて述べたものである。□内に入れるべき字句の正しい組合せを下の番号から選べ。ただし、交流電源の電圧vを、$v = V_m \sin \omega t$〔V〕とし、内部抵抗は無視するものとする。

(1) Rに流れる電流は、半波整流波形の電流となるので、Pは次式で表される。

$$P = \boxed{\text{A}} \times \int_0^{\pi} \frac{V_m^2}{R} \sin^2 \omega t \, d(\omega t) \text{〔W〕} \quad \cdots ①$$

(2) 式①を計算するとPは、$P = \boxed{\text{B}}$〔W〕で表される。

	A	B
1	$\frac{1}{2\pi}$	$\frac{V_m^2}{2R}$
2	$\frac{1}{2\pi}$	$\frac{V_m^2}{4R}$
3	$\frac{1}{2\pi}$	$\frac{V_m^2}{8R}$
4	$\frac{1}{\pi}$	$\frac{V_m^2}{4R}$
5	$\frac{1}{\pi}$	$\frac{V_m^2}{8R}$

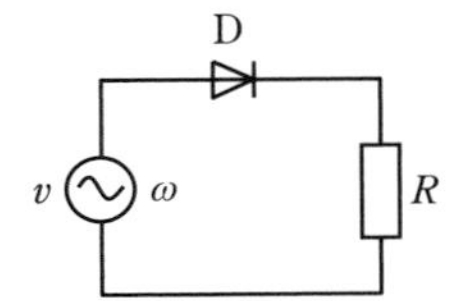

ω：交流電源の角周波数〔rad/s〕
t：時間〔s〕

解説　半波整流回路の出力電圧は、$\omega t = 0 \sim \pi$の区間の半周期で$v = V_m \sin \omega t$〔V〕、$\omega t = \pi \sim 2\pi$の区間の半周期は出力されないので$v = 0$〔V〕となる。瞬時値電圧vを2乗して抵抗R〔Ω〕で割った値を1周期で平均すると電力を求めることができるので、電力P〔W〕は次式で表される。

$$P = \frac{1}{2\pi} \int_0^{2\pi} \frac{v^2}{R} d(\omega t)$$

$$= \frac{1}{2\pi} \left(\int_0^{\pi} \frac{V_m^2}{R} \sin^2 \omega t d(\omega t) + \int_{\pi}^{2\pi} 0 d(\omega t) \right)$$

$$= \frac{1}{2\pi} \int_0^{\pi} \frac{V_m^2}{R} \sin^2 \omega t d(\omega t) \quad \cdots (1)$$

$\omega t = x$と置いて、式(1)の積分の計算をすると次式のようになる。

$$\int_0^{\pi} \sin^2 x dx = \int_0^{\pi} \frac{1}{2} (1 - \cos 2x) dx$$

$$= \left[\frac{x}{2} \right]_0^{\pi} - \frac{1}{2} \times \left[\frac{\sin 2x}{2} \right]_0^{\pi}$$

$$= \left(\frac{\pi}{2} - 0\right) - \frac{1}{4} \times (\sin 2\pi - \sin 0) = \frac{\pi}{2} \quad \cdots \ (2)$$

式(2)を式(1)に代入すると

$$P = \frac{1}{2\pi} \times \frac{V_m{}^2}{R} \times \frac{\pi}{2} = \frac{V_m{}^2}{4R} \text{〔W〕}$$

▶ **解答　2**

数学の公式

$$\sin^2\theta = \frac{1}{2}(1 - \cos 2\theta)$$

$\int 1\,dx = x$　　（積分定数は省略）

$$\int \cos nx dx = \frac{\sin nx}{n}$$

03(7②) A－18　　01(7)

図に示すように、正弦波交流を全波整流した電流 i が流れている抵抗 R〔Ω〕で消費される電力を測定するために、永久磁石可動コイル形の電流計A及び電圧計Vを接続したところ、それぞれの指示値が2〔A〕及び16〔V〕であった。このとき R で消費される電力 P の値として、正しいものを下の番号から選べ。ただし、A及びVの内部抵抗の影響は無視するものとする。

1　π^2〔W〕
2　$2\pi^2$〔W〕
3　$3\pi^2$〔W〕
4　$4\pi^2$〔W〕
5　$8\pi^2$〔W〕

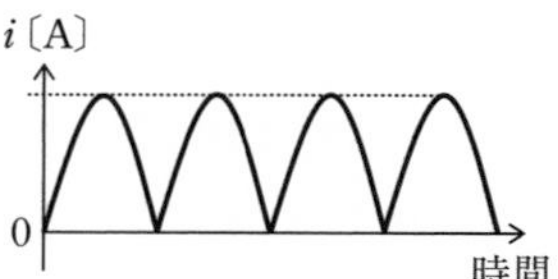

i：全波整流電流

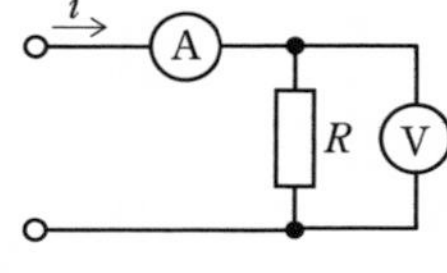

解説　電流の最大値を I_m〔A〕とすると、可動コイル形計器の指示値は平均値なので、この値を I〔A〕とすると、次式で表される。

$$I = \frac{2}{\pi} I_m \text{〔A〕} \quad \cdots \ (1)$$

電流の実効値を I_e〔A〕とすると、最大値 I_m〔A〕は

$$I_m = \sqrt{2} I_e \text{〔A〕} \quad \cdots \ (2)$$

よって、式(1)、式(2)より

$$I_e = \frac{I_m}{\sqrt{2}} = \frac{\pi}{2\sqrt{2}} I \text{〔A〕} \quad \cdots \ (3)$$

同様に平均値電圧を V〔V〕とすると、実効値 V_e〔V〕は

Point
可動コイル形電流計は、脈流電流の平均値を指示する

$$V_e = \frac{\pi}{2\sqrt{2}} V \text{〔V〕} \quad \cdots (4)$$

抵抗 R で消費される電力 P〔W〕は、電圧と電流の実効値の積で表されるので

$$P = V_e I_e = \left(\frac{\pi}{2\sqrt{2}}\right)^2 VI = \frac{\pi^2}{8} \times 16 \times 2 = 4\pi^2 \text{〔W〕}$$

▶**解答　4**

03（1①）A－17　　類 29(7)

次の記述は、図に示す整流形電流計について述べたものである。［　　］内に入れるべき字句の正しい組合せを下の番号から選べ。ただし、ダイオードDは理想的な特性を持つものとする。なお、同じ記号の［　　］内には、同じ字句が入るものとする。

(1) 整流形電流計は、永久磁石可動コイル形電流計 A_a とダイオードDを図に示すように組み合わせて、交流電流を測定できるようにしたものである。

(2) 永久磁石可動コイル形電流計 A_a の指針の振れは整流された電流の［A］を指示するが、整流形電流計の目盛は一般に正弦波交流の［B］が直読できるように、［A］に正弦波の［C］を乗じた値となっている。

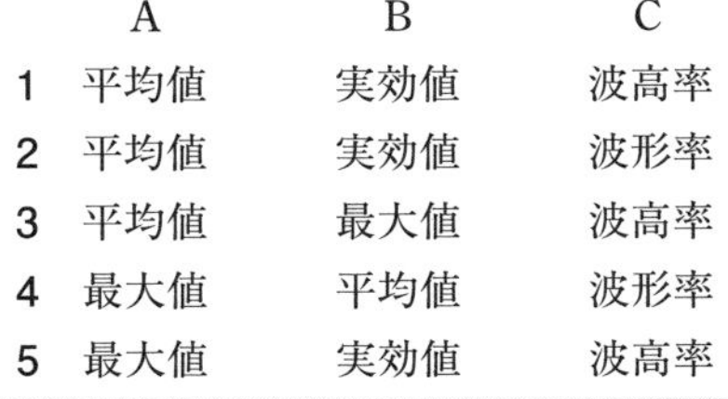

	A	B	C
1	平均値	実効値	波高率
2	平均値	実効値	波形率
3	平均値	最大値	波高率
4	最大値	平均値	波形率
5	最大値	実効値	波高率

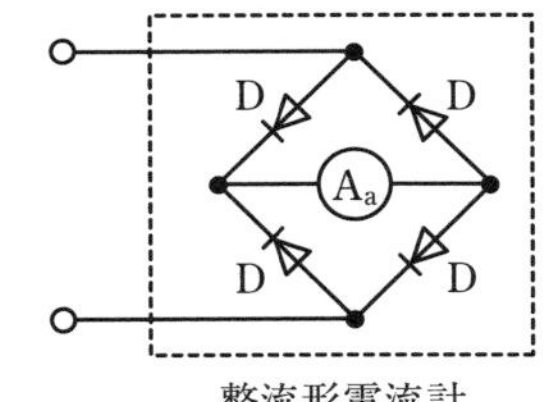

整流形電流計

解説　正弦波交流電流の最大値を I_m〔A〕とすると、平均値 I_a〔A〕、実効値 I_e〔A〕は次式で表される。

$$I_a = \frac{2}{\pi} I_m \text{〔A〕} \quad \cdots (1)$$

$$I_e = \frac{1}{\sqrt{2}} I_m \text{〔A〕} \quad \cdots (2)$$

波高率 K_p 及び波形率 K_f は次式で表される。

$$K_p = \frac{I_m}{I_e} = I_m \times \frac{\sqrt{2}}{I_m} = \sqrt{2} \quad \cdots (3)$$

$$K_f = \frac{I_e}{I_a} = \frac{I_m}{\sqrt{2}} \times \frac{\pi}{2I_m} = \frac{\pi}{2\sqrt{2}} \quad \cdots (4)$$

永久磁石可動コイル形電流計を用いた整流形電流計の指針の振れは電流の平均値に比例し、目盛は実効値で表してあるので、指示値の実効値 I_e は

$$I_e = K_f \times I_a = \frac{\pi}{2\sqrt{2}} \times I_a \fallingdotseq 1.11\, I_a \text{〔A〕}$$

の式で表される。よって、平均値に正弦波の波形率を乗じた値である。

▶ **解答　2**

出題傾向　数値を代入して計算する問題も出題されている。

03(7①) A－19　　02(1)

次の記述は、図1に示すように三つの交流電流計 A_1、A_2 及び A_3 の測定値 I_1〔A〕、I_2〔A〕及び I_3〔A〕を用いて負荷で消費される交流電力 P を測定する方法について述べたものである。［　　］内に入れるべき字句の正しい組合せを下の番号から選べ。ただし、各電流計の内部抵抗は無視するものとする。

(1) P 及び電源電圧 V は、それぞれ、$P = V \times$ ［ A ］$\times \cos\phi$〔W〕及び $V = RI_3$〔V〕で表される。

(2) 図2より I_1、I_2 及び I_3 の間には、$I_1^2 = I_2^2 + I_3^2 +$ ［ B ］が成り立つ。

(3) (1)及び(2)より P は、$P = (R/2) \times ($ ［ C ］$)$〔W〕で表される。

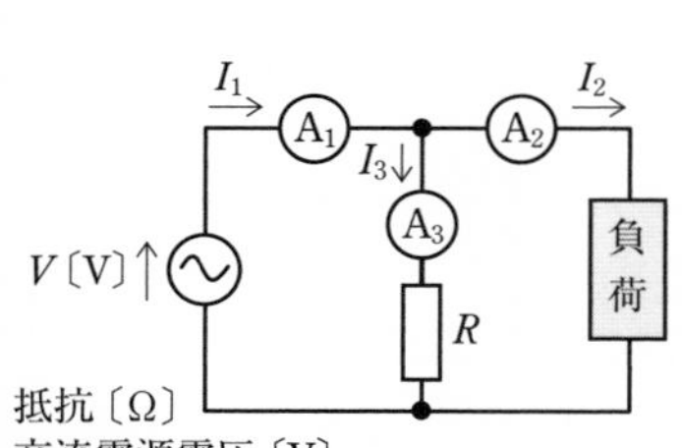

R：抵抗〔Ω〕
V：交流電源電圧〔V〕

図1

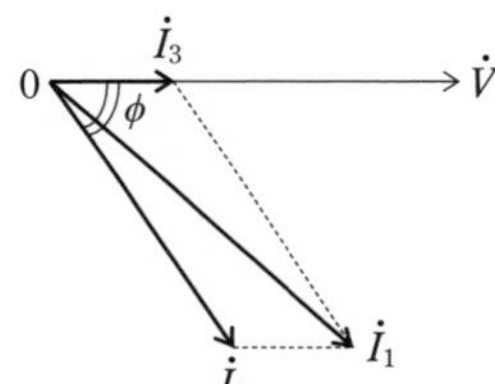

$\cos\phi$：負荷の力率
I_1、I_2、I_3 のベクトルを $\dot{I}_1$、$\dot{I}_2$、$\dot{I}_3$ で表す。

図2

	A	B	C
1	I_2	$2I_2I_3\cos\phi$	$I_1^2 - I_2^2 + I_3^2$
2	I_2	$2I_2I_3\cos\phi$	$I_1^2 - I_2^2 - I_3^2$
3	I_2	$I_2\cos\phi$	$I_1^2 - I_2^2 + I_3^2$
4	I_3	$2I_2I_3\cos\phi$	$I_1^2 - I_2^2 - I_3^2$
5	I_3	$I_2\cos\phi$	$I_1^2 - I_2^2 + I_3^2$

解説 電流計を流れる電流をベクトル図で表すと解説図のようになる。解説図より

$$\dot{I}_1 = \dot{I}_2 + \dot{I}_3 \text{〔A〕}$$

$$I_1^2 = (\overline{0a} + \overline{ab})^2 + (\overline{bc})^2$$
$$= (I_3 + I_2 \cos\phi)^2 + (I_2 \sin\phi)^2$$
$$= I_3^2 + 2I_2 I_3 \cos\phi + I_2^2 \cos^2\phi + I_2^2 \sin^2\phi$$
$$= I_3^2 + I_2^2 (\cos^2\phi + \sin^2\phi) + 2I_2 I_3 \cos\phi$$
$$= I_3^2 + I_2^2 + 2I_2 I_3 \cos\phi$$

Point
三角関数の公式
$\cos^2\phi + \sin^2\phi = 1$

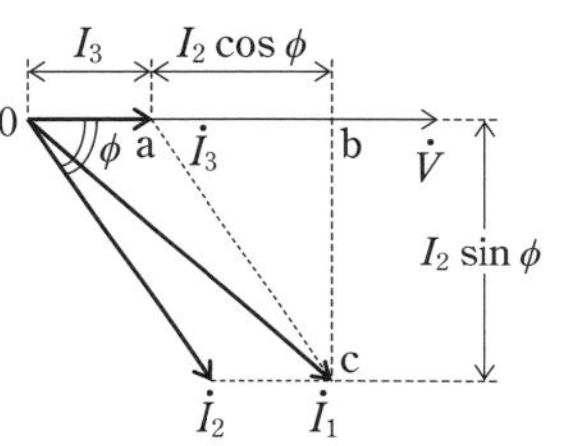

よって、力率 $\cos\phi$ は次式で表される。

$$\cos\phi = \frac{I_1^2 - I_2^2 - I_3^2}{2I_2 I_3} \quad \cdots (1)$$

負荷で消費される有効電力 P〔W〕は、$P = VI_2 \cos\phi$、$V = RI_3$、式(1)によって、次式で表される。

$$P = VI_2 \cos\phi = RI_3 I_2 \cos\phi = \frac{R}{2} \times (I_1^2 - I_2^2 - I_3^2) \text{〔W〕}$$

▶ **解答 2**

出題傾向 三つの電圧計で力率を測定する回路も出題されている。

02(11①) B－5 26(7)

次の記述は、交流ブリッジ回路によるコンデンサCの誘電損の測定について述べたものである。[　]内に入れるべき字句を下の番号から選べ。ただし、角周波数を ω〔rad/s〕とする。

(1) 図1に示すように、コンデンサCに誘電損があるとき、加えた正弦波交流電圧 $\dot{V}$〔V〕と流れる電流 $\dot{I}$〔A〕との位相差は $\pi/2$〔rad〕より δ〔rad〕小さくなる。

(2) このため、一般に、コンデンサの良否を表す指標として $\tan\delta$ を求めている。この $\tan\delta$ を[ア]という。

(3) したがって、$\tan\delta$ が[イ]ほど損失の少ないコンデンサとなる。

(4) コンデンサCの静電容量を C_X、誘電損を表す抵抗を R_X とすると、図2に示す交流ブリッジ回路が平衡したとき C_X、R_X 及び $\tan\delta$ は、それぞれ次式で求められる。

$C_X =$ [ウ]〔F〕　$R_X =$ [エ]〔Ω〕　$\tan\delta =$ [オ]

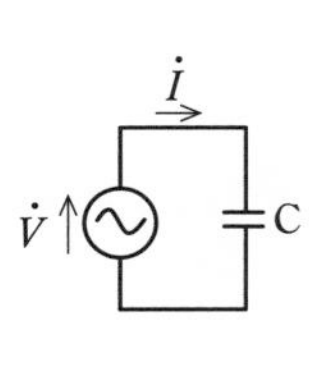

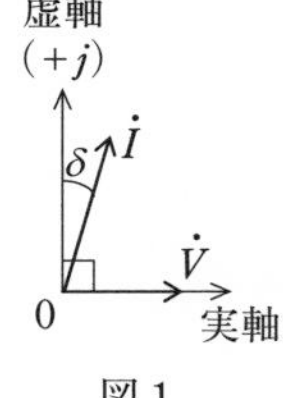

図 1

G：検流計
C_S：静電容量〔F〕
R_1、R_2、R_S：抵抗〔Ω〕

図 2

1 誘電正接	2 小さい	3 $\dfrac{C_S R_1}{R_2}$	4 $\dfrac{R_S R_1}{R_2}$	5 $\omega R_S C_S$
6 誘電分極	7 大きい	8 $\dfrac{C_S R_2}{R_1}$	9 $\dfrac{R_2 R_1}{R_S}$	10 $\dfrac{\omega C_S}{R_S}$

解説 ブリッジ回路が平衡しているので、次式が成り立つ。

$$R_1\left(R_S - j\frac{1}{\omega C_S}\right) = R_2\left(R_X - j\frac{1}{\omega C_X}\right)$$

$$R_1 R_S - j\frac{R_1}{\omega C_S} = R_2 R_X - j\frac{R_2}{\omega C_X} \quad \cdots (1)$$

Point
実数と虚数で表される複素数の等式は、実数部と虚数部がそれぞれ等しい

式(1)の虚数部より

$$\frac{R_1}{C_S} = \frac{R_2}{C_X} \quad \text{よって} \quad C_X = \frac{C_S R_2}{R_1} \text{〔F〕} \quad \cdots (2)$$

実数部より

$$R_1 R_S = R_2 R_X \quad \text{よって} \quad R_X = \frac{R_S R_1}{R_2} \text{〔Ω〕} \quad \cdots (3)$$

式(2)、式(3)より

$$\tan\delta = \omega C_X R_X = \omega \times \frac{C_S R_2}{R_1} \times \frac{R_S R_1}{R_2} = \omega R_S C_S$$

▶ **解答 アー1 イー2 ウー8 エー4 オー5**

交流ブリッジ回路は、5 肢選択式の B 問題で出題されることが多い。
対辺のインピーダンスの積が等しいとき、ブリッジが平衡する条件となる。

無線工学A

＜出題の分野と問題数＞

分　野	問題数
変調理論	3
変復調器	3
送受信機	5
電源	2
電波航法	2
伝送方式	4
無線機器等の測定	6
合計	25

表は、この科目で出題される分野と各分野の標準的な問題数です。各分野の問題数は試験期によって増減することがありますが、合計の問題数は変わりません。

問題形式は、5肢択一式のA形式問題（1問5点）が20問、穴埋め補完式及び正誤式で五つの設問（1問1点で5点満点）で構成されたB形式問題が5問出題されます。

1問5点×25問の125点満点で75点（6割）以上が合格となります。

＜学習のポイント＞

各分野別の出題は、試験期によって出題数が前後するので、出題分野を詳細に分類することができません。

学習の範囲も絞りにくいのですが、問題の種類は説明問題が多く、計算問題や公式を答える問題の出題比率は低くなっています。計算問題は、無線工学Bと比較すると、計算式や計算過程がわりと単純です。

出題傾向（無線工学 A）

1　各分野別の出題傾向

「変調理論」と「変復調装置」の分野はアナログ変調に関する問題が減っていてデジタル変調に関する問題が増加しています。デジタル変調の問題は内容が似た問題が多いので、違いを確認しながら学習してください。

「変復調器」や「送受信機」の分野は同じ通信方式を用いる送信側の回路や動作原理と受信側の回路や動作原理の問題が出題されています。それらの問題は関連性が高いので合わせて学習すると理解が深まります。

「電源」と「電波航法」の分野は出題数が各２問と少ないですが、毎期の出題数と問題の内容が安定している分野です。「電源」は電源装置と電池に関する問題が各１問ずつ、「電波航法」はレーダーと航空用の航法援助施設に関する問題が各１問ずつ出題されます。

「無線機器等に関する測定」の分野は測定機器の問題が３問、測定方法が３問出題されます。測定方法についてはアナログ送受信機に関する問題も多く出題されています。測定方法の一部が穴埋めとなっている問題が多く、問題文が長いので、測定手順をよく理解して学習してください。

測定の問題で用いられている数値は、法規の無線設備の分野において用語の定義として出題されている内容や電波の質の許容偏差として出題されている内容が多いので、それらの問題も合わせて学習するとよいでしょう。

2　新問の対策

移動通信やデジタル放送に関する問題が新問として出題されています。全く新しい内容ではなく、既出問題に関係する用語や内容が含まれている問題が多いので、問題文をよく読んで既出問題と同じ内容を見つければ、選択肢を絞ることができます。

3　計算問題の対策

レーダーの最小受信電力等を求める問題や通信回線の受信電力等を求める問題では、自由空間基本伝搬損失やアンテナの利得等の知識が必要です。これらは無線工学Ｂのアンテナ理論や電波伝搬の分野の問題として頻繁に出題されているので、それらの問題も合わせて学習すると理解が深まります。

付録には令和３年７月期以前に出題された問題のうち、令和４年１月期から令和５年７月期に出題されていない問題を厳選して収録しています。

分野	項目	6年	5年				4年				3年				2年	
		1月	7月①	7月②	1月①	1月②	7月①	7月②	1月①	1月②	7月①	7月②	1月①	1月②	11月①	11月②
放送	地上波 TV 放送のガードインターバル		A2											A4		A1
	地上波 TV 放送の伝送信号パラメータ									A1					A1	
	地上波 TV 放送のフレーム構成、等価			A1				A1								
	衛星放送の映像符号化方式	A2														
	中波放送の精密同一周波数放送方式								A2					B5		
	FM ステレオのコンポジット信号	B5						B5					B5			
	FM で用いられるエンファシス		B5								B5					B5
	地上波 TV 放送の離散コサイン変換方式						A2					A2				
	地上波 TV 放送の伝送路符号化部の構成				A2							B5				
	地上波 TV 放送に用いるインターリーブ										A5					
	地上波 TV 放送の OFDM の特徴												A1			
	OFDM の基本的な原理			A2	A5	A1	A1		A1							
	OFDM で伝送可能な伝送速度									A3						A3
	OFDM 信号の受信の同期方式	B2						B2				A8			A6	
変調理論	振幅変調波の変調度、側帯波と搬送波電力					B5							A4			
	振幅変調波の全電力				A3					A2					A3	
	振幅変調波の側帯波の電力			A3							A3					
	FM 波の側帯波の最大次数、占有周波数帯幅				A4									A1		
	FM 波の最大周波数偏移、振幅											A1				
	位相変調波の最大周波数帯域幅		A5									A3				
	FSK 変調方式							A3								
	BPSK、QPSK、16QAM の信号点間距離、電力					A4		A2				A6	A2			
	BPSK、QPSK の SNR、CNR	A4							A4							
	QPSK の信号点の位相変化	A3								A4			A3			
	8PSK 符号化変調方式の原理				A1											
変復調器	AM 波の復調でひずみが生じない条件					A6						A4			A5	
	二乗検波回路の出力成分、ひずみ率	A6						A5			A4					A7
	クワドラチャ検波器の動作			A8					A7							
	PLL 検波器を用いた FM 波の復調					B1			A6				B2			

※白字は付録に収録している問題

分野	項目	6年	5年				4年				3年				2年	
		1月	7月①	7月②	1月①	1月②	7月①	7月②	1月①	1月②	7月①	7月②	1月①	1月②	11月①	11月②
変復調器	検波の基本的な過程				B4							B4			A8	
	ロールオフフィルタの特性		A4		B5				B5					A2		
	デジタル変調波の伝送速度、周波数帯域幅					A2									A4	A4
	BPSK 復調器の原理的な動作			A6						A6				A6		
	BPSK 復調器の遅延検波方式					A8		A6								A5
	BPSK 遅延検波方式の差動符号化		A9								A6					
	BPSK 復調器の基準搬送波再生回路			B4			B1				A7					B2
	QPSK と OQPSK 変調方式						B5									
	QPSK 変調器の構成										A2				A2	A2
	QPSK 復調器の構成	A5	B2		A8		A5		B4			A7	A5			
	QPSK 復調器の動作原理					A5			A5							
	OQPSK 復調器の動作原理			A5												
	16QAM 変調器の構成						A3									
	各種デジタル変調方式の C/N 対 BER 特性			A9			A6							A5		A6
送受信機	電力増幅器の総合効率						A4							A3		
	送信機間で生じる相互変調積			B5					A3							
	受信機の相互変調積	A13										A5				
	デジタル処理型の AM 送信機							A4							B5	
	影像周波数の値				A6								A8			
	影像周波数と混信の軽減									A8						
	FM 受信機のスレッショルドレベル		A7					A7			A8				A7	
	FM 波の S/N 改善係数				A7					A7			A6			
	スーパヘテロダイン受信機の相互変調、混変調							A8		B3				B3		A8
	スーパヘテロダイン受信機のスプリアス周波数		A3				A7							A7		
	スーパヘテロダイン受信機の相互変調積					A7					B4				B2	
	無線送受信機で発生する各種ひずみの原因	B1					B3						B1			
	一定の受信 C/N を得るための送信出力の値			A4					A8				A7			
	同じ S/N を得るために必要な増幅器の入力レベル													A8		
	縦続した増幅器の雑音指数						A8									
	受信系の C/N と入力電力	A7														

※白字は付録に収録している問題

分野	項目	6年	5年				4年				3年				2年	
		1月	7月①	7月②	1月①	1月②	7月①	7月②	1月①	1月②	7月①	7月②	1月①	1月②	11月①	11月②
電源	二次電池の特徴		A8	A7					A9							
	二次電池の充電方法				A10			A9					A10			
	シリコン太陽電池	A9									A10					A11
	衛星用電源に用いられる太陽電池と二次電池					A10						A10			A11	
	各種整流回路の特徴											A9				
	整流回路のリプル率、電圧変動率、整流効率				A9					A10				A9		
	サイリスタ整流回路			A10												
	電源回路に用いるツェナーダイオード							A10			A9				A12	
	定電圧回路の電流制限保護回路		A10				A9									A12
	PWM 制御安定化電源					A9			A10				A9			
	無停電電源装置	A8					A10			A9				A10		
電波航法	レーダー方程式、最大探知距離			A12				A12	A12		A12					A10
	パルス圧縮レーダーのパルス圧縮方法				A12					A11					A10	
	航空用無線施設							A11								
	ILS の構成								A11						A9	
	ドプラ VOR の動作原理				A11							A13				A9
	航空用 DME の構成					A11								B1		
	ドプラレーダーによる速度測定					A12							A12			
	ASR 及び ARSR の原理		A11							A14			A11			
	FM-CW レーダー						A12							A13		
	合成開口レーダーの分解能等	A10														
衛星	衛星通信回線の雑音温度				A16						A14					A16
	放送衛星の通信回線設計		A13				A13									
	衛星通信地球局の構成						A14				B1					
	静止衛星で用いられる多元接続方式			A13			A16		B1							A13
	衛星通信で用いられる TDMA 方式の特徴					A14					A16				A13	
	衛星通信システムの回線割り当て方式	A14						A13	A14	B1				A11		
	SCPC 方式中継装置の電力増幅器		B1									A16				

※白字は付録に収録している問題

◆ 出題一覧表（無線工学 A）

分野	項目	6年	5年				4年				3年				2年	
		1月	7月①	7月②	1月①	1月②	7月①	7月②	1月①	1月②	7月①	7月②	1月①	1月②	11月①	11月②
衛星	GPSの測位原理		A12				A11									
	GPSの測位誤差	A11									A11	A11				
	準天項衛星システム			A11												
伝送方式	デジタル通信路の伝送容量の限界				B1								A16			
	PCM回線の標本化誤差			A15						A16			A15			
	PCM方式の雑音															A14
	BPSK、QPSK信号識別時のビット誤り率			A16				A14			A13					
	16QAMのビット誤り率を表す式		A14							A5				A15		
	量子化のビット数増加による S/N の改善								A15				A14			
	符号誤り訂正方式	A16				A15	A15				B3	A15			B1	B1
	誤り訂正符号とビタビ復号法		A15							A12						
	デジタル信号処理等で用いるフィルタ	A15		A14		B3		A16		A15						
	デジタル無線伝送方式の C/N 配分				A15									A16		
	マイクロ波多重回線の中継方式			B1					A13						A15	
	デジタル移動体通信の変調方式				A14							A14				A15
	移動体通信のSC-FDMAフレーム構成					A3					A1					
	スペクトル直接拡散通信方式		A16									A12			A14	
	スペクトル拡散受信機のRAKE合成		A6													
	フェージング補償技術	A12			A13						A17				A16	
	直交周波数分割多元接続（WiMAX）方式							B1						A14		
	移動体通信のLTE-Advanced方式	A1								B5						
	複数のアンテナによるMIMOの原理					A13			A16							
	無線LANのアクセス制御方式		A1													
	方形波パルス列の振幅スペクトル							A15					A13			

※白字は付録に収録している問題

分野	項目	6年	5年				4年				3年				2年	
		1月	7月①	7月②	1月①	1月②	7月①	7月②	1月①	1月②	7月①	7月②	1月①	1月②	11月①	11月②
無線機器等の測定	オシロスコープでパルスの立上り時間の測定						A17							A17		
	方向性結合器を用いた測定	A17								A20						
	抵抗減衰器の抵抗値					A20			A19						A19	A19
	サーミスタ電力計の動作原理						B4						A20			
	デジタル電圧計の動作原理	A19				B4	A19			A18	A18		B4			
	PLL 周波数シンセサイザの動作原理		B4					A19						B4		
	周波数カウンタの測定原理等			A17						A19				A18		
無線機器等の測定	オシロスコープのプローブの周波数特性	B4			A18					B4				A19		
	デジタルオシロスコープのサンプリング方式		A20						A18						A20	
	被測定回路の周波数特性の測定		A17								A20				A18	
	FFT アナライザの方式とその特徴			A20	B2			A20			B2				B4	
	スペクトルアナライザの構成と動作	A20			A20				B2				A19			
	オシロスコープ等の各測定器の特徴					A19					A19					
	ベクトルネットワークアナライザの構造と機能						A20					B2				B4
	ベクトルネットワークアナライザの表示											A18				
	イミタンス・チャートを用いた整合			B3		A16										
	ベクトルネットワークアナライザを用いた測定			A19					A20							
	雑音電界強度測定器の構成		A19					B4				A17				A20
	スプリアス発射、不要発射の測定						B2					A19				
	AM 送信機の変調度の測定			A18				A17					A17			
	SSB 送信機の搬送波電力減衰比の測定					A18								A20		
	FM 送信機の周波数偏移の測定		B3							B2						B3
	FM 送信機の占有周波数帯域幅の測定				A17				A17							A18
	AM 受信機の近接周波数選択度特性の測定	A18								A17						
	FM 受信機の雑音抑圧感度の測定							B3			A15					
	FM 受信機の SINAD 感度の測定	B3										B1			B3	

※白字は付録に収録している問題

分野	項目	6年	5年				4年				3年				2年	
		1月	7月①	7月②	1月①	1月②	7月①	7月②	1月①	1月②	7月①	7月②	1月①	1月②	11月①	11月②
無線機器等の測定	FM受信機の相互変調特性の測定		A18				A18						A18			
	受信機の雑音指数の測定			B2					B3							
	標準信号発生器の出力電力と受信機入力電圧				A19							A20				A17
	地上波TV放送のMERの原理					A17								B2		
	WiMAX基地局の空中線電力の偏差の測定				B3							B3				
	PCM回線のビット誤り率の測定							A18							A17	
	アイパターン					B2				A13			B3	A12		

※白字は付録に収録している問題

A－1

次の記述は、IEEE802.11無線LANのアクセス制御方式で用いられているCSMA/CA（Carrier Sense Multiple Access with Collision Avoidance）のうち、インフラストラクチャモードにおいて各無線局が自律的に送信タイミングを決定するDCF（Distributed Coordination Function）等について述べたものである。このうち誤っているものを下の番号から選べ。

1 CSMA/CAは同一の無線チャネルを複数の無線局で共有して通信する際に、キャリアセンスを行い無線チャネルの状態（“ビジー”または“アイドル”）を確認すること等で無線フレームの衝突を回避しようとするものであるが、データ送信中の衝突検出が難しいため、異なる無線局の無線フレーム同士が衝突する可能性がある。

2 DCFでは衝突を回避するため、キャリアセンスにより無線チャネルがビジー状態でないと判断され、さらに一定のフレーム間隔時間（IFS）キャリアが検出されない場合にアイドル状態と判断し、送信データによっては引き続きバックオフと呼ばれるランダムな時間のキャリアセンスを行い、継続してアイドル状態であることを確認した無線局が送信権を得る。

3 送信データの種別等によりIFSを異なる時間とする優先制御を行っており、例えば応答（ACK）等に用いるSIFSは、通常のデータに用いるDIFSより短時間とすることで送信データの優先度を高くしている。

4 バックオフは、既定の範囲（CW）内で発生させた乱数をもとにスロットタイム（一定時間）の倍数であるランダムなバックオフ時間を無線局毎に決定し、無線チャネルがアイドル状態の間はバックオフ時間をスロットタイム単位で減算し“0”となった無線局が送信権を得ることで無線フレームの衝突を回避しようとする。またバックオフ時間が“0”となる前に他の無線局が送信した場合は残りのバックオフ時間を持ち越し、再度チャネルがアイドル状態となった時点で残りのバックオフ時間を減算させることで各無線局の公平性を確保する。

5 無線LANでは、異なるAP（Access Point）とそれぞれ通信する別の端末が同一の無線チャネルを使用し、通信先APとは異なるAPのグループの無線信号を受信できる場合等において、干渉を回避するために過剰に送信を抑制してしまう問題（隠れ端末問題）が存在する可能性があるため、データ送信の許可をAPに求めることで、隠れ端末同士のデータの衝突を軽減するRTS/CTSが規定されている。

解説 誤っている選択肢は次のようになる。

5 無線 LAN では、**同一の** AP (Access Point) とそれぞれ通信する別の端末が同一の無線チャネルを使用し、**端末相互間の無線信号を受信できない場合**等において、干渉を回避するために過剰に送信を抑制してしまう問題(隠れ端末問題)が存在する可能性があるため、データ送信の許可を AP に求めることで、隠れ端末同士のデータの衝突を軽減する RTS/CTS が規定されている。

RTS (Request To Send)/CTS (Clear To Send) は、端末が通信を開始したいときに RTS を送信すると、AP は RTS のうち 1 台のみを CTS によって指定し、指定された端末はデータ送信を開始する。

▶ **解答 5**

A－2 類 30(7)

次の記述は、我が国の標準テレビジョン放送等のうち地上系デジタル放送に関する標準方式で規定されているガードインターバル等について述べたものである。[ ]内に入れるべき字句の正しい組合せを下の番号から選べ。

(1) ガードインターバルは、送信側において OFDM (直交周波数分割多重) セグメントを逆高速フーリエ変換 (IFFT) した出力データのうち、時間的に [A] 端の出力データを有効シンボルの [B] に付加することによって受信が可能となる期間を延ばし、有効シンボル期間において正しく受信できるようにするものであり、ガードインターバルを用いることにより隣接局同士で同一の周波数を使用する SFN (Single Frequency Network) が可能となる。

(2) SFN を実施するには、①送信周波数の許容偏差が 1〔Hz〕以内、② IFFT サンプルクロックが平均的に一致、③多重フレームが同一であることに加え、④ OFDM フレーム同期位相の遅延時間差が SFN 干渉エリア内でガードインターバルに収まることが望ましい等の条件を満足する必要がある。

(3) 例えば、図に示す SFN の置局において、送信点親局 A と送信点中継局 B 間が 40〔km〕、SFN 干渉エリア内の受信点 C が送信点親局 A から 25〔km〕及び送信点中継局 B から 25〔km〕の距離であるとき、受信点 C での遅延時間差は約 [C]〔μs〕となり、受信点 C では送信点 A 及び B からの信号によるシンボル間干渉は [D]。ただし、有効シンボル期間長を 1.008〔ms〕、ガードインターバル比を 1/8 とする。また、中継局は、親局の放送波を中継する放送波中継とし、親局と中継局の放送波のデジタル信号は完全に同一であり、親局と中継局の放送波の送出タイミングは両局間の距離による伝搬遅延のみに影響され、D/U 確保のための個別の対応は考慮しない。

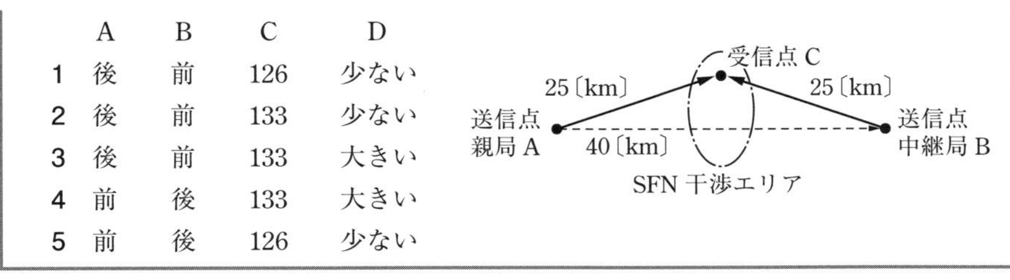

	A	B	C	D
1	後	前	126	少ない
2	後	前	133	少ない
3	後	前	133	大きい
4	前	後	133	大きい
5	前	後	126	少ない

解説 受信点において、中継局が送出する電波は、親局から到達する電波に対して遅延が発生する。この遅延時間をガードインターバル t_g〔s〕に電波が伝搬する距離以内としなければ干渉が発生する。中継局 B は親局 A の電波を再送信するので、親局 A から中継局 B までの遅延時間と中継局 B から受信点 C までの遅延時間の和から、親局 A から受信点 C までの遅延時間を引いた時間差が、ガードインターバル以内になるようにしなければならない。

これらの遅延時間の差は、距離の差から求めることができる。A から B までの距離と B から C までの距離の和は 40 + 25 = 65〔km〕であり、A から C までの距離は 25〔km〕なので、距離差は 40〔km〕となる。電波の速度を $c = 3 \times 10^8$〔m/s〕とすると、距離差 d〔m〕による遅延時間の差 t〔s〕は

$$t = \frac{d}{c} = \frac{40 \times 10^3}{3 \times 10^8} \fallingdotseq 133 \times 10^{-6}\,〔\mathrm{s}〕 = 133\,〔\mu\mathrm{s}〕$$

となる。有効シンボル期間長を t_d〔s〕とすると、ガードインターバル比が 1/8 なので、ガードインターバル t_g〔s〕は

$$t_g = t_d \times \frac{1}{8} = \frac{1.008 \times 10^{-3}}{8} = 126 \times 10^{-6}\,〔\mathrm{s}〕 = 126\,〔\mu\mathrm{s}〕$$

となり、距離差による時間差がガードインターバルより大きくなるので、シンボル間干渉は大きい。

▶ **解答　3**

A－3

04(7①)　03(1②)

次の記述は、スーパヘテロダイン受信機において、スプリアス・レスポンスを生ずることがあるスプリアスの周波数について述べたものである。□内に入れるべき字句の正しい組合せを下の番号から選べ。ただし、スプリアスの周波数を f_{SP}〔Hz〕、局部発振周波数を f_0〔Hz〕、中間周波数を f_{IF}〔Hz〕とし、受信機の中間周波フィルタは理想的なものとする。

(1) 局部発振器の出力に低調波成分 $f_0/2$〔Hz〕が含まれていると、f_{SP} = [A] のとき、混信妨害を生ずることがある。

(2) 局部発振器の出力に高調波成分 $2f_0$〔Hz〕が含まれていると、f_{SP} = [B] のとき、混信妨害を生ずることがある。

(3) 周波数混合器の非直線性により、f_0 と f_{SP} それぞれ 2 倍の高調波が発生すると、f_{SP} = [C] のとき、混信妨害を生ずることがある。

	A	B	C
1	$(f_0/2) \pm f_{IF}$	$2f_0 \pm f_{IF}$	$f_0 \pm (f_{IF}/2)$
2	$(f_0/2) \pm f_{IF}$	$f_0 \pm 2f_{IF}$	$2f_0 \pm 2f_{IF}$
3	$f_0 \pm 2f_{IF}$	$2f_0 \pm f_{IF}$	$f_0 \pm (f_{IF}/2)$
4	$f_0 \pm 2f_{IF}$	$f_0 \pm 2f_{IF}$	$f_0 \pm (f_{IF}/2)$
5	$f_0 \pm 2f_{IF}$	$2f_0 \pm f_{IF}$	$2f_0 \pm 2f_{IF}$

解説 局部発振周波数が f_0、中間周波数が f_{IF}、受信周波数が f_R のとき、次式が成り立つ。

$f_R - f_0 = f_{IF}$　又は　$f_0 - f_R = f_{IF}$　よって　$f_R = f_0 \pm f_{IF}$

局部発振器の出力に低調波成分 $f_0/2$ が含まれていると、$f_{SP} = (f_0/2) \pm f_{IF}$ のとき、混信妨害を生ずることがある。

局部発振器の出力に高調波成分 $2f_0$ が含まれていると、$f_{SP} = 2f_0 \pm f_{IF}$ のとき、混信妨害を生ずることがある。

周波数混合器が非直線動作を行う場合、$f_{SP} = f_0 \pm (f_{IF}/2)$ と f_0 が混合され $f_{IF}/2$ が発生するが、非直線動作のため 2 倍の高調波の f_{IF} が発生し混信妨害を生ずることがある。

▶ **解答　1**

A－4　類 04(1①)

次の記述は、デジタル変調に用いられるロールオフフィルタ等について述べたものである。[ ] 内に入れるべき字句の正しい組合せを下の番号から選べ。

(1) シンボルとは、変調信号の一度の変化で送ることのできるデジタルデータのことをいい、その間隔が T〔s〕のとき、図に示す理想矩形フィルタを用いて T〔s〕間隔でインパルスを無ひずみ伝送するための必要最小限の帯域は、[A]〔Hz〕である。ここで無ひずみとは、受信パルスの中央で行う瞬時検出に対して符号間干渉が零であることをいう。また、図の横軸の正規化周波数 fT は、周波数 f〔Hz〕を $1/T$〔Hz〕で正規化したものである。

(2) 理想矩形フィルタは実現が困難なため、図に示すような特性を有するロールオフフィルタが用いられる。ロールオフフィルタの出力の帯域幅は、ロールオフファクタ α が小さいほど狭くなるが、アイパターンの [B] の開き具合が減少し、標本化するときの符号判定のタイミングがずれた場合の符号間干渉特性の劣化が [C] なる。

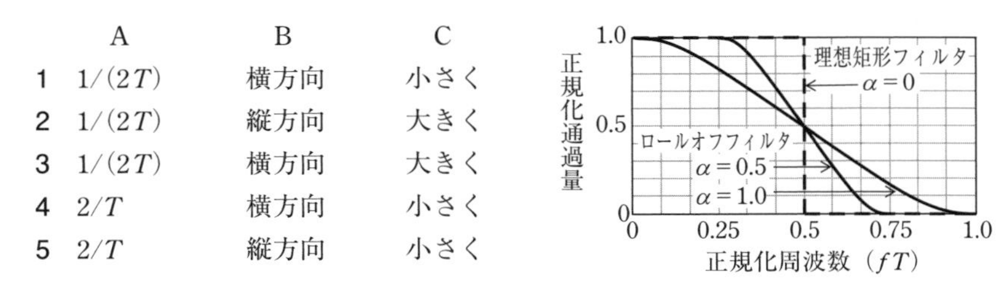

	A	B	C
1	$1/(2T)$	横方向	小さく
2	$1/(2T)$	縦方向	大きく
3	$1/(2T)$	横方向	大きく
4	$2/T$	横方向	小さく
5	$2/T$	縦方向	小さく

解説　ロールオフファクタ $\alpha = 0.5$ のときの理想矩形フィルタの帯域が、無ひずみ伝送するための必要最小限の帯域となるので、$fT = 0.5$ より周波数帯域を f とすると、$f = 0.5/T = 1/(2T)$ である。

シンボル間隔 T〔s〕とロールオフファクタ α より、周波数帯域幅 B〔Hz〕は次式で表される。

$$B = \frac{1+\alpha}{T}\ \text{〔Hz〕}$$

ロールオフフィルタの出力の帯域幅は、ロールオフファクタ α が小さいほど狭くなるが、標本化するときの符号判定のタイミングがずれると、符号間干渉特性の劣化が大きくなる。

▶ **解答　3**

A－5　　03(7②)

搬送波の位相を変調信号に比例して変調する位相変調（PM：Phase Modulation）において、位相変調波の最大の周波数帯域幅 B_w の大きさの値として最も近いものを下の番号から選べ。ただし、変調信号を 50〔kHz〕、位相変調指数を 0.5〔rad〕及び位相変調指数の誤差を ±20〔%〕として求めるものとする。また、変調信号を周波数 f_m〔Hz〕の正弦波、位相変調（PM）波の最大周波数偏移を F_d〔Hz〕とすると、B_w は、$B_w \fallingdotseq 2(f_m + F_d)$〔Hz〕で求められるものとする。

1　150〔kHz〕　　2　160〔kHz〕　　3　180〔kHz〕
4　220〔kHz〕　　5　225〔kHz〕

解説　位相変調指数の誤差が ±20〔%〕あるので、位相変調指数を m とすると、誤算の範囲は

$m(1-0.2) \sim m(1+0.2)$

$0.5 \times 0.8 \sim 0.5 \times 1.2$　よって　$0.4 \sim 0.6$

となる。位相変調指数が大きくなると最大周波数偏移が大きくなり、周波数帯域幅も大きくなる。変調信号の周波数を f_m〔kHz〕、最大の位相変調指数を $m = 0.6$ とすると、最

大周波数偏移 F_d〔kHz〕は

$$F_d = mf_m = 0.6 \times 50 = 30 \text{〔kHz〕}$$

題意の式より、最大の周波数帯域幅 B_W〔kHz〕を求めると次式で表される。

$$B_W \fallingdotseq 2(f_m + F_d) = 2 \times (50 + 30) = 160 \text{〔kHz〕}$$

Point
最大周波数偏移は、変調指数が分かれば周波数変調波と同じように求めることができる

▶ **解答 2**

A－6

次の記述は、スペクトル拡散(SS)受信機におけるRAKE合成によるSNR改善の理論的な説明について述べたものである。［　　］内に入れるべき字句の正しい組合せを下の番号から選べ。ただし、他局間干渉は無く、相関器は理想的に動作するものとする。

(1) RAKE合成は、マルチパス通信路を介して受信した受信信号とSS変調時に用いた拡散符号との相関を相関器により求め、各パスに対応する相関器出力のピーク値を同一位相になるよう調整して合成することで、希望波信号電力レベルを向上させるもので、フェージングによる受信レベルの落ち込みやフェージング変動を軽減できる。

(2) 相関器により分離された n 番目 $(n = 1, \cdots N)$ のパスに対応する相関器出力 X_n は、送信機から送出された各シンボルを S、チャネル係数を h_n、雑音を η_n とすると $X_n = h_n S + \eta_n$ となり、平均雑音電力を P_η、$|S|^2 = 1$ とした場合、n 番目のパスのSNRは $SNR_n = |h_n|^2 / P_\eta$ で表される。

(3) N 個のパスに分離されたシンボル S のRAKE合成は、チャネル係数の複素共役を重み係数として最大比合成(MRC)することに相当するため、RAKE合成されたシンボル S_{RAKE} とRAKE合成後の SNR_{RAKE} は次式で表される。

$$S_{RAKE} = \sum_{n=1}^{N} h_n^* X_n = \sum_{n=1}^{N} (\boxed{\text{A}})$$

$$SNR_{RAKE} = \sum_{n=1}^{N} (\boxed{\text{B}}) / P_\eta \qquad (h_n^* \text{は} h_n \text{の複素共役を表す})$$

(4) 従って、RAKE合成された信号のSNRは、各パスのSNRの［　C　］に等しいSNRとなり、実際にRAKE受信・合成処理を行うパスの数をフィンガー数という。

	A	B	C
1	$|h_n|^2 S + \eta_n$	$|h_n|^2$	和
2	$|h_n|^2 S + \eta_n$	$|h_n|^4$	二乗の和
3	$|h_n|^2 S + h_n^* \eta_n$	$|h_n|^2$	和
4	$|h_n|^2 S + h_n^* \eta_n$	$|h_n|^4$	二乗の和
5	$|h_n|^2 S + h_n^* \eta_n$	$|h_n|^2$	二乗の和

解説 相関器により分離された n 番目 $(n=1,\cdots N)$ のパスに対応する相相関器出力 X_n は、$X_n = h_n S + \eta_n$ となり、h_n と h_n^* は複素共役の関係なので $h_n h_n^* = |h_n|^2$ となるので S_{RAKE} は

$$S_{\mathrm{RAKE}} = \sum_{n=1}^{N} h_n^* X_n = \sum_{n=1}^{N} h_n^* (h_n S + \eta_n) = \sum_{n=1}^{N} (|h_n|^2 S + h_n^* \eta_n)$$

$$SNR_{\mathrm{RAKE}} = \sum_{n=1}^{N} SNR_n = \sum_{n=1}^{N} (|h_n|^2)/P_\eta$$

したがって、RAKE 合成された信号の SNR は、N 個の各パスの SNR を Σ 関数で表される和をとった SNR となる。

▶ **解答　3**

A－7　03(7①)　02(11①)

FM (F3E) 受信機において、雑音指数が 6〔dB〕、等価雑音帯域幅が 16〔kHz〕及び周囲温度 T が 290〔K〕のときの限界受信レベル（スレッショルドレベル）の値として、正しいものを下の番号から選べ。ただし、雑音は受信機内部雑音のみとし、ボルツマン定数を k〔J/K〕、周囲温度を T〔K〕としたときの kT の値を -204〔dBW/Hz〕とする。また、スレッショルドは搬送波の尖頭電圧と雑音の尖頭電圧が等しくなる点で、それぞれの実効値を E_{C} 及び E_{N} とすると $E_{\mathrm{C}}/E_{\mathrm{N}} = 4/\sqrt{2}$ であり、1〔mW〕を 0〔dBm〕、$\log_{10} 2 = 0.3$ とする。

1　-112〔dBm〕　　2　-117〔dBm〕　　3　-126〔dBm〕
4　-147〔dBm〕　　5　-156〔dBm〕

解説 搬送波電圧の実効値を E_{C}〔V〕、雑音電圧の実効値を E_{N}〔V〕とすると、題意より

$$E_{\mathrm{C}}/E_{\mathrm{N}} = 4/\sqrt{2}$$

$$E_{\mathrm{C}}^2/E_{\mathrm{N}}^2 = 8$$

電圧の 2 乗と電力は比例するので、搬送波電力対雑音電力比 C/N は

$$C/N = 8$$

$$C/N_{\mathrm{dB}} = 10\log_{10} 8 = 10\log_{10} 2^3 = 10 \times 3 \times 0.3 = 9\text{〔dB〕}$$

ボルツマン定数を k〔J/K〕、絶対温度を T〔K〕、等価雑音帯域幅を B〔Hz〕、雑音指数を F（真数）、雑音電力を N〔W〕とすると、スレッショルドレベル C_{t}〔W〕は

$$C_{\mathrm{t}} = 8N = 8kTBF\text{〔W〕}$$

$$C_{\mathrm{tdB}} = 9 + 10\log_{10} kT + 10\log_{10} B + 10\log_{10} F$$
$$= 9 - 204 + 10\log_{10}(16\times 10^3) + 6$$
$$= 9 - 204 + 12 + 30 + 6 = -147\text{〔dBW〕}$$

Point

$$10\log_{10} 16 = 10\log_{10} 2^4 = 10 \times 4 \times 0.3 = 12$$

よって　$C_{\mathrm{tdBm}} = -147 + 30 = -117$〔dBm〕となる。

▶ **解答　2**

A－8

次の記述は、一般的なニッケル・水素蓄電池（Ni-MH）の特徴等について述べたものである。このうち誤っているものを下の番号から選べ。

1　一般的にニッケル・カドミウム蓄電池よりエネルギー密度が高く、リチウムイオン二次電池よりエネルギー密度が低い。

2　充電に伴い電池電圧が徐々に上昇するが、充電終期に電圧低下等の電圧変化が起きる場合がある。

3　セル当たりの公称電圧が1.2〔V〕程度で、また一般的に、リチウムイオン二次電池と比べて自己放電率は大きい。

4　浅い充放電の繰り返しによる容量の一時的低下（メモリー効果）がない。

5　放電特性は、放電初期の電圧低下後は電圧低下が小さくほぼ一定の電圧を維持し、放電終期に急激に電圧が低下する。

解説　誤っている選択肢は次のようになる。

4　浅い充放電の繰り返しによる容量の一時的低下（メモリー効果）が**ある**。

▶ **解答　4**

A－9

03（7①）

次の記述は、BPSK信号の復調（検波）方式である遅延検波方式に必要となる差動符号化について述べたものである。［　　］内に入れるべき字句の正しい組合せを下の番号から選べ。ただし、*mod.* 2（*modulo*2）は、2を法とする剰余演算である。なお、同じ記号の［　　］内には、同じ字句が入るものとする。

(1)　遅延検波方式は、1シンボル前の信号を基準位相信号として位相検波するが、引込み位相の不確定性を除去し正しく受信データを判定するため、送信側において伝送する情報を位相差に対応させる差動符号化が用いられる。

(2)　nシンボル目の送信データをS_n、差動符号化データをX_n、復号された受信データをR_nとすると、送信側では1シンボル前の差動符号化データX_{n-1}を用いて①式の和分論理演算を行い、差動符号化データX_nに位相を割り当てて位相変調を行なう。受信側では、②式の差分論理演算を行うことで相対位相差による受信データR_nの判定が可能となり、送信データS_nが受信データR_nとして復元される。

$X_n = S_n + X_{n-1}\ (mod.\ 2)$　…①

$R_n = X_n - X_{n-1}\ (mod.\ 2)$　…②

(3) 例えば、表に示す送信データ S_n が与えられた場合の差動符号化データ X_1、X_2、X_3、X_4 は、X_0 を"1"とすると、それぞれ［A］、［B］、［C］、［D］となる。

シンボル番号 n	0	1	2	3	4
送信データ S_n	1	0	1	0	1
差動符号化データ X_n	1	［A］	［B］	［C］	［D］
受信データ R_n	1	0	1	0	1

	A	B	C	D
1	0	1	0	1
2	0	1	1	0
3	0	0	1	1
4	1	0	1	0
5	1	0	0	1

解説　送信データを S_n とすると、差動符号化データ X_n (*modulo*2) は、排他的論理和⊕によって次式で表される。

$$X_n = S_n \oplus X_{n-1}$$

データ"0"、"1"の演算は次のようになる。

$0 \oplus 0 = 0$、$0 \oplus 1 = 1$、$1 \oplus 0 = 1$、$1 \oplus 1 = 0$

$X_0 = 1$ より、表の X_n の値を求めると

［A］　$X_1 = S_1 \oplus X_0 = 0 \oplus 1 = 1$

［B］　$X_2 = S_2 \oplus X_1 = 1 \oplus 1 = 0$

［C］　$X_3 = S_3 \oplus X_2 = 0 \oplus 0 = 0$

［D］　$X_4 = S_4 \oplus X_3 = 1 \oplus 0 = 1$

▶ **解答　5**

A－10　類 04（7①）　類 02（11②）

次の記述は、図に示す直列形定電圧回路に用いられる電流制限形保護回路の原理的な動作等について述べたものである。［　　］内に入れるべき字句の正しい組合せを下の番号から選べ。なお、同じ記号の［　　］内には、同じ字句が入るものとする。

(1) 負荷電流 I_L〔A〕が規定値以内のとき、保護回路のトランジスタ［ A ］は非導通である。I_L が増加して抵抗［ B ］〔Ω〕の両端の電圧が規定の電圧 V_S〔V〕より大きくなると、［ A ］が導通する。これにより制御用トランジスタ［ C ］のベース電流が減少するので、I_L の増加を抑えることができる。

(2) 出力電圧 V_O〔V〕が低下すると誤差増幅器のトランジスタ［ D ］のコレクタ電流が減少する。これにより制御用トランジスタ［ C ］のベース電位が上昇するので、V_O の低下を抑えることができる。

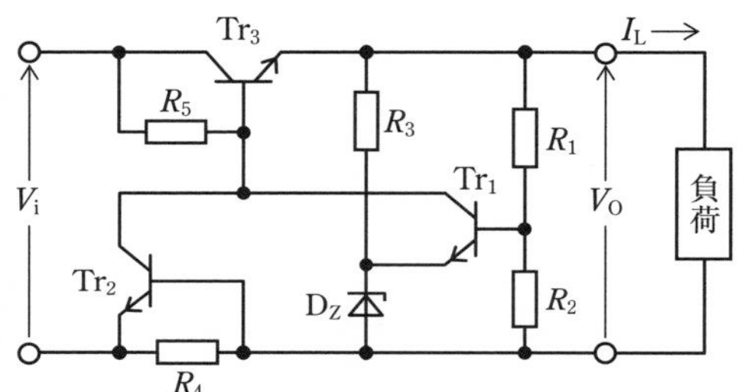

V_i：入力電圧〔V〕
V_O：出力電圧〔V〕
I_L：負荷電流〔A〕
R_1～R_5：抵抗〔Ω〕
Tr_1～Tr_3：トランジスタ
D_Z：ツェナーダイオード

	A	B	C	D
1	Tr_2	R_4	Tr_3	Tr_1
2	Tr_2	R_4	Tr_1	Tr_3
3	Tr_3	R_5	Tr_2	Tr_1
4	Tr_3	R_5	Tr_1	Tr_2
5	Tr_3	R_4	Tr_2	Tr_1

解説 トランジスタはベースエミッタ間電圧 $V_{BE} \fallingdotseq 0.6$〔V〕以下では、コレクタ電流が流れないので、この電圧が規定の電圧 $V_S \fallingdotseq 0.6$〔V〕となる。R_4〔Ω〕両端の電圧が V_S〔V〕より大きくなると、Tr_2 が導通して保護回路が動作する。このとき電流の値 I_L〔A〕は

$$I_L \fallingdotseq \frac{V_S}{R_5}〔A〕$$

▶ **解答 1**

出題傾向 I_L の式を求める問題も出題されている。また、下線の部分は、ほかの試験問題で穴埋めの字句として出題されている。

A－11 04(1②) 03(1①)

次の記述は、ASR（空港監視レーダー）及び ARSR（航空路監視レーダー）について述べたものである。［ ］内に入れるべき字句の正しい組合せを下の番号から選べ。

(1) ASRは、空港から半径約50～60海里の範囲内の航空機の位置を探知する。ARSRは、山頂などに設置され、半径約200海里の範囲内の航空路を航行する航空機の位置を探知する。いずれも、[A]を併用して得た航空機の高度情報を用いることにより、航空機の位置を3次元的に把握することが可能である。

(2) ASR及びARSRに用いられるMTI(移動目標指示装置)は、移動する航空機の反射波の位相が[B]によって変化することを利用している。受信した物標からの反射パルス(信号)をパルスの繰り返し周期に等しい時間だけ遅らせたものと、次の周期の信号とで[C]をとると、山岳、地面及び建物などの固定物標からの反射パルスを除去することができ、移動物標(目標)のみが残ることになる。

	A	B	C
1	DME(航行援助用距離測定装置)	ドプラ効果	差
2	DME(航行援助用距離測定装置)	トムソン効果	積
3	SSR(航空用二次監視レーダー)	トムソン効果	差
4	SSR(航空用二次監視レーダー)	トムソン効果	積
5	SSR(航空用二次監視レーダー)	ドプラ効果	差

▶ **解答　5**

出題傾向 下線の部分は、ほかの試験問題で穴埋めの字句として出題されている。航空関係の問題としては、ASR(空港監視レーダー)、ARSR(航空路監視レーダー)、VOR(方位測定装置)、DME(距離測定装置)、ILS(計器着陸装置)、航空機用ドプラレーダーが出題されている。

A－12

02(1)

次の記述は、図に示すGPS(Global Positioning System)の測位原理について述べたものである。[　　]内に入れるべき字句の正しい組合せを下の番号から選べ。

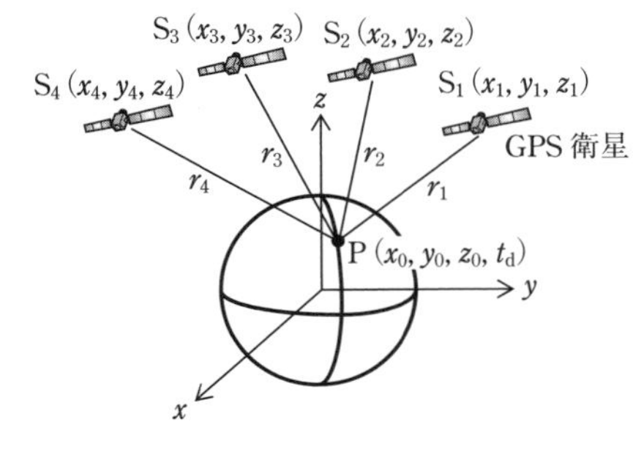

(1) GPS衛星と受信点PのGPS受信機との間の距離は、GPS衛星から発射した電波が、受信点PのGPS受信機に到達するまでに要した時間tを測定すれば、tと電波の伝搬速度cとの積から求められる。

(2) 通常、GPS受信機の時計の時刻は、GPS衛星の時計の時刻に対して誤差があり、GPS衛星とGPS受信機の時計の時刻の誤差をt_dとすると擬似距離r_1とS_1の位置(x_1, y_1, z_1)及び受信点Pの位置(x_0, y_0, z_0)は、$r_1 =$ [A]の関係が成り立つ。

(3) (2)と同様に受信点Pと他の衛星S_2、S_3及びS_4との擬似距離r_2、r_3及びr_4を求めて4元連立方程式を立てれば、各GPS衛星からの航法データに含まれる軌道情報からS_1、S_2、S_3及びS_4の位置は既知であるため、四つの未知変数(x_0, y_0, z_0, t_d)を求めることができる。このように3次元の測位を行うためには、少なくとも[B]個の衛星の電波を受信する必要がある。

	A	B
1	$\sqrt{(x_0-x_1)^2+(y_0-y_1)^2+(z_0-z_1)^2}+t_d\times c$	4
2	$\sqrt{(x_0-x_1)^2+(y_0-y_1)^2+(z_0-z_1)^2}+t_d\times c$	3
3	$\sqrt{(x_0-x_1)^2-(y_0-y_1)^2-(z_0-z_1)^2}+t_d\times c$	4
4	$\sqrt{(x_0+x_1)^2-(y_0+y_1)^2-(z_0+z_1)^2}+t_d\times c$	4
5	$\sqrt{(x_0+x_1)^2-(y_0+y_1)^2-(z_0+z_1)^2}+t_d\times c$	3

解説 GPSは24個の衛星を高度約20,000〔km〕、軌道傾斜角55度、周期約11時間58分の6つの軌道上に分散配置してある。世界中どこにいても常時4個以上の衛星を観測できて3次元測位が可能となるようにしたものである。

▶ **解答 1**

A－13

類04(7①)

表は、衛星通信のダウンリンクにおける回線設計の一例を示したものである。[ ]内に入れるべき最も近い値の組合せを下の番号から選べ。

ただし、回線諸元ならびに回線設計条件は表に記載の項目のみを考慮するものとする。また、$\log_{10}2=0.30$、$\log_{10}3=0.48$、ボルツマン定数を-228.6〔dBW/Hz/K〕とする。

	項目	値
衛星	送信電力	2〔W〕
	給電損失	3〔dB〕
	送信アンテナ利得	27〔dBi〕
	等価等方輻射電力(EIRP)	[A]〔dBW〕
伝搬	伝搬損失	209〔dBW〕
受信機	受信アンテナ利得	57〔dBi〕
	給電損失	2〔dB〕
	システム雑音温度	300〔K〕
	性能指数G/T	[B]〔dB/K〕
	受信C/N_0	[C]〔dBHz〕

	A	B	C
1	30	20.2	69.8
2	30	20.2	79.8
3	27	30.2	66.8
4	27	30.2	76.8
5	27	20.2	66.8

解説 送信電力 P_T〔W〕を 1〔W〕を基準とした dBW で表すと P_T〔dBW〕は

$$10\log_{10}P_T = 10\log_{10}2 = 3 \text{〔dBW〕}$$

送信アンテナ利得を G_T〔dB〕、給電損失を L_T〔dB〕とすると、EIRP は次式で表される。

$$\text{EIRP} = P_T + G_T - L_T = 3 + 27 - 3 = 27 \text{〔dBW〕}$$

受信機のシステム雑音温度 T を dB 値で求めると

$$T = 10\log_{10}300 = 10\log_{10}(3\times10^2) = 10\times0.48 + 10\times2 = 24.8 \text{〔dB〕}$$

受信アンテナ利得を G_R〔dB〕、給電損失を L_R〔dB〕とすると、受信機の性能指数 G/T〔dB/K〕は

$$\text{G/T} = G_R - L_R - T = 57 - 2 - 24.8 = 30.2 \text{〔dB/K〕}$$

伝搬損失を Γ〔dBW〕、ボルツマン定数を k〔dBW/Hz/K〕とすると、周波数 1〔Hz〕当たりの C/N₀〔dBHz〕は

$$\text{C/N}_0 = \text{EIRP} - \Gamma + \text{G/T} - k$$
$$= 27 - 209 + 30.2 - (-228.6) = 76.8 \text{〔dBHz〕}$$

▶ **解答　4**

関連知識　等価等方輻射電力 EIRP は、無線局の送信系の性能を表す指数として用いられる。EIRP は送信アンテナの絶対利得に送信機電力を掛けた値である。
受信機の性能指数 G/T（ジーオーバーティ）は、受信機の雑音性能を表す指数として用いられる。G/T は受信アンテナの絶対利得をシステム雑音温度で割った値（dB 値の場合は引いた値）である。

A－14　03(1②)

図に示す信号点配置の 16QAM 信号のシンボル誤り率 SER_{16QAM} が、搬送周波数帯における信号対雑音電力比 CNR 及び誤差補関数 erfc を用いた式として、$SER_{16QAM} = (3/2)\,\text{erfc}(\sqrt{CNR/10})$ で表せるとき、1 ビット当たりの信号電力と 1 Hz 当たりの雑音電力の比 E_b/N_0 を用いたビット誤り率 BER_{16QAM} を表す近似式として、正しいものを下の番号から選べ。ただし、ビットの割り当て（マッピング）をグレイコード配置とし、検波方式は、同期検波とする。

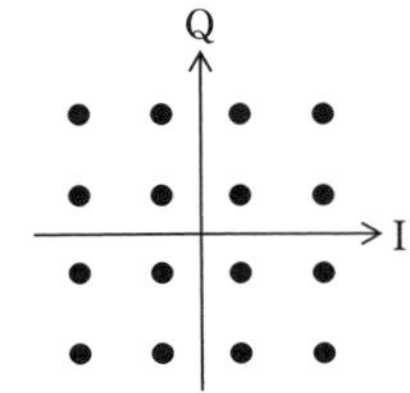

1 $\frac{3}{8}\mathrm{erfc}\left(\sqrt{\frac{E_b}{10N_0}}\right)$　2 $\frac{3}{8}\mathrm{erfc}\left(\sqrt{\frac{2E_b}{5N_0}}\right)$　3 $\frac{3}{8}\mathrm{erfc}\left(\sqrt{\frac{8E_b}{5N_0}}\right)$

4 $\frac{3}{32}\mathrm{erfc}\left(\sqrt{\frac{E_b}{10N_0}}\right)$　5 $\frac{3}{32}\mathrm{erfc}\left(\sqrt{\frac{8E_b}{5N_0}}\right)$

解説　16QAM 方式では、1 シンボル当たり $n = 4$〔bit〕の情報を伝送することができる。また、グレイコードの割り当ては復調時に、あるシンボルが隣のシンボルに誤った場合でも 4〔bit〕のうち 1〔bit〕の誤りしか生じない符号なので、ビット誤り率 BER_{16QAM} はシンボル誤り率の 1/4 となる。

16QAM の CNR は、1 ビット当たりの信号電力 E_b と、1〔Hz〕あたりの雑音電力 N_0 の比 E_b/N_0 より、次式で表される。

$$CNR = \frac{4E_b}{N_0}$$

よって、BER_{16QAM} は次式となる。

$$BER_{16QAM} = \frac{1}{4}SER_{16QAM} = \frac{3}{8}\mathrm{erfc}\left(\sqrt{\frac{CNR}{10}}\right)$$

$$= \frac{3}{8}\mathrm{erfc}\left(\sqrt{\frac{4E_b}{10N_0}}\right) = \frac{3}{8}\mathrm{erfc}\left(\sqrt{\frac{2E_b}{5N_0}}\right)$$

▶ **解答　2**

A－15　04(1②)

次の記述は、デジタル伝送の誤り訂正符号である畳み込み符号について、図に示す符号器のシフトレジスタの状態（“0” または “1”）と入力 u に応じて 2 つの符号（$C_1\,C_2$）を出力して変化する様子を示す状態遷移図及びそれを時系列（ステップ毎）に書換えたトレリス線図から、ビタビ復号法までの原理的な動作を述べたものである。[　　] 内に入れるべき字句を下の番号から選べ。

(1) 入力系列を符号化して得られた出力の符号系列を送信し、伝送途中で誤りが生じて受信系列が “01 11 11 10” となったとき、ビタビ復号法によって、トレリス線図と比べて最も近い符号列が生成される経路を見つけ、送信した符号系列を推測することができる。

(2) 具体的には、ステップ毎に、受信符号が符号器から想定される出力符号と異なるビット数をハミング距離として計算していき、その和が最小となる経路を選ぶことにより、最も確からしいパスを判定し、判定したパスから送信した符号系列が推測される。当該符号系列から (1) の入力系列は [　　] となる。ただし、符号器に符号を入力する前のシフトレジスタの状態は “0” とする。

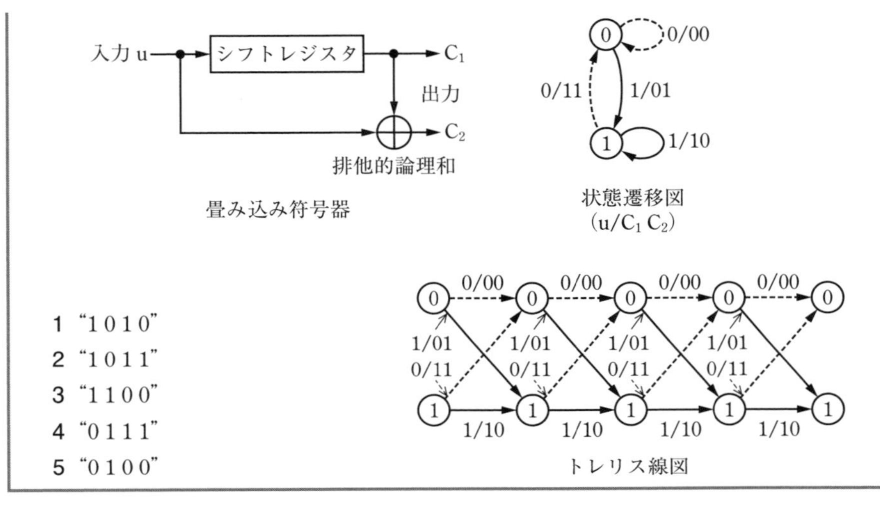

解説　トレリス線図の◯内の “0” または “1” は、符号器の符号入力前のシストレジスタの状態を表している。入力 u と出力 C_1、C_2 は $u/C_1\,C_2$ と表される。図の左上の⓪は入力 “1” のときは出力が “01” となるので 1/01、入力 “0” のときは出力が “00” となるので 0/00 と表される。

ハミング距離は同じ長さの符号列を比較して、同じ位置の符号が異なっている箇所の数なので、“00” と “00” や “11” と “11” のハミング距離は 0、“00” と “01” や “00” と “10” のハミング距離は 1、“00” と “11” のハミング距離は 2 となる。

各区間の受信系列と各パスのハミング距離を解説図に示す。符号器に符号を入力する前のシフトレジスタの状態が “0” なので解説図の左上から開始すると

選択肢 **1** “1 0 1 0” の各区間のトレリス線図の出力は “01 11 01 11” となり、そのハミング距離は $0+0+1+1=2$

選択肢 **2** “1 0 1 1” の各区間のトレリス線図の出力は “01 11 01 10” となり、そのハミング距離は $0+0+1+0=1$

選択肢 **3** “1 1 0 0” の各区間のトレリス線図の出力は “01 10 11 00” となり、そのハミング距離は $0+1+0+1=2$

選択肢 **4** “0 1 1 1” の各区間のトレリス線図の出力は “00 01 10 10” となり、そのハミング距離は $1+1+1+0=3$

選択肢 **5** “0 1 0 0” の各区間のトレリス線図の出力は “00 01 11 00” となり、そのハミング距離は $1+1+0+1=3$

となるので、最も確からしいパスはハミング距離が短い選択肢の **2** となる。

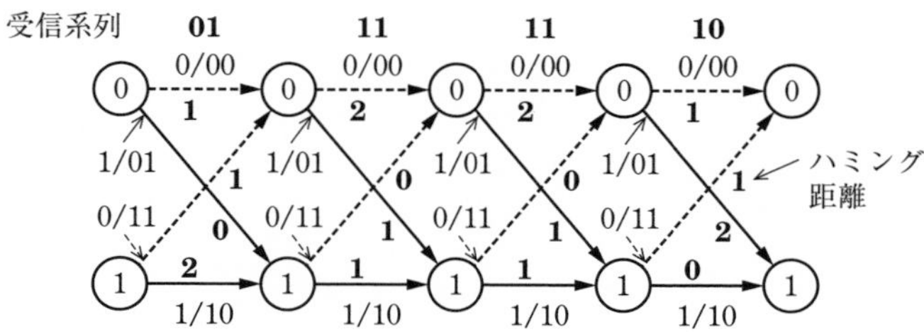

▶ **解答　2**

出題傾向　下線の部分は、ほかの試験問題で穴埋めの字句として出題されている。

A－16　03(7②)

次の記述は、スペクトル拡散(SS)通信方式の一つである直接拡散(DS)方式について述べたものである。[　　]内に入れるべき字句の正しい組合せを下の番号から選べ。なお、同じ記号の[　　]内には、同じ字句が入るものとする。

(1) 送信系の拡散処理、受信系の逆拡散処理において、各通信チャネルごとに異なる拡散符号(擬似雑音符号)を用いることにより、同一の周波数帯域を共有する符号分割多元接続(CDMA)ができるが、同時に利用する拡散符号同士の[A]が相互相関特性に影響する。

(2) 受信系で逆拡散処理を行うためには、受信系で発生させる拡散符号を受信スペクトルの拡散符号に同期させる必要があるが、符号同期を確立するためには、拡散符号の[B]が良いことが重要である。

(3) (1)、(2)の条件を満たす拡散符号として[C]や、生成できる符号系列数を[C]に比べて増大させた[D]等がある。

	A	B	C	D
1	直交性	ランダム性	M 系列	Gold 系列
2	因果性	ランダム性	Gold 系列	M 系列
3	因果性	自己相関特性	Gold 系列	M 系列
4	直交性	自己相関特性	M 系列	Gold 系列
5	直交性	自己相関特性	Gold 系列	M 系列

解説　直接拡散(DS)方式で用いる拡散符号は、信号の検出や同期を取りやすくするために自己相関特性があることが要求される。また、情報信号を帯域全体に拡散できるように周期が長くランダム性が高いことが必要である。

(1) 多元接続を行う場合には、たくさんのユーザに割り当てることができるように符号の種類が多いことが必要であり、送信系の拡散処理、受信系の逆拡散処理において、各通信チャネルごとに異なる拡散符号（擬似雑音符号）を用いることにより、同一の周波数帯域を共有する符号分割多元接続（CDMA）ができるが、ユーザ間の干渉を減らすために相互相関が小さいことが必要で、同時に利用する拡散符号同士の**直交性**が相互相関特性に影響する。

(2) 受信系で逆拡散処理を行うためには、受信系で発生させる拡散符号を受信スペクトルの拡散符号に同期させる必要があるが、符号同期を確立するためには、拡散符号の**自己相関特性**が良いことが重要である。

(3) (1)、(2) の条件を満たす拡散符号として、**M 系列**や、生成できる符号系列数を M 系列に比べて増大させた **Gold 系列**符号等がある。M 系列はシフトレジスタで構成される回路から発生される系列の長さが最大となるようする。M 系列と呼ばれるのは最大周期系列（Maximum-Length Sequence）であるためである。Gold 系列符号はプリファードペアと呼ばれる小さな相互相関値をとる二つの M 系列から生成される。

▶ **解答　4**

A－17　02（11①）

図１に示すように被測定積分回路に方形波信号を加え、その出力をオシロスコープで観測したところ、図２に示すような測定結果が得られた。この被測定積分回路の高域遮断周波数の値として、正しいものを下の番号から選べ。ただし、入力波形は理想的な方形波とし、オシロスコープ固有の立ち上り時間の関係による測定誤差はないものとする。また、被測定積分回路の遮断領域では、6〔dB/oct〕で減衰するものとする。

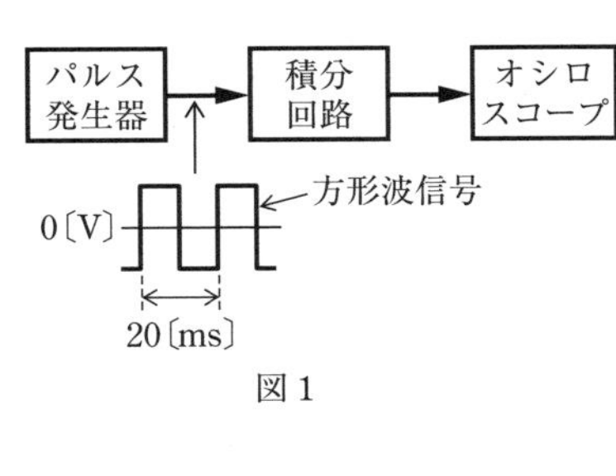

図１

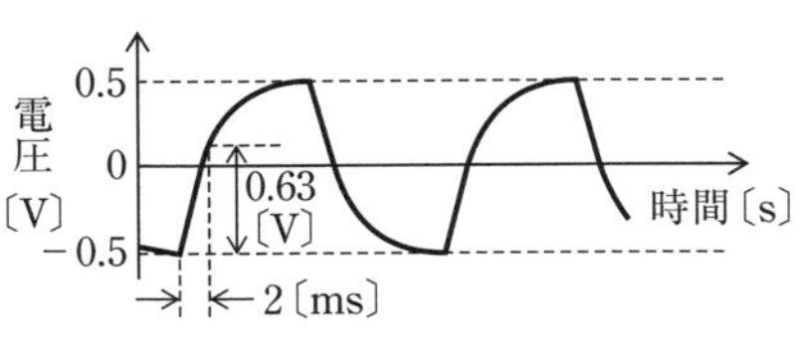

図２

1　$\dfrac{100}{\pi}$〔Hz〕　　2　$\dfrac{200}{\pi}$〔Hz〕　　3　$\dfrac{250}{\pi}$〔Hz〕

4　$\dfrac{400}{\pi}$〔Hz〕　　5　$\dfrac{500}{\pi}$〔Hz〕

解説 方形波などのパルスの立ち上がり時間の時定数は、自然対数の底を $e \fallingdotseq 2.718$ とすると、定常状態の $(1-e^{-1}) \fallingdotseq 0.63$ の値となる時間 T〔s〕で示される。

被測定積分回路の入出力電圧比が $1/\sqrt{2}$ となる周波数を遮断周波数という。問題図のパルス応答の時定数 $T=2$〔ms〕$=2\times10^{-3}$〔s〕より、遮断周波数 f_c〔Hz〕は

$$f_c = \frac{1}{2\pi T} = \frac{1}{2\pi \times 2 \times 10^{-3}}$$

$$= \frac{1}{4\pi} \times 10^3 = \frac{250}{\pi} \text{〔Hz〕}$$

▶ **解答 3**

A－18 04(7①) 03(1①)

次の記述は、FM(F3E)受信機の相互変調特性の測定法について述べたものである。［　　］内に入れるべき字句の正しい組合せを下の番号から選べ。ただし、法令等で、希望波信号のない状態で相互変調を生ずる関係にある各妨害波を入力電圧 1.78〔mV〕で加えた場合において、雑音抑圧が 20〔dB〕以下及び周波数割当間隔を Δf〔Hz〕として規定されているものとする。なお、同じ記号の［　　］内には、同じ字句が入るものとする。

(1) 図に示す構成例において、SG2 の出力を断(OFF)とし、SG1 の出力周波数を希望波周波数(試験周波数)に設定し、規定の変調状態とする。この状態で、受信機に 20〔dBμV〕以上の受信機入力電圧を加え、受信機の規定の復調出力が得られるように受信機の出力レベルを調整後、SG1 の出力を断(OFF)とし、このときの受信機の復調出力(雑音)レベルを測定する。

(2) SG1 及び SG2 を妨害波として接(ON)とし、SG1 の出力周波数を試験周波数より Δf〔Hz〕(規定の周波数割当間隔)高い値に、SG2 の出力周波数を試験周波数より［ A ］〔Hz〕高い値に設定する。

(3) SG1 及び SG2 を［ B ］状態とし、それぞれの出力電圧を等しい値に保ちながら変化させ、受信機の復調出力(雑音)が(1)で測定した値より 20〔dB〕低い値となるときの妨害波の受信機入力電圧を求める。

(4) SG1 の出力周波数を試験周波数より Δf〔Hz〕低い値に、SG2 の出力周波数を試験周波数より［ A ］〔Hz〕低い値に設定し、(3)と同様の測定を行う。試験結果として上、下妨害波のそれぞれの受信機入力電圧を〔mV〕単位で記載し、1.78〔mV〕［ C ］であることを確認する。

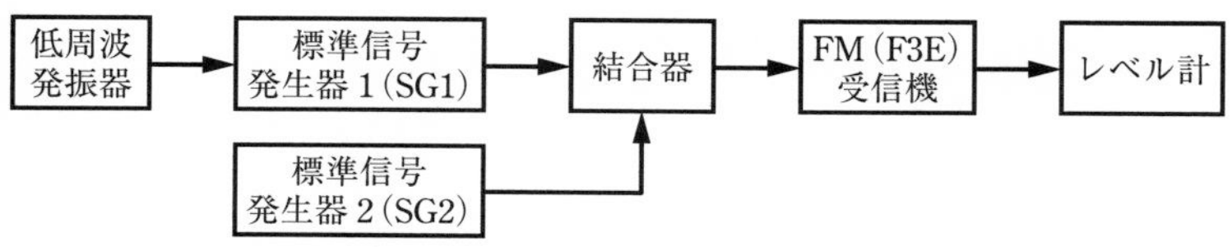

	A	B	C
1	$2\Delta f$	無変調	以上
2	$2\Delta f$	規定の変調	以上
3	$2\Delta f$	無変調	以下
4	$3\Delta f$	規定の変調	以下
5	$3\Delta f$	規定の変調	以上

▶ **解答　1**

関連知識　受信機入力電圧は一般にデシベルで表される。1.78〔mV〕を1〔μV〕を0〔dB〕とした〔dBμV〕で表すと、次式の値となる。

$$20\log_{10}(1.78\times10^3)=20\log_{10}1.78+20\log_{10}10^3\fallingdotseq65\ \text{〔dB}\mu\text{V〕}$$

出題傾向　下線の部分は、ほかの試験問題で穴埋めの字句として出題されている。

A－19　類04(7②)　類03(7②)　類02(11②)

次の記述は、図１に示す雑音電界強度測定器（妨害波測定器）について述べたものである。［　　］内に入れるべき字句の正しい組合せを下の番号から選べ。なお、同じ記号の［　　］内には、同じ字句が入るものとする。

(1) 人工雑音などの高周波雑音の多くはパルス性雑音であり、その高周波成分が広い周波数範囲に分布しているため、同じ雑音でも測定器の［ A ］、直線性、検波回路の時定数等によって出力の雑音の波形が変化し、出力指示計の指示値が異なる。このため、雑音電界強度を測定するときの規格が定められている。

(2) 準尖頭値は、規定の［ B ］を持つ直線検波器で測定された見掛け上の尖頭値であり、パルス性雑音を検波したときの出力指示計の指示値と無線通信に対する妨害度とを対応させるために用いる。

(3) パルス性雑音の尖頭値は、出力指示計の指示値に比べて大きいことが多いので、測定器入力端子から直線検波器までの回路の直線動作範囲を十分広くする必要がある。このため、図２において、直線検波器の検波出力電圧が直線性から［ C ］〔dB〕離れるときのパルス入力電圧と、出力指示計を最大目盛りまで振らせるときのパルス入力電圧の比で過負荷係数が定義され、その値が規定されている。

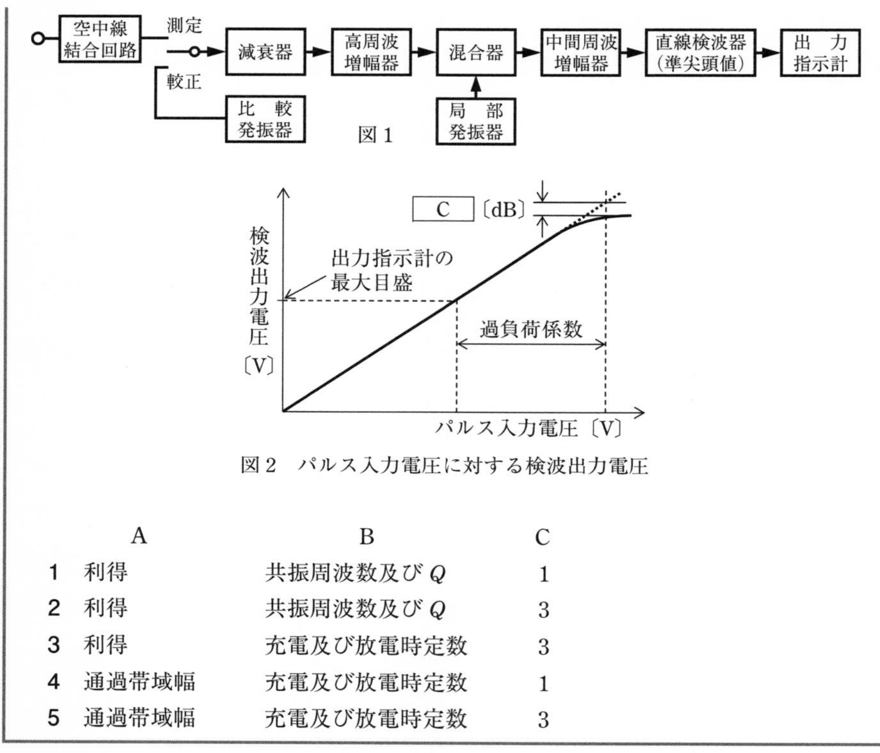

図2　パルス入力電圧に対する検波出力電圧

	A	B	C
1	利得	共振周波数及び Q	1
2	利得	共振周波数及び Q	3
3	利得	充電及び放電時定数	3
4	通過帯域幅	充電及び放電時定数	1
5	通過帯域幅	充電及び放電時定数	3

解説 過負荷係数は、回路の実用的直線動作範囲に相当する入力レベルと指示計器の最大目盛に相当する入力レベルの比である。実用的直線動作範囲とは、その回路の定常状態応答が理想的な直線性から1〔dB〕以上離れない最大のレベルとして定義される。

▶ **解答　4**

A－20　類04(1①)　02(11①)

デジタルオシロスコープのサンプリング方式に関する一般的な次の記述のうち、正しいものを下の番号から選べ。

1　等価時間サンプリング方式は、単発性のパルスなど周期性のない波形の観測に適している。

2　等価時間サンプリング方式の一つであるシーケンシャルサンプリング方式は、トリガ時点以前の入力信号の波形を観測するプリトリガ操作が容易である。

3　等価時間サンプリング方式の一つであるランダムサンプリング方式は、トリガ時点を基準にして入力信号の波形のサンプリング位置を一定時間ずつ遅らせてサンプリングを行う。

4　実時間サンプリング方式は、繰り返し波形の観測を目的としており、サンプリングする周期に比較して変化の速い波形の観測に適している。

5　実時間サンプリング方式で発生する可能性のあるエイリアシング（折返し）は、等価時間サンプリング方式では発生しない。

解説　誤っている選択肢は次のようになる。

1　**実時間サンプリング方式**は、単発性のパルスなど周期性のない波形の観測に適している。

2　等価時間サンプリング方式の一つである**ランダムサンプリング方式**は、**トリガ時点と波形記録データが非同期であるため**、トリガ時点以前の入力信号の波形を観測するプリトリガ操作が容易である。

3　等価時間サンプリング方式の一つである**シーケンシャルサンプリング方式**は、トリガ時点を基準にして入力信号の波形のサンプリング位置を一定時間ずつ遅らせてサンプリングを行う。

4　**等価時間サンプリング方式**は、繰り返し波形の観測を目的としており、サンプリングする周期に比較して変化の**遅い**波形の観測に適している。

▶ **解答　5**

B－1　類 03(7②)　02(1)

次の記述は、SCPC 方式の衛星通信の中継器などに用いられる電力増幅器について述べたものである。［　　］内に入れるべき字句を下の番号から選べ。なお、同じ記号の［　　］内には、同じ字句が入るものとする。

(1) 電力効率を良くするために増幅器が［ア］領域で動作するように設計されていると、相互変調積が生じて信号と異なる周波数帯の成分が生ずる。このため、単一波を入力したときの飽和出力電力に比べて、複数波を入力したときの帯域内の各波の飽和出力電力の［イ］。

(2) 増幅器の動作点の状態を示す入力バックオフは、単一波を入力したときの飽和［ウ］P_1〔W〕と複数波の全入力電力P_2〔W〕との比P_1/P_2をデシベルで表したものである。

(3) 相互変調積などの影響を軽減するには、入力バックオフを［エ］することなどがある。

(4) しかし、あまり入力バックオフを［エ］してしまうと、中継器の［オ］を低下させてしまう。

1　総和は減少する	2　総和は増加する	3　大きく	4　小さく
5　電力利用効率	6　非線形	7　線形	8　入力電力
9　出力電力	10　帯域外放射特性		

解説 増幅器の入力レベルを最大出力が得られる動作点よりも若干低く設定する。入力バックオフは、最大出力が得られるレベルとこの設定レベルとの差のことをいう。

▶ **解答　ア－6　イ－1　ウ－8　エ－3　オ－5**

B－2　04(1①)　03(1①)

次の記述は、図に示すデジタル通信に用いられるQPSK復調器の原理的構成例について述べたものである。[　　]内に入れるべき字句を下の番号から選べ。なお、同じ記号の[　　]内には、同じ字句が入るものとする。

(1) 位相検波器1及び2は、「QPSK信号」と「基準搬送波」及び「QPSK信号」と「基準搬送波と位相が[ア]〔rad〕異なる信号」をそれぞれ[イ]し、両者の位相差を出力させるものである。

(2) 基準搬送波再生回路に用いられる搬送波再生方法の一つである[ウ]は、例えば位相検波器1及び2の出力を用いて、QPSK信号を送信側と逆方向に[エ]変調することによって、情報による[エ]の変化を除去し、[エ]が元の搬送波と同じ波を得るものである。

(3) 識別器1及び2に用いられる符号の識別方法には、位相検波器1及び2の出力のパルスのピークにおける瞬時値によって符号を識別する瞬時検出方式の他、クロックパルスの[オ]周期内で検波器出力信号波を積分して、その積分値により識別する積分検出法もある。

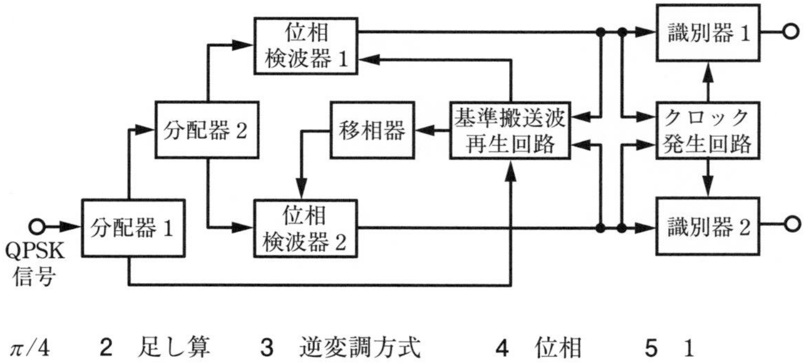

1	$\pi/4$	2	足し算	3	逆変調方式	4	位相	5	1
6	$\pi/2$	7	掛け算	8	コスタス方式	9	振幅	10	4

解説 位相検波器は、sin関数で表される信号波と基準搬送波とを掛け算する。このときsin関数の積の動作をするが、三角関数の積は、和と差に変換することができるので、sin波の位相差を出力することができる。

▶ **解答　ア－6　イ－7　ウ－3　エ－4　オ－5**

B－3　04(1②)　02(11②)

次の記述は、搬送波零位法による周波数変調(FM)波の周波数偏移の測定方法について述べたものである。［　　］内に入れるべき字句を下の番号から選べ。ただし、同じ記号の［　　］内には、同じ字句が入るものとする。

(1) FM 波の搬送波及び各側波帯の振幅は、周波数変調指数 m_f を変数(偏角)とするベッセル関数を用いて表され、このうち［ア］の振幅は、零次のベッセル関数 $J_0(m_f)$ の大きさに比例する。$J_0(m_f)$ は、m_f に対して図１の［イ］に示すような特性を持つ。

(2) 図２に示す構成例において、周波数 f_m〔Hz〕の単一正弦波で周波数変調した FM(F3E) 送信機の出力の一部をスペクトルアナライザに入力し、FM 波のスペクトルを表示する。単一正弦波の振幅を零から次第に大きくしていくと、搬送波及び各側波帯のスペクトル振幅がそれぞれ消長を繰り返しながら、徐々に FM 波の占有周波数帯幅は［ウ］。

(3) 搬送波の振幅が［エ］になる度に、m_f の値に対するレベル計の値(入力信号電圧)を測定する。周波数偏移 f_d は、m_f 及び f_m の値を用いて、f_d = ［オ］であるので、測定値から入力信号電圧対周波数偏移の特性を求めることができ、搬送波の振幅が［エ］となるときだけでなく、途中の振幅でも周波数偏移を知ることができる。

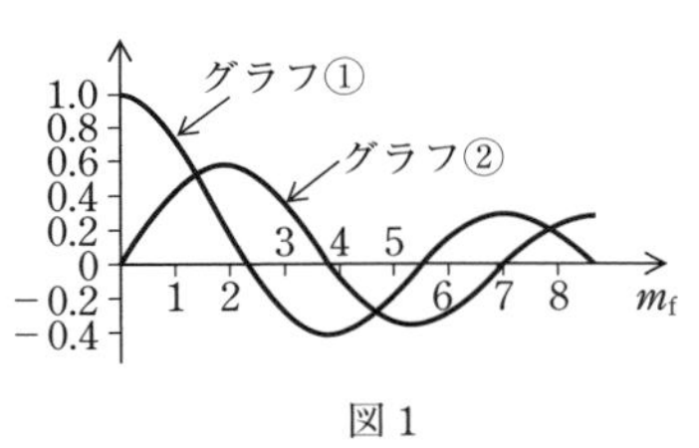

図１

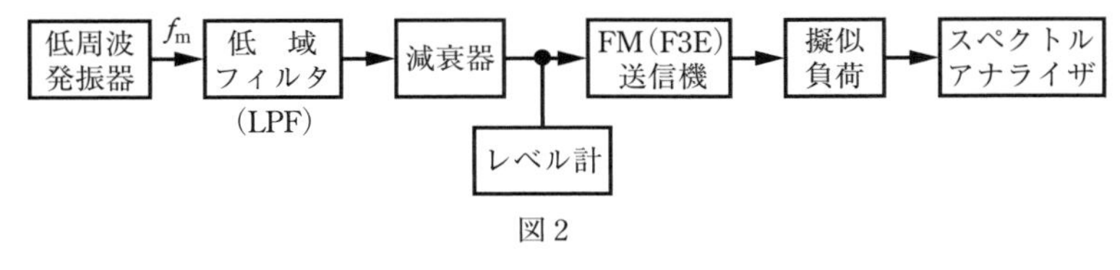

図２

1　狭まる	2　搬送波	3　零	4　$m_f f_m$	5　グラフ②
6　側波帯	7　広がる	8　f_m/m_f	9　最大	10　グラフ①

解説　問題図１において、周波数変調指数 $m_f = 0$ のとき 1.0 となるグラフ①がベッセル関数 $J_0(m_f)$ の値であり、搬送波の振幅を表す。図１より m_f を変化させて最初に $J_0(m_f) = 0$ となるのは、$m_f = 2.4$ のときである。

変調周波数が f_m のとき周波数偏移は次式によって求めることができる。

$$f_d = m_f f_m$$

▶ **解答　ア－2　イ－10　ウ－7　エ－3　オ－4**

B－4 03(1②)

次の記述は、図に示す原理的構成例のフラクショナル N 型 PLL 周波数シンセサイザの動作原理について述べたものである。[　　]内に入れるべき字句を下の番号から選べ。ただし、N は正の整数とし、T_N は N 分周する期間を、T_{N+1} は $(N+1)$ 分周する期間とする。なお、同じ記号の[　　]内には、同じ字句が入るものとする。

(1) この PLL 周波数シンセサイザは、基準周波数 f_{ref}〔Hz〕よりも細かい周波数分解能（周波数ステップ）を得ることができる。また、周期的に二つの整数値の分周比を切り替えることで、非整数による分周比を実現しており、平均の VCO の周波数 f_O〔Hz〕は、$f_O = (N +$ [ア] $) f_{ref}$〔Hz〕で表される。ここで [ア] は、フラクションと呼ぶ。

(2) 例えば、$f_{ref} = 10$〔MHz〕、$N = 5$ 及びフラクションの設定値を 7/10 としたとき、連続したクロック 10 サイクル中における分周器の動作は、分周比 1/5 が合計 [イ] サイクル分、分周比 1/6 が合計 [ウ] サイクル分となるように制御され、見かけ上、非整数による分周比となる。また、このときの f_O は、[エ]〔MHz〕であり、分数表示のフラクションの分子を 1 ステップずつ変化させると、f_O は [オ]〔MHz〕ステップずつ変化する。

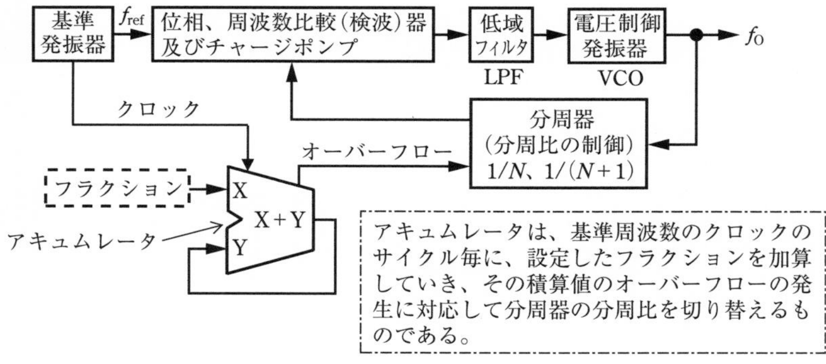

1 6	**2** 7	**3** 67	**4** 57	**5** $\dfrac{T_N}{T_N + T_{N+1}}$
6 1	**7** 2	**8** 3	**9** 4	**10** $\dfrac{T_{N+1}}{T_N + T_{N+1}}$

解説 一般の PLL 周波数シンセサイザでは、出力周波数 f_O〔Hz〕、分周器の分周比 N のとき、基準周波数 f_{ref}〔Hz〕は

$$f_{ref} = \frac{f_O}{N} \quad \text{より} \quad f_O = N f_{ref} \text{〔Hz〕} \quad \cdots (1)$$

の関係がある。フラクショナルＮ型では分周比が N と $N+1$ の間に細かいステップを持たせるので、これらの間の分周期間 T_N と T_{N+1} から次式の関係がある。

$$f_O = \left(N + \frac{T_{N+1}}{T_N + T_{N+1}}\right) f_{ref} \text{〔Hz〕} \quad \cdots (2)$$

$N=5$ なので、T_N は５分周する期間、T_{N+1} を６分周する期間とする。フラクションの設定値が

$$\frac{T_{N+1}}{T_N + T_{N+1}} = \frac{7}{10} \quad \cdots (3)$$

と与えられているので、連続したクロック 10 サイクル中における T_N の 1/5 分周器と T_{N+1} が 1/6 の分周器の動作は、分周比 1/6 が合計７サイクル分、分周比 1/5 が $10-7$ の合計３サイクル分となるように制御される。

$f_{ref}=10$〔MHz〕のとき式(2)から f_O〔MHz〕を求めると

$$f_O = \left(5 + \frac{7}{10}\right) \times 10 = 57 \text{〔MHz〕}$$

となる。

▶ **解答　ア－10　イ－8　ウ－2　エ－4　オ－6**

出題傾向　下線の部分は、ほかの試験問題で穴埋めの字句として出題されている。

B－5　　類 03(7①)　02(11②)

次の記述は、周波数変調(FM)通信に用いられるエンファシスの原理について述べたものである。［　　］内に入れるべき字句を下の番号から選べ。ただし、プレエンファシス回路及びディエンファシス回路の時定数を τ〔s〕、入力信号の角周波数を ω〔rad/s〕とする。なお、同じ記号の［　　］内には、同じ字句が入るものとする。

(1) エンファシスとは、送信機で周波数変調する前の変調信号の［ア］を強調(プレエンファシス)し、受信機で復調した後にプレエンファシスの逆の特性で［ア］を低減(ディエンファシス)することである。

(2) 例えば図に示すプレエンファシス回路において、$\tau = CR_1$、入力電圧を e_1 とすると、出力電圧 e_2 は、次式で表される。

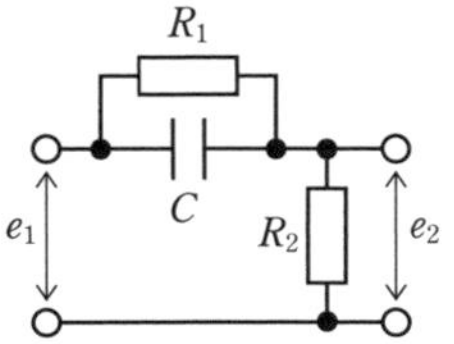

$e_2 = e_1 R_2 (1 + j\omega\tau) /$［イ］

(3) $\omega=0$ のときの e_2 を e_{20} とすると、電圧比 e_2/e_{20} は、周波数特性 $Fp(\omega)$ として次式で表せる。

$Fp(\omega) = e_2/e_{20} = (1 + j\omega\tau) /$［ウ］　…①

(4) ここで、$\{\omega\tau R_2/(R_1+R_2)\} \ll 1$ ならば、①式の大きさは次式で表せる。

$|Fd(\omega)| =$［エ］　…②

(5) ②式は、プレエンファシス回路の周波数特性を表し、それと逆の周波数特性のディエンファシス回路と合わせた総合の周波数特性は平坦となり、FM 通信において変調信号の周波数全域にわたって信号対雑音比 (S/N) を一様に保つことができる。ディエンファシス回路は、一種の積分回路であり、その周波数特性 $Fd(\omega)$ の大きさは次式で表せる。

$|Fd(\omega)| =$ [オ]

1	高域成分	2	$\{R_1 - R_2(1 + j\omega\tau)\}$
3	$1/\sqrt{1 + (\omega\tau)^2}$	4	$[1 - j\omega\tau\{R_2/(R_1 + R_2)\}]$
5	$\sqrt{1 + (\omega\tau)^2}$	6	低域成分
7	$\{R_1 + R_2(1 + j\omega\tau)\}$	8	$1/\sqrt{1 - (\omega\tau)^2}$
9	$[1 + j\omega\tau\{R_2/(R_1 + R_2)\}]$	10	$\sqrt{1 - (\omega\tau)^2}$

解説 R_1 と C の並列回路のインピーダンス $\dot{Z}_1$ は

$$\dot{Z}_1 = \frac{R_1 \times \dfrac{1}{j\omega C}}{R_1 + \dfrac{1}{j\omega C}} = \frac{R_1}{1 + j\omega C R_1} = \frac{R_1}{1 + j\omega\tau} \quad \cdots (1)$$

出力電圧 e_2 は e_1 とインピーダンスの比で表されるので、式 (1) を用いると

$$e_2 = \frac{e_1 R_2}{\dot{Z}_1 + R_2} = \frac{e_1 R_2(1 + j\omega\tau)}{R_1 + R_2(1 + j\omega\tau)} \quad \cdots (2)$$

式 (2) の $\omega = 0$ としたときの e_2 を e_{20} とすると

$$e_{20} = \frac{e_1 R_2}{R_1 + R_2} \quad \cdots (3)$$

伝達関数 $Fp(\omega)$ は式 (2)/ 式 (3) より

$$Fp(\omega) = \frac{e_1 R_2(1 + j\omega\tau)}{R_1 + R_2(1 + j\omega\tau)} \times \frac{R_1 + R_2}{e_1 R_2} = \frac{1 + j\omega\tau}{R_1 + R_2 + j\omega\tau R_2} \times (R_1 + R_2)$$

$$= \frac{1 + j\omega\tau}{1 + \dfrac{j\omega\tau R_2}{R_1 + R_2}} \fallingdotseq 1 + j\omega\tau \quad \cdots (4)$$

Point
$\dfrac{\omega\tau R_2}{R_1 + R_2} \ll 1$
の条件より

よって　$|Fp(\omega)| = \sqrt{1 + (\omega\tau)^2}$

ディエンファシス回路により、周波数特性を平坦にするためには

$$|Fp(\omega)| \times |Fd(\omega)| = 1$$

の関係が成り立つので

$$|Fd(\omega)| = \frac{1}{\sqrt{1 + (\omega\tau)^2}}$$

となる。

▶ **解答　ア－1　イ－7　ウ－9　エ－5　オ－3**

無線工学A（令和5年7月期②）

A－1

次の記述は、我が国の標準テレビジョン放送のうち地上系デジタル放送の標準方式(ISDB-T)で規定されている、モード3におけるOFDM変調方式の等化等について述べたものである。[　　]内に入れるべき字句の正しい組合せを下の番号から選べ。なお、同じ記号の[　　]内には、同じ字句が入るものとする。

(1) 地上系デジタル放送では、伝送路で生じる振幅・位相の変動を補正するため、振幅・位相が一定の基準信号である分散パイロット信号SP(Scattered Pilot)が、周波数方向・時間方向全体で[A]シンボルに1個挿入されている。

(2) SPはマルチパスに対する波形等化に有効であるが、送信電力を一定とした場合データシンボルに割り当てられる電力が減少し誤り率が増加する。OFDM全体の平均電力をC_A、データシンボルの平均電力をC_D、[A]の値をN_{sp}、SPの振幅はデータシンボルの平均振幅のL倍とすると、OFDM全体の平均電力に対するデータシンボルの平均電力の比C_D/C_Aは[B]となり、Lの値を実際の値である4/3とすると、$C_D/C_A \fallingdotseq$ [C]となる。

	A	B	C
1	4	$\dfrac{N_{sp}}{(L^2+N_{sp}-1)}$	0.97
2	4	$\dfrac{N_{sp}}{(L+N_{sp}-1)}$	0.94
3	12	$\dfrac{N_{sp}}{(L+N_{sp}-1)}$	0.97
4	12	$\dfrac{N_{sp}}{(L+N_{sp}-1)}$	0.94
5	12	$\dfrac{N_{sp}}{(L^2+N_{sp}-1)}$	0.94

解説 分散パイロット信号SP(Scattered Pilot)は、周波数方向・時間方向全体で12シンボルに1個挿入されている。このシンボル数を$N_{SP}=12$、データシンボルの平均電力をC_D、SPシンボルの平均電力をC_Pとすると、OFDM全体の平均電力C_Aは次式で表される。

$$C_A = \frac{C_P + (N_{SP}-1)\,C_D}{N_{SP}} \quad \cdots (1)$$

SPの振幅はデータシンボルの平均振幅のL倍とすると、電力は振幅の2乗に比例するので、$C_P = L^2 C_D$となる。Lの値を実際の値である4/3とすると、C_D/C_Aは式(1)より次式で表される。

無線工学の基礎
無線工学A
無線工学B
法規

$$\frac{C_D}{C_A} = \frac{N_{SP}\,C_D}{C_P + (N_{SP} - 1)\,C_D} = \frac{N_{SP}}{(C_P/C_D) + N_{SP} - 1}$$

$$= \frac{N_{SP}}{L^2 + N_{SP} - 1} = \frac{12}{(4/3)^2 + 12 - 1}$$

$$= \frac{12 \times 9}{16 + 11 \times 9} = \frac{108}{115} \fallingdotseq 0.94$$

▶ 解答　5

A－2　類 04(7①)　04(1①)

次の記述は、図に示す構成例による直交周波数分割多重(OFDM)信号の原理的な生成過程の一例について述べたものである。このうち誤っているものを下の番号から選べ。ただし、生成する搬送帯域 OFDM 信号を構成するデジタル変調信号は $f_C + nf_S$〔Hz〕(基本周波数 f_S〔Hz〕、$n = 0, 1, 2, \cdots, N - 1$)の搬送波周波数をもつものとする。

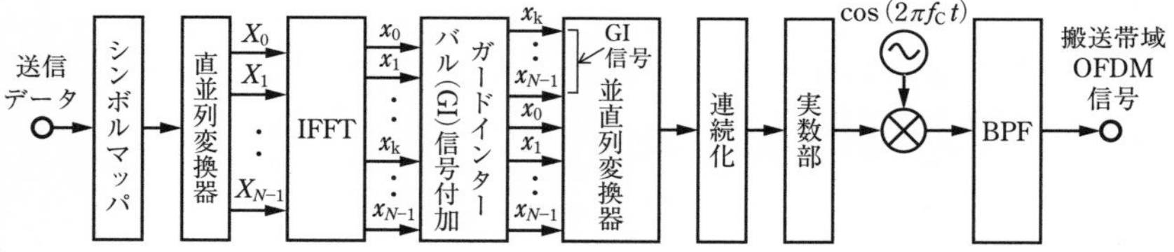

1　送信データのビット列は、シンボルの変調方式に応じた構成によるシンボルマッパにより、各搬送波を変調するための複素シンボル列に変換され、生成された複素シンボル列は、直並列変換器に蓄積される。

2　直並列変換器に蓄積された N 個のシンボルは、逆離散フーリエ変換(IFFT)によって一括変換され、N 個の OFDM シンボルの標本値が生成される。

3　N 個の OFDM シンボルの標本値はガードインターバル信号が付加され、並直列変換し標本化間隔 $1/(f_S N)$ の連続信号に変換することで、複素ベースバンド OFDM 信号となる。

4　複素ベースバンド OFDM 信号の実部に対して周波数 f_C〔Hz〕の搬送波で変調し、伝送帯域のみを通す帯域フィルタ(BPF)を通すことで、搬送帯域 OFDM 信号が生成される。

5　OFDM 信号はシンボル長が短いため本質的にマルチパスの影響を受けにくいが、隣接シンボルによる信号劣化を受けにくくするため、逆離散フーリエ変換値の一部をデータの後尾にコピーして付加することにより、ガードインターバルが付加された OFDM 信号を生成できる。

解説　誤っている選択肢は次のようになる。

5　OFDM 信号はシンボル長が短いため本質的にマルチパスの影響を受けにくいが、隣接シンボルによる信号劣化を受けにくくするため、逆離散フーリエ変換値の一部をデータの**先頭**にコピーして付加することにより、ガードインターバルが付加された OFDM 信号を生成できる。

▶ **解答　5**

A－3

単一正弦波で 80〔%〕変調された AM（A3E）変調波の全電力が、330〔W〕であった。この AM 変調波の両側波帯のうち、一方の側波帯のみの電力の値として、正しいものを下の番号から選べ。

1　10〔W〕　2　20〔W〕　3　40〔W〕　4　60〔W〕　5　80〔W〕

解説　搬送波の電力を P_C〔W〕、側波帯の電力を P_S〔W〕とすると、変調度 m で振幅変調された全電力 P_{AM}〔W〕は

$$P_{AM} = P_C + P_S + P_S = P_C + 2P_S$$

$$= P_C + 2 \times \frac{m^2}{4} P_C = \left(1 + \frac{m^2}{2}\right) P_C \text{〔W〕}$$

$$330 = \left(1 + \frac{0.8^2}{2}\right) P_C = 1.32 P_C \quad \text{よって} \quad P_C = \frac{330}{1.32} = 250 \text{〔W〕}$$

一方の側波帯の電力 P_S〔W〕は

$$P_S = \frac{P_{AM} - P_C}{2} = \frac{330 - 250}{2} = 40 \text{〔W〕}$$

▶ **解答　3**

A－4　類 04(1①)　03(1①)　類 31(1)

図に示す通信回線において、受信機の入力に換算した C/N が 65〔dB〕のときの送信機の送信電力 P〔W〕の値として、最も近いものを下の番号から選べ。ただし、送信及び受信アンテナの絶対利得を共に 40〔dBi〕、送信及び受信給電線の損失を共に 4〔dB〕、両アンテナ間の伝搬路の損失を 140〔dB〕とする。また、ボルツマン定数 k を 1.38×10^{-23}〔J/K〕及び受信機の雑音指数を 2.5（真数）、周囲温度 T を 290〔K〕及び等価雑音帯域幅を 20〔MHz〕とし、$\log_{10} 2 = 0.3$ とする。

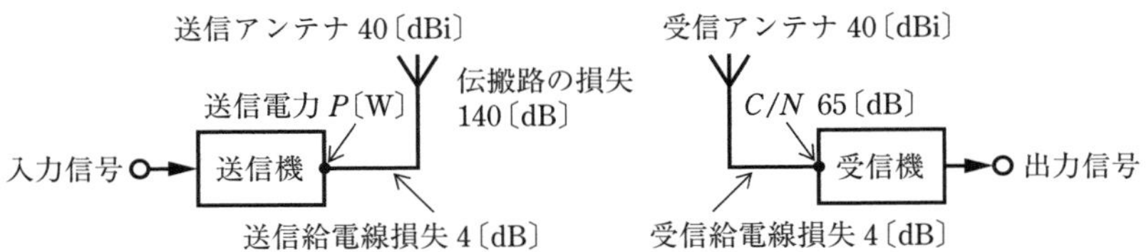

1 1〔W〕　2 2〔W〕　3 3〔W〕　4 4〔W〕　5 5〔W〕

解説 受信機の雑音指数 F、等価雑音帯域幅 B〔Hz〕、ボルツマン定数 k〔J/K〕、周囲絶対温度 T〔K〕より、受信機入力の雑音電力 N〔W〕は

$$N = kTBF = 1.38 \times 10^{-23} \times 290 \times 20 \times 10^{6} \times 2.5$$
$$\fallingdotseq 20{,}000 \times 10^{-17} = 2 \times 10^{-13}\ \text{〔W〕}$$

dBW にすると

$$N_{dB} = 10 \log_{10}(2 \times 10^{-13}) = 10 \log_{10} 2 + 10 \log_{10} 10^{-13}$$
$$= 3 - 130 = -127\ \text{〔dBW〕}$$

送信電力を P_{dB}〔dBW〕、送信および受信系のアンテナ利得をそれぞれ G_T、G_R〔dB〕、給電線の損失をそれぞれ L_T、L_R〔dB〕、伝搬路の損失を Γ_0〔dB〕とすると、受信機入力端の C/N_{dB}〔dB〕は

$$C/N_{dB} = P_{dB} + G_T - L_T - \Gamma_0 + G_R - L_R - N_{dB}\ \text{〔dB〕}$$
$$65 = P_{dB} + 40 - 4 - 140 + 40 - 4 - (-127)$$
$$= P_{dB} + 59$$

よって $P_{dB} = 65 - 59 = 6$〔dBW〕となるので、送信電力 P〔W〕は

$$P_{dB} = 10 \log_{10} P$$
$$6 = 3 + 3 = 10 \log_{10} 2 + 10 \log_{10} 2 = 10 \log_{10}(2 \times 2) = 10 \log_{10} P$$

よって、$P = 4$〔W〕である。

Point
問題の数値は dB で与えられているので、利得は和、損失は差で計算する。

▶ **解答 4**

出題傾向
ボルツマン定数などが dB 値で与えられる問題も出題されている。また、電力を dBm で求める問題も出題されている。

A－5

次の記述は、OQPSK(Offset QPSK) 変調方式の基本的な原理を述べたものである。□内に入れるべき字句の正しい組合せを下の番号から選べ。

(1) OQPSK 変調方式は、I 軸と Q 軸のベースバンド信号を互いに 1/2 シンボル時間だけオフセットすることで I 軸と Q 軸が同時に切り替わらないようにする方式であり、位相遷移上原点を通ることはないため包絡線振幅変動が小さく QPSK 信号帯域外の周波数スペクトルの発生を抑えることができ、増幅器の直線性が十分とれない衛星通信などで用いられている。

(2) 図 1 に示す OQPSK の基本構成において、ベースバンド信号 $a(t) = (1, 1, -1, -1, -1, 1, 1, 1)$ を I 軸信号 $a_I(t) = (1, -1, -1, 1)$ と Q 軸信号 $a_Q(t) = (1, -1, 1, 1)$ に分割し、Q 軸に 1/2 シンボル時間の遅延を与える場合、I 軸と Q 軸を合成した

OQPSK 信号 $S(t)$ を $S(t)=A\cos\{\omega_c t+\theta(t)\}$ とすると $\theta(t)$ の値は［ A ］〔rad〕となり、図２に示す $S(t)$ の波形において $T\sim 2T$ 間の波形 a と $3T\sim 4T$ 間の波形 b は、それぞれ図３に示す［ B ］ならびに［ C ］となる。ただし、I 軸と Q 軸それぞれのシンボル時間を $2T$ とし、デジタル信号 $a_I(t)$、$a_Q(t)$ は左側のデータから乗算器に入力されるものとする。

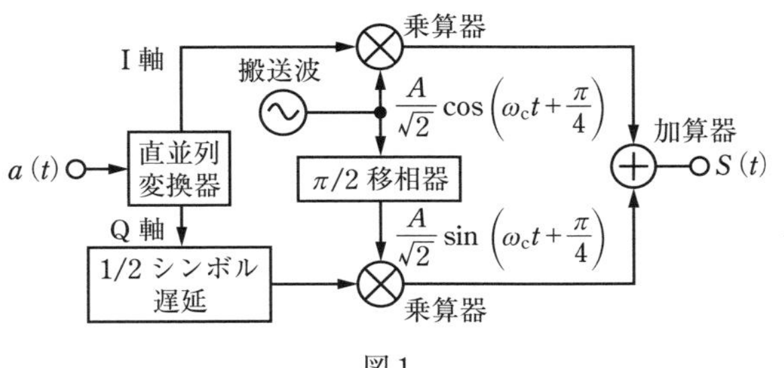

図１

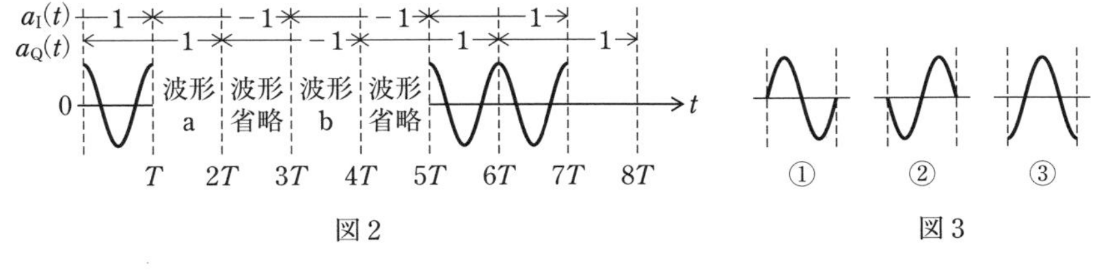

図２　　　　図３

	A	B	C
1	$0, \pm\pi/2$	①	③
2	$0, \pm\pi/2$	②	③
3	$0, \pm\pi/2, \pi$	②	①
4	$0, \pm\pi/2, \pi$	②	③
5	$0, \pm\pi/2, \pi$	①	③

解説　ベースバンド信号 $a(t)=(1, 1, -1, -1, -1, 1, 1, 1)$ を同相軸の I 軸信号 $a_I(t)=(1, -1, -1, 1)$ と直交軸の Q 軸信号 $a_Q(t)=(1, -1, 1, 1)$ に分割し、Q 軸信号に 1/2 シンボル時間の遅延を与えて、時間軸に表した波形が問題図２である。

I 軸と Q 軸を合成した OQPSK 信号 $S(t)$ を $S(t)=A\cos\{\omega t+\theta(t)\}$ とすると、$\theta(t)$ は４値となるので、$0, \pm\pi/2, \pi$〔rad〕となる。

問題図２において、$0\sim T$ 間および $5T\sim 7T$ は同相軸の I 軸信号が $a_I(t)=1$、直交軸の Q 軸信号が $a_Q(t)=1$ の第１象限のとき $\theta(t)=0$〔rad〕の $S(t)=A\cos\omega t$ の波形となる。

$T\sim 2T$ 間は $a_I(t)=-1$、$a_Q(t)=1$ の第２象限となるので、$\pi/2$〔rad〕位相がずれた

sin 関数の波形となるから、波形 a は問題図 3 の①の波形となる。

$3T \sim 4T$ 間は $a_I(t) = -1$、$a_Q(t) = -1$ の第 3 象限となるので、π〔rad〕位相がずれた $-\cos$ 関数の波形となるから、波形 b は問題図 3 の③の波形となる。

▶ **解答　5**

A−6　04(1②)　03(1②)

次の記述は、BPSK 変調信号 $s(t)$ に雑音（加法的白色ガウス雑音）が付加された受信信号 $r(t)$ を図の復調器構成によって同期検波したときの原理的な動作について述べたものである。[　　]内に入れるべき字句の正しい組合せを下の番号から選べ。ただし、基準搬送波 $p(t)$ を $p(t) = 2\cos\omega_c t$ とする。なお、同じ記号の[　　]内には、同じ字句が入るものとする。

(1) 受信機で帯域制限された搬送波周波数帯における雑音 $n(t)$ は、その同相、直交成分をそれぞれ $n_I(t)$、$n_Q(t)$ とすると、狭帯域雑音として次式で表される。

$n(t) = n_I(t) \times$ [A] $+ n_Q(t) \times$ [B]

(2) BPSK のデータ値によって $a(t)$ が ±1 の値をとり、搬送波の角周波数を ω_c〔rad/s〕とすると、$s(t)$ は、

$s(t) = a(t)\cos\omega_c t$

で表せるものとして、$s(t)$ に $n(t)$ が付加された受信信号 $r(t)$ と $p(t)$ を乗積した信号 $r_d(t)$ は、次式で表される。

$r_d(t) = r(t)p(t) = \{s(t) + n(t)\}p(t)$

$= \{$ [C] $\} \times (1 + \cos 2\omega_c t) + n_Q(t)\sin 2\omega_c t$

(3) $r_f(t)$ は、$r_d(t)$ から低域フィルタ（LPF）によって 2 倍の周波数成分が除去された信号であり、次式で表される。

$r_f(t) =$ [C]

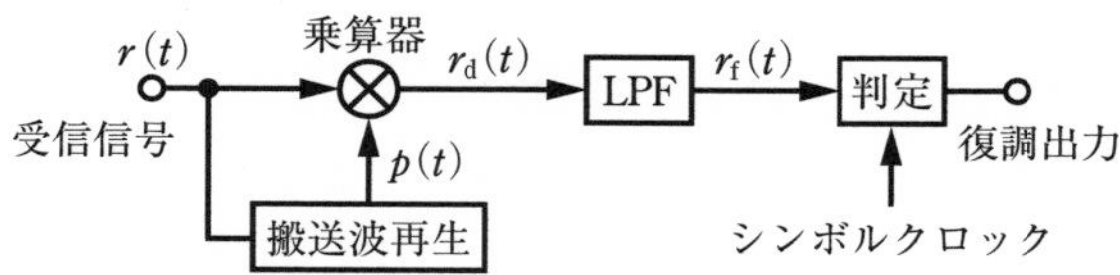

	A	B	C
1	$\cos\omega_c t$	$\sin\omega_c t$	$a(t) + n_I(t) + n_Q(t)$
2	$\cos\omega_c t$	$\sin\omega_c t$	$a(t) + n_I(t)$
3	$\sin\omega_c t$	$\cos\omega_c t$	$a(t) + n_I(t)$
4	$\sin\omega_c t$	$\cos\omega_c t$	$a(t) + n_I(t) + n_Q(t)$
5	$\sin\omega_c t$	$\cos\omega_c t$	$a(t) + n_I(t)/2 + n_Q(t)/2$

解説 搬送波周波数帯における狭帯域雑音成分は、同相成分は cos 関数、直交成分は sin 関数の単振動で表すことができるので、次式で表される。

$$n(t) = n_I(t)\cos\omega_c t + n_Q(t)\sin\omega_c t$$

BPSK 変調信号 $s(t)$ に狭帯域雑音成分 $n(t)$ が加わった入力成分 $r(t)$ と基準搬送波 $p(t)$ の乗算器出力 $r_d(t)$ は次式で表される。

$$\begin{aligned} r_d(t) &= r(t)\,p(t) = \{s(t) + n(t)\}\,p(t) \\ &= s(t)\,p(t) + n(t)\,p(t) \\ &= a(t)\cos\omega_c t \times 2\cos\omega_c t + \{n_I(t)\cos\omega_c t + n_Q(t)\sin\omega_c t\} \times 2\cos\omega_c t \\ &= 2\{a(t) + n_I(t)\}\cos^2\omega_c t + 2n_Q(t)\sin\omega_c t\cos\omega_c t \\ &= \{a(t) + n_I(t)\}(1 + \cos 2\omega_c t) + n_Q(t)\sin 2\omega_c t \end{aligned}$$

よって

$$r_d(t) = a(t) + n_I(t) + \{a(t) + n_I(t)\}\cos 2\omega_c t + n_Q(t)\sin 2\omega_c t$$

となる。$r_f(t)$ は LPF によって２倍の周波数成分が除去された信号なので、次式で表される。

$$r_f(t) = a(t) + n_I(t)$$

▶ **解答　2**

数学の公式

$$\cos^2\theta = \frac{1}{2}(1 + \cos 2\theta)$$

$$\sin 2\theta = 2\sin\theta\cos\theta$$

A－7　　04(1①)

次の記述は、有機電解液を用いた一般的なリチウムイオン二次電池の特徴等について述べたものである。このうち誤っているものを下の番号から選べ。

1　セル当たりの定格電圧が３～４〔V〕程度と高く、またエネルギー密度が高いため小型軽量化が可能である。

2　設定電圧までは定電流で充電し、設定電圧に達したら定電圧で充電する定電流・定電圧充電が通常用いられる。

3　自己放電は小さいが、満充電状態の電池を高温で保存すると劣化が大きい。

4　放電の繰り返し等により発生するサルフェーション対策は、深放電を避けることが有効である。

5　絶えず微小電流により充電することで満充電状態を維持するトリクル充電は、過充電による電池の劣化が起きやすい。

解説 誤っている選択肢は次のようになる。

4 鉛蓄電池のサルフェーション対策は、リチウムイオン二次電池では必要がない。

サルフェーションは、鉛蓄電池の電極板に不活性な硫酸塩結晶皮膜が発生する現象である。それが滞留すると電解液との接地面積が狭くなって、十分に充電ができなくなったり、充電に時間がかかったりする。一般にバッテリーを充電するとサルフェーションは電解液に溶け込むことで減少する。放電の繰り返し等により発生するサルフェーション対策は、深放電を避けることが有効である。

▶ **解答 4**

A－8 04(1①)

次の記述は、図に示すクワドラチャ検波器の原理的な構成例について述べたものである。このうち誤っているものを下の番号から選べ。ただし、入力の周波数変調波を $\dot{e}_1$、移相器の出力を $\dot{e}_2$、掛け算器の出力を e_0 とし、移相器は理想的に動作するものとする。

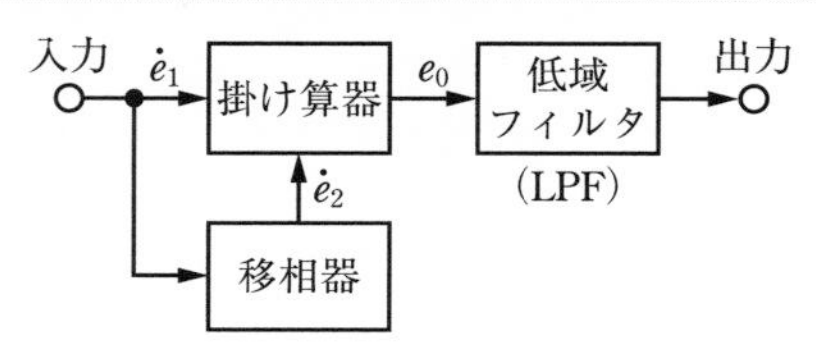

1 一般的に $\dot{e}_2$ の移相特性は、$\dot{e}_1$ の周波数が高くなると e_0 の衝撃係数（デューティレシオ）が小さくなるような特性を持つ。

2 $\dot{e}_1$ の周波数が搬送波の周波数の近傍では、$\dot{e}_2$ の移相量は $\dot{e}_1$ の周波数偏移に応じて変化する。

3 $\dot{e}_1$ の周波数が搬送波の周波数に等しいとき、$\dot{e}_2$ の移相量が $\pi/2$〔rad〕になるようにする。

4 原理的に、$\dot{e}_1$ 及び $\dot{e}_2$ の波形は正弦波である必要はなく、振幅制限された矩形波としてもよい。

5 e_0 の一周期における平均レベルは、$\dot{e}_1$ の周波数偏移に応じて変化するので、低域フィルタ（LPF）を通すと信号波が得られる。

解説 誤っている選択肢は次のようになる。

1 一般的に $\dot{e}_2$ の移相特性は、$\dot{e}_1$ の周波数が高くなると e_0 の衝撃係数（デューティレシオ）が**大きく**なるような特性を持つ。

▶ **解答 1**

A－9　04(7①)　類03(1②)　類02(11②)

　次の記述は、デジタル変調方式の理論的な C/N 対 BER 特性（同期検波）等について述べたものである。［　　］内に入れるべき値の組合せとして最も近いものを下の番号から選べ。ただし、QPSK、8PSK、16QAM、16PSK及び64QAMの C/N 対 BER 特性を図に示す。また、E_b/N_0 は１ビット当たりの信号電力と１Hz当たりの雑音電力の比であり、$\log_{10}2=0.3$、$\log_{10}3=0.48$ とする。

(1) C/N をパラメータとしたBPSKとQPSKの BER が、誤差補関数を用いた式として、それぞれ、$(1/2)\,\mathrm{erfc}(\sqrt{C/N})$ 及び $(1/2)\,\mathrm{erfc}(\sqrt{(C/N)/2})$ で表せるので、$BER=1\times10^{-8}$ を達成するためのBPSKの所要 E_b/N_0 は、16QAMの所要 E_b/N_0 より約［ A ］〔dB〕低い。

(2) 64QAMで、$BER=1\times10^{-8}$ を達成するための所要 E_b/N_0 は、16QAMで同一の BER を達成するための所要 E_b/N_0 に比べて約［ B ］〔dB〕高い。

(3) 瞬時 C/N に応じてQPSK、16QAM、64QAMを切替える適応変調において、$BER=1\times10^{-2}$ 以下かつ伝送レートが最大となるよう切替える場合、16QAMと64QAM相互間の切換基準となる C/N は約［ C ］〔dB〕である。

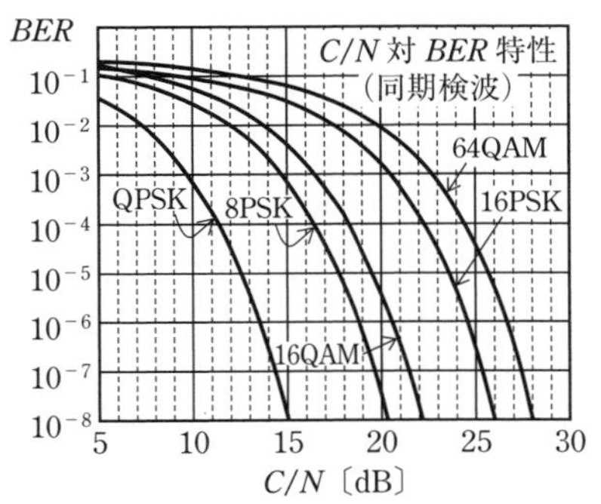

	A	B	C
1	4	4	13.8
2	4	4	19.7
3	7	4	19.7
4	7	6	19.7
5	7	6	13.8

解説　(1) BPSKとQPSKの BER は、誤差補関数を用いた式の値からBPSKに比較してQPSKの所要 C/N_4 は２倍の $10\log_{10}2=3$〔dB〕高くする必要がある。

　問題図より $BER=1\times10^{-8}$ のとき16QAMの C/N_{16} は約22〔dB〕、QPSKの C/N_4 は約15〔dB〕なので、C/N の差が $22-15=7$〔dB〕となる。QPSKはBPSKより3〔dB〕高くしなければならないので、16QAMの C/N_{16} はBPSKより $7+3=10$〔dB〕高くしなければならない。$C/N_{16}-C/N_2=10$〔dB〕となるので、BPSKの所要 C/N_2 は16QAMより10〔dB〕低い。

　また、BPSKは１回の変調で１ビット伝送することができ、16QAMは４ビット伝送することができるので、BPSKの C/N_2 と E_b/N_{02}（ビットエネルギー対雑音電力密度比）は $C/N_2=E_b/N_{02}$ の関係となり、16QAMの C/N_{16} と E_b/N_{016} は $C/N_{16}=4E_b/N_{016}$ の関係となる。16QAMの C/N_{16} と E_b/N_{016} をdBで表せば、$10\log_{10}4=6$〔dB〕なの

で $C/N_{16}=6+E_b/N_{016}$〔dB〕となるから、これらの C/N と E_b/N_0 の差を求めると次式で表される。

$$C/N_{16}-C/N_2=6+E_b/N_{016}-E_b/N_{02}$$

$C/N_{16}-C/N_2=10$〔dB〕なので、$E_b/N_{016}-E_b/N_{02}=10-6=4$〔dB〕となるから $BER=1\times10^{-8}$ を達成するための BPSK の所要 E_b/N_{02} は、16QAM の所要 E_b/N_{016} より約 4〔dB〕低い。

(2) 問題図より $BER=1\times10^{-8}$ のとき 64QAM の C/N_{64} は約 28〔dB〕、16QAM の C/N_{16} は約 22〔dB〕なので、$C/N_{64}-C/N_{16}\fallingdotseq 6$〔dB〕となる。

64QAM は 1 回の変調で 6 ビット伝送することができるので、64QAM の C/N_{64} と E_b/N_{064} は $C/N_{64}=6E_b/N_{016}$ の関係となる。これを dB で表せば、$10\log_{10}6=10\log_{10}(2\times3)=3+4.8=7.8$〔dB〕なので $C/N_{64}=7.8+E_b/N_{064}$〔dB〕となる。16QAM は $C/N_{16}=6+E_b/N_{016}$〔dB〕なので、これらの C/N と E_b/N_0 の差を求めると次式で表される。

$$C/N_{64}-C/N_{16}=7.8+E_b/N_{064}-(6+E_b/N_{016})$$
$$=1.8+E_b/N_{064}-E_b/N_{016}\text{〔dB〕}$$

$C/N_{64}-C/N_{16}=6$〔dB〕なので、$E_b/N_{064}-E_b/N_{016}=6-1.8=4.2\fallingdotseq 4$〔dB〕となるから $BER=1\times10^{-8}$ を達成するための 64QAM の所要 E_b/N_{064} は、16QAM の所要 E_b/N_{016} より約 4〔dB〕高い。

(3) 問題図より $BER=1\times10^{-2}$ のとき 16QAM の C/N は約 13.8〔dB〕であり、64QAM の C/N は約 19.7〔dB〕なので、瞬時 C/N に応じて QPSK、16QAM、64QAM を切替える適応変調において、$BER=1\times10^{-2}$ 以下かつ伝送レートが最大となるよう切替える場合、16QAM と 64QAM 相互間の切換基準となる C/N は、大きい値の 64QAM の C/N の約 19.7〔dB〕である。

▶ **解答　2**

A－10

次の記述は、図 1 に示す純抵抗を負荷としたサイリスタ整流回路の原理的な動作について述べたものである。□内に入れるべき字句の正しい組合せを下の番号から選べ。なお、サイリスタは理想的に動作し電圧降下及び重なり角は無視するものとする。

(1) サイリスタ整流回路は、サイリスタに加えるゲート信号の位相角 α（交流入力に対する制御遅れ角）の位相を制御することで出力電圧の制御を行うもので、出力電圧を連続的に制御できるが一般的にダイオードを用いた整流回路に比べて [A] が発生しやすい。

(2) 図 2 に示す交流入力電圧 $v_i=V\sin\omega t$〔V〕の位相において、$\pi<\omega t<2\pi$〔rad〕の位相で同時にターンオンさせるサイリスタは [B] であり、また、$\alpha=\pi/3$〔rad〕の時の v_i〔V〕に対する出力電圧 v_o〔V〕の波形は [C] となる。

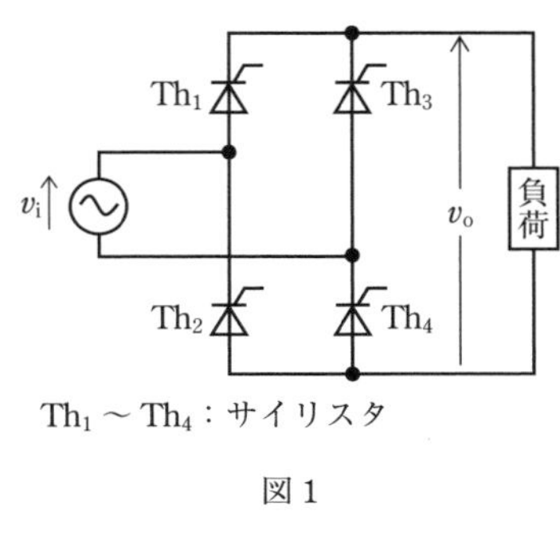

図1

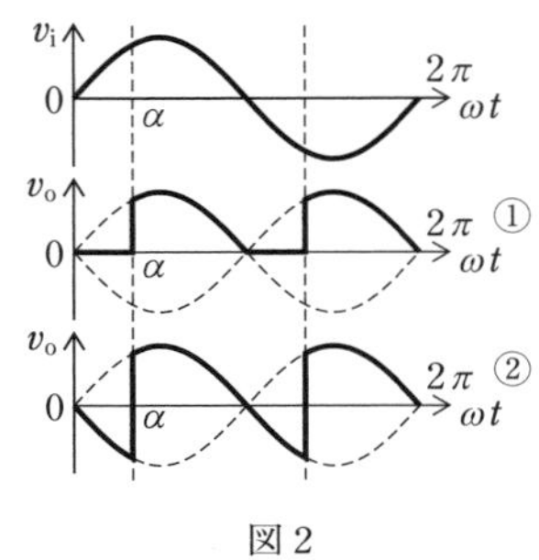

図2

	A	B	C
1	高調波	Th_2 と Th_3	①
2	高調波	Th_2 と Th_3	②
3	高調波	Th_1 と Th_4	②
4	サージ	Th_1 と Th_4	②
5	サージ	Th_2 と Th_3	①

解説　交流入力電圧 v_i が正の半周期（$\omega t = 0 \sim \pi$〔rad〕）の区間において、Th_1 と Th_4 を同時にターンオンさせる。v_i が負の半周期（$\omega t = \pi \sim 2\pi$〔rad〕）の区間においては、Th_2 と Th_3 を同時にターンオンさせることで、交流入力電圧の位相が反転するので整流回路として動作する。$\alpha = \pi/3$〔rad〕の時の v_i〔V〕に対する出力電圧 v_o〔V〕の波形は①となる。

▶ **解答　1**

A－11

次の記述は、準天頂衛星システム（QZSS：Quasi-Zenith Satellite System）による測位補強サービス等について述べたものである。このうち誤っているものを下の番号から選べ。

1　GPS と互換性のある測位信号等を送信する複数の衛星と地上システムからなり、このうち準天頂軌道衛星は日本上空の滞在時間が長い南北非対称の「8の字」の準天頂軌道に複数機配置することで、可視衛星数の増加、DOP の改善に加え、高仰角衛星の電波はマルチパスの低減に有効であることから、GPS のみの場合より測位精度や安定性の向上が図れる。

2　「アジア・オセアニア」と「日本地域」に最適化された電離圏遅延を補正する電離圏パラメータを L1C/A 信号等で配信しており、日本とその近傍において測位誤差の改善が期待できる。

3　センチメータ級測位を実現するための補強情報を、L6 信号を使用し配信しており、ユーザーが設置・運用する基準局との誤差を補正することでセンチメータ級の高精度測位が可能となる。

4　航空航法用途向けの GPS 補強システムである L1 SBAS（衛星航法補強システム）信号として、誤差要因別に補正を行うことで広範囲で有効な補正情報とする広域 DGPS 補強情報等を、静止軌道衛星から配信している。

5　サブメータ級測位を実現するための DGPS 補強情報を、L1S 信号を使用し配信しており、日本とその近傍においてサブメータ級の測位が可能となる。

解説　誤っている選択肢は次のようになる。

3　センチメータ級測位を実現するための補強情報を、L6 信号を使用し配信しており、**国土地理院が設置・運用する電子基準点**との誤差を補正することでセンチメータ級の高精度測位が可能となる。

▶ **解答　3**

A－12　類 04(7②) 03(7①)

レーダー方程式を用いて求めたパルスレーダーの最大探知距離の値として、正しいものを下の番号から選べ。ただし、送信尖頭出力を 1〔kW〕、送信周波数を 3〔GHz〕、物標の有効反射断面積を π〔m^2〕、アンテナの実効面積を 1.6〔m^2〕、物標は受信機の受信電力が −94〔dBm〕以上のとき探知できるものとし、電波の波長 λ〔m〕、アンテナの利得 G（真数）とアンテナの実効面積 A〔m^2〕は $A = G\lambda^2/(4\pi)$ の関係があり、送信アンテナと受信アンテナは同一のものとする。また、1〔mW〕を 0〔dBm〕とする。

1　5〔km〕　2　10〔km〕　3　20〔km〕　4　40〔km〕　5　50〔km〕

解説　送信尖頭出力電力を P〔W〕、アンテナの利得を G、受信電力が P_R〔W〕のときの最大探知距離を R〔m〕とすると、物標の位置における受信電力密度 W_R〔W/m^2〕は

$$W_R = \frac{P_T G}{4\pi R^2}\ \text{〔W/m}^2\text{〕} \quad \cdots (1)$$

題意の式より、アンテナの利得を実効面積 A〔m^2〕で表すと、式 (1) は次式となる。

$$W_R = \frac{P_T}{4\pi R^2} \times \frac{4\pi A}{\lambda^2} = \frac{P_T A}{R^2 \lambda^2}\ \text{〔W/m}^2\text{〕} \quad \cdots (2)$$

物標の有効反射断面積を σ〔m^2〕とすると、物標から再放射される電力 P_S〔W〕は

$$P_S = W_R \sigma \quad \cdots (3)$$

受信アンテナの実効面積を A〔m^2〕とすると、式 (2)、式 (3) より受信電力 P_R〔W〕は

$$P_R = \frac{P_S}{4\pi R^2}A = \frac{P_T \sigma A^2}{4\pi R^4 \lambda^2} \text{〔W〕} \quad \cdots (4)$$

受信電力 $P_{RdB} = -94$〔dBm〕を真数 P_R〔W〕に直すと

$$P_{RdB} - 30 = 10\log_{10} P_R$$

$$-94 - 30 = -130 + 2\times 3 \fallingdotseq 10\log_{10} 10^{-13} + 2\times 10\log_{10} 2$$

$$= 10\log_{10}(10^{-13}\times 2^2) = 10\log_{10}(4\times 10^{-13})$$

Point
〔dBm〕を〔dBW〕にするために30〔dB〕を引く。電力比の6〔dB〕は真数の4倍

よって　$P_R = 4\times 10^{-13}$〔W〕

送信周波数 $f = 3$〔GHz〕$= 3\times 10^9$〔Hz〕の電波の波長 λ〔m〕は

$$\lambda \fallingdotseq \frac{3\times 10^8}{f} = \frac{3\times 10^8}{3\times 10^9} = 10^{-1} \text{〔m〕}$$

式(4)より、最大探知距離 R を求めると

$$R = \left(\frac{P_T \sigma A^2}{4\pi\lambda^2 P_R}\right)^{1/4} = \left(\frac{1\times 10^3\times\pi\times 1.6^2}{4\times\pi\times(10^{-1})^2\times 4\times 10^{-13}}\right)^{1/4}$$

$$= \left(\frac{2^8\times 10^{16}}{2^4}\right)^{1/4} = 2\times 10^4 \text{〔m〕} = 20 \text{〔km〕}$$

▶ **解答　3**

A－13　　02(1①)

次の記述は、対地静止衛星を用いた通信システムの多元接続方式について述べたものである。［　　］内に入れるべき字句の正しい組合せを下の番号から選べ。

(1) 時分割多元接続(TDMA)方式は、時間を分割して各地球局に回線を割り当てる方式である。各地球局から送られる送信信号が衛星上で重ならないように、各地球局の［ A ］を制御する必要がある。

(2) 周波数分割多元接続(FDMA)方式は、周波数を分割して各地球局に回線を割り当てる方式である。送信地球局では、割り当てられた周波数を用いて信号を伝送するので、通常、隣接するチャネル間の干渉が生じないように、［ B ］を設ける。

(3) 符号分割多元接続(CDMA)方式は、同じ周波数帯を用いて各地球局に特定の符号列を割り当てる方式である。送信地球局では、この割り当てられた符号列で変調し、送信する。受信地球局では、送信側と［ C ］符号列で受信信号との相関をとり、自局向けの信号を取り出す。

	A	B	C
1	送信タイミング	ガードバンド	異なる
2	送信タイミング	ガードバンド	同じ
3	周波数	ガードバンド	同じ
4	周波数	ガードタイム	同じ
5	周波数	ガードタイム	異なる

無線工学の基礎　無線工学A　無線工学B　法規

解説 周波数分割多元接続（FDMA：Frequency Division Multiple Access）方式は、隣接するチャネル間の干渉が生じないように、ガードバンドを設ける。

時分割多元接続（TDMA：Time Division Multiple Access）方式はガードタイムを設ける。

▶ **解答 2**

A－14 04(7②)

次の記述は、デジタル信号処理等で用いられるFIR（Finite Impulse Response）フィルタの特性等について述べたものである。□内に入れるべき字句の正しい組合せを下の番号から選べ。ただし、n は整数、ω〔rad〕を正規化角周波数、$2\cos(\omega) = e^{j\omega} + e^{-j\omega}$ とする。

(1) 図に示すインパルス応答 $h(n)$ を持つ線形位相FIRフィルタにおいて、入力信号を $x(n)$ とすると、出力信号 $y(n)$ は①で表せる。

$$y(n) = x(n) + 2x(n-1) + x(n-2) \quad \cdots ①$$

(2) ①を z 変換すると②となるため、伝達関数 $H(z)$ は③となり、$z = e^{j\omega}$ とすることで周波数特性 $H(e^{j\omega})$ が求められる。

$$Y(z) = \{X(z) + 2X(z)z^{-1} + X(z)z^{-2}\} = (1 + 2z^{-1} + z^{-2})X(z) \quad \cdots ②$$

$$H(z) = \frac{Y(z)}{X(z)} = 1 + 2z^{-1} + z^{-2} \quad \cdots ③$$

(3) $H(e^{j\omega})$ を極座標表現すると $|H(e^{j\omega})|e^{j\theta(\omega)}$ であり、振幅特性 $|H(e^{j\omega})| =$ [A]、位相特性 $\theta(\omega) =$ [B] となり、位相特性の微分にマイナスの符号をつけた群遅延特性 $\tau(\omega) = -d\theta(\omega)/d\omega$ は入力信号中の各周波数の正弦波成分がフィルタを通過したときの時間遅延を示し、線形位相FIRフィルタでは周波数 [C] となる。

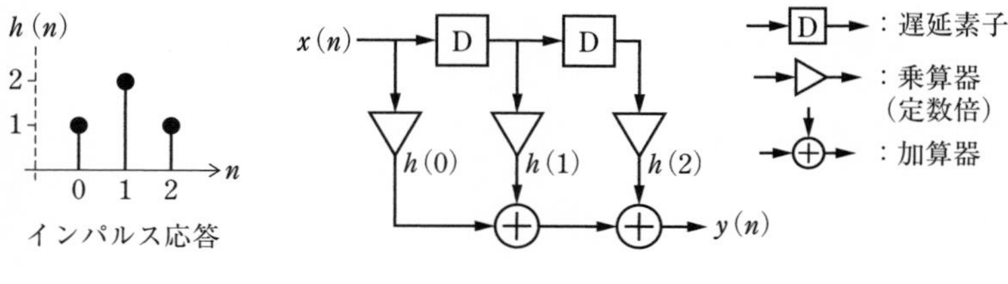

	A	B	C
1	$\lvert 1+2\cos\omega \rvert$	$-\omega$	に依存する値
2	$\lvert 1+2\cos\omega \rvert$	$-\omega$	に依存しない値
3	$\lvert 1+2\cos\omega \rvert$	-2ω	に依存する値
4	$\lvert 2(1+\cos\omega) \rvert$	-2ω	に依存する値
5	$\lvert 2(1+\cos\omega) \rvert$	$-\omega$	に依存しない値

解説　振幅特性を求めるために、問題の式③に $z=e^{j\omega}$ を代入すると

$$H(e^{j\omega})=1+2e^{-j\omega}+e^{-j2\omega}$$
$$=(e^{j\omega}+2+e^{-j\omega})e^{-j\omega}$$
$$=(2+2\cos\omega)e^{-j\omega}=2(1+\cos\omega)e^{-j\omega}\quad\cdots\ (1)$$

式(1)の $H(e^{j\omega})$ を極座標表示すると、$|H(e^{j\omega})|e^{j\theta(\omega)}$ となるので

$$|H(e^{j\omega})|e^{j\theta(\omega)}=|2(1+\cos\omega)|e^{j\theta(\omega)}$$

よって　$|H(e^{j\omega})|=|2(1+\cos\omega)|$

位相特性 $\theta(\omega)=-\omega$

▶ **解答　5**

オイラーの公式

$$e^{\pm j\theta}=\cos\theta\pm j\sin\theta$$
$$\cos\theta=\frac{e^{j\theta}+e^{-j\theta}}{2}$$
$$\sin\theta=\frac{e^{j\theta}-e^{-j\theta}}{j2}$$

A－15

04(1②)　03(1①)

次の記述は、パルス符号変調(PCM)において標本化に関連する誤差について述べたものである。[　　]内に入れるべき字句の正しい組合せを下の番号から選べ。ただし、標本化回路の入力信号の最高周波数を $f_0+\Delta f$〔Hz〕、標本化周波数を f_S〔Hz〕とする。

(1) 図は、標本化の操作における入力信号、標本化パルス及び標本化された入力信号のスペクトルをそれぞれ示したものである。この操作は入力信号を変調信号とし、標本化パルスを搬送波としたときの両者の積として振幅変調することに相当する。

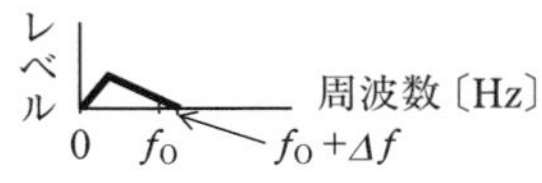

図１　入力信号のスペクトル

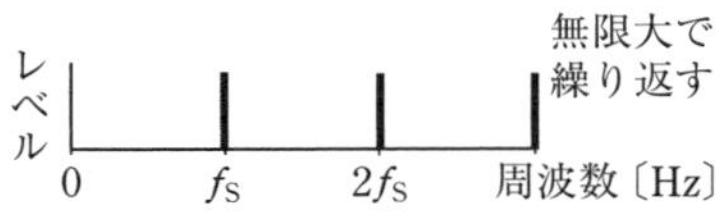

図２　標本化パルス(インパルス列)のスペクトル

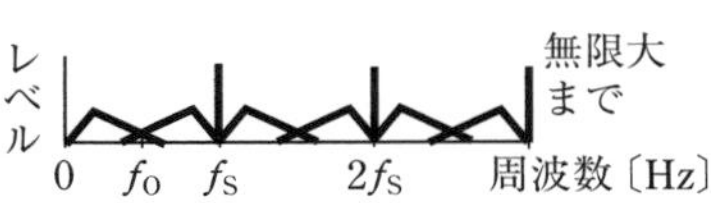

図３　$f_S=2f_0$ で標本化された入力信号のスペクトル

(2) f_S〔Hz〕が $2f_0$〔Hz〕のとき、標本化回路の入力信号の最高周波数が f_0〔Hz〕を超えると標本化による変調作用によって生じた側帯波が重なりあってしまい[A]が生ずる。f_0〔Hz〕を超える周波数成分が残っている場合、図３に示すように、その残った周波数成分が f_0〔Hz〕を中心として[B]周波数の方へ見掛

け上、折り返された形となって、復調する際に、遮断周波数f_0〔Hz〕の理想的な低域フィルタ(LPF)を通しても基本波部分のみを取り出すことが不可能となり、入力信号が完全には復元できなくなる。

(3) また、標本化パルスが理想的なインパルスでなく有限のパルス幅を持つとき、受信側でこれを理想的な低域フィルタ(LPF)を通しても入力信号が完全には復元できなくなる。一般的にこの影響をアパーチャ効果とよんでいる。アパーチャ効果が生ずると、標本化パルス列に含まれるアナログ信号の[C]が減衰する。

	A	B	C
1	補間雑音	低い	低域の周波数成分
2	補間雑音	高い	高域の周波数成分
3	折り返し雑音	高い	低域の周波数成分
4	折り返し雑音	低い	低域の周波数成分
5	折り返し雑音	低い	高域の周波数成分

解説 アパーチャ効果は、標本化パルスのパルス幅が有限の値を持つために生ずる効果である。アパーチャ効果が生ずると、標本化パルス列に含まれるアナログ信号の高域の周波数成分が減衰する。アパーチャ効果は、標本化パルスの幅(パルス占有率)が広いほど、アナログ信号の高域の周波数成分が減衰する。

▶ **解答 5**

A－16

類04(7②) 類03(7①)

次の記述は、雑音が重畳しているQPSK信号を理想的に同期検波したときに発生するビット誤り等について述べたものである。[ ]内に入れるべき字句の正しい組合せを下の番号から選べ。ただし、負荷抵抗を1〔Ω〕とし、同じ記号の[ ]内には、同じ字句が入るものとする。

(1) ベースバンド信号において符号が"0"のとき平均振幅値をA_b〔V〕、"1"のとき平均振幅値を$-A_b$〔V〕とし、分散がσ^2〔W〕で表されるガウス分布の雑音がそれぞれの信号に重畳し、振幅の正負によって、符号が"0"か"1"かを判定するものとするとき、ビット誤り率Pは、符号"0"と"1"が現れる確率を1/2ずつとすれば、誤差補関数(erfc)を用いて$P=(1/2)\,\mathrm{erfc}\,(A_b/\sqrt{2\sigma^2}\,)$で表せる。ここで$A_b^2$と$\sigma^2$は、それぞれベースバンドにおける信号電力と雑音電力であるから、それらの比であるSNR(真数)を用いてビット誤り率Pを表すと$P=$[A]となる。

(2) QPSK信号のビット誤りは、図に示す通り(1)の概念をIQ平面に拡張することで求まる。搬送波の包絡線振幅がA〔V〕であるQPSK信号における雑音の影響をI軸に写像した確率密度関数において、I軸に対応するビットを誤る確率P_1は(1)と同様に$P_1=$[A]となり、この場合のSNRは$SNR=$[B]となる。

Q 軸への写像も同様であり、Q 軸に対応するビットを誤る確率 P_Q と P_I が等しいとすると、QPSK 信号の SNR を用いた全体の平均ビット誤り率 P_{QPSK} は P_{QPSK} = [C] となる。

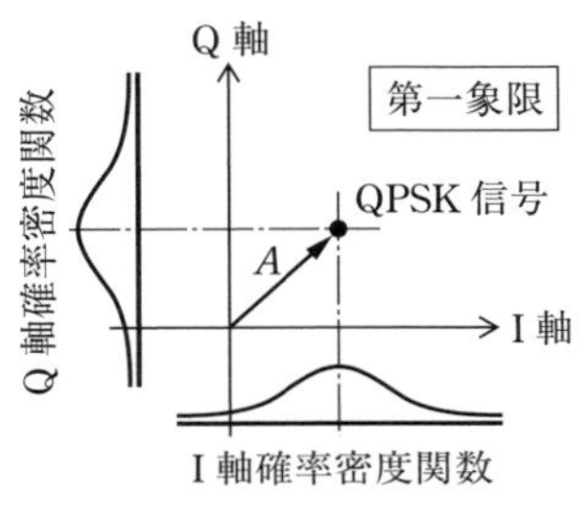

	A	B	C
1	$(1/2)\,\mathrm{erfc}(\sqrt{SNR})$	$A^2/(2\sigma^2)$	$(1/2)\,\mathrm{erfc}(\sqrt{SNR/2})$
2	$(1/2)\,\mathrm{erfc}(\sqrt{SNR})$	A^2/σ^2	$(1/2)\,\mathrm{erfc}(\sqrt{SNR})$
3	$(1/2)\,\mathrm{erfc}(\sqrt{SNR/2})$	$A^2/(2\sigma^2)$	$(1/2)\,\mathrm{erfc}(\sqrt{SNR/2})$
4	$(1/2)\,\mathrm{erfc}(\sqrt{SNR/2})$	$A^2/(2\sigma^2)$	$(1/2)\,\mathrm{erfc}(\sqrt{SNR})$
5	$(1/2)\,\mathrm{erfc}(\sqrt{SNR/2})$	A^2/σ^2	$(1/2)\,\mathrm{erfc}(\sqrt{SNR})$

解説　(1) ベースバンドにおける信号電力と雑音電力の比である SNR（真数）を用いて、題意の式からビット誤り率 P を誤差補関数の式で表すと

$$P = \frac{1}{2}\,\mathrm{erfc}\left(\frac{A_b}{\sqrt{2\sigma^2}}\right) = \frac{1}{2}\,\mathrm{erfc}\left(\sqrt{\frac{A_b{}^2}{2\sigma^2}}\right) \quad \cdots (1)$$

式 (1) において、$A_b{}^2$ はベースバンド信号の電力に比例し、σ^2 は雑音電力に比例するので、これらの比 $A_b{}^2/\sigma^2$ は SNR となるからビット誤り率 P は、次式で表される。

$$P = \frac{1}{2}\,\mathrm{erfc}\left(\sqrt{\frac{SNR}{2}}\right) \quad \cdots (2)$$

(2) I 軸に対応するビットを誤る確率 P_I は式 (2) と同じ値となるが、このときの SNR は１ビット当たりの信号電力が (1) の場合と比較して 1/2 となることより、$SNR = A_b{}^2/(2\sigma^2)$ となる。Q 軸への写像も同様であり、Q 軸に対応するビットを誤る確率 P_Q と P_I が等しいとすると、QPSK 信号の SNR を用いた全体の平均ビット誤り率 P_{QPSK} は誤差補関数を用いた次式で表される。

$$P_{QPSK} = \frac{1}{2}\,\mathrm{erfc}\left(\sqrt{\frac{SNR}{2}}\right)$$

▶ **解答　3**

A－17 04(1②) 03(1②)

直接カウント方式及びレシプロカルカウント方式による周波数計の測定原理等に関する次の記述のうち、誤っているものを下の番号から選べ。

1 レシプロカルカウント方式による周波数計は、入力信号(被測定信号)の周期を測定し、その逆数から周波数を求めるものである。

2 レシプロカルカウント方式は、測定時間が一定の場合、周波数計のクロック(基準信号)の周波数を高くすれば、±1カウント誤差による分解能を向上させることができる。

3 レシプロカルカウント方式は、測定時間が一定の場合、測定する入力信号(被測定信号)の周波数が高いほど有効桁数は高くなる。

4 直接カウント方式による周波数計の±1カウント誤差による分解能は、ゲート時間が長く、測定する入力信号(被測定信号)の周波数が高いほど良くなる。

5 直接カウント方式による周波数計の±1カウント誤差は、ゲートに入力されるパルス(被測定信号)とゲート信号の位相関係が一定でないために生ずる。

解説 誤っている選択肢は次のようになる。

3 レシプロカルカウント方式は、測定時間が一定の場合、測定する入力信号(被測定信号)の**周波数に関わらず有効桁数は一定である**。

▶ **解答 3**

A－18 04(7②) 03(1①)

次の記述は、スペクトルアナライザを用いたAM(A3E)送信機の変調度測定の一例について述べたものである。[　　]内に入れるべき字句の正しい組合せを下の番号から選べ。ただし、搬送波振幅をA〔V〕、搬送波周波数をf_c〔Hz〕、変調信号周波数をf_m〔Hz〕、変調度を$m_a \times 100$〔%〕及び$\log_{10} 2 = 0.3$とする。

(1) 正弦波の変調信号で振幅変調された電波の周波数スペクトルは、原理的に図1に示すように周波数軸上に搬送波と上側帯波及び下側帯波の周波数成分となる。この振幅変調された電波E_{AM}〔V〕は、次式で示される。

$$E_{AM} = A\cos(2\pi f_c t) + (m_a A/2)\cos\{2\pi(f_c + f_m)t\} + (m_a A/2)\cos\{2\pi(f_c - f_m)t\} \text{〔V〕}$$

(2) 上下側帯波の振幅$m_a A/2$〔V〕をS〔V〕とするとm_aは、$m_a =$ [A] で示される。

(3) よって、例えば、図2の測定例の画面上の搬送波と上下側帯波の振幅の差が、26〔dB〕の時の変調度は、[B]〔%〕となる。

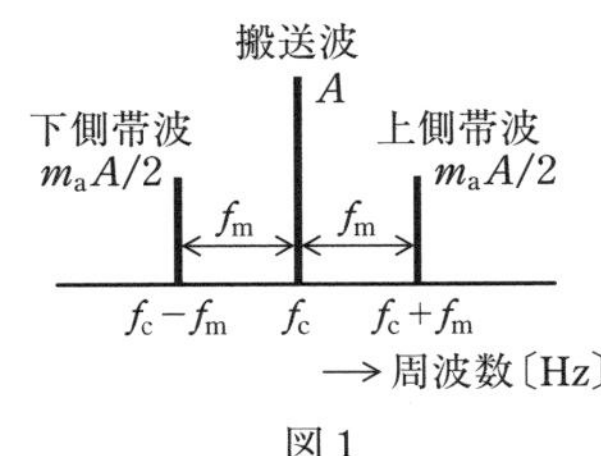

図１

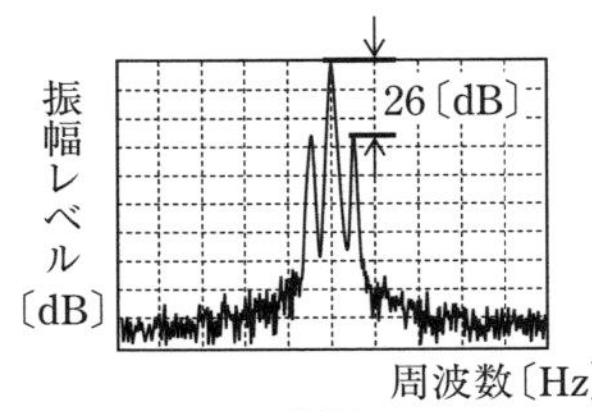

図２

	A	B
1	$2S/A$	10
2	$2S/A$	25
3	$2S/A$	50
4	S/A	25
5	S/A	50

解説　問題で与えられた式より

$$S=\frac{m_aA}{2}\quad よって\quad m_a=\frac{2S}{A}\quad\cdots(1)$$

測定値は $A_{dB}-S_{dB}=26$〔dB〕なので、電圧比の真数に直すと

$$A_{dB}-S_{dB}=26=20\log_{10}\frac{A}{S}$$

$$\log_{10}\frac{A}{S}=\frac{26}{20}=1.3=1+0.3=\log_{10}10+\log_{10}2=\log_{10}20\quad よって\quad \frac{A}{S}=20$$

式(1)に代入すると

$$m_a=\frac{2S}{A}=\frac{2}{20}=\frac{1}{10}=0.1\quad よって\quad m_a=10〔\%〕$$

▶ **解答　1**

A－19　04(1①)　02(1)

次の記述は、図に示すベクトルネットワークアナライザ(VNA)を用いた増幅回路のリターン・ロス R_L〔dB〕及び利得 G〔dB〕の測定の原理について述べたものである。□内に入れるべき字句の正しい組合せを下の番号から選べ。

(1) 図に示すVNAのポート１から増幅回路の入力端へ及びポート２から出力端へ入る信号をそれぞれ a_1 及び a_2 とし、入力端からポート１へ及び出力端からポート２へ出る信号をそれぞれ b_1 及び b_2 とすると、これらの信号の関係は、Sパラメータを用いて次式で表される。

$$\begin{bmatrix}b_1\\b_2\end{bmatrix}=\begin{bmatrix}S_{11}&S_{12}\\S_{21}&S_{22}\end{bmatrix}\begin{bmatrix}a_1\\a_2\end{bmatrix}\quad\cdots①$$

(2) ①式から $a_2 = 0$ のとき $S_{11} =$ [A] である。VNAで測定した S_{11}（複素数表示）が $S_{11} = u + jv$ で表されるとき、R_L〔dB〕は、次式で表される。

$$R_L = -20\log_{10}\sqrt{u^2 + v^2}\ \text{〔dB〕}$$

R_L の値は、a_1 の大きさに対して b_1 の大きさが小さくなるほど [B] なる。

(3) ①式から $a_2 = 0$ のとき $S_{21} =$ [C] である。VNAで測定した S_{21}（複素数表示）が $S_{21} = u + jv$ で表されるとき、G〔dB〕は、次式で表される。

$$G = 20\log_{10}\sqrt{u^2 + v^2}\ \text{〔dB〕}$$

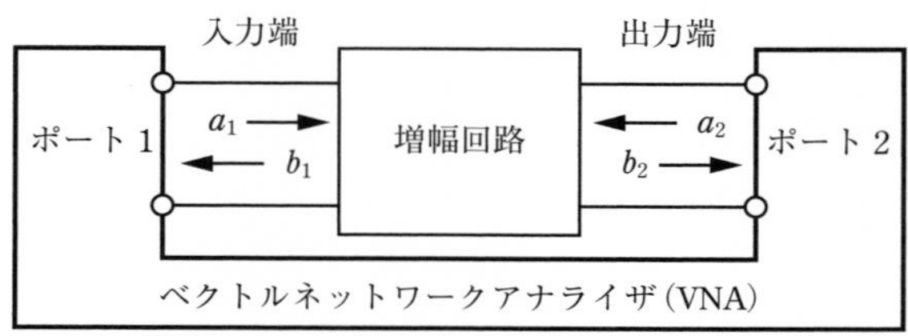

	A	B	C
1	b_1/a_1	大きく	b_2/a_1
2	b_1/a_1	小さく	b_2/a_1
3	a_1/b_1	大きく	a_1/b_2
4	a_1/b_1	小さく	b_2/a_1
5	a_1/b_1	小さく	a_1/b_2

解説 ベクトルネットワークアナライザは、絶対値と位相差を測定することができる。マトリクスで表された問題の式①より、次式が成り立つ。

$$b_1 = S_{11}a_1 + S_{12}a_2 \quad \cdots (1)$$

$$b_2 = S_{21}a_1 + S_{22}a_2 \quad \cdots (2)$$

S_{11}、S_{12}、S_{21}、S_{22} は4端子回路網を表す定数で a_1 と a_2 を0とすることにより、次式で表される。

$$\boldsymbol{S_{11} = \frac{b_1}{a_1}} \quad (a_2 = 0) \quad \cdots (3)$$

$$S_{12} = \frac{b_1}{a_2} \quad (a_1 = 0) \quad \cdots (4)$$

$$\boldsymbol{S_{21} = \frac{b_2}{a_1}} \quad (a_2 = 0) \quad \cdots (5)$$

$$S_{22} = \frac{b_2}{a_2} \quad (a_1 = 0) \quad \cdots (6)$$

S_{11} は入力端の反射係数を表すので、増幅回路のリターンロスの大きさを dB で表した R_L〔dB〕は

$$R_L = -20\log_{10}\sqrt{u^2+v^2}$$

$$= -20\log_{10}(|S_{11}|) = 20\log_{10}\frac{1}{|S_{11}|}\ \text{〔dB〕}$$

の式で表される。$|b_1| < |a_1|$ なので $|S_{11}| < 1$ となるので、R_L の値は入力信号 a_1 の大きさに対し反射信号 b_1 の大きさが小さくなって $|S_{11}|$ が小さくなるほど**大きく**なる。

▶ **解答　1**

A－20　04(7②)　類 03(7①)

次の記述は、FFT アナライザについて述べたものである。［　　］内に入れるべき字句の正しい組合せを下の番号から選べ。

(1) 一般的に、周波数分解能を高くするためには、時間分解能を［ A ］必要がある。

(2) 被測定信号から適切に信号を切り取り、リーケージ誤差（漏れ誤差）を減少させるため、適切な［ B ］を用いる。

(3) 連続した時間軸波形から一定のデータ列を切り取る時間の長さである時間窓長 T〔s〕は、時間窓での FFT のサンプリング点数 N とサンプリング周期 Δt〔s〕で決定され、$T=$［ C ］〔s〕の関係がある。

	A	B	C
1	上げる	窓関数	$N\Delta t$
2	上げる	窓関数	$\Delta t/N$
3	上げる	アンチエイリアシングフィルタ	$N\Delta t$
4	下げる	窓関数	$N\Delta t$
5	下げる	アンチエイリアシングフィルタ	$\Delta t/N$

解説 FFT アナライザは、入力アナログ信号を A-D 変換器でデジタルデータに置き換えて、このデータを FFT 演算器で演算処理して時系列の入力信号を周波数領域のデータとして画面表示部で表示する測定器である。

一定のデータ列を切り取る時間の長さである時間窓長を T〔s〕、その時間のデータを標本化するためのサンプリング点数を N、サンプリング周期を Δt〔s〕とすると、$T=N\Delta t$〔s〕の関係となる。

周波数分解能を Δf とすると、$\Delta f=1/T$ なので、周波数分解能を高くすることは Δf を小さくすることになるので、そのためには時間窓長 T を大きくする必要がある。時間窓長を大きくすると時間分解能が下がるので、周波数分解能を高くするには、時間分解能を下げる必要がある。

▶ **解答　4**

B－1 類 04(1①) 類 02(11①) 30(1)

次の記述は、地上系マイクロ波(SHF)多重回線の中継方式について述べたものである。[　　]内に入れるべき字句を下の番号から選べ。

(1) 2周波方式による中継方式においては、中継ルートを[ア]に設定し、アンテナの[イ]を利用することによって、オーバーリーチ干渉を軽減できる。

(2) [ウ]中継方式は、受信波を中間周波数に変換して増幅した後、再度マイクロ波に変換して送信する方式であり、信号の変復調回路を持たない。

(3) 再生中継方式は、復調した信号から元の符号パルスを再生した後、再度変調して送信するため、波形ひずみ等が累積[エ]。

(4) [オ]中継方式は、送受アンテナの背中合わせや反射板による方式で、近距離の中継区間の障害物回避等に用いられる。

1 ジグザグ　　2 入力インピーダンス　　3 指向性
4 されない　　5 される　　6 直線
7 非再生(ヘテロダイン)　　8 直接
9 パケット　　10 無給電

▶ **解答　ア－1　イ－3　ウ－7　エ－4　オ－10**

出題傾向 下線の部分は、ほかの試験問題で穴埋めの字句として出題されている。

B－2 04(1①)

次の記述は、図に示す構成例を用いた受信機の雑音指数の測定法について述べたものである。[　　]内に入れるべき字句を下の番号から選べ。

(1) 受信機の雑音指数Fは、次式で表される。ただし、N_i〔W〕は受信機の入力端子の有能雑音電力で、熱雑音電力に等しく、N_O〔W〕は受信機の出力端子の有能雑音電力、S_i〔W〕は受信機の入力端子の有能信号電力、S_O〔W〕は受信機の出力端子の有能信号電力とする。また、受信機の有能利得をGとし、ボルツマン定数k〔J/K〕、周囲温度T〔K〕及び受信機の帯域幅B〔Hz〕は既知とする。

$F=$ [ア] $=N_O/(N_iG)$　…①

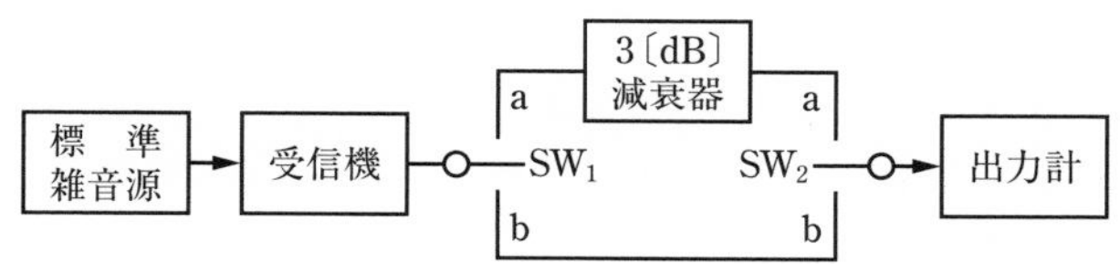

(2) スイッチ SW_1 及び SW_2 を［　イ　］側に接続し、電源を断(OFF)にした標準雑音源を受信機に接続した状態で受信機の出力を測定すれば、このときの出力計の指示値は、［　ウ　］に等しい。

(3) 次に、スイッチ SW_1 及び SW_2 を(2)の場合と反対側に接続し、標準雑音源の電源を接(ON)にして標準雑音源の出力レベルを調整し、出力計の指示値が(2)と同じになるようにすれば、受信機の出力の雑音レベルは、［　エ　］〔W〕であり、このときの標準雑音源の出力レベルは、［　オ　］〔W〕に等しい。N_i は k、T 及び B の値で決まるので、式①より F を求めることができる。

1　$(S_i/N_i)/(S_O/N_O)$	2　N_O	3　$4N_O$	4　N_iG	5　a
6　$(S_O/N_O)/(S_i/N_i)$	7　N_i	8　$2N_O$	9　N_O/G	10　b

解説　受信機の入力端子の有能信号電力 S_i、有能雑音電力 N_i、出力端子の有能信号電力 S_O、雑音電力 N_O、有能利得 $G = S_O/S_i$ より、雑音指数 F は

$$F = \frac{\dfrac{S_i}{N_i}}{\dfrac{S_O}{N_O}} = \frac{N_O}{N_i G}$$

等価雑音帯域幅 B〔Hz〕、ボルツマン定数 k、周囲絶対温度 T〔K〕より、受信機入力の有能雑音電力 N_i〔W〕は

$N_i = kTB$〔W〕

▶ 解答　ア－1　イ－10　ウ－2　エ－8　オ－9

B－3

類05(1②)

次の記述は、図に示す高周波回路の設計・評価等で用いられるイミタンス・チャートについて述べたものである。［　　］内に入れるべき字句を下の番号から選べ。なお、回路素子は理想的に動作するものとする。

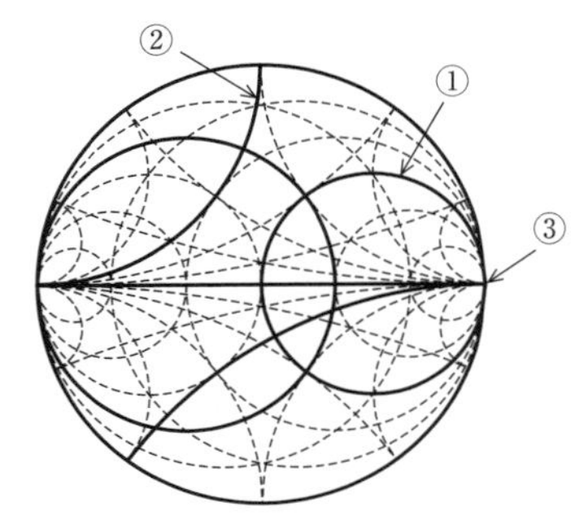

イミタンス・チャートの概略図

(1) イミタンス・チャートは、インピーダンスと反射係数の関係を表すスミス・チャート(インピーダンス・チャート)と、アドミタンスと反射係数の関係を表すアドミタンス・チャートを重ね合わせたもので、インピーダンス整合回路設計等にも用いられる。

(2) イミタンス・チャートにおいて、①で示される線は［ア］円、②で示される線は［イ］円を示しており、インピーダンス・チャートで示される③の点はインピーダンスが［ウ］〔Ω〕となる。

(3) イミタンス・チャートを利用することでキャパシタンスやインダクタンス素子の直並列接続の解析が可能となり、例えば周波数固定で回路に素子を直列接続した場合には、素子の値に応じて［エ］・チャートで示される線に沿って軌跡が移動し、素子の値を固定し周波数を変化させると、一般的に周波数の上昇に伴って［オ］方向に軌跡は回転する。

1	等レジスタンス	2	等コンダクタンス	3	∞
4	アドミタンス	5	反時計	6	等サセプタンス
7	等リアクタンス	8	0(零)	9	インピーダンス
10	時計				

解説 イミタンス・チャートはスミス・チャートとアドミタンス・チャートを重ね合わせた線図である。

スミス・チャートは、解説図(a)のような直交座標に表したインピーダンス$\dot{Z}=R+jX$〔Ω〕を、給電線などの特性インピーダンスZ_0〔Ω〕の値で正規化して、解説図(b)のような曲線の座標系で表した図である。チャート上で$\dot{Z}/Z_0$の正規化インピーダンス$\dot{z}=r+jx$が0～無限大の値を表すことができる。rが一定な円は正規化した抵抗値が一定な等レジスタンス円を表す。問題図の①で示される線は等レジスタンス円である。

また、反射係数Γは解説図(b)の$1+j0$を中心とした円で表される。

アドミタンス・チャートは、スミス・チャートを180度回転させたもので、直交座標に表したアドミタンス$\dot{Y}=G+jB$〔Ω〕を給電線などの特性アドミタンスY_0〔S〕の値で正規化して、曲線の座標系で表した図である。

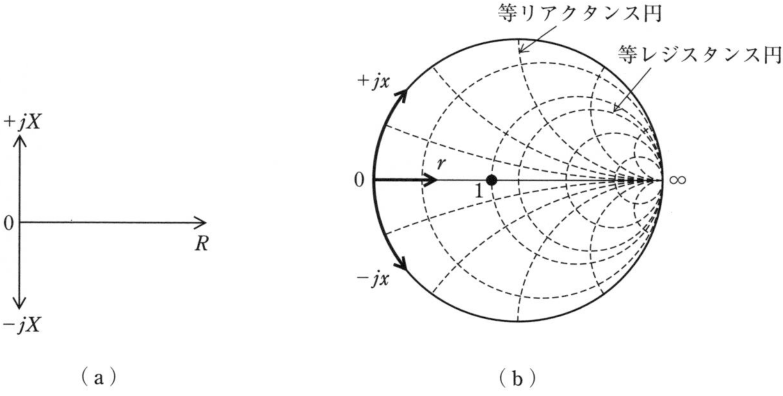

(a) (b)

問題図の②で示される線は等サセプタンス円である。

インピーダンス・チャートの実軸の直線において、右端が∞（無限大）、左端が０（零）となるので、問題図の③で示される点はインピーダンスが∞である。

アドミタンスはインピーダンスの逆数なので、アドミタンス・チャートは実軸の直線において、右端が０（零）、左端が∞（無限大）となる。

▶ **解答　ア－１　イ－６　ウ－３　エ－９　オ－10**

B－4　　04(7①)　02(11②)

次の記述は、図に示すBPSK復調器に用いられる基準搬送波再生回路の原理的な構成例において、基準搬送波の再生等について述べたものである。□内に入れるべき字句を下の番号から選べ。なお、同じ記号の□内には、同じ字句が入るものとする。

(1) 入力のBPSK波 e_i は、次式で表される。ただし、e_i の振幅を１〔V〕、搬送波の周波数を f_c〔Hz〕とする。また、２値符号 $s(t)$ はデジタル信号が“0”のとき０、“1”のとき１の値をとる。

$$e_i = \cos\{2\pi f_c t + \pi s(t)\}\text{〔V〕} \quad \cdots ①$$

(2) 式①の e_i を２逓倍回路Ⅰで二乗すると、その出力 e_o は、次式で表される。ただし、２逓倍回路Ⅰの利得は１（真数）とする。

$$e_o = \frac{1}{2} + \frac{1}{2} \times \cos\{2\pi(2f_c)t + \boxed{\text{ア}}\}\text{〔V〕} \quad \cdots ②$$

(3) 式②から、e_i を２逓倍回路Ⅰで二乗することによって e_i の位相がデジタル信号に応じて［イ］しても、同相になることがわかる。

(4) ２逓倍回路Ⅰの出力には、直流成分や雑音成分が含まれているので、帯域フィルタ（BPF）で［ウ］〔Hz〕の成分のみを取り出し、位相比較回路などで構成された［エ］を用いることによって、きれいな基準搬送波が再生される。

(5) 原理的に、２逓倍回路Ⅰ及びⅡを［オ］逓倍回路に置き換えれば、QPSK波の基準搬送波再生回路の構成例とすることができる。

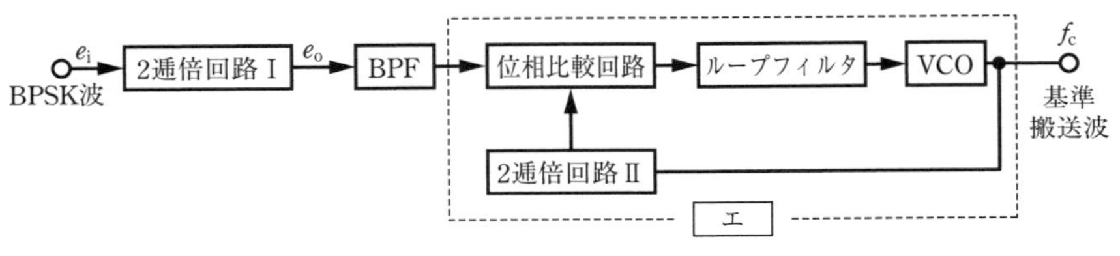

1　$\pi s(t)$	2　$\pi/2$〔rad〕変化	3　π〔rad〕変化	4　f_c	5　4
6　$2\pi s(t)$	7　PLL	8　AFC	9　$2f_c$	10　5

無線工学の基礎　無線工学A　無線工学B　法規

解説 出力信号波 e_o〔V〕は、入力信号波 e_i〔V〕の 2 乗なので

$$e_o = e_i^2 = \cos^2\{2\pi f_c t + \pi s(t)\}$$

$$= \frac{1}{2} \times [1 + \cos\{2 \times \{2\pi f_c t + \pi s(t)\}\}]$$

$$= \frac{1}{2} + \frac{1}{2} \times \cos\{2\pi(2f_c)t + 2\pi s(t)\}\ \text{〔V〕}$$

Point
$\pi s(t)$ は、π 又は 0 の値をとるので逆位相となる
$2\pi s(t)$ は、2π 又は 0 の値をとるので常に同相

▶ **解答　ア－6　イ－3　ウ－9　エ－7　オ－5**

数学の公式　$\cos\alpha\cos\beta = \frac{1}{2}\{\cos(\alpha+\beta) + \cos(\alpha-\beta)\}$　　$\cos^2\theta = \frac{1}{2}(1 + \cos 2\theta)$

B－5

類 02(1)　26(7)

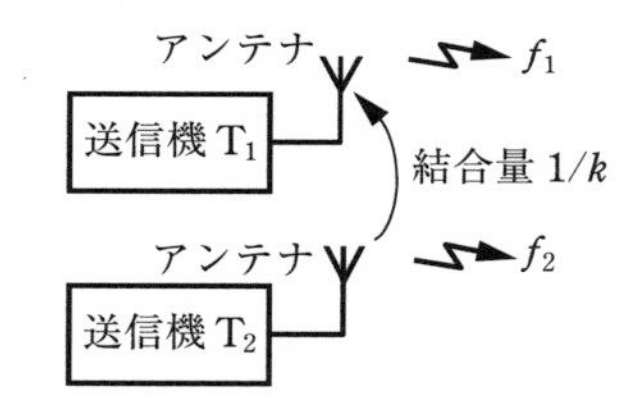

次の記述は、図に示す送信機間で生ずる相互変調積について述べたものである。［　　］内に入れるべき字句を下の番号から選べ。ただし、相互変調積は、送信周波数 f_1〔MHz〕の送信機 T_1 に、送信周波数が f_1 よりわずかに高い f_2〔MHz〕の送信機 T_2 の電波が入り込み、T_1 で生ずるものとする。また、T_1 及び T_2 の送信電力は等しく、アンテナ相互間の結合量を $1/k$ $(k > 1)$ とする。

(1) ［ア］次の相互変調積は、その周波数が T_1 の送信周波数 f_1 から十分離れているので容易に除去できる。

(2) 3 次の相互変調積の周波数成分の数は、［イ］である。

(3) f_1 の近傍に 3 次の相互変調積の成分が二つ観測されるとき、振幅が小さいのは周波数の［ウ］の成分である。

(4) T_1 及び T_2 の送信電力がそれぞれ 1〔dB〕減少すると、3 次の相互変調積の電力は［エ］減少する。

(5) f_1 の値が 151〔MHz〕で、3 次の相互変調積の成分として 150.7〔MHz〕が観測されるとき、f_2 の値は、［オ］である。

1　3	2　四つ	3　高い方	4　3〔dB〕	5　151.6〔MHz〕
6　2	7　二つ	8　低い方	9　1〔dB〕	10　151.3〔MHz〕

解説　(1) 2次の相互変調積成分は、f_1+f_2、f_2-f_1 であり f_1 から十分離れている。

(2) 3次の相互変調積成分の数は次の四つである。

$$f_1+2f_2、f_2+2f_1、2f_1-f_2、2f_2-f_1$$

(3) f_1 の近傍に3次の相互変調積成分が $2f_1-f_2$、$2f_2-f_1$ の二つ観測されるが、周波数が低い方の成分は $1/k$ に比例し、周波数が高い方の成分は $1/k^2$ に比例するので、振幅が小さいのは、周波数の高い方の成分 $2f_2-f_1$ である。

(4) 3次相互変調積成分は送信電力がそれぞれ L〔dB〕減衰すると $3\times L$〔dB〕(真数では3乗) 減衰するので、1〔dB〕減衰すると3〔dB〕減衰する。

(5) $f_1=151$〔MHz〕で相互変調積成分 $f_3=150.7$〔MHz〕なので、$f_1>f_3$ より

$$2f_1-f_2=f_3$$

$$f_2=2f_1-f_3=2\times 151-150.7=151.3〔\text{MHz}〕$$

▶ **解答　アー6　イー2　ウー3　エー4　オー10**

A−1

次の記述は、衛星通信システム等で利用されている8PSK符号化変調方式の原理について述べたものである。［　　］内に入れるべき字句の正しい組合せを下の番号から選べ。ただし、搬送波の振幅は1とする。

(1) 符号化変調方式は変調方式と誤り訂正方式を連携したものであり、各シンボルに割り当てられたビット（0または1）に応じて最小ユークリッド距離を拡大する集合にシンボルを段階的に分割し、最小ユークリッド距離に応じた適切な誤り訂正能力の誤り訂正符号を適用することで符号全体としての伝送性能の向上を図る方式で、周波数帯域と電力の制限に厳しい衛星通信等に応用されている。

(2) 図1の一段目に示すように、最初に8PSKの各シンボルに割り当てる3ビット（x、y、z）のうちzは隣り合う符号間が異なる符号となる配置とすると、符号間の最小ユークリッド距離は［ A ］となる。

(3) 続いて、zの値に応じて分割した集合に対してyは隣り合う符号間が異なる符号となる配置とすると、符号間の最小ユークリッド距離は［ B ］、yの値に応じて分割した集合に対してxは対向する符号が異なる符号となる配置とすると、符号間の最小ユークリッド距離は2と拡大する。

(4) 上記の通り集合分割しマッピングした図2に示す8PSKの配列において、シンボルに割り当てるビット（x、y、z）がそれぞれ（1、0、0）となるシンボル点は［ C ］である。

(5) 例えば、畳み込み符号器と組み合わせた符号化率2/3のトレリス符号化8PSKでは、同じ2 bit並列伝送であるQPSKと比較し符号化利得を高くすることが可能となる。

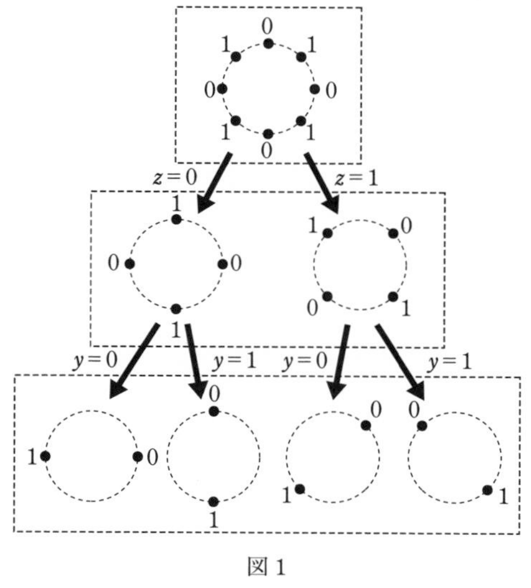

図1

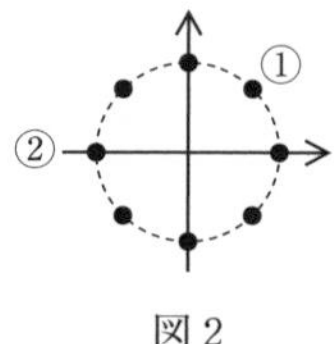

図2

	A	B	C
1	$\sqrt{2-\sqrt{2}}$	$\sqrt{2}/2$	①
2	$(\sqrt{2-\sqrt{2}})/2$	$\sqrt{2}$	①
3	$(\sqrt{2-\sqrt{2}})/2$	$\sqrt{2}/2$	②
4	$\sqrt{2-\sqrt{2}}$	$\sqrt{2}$	②
5	$(\sqrt{2-\sqrt{2}})/2$	$\sqrt{2}$	②

解説　符号間の最小ユークリッド距離は、符号点を結んだ直線距離である。問題図１の一段目に示されるように、zは隣り合う符号間が異なる符号となる配置とすると、符号間の最小ユークリッド距離は解説図の線分$\overline{\mathrm{ab}}$なので、次式で表される。

$$\overline{\mathrm{ab}} = 2\times\sin\frac{\pi}{8} \quad \cdots \ (1)$$

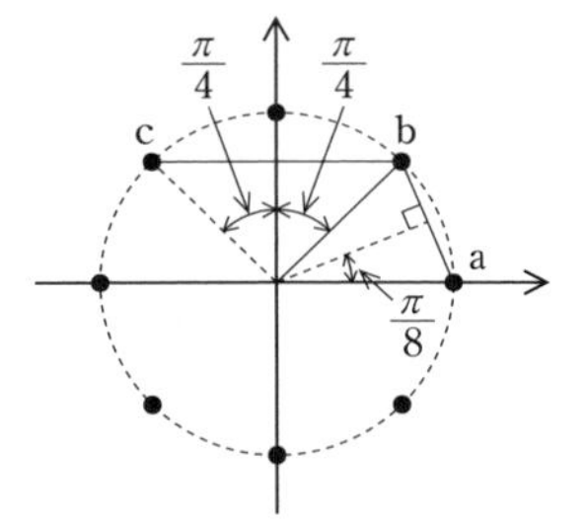

式(1)において

$$\sin^2\frac{\pi}{8} = \frac{1}{2}\left(1-\cos\frac{\pi}{4}\right) = \frac{1}{2}\left(1-\frac{1}{\sqrt{2}}\right)$$

$$= \frac{1}{2}\times\frac{\sqrt{2}-1}{\sqrt{2}} = \frac{2-\sqrt{2}}{4}$$

なので

$$\overline{\mathrm{ab}} = 2\times\sqrt{\sin^2\frac{\pi}{8}} = \sqrt{2-\sqrt{2}}$$

yは隣り合う符号間が異なる符号となる配置とすると、符号間の最小ユークリッド距離は解説図の線分$\overline{\mathrm{bc}}$なので

$$\overline{\mathrm{bc}} = 2\times\sin\frac{\pi}{4} = \sqrt{2}$$

問題図１のようにマッピングした問題図２に示す8PSKの配列において、問題図２の②の位置のシンボル点は、問題図１より$z=0$、$y=0$、$x=1$となるので、シンボルに割り当てるビット(x, y, z)が、図１の下からそれぞれ$(1, 0, 0)$となるシンボル点は、問題図２の②である。

▶ **解答　4**

数学の公式

$$\sin\frac{\pi}{4} = \frac{1}{\sqrt{2}} \qquad \cos\frac{\pi}{4} = \frac{1}{\sqrt{2}}$$

$$\cos 2\theta = \cos^2\theta - \sin^2\theta = 1 - 2\sin^2\theta$$

$$\sin^2\theta = \frac{1}{2}(1-\cos 2\theta)$$

A－2 03(7②) 02(1)

次の記述は、我が国の標準テレビジョン放送のうち地上系デジタル放送の標準方式(ISDB-T)で用いられる送信システムについて、図の伝送路符号化部基本構成に示す主要なブロック中、五つのブロックの働きについてそれぞれ述べたものである。このうち誤っているものを下の番号から選べ。

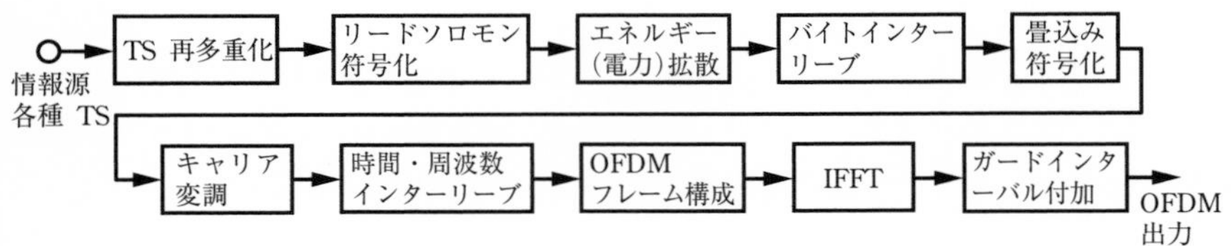

1 「TS 再多重化」は、放送の各種 TS (Transport Stream) が入力され、同期バイトを含む 188 バイトの TS に 16 バイトのヌルデータを付加した 204 バイトの TS パケットストリームに変換する。

2 「リードソロモン符号化」は、外符号誤り訂正として TS パケットストリームごとに先頭 188 バイトの情報から 16 バイトのパリティーを計算し 189 バイト目からの 16 バイトのデータと置き換える。

3 「エネルギー(電力)拡散」は、変調波のエネルギーが特定のところに集中することを抑えるとともに、受信側で信号からクロック再生を容易にするため、同じ値のデジタル符号("0" または "1")が長く続かないように、TS パケットストリームの 204 バイトの信号に対して擬似乱数符号系列との論理演算を行う。

4 「バイトインターリーブ」は、受信側で畳込み符号により誤り訂正を行った後のバースト誤りを拡散させることによって、リードソロモン符号の誤り訂正の性能を向上させるため、外符号と内符号の間に設けられている。

5 「時間・周波数インターリーブ」は、誤り訂正の効果を高め、移動受信性能と耐マルチパス性能を向上させる。

解説 誤っている選択肢は次のようになる。

3 「エネルギー(電力)拡散」では、変調波のエネルギーを特定のところに集中することを抑えるとともに、受信側で信号からクロック再生を容易にするため、同じ値のデジタル符号("0" または "1")が長く続かないように、**擬似乱数符号系列と伝送するデジタル符号**の論理演算を行う。

▶ **解答 3**

A－3　類 04(1②)　類 02(11①)

AM (A3E) 送信機において、搬送波を二つの単一正弦波で同時に振幅変調したときの電力の値が 15.84〔kW〕のときの搬送波の電力の値として、正しいものを下の番号から選べ。ただし、当該搬送波を一方の単一正弦波のみで変調したときの変調度は 48〔%〕であり、他方の単一正弦波のみで変調したときの変調度は 64〔%〕である。

1　8.8〔kW〕　2　11.3〔kW〕　3　12.0〔kW〕　4　13.7〔kW〕　5　14.1〔kW〕

解説　搬送波を一方の単一正弦波で変調度 $m_1 = 0.48$ で振幅変調すると、二つの側波が発生するので、搬送波の電力を P_C〔kW〕とすると側波の電力 P_{S1}〔kW〕は

$$P_{S1} = 2 \times \frac{m_1^2}{4} P_C = \frac{0.48^2}{2} P_C$$

他方の単一正弦波で変調度 $m_2 = 0.64$ で振幅変調したときの側波の電力 P_{S2}〔kW〕は

$$P_{S2} = 2 \times \frac{m_2^2}{4} P_C = \frac{0.64^2}{2} P_C$$

二つの搬送波で同時に振幅変調したときの平均電力 P_{AM}〔kW〕は

$$\begin{aligned} P_{AM} &= P_C + P_{S1} + P_{S2} \\ &= P_C + \frac{0.48^2}{2} P_C + \frac{0.64^2}{2} P_C \\ &= P_C \left(1 + \frac{0.2304 + 0.4096}{2}\right) = 1.32 P_C = 15.84 \text{〔kW〕} \end{aligned}$$

よって　$P_C = \dfrac{15.84}{1.32} = 12$〔kW〕

▶ **解答　3**

搬送波を単一正弦波の信号波で振幅変調すると、搬送波と二つの側波が発生する。搬送波の電力を P_C〔W〕、側波の電力を P_S〔W〕、変調度を m_A とすると被変調波の電力 P_{AM}〔W〕は

$$\begin{aligned} P_{AM} &= P_C + P_S + P_S \\ &= P_C + \frac{m_A^2}{4} P_C + \frac{m_A^2}{4} P_C \\ &= P_C + 2 \times \frac{m_A^2}{4} P_C \\ &= \left(1 + \frac{m_A^2}{2}\right) P_C \text{〔W〕} \end{aligned}$$

Ａ－4

03（1②）

FM（F3E）波の占有周波数帯幅に含まれる側帯波の次数 n の最大値と占有周波数帯幅 B〔kHz〕の組合せとして、正しいものを下の番号から選べ。ただし、変調信号を周波数が 10〔kHz〕の単一正弦波とし、最大周波数偏移を 40〔kHz〕とする。また、m を変調指数としたときの第 1 種ベッセル関数 $J_n(m)$ の 2 乗値 $J_n^2(m)$ は表に示す値とし、$n=0$ は搬送波を表すものとする。

	n	B
1	4	60
2	4	80
3	4	100
4	5	100
5	5	80

n ＼ $J_n^2(m)$	$J_n^2(1)$	$J_n^2(2)$	$J_n^2(3)$	$J_n^2(4)$
0	0.5855	0.0501	0.0676	0.1577
1	0.1936	0.3326	0.1150	0.0044
2	0.0132	0.1245	0.2363	0.1326
3	0.0004	0.0166	0.0955	0.1850
4	0	0.0012	0.0174	0.0790
5	0	0	0.0019	0.0174

解説 信号波の周波数を f_S〔kHz〕、最大周波数偏移を ΔF〔kHz〕とすると、周波数変調指数 m は

$$m=\frac{\Delta F}{f_S}=\frac{40}{10}=4$$

占有周波数帯幅は電波の全電力の 0.99 の電力が存在する周波数の幅なので、$m=4$ のときの $J_n^2(4)$ の表から搬送波 $J_0^2(4)$ と n 次の側波 $2\times J_n^2(4)$ の数値の和を求めていくと

$$P_1=J_0^2(4)+2J_1^2(4)=0.1577+2\times0.0044=0.1665$$
$$P_2=P_1+2J_2^2(4)=0.1665+2\times0.1326=0.4317$$
$$P_3=P_2+2J_3^2(4)=0.4317+2\times0.1850=0.8017$$
$$P_4=P_3+2J_4^2(4)=0.8017+2\times0.0790=0.9597$$
$$P_5=P_4+2J_5^2(4)=0.9597+2\times0.0174=0.9945$$

となるので、次数の最大値 $n=5$ となる。

Point
占有周波数帯幅 B のおおよその値を求める式
$B=2(m+1)f_S$
より、$n=m+1$ で計算することもできる

搬送波の上下の周波数に発生する $n=5$ 次の側帯波を含む周波数帯幅が占有周波数帯幅 B〔kHz〕なので、次式で表される。

$$B=2nf_S=2\times5\times10=100\text{〔kHz〕}$$

▶ **解答　4**

Ａ－5

次の記述は、図に示す直交周波数分割多重（OFDM）方式の復調プロセスの基本的な原理を述べたものである。[　　]内に入れるべき字句の正しい組合せを下の番号から選べ。ただし、各乗算器の出力式の係数は無視するものとし、e は自然対数の底とする。なお、同じ記号の[　　]内には、同じ字句が入るものとする。

(1) 基本周波数f_S〔Hz〕、搬送波周波数$f_C + nf_S$〔Hz〕($n = 0, 1, 2, \cdots N-1$)、n番目の搬送波を変調するための複素データシンボルを$a_n + jb_n$とすると、搬送帯域OFDM信号$S(t)$は次式で表される。

$$S(t) = \sum_{n=0}^{N-1} [a_n \cos\{2\pi(f_c + nf_s)t\} - b_n \sin\{2\pi(f_c + nf_s)t\}]$$

(2) 搬送帯域OFDM信号$S(t)$に、搬送波の基準となる周波数f_C〔Hz〕と同じ周波数の正弦波$\cos(2\pi f_C t)$と$-\sin(2\pi f_C t)$を乗算し、低域フィルタ(LPF)で高周波成分を除去することにより、実数軸(I軸)のベースバンドOFDM信号$S_{BI}(t)$と虚数軸(Q軸)のベースバンドOFDM信号$S_{BQ}(t)$がそれぞれ抽出される。

$$S_{BI}(t) = \sum_{n=0}^{N-1} \{a_n \cos(2\pi nf_s t) - b_n \sin(2\pi nf_s t)\}$$

$$S_{BQ}(t) = \sum_{n=0}^{N-1} \{a_n \sin(2\pi nf_s t) + b_n \cos(2\pi nf_s t)\}$$

(3) 従って、複素ベースバンドOFDM信号$u(t)$は、$u(t) = S_{BI}(t) + jS_{BQ}(t)$とすると、①式で表される。ここで$d_n = a_n + jb_n$とし、$u(t)$を$1/(Nf_S)$の標本化間隔で1シンボル長($1/f_S$)にわたって標本化すると、②式の$N$個の標本が得られる。

$$u(t) = S_{BI}(t) + jS_{BQ}(t) = \sum_{n=0}^{N-1} \boxed{\text{A}} \quad \cdots ①$$

$$u\left(\frac{k}{Nf_S}\right) = \sum_{n=0}^{N-1} d_n e^{\boxed{\text{B}}} \quad (k = 0, 1, 2, \cdots N-1) \quad \cdots ②$$

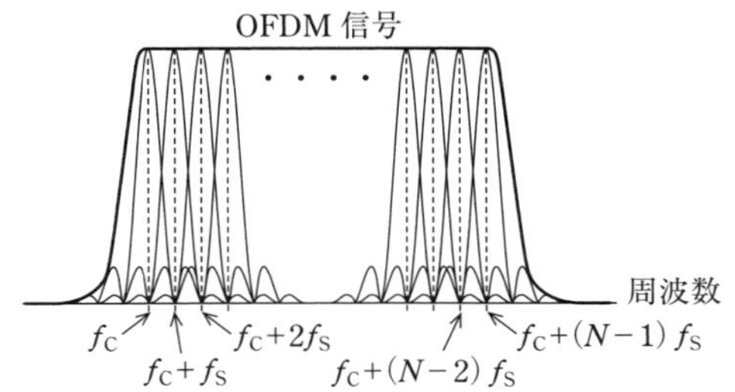

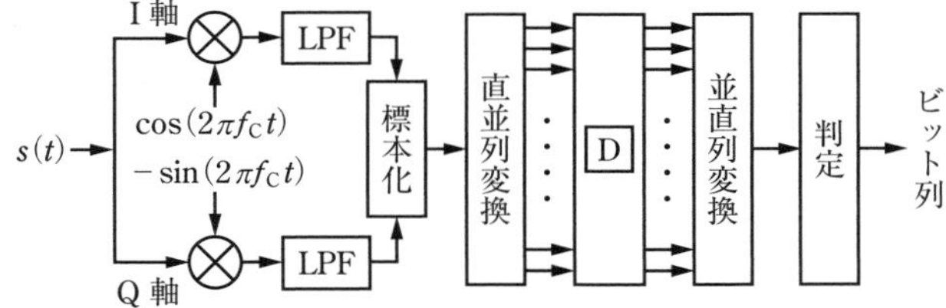

(4) ②式は、複素ベースバンド OFDM 信号 $u\{k/(Nf_S)\}$ の N 個の標本値が N 個の複素データシンボル d_n を [C] した形で得られることを示しており、$u\{k/(Nf_S)\}$ を③式に示す通り [D] することによってシンボルを復調できる。

$$d_n = \frac{1}{N}\sum_{k=0}^{N-1} u\left(\frac{k}{Nf_S}\right)e^{\boxed{\text{E}}} \quad (n=0,1,2,\cdots N-1) \quad \cdots ③$$

	A	B	C	D	E
1	$(a_n+jb_n)\{\cos(2\pi nf_S t)+j\sin(2\pi nf_S t)\}$	$j(2\pi nk)/N$	逆離散フーリエ変換	離散フーリエ変換	$-j(2\pi nk)/N$
2	$(a_n+jb_n)\{\cos(2\pi nf_S t)+j\sin(2\pi nf_S t)\}$	$-j(2\pi nk)/N$	離散フーリエ変換	逆離散フーリエ変換	$j(2\pi nk)/N$
3	$(a_n+jb_n)\{\cos(2\pi nf_S t)+j\sin(2\pi nf_S t)\}$	$-j(2\pi nk)/N$	逆離散フーリエ変換	離散フーリエ変換	$j(2\pi nk)/N$
4	$(a_n+jb_n)\{\sin(2\pi nf_S t)+j\cos(2\pi nf_S t)\}$	$j(2\pi nk)/N$	逆離散フーリエ変換	離散フーリエ変換	$-j(2\pi nk)/N$
5	$(a_n+jb_n)\{\sin(2\pi nf_S t)+j\cos(2\pi nf_S t)\}$	$-j(2\pi nk)/N$	離散フーリエ変換	逆離散フーリエ変換	$j(2\pi nk)/N$

解説 複素ベースバンド OFDM 信号 $u(t)=S_{BI}(t)+jS_{BQ}(t)$ として、問題(2)の実数軸(I軸)のベースバンド OFDM 信号 $S_{BI}(t)$ と虚数軸(Q軸)のベースバンド OFDM 信号 $S_{BQ}(t)$ を代入すると

$$\begin{aligned}
u(t) &= S_{BI}(t)+jS_{BQ}(t)\\
&= \sum_{n=0}^{N-1}\{a_n\cos(2\pi nf_S t)-b_n\sin(2\pi nf_S t)\}\\
&\quad +j\sum_{n=0}^{N-1}\{a_n\sin(2\pi nf_S t)+b_n\cos(2\pi nf_S t)\}\\
&= \sum_{n=0}^{N-1}\{a_n\cos(2\pi nf_S t)+ja_n\sin(2\pi nf_S t)\\
&\quad -b_n\sin(2\pi nf_S t)+jb_n\cos(2\pi nf_S t)\}\\
&= \sum_{n=0}^{N-1}(a_n+jb_n)\{\cos(2\pi nf_S t)+j\sin(2\pi nf_S t)\} \quad \cdots (1)
\end{aligned}$$

オイラーの公式より $e^{j2\pi nf_S t}=\cos(2\pi nf_S t)+j\sin(2\pi nf_S t)$、$d_n=a_n+jb_n$、$t=k/(Nf_s)$ を式(1)に代入すると

$$u\left(\frac{k}{Nf_s}\right)=\sum_{n=0}^{N-1} d_n e^{j(2\pi nk)/N} \qquad (k=0,1,2,\cdots N-1)$$

▶ **解答 1**

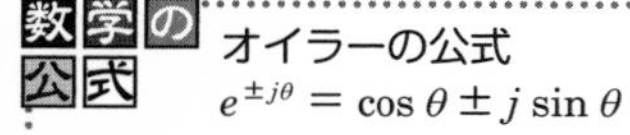
オイラーの公式
$e^{\pm j\theta}=\cos\theta \pm j\sin\theta$

A－6
03(1①)

シングルスーパヘテロダイン受信機において、受信周波数が、2,800〔kHz〕のときの影像周波数の値として、正しいものを下の番号から選べ。ただし、中間周波数は、455〔kHz〕とし、局部発振器の発振周波数は、受信周波数より低いものとする。

1　3,710〔kHz〕　2　3,255〔kHz〕　3　2,800〔kHz〕
4　2,345〔kHz〕　5　1,890〔kHz〕

解説　受信周波数をf_R〔kHz〕、中間周波数をf_I〔kHz〕とすると、局部発振器の発振周波数f_L〔kHz〕は、受信周波数より低い条件より

$$f_L = f_R - f_I = 2{,}800 - 455 = 2{,}345 \text{〔kHz〕}$$

となる。影像周波数f_U〔kHz〕は、f_Lとの差でf_Iが発生する周波数なので

$$f_U = f_L - f_I = 2{,}345 - 455 = 1{,}890 \text{〔kHz〕}$$

Point　f_Lを基準（鏡）として、f_Rは$f_L + f_I$の周波数の位置にあり、それと逆の位置にある周波数の$f_L - f_I$が妨害波の影像周波数となる

▶ **解答　5**

関連知識　$f_L < f_R$のときは、$f_U = f_R - 2f_I$
$f_L > f_R$のときは、$f_U = f_R + 2f_I$
によって、影像周波数を求めることもできる。

A－7
04(1②)　03(1①)

単一通信路における周波数変調（FM）波のS/N改善係数I〔dB〕の値として、最も近いものを下の番号から選べ。ただし、最大周波数偏移をf_d〔Hz〕、等価雑音帯域幅をB〔Hz〕、最高変調周波数をf_p〔Hz〕とすると、I〔dB〕は、$I = 10\log_{10}\{3f_d^2B/(2f_p^3)\}$で表せるものとし、変調指数（真数）を4、$B$を30〔kHz〕、$f_p$を3〔kHz〕とする。また、$\log_{10}2 = 0.3$、$\log_{10}3 = 0.5$とする。

1　10〔dB〕　2　13〔dB〕　3　16〔dB〕　4　20〔dB〕　5　24〔dB〕

解説　信号波の最高変調周波数がf_p〔kHz〕、最大周波数偏移がf_d〔kHz〕のとき、変調指数m_fは次式で表される。

$$m_f = \frac{f_d}{f_p} \quad \cdots \quad (1)$$

式(1)より、f_dを求めると

$$f_d = m_f f_p = 4 \times 3 = 12 \text{〔kHz〕} \quad \cdots \quad (2)$$

問題で与えられた式に数値を代入すると

$$I = 10\log_{10}\left(\frac{3{f_\mathrm{d}}^2 B}{2{f_\mathrm{p}}^3}\right) = 10\log_{10}\left\{\frac{3\times(12\times10^3)^2\times30\times10^3}{2\times(3\times10^3)^3}\right\}$$

$$= 10\log_{10}\left(\frac{3\times12^2\times30}{2\times3^3}\right) = 10\log_{10}(240)$$

$$= 10\log_{10}(3\times2^3\times10)$$

$$= 10\log_{10}3 + 3\times10\log_{10}2 + 10\log_{10}10$$

$$= 5 + 9 + 10 = 24\ \text{〔dB〕}$$

Point
真数の掛け算は
log の足し算

▶ **解答 5**

問題に I を求める式が与えられるとは限らないので、覚えておいた方がよい。

A－8 類 06(1)

次の記述は、図 1 に示す逆変調形搬送波再生回路を用いた QPSK 同期検波回路の原理的構成の一例について述べたものである。［　　］内に入れるべき字句の正しい組合せを下の番号から選べ。ただし、各演算器の出力式の係数及び回路内の遅延は無視するものとし、PLL は入出力の位相差が 0〔rad〕となるよう位相ロックするものとする。

(1) QPSK 信号の搬送波の角周波数を ω_c 及びデータ値に応じた位相を ϕ〔rad〕として QPSK 信号は、$\cos(\omega_c t + \phi)$ で表されるものとし、図 2 に示す通り、送るデータが "0, 0" であれば $\phi = \pi/4$〔rad〕、"0, 1" であれば $\phi = 3\pi/4$〔rad〕、"1, 1" であれば $\phi = 5\pi/4$〔rad〕、"1, 0" であれば $\phi = -\pi/4$〔rad〕の位相変化をそれぞれ与えるものとする。

(2) 受信信号は同期検波回路と逆変調形搬送波再生回路に分配され、このうち同期検波回路にて同期検波された復調信号は逆変調器に入力される。逆変調器は復調信号から符号情報（1 ビット）を判定し、入力変調波（受信信号）に対して "0" のとき位相はそのまま、"1" のとき位相を $-\pi$〔rad〕シフトする逆変調を行う。

(3) 逆変調形搬送波再生回路は、復調信号を用いて入力変調波に送信側と逆の変調を行うことで基準搬送波を再生するもので、逆変調器の出力を合成した加算器の出力は ϕ によらず［ A ］となり変調波は一つの位相に縮退し無変調搬送波が得られる。従って、PLL により無変調搬送波の雑音成分を取り除き、図 1 に示す移相器を通して同期検波を行うことで、QPSK 信号の位相 $\phi = 3\pi/4$〔rad〕のとき、I 軸は［ B ］、Q 軸は［ C ］の復調信号が得られる。

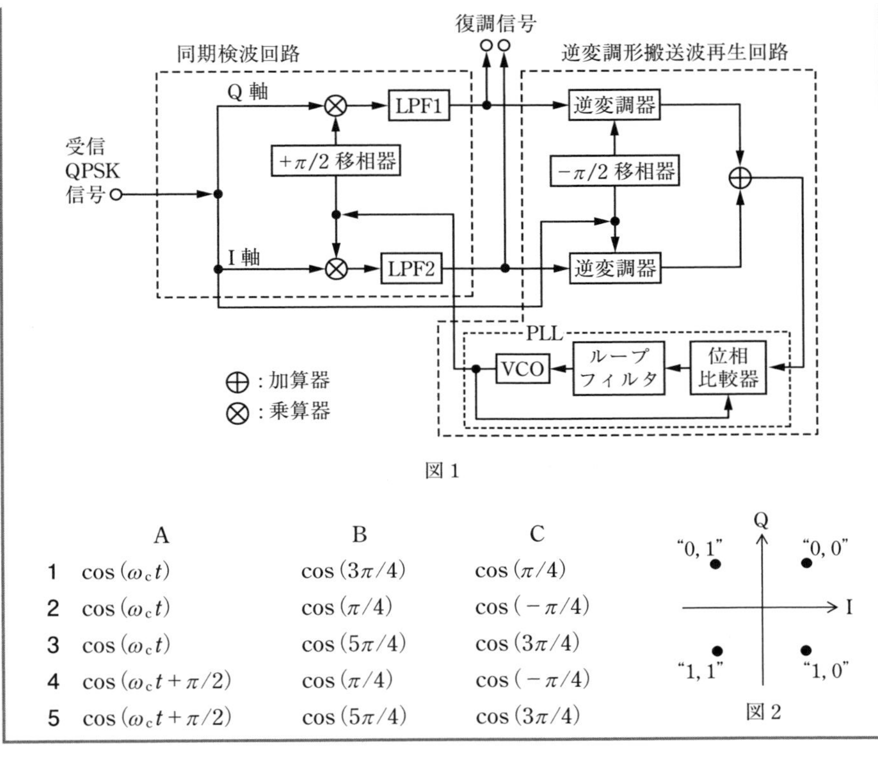

図 1

	A	B	C
1	$\cos(\omega_c t)$	$\cos(3\pi/4)$	$\cos(\pi/4)$
2	$\cos(\omega_c t)$	$\cos(\pi/4)$	$\cos(-\pi/4)$
3	$\cos(\omega_c t)$	$\cos(5\pi/4)$	$\cos(3\pi/4)$
4	$\cos(\omega_c t+\pi/2)$	$\cos(\pi/4)$	$\cos(-\pi/4)$
5	$\cos(\omega_c t+\pi/2)$	$\cos(5\pi/4)$	$\cos(3\pi/4)$

図 2

解説 QPSK 信号の搬送波の角周波数が ω_c、データ値に応じた位相が ϕ〔rad〕のとき QPSK 信号は、$\cos(\omega_c t+\phi)$ で表される。逆変調形搬送波再生回路は、復調信号を用いて入力変調波に送信側と逆の変調を行うことで基準搬送波を再生するもので、逆変調器の出力を合成した加算器の出力は ϕ によらないので、QPSK 信号は $\cos(\omega_c t)$ となる。

QPSK 信号の位相が $\phi=3\pi/4$〔rad〕のとき、PSK 信号は、$\cos(\omega_c t+3\pi/4)$ で表される。PSK 信号と PLL 出力の搬送波 $\cos\omega_c t$ が乗算器に加えられ、その出力が I 軸成分出力となるので

$$\cos\left(\omega_c t+\frac{3\pi}{4}\right)\cos\omega_c t=\frac{1}{2}\left\{\cos\left(2\omega_c t+\frac{3\pi}{4}\right)+\cos\left(\frac{3\pi}{4}\right)\right\}$$

よって低域フィルタ LPF2 を通った I 軸の復調信号は、$\cos(3\pi/4)$ となる。

Q 軸成分は PLL 出力の搬送波が $\cos(\omega_c t+\pi/2)$ となり乗算器に加えられるので

$$\cos\left(\omega_c t+\frac{3\pi}{4}\right)\cos(\omega_c t+\pi/2)=\frac{1}{2}\left\{\cos\left(2\omega_c t+\frac{5\pi}{4}\right)+\cos\left(\frac{\pi}{4}\right)\right\}$$

よって、低域フィルタ LPF1 を通った Q 軸の復調信号は、$\cos(\pi/4)$ となる。

▶ **解答　1**

数学の公式　$\cos\alpha\cos\beta=\frac{1}{2}\{\cos(\alpha+\beta)+\cos(\alpha-\beta)\}$

A－9　01(7)

整流回路のリプル率γ、電圧変動率δ及び整流効率ηを表す式の組合せとして、正しいものを下の番号から選べ。ただし、負荷電流に含まれる直流成分をI_{DC}〔A〕、交流成分の実効値をi_r〔A〕、無負荷電圧をV_o〔V〕、負荷に定格電流を流したときの定格電圧をV_n〔V〕とする。また、整流回路に供給される交流電力をP_1〔W〕、負荷に供給される電力をP_2〔W〕とする。

1　$\gamma=(i_r/I_{DC})\times100$〔%〕　$\delta=\{(V_o-V_n)/V_o\}\times100$〔%〕
　$\eta=(P_1/P_2)\times100$〔%〕

2　$\gamma=(i_r/I_{DC})\times100$〔%〕　$\delta=\{(V_o-V_n)/V_o\}\times100$〔%〕
　$\eta=(P_2/P_1)\times100$〔%〕

3　$\gamma=(i_r/I_{DC})\times100$〔%〕　$\delta=\{(V_o-V_n)/V_n\}\times100$〔%〕
　$\eta=(P_2/P_1)\times100$〔%〕

4　$\gamma=\{i_r/(i_r+I_{DC})\}\times100$〔%〕　$\delta=\{(V_o-V_n)/V_n\}\times100$〔%〕
　$\eta=(P_1/P_2)\times100$〔%〕

5　$\gamma=\{i_r/(i_r+I_{DC})\}\times100$〔%〕　$\delta=\{(V_o-V_n)/V_o\}\times100$〔%〕
　$\eta=(P_2/P_1)\times100$〔%〕

解説　リプル率γは整流回路の負荷電流において、交流成分の実効値電流i_rと直流成分の電流(平均値電流)I_{DC}の比を表す。

電圧変動率δは、電源の電圧変動V_o-V_nと負荷に定格電流を流したときの定格電圧V_nの比を表す。

整流効率ηは、負荷に供給される電力P_2と整流回路に供給される電力P_1の比を表す。

Point
ギリシャ文字γはガンマ、δはデルタ、ηはイータと読む

▶ **解答　3**

A－10　03(1①)

次の記述は、鉛蓄電池の一般的な充電方法等について述べたものである。[　　　]内に入れるべき字句の正しい組合せを下の番号から選べ。

(1)　[A]充電では、充電の初期及び中期は定電流で比較的急速に充電し、その後定電圧に切り換え充電する方法である。

(2)　[B]充電では、直流電源と電池との間に抵抗を直列に入れて充電電流を制限する方法である。充電電流は初期には大きいが過大ではなく、また、終期には

所定値以下になるようにセットできる。

(3) [C] 充電では、電池を停電時の予備電源とし、停電時のみ電池を負荷に接続するという使い方において、電池が負荷に接続されていないときは、常に充電状態に保っておくため、自己放電電流に近い電流で絶えず充電する。

(4) [D] 充電では、整流電源（直流電源）に対して負荷と電池が並列に接続された状態で、負荷を使用しつつ充電する。

	A	B	C	D
1	準定電流	定電流・定電圧	浮動	トリクル
2	準定電流	定電流・定電圧	トリクル	浮動
3	トリクル	浮動	準定電流	定電流・定電圧
4	定電流・定電圧	準定電流	浮動	トリクル
5	定電流・定電圧	準定電流	トリクル	浮動

▶ **解答　5**

出題傾向　正誤式の問題も出題されている。

A－11　03(7②)　02(11②)

次の記述は、ドプラ VOR（DVOR）の原理について述べたものである。[　　] 内に入れるべき字句の正しい組合せを下の番号から選べ。なお、同じ記号の [　　] 内には、同じ字句が入るものとする。

(1) DVOR は、原理図に示すように、等価的に円周上を 1,800〔rpm〕の速さで周回するアンテナから電波を発射するものである。この電波を遠方の航空機で受信すると、ドプラ効果により、[A] で周波数変調された可変位相信号となる。また、中央の固定アンテナ（キャリアアンテナ）から、周回アンテナと同期した [A] で振幅変調された基準位相信号を発射する。

(2) 実際には、円周上に等間隔に並べられたアンテナ（サイドバンドアンテナ）列に、給電するアンテナを次々と一定回転方向に切り換えることで、(1) の周回アンテナを実現している。この際、標準 VOR（CVOR）との両立性を保つため、ドプラ効果による周波数の偏移量が CVOR の基準位相信号の最大周波数偏移（480〔Hz〕）と等しくなるよう、サイドバンドアンテナを配置する円の直径 $2r$ を搬送波の波長の約 [B] 倍にするとともに、その回転方向を、CVOR と [C] にする。

	A	B	C
1	30〔Hz〕	5	逆方向
2	30〔Hz〕	8	同一方向
3	30〔Hz〕	5	同一方向
4	60〔Hz〕	5	同一方向
5	60〔Hz〕	8	逆方向

航空機
r
固定アンテナ
原理図
周回アンテナ

解説 アンテナは円周上を毎分1,800回の速度で回転するので、周波数f_R〔Hz〕で表すと

$$f_R = \frac{1{,}800}{60} = 30\,〔\text{Hz}〕 \quad \cdots (1)$$

これを移動する航空機で受信すると、ドプラ効果によって30〔Hz〕で周波数変調された可変位相信号となる。

速度v〔m/s〕で移動するアンテナから放射する電波は、ドプラ効果によって周波数が偏移する。電波の速度をc〔m/s〕とすると、周波数偏移f_D〔Hz〕は次式で表される。

$$f_D = \frac{v}{c} f\,〔\text{Hz}〕 \quad \cdots (2)$$

となる。回転の角速度をω〔rad/s〕とすると、速度vは次式で表される。

$$v = r\omega = r \times 2\pi f_R\,〔\text{m/s}〕 \quad \cdots (3)$$

円周の直径$2r$を搬送波の波長λ〔m〕の5倍に設定すると

$$v = 5\lambda\pi f_R\,〔\text{m/s}〕 \quad \cdots (4)$$

周波数偏移f_Dは式(2)に式(1)、式(4)を代入して、次式によって求めることができる。

$$f_D = \frac{v}{c} f = \frac{v}{\lambda} = \frac{5\lambda\pi f_R}{\lambda} = 5\pi \times 30 \fallingdotseq 480\,〔\text{Hz}〕$$

▶ **解答　1**

出題傾向 下線の部分は、ほかの試験問題で穴埋めの字句として出題されている。

A－12

04(1②)　02(11①)

次の記述は、レーダーに用いられるパルス圧縮技術の原理について述べたものである。［　　］内に入れるべき字句の正しい組合せを下の番号から選べ。なお、同じ記号の［　　］内には、同じ字句が入るものとする。

(1) 線形周波数変調(チャープ)方式によるパルス圧縮技術は、送信時に送信パルス幅T〔s〕の中で周波数を、f_1〔Hz〕からf_2〔Hz〕まで直線的にΔf〔Hz〕変化(周波数変調)させて送信する。反射波の受信では、遅延時間の周波数特性が送信時の周波数変化Δf〔Hz〕と［ A ］の特性を持ったフィルタを通して、パルス幅が狭く、かつ大きな振幅の受信出力を得る。

(2) このパルス圧縮処理により、受信波形のパルス幅が T〔s〕から $1/\Delta f$〔s〕に圧縮され、尖頭値の振幅は［B］倍になる。

(3) 尖頭送信電力に制約のあるパルスレーダーにおいて、探知距離を増大するには送信パルス幅を［C］くする必要があり、他方、距離分解能を向上させるためには送信パルス幅を［D］くする必要がある。これらは相矛盾するものであるが、パルス圧縮技術により、パルス幅が［C］く、かつ、低い送信電力のパルスを用いても、大電力で［D］いパルスを送信した場合と同じ効果を得ることができる。

	A	B	C	D
1	同一	$\sqrt{T/\Delta f}$	狭	広
2	同一	$\sqrt{T\Delta f}$	広	狭
3	逆	$\sqrt{T/\Delta f}$	広	狭
4	逆	$\sqrt{T\Delta f}$	広	狭
5	逆	$\sqrt{T\Delta f}$	狭	広

▶ **解答　4**

出題傾向　下線の部分は、ほかの試験問題で穴埋めの字句として出題されている。

A－13　06(1)　03(7①)　02(11①)

次の記述は、デジタル無線方式に用いられるフェージング補償（対策）技術について述べたものである。このうち誤っているものを下の番号から選べ。

1　フェージング対策用の自動等化器には、大別すると、周波数領域で等化を行うものと時間領域で等化を行うものがある。

2　トランスバーサル自動等化器などによる時間領域の等化は、符号間干渉の軽減に効果があるが、反射波の方が直接波より強い場合は原理的に補償できない。

3　周波数領域の等化を行う代表的な可変共振形自動等化器は、フェージングによる振幅及び遅延周波数特性を共振回路により補償するものである。

4　スペースダイバーシティ及び周波数ダイバーシティなどのダイバーシティ方式は、同時に回線品質が劣化する確率が小さい二つ以上の通信系を用意し、その出力を選択又は合成することによってフェージングの影響を軽減する。

5　信号列をいくつかの信号列に分けて複数の副搬送波で伝送するマルチキャリア伝送方式は、波形ひずみの影響が強いマルチパスフェージングに対して効果的である。

解説 誤っている選択肢は次のようになる。

2 トランスバーサル自動等化器などによる時間領域の等化は、符号間干渉の軽減に効果があり、反射波の方が直接波より強い場合でも**補償できる**。

▶ **解答 2**

A－14

次の記述は、デジタル通信に用いる変調方式について述べたものである。[ ]内に入れるべき字句の正しい組合せを下の番号から選べ。

(1) 変調指数[A]でFSK変調したMSK方式は、1シンボルごとの位相遷移が[B]〔rad〕であり直交性を持っていることから、同期検波や遅延検波が可能である。

(2) 位相が連続的に変化するMSK方式に対して、MSK方式と同様の位相遷移を不連続に変化させたものが[C]方式であるが、フィルタを用いず矩形波のみで変調した場合、メインローブの帯域幅はMSK方式の方が狭い。

	A	B	C
1	0.7	$\pm\pi/2$	$\pi/2$ シフト BPSK
2	0.7	$\pm\pi/4$	$\pi/4$ シフト QPSK
3	0.5	$\pm\pi/2$	$\pi/2$ シフト BPSK
4	0.5	$\pm\pi/2$	$\pi/4$ シフト QPSK
5	0.5	$\pm\pi/4$	$\pi/4$ シフト QPSK

解説 変調指数0.5でデジタル周波数変調FSK (Frequency Shift Keying) したMSK (Minimum Shift Keying) 方式は、1シンボルごとの位相遷移が$\pm\pi/2$〔rad〕であり直交性を持っている位相連続のFSKである。

MSKの位相遷移は$\pi/2$〔rad〕であり、同様の位相遷移を不連続に変化させたものが$\pi/2$シフトBPSK方式である。

▶ **解答 3**

A－15 03(1②)

表に示す固定形マイクロ波帯デジタル無線伝送方式のC/N配分において、[ ]内に入れるべき字句の正しい組合せを下の番号から選べ。ただし、理論C/Nはビット誤り率(BER) = 1×10^{-4}を確保するために必要なC/Nとし11.8〔dB〕、送受信装置の固定劣化を4〔dB〕、熱雑音電力、干渉雑音電力及び歪み雑音電力をそれぞれ所要C/NにおけるNの18〔%〕、80〔%〕及び2〔%〕とし、$\log_{10}2 = 0.3$、$\log_{10}3 = 0.48$とする。

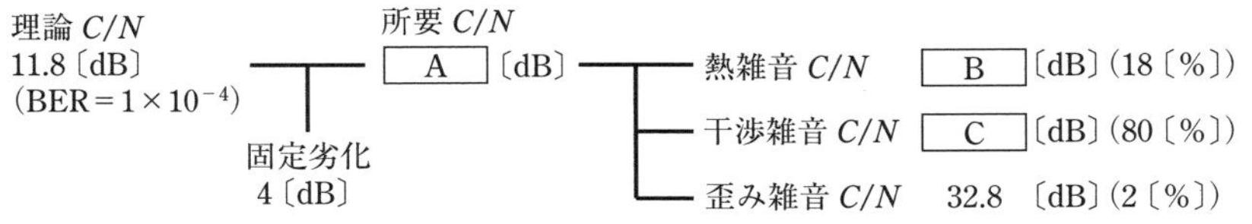

理論 C/N 11.8〔dB〕（BER＝1×10^{-4}）── 所要 C/N [A]〔dB〕
固定劣化 4〔dB〕

- 熱雑音 C/N [B]〔dB〕（18〔%〕）
- 干渉雑音 C/N [C]〔dB〕（80〔%〕）
- 歪み雑音 C/N 32.8〔dB〕（2〔%〕）

C/N 配分表

	A	B	C
1	7.8	24.8	10.8
2	7.8	15.2	8.8
3	15.8	23.2	16.8
4	15.8	23.2	18.8
5	15.8	32.8	18.8

解説　所要 C/N_{dB}〔dB〕は、理論 C/N に固定劣化 4〔dB〕を考慮した値なので、$C/N_{\mathrm{dB}} = 11.8 + 4 = 15.8$〔dB〕となる。

熱雑音による搬送波電力対信号電力比を C/N_{t}（真数）とすると所要 C/N における N の 18〔%〕とするので、次式の関係が成り立つ。

$$\frac{C}{N\times0.18} = \frac{C}{N_{\mathrm{d}}}$$

よって

$$C/N_{\mathrm{d}} = C/N \times \frac{1}{0.18}$$

デシベルで表すと

$$\begin{aligned} C/N_{\mathrm{tdB}} &= C/N_{\mathrm{dB}} - 10\log_{10}0.18 = C/N_{\mathrm{dB}} - 10\log_{10}(2\times3^2\div100) \\ &= 15.8 - 10\log_{10}2 - 2\times10\log_{10}3 + 10\log_{10}10^2 \\ &= 15.8 - 3 - 2\times4.8 + 20 = 23.2\,〔\mathrm{dB}〕 \end{aligned}$$

干渉雑音による搬送波電力対雑音電力比を C/N_{i}（真数）とすると所要 C/N における N の 80〔%〕とするので、次式の関係が成り立つ。

$$\frac{C}{N\times0.8} = \frac{C}{N_{\mathrm{i}}}$$

よって

$$C/N_{\mathrm{i}} = C/N \times \frac{1}{0.8}$$

デシベルで表すと

$$C/N_{idB}=C/N_{dB}-10\log_{10}0.8=C/N_{dB}-10\log_{10}(2^3\div 10)$$
$$=15.8-3\times 10\log_{10}2+10\log_{10}10$$
$$=15.8-9+10=16.8\ \text{〔dB〕}$$

▶ **解答 3**

A－16 02(11②)

次の記述は、衛星通信回線の雑音温度について述べたものである。このうち誤っているものを下の番号から選べ。

1 動作雑音指数 F_{OP} は、システム雑音温度 T_S〔K〕及び周囲温度 T_O〔K〕との間に、$F_{OP}=T_S/T_O$ の関係がある。
2 システム雑音温度は、アンテナ雑音温度と受信機雑音温度（多くの場合、初段の低雑音増幅器の等価雑音温度）との和で表される。
3 低雑音増幅器の等価雑音温度 T_e〔K〕は、低雑音増幅器の内部で発生して出力される雑音電力を入力端の値に換算し、雑音温度に変換したものであり、出力端の全雑音電力は、$k(T_o-T_e)Bg$〔W〕で表される。ただし、k〔J/K〕はボルツマン定数、T_O〔K〕は周囲温度、B〔Hz〕及び g（真数）は、それぞれ低雑音増幅器の帯域幅及び利得である。
4 低雑音増幅器の雑音指数 F は、等価雑音温度 T_e〔K〕及び周囲温度 T_O〔K〕との間に、$F=1+(T_e/T_O)$ の関係がある。
5 アンテナを含む地球局の受信系の性能を定量的に表現するための G/T〔dB/K〕には、一般に、受信機の低雑音増幅器の入力端で測定されるアンテナ利得 G〔dB〕と低雑音増幅器の入力端で換算した雑音温度 T〔K〕との比が用いられる。

解説 誤っている選択肢は次のようになる。

3 低雑音増幅器の等価雑音温度 T_e〔K〕は、低雑音増幅器の内部で発生して出力される雑音電力を入力端の値に換算し、雑音温度に変換したものであり、出力端の全雑音電力は、$\boldsymbol{k(T_o+T_e)Bg}$〔W〕で表される。ただし、$k$〔J/K〕はボルツマン定数、$T_O$〔K〕は周囲温度、$B$〔Hz〕及び g（真数）は、それぞれ低雑音増幅器の帯域幅及び利得である。

▶ **解答 3**

A－17 04(1①) 02(11②)

次の記述は、図に示す構成例を用いたFM（F3E）送信機の占有周波数帯幅の測定法について述べたものである。[ ]内に入れるべき字句の正しい組合せを下の番号から選べ。なお、同じ記号の[ ]内には、同じ字句が入るものとする。

(1) 送信機の占有周波数帯幅は、全輻射電力の［ A ］〔%〕が含まれる周波数帯幅で表される。擬似音声発生器から規定のスペクトルを持つ擬似音声信号を送信機に加え、所定の変調を行った周波数変調波を擬似負荷に出力する。

(2) スペクトルアナライザを規定の動作条件とし、規定の占有周波数帯幅の2～3.5倍程度の帯域を、スペクトルアナライザの狭帯域フィルタで掃引しながらサンプリングし、測定したすべての電力値をコンピュータに取り込む。これらの値の総和から全電力が求まる。取り込んだデータを、下側の周波数から積算し、その値が全電力の［ B ］〔%〕となる周波数f_1〔Hz〕を求める。同様に上側の周波数から積算し、その値が全電力の［ B ］〔%〕となる周波数f_2〔Hz〕を求める。このときの占有周波数帯幅は、［ C ］〔Hz〕となる。

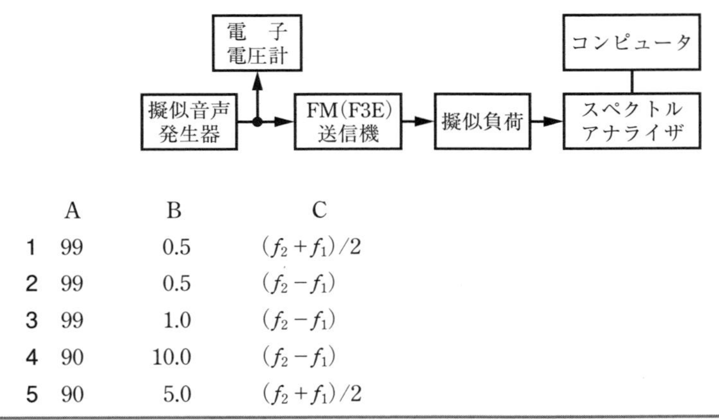

	A	B	C
1	99	0.5	$(f_2+f_1)/2$
2	99	0.5	(f_2-f_1)
3	99	1.0	(f_2-f_1)
4	90	10.0	(f_2-f_1)
5	90	5.0	$(f_2+f_1)/2$

解説　占有周波数帯幅は、その上限の周波数を超えて輻射され、及びその下限の周波数未満において輻射される平均電力が、それぞれ与えられた発射によって輻射される全平均電力の0.5〔%〕に等しい上限及び下限の周波数帯幅として定められている。占有周波数帯幅は、全輻射電力の99〔%〕が含まれる周波数帯幅で表される。

FM(F3E)送信機は入力変調信号に擬似音声を加え標準変調(例えば、70〔%〕)とする。擬似音声は白色雑音を規定の周波数特性を持つフィルタを通すことにより、音声を模擬した周波数スペクトルを持つ雑音である。

スペクトルアナライザは、縦軸にレベル、横軸に周波数をとり、入力信号が持っているおのおのの周波数成分ごとのレベルに分離して、ディスプレイに表示する測定器である。

スペクトルアナライザの電力測定値をコンピュータに取り込み、取り込んだデータを下側の周波数から積算し、その値が全電力の0.5〔%〕となる周波数f_1〔Hz〕が下限の周波数となる。同様に上側の周波数から積算し、その値が全電力の0.5〔%〕となる周波数f_2〔Hz〕が上限の周波数となる。占有周波数帯幅B〔Hz〕は全平均電力の0.5〔%〕に等しい上限及び下限の周波数帯幅として定められているので、次式で表される。

$$B=f_2-f_1\ \text{〔Hz〕}$$

▶ **解答 2**

A－18

次の記述は、図1に示す等価回路で表される信号源及びオシロスコープの入力部との間に接続する受動プローブの周波数特性の補正について述べたものである。□内に入れるべき字句の正しい組合せを下の番号から選べ。ただし、オシロスコープの入力部は、抵抗 $R_i=1$〔MΩ〕及び静電容量 $C_i=20$〔pF〕で構成され、また、プローブは、抵抗 $R=9$〔MΩ〕、調整用の可変静電容量 C_T〔pF〕及びケーブルの静電容量 $C=70$〔pF〕で構成され、C_T はプローブの先端についているものとする。

(1) 図2に示す方形波 e_i〔V〕を入力して、プローブの出力信号 e_o〔V〕の波形が、e_i と相似な方形波になるように C_T を調整する。このとき C_T の値は［ A ］〔pF〕となる。

(2) プローブの調整が適切でないとプローブと測定器の組み合わされた周波数特性が平坦でなくなり、例えば、適切に調整された周波数特性が図3の①であった時に C_T の値を大きくすると周波数特性は図3の［ B ］のようになり、測定誤差の原因となる。

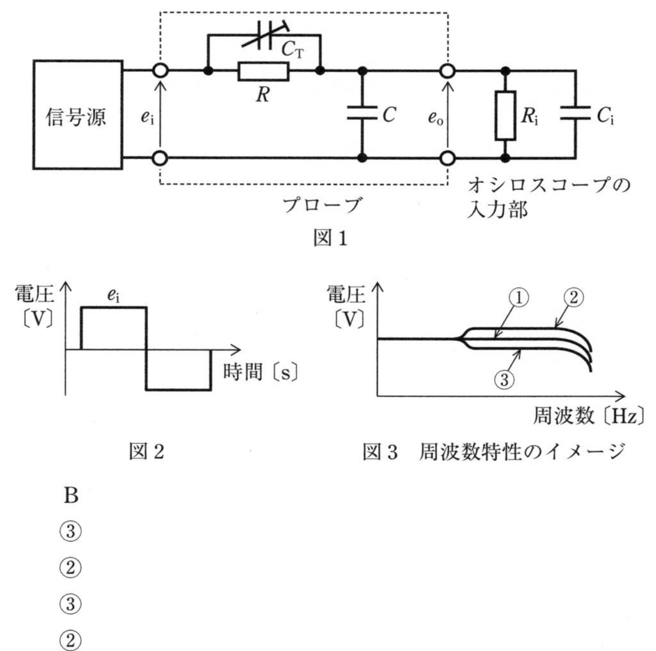

	A	B
1	18	③
2	10	②
3	10	③
4	9	②
5	9	③

解説 オシロスコープの入力部に並列接続された C、C_i〔F〕、R_i〔Ω〕の並列回路のインピーダンス $\dot{Z}_i$〔Ω〕は次式で表される。

$$\dot{Z}_i = \frac{R_i \times \dfrac{1}{j\omega(C+C_i)}}{R_i + \dfrac{1}{j\omega(C+C_i)}}$$

$$= \frac{R_i}{1+j\omega(C+C_i)R_i} \text{〔Ω〕} \quad \cdots (1)$$

Point
C と C_i のコンデンサを並列接続したときの合成静電容量 C_P は
$C_P = C + C_i$

C_T〔F〕、R〔Ω〕の並列回路のインピーダンス $\dot{Z}_T$〔Ω〕は次式で表される。

$$\dot{Z}_T = \frac{R}{1+j\omega C_T R} \text{〔Ω〕} \quad \cdots (2)$$

電圧比 e_o/e_i はインピーダンスの比で表されるので、次式が成り立つ。

$$\frac{e_o}{e_i} = \frac{\dot{Z}_i}{\dot{Z}_T + \dot{Z}_i} \quad \cdots (3)$$

式(3)に式(1)、式(2)を代入すると

$$\frac{e_o}{e_i} = \frac{\dfrac{R_i}{1+j\omega(C+C_i)R_i}}{\dfrac{R}{1+j\omega C_T R} + \dfrac{R_i}{1+j\omega(C+C_i)R_i}}$$

$$= \frac{R_i}{R \times \dfrac{1+j\omega(C+C_i)R_i}{1+j\omega C_T R} + R_i} \quad \cdots (4)$$

式(4)の e_o/e_i が ω と無関係になるには、分母の虚数項が同じ値になればよいので、次式の関係が成り立つ。

$$(C+C_i)R_i = C_T R \quad \cdots (5)$$

式(5)より C_T〔pF〕を求めると

$$C_T = \frac{(C+C_i)R_i}{R} = \frac{(70+20)\times 1}{9} = 10 \text{〔pF〕}$$

Point
抵抗比から求めるので、〔MΩ〕のまま計算してよい

式(5)の条件を式(4)に代入すると

$$\frac{e_o}{e_i} = \frac{R_i}{R+R_i} \quad \cdots (6)$$

となるので、周波数に関係しない一定値となる。

Point
抵抗の分圧比と静電容量の分圧比は逆の比となる

C_T の値が式(5)の条件より大きな値になると

$$(C+C_i)R_i < C_T R$$

となって、静電容量による分圧比の方が大きくなり、回路は高域レベルが上がる微分回路として動作するので入力方形波は、図3の②のようになる。

▶ **解答　2**

A－19 03(7②) 02(11②)

図に示す構成による受信機の感度測定において、信号源として、出力が電力表示（単位：〔dBm〕）の標準信号発生器（SG）を用いて測定した結果、SG の出力が －97.4〔dBm〕であった。このときの「受信機入力電圧」の値として、正しいものを下の番号から選べ。ただし、このときの「受信機入力電圧」とは、受信機の入力端における信号源の開放電圧とする。また、SG と受信機間の接続損失は無視するものとし、SG の出力インピーダンス及び受信機の入力インピーダンスをそれぞれ 50〔Ω〕、$\log_{10}2 = 0.3$、$\log_{10}3 = 0.48$ とする。

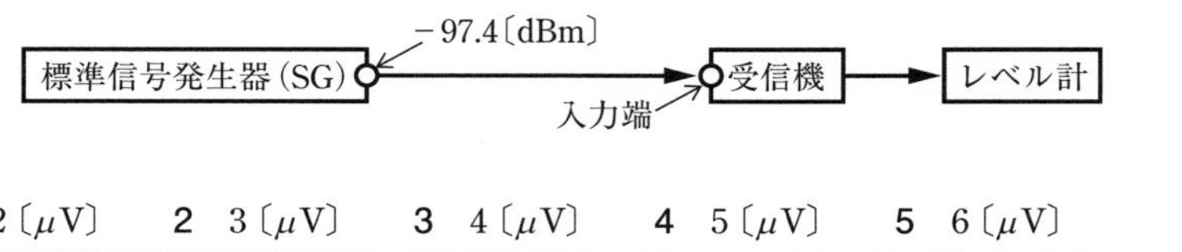

1 2〔μV〕　**2** 3〔μV〕　**3** 4〔μV〕　**4** 5〔μV〕　**5** 6〔μV〕

解説 SG の出力電力の真数を P〔W〕、SG の出力インピーダンス及び受信機の入力インピーダンスを Z〔Ω〕とすると、受信機と接続しているときの SG の出力電圧 V〔V〕は、次式で表される。

$$V = \sqrt{PZ}\ \text{〔V〕} \quad \cdots (1)$$

式(1)のデシベル値を求めるため PZ の dB 値を求めると、SG の出力電力は $P_{dB} = -97.4$〔dBm〕$= -127.4$〔dBW〕なので

$$\begin{aligned} PZ_{dB} &= 10\log_{10}P + 10\log_{10}Z \\ &= -127.4 + 10\log_{10}50 \\ &= -127.4 + 10\log_{10}(100 \div 2) \\ &= -127.4 + 20 - 3 = -110.4 \\ &= -120 + 9.6 = -120 + 4.8 + 4.8 \end{aligned}$$

Point
－7.4〔dB〕の値を真数に戻すのが難しいので、17〔dB〕（真数 50）を足した値から求める

真数にすると

$$\begin{aligned} PZ_{dB} &= 10\log_{10}10^{-12} + 10\log_{10}3 + 10\log_{10}3 \\ &= 10\log_{10}(10^{-12} \times 3 \times 3) = 10\log_{10}PZ \quad \cdots (2) \end{aligned}$$

PZ の値を式(1)に代入すると

$$V = \sqrt{10^{-12} \times 3 \times 3} = 3 \times 10^{-6}\ \text{〔V〕} = 3\ \text{〔}\mu\text{V〕}$$

SG の開放電圧は、SG の出力インピーダンスが整合状態のときの出力電圧の 2 倍となるので、信号源の開放電圧として定義される受信機入力電圧 V_0〔V〕は、$V_0 = 2V = 6$〔μV〕である。

▶ **解答 5**

A－20　06(1)　類04(1①)　03(1①)

次の記述は、図に示す構成例のスーパヘテロダイン方式によるスペクトルアナライザの原理的な動作等について述べたものである。[　　]内に入れるべき字句の正しい組合せを下の番号から選べ。

(1) 周波数分解能は、図に示す[A]フィルタの通過帯域幅によって決まる。
(2) 掃引時間は、周波数分解能が高いほど[B]する必要がある。
(3) 雑音の分布が一様分布のとき、ディスプレイ上に表示される雑音のレベルは、周波数分解能が高いほど[C]なる。
(4) 図に示すビデオフィルタは雑音レベルに近い微弱な信号を測定する場合に効果を発揮する。ビデオフィルタはカットオフ周波数可変の[D]であり、雑音電力を平均化して信号を浮き立たせる。

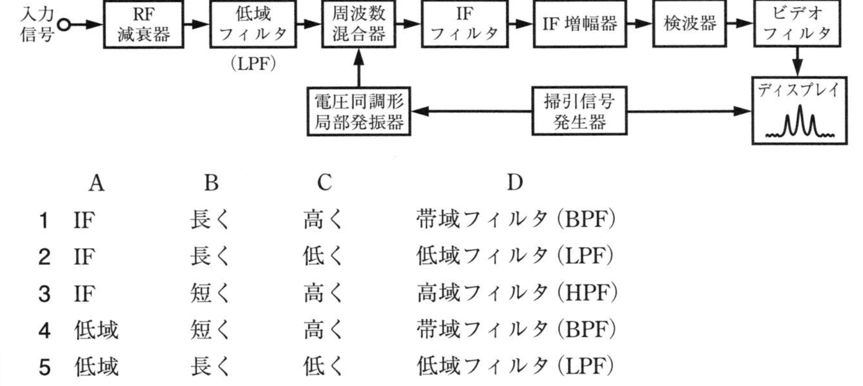

	A	B	C	D
1	IF	長く	高く	帯域フィルタ(BPF)
2	IF	長く	低く	低域フィルタ(LPF)
3	IF	短く	高く	高域フィルタ(HPF)
4	低域	短く	高く	帯域フィルタ(BPF)
5	低域	長く	低く	低域フィルタ(LPF)

解説　低域フィルタを通った入力信号は、周波数混合器で電圧同調形局部発振器の出力と混合されて中間周波数(IF)に変換される。

掃引信号発生器の出力は、ディスプレイの水平軸へ加えられるので、オシロスコープと同じように水平軸を掃引する。一方、局部発振器の発振周波数は、掃引信号発生器ののこぎり波電圧によって水平軸と同期して変化する。

掃引中に入力信号のそれぞれの周波数成分が中間周波数に変換され、IFフィルタの選択周波数と一致したとき、その周波数成分の振幅がディスプレイの垂直軸上に現れる。周波数分解能はIFフィルタの通過帯域幅によって決まる。また、周波数分解能が高いほど雑音レベルは低くなるが、掃引時間を長くしないと正しく信号を表示することができない。

ディスプレイには、横軸に周波数、縦軸に信号の振幅が現れ、入力信号のスペクトル分布を測定することができる。

▶ **解答　2**

B－1 03(1①)

次の記述は、一つのデジタル通信路における理論的な伝送容量の限界（シャノンの限界）について述べたものである。［　　］内に入れるべき字句を下の番号から選べ。なお、同じ記号の［　　］内には、同じ字句が入るものとする。

(1) 搬送波電力を C〔W〕、雑音電力を N〔W〕、伝送帯域幅を B〔Hz〕及び伝送容量を R〔bit/s〕とすると、加法性白色ガウス雑音条件において信頼性のある通信として任意に小さい誤り率で伝送できる伝送容量の上限は次式で表せる。

$R = B \times \log_2\{1 + (C/N)\}$ … ①

(2) また、受信 1〔bit〕あたりのエネルギーを E_b〔J〕、1〔Hz〕当たりの雑音電力密度を N_0〔W〕とすると、変調方式の加法性白色ガウス雑音に対する強さは、すべて受信機の E_b/N_0 で決まる。

(3) シンボル長を T〔s〕及び 1 シンボル当たりのビット数を n〔bit〕とすると、T の期間におけるエネルギーは［ア］と表せる。また、N と N_0 の関係は $N=$［イ］、C と E_b の関係は $C=$［ウ］であり、n/T は 1 秒あたり伝送できるビット数（伝送容量）を表していることから C/N は次式で表せる。

$C/N=$［エ］ … ②

(4) ②式を①式に代入して整理すると、R/B の上限は次式で表せる。なお、R/B は、周波数利用効率であり、単位は〔bit/s/Hz〕である。

$R/B = \log_2\{1+$［エ］$\}$ … ③

(5) B を増大していくと、B に比例して雑音電力 N も増大するため、③式から、B を大きくした極限、すなわち $(R/B) \to 0$ において、$E_b/N_0 \fallingdotseq$［オ］〔dB〕となる。よって、伝送可能な情報量は有限であり、理論的に E_b/N_0 が最低でも［オ］〔dB〕を超えていなければ、信頼性のある通信はできない。

1 N_0B	2 TE_b/n	3 $E_bB/(N_0R)$	4 nE_b	5 −0.6
6 N_0/B	7 nE_b/T	8 $E_bR/(N_0B)$	9 E_b/n	10 −1.6

▶ **解答　ア－4　イ－1　ウ－7　エ－8　オ－10**

関連知識

シャノンの第 2 基本定理によると伝送速度 R が

$R = B \times \log_2\{1 + (C/N)\}$〔bit/s〕

未満の速度なら、誤り率をいくらでも 0 に近づけることが可能である。

B－2　02(11①)

次の記述は、FFTアナライザについて述べたものである。このうち正しいものを1、誤っているものを2として解答せよ。

ア　入力信号の各周波数成分ごとの振幅及び位相の情報が得られる。

イ　解析可能な周波数の上限は、D-A変換器の標本化周波数f_S〔Hz〕で決まる。

ウ　移動通信で用いられるバースト状の信号など、限られた時間内の信号を解析できる。

エ　被測定信号を再生して表示するには、逆フーリエ変換を用いる。

オ　エイリアシングによる誤差が生じないようにするには、原理的に標本化周波数f_S〔Hz〕を入力信号の周波数の2倍より低く設定する必要がある。

解説　誤っている選択肢は次のようになる。

イ　解析可能な周波数の上限は、**A-D変換器**の標本化周波数f_S〔Hz〕で決まる。

オ　エイリアシングによる誤差が生じないようにするには、原理的に標本化周波数f_S〔Hz〕を入力信号の周波数の2倍より**高く**設定する必要がある。

▶ **解答　ア－1　イ－2　ウ－1　エ－1　オ－2**

B－3　03(7②)

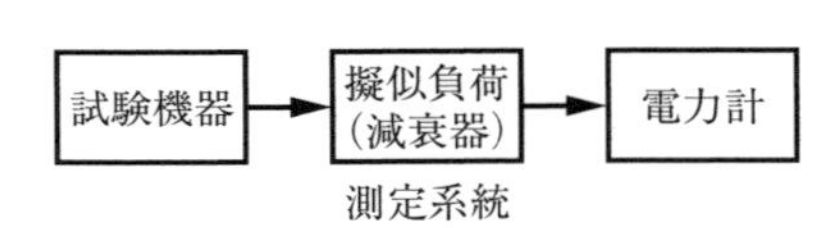

測定系統

次の記述は、図の測定系統によるWiMAX（直交周波数分割多元接続方式広帯域移動無線アクセスシステム）基地局無線設備（試験機器）の「空中線電力の偏差」の測定について述べたものである。［　　］内に入れるべき字句を下の番号から選べ。ただし、試験機器の空中線端子の数は1とし、「送信バースト繰り返し周期」をT〔s〕、「送信バースト長（電波を発射している時間）」をB〔s〕とする。また、電力計の条件として、型式は、熱電対若しくはサーミスタによる熱電変換型又はこれらと同等の性能を有するものとする。なお、同じ記号の［　　］内には、同じ字句が入るものとする。

(1) 試験機器は、試験周波数に設定し、バースト送信状態とする。ただし、送信バーストが可変する場合は、送信バースト時間が［ア］になるように試験機器を設定すること。また、電力が［イ］なる電力制御の設定を行い、［イ］なる変調状態とする。

(2) 測定操作手順は、電力計の零点調整を行い、試験機器を送信状態にする。次に、「繰り返しバースト波電力」P_B〔W〕を十分長い時間にわたり、電力計で測定し、次式により「バースト区間内の［ウ］電力」であるP〔W〕を算出する。

$P = P_B \times$ (［エ］)〔W〕

P〔W〕を算出することができるのは、送信バーストのデューティ比が一定で、あらかじめ分かっており、電力計のセンサ又は指示部の時定数が送信バースト繰り返し周期 T〔s〕に対して十分［オ］ので、送信バーストのデューティ比に比例した P_B〔W〕が得られることによるものである。

1 最も短い時間　2 最小出力と　3 小さい　4 大きい　5 B/T
6 最も長い時間　7 最大出力と　8 平均　9 せん頭　10 T/B

解説 送信バーストの繰り返し周期 T〔s〕、送信バースト長 B〔s〕より、デューティー比 D は次式で表される。

$$D=\frac{B}{T}$$

繰り返しバースト波電力が P_B〔W〕なので、バースト区間内の平均電力 P〔W〕は次式で表される。

$$P=\frac{P_B T}{B}\text{〔W〕}$$

▶ **解答　アー6　イー7　ウー8　エー10　オー4**

B－4　03(7②)　02(11①)

次の記述は、検波の基本的な過程について述べたものである。［　］内に入れるべき字句を下の番号から選べ。

(1) 振幅変化 $E_0(t)$ と位相変化 $\phi_0(t)$ を同時に受けている被変調波 $s_0(t)$ は、無変調時の $s_0(t)$ の振幅を1、初期位相を0及び高周波成分の角周波数を ω_c とすると、$s_0(t)=E_0(t)\cos\{\omega_c t+\phi_0(t)\}$ と表される。ここで、高周波成分 ω_c の変化を除去し、$E_0(t)$ を直接検波するのが［ア］検波であるが、実際に検出されるのは $|E_0(t)|$ である。

(2) 同期検波を行って $E_0(t)$ または $\phi_0(t)$ をベースバンド信号として取り出すには、最初に、$s_0(t)$ に対して角周波数 ω_c が等しく、位相差 θ_s が既知の搬送波 $s_s(t)=\cos(\omega_c t+\theta_s)$ を掛け合わせる。その積は、$s_0(t)\times s_s(t)=$［イ］となる。

(3) ここで、［ウ］を除去すると、同期検波後の出力は、振幅変化分 $E_0(t)$ 及び両信号の位相差［エ］の余弦に比例することになる。位相変調成分がなく $\phi_0(t)=0$ のとき、出力は［オ］に比例する。すなわち、$s_s(t)$ が $s_0(t)$ と同相 $(\theta_s=0)$ のとき最大となり、逆に直角位相 $(\theta_s=\pi/2)$ の関係にあるとき0となる。

1　包絡線	2　$\frac{1}{2}E_0(t)[\cos\{\omega_c t-\phi_0(t)\}+\cos\{2\omega_c t+\theta_s+\phi_0(t)\}]$	
3　$\omega_c t-\phi_0(t)$	4　$E_0(t)\cos\omega_c t$	5　高周波成分
6　FM	7　$\frac{1}{2}E_0(t)[\cos\{\theta_s-\phi_0(t)\}+\cos\{2\omega_c t+\theta_s+\phi_0(t)\}]$	
8　$\theta_s-\phi_0(t)$	9　$E_0(t)\cos\theta_s$	10　低周波成分

解説　搬送波$s_s(t)$と被変調波$s_0(t)$の積を求めると

$$s_s(t)\times s_0(t)=\cos\{\omega_c t+\theta_s\}\times E_0(t)\cos\{\omega_c t+\phi_0(t)\}$$

$$=\frac{1}{2}E_0(t)[\cos〔(\omega_c t+\theta_s)+\{\omega_c t+\phi_0(t)\}〕+\cos〔(\omega_c t+\theta_s)-\{\omega_c t+\phi_0(t)\}〕]$$

$$=\frac{1}{2}E_0(t)[\cos\{\theta_s-\phi_0(t)\}+\cos\{2\omega_c t+\theta_s+\phi_0(t)\}]$$

$2\omega_c$の高周波成分を除去すると、同期検波後の出力は、$(1/2)E_0(t)\cos\{\theta_s-\phi_0(t)\}$となるので$E_0(t)$及び$\cos\{\theta_s-\phi_0(t)\}$に比例する。また、$\phi_0(t)=0$のとき、出力は$E_0(t)\cos\theta_s$に比例する。

▶ 解答　ア－1　イ－7　ウ－5　エ－8　オ－9

数学の公式　$\cos\alpha\cos\beta=\frac{1}{2}\{\cos(\alpha+\beta)+\cos(\alpha-\beta)\}$

出題傾向　下線の部分は、ほかの試験問題で穴埋めの字句として出題されている。

B－5　03(1②)

次の記述は、ベースバンド伝送における帯域制限の原理について述べたものである。[　　]内に入れるべき字句を下の番号から選べ。ただし、図2及び図3の横軸の正規化周波数fTは、周波数f〔Hz〕を$1/T$〔Hz〕で正規化したものである。また、図2の縦軸の正規化振幅は、$|G(f)/T|$を表す。なお、同じ記号の[　　]内には、同じ字句が入るものとする。

(1) 図1のパルスの高さ1、シンボル周期をT〔s〕とする矩形波のベースバンドデジタル信号$g(t)$のスペクトル$G(f)$は、フーリエ変換により次式で表される。

$$G(f)=\int_{-\infty}^{\infty}g(t)e^{-j2\pi ft}dt=T\times\boxed{\text{ア}}\quad\cdots①$$

(2) ①式の正規化振幅($|G(f)/T|$)は、図2に示すとおり周波数0〔Hz〕を中心に$1/T$〔Hz〕毎にヌル点となる無限のスペクトルとなることから、符号情報の判定に影響を与えない無歪条件を満たす帯域制限が必要になる。

(3) ナイキストの第一基準は、シンボル周期 T〔s〕のパルスにて無歪条件を満たす最小帯域幅として、［イ］〔Hz〕の理想矩形フィルタで帯域制限することで［ウ］が生じないことを示しているが、このような急峻なフィルタ特性を実現することは難しいため、［イ］〔Hz〕で奇対象となるような特性をもつロールオフフィルタが実用的に用いられる。

(4) ロールオフフィルタは、図 3 に示すような特性を有し、ロールオフファクタ α は $0 \leq \alpha \leq 1$ の値をとり、出力の周波数帯域幅は α が小さいほど狭く、またジッタによる［ウ］の影響を受け［エ］なる。

(5) ロールオフファクタ $\alpha = 0.5$ のロールオフフィルタを用いた場合、10〔Mbps〕のベースバンドデジタル信号を無歪伝送するための最小帯域幅は［オ］〔MHz〕となる。

$$g(t) = \begin{cases} 1, -T/2 \leq t \leq T/2 \\ 0, t < -T/2 \text{ 並びに } t > T/2 \end{cases}$$

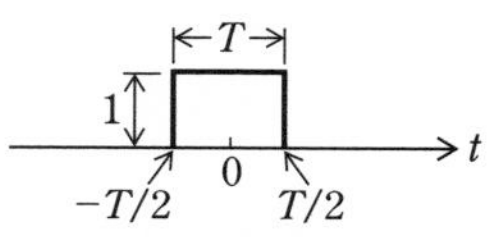

図 1　ベースバンドデジタル信号 $g(t)$

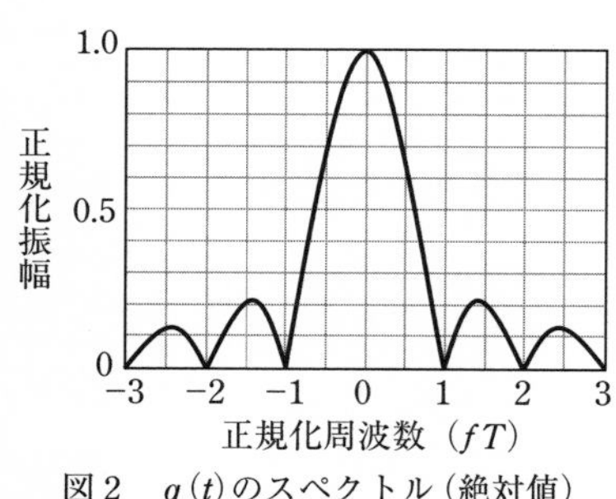

図 2　$g(t)$ のスペクトル（絶対値）

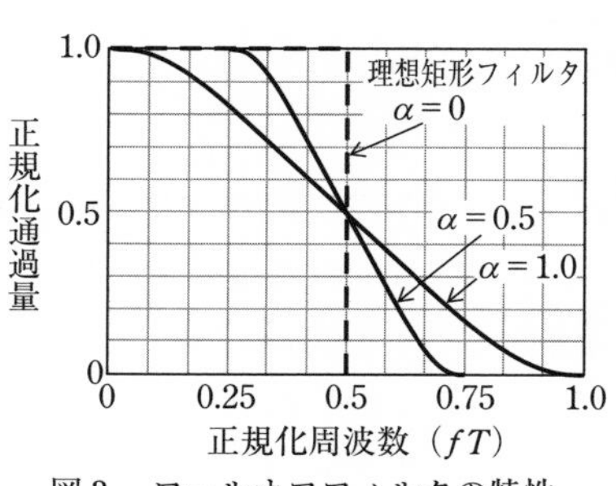

図 3　ロールオフフィルタの特性

1	符号間干渉	2	にくく	3	$\pi fT/(\sin \pi fT)$	4	$1/T$	5	7.5
6	相互変調歪	7	やすく	8	$\sin \pi fT/(\pi fT)$	9	$1/(2T)$	10	15

解説 問題図１のパルス波形をフーリエ級数を用いて展開すると

$$\frac{G(f)}{T}=\frac{\sin \pi f T}{\pi f T} \quad \cdots \ (1)$$

となる。式(1)は$f \fallingdotseq 0$のとき$\{\sin(\pi f T)\}/(\pi f T)$の値が１となり、$G(f)/T$はsin関数なので周期的に零になり、問題図２によって表される。

ロールオフファクタ$\alpha=0.5$のロールオフフィルタを用いた場合、ベースバンドデジタル信号の伝送速度が$R=10$〔Mbps〕のとき、シンボル周期Tは、$T=1/R=1/(10\times 10^6)=10^{-7}$〔s〕となるので、10〔Mbps〕のベースバンドデジタル信号を無歪伝送するための最小帯域幅B〔Hz〕は次式で表される。

$$B=\frac{1+\alpha}{2T}=\frac{1+0.5}{2\times 10^{-7}}=\frac{15}{2}\times 10^6=7.5\times 10^6 \text{〔Hz〕}=7.5 \text{〔MHz〕}$$

▶ **解答　アー８　イー９　ウー１　エー７　オー５**

出題傾向　下線の部分は、ほかの試験問題で穴埋めの字句として出題されている。

無線工学Ａ（令和５年１月期②）

A－1

次の記述は、直交周波数分割多重（OFDM）方式の基本的な原理について述べたものである。［　　］内に入れるべき字句の正しい組合せを下の番号から選べ。ただし、ベースバンド OFDM 信号は複素ベースバンド OFDM 信号の実数部を考えるものとし、各複素データシンボルは QPSK で生成され、e は自然対数の底とする。

(1) ベースバンド OFDM 信号 $S_B(t)$ は、搬送波の数を N、n 番目の搬送波を変調する複素データシンボルを d_n ($n=0, 1, 2, \cdots N-1$)、基本周波数を f_S〔Hz〕とした時、①式で表すことができる。

$$S_B(t) = \mathrm{Re}\left[\sum_{n=0}^{N-1} d_n e^{j2\pi n f_S t}\right] \quad \cdots ①$$

(2) ①式は $S_B(t)$ が周波数の異なる正弦波の合成波であり、$n=0$（直流成分）を除き各正弦波は基本周波数 f_S〔Hz〕を基準としてその整数倍の搬送波周波数を持つ正弦波となることを示しており、このような関係にある正弦波は直交している。ここで、n 番目の搬送波には１シンボル長 T〔s〕に［　A　］周期の正弦波が含まれ、個々の位相は搬送波毎に［　B　］値となる。

(3) OFDM のサブキャリア信号はそれぞれの変調波がランダムに変化する信号となることから、これらが合成されたマルチキャリア信号の PAPR（Peak to Average Power Ratio）はシングルキャリア信号に比べて［　C　］なるため、送信増幅におけるバックオフ量を増やし線形領域で動作させることで非線形歪を軽減する。

	A	B	C
1	n	異なる	高く
2	n	同じ	高く
3	n	同じ	低く
4	$2n$	異なる	高く
5	$2n$	同じ	低く

解説 $\theta = 2\pi n f_S t$、複素データシンボル $d_n = a_n + jb_n$ ($n=0, 1, 2, \cdots N-1$) とすると、Re は実数部を表すので、次式で表される。

$$S_B(t) = \mathrm{Re}\left[\sum_{n=0}^{N-1} d_n e^{j\theta}\right]$$

$$= \mathrm{Re}\left[\sum_{n=0}^{N-1} (a_n + jb_n) e^{j\theta}\right]$$

$$= \mathrm{Re}\left[\sum_{n=0}^{N-1} (a_n + jb_n)(\cos\theta + j\sin\theta)\right]$$

$$= \sum_{n=0}^{N-1} (a_n\cos\theta - b_n\sin\theta)$$

$$= \sum_{n=0}^{N-1} \{a_n \cos(2\pi n f_S t) - b_n \sin(2\pi n f_S t)\}$$

$S_B(t)$ は $n=0$（直流成分）を除き各正弦波は基本周波数 f_S〔Hz〕を基準として、その整数倍の搬送波周波数を持つ正弦波となることを示しており、このような関係にある sin 関数と cos 関数で表される正弦波は直交している。ここで、n 番目の搬送波には1シンボル長 T〔s〕に n 周期の正弦波が含まれ、個々の位相は搬送波ごとに異なる値となる。

▶ **解答　1**

数学の公式　オイラーの公式

$$e^{\pm j\theta} = \cos\theta \pm j\sin\theta$$

A－2　02(11②)

デジタル変調波の無ひずみ伝送において、伝送可能なデジタル信号の最大の伝送速度（ビットレート）として正しいものを下の番号から選べ。ただし、無ひずみ伝送に必要な周波数帯域幅を9〔MHz〕、変調方式を16QAM及び帯域制限に用いるロールオフフィルタの帯域制限の傾斜の程度を示す係数（ロールオフ率）α を0.5とする。また、ロールオフフィルタへの入力信号は、伝送するデジタル信号を直並列変換した2〔bit〕のI及びQ信号をそれぞれD-A変換した4値の信号であり、デジタル変調波は、ロールオフフィルタの出力信号で搬送波を直交変調することによって得られるものである。

1　96〔Mbps〕　2　72〔Mbps〕　3　30〔Mbps〕
4　24〔Mbps〕　5　12〔Mbps〕

解説　シンボル期間長を T〔s〕、ロールオフ率を α とすると、無ひずみ伝送に必要な周波数帯域幅 B〔Hz〕は次式で表される。

$$B = \frac{1+\alpha}{T} \text{〔Hz〕}$$

シンボル期間長 T〔s〕を求めると

$$T = \frac{1+\alpha}{B} = \frac{1+0.5}{9\times10^6} = \frac{0.5}{3}\times10^{-6} \text{〔s〕}$$

16QAM方式では、1シンボルあたり $n=4$〔bit〕の情報を伝送することができるので、伝送速度 D〔bps〕は

$$D = \frac{n}{T} = \frac{3\times4}{0.5\times10^{-6}} = 24\times10^6 \text{〔bps〕} = 24 \text{〔Mbps〕}$$

▶ **解答　4**

A－3 03(7①)

次の記述は、移動通信システムで利用されている LTE (Long Term Evolution) と呼ばれる、我が国のシングルキャリア周波数分割多元接続方式携帯無線通信のフレーム構成等について述べたものである。[　　] 内に入れるべき字句の正しい組合せを下の番号から選べ。

(1) 図1に示すように、周波数方向に12本のOFDMサブキャリア (= 180〔kHz〕)、時間方向に7つのOFDMシンボルで構成されるブロックを、無線リソース割り当て単位であるRB (Resource Block) とし、図2に示すように、CP (Cyclic Prefix) と呼ばれるガードインターバルを付加した7つのOFDMシンボルを1スロットとすると、OFDMシンボル#1のガードインターバル期間長は約 [A]〔μs〕、1スロット長は [B]〔ms〕となる。ただし、基本時間単位 Ts (Basic time unit) とサブキャリア間隔 Δf〔Hz〕との間に、$\mathrm{Ts} = 1/(2{,}048 \times \Delta f)$〔s〕の関係があるものとする。

(2) 上りリンク無線多元接続方式である SC-FDMA 方式では [C] キャリアの性質を維持するため [D] 的な周波数帯域の RB を無線リソースとして割り当てる必要がある。

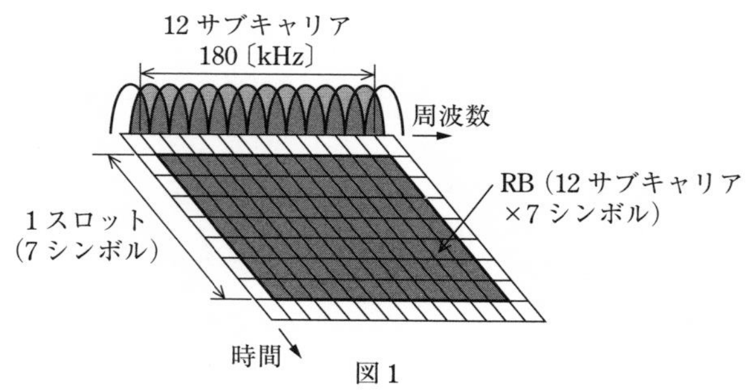

図1

1 スロット (15,360Ts)

160Ts	2,048Ts	144Ts	2,048Ts	144Ts	2,048Ts		144Ts	2,048Ts
CP		CP		CP		…	CP	
OFDM シンボル#0		OFDM シンボル#1		OFDM シンボル#2			OFDM シンボル#6	

図2

	A	B	C	D
1	4.7	1.0	マルチ	離散
2	4.7	0.5	マルチ	離散
3	4.7	0.5	シングル	連続
4	5.2	0.5	シングル	連続
5	5.2	1.0	マルチ	離散

解説　問題図１のように、周波数方向に12本のOFDMサブキャリアが$f=180$〔kHz〕で構成されているから、サブキャリア間隔$\Delta f=f/12=15$〔kHz〕となるので、OFDMサブキャリアの有効シンボル期間長（変調シンボル長）T_e〔μs〕は次式で表される。

$$T_e=\frac{1}{\Delta f}=\frac{1}{15\times10^3}\fallingdotseq66.7\times10^{-6}\text{〔s〕}=66.7\text{〔}\mu\text{s〕}$$

題意の式より基本時間単位Ts〔s〕を求めると

$$\text{Ts}=\frac{1}{2{,}048\times\Delta f}=\frac{1}{2{,}048\times15\times10^3}=\frac{1}{3.072\times10^7}\fallingdotseq3.26\times10^{-8}\text{〔s〕}$$

問題図２のOFDMシンボル#1のガードインターバル期間長CP〔μs〕を求めると

$$\text{CP}=144\text{Ts}=144\times3.26\times10^{-8}\fallingdotseq4.69\times10^{-6}\text{〔s〕}\fallingdotseq4.7\text{〔}\mu\text{s〕}$$

１スロット長T〔s〕は、15,360Tsとなるので、次式で表される。

$$T=15{,}360\text{Ts}=15{,}360\times3.26\times10^{-8}\fallingdotseq0.5\times10^{-3}\text{〔s〕}=0.5\text{〔ms〕}$$

▶ **解答　3**

A－4　類01(7)

図に示す一般的な信号点配置のBPSK信号及び64QAM信号を、それぞれ同一の伝送路を通して受信したとき、それぞれの信号点間距離dとd'を等しくするために必要な64QAM信号の送信電力（平均電力）の値として、正しいものを下の番号から選べ。ただし、BPSK信号の送信電力（平均電力）をP〔W〕とする。また、BPSK信号及び64QAM信号それぞれの各信号点は、等確率で発生するものとする。

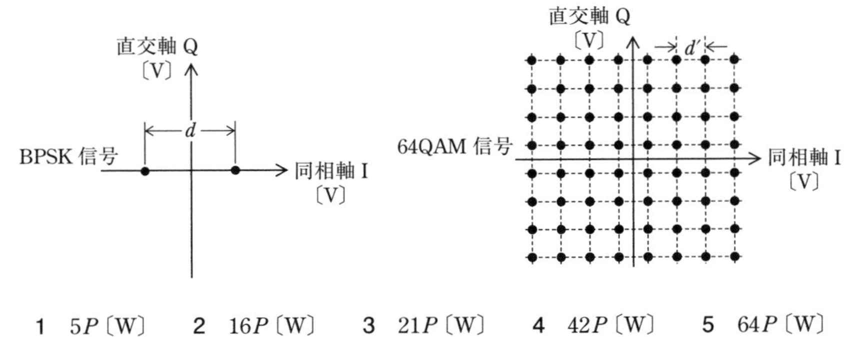

1　$5P$〔W〕　　2　$16P$〔W〕　　3　$21P$〔W〕　　4　$42P$〔W〕　　5　$64P$〔W〕

解説 解説図に示すように、各信号の振幅は同相軸の原点から信号点までの長さで表される。解説図(a)のBPSKの信号点間の距離をdとすると、BPSKの最大振幅Vは

$$V=\frac{d}{2}\quad\cdots\ (1)$$

である。64QAMでは$d=d'$の条件と式(1)より、解説図(b)の各振幅V_1～V_{16}は

$$V_1=\sqrt{V^2+V^2}=\sqrt{2}\,V$$

$$V_2=\sqrt{(3V)^2+V^2}=\sqrt{10}\,V$$

同様に計算して

$V_3=\sqrt{26}\,V$　$V_4=\sqrt{50}\,V$　$V_5=V_2=\sqrt{10}\,V$

$V_6=\sqrt{18}\,V$　$V_7=\sqrt{34}\,V$　$V_8=\sqrt{58}$

$V_9=V_3=\sqrt{26}\,V$　$V_{10}=V_7=\sqrt{34}\,V$　$V_{11}=\sqrt{50}\,V$

$V_{12}=\sqrt{74}\,V$　$V_{13}=V_4=\sqrt{50}\,V$　$V_{14}=V_8=\sqrt{58}\,V$

$V_{15}=V_{12}=\sqrt{74}\,V$　$V_{16}=\sqrt{98}\,V$

電力は電圧の2乗に比例するので、比例定数をkとするとBPSK信号の平均電力は、$P=kV^2$で表される。また、64QAM信号の平均電力P_QはV_1～V_{16}を2乗して平均した値に等しいので、次式が成り立つ。

$$P_Q=k\,\frac{V_1{}^2+V_2{}^2+\cdots+V_{16}{}^2}{16}$$

$$=k\,\frac{2+10+26+50+10+18+34+58+26+34+50+74+50+58+74+98}{16}\,V^2$$

$$=42kV^2=42P\,〔\mathrm{W}〕$$

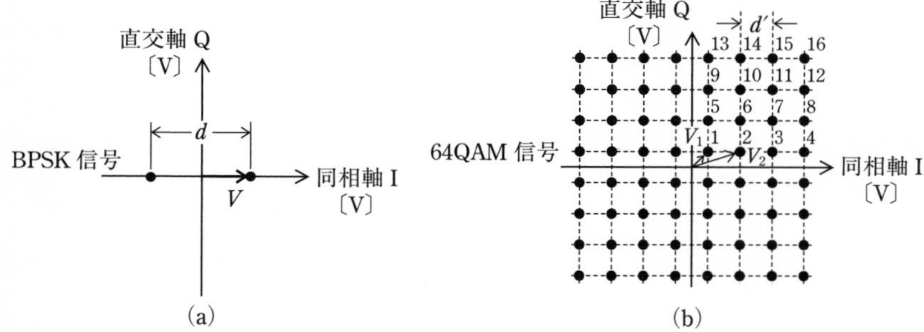

▶ **解答　4**

A－5　　04(1①)

次の記述は、図に示す同期検波器を用いたQPSK波の復調器の動作原理について述べたものである。[　　]内に入れるべき字句の正しい組合せを下の番号から選べ。なお、同じ記号の[　　]内には、同じ字句が入るものとする。

(1) 搬送波の角周波数をω_c〔rad/s〕とし、符号により変調された搬送波の位相$\theta(t)$が$\pi/4$、$3\pi/4$、$5\pi/4$、$7\pi/4$〔rad〕と変化するQPSK波$\cos\{\omega_c t+\theta(t)\}$を同期検波器$D_1$及び$D_2$の乗算器に加えるとともに、別に再生した二つの復調用信号$\cos\omega_c t$及び[A]をそれぞれD_1及びD_2の乗算器に加えて同期検波を行う。

(2) D_1において、LPFは、位相$\theta(t)$が$\pi/4$、$7\pi/4$〔rad〕のとき正、$3\pi/4$、$5\pi/4$〔rad〕のとき負の信号を出力する。また、D_2において、LPFは、位相$\theta(t)$が[B]〔rad〕のとき正、[C]〔rad〕のとき負の信号を出力する。

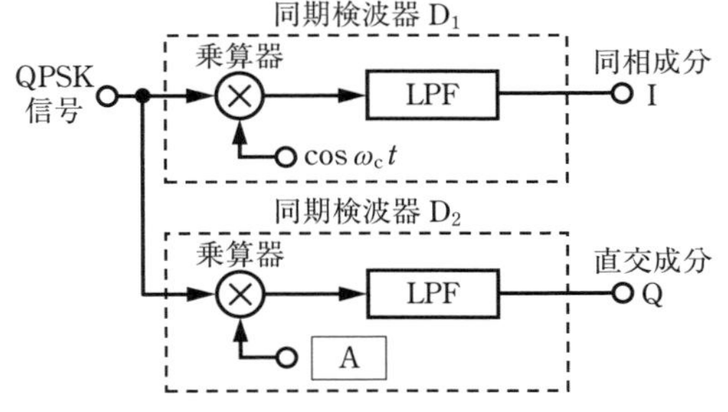

	A	B	C
1	$-\sin\omega_c t$	$\pi/4$、$3\pi/4$	$5\pi/4$、$7\pi/4$
2	$-\sin\omega_c t$	$\pi/4$、$5\pi/4$	$3\pi/4$、$7\pi/4$
3	$-\sin\omega_c t$	$5\pi/4$、$7\pi/4$	$\pi/4$、$3\pi/4$
4	$-\cos\omega_c t$	$\pi/4$、$3\pi/4$	$5\pi/4$、$7\pi/4$
5	$-\cos\omega_c t$	$5\pi/4$、$7\pi/4$	$\pi/4$、$3\pi/4$

解説 QPSK波の復調に同期検波器を用いるとき、二つの同期検波器D_1、D_2に入力の搬送波と同じ周波数で、かつ位相が$\pi/2$〔rad〕異なる復調用搬送波とQPSK波を加えて復調する。D_1に加える復調用信号が$\cos\omega_c t$〔V〕なので、D_2に加える復調用信号は$\pi/2$〔rad〕位相が異なる。よって、$-\sin\omega_c t$〔V〕である。

入力QPSK波と復調用信号が同期検波器D_2に加わったとき、出力e_Q〔V〕は次式で表される。

$$e_Q=\cos\{\omega_c t+\theta(t)\}\times(-\sin\omega_c t)$$

$$=-\frac{1}{2}\left[\sin\{\omega_c t+\theta(t)+\omega_c t\}-\sin\{\omega_c t+\theta(t)-\omega_c t\}\right]$$

$$= -\frac{1}{2}\sin\{2\omega_c t+\theta(t)\}+\frac{1}{2}\sin\{\theta(t)\}\ \text{〔V〕} \quad \cdots \ (1)$$

式(1)の第1項は搬送波の2倍の高調波成分なのでLPF(低域フィルタ)を通らないため出力されない。第2項の直流パルス成分がLPFを通って出力される。QPSK波の位相 $\theta(t)$ が $\pi/4$ 又は $3\pi/4$〔rad〕のときに正となり、$5\pi/4$ 又は $7\pi/4$〔rad〕のときに負の信号を出力する。

▶ **解答 1**

数学の公式

$$\cos\alpha\times\sin\beta=\frac{1}{2}\times\{\sin(\alpha+\beta)-\sin(\alpha-\beta)\}$$

出題傾向

Cの選択肢の正しい答えが、$-3\pi/4$、$-\pi/4$ となっている問題も出題されている。2π〔rad〕からの位相が $2\pi-3\pi/4=5\pi/4$、$2\pi-\pi/4=7\pi/4$ となるので、同じ位相である。

A－6 03(7②) 02(11①)

図に示すAM(A3E)受信機の復調部に用いられる包絡線検波器に振幅変調波 $e_i=E(1+m\cos pt)\cos\omega t$〔V〕を加えたとき、検波効率が最も良く、かつ、復調出力電圧 e_o〔V〕に斜めクリッピングによるひずみの影響を低減するための条件式の組合せとして、正しいものを下の番号から選べ。ただし、振幅変調波の振幅を E〔V〕、変調度を $m\times100$〔%〕、搬送波及び変調信号の角周波数をそれぞれ ω〔rad/s〕及び p〔rad/s〕とし、ダイオードDの順方向抵抗を r_d〔Ω〕とする。また、抵抗を R〔Ω〕、コンデンサの静電容量を C〔F〕とする。

1 $R\ll r_d$、$1/(CR)\ll\omega$ 及び $1/(CR)\gg p$
2 $R\ll r_d$、$1/(CR)\gg\omega$ 及び $1/(CR)\ll p$
3 $R\gg r_d$、$1/(CR)\ll\omega$ 及び $1/(CR)\gg p$
4 $R\gg r_d$、$1/(CR)\ll\omega$ 及び $1/(CR)\ll p$
5 $R\gg r_d$、$1/(CR)\gg\omega$ 及び $1/(CR)\ll p$

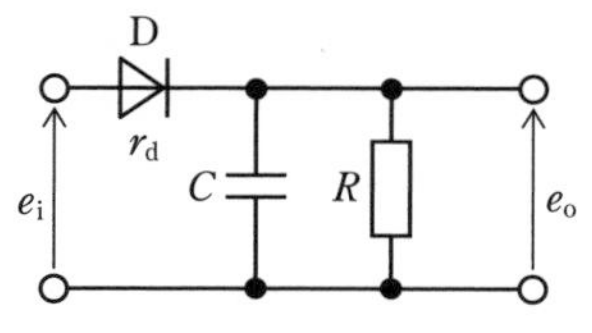

解説 ダイオードの順方向抵抗 r_d による電圧降下の影響を軽減するため $R\gg r_d$ とする。

CR 回路はダイオードによって、半波整流された搬送波成分を減衰させる平滑回路として動作するので、時定数 $\tau=CR$ を搬送波の周期 $2\pi/\omega$ に比較して、十分大きくしなければならないので

$$\tau=CR\gg\frac{2\pi}{\omega}\quad よって\quad \frac{1}{CR}\ll\omega$$

とする。また、時定数 $\tau=CR$ に比較して信号波の周期 $2\pi/p$ が十分小さくない場合、入力の信号波の変化が正確に再現されないようになり、斜めクリッピングひずみが発生するので

$$\tau = CR \ll \frac{2\pi}{p} \quad よって \quad \frac{1}{CR} \gg p$$

とする。

▶ **解答　3**

A－7　03(7①)　02(11①)

次の記述は、スーパヘテロダイン受信機の相互変調について述べたものである。[　　]内に入れるべき字句の正しい組合せを下の番号から選べ。ただし、a_0、a_1、a_2及びa_3は、それぞれ、直流分、１次、２次及び３次の項の係数を示す。なお、同じ記号の[　　]内には、同じ字句が入るものとする。

(1) 高周波増幅器等の振幅非直線回路の入力をe_i、出力をe_oとすると、一般に入出力特性は、式$e_o = a_0 + a_1 e_i + a_2 e_i^2 + a_3 e_i^3 + \cdots$で表すことができ、同回路へ、例えば、２つの単一波$f_1$、$f_2$〔Hz〕を同時に入力した場合、同式の３乗の項で計算すると、出力e_oには、f_1、f_2〔Hz〕及び両波それぞれの３乗成分の他に[A]$\times f_1 \pm f_2$〔Hz〕及び[A]$\times f_2 \pm f_1$〔Hz〕が現れる。これらの成分が希望周波数又は中間周波数と一致したときに相互変調積による妨害を生ずる。

(2) 周波数差の等しい３つの波F_1、F_2、F_3〔Hz〕($F_1 < F_2 < F_3$とする)が存在するとき、他の２波による３次の相互変調積の妨害を最も受けにくいのは[B]である。

(3) 希望波の受信機入力電圧に余裕がある場合は、相互変調積を小さくするために受信機入力側に減衰器を挿入する方法がある。この方法では、L〔dB〕の減衰器を挿入したとき、原理的に希望波はL〔dB〕減衰するのに対して３次の相互変調積は、[C]〔dB〕減衰する。

	A	B	C
1	3	F_3	$6L$
2	3	F_2	$3L$
3	3	F_2	$6L$
4	2	F_3	$3L$
5	2	F_2	$3L$

解説　$e_1 = E_1 \cos\omega_1 t$、$e_2 = E_2 \cos\omega_2 t$で表される２つの単一波が振幅非直線回路に入力したとき、３乗の項の成分を求めると

$$\begin{aligned}(e_1 + e_2)^3 &= e_1^3 + 3e_1^2 e_2 + 3e_1 e_2^2 + e_2^3 \\ &= E_1^3 \cos^3\omega_1 t + 3E_1^2 \cos^2\omega_1 t\, E_2 \cos\omega_2 t \\ &\quad + 3E_1 \cos\omega_1 t\, E_2^2 \cos^2\omega_2 t + E_2^3 \cos^3\omega_2 t \quad \cdots (1)\end{aligned}$$

式(1)の第１項と第４項が３乗の成分となり、第２項と第３項が３次の相互変調積成分となるので、第２項より

$$\cos^2\omega_1 t\cos\omega_2 t=\frac{1}{2}(1+\cos 2\omega_1 t)\cos\omega_2 t=\frac{1}{2}(\cos\omega_2 t+\cos 2\omega_1 t\cos\omega_2 t)$$

$$=\frac{1}{2}\cos\omega_2 t+\frac{1}{4}\cos(2\omega_1+\omega_2)t+\frac{1}{4}\cos(2\omega_1-\omega_2)t \quad \cdots\ (2)$$

よって、$(2\omega_1+\omega_2)=2\pi(2f_1+f_2)$、$(2\omega_1-\omega_2)=2\pi(2f_1-f_2)$ の周波数成分が発生し、同様にして式 (1) の第 3 項から $(2f_2 \pm f_1)$ の周波数成分が発生する。

例えば、3 波の周波数が $F_1=151.0$〔MHz〕、$F_2=151.1$〔MHz〕、$F_3=151.2$〔MHz〕のとき

$2F_2-F_3=2\times151.1-151.2=151.0$〔MHz〕$=F_1$

$2F_2-F_1=2\times151.1-151.0=151.2$〔MHz〕$=F_3$

の F_2 と F_1 あるいは F_3 の関係では、F_1 と F_3 に相互変調積は発生するが

$2F_1-F_3=2\times151.0-151.2=150.8$〔MHz〕

$2F_3-F_1=2\times151.2-151.0=151.4$〔MHz〕

となるので、$F_1<F_2<F_3$ が等しい周波数差で並んでいるときは F_2 に妨害波は発生しない。

式 (1) において e_1、e_2 で表される 2 波の不要波によって発生する 2 波 3 次の相互変調積成分は、$e_1^2\times e_2$ または $e_1\times e_2^2$ の式によって求めることができる。$e_1=e_2$ とすると相互変調積成分は e_1^3 に比例する。よって、L〔dB〕の減衰器を挿入すると相互変調積成分は $3L$〔dB〕減衰する。

Point
真数の掛け算は dB の足し算
真数の累乗は dB の掛け算

▶ **解答 5**

出題傾向 下線の部分は、ほかの試験問題で穴埋めの字句として出題されている。

数学の公式

$(a+b)^3=a^3+3a^2b+3ab^2+b^3$

$\cos^2\theta=\dfrac{1}{2}(1+\cos 2\theta)$

$\cos\alpha\cos\beta=\dfrac{1}{2}\{\cos(\alpha+\beta)+\cos(\alpha-\beta)\}$

A－8 類 02 (11②)

BPSK 信号の復調 (検波) 方式である遅延検波方式等に関する次の記述のうち、誤っているものを下の番号から選べ。

1 遅延検波方式は、連続する 2 シンボル間の位相差でデータ値を判定するため、送信側で送信データ系列に応じた差動符号化を行う。

2 遅延検波方式は、基準搬送波再生回路を必要としない復調方式である。

3　遅延検波方式は、1シンボル前の変調されている搬送波を基準搬送波として位相差を検出する方式である。
4　一般的に、同期検波方式はドプラシフトによる位相変動に対して遅延検波方式より有利である。
5　BPSK信号の伝送速度が5〔Mbps〕の場合、原理的に200〔ns〕の遅延時間を持つ遅延回路が必要となる。

解説　誤っている選択肢は次のようになる。

4　一般的に、**遅延検波方式**はドプラシフトによる位相変動に対して**同期検波方式**より有利である。

▶ **解答　4**

A－9　類04(1①)　類03(1①)

次の記述は、図に示すPWM（パルス幅変調）制御のDC-DCコンバータの原理的な構成例についてその動作を述べたものである。[　　]内に入れるべき字句の正しい組合せを下の番号から選べ。なお、同じ記号の[　　]内には、同じ字句が入るものとする。

(1) FETの導通（ON）時間、つまり[A]の出力のパルス幅を変化させ、直流出力の電圧 V_O を制御する。FETが導通（ON）している期間では、[B]にエネルギーが蓄積される。
(2) FETが断（OFF）になると、[B]に蓄積されたエネルギーによって生じた電圧と直流入力の電圧 V_i が重畳され、ダイオードを通って負荷に電力が供給される。直流出力の電圧 V_O〔V〕は、直流入力の電圧 V_i〔V〕より高くすることが[C]。

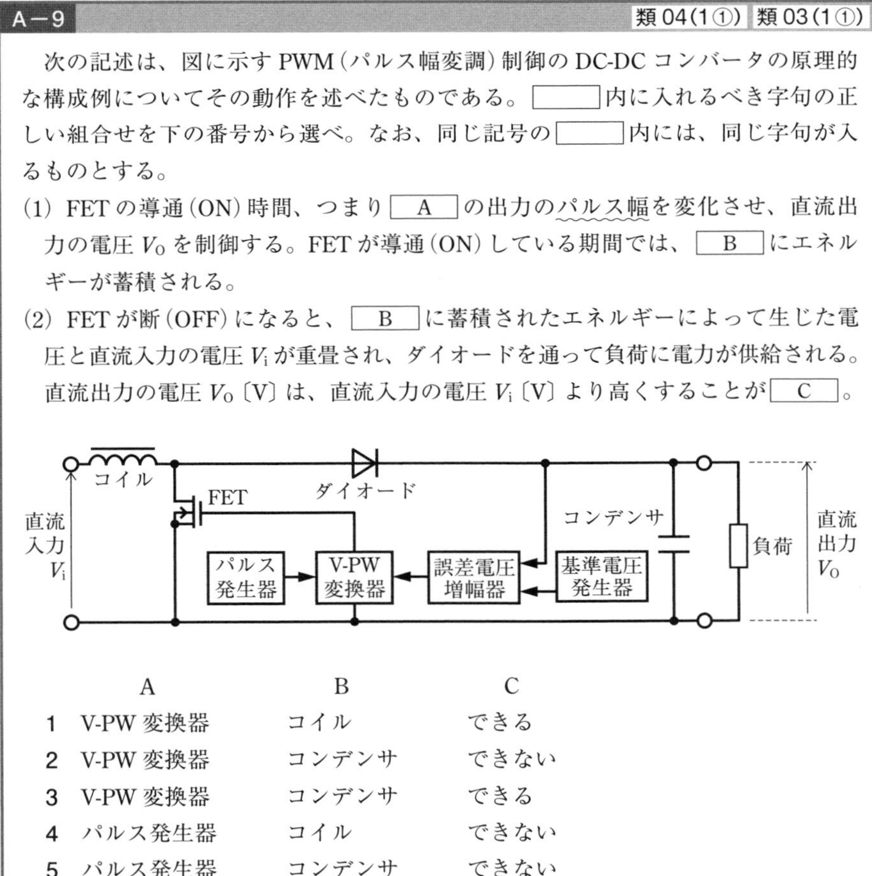

	A	B	C
1	V-PW変換器	コイル	できる
2	V-PW変換器	コンデンサ	できない
3	V-PW変換器	コンデンサ	できる
4	パルス発生器	コイル	できない
5	パルス発生器	コンデンサ	できない

解説 安定化電源回路には、問題図のようなチョッパ型で構成されたスイッチング電源と、直流電圧を制御する線形方式がある。

▶ **解答 1**

出題傾向 FETやトランジスタを制御回路に直列に接続した直列制御型の回路も出題されているが、動作はほぼ同じである。また、下線の部分は、ほかの試験問題で穴埋めの字句として出題されている。

A－10 03(7②) 02(11①)

次の記述は、対地静止衛星軌道における通信衛星の食等について述べたものである。□内に入れるべき字句の正しい組合せを下の番号から選べ。なお、同じ記号の□内には、同じ字句が入るものとする。

(1) 衛星の主電力は、太陽電池から供給される。静止衛星では、日照時に太陽電池から衛星搭載機器に電力が供給されるが、[A]の日を中心にして前後で約1箇月の間は、1日に最長[B]程度、衛星が地球の陰に隠れる食が発生するため、太陽電池は発電ができなくなる。

(2) また、[A]の日とその前後に地球局アンテナと通信衛星の延長線上を太陽が通過することで通信品質が劣化する太陽雑音干渉は、一般的にアンテナ径が大きいほど太陽雑音の影響が大きく、発生時間は[C]なる。

	A	B	C
1	春分及び秋分	70分	短く
2	春分及び秋分	70分	長く
3	春分及び秋分	90分	長く
4	夏至又は冬至	90分	短く
5	夏至又は冬至	70分	長く

解説 地球の赤道上に位置する静止衛星は、春分及び秋分を中心とする前後約44日の間、1日に最長70分程度地球の陰に隠れ、太陽光を受光できなくなる太陽食と呼ばれる期間がある。一般的にアンテナ径が大きいほどアンテナのビーム幅が狭くなるので、太陽雑音干渉の発生時間は短くなる。

▶ **解答 1**

A－11 03(1②)

次の記述は、航空用DME(距離測定装置)の原理的な構成例等について述べたものである。□内に入れるべき字句の正しい組合せを下の番号から選べ。ただし、1〔nm〕は、1,852〔m〕とする。

(1) 航空用DMEは、追跡の状態において、航行中の航空機に対し、既知の地点からの距離情報を連続的に与える装置であり、使用周波数帯は、[A]帯である。

(2) 地上 DME（トランスポンダ）は、航空機の機上 DME（インタロゲータ）から送信された質問信号を受信すると、質問信号と［ B ］周波数の応答信号を自動的に送信する。

(3) 図に示すように、インタロゲータの質問信号の送信から応答信号の受信までの時間が 420〔μs〕のとき、トランスポンダの応答遅延時間を 50〔μs〕とすると、航空機とトランスポンダとの距離は、約［ C ］〔nm〕である。

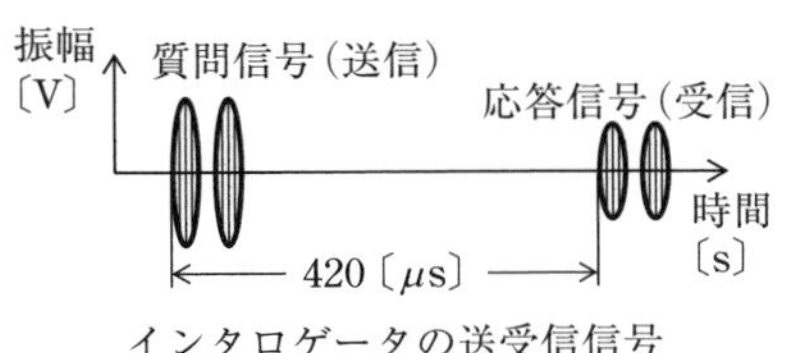

インタロゲータの送受信信号

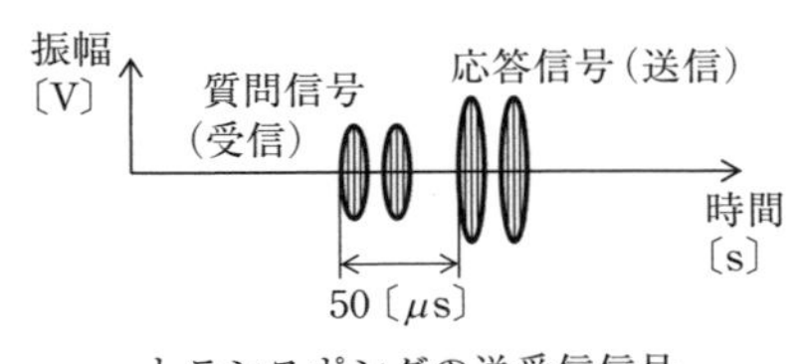

トランスポンダの送受信信号

	A	B	C
1	VHF	異なる	20
2	VHF	同一の	10
3	UHF	同一の	10
4	UHF	異なる	30
5	UHF	異なる	20

解説 問題図より、インタロゲータの質問信号の送信から応答信号の受信までの時間が $t = 420$〔μs〕、トランスポンダの応答遅延時間が $t_D = 50$〔μs〕なので、電波が往復する時間 t_0〔μs〕は、それらの差となり

$$t_0 = t - t_D = 420 - 50 = 370 \text{〔}\mu\text{s〕}$$

電波の速度を $c \fallingdotseq 3 \times 10^8$〔m/s〕とすると、航空機とトランスポンダとの距離 d〔m〕は

$$d = \frac{t_0}{2} c = \frac{370 \times 10^{-6}}{2} \times 3 \times 10^8 = 55{,}500 \text{〔m〕}$$

海里〔nm〕で表すと

$$d_n = \frac{d}{1{,}852} = \frac{55{,}500}{1{,}852} \fallingdotseq 30 \text{〔nm〕}$$

▶ **解答　4**

出題傾向 下線の部分は、ほかの試験問題で穴埋めの字句として出題されている。

A－12

03(1①)

図に示すように、ドプラレーダーを用いて移動体を前方 40〔°〕の方向から測定したときのドプラ周波数が、2〔kHz〕であった。この移動体の移動方向の速度の値として、最も近いものを下の番号から選べ。ただし、レーダーの周波数は 10〔GHz〕とし、cos 40〔°〕= 0.77 とする。

1　40〔km/h〕
2　83〔km/h〕
3　108〔km/h〕
4　120〔km/h〕
5　140〔km/h〕

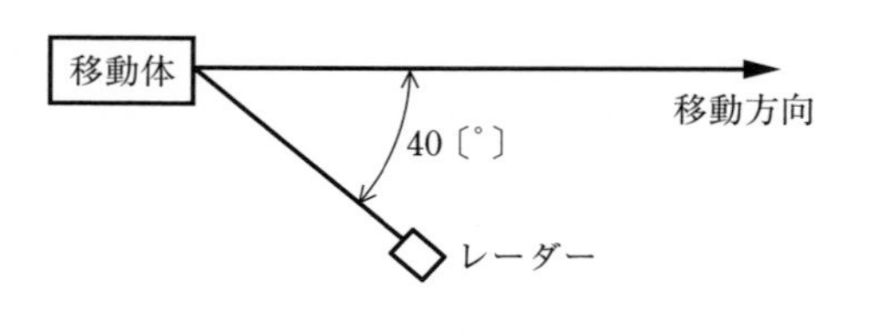

解説　移動体の速度を v〔m/s〕、測定角度を θ〔°〕、電波の周波数を f_0〔Hz〕、電波の速度を c〔m/s〕とすると、ドプラ周波数 f_d〔Hz〕は

$$f_d = \frac{2vf_0}{c}\cos\theta \text{〔Hz〕}$$

移動体の速度 v を求めると

$$v = \frac{f_d c}{2f_0 \cos\theta} = \frac{2\times10^3\times3\times10^8}{2\times10\times10^9\times0.77} = \frac{300}{7.7} \text{〔m/s〕}$$

Point
電波の伝搬速度
$c = 3\times10^8$〔m/s〕
は覚えておこう

時速〔km/h〕で表すと

$$v = \frac{300}{7.7}\times3{,}600 \fallingdotseq 140\times10^3 \text{〔m/h〕} = 140 \text{〔km/h〕}$$

▶ **解答　5**

A－13

次の記述は、複数のアンテナにより同時に異なる信号系列を伝送する MIMO (Multiple-Input Multiple-Output) における、伝送容量の概念について述べたものである。□内に入れるべき字句の正しい組合せを下の番号から選べ。ただし、時刻 t における送信信号、受信信号、熱雑音をそれぞれ $s(t), y(t), n(t)$ $\{E[s(t)^2] = 1, E[n(t)^2] = \sigma^2$：熱雑音電力（$E[\ ]$ はアンサンブル平均)$\}$ とし、伝搬チャネルは $s(t), y(t), n(t)$ の変化に対し十分変化が遅く、受信 SNR は十分大きく、チャネル容量はレイリーフェージング環境における平均チャネル容量とし、伝搬チャネルの距離差による伝搬損失の影響は無視する。また、送信電力 P は各システムモデルにおいて送信機の総送信電力は一定であり、かつ送信アンテナが複数の場合は各アンテナで同一とする。

(1) 図 1 に示す SISO (Single-Input Single-Output) のシステムモデルにおいて、伝搬チャネル係数を h とすると、SISO チャネル容量 C_{SISO}〔bit/s/Hz〕はシャノンの定理より①式で表される。

$$C_{\mathrm{SISO}} = \log_2\left(1 + \frac{P|h|^2}{\sigma^2}\right) \quad \cdots ①$$

(2) 図 2 に示す 2×2MIMO のシステムモデルにおいて、伝搬チャネル係数を h_{ij}（j：送信アンテナ、i：受信アンテナ)、空間相関を ρ とすると、2×2MIMO チャネル容量 $C_{\mathrm{MIMO}(2\times2)}$〔bit/s/Hz〕は②式で表される。

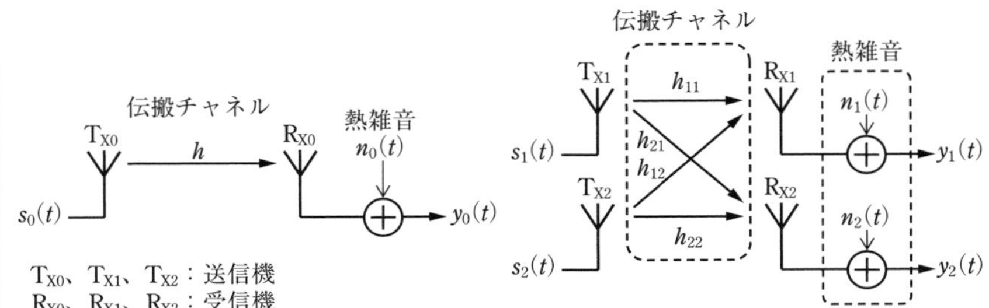

図１　SISOシステムモデル　　　図２　2×2MIMOシステムモデル

$$C_{\mathrm{MIMO}\,(2\times2)}=\log_2\left\{1+\frac{P}{2\sigma^2}\left(|h_{11}|^2+|h_{12}|^2+|h_{21}|^2+|h_{22}|^2\right)+\left(\frac{P}{2\sigma^2}\right)^2\left(|h_{11}|^2+|h_{12}|^2\right)\left(|h_{21}|^2+|h_{22}|^2\right)\left(1-\rho^2\right)\right\}\quad\cdots②$$

(3) ②式において、$(|h_{11}|^2+|h_{12}|^2)$ は R_{X1} の受信応答、$(|h_{21}|^2+|h_{22}|^2)$ は R_{X2} の受信応答を表しており、$\log_2$ の中の第３項は空間相関の効果を示している。

(4) ①②式より、SISO では送信電力を２倍にしても約［ A ］〔bit/s/Hz〕のチャネル容量増にとどまるが、MIMO では空間相関（伝搬環境）により MIMO のチャネル容量が大きく変化し、$|\rho|=$［ B ］のとき SDM（Space Division Multiplexing）の効果が最も大きく 2×2MIMO のチャネル容量は SISO に対して約［ C ］倍となる。

	A	B	C
1	1	0	4
2	1	0	2
3	2	0	2
4	2	1	4
5	2	1	2

解説　問題の式①より、送信電力が P のときの SISO チャネル容量 C_{SISO} は、次式で表される。

$$C_{\mathrm{SISO}}=\log_2\left(1+\frac{P|h|^2}{\sigma^2}\right)\quad\cdots(1)$$

ここで、h は伝搬係数、σ^2 は熱雑音電力を表し、題意の受信 SNR が十分に大きい条件より

$$\frac{P|h|^2}{\sigma^2}\gg1$$

とすると、送信電力 P が２倍になったときのチャネル容量の増加は約 $\log_2 2=1$〔bit/s/Hz〕

にとどまる。

題意の伝搬チャネルの距離差による伝搬損失の影響を無視する条件より、$h=h_{11}=h_{12}=h_{21}=h_{22}$ とすると、2×2MIMO チャネル容量を表す、問題の式②は次式となる。

$$C_{\mathrm{MIMO}\,(2\times2)}=\log_2\left\{1+\frac{P}{2\sigma^2}(4|h|^2)+\left(\frac{P}{2\sigma^2}\right)^2(2|h|^2\times2|h|^2)(1-\rho^2)\right\}$$

$$=\log_2\left\{1+\frac{2P|h|^2}{\sigma^2}+\left(\frac{P|h|^2}{\sigma^2}\right)^2(1-\rho^2)\right\}\quad\cdots\ (2)$$

空間相関 ρ が大きいとチャネル容量が小さくなるので、空間相関により MIMO のチャネル容量が大きく変化し、$|\rho|=0$ のとき SDM の効果が最も大きくなる。このとき式(2)は

$$C_{\mathrm{MIMO}\,(2\times2)}=\log_2\left\{1+\frac{2P|h|^2}{\sigma^2}+\left(\frac{P|h|^2}{\sigma^2}\right)^2\right\}$$

$$=\log_2\left(1+\frac{P|h|^2}{\sigma^2}\right)^2=2\log_2\left(1+\frac{P|h|^2}{\sigma^2}\right)$$

$$=2C_{\mathrm{SISO}}$$

となるので、2×2MIMO チャネル容量は SISO に対して約2倍となる。

▶ **解答　2**

A－14　03(7①)　02(11①)

次の記述は、衛星通信システムに用いられる時分割多元接続(TDMA)方式について述べたものである。[　　]内に入れるべき字句の正しい組合せを下の番号から選べ。

(1) 衛星に搭載した一つの中継器を複数の地球局が時分割で使用するため、中継器を原理的に飽和領域で使用[A]。

(2) 地球局は、[B]と呼ばれる自局の信号を与えられたスロットの時間内に収めて送出する。

(3) 各地球局から送られる送信信号が衛星上で重ならないように、各地球局の送信タイミングを制御するため、[C]の問題がない。

	A	B	C
1	できる	インターリーブ	ドプラシフト
2	できる	バースト	混変調
3	できない	バースト	混変調
4	できない	バースト	ドプラシフト
5	できない	インターリーブ	混変調

解説 バースト信号は、一定の間隔をおいて送出される信号のことをいう。バースト(burst)とは爆弾などが破裂するという意味。

▶ **解答　2**

出題傾向 下線の部分は、ほかの試験問題で穴埋めの字句として出題されている。

A－15　類 03(7①)　類 02(11②)

次の記述は、デジタル信号の伝送時に用いられる符号誤り訂正等について述べたものである。[　　]内に入れるべき字句の正しい組合せを下の番号から選べ。

(1) 伝送するデジタル信号系列を k ビットごとのブロックに区切り、それぞれのブロックを $\boldsymbol{i}=(i_1, i_2, \cdots i_k)$ とすると、符号器では、$\boldsymbol{i}$ に $(n-k)$ ビットの冗長ビットを付加して長さ n ビットの符号語 $\boldsymbol{c}=(i_1, i_2, \cdots i_k, p_1, p_2, \cdots p_{n-k})$ をつくる。ここで、$i_1, i_2, \cdots i_k$ を情報ビット、$p_1, p_2, \cdots p_{n-k}$ を誤り検査ビット（チェックビット）と呼び、n を符号長、[A]を符号化率という。

(2) あるブロックのチェックビットが同じブロックの情報ビットだけの関数として定まる符号をブロック符号、過去にわたる複数の情報ビットの関数として定まる符号を畳み込み符号と呼び、[B]はブロック符号に分類される。また、第4世代移動通信システムでは、複数の畳込み符号器の組み合わせによる符号生成と復号を行う際に他の系列の復号結果を利用して繰り返し復号を行うことで強力な誤り訂正を行う[C]が利用されている。

	A	B	C
1	$(n-k)/n$	リード・ソロモン符号	LDPC 符号
2	k/n	ビタビ符号	LDPC 符号
3	k/n	リード・ソロモン符号	ターボ符号
4	$(n-k)/n$	リード・ソロモン符号	ターボ符号
5	$(n-k)/n$	ビタビ符号	LDPC 符号

解説 伝送するデジタル信号系列を k ビットごとのブロックに区切り、n が符号長、$(n-k)$ が冗長ビットのとき、k/n を符号化率と呼ぶ。また、$(n-k)$ ビットは余剰ビットとなる。

▶ **解答　3**

A－16　類 05(7②)

次の記述は、イミタンス・チャート（スミス・チャート等）を用いた整合回路設計の基本原理等について述べたものである。[　　]内に入れるべき字句の正しい組合せを下の番号から選べ。

(1) 高周波回路において二つの回路間のインピーダンスを互いに複素共役関係にす

るインピーダンス整合は、イミタンス・チャートを用いてチャート上の共役点に整合させるルートから設計することが可能である。

(2) インピーダンス $Z_L = 20 - j10$〔Ω〕を周波数 100〔MHz〕において特性インピーダンス $Z_0 = 50$〔Ω〕に整合させる場合、Z_L を正規化した $z_L = 0.4 - j0.2$ のイミタンス・チャート上のポイントを、Z_0 を正規化した $z_0 = 1$ に移動させる図 1 に示すルートとすると、z_L から 0.4 定抵抗円と 1.0 定コンダクタンス円との交点 P までの変化量は $-j0.29$、P から z_0 までの変化量は $-j1.23$ となる。

(3) 従って、二つの回路間を接続する整合回路は図 2 に示す [A] となり、正規化値から戻すと $C \fallingdotseq$ [B]〔pF〕、$L \fallingdotseq$ [C]〔nH〕となる。

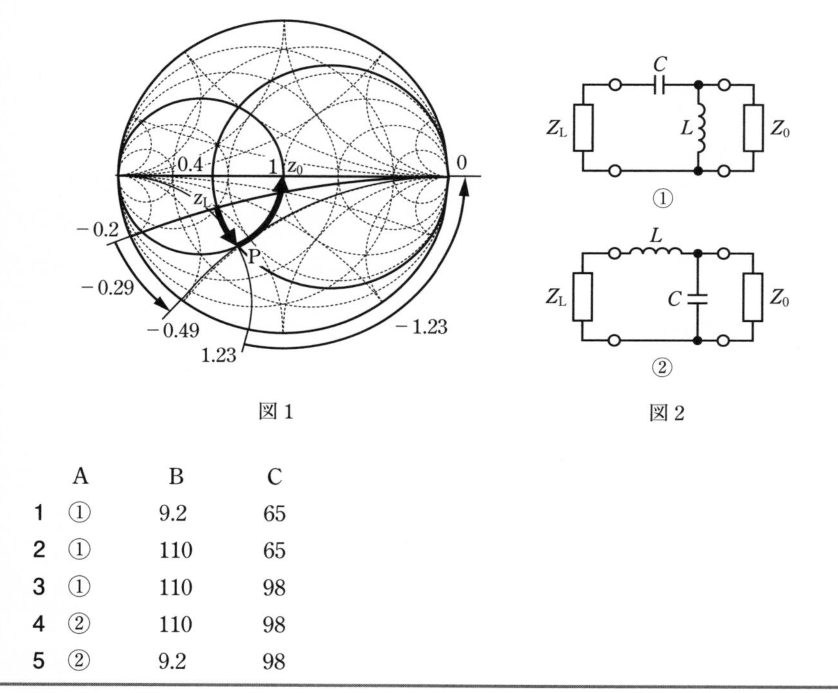

図 1　　図 2

	A	B	C
1	①	9.2	65
2	①	110	65
3	①	110	98
4	②	110	98
5	②	9.2	98

解説 イミタンス・チャートはスミス・チャートとアドミタンス・チャートを重ね合わせた線図である。

スミス・チャートは、解説図 (a) のような直交座標に表したインピーダンス $\dot{Z} = R + jX$〔Ω〕を、給電線などの特性インピーダンス Z_0〔Ω〕の値で正規化して、解説図 (b) のような曲線の座標系で表した図である。チャート上で $\dot{Z}/Z_0$ の正規化インピーダンス $\dot{z} = r + jx$ が 0 〜無限大の値を表すことができる。r が一定な円は正規化した抵抗値が一定な定抵抗円を表す。問題図 1 で示される z_L から P までの線は $r = 0.4$ の定抵抗円である。

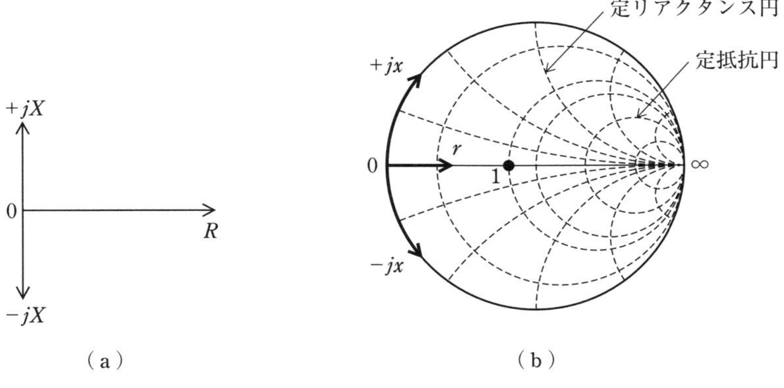

（a）　　　　（b）

アドミタンス・チャートは、スミス・チャートを 180 度回転させたもので、直交座標に表したアドミタンス$\dot{Y}=G+jB$〔Ω〕を給電線などの特性アドミタンス $Y_0=1/Z_0$〔S〕などの値で正規化して、曲線の座標系で表した図である。問題図 1 で示される点 P から z_0 までの線は定コンダクタンス円である。

インピーダンス$\dot{Z}_L=20-j10$〔Ω〕を、特性インピーダンス $Z_0=50$〔Ω〕で正規化したインピーダンスを $r+jx$〔Ω〕とすると

$$\dot{z}_L=r+jx=\frac{\dot{Z}_L}{Z_0}=\frac{20+j10}{50}=0.4-j0.2\text{〔Ω〕}$$

となる。コイル L〔H〕とコンデンサ C〔F〕の整合回路で整合するためには直列または並列にこれらのリアクタンスを接続して、イミタンス・チャート上の $\dot{z}_L$ の値を中心の $z_0=1$ の点に移動させればよい。そのときの、スミス・チャートの定抵抗円上の移動量は直列回路のリアクタンスとなり、アドミタンス・チャートの定コンダクタンス円の移動量は並列回路のサセプタンスを表す。

問題図 1 の $\dot{z}_L$ から点 P まで定抵抗円を移動したときの直列リアクタンスは、$-j0.29$ のコンデンサを直列に接続することになるから、リアクタンス $-jX_C$〔Ω〕は次式で表される。

$$-jX_C=-j0.29\,Z_0=-j0.29\times 50=-j14.5$$

周波数を f〔Hz〕、角周波数を ω〔rad〕として、静電容量 C〔F〕を求めると

$$C=\frac{1}{\omega X_C}=\frac{1}{2\pi f X_C}=\frac{1}{2\times 3.14\times 100\times 10^6\times 14.5}$$

$$\fallingdotseq\frac{10^4}{91}\times 10^{-12}\fallingdotseq 110\times 10^{-12}\text{〔F〕}=110\text{〔pF〕}$$

問題図 1 の点 P から $z_0=1$ の点まで移動は、アドミタンス・チャート上で行われ、定コンダクタンス円を移動したときの並列サセプタンスは、$-j1.23$ のコイルを並列に接続することになるから、サセプタンス $-jB_L$〔S〕は次式で表される。

$$-jB_L = -j1.23Y_0 = -j\frac{1.23}{Z_0} = -j\frac{1.23}{50} = -j0.0246$$

インダクタンス L〔H〕を求めると

$$L = \frac{1}{\omega B_L} = \frac{1}{2\pi f B_L} = \frac{1}{2\times3.14\times100\times10^6\times0.0246}$$

$$\fallingdotseq \frac{10^3}{15.4}\times10^{-9} \fallingdotseq 65\times10^{-9}\text{〔H〕} = 65\text{〔nH〕}$$

整合回路は、$\dot{Z}_L$ に直列に C を接続し、並列に L を接続した問題図 2 の①となる。

▶ **解答 2**

A－17 31(1)

次の記述は、我が国の地上系デジタル放送の標準方式(ISDB-T)において、伝送信号に含まれる雑音、歪み等の影響を評価する指標の一つである MER(Modulation Error Ratio：変調誤差比)の原理等について述べたものである。このうち誤っているものを下の番号から選べ。

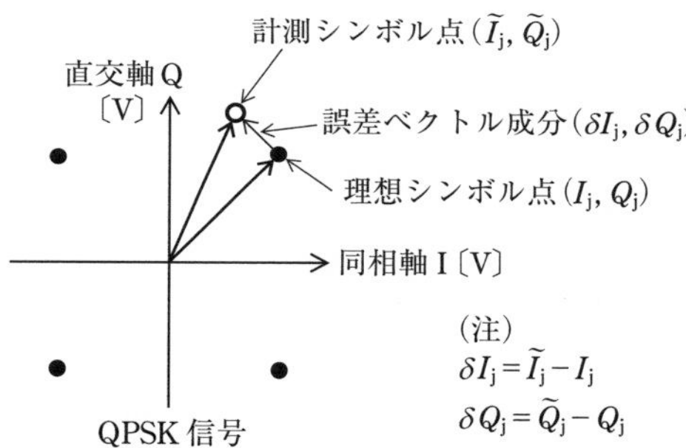

1　デジタル放送では、CNR がある値よりも小さくなると全く受信できなくなる、いわゆるクリフエフェクト(cliff effect)現象があるため、親局や放送波中継局等の各段の CNR 劣化量を適切に把握する必要があり、その回線品質を管理する手法において MER が利用されている。

2　MER は、デジタル変調信号を復調して、I－Q 平面に展開した際、各理想シンボル点のベクトル量の絶対値を二乗した合計を、そこからの誤差ベクトル量の絶対値を二乗した合計で除算し、電力比で表すことができる。

3　図は、理想シンボル点に対する計測シンボル点とその誤差ベクトルとの関係を QPSK の信号空間ダイアグラムを用いて例示したものである。j をシンボル番号、N をシンボル数とすると、MER は、電力比として次式で表すことができる。

$$\mathrm{MER} = 10\log_{10}\left\{\sum_{j=1}^{N}(I_j^2+Q_j^2)\Big/\sum_{j=1}^{N}(\delta I_j^2+\delta Q_j^2)\right\}\text{〔dB〕}$$

4　測定信号の CNR の劣化要因が加法性白色ガウス雑音のみで、復調法等それ以外の要因が MER の測定に影響がない場合、理論的に MER は CNR と等価と考えられている。

5　MER と CNR の相関関係は、CNR が低くなるほど線形性が高くなるため MER を利用した CNR の推定精度が向上する。

解説　誤っている選択肢は次のようになる。

5　MER と CNR の相関関係は、**線形性が保たれる領域の範囲内において** MER を利用した CNR の推定精度が向上する。

▶ 解答　5

A－18　　03(1②)

次の記述は、図に示す構成例を用いた SSB (J3E) 送信機の搬送波電力 (本来抑圧されるべきもの) の測定において、SSB (J3E) 送信機の変調条件及び測定器の条件などについて述べたものである。このうち誤っているものを下の番号から選べ。ただし、搬送波電力は、法令等に基づく送信装置の条件として「一の変調周波数によって飽和レベルで変調したときの平均電力より、40〔dB〕以上低い値」であることが定められているものとする。また、割当周波数は、搬送波周波数から 1,400〔Hz〕高い周波数であること及び測定手順としては、スペクトルアナライザの画面に上側波帯と搬送波を表示して、それぞれの電力 (dBm) を測定するものとする。

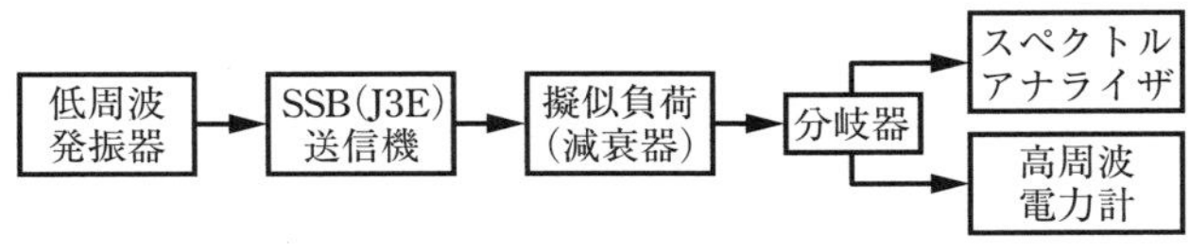

1　測定結果として、測定した上側波帯電力と搬送波電力の差を求め、その差が「40〔dB〕以上」あることを確認する。

2　スペクトルアナライザの中心周波数は、「変調周波数＋700〔Hz〕」に設定する。

3　スペクトルアナライザの分解能帯域幅 (resolution bandwidth) は、「30〔Hz〕程度」に設定する。

4　スペクトルアナライザの周波数スパン (frequency span) は、「約 5〔kHz〕」に設定する。

5　SSB (J3E) 送信機の変調条件の一つとして、変調周波数は規定の周波数の正弦波とする。

解説 誤っている選択肢は次のようになる。

2 スペクトルアナライザの中心周波数は、「**搬送波周波数** + 700〔Hz〕」に設定する。

▶ **解答 2**

A－19 類 03(7①) 02(1)

次の記述は、スーパヘテロダイン方式スペクトルアナライザ（スペクトルアナライザ）及び FFT アナライザの各測定器に、入力信号として周期性の方形波を入力したときに測定できる項目について述べたものである。［ ］内に入れるべき字句の正しい組合せを下の番号から選べ。ただし、入力信号である方形波は、複数の正弦波の和で表されるものである。

(1) スペクトルアナライザ及び FFT アナライザは、入力信号に含まれる個々の正弦波の周波数を測定することが［ A ］。

(2) スペクトルアナライザ及び FFT アナライザは、入力信号に含まれる個々の正弦波の振幅を測定することが［ B ］。

(3) スペクトルアナライザは、入力信号の振幅の時間に対する変化を、時間軸上の波形として観測することが［ C ］。

(4) FFT アナライザは、入力信号に含まれる個々の正弦波の相対位相を測定することが［ D ］。

	A	B	C	D
1	できる	できない	できる	できない
2	できる	できる	できない	できる
3	できる	できる	できる	できない
4	できない	できる	できない	できる
5	できない	できない	できる	できない

▶ **解答 2**

出題傾向 選択式の問題も出題されている。

A－20 02(11①)

図の回路に示す抵抗素子 R_1〔Ω〕及び R_2〔Ω〕で構成される抵抗減衰器において、減衰量を 8〔dB〕にするための抵抗素子 R_1 の値を表す式として、正しいものを下の番号から選べ。ただし、抵抗減衰器の入力端には出力インピーダンスが Z_0〔Ω〕の信号源、出力端には Z_0〔Ω〕の負荷が接続され、いずれも整合しているものとする。また、Z_0 は純抵抗とし、$\log_{10} 2 = 0.3$ とする。

1　$3Z_0/2$〔Ω〕
2　$7Z_0/3$〔Ω〕
3　$9Z_0/4$〔Ω〕
4　$12Z_0/5$〔Ω〕
5　$21Z_0/20$〔Ω〕

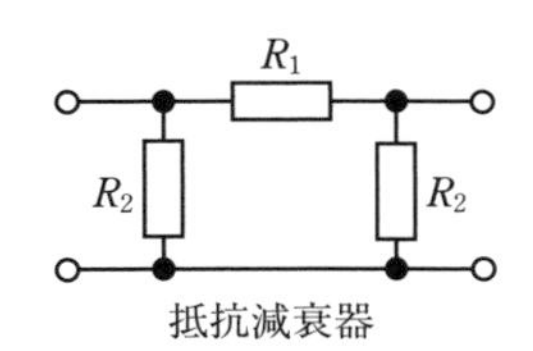

抵抗減衰器

解説　出力に Z_0〔Ω〕の負荷を接続すると解説図のようになるので、R_2〔Ω〕と Z_0 の並列合成インピーダンス Z_{20}〔Ω〕は

$$Z_{20} = \frac{R_2 Z_0}{R_2 + Z_0} \text{〔Ω〕} \quad \cdots (1)$$

抵抗減衰器を入力側から見たインピーダンスと入力インピーダンスが整合している条件より、次式が成り立つ。

$$\frac{1}{Z_0} = \frac{1}{R_2} + \frac{1}{R_1 + Z_{20}} \quad \cdots (2)$$

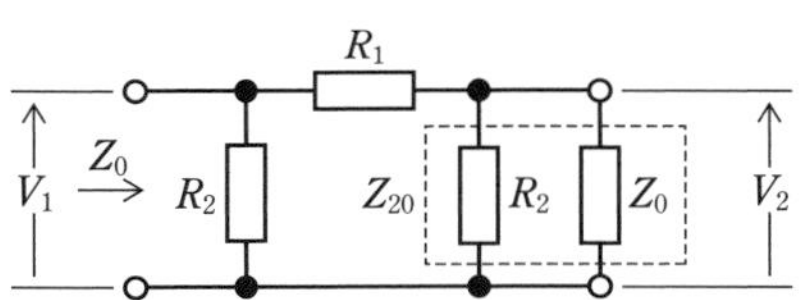

電圧の減衰量 n_{dB} の真数を n とすると

$$n_{dB} = -8 = 20 \log_{10} n$$

$$-\frac{8}{20} = \log_{10} n$$

$$-0.4 = -1 + 0.6 = -1 + 2 \times 0.3 = \log_{10} 10^{-1} + 2 \times \log_{10} 2$$

$$= \log_{10} \frac{2^2}{10} \quad \text{よって} \quad n = \frac{2}{5}$$

解説図の抵抗に加わる電圧の比と減衰量は同じ値になるので、抵抗の比より

$$\frac{V_2}{V_1} = \frac{2}{5} = \frac{Z_{20}}{R_1 + Z_{20}}$$

$$5 \times Z_{20} = 2 \times (R_1 + Z_{20})$$

$$R_1 = 1.5 Z_{20} \quad \cdots (3)$$

Point
未知数が R_1 と R_2 の二つなので、連立方程式を作って解く

式(2)に式(3)を代入すると

$$\frac{1}{Z_0} = \frac{1}{R_2} + \frac{1}{1.5Z_{20} + Z_{20}} = \frac{1}{R_2} + \frac{1}{2.5Z_{20}} \quad \cdots (4)$$

式(4)に式(1)を代入すると

$$\frac{1}{Z_0} = \frac{1}{R_2} + \frac{R_2 + Z_0}{2.5 R_2 Z_0}$$

$$2.5R_2 = 2.5Z_0 + R_2 + Z_0$$

$$1.5R_2 = 3.5Z_0 \quad \text{よって} \quad R_2 = \frac{3.5Z_0}{1.5} = \frac{7Z_0}{3} \text{〔Ω〕} \quad \cdots (5)$$

式(3)に式(1)と式(5)の R_2 の値を代入すると

$$R_1 = 1.5Z_{20} = 1.5 \times \frac{R_2 Z_0}{R_2 + Z_0}$$

$$= 1.5 \times \frac{\frac{7Z_0}{3} Z_0}{\frac{7Z_0}{3} + Z_0} = 1.5 \times \frac{7Z_0}{10} = \frac{21Z_0}{20} \ [\Omega]$$

▶ **解答　5**

B－1　類 04(1①) 03(1①)

次の記述は、図に示す位相同期ループ(PLL)検波器の原理的な構成例において、周波数変調(FM)波の復調について述べたものである。［　　］内に入れるべき字句を下の番号から選べ。なお、同じ記号の［　　］内には、同じ字句が入るものとする。

(1) 位相比較器(PC)の出力は、［ア］を通して、周波数変調波 e_{FM} 及び電圧制御発振器(VCO)の出力 e_{VCO} との［イ］差に比例した［ウ］出力する。

(2) e_{FM} の周波数が PLL の周波数引込み範囲(キャプチャレンジ)内のとき、e_F は、e_{FM} と e_{VCO} の［イ］が一致するように、VCO を制御する。e_{FM} が無変調で、e_{FM} と e_{VCO} の［イ］が一致して PLL が同期(ロック)すると、［ア］の出力電圧 e_F の電圧は、［エ］になる。

(3) e_{FM} の周波数が同期保持範囲(ロックレンジ)内において変化すると、e_F の電圧は、e_{FM} の周波数偏移に［オ］して変化するので、低周波増幅器(AF Amp)を通して復調出力を得ることができる。

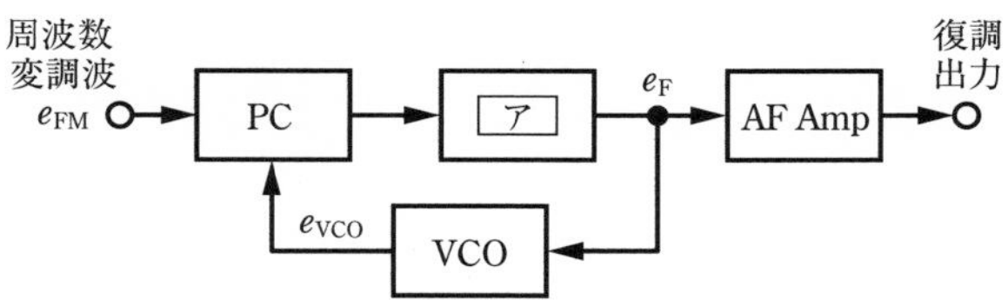

1	高域フィルタ(HPF)	2	比例	3	高周波成分 e_F を		
4	誤差電圧 e_F を	5	最大	6	低域フィルタ(LPF)		
7	反比例	8	零	9	位相	10	振幅

▶ **解答　ア－6　イ－9　ウ－4　エ－8　オ－2**

出題傾向　PLL 回路は周波数変調の復調(検波)回路あるいは発振回路として出題されている。

B－2

次の記述は、図に例示するデジタル信号が伝送路などで受ける波形劣化を観測するためのアイパターンの原理について述べたものである。このうち正しいものを1、誤っているものを2として解答せよ。

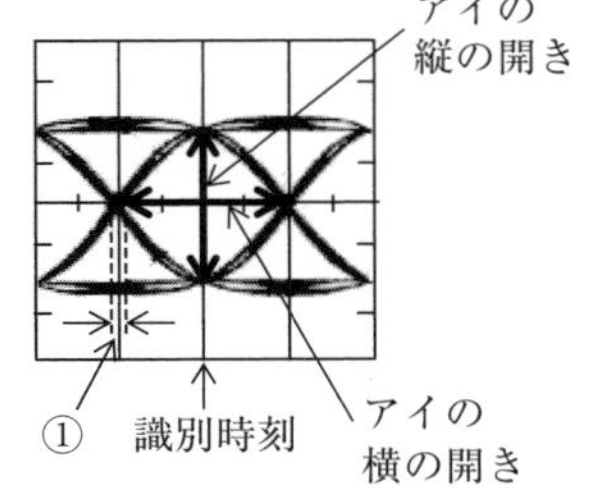

ア　アイパターンは、パルス列の繰り返し周波数(クロック周波数)に同期させて、識別器直前のパルス波形を重ねて、オシロスコープ上に描かせたものである。

イ　図の①に示すクロスポイントの横方向のずれ幅は、デジタル信号の時間軸方向の変動(ジッタ)を表している。

ウ　アイパターンにおけるアイの縦の開き具合は、信号のレベルが減少したり伝送路の周波数特性が変化することによる符号間干渉に対する余裕の度合いを表している。

エ　アイパターンは、発生頻度の低い現象の観測に適している。

オ　図は、4値NRZ符号のパルス列について、符号間干渉が生じていない状態のアイパターンの概略を示している。

解説　誤っている選択肢は次のようになる。

エ　アイパターンは、発生頻度の**高い**現象の観測に適している。

オ　図は、**2値**NRZ符号のパルス列について、符号間干渉が生じていない状態のアイパターンの概略を示している。

▶ **解答　ア－1　イ－1　ウ－1　エ－2　オ－2**

B－3

次の記述は、デジタル信号処理等で用いられるデジタルフィルタについて述べたものである。[　　]内に入れるべき字句を下の番号から選べ。ただし、ω〔rad〕を正規化角周波数、システムは安定(BIBO安定)である。なお、同じ記号の[　　]内には、同じ字句が入るものとする。

(1)　離散時間システムで動作するデジタル信号処理において、入力の離散時間信号$x(n)$と出力の離散時間信号$y(n)$のそれぞれのz変換を$X(z)$、$Y(z)$とし、すべての初期値を0とした時の$X(z)$と$Y(z)$の比$Y(z)/X(z)=H(z)$を離散時間システムの伝達関数といい、$z=e^{j\omega}$とすることで周波数特性$H(e^{j\omega})$が求まり、$|H(e^{j\omega})|$は[　ア　]、$\theta(\omega)$は[　イ　]を表す。

(2) デジタルフィルタは、出力が入力のみに依存する非巡回型と入力と出力に依存する巡回型に分類でき、前者はインパルス応答が有限長の［ ウ ］システム、後者は一部の例外を除きインパルス応答が無限長の［ エ ］システムとなる。

(3) ［ ウ ］デジタルフィルタの設計において、インパルス応答の打ち切りによる不連続性から生じる［ オ ］現象のリプルを抑える手法の一つとして、インパルス応答に窓関数をかけることで時間軸上での不連続性の低減を図る方法がある。

1 群遅延特性	2 振幅特性	3 IIR	4 LTI	5 ドプラ
6 位相特性	7 楕円特性	8 FIR	9 ギブス	10 ルンゲ

▶ **解答　ア－2　イ－6　ウ－8　エ－3　オ－9**

出題傾向　デジタル信号処理等で用いられるデジタルフィルタについては、移動平均フィルタ、FIR(Finite Impulse Response) フィルタ、ロールオフフィルタの特性などが出題されている。

B－4

04(1②)　03(1①)

次の記述は、図に示す帰還形パルス幅変調方式を用いたデジタル電圧計の原理的な動作等について述べたものである。［　　］内に入れるべき字句を下の番号から選べ。ただし、入力電圧を $+E_i$〔V〕、周期 T〔s〕の方形波クロック電圧を $\pm E_C$〔V〕、基準電圧を $+E_S$、$-E_S$〔V〕、積分器出力電圧（比較器入力電圧）を E_0〔V〕とする。また、R_1 の抵抗値は R_2 の抵抗値と等しいものとし、回路は理想的に動作するものとする。なお、同じ記号の［　　］内には、同じ字句が入るものとする。

(1) $+E_i$、$\pm E_C$ 及び比較器出力により交互に切り換えられる $+E_S$、$-E_S$ は、共に積分器に加えられる。比較器は、積分器出力 E_0 を零レベルと比較し、$E_0>0$ のときには $+E_S$ が、$E_0<0$ のときには $-E_S$ が、それぞれ積分器に負帰還されるようにスイッチ(SW)を駆動する。

(2) SW が $+E_S$ 側または $-E_S$ 側に接している期間は、［ ア ］電圧の大きさによって変化し、その1周期にわたる平均値が、ちょうど［ ア ］電圧と打ち消しあうところで平衡状態になる。すなわち、SW を開閉するパルスが［ ア ］電圧によってパルス幅変調を受けたことになる。SW が $+E_S$ 側に接している期間を図2に示す［ イ ］〔s〕、$-E_S$ 側に接している期間を図2に示す［ ウ ］〔s〕とすれば、平衡状態では、次式が成り立つ。

$T \times E_i = (T_2 - T_1) \times$ ［ エ ］　…①

(3) ①式で、E_i は、$(T_2 - T_1)$ に比例するので、例えば、$(T_2 - T_1)$ の時間を計数回路でカウントすれば、E_i をデジタル的に表示できる。この方式の確度を決める最も重要な要素は、原理的に $+E_S$、$-E_S$ と［ オ ］である。

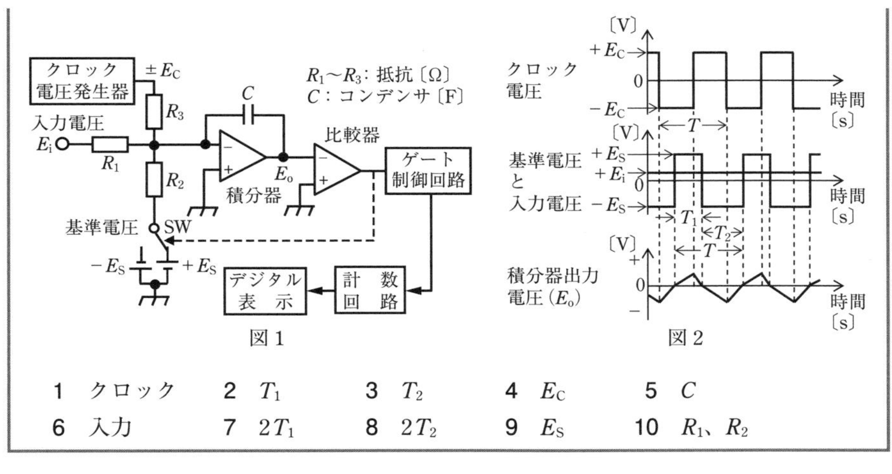

図１　　　　図２

1　クロック	2　T_1	3　T_2	4　E_C	5　C
6　入力	7　$2T_1$	8　$2T_2$	9　E_S	10　R_1、R_2

解説　入力電圧 $E_i = 0$〔V〕のときに $T_1 = T_2$ となり系は平衡する。入力電圧が $+E_i$ となると問題図２より、SW が $+E_S$ に接している期間が T_1、$-E_S$ に接している期間が T_2 となる。このとき平衡がとれていれば次式の関係がある。

$$T \times E_i + T_1 \times E_S - T_2 \times E_S = 0$$

$$T \times E_i = (T_2 - T_1) \times E_S$$

▶ **解答　ア－6　イ－2　ウ－3　エ－9　オ－10**

出題傾向　下線の部分は、ほかの試験問題で穴埋めの字句として出題されている。

B－5

類 03(1①)

　次の記述は、振幅変調（A3E）波について述べたものである。［　　］内に入れるべき字句を下の番号から選べ。ただし、搬送波を $A\cos\omega t$〔V〕、単一正弦波の変調信号を $B\cos pt$〔V〕とし、A は搬送波、B は変調信号の振幅〔V〕を、ω は搬送波、p は変調信号の角周波数〔rad/s〕を表すものとし、$A \geqq B$ とする。

(1) A3E 波 e は、次式で表される。

　　$e =$［ア］〔V〕

(2) 変調度 m は、次式で表される。

　　$m =$［イ］$\times 100$〔%〕

(3) 変調をかけたときとかけないときとで、搬送波の電力は［ウ］。

(4) 変調度が 50〔%〕のとき、A3E 波の上側帯波と下側帯波のそれぞれの電力の値は、搬送波電力の値の［エ］である。

(5) 変調度が 100〔%〕のとき、A3E 波の尖頭（ピーク）電力の値は、無変調時の搬送波電力の値の［オ］倍である。

1	2	2	1/16	3	$B\cos pt + A\cos pt\cos\omega t$
4	(B/A)	5	異なる	6	4
7	1/8	8	$A\cos\omega t + B\cos pt\cos\omega t$	9	(A/B)
10	変わらない				

解説 搬送波電力を P_C〔W〕、変調度の真数を m とすると、振幅変調波の全電力 P_{AM}〔W〕は次式で表される。

$$P_{AM} = P_C + \frac{m^2}{4}P_C + \frac{m^2}{4}P_C \text{〔W〕} \quad \cdots \ (1)$$

式(1)のそれぞれの項は、搬送波電力、上側帯波電力、下側帯波電力を表し、搬送波の電力は変調度に関係しないので、変調をかけても変わらない。

変調度が 50〔%〕のときは、$m = 0.5$ とすると、一つの側帯波の電力は搬送波電力の値の $0.5^2/4 = 1/16$ なので上側帯波と下側帯波のそれぞれの電力の値は、搬送波電力の値の 1/16 である。

搬送波 $V_C\cos\omega t$ を単一正弦波の信号波 $V_S\cos pt$ で振幅変調したとき、変調度の真数を m とすると A3E 波の電圧 V_{AM} は次式で表される。

$$V_{AM} = V_C\left(1 + \frac{V_S}{V_C}\cos pt\right)\cos\omega t$$

$$= V_C(1 + m\cos pt)\cos\omega t$$

変調度が 100〔%〕($m = 1$) のときの尖頭(ピーク)電圧 V_{AM} は、搬送波電圧 V_C の 2 倍となる。電圧の 2 乗と電力は比例するので、このとき、尖頭電力の値は無変調時の搬送波電力の値の 4 倍である。

▶ **解答 ア－8 イ－4 ウ－10 エ－2 オ－6**

A－1 類 04(1①)

次の記述は、図に示す直交周波数分割多重（OFDM）方式の変調プロセスの基本的な原理を述べたものである。□内に入れるべき字句の正しい組合せを下の番号から選べ。ただし、ベースバンドOFDM信号は複素ベースバンドOFDM信号の実数部を考えるものとし、eは自然対数の底とする。なお、同じ記号の□内には、同じ字句が入るものとする。

(1) ベースバンドOFDM信号$S_B(t)$は、搬送波の数をN、n番目の搬送波を変調する複素データシンボルをd_n（$n=0, 1, 2, \cdots N-1$）、基本周波数をf_S〔Hz〕、複素ベースバンドOFDM信号を$u(t)$とした時、①式で表すことができる。

$$S_B(t) = \mathrm{Re}\left[\sum_{n=0}^{N-1} d_n e^{j2\pi n f_S t}\right] = \mathrm{Re}[u(t)] \quad \cdots ①$$

(2) ここで、$u(t)$を$1/(Nf_S)$の標本化間隔で1シンボル長（$1/f_S$）にわたって標本化すると、②式のN個の標本が得られる。

$$u\left(\frac{k}{Nf_S}\right) = \sum_{n=0}^{N-1} d_n e^{j2\pi n f_S \frac{k}{Nf_S}} = \sum_{n=0}^{N-1} d_n e^{j\frac{2\pi nk}{N}} = \sum_{n=0}^{N-1} d_n \left(e^{j\frac{2\pi}{N}}\right)^{nk}$$

$$(k=0, 1, 2, \cdots N-1) \quad \cdots ②$$

(3) ②式は、複素ベースバンドOFDM信号$u(t)$のN個の標本値が、N個の複素データシンボルd_nを［A］した形で得られることを示しており、ここで得られた系列を連続信号に変換することによって$u(t)$が生成できる。したがって、$d_n = a_n + jb_n$とすると、搬送波周波数nf_S〔Hz〕、シンボル長$1/f_S$〔s〕のベースバンドOFDM信号$S_B(t)$は③式のとおり得られる。

$$S_B(t) = \mathrm{Re}\left[\sum_{n=0}^{N-1} (a_n + jb_n) e^{j2\pi n f_S t}\right] = \sum_{n=0}^{N-1} \{\boxed{\text{B}}\} \quad \cdots ③$$

(4) 生成されたベースバンドOFDM信号を伝送可能な周波数帯域の信号に変換するため、周波数f_C〔Hz〕の搬送波［C］にて周波数変換し伝送帯域のみを通すBPFを通すことで、ベースバンドOFDM信号の周波数がf_C〔Hz〕持ち上がった、搬送波周波数$f_C + nf_S$〔Hz〕（$n=0, 1, 2, \cdots N-1$）の搬送帯域OFDM信号が生成される。

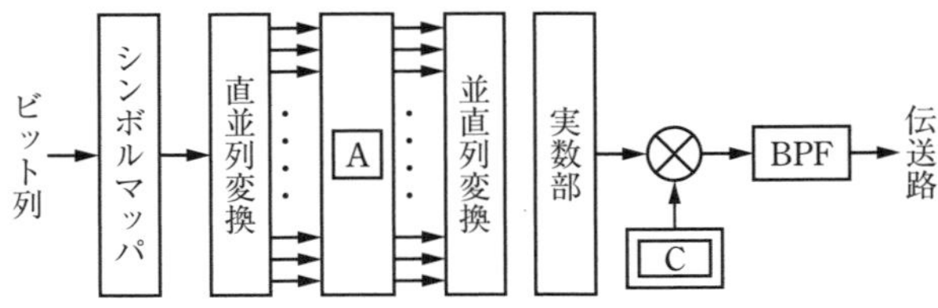

	A	B	C
1	逆離散フーリエ変換	$a_n \sin(2\pi n f_S t) - b_n \cos(2\pi n f_S t)$	$\sin(2\pi f_C t)$
2	逆離散フーリエ変換	$a_n \cos(2\pi n f_S t) - b_n \sin(2\pi n f_S t)$	$\cos(2\pi f_C t)$
3	逆離散フーリエ変換	$a_n \sin(2\pi n f_S t) - b_n \cos(2\pi n f_S t)$	$\cos(2\pi f_C t)$
4	離散フーリエ変換	$a_n \cos(2\pi n f_S t) - b_n \sin(2\pi n f_S t)$	$\cos(2\pi f_C t)$
5	離散フーリエ変換	$a_n \sin(2\pi n f_S t) - b_n \cos(2\pi n f_S t)$	$\sin(2\pi f_C t)$

解説 $\theta = 2\pi n f_S t$ とすると、Re は実数部を表すので

$$
\begin{aligned}
S_B(t) &= \mathrm{Re}\left[\sum_{n=0}^{N-1} (a_n + jb_n)\, e^{j\theta}\right] \\
&= \mathrm{Re}\left[\sum_{n=0}^{N-1} (a_n + jb_n)(\cos\theta + j\sin\theta)\right] \\
&= \sum_{n=0}^{N-1} (a_n \cos\theta - b_n \sin\theta) \\
&= \sum_{n=0}^{N-1} \{a_n \cos(2\pi n f_S t) - b_n \sin(2\pi n f_S t)\}
\end{aligned}
$$

伝送可能な周波数帯域の信号に変換するため、搬送波 $e^{j2\pi f_C t}$ とベースバンド信号 $e^{j2\pi n f_S t}$ の積より

$$e^{j2\pi f_C t} \times e^{j2\pi n f_S t} = e^{j2\pi (f_C + n f_S) t}$$

周波数変換された搬送波周波数は $f_C + n f_S$ となる。また、搬送波は $e^{j2\pi f_C t}$ の実数部をとって、$\mathrm{Re}[e^{j2\pi f_C t}] = \cos(2\pi f_C t)$ である。

▶ **解答 2**

数学の公式 オイラーの公式

$e^{\pm j\theta} = \cos\theta \pm j\sin\theta$

A－2 02(1)

次の記述は、我が国の地上系デジタル放送の標準方式（ISDB-T）に用いられている離散コサイン変換（DCT）及び画像信号のデータ圧縮の原理について述べたものである。このうち誤っているものを下の番号から選べ。

1 画像信号を 8 画素四方（8×8 画素）のブロックに分割し、それぞれのブロックに対して 2 次元 DCT を行うことで周波数成分の異なる 64 種類の DCT 基底成分に変換される。

2 2 次元 DCT で変換された各 DCT 基底成分の値を表す DCT 係数は、一般的に水平垂直ともに低い周波数成分の DCT 基底成分にエネルギーが集中し値が大きくなる。

3 DCT 係数の量子化を行う際、人間の視覚が高い周波数成分に対して鈍感であるため、基本的に高い周波数成分をもつ DCT 基底成分の DCT 係数ほど大きな値の係数を持つ量子化マトリックスを用いて量子化する。

4 時間的に１枚のピクチャ（フレームあるいはフィールド）の画像情報のみを利用して DCT 符号化を行うイントラ符号化と、時間的に前後のピクチャの画像情報も利用して DCT 符号化を行う予測符号化があり、予測符号化では動きベクトルを検出した動き補償を行うことで時間的な相関が高い場合の符号化効率を向上させている。

5 量子化された DCT 係数のうち交流（AC）成分の係数は隣接ブロックと相関が高いため、隣接ブロックの交流成分との差分を可変長符号化することで情報量を低減できる。

解説　誤っている選択肢は次のようになる。

5 量子化された DCT 係数のうち**直流（DC）成分**の係数は隣接ブロックと相関が高いため、隣接ブロックの**直流成分**との差分を可変長符号化することで情報量を低減できる。

▶ **解答　5**

A－3　23(1)

図に示す 16QAM 変調器の原理的な構成例に関する次の記述のうち、誤っているものを下の番号から選べ。

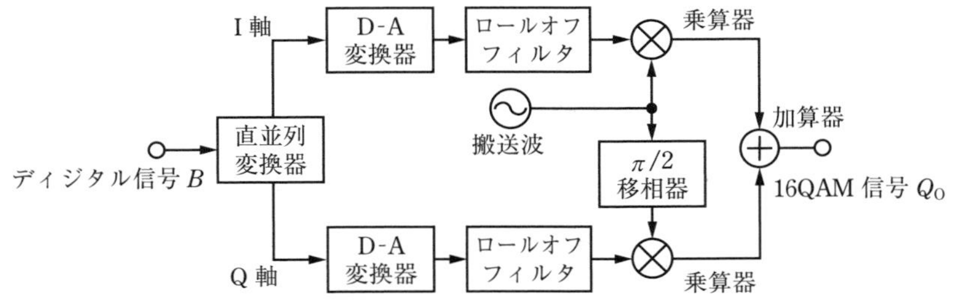

1 入力のデジタル信号 B は 4 bit ごとに直並列変換され、そのうち 2 bit が I 軸に、残りの 2 bit が Q 軸に割り当てられる。

2 D-A 変換器に入力された 2 bit の信号は、4 値のレベルをもつ信号に変換される。

3 D-A 変換された信号はロールオフフィルタにより高周波成分を取り除いた信号に成形することで、変調スペクトルの帯域外放射を低減する。

4　ロールオフフィルタで波形成形された I 軸と Q 軸の信号に、位相が $\pi/2$〔rad〕異なる搬送波を乗算することで、直交する 4 値のレベルを持つ 2 つの振幅変調波となり、その出力を合成することで 1 シンボル 4 ビットの情報を持つ変調波を得る。

5　加算器でベクトル合成された 16QAM 信号 Q_O のシンボル・レートは、デジタル信号 B のビット・レートの 16 分の 1 である。

解説　誤っている選択肢は次のようになる。

5　加算器でベクトル合成された 16QAM 信号 Q_O のシンボル・レートは、デジタル信号 B のビット・レートの 4 分の 1 である。

16QAM は I 軸の 4 値と Q 軸の 4 値のレベルを持ち、それらを合成することで 1 シンボル 16 値（$=2^4$）の 4 ビットの情報を持つ変調波が得られる。よって、Q_O 信号はシンボル時間ごとに、シンボル当たり 4 ビットが送出できるから、シンボル・レートは、デジタル信号 B のビット・レートの 4 分の 1 となる。

▶ **解答　5**

A－4　03(1②)

図に示す電力増幅器の総合効率 η_T の値として、最も近いものを下の番号から選べ。ただし、励振部及び終段部の電力効率をそれぞれ $\eta_e = P_i/P_{DCe}$ 及び $\eta_f = P_o/P_{DCf}$ とし、その値をそれぞれ 80〔%〕及び 60〔%〕とする。また、終段部の電力利得 G_P の値を 14〔dB〕とし $\log_{10} 2 = 0.3$ とする。

1　56〔%〕
2　58〔%〕
3　67〔%〕
4　73〔%〕
5　76〔%〕

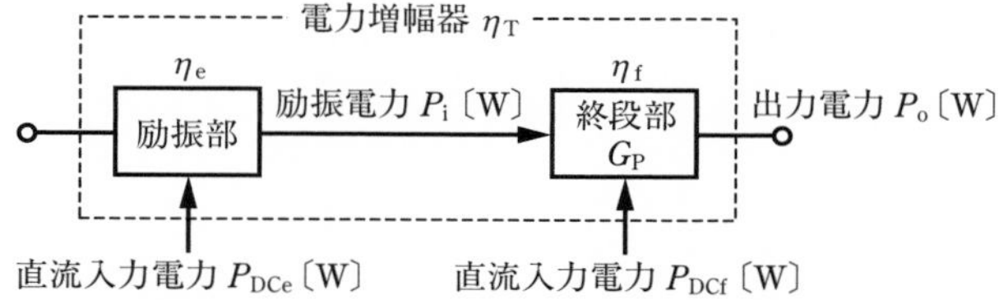

解説　終段部の直流入力電力を P_{DCf}〔W〕、終段部の効率を η_f とすると、出力電力 P_o〔W〕は

$$P_o = \eta_f P_{DCf}\ \text{〔W〕} \quad \cdots (1)$$

励振部の直流入力電力を P_{DCe}〔W〕、励振部の効率を η_e とすると、励振電力 P_i〔W〕は

$$P_i = \eta_e P_{DCe}\ \text{〔W〕} \quad \cdots (2)$$

終段部の電力利得を G_{PdB}〔dB〕、その真数を G_P とすると

$$G_{PdB} = 10 \log_{10} G_P$$

Point
ギリシャ文字 η はイータと読む

$$14 = 20 - 3 - 3 = 10\log_{10}10^2 - 10\log_{10}2 - 10\log 2$$

よって　$G_P = 100 \div 2 \div 2 = 25$

式(2)から出力電力 P_o〔W〕を求めると

$$P_o = G_P P_i = \eta_e G_P P_{DCe} \text{〔W〕} \quad \cdots (3)$$

電力増幅器の総合効率 η_T〔%〕は式(1)、式(3)を用いると

$$\eta_T = \frac{P_o}{P_{DCe} + P_{DCf}} = \frac{P_o}{\dfrac{P_o}{\eta_e G_P} + \dfrac{P_o}{\eta_f}} = \frac{\eta_e \eta_f G_P}{\eta_f + \eta_e G_P} = \frac{0.8 \times 0.6 \times 25}{0.6 + 0.8 \times 25} = \frac{12}{20.6}$$

$\fallingdotseq 0.58$　よって　$\eta_T \fallingdotseq 58$〔%〕

▶ **解答　2**

A－5　類04(1①)　03(7②)　類03(1①)

次の記述は、図に示すコスタス形搬送波再生回路を用いたQPSK同期検波回路の原理的構成例について述べたものである。［　　］内に入れるべき字句の正しい組合せを下の番号から選べ。ただし、I軸、Q軸成分及び各乗算器の出力式の係数は無視するものとする。

(1) QPSK信号の搬送波の角周波数を ω_c 及びデータ値に応じた位相 $\pi/4$、$3\pi/4$、$5\pi/4$、$7\pi/4$〔rad〕を ϕ〔rad〕として、QPSK信号は、$\cos(\omega_c t + \phi)$ で表されるものとする。また、VCOの出力について、ω_c からのずれを θ〔rad〕とし、$\cos(\omega_c t + \theta)$ とすると、高調波成分を取り除いたI軸及びQ軸の同期検波回路の出力成分は、それぞれ $\cos(\phi - \theta)$ 及び $\sin(\phi - \theta)$ となる。

(2) I軸成分とQ軸成分を乗算した乗算器Xの出力は［ A ］、加算回路と減算回路の出力を乗算した乗算器Yの出力は［ B ］となるから、乗算器Xと乗算器Yの出力を乗算した乗算器Zの出力は［ C ］であり、ϕ が $\pi/4$、$3\pi/4$、$5\pi/4$、$7\pi/4$〔rad〕どの位相でも［ D ］となるため、基準搬送波の位相のずれによって決まる成分でVCOの周波数を位相制御することができる。

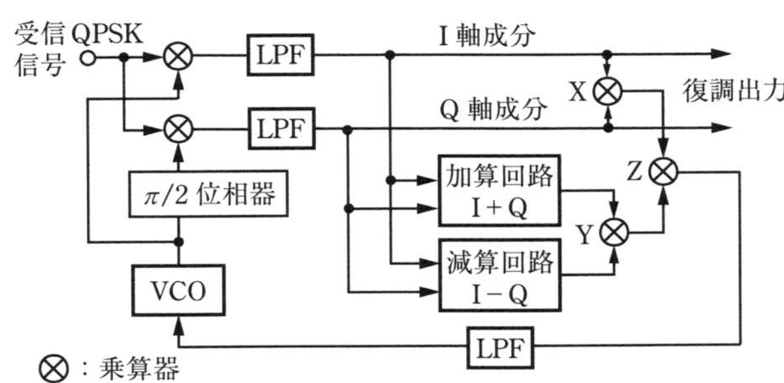

	A	B	C	D
1	$\sin 2(\phi-\theta)$	$\cos 2(\phi-\theta)$	$\cos(\phi-4\theta)$	$\cos 4\theta$
2	$\sin 2(\phi-\theta)$	$\cos 2(\phi-\theta)$	$\sin 4(\phi-\theta)$	$\sin 4\theta$
3	$\sin 2(\phi-\theta)$	$\cos(\phi-2\theta)$	$\cos(\phi-4\theta)$	$\cos 4\theta$
4	$\sin(\phi-2\theta)$	$\cos(\phi-2\theta)$	$\sin 4(\phi-\theta)$	$\sin 4\theta$
5	$\sin(\phi-2\theta)$	$\cos 2(\phi-\theta)$	$\cos(\phi-4\theta)$	$\cos 4\theta$

解説 乗算器Xの出力は、I軸成分 $\cos(\phi-\theta)$ とQ軸成分 $\sin(\phi-\theta)$ の積となるので、三角関数の公式 $\sin 2\alpha = 2\sin\alpha\cos\alpha$ を用いると

$$\sin(\phi-\theta)\cos(\phi-\theta) = \frac{1}{2}\sin 2(\phi-\theta) \quad \cdots (1)$$

となるので、出力成分は $\sin 2(\phi-\theta)$ となる。

乗算器Yの出力は、加算回路I＋Qと減算回路I－Qの積となるので、$\sin^2\alpha$ と $\cos^2\alpha$ の三角関数の公式を用いると

$$\{\cos(\phi-\theta)+\sin(\phi-\theta)\}\times\{(\cos(\phi-\theta)-\sin(\phi-\theta)\}$$
$$=\cos^2(\phi-\theta)-\sin^2(\phi-\theta)$$
$$=\frac{1}{2}\{1+\cos 2(\phi-\theta)\}-\frac{1}{2}\{1-\cos 2(\phi-\theta)\}$$
$$=\cos 2(\phi-\theta) \quad \cdots (2)$$

乗算器Xと乗算器Yの出力の積より、乗算器Zの出力を求めると、式(1)、式(2)より

$$\sin 2(\phi-\theta)\cos 2(\phi-\theta) = \frac{1}{2}\sin\{2\times 2(\phi-\theta)\} = \frac{1}{2}\sin 4(\phi-\theta)$$

となるので、出力成分は $\sin 4(\phi-\theta)$ となる。

$$\sin 4(\phi-\theta) = \sin(4\phi-4\theta)$$

なので、ϕ が $\pi/4$ のときは $\sin(\pi-4\theta)=\sin 4\theta$、$3\pi/4$ のときは $\sin(3\pi-4\theta)=\sin 4\theta$、$5\pi/4$ のときは $\sin(5\pi-4\theta)=\sin 4\theta$、$7\pi/4$ のときは $\sin(7\pi-4\theta)=\sin 4\theta$ となり、どの位相でも $\sin 4\theta$ となる。

▶ **解答 2**

数学の公式

$$\sin(\alpha+\beta)=\sin\alpha\cos\beta+\cos\alpha\sin\beta$$
$$\sin 2\alpha=2\sin\alpha\cos\alpha$$
$$\sin^2\alpha=\frac{1}{2}(1-\cos 2\alpha)$$
$$\cos^2\alpha=\frac{1}{2}(1+\cos 2\alpha)$$
$$\cos\alpha\cos\beta=\frac{1}{2}\{\cos(\alpha+\beta)+\cos(\alpha-\beta)\}$$
$$\sin(n\pi-\alpha)=\sin\alpha \qquad (n=1, 2, 3\cdots)$$

A－6　　05(7②)　類 03(1②)　類 02(11②)

次の記述は、デジタル変調方式の理論的な C/N 対 BER 特性（同期検波）等について述べたものである。□内に入れるべき値の組合せとして最も近いものを下の番号から選べ。ただし、QPSK、8PSK、16QAM、16PSK 及び 64QAM の特性を図に示す。また、$\log_{10} 2 = 0.3$、$\log_{10} 3 = 0.48$ とする。

(1) 64QAM は、16QAM に比べて、同一の伝送路において、$BER = 1 \times 10^{-8}$ を得るのに約 A 倍高い送信電力が必要である。

(2) C/N をパラメータとした BPSK 及び QPSK の BER が、誤差補関数を用いた式として、それぞれ、$(1/2)\,\mathrm{erfc}(\sqrt{C/N})$ 及び $(1/2)\,\mathrm{erfc}(\sqrt{(C/N)/2})$ で表せるので、$BER = 1 \times 10^{-8}$ を達成するための 16PSK の所要 C/N は、BPSK の所要 C/N の約 B 倍である。

(3) 8PSK における C/N と E_b/N_0 の関係は、$C/N = 3E_b/N_0$ であるから、8PSK で、$BER = 1 \times 10^{-8}$ を達成するための所要 E_b/N_0 は、約 C 〔dB〕である。

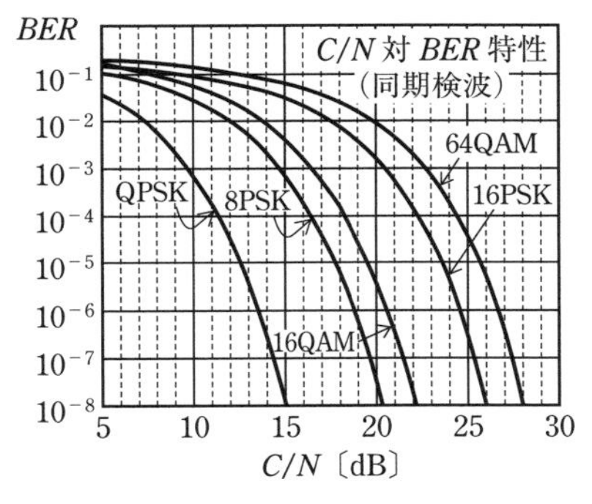

	A	B	C
1	4	9	25.1
2	4	25	25.1
3	4	25	15.5
4	2	25	15.5
5	2	9	25.1

解説 (1) 問題図より $BER = 1 \times 10^{-8}$ の 64QAM の C/N は約 28〔dB〕、16QAM の C/N は約 22〔dB〕なので、C/N の差が $28 - 22 = 6$〔dB〕となるから真数に直すと

$$6 = 3 + 3 = 10 \log_{10} 2 + 10 \log_{10} 2 = 10 \log_{10} x$$

よって　$x = 2 \times 2 = 4$

となるので、約 4 倍高い送信電力が必要である。

(2) BPSK と QPSK の BER は、誤差補関数を用いた式の値から BPSK に比較して QPSK の所要 C/N の 2 倍高くする必要がある。

問題図より $BER = 1 \times 10^{-8}$ の 16PSK の C/N は約 26〔dB〕、QPSK の C/N は約 15〔dB〕なので、C/N の差が $26 - 15 = 11$〔dB〕となるから真数に直すと

$$11 = 20 - 3 \times 3 = 10 \log_{10} 10^2 - 10 \log_{10} 2^3 = 10 \log_{10} (10^2/2^3) = 10 \log_{10} x$$

よって　$x = 10^2/2^3 = 100/8 = 12.5$

となるので、16PSK は QPSK の所要 C/N より約 12.5 倍高くする必要がある。BPSK は QPSK より 2 倍 C/N を高くする必要があるので、16PSK の所要 C/N は BPSK の所要 C/N より約 $12.5 \times 2 = 25$ 倍高くする必要がある。

(3) 問題図より $BER = 1 \times 10^{-8}$ の 8PSK の C/N は約 20.3〔dB〕なので、$C/N = 3E_b/N_0$ の関係から、$10\log_{10}3 = 4.8$〔dB〕を用いて E_b/N_0 を求めると

$E_b/N_0 = 20.3 - 4.8 = 15.5$〔dB〕

▶ **解答 3**

A－7 05(7①) 03(1②)

次の記述は、スーパヘテロダイン受信機において、スプリアス・レスポンスを生ずることがあるスプリアスの周波数について述べたものである。[　　]内に入れるべき字句の正しい組合せを下の番号から選べ。ただし、スプリアスの周波数を f_{SP}〔Hz〕、局部発振周波数を f_0〔Hz〕、中間周波数を f_{IF}〔Hz〕とし、受信機の中間周波フィルタは理想的なものとする。

(1) 局部発振器の出力に低調波成分 $f_0/2$〔Hz〕が含まれていると、$f_{SP} =$ [A] のとき、混信妨害を生ずることがある。

(2) 局部発振器の出力に高調波成分 $2f_0$〔Hz〕が含まれていると、$f_{SP} =$ [B] のとき、混信妨害を生ずることがある。

(3) 周波数混合器の非直線性により、f_0 と f_{SP} それぞれ 2 倍の高調波が発生すると、$f_{SP} =$ [C] のとき、混信妨害を生ずることがある。

	A	B	C
1	$f_0 \pm 2f_{IF}$	$f_0 \pm 2f_{IF}$	$f_0 \pm (f_{IF}/2)$
2	$f_0 \pm 2f_{IF}$	$2f_0 \pm f_{IF}$	$f_0 \pm (f_{IF}/2)$
3	$f_0 \pm 2f_{IF}$	$2f_0 \pm f_{IF}$	$2f_0 \pm 2f_{IF}$
4	$(f_0/2) \pm f_{IF}$	$f_0 \pm 2f_{IF}$	$2f_0 \pm 2f_{IF}$
5	$(f_0/2) \pm f_{IF}$	$2f_0 \pm f_{IF}$	$f_0 \pm (f_{IF}/2)$

解説 局部発振周波数が f_0、中間周波数が f_{IF}、受信周波数が f_R のとき、次式が成り立つ。

$f_R - f_0 = f_{IF}$　又は　$f_0 - f_R = f_{IF}$　よって　$f_R = f_0 \pm f_{IF}$

局部発振器の出力に低調波成分 $f_0/2$ が含まれていると、$f_{SP} = (f_0/2) \pm f_{IF}$ のとき、混信妨害を生ずることがある。

局部発振器の出力に高調波成分 $2f_0$ が含まれていると、$f_{SP} = 2f_0 \pm f_{IF}$ のとき、混信妨害を生ずることがある。

周波数混合器が非直線動作を行う場合、$f_{SP} = f_0 \pm (f_{IF}/2)$ と f_0 が混合され $f_{IF}/2$ が発生するが、非直線動作のため 2 倍の高調波の f_{IF} が発生し混信妨害を生ずることがある。

▶ **解答 5**

A－8 類 28(7)

図に示す減衰器A及び増幅器B、Cを縦続接続した回路において、減衰器Aの減衰量 L_A を10〔dB〕、増幅器Bの雑音指数 F_B を3〔dB〕、利得 G_B を13〔dB〕、増幅器Cの雑音指数 F_C を7〔dB〕、利得 G_C を10〔dB〕としたときの総合の雑音指数 F(真数)の値として最も近いものを下の番号から選べ。ただし、各減衰器・増幅器の帯域幅は等しく、かつ、入出力端は整合し、入力雑音は、熱雑音のみとする。また、$\log_{10} 2 = 0.3$ とする。

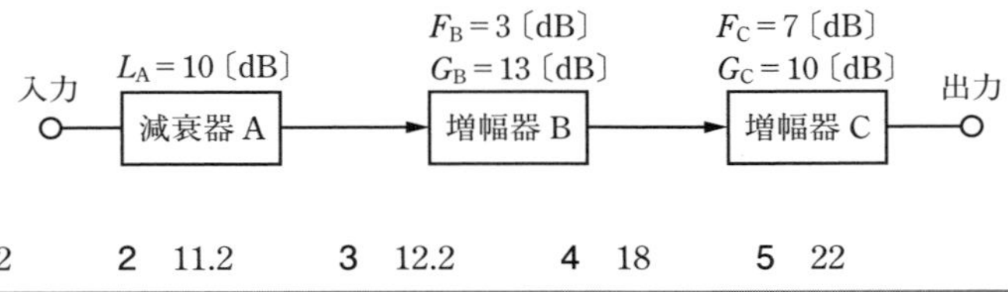

1　10.2　　2　11.2　　3　12.2　　4　18　　5　22

解説 雑音指数3〔dB〕の真数は、$3 = 10 \times 0.3 = 10 \log_{10} 2$ なので dB 値を真数で表すと、$F_B = 2$

10〔dB〕の真数は、$10 = 10 \log_{10} 10$ なので、$L_A = G_C = 10$

13〔dB〕の真数は、$13 = 10 + 3 = 10 \log_{10}(10 \times 2) = 10 \log_{10} 20$ なので、$G_B = 20$

7〔dB〕の真数は、$7 = 10 - 3 = 10 \log_{10}(10/2) = 10 \log_{10} 5$ なので、$F_C = 5$

Point
真数の掛け算は、log の足し算
真数の割り算は、log の引き算

減衰器Aを等価的な増幅器として扱うと、雑音指数 $F_A = L_A$、利得 $G_A = 1/L_A \fallingdotseq 0.1$ と表すことができ、増幅器A、B、Cを従属接続したときの全体の雑音指数 F は

$$F = F_A + \frac{F_B - 1}{G_A} + \frac{F_C - 1}{G_A G_B}$$

$$= 10 + \frac{2 - 1}{0.1} + \frac{5 - 1}{0.1 \times 20} = 10 + 10 + 2 = 22$$

▶ 解答　5

A－9 類 05(7①)　02(11②)

次の記述は、図に示す直列形定電圧回路に用いられる電流制限形保護回路の原理的な動作について述べたものである。□内に入れるべき字句の正しい組合せを下の番号から選べ。

(1) 負荷電流 I_L〔A〕が規定値以内のとき、保護回路のトランジスタ Tr_3 は非導通である。I_L が増加して抵抗 A 〔Ω〕の両端の電圧が規定の電圧 V_S〔V〕より大きくなると、Tr_3 が導通する。このとき B のベース電流が減少するので、I_L の増加を抑えることができる。

(2) Tr_3 が導通して保護回路が動作し始める I_L は、$I_L \fallingdotseq$ C 〔A〕である。

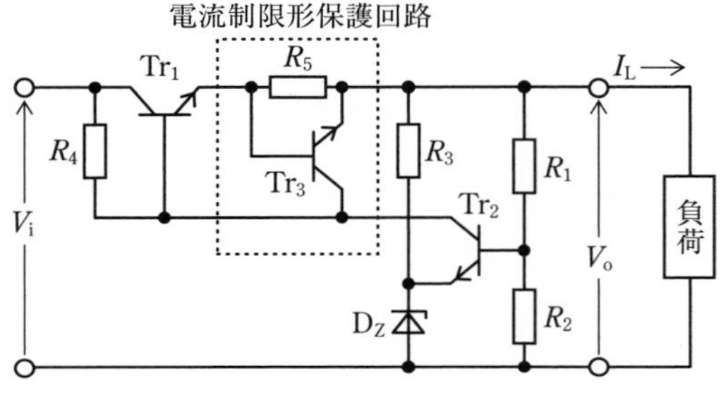

	A	B	C
1	R_5	Tr_1	V_S/R_5
2	R_5	Tr_2	V_S/R_5
3	R_5	Tr_2	$(V_i - V_o)/R_5$
4	R_3	Tr_2	V_S/R_5
5	R_3	Tr_1	$(V_i - V_o)/R_5$

解説 トランジスタはベースエミッタ間電圧 $V_{BE} \fallingdotseq 0.6$〔V〕以下では、コレクタ電流が流れないので、この電圧が規定の電圧 $V_S \fallingdotseq 0.6$〔V〕となる。R_5〔Ω〕両端の電圧が V_S〔V〕より大きくなると保護回路が動作する。このとき電流の値 I_L〔A〕は

$$I_L \fallingdotseq \frac{V_S}{R_5} \text{〔A〕}$$

▶ **解答 1**

出題傾向 下線の部分は、ほかの試験問題で穴埋めの字句として出題されている。

A－10 06(1) 04(1②) 03(1②)

次の記述は、インバータを基本構成要素の一部とする無停電電源装置（UPS）について述べたものである。このうち誤っているものを下の番号から選べ。

1 常時インバータ給電方式のうち常に商用電源と同期をとってインバータ側から給電する商用同期方式は、商用電源と非同期中にインバータ側から商用電源側に出力を切り替えると、出力電圧や位相が急変する可能性がある。

2　ラインインタラクティブ方式は、平常時は商用電源側から給電する方式で、一定範囲内の電圧変動は電圧調整を行うことができ、補正範囲を超えた電圧変動や停電等の商用電源異常時にインバータ側に出力を切り替えて給電する。

3　常時商用給電方式は、商用電源異常時にインバータ側に出力を切り替えて給電を行う方式で、低損失で経済性に優れているが、通常時の電源品質は商用電源に依存する。

4　共通予備システムは、複数台の常用 UPS に共通予備 UPS を接続したシステムで、常用 UPS の故障時に共通予備 UPS による給電が可能であるが、共通予備 UPS と常用 UPS は同一の容量に統一する必要がある。

5　一括バイパス方式並列冗長システムは、複数の UPS を並列に接続したシステムで、負荷容量の電源供給に必要な UPS の台数 N に対して、$N+1$ 台の UPS を設置することで、UPS1 台故障時に健全な UPS で継続して給電することが可能であるが、システム障害時に商用バイパス回路に無瞬断で切換え可能な無瞬断切換装置はシステムの共通部となっている。

解説　誤っている選択肢は次のようになる。

4　共通予備システムは、複数台の常用 UPS に共通予備 UPS を接続したシステムで、常用 UPS の故障時に共通予備 UPS による給電が可能であるが、共通予備 UPS と常用 UPS は同一の容量に統一する**必要はない**。

▶ **解答　4**

A－11

次の記述は、GPS (Global Positioning System) を利用した高精度 GPS 測位等について述べたものである。[　　　] 内に入れるべき字句の正しい組合せを下の番号から選べ。

(1)　GPS 衛星が放送する測距信号は、1.1 ～ 1.2 GHz 帯 (L2, L5) ならびに [A] 帯 (L1) 等で送信されているが、民間用途として使われている L1 C/A 信号は、搬送波 $\sin(2\pi f_c t)$ を軌道情報等が含まれる航法メッセージ $D(t)$ と GPS 衛星ごとに決められた拡散コード $p(t)$ で BPSK 変調した測距信号 $S(t)=D(t)\,p(t)\sin(2\pi f_c t)$ となっている。

(2)　測距信号を用いた GPS 衛星と受信機間の距離の測定には一般的に [B] 位相を用いるが、高精度 GPS 測位では搬送波位相も用いることで数 cm から数十 cm 程度の精度での測位を実現している。

(3) 高精度 GPS 測位は、誤差補正の補強データとして受信機近傍の基準局（仮想的な基準局を含む）の観測データを配信する OSR(Observation Space Representation)方式と、誤差要因ごとの状態量として配信する SSR（State Space Representation）方式に大別され、代表的な測位方式として前者に RTK（Real-Time Kinematic)、後者に PPP（Precise Point Positioning）があるが、一般に［ C ］方式は利用可能エリアの制約は少ないが測位解が収束するまでの時間が長くかかる特徴がある。

	A	B	C
1	2.5 GHz	航法メッセージ	RTK
2	2.5 GHz	拡散コード	PPP
3	2.5 GHz	拡散コード	RTK
4	1.5 GHz	拡散コード	PPP
5	1.5 GHz	航法メッセージ	RTK

解説 RTK 方式は受信機近傍の基準局の観測データを利用するシステムで、PPP 方式は基準局のデータを利用しないシステムなので、PPP 方式は利用可能エリアの制約は少ないが、受信機内におけるデータ処理が大きくなるので、測位解が収束するまでの時間が長くかかる特徴がある。

▶ **解答 4**

A－12 03(1②)

航空機の対地高度計として搭載された FM-CW レーダー（電波高度計）の送信波と受信波（反射波）の周波数差 Δf が 12〔kHz〕であった。この航空機の対地高度の値として、最も近いものを下の番号から選べ。ただし、送信波は、図に示すように、100〔Hz〕の三角波で変調されたものであり、4,250 ～ 4,350〔MHz〕の間を変化するものとする。

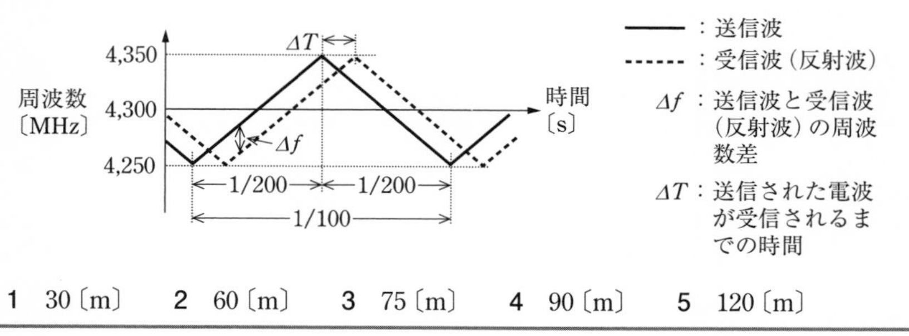

1 30〔m〕　2 60〔m〕　3 75〔m〕　4 90〔m〕　5 120〔m〕

解説　送信波と受信波の周波数差をΔf、発射電波の周波数の変化を$f = 4{,}350 - 4{,}250 = 100$〔MHz〕、周波数が変化する時間を$T$〔s〕、送信電波が受信されるまでの時間を$\Delta T$〔s〕とすると、次式が成り立つ。

$$\frac{\Delta T}{T} = \frac{\Delta f}{f}$$

ΔTを求めると

$$\Delta T = \frac{\Delta f}{f} T = \frac{12 \times 10^3}{100 \times 10^6} \times \frac{1}{200} = \frac{6}{10^7} = 6 \times 10^{-7} \text{〔s〕}$$

ΔTは速度c〔m/s〕の電波が大地に反射して往復する時間なので、航空機の高度h〔m〕は次式によって求めることができる。

$$h = \frac{c\Delta T}{2} = \frac{3 \times 10^8 \times 6 \times 10^{-7}}{2} = \frac{180}{2} = 90 \text{〔m〕}$$

▶ **解答　4**

A－13　　類 05(7①)

放送衛星において、送信機出力電力を 120〔W〕、送信アンテナの絶対利得を 41〔dBi〕、送信機とアンテナ間の給電線損失（分配器等の挿入損失を含む）を 2〔dB〕、アンテナのポインティング損失を 0.5〔dB〕、衛星と受信点の距離dを 38,000〔km〕とする場合の、衛星の等価等方輻射電力 EIRP〔dBm〕及び受信点における単位面積当たりの電力束密度 PFD〔dBm/m^2〕の値の組み合わせとして、最も近いものを下の番号から選べ。ただし、PFD = EIRP/($4\pi d^2$)〔W/m^2〕で表されるものとし、$\log_{10} 2 = 0.30$、$\log_{10} 3 = 0.48$、$\log_{10} \pi = 0.50$、$\log_{10} 38 = 1.58$ とする。

	EIRP	PFD
1	89.3〔dBm〕	−84.3〔dBm/m^2〕
2	89.3〔dBm〕	−73.3〔dBm/m^2〕
3	59.3〔dBm〕	−73.3〔dBm/m^2〕
4	59.3〔dBm〕	−84.3〔dBm/m^2〕
5	59.3〔dBm〕	−103.3〔dBm/m^2〕

解説　送信機出力電力P_T〔W〕を 1〔mW〕を基準とした dBmW で表すとP_T〔dBm〕は

$$\begin{aligned}10\log_{10} P_T &= 10\log_{10}(120 \times 10^3) = 10\log_{10}(2^2 \times 3 \times 10^4) \\ &= 2 \times 10\log_{10} 2 + 10\log_{10} 3 + 4 \times 10\log_{10} 10 \\ &= 6 + 4.8 + 40 = 50.8 \text{〔dBm〕}\end{aligned}$$

送信アンテナの絶対利得をG_T〔dB〕、給電線損失をL_T〔dB〕、ポインティング損失をL_P〔dB〕とすると、EIRP は次式で表される。

$$\mathrm{EIRP} = P_{\mathrm{T}} + G_{\mathrm{T}} - L_{\mathrm{T}} - L_{\mathrm{P}}$$
$$= 50.8 + 41 - 2 - 0.5 = 89.3\ [\mathrm{dBm}]$$

PFD を dB 値で求めると

$$\mathrm{PFD} = \mathrm{EIRP} - 10\log_{10}4 - 10\log_{10}\pi - 10\log_{10}d^2$$
$$= 89.3 - 10\log_{10}2^2 - 10\log_{10}\pi - 10\log_{10}(38\times10^3\times10^3)^2$$
$$= 89.3 - 2\times10\times0.3 - 10\times0.5 - 2\times10\times1.58 - 2\times10\times6$$
$$= -73.3\ [\mathrm{dBm/m^2}]$$

▶ **解答 2**

関連知識　等価等方輻射電力 EIRP は、地球局の送信系の性能を表す指数として用いられ、送信アンテナの絶対利得に送信機電力を掛けた値である。

電力束密度は、単位面積当たりの放射電力の密度を表す。送信点を中心として、受信点までの距離を半径とした球の表面積で、放射電力を割った値である。

A－14　類 03(7①)

次の記述は、衛星通信地球局について述べたものである。□内に入れるべき字句の正しい組合せを下の番号から選べ。

(1) 送信系の大電力増幅器(HPA)として、クライストロンは以前から用いられてきたが、現在では、進行波管(TWT)などが用いられている。TWT は、クライストロンに比べて使用可能な周波数帯域幅が [A]。

(2) アンテナを天空に向けたときの等価雑音温度は、通常、地上に向けたときと比べて [B] なる。また、受信系の等価雑音温度をアンテナ系の等価雑音温度に近づけることにより、利得対雑音温度比(G/T)を改善できる。

(3) 送信系及び受信系において良好な周波数変換を行うため、[C] が高く、位相雑音のレベルが低い特性の局部発振器が用いられる。

	A	B	C
1	広い	低く	周波数安定度
2	広い	低く	出力インピーダンス
3	広い	高く	周波数安定度
4	狭い	高く	出力インピーダンス
5	狭い	高く	周波数安定度

▶ **解答 1**

出題傾向　下線の部分は、ほかの試験問題で穴埋めの字句として出題されている。

A－15　類 03（7②）類 02（11①）

次の記述は、移動通信などのデータ伝送の誤り制御方式の一つである前方誤り訂正（FEC）方式について、図に示す構成例を基に、ブロック符号の一つであるハミング（7, 4）符号を例にしてその基本的な原理を述べたものである。［　　］内に入れるべき字句の正しい組み合わせを下の番号から選べ。

(1) 送信側の $x^3F(x)$ は、誤り訂正符号 $P(x)$ を付加する場所を空けるために、4 ビットの入力データ $F(x)$ に、x^3 を乗算したものである。また、送信側の誤り訂正符号 $P(x)$ は、$x^3F(x)$ を生成多項式 $G(x)$ で割ったときの剰余である。これを $x^3F(x)$ に付加し、7 ビットの送信符号 $x^3F(x)+P(x)$ として伝送される。

(2) 例えば、$F(x)$ が 4 ビットの "0011" の時、生成多項式を $G(x)=x^3+x+1$ とすると、$F(x)$ は、多項式表示で $x+1$ であり、$x^3F(x)=$［ A ］となる。これを $G(x)$ で割ると $P(x)=$［ B ］を得る。よって、$x^3F(x)+P(x)$ は、7 ビットの送信符号 "0011101" として伝送される。

(3) 受信側では、受信符号 $R(x)$ を送信側と同じ生成多項式 $G(x)$ で割ったときの剰余について判定する。符号を正しく受信できたときは割り切れるので、剰余＝0 となる。他方、割り切れない（剰余≠0）ときは、その剰余をシンドロームと比較し、一致したときは、それに対応する［ C ］ビットの誤りの場所の誤り訂正を行うことができる。

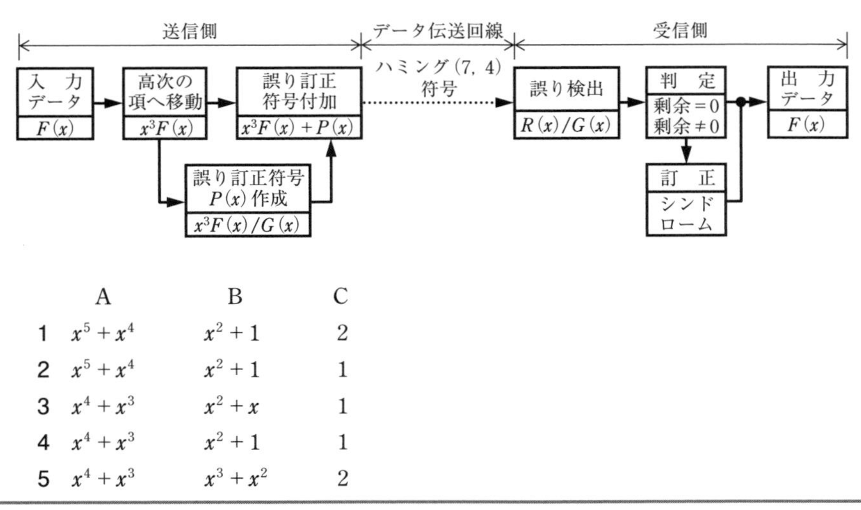

	A	B	C
1	x^5+x^4	x^2+1	2
2	x^5+x^4	x^2+1	1
3	x^4+x^3	x^2+x	1
4	x^4+x^3	x^2+1	1
5	x^4+x^3	x^3+x^2	2

解説　4 ビットの入力データ "0011" の情報多項式 $F(x)$ は

$$F(x)=0\times x^3+0\times x^2+1\times x+1\times 1$$

$$=x+1$$

$F(x)$ に x^3 を掛けてビット列を繰り上げると

$$x^3F(x) = x^3 \times (x+1) = x^4 + x^3$$

$x^3F(x) = x^4 + x^3$ を $G(x) = x^3 + x + 1$ で割ると

$$(x^4 + x^3)/(x^3 + x + 1) = x + 1 \qquad \text{剰余} \quad x^2 + 1$$

と求めることができるので、送信側の誤り訂正符号 $P(x) = x^2 + 1$ となる。

3 ビットの $P(x)$ は

$$P(x) = 1 \times x^2 + 0 \times x + 1 \times 1$$

となるので、$x^3F(x) + P(x)$ の送信符号は“0011101”として伝送される。このうち、上位 4 ビットが情報データ、下位 3 ビットが検査符号である。

受信側では送信側と共通の生成多項式 $G(x)$ で割ったとき、符号を正しく受信できたときは、剰余 = 0 となるが、割り切れないときは、その剰余の多項式をシンドローム（パリティ検査行列の一致式）と比較して、一致したときはそれに対応する 1 ビットの誤りの場所の誤り訂正を行うことができる。

▶ **解答　4**

関連知識

多項式の演算には、排他的論理和を用いた modulo2 演算を用いるので、次のようになる。

$0+0=0 \quad 0+1=1 \quad 1+0=1 \quad 1+1=0$

$0+0=0 \quad 0+x^n=x^n \quad x^n+0=x^n \quad x^n+x^n=0$

$0-0=0 \quad 0-x^n=x^n \quad x^n-0=x^n \quad x^n-x^n=0$

$(x^4+x^3)/(x^3+x+1)$ は、次のように計算する。

$$
\begin{array}{r|l}
 & x+1 \\
\hline
x^3+x+1 & x^4+x^3+0+0+0 \\
 & x^4+0+x^2+x+0 \\
\cline{2-2}
 & x^3+x^2+x+0 \\
 & x^3+0+x+1 \\
\cline{2-2}
 & x^2+0+1 \quad \text{剰余}
\end{array}
$$

A－16　　02(11②)

次の記述は、衛星通信システムで用いられる周波数分割多元接続（FDMA）方式について述べたものである。［　　］内に入れるべき字句の正しい組合せを下の番号から選べ。

(1) 送信地球局では、割り当てられた周波数を用いて信号を伝送するので、通常、隣接するチャネル間の衝突が生じないように、［ A ］を設ける。

(2) 送信地球局では、割り当てられた周波数を用いて信号を伝送し、受信地球局では、［ B ］により相手を識別して自局向けの信号を取り出す。

(3) 一つの進行波管を用いた中継器で複数の搬送波を同時に増幅するとき、非線形動作による影響を許容される値以下に抑えるため、搬送波の数が多くなるほど、 C バックオフが必要とされる。

	A	B	C
1	ガードバンド	タイムスロット	小さい
2	ガードタイム	タイムスロット	大きい
3	ガードバンド	周波数	大きい
4	ガードバンド	周波数	小さい
5	ガードタイム	周波数	小さい

解説 周波数分割多元接続（FDMA：Frequency Division Multiple Access）方式は、隣接するチャネル間の干渉が生じないように、ガードバンドを設ける。

増幅器の入力レベルを最大出力が得られる動作点よりも若干低く設定する。入力バックオフは、最大出力が得られるレベルとこの設定レベルとの差のことをいう。

▶ **解答　3**

A－17

類 03（1②）

真の立ち上がり時間 4〔ns〕のパルス波形を立ち上がり時間が 3〔ns〕のオシロスコープを用いて測定したとき、スコープ上のパルス波形の立ち上がり時間の測定値として、最も近いものを下の番号から選べ。

1　3〔ns〕　　2　5〔ns〕　　3　8〔ns〕　　4　10〔ns〕　　5　12〔ns〕

解説 真の立上がり時間 T_p〔ns〕のパルス波形を立上がり時間 T_s〔ns〕のオシロスコープで観測するときは、オシロスコープ内の回路の遅延によって、オシロスコープの立上がり時間 T_s〔ns〕の遅れが合成されて観測される。このとき、パルス波形の立上がり時間 T〔ns〕は次式で表される。

$$T = \sqrt{T_p{}^2 + T_s{}^2}$$
$$= \sqrt{4^2 + 3^2} = \sqrt{16 + 9} = \sqrt{25} = 5 \text{〔ns〕}$$

▶ **解答　2**

Point
直角三角形の比
3：4：5 = 6：8：10
を覚えておくと計算が楽

真の立上がり時間やオシロスコープの立上がり時間を求める問題も出題されている。

A－18 05(7①) 03(1①)

次の記述は、FM(F3E)受信機の相互変調特性の測定法について述べたものである。□内に入れるべき字句の正しい組合せを下の番号から選べ。ただし、法令等で、希望波信号のない状態で相互変調を生ずる関係にある各妨害波を入力電圧1.78〔mV〕で加えた場合において、雑音抑圧が20〔dB〕以下及び周波数割当間隔をΔf〔Hz〕として規定されているものとする。なお、同じ記号の□内には、同じ字句が入るものとする。

(1) 図に示す構成例において、SG2の出力を断(OFF)とし、SG1の出力周波数を希望波周波数(試験周波数)に設定し、規定の変調状態とする。この状態で、受信機に20〔dBμV〕以上の受信機入力電圧を加え、受信機の規定の復調出力が得られるように受信機の出力レベルを調整後、SG1の出力を断(OFF)とし、このときの受信機の復調出力(雑音)レベルを測定する。

(2) SG1及びSG2を妨害波として接(ON)とし、SG1の出力周波数を試験周波数よりΔf〔Hz〕(規定の周波数割当間隔)高い値に、SG2の出力周波数を試験周波数より[A]〔Hz〕高い値に設定する。

(3) SG1及びSG2を[B]状態とし、それぞれの出力電圧を等しい値に保ちながら変化させ、受信機の復調出力(雑音)が(1)で測定した値より20〔dB〕低い値となるときの妨害波の受信機入力電圧を求める。

(4) SG1の出力周波数を試験周波数よりΔf〔Hz〕低い値に、SG2の出力周波数を試験周波数より[A]〔Hz〕低い値に設定し、(3)と同様の測定を行う。試験結果として上、下妨害波のそれぞれの受信機入力電圧を〔mV〕単位で記載し、1.78〔mV〕[C]であることを確認する。

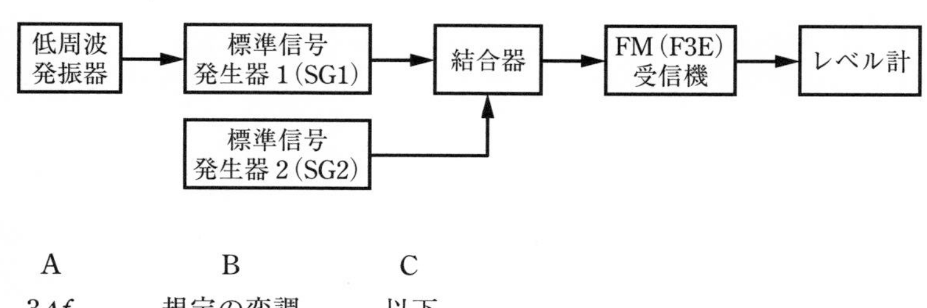

	A	B	C
1	$3\Delta f$	規定の変調	以下
2	$3\Delta f$	規定の変調	以上
3	$2\Delta f$	無変調	以上
4	$2\Delta f$	規定の変調	以上
5	$2\Delta f$	無変調	以下

▶ 解答　3

受信機入力電圧は一般にデシベルで表される。1.78〔mV〕を1〔μV〕を0〔dB〕とした〔dBμV〕で表すと、次式の値となる。

$$20\log_{10}(1.78\times10^3)=20\log_{10}1.78+20\log_{10}10^3\fallingdotseq65\ \text{〔dBμV〕}$$

出題傾向 下線の部分は、ほかの試験問題で穴埋めの字句として出題されている。

A－19

06(1)　類 04(1②)　03(7①)　類 03(1①)

次の記述は、図に示す二重積分方式（デュアルスロープ形）デジタル電圧計の原理的な構成例について述べたものである。□内に入れるべき字句の正しい組合せを下の番号から選べ。ただし、回路は理想的に動作するものとする。

(1) スイッチSWを1に入れ、正の入力直流電圧 E_i をミラー積分回路に加えると、その出力電圧が零から負方向に直線的に変化し、同時に比較器が動作する。制御回路は、比較器が動作を始めた時刻 t_0 からクロックパルスをカウンタに送り、計数値が一定数 N_1 になった時刻 t_1 にSWを2に切替え、E_i と逆極性の負の基準電圧 E_r を加える。ミラー積分回路の出力電圧は、t_1 から正方向に直線的に変化し、時刻 t_2 で零になる。t_1 から t_2 までの計数値が N_2 のとき、近似的に E_i＝［ A ］で表すことができる。

(2) 積分を2回行う本方式の測定精度は、原理的に積分回路を構成するコンデンサ C 及び抵抗 R の素子値の精度に依存［ B ］。また、周期性の雑音が入力電圧に加わったとき、E_i の積分期間を雑音周期の［ C ］にすることにより影響を打ち消すことができる。

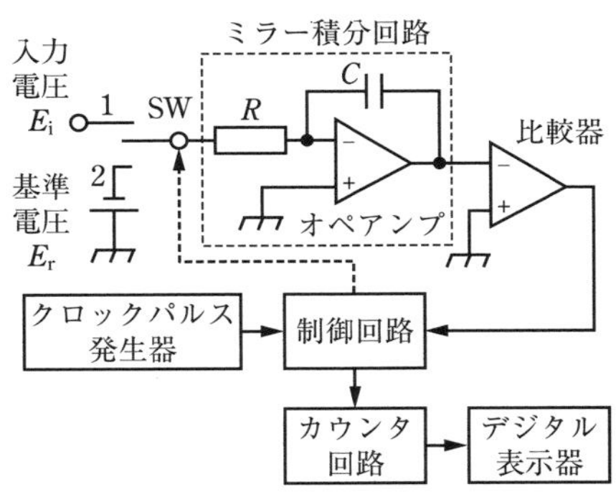

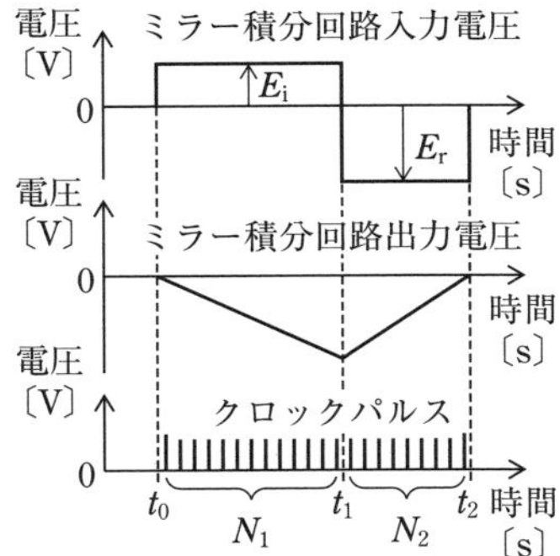

	A	B	C
1	$E_r N_2/N_1$	しない	整数倍
2	$E_r N_2/N_1$	しない	整数分の一
3	$E_r N_1/N_2$	する	整数分の一
4	$E_r N_1/N_2$	する	整数倍
5	$E_r N_1/N_2$	しない	整数分の一

解説 周期性の雑音の影響を除くため、雑音が打ち消し合うように入力直流電圧の積分期間を雑音周期の**整数倍**にする。微小な電圧の測定では、電源周波数の雑音が混入しやすい。問題図の積分期間 $T = t_2 - t_0$ を電源周波数の周期あるいはその整数倍に設定すれば、入力に重畳して混入する電源周波数成分の雑音は、期間 T の間の平均値が零となるので、入力電圧の検出に誤差が生じない。

▶ **解答 1**

A－20 03(7②) 02(11②)

次の記述は、回路網の特性を測定するためのベクトルネットワークアナライザの基本的な機能等について述べたものである。このうち誤っているものを下の番号から選べ。

1 回路網の S パラメータである S_{21} と S_{11} は、反射特性を表すものである。

2 回路網の S パラメータである S_{12} は、伝送特性を表すものである。

3 回路網の入力信号と反射信号の分離には、方向性結合器や方向性ブリッジが用いられる。

4 回路網の入力信号の周波数を掃引し、各種パラメータの周波数特性を測定できる。

5 回路網と測定器を接続するケーブルなどの接続回路による測定誤差は、測定前の校正によって補正することができる。

解説 誤っている選択肢は次のようになる。

1 回路網の S パラメータである $\boldsymbol{S_{22}}$ と S_{11} は、反射特性を表すものである。

回路網の入力端からの入射波電圧を A_1、その反射波電圧を B_1、出力端からの入射波電圧を A_2、その反射波電圧を B_2 とすると、次式が成り立つ。

$$B_1 = S_{11}A_1 + S_{12}A_2 \quad \cdots (1)$$

$$B_2 = S_{21}A_1 + S_{22}A_2 \quad \cdots (2)$$

ここで、S_{11}、S_{12}、S_{21}、S_{22} は 4 端子回路網を表す定数であり、S パラメータという。各パラメータは、次式で表される。

$$S_{11}=\frac{B_1}{A_1}\ (A_2=0)\quad\cdots(3)$$

$$S_{12}=\frac{B_1}{A_2}\ (A_1=0)\quad\cdots(4)$$

$$S_{21}=\frac{B_2}{A_1}\ (A_2=0)\quad\cdots(5)$$

$$S_{22}=\frac{B_2}{A_2}\ (A_1=0)\quad\cdots(6)$$

（反射波電圧）/（入射波電圧）の反射特性を表すのは、S_{11} と S_{22} である。　▶ **解答　1**

B－1　05（7②）　02（11②）

次の記述は、図に示すBPSK復調器に用いられる基準搬送波再生回路の原理的な構成例において、基準搬送波の再生等について述べたものである。［　］内に入れるべき字句を下の番号から選べ。なお、同じ記号の［　］内には、同じ字句が入るものとする。

(1) 入力のBPSK波 e_i は、次式で表される。ただし、e_i の振幅を1〔V〕、搬送波の周波数を f_c〔Hz〕とする。また、2値符号 $s(t)$ はデジタル信号が"0"のとき0、"1"のとき1の値をとる。

$e_i=\cos\{2\pi f_c t+\pi s(t)\}$〔V〕　…①

(2) 式①の e_i を2逓倍回路Ⅰで二乗すると、その出力 e_o は、次式で表される。ただし、2逓倍回路Ⅰの利得は1（真数）とする。

$$e_o=\frac{1}{2}+\frac{1}{2}\times\cos\{2\pi(2f_c)t+\boxed{\text{ア}}\}\text{〔A〕}\quad\cdots②$$

(3) 式②から、e_i を2逓倍回路Ⅰで二乗することによって e_i の位相がデジタル信号に応じて［　イ　］しても、同相になることがわかる。

(4) 2逓倍回路Ⅰの出力には、直流成分や雑音成分が含まれているので、帯域フィルタ（BPF）で［　ウ　］〔Hz〕の成分のみを取り出し、位相比較回路などで構成された［　エ　］を用いることによって、きれいな基準搬送波が再生される。

(5) 原理的に、2逓倍回路Ⅰ及びⅡを［　オ　］逓倍回路に置き換えれば、QPSK波の基準搬送波再生回路の構成例とすることができる。

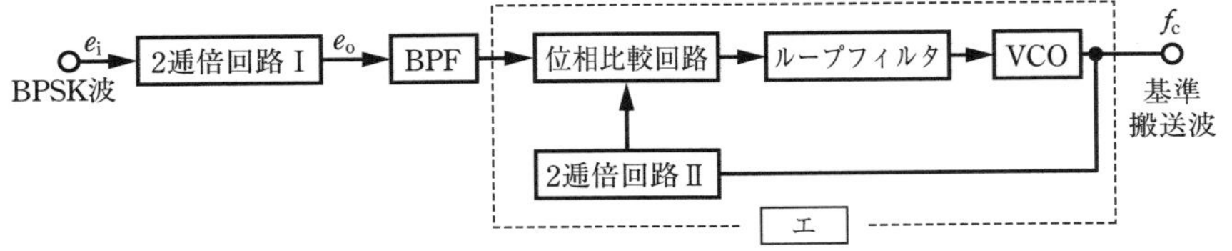

1	$2\pi s(t)$	2	PLL	3	AFC	4	$2f_c$	5	5
6	$\pi s(t)$	7	$\pi/2$〔rad〕変化	8	π〔rad〕変化	9	f_c	10	4

解説 出力信号波 e_o〔V〕は、入力信号波 e_i〔V〕の2乗なので

$$e_o = e_i^2 = \cos^2\{2\pi f_c t + \pi s(t)\}$$

$$= \frac{1}{2} \times [1 + \cos〔2 \times \{2\pi f_c t + \pi s(t)\}〕]$$

$$= \frac{1}{2} + \frac{1}{2} \times \cos\{2\pi(2f_c)t + 2\pi s(t)\} \text{〔V〕}$$

Point
$\pi s(t)$ は、π 又は0の値をとるので逆位相となる
$2\pi s(t)$ は、2π 又は0の値をとるので常に同相

▶ **解答 アー1 イー8 ウー4 エー2 オー10**

数学の公式 $\cos\alpha\cos\beta = \frac{1}{2}\{\cos(\alpha+\beta) + \cos(\alpha-\beta)\}$　　$\cos^2\theta = \frac{1}{2}(1 + \cos 2\theta)$

B−2 03(7②)

次の記述は、法令等に基づく無線局の送信設備の「スプリアス発射の強度」及び「不要発射の強度」の測定について、図を基にして述べたものである。[　　]内に入れるべき字句を下の番号から選べ。なお、同じ記号の[　　]内には、同じ字句が入るものとする。

(1)「[ア]におけるスプリアス発射の強度」の測定は、無変調状態において、[ア]におけるスプリアス発射の強度を測定し、その測定値が許容値内であることを確認する。

(2)「[イ]における不要発射の強度」の測定は、[ウ]状態において、中心周波数 f_c〔Hz〕から必要周波数帯幅 B_N〔Hz〕の±250〔%〕離れた周波数を境界とした[イ]における不要発射の強度を測定し、その測定値が許容値内であることを確認する。

この測定では、[ウ]状態において、不要発射が周波数軸上に広がって出てくる可能性が[エ]ことから、許容値を規定するための参照帯域幅の範囲内に含まれる不要発射の[オ]値を測定することとされている。

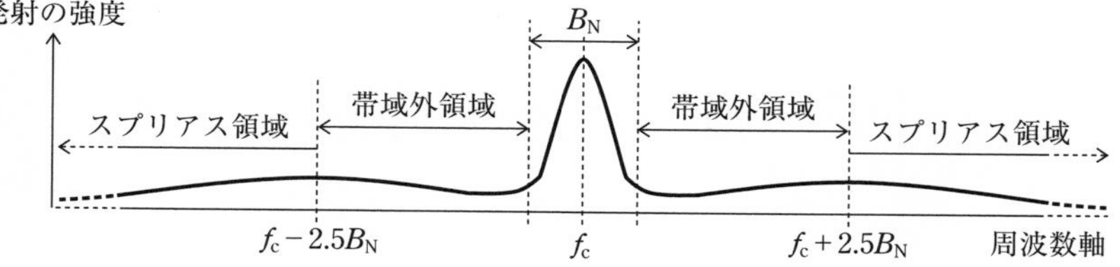

必要周波数帯域幅 B_N 及びスプリアス領域と帯域外領域の境界(イメージ図)

1　B_N	2　f_c	3　ない	4　ある
5　電力を積分した	6　帯域外領域	7　スプリアス領域	8　変調
9　無変調	10　中で電力が最大の		

解説　法令（電波法施行規則第２条、無線設備規則第７条）には、次のように定義されている。

「スプリアス発射」とは、必要周波数帯外における１又は２以上の周波数の電波の発射であって、そのレベルを情報の伝送に影響を与えないで低減することができるものをいい、高調波発射、低調波発射、寄生発射及び相互変調積を含み、帯域外発射を含まないものとする。

「スプリアス発射の強度の許容値」とは、無変調時において給電線に供給される周波数ごとのスプリアス発射の平均電力により規定される許容値をいう。

「帯域外領域」とは、必要周波数帯の外側の帯域外発射が支配的な周波数帯をいう。

「帯域外発射」とは、必要周波数帯に近接する周波数の電波の発射で情報の伝送のための変調の過程において生ずるものをいう。

「スプリアス領域」とは、帯域外領域の外側のスプリアス発射が支配的な周波数帯をいう。

「不要発射」とは、スプリアス発射及び帯域外発射をいう。

▶ **解答　ア－６　イ－７　ウ－８　エ－４　オ－５**

B－3　類 06(1)　03(1①)

次の記述は、無線送受信機で発生するひずみについて述べたものである。このうち正しいものを１、誤っているものを２として解答せよ。

ア　非直線ひずみのうち、混変調の原因になるのは主として奇数次（３次、５次、７次…）の変調積により発生するひずみである。

イ　一般に、周波数逓倍器として非直線ひずみを利用する増幅器は、Ａ級増幅器である。

ウ　直線ひずみは、利得（減衰量）の周波数特性が平坦でない減衰ひずみや伝搬時間が周波数に対して一定である群遅延ひずみの総称である。

エ　直線ひずみは、単一の周波数信号が非直線回路を通って高調波成分を生ずるときや、複数の周波数成分を持つ信号が非直線回路を通ってそれらの周波数の組合せによる周波数成分を生ずるときなどに発生する。

オ　増幅器の非直線性により生じる非直線ひずみを小さくする方法として正帰還を施すことなどがある。

解説 誤っている選択肢は次のようになる。

イ 一般に、周波数逓倍器として非直線ひずみを利用する増幅器は、**C 級増幅器**である。

ウ 直線ひずみは、利得（減衰量）の周波数特性が平坦でない減衰ひずみや伝搬時間が周波数に対して**一定でない**群遅延ひずみの総称である。

エ **非直線ひずみ**は、単一の周波数信号が非直線回路を通って高調波成分を生ずるときや、複数の周波数成分を持つ信号が非直線回路を通ってそれらの周波数の組合せによる周波数成分を生ずるときなどに発生する。

オ 増幅器の非直線性により生じる非直線ひずみを小さくする方法として**負帰還**を施すことなどがある。

▶ 解答 ア－1 イ－2 ウ－2 エ－2 オ－2

関連知識 周波数変調や位相変調された信号は、非直線回路によって振幅ひずみが発生しても変調信号にはひずみが生じないが、振幅変調された信号は変調信号にひずみが生じる。

B－4 03(1①)

次の記述は、図に示すマイクロ波用サーミスタ電力計の動作原理について述べたものである。□内に入れるべき字句を下の番号から選べ。ただし、サーミスタのマイクロ波における表皮効果及び直流電流計の内部抵抗は無視するとともに、導波管回路は整合がとれているものとする。

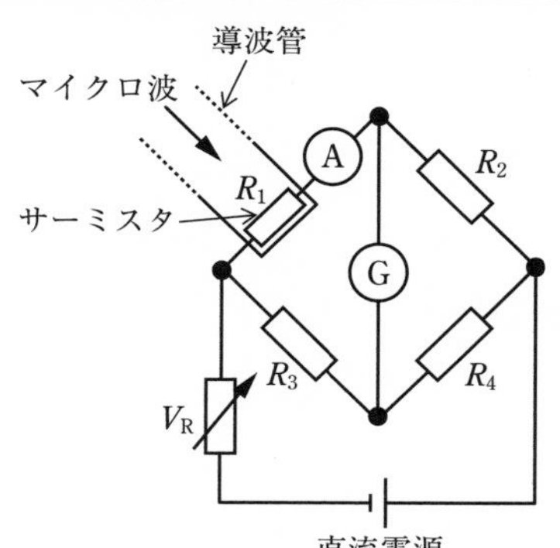

R_1～R_4：抵抗〔Ω〕
V_R：可変抵抗器〔Ω〕
A：直流電流計
G：検流計

(1) サーミスタ電力計は、［ア］程度までの電力の測定に適している。

(2) 導波管に取り付けられ、直流ブリッジ回路の一辺を構成しているサーミスタの抵抗 R_1 の値は、サーミスタに加わったマイクロ波電力及びブリッジの直流電流に応じて変化する。マイクロ波が加わらないとき、可変抵抗器 V_R により R_1 に流れる電流を調整してブリッジ回路の平衡をとる。このときの直流電流計の指示値を I_1〔A〕とすると、R_1 で消費される直流電力 P_1 は、次式で表される。

$P_1 =$ ［イ］〔W〕 …①

(3) マイクロ波を加えると、その電力に応じて R_1 の値が変化しブリッジ回路の平衡がくずれるので、再び V_R を調整して平衡をとる。このときの直流電流計の指示値を I_2〔A〕とすると、R_1 で消費される直流電力 P_2 は、次式で表される。

$P_2 =$ [ウ] 〔W〕 … ②

(4) 式①及び②より、マイクロ波電力 P_m は、次式で求められる。

$P_m = P_1 - P_2 =$ [エ] 〔W〕 … ③

(5) サーミスタは、周囲温度の影響を受けやすいので、適当な温度補償が必要である。また、サーミスタと導波管系との結合などに不整合があると、[オ] による測定誤差を生ずる。

1　10〔W〕	2　$I_1^2 R_2 R_4/R_3$	3　$I_2^2 R_2 R_3/R_4$
4　$(I_1^2 - I_2^2) R_2 R_3/R_4$	5　反射	6　10〔mW〕
7　$I_1^2 R_2 R_3/R_4$	8　$I_2^2 R_2 R_4/R_3$	9　$(I_1^2 - I_2^2) R_2 R_4/R_3$　10　透過

解説 マイクロ波を加えない状態で、V_R を変化させると回路を流れる電流が変化する。サーミスタの抵抗 R_1 を流れる電流による電力消費によって、サーミスタは発熱し抵抗値が変化する。各抵抗値が次式で表される条件のときにブリッジは平衡し、検流計の指示値は零となる。

$$\frac{R_1}{R_2} = \frac{R_3}{R_4} \quad \cdots (1)$$

Point
サーミスタが電力を吸収して発熱で生じる抵抗変化を抵抗ブリッジ回路で検出し、直流電力に置き換えて測定する

式(1)より、R_1 は次式で表される。

$$R_1 = \frac{R_2 R_3}{R_4} \text{〔Ω〕} \quad \cdots (2)$$

このとき、R_1 で消費される電力 P_1〔W〕は、R_1〔Ω〕を流れる電流を直流電流計で測定した値 I_1〔A〕より、次式で表される。

$$P_1 = I_1^2 R_1 = I_1^2 \frac{R_2 R_3}{R_4} \text{〔W〕} \quad \cdots (3)$$

マイクロ波を加えてサーミスタの温度が上昇すると抵抗 R_1 が減少するので、ブリッジの平衡がくずれる。次に V_R を調整してブリッジの平衡をとると、式(1)で表される値となる。このとき、R_1 を流れる電流 I_2〔A〕による電力 P_2〔W〕とマイクロ波電力 P_m〔W〕の和が、直流電流のみを加えたときの電力 P_1〔W〕と等しくなるので、次式が成り立つ。

$$P_1 = P_2 + P_m \text{〔W〕} \quad \cdots (4)$$

P_2〔W〕を求めると

$$P_2 = I_2^2 R_1 = I_2^2 \frac{R_2 R_3}{R_4} \text{〔W〕} \quad \cdots (5)$$

式(3)、式(4)、式(5)より、マイクロ波電力 P_m〔W〕は

$$P_m = P_1 - P_2 = (I_1^2 - I_2^2) \frac{R_2 R_3}{R_4} \text{〔W〕}$$

▶ **解答　ア－6　イ－7　ウ－3　エ－4　オ－5**

B－5 類 02(1) 30(7)

次の記述は、QPSK及びOQPSK(Offset QPSK)変調方式について述べたものである。[　　]内に入れるべき字句を下の番号から選べ。

(1) OQPSK変調波の包絡線の振幅変動は、QPSK変調波のそれに比べ[ア]することができ、電力効率が高く、線形性の低い電力増幅器の使用が可能である。

(2) 信号点配置を図に示すQPSK変調方式では、変調入力におけるIチャネルとQチャネルのベースバンド信号の極性が同時に変化したときは、QPSK変調波の位相が[イ]〔rad〕変化する。この変化は、信号点軌跡が原点を通ることである。この原点は、QPSK変調波の包絡線の振幅が[ウ]となることを表している。

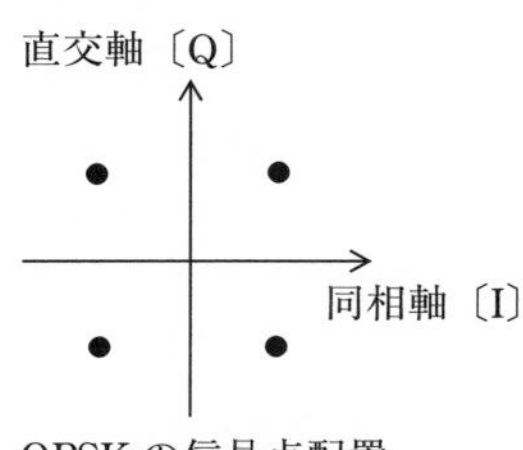

QPSKの信号点配置

(3) OQPSK変調方式では、変調入力におけるIチャネルとQチャネルのベースバンド信号を、互いに[エ]だけ時間的にオフセットしている。このためIチャネルとQチャネルのベースバンド信号の極性が同時に変化せず、OQPSK変調波の位相が変化する場合には、必ず[オ]の位相変化を生じることになるため、信号点軌跡は原点を通らない。

1　小さく　　2　1シンボル長　　3　0　　4　2π
5　$\pm\pi/2$〔rad〕　　6　大きく　　7　1シンボル長の半分　　8　最大値
9　π　　10　$\pm\pi/4$〔rad〕

▶ **解答　ア－1　イ－9　ウ－3　エ－7　オ－5**

出題傾向　下線の部分は、ほかの試験問題で穴埋めの字句として出題されている。

無線工学Ａ（令和４年７月期②）

A－1

次の記述は、図に示す我が国の標準テレビジョン放送のうち地上系デジタル放送の標準方式（ISDB-T）で規定されている、モード３における同期変調部のOFDMフレーム構成並びに等化について述べたものである。［　　］内に入れるべき字句の正しい組合せを下の番号から選べ。

(1) OFDMは多くのキャリアを用いて伝送しているが、周波数選択性フェージング等によりキャリアごとに振幅変動や位相回転が発生するため、振幅や位相をキャリアごとに補正し信号点を本来の位置に戻す等化が必要となる。

(2) 地上系デジタル放送では、図に示すとおりOFDMフレームに振幅・位相が一定の基準信号である分散パイロット信号SP（Scattered Pilot）が付加されており、最大ガードインターバル期間長［A］〔μs〕に対応する等化を可能としている。（ただし、有効シンボル期間長を1,008〔μs〕、ガードインターバル比を1/4とする。）

(3) SPは、周波数方向は12キャリアに１回、時間方向は４シンボルに１回挿入されており、シンボル方向に補間することで、補完フィルタの特性を考慮しなければ原理的には［B］キャリア間隔のSPによる［C］〔μs〕の範囲の等化が可能となり、SPを利用して各キャリアの振幅および位相の変動を推定し、等化に必要な伝達関数を作り出し除算することにより等化を行う。

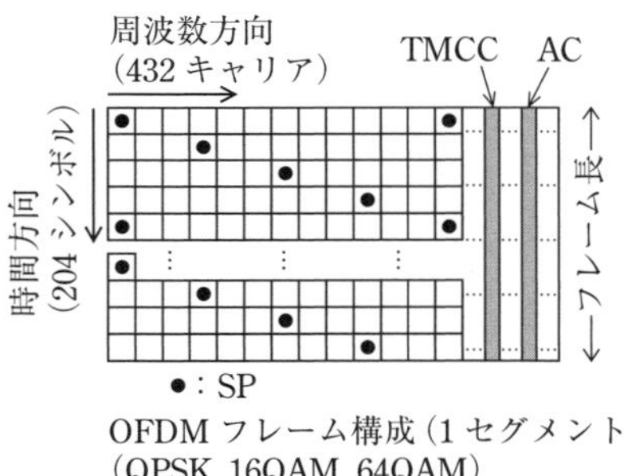

OFDMフレーム構成（1セグメント）
（QPSK, 16QAM, 64QAM）

TMCC：Transmission and Multiplexing Configuration Control
AC：Auxiliary Channel

	A	B	C
1	252	3	420
2	336	3	448
3	252	3	336
4	252	4	252
5	336	4	315

解説 有効シンボル期間長が1,008〔μs〕、ガードインターバル比が1/4の場合のガードインターバル期間長〔μs〕は

ガードインターバル期間長＝有効シンボル期間長×ガードタイムインターバル比

$$= 1{,}008 \times \frac{1}{4} = 252\ 〔\mu s〕$$

分散パイロット信号SPは、周波数方向は12キャリアに１回、時間方向は４シンボルに１回挿入されており、シンボル方向に補間することで、補完フィルタの特性を考慮しなければ原理的には、12/4＝3キャリア間隔のSPによる

$$\frac{\text{有効シンボル期間長}}{3} = \frac{1{,}008}{3} = 336\ 〔\mu\text{s}〕$$

の範囲の等化が可能となる。

▶ **解答　3**

A－2　類 03(7②)　03(1①)

次の記述は、図に示すBPSK信号及び16QAM信号の信号点間距離等について述べたものである。[　　]内に入れるべき字句の正しい組合せを下の番号から選べ。ただし、ピーク電力とは搬送波周波数帯における変調信号のピーク電力の事であり、負荷抵抗を1〔Ω〕、$\log_{10}2 = 0.3$、$\log_{10}3 = 0.5$ とする。

(1) 図1に示すBPSK信号の信号点間距離が a のとき、BPSK信号のピーク電力は、a を用いて[A]で表せる。

(2) 図2に示す16QAM信号の信号点間距離が b のとき、16QAM信号のピーク電力は、b を用いて[B]で表せる。

(3) 妨害に対する余裕度を一定にするため、図2の b を図1の a と等しくしたときの16QAM信号のピーク電力は、BPSK信号のピーク電力より、約[C]〔dB〕高くなる。

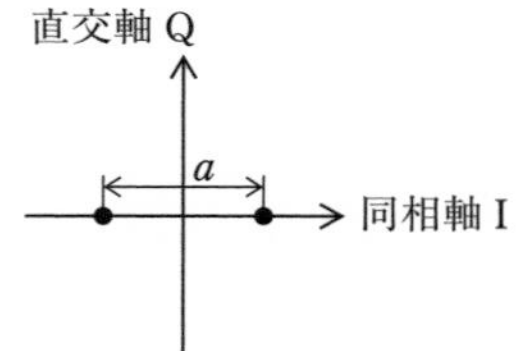

図1　BPSK信号空間ダイアグラム

直交軸 Q
b
同相軸 I

図2　16QAM信号空間ダイアグラム

	A	B	C
1	$a^2/4$	$9b^2/2$	13
2	$a^2/4$	$9b^2/4$	10
3	$a^2/8$	$9b^2/4$	13
4	$a^2/8$	$9b^2/2$	16
5	a^2	$9b^2/2$	7

解説　解説図に示すように、各信号の振幅は同相軸の原点から信号点までの長さで表される。BPSKの信号点間距離を a とすると、BPSKの振幅 V_B は

$$V_B = \frac{a}{2} \quad \cdots\ (1)$$

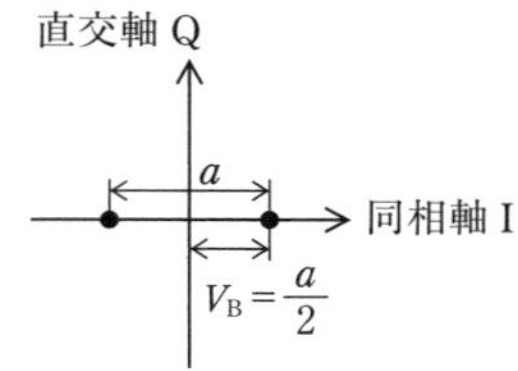

(a)　BPSK 信号空間ダイアグラム　　(b) 16QAM 信号空間ダイアグラム

搬送波周波数における負荷抵抗 1〔Ω〕の電力は実効値電圧の 2 乗に比例するので、BPSK 信号のピーク電力 P_B は

$$P_B = \left(\frac{V_B}{\sqrt{2}}\right)^2 = \left(\frac{a}{2\sqrt{2}}\right)^2 = \frac{a^2}{8} \quad \cdots \ (2)$$

16QAM の信号点間距離を b とすると、16QAM の最大振幅 V_Q は

$$V_Q = \frac{3b}{2} \times \sqrt{2} = \frac{3b}{\sqrt{2}} \quad \cdots \ (3)$$

16QAM のピーク電力 P_Q は

$$P_Q = \left(\frac{V_Q}{\sqrt{2}}\right)^2 = \left(\frac{3b}{\sqrt{2} \times \sqrt{2}}\right)^2 = \frac{9b^2}{4} \quad \cdots \ (4)$$

信号点間距離を $b = a$ としたときの 16QAM と BPSK のピーク電力の比は、式 (4) と式 (2) より

$$\frac{P_Q}{P_B} = \frac{9b^2}{4} \times \frac{8}{a^2} = 18$$

デシベルで求めると

$$10 \log_{10} 18 = 10 \log_{10} (2 \times 3^2) = 10 \log_{10} 2 + 2 \times 10 \log_{10} 3$$
$$= 3 + 10 = 13 \text{〔dB〕}$$

▶ **解答　3**

A－3

次の記述は、FSK 変調方式について述べたものである。［　　］内に入れるべき字句の正しい組合せを下の番号から選べ。

(1) FSK 変調において、2 値のデジタル信号が“0”のときの周波数を f_1、位相を ϕ_1、“1”のときの周波数を f_2、位相を ϕ_2 とすると、FSK により変調された信号はそれぞれ $S_0(t) = A\cos(2\pi f_1 t + \phi_1)$、$S_1(t) = A\cos(2\pi f_2 t + \phi_2)$ となる。(A は振幅)

(2) ここで、$S_0(t)$ と $S_1(t)$ がたがいに干渉しない（直交する）条件は、シンボル長を T とすると次式が成り立つ必要がある。

$$\int_0^T S_0(t)\,S_1(t)\,dt = \frac{A^2}{2}\int_0^T [\cos\{2\pi(f_1+f_2)t+\phi_1+\phi_2\}]\,dt$$

$$+\frac{A^2}{2}\int_0^T [\cos\{2\pi(f_1-f_2)t+\phi_1-\phi_2\}]\,dt = 0$$

(3) f_1 と f_2 は十分大きいので第 1 項は無視できるとし、信号切り替え時（積分開始点 $t=0$）では位相が連続（$\phi_1=\phi_2$）とすると、第 2 項が 0 となるための直交条件は $2\pi(f_1-f_2)T=$ [A]（n は任意の整数）である。ここで、$(f_1-f_2)T$ は変調指数を表しており、直交条件を満足し周波数スペクトルの広がりが最も小さい変調指数 [B] の位相連続 FSK を MSK と呼ぶ。

(4) MSK は FSK のなかで最も帯域幅が狭くてすむ信号であるが、ベースバンド信号にガウスフィルタをかけて MSK 変調を行う方式を GMSK（Gaussian filtered MSK）と呼び、MSK の利点を生かしつつさらに [C] が図れる。

	A	B	C
1	$\{1/2+(n-1)\}\pi$	0.5	狭帯域化
2	$\{1/2+(n-1)\}\pi$	0.25	狭帯域化
3	$\{1/2+(n-1)\}\pi$	0.25	誤り率特性の向上
4	$n\pi$	0.5	狭帯域化
5	$n\pi$	0.5	誤り率特性の向上

解説 問題 (2) の式において、$\phi_1=\phi_2$ のとき右辺の第 2 項は

$$\int_0^T \cos\{2\pi(f_1-f_2)t\}\,dt = \left[\frac{1}{2\pi(f_1-f_2)}\sin\{2\pi(f_1-f_2)t\}\right]_0^T$$

$$=\frac{1}{2\pi(f_1-f_2)}\sin\{2\pi(f_1-f_2)T\} \quad \cdots (1)$$

sin 関数は 0、$n\pi$ のときに 0 となるので、式 (1) が 0 になる直交条件は

$$2\pi(f_1-f_2)T = n\pi \quad \cdots (2)$$

変調指数 $m=(f_1-f_2)T$ が最も小さくなるのは、式 (2) において $n=1$ のときなので

$$2\pi(f_1-f_2)T=\pi$$

そのとき、変調指数 m は次式となる。

$$m=(f_1-f_2)T=\frac{1}{2}=0.5$$

▶ **解答 4**

数学の公式

$$\frac{d}{d\theta}\sin a\theta = a\cos a\theta$$

$$\int \cos a\theta\, d\theta = \frac{1}{a}\sin a\theta \qquad \text{（積分定数は省略）}$$

A－４ 02(11①)

次の記述は、図に示す構成例によるデジタル処理型の AM (A3E) 送信機の動作原理について述べたものである。[　　]内に入れるべき字句の正しい組合せを下の番号から選べ。ただし、PA-1 ～ PA-23 は、それぞれ同一の電力増幅器 (PA) であり、100％変調時には、全ての PA が動作するものとし、D/A 変換の役目をする電力加算部、帯域フィルタ (BPF) は、理想的に動作するものとする。また、搬送波を波形整形した矩形波の励振入力が加えられた各 PA は、デジタル信号のビット情報により制御されるものであり、MSB は最上位ビット、LSB は最下位ビットである。なお、同じ記号の[　　]内には、同じ字句が入るものとする。

(1) 入力の音声信号に印加される直流成分は、無変調時の[A]を決定する。

(2) 直流成分が印加された音声信号は、12 ビットのデジタル信号に変換され、おおまかな振幅情報を表す[B]側の 4 ビットと細かい振幅情報を表す[C]側の 8 ビットに分けられる。[B]側の 4 ビットは、エンコーダにより符号変換され、PA-1 ～ PA-15 に供給される。[C]側の 8 ビットは、符号変換しないで PA-16 ～ PA-23 に供給される。

(3) PA-16 ～ PA-23 の出力は、図に示すように電力加算部のトランスの巻線比を変えて PA の負荷インピーダンスを変化させることにより、それぞれ 1/2、1/4、1/8、1/16、1/32、1/64、1/128、1/256 に重み付けされ、電力加算部で PA-1 ～ PA-15 の出力と合わせて電力加算される。その加算された出力は、BPF を通すことにより、振幅変調 (A3E) された送信出力となる。

(4) 送信出力における無変調時の搬送波出力電力を 800〔W〕とした場合、PA-1 ～ PA-15 それぞれが分担する 100％変調時の尖頭（ピーク）電力は、約[D]〔W〕となる。

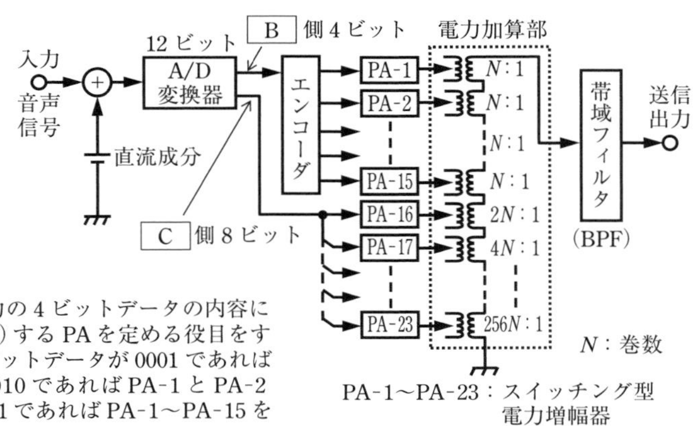

	A	B	C	D
1	電力効率	LSB	MSB	200
2	電力効率	MSB	LSB	100
3	送信出力	MSB	LSB	100
4	送信出力	MSB	LSB	200
5	送信出力	LSB	MSB	100

 大まかな振幅情報は入力デジタル信号のうち MSB 側の上位 4 ビット、細かい振幅情報は LSB 側の下位 8 ビットに分けられる。

PA-16～PA-23 は 1/2 から 1/256 に重み付けされているので、それらの電力の合成値 P_A は

$$P_A = \frac{1}{2} + \frac{1}{4} + \frac{1}{8} + \frac{1}{16} + \frac{1}{32} + \frac{1}{64} + \frac{1}{128} + \frac{1}{256} \fallingdotseq 1$$

振幅変調では 100〔%〕変調時の先頭（ピーク）電圧は搬送波電圧の 2 倍となる。電圧の 2 乗と電力は比例するので、このときの先頭電力は搬送波電力の 4 倍となる。

搬送波電力が 800〔W〕のときの尖頭電力は 3,200〔W〕となるが、これを PA-1～PA-15 までの 15 台に加えて、PA-16～PA-23 の合成電力 P_A が PA-1～PA-15 の各 1 台分の電力 P_A を負担するので、PA-1～PA-15 の 1 台分の負担は 1/16 となる。よって、3,200/16 = 200〔W〕である。

▶ **解答 4**

出題傾向 下線の部分は、ほかの試験問題で穴埋めの字句として出題されている。

A－5 02(11②)

$e = A(1 + m \sin pt)\sin \omega t$〔V〕で表される振幅変調（A3E）波電圧を二乗検波器に入力したとき、出力の検波電流 i は、$i = ke^2$〔A〕で表すことができる。この検波電流 i に含まれる信号波成分と信号波の第 2 高調波成分の大きさを表す式の組み合わせとして、正しいものを下の番号から選べ。ただし、A〔V〕は搬送波の振幅、m は、$m \times 100$〔%〕として e の変調度、p〔rad/s〕は信号波の角周波数、ω〔rad/s〕は搬送波の角周波数、k は定数を表すものとし、また、$\cos 2x = 1 - 2\sin^2 x$ である。

	信号波成分	第 2 高調波成分
1	kA^2m	$k^2A^2m^2/4$
2	kA^2m	$kA^2m^2/4$
3	k^2Am	$k^2Am^2/4$
4	k^2A^2m	$k^2A^2m^2/4$
5	k^2A^2m	$kA^2m^2/4$

解説　振幅変調波 e の二乗検波器の出力電流 i〔A〕は次式で表される。

$$i = ke^2 = k\{A(1+m\sin pt)\sin\omega t\}^2$$
$$= kA^2(1+m\sin pt)^2 \times \sin^2\omega t$$
$$= kA^2(1+2m\sin pt + m^2\sin^2 pt) \times \frac{1-\cos 2\omega t}{2} \text{〔A〕} \quad \cdots (1)$$

式(1)において、直流成分及び低周波成分 i_S〔A〕は次式で表される。

$$i_S = \frac{kA^2}{2}(1+2m\sin pt + m^2\sin^2 pt)$$
$$= \frac{kA^2}{2}\left(1+2m\sin pt + m^2 \times \frac{1-\cos 2pt}{2}\right) \text{〔A〕} \quad \cdots (2)$$

式(2)の信号波成分の大きさ I_1〔A〕は次式で表される。

$$I_1 = \frac{kA^2}{2} \times 2m = kA^2 m \text{〔A〕}$$

式(2)の第２高調波成分の大きさ I_2〔A〕は次式で表される。

$$I_2 = \frac{kA^2}{2} \times \frac{m^2}{2} = \frac{kA^2 m^2}{4} \text{〔A〕}$$

▶ **解答　2**

A－6　類 02(11②)　02(1)

次の記述は、BPSK 信号等の復調（検波）方式である遅延検波方式について述べたものである。[　　]内に入れるべき字句の正しい組合せを下の番号から選べ。なお、同じ記号の[　　]内には、同じ字句が入るものとする。

(1) 遅延検波方式は、基準搬送波再生回路を必要としない復調方式であり、１シンボル[A]の変調されている搬送波を基準搬送波として位相差を検出する。
(2) 遅延検波方式は、送信側において必ず[B]符号化を行わなければならない。
(3) 遅延検波方式は、受信信号をそのまま基準搬送波として用いるので、基準搬送波も情報信号と同程度に雑音で劣化させられており、理論特性上、同じ C/N に対してビット誤り率の値が同期検波方式に比べて大きい。また、[B]符号化を施した DBPSK 変調と DQPSK 変調では、同じ C/N におけるビット誤り率特性は[C]変調の方が悪い。

	A	B	C
1	後	差動	DBPSK
2	後	帯域分割	DBPSK
3	後	帯域分割	DQPSK
4	前	帯域分割	DQPSK
5	前	差動	DQPSK

▶ 解答 5

出題傾向　誤っている選択肢を答える問題も出題されている。

A－7　31(1)

次の記述は、FM (F3E) 受信機のスレッショルドレベルについて述べたものである。□内に入れるべき字句の正しい組合せを下の番号から選べ。ただし、受信機の内部雑音電力を p_{ni}〔W〕、スレッショルドレベルを p_{th}〔W〕とし、$\log_{10} 2 = 0.3$ とする。

(1) 受信機復調出力の信号電力対雑音電力比 (S/N) は、受信入力 (搬送波) のレベルを小さくしていくと、あるレベル以下で急激に低下し、AM (A3E) よりかえって悪くなってしまう。このような状態の起こり始める点をスレッショルドといい、そのときの受信入力レベルをスレッショルドレベルという。

(2) スレッショルドは、搬送波の尖頭電圧と雑音の尖頭電圧が等しくなる点であり、搬送波の尖頭電圧は実効値の＋3〔dB〕、連続雑音の尖頭電圧は実効値の＋12〔dB〕であるから、それぞれの実効値を E_C 及び E_N とすると、E_C と E_N の関係は［A］となり、p_{ni} と p_{th} との関係は［B］になる。このことからスレッショルドレベルは内部雑音電力より［C］〔dB〕高い受信入力レベルとなることがわかる。

	A	B	C
1	$E_C = 8E_N$	$p_{th} = 2\sqrt{2}\,p_{ni}$	6
2	$E_C = 8E_N$	$p_{th} = 8p_{ni}$	9
3	$\sqrt{2}\,E_C = 4E_N$	$p_{th} = 8p_{ni}$	9
4	$\sqrt{2}\,E_C = 4E_N$	$p_{th} = 2\sqrt{2}\,p_{ni}$	9
5	$\sqrt{2}\,E_C = 4E_N$	$p_{th} = 2\sqrt{2}\,p_{ni}$	6

解説　搬送波電圧の実効値を E_C〔V〕とすると尖頭値は $E_{Cm} = \sqrt{2}\,E_C$〔V〕で表される。雑音電圧の実効値を E_N〔V〕とすると、尖頭値は $E_{Nm} = 4E_N$〔V〕で表される。スレッショルドレベルはこれらの尖頭値が等しいときなので、次式の関係がある。

$$\sqrt{2}\,E_C = 4E_N \quad \cdots (1)$$

電力で表すと、p_{th} は $E_C{}^2$ に比例し、p_{ni} は $E_N{}^2$ に比例するので次式が成り立つ。

$$\sqrt{2} \times \sqrt{p_{th}} = 4 \times \sqrt{p_{ni}} \quad \cdots (2)$$

両辺を2乗すると

$$2p_{th} = 16p_{ni} \quad \text{よって} \quad p_{th} = 8p_{ni} \quad \cdots (3)$$

式(3)より C/N〔dB〕を求めると

$$C/N = 10\log_{10}\frac{p_{th}}{p_{ni}} = 10\log_{10}8 = 10\log_{10}2^3 = 3\times 10\log_{10}2 = 9\text{〔dB〕}$$

▶ **解答　3**

出題傾向　下線の部分は、ほかの試験問題で穴埋めの字句として出題されている。また、選択肢Bの正しい数値が$\sqrt{2}\times\sqrt{p_{th}} = 4\times\sqrt{p_{ni}}$となっている問題も出題されている。

A－8　類 02(11②)　31(1)

次の記述は、AM(A3E) スーパヘテロダイン受信機において生ずることのある、相互変調及び混変調について述べたものである。□内に入れるべき字句の正しい組合せを下の番号から選べ。

(1) 妨害波の周波数がf_1〔Hz〕及びf_2〔Hz〕のとき、回路の非直線性によって生ずる周波数成分のうち、$2f_1-f_2$〔Hz〕及び$2f_2-f_1$〔Hz〕は［A］の相互変調積の周波数成分である。

(2) 混変調は、希望波を受信している受信機に通過帯域外にある強力な妨害波が混入したとき、回路の非直線性によって生じた混変調積により、妨害波の変調信号成分で希望波の搬送波が［B］を受ける現象である。

(3) 希望波の搬送波の周波数がf_d〔Hz〕、妨害波の搬送波の周波数がf_u〔Hz〕、妨害波の変調信号の周波数がf_m〔Hz〕及び妨害波の側波帯成分の周波数がf_u+f_m〔Hz〕のとき、周波数成分［C］〔Hz〕の３次の混変調積が生ずる。

	A	B	C
1	3次	抑圧	$f_d \pm f_u$
2	3次	変調	$f_d \pm f_m$
3	3次	変調	$f_d \pm f_u$
4	5次	変調	$f_d \pm f_m$
5	5次	抑圧	$f_d \pm f_m$

解説　2波3次の相互変調積成分はf_1+2f_2、f_2+2f_1、$2f_1-f_2$、$2f_2-f_1$の四つの相互変調波が発生するが、このうち、近接周波数で問題となるのは$2f_1-f_2$、$2f_2-f_1$である。

▶ **解答　2**

出題傾向　2波5次の相互変調積成分についても出題されている。

A－9 類 03(1①) 02(1)

次の記述は、鉛蓄電池の一般的な充電方法について述べたものである。このうち誤っているものを下の番号から選べ。

1 準定電流充電は、直流電源と電池との間に抵抗を直列に入れて充電電流を制限する方法である。充電電流は初期には大きいが過大ではなく、また、終期には所定値以下になるようにセットできる。

2 定電圧充電は、充電器の出力電圧を一定電圧に保って充電する方法であり、充電電流は初期に大きく徐々に低下する。

3 定電流・定電圧充電は、充電の初期及び中期は定電流で比較的急速に充電し、その後定電圧に切り換え充電する方法である。

4 浮動充電は、整流電源(直流電源)に対して負荷と電池が並列に接続された状態で、負荷を使用しつつ充電する。

5 トリクル充電は、負荷に対して整流電源(直流電源)と電池を並列に接続された状態で、負荷電流に近い電流で絶えず充電することで、負荷の変動を電池で吸収しつつ、常に充電状態に保っておく方式である。

解説 誤っている選択肢は次のようになる。

5 トリクル充電では、電池を停電時の予備電源とし、停電時のみ電池を負荷に接続するという使い方において、電池が負荷に接続されていないときは、常に充電状態に保っておくため、自己放電電流に近い電流で絶えず充電する。

▶ **解答 5**

A－10 03(7①) 類 02(11①)

次の記述は、電源回路に用いるツェナー・ダイオード(D_Z)に関して述べたものである。このうち誤っているものを下の番号から選べ。

1 定電圧特性を利用するためには、通常、逆バイアス電圧で動作させる。

2 D_Z の定格には、ツェナー電圧、許容電力損失などが規定されている。

3 原理的に、正の温度係数の D_Z に直列に負の温度係数のシリコン・ダイオードを接続して温度特性を改善することができる。

4 一般的傾向として、ツェナー電圧が 5 ～ 6〔V〕より高い D_Z は負の温度係数、またツェナー電圧が 5 ～ 6〔V〕より低い D_Z は正の温度係数となる。

5 D_Z の逆方向特性は、主にトンネル効果とアバランシェ効果の影響を受けるが、一般的にツェナー電圧が 5 ～ 6〔V〕より低いとトンネル効果が支配的となる。

解説 誤っている選択肢は次のようになる。

4　一般的傾向として、ツェナー電圧が５～６〔V〕より高い D_Z は**正の温度係数**、またツェナー電圧が５～６〔V〕より低い D_Z は**負の温度係数**となる。

▶ **解答　4**

A－11

次の記述は、航法援助施設や着陸用援助施設等の航空用無線施設について述べたものである。このうち誤っているものを下の番号から選べ。

1　DME（Distance Measuring Equipment）は、航空機から発射されたパルス（質問信号）に対して、地上局が異なる周波数のパルス（応答信号）を航空機に送り返すことで、信号の往復に要した時間より航空機と地上局間の距離を測定する。

2　SBAS（Satellite-Based Augmentation System）は、静止衛星からディファレンシャル補正情報等のGPSの補強信号を放送することで、航空路からターミナル進入フェーズまで広い範囲にわたって測位精度を向上させる。

3　GBAS（Ground-Based Augmentation System）は、地上施設からGPSの測位精度や完全性を向上させる補強信号や最終進入降下経路信号等をVHF帯で送信することで、GPSによる空港への精密進入を補助する。

4　ILS（Instrument Landing System）は、UHF帯の電波により滑走路の中心線の延長上からの水平方向のずれの情報を与えるローカライザー、VHF帯の電波により設定された進入角からの垂直方向のずれの情報を与えるグライド・パス及びVHF帯の電波により滑走路進入端からの距離の情報を与えるマーカ・ビーコンで構成され、最終進入中の航空機に滑走路に対する正確な進入経路を示す。

5　マルチラテレーションシステムは、航空機のトランスポンダから送信される信号を３カ所以上の受信局で受信し、受信時刻の差から航空機の位置を算出する監視システムで、飛行場面監視においては空港面探知レーダーと比べてブラインドエリアが解消される。

解説 誤っている選択肢は、次のようになる。

4　ILS（Instrument Landing System）は、**VHF帯**の電波により滑走路の中心線の延長上からの水平方向のずれの情報を与えるローカライザー、**UHF帯**の電波により設定された進入角からの垂直方向のずれの情報を与えるグライド・パス及びVHF帯の電波により滑走路進入端からの距離の情報を与えるマーカ・ビーコンで構成され、最終進入中の航空機に滑走路に対する正確な進入経路を示す。

▶ **解答　4**

関連知識　VHF 帯は超短波帯とも呼ばれ 30 ～ 300〔MHz〕の周波数帯、UHF 帯は極超短波帯とも呼ばれ 300 ～ 3,000〔MHz〕の周波数帯である。
ローカライザーは 108 ～ 112〔MHz〕の VHF 帯、グライド・パスは 329 ～ 335〔MHz〕の UHF 帯、マーカ・ビーコンは 75〔MHz〕の VHF 帯の周波数の電波が用いられている。

A－12

類 05(7②)　類 03(7①)　31(1)

レーダー方程式を用いて求めたパルスレーダーの最大探知距離の値として、正しいものを下の番号から選べ。ただし、送信尖頭出力を 1,000〔W〕、物標の有効反射断面積を π^2〔m^2〕、アンテナの利得及び実効面積をそれぞれ 30〔dBi〕及び 1.6〔m^2〕とし、物標は、受信機の受信電力が－80〔dBm〕以上のとき探知できるものとする。また、1〔mW〕を 0〔dBm〕とする。

1　10〔km〕　2　20〔km〕　3　50〔km〕　4　100〔km〕　5　200〔km〕

解説　送信せん頭出力電力を P〔W〕、アンテナの利得を $G=10^3$（30〔dB〕の真数）、受信電力が $P_R=10^{-8}$〔mW〕$=10^{-11}$〔W〕（－80〔dBm〕の真数）のときの最大探知距離を R〔m〕とすると、物標の位置における受信電力密度 W_R〔W/m^2〕は

$$W_R=\frac{P_T G}{4\pi R^2}\ \text{〔W/m}^2\text{〕}\quad\cdots\ (1)$$

物標の有効反射断面積を σ〔m^2〕とすると、物標から再放射される電力 P_S〔W〕は

$$P_S=W_R\sigma\ \text{〔W〕}\quad\cdots\ (2)$$

受信アンテナの実効面積を A_e〔m^2〕とすると、式(1)、式(2)より受信電力 P_R〔W〕は

$$P_R=\frac{P_S A_e}{4\pi R^2}=\frac{P_T G\sigma}{4\pi R^2}\times\frac{A_e}{4\pi R^2}=\frac{P_T G\sigma A_e}{4^2\pi^2 R^4}\ \text{〔W〕}\quad\cdots\ (3)$$

式(3)より、最大探知距離 R を求めると

$$R=\left(\frac{P_T G\sigma A_e}{4^2\pi^2 P_R}\right)^{\frac{1}{4}}=\left(\frac{10^3\times10^3\times\pi^2\times1.6}{16\times\pi^2\times10^{-11}}\right)^{\frac{1}{4}}=(10^{16})^{\frac{1}{4}}$$

$$=10^4\ \text{〔m〕}=10\ \text{〔km〕}$$

▶ **解答　1**

出題傾向　アンテナ利得はアンテナの実効面積から誘導することができるので、アンテナ利得が問題に与えられない問題も出題されている。

A－13

類 04(1②)　03(1②)

次の記述は、衛星通信に用いる SCPC 方式について述べたものである。□内に入れるべき字句の正しい組合せを下の番号から選べ。

(1) 音声信号の一つのチャネルに対して［ A ］の搬送波を割り当て、一つの中継器の帯域内に複数の異なる周波数の搬送波を等間隔に並べる方式で、［ B ］多元接続方式の一つである。

(2) 要求割当て（デマンドアサインメント）方式は、固定割当て（プリアサインメント）方式に比べて、通信容量が［ C ］多数の地球局が衛星の中継器を共同使用する場合、回線の利用効率が高い。

	A	B	C
1	複数	時分割	大きい
2	複数	時分割	小さい
3	一つ	周波数分割	大きい
4	一つ	時分割	大きい
5	一つ	周波数分割	小さい

解説 SCPC方式はSingle Channel Per Carrierの略語で、一つのチャネルに対して一つの搬送波を割り当てる方式である。

固定割当て（プリアサイメント）方式は、あらかじめ定められた容量の回線を固定的に割り当てる方式である。陸上の固定地点間の通信を行う大容量固定衛星通信システムなどの、トラヒックが一定のシステムに用いられている。

要求割当て（デマンドアサイメント）方式は、発信する地球局がそのときに必要なトラヒックに応じて回線の割当てを要求する方式である。制御は複雑になるが効率の高い回線を構成することができる。通信容量が小さい多数の地球局が衛星の中継器を共同使用する場合に、回線の利用効率が高くなる。

▶ **解答　5**

A－14　類05（7②）03（7①）

次の記述は、雑音が重畳しているBPSK信号を理想的に同期検波したときに発生するビット誤り等について述べたものである。［　　］内に入れるべき字句の正しい組合せを下の番号から選べ。ただし、BPSK信号を識別する識別回路において、図のように符号が“0”のときの平均振幅値を A〔V〕、“1”のときの平均振幅値を $-A$〔V〕として、分散が σ^2〔W〕で表されるガウス分布の雑音がそれぞれの信号に重畳しているとき、符号が“0”のときの振幅 x の確率密度を表す関数を $P_0(x)$、“1”のときの振幅 x の確率密度を表す関数を $P_1(x)$ 及びビット誤り率を P とする。なお、負荷抵抗を1〔Ω〕とする。

(1) 図に示すように、雑音がそれぞれの信号に重畳しているときの振幅の正負によって、符号が"0"か"1"かを判定するものとするとき、ビット誤り率Pは、符号"0"と"1"が現れる確率を1/2ずつとすれば、判定点($x=0$〔V〕)からはみ出す面積P_0及びP_1により次式から算出できる。$P=(1/2)\times($ A $)$

(2) 誤差補関数(erfc)を用いるとPは、$P=(1/2)\times\{\mathrm{erfc}(A/\sqrt{2\sigma^2})\}$で表せる。同式中の$(A/\sqrt{2\sigma^2})$は、$(\sqrt{A^2/(2\sigma^2)})$であり、搬送波周波数帯における搬送波電力は$A^2/2$、雑音電力は$\sigma^2$であるから、それらの比である$CNR$(真数)を用いて$(\sqrt{A^2/(2\sigma^2)})$を表すと、(B)となる。また、この$CNR$をベースバンドにおける信号電力と雑音電力の比であるSNRと比較すると理論的にCNRの方が3〔dB〕 C 値となる。

	A	B	C
1	P_0+P_1	$\sqrt{CNR/2}$	高い
2	P_0+P_1	$\sqrt{CNR}$	低い
3	P_0+P_1	$\sqrt{CNR}$	高い
4	$P_0\times P_1$	$\sqrt{CNR}$	低い
5	$P_0\times P_1$	$\sqrt{CNR/2}$	高い

解説 ビット誤り率Pは、符号"0"又は"1"の識別点を超える確率が占める面積の和P_0+P_1の1/2で表される。

搬送波電力と雑音電力の比のCNRは

$$CNR=\frac{A^2/2}{\sigma^2}=\frac{A^2}{2\sigma^2}$$

よって $\sqrt{\dfrac{A^2}{2\sigma^2}}=\sqrt{CNR}$

▶ **解答 2**

出題傾向 下線の部分は、ほかの試験問題で穴埋めの字句として出題されている。また、選択肢BをSNRで表す$(\sqrt{SNR/2})$問題も出題されている。

A−15 03(1①)

次の記述は、図に示す矩形波パルス列とその振幅スペクトルについて述べたものである。 内に入れるべき字句の正しい組合せを下の番号から選べ。ただし、矩形波パルスのパルス幅をT_P〔s〕、振幅をE〔V〕、繰返し周期をT〔s〕とする。

(1) 矩形波パルス列の直流成分はET_P/T〔V〕であり、基本周波数$f_0 = 1/T$の整数倍の周波数成分をもつ振幅スペクトルの包絡線$G(f)$は、周波数をf〔Hz〕として、$G(f) = (2ET_P/T) \times$ [A]〔V〕で表せる。

(2) $G(f)$の大きさが最初に零(ヌル点)になる周波数f_zが$5f_0$〔Hz〕のとき、Tの値は[B]〔s〕である。

(3) T_Pが同一でTの値を小さくしていくと振幅スペクトルの周波数間隔は[C]なっていく。

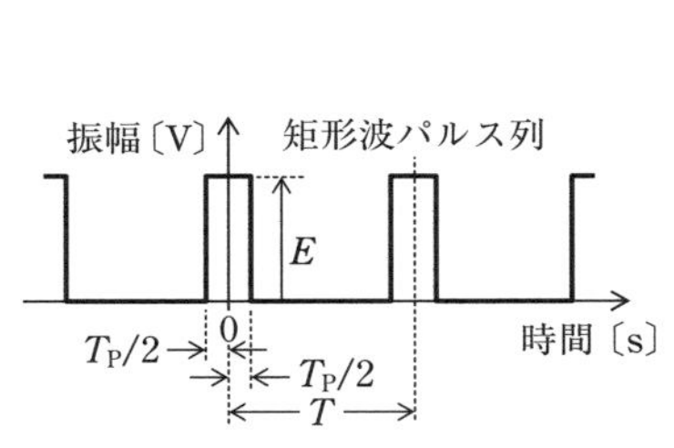

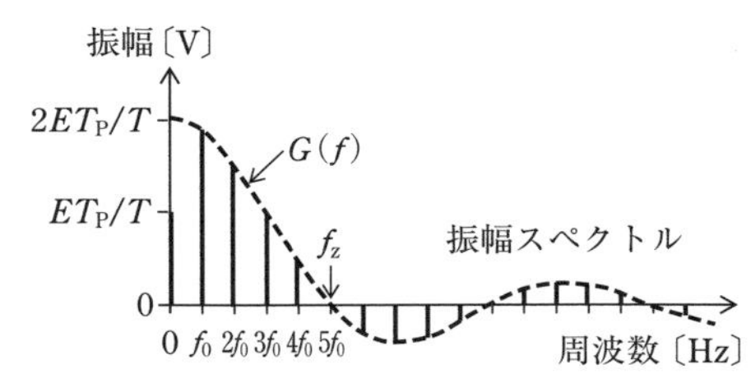

	A	B	C
1	$\dfrac{\sin(\pi f T_P)}{\pi f T_P}$	$5T_P$	広く
2	$\dfrac{\sin(\pi f T_P)}{\pi f T_P}$	$5T_P$	狭く
3	$\dfrac{\sin(\pi f T_P)}{\pi f T_P}$	$5/T_P$	狭く
4	$\dfrac{\pi f T_P}{\sin(\pi f T_P)}$	$5T_P$	広く
5	$\dfrac{\pi f T_P}{\sin(\pi f T_P)}$	$5/T_P$	狭く

解説 問題図のパルス波形は、周期T〔s〕を持つ周期波形である。周期波形を表す周期関数はフーリエ級数を用いて展開式で表すことができる。

方形波パルス列の直流成分は、問題図のパルスの面積ET_Pを周期Tで割れば求めることができるのでf_0（$=1/T$）を掛けて求めている。

方形波パルス列をスペクトルに展開したときの包絡線は

$$G(f) = 2Ef_0T_P \times \frac{\sin(\pi f T_P)}{\pi f T_P} \quad \cdots (1)$$

となる。式(1)は$f \fallingdotseq 0$のとき$\{\sin(\pi f T_P)\}/(\pi f T_P)$の値が1となり、$G(f)$はsin関数なので周期的に零になるが、最初に$\sin(\pi f T_P) = 0$になるヌル点$f_z$は、$\pi f_z T_P = \pi$のときなので

$$f_z = nf_0 = \frac{1}{T_P} \quad よって \quad 5f_0 = 5 \times \frac{1}{T} = \frac{1}{T_P}$$

となるので $T = 5T_P$ となる。

$T = 1/f_0 = nT_P$ の関係があるので、T_P が同一で T の値を小さくしていくと n が小さくなるので、f_0 が大きくなってスペクトルの周波数間隔は広くなる。

▶ **解答 1**

A−16 05(7②)

次の記述は、デジタル信号処理等で用いられる移動平均フィルタの特性等について述べたものである。[　　]内に入れるべき字句の正しい組合せを下の番号から選べ。ただし、n は整数、ω〔rad〕を正規化角周波数、$2\cos(\omega) = e^{j\omega} + e^{-j\omega}$ とする。

(1) 移動平均フィルタはインパルス応答が有限長の FIR (Finite Impulse Response) フィルタの一種であり、一般的に[A]フィルタの特性を持っている。

(2) 図に示す3点移動平均フィルタにおいて、インパルス応答を $h(n) = 1/3,\ n = 0, 1, 2\ \{h(n) = 0,\ n < 0,\ n > 2\}$、入力信号を $x(n)$ とすると、出力信号 $y(n)$ はインパルス応答の畳み込み和による差分方程式として①で表せる。

$$y(n) = \sum_{k=0}^{2} \frac{1}{3} x(n-k) = \frac{1}{3} x(n) + \frac{1}{3} x(n-1) + \frac{1}{3} x(n-2)$$

$$= \frac{1}{3} \{x(n) + x(n-1) + x(n-2)\} \quad \cdots ①$$

(3) ①を z 変換すると②となるため、伝達関数 $H(z)$ は③となり、$z = e^{j\omega}$ とすることで周波数特性 $H(e^{j\omega})$ が求められる。

$$Y(z) = \frac{1}{3} \{X(z) + X(z) z^{-1} + X(z) z^{-2}\} = \frac{1}{3} (1 + z^{-1} + z^{-2}) X(z) \quad \cdots ②$$

$$H(z) = \frac{Y(z)}{X(z)} = \frac{1}{3} (1 + z^{-1} + z^{-2}) \quad \cdots ③$$

(4) $H(e^{j\omega})$ を極座標表現すると $|H(e^{j\omega})|\, e^{j\theta(\omega)}$ であり、振幅特性 $|H(e^{j\omega})| =$ [B]、位相特性 $\theta(\omega) =$ [C] となる。

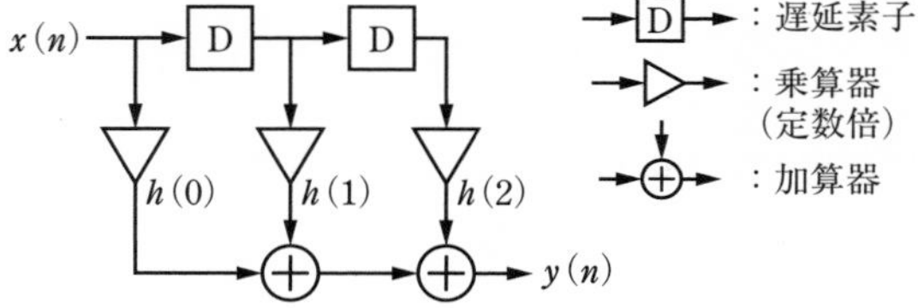

	A	B	C
1	ローパス	$\left\|\dfrac{1+2\cos(\omega)}{3}\right\|$	$+\omega$
2	ローパス	$\left\|\dfrac{1+2\cos(\omega)}{3}\right\|$	$-\omega$
3	ローパス	$\left\|\dfrac{1-2\cos(\omega)}{3}\right\|$	$+\omega$
4	ハイパス	$\left\|\dfrac{1-2\cos(\omega)}{3}\right\|$	$-\omega$
5	ハイパス	$\left\|\dfrac{1-2\cos(\omega)}{3}\right\|$	$+\omega$

解説 振幅特性を求めるために、問題の式③に $z=e^{j\omega}$ を代入すると

$$H(e^{j\omega})=\frac{1}{3}(1+e^{-j\omega}+e^{-j2\omega})$$

$$=\frac{1}{3}(e^{j\omega}+1+e^{-j\omega})e^{-j\omega}$$

$$=\frac{1}{3}(1+2\cos\omega)e^{-j\omega}\quad\cdots\ (1)$$

式(1)の $H(e^{j\omega})$ を極座標表示すると、$|H(e^{j\omega})|\,e^{j\theta(\omega)}$ となるので

$$|H(e^{j\omega})|\,e^{j\theta(\omega)}=\left|\frac{1}{3}(1+2\cos\omega)\right|e^{j\theta(\omega)}$$

よって　$|H(e^{j\omega})|=\left|\dfrac{1+2\cos(\omega)}{3}\right|$

位相特性　$\theta(\omega)=-\omega$

▶ **解答　2**

数学の公式

オイラーの公式

$$e^{\pm j\theta}=\cos\theta\pm j\sin\theta$$

$$\cos\theta=\frac{e^{j\theta}+e^{-j\theta}}{2}$$

$$\sin\theta=\frac{e^{j\theta}-e^{-j\theta}}{j2}$$

A－17 05(7②) 03(1①)

次の記述は、スペクトルアナライザを用いたAM(A3E)送信機の変調度測定の一例について述べたものである。[　　]内に入れるべき字句の正しい組合せを下の番号から選べ。ただし、搬送波振幅を A〔V〕、搬送波周波数を f_c〔Hz〕、変調信号周波数を f_m〔Hz〕、変調度を $m_a \times 100$〔%〕及び $\log_{10} 2 = 0.3$ とする。

(1) 正弦波の変調信号で振幅変調された電波の周波数スペクトルは、原理的に図1に示すように周波数軸上に搬送波と上側帯波及び下側帯波の周波数成分となる。この振幅変調された電波 E_{AM}〔V〕は、次式で示される。

$$E_{AM} = A\cos(2\pi f_c t) + (m_a A/2)\cos\{2\pi(f_c + f_m)t\} + (m_a A/2)\cos\{2\pi(f_c - f_m)t\} \text{〔V〕}$$

(2) 上下側帯波の振幅 $m_a A/2$〔V〕を S〔V〕とすると m_a は、$m_a =$ [A] で示される。

(3) よって、例えば、図2の測定例の画面上の搬送波と上下側帯波の振幅の差が、12〔dB〕の時の変調度は、[B]〔%〕となる。

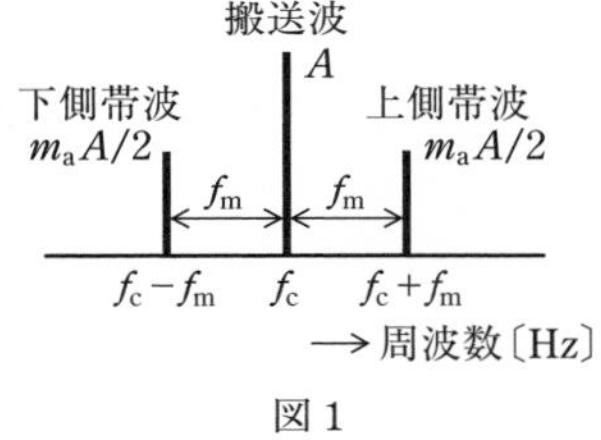

図1

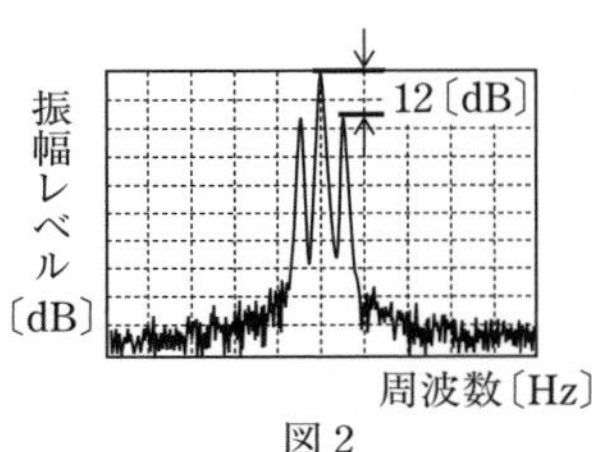

図2

	A	B
1	$2S/A$	10
2	$2S/A$	25
3	$2S/A$	50
4	S/A	25
5	S/A	50

解説 問題で与えられた式より

$$S = \frac{m_a A}{2} \quad よって \quad m_a = \frac{2S}{A} \quad \cdots (1)$$

測定値は $A_{dB} - S_{dB} = 12$〔dB〕なので、電圧比の真数に直すと

$$A_{dB} - S_{dB} = 12 = 20\log_{10}\frac{A}{S}$$

$$\log_{10}\frac{A}{S} = \frac{12}{20} = 0.6 = 2 \times 0.3 = \log_{10} 2^2 = \log_{10} 4 \quad よって \quad \frac{A}{S} = 4$$

式(1)に代入すると

$$m_a = \frac{2S}{A} = \frac{2}{4} = \frac{1}{2} = 0.5 \quad \text{よって} \quad m_a = 50 〔\%〕$$

▶ 解答　3

A－18　02(11①)

次の記述は、図に示すデジタル無線回線のビット誤り率測定の構成例において、被測定系の変調器と復調器とが伝送路を介して離れている場合の測定法について述べたものである。[　　]内に入れるべき字句の正しい組合せを下の番号から選べ。

(1) 測定系送信部は、クロックパルス発生器からのパルスにより制御されたパルスパターン発生器出力を、被測定系の変調器に加える。測定に用いるパルスパターンとしては、実際の符号伝送を近似し、伝送路及び伝送装置のあらゆる応答を測定するため、伝送周波数帯全域で測定でき、かつ、遠隔測定でも再現できるように[A]パターンを用いる。

(2) 測定系受信部は、測定系送信部と[B]パルスパターン発生器を持ち、被測定系の復調器出力の[C]から抽出したクロックパルス及びフレームパルスと同期したパルス列を発生する。誤りパルス検出器は、このパルス列と被測定系の再生器出力のパルス列とを比較し、各パルスの極性の一致又は不一致を検出して計数器に送り、ビット誤り率を測定する。

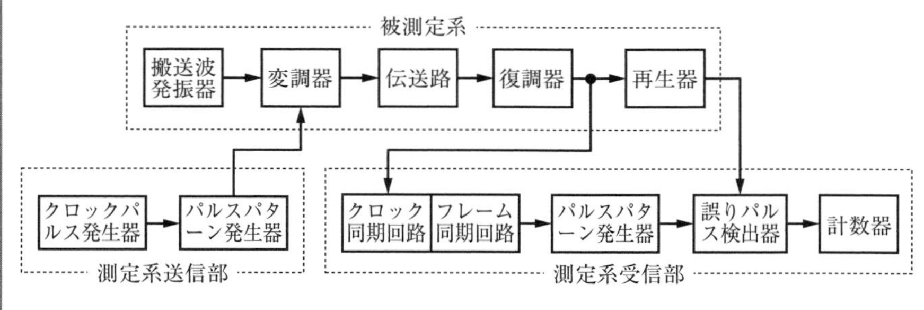

	A	B	C
1	ランダム	異なる	受信パルス列
2	擬似ランダム	異なる	受信パルス列
3	擬似ランダム	同一の	受信パルス列
4	ランダム	同一の	副搬送波
5	擬似ランダム	異なる	副搬送波

▶ 解答　3

出題傾向　下線の部分は、ほかの試験問題で穴埋めの字句として出題されている。

A−19 03(1②)

次の記述は、図に示す原理的構成例のフラクショナルN型PLL周波数シンセサイザの動作原理について述べたものである。[　　]内に入れるべき字句の正しい組合せを下の番号から選べ。ただし、Nは正の整数とし、T_NはN分周する期間を、T_{N+1}は$(N+1)$分周する期間とする。

(1) このPLL周波数シンセサイザは、基準周波数f_{ref}〔Hz〕よりも細かい周波数分解能(周波数ステップ)を得ることができる。また、周期的に二つの整数値の分周比を切り替えることで、非整数による分周比を実現しており、平均のVCOの周波数f_O〔Hz〕は、$f_O = [N + \{T_{N+1}/(T_N + T_{N+1})\}]\, f_{ref}$〔Hz〕で表される。ここで$T_{N+1}/(T_N + T_{N+1})$は、フラクションと呼ぶ。

(2) 例えば、$f_{ref} = 10$〔MHz〕、$N = 100$及びフラクションの設定値を4/10としたとき、連続したクロック10サイクル中における分周器の動作は、分周比1/100が合計[A]サイクル分、分周比1/101が合計[B]サイクル分となるように制御され、見かけ上、非整数による分周比となる。

また、このときのf_Oは、[C]〔MHz〕であり、分数表示のフラクションの分子を1ステップずつ変化させると、f_Oは[D]〔MHz〕ステップずつ変化する。

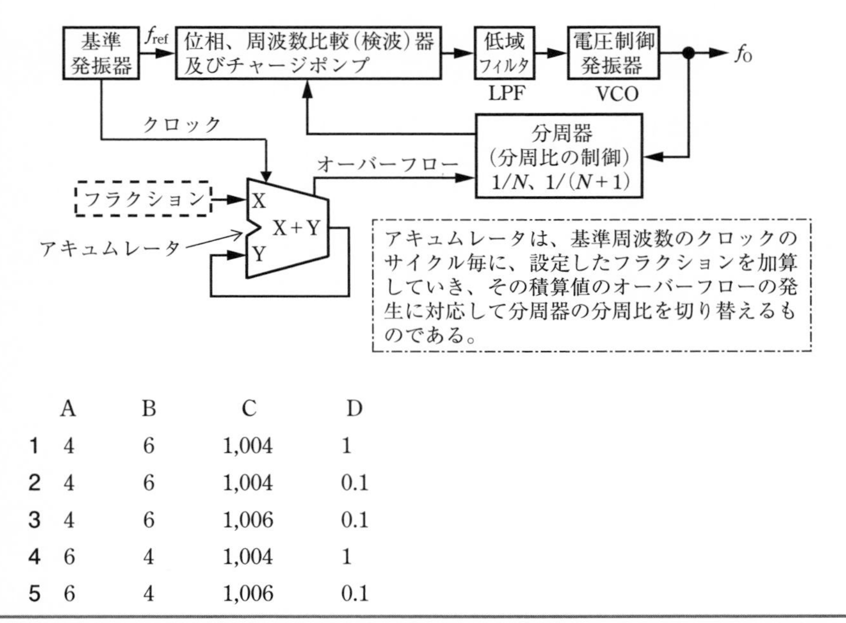

	A	B	C	D
1	4	6	1,004	1
2	4	6	1,004	0.1
3	4	6	1,006	0.1
4	6	4	1,004	1
5	6	4	1,006	0.1

解説 一般の PLL 周波数シンセサイザでは、出力周波数 f_O〔Hz〕、分周器の分周比 N のとき、基準周波数 f_{ref}〔Hz〕は

$$f_{ref}=\frac{f_O}{N}\quad より\quad f_O=Nf_{ref}\text{〔Hz〕}\quad\cdots\ (1)$$

の関係がある。フラクショナル N 型では分周比が N と $N+1$ の間に細かいステップを持たせるので、これらの間の分周期間 T_N と T_{N+1} から次式の関係がある。

$$f_O=\left(N+\frac{T_{N+1}}{T_N+T_{N+1}}\right)f_{ref}\text{〔Hz〕}\quad\cdots\ (2)$$

$N=100$ なので、T_N は 100 分周する期間、T_{N+1} を 101 分周する期間として、フラクションの設定値が

$$\frac{T_{N+1}}{T_N+T_{N+1}}=\frac{4}{10}\quad\cdots\ (3)$$

と与えられているので、連続したクロック 10 サイクル中における T_N の 1/100 分周器と T_{N+1} が 1/101 の分周器の動作は、分周比 1/101 が合計 4 サイクル分、分周比 1/100 が $10-4$ の合計 6 サイクル分となるように制御される。

$f_{ref}=10$〔MHz〕のとき式(2)から f_O〔MHz〕を求めると

$$f_O=\left(100+\frac{4}{10}\right)\times 10=1{,}004\text{〔MHz〕}$$

となる。

▶ **解答　4**

下線の部分は、ほかの試験問題で穴埋めの字句として出題されている。

A－20　05(7②)　類 05(1①)　類 03(7①)　類 02(11①)

次の記述は、FFT アナライザについて述べたものである。［　　］内に入れるべき字句の正しい組合せを下の番号から選べ。

(1) 一般的に、周波数分解能を高くするためには、時間分解能を［ A ］必要がある。

(2) 被測定信号から適切に信号を切り取り、リーケージ誤差（漏れ誤差）を減少させるため、適切な［ B ］を用いる。

(3) 連続した時間軸波形から一定のデータ列を切り取る時間の長さである時間窓長 T〔s〕は、時間窓での FFT のサンプリング点数 N とサンプリング周期 Δt〔s〕で決定され、$T=$［ C ］〔s〕の関係がある。

	A	B	C
1	下げる	窓関数	$N\Delta t$
2	下げる	アンチエイリアシングフィルタ	$\Delta t/N$
3	上げる	窓関数	$N\Delta t$
4	上げる	窓関数	$\Delta t/N$
5	上げる	アンチエイリアシングフィルタ	$N\Delta t$

解説 FFTアナライザは、入力アナログ信号をA-D変換器でデジタルデータに置き換えて、このデータをFFT演算器で演算処理して時系列の入力信号を周波数領域のデータとして画面表示部で表示する測定器である。

一定のデータ列を切り取る時間の長さである時間窓長を T〔s〕、その時間のデータを標本化するためのサンプリング点数を N、サンプリング周期を Δt〔s〕とすると、$T=N\Delta t$〔s〕の関係となる。

周波数分解能を Δf とすると、$\Delta f=1/T$ なので、周波数分解能を高くすることは Δf を小さくすることになるので、そのためには時間窓長 T を大きくする必要がある。時間窓長を大きくすると時間分解能が下がるので、周波数分解能を高くするには、時間分解能を下げる必要がある。

▶ **解答 1**

B－1 01(7)

次の記述は、WiMAXと呼ばれ、法令等で規定された我が国の「直交周波数分割多元接続方式広帯域移動無線アクセスシステム」について述べたものである。このうち正しいものを1、誤っているものを2として解答せよ。

ア 1.7〔GHz〕帯の電波が利用されている。

イ 使用帯域幅によって異なるサブキャリア間隔にするスケーラブルOFDMが採用されている。これにより、システムの使用帯域幅が変わっても高速移動の環境で生じるドプラ効果の影響をどの帯域幅でも同一とすることが可能である。

ウ OFDMを使用したWiFiと呼ばれる無線LAN（小電力データ通信システム）と比較すると、WiMAXはOFDMのサブキャリア数が多いため、長距離及び見通し外通信などにおけるマルチパス伝搬環境下で高速なデータ伝送が可能である。

エ 通信方式は、一般に周波数の有効利用の面で有利な時分割複信（TDD）方式が規定されている。

オ 変調方式は、BPSK、QPSK、16QAM、64QAMが規定されている。また、電波の受信状況などに応じて、変調方式を選択して対応する差動位相変調が可能である。

解説 誤っている選択肢は次のようになる。

ア　**2.5〔GHz〕**帯の電波が利用されている。

イ　使用帯域幅に**かかわらずサブキャリア間隔を一定にする**スケーラブル OFDM が採用されている。これにより、システムの使用帯域幅が変わっても高速移動の環境で生じるドプラ効果の影響をどの帯域幅でも同一とすることが可能である。

オ　変調方式は、BPSK、QPSK、16QAM、64QAM が規定されている。また、電波の受信状況などに応じて、変調方式を選択して対応する**適応変調**が可能である。

▶ 解答　ア－２　イ－２　ウ－１　エ－１　オ－２

B－2　06(1)　03(7②)　02(11①)

次の記述は、OFDM 信号を正しく受信するために必要な同期の原理について述べたものである。［　　］内に入れるべき字句を下の番号から選べ。

(1) OFDM 信号の受信に必要な同期処理としては、送信側のシンボルの区切りと同じタイミングを検出するためのシンボルに対する同期、送信側で送られた搬送波と同一周波数にするための搬送波周波数に対する同期及び［ア］フーリエ変換処理に必要な標本を生成するためのサンプリング周波数に対する同期がそれぞれ必要である。

(2) シンボルに対する同期は、シンボルの前後にある同じ情報を利用してとることができる。具体的な方法としては、受信した OFDM 信号と、それを［イ］有効シンボル期間長分遅延させた信号との積をとり［ウ］すれば、遅延させた信号のシンボルのガードインターバル期間のみは、受信した OFDM 信号のシンボルの後半の一部分と相関が［エ］ため出力が現れる。この相関値を演算し、ピークを求めることによってシンボルの区切りを検出できる。

(3) 搬送波周波数に対する同期及びサンプリング周波数に対する同期は、(2) と同様にガードインターバル期間の相関を利用し、搬送波周波数及びサンプリング周波数の誤差によって生じる信号間の［オ］の差を利用してとることができる。

1　離散	2　1	3　積分	4　ある（同じ波形）	5　振幅
6　逆離散	7　1/2	8　微分	9　ない（違う波形）	10　位相

解説 OFDM の変復調過程を解説図に示す。信号波は送信側で周波数軸から時間軸に変換する逆離散フーリエ変換が行われ、受信側では離散フーリエ変換によって時間軸から周波数軸に変換されるので、搬送波周波数に対する同期と FFT（高速フーリエ変換）サンプリング周波数に対する同期がそれぞれ必要である。

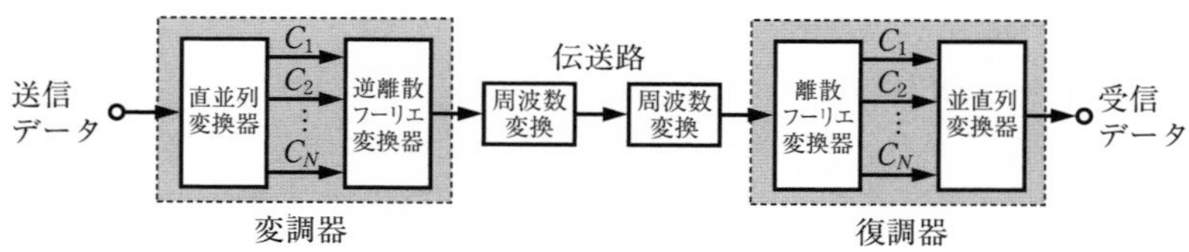

C_1～C_N：分割されたデータの振幅と位相の複素数情報

▶ **解答　ア－1　イ－2　ウ－3　エ－4　オ－10**

B－3　03(7①)

次の記述は、図に示す構成例を用いたFM(F3E)受信機の雑音抑圧感度の測定について述べたものである。□内に入れるべき字句を下の番号から選べ。ただし、雑音抑圧感度は、入力のないときの受信機の復調出力(雑音)を、20〔dB〕だけ抑圧するのに必要な入力レベルで表すものとする。

(1) 受信機のスケルチを［ア］、標準信号発生器(SG)を試験周波数に設定し、1,000〔Hz〕の正弦波により最大周波数偏移の許容値の70〔%〕の変調状態で、受信機に20〔dBμV〕以上の受信機入力電圧を加え、受信機の復調出力が定格出力の1/2となるように［イ］出力レベルを調整する。

(2) SGを断(OFF)にし、受信機の復調出力(雑音)レベルを測定する。

(3) SGを接(ON)にし、その周波数を変えずに［ウ］で、その出力を受信機に加え、SGの出力レベルを調整して受信機の復調出力(雑音)レベルが(2)で求めた値より20〔dB〕［エ］とする。このときのSGの出力レベルから受信機入力電圧を求める。この値が求める雑音抑圧感度である。なお、受信機入力電圧は、信号源の開放端電圧で規定されているため、SGの出力が終端電圧表示となっている場合には、SGの測定値と［オ］〔dB〕異なる。

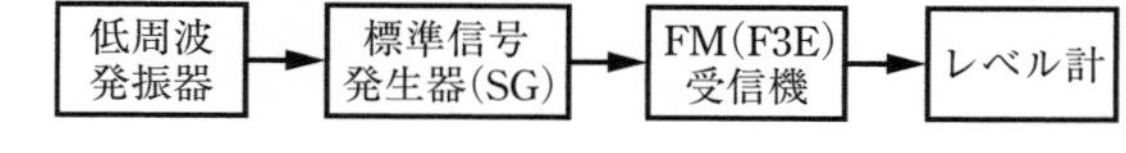

1　断(OFF)	2　受信機	3　無変調	4　高い値	5　3
6　接(ON)	7　低周波発振器	8　変調状態	9　低い値	10　6

解説　SGの出力が終端電圧表示となっている場合は、出力電圧は開放電圧の1/2となるので $20\log_{10}2 \fallingdotseq 6$〔dB〕異なる。

▶ **解答　ア－1　イ－2　ウ－3　エ－9　オ－10**

B－4　類 05(7①)　03(7②)　02(11②)

次の記述は、図１に示す雑音電界強度測定器（妨害波測定器）について述べたものである。[　　]内に入れるべき字句を下の番号から選べ。なお、同じ記号の[　　]内には、同じ字句が入るものとする。

(1) 人工雑音などの高周波雑音の多くはパルス性雑音であり、その高周波成分が広い周波数範囲に分布しているため、同じ雑音でも測定器の[ア]、直線性、検波回路の時定数等によって出力の雑音の[イ]が変化し、出力指示計の指示値が異なる。このため、雑音電界強度を測定するときの規格が定められている。

(2) 準尖頭値は、規定の[ウ]を持つ直線検波器で測定された見掛け上の尖頭値であり、パルス性雑音を検波したときの出力指示計の指示値と無線通信に対する妨害度とを対応させるために用いる。

(3) パルス性雑音の尖頭値は、出力指示計の指示値に比べて大きいことが多いので、測定器入力端子から直線検波器までの回路の直線動作範囲を十分広くする必要がある。このため、図２において、直線検波器の検波出力電圧が直線性から[エ]〔dB〕離れるときのパルス入力電圧と、出力指示計を最大目盛りまで振らせるときのパルス入力電圧の[オ]で過負荷係数が定義され、その値が規定されている。

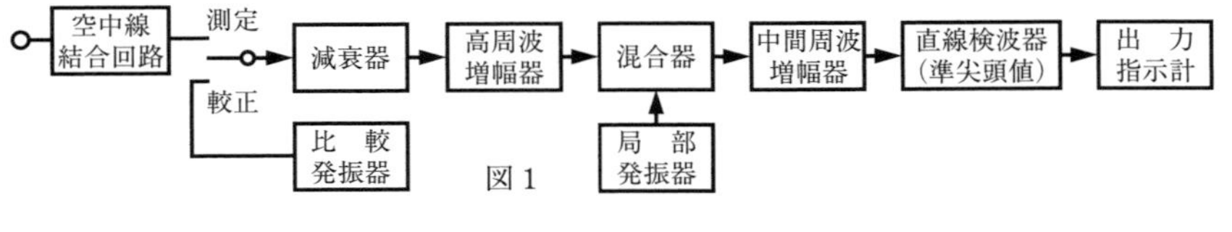

図１

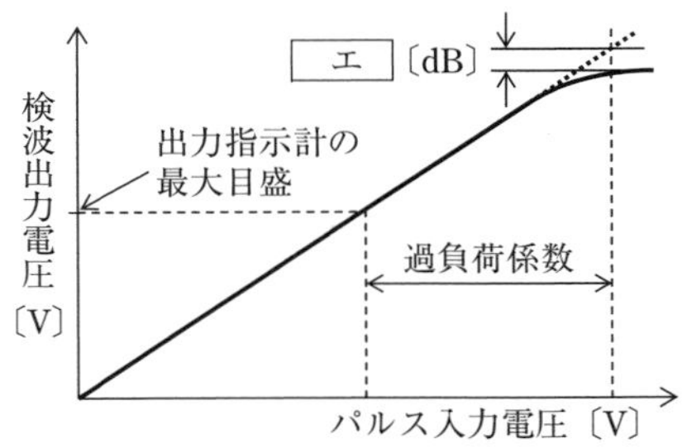

図２　パルス入力電圧に対する検波出力電圧

1　通過帯域幅　　2　3　　3　積　　4　充電及び放電時定数
5　波形　　6　共振周波数及び Q　　7　1　　8　比
9　繰り返し周期　　10　利得

解説 過負荷係数は、回路の実用的直線動作範囲に相当する入力レベルと指示計器の最大目盛に相当する入力レベルの比である。実用的直線動作範囲とは、その回路の定常状態応答が理想的な直線性から1〔dB〕以上離れない最大のレベルとして定義される。

▶ **解答　ア－1　イ－5　ウ－4　エ－7　オ－8**

B－5　06(1)　03(1①)

次の記述は、図に示す我が国のFM放送（アナログ超短波放送）におけるステレオ複合（コンポジット）信号について述べたものである。□内に入れるべき字句を下の番号から選べ。ただし、FMステレオ放送の左側信号を“L”、右側信号を“R”とする。なお、同じ記号の□内には、同じ字句が入るものとする。

(1) 主チャネル信号は、和信号“L＋R”であり、副チャネル信号は、差信号“L－R”により、副搬送波を［ア］したときに生ずる側波帯である。

(2) ［イ］は、ステレオ放送識別のための信号であり、受信側で副チャネル信号を復調するときに必要な副搬送波を得るために付加されている。

(3) ステレオ受信機で復調の際には、“L＋R”の信号及び“L－R”の信号の［ウ］、“L”及び“R”を復元することができる。

(4) モノラル受信機で復調の際には、［エ］は帯域外の成分としてフィルターでカットされるため、［オ］のみが受信される。

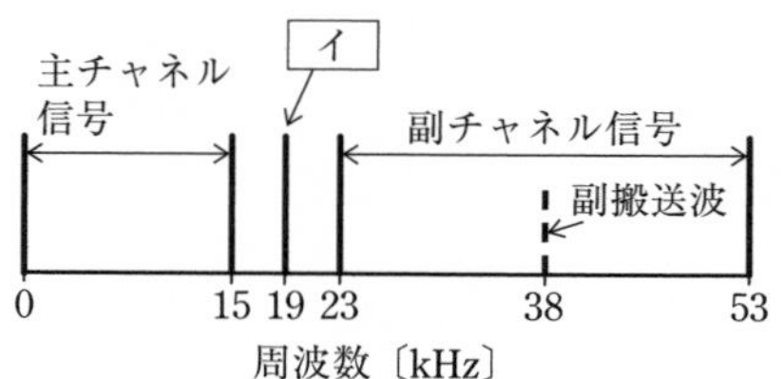

1　振幅変調	2　多重信号	3　右側信号（“R”）
4　乗算・除算により	5　副チャネル信号	6　周波数変調
7　パイロット信号	8　主チャネル信号	9　加算・減算により
10　左側信号（“L”）		

▶ **解答　ア－1　イ－7　ウ－9　エ－5　オ－8**

出題傾向　正誤式の問題としても出題されている。

A－1 05(7②) 類04(7①)

次の記述は、図に示す構成例による直交周波数分割多重（OFDM）信号の原理的な生成過程の一例について述べたものである。このうち誤っているものを下の番号から選べ。ただし、生成する搬送帯域OFDM信号を構成するデジタル変調信号は$f_C + nf_S$〔Hz〕（基本周波数f_S〔Hz〕、$n = 0, 1, 2, \cdots, N-1$）の搬送波周波数をもつものとする。

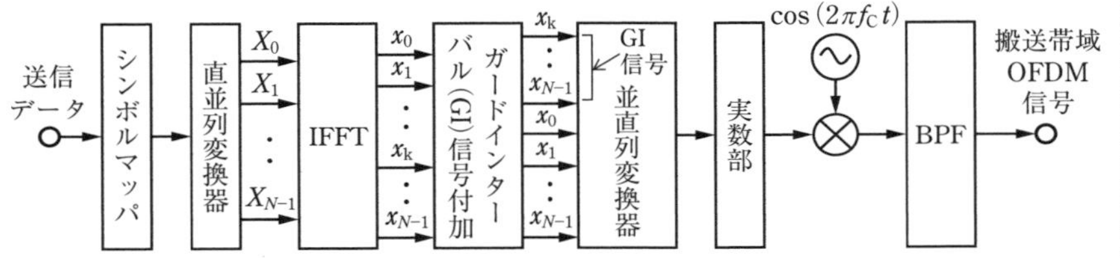

1 送信データのビット列は、シンボルの変調方式に応じた構成によるシンボルマッパにより、各搬送波を変調するための複素シンボル列に変換され、生成された複素シンボル列は、直並列変換器に蓄積される。

2 直並列変換器に蓄積されたN個のシンボルは、逆離散フーリエ変換（IFFT）によって一括変換され、N個のOFDMシンボルの標本値が生成される。

3 N個のOFDMシンボルの標本値はガードインターバル信号が付加され、並直列変換し標本化間隔f_S/Nの離散信号に変換することで、複素ベースバンドOFDM信号となる。

4 複素ベースバンドOFDM信号の実部に対して周波数f_C〔Hz〕の搬送波で変調し、伝送帯域のみを通す帯域フィルタ（BPF）を通すことで搬送帯域OFDM信号が生成される。

5 OFDM信号はシンボル長が長いため本質的にマルチパスの影響を受けにくいが、隣接シンボルによる信号劣化を受けにくくするため、逆離散フーリエ変換値の一部をデータの先頭にコピーして付加することにより、ガードインターバルが付加されたOFDM信号を生成できる。

解説 誤っている選択肢は次のようになる。

3 N個のOFDMシンボルの標本値はガードインターバル信号が付加され、並直列変換し**標本化間隔$1/f_S$**の離散信号に変換することで、複素ベースバンドOFDM信号となる。

▶ **解答 3**

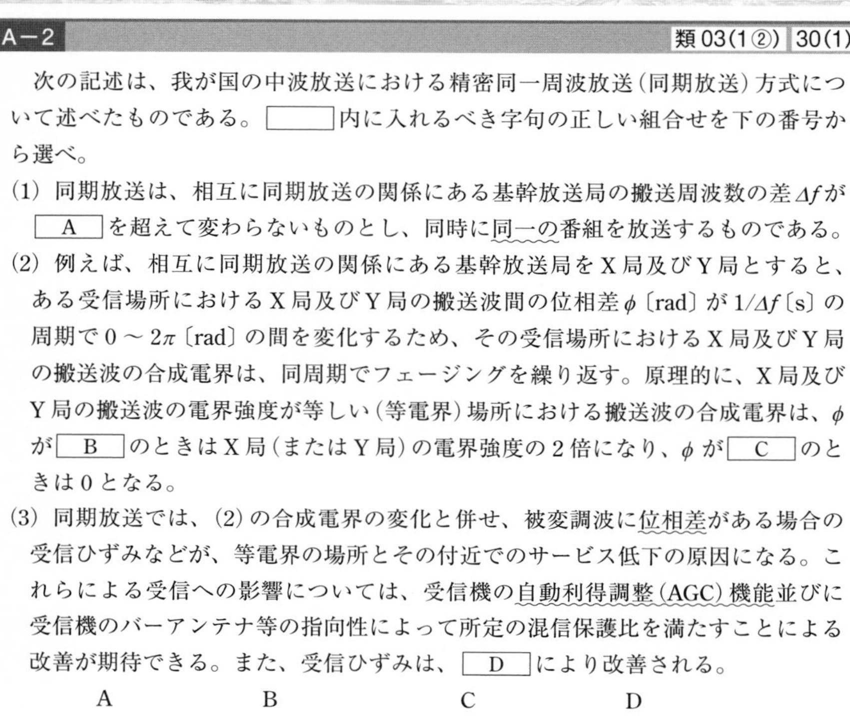

A－2 　類 03(1②)　30(1)

次の記述は、我が国の中波放送における精密同一周波放送（同期放送）方式について述べたものである。□内に入れるべき字句の正しい組合せを下の番号から選べ。

(1) 同期放送は、相互に同期放送の関係にある基幹放送局の搬送周波数の差 Δf が [A] を超えて変わらないものとし、同時に同一の番組を放送するものである。

(2) 例えば、相互に同期放送の関係にある基幹放送局をX局及びY局とすると、ある受信場所におけるX局及びY局の搬送波間の位相差 ϕ〔rad〕が $1/\Delta f$〔s〕の周期で $0 \sim 2\pi$〔rad〕の間を変化するため、その受信場所におけるX局及びY局の搬送波の合成電界は、同周期でフェージングを繰り返す。原理的に、X局及びY局の搬送波の電界強度が等しい（等電界）場所における搬送波の合成電界は、ϕ が [B] のときはX局（またはY局）の電界強度の2倍になり、ϕ が [C] のときは0となる。

(3) 同期放送では、(2)の合成電界の変化と併せ、被変調波に位相差がある場合の受信ひずみなどが、等電界の場所とその付近でのサービス低下の原因になる。これらによる受信への影響については、受信機の自動利得調整（AGC）機能並びに受信機のバーアンテナ等の指向性によって所定の混信保護比を満たすことによる改善が期待できる。また、受信ひずみは、[D] により改善される。

	A	B	C	D
1	1〔kHz〕	0及び 2π〔rad〕	π〔rad〕	同期検波
2	1〔kHz〕	π〔rad〕	0及び 2π〔rad〕	二乗検波
3	0.1〔Hz〕	π〔rad〕	0及び 2π〔rad〕	二乗検波
4	0.1〔Hz〕	π〔rad〕	0及び 2π〔rad〕	同期検波
5	0.1〔Hz〕	0及び 2π〔rad〕	π〔rad〕	同期検波

▶ **解答　5**

出題傾向　下線の部分は、ほかの試験問題で穴埋めの字句として出題されている。

A－3 　類 02(1)

次の記述は、送信機 T_2 の送信電波 $E_2 \cos \omega_2 t$ が送信機 T_1（送信電波 $E_1 \cos \omega_1 t$）に入り込んで発生する3次の相互変調積の一般的な考え方について述べたものである。□内に入れるべき字句の正しい組合せを下の番号から選べ。ただし、T_1 及び T_2 の送信電力は等しく、T_1 と T_2 の空中線相互間の結合量を $1/l$（$l > 1$）、3次の非直線係数を K とする。

(1) T_1 における３次の非直線性による相互変調波は $K\{E_1\cos\omega_1 t+(E_2/l)\cos\omega_2 t\}^3$ で表される。

(2) ３次の相互変調積の周波数成分は、$2\omega_1\pm\omega_2$、$2\omega_2\pm\omega_1$ であり、このうち伝送帯域内に生ずる可能性のある $2\omega_1-\omega_2$、$2\omega_2-\omega_1$ の二つの成分を取り出すと次式で表される。

$$\boxed{\text{A}}\cos(2\omega_1-\omega_2)t+\boxed{\text{B}}\cos(2\omega_2-\omega_1)t$$

(3) T_1 及び T_2 の送信電力は等しく、$E_1=E_2$ であるので、特に問題となるのは [C] の場合である。

	A	B	C
1	$\frac{3}{4}KE_1^2E_2\frac{1}{l}$	$\frac{3}{4}KE_1E_2^2\frac{1}{l^2}$	$2\omega_1-\omega_2$
2	$\frac{3}{4}KE_1E_2^2\frac{1}{l}$	$\frac{3}{4}KE_1^2E_2\frac{1}{l^2}$	$2\omega_1-\omega_2$
3	$\frac{3}{4}KE_1^2E_2\frac{1}{l^2}$	$\frac{3}{4}KE_1E_2^2\frac{1}{l}$	$2\omega_1-\omega_2$
4	$\frac{3}{4}KE_1E_2^2\frac{1}{l^2}$	$\frac{3}{4}KE_1^2E_2\frac{1}{l}$	$2\omega_2-\omega_1$
5	$\frac{3}{4}KE_1^2E_2\frac{1}{l^2}$	$\frac{3}{4}KE_1E_2^2\frac{1}{l}$	$2\omega_2-\omega_1$

解説　$e_1=E_1\cos\omega_1 t$、$e_2=(E_2/l)\cos\omega_2 t$ で表される２波の単一波が振幅非直線回路に入力したとき、３乗の項の成分を求めると

$$K(e_1+e_2)^3=K(e_1^3+3e_1^2e_2+3e_1e_2^2+e_2^3)$$

$$=K\Big(E_1^3\cos^3\omega_1 t+3E_1^2\cos^2\omega_1 t\frac{E_2}{l}\cos\omega_2 t$$

$$+3E_1\cos\omega_1 t\left(\frac{E_2}{l}\right)^2\cos^2\omega_2 t+\left(\frac{E_2}{l}\right)^3\cos^3\omega_2 t\Big)\quad\cdots\ (1)$$

式(1)の第１項と第４項が３乗の成分となり、第２項と第３項が３次の相互変調積成分となるので、第２項より

$$\frac{3KE_1^2E_2}{l}\cos^2\omega_1 t\cos\omega_2 t$$

$$=\frac{3KE_1^2E_2}{2l}(1+\cos 2\omega_1 t)\cos\omega_2 t=\frac{3KE_1^2E_2}{2l}(\cos\omega_2 t+\cos 2\omega_1 t\cos\omega_2 t)$$

$$=\frac{3KE_1^2E_2}{2l}\{\cos\omega_2 t+\frac{1}{2}\cos(2\omega_1+\omega_2)t+\cos\frac{1}{2}\cos(2\omega_1-\omega_2)t\}\quad\cdots\ (2)$$

よって、$(2\omega_1+\omega_2)=2\pi(2f_1+f_2)$、$(2\omega_1-\omega_2)=2\pi(2f_1-f_2)$ の周波数成分が発生する。

$(2\omega_1-\omega_2)$ の周波数成分は式(2)の第3項より

$$\frac{3KE_1^2E_2}{4l}\ (2\omega_1-\omega_2)t$$

同様にして式(1)の第3項から $(2f_2-f_1)$ の次式で表される周波数成分が発生する。

$$\frac{3KE_1E_2^2}{4l^2}(2\omega_2-\omega_1)t$$

▶ **解答 1**

数学の公式

$(a+b)^3=a^3+3a^2b+3ab^2+b^3$

$\cos A\cos B=\frac{1}{2}\times\{\cos(A+B)+\cos(A-B)\}$

A－4 06(1)

次の記述は、デジタル変調方式であるBPSK及びQPSKについて、「SNR：ベースバンドにおける信号対雑音電力比」、「CNR：搬送波対雑音電力比」及び「E_b/N_0：1ビット当たりの信号電力(信号電力密度)と1Hz当たりの雑音電力(雑音電力密度)の比」の理論的な説明について述べたものである。[　　]内に入れるべき字句の正しい組合せを下の番号から選べ。ただし、負荷抵抗は1〔Ω〕であるものとする。

(1) BPSK及びQPSKの包絡線振幅をAとし搬送波電力を同一とすると、ベースバンドにおける信号電力は、BPSKではA^2、QPSKでは、同相成分と直交成分それぞれ[A]である。一方、搬送波電力は、BPSK及びQPSK共に$A^2/2$である。

(2) 雑音電力は、ベースバンドと搬送周波数帯で同じとして、SNRとCNRを比較すると、BPSKでは$SNR/2=CNR$、QPSKでは[B]である。

(3) 変調方式の白色ガウス雑音に対する強さは一義にE_b/N_0で決まり、シンボル長をT、帯域幅をB〔Hz〕、1シンボル当たりのビット数をnとすると、CNRとE_b/N_0の関係は次式で表される。

$$CNR=\frac{n/T}{B}\frac{E_b}{N_0}=\frac{R}{B}\frac{E_b}{N_0}\quad (n/T=R\text{とする。})$$

(4) ここで、R/Bは1秒・1Hz当たり伝送できるビット数(周波数利用効率)であり、同一のBER特性とするための所要E_b/N_0がQPSKとBPSKで同じである場合、QPSKの所要CNRはBPSKの所要CNRの[C]となる。

	A	B	C
1	A^2	$SNR=CNR/2$	+6 dB
2	A^2	$SNR/4=CNR$	+3 dB
3	$A^2/2$	$SNR/4=CNR$	+3 dB
4	$A^2/2$	$SNR=CNR$	+3 dB
5	$A^2/2$	$SNR=CNR$	+6 dB

解説　QPSKの包絡線振幅が A のとき、同相成分と直交成分の振幅は $A/\sqrt{2}$ となるので、電力で表すと、それぞれ $(A/\sqrt{2})^2 = A^2/2$ である。

雑音が同相軸（I軸）と直交軸（Q軸）上で独立に標準偏差 σ で正規分布するとき、BPSKの $SNR = A^2/\sigma$、$CNR = A^2/(2\sigma)$ であり、QPSKの $SNR = A^2/(2\sigma)$、$CNR = A^2/(2\sigma)$ なので、QPSKでは $SNR = CNR$ となる。

問題(3)の式から

$$CNR = \frac{R}{B} \times \frac{E_b}{N_0}$$

ここで、R/B は1秒・1〔Hz〕当たり伝送できるビット数なので、QPSKの R/B はBPSKの2倍である。よって、同一のBER特性とするための所要 E_b/N_0 がQPSKとBPSKで同じである場合、QPSKの所要 CNR はBPSKの所要 CNR の2倍となるので＋3〔dB〕となる。

▶ **解答　4**

A－5　05(1②)

次の記述は、図に示す同期検波器を用いたQPSK波の復調器の動作原理について述べたものである。［　　］内に入れるべき字句の正しい組合せを下の番号から選べ。なお、同じ記号の［　　］内には、同じ字句が入るものとする。

(1) 搬送波の角周波数を ω_c〔rad/s〕とし、符号により変調された搬送波の位相 $\theta(t)$ が $+\pi/4$、$+3\pi/4$、$-3\pi/4$、$-\pi/4$〔rad〕と変化するQPSK波 $\cos\{\omega_c t + \theta(t)\}$ を同期検波器 D_1 及び D_2 の乗算器に加えるとともに、別に再生した二つの復調用信号 $\cos\omega_c t$ 及び［ A ］をそれぞれ D_1 及び D_2 の乗算器に加えて同期検波を行う。

(2) D_1 において、LPFは、位相 $\theta(t)$ が $\pi/4$、$-\pi/4$〔rad〕のとき正、$3\pi/4$、$-3\pi/4$〔rad〕のとき負の信号を出力する。

また、D_2 において、LPFは、位相 $\theta(t)$ が［ B ］〔rad〕のとき正、［ C ］〔rad〕のとき負の信号を出力する。

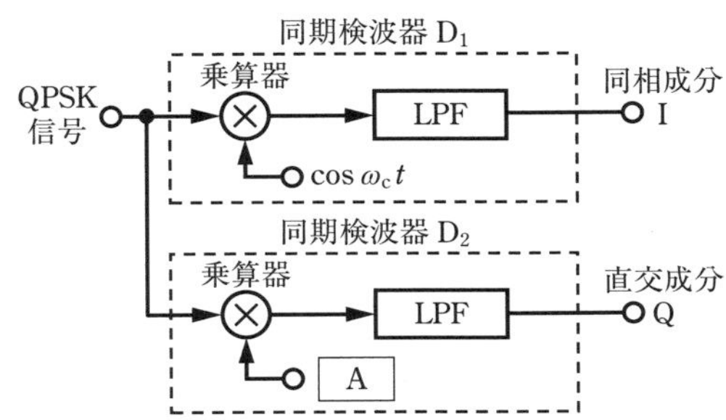

	A	B	C
1	$-\cos\omega_c t$	$+\pi/4$、$+3\pi/4$	$-3\pi/4$、$-\pi/4$
2	$-\cos\omega_c t$	$-3\pi/4$、$-\pi/4$	$+\pi/4$、$+3\pi/4$
3	$-\sin\omega_c t$	$+\pi/4$、$+3\pi/4$	$-3\pi/4$、$-\pi/4$
4	$-\sin\omega_c t$	$+\pi/4$、$-3\pi/4$	$+3\pi/4$、$-\pi/4$
5	$-\sin\omega_c t$	$-3\pi/4$、$-\pi/4$	$+\pi/4$、$+3\pi/4$

解説 QPSK 波の復調に同期検波器を用いるとき、二つの同期検波器 D_1、D_2 に入力の搬送波と同じ周波数で、かつ位相が $\pi/2$〔rad〕異なる復調用搬送波と QPSK 波を加えて復調する。D_1 に加える復調用信号が $\cos\omega_c t$〔V〕なので、D_2 に加える復調用信号は $\pi/2$〔rad〕位相が異なる。よって、$-\sin\omega_c t$〔V〕である。

入力 QPSK 波と復調用信号が同期検波器 D_2 に加わったとき、出力 e_Q〔V〕は次式で表される。

$$e_Q = \cos\{\omega_c t + \theta(t)\} \times (-\sin\omega_c t)$$

$$= -\frac{1}{2}\left[\sin\{\omega_c t + \theta(t) + \omega_c t\} - \sin\{\omega_c t + \theta(t) - \omega_c t\}\right]$$

$$= -\frac{1}{2}\sin\{2\omega_c t + \theta(t)\} + \frac{1}{2}\sin\{\theta(t)\}\ \text{〔V〕} \quad \cdots (1)$$

式 (1) の第 1 項は搬送波の 2 倍の高調波成分なので LPF (低域フィルタ) を通らないため出力されない。第 2 項の直流パルス成分が LPF を通って出力される。QPSK 波の位相 $\theta(t)$ が $+\pi/4$ 又は $+3\pi/4$〔rad〕のときに正となり、$-3\pi/4$ 又は $-\pi/4$〔rad〕のときに負の信号を出力する。

▶ **解答 3**

数学の公式

$$\cos\alpha \times \sin\beta = \frac{1}{2} \times \{\sin(\alpha+\beta) - \sin(\alpha-\beta)\}$$

出題傾向

C の選択肢の正しい答えが、$5\pi/4$、$7\pi/4$ となっている問題も出題されている。0〔rad〕からの位相が $-\{2\pi-(5\pi/4)\} = -3\pi/4$, $-\{2\pi-(7\pi/4)\} = -\pi/4$ となるので、同じ位相である。

A－6

類 05(1②) 類 03(1①) 30(7)

次の記述は、図に示す位相同期ループ (PLL) 検波器の原理的な構成例において、周波数変調 (FM) 波の復調について述べたものである。□内に入れるべき字句の正しい組合せを下の番号から選べ。なお、同じ記号の□内には、同じ字句が入るものとする。

(1) 位相比較器(PC)の出力は低域フィルタ(LPF)を通して、周波数変調波 e_{FM} 及び電圧制御発振器(VCO)の出力 e_{VCO} との［ A ］差に比例した［ B ］ e_F を出力する。

(2) e_{FM} の周波数が PLL の周波数引込み範囲(キャプチャレンジ)内のとき、e_F は、e_{FM} と e_{VCO} の［ A ］が一致するように、VCO を制御する。e_{FM} が無変調で、e_{FM} と e_{VCO} の［ A ］が一致して PLL が同期(ロック)すると、LPF の出力電圧 e_F の電圧は、［ C ］になる。

(3) e_{FM} の周波数が同期保持範囲(ロックレンジ)内において変化すると、e_F の電圧は、e_{FM} の周波数偏移に比例して変化するので、低周波増幅器(AF Amp)を通して復調出力を得ることができる。

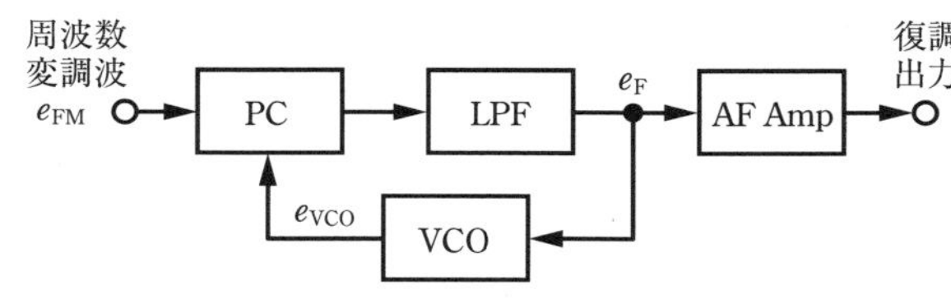

	A	B	C
1	位相	高周波成分	最大
2	振幅	誤差電圧	零
3	位相	誤差電圧	零
4	振幅	誤差電圧	最大
5	振幅	高周波成分	最大

▶ **解答　3**

出題傾向　PLL 回路は、周波数変調の復調（検波）回路あるいは発振回路として出題されている。

A－7

05(7②)

次の記述は、図に示すクワドラチャ検波器の原理的な構成例について述べたものである。このうち誤っているものを下の番号から選べ。ただし、入力の周波数変調波を $\dot{e}_1$、移相器の出力を $\dot{e}_2$、掛け算器の出力を e_0 とし、移相器は理想的に動作するものとする。

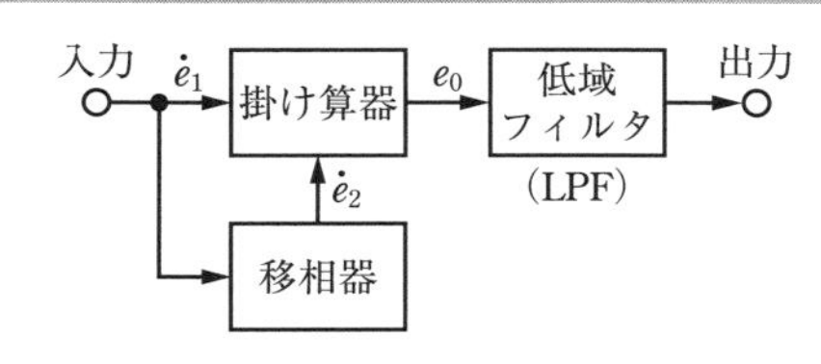

1 原理的に、$\dot{e}_1$ 及び $\dot{e}_2$ の波形は正弦波である必要はなく、振幅制限された矩形波としてもよい。
2 e_0 の一周期における平均レベルは、$\dot{e}_1$ の周波数偏移に応じて変化するので、低域フィルタ(LPF)を通すと信号波が得られる。
3 一般的に $\dot{e}_2$ の移相特性は、$\dot{e}_1$ の周波数が高くなると e_0 の衝撃係数(デューティレシオ)が大きくなるような特性を持つ。
4 $\dot{e}_1$ の周波数が搬送波の周波数の近傍では、$\dot{e}_2$ の移相量は $\dot{e}_1$ の周波数偏移に応じて変化する。
5 $\dot{e}_1$ の周波数が搬送波の周波数に等しいとき、$\dot{e}_2$ の移相量が π〔rad〕になるようにする。

解説 誤っている選択肢は次のようになる。

5 $\dot{e}_1$ の周波数が搬送波の周波数に等しいとき、$\dot{e}_2$ の移相量が $\boldsymbol{\pi/2}$ **〔rad〕**になるようにする。

▶ **解答 5**

A－8 類 05(7②) 類 03(1①) 31(1)

図に示す通信回線において、受信機の入力に換算した C/N が 65〔dB〕のときの送信機の送信電力 P〔dBm〕の値として、正しいものを下の番号から選べ。ただし、送信及び受信アンテナの絶対利得を共に 40〔dBi〕、送信及び受信給電線の損失を共に 4〔dB〕、両アンテナ間の伝搬路の損失を 140〔dB〕とする。また、ボルツマン定数 k を -228.6〔dB(W/Hz/K)〕及び受信機の雑音指数を 4〔dB〕、周囲温度 T を 24.6〔dB(K)〕及び等価雑音帯域幅を 10〔MHz〕とし、1〔mW〕を 0〔dBm〕、$\log_{10} 2 = 0.3$ とする。

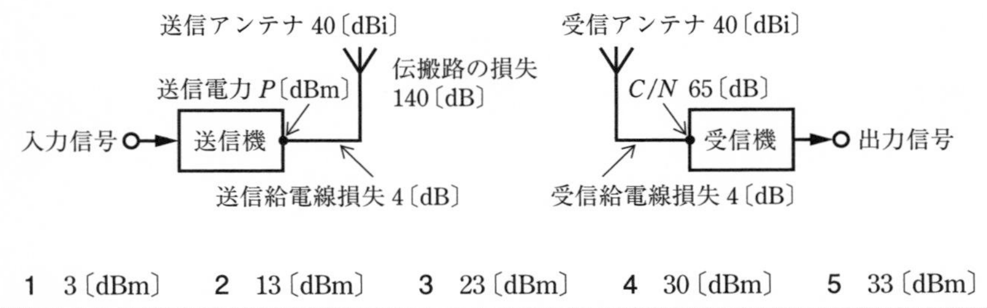

1 3〔dBm〕 2 13〔dBm〕 3 23〔dBm〕 4 30〔dBm〕 5 33〔dBm〕

解説 ボルツマン定数 $k = -228.6$〔dB(W/Hz/K)〕、周囲温度 $T = 24.6$〔dB(K)〕、等価雑音帯域幅 $B = 10 \times 10^6 = 10^7$〔Hz〕なので $B = 10 \log_{10} 10^7 = 70$〔dB(Hz)〕、受信機の雑音指数 $F = 4$〔dB〕より、受信機入力の雑音電力 N〔dBm〕$= N_W$〔dBW〕$+ 30$ は

$$N = k + T + B + F = -228.6 + 24.6 + 70 + 4 + 30$$
$$= -100 \text{〔dBm〕} \quad \cdots (1)$$

Point
問題の数値は dB で与えられているので、利得は和、損失は差で計算する

送信電力を P_T〔dBm〕、送信及び受信系のアンテナ利得をそれぞれ G_T、G_R〔dB〕、給電線損失をそれぞれ L_T、L_R〔dB〕、伝搬損失を Γ_0〔dB〕とすると、受信機入力端の C/N〔dB〕は

$$C/N = P_T + G_T - L_T - \Gamma_0 + G_R - L_R - N \text{〔dB〕} \quad \cdots (2)$$
$$65 = P_T + 40 - 4 - 140 + 40 - 4 - (-100)$$
$$= P_T + 32$$

よって　$P_T = 65 - 32 = 33$〔dBm〕

▶ **解答　5**

数値が真数で与えられている問題も出題されている。雑音電力 $N = kTBF$ の式で計算して dB 値にすればよい。

A－9　05(7②)

次の記述は、有機電解液を用いた一般的なリチウムイオン二次電池の特徴等について述べたものである。このうち誤っているものを下の番号から選べ。

1　セル当たりの定格電圧が 3 ～ 4〔V〕程度と高く、またエネルギー密度が高いため小型軽量化が可能である。
2　設定電圧までは一定電圧で充電し、設定電圧に達したら一定電流で充電する定電圧・定電流充電が通常用いられる。
3　自己放電は小さいが、満充電状態の電池を高温で保存すると劣化が大きい。
4　浅い充放電の繰り返しによる容量の一時的低下（メモリー効果）がない。
5　絶えず微小電流により充電することで満充電状態を維持するトリクル充電は、過充電による電池の劣化が起きやすい。

解説　誤っている選択肢は次のようになる。

2　設定電圧までは**一定電流**で充電し、設定電圧に達したら**一定電圧**で充電する**定電流・定電圧充電**が通常用いられる。

▶ **解答　2**

A－10　類03(1①)　30(7)

次の記述は、図に示す PWM（パルス幅変調）制御の DC-DC コンバータの原理的な構成例についてその動作を述べたものである。［　　］内に入れるべき字句の正しい組合せを下の番号から選べ。なお、同じ記号の［　　］内には、同じ字句が入るものとする。

(1) FETの導通(ON)時間、つまり[A]の出力のパルス幅を変化させ、直流出力の電圧 V_o を制御する。FETが導通(ON)している期間では、[B]にエネルギーが蓄積される。

(2) FETが断(OFF)になると、電流の方向は、電流を流れ続けさせようとする[B]に蓄積されたエネルギーによって、負荷から[B]に流れ込む方向となる。このため、ダイオードのカソード側の電位は負に振れ、ダイオードを導通(ON)にしてコンデンサを図の[C]に示す極性に充電する。

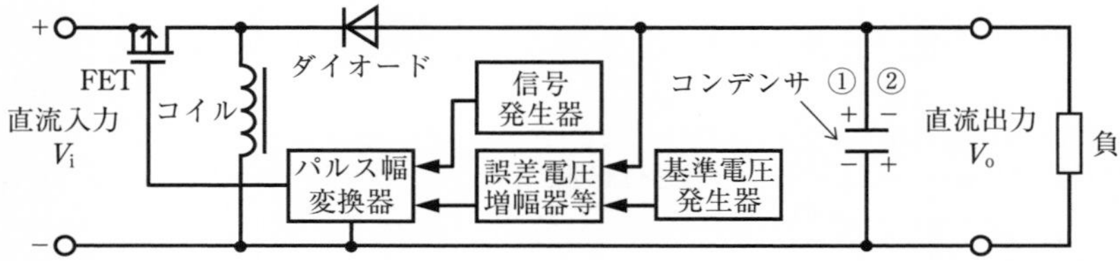

	A	B	C
1	パルス幅変換器	コイル	①
2	パルス幅変換器	コイル	②
3	パルス幅変換器	コンデンサ	②
4	信号発生器	コンデンサ	①
5	信号発生器	コイル	②

解説 安定化電源回路には、問題図のようなチョッパ型で構成されたスイッチング電源と、直流電圧を制御する線形方式がある。

▶ **解答 2**

出題傾向 FETやトランジスタを制御回路に並列に接続した並列制御型の回路も出題されているが、動作はほぼ同じである。また、下線の部分は、ほかの試験問題で穴埋めの字句として出題されている。

A－11 02(11①)

次の記述は、航空機の航行援助に用いられるILS(計器着陸装置)の基本的な概念について述べたものである。[ ]内に入れるべき字句の正しい組合せを下の番号から選べ。

(1) ローカライザは、滑走路末端から所定の位置に設置され、航空機に対して、滑走路の中心線の延長上からの水平方向のずれの情報を与えるためのものであり、航空機の進入方向から見て進入路の[A]の変調信号が強く受信されるような指向性を持つVHF帯の電波を放射する。

(2) グライド・パスは、滑走路の側方の所定の位置に設置され、航空機に対して、設定された進入角からの垂直方向のずれの情報を与えるためのものであり、航空機の降下路面の下側では 150〔Hz〕、上側では 90〔Hz〕の変調信号が強く受信されるような指向性を持つ［ B ］帯の電波を放射する。

(3) マーカ・ビーコンは、滑走路進入端から複数の所定の位置に設置され、その上空を通過する航空機に対して、滑走路進入端からの距離の情報を与えるためのものであり、それぞれ特有の変調周波数で［ C ］された［ D ］帯の電波を上空に向けて放射する。

	A	B	C	D
1	右側では 150〔Hz〕、左側では 90〔Hz〕	VHF	周波数変調	VHF
2	右側では 150〔Hz〕、左側では 90〔Hz〕	UHF	振幅変調	VHF
3	右側では 90〔Hz〕、左側では 150〔Hz〕	UHF	振幅変調	VHF
4	右側では 90〔Hz〕、左側では 150〔Hz〕	UHF	周波数変調	UHF
5	右側では 90〔Hz〕、左側では 150〔Hz〕	VHF	振幅変調	UHF

▶ 解答　2

出題傾向　下線の部分は、ほかの試験問題で穴埋めの字句として出題されている。

A－12

02(11②)

次の記述は、レーダー方程式において、送信電力等のパラメータを変えた時の最大探知距離（R_{max}）の変化について述べたものである。［　］内に入れるべき字句の正しい組合せを下の番号から選べ。ただし、R_{max} は、レーダー方程式のみで決まるものとし、最小受信電力は、信号の探知限界の電力とする。

(1) 受信機の最小受信電力を 0.25 倍にすると、R_{max} の値は、約［ A ］倍になる。

(2) 送信電力を 8 倍にし、受信機の最小受信電力が 2 倍大きい受信機を用いると、R_{max} の値は、［ B ］倍になる。

(3) 物標の有効反射断面積を 9 倍にすると、R_{max} の値は、約［ C ］倍になる。

	A	B	C
1	0.7	1.4	1.4
2	0.7	2.0	1.4
3	0.7	2.0	1.7
4	1.4	1.4	1.7
5	1.4	2.0	1.7

解説 送信電力を P〔W〕、アンテナの利得を G、電波の波長を λ〔m〕、物標の有効反射断面積を σ〔m²〕、最小受信電力を P_{min}〔W〕とすると、最大探知距離 R_{max}〔m〕は

$$R_{max}=\sqrt[4]{\frac{PG^2\lambda^2\sigma}{(4\pi)^3P_{min}}}\text{〔m〕}$$

(1) 最小受信電力 P_{min} が $0.25=1/2^2$ 倍の受信機を用いると R_{max} は $(2^2)^{1/4}=\sqrt{2}\fallingdotseq1.4$ 倍になる。

(2) 送信電力 P を $8=2^3$ 倍にし、受信機の最小受信電力 P_{min} が2倍の受信機を用いると R_{max} は $(2^3/2)^{1/4}=\sqrt{2}\fallingdotseq1.4$ 倍になる。

(3) 物標の有効反射断面積 σ を $9=3^2$ 倍にすると R_{max} は $(3^2)^{1/4}=\sqrt{3}\fallingdotseq1.7$ 倍になる。

▶ **解答 4**

A－13　類 05(7②) 02(11①)

次の記述は、地上系マイクロ波(SHF)多重回線の中継方式について述べたものである。[　　]内に入れるべき字句の正しい組合せを下の番号から選べ。

(1) 受信波を中間周波数に変換して増幅した後、再度マイクロ波に変換して送信する中継方式は、[A]中継方式である。

(2) 受信波を同一の周波数帯で増幅して送信する中継方式は、[B]中継方式である。

(3) 近距離の中継区間の障害物回避等に用いられ、送受アンテナの背中合わせや反射板による中継方式は、[C]中継方式である。

	A	B	C
1	非再生(ヘテロダイン)	直接	無給電
2	非再生(ヘテロダイン)	無給電	直接
3	2周波	無給電	直接
4	再生	直接	無給電
5	再生	無給電	直接

▶ **解答 1**

地上系マイクロ波多重回線の中継方式については、非再生(ヘテロダイン)中継方式、直接中継方式、無給電中継方式、再生中継方式、検波再生中継方式、2周波方式による中継方式が出題されている。

A－14　06(1)

次の記述は、多元接続を用いた衛星通信システムの回線の割当て方式について述べたものである。[　　]内に入れるべき字句の正しい組合せを下の番号から選べ。

(1) 回線割当て方式である［　A　］方式は、トラヒックの時間的な変化にかかわらず、各地球局間にあらかじめ定められた容量の回線を固定的に割り当てる方式であり、局間のトラヒックの変動が［　B　］ネットワークに有効な方式である。

(2) 各地球局から要求（電話の場合は呼）が発生するたびに回線を設定する方式は、［　C　］方式といい、［　D　］通信容量の多数の地球局が単一中継器を共同使用する場合に有効な方式である。

	A	B	C	D
1	デマンドアサイメント	少ない	プリアサイメント	大きな
2	デマンドアサイメント	大きい	プリアサイメント	小さな
3	プリアサイメント	少ない	デマンドアサイメント	小さな
4	プリアサイメント	大きい	デマンドアサイメント	大きな
5	プリアサイメント	大きい	デマンドアサイメント	小さな

解説　固定割当て（プリアサイメント）は、あらかじめ定められた容量の回線を固定的に割り当てる方式である。陸上の固定地点間の通信を行う大容量固定衛星通信システムなどの、トラヒックの変動が少ないシステムに用いられている。

要求割当て（デマンドアサイメント）は、発信する地球局がそのときに必要なトラヒックに応じて回線の割当てを要求する方式である。制御は複雑になるが効率の高い回線を構成することができる。通信容量が小さな多数の地球局が衛星の中継器を共同使用する場合に、回線の利用効率が高くなる。

▶ **解答　3**

A－15　類 03(1①)　02(1)

均一量子化を行うパルス符号変調（PCM）通信方式において、量子化のビット数を1ビット増やしたときの信号対量子化雑音比（S/N_Q）の改善量の値として、正しいものを下の番号から選べ。ただし、信号電圧の振幅の発生する確率分布は、振幅を分割した区間内で一様であり、量子化雑音は、周波数に関係なく一様な分布とする。

1　6〔dB〕　2　8〔dB〕　3　10〔dB〕　4　12〔dB〕　5　18〔dB〕

解説　PCM通信方式の変調過程における量子化ステップ数をnビットとすると、信号対量子化雑音比S/N_{QdB}は次式で表される。

$$S/N_{QdB} \fallingdotseq 1.8 + 6n \text{〔dB〕}$$

nビットから1ビット増やすと、$6 \times 1 = 6$〔dB〕信号対量子化雑音比が改善される。

▶ **解答　1**

関連知識 量子化雑音は、連続的なアナログ原信号と階段状の量子化信号との間に生じる差によって発生する。原信号と量子化信号との差を振幅が $\Delta V/2$ の三角波（実効値は $\Delta V/(2\sqrt{3})$）に近似して考えると、入力正弦波の原信号の振幅を V_m、量子化のステップ幅を ΔV、ステップ数を $M=V_m/(\Delta V/2)$ とすると、信号電力対量子化雑音電力比 S/N_Q は次式で表される。

$$S/N_Q=\frac{\left(\frac{V_m}{\sqrt{2}}\right)^2}{\left(\frac{\Delta V}{2\sqrt{3}}\right)^2}=\frac{3}{2}\left(\frac{2V_m}{\Delta V}\right)^2=\frac{3}{2}M^2$$

量子化ステップ数を n ビットとすると、$M=2^n$ なので S/N_{QdB} は次式で表される。

$$S/N_{QdB}=10\log_{10}\left\{\frac{3}{2}(2^n)^2\right\}\fallingdotseq 1.8+6n \text{〔dB〕}$$

A－16

次の記述は、複数のアンテナにより同時に複数の信号系列を伝送するMIMO（Multiple-Input Multiple-Output）における、信号分離技術の原理的動作の一例について述べたものである。□内に入れるべき字句の正しい組合せを下の番号から選べ。ただし、伝搬チャネル係数を h_{ij}（j：送信アンテナ、i：受信アンテナ）、送信電力を1、送信と受信のアンテナ利得をそれぞれ1とする。

(1) 図に示す2×2MIMOのシステムモデルにおいて、送信信号を $s_1(t), s_2(t)$、受信機で発生する熱雑音を $n_1(t), n_2(t)$ とすると、受信信号 $y_1(t), y_2(t)$ は次式で表せる。

$$y_1(t)=h_{11}s_1(t)+h_{12}s_2(t)+n_1(t)$$
$$y_2(t)=h_{21}s_1(t)+h_{22}s_2(t)+n_2(t)$$

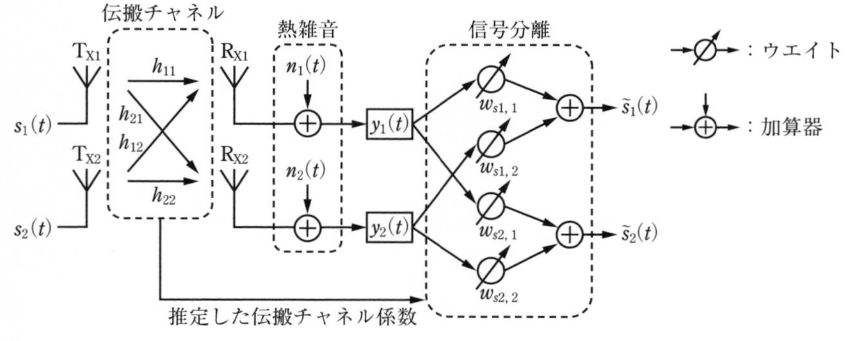

(2) 熱雑音電力が信号電力より十分小さいとすると、送信側と受信側で互いに既知の信号を用いたチャネルサウンディング等により伝搬チャネル係数を推定することで、受信信号 $y_1(t), y_2(t)$ から送信信号の推定値 $\tilde{s}_1(t), \tilde{s}_2(t)$ を分離することができる。図中の信号分離のモデルでは、推定した伝搬チャネル係数から信号分離のためのウエイトを制御し送信信号を推定するが、$\tilde{s}_1(t)$ を求めるためのウエイト $w_{s1,1}$ は、$w_{s1,1}$ = [A] となる。

(3) 上記の手法は ZF (Zero Forcing) 法と呼ばれ、比較的簡易に信号分離する手法として用いられるが、雑音の影響を直接考慮していないため、伝搬チャネル係数の状態により [B] による特性劣化が発生する。

	A	B
1	$\dfrac{h_{22}}{h_{11}h_{22}-h_{12}h_{21}}$	雑音強調
2	$\dfrac{h_{22}}{h_{11}h_{22}-h_{12}h_{21}}$	感度抑圧
3	$\dfrac{h_{11}}{h_{11}h_{22}-h_{12}h_{21}}$	雑音強調
4	$\dfrac{h_{11}}{h_{11}h_{22}-h_{12}h_{21}}$	感度抑圧
5	$\dfrac{h_{21}}{h_{11}h_{22}-h_{12}h_{21}}$	雑音強調

解説 熱雑音電力が信号電力より十分小さい条件では、問題の (1) の式は次式となる。

$$y_1(t) = h_{11}s_1(t) + h_{12}s_2(t) \quad \cdots (1)$$

$$y_2(t) = h_{21}s_1(t) + h_{22}s_2(t) \quad \cdots (2)$$

$s_1(t)$、$s_2(t)$ を未知数として、行列式の公式を用いて $s_1(t)$ を求めると

$$s_1(t) = \frac{\begin{vmatrix} y_1(t) & h_{12} \\ y_2(t) & h_{22} \end{vmatrix}}{\begin{vmatrix} h_{11} & h_{12} \\ h_{21} & h_{22} \end{vmatrix}} = \frac{y_1(t)h_{22} - y_2(t)h_{12}}{h_{11}h_{22} - h_{12}h_{21}} \quad \cdots (3)$$

式 (3) に問題図中の信号分離のモデルを適用して、送信信号の推定値 $\tilde{s}_1(t)$ を求めるためのウェイト $w_{s1,1}$ は

$$w_{s1,1} = \frac{h_{22}}{h_{11}h_{22} - h_{12}h_{21}}$$

▶ **解答　1**

無線工学の基礎
無線工学A
無線工学B
法規

数学の公式

行列式

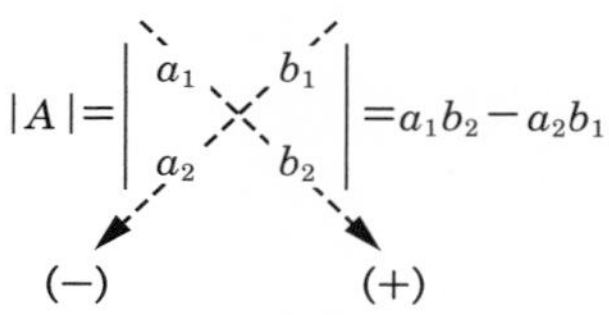

連立一次方程式の行列式による解法

$$\left.\begin{array}{l} a_1x+b_1y=d_1 \\ a_2x+b_2y=d_2 \end{array}\right\}$$ の解は

$$\triangle=\begin{vmatrix} a_1 & b_1 \\ a_2 & b_2 \end{vmatrix}$$

とすると

$$x=\frac{1}{\triangle}\begin{vmatrix} d_1 & b_1 \\ d_2 & b_2 \end{vmatrix} \qquad y=\frac{1}{\triangle}\begin{vmatrix} a_1 & d_1 \\ a_2 & d_2 \end{vmatrix}$$

A－17 05(1①) 02(11②)

次の記述は、図に示す構成例を用いたFM(F3E)送信機の占有周波数帯幅の測定法について述べたものである。[　　]内に入れるべき字句の正しい組合せを下の番号から選べ。なお、同じ記号の[　　]内には、同じ字句が入るものとする。

(1) 送信機の占有周波数帯幅は、全輻射電力の[A]〔%〕が含まれる周波数帯幅で表される。擬似音声発生器から規定のスペクトルを持つ擬似音声信号を送信機に加え、所定の変調を行った周波数変調波を擬似負荷に出力する。

(2) スペクトルアナライザを規定の動作条件とし、規定の占有周波数帯幅の2～3.5倍程度の帯域を、スペクトルアナライザの狭帯域フィルタで掃引しながらサンプリングし、測定したすべての電力値をコンピュータに取り込む。これらの値の総和から全電力が求まる。取り込んだデータを、下側の周波数から積算し、その値が全電力の[B]〔%〕となる周波数f_1〔Hz〕を求める。同様に上側の周波数から積算し、その値が全電力の[B]〔%〕となる周波数f_2〔Hz〕を求める。このときの占有周波数帯幅は、[C]〔Hz〕となる。

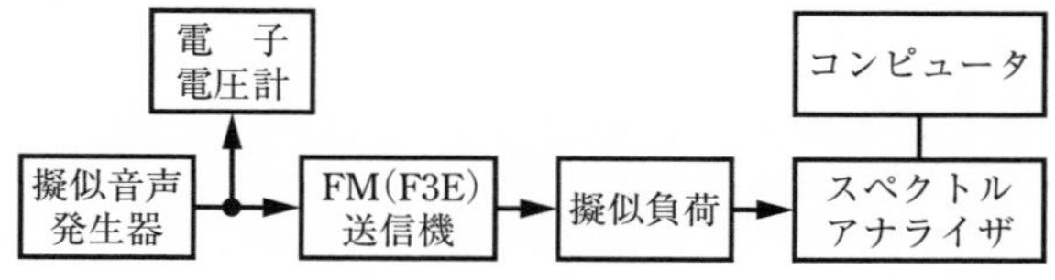

	A	B	C
1	90	10.0	(f_2-f_1)
2	90	5.0	$(f_2+f_1)/2$
3	99	1.0	(f_2-f_1)
4	99	0.5	(f_2-f_1)
5	99	0.5	$(f_2+f_1)/2$

解説　占有周波数帯幅は、その上限の周波数を超えて輻射され、及びその下限の周波数未満において輻射される平均電力が、それぞれ与えられた発射によって輻射される全平均電力の 0.5〔%〕に等しい上限及び下限の周波数帯幅として定められている。占有周波数帯幅は、全輻射電力の 99〔%〕が含まれる周波数帯幅で表される。

FM (F3E) 送信機は入力変調信号に擬似音声を加え標準変調（例えば、70〔%〕）とする。擬似音声は白色雑音を規定の周波数特性を持つフィルタを通すことにより、音声を模擬した周波数スペクトルを持つ雑音である。

スペクトルアナライザは、縦軸にレベル、横軸に周波数をとり、入力信号が持っているおのおのの周波数成分ごとのレベルに分離して、ディスプレイに表示する測定器である。

スペクトルアナライザの電力測定値をコンピュータに取り込み、取り込んだデータを下側の周波数から積算し、その値が全電力の 0.5〔%〕となる周波数 f_1〔Hz〕が下限の周波数となる。同様に上側の周波数から積算し、その値が全電力の 0.5〔%〕となる周波数 f_2〔Hz〕が上限の周波数となる。占有周波数帯幅 B〔Hz〕は全平均電力の 0.5〔%〕に等しい上限及び下限の周波数帯幅として定められているので、次式で表される。

$$B=f_2-f_1 \text{〔Hz〕}$$

▶ **解答　4**

A－18　類 05(7①)　類 02(11①)

デジタルオシロスコープのサンプリング方式に関する次の記述のうち、誤っているものを下の番号から選べ。

1　実時間サンプリング方式は、単発性のパルスなど周期性のない波形の観測に適している。

2　等価時間サンプリング方式の一つであるランダムサンプリング方式は、トリガ時点と波形記録データが非同期であるため、トリガ時点以前の入力信号の波形を観測するプリトリガ操作が容易である。

3　等価時間サンプリング方式の一つであるシーケンシャルサンプリング方式は、トリガ時点を基準にして入力信号の波形のサンプリング位置を一定時間ずつ遅らせてサンプリングを行う。

4　等価時間サンプリング方式で発生する可能性のあるエイリアシング（折り返し）は、実時間サンプリング方式では発生しない。

5　等価時間サンプリング方式は、繰り返し波形の観測を目的としており、サンプリングする周期に比較して変化の遅い波形の観測に適している。

解説　誤っている選択肢は次のようになる。

4　**実時間サンプリング方式**で発生する可能性のあるエイリアシング（折り返し）は、**等価時間サンプリング方式**では発生しない。

▶ **解答　4**

A－19　類 02（11①）　02（11②）

図の回路に示す抵抗素子 R_1〔Ω〕及び R_2〔Ω〕で構成される抵抗減衰器において、減衰量を 14〔dB〕にするための抵抗素子 R_2 の値を表す式として、正しいものを下の番号から選べ。ただし、抵抗減衰器の入力端には出力インピーダンスが Z_0〔Ω〕の信号源、出力端には Z_0〔Ω〕の負荷が接続され、いずれも整合しているものとする。また、Z_0 は純抵抗とし、$\log_{10}2 = 0.3$ とする。

1　$2Z_0/3$〔Ω〕
2　$4Z_0/7$〔Ω〕
3　$4Z_0/9$〔Ω〕
4　$5Z_0/14$〔Ω〕
5　$5Z_0/12$〔Ω〕

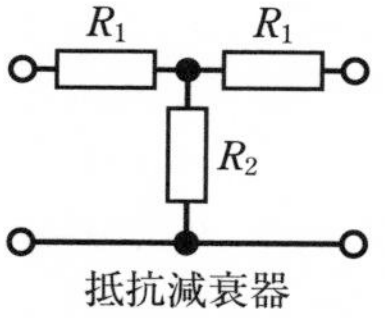

抵抗減衰器

解説　抵抗減衰器を入力側から見たインピーダンスと入力インピーダンスが整合しているので、次式が成り立つ。

$$Z_0 = R_1 + \frac{R_2 \times (R_1 + Z_0)}{R_2 + (R_1 + Z_0)} \text{〔Ω〕} \quad \cdots \ (1)$$

Point　未知数が R_1 と R_2 の二つなので、連立方程式を作って解く

電圧の減衰量 n_{dB} の真数を n とすると

$$n_{dB} = -14 = 20\log_{10} n$$

$$-\frac{14}{20} = \log_{10} n$$

$$-0.7 = -1 + 0.3 = \log_{10} 10^{-1} + \log_{10} 2$$

$$= \log_{10} \frac{2}{10} \quad \text{よって} \quad n = \frac{1}{5}$$

入出力インピーダンスが同じなので、解説図のように電流の減衰量も同じ値になる。よって、電流比より

$$\frac{I_2}{I_1}=\frac{1}{5}=\frac{R_2}{R_2+R_1+Z_0} \quad \cdots (2)$$

$$R_2+R_1+Z_0=5R_2$$

よって　$R_1=4R_2-Z_0 \quad \cdots (3)$

式(1)に式(3)を代入すると

$$Z_0=4R_2-Z_0+\frac{R_2\times(4R_2-Z_0+Z_0)}{R_2+(4R_2-Z_0+Z_0)}\ [\Omega]$$

$$2Z_0=4R_2+\frac{R_2\times 4R_2}{5R_2}=\frac{20R_2+4R_2}{5}=\frac{24R_2}{5}$$

よって　$R_2=\frac{2Z_0\times 5}{24}=\frac{5Z_0}{12}\ [\Omega]$

▶ **解答　5**

入力側の R_1 を流れる電流と出力電流の比は、出力側の $R_2+(R_1+Z_0)$ と R_2 の比で求められる

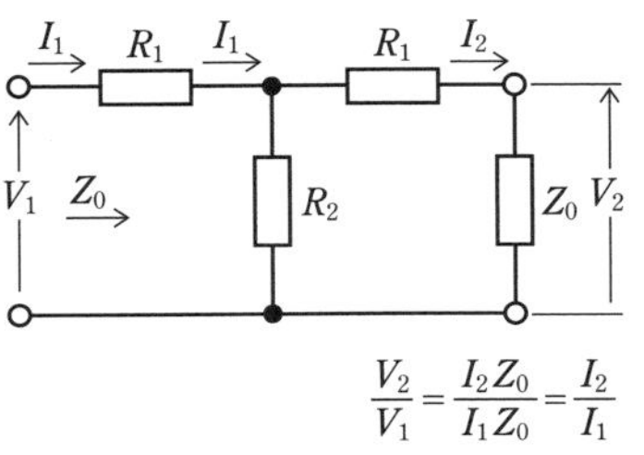

$$\frac{V_2}{V_1}=\frac{I_2Z_0}{I_1Z_0}=\frac{I_2}{I_1}$$

出題傾向　R_1 を求める問題も出題されている。

A－20　　05(7②)

次の記述は、図に示すベクトルネットワークアナライザ(VNA)を用いた増幅回路のリターン・ロス R_L〔dB〕及び利得 G〔dB〕の測定の原理について述べたものである。□内に入れるべき字句の正しい組合せを下の番号から選べ。

(1) 図に示すVNAのポート１から増幅回路の入力端へ及びポート２から出力端へ入る信号をそれぞれ a_1 及び a_2 とし、入力端からポート１へ及び出力端からポート２へ出る信号をそれぞれ b_1 及び b_2 とすると、これらの信号の関係は、Sパラメータを用いて次式で表される。

$$\begin{bmatrix} b_1 \\ b_2 \end{bmatrix}=\begin{bmatrix} S_{11} & S_{12} \\ S_{21} & S_{22} \end{bmatrix}\begin{bmatrix} a_1 \\ a_2 \end{bmatrix} \quad \cdots ①$$

(2) ①式から $a_2=0$ のとき $S_{11}=$ [A] である。VNAで測定した S_{11}(複素数表示)が $S_{11}=u+jv$ で表されるとき、R_L〔dB〕は、次式で表される。

$$R_L=-20\log_{10}\sqrt{u^2+v^2}\ [\mathrm{dB}]$$

R_L の値は、a_1 の大きさに対して b_1 の大きさが大きくなるほど [B] なる。

(3) ①式から $a_2=0$ のとき $S_{21}=$ [C] である。VNAで測定した S_{21}(複素数表示)が $S_{21}=u+jv$ で表されるとき、G〔dB〕は、次式で表される。

$$G=20\log_{10}\sqrt{u^2+v^2}\ [\mathrm{dB}]$$

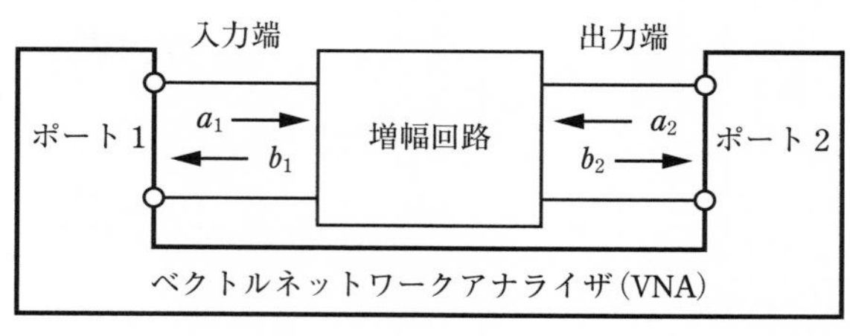

	A	B	C
1	b_1/a_1	大きく	b_2/a_1
2	b_1/a_1	小さく	b_2/a_1
3	a_1/b_1	大きく	a_1/b_2
4	a_1/b_1	小さく	b_2/a_1
5	a_1/b_1	小さく	a_1/b_2

解説 ベクトルネットワークアナライザは、絶対値と位相差を測定することができる。マトリクスで表された問題の式①より、次式が成り立つ。

$$b_1 = S_{11}a_1 + S_{12}a_2 \quad \cdots \ (1)$$

$$b_2 = S_{21}a_1 + S_{22}a_2 \quad \cdots \ (2)$$

S_{11}、S_{12}、S_{21}、S_{22} は 4 端子回路網を表す定数で a_1 と a_2 を 0 とすることにより、次式で表される。

$$\boldsymbol{S_{11} = \frac{b_1}{a_1}} \quad (a_2 = 0) \quad \cdots \ (3)$$

$$S_{12} = \frac{b_1}{a_2} \quad (a_1 = 0) \quad \cdots \ (4)$$

$$\boldsymbol{S_{21} = \frac{b_2}{a_1}} \quad (a_2 = 0) \quad \cdots \ (5)$$

$$S_{22} = \frac{b_2}{a_2} \quad (a_1 = 0) \quad \cdots \ (6)$$

S_{11} は入力端の反射係数を表すので、増幅回路のリターンロスの大きさを dB で表した R_L〔dB〕は

$$R_L = -20\log_{10}\sqrt{u^2 + v^2}$$

$$= -20\log_{10}(|S_{11}|) = 20\log_{10}\frac{1}{|S_{11}|}\ \text{〔dB〕}$$

の式で表される。$|b_1| < |a_1|$ なので $|S_{11}| < 1$ となるので、R_L の値は入力信号 a_1 の大きさに対し反射信号 b_1 の大きさが大きくなって $|S_{11}|$ が大きくなるほど**小さく**なる。

▶ **解答 2**

B－1　類 02(1)　31(1)

次の記述は、静止衛星を用いた通信システムの多元接続方式について述べたものである。［　　］内に入れるべき字句を下の番号から選べ。

(1) 時分割多元接続(TDMA)方式は、時間を分割して各地球局に回線を割り当てる方式である。各地球局から送られる送信信号が衛星上で重ならないように、各地球局の［ア］を制御する必要がある。

(2) 周波数分割多元接続(FDMA)方式は、周波数を分割して各地球局に回線を割り当てる方式である。送信地球局では、割り当てられた周波数を用いて信号を伝送するので、通常、隣接するチャネル間の干渉が生じないように、［イ］設ける。

(3) 符号分割多元接続(CDMA)方式は、同じ周波数帯を用いて各地球局に特定の符号列を割り当てる方式である。送信地球局では、この割り当てられた符号列で変調し、送信する。受信地球局では、送信側と［ウ］符号列で受信信号との相関をとり、自局向けの信号を取り出す。

(4) SCPC方式は、送出する一つのチャネルに対して［エ］の搬送波を割り当て、一つの中継器の帯域内に複数の異なる周波数の搬送波を等間隔に並べる方式で、［オ］一つである。

1 送信タイミング　2 周波数　3 一つ　4 複数
5 時分割多元接続(TDMA)方式の　6 ガードバンドを
7 ガードタイムを　8 異なる　9 同じ
10 周波数分割多元接続(FDMA)方式の

解説　周波数分割多元接続(FDMA：Frequency Division Multiple Access)方式は、隣接するチャネル間の干渉が生じないように、ガードバンドを設ける。

時分割多元接続(TDMA：Time Division Multiple Access)方式はガードタイムを設ける。

CDMA(Code Division Multiple Access)方式は、特定の符号列を割り当てて回線を分割する方式である。

SCPC(Single Channel Per Carrier)方式は、一つのチャネルに対して一つの搬送波を割り当てる方式である。

▶ **解答　ア－1　イ－6　ウ－9　エ－3　オ－10**

B－2　類 05(1①)　類 03(1①)　類 31(1)　30(1)

次の記述は、図に示すスーパヘテロダイン方式によるアナログ型のスペクトルアナライザの原理的な構成例について述べたものである。このうち正しいものを1、誤っているものを2として解答せよ。

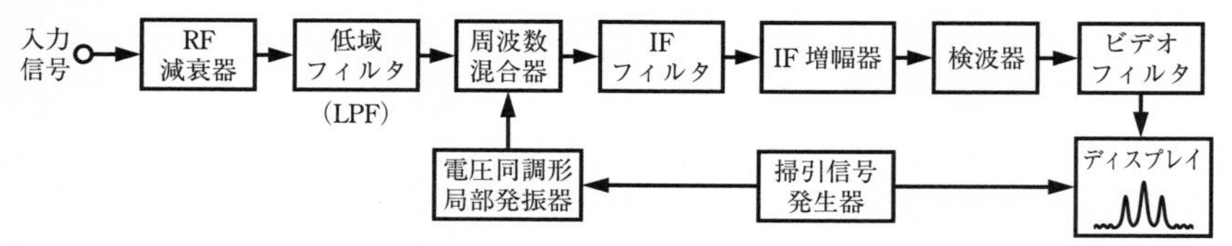

ア　周波数分解能は、分解能帯域幅(RBW)と呼ばれる IF(中間周波)フィルタの通過帯域幅によって決まる。

イ　ディスプレイ上に表示される雑音のレベルは、雑音の分布が一様分布のとき周波数分解能が高いほど低くなる。

ウ　周波数掃引時間は、周波数分解能が高いほど長くする必要がある。

エ　ビデオフィルタは、カットオフ周波数可変の高域フィルタ(HPF)で、雑音レベルに近い微弱な信号を浮き立たせる効果がある。

オ　入力信号に含まれる個々の正弦波の相対位相を測定することができる。

解説　誤っている選択肢は次のようになる。

エ　ビデオフィルタは、カットオフ周波数可変の**低域フィルタ(LPF)**で、雑音レベルに近い微弱な信号を浮き立たせる効果がある。

オ　入力信号に含まれる個々の正弦波の相対位相を測定することが**できない**。

▶ 解答　ア－1　イ－1　ウ－1　エ－2　オ－2

B－3

05(7②)

次の記述は、図に示す構成例を用いた受信機の雑音指数の測定法について述べたものである。[　　]内に入れるべき字句を下の番号から選べ。

(1) 受信機の雑音指数 F は、次式で表される。ただし、N_{i}〔W〕は受信機の入力端子の有能雑音電力で、熱雑音電力に等しく、N_{O}〔W〕は受信機の出力端子の有能雑音電力、S_{i}〔W〕は受信機の入力端子の有能信号電力、S_{O}〔W〕は受信機の出力端子の有能信号電力とする。また、受信機の有能利得を G とし、ボルツマン定数 k〔J/K〕、周囲温度 T〔K〕及び受信機の帯域幅 B〔Hz〕は既知とする。

$F=$ [ア] $=N_{\mathrm{O}}/(N_{\mathrm{i}}G)$　… ①

(2) スイッチ $\mathrm{SW_1}$ 及び $\mathrm{SW_2}$ を [イ] 側に接続し、電源を断(OFF)にした標準雑音源を受信機に接続した状態で受信機の出力を測定すれば、このときの出力計の指示値は、[ウ] に等しい。

(3) 次に、スイッチ SW_1 及び SW_2 を (2) の場合と反対側に接続し、標準雑音源の電源を接 (ON) にして標準雑音源の出力レベルを調整し、出力計の指示値が (2) と同じになるようにすれば、受信機の出力の雑音レベルは、［ エ ］〔W〕であり、このときの標準雑音源の出力レベルは、［ オ ］〔W〕に等しい。N_i は k、T 及び B の値で決まるので、式①より F を求めることができる。

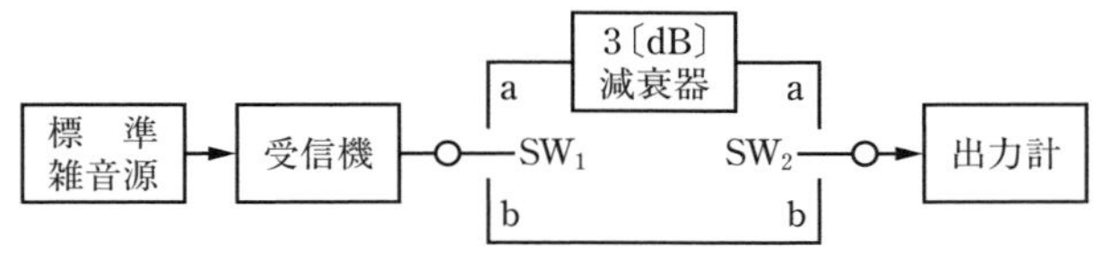

1　$(S_O/N_O)/(S_i/N_i)$　　2　N_i　　3　$2N_O$　　4　N_O/G　　5　b
6　$(S_i/N_i)/(S_O/N_O)$　　7　N_O　　8　$4N_O$　　9　N_iG　　10　a

解説　受信機の入力端子の有能信号電力 S_i、有能雑音電力 N_i、出力端子の有能信号電力 S_O、雑音電力 N_O、有能利得 $G=S_O/S_i$ より、雑音指数 F は

$$F=\frac{\dfrac{S_i}{N_i}}{\dfrac{S_O}{N_O}}=\frac{N_O}{N_iG}$$

等価雑音帯域幅 B〔Hz〕、ボルツマン定数 k、周囲絶対温度 T〔K〕より、受信機入力の有能雑音電力 N_i〔W〕は

$N_i=kTB$〔W〕

▶ **解答　ア－6　イ－5　ウ－7　エ－3　オ－4**

B－4 05(7①) 03(1①)

次の記述は、図に示すデジタル通信に用いられるQPSK復調器の原理的構成例について述べたものである。［　］内に入れるべき字句を下の番号から選べ。なお、同じ記号の［　］内には、同じ字句が入るものとする。

(1) 位相検波器1及び2は、「QPSK信号」と「基準搬送波」及び「QPSK信号」と「基準搬送波と位相が［ア］異なる信号」をそれぞれ［イ］し、両者の位相差を出力させるものである。

(2) 基準搬送波再生回路に用いられる搬送波再生方法の一つである［ウ］は、例えば位相検波器1及び2の出力を用いて、QPSK信号を送信側と逆方向に［エ］変調することによって、情報による［エ］の変化を除去し、［エ］が元の搬送波と同じ波を得るものである。

(3) 識別器1及び2に用いられる符号の識別方法には、位相検波器1及び2の出力のパルスのピークにおける瞬時値によって符号を識別する瞬時検出方式の他、クロックパルスの［オ］周期内で検波器出力信号波を積分して、その積分値により識別する積分検出法もある。

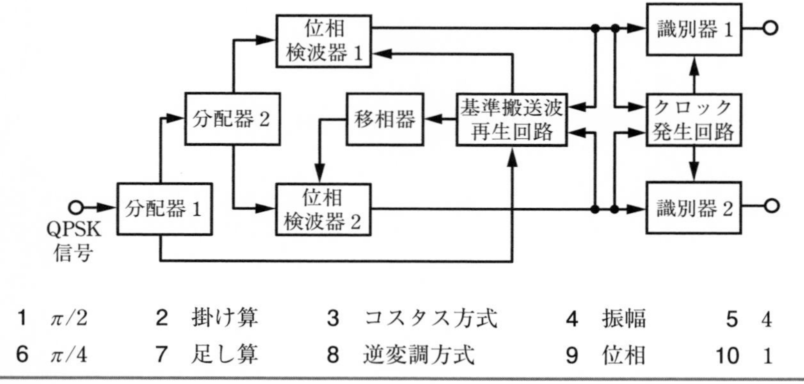

1　$\pi/2$	2　掛け算	3　コスタス方式	4　振幅	5　4
6　$\pi/4$	7　足し算	8　逆変調方式	9　位相	10　1

解説 位相検波器は、sin関数で表される信号波と基準搬送波とを掛け算する。このときsin関数の積の動作をするが、三角関数の積は、和と差に変換することができるので、sin波の位相差を出力することができる。

▶ **解答　ア－1　イ－2　ウ－8　エ－9　オ－10**

B－5　類 05(7①)　22(7)

次の記述は、デジタル変調に用いられるロールオフフィルタについて述べたものである。[　　]内に入れるべき字句を下の番号から選べ。

(1) シンボルとは、[ア]の一度の変化で送ることのできるデジタルデータのことをいい、その間隔が T〔s〕のとき、図に示す理想矩形フィルタを用いて T〔s〕間隔でインパルスを無ひずみ伝送するための必要最小限の帯域は、[イ]〔Hz〕である。ここで無ひずみとは、受信パルスの中央で行う瞬時検出に対して[ウ]が零であることをいう。また、図の横軸の正規化周波数 fT は、周波数 f〔Hz〕を $1/T$〔Hz〕で正規化したものである。

(2) 理想矩形フィルタは実現が困難なため、図に示すような特性を有するロールオフフィルタが用いられる。このフィルタが無ひずみ条件を満足するためには、フィルタのインパルス応答がシンボル間隔 T の整数倍の時刻で[エ]となる必要がある。

(3) ロールオフフィルタの出力の帯域幅は、ロールオフファクタ α が小さいほど狭くなるが、標本化するときの符号判定のタイミングがずれると、符号間干渉特性の劣化が[オ]なる。

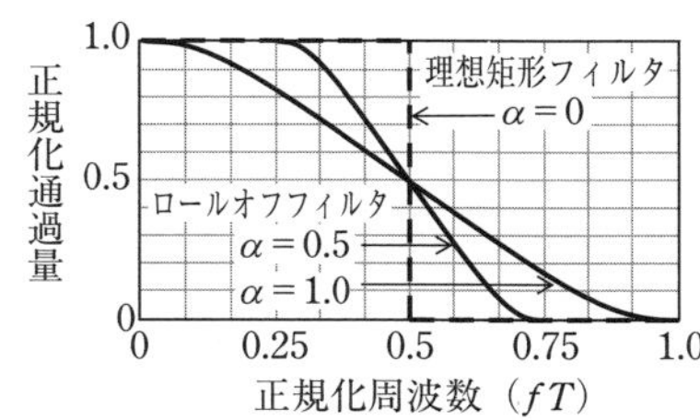

1　符号間干渉	2　搬送波	3　$1/(2T)$	4　小さく	5　最大
6　波形ひずみ	7　変調信号	8　$2/T$	9　大きく	10　零

解説　シンボル間隔を T〔s〕、ロールオフファクタを α とすると、周波数帯域幅 B〔Hz〕は次式で表される。

$$B=\frac{1+\alpha}{T}\text{〔Hz〕}$$

ロールオフフィルタの出力の帯域幅は、ロールオフファクタ α が小さいほど狭くなるが、標本化するときの符号判定のタイミングがずれると、符号間干渉特性の劣化が大きくなる。

▶ **解答**　ア－7　イ－3　ウ－1　エ－10　オ－9

A－1

02(11①)

表は、我が国の標準テレビジョン放送のうち地上系デジタル放送の標準方式(ISDB-T)で規定されているモード3における伝送信号パラメータ及びその値の一部を示したものである。[　　]内に入れるべき字句の正しい組合せを下の番号から選べ。

ただし、OFDMのIFFTのサンプリング周波数は、512/63〔MHz〕、モード3のIFFTのサンプリング点の数は、8,192であり、$512 = 2^9$、$8{,}192 = 2^{13}$である。また、表中のガードインターバル比の値は、有効シンボル期間長及びガードインターバル期間長が表に示す値のときのものであり、キャリア総数は、図のOFDMフレームの変調波スペクトルの配置に示す13個の全セグメント中のキャリア数に、帯域の右端に示す復調基準信号に対応するキャリア数1本を加えた値である。

伝送信号パラメータ	値
セグメント数	13〔個〕 (No. 0 ～ No. 12)
有効シンボル期間長	[A]〔μs〕
ガードインターバル期間長	[B]〔μs〕
ガードインターバル比	1/8
キャリア間隔	[C]〔kHz〕
1 セグメントの帯域幅	6,000/14〔kHz〕
キャリア総数	[D]〔本〕

復調基準信号

セグメント No. 11	セグメント No. 9	セグメント No. 7	セグメント No. 5	セグメント No. 3	セグメント No. 1	セグメント No. 0	セグメント No. 2	セグメント No. 4	セグメント No. 6	セグメント No. 8	セグメント No. 10	セグメント No. 12

周波数〔Hz〕

	A	B	C	D
1	1,008	126	125/126	5,617
2	1,008	126	500/567	6,319
3	2,016	252	500/567	5,617
4	2,016	126	125/126	5,617
5	2,016	252	500/567	6,319

解説

A　$$有効シンボル期間長 = \frac{サンプリング点の数}{サンプリング周波数}$$

$$= \frac{2^{13}}{\dfrac{512}{63} \times 10^6} = 63 \times 2^{13-9} \times 10^{-6}$$

$$= 63 \times 2^4 \times 10^{-6} = 1{,}008 \times 10^{-6}〔s〕= 1{,}008〔μs〕$$

Point

$63 \times 2^4 = (2^6 - 1) \times 2^4 = 2^{10} - 2^4 = 1{,}024 - 16 = 1{,}008$

B　ガードインターバル期間長＝有効シンボル期間長×ガードインターバル比

$$=1{,}008\,〔\mu s〕\times\frac{1}{8}=126\,〔\mu s〕$$

C　キャリア間隔＝$\dfrac{1}{有効シンボル期間長}$

$$=\frac{1}{1{,}008\times10^{-6}}=\frac{1}{126\times8}\times10^{6}$$

$$=\frac{1}{126}\times\frac{10^{3}}{8}\times10^{3}\,〔\text{Hz}〕=\frac{125}{126}\,〔\text{kHz}〕$$

Point
Bで求めた数値を使うと計算が楽

D　キャリア総数＝$\dfrac{1セグメントの帯域幅}{キャリア間隔}\times13+1$

$$=\frac{\dfrac{6{,}000}{14}\,〔\text{kHz}〕}{\dfrac{125}{126}\,〔\text{kHz}〕}\times13+1=\frac{6{,}000\times126}{125\times14}\times13+1$$

$$=\frac{6\times8\times126}{14}\times13+1=432\times13+1=5{,}617$$

▶ **解答　1**

A－2　類05(1①)　類02(11①)　31(1)

AM(A3E)送信機において、搬送波を二つの単一正弦波で同時に振幅変調したときの電力の値として、正しいものを下の番号から選べ。ただし、搬送波の電力は10〔kW〕とする。また、当該搬送波を一方の単一正弦波のみで変調したときの変調度は60〔%〕であり、他方の単一正弦波のみで変調したときの電力は13.2〔kW〕である。

1　13.7〔kW〕　　2　14.0〔kW〕　　3　15.0〔kW〕
4　16.0〔kW〕　　5　16.5〔kW〕

解説　一方の単一正弦波で搬送波を変調度 $m_A=0.6$ で振幅変調すると、二つの側波が発生する。搬送波の電力を P_C〔kW〕とすると、二つの側波の電力 P_{S1}〔kW〕は

$$P_{S1}=2\times\frac{m_A{}^2}{4}P_C=\frac{0.6^2}{2}\times10=1.8\,〔\text{kW}〕$$

他方の単一正弦波で振幅変調したときの被変調波の電力を P_{AM2}〔kW〕とすると、側波の電力 P_{S2}〔kW〕は

$$P_{S2}=P_{AM2}-P_C=13.2-10=3.2\,〔\text{kW}〕$$

二つの単一正弦波で同時に振幅変調したときの電力 P_{AM}〔kW〕は

$$P_{AM} = P_C + P_{S1} + P_{S2}$$
$$= 10 + 1.8 + 3.2 = 15.0 〔kW〕$$

▶ **解答　3**

関連知識　搬送波を単一正弦波の信号波で振幅変調すると、搬送波と二つの側波が発生する。搬送波の電力を P_C〔W〕、各側波の電力を P_S〔W〕、変調度を m_A とすると被変調波の電力 P_{AM}〔W〕は

$$P_{AM} = P_C + P_S + P_S$$
$$= P_C + \frac{m_A{}^2}{4} P_C + \frac{m_A{}^2}{4} P_C = P_C + 2 \times \frac{m_A{}^2}{4} P_C = \left(1 + \frac{m_A{}^2}{2}\right) P_C 〔W〕$$

A－3　　02(11②)

OFDM において原理的に伝送可能な情報の伝送速度（ビットレート）の最大値として、正しいものを下の番号から選べ。ただし、情報を伝送するサブキャリアの個数を 50 個、変調方式を 256QAM 及び有効シンボル期間長を 4〔μs〕とし、ガードインターバル期間長を 1〔μs〕（ガードインターバル比「1/4」）及び情報の誤り訂正の符号化率を「3/4」とする。

1　15〔Mbps〕　　2　30〔Mbps〕　　3　40〔Mbps〕
4　60〔Mbps〕　　5　80〔Mbps〕

解説　256QAM 方式では、1 シンボル当たり $n = 8$〔bit〕の情報を伝送することができる。有効シンボル期間長を $t_d = 4 \times 10^{-6}$〔s〕、サブキャリア数を $c_s = 50$ とすると、ガードインターバルを考慮しない情報の伝送速度 D_m〔bps〕は

Point
$256 = 2^8$ だから
8 ビット

$$D_m = \frac{nc_s}{t_d} = \frac{8 \times 50}{4 \times 10^{-6}} = 100 \times 10^6 〔bps〕$$

ガードインターバル比が 1/4 より、ガードインターバル t_g と有効シンボル t_d の比が $t_g : t_d = 1 : 4$ となるので、全体の信号長を t_s〔s〕とすると $t_d/t_s = 4/5$ となる。符号化率を η とすると、伝送可能な情報の伝送速度の最大値 D〔bps〕は

$$D = D_m \eta \frac{t_d}{t_s} = 100 \times 10^6 \times \frac{3}{4} \times \frac{4}{5}$$
$$= 60 \times 10^6 〔bps〕 = 60 〔Mbps〕$$

▶ **解答　4**

A－4

06(1)　03(1①)

次の記述は、QPSK及び$\pi/4$シフトQPSKの信号点の位相変化について述べたものである。[　　]内に入れるべき字句の正しい組合せを下の番号から選べ。ただし、ここでの$\pi/4$シフトQPSKは、送るデータが"0, 0"であれば、その前に送った信号点に対して$+\pi/4$〔rad〕の位相変化を、同様に、送るデータが"0, 1"であれば$+3\pi/4$、"1, 1"であれば$-3\pi/4$、"1, 0"であれば$-\pi/4$の位相変化をそれぞれ与えて送信するものとする。

(1) 信号点配置を図1に示すQPSKでは、IとQの極性が同時に変化したときは、変調波の位相が[A]〔rad〕変化する。

(2) 一方、$\pi/4$シフトQPSKでは、例えば、送るデータが、時間系列で、"0, 1"、"1, 1"、"0, 0"、"1, 0"のデータを順次送信する場合、その前に送った信号点の位相を図2の①とすると、当該時間系列のデータに対する位相は[B]の順に変化する。

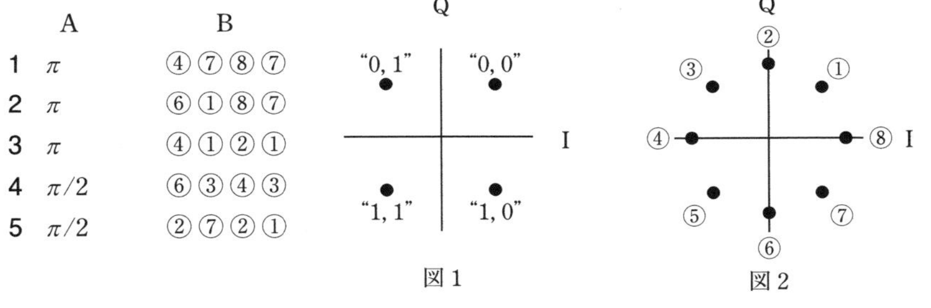

	A	B
1	π	④⑦⑧⑦
2	π	⑥①⑧⑦
3	π	④①②①
4	$\pi/2$	⑥③④③
5	$\pi/2$	②⑦②①

図1　図2

解説 (1) 問題図1のQPSKにおいて、IとQの極性が同時に変化すると、"0, 0"が"1, 1"に、あるいは"0, 1"が"1, 0"に変化するので、変調波の位相はπ〔rad〕変化する。

(2) $\pi/4$シフトQPSKでは、送るデータが時間系列で、"0, 1"、"1, 1"、"0, 0"、"1, 0"のデータを順次送信する場合、その前に送った信号点の位相が問題図2の①なので、この①の位相$\pi/4$が最初の位相となる。

データが"0, 1"に変化すると、①から$+3\pi/4$〔rad〕位相変化するので、$\pi/4+3\pi/4=\pi$〔rad〕となるので④になる。

次にデータが"1, 1"に変化すると、④から$-3\pi/4$〔rad〕位相変化するので、$\pi-3\pi/4=\pi/4$〔rad〕となるので①になる。

次にデータが"0, 0"に変化すると、①から$+\pi/4$〔rad〕位相変化するので、$\pi/4+\pi/4=\pi/2$〔rad〕となるので②になる。

次にデータが"1, 0"に変化すると、②から$-\pi/4$〔rad〕位相変化するので、$\pi/2-\pi/4=\pi/4$〔rad〕となるので①になる。よって、位相は④①②①の順に変化する。

▶ **解答　3**

A－5 類 03(1②)

次の記述は、16QAM 信号の同期検波時の理論的なビット誤り等について述べたものである。16QAM 信号の誤差補関数を用いたビット誤り率 P_{16QAM} の値（近似値）として最も近いものを下の番号から選べ。ただし、当該特性はフェージングの影響がなく加法的白色ガウス雑音のみが存在する伝搬環境を想定し、負荷抵抗は 1〔Ω〕であるものとする。また、グレイ符号によるビット割り当てが行われ、信号の発生確率は同じであり、シンボルが隣接する区間のみの誤りを考慮するものとする。

(1) 信号に雑音が加わり隣接区間に飛び出るとシンボル誤りが生じるが、シンボルの誤り率はシンボルの位置関係により異なる。グレイ符号の場合、隣接するシンボルのビット誤り数は 1 であり、図に示す①、②、③の 3 種類の区間のビット誤り率をそれぞれ P_1、P_2、P_3 とすると全体のビット誤り率 P_{16QAM} は $P_{16QAM}=(1/4)P_1+(1/2)P_2+(1/4)P_3$ となる。

隣接するシンボルが 2 つである P_1 は、QPSK の誤り率と同じ考えで求められる。また、隣接するシンボルが 4 つの P_3 は P_1 の 2 倍、隣接するシンボルが 3 つの P_2 は P_1 の 1.5 倍として全体のビット誤り率を算出できるため、P_{16QAM} は P_1 を用いた近似式に整理できる。

(2) C/N をパラメータとした QPSK のビット誤り率は、誤差補関数を用いた式として $(1/2)\,\mathrm{erfc}\{\sqrt{(C/N)/2}\}$ で表せる。また、QPSK と 16QAM の平均電力を同じとすると 16QAM の信号点当たりの平均電力は QPSK の 1/5 であり、隣接する区間の誤り率が QPSK の 1/2 に変わることを考慮することで P_1 の近似値が求まるため、P_{16QAM} が算出できる。

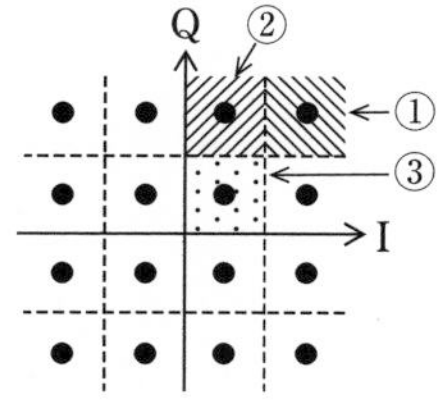

1 $(3/8)\,\mathrm{erfc}\{\sqrt{(C/N)/10}\}$
2 $(3/4)\,\mathrm{erfc}\{\sqrt{(C/N)/10}\}$
3 $(3/4)\,\mathrm{erfc}\{\sqrt{(C/N)/5}\}$
4 $(3/8)\,\mathrm{erfc}\{\sqrt{(C/N)/5}\}$
5 $(3/4)\,\mathrm{erfc}\{\sqrt{(C/N)/2}\}$

解説 隣接するシンボルが二つある P_1 は、QPSK の誤り率と同じ考えで求められる。また、隣接するシンボルが四つの P_3 は P_1 の 2 倍、隣接するシンボルが三つの P_2 は P_1 の 1.5 倍なので、題意の式の 16QAM の全体のビット誤り率 P_{16QAM} を P_1 を用いた近似式に整理すると

$$P_{16QAM}=\frac{1}{4}P_1+\frac{1}{2}P_2+\frac{1}{4}P_3$$

$$=\frac{1}{4}P_1+\frac{1}{2}\times1.5P_1+\frac{1}{4}\times2P_1=\frac{3}{2}P_1 \quad \cdots \ (1)$$

QPSK のビット誤り率 P_{QPSK} は、誤差補関数を用いた式として、次式で表される。

$$P_{QPSK} = \frac{1}{2}\,\mathrm{erfc}\left(\sqrt{\frac{C/N}{2}}\right) \quad \cdots (2)$$

QPSKと16QAMの平均電力を同じとすると、16QAMの信号点当たりの平均電力はQPSKの1/5なので、C/Nは1/5となる。また、隣接する区間の誤り率がQPSKの1/2に変わることを考慮することでP_1の近似値が求まるので、式(2)より

$$P_1 = \frac{1}{2} \times \frac{1}{2}\,\mathrm{erfc}\left(\sqrt{\frac{C/N}{2} \times \frac{1}{5}}\right)$$

$$= \frac{1}{4}\,\mathrm{erfc}\left(\sqrt{\frac{C/N}{10}}\right) \quad \cdots (3)$$

式(1)、式(3)より、16QAMの全体のビット誤り率P_{16QAM}は

$$P_{16QAM} = \frac{3}{2}P_1 = \frac{3}{8}\,\mathrm{erfc}\left(\sqrt{\frac{C/N}{10}}\right)$$

▶ **解答　1**

A－6　05(7②)　03(1②)

次の記述は、BPSK変調信号$s(t)$に雑音(加法的白色ガウス雑音)が付加された受信信号$r(t)$を図の復調器構成によって同期検波したときの原理的な動作について述べたものである。[　　]内に入れるべき字句の正しい組合せを下の番号から選べ。ただし、基準搬送波$p(t)$を$p(t) = 2\cos\omega_c t$とする。なお、同じ記号の[　　]内には、同じ字句が入るものとする。

(1) 受信機で帯域制限された搬送波周波数帯における雑音$n(t)$は、その同相、直交成分をそれぞれ$n_I(t)$、$n_Q(t)$とすると、狭帯域雑音として次式で表される。

$n(t) = n_I(t) \times$ [A] $+ n_Q(t) \times$ [B]

(2) BPSKのデータ値によって$a(t)$が±1の値をとり、搬送波の角周波数をω_c〔rad/s〕とすると、$s(t)$は、

$s(t) = a(t)\cos\omega_c t$

で表せるものとして、$s(t)$に$n(t)$が付加された受信信号$r(t)$と$p(t)$を乗積した信号$r_d(t)$は、次式で表される。

$r_d(t) = r(t)\,p(t)$

$= \{s(t) + n(t)\}p(t) = \{$ [C] $\} \times (1 + \cos 2\omega_c t) + n_Q(t)\sin 2\omega_c t$

(3) $r_f(t)$は、$r_d(t)$からLPFによって2倍の周波数成分が除去された信号であり、次式で表される。

$r_f(t) =$ [C]

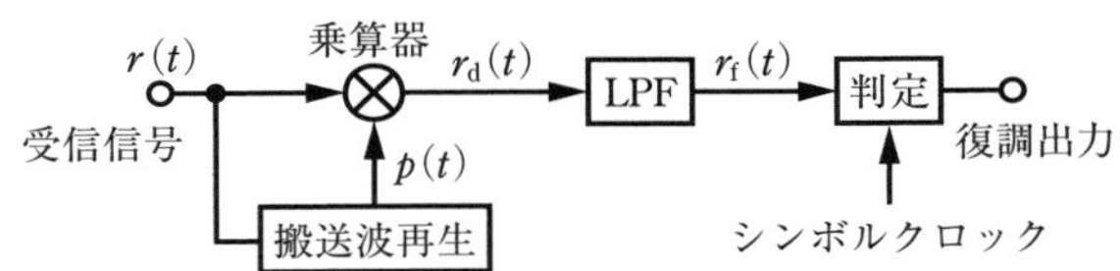

	A	B	C
1	$\sin\omega_c t$	$\cos\omega_c t$	$a(t)+n_I(t)$
2	$\sin\omega_c t$	$\cos\omega_c t$	$a(t)+n_I(t)+n_Q(t)$
3	$\sin\omega_c t$	$\cos\omega_c t$	$a(t)+n_I(t)/2+n_Q(t)/2$
4	$\cos\omega_c t$	$\sin\omega_c t$	$a(t)+n_I(t)+n_Q(t)$
5	$\cos\omega_c t$	$\sin\omega_c t$	$a(t)+n_I(t)$

解説 搬送波周波数帯における狭帯域雑音成分は、同相成分は cos 関数、直交成分は sin 関数の単振動で表すことができるので、次式で表される。

$$n(t)=n_I(t)\cos\omega_c t+n_Q(t)\sin\omega_c t$$

BPSK 変調信号 $s(t)$ に狭帯域雑音成分 $n(t)$ が加わった入力成分 $r(t)$ と基準搬送波 $p(t)$ の乗算器出力 $r_d(t)$ は次式で表される。

$$\begin{aligned}r_d(t)&=r(t)\,p(t)=\{s(t)+n(t)\}\,p(t)\\&=s(t)\,p(t)+n(t)\,p(t)\\&=a(t)\cos\omega_c t\times 2\cos\omega_c t+\{n_I(t)\cos\omega_c t+n_Q(t)\sin\omega_c t\}\times 2\cos\omega_c t\\&=2\{a(t)+n_I(t)\}\cos^2\omega_c t+2n_Q(t)\sin\omega_c t\cos\omega_c t\\&=\{a(t)+n_I(t)\}(1+\cos 2\omega_c t)+n_Q(t)\sin 2\omega_c t\end{aligned}$$

よって

$$r_d(t)=a(t)+n_I(t)+\{a(t)+n_I(t)\}\cos 2\omega_c t+n_Q(t)\sin 2\omega_c t$$

となる。$r_f(t)$ は LPF によって 2 倍の周波数成分が除去された信号なので、次式で表される。

$$r_f(t)=a(t)+n_I(t)$$

▶ **解答 5**

数学の公式

$$\cos^2\theta=\frac{1}{2}(1+\cos 2\theta)$$

$$\sin 2\theta=2\sin\theta\cos\theta$$

A－7 05(1①) 03(1①)

単一通信路における周波数変調(FM)波の S/N 改善係数 I〔dB〕の値として、最も近いものを下の番号から選べ。ただし、変調指数を m_f、等価雑音帯域幅を B〔Hz〕、最高変調周波数を f_p〔Hz〕とすると、I(真数)は、$I=3m_f^2B/(2f_p)$ で表せるものとし、最大周波数偏移 f_d を 6〔kHz〕、B を 20〔kHz〕、f_p を 3〔kHz〕とする。また、$\log_{10}2=0.3$ とする。

1 10〔dB〕 2 13〔dB〕 3 16〔dB〕 4 20〔dB〕 5 24〔dB〕

解説 信号波の最高変調周波数がf_p〔kHz〕、最大周波数偏移がf_d〔kHz〕のとき、変調指数m_fは

$$m_f=\frac{f_d}{f_p}=\frac{6}{3}=2$$

Point
m_fは周波数の比を求めるのでkHzのまま計算してよい

問題で与えられた式に数値を代入すると

$$I=\frac{3m_f^2B}{2f_p}=\frac{3\times2^2\times20\times10^3}{2\times3\times10^3}=40$$

dBにすると

$$I_{dB}=10\log_{10}40=10\log_{10}2^2+10\log_{10}10=2\times10\times0.3+10=16〔dB〕$$

▶ **解答　3**

出題傾向 問題にIを求める式が与えられるとは限らないので、覚えておいた方がよい。

A－8　01(7)

次の記述は、スーパヘテロダイン受信機の影像（イメージ）周波数について述べたものである。　　　内に入れるべき字句の正しい組合せを下の番号から選べ。

(1) 受信希望波の周波数f_dを局部発振周波数f_0でヘテロダイン検波して中間周波数f_iを得るが、周波数の関係において、f_0に対してf_dと対称の位置にある周波数、すなわちf_dから$2f_i$離れた周波数f_uも同じようにヘテロダイン検波される可能性があり、[A]を影像周波数という。

(2) 影像周波数に相当する妨害波があるとき、受信機出力に混信となって現れることを抑圧する能力を影像周波数選択度などという。

(3) この影像周波数による混信の軽減法には、中間周波数を[B]して受信希望波と妨害波との周波数間隔を広げる方法や[C]の選択度を良くする方法などがある。

	A	B	C
1	$2f_i$	低く	中間周波増幅回路
2	$2f_i$	高く	中間周波増幅回路
3	$2f_i$	高く	高周波増幅回路
4	f_u	高く	高周波増幅回路
5	f_u	低く	中間周波増幅回路

解説 希望波と局部発振周波数が$f_d<f_o$の関係にあるときの周波数配置を解説図に示す。中間周波数f_iは$f_i=f_o-f_d$なので、妨害波f_uが$f_u=f_d+2f_i$のときに影像周波数妨害が発生する。

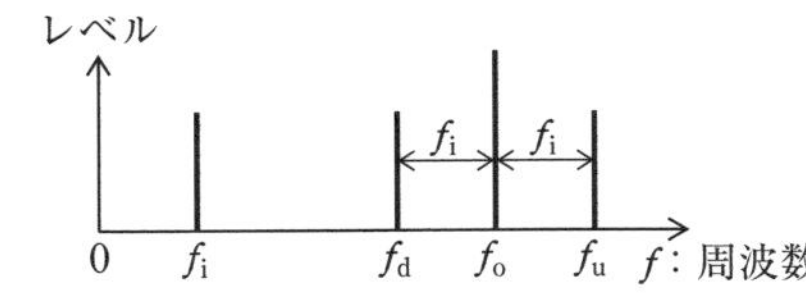

▶ **解答　4**

下線の部分は、ほかの試験問題で穴埋めの字句として出題されている。

A－9 04(7①) 03(1②)

次の記述は、発電機とインバータを基本構成要素の一部とする一般的な無停電電源装置(UPS)について述べたものである。このうち誤っているものを下の番号から選べ。

1 無停電電源装置の基本構成要素の一つであるインバータは、直流電力を交流電力に変換するものである。
2 商用電源が長時間停電したときは、無停電電源装置に接続されている発電機からの交流入力により、負荷に電力を供給する。
3 商用電源が瞬時停電など短時間停電したときは、蓄電池に蓄えられていた直流電力を交流電力に変換し、その交流電力が負荷に供給される。
4 定常時には、商用電源からの交流入力を安定した直流電力に変換し、その直流電力を負荷に供給する。
5 無停電電源装置の出力は、一般的にPWM制御を利用してその波形が正弦波に近く、また、定電圧・定周波数を得ることができる。

解説 誤っている選択肢は次のようになる。

4 定常時には、商用電源からの交流入力を安定した**交流電力**に変換し、その**交流電力**を負荷に供給する。

▶ **解答 4**

A－10 03(1②)

整流回路のリプル率γ、電圧変動率δ及び整流効率ηの値の組合せとして、最も近いものを下の番号から選べ。ただし、γは負荷の直流電圧を6〔V〕、交流分の実効値電圧を0.36〔V〕、δは負荷に定格電流を流したときの定格電圧を6〔V〕、無負荷時の電圧を7〔V〕及びηは整流回路に供給される交流電力を13〔W〕、負荷に供給される電力を10〔W〕として求めるものとする。

	γ	δ	η
1	5.0〔%〕	14.3〔%〕	77〔%〕
2	5.0〔%〕	16.7〔%〕	80〔%〕
3	5.0〔%〕	16.7〔%〕	77〔%〕
4	6.0〔%〕	14.3〔%〕	80〔%〕
5	6.0〔%〕	16.7〔%〕	77〔%〕

解説 負荷の直流電圧を V_{DC}〔V〕、交流分の実効値電圧を v_r〔V〕とすると、リプル率 γ は次式で表される。

$$\gamma = \frac{v_r}{V_{DC}} \times 100 = \frac{0.36}{6} \times 100 = \frac{36}{6} = 6\,〔\%〕$$

負荷に定格電流を流したときの定格電圧を V_n〔V〕、無負荷時の電圧を V_0〔V〕とすると、電圧変動率 δ〔%〕は次式で表される。

$$\delta = \frac{V_0 - V_n}{V_n} \times 100 = \frac{7-6}{6} \times 100 = \frac{100}{6} \fallingdotseq 16.7\,〔\%〕$$

整流回路に供給される交流電力を P_i〔W〕、負荷に供給される電力を P_{DC}〔W〕とすると、整流効率 η は次式で表される。

$$\eta = \frac{P_{DC}}{P_i} \times 100 = \frac{10}{13} \times 100 = \frac{1{,}000}{13} \fallingdotseq 77\,〔\%〕$$

▶ **解答 5**

A－11 05(1①) 02(11①)

次の記述は、レーダーに用いられるパルス圧縮技術の原理について述べたものである。[　　]内に入れるべき字句の正しい組合せを下の番号から選べ。なお、同じ記号の[　　]内には、同じ字句が入るものとする。

(1) 線形周波数変調（チャープ）方式によるパルス圧縮技術は、送信時に送信パルス幅 T〔s〕の中で周波数を、f_1〔Hz〕から f_2〔Hz〕まで直線的に Δf〔Hz〕変化（周波数変調）させて送信する。反射波の受信では、遅延時間の周波数特性が送信時の周波数変化 Δf〔Hz〕と[A]の特性を持ったフィルタを通して、パルス幅が狭く、かつ大きな振幅の受信出力を得る。

(2) このパルス圧縮処理により、受信波形のパルス幅が T〔s〕から $1/\Delta f$〔s〕に圧縮され、尖頭値の振幅は[B]倍になる。

(3) 尖頭送信電力に制約のあるパルスレーダーにおいて、探知距離を増大するには送信パルス幅を[C]くする必要があり、他方、距離分解能を向上させるためには送信パルス幅を[D]くする必要がある。これらは相矛盾するものであるが、パルス圧縮技術により、パルス幅が[C]く、かつ、低い送信電力のパルスを用いても、大電力で[D]いパルスを送信した場合と同じ効果を得ることができる。

	A	B	C	D
1	逆	$\sqrt{T/\Delta f}$	広	狭
2	逆	$\sqrt{T\Delta f}$	広	狭
3	逆	$\sqrt{T/\Delta f}$	狭	広
4	同一	$\sqrt{T/\Delta f}$	狭	広
5	同一	$\sqrt{T\Delta f}$	広	狭

無線工学の基礎 無線工学A 無線工学B 法規

▶ **解答　2**

出題傾向　下線の部分は、ほかの試験問題で穴埋めの字句として出題されている。

A－12　05(7①)

次の記述は、デジタル伝送の誤り訂正符号である畳み込み符号について、図に示す符号器のシフトレジスタの状態（“0”または“1”）と入力 u に応じて 2 つの符号（C_1 C_2）を出力して変化する様子を示す状態遷移図及びそれを時系列（ステップ毎）に書換えたトレリス線図から、ビタビ復号法までの原理的な動作を述べたものである。□内に入れるべき字句の正しい組合せを下の番号から選べ。

(1) 入力系列を符号化して得られた出力の符号系列を送信し、伝送途中で誤りが生じて受信系列が“01 01 00 01”となったとき、ビタビ復号法によって、トレリス線図と比べて最も近い符号列が生成される経路を見つけ、送信した符号系列を推測することができる。

(2) 具体的には、ステップ毎に、受信符号が符号器から想定される出力符号と［ A ］ビット数をハミング距離として計算していき、その和が最小となる経路を選ぶことにより、最も確からしいパスを判定することができる。(1)で送信した符号系列を推測すると［ B ］となる。ただし、符号器に符号を入力する前のシフトレジスタの状態は“0”とする。

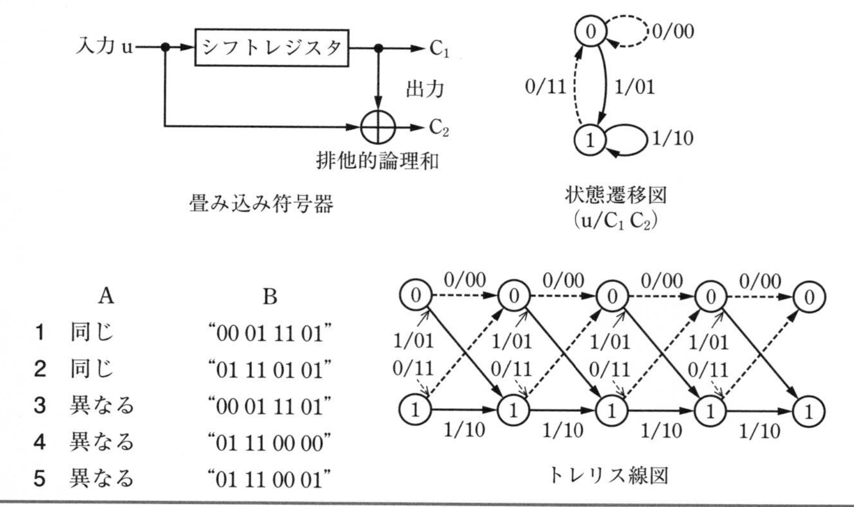

	A	B
1	同じ	“00 01 11 01”
2	同じ	“01 11 01 01”
3	異なる	“00 01 11 01”
4	異なる	“01 11 00 00”
5	異なる	“01 11 00 01”

解説　トレリス線図の◯内の“0”または“1”は、符号器の符号入力前のシストレジスタの状態を表している。入力 u と出力 C_1、C_2 は u/C_1C_2 と表される。図の左上の⓪は

入力“1”のときは出力が“01”となるので 1/01、入力“0”のときは出力が“00”となるので 0/00 と表される。

ハミング距離は同じ長さの符号列を比較して、同じ位置の符号が異なっている箇所の数なので、“00”と“00”や“11”と“11”のハミング距離は 0、“00”と“01”のハミング距離は 1、“00”と“11”のハミング距離は 2 となる。

各区間の受信系列と各パスのハミング距離を解説図に示す。

選択肢 **1** と **3**“00 01 11 01”のハミング距離は 1＋0＋2＋0＝3

選択肢 **2**“00 11 01 01”のハミング距離は 1＋1 の途中でパスが不連続となる。

選択肢 **4**“01 11 00 00”のハミング距離は 0＋1＋0＋1＝2

選択肢 **5**“01 11 00 01”のハミング距離は 0＋1＋0＋0＝1

となるので、最も確からしいパスはハミング距離が短い選択肢の **5** となる。

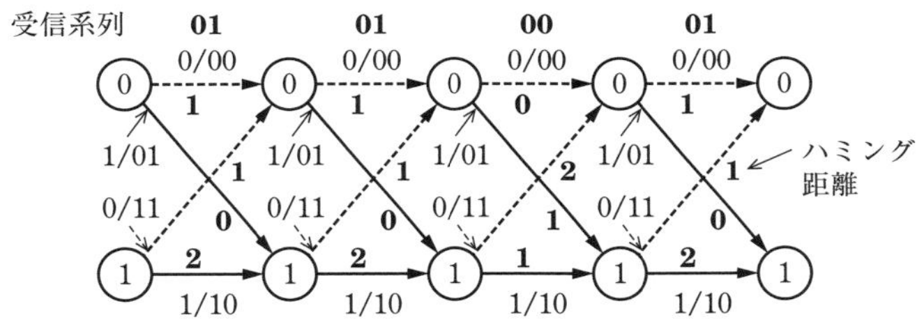

▶ **解答　5**

A－13　　03(1②)

次の記述は、デジタル信号が伝送路などで受ける波形劣化を観測するためのアイパターンについて述べたものである。このうち正しいものを下の番号から選べ。ただし、図は、帯域制限されたベースバンド信号のアイパターンの一例を示す。

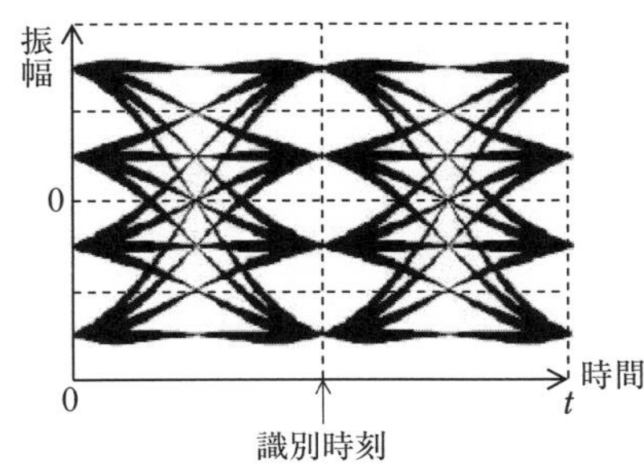

1　アイパターンの横の開き具合は、クロック信号の統計的なゆらぎ（ジッタ）等による識別タイミングの劣化に対する余裕を表している。

2 アイパターンを観測することにより、情報の誤り訂正の符号化率を知ることができる。
3 図は、符号間干渉が生じて識別できない場合のアイパターンの一例を示している。
4 図は、2 値の伝送波形のアイパターンの一例を示している。
5 図のアイパターンの横軸の時間の長さ t は、4 シンボル時間である。

解説 誤っている選択肢は次のようになる。

2 アイパターンを観測することにより、**受信信号の雑音に対する余裕（マージン）**を知ることができる。
3 図は、**符号間干渉がなくて識別できる**場合のアイパターンの一例を示している。
4 図は、**4 値**の伝送波形のアイパターンの一例を示している。
5 図のアイパターンの横軸の時間の長さ t は、**2 シンボル時間**である。

▶ **解答 1**

A－14 05(7①) 03(1①)

次の記述は、ASR（空港監視レーダー）及び ARSR（航空路監視レーダー）について述べたものである。□内に入れるべき字句の正しい組合せを下の番号から選べ。

(1) ASR は、空港から半径約 50 ～ 60 海里の範囲内の航空機の位置を探知する。ARSR は、山頂などに設置され、半径約 200 海里の範囲内の航空路を航行する航空機の位置を探知する。いずれも、[A] を併用して得た航空機の高度情報を用いることにより、航空機の位置を 3 次元的に把握することが可能である。

(2) ASR 及び ARSR に用いられる MTI（移動目標指示装置）は、移動する航空機の反射波の位相が [B] によって変化することを利用している。受信した物標からの反射パルス（信号）をパルスの繰り返し周期に等しい時間だけ遅らせたものと、次の周期の信号とで [C] をとると、山岳、地面及び建物などの固定物標からの反射パルスを除去することができ、移動物標（目標）のみが残ることになる。

	A	B	C
1	DME（航行援助用距離測定装置）	ドプラ効果	差
2	SSR（航空用二次監視レーダー）	ドプラ効果	差
3	SSR（航空用二次監視レーダー）	トムソン効果	差
4	SSR（航空用二次監視レーダー）	トムソン効果	積
5	DME（航行援助用距離測定装置）	トムソン効果	積

▶ **解答 2**

出題傾向　下線の部分は、ほかの試験問題で穴埋めの字句として出題されている。航空関係の問題としては、ASR（空港監視レーダー）、ARSR（航空路監視レーダー）、VOR（方位測定装置）、DME（距離測定装置）、ILS（計器着陸装置）、航空機用ドプラレーダーが出題されている。

A－15

06(1)

次の記述は、図に示すデジタル信号処理等で用いられるFIR（Finite Impulse Response）フィルタの原理的動作について述べたものである。□内に入れるべき字句の正しい組合せを下の番号から選べ。ただし、n, Mは整数とする。

(1) インパルス応答が有限長のFIRフィルタは、時間領域でのインパルス応答の畳み込み和による差分方程式で記述できる。

(2) インパルス応答を$h(n)$，$n=0, 1, \cdots, M-1$ $\{h(n)=0, n<0, n>M-1\}$、入力信号を$x(n)$とすると、出力信号$y(n)$は差分方程式により次式で表せる。

$$y(n)=h(0)x(n)+h(1)x(n-1)+h(2)x(n-2)+\cdots+h(M-1)x\{n-(M-1)\}$$
$$=\sum_{k=0}^{M-1} h(k)x(n-k)$$

(3) $M=2$、$h(0)=1$、$h(1)=2$とし、表に示す入力信号$x(n)$を加えた場合、出力信号$y(1)$、$y(2)$、$y(3)$はそれぞれ、［A］、［B］、［C］となる。

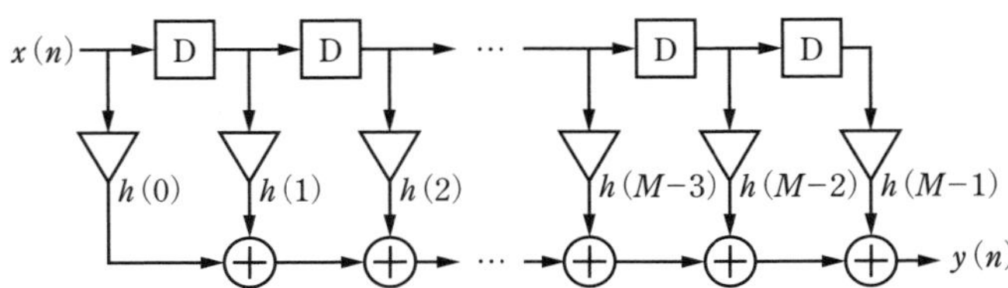

→[D]→ ：遅延素子
→▷→ ：乗算器（定数倍）
→⊕→ ：加算器

n	$x(n)$
0	1
1	2
2	3
その他	0

	A	B	C
1	1	4	7
2	2	4	6
3	2	3	0
4	4	7	0
5	4	7	6

解説 題意の式は、$M=2$とすると次式となる。

$$y(n)=\sum_{k=0}^{M-1}h(k)\,x(n-k)$$

$$=\sum_{k=0}^{1}h(k)\,x(n-k)$$

$$=h(0)\,x(n)+h(1)\,x(n-1)\quad\cdots\ (1)$$

式(1)において、$h(0)=1$、$h(1)=2$としたときの$y(1)$、$y(2)$、$y(3)$は、問題の表のn、$x(n)$の値を使うと

$$y(1)=h(0)\,x(1)+h(1)\,x(0)=1\times2+2\times1=4$$

$$y(2)=h(0)\,x(2)+h(1)\,x(1)=1\times3+2\times2=7$$

$$y(3)=h(0)\,x(3)+h(1)\,x(2)=1\times0+2\times3=6$$

▶ **解答 5**

A－16

05(7②) 03(1①)

次の記述は、パルス符号変調(PCM)において標本化に関連する誤差について述べたものである。[ ]内に入れるべき字句の正しい組合せを下の番号から選べ。ただし、標本化回路の入力信号の最高周波数を$f_O+\Delta f$〔Hz〕、標本化周波数をf_S〔Hz〕とする。

(1) 図は、標本化の操作における入力信号、標本化パルス及び標本化された入力信号のスペクトルをそれぞれ示したものである。この操作は入力信号を変調信号とし、標本化パルスを搬送波としたときの両者の積として振幅変調することに相当する。

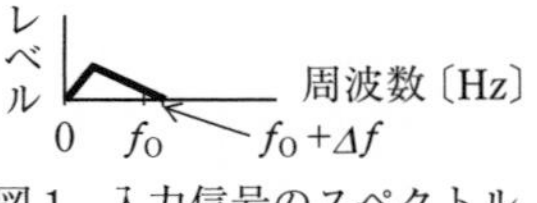

図1 入力信号のスペクトル

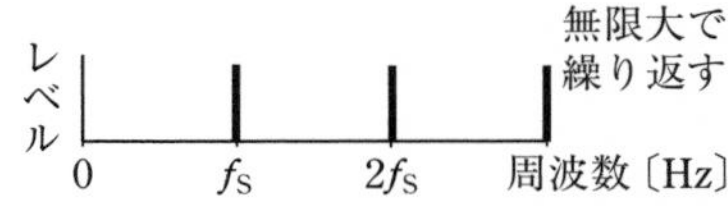

図2 標本化パルス(インパルス列)のスペクトル

(2) f_S〔Hz〕が$2f_O$〔Hz〕のとき、標本化回路の入力信号の最高周波数がf_O〔Hz〕を超えると標本化による変調作用によって生じた側帯波が重なりあってしまい[A]が生ずる。f_O〔Hz〕を超える周波数成分が残っている場合、図3に示すように、その残った周波数成分がf_O〔Hz〕を中心として[B]周波数の方へ見掛け上、折り返された形となって、復調する際に、遮断周波数f_O〔Hz〕の理想的な補間フィルタ(低域フィルタ(LPF))を通しても基本波部分のみを取り出すことが不可能となり、入力信号が完全に復元できなくなる。

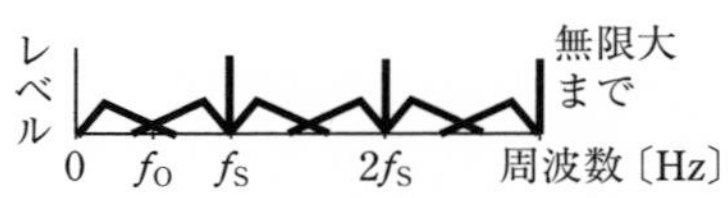

図3 $f_S=2f_O$で標本化された入力信号のスペクトル

(3) また、標本化パルスが理想的なインパルスでなく有限のパルス幅を持つとき、受信側でこれを理想的な低域フィルタ(LPF)を通しても入力信号が完全に復元できなくなる。一般的にこの影響をアパーチャ効果とよんでいる。アパーチャ効果が生ずると、標本化パルス列に含まれるアナログ信号の［ C ］が減衰する。

	A	B	C
1	折り返し雑音	低い	低域の周波数成分
2	折り返し雑音	低い	高域の周波数成分
3	折り返し雑音	高い	低域の周波数成分
4	補間雑音	低い	低域の周波数成分
5	補間雑音	高い	高域の周波数成分

解説 アパーチャ効果は、標本化パルスのパルス幅が有限の値を持つために生ずる効果である。アパーチャ効果が生ずると、標本化パルス列に含まれるアナログ信号の高域の周波数成分が減衰する。アパーチャ効果は、標本化パルスの幅(パルス占有率)が広いほど、アナログ信号の高域の周波数成分が減衰する。

▶ **解答　2**

A－17 06(1)

次の記述は、AM(A3E)受信機の近接周波数選択度特性について述べたものである。［　　］内に入れるべき字句の正しい組合せを下の番号から選べ。ただし、図2-1及び図2-2の選択度曲線は、図1の測定構成により、標準信号発生器の出力周波数を受信機の同調周波数f_0〔Hz〕の上下に変化し、受信機の出力レベルをレベル計で測定して得たものである。

(1) 近接周波数選択度特性は、主として［ A ］増幅器の選択度特性によって決まる。図2-1に示すように選択度曲線の最大の出力レベル点から一定値δ〔dB〕低い二つの周波数f_1〔Hz〕及びf_2〔Hz〕の間隔(f_2-f_1)〔Hz〕を通過帯域幅といい、δには通常6〔dB〕が用いられ、その時の通過帯域幅を6 dB帯域幅という。また、f_2における出力レベルよりα〔dB〕低いレベルとなる周波数f_3とf_2との差Δf〔Hz〕でαを割った値を［ B ］という。

(2) ［ C ］とは、一般には図2-2に示すように、60 dB帯域幅B_{60}〔Hz〕と6 dB帯域幅B_6〔Hz〕との比で表し、この値が1に近いほど理想選択度特性に近いことを示す。

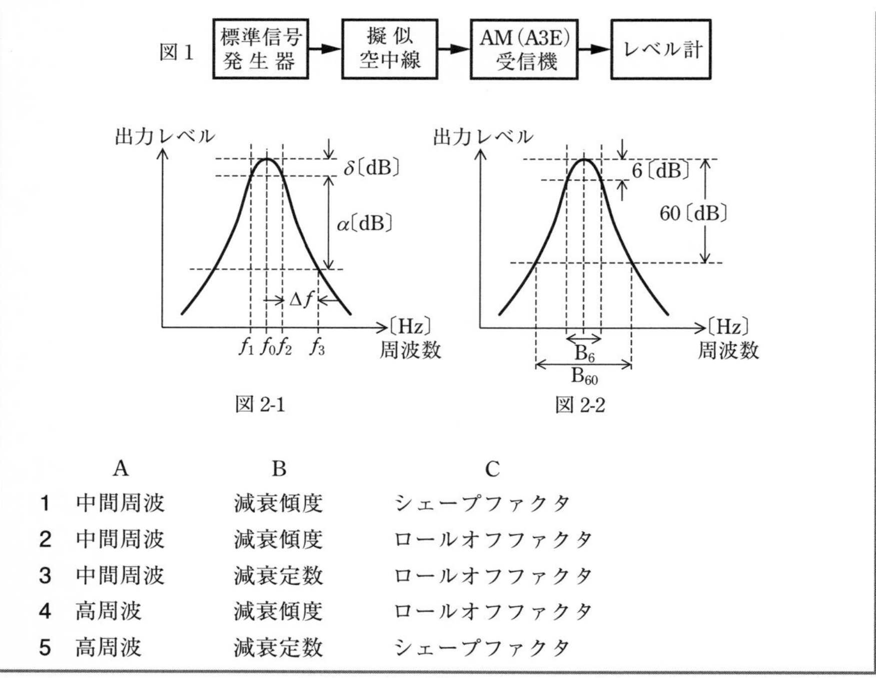

図2-1　図2-2

	A	B	C
1	中間周波	減衰傾度	シェープファクタ
2	中間周波	減衰傾度	ロールオフファクタ
3	中間周波	減衰定数	ロールオフファクタ
4	高周波	減衰傾度	ロールオフファクタ
5	高周波	減衰定数	シェープファクタ

▶ **解答　1**

A－18　05(1②)　03(1①)

次の記述は、図に示す帰還形パルス幅変調方式を用いたデジタル電圧計の原理的な動作等について述べたものである。[　　]内に入れるべき字句の正しい組合せを下の番号から選べ。ただし、入力電圧を$+E_i$〔V〕、周期T〔s〕の方形波クロック電圧を$\pm E_C$〔V〕、基準電圧を$+E_S$、$-E_S$〔V〕、積分器出力電圧（比較器入力電圧）をE_O〔V〕とする。また、R_1の抵抗値はR_2の抵抗値と等しいものとし、回路は理想的に動作するものとする。なお、同じ記号の[　　]内には、同じ字句が入るものとする。

(1)　$+E_i$、$\pm E_C$及び比較器出力により交互に切り換えられる$+E_S$、$-E_S$は、共に積分器に加えられる。比較器は、積分器出力E_Oを零レベルと比較し、$E_O>0$のときには$+E_S$が、$E_O<0$のときには$-E_S$が、それぞれ積分器に負帰還されるようにスイッチ(SW)を駆動する。

(2)　SWが$+E_S$側または$-E_S$側に接している期間は、[　A　]電圧の大きさによって変化し、その1周期にわたる平均値が、ちょうど[　A　]電圧と打ち消しあうところで平衡状態になる。

SW が $+E_S$ 側に接している期間を図２に示す T_1〔s〕、$-E_S$ 側に接している期間を図２に示す T_2〔s〕とすれば、平衡状態では、次式が成り立つ。

$E_i T/(CR_1) + E_S T_1/(CR_2) - E_S T_2/(CR_2) = 0$　…①

(3) ①式は、$E_i = ($ B $) \times E_S$ となり、例えば T_1 の時間を計数回路でカウントすることによって E_i を求められる。この方式の確度を決める最も重要な要素は、原理的に $+E_S$、$-E_S$ と C である。

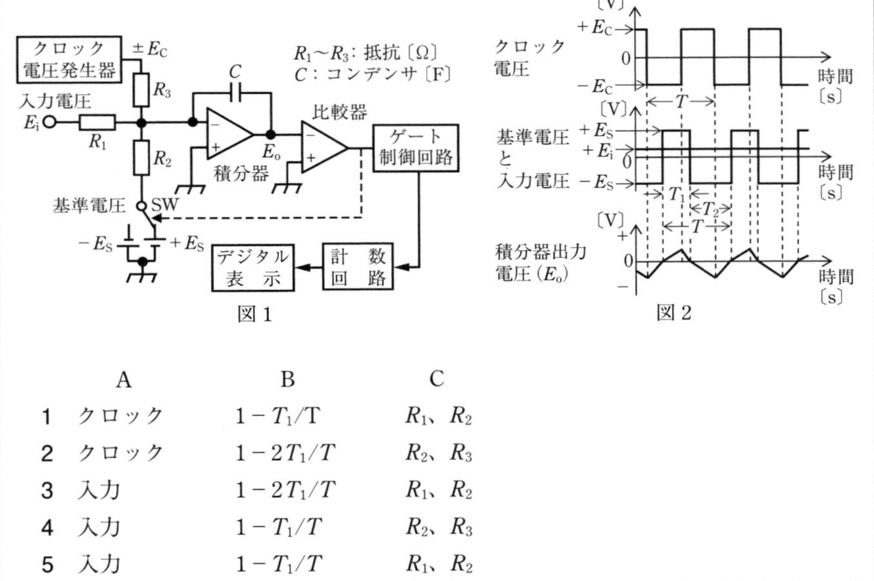

図１　　図２

	A	B	C
1	クロック	$1 - T_1/T$	R_1、R_2
2	クロック	$1 - 2T_1/T$	R_2、R_3
3	入力	$1 - 2T_1/T$	R_1、R_2
4	入力	$1 - T_1/T$	R_2、R_3
5	入力	$1 - T_1/T$	R_1、R_2

解説　入力電圧 $E_i = 0$〔V〕のときに $T_1 = T_2$ となり系は平衡する。入力電圧が $+E_i$ となると問題図２より、SW が $+E_S$ に接している期間が T_1、$-E_S$ に接している期間が $T_2 = T - T_1$ となる。このとき平衡がとれていれば次式の関係がある。

$$T \times E_i + T_1 \times E_S - T_2 \times E_S = 0$$

$$T \times E_i = (T_2 - T_1) \times E_S$$

$$= (T - T_1 - T_1) \times E_S$$

$$= (T - 2T_1) \times E_S$$

よって　$E_i = \left(1 - \dfrac{2T_1}{T}\right) E_S$

▶ **解答　3**

A－19 05(7②) 03(1②)

直接カウント方式及びレシプロカルカウント方式による周波数計の測定原理等に関する次の記述のうち、誤っているものを下の番号から選べ。

1 レシプロカルカウント方式による周波数計は、入力信号（被測定信号）の周期を測定し、その逆数から周波数を求めるものである。

2 レシプロカルカウント方式は、測定時間が一定の場合、周波数計のクロック（基準信号）の周波数を高くすれば、±1カウント誤差による分解能を向上させることができる。

3 レシプロカルカウント方式は、測定時間が一定の場合、入力周波数に関わらず有効桁数は一定である。

4 直接カウント方式による周波数計の±1カウント誤差による分解能は、ゲート時間が短く、測定する入力信号（被測定信号）の周波数が低いほど良くなる。

5 直接カウント方式による周波数計の±1カウント誤差は、ゲートに入力されるパルス（被測定信号）とゲート信号の位相関係が一定でないために生ずる。

解説 誤っている選択肢は次のようになる。

4 直接カウント方式による周波数計の±1カウント誤差による分解能は、ゲート時間が**長く**、測定する入力信号（被測定信号）の周波数が**高い**ほど良くなる。

▶ **解答 4**

A－20 06(1)

次の記述は、図に示す方向性結合器を用いた無線設備の空中線電力の測定に伴う空中線の電圧定在波比（VSWR）の測定過程における進行波の電圧 e_f 及び進行波の電力 p_f について述べたものである。[　　]内に入れるべき字句の正しい組合せを下の番号から選べ。ただし、ここでの方向性結合器の校正値（結合減衰量の大きさ）k〔dB〕は、端子a及びb側の出力を終端電圧、端子c及びd側の出力を開放電圧としたときの送信機の周波数に対する値とする。また、方向性結合器と送信機、給電線及び測定器は整合しており、方向性結合器や接続ケーブル類の挿入損失は無く、アイソレーション特性は理想的なものとする。なお、同じ記号の[　　]内には、同じ字句が入るものとする。

(1) 方向性結合器の端子aまたは端子bに入力された信号は、それぞれ端子bまたは端子aへ出力され、端子cには端子aに入力された信号の振幅に[A]した電圧が生じ、端子dには端子bに入力された信号の振幅に[A]した電圧が生じる。

(2) 端子cに、開放電圧表示の測定器に替えて、終端電圧表示のスペクトルアナライザを接続して進行波電圧 e_f〔dBμV〕を求める場合、スペクトルアナライザの終端電圧表示値を E_f〔dBμV〕とすると、e_f は次式から求められる。

$e_f = E_f + k +$ [B]〔dBμV〕 …①

(3) 進行波電力 p_f〔dBm〕を求める場合、スペクトルアナライザの電力表示値を P_f〔dBm〕とすると、p_f は次式から求められる。

$p_f = P_f + k +$ [C]〔dBm〕 …②

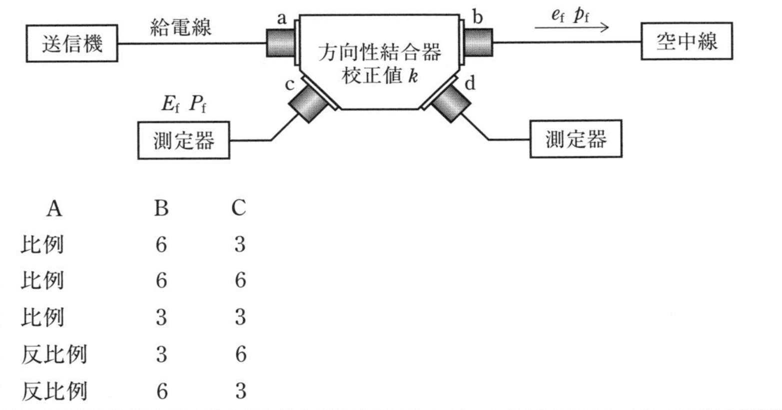

	A	B	C
1	比例	6	3
2	比例	6	6
3	比例	3	3
4	反比例	3	6
5	反比例	6	3

解説 方向性結合器の端子aまたは端子bに入力された信号は、それぞれ端子bまたは端子aへ出力され、端子cには端子aに入力された信号の振幅に比例した電圧が生じ、端子dには端子bに入力された信号の振幅に比例した電圧が生じる。図のように送信機と空中線を接続すると、端子cには送信機から空中線に向かう進行波電圧に比例した電圧が出力され、端子dには反射波電圧に比例した電圧が出力される。

スペクトルアナライザの終端電圧表示値は、開放電圧表示値の1/2となるので、デシベルで表すと、開放電圧表示値〔dBμV〕= 終端電圧表示値〔dBμV〕+ 6〔dB〕となるので、その値を補正すると

$$e_f = E_f + k + 6 \text{〔dBμV〕}$$

電力も同様に補正すると

$$p_f = P_f + k + 6 \text{〔dBm〕}$$

▶ **解答　2**

真数で表すと電力は電圧の2乗に比例するが、電圧dBの値 V_{dB} は電力dBの値 P_{dB} の2倍となる計算式で求めるので、デシベルの値は変わらない。

$V_{dB} = 20 \log_{10} V = 10 \log_{10} V^2$

$P_{dB} = 10 \log_{10} P$

B－1

類 04(7②)　類 03(1②)　29(1)

次の記述は、衛星通信に用いる SCPC 方式について述べたものである。[　　] 内に入れるべき字句を下の番号から選べ。

(1) SCPC 方式は、送出する一つのチャネルに対して [ア] の搬送波を割り当て、一つの中継器の帯域内に複数の異なる周波数の搬送波を等間隔に並べる方式で、[イ] 多元接続方式の一つである。

(2) 要求割当て（デマンドアサインメント）方式は、固定割当て（プリアサインメント）方式に比べて、通信容量が [ウ] 多数の地球局が衛星の中継器を共同使用する場合、回線の利用効率が高い。

(3) ボイスアクティベーションは、[エ] 期間だけ無線周波信号を送信する方式であり、[オ] させることができる。

1　周波数分割　　2　時分割　　3　音声信号がある　　4　雑音がない
5　トランスポンダの利用効率を向上
6　一つ　　7　複数　　8　大きい　　9　小さい
10　搬送波の周波数偏差の影響を軽減

解説　SCPC 方式は Single Channel Per Carrier の略語で、一つのチャネルに対して一つの搬送波を割り当てる方式である。

固定割当て（プリアサイメント）は、あらかじめ定められた容量の回線を固定的に割り当てる方式である。陸上の固定地点間の通信を行う大容量固定衛星通信システムなどの、トラヒックが一定のシステムに用いられている。

要求割当て（デマンドアサイメント）は、発信する地球局がそのときに必要なトラヒックに応じて回線の割当てを要求する方式である。制御は複雑になるが効率の高い回線を構成することができる。通信容量が小さい多数の地球局が衛星の中継器を共同使用する場合に、回線の利用効率が高くなる。

▶ 解答　ア－6　イ－1　ウ－9　エ－3　オ－5

B－2

05(7①)　02(11②)

次の記述は、搬送波零位法による周波数変調（FM）波の周波数偏移の測定方法について述べたものである。[　　] 内に入れるべき字句を下の番号から選べ。ただし、同じ記号の [　　] 内には、同じ字句が入るものとする。

(1) FM 波の搬送波及び各側波帯の振幅は、周波数変調指数 m_f を変数（偏角）とするベッセル関数を用いて表され、このうち [ア] の振幅は、零次のベッセル関数 $J_0(m_f)$ の大きさに比例する。$J_0(m_f)$ は、m_f に対して図 1 の [イ] に示すような特性を持つ。

(2) 図２に示す構成例において、周波数f_m〔Hz〕の単一正弦波で周波数変調したFM（F3E）送信機の出力の一部をスペクトルアナライザに入力し、FM波のスペクトルを表示する。単一正弦波の振幅を零から次第に大きくしていくと、搬送波及び各側波帯のスペクトル振幅がそれぞれ消長を繰り返しながら、徐々にFM波の占有周波数帯幅は［ウ］。

(3) 搬送波の振幅が［エ］になる度に、m_fの値に対するレベル計の値（入力信号電圧）を測定する。周波数偏移f_dは、m_f及びf_mの値を用いて、f_d＝［オ］であるので、測定値から入力信号電圧対周波数偏移の特性を求めることができ、搬送波の振幅が［エ］となるときだけでなく、途中の振幅でも周波数偏移を知ることができる。

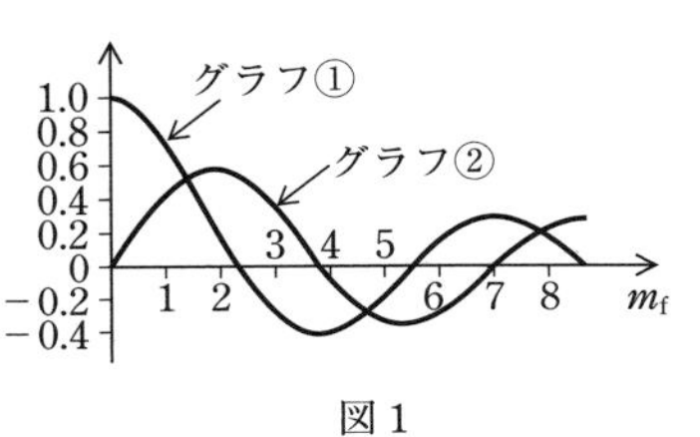

図１

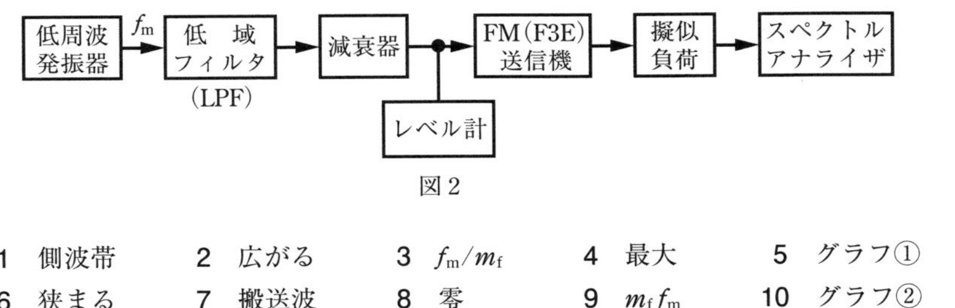

図２

1　側波帯	2　広がる	3　f_m/m_f	4　最大	5　グラフ①
6　狭まる	7　搬送波	8　零	9　$m_f f_m$	10　グラフ②

解説　問題図１において、周波数変調指数$m_f = 0$のとき1.0となるグラフ①がベッセル関数$J_0(m_f)$の値であり、搬送波の振幅を表す。図１よりm_fを変化させて最初に$J_0(m_f) = 0$となるのは、$m_f = 2.4$のときである。

変調周波数がf_mのとき周波数偏移は次式によって求めることができる。

$$f_d = m_f f_m$$

▶ **解答　ア－7　イ－5　ウ－2　エ－8　オ－9**

B－3

03(1②)

次の記述は、スーパヘテロダイン受信機において生ずることのある、相互変調及び混変調による妨害について述べたものである。このうち正しいものを１、誤っているものを２として解答せよ。

ア　受信機に二つの電波（不要波）が入力されたとき、回路の非直線動作によって各電波の周波数の正の整数倍の成分の和又は差の成分が生じ、これらが希望周波数又は中間周波数などと一致すると相互変調による妨害が生ずる。

イ　混変調による妨害は、受信機に希望波及び不要波が入力されたとき、回路の非直線動作によって不要波の変調信号成分で希望波の搬送波が変調を受ける現象である。

ウ　相互変調は、受信機の高周波増幅段又は周波数変換段よりも中間周波増幅段で発生しやすい。

エ　相互変調波による妨害を小さくする方法として、希望波の受信機入力電圧に余裕がある場合は受信機入力側に減衰器を挿入する方法もある。この方法では2〔dB〕の減衰器を挿入したとき、原理的に希望波は2〔dB〕減衰するのに対して、3次の相互変調波は、6〔dB〕減衰する。よって D/U（希望波受信電力対妨害波受信電力比〔dB〕）でみた場合8〔dB〕の改善になる。

オ　不要波の周波数が f_1〔Hz〕及び f_2〔Hz〕のとき、回路の非直線性によって生ずる周波数成分のうち、$3f_1-2f_2$〔Hz〕及び $3f_2-2f_1$〔Hz〕は、3次の相互変調波の成分である。

解説　誤っている選択肢は次のようになる。

ウ　相互変調は、受信機の**中間周波増幅段よりも高周波増幅段又は周波数変換段**で発生しやすい。

エ　相互変調波による妨害を小さくする方法として、希望波の受信機入力電圧に余裕がある場合は受信機入力側に減衰器を挿入する方法もある。この方法では2〔dB〕の減衰器を挿入したとき、原理的に希望波は2〔dB〕減衰するのに対して、3次の相互変調波は、6〔dB〕減衰する。よって D/U（希望波受信電力対妨害波受信電力比〔dB〕）でみた場合**4**〔dB〕の改善になる。

希望波が $D-2$〔dB〕となり、妨害波が $U-6$〔dB〕なので、$(D-2)-(U-6)=(D-U)+4$〔dB〕改善される。

オ　不要波の周波数が f_1〔Hz〕及び f_2〔Hz〕のとき、回路の非直線性によって生ずる周波数成分のうち、$3f_1-2f_2$〔Hz〕及び $3f_2-2f_1$〔Hz〕は、**5次**の相互変調波の成分である。

▶ 解答　アー1　イー1　ウー2　エー2　オー2

B－4

06(1)　類03(1②)

次の記述は、図1に示す等価回路で表される信号源及びオシロスコープの入力部との間に接続するプローブの周波数特性の補正について述べたものである。□内に入れるべき字句を下の番号から選べ。ただし、オシロスコープの入力部は、抵抗 R_i〔Ω〕及び静電容量 C_i〔F〕で構成され、また、プローブは、抵抗 R〔Ω〕、可変静電容量 C_T〔F〕及びケーブルの静電容量 C〔F〕で構成されるものとする。

(1) 図２の(a)に示す方形波 e_i〔V〕を入力して、プローブの出力信号 e_o〔V〕の波形が、e_i と相似な方形波になるように C_T を調整する。この時 C_T の値は［ア］の関係を満たしており、原理的に e_o/e_i は、周波数に関係しない一定値［イ］に等しくなり、e_o/e_i の周波数特性は平坦になる。

(2) 静電容量による分圧比と抵抗による分圧比を比較すると、(1)の状態から、C_T の値を小さくすると、静電容量による分圧比の方が［ウ］なり、周波数特性として高域レベルが［エ］ため、e_o の波形は、図２の［オ］のようになる。

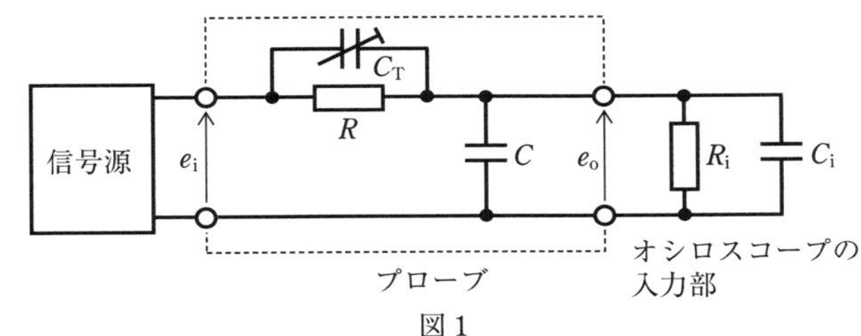

図１

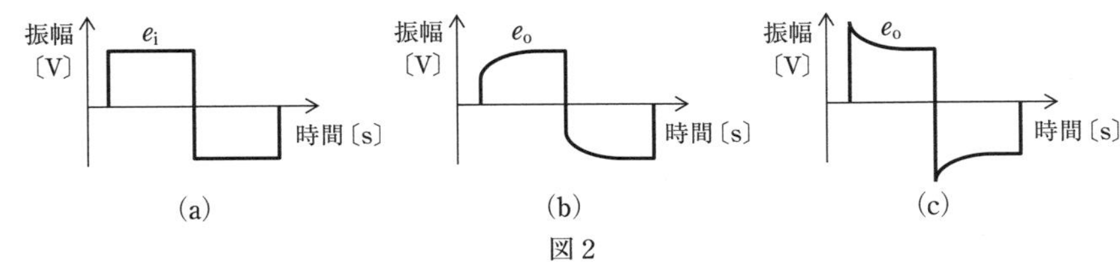

図２

1　$(C+C_i)R=C_TR_i$　　2　$(C+C_i)R_i=C_TR$　　3　大きく
4　(b)　　5　(c)　　6　$R/(R+R_i)$
7　$R_i/(R+R_i)$　　8　小さく　　9　持ち上がる
10　落ちる

解説　オシロスコープの入力部に並列接続された C、C_i〔F〕、R_i〔Ω〕の並列回路のインピーダンス $\dot{Z}_i$〔Ω〕は次式で表される。

$$\dot{Z}_i=\frac{R_i\times\dfrac{1}{j\omega(C+C_i)}}{R_i+\dfrac{1}{j\omega(C+C_i)}}$$

$$=\frac{R_i}{1+j\omega(C+C_i)R_i}\ 〔\Omega〕\quad\cdots\ (1)$$

Point
C と C_i のコンデンサを並列接続したときの合成静電容量 C_P は
$C_P=C+C_i$

C_T〔F〕、R〔Ω〕の並列回路のインピーダンス $\dot{Z}_T$〔Ω〕は次式で表される。

$$\dot{Z}_T = \frac{R}{1 + j\omega C_T R} \text{〔Ω〕} \quad \cdots (2)$$

電圧比 e_o/e_i はインピーダンスの比で表されるので、次式が成り立つ。

$$\frac{e_o}{e_i} = \frac{\dot{Z}_i}{\dot{Z}_T + \dot{Z}_i} \quad \cdots (3)$$

式 (3) に式 (1)、式 (2) を代入すると

$$\frac{e_o}{e_i} = \frac{\dfrac{R_i}{1 + j\omega (C + C_i) R_i}}{\dfrac{R}{1 + j\omega C_T R} + \dfrac{R_i}{1 + j\omega (C + C_i) R_i}}$$

$$= \frac{R_i}{R \times \dfrac{1 + j\omega (C + C_i) R_i}{1 + j\omega C_T R} + R_i} \quad \cdots (4)$$

式 (4) の e_o/e_i が ω と無関係になるには、分母の虚数項が同じ値になればよいので、次式の関係が成り立つ。

$$(C + C_i) R_i = C_T R \quad \cdots (5)$$

式 (5) の条件を式 (4) に代入すると

$$\frac{e_o}{e_i} = \frac{R_i}{R + R_i} \quad \cdots (6)$$

となるので、周波数に関係しない一定値となる。

Point
抵抗の分圧比と静電容量の分圧比は逆の比となる

C_T の値が式 (5) の条件より小さな値になると

$$(C + C_i) R_i > C_T R$$

となって、静電容量による分圧比の方が小さくなり、回路は高域レベルが落ちる積分回路として動作するので入力方形波は、図 2 (b) のようになる。

▶ 解答　アー2　イー7　ウー8　エー10　オー4

出題傾向　C_T の値を大きくする問題も出題されている。微分回路の動作となるので、図 (c) の波形となる。

B−5　　06(1)

次の記述は、第 4 世代移動通信システムで利用されている LTE-Advanced 方式 (FDD) 無線アクセス方式について述べたものである。□内に入れるべき字句を下の番号から選べ。ただし、同じ記号の□内には、同じ字句が入るものとする。

(1) LTE-Advanced 方式（FDD）の下りリンク無線多重化方式にはマルチパス干渉に対する耐性が高い［ア］方式を用いているが、上りリンク無線多元接続方式にはピーク電力対平均電力比 PAPR（Peak to Average Power Ratio）を低減することによる低消費電力化やユーザー間の干渉低減等を図るため［イ］方式が用いられている。

(2) 図に示す［イ］方式の原理的な構成例において、シンボルマッパで一次変調のシンボル点にマッピングされた信号系列は、［ウ］処理することで周波数領域に展開された情報シンボルを、割り当てられた周波数帯域にマッピングし、それ以外の周波数帯域は“0”をマッピングした系列に対して［エ］処理を行うことで送信信号を生成する。

(3) 多重化対象となる M シンボルの一次変調された時間領域シンボルは、M ポイント［ウ］処理により周波数領域に拡散されるため、［イ］方式のサブキャリアには、M シンボルの時間領域シンボル情報の［オ］の情報が含まれることとなり、シンボルのエネルギーが分散されるため PAPR を低く抑えることができる。

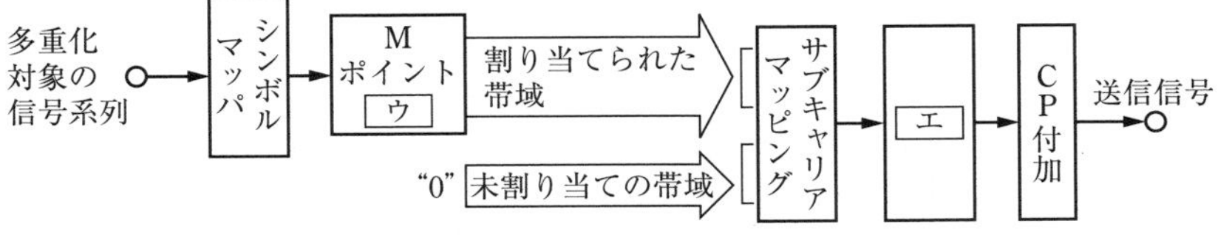

1　SC-FDMA　　2　ウエーブレット変換　　3　離散フーリエ変換（DFT）
4　CDM　　5　一つ　　6　CSMA
7　逆高速フーリエ変換（IFFT）　　8　キャリアアグリゲーション
9　OFDM　　10　全て

解説　OFDM 方式は、信号列をいくつかの信号列に分けて複数の副搬送波で伝送するマルチキャリア伝送方式であり、波形ひずみの影響が強いマルチパスフェージングに対して効果的である。上りリンクでは、ユーザーごとに一つのキャリアを割り当てる方式のシングルキャリアの SC-FDMA 方式が用いられる。一つのキャリアで変調するため、端末のピーク電力を下げることができるので、端末の低消費電力化やユーザー間の干渉低減等を図ることができる。

▶ **解答　ア－9　イ－1　ウ－3　エ－7　オ－10**

無線工学A（付録）

付録には令和3年7月期以前に出題された問題のうち、令和4年1月期から令和5年7月期に出題されていない問題を厳選して収録しています。

02(11②) A−1 類 30(7) 29(1)

次の記述は、我が国の地上系デジタル方式の標準テレビジョン放送に用いられるガードインターバルの原理的な働きについて述べたものである。□内に入れるべき字句の正しい組合せを下の番号から選べ。ただし、親局の放送波及び中継局の放送波のデジタル信号は完全に同一であるものとする。

(1) ガードインターバルを用いることにより、中継局で親局と同一の周波数を使用する［A］が可能である。ガードインターバルは、有効シンボルの時間的に［B］端の出力データを当該有効シンボルの［C］に付加することにより、受信が可能となる期間を延ばし、有効シンボル期間において「シンボル間干渉なく受信すること」ができるようにするものである。

(2) 図は、受信点において、親局からの放送波に対して τ〔s〕遅延した中継局からの放送波が同時に受信された場合のそれぞれの放送波を示したものである。この図は、親局の放送波の有効シンボル期間分の情報を「シンボル間干渉なく受信すること」が［D］場合を示している。

	A	B	C	D
1	MFN	前	後	できない
2	MFN	後	前	できる
3	SFN	後	前	できない
4	SFN	前	後	できる
5	SFN	後	前	できる

解説 SFNは、Single Frequency Networkの略語である。

ガードインターバルを用いることによって、ガードインターバル長以内の遅延があってもシンボル間干渉のない受信が可能である。問題図は遅延時間 τ〔s〕がガードインターバルを超えているので、シンボル間干渉なく正しく受信することができない場合を示している。

▶ 解答　3

03 (7②) A－2 　　27(7)

次の記述は、我が国の地上系デジタル方式の標準テレビジョン放送等で映像信号の情報量を減らす圧縮方式である「動き補償予測符号化」、「離散コサイン変換(DCT)を用いた変換符号化」及び「可変長符号化」の各方式について述べたものである。□内に入れるべき字句の正しい組合せを下の番号から選べ。

(1) 動き補償予測符号化を用いて、映像信号の前後のフレーム又はフィールドからの動き量を検出し、動き量に応じて補正したフレーム又はフィールド信号と原信号との［A］及び動き量のみを送信することにより、伝送する情報量を減らすことができる。

(2) 2次元DCTで変換した周波数成分(DCT係数)のうち、高い周波数成分はごく少なく、低い周波数成分が圧倒的に多い。変換符号化を用いて、人間の視覚が鈍感である［B］周波数成分を大きな値の係数(量子化マトリクスと呼ばれる数値群)で除算して数値を間引くことにより、伝送する情報量を減らすことができる。

(3) 可変長符号化は、量子化された符号の発生頻度に合わせた長さのビット列を割り当てる方式であり、統計的に発生頻度の［C］符号を発生頻度の［D］符号より短いビット列で表現することにより、伝送する情報量を減らすことができる。

	A	B	C	D
1	和	低い	低い	高い
2	和	高い	高い	低い
3	差	低い	高い	低い
4	差	高い	高い	低い
5	差	低い	低い	高い

解説 離散コサイン変換(DCT)方式は、原画像を8画素四方の単位で空間周波数成分に変換し、その周波数成分を人間の視覚特性を反映して量子化することにより情報量を減らす方式である。

▶ 解答　4

出題傾向 下線の部分は、ほかの試験問題で穴埋めの字句として出題されている。

03（7①）A－5

次の記述は、我が国の地上系デジタル放送の標準方式（ISDB-T）に用いられているインターリーブについて述べたものである。このうち誤っているものを下の番号から選べ。

1 外符号の畳み込み符号、内符号のリードソロモン符号を連結し、内符号と外符号の間にバイトインターリーブを設けることで、内符号のバースト誤りを分散し、外符号による誤り訂正効果を高めている。

2 キャリア変調された信号は、時間的あるいは周波数的に連続した誤り対策のため、時間インターリーブ、周波数インターリーブを行った後に OFDM フレーム構成を行う。

3 周波数インターリーブは、キャリアシンボルを並び変えて周波数的に分散させることで、マルチパス等により特定のサブキャリアの信号レベルが著しく低下する周波数選択性フェージングが改善される。

4 時間インターリーブは、隣接しているキャリアシンボルを時間的に分散させることで、インパルス雑音等により時間的に発生するバースト誤りが改善される。

5 周波数インターリーブは、複数のデータセグメントにわたるセグメント間インターリーブと、データセグメント内で行うセグメント内インターリーブの2段階で構成され、周波数インターリーブの効果を高めている。

解説 誤っている選択肢は次のようになる。

1 外符号の**リードソロモン符号**、内符号の**畳み込み符号**を連結し、内符号と外符号の間にバイトインターリーブを設けることで、内符号のバースト誤りを分散し、外符号による誤り訂正効果を高めている。

▶ **解答 1**

03（1①）A－1 28(7)

次の記述は、直交周波数分割多重（OFDM）方式について述べたものである。このうち誤っているものを下の番号から選べ。

1 各サブキャリアを直交させてお互いに干渉させずに最小の周波数間隔で配置している。情報のシンボルの長さを T〔s〕とし、サブキャリアの間隔を ΔF〔Hz〕とすると直交条件は、$T = 1/\Delta F$ である。

2 周波数領域から時間領域への変換では、変調シンボルをサブキャリア間隔で配置し、これに逆高速フーリエ変換（IFFT）を施すことによって時間波形を生成する。

3 シングルキャリアをデジタル変調した場合と比較して、伝送速度はそのままでシンボル長を短くできる。シンボル長が短いほどマルチパス遅延波の干渉を受ける時間が相対的に短くなり、マルチパス遅延波の影響で生じるシンボル間干渉を受けにくくなる。

4 逆高速フーリエ変換（IFFT）を施した出力データにガードインターバルという干渉を軽減させるための冗長信号を挿入することによって、マルチパス遅延波の干渉を効率よく除去できる。

5 サブキャリア信号のそれぞれの変調波がランダムにいろいろな振幅や位相をとり、これが合成された送信波形は、各サブキャリアの振幅や位相の関係によってその振幅変動が大きくなるため、送信増幅では、線形領域で増幅を行う必要がある。

解説 誤っている選択肢は次のようになる。

3 シングルキャリアをデジタル変調した場合と比較して、伝送速度はそのままでシンボル長を**長く**できる。シンボル長が**長い**ほどマルチパス遅延波の干渉を受ける時間が相対的に短くなり、マルチパス遅延波の影響で生じるシンボル間干渉を受けにくくなる。

▶ **解答 3**

03（7②）A－1 01（7）

最大周波数偏移が入力信号のレベルに比例する FM（F3E）変調器に 400〔Hz〕の正弦波を変調信号として入力し、その出力をスペクトルアナライザで観測した。変調信号の振幅を零から徐々に大きくしたところ、1.5〔V〕で搬送波の振幅が零となった。図に示す第 1 種ベッセル関数のグラフを用いて、変調信号の振幅を 3.5〔V〕にしたときの最大周波数偏移の値として、最も近いものを下の番号から選べ。ただし、m_f は変調指数とする。

1 1,440〔Hz〕
2 1,920〔Hz〕
3 2,240〔Hz〕
4 2,880〔Hz〕
5 3,840〔Hz〕

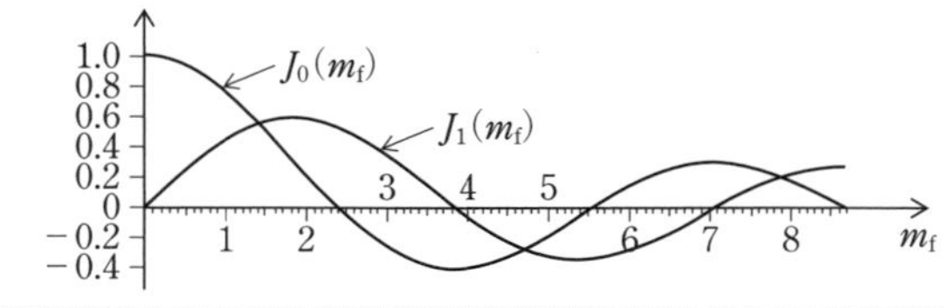

解説 問題図において、$J_0(m_f)$ が搬送波の振幅の値を表す。図より m_f を変化させて最初に $J_0(m_f)=0$ となるのは、$m_f=2.4$ のときである。

変調周波数を f_S〔Hz〕とすると、変調信号の振幅 $V_{S1}=1.5$〔V〕のときの最大周波数偏移 Δf_1〔Hz〕は次式で表される。

$\Delta f_1 = m_f f_S = 2.4 \times 400 = 960$〔Hz〕

変調信号の振幅 $V_{S2} = 3.5$〔V〕$= (3.5/1.5)\,V_{S1}$ なので、周波数偏移 Δf_2〔Hz〕を求めると

$\Delta f_2 = (3.5/1.5) \times \Delta f_1 = (7/3) \times 960 = 2{,}240$〔Hz〕

▶ **解答 3**

出題傾向 V_{S2} の値を求める問題も出題されている。

02 (11②) A－2 類 02(11①) 類 29(7)

次の記述は、図 1 に示す QPSK 変調器の原理的な構成例の QPSK 波 $s(t)$ について述べたものである。[　　] 内に入れるべき字句の正しい組合せを下の番号から選べ。なお、同じ記号の [　　] 内には、同じ字句が入るものとする。

(1) QPSK 波 $s(t)$ は、包絡線振幅を $a_m(t)$、搬送波の角周波数を ω_c 及びデジタル信号のデータ値に応じた位相を Φ_m とすると次式で表すことができる。

$$s(t) = a_m(t)\cos\{\omega_c t + \Phi_m(t)\} \quad \cdots ①$$

(2) $s(t)$ は、デジタル信号のデータ値に対してそれぞれ符号変換を施した成分 a_1, a_2 で搬送波を変調し、それらを合成したものである。①式中の $\Phi_m(t)$ を図 2 の信号点配置図のとおり、データ値 "0, 1" (MSB "0"、LSB "1") のとき $7\pi/4$〔rad〕、"1, 1" のとき $5\pi/4$〔rad〕、"1, 0" のとき $3\pi/4$〔rad〕及び "0, 0" のとき $\pi/4$〔rad〕に設定する。

(3) $a_m(t) = A$ とし、データ値の MSB が "0" のとき $a_1 =$ [A]、"1" のとき $a_1 =$ [B]、また、データ値の LSB が "0" のとき $a_2 =$ [A]、"1" のとき $a_2 =$ [B] となる符号変換を施すことによって、$s(t)$ は次式で与えられる。

$$s(t) = a_1 \cos\omega_c t \; [\ C\ ] \; a_2 \sin\omega_c t$$

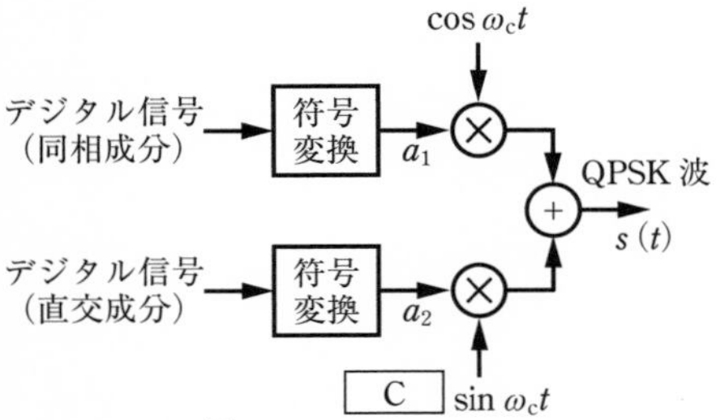

図 1 (QPSK 変調器)

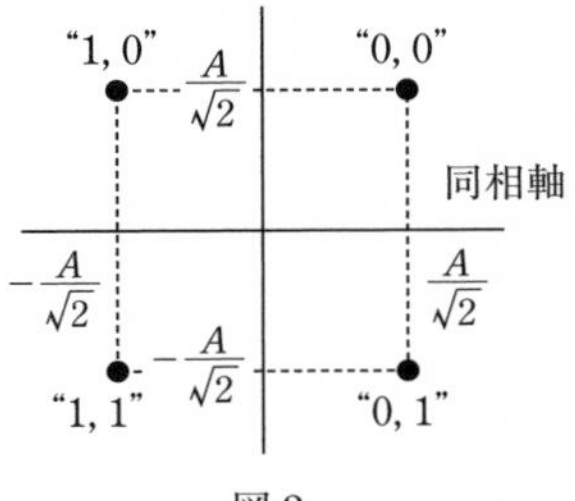

図 2 (信号点配置図)

	A	B	C
1	$-A$	A	$+$
2	$A/\sqrt{2}$	$-A/\sqrt{2}$	$-$
3	$A/\sqrt{2}$	$-A/\sqrt{2}$	$+$
4	$-A/\sqrt{2}$	$A/\sqrt{2}$	$-$
5	$-A/\sqrt{2}$	$A/\sqrt{2}$	$+$

解説　問題の式①は

$$s(t) = a_m(t)\cos\{\omega_c t + \Phi_m(t)\}$$
$$= a_m(t)\{\cos\omega_c t \times \cos\Phi_m(t)\} - a_m(t)\{\sin\omega_c t \times \sin\Phi_m(t)\}$$
$$= A\{\cos\omega_c t \times \cos\Phi_m(t)\} - A\{\sin\omega_c t \times \sin\Phi_m(t)\}$$

で表されるので、符号（MSB, LSB）とデータ値に応じた位相 Φ_m、符号変換を施した成分 a_1、a_2 は

符号	Φ_m	$\cos\Phi_m$	$\sin\Phi_m$	a_1	a_2
0, 0	$\pi/4$	$1/\sqrt{2}$	$1/\sqrt{2}$	$A/\sqrt{2}$	$A/\sqrt{2}$
1, 0	$3\pi/4$	$-1/\sqrt{2}$	$1/\sqrt{2}$	$-A/\sqrt{2}$	$A/\sqrt{2}$
1, 1	$5\pi/4$	$-1/\sqrt{2}$	$-1/\sqrt{2}$	$-A/\sqrt{2}$	$-A/\sqrt{2}$
0, 1	$7\pi/4$	$1/\sqrt{2}$	$-1/\sqrt{2}$	$A/\sqrt{2}$	$-A/\sqrt{2}$

となる。ここで、$\cos\omega_c t$ を同相軸上の成分、$-\sin\omega_c t$ を直交軸上の成分とすると、a_1、a_2 の符号変換を施すことによって $s(t)$ は次式で表される。

$$s(t) = a_1\cos\omega_c t - a_2\sin\omega_c t$$

▶ **解答　2**

数学の公式　三角関数の公式

$\cos(\alpha+\beta) = \cos\alpha\cos\beta - \sin\alpha\sin\beta$

03（1②）A－8　02(1)

図(a)及び(b)に示す二つの回路の出力の信号対雑音比（S/N）が等しいとき、それぞれの入力信号レベルを S_1〔dB〕及び S_2〔dB〕とすれば、$S_2 - S_1$ の値として、最も近いものを下の番号から選べ。ただし、各増幅器の入出力端は整合しており、両回路の入力雑音は、熱雑音のみとする。また、「増幅器A」の雑音指数 F_A と利得 G_A をそれぞれ1〔dB〕及び10〔dB〕、「増幅器B」の雑音指数 F_B を9〔dB〕とし、$\log_{10}2 = 0.3$ とする。なお、図(a)の回路と図(b)の回路の帯域幅は、同一とする。

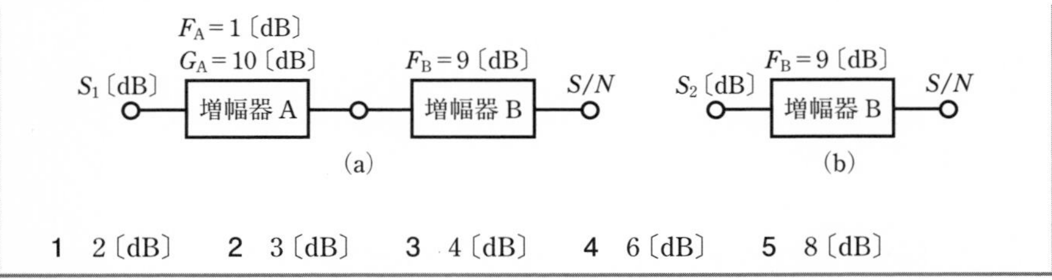

1　2〔dB〕　**2**　3〔dB〕　**3**　4〔dB〕　**4**　6〔dB〕　**5**　8〔dB〕

解説　雑音指数 F_A、F_B〔dB〕を真数 F_{Ax} F_{Bx} に直すと

$$F_A = 10\log_{10} F_{Ax}$$

$$1 = 10 - 9 = 10\log_{10}10 - 3\times 10\log_{10}2 = 10\log_{10}\frac{10}{2^3}$$

よって　$F_{Ax} = \dfrac{10}{8} = 1.25$

F_{Bx} は

$$9 = 3\times 10\log_{10}2 = 10\log_{10}2^3$$

よって　$F_{Bx} = 8$

となる。また、利得 G_A〔dB〕の真数は $G_{Ax} = 10$ となる。

増幅器 A、B を継続接続したときの全体の雑音指数 F_x は

$$F_x = F_{Ax} + \frac{F_{Bx} - 1}{G_{Ax}} = 1.25 + \frac{8-1}{10} = 1.95 \fallingdotseq 2$$

$$F = 10\log_{10} F_x = 10\log_{10}2 = 3\text{〔dB〕}\quad \cdots\ (1)$$

入力信号電力を S_I〔dB〕、入力雑音電力を N_I〔dB〕、出力信号電力を S_O〔dB〕、出力雑音電力を N_O〔dB〕とすると、雑音指数 F〔dB〕は

$$F = (S_I - N_I) - (S_O - N_O)\text{〔dB〕}\quad \cdots\ (2)$$

で表されるので、問題図 (a) の回路は図 (b) の回路より式 (1) から $F_B - F = 9 - 3 = 6$〔dB〕雑音指数が改善される。よって、入力電力は $S_2 - S_1 = 6$〔dB〕低くても同じ S/N を得ることができる。

▶ **解答　4**

03 (7②) A－9　　22 (1)

次の記述は、図に示す各種整流回路の原理的な構成例について述べたものである。このうち誤っているものを下の番号から選べ。ただし、各図において、交流入力は正弦波であり、変圧器の二次側電圧 v〔V〕は同一とし、負荷抵抗 R_1、R_2 及び R_3〔Ω〕に流れる電流の平均値は同一とする。また、変圧器 T は無損失であり、ダイオード D は理想ダイオードとする。

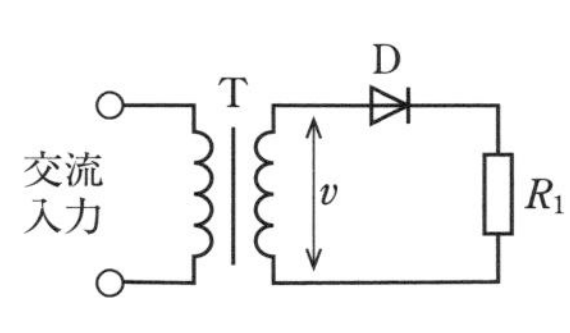

図 1　単相半波整流回路

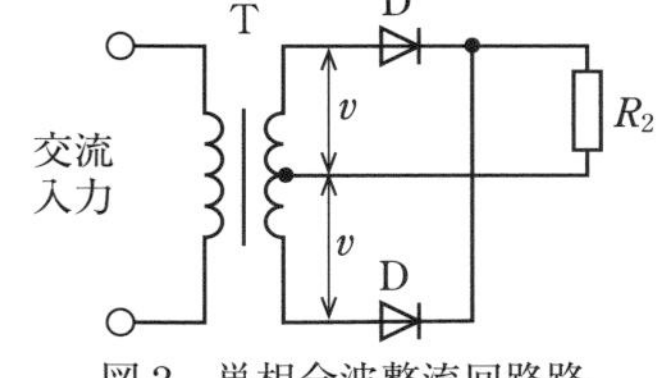

図 2　単相全波整流回路路

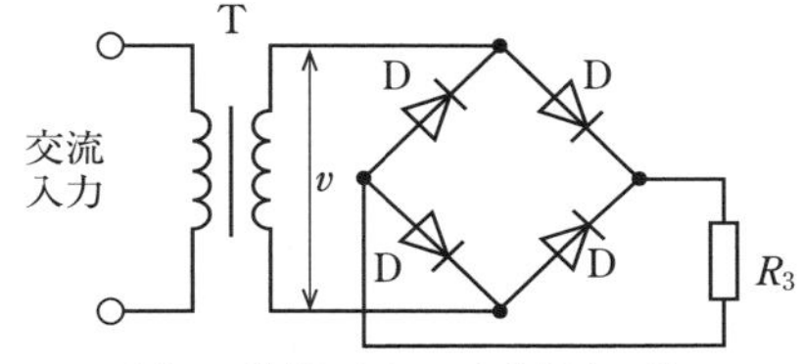

図 3　単相ブリッジ形整流回路

1　図 2 の各ダイオードに流れる電流の平均値は、図 1 のダイオードに流れる電流の平均値の 1/2 である。

2　図 3 の各ダイオードに流れる電流の平均値は、図 2 の各ダイオードに流れる電流の平均値と同じである。

3　図 2 の回路の整流効率は、図 1 の回路の整流効率の 2 倍である。

4　図 3 の回路の整流効率は、図 2 の回路の整流効率と同じである。

5　図 3 の回路の R_3 の値は、図 2 の回路の R_2 の値の 2 倍である。

解説　誤っている選択肢は次のようになる。

5　図 3 の回路の R_3 の値は、図 2 の回路の R_2 の値**と同じ**である。

変圧器の二次側電圧の最大値を V_m〔V〕とすると、図 2 の単相全波整流回路と図 3 の単相ブリッジ形整流回路の出力波形は同じなので、どちらの回路の平均値電圧も $2V_m/\pi$〔V〕となるので同じ値の抵抗値で平均値電流は同じ値となる。

▶ **解答　5**

03 (7①) A－14

次の記述は、衛星通信システムの雑音温度について述べたものである。［　　］内に入れるべき字句の正しい組合せを下の番号から選べ。

(1)　増幅回路の等価入力雑音温度 T_i〔K〕は、雑音指数 NF 及び周囲温度 T_o〔K〕との間に、T_i = ［　A　］の関係がある。

(2)　損失回路の等価入力雑音温度 T_i〔K〕は、回路損失 L 及び周囲温度 T_o〔K〕との間に、T_i = ［　B　］の関係がある。

(3) 図に示す構成例において、増幅回路1(利得 G_1)の入力端における雑音温度を T_{G1}〔K〕、増幅回路2(利得 G_2)の入力端における雑音温度を T_{G2}〔K〕、損失回路1(損失 L_1)の出力端における雑音温度を T_{L1}〔K〕、損失回路2(損失 L_2)の入力端における雑音温度を T_{L2}〔K〕とすると、増幅回路1の入力端における等価入力雑音温度 T_i〔K〕は T_i = [C] で算出できる。

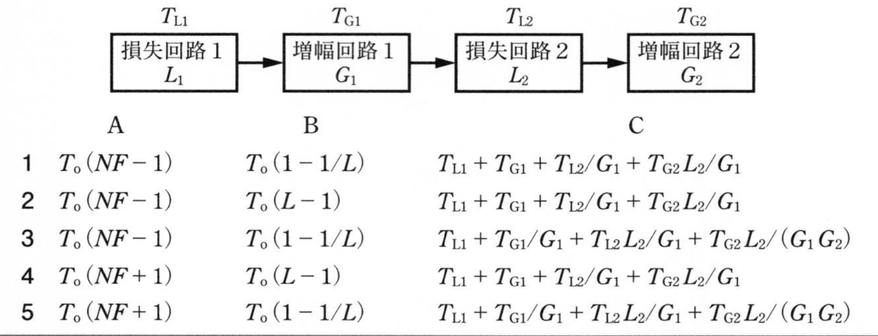

	A	B	C
1	$T_o(NF-1)$	$T_o(1-1/L)$	$T_{L1}+T_{G1}+T_{L2}/G_1+T_{G2}L_2/G_1$
2	$T_o(NF-1)$	$T_o(L-1)$	$T_{L1}+T_{G1}+T_{L2}/G_1+T_{G2}L_2/G_1$
3	$T_o(NF-1)$	$T_o(1-1/L)$	$T_{L1}+T_{G1}/G_1+T_{L2}L_2/G_1+T_{G2}L_2/(G_1G_2)$
4	$T_o(NF+1)$	$T_o(L-1)$	$T_{L1}+T_{G1}+T_{L2}/G_1+T_{G2}L_2/G_1$
5	$T_o(NF+1)$	$T_o(1-1/L)$	$T_{L1}+T_{G1}/G_1+T_{L2}L_2/G_1+T_{G2}L_2/(G_1G_2)$

解説 損失回路2の雑音温度 T_{L2} を増幅回路1の入力端に換算した等価雑音温度 T_{L2}' は

$$T_{L2}' = \frac{T_{L2}}{G_1} \text{〔K〕}$$

増幅回路2の雑音温度 T_{G2} を損失回路2の入力端に換算した等価雑音温度 T_{G2}' は

$$T_{G2}' = T_{G2}L_2 \text{〔K〕}$$

雑音温度 T_{G2}' を増幅回路1の入力端に換算した等価雑音温度 T_{G2}'' は

$$T_{G2}'' = \frac{T_{G2}'}{G_1} = \frac{T_{G2}L_2}{G_1} \text{〔K〕}$$

構成例の回路を増幅回路1の入力端に換算した等価雑音温度 T_i は

$$T_i = T_{L1} + T_{G1} + T_{L2}' + T_{G2}''$$

$$= T_{L1} + T_{G1} + \frac{T_{L2}}{G_1} + \frac{T_{G2}L_2}{G_1} \text{〔K〕}$$

▶ **解答 2**

02(11②) A－14 30(1)

次の記述は、パルス符号変調(PCM)方式において生ずる雑音について述べたものである。このうち誤っているものを下の番号から選べ。

1 折り返し雑音は、入力信号の帯域制限が不十分なとき生ずる。
2 補間雑音を生じさせないためには、原理的に標本化パルス列の復調に理想的な特性の低域フィルタ(LPF)が必要である。
3 量子化ステップ数が増えれば量子化雑音による回線品質を表す信号対量子化雑音比(S/N_Q)の値は小さくなる。

4 周波数が28〔kHz〕の単一正弦波を標本化周波数が48〔kHz〕の標本化回路に入力し、その出力を24〔kHz〕の理想的な低域フィルタ（LPF）に通したとき、原理的に低域フィルタ（LPF）の出力に生ずる折り返し雑音の周波数は、20〔kHz〕である。

5 アパーチャ効果は、標本化パルスのパルス幅が有限の値を持つために生ずる。アパーチャ効果が生ずると、標本化パルス列に含まれるアナログ信号の高域の周波数成分が減衰する。

解説 誤っている選択肢は次のようになる。

3 量子化ステップ数が増えれば量子化雑音による回線品質を表す信号対量子化雑音比（S/N_Q）の値は**大きく**なる。

▶ **解答 3**

02（11①）A－14 29(7) 類 27(7)

次の記述は、スペクトル拡散（SS）通信方式の一つである直接拡散（DS）方式について述べたものである。このうち誤っているものを下の番号から選べ。

1 送信系で拡散符号により情報を広帯域に一様に拡散し電力スペクトル密度の低い雑音状にする。

2 送信系で拡散処理により広帯域化されたデジタル信号は、受信系において、送信系と異なる擬似雑音符号を用いた逆拡散処理により、元の狭帯域のデジタル信号に復元される。

3 直接波とマルチパス波を受信したときの時間差が、擬似雑音符号のチップ幅（chip duration）より長いときは、マルチパス波の影響を受けにくい。

4 各通信チャネルごとに異なる擬似雑音符号を用いることにより、同一の周波数帯域を共有して多元接続ができる。

5 広帯域の受信波に混入した狭帯域の妨害波は、逆拡散処理により平均電力スペクトル密度が低くなり妨害が軽減される。

解説 誤っている選択肢は次のようになる。

2 送信系で拡散処理により広帯域化されたデジタル信号は、受信系において、送信系と**同一の**擬似雑音符号を用いた逆拡散処理により、元の狭帯域のデジタル信号に復元される。

▶ **解答 2**

03（7①）A－20 類 02(11①)

次の記述は、図1に示す構成例を用いたオシロスコープによる微分回路の測定について述べたものである。［　　］内に入れるべき字句の正しい組合せを下の番号から選べ。ただし、入力波形は理想的な方形波であり回路は理想的に動作するものとし、オシロスコープ固有の立ち上り時間の関係による測定誤差はないものとする。また、e は自然対数の底とし、微分回路の遮断領域では周波数の減少にともない 6〔dB/oct〕で減衰するものとする。なお、同じ記号の［　］内には、同じ字句が入るものとする。

(1) 被測定微分回路に方形波信号を加えたところ、図 2 に示すような測定結果が得られた。このとき過渡応答により出力電圧 V_o〔V〕が［A］まで減少する時間が微分回路の時定数 τ に相当する。

(2) 微分回路は高域フィルタ(HPF)として機能し、周波数特性として振幅が［B］となる周波数を低域遮断周波数 f_1 といい、時定数 τ〔s〕と低域遮断周波数 f_1〔Hz〕とは f_1＝［C］の関係がある。

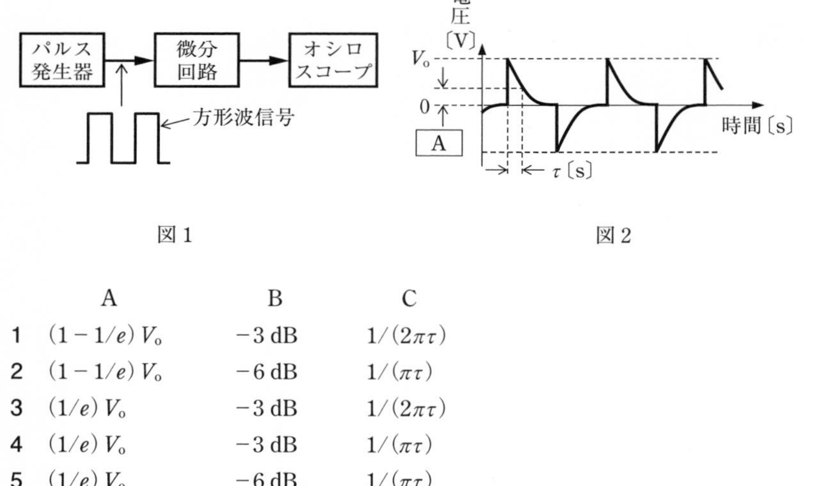

図 1　　　　図 2

	A	B	C
1	$(1-1/e)\,V_o$	-3 dB	$1/(2\pi\tau)$
2	$(1-1/e)\,V_o$	-6 dB	$1/(\pi\tau)$
3	$(1/e)\,V_o$	-3 dB	$1/(2\pi\tau)$
4	$(1/e)\,V_o$	-3 dB	$1/(\pi\tau)$
5	$(1/e)\,V_o$	-6 dB	$1/(\pi\tau)$

解説　微分回路に最大値が V_o〔V〕の方形波信号を加えると、信号を加えた時刻から t〔s〕後の出力電圧の瞬時値 v〔V〕は

$$v = V_o e^{-t/\tau}\ \text{〔V〕}$$

で表される。時刻 t が時定数 τ〔s〕のときの値は

$$v = V_o e^{-1} = (1/e)\,V_o\ \text{〔V〕}$$

微分回路に正弦波信号を加えると、高域フィルタとして動作し入出力電圧比が $1/\sqrt{2}$ の -3〔dB〕となる周波数を低域遮断周波数という。微分回路の時定数 τ〔s〕より、低域遮断周波数 f_1〔Hz〕は次式で表される。

$$f_1 = \frac{1}{2\pi\tau}\ \text{〔Hz〕}$$

▶ **解答　3**

無線工学B

＜出題の分野と問題数＞

分　野	問題数
アンテナ理論	5
給電線	5
アンテナ	5
電波伝搬	5
アンテナ等の測定	5
合計	25

表は、この科目で出題される分野と各分野の標準的な問題数です。各分野の問題数は試験期によって増減することがありますが、合計の問題数は変わりません。

問題形式は、5肢択一式のA形式問題（1問5点）が20問、穴埋め補完式及び正誤式で五つの設問（1問1点で5点満点）で構成されたB形式問題が5問出題されます。

1問5点×25問の125点満点で75点（6割）以上が合格となります。

＜学習のポイント＞

計算問題の比率が高い分野です。他の分野に比較して出題の範囲は狭いのですが、問題の難易度が高い分野です。特に計算問題については、解答を誘導するためにいくつかの式を組み合わせなければ、解答を得ることができない問題も多く出題されています。

計算問題や数値などを答える問題には正確な知識が必要ですので、解説を読むだけでなく、自分で式を誘導したり計算過程を確かめながら学習してください。

出題傾向（無線工学B）

1　各分野別の出題傾向

「アンテナ理論」、「給電線」は計算問題や計算式を答える問題が多く出題されています。既出の計算問題が類題として出題されるときは、数値が異なっていたり、何の量を求めるかが異なっているものもあるので注意しなければなりません。また、計算式を誘導する途中の式が穴あきになっている問題も出題されていますので、式の誘導の過程を正確に覚えてください。

各分野の計算問題について、計算式が与えられている問題が出題されていますが、次に出題されるときは式が与えられるとは限らないので、問題で与えられた式も覚えてください。また、log の値についても問題に与えられる場合が多いですが、与えられない場合もあるので、問題で与えられるような数値は覚えておきましょう。

「アンテナ」の分野で出題される航空用の航法援助施設のアンテナについては、無線工学Aの分野の内容を参照して、そのシステムや使用周波数等についての知識があった方が理解が深まります。

「電波伝搬」の分野の問題は、周波数によって、その伝搬特性が大きく異なるので、どの周波数帯の電波の特性なのか確認して学習してください。

「アンテナ等の測定」の分野の問題は、「アンテナ理論」及び「給電線」の分野と同じ内容が測定方法として多く出題されています。これらの問題は計算式を誘導する途中の式が穴あきになっている問題が多いので、式を誘導する過程を正確に覚えてください。

2　新問の対策

「アンテナ」の分野に移動通信用や放送用の送信アンテナなどの新問が出題されていますが、全く新しい理論に基づくアンテナはあまりないので、既出問題をよく理解すればある程度、解答に近づくことができます。

3　計算問題の対策

計算問題の数値はでたらめな値ではなく、実際に用いられる値が多いので、答えの数値も実際にあり得る値になります。極端に数値が違う問題は出題されないので、計算しながら問題の数値と解答の数値を覚えておけば、問題の数値が変わった場合でも、似たような数値に解答を絞ることができます。

また、アンテナの特性などの基本的な原理を理解しておけば計算問題の解答を見つけることもできます。たとえば、アンテナの開口面積が大きいと利得が大きくなることが分かっていれば、開口面積に比例する式に解答を絞ることができる問題もあります。

付録には令和３年７月期以前に出題された問題のうち、令和４年１月期から令和５年７月期に出題されていない問題を厳選して収録しています。

分野	項目	6年	5年				4年				3年				2年	
		1月	7月①	7月②	1月①	1月②	7月①	7月②	1月①	1月②	7月①	7月②	1月①	1月②	11月①	11月②
アンテナ理論	マクスウェルの方程式		A1		A1					A1	A1		A1			
	平面波を波動方程式から導出する過程			A1			A1		A1					A1		A1
	開口面アンテナの放射電磁界の空間的分布		A2									A4				
	自由空間を伝搬する電波の偏波	A5		A4		A1	A2					A1			A1	
	自由空間伝搬損、電界強度、電力等	A4			A5		A4	A4				A2	A4		A5	
	受信電界強度と受信電圧、電力等					A3					A4					
	微小ダイポールの放射抵抗							A5		A3			A5			A3
	微小ダイポールの利得、実効面積	A3										A5				
	微小ダイポールによる電界							A1			A5				A2	
	二つのアンテナによる電界強度の比					A2						A3				
	アンテナの実効面積					A5								A4		
	アンテナの相対利得と実効面積の値			A3				A3								A4
	アンテナの利得、指向性、受信電力等	A1		B1	A2	A4	A5			A4	A3				A4	
	アンテナの可逆定理		A5						A3							
	半波長ダイポールアンテナの実効面積						A3								A3	
	半波長ダイポールアンテナの短縮率	A2	A3							A5			A3			
	二つのアンテナによる合成電界強度								A2							
	二つのアンテナによる合成利得、指向性					B1				B1				B1		
	線状アンテナの指向性			A2						A2				A2		
	ビームアンテナの電力半値幅と指向性利得				A3						A2					A2
	パラボラアンテナの絶対利得		A4											A5		
	物体の散乱断面積				B1				B1				B1			
	散乱断面積を求める過程	B1						B1				B1				B1
給電線	線路の伝搬速度とインダクタンス、静電容量					A7								A6		
	平面波の導体中への表皮厚さ		A8			A9				A8		A9				A9
	給電線の伝送効率							A9								
	給電線の電圧透過係数						A6								A9	

※白字は付録に収録している問題

◆出題一覧表（無線工学B）

分野	項目	6年	5年				4年				3年				2年	
		1月	7月①	7月②	1月①	1月②	7月①	7月②	1月①	1月②	7月①	7月②	1月①	1月②	11月①	11月②
給電線	反射係数、電圧定在波比					A8					A7					
	平行二線式給電線のインピーダンス		B2												B3	
	電圧波節（腹）から負荷側をみたインピーダンス				A8				A7				A7	A9		
	終端短絡の平行二線式給電線のインピーダンス	A6											A6			
	終端短絡、開放の給電線の等価 L、C の値		A6	A6							A6	A8				A6
	同軸線路の特性インピーダンス		A7									A6				A7
	同軸線路の特性と特徴						A8									
	方形（円形）導波管の特徴			A8				B2			B2					B2
	同軸線路と導波管の伝送モード	A8		B2						A9						
	導波管のリアクタンス素子						A9						A9			
	平行平板線路の誘電体の厚さ			A7					A6						A6	
	マイクロストリップ線路の特性	B3						A6	B3					B2		A8
	TEM 波の特性				B2	B2				B2		B2				
	ベーテ孔方向性結合器	A9		A9			B2	A8					B2		A8	
	マジック T				A9						A9					
	アンテナ共用回路		A9											A7		
	集中定数整合回路の X、L、C の値	A7			A7	A6			A9	A6	A8	A7			A7	
	1/4 波長整合線路の整合条件				A6		A7		A8					A8		
	1/4 波長整合線路の定数							A7		A7			A8			
アンテナ	アンテナの比帯域幅		B1					A2					A2			
	各種アンテナの特徴		A10	A10			A10		A10			A13			A10	A10
	逆L形アンテナの水平部と垂直部の長さ				A10											
	逆L形アンテナの高さと実効高			A5					A4					A3		
	垂直接地アンテナの延長コイル	A13						A10						A10		
	折り返し3線式半波長ダイポールアンテナ			A11					A11				A11			

※白字は付録に収録している問題

分野	項目	6年	5年				4年				3年				2年	
		1月	7月①	7月②	1月①	1月②	7月①	7月②	1月①	1月②	7月①	7月②	1月①	1月②	11月①	11月②
アンテナ	コーナレフレクタアンテナの構造等				A13							A10			A13	
	八木アンテナの特性									A12						
	対数周期ダイポールアレーアンテナの特性	A12						A11		A11		A12		A11		
	双ループアンテナの構造と指向特性					A13					A13					
	マイクロストリップアンテナの特徴					A10		B3				B3			B2	
	移動体通信用モノポールアンテナの特性												A10			
	ヘリカルアンテナの動作原理			B3			B3				B3					B3
	スロットアレーアンテナの特性			A12		B3				B4	A12		B3			A13
	パラボラアンテナのサイドローブの軽減				A4											A5
	金属レンズの動作原理	A11	B3													
	誘電体レンズアンテナ			A13			A11			A10	A10					
	角錐ホーンアンテナの特性				B4				B5					B3		
	角錐ホーンアンテナの利得		A11				A13					A11				
	円錐ホーンレフレクタアンテナ				A11											
	パラボラアンテナの動作原理						B1				B1				B1	
	パラボラアンテナの特性		A12			A12			A12	A13			A13			A12
	カセグレンアンテナの特性							A12	A13					A12		
	グレゴリアンアンテナの特性						A12								A12	
	開口面アンテナのサイドローブ					A11										
	無給電アンテナ（反射板）の構造等	A10			A12									A13	A11	
	フェーズドアレーアンテナの構造等		A13								A11					A11
	航空用コセカント２乗特性レーダーアンテナ	B2						A13					A12			
電波伝搬	衛星通信回線の受信電力等						A16									A14
	各種電波の伝わり方		A15									A15				
	自由空間伝送損失を求める過程				B3											
	自由空間伝送損失、送受信点間距離							A14						A17		

※白字は付録に収録している問題

◆ 出題一覧表（無線工学 B）

分野	項目	6年	5年				4年				3年				2年	
		1月	7月①	7月②	1月①	1月②	7月①	7月②	1月①	1月②	7月①	7月②	1月①	1月②	11月①	11月②
電波伝搬	中波、短波の伝わり方									B3				A15		
	衛星通信の伝搬変動					A14							A16			
	各種電波雑音の特性				A15						A16					
	マイクロ波無給電中継の伝搬損失								A5							
	マイクロ波帯の対流圏伝搬					B4						B4			B4	
	電離層内の電波の反射					A15										A16
	最大電子密度と臨界周波数		A14								A17				A14	
	F 層反射伝搬の減衰、電界強度	A17			A16				A16				A15			
	スポラジック E 層の特徴					A17										
	デリンジャ現象の特徴						A17									
	太陽フレアの影響		A17													
	地上と衛星間伝搬の大気と電離層の影響	B4	A16					A15	B2			A17				
	フェージングの種類と原因等			A17						A16						A15
	K 形フェージングの原因等							A16			A14				A15	
	平面大地や媒質の電波の反射等	A16		A15			A15					A14				
	球面大地の見通し距離とアンテナ高			A16	A17					A17			A14		A16	
	VHF 帯伝搬の地上波の電界強度	A14				A16		A17	A14			A16		A16	A17	
	受信電界強度が極大となる距離			A14												
	陸上移動体通信の電波の伝わり方				A14					A14				A14		
	MIMO の特性								A17							A17
	降雨時に生じる交差偏波										A15					
	SHF、EHF 帯の電波の伝わり方			B4			B4						B4	B4		
	フレネルゾーンとクリアランス	A15					A14		A15				A17			
	伝搬路上に山岳がある場合の電界強度		B4							A15						B4
	ダイバーシティの方式							B4			B4					

※白字は付録に収録している問題

分野	項目	6年	5年				4年				3年				2年	
		1月	7月①	7月②	1月①	1月②	7月①	7月②	1月①	1月②	7月①	7月②	1月①	1月②	11月①	11月②
アンテナ等の測定	無損失給電線の特性インピーダンス			A19												A18
	アンテナの測定法			B5	A18	A19		A19		A18		A20		A20		B5
	アンテナの指向性利得を近似計算により求める		A18													
	アンテナの近傍界測定プローブの走査			A18							A18					
	開口面アンテナを測定するときの距離	A19				A18	A18		A20	B5			B5	A18		
	マイクロ波アンテナの利得測定					B5			A19		B5		A18			
	反射法によるマイクロ波アンテナの利得測定		A19		A20							A19			A18	
	平衡給電アンテナの入力インピーダンス測定							A20			A19				A20	
	アンテナの給電点インピーダンスの測定						B5							B5		
	定在波電圧からアンテナの動作利得測定	B5						A18	B4		A20				B5	
	ウィーラー・キャップ法による放射効率測定				B5							B5				
	開口面アンテナの放射電磁界領域									A20						A20
	ハイトパターンの測定	A20			A19		A19						A19			
	S/N、雑音指数と最小受信電界強度									A19					A19	
	アンテナ雑音温度の測定			A20					A18					A19		
	利得測定時の大地反射波の軽減法		A20													
	模型によるアンテナの測定	A18					A20					A18				A19
	電界や磁界のシールド							B5								
	電波吸収体の特性		B5			A20							A20			

※白字は付録に収録している問題

無線工学B（令和5年7月期①）

A－1 04(1②) 類03(1①)

次の記述は、電界 $\boldsymbol{E}$〔V/m〕と磁界 $\boldsymbol{H}$〔A/m〕に関するマクスウェルの方程式について述べたものである。[　　]内に入れるべき字句の正しい組合せを下の番号から選べ。ただし、媒質は均質、等方性、線形、非分散性とし、誘電率を ε〔F/m〕、透磁率を μ〔H/m〕、導電率を σ〔S/m〕、印加電流を J_0〔A/m²〕及び時間を t〔s〕とする。なお、同じ記号の[　　]内には、同じ字句が入るものとする。

(1) $\boldsymbol{E}$ と $\boldsymbol{H}$ に関するマクスウェルの方程式は、次式で表される。

$$\boxed{\text{A}}\,\boldsymbol{E} = -\mu\frac{\partial \boldsymbol{H}}{\partial t} \quad \cdots ①$$

$$\boxed{\text{A}}\,\boldsymbol{H} = J_0 + \sigma\boldsymbol{E} + \varepsilon\frac{\partial \boldsymbol{E}}{\partial t} \quad \cdots ②$$

(2) 式①は、[B]の法則と呼ばれ、磁界が変化すると、電界が発生することを表している。

(3) 式②は、拡張された[C]の法則と呼ばれ、この右辺は、第1項の印加電流、第2項の導電流及び[D]と呼ばれている第3項からなる。第3項は、[D]が印加電流及び導電流と同様に磁界を発生することを表している。

	A	B	C	D
1	∇·	ファラデー	アンペア	対流電流
2	∇·	アンペア	ファラデー	変位電流
3	∇×	ファラデー	アンペア	変位電流
4	∇×	アンペア	ファラデー	変位電流
5	∇×	アンペア	ファラデー	対流電流

解説 拡張されたアンペアの法則は次式で表される。

$$\mathrm{rot}\,\boldsymbol{H} = J_0 + \sigma\boldsymbol{E} + \varepsilon\frac{\partial \boldsymbol{E}}{\partial t} \quad \cdots (1)$$

Point rot は、ローテーションと呼ぶ

ファラデーの法則は次式で表される。

$$\mathrm{rot}\,\boldsymbol{E} = -\mu\frac{\partial \boldsymbol{H}}{\partial t} \quad \cdots (2)$$

式(1)、式(2)の rot はベクトルの回転を表し、∇を用いると次式で表される。

$$\nabla\times\boldsymbol{H} = J_0 + \sigma\boldsymbol{E} + \varepsilon\frac{\partial \boldsymbol{E}}{\partial t} \quad \cdots (3)$$

$$\nabla\times\boldsymbol{E} = -\mu\frac{\partial \boldsymbol{H}}{\partial t} \quad \cdots (4)$$

Point ∇はナブラと呼ぶ
×はクロスと呼び、ベクトルの外積を表す

x、y、z 座標軸の単位ベクトルを $\boldsymbol{i}$、$\boldsymbol{j}$、$\boldsymbol{k}$ とすると、ナブラ演算子∇は次式で表される。

$$\nabla = \boldsymbol{i}\frac{\partial}{\partial x} + \boldsymbol{j}\frac{\partial}{\partial y} + \boldsymbol{k}\frac{\partial}{\partial z} \quad \cdots \ (5)$$

式(3)において、$\sigma\boldsymbol{E}$ は空間の導電率によって空間を流れる導電流を表し、電束密度 $\boldsymbol{D} = \varepsilon\boldsymbol{E}$ を時間で微分した値は、空間に仮想的に流れる電流（変位電流）を表す。

電界や磁界は、x、y、z 座標の３次元空間に方向と大きさを持つベクトル量で表される。

▶ **解答　3**

関連知識

$\boldsymbol{J}$：導電流密度〔A/m²〕
$\boldsymbol{J} = \sigma\boldsymbol{E}$
$\boldsymbol{D}$：電束密度〔C/m²〕
$\boldsymbol{D} = \varepsilon\boldsymbol{E} = \varepsilon_S\varepsilon_0\boldsymbol{E}$（$\varepsilon_S$：比誘電率　ε_0：真空の誘電率〔F/m〕）
$\boldsymbol{B}$：磁束密度〔T〕
$\boldsymbol{B} = \mu\boldsymbol{H} = \mu_S\mu_0\boldsymbol{H}$（$\mu_S$：比透磁率　μ_0：真空の透磁率〔H/m〕）

A－2　　03(7②)

次の記述は、開口面アンテナによる放射電磁界の空間的分布とその性質について述べたものである。［　　］内に入れるべき字句の正しい組合せを下の番号から選べ。ただし、開口面の直径は波長に比べて十分大きいものとする。なお、同じ記号の［　　］内には、同じ字句が入るものとする。

(1) アンテナからの放射角度に対する電界分布のパターンは、［A］領域では距離によって変化し、［B］領域では距離によってほとんど変化しない。

(2) アンテナから［A］領域と［B］領域の境界までの距離は、開口面の実効的な最大寸法を D〔m〕及び波長を λ〔m〕とすると、ほぼ［C］〔m〕で与えられる。

	A	B	C
1	フラウンホーファ	フレネル	$D^2/2\lambda$
2	フラウンホーファ	フレネル	$2D^2/\lambda$
3	フレネル	フラウンホーファ	D^2/λ
4	フレネル	フラウンホーファ	$D^2/2\lambda$
5	フレネル	フラウンホーファ	$2D^2/\lambda$

▶ **解答　5**

出題傾向　下線の部分は、ほかの試験問題で穴埋めの字句として出題されている。

A－3

04(1②) 03(1①)

図に示す半波長ダイポールアンテナを周波数 15〔MHz〕で使用するとき、アンテナの入力インピーダンスを純抵抗とするためのアンテナ素子の長さ l〔m〕の値として、最も近いものを下の番号から選べ。ただし、アンテナ素子の直径を 5〔mm〕、碍子等による浮遊容量は無視するものとし、$\log_{10} 2 \fallingdotseq 0.3$ とする。

1 2.42〔m〕　2 2.83〔m〕　3 3.63〔m〕
4 4.85〔m〕　5 5.36〔m〕

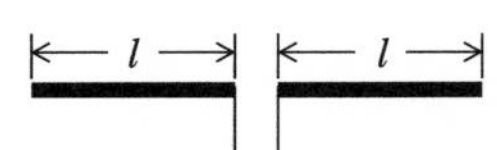

解説 周波数 $f = 15$〔MHz〕の電波の波長 λ〔m〕は

$$\lambda \fallingdotseq \frac{300}{f\text{〔MHz〕}} = \frac{300}{15} = 20\text{〔m〕}$$

短縮率を考慮しないアンテナ素子の長さ l_0〔m〕は $\lambda/4$ なので $l_0 = 5$〔m〕となる。直径 $d = 5$〔mm〕$= 5 \times 10^{-3}$〔m〕のアンテナ素子の特性インピーダンス Z_0〔Ω〕は

$$Z_0 = 138 \log_{10} \frac{2l_0}{d} = 138 \log_{10} \frac{2 \times 5}{5 \times 10^{-3}}$$
$$= 138 \log_{10} (2 \times 10^3) = 138 \log_{10} 2 + 138 \log_{10} 10^3$$
$$\fallingdotseq 138 \times 0.3 + 138 \times 3 = 455.4\text{〔Ω〕}$$

Point
アンテナ線が波長に比較して細い場合は、$\varDelta$〔%〕は数〔%〕の値になる

短縮率 $\varDelta$ は次式で表される。

$$\varDelta = \frac{42.55}{\pi Z_0} = \frac{42.55}{3.14 \times 455.4} \fallingdotseq \frac{42.55}{1{,}430} \fallingdotseq 0.03$$

短縮率を考慮したアンテナ素子の長さ l〔m〕は次式で表される。

$$l = \frac{\lambda}{4}(1 - \varDelta) \fallingdotseq 5 \times (1 - 0.03) = 5 \times 0.97 \fallingdotseq 4.85\text{〔m〕}$$

▶ **解答 4**

出題傾向 特性インピーダンス Z_0 を求める式が与えられている問題もある。

A－4

03(1②)

開口径が 2〔m〕の円形パラボラアンテナを周波数 12〔GHz〕で使用するときの絶対利得の値として、最も近いものを下の番号から選べ。ただし、開口効率を 0.8 とし、$\log_{10} \pi = 0.5$、$\log_{10} 2 = 0.3$ とする。

1 44〔dB〕　2 47〔dB〕　3 50〔dB〕　4 53〔dB〕　5 56〔dB〕

解説　周波数 $f = 12$〔GHz〕$= 12\times10^9$〔Hz〕の電波の波長 λ〔m〕は

$$\lambda \fallingdotseq \frac{3\times10^8}{f} = \frac{3\times10^8}{12\times10^9} = 2.5\times10^{-2}\ \text{〔m〕}$$

開口径を D〔m〕、開口効率を η とすると、絶対利得 G_I〔dB〕は

$$G_I = 10\log_{10}\eta\left(\frac{\pi D}{\lambda}\right)^2 = 10\log_{10}\left\{0.8\times\left(\frac{\pi\times2}{2.5\times10^{-2}}\right)^2\right\}$$

$$= 10\log_{10}(512\times\pi^2\times10)$$

$$= 10\log_{10}2^9 + 20\log_{10}\pi + 10\log_{10}10$$

$$= 10\times9\times0.3 + 20\times0.5 + 10 = 47\ \text{〔dB〕}$$

Point　真数の掛け算は log の足し算

▶ **解答　2**

関連知識　開口面アンテナの実効面積を A_e〔m²〕、幾何学的な開口面積を A〔m²〕とすると開口効率 η は

$$\eta = \frac{A_e}{A}$$

開口面の直径を D〔m〕とすると、実効面積 A_e のアンテナの絶対利得 G_I は

$$G_I = \frac{4\pi}{\lambda^2}A_e = \frac{4\pi}{\lambda^2}\eta\pi\left(\frac{D}{2}\right)^2 = \eta\left(\frac{\pi D}{\lambda}\right)^2$$

出題傾向　log の数値が問題に与えられていない場合もあるので、$\log_{10}2 \fallingdotseq 0.3$、$\log_{10}3 \fallingdotseq 0.48$ の数値は覚えておいた方がよい。また、$10\log_{10}\pi^2 \fallingdotseq 10$ として計算することができる。

A－5　　04(1①)

次の記述は、自由空間において、一つのアンテナを送信と受信に用いたときの特性の相違について述べたものである。このうち誤っているものを下の番号から選べ。

1　利得は、同じである。
2　放射電力密度の指向性と受信有能電力の指向性は、異なる。
3　入力（給電点）インピーダンスは、同じである。
4　アンテナ上の電流分布は、一般に異なる。
5　放射電界強度の指向性と受信開放電圧の指向性は、同じである。

解説　誤っている選択肢は次のようになる。

2　放射電力密度の指向性と受信有能電力の指向性は、**同じである**。

▶ **解答　2**

A－6 類 05(7②) 03(7①) 類 03(7②) 類 02(11②)

直径 6〔mm〕、線間隔 30〔cm〕の終端を開放した無損失の平行二線式給電線がある。この終端から長さ 2.5〔m〕のところから終端を見たインピーダンスと等価となるコンデンサの静電容量の値として、最も近いものを下の番号から選べ。ただし、周波数を 20〔MHz〕とする。

1　10〔pF〕　2　15〔pF〕　3　25〔pF〕　4　50〔pF〕　5　65〔pF〕

解説　平行二線式給電線の導線の直径 $d = 6$〔mm〕$= 6 \times 10^{-3}$〔m〕、線間隔 $D = 30$〔cm〕$= 3 \times 10^{-1}$〔m〕より、特性インピーダンス Z_0〔Ω〕は

$$Z_0 \fallingdotseq 276 \log_{10} \frac{2D}{d} = 276 \log_{10} \frac{2 \times 3 \times 10^{-1}}{6 \times 10^{-3}} = 276 \log_{10} 10^2$$

$$= 276 \times 2 = 552 \text{〔Ω〕} \quad \cdots \ (1)$$

周波数 $f = 20$〔MHz〕の電波の波長 λ〔m〕は

$$\lambda \fallingdotseq \frac{300}{f\text{〔MHz〕}} = \frac{300}{20} = 15 \text{〔m〕}$$

長さ l〔m〕の終端を開放した線路を入力端から見たインピーダンス $\dot{Z}_F$〔Ω〕は次式で表される。

$$\dot{Z}_F = -jZ_0 \cot \beta l = -jZ_0 \frac{1}{\tan \dfrac{2\pi}{\lambda} l}$$

$$= -j552 \frac{1}{\tan\left(\dfrac{2\pi}{15} \times 2.5\right)} = -j552 \frac{1}{\tan \dfrac{\pi}{3}}$$

$$= -j \frac{552}{1.73} \fallingdotseq -j320 \text{〔Ω〕}$$

Point

$$\tan \frac{\pi}{3} = \sqrt{3} \fallingdotseq 1.73$$

$\dot{Z}_F$ を等価的な静電容量 C〔F〕に置き換えると、次式が成り立つ。

$$-j \frac{1}{\omega C} = -j \frac{1}{2\pi f C} = \dot{Z}_F \fallingdotseq -j320$$

よって、C は次式で求めることができる。

$$C = \frac{1}{320 \times 2\pi f} = \frac{1}{320 \times 2 \times 3.14 \times 20 \times 10^6}$$

$$\fallingdotseq 24.9 \times 10^{-12} \fallingdotseq 25 \times 10^{-12} \text{〔F〕} = 25 \text{〔pF〕}$$

▶ **解答　3**

終端を短絡した線路において、等価となるコイルのインダクタンスを求める問題も出題されている。

A－7　03(7②)　02(11②)

内部導体の外径が 2〔mm〕、外部導体の内径が 16〔mm〕の同軸線路の特性インピーダンスが 75〔Ω〕であった。この同軸線路の内部導体の外径を 1/2 倍にしたときの特性インピーダンスの値として、最も近いものを下の番号から選べ。ただし、内部導体と外部導体の間には、同一の誘電体が充填されているものとする。

1　25〔Ω〕　2　50〔Ω〕　3　75〔Ω〕　4　100〔Ω〕　5　125〔Ω〕

解説　内部導体の外径 $d = 2$〔mm〕$= 2\times10^{-3}$〔m〕、外部導体の内径 $D = 16$〔mm〕$= 16\times10^{-3}$〔m〕、誘電体の比誘電率 ε_r の同軸線路の特性インピーダンス Z_0〔Ω〕は

$$Z_0 = \frac{138}{\sqrt{\varepsilon_r}}\log_{10}\frac{D}{d}$$

$$= \frac{138}{\sqrt{\varepsilon_r}}\log_{10}\frac{16\times10^{-3}}{2\times10^{-3}}$$

$$= \frac{138}{\sqrt{\varepsilon_r}}\log_{10}8 = 75\ 〔\Omega〕$$

よって、次式が成り立つ。

$$\frac{138}{\sqrt{\varepsilon_r}} = \frac{75}{\log_{10}8} \quad \cdots\ (1)$$

内部導体の外径 d が $d/2$ になったときの特性インピーダンス Z_x〔Ω〕は

$$Z_x = \frac{138}{\sqrt{\varepsilon_r}}\log_{10}\frac{2D}{d}$$

$$= \frac{138}{\sqrt{\varepsilon_r}}\log_{10}\frac{D}{d} + \frac{138}{\sqrt{\varepsilon_r}}\log_{10}2$$

$$= \frac{138}{\sqrt{\varepsilon_r}}\log_{10}8 + \frac{138}{\sqrt{\varepsilon_r}}\log_{10}2\ 〔\Omega〕 \quad \cdots\ (2)$$

Point

$$\log_{10}ab = \log_{10}a + \log_{10}b$$

$$\log_{10}\frac{2D}{d} = \log_{10}\frac{D}{d} + \log_{10}2$$

式 (1) を式 (2) に代入して Z_x を求めると

$$Z_x = \frac{75}{\log_{10}8}\log_{10}8 + \frac{75}{3\times\log_{10}2}\log_{10}2$$

$$= 75 + \frac{75}{3} = 100\ 〔\Omega〕$$

Point

$$\log_{10}8 = \log_{10}2^3 = 3\times\log_{10}2$$

▶ **解答　4**

A－8　04(1②)

次の記述は、平面波が有限な導電率の導体中へ浸透する深さを表す表皮厚さ（深さ）について述べたものである。[　　　]内に入れるべき字句の正しい組合せを下の番号から選べ。ただし、平面波はマイクロ波とし、e を自然対数の底とする。

(1) 表皮厚さは、導体表面の電磁界強度が［ A ］に減衰するときの導体表面からの距離をいう。
(2) 表皮厚さが薄くなるほど、減衰定数は［ B ］なる。
(3) 表皮厚さは、導体の導電率が小さくなるほど［ C ］なる。

	A	B	C
1	$1/e$	小さく	薄く
2	$1/e$	小さく	厚く
3	$1/e$	大きく	厚く
4	$1/(2e)$	小さく	厚く
5	$1/(2e)$	大きく	薄く

解説 導体の導電率をσ、透磁率をμ、誘電率をε、電波の角周波数をωとすると、減衰定数α及び表皮厚さ（深さ）δは次式で表される。

$$\alpha = \frac{1}{\delta} \qquad \delta = \sqrt{\frac{2}{\omega\mu\sigma}}$$

表皮厚さδが薄く（小さく）なるほど、減衰定数αは大きくなる。導体の導電率σが小さくなるほど表皮厚さδは厚く（大きく）なる。

▶ **解答 3**

出題傾向 下線の部分は、ほかの試験問題で穴埋めの字句として出題されている。

A－9 03(1②)

次の記述は、図に示す帯域フィルタ（BPF）を用いた送信アンテナ共用装置について述べたものである。［　］内に入れるべき字句の正しい組合せを下の番号から選べ。なお、同じ記号の［　］内には、同じ字句が入るものとする。

(1) 移動体通信などの1つの基地局に多数の無線チャネルが用いられ多数の送信アンテナが設置される場合、送信電波の［ A ］変調を防止するため、送信アンテナ相互間で所要の［ B ］を得る必要がある。この［ B ］は、アンテナを垂直又は水平に、一定の間隔をおいて配置することにより得られるが、送信アンテナの数が多くなると広い場所が必要になるため、送信アンテナ共用装置が用いられることが多い。

(2) 1つの送信機出力は、サーキュレータとその送信周波数の帯域フィルタを通ってアンテナに向かう。他の送信機に対しては、分岐結合回路の分岐点から各帯域フィルタまでの線路の長さを送信波長の1/4の［ C ］とし、先端を短絡した1/4波長の［ C ］の長さの給電線と同じ働きになるようにして、分岐点から見たインピーダンスが無限大になるようにしている。

(3) しかし、一般に分岐点から見たインピーダンスが無限大になることはないので、他の3つの送信周波数のそれぞれの帯域フィルタのみでは十分な［ B ］が得られない。このため、さらにサーキュレータに接続された吸収抵抗で消費させ、他の送信機への回り込みによる再放射を防いでいる。

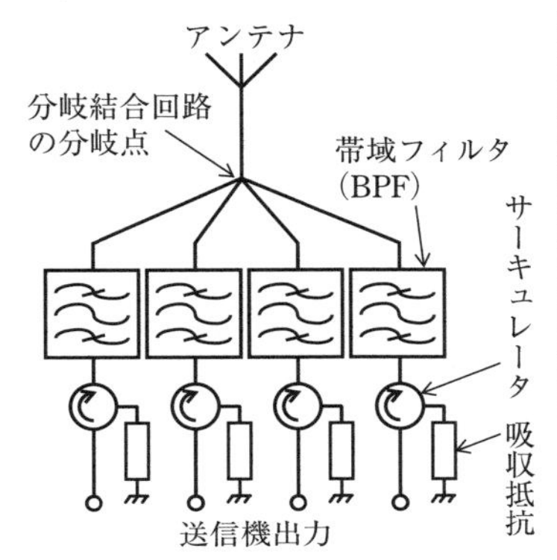

	A	B	C
1	相互	結合減衰量	奇数倍
2	相互	耐電力	偶数倍
3	相互	結合減衰量	偶数倍
4	過	耐電力	偶数倍
5	過	結合減衰量	奇数倍

解説 線路長 l の受端短絡線路のインピーダンス $\dot{Z}$ は、位相定数を β とすると次式で表される。

$$\dot{Z} = jZ_0 \tan\beta l$$

$\tan\beta l = \infty$ となるのは、$\beta l = \frac{\pi}{2}$、$\frac{3\pi}{2}$、$\frac{5\pi}{2}$、…、$(1+2n)\frac{\pi}{2}$ のときなので、$l = \frac{\lambda}{4}$、$\frac{3\lambda}{4}$、$\frac{5\lambda}{4}$、…、$(1+2n)\frac{\lambda}{4}$ となって、1/4 波長の奇数倍のときに、インピーダンスが無限大となる。

▶ **解答　1**

出題傾向 下線の部分は、ほかの試験問題で穴埋めの字句として出題されている。

A－10　類 05(7②)　類 04(7①)　類 04(1①)　類 03(7②)　類 02(11①)　類 02(11②)

次の記述は、各種アンテナの特徴などについて述べたものである。このうち誤っているものを下の番号から選べ。

1. 素子の太さが同じ二線式折返し半波長ダイポールアンテナの受信開放電圧は、同じ太さの半波長ダイポールアンテナの受信開放電圧の約2倍である。
2. スリーブアンテナのスリーブの長さは、約 1/4 波長である。
3. グレゴリアンアンテナの副反射鏡は、回転双曲面である。
4. 頂角が90度のコーナレフレクタアンテナの指向特性は、励振素子と2枚の反射板による3個の影像アンテナから放射される4波の合成波として求められる。
5. 対数周期ダイポールアレーアンテナは、半波長ダイポールアンテナに比べて広帯域なアンテナである。

解説 誤っている選択肢は次のようになる。

3　グレゴリアンアンテナの副反射鏡は、**回転楕円面**である。

▶ **解答　3**

A－11　04(7①)　03(7②)

開口面の縦及び横の長さがそれぞれ9〔cm〕及び11〔cm〕の角錐ホーンアンテナを、周波数5〔GHz〕で使用したときの絶対利得の値として、最も近いものを下の番号から選べ。ただし、電界(E)面及び磁界(H)面の開口効率を、それぞれ0.77及び0.76とする。

1　21〔dB〕　2　17〔dB〕　3　13〔dB〕　4　9〔dB〕　5　5〔dB〕

解説 周波数$f = 5$〔GHz〕$= 5 \times 10^9$〔Hz〕の電波の波長λ〔m〕は

$$\lambda \fallingdotseq \frac{3 \times 10^8}{f} = \frac{3 \times 10^8}{5 \times 10^9} = 6 \times 10^{-2} \text{〔m〕}$$

開口面の縦及び横の長さをa、b〔m〕、開口効率を$\eta_E = 0.77$、$\eta_H = 0.76$とすると、絶対利得G_Iは

$$G_I = \frac{4\pi ab}{\lambda^2}\eta_E\eta_H = \frac{4 \times 3.14 \times 9 \times 10^{-2} \times 11 \times 10^{-2}}{(6 \times 10^{-2})^2} \times 0.77 \times 0.76$$

$$= \frac{4 \times 3.14 \times 9 \times 11 \times 0.77 \times 0.76}{6^2} \times 10^{-4+4} \fallingdotseq \frac{728}{36} \fallingdotseq 20$$

dBで求めると

$$G_{IdB} = 10\log_{10}20 = 10\log_{10}2 + 10\log_{10}10$$

$$\fallingdotseq 3 + 10 = 13 \text{〔dB〕}$$

▶ **解答　3**

Point

真数の掛け算はlogの足し算

$\log_{10}10^1 = 1$

$\log_{10}2 \fallingdotseq 0.3$

A－12　類04(1①)　02(11②)

次の記述は、図に示すパラボラアンテナの特性について述べたものである。［　］内に入れるべき字句の正しい組合せを下の番号から選べ。ただし、パラボラアンテナの開口直径をD〔m〕、開口角をθ〔°〕、焦点距離をf〔m〕、開口効率をη及び波長をλ〔m〕とする。

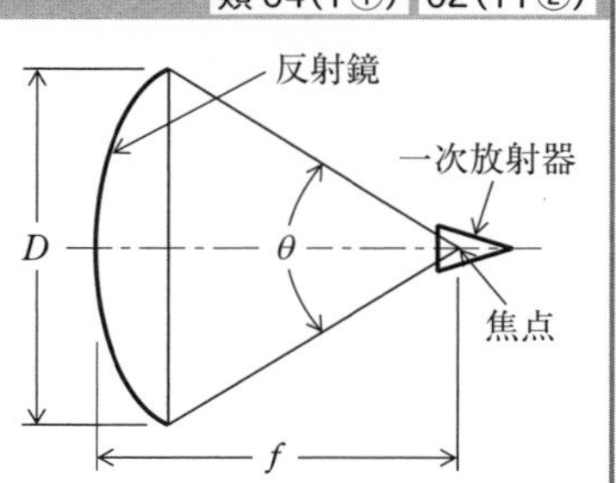

(1) θとDとfの関係は、［ A ］と表される。

(2) 絶対利得(真数)は、［ B ］と表される。

(3) 指向性の半値幅は、λに［ C ］、Dに［ D ］する。

	A	B	C	D
1	$\tan\frac{\theta}{4}=\frac{D}{4f}$	$\left(\frac{\pi D}{\lambda}\right)^2\eta$	比例	反比例
2	$\tan\frac{\theta}{4}=\frac{D}{4f}$	$\left(\frac{\pi D}{\lambda}\right)\eta$	比例	反比例
3	$\tan\frac{\theta}{4}=\frac{D}{4f}$	$\left(\frac{\pi D}{\lambda}\right)^2\eta$	反比例	比例
4	$\tan\frac{\theta}{2}=\frac{D}{2f}$	$\left(\frac{\pi D}{\lambda}\right)^2\eta$	反比例	比例
5	$\tan\frac{\theta}{2}=\frac{D}{2f}$	$\left(\frac{\pi D}{\lambda}\right)\eta$	比例	反比例

解説　開口直径 D〔m〕、波長 λ〔m〕、開口効率 η、開口面積 A〔m²〕より、絶対利得 G_I は次式で表される。

$$G_I=\frac{4\pi A}{\lambda^2}\eta=\frac{4\pi}{\lambda^2}\times\pi\left(\frac{D}{2}\right)^2\eta=\left(\frac{\pi D}{\lambda}\right)^2\eta$$

Point
半径を r〔m〕とすると
$A=\pi r^2$〔m²〕

開口直径 D〔m〕、波長 λ〔m〕より、指向性の半値幅 ϕ〔°〕は近似的に次式で表される。

$$\phi \fallingdotseq 70\frac{\lambda}{D}\ 〔°〕\quad\cdots(1)$$

式(1)より、ϕ は λ に比例し、D に反比例する。

▶ **解答　1**

A－13

03(7①)　02(11②)

次の記述は、図に示す位相走査のフェーズドアレーアンテナと量子化位相誤差について述べたものである。[　　]内に入れるべき字句の正しい組合せを下の番号から選べ。

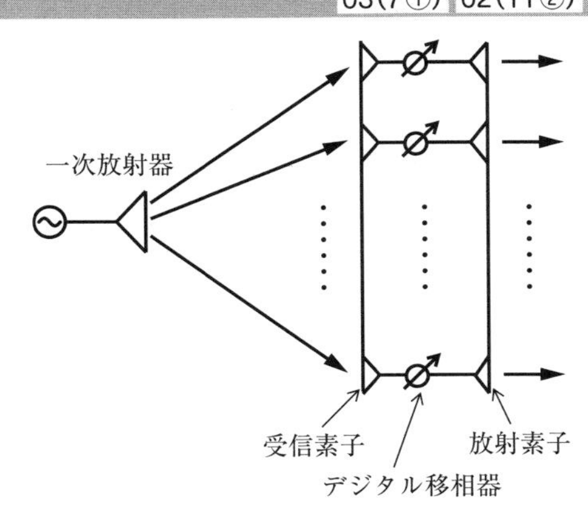

(1) フェーズドアレーアンテナとは、平面上に複数の放射素子を並べて固定し、それぞれにデジタル移相器を設けて給電電流の位相を変化させて電波を放射し、放射された電波を合成した主ビームが空間のある範囲内の任意の方向に向くように制御されたアンテナである。デジタル移相器には、[A]が用いられ、0 から 2π までの位相角を 2^n $(n=1,2,\cdots)$ 分の

1に等分割しているので、最小設定可能な位相角は$2\pi/2^n$〔rad〕となり、励振位相は、最大[B]〔rad〕の量子化位相誤差を生ずることになる。

(2) この量子化位相誤差がアンテナの開口分布に周期的に生ずると、比較的高いレベルの[C]が生じ、これを低減するには、デジタル移相器のビット数をできるだけ[D]する。

	A	B	C	D
1	スタブ	$\pi/2^n$	サイドローブ	多く
2	バラン	$\pi/2^n$	バックローブ	少なく
3	バラン	$\pi/2^{n+1}$	サイドローブ	多く
4	スタブ	$\pi/2^{n+1}$	バックローブ	少なく
5	バラン	$\pi/2^{n+1}$	バックローブ	多く

▶ **解答 1**

出題傾向 下線の部分は、ほかの試験問題で穴埋めの字句として出題されている。

A－14 02(11①)

電離層の最大電子密度が1.69×10^{12}〔個/m^3〕のとき、臨界周波数の値として、最も近いものを下の番号から選べ。ただし、電離層の電子密度がN〔個/m^3〕のとき、周波数f〔Hz〕の電波に対する屈折率nは次式で表されるものとする。

$$n=\sqrt{1-\frac{81N}{f^2}}$$

1 6.3〔MHz〕 2 8.1〔MHz〕 3 9.9〔MHz〕
4 10.8〔MHz〕 5 11.7〔MHz〕

解説 臨界周波数f_c〔Hz〕は電離層に垂直に入射した電波が、最大電子密度N_m〔個/m^3〕の高さで反射するときの最高周波数である。よって、問題で与えられた式において屈折率$n=0$のときに電波が反射するので

$$0=\sqrt{1-\frac{81N_m}{{f_c}^2}} \quad \text{より} \quad \frac{81N_m}{{f_c}^2}=1$$

臨界周波数f_c〔Hz〕を求めると

$$f_c=\sqrt{81N_m}=\sqrt{81\times1.69\times10^{12}}=\sqrt{9^2\times1.3^2\times10^{12}}$$
$$=9\times1.3\times10^6\text{〔Hz〕}=11.7\text{〔MHz〕}$$

▶ **解答 5**

出題傾向 nを求める式が問題に与えられない場合もあるので、式を覚えておいた方がよい。周波数f_cがわかっていて電子密度N_mを求める問題も出題されている。

A－15　03(7②)

次の記述は、電波の伝わり方について述べたものである。[　　]内に入れるべき字句の正しい組合せを下の番号から選べ。

(1) 地表波は、地表面に沿って伝搬する波で、周波数が低いほど、また、大地の導電率が[A]ほど遠くまで伝搬する。
(2) [B]は、対流圏内の屈折率の不規則なゆらぎによって生ずる波で、見通し外遠距離通信に利用することができる。
(3) [C]は、対流圏内の気温逆転現象などによって屈折率が[D]に変化することによって生ずる波で、見通し外の遠距離まで伝わる。

	A	B	C	D
1	小さい	ラジオダクト波	対流圏散乱波	高さ方向
2	小さい	ラジオダクト波	対流圏散乱波	水平方向
3	小さい	対流圏散乱波	ラジオダクト波	高さ方向
4	大きい	ラジオダクト波	対流圏散乱波	水平方向
5	大きい	対流圏散乱波	ラジオダクト波	高さ方向

▶ **解答　5**

出題傾向　下線の部分は、ほかの試験問題で穴埋めの字句として出題されている。

A－16　03(7②)

次の記述は、衛星－地上間通信における電離層の影響について述べたものである。[　　]内に入れるべき字句の正しい組合せを下の番号から選べ。

(1) 電波が電離層を通過する際、その振幅、位相などに[A]の不規則な変動を生ずる場合があり、これを電離層シンチレーションといい、その発生は受信点の[B]と時刻などに依存する。
(2) 電波が電離層を通過する際、その偏波面が回転するファラデー回転(効果)により、[C]を用いる衛星通信に影響を与えることがある。

	A	B	C
1	短周期	経度	直線偏波
2	短周期	緯度	直線偏波
3	長周期	経度	円偏波
4	長周期	経度	直線偏波
5	長周期	緯度	円偏波

解説 電波が電離層を通過するとき発生するシンチレーションは超短波(VHF)帯の周波数で最も顕著に発生する。一般に地上の伝搬経路では、超短波帯の電波は電離層を通過し、電離層反射波通信が利用できないので、電離層シンチレーションによるフェージングの影響は衛星―地上間通信で発生する。

ファラデー回転は、磁界が加わっているフェライトや電離気体中を電波が通過すると偏波面が回転する現象である。電波が電離層を通過する際にファラデー効果による偏波面が回転する影響を受ける。ファラデー回転は電離層が電波の位相に影響を与えることで発生する。電波が電離層を通過するときに、正常波と位相速度の異なる異常波によって偏波面が回転する効果となって現れる。この影響は直線偏波の場合に問題となる。

▶ **解答 2**

A－17

次の記述は、太陽フレアについて述べたものである。[　　]内に入れるべき字句の正しい組合せを下の番号から選べ。

(1) 太陽フレアとは、太陽の表面の爆発現象で、これにより[A]などの電磁波、高エネルギー粒子、プラズマなどが[B]から数日間で地球に到達し、停電、通信障害、人工衛星などへ影響を及ぼすことが知られている。

(2) 太陽フレアは、太陽の黒点の活動と大きな関連性があり、黒点周期の極大期には大黒点や黒点群の近くで毎日のように起こっている。黒点の活動周期は、概ね[C]であることも知られている。

(3) 太陽フレアが起きると、大量の電磁波だけでなく、電子や陽子・重イオンなどの高エネルギーの粒子も放出される。高エネルギーの陽子が増加する現象は、[D]現象と呼ばれる。

	A	B	C	D
1	ミリ波	2秒	11年	プロトン
2	ミリ波	8分	80年	デリンジャ
3	X線	8分	11年	プロトン
4	X線	2秒	80年	デリンジャ
5	X線	8分	11年	デリンジャ

解説 電磁波は、その周波数(波長)によって分類される。周波数の低い方から、電波、赤外線、可視光線、紫外線、X線、ガンマ線と呼ばれる。

地球と太陽間の距離は、約1億4,960万〔km〕≒ 1.5×10^{11}〔m〕であり、電磁波の速度を 3×10^{8}〔m/s〕とすると、太陽フレアで発生した電磁波が地球に到達する時間は、$(1.5\times10^{11})/(3\times10^{8})=500$〔s〕≒ 8.33〔分〕(約8分20秒)である。

高エネルギーの陽子が増加する現象は、プロトン現象である。デリンジャ現象は、太陽フレアにより地球の電離層の電子密度が急上昇し、電波の伝搬に影響を及ぼす現象で、短波（HF）帯の電波が電離層で吸収され通信不能となる現象のことである。

▶ **解答　3**

A－18　16（7）

次の記述は、広帯域マイクロ波のペンシルビームアンテナの指向性利得を近似計算により求める手順について述べたものである。［　　］内に入れるべき字句の正しい組合せを下の番号から選べ。ただし、アンテナからの全電力が電界面内及び磁界面内で電力半値幅内に一様に放射されているものとする。また、$\log_{10} 2 \fallingdotseq 0.3$、$\log_{10} 3 \fallingdotseq 0.48$ とする。

(1) 指向性利得 G_d（真数）は、電界面内の電力パターンの電力半値幅を θ_E〔rad〕、磁界面内の電力パターンの電力半値幅を θ_H〔rad〕とすれば、次式で近似することができる。

$G_d \fallingdotseq$ ［A］ …①

また、θ_E と θ_H を〔°〕で表したものをそれぞれ θ_1、θ_2 とすると、G_d は次式で近似することができる。

$G_d \fallingdotseq$ ［B］ …②

(2) $\theta_1 = 4.5$〔°〕、$\theta_2 = 4$〔°〕であるとき、題意の数値を式②に代入して、デシベルで表せば、$10 \log_{10} G_d \fallingdotseq$ ［C］〔dB〕である。

	A	B	C
1	$\dfrac{4\pi}{\theta_E \theta_H}$	$\dfrac{40{,}000}{\theta_1 \theta_2}$	33
2	$\dfrac{4\pi}{\theta_E + \theta_H}$	$\dfrac{720}{\theta_1 + \theta_2}$	19
3	$\dfrac{2\pi}{\theta_E \theta_H}$	$\dfrac{20{,}000}{\theta_1 \theta_2}$	30
4	$\dfrac{2\pi}{\theta_E + \theta_H}$	$\dfrac{360}{\theta_1 + \theta_2}$	13
5	$\dfrac{\pi}{\theta_E \theta_H}$	$\dfrac{10{,}000}{\theta_1 \theta_2}$	27

解説　電界面内及び磁界面内の電力半値幅 θ_E、θ_H〔rad〕を θ_1、θ_2〔°〕に変換すると、指向性利得 G_d は次式で表される。

$$G_d \fallingdotseq \frac{4\pi}{\theta_E\,\theta_H} = \frac{4\pi}{\theta_1 \times \dfrac{\pi}{180} \times \theta_2 \times \dfrac{\pi}{180}} \fallingdotseq \frac{4 \times 180 \times 180}{3.1416 \times \theta_1 \theta_2} \fallingdotseq \frac{41{,}253}{\theta_1 \theta_2} \fallingdotseq \frac{40{,}000}{\theta_1 \theta_2} \quad \cdots (1)$$

$\theta_1 = 4.5$〔°〕、$\theta_2 = 4$〔°〕を式(1)に代入すると

$$G_d = \frac{40{,}000}{\theta_1\theta_2} = \frac{40{,}000}{4.5\times 4} = \frac{40{,}000}{18} = \frac{2\times 10^4}{9}$$

デシベルで表すと

$$10\log_{10}\frac{2\times 10^4}{3^2} = 10\log_{10}2 + 10\log_{10}10^4 - 10\log_{10}3^2$$

$$\fallingdotseq 10\times 0.3 + 10\times 4 - 10\times 2\times 0.48$$

$$= 33.4 \fallingdotseq 33\text{〔dB〕}$$

▶ **解答 1**

A－19 03(7②)

次の記述は、利得の基準として用いられるマイクロ波標準アンテナの利得の校正法について述べたものである。［　］内に入れるべき字句の正しい組合せを下の番号から選べ。ただし、送信電力を P_t〔W〕、受信電力を P_r〔W〕及び波長を λ〔m〕とし、アンテナ及び給電回路の損失はないものとする。なお、同じ記号の［　］内には、同じ字句が入るものとする。

(1) 標準アンテナが1個のみのときは、図に示すように、アンテナから距離 d〔m〕離して正対させた反射板を用いて利得を測定することができる。利得 G_0 は、反射板のアンテナのある側と反対側に影像アンテナを考えれば、次式により求められる。

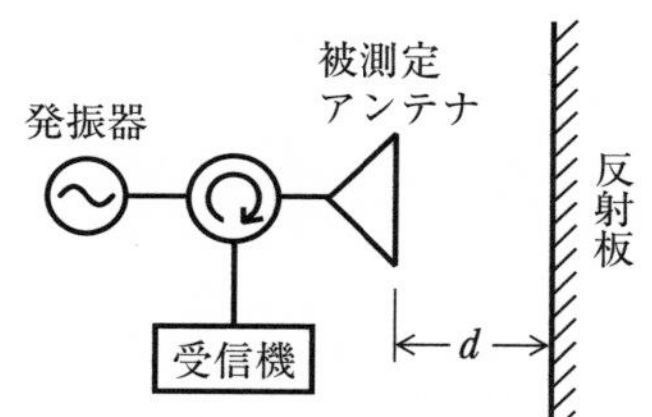

$$G_0 = \boxed{\text{A}} \times \sqrt{\frac{P_r}{P_t}}$$

(2) 同じ標準アンテナが2個あるときは、一方を送信アンテナ、他方を受信アンテナとし、それぞれの偏波面を合わせ、最大指向方向を互いに対向させて利得を測定する。利得 G_1 は、測定距離を d〔m〕とすれば、次式により求められる。

$$G_1 = \boxed{\text{B}} \times \sqrt{\frac{P_r}{P_t}}$$

(3) 同じ標準アンテナが3個あるときは、アンテナ2個ずつの三通りの組合せで、(2)と同様に利得を測定する。測定距離を一定値 d〔m〕とし、アンテナX、Y及びZの利得をそれぞれ G_X、G_Y 及び G_Z とすれば、以下の連立方程式が得られる。この連立方程式を解くことにより、各アンテナの利得が求められる。ただし、アンテナX、Y及びZの送信電力を P_{tX}〔W〕、P_{tY}〔W〕及び P_{tZ}〔W〕、受信電力を P_{rX}〔W〕、P_{rY}〔W〕及び P_{rZ}〔W〕とする。

アンテナXで送信、アンテナYで受信：$G_X G_Y = (\boxed{\text{B}})^2 \times \dfrac{P_{rY}}{P_{tX}}$ …①

アンテナYで送信、アンテナZで受信：$G_Y G_Z = (\boxed{\text{B}})^2 \times \dfrac{P_{rZ}}{P_{tY}}$ …②

アンテナZで送信、アンテナXで受信：$G_Z G_X = (\boxed{\text{B}})^2 \times \dfrac{P_{rX}}{P_{tZ}}$ …③

G_Xを式①、②、③より解くと、次式が得られる。

$$G_X = \boxed{\text{B}} \times \sqrt{\left(\frac{P_{rY}}{P_{tX}}\right) \times (\boxed{\text{C}}) \times \left(\frac{P_{rX}}{P_{tZ}}\right)}$$

	A	B	C
1	$\dfrac{8\pi d}{\lambda}$	$\dfrac{4\pi d}{\lambda}$	$\dfrac{P_{tY}}{P_{rZ}}$
2	$\dfrac{8\pi d}{\lambda}$	$\dfrac{8\pi d}{\lambda}$	$\dfrac{P_{rZ}}{P_{tY}}$
3	$\dfrac{4\pi d}{\lambda}$	$\dfrac{4\pi d}{\lambda}$	$\dfrac{P_{rZ}}{P_{tY}}$
4	$\dfrac{4\pi d}{\lambda}$	$\dfrac{8\pi d}{\lambda}$	$\dfrac{P_{tY}}{P_{rZ}}$
5	$\dfrac{4\pi d}{\lambda}$	$\dfrac{8\pi d}{\lambda}$	$\dfrac{P_{rZ}}{P_{tY}}$

解説 問題の式①×式③より

$$G_X^2 G_Y G_Z = \left(\frac{4\pi d}{\lambda}\right)^4 \times \frac{P_{rY}}{P_{tX}} \times \frac{P_{rX}}{P_{tZ}} \quad \cdots (1)$$

式(1)の$G_Y G_Z$に問題の式②を代入すると

$$G_X^2 \times \left(\frac{4\pi d}{\lambda}\right)^2 \times \frac{P_{rZ}}{P_{tY}} = \left(\frac{4\pi d}{\lambda}\right)^4 \times \frac{P_{rY}}{P_{tX}} \times \frac{P_{rX}}{P_{tZ}} \quad \cdots (2)$$

よって

$$G_X = \frac{4\pi d}{\lambda}\sqrt{\frac{P_{rY}}{P_{tX}} \times \frac{P_{tY}}{P_{rZ}} \times \frac{P_{rX}}{P_{tZ}}}$$

▶ **解答　1**

A－20 25(7)

次の記述は、マイクロ波アンテナの利得を測定するときに、平面大地での反射波等の影響を少なくする一般的な対策について述べたものである。[　　]内に入れるべき字句の正しい組合せを下の番号から選べ。

(1) 反射点の近傍に大地に垂直な金属板の反射防止板を設けて測定誤差を軽減する。この場合、反射防止板のエッジで回折波を生ずることがあるが、エッジに適当な［A］をつけると回折波の影響を軽減することができる。

(2) 被測定アンテナと対向させる基準アンテナは、いずれもできるだけ［B］位置に設置する。

(3) ハイトパターンを測定して、大地の［C］を求めて、計算により反射波の影響を軽減する。

	A	B	C
1	丸み	低い	導電率
2	丸み	高い	反射係数
3	凹凸	高い	反射係数
4	凹凸	低い	導電率
5	丸み	高い	導電率

▶ **解答　3**

下線の部分は、ほかの試験問題で穴埋めの字句として出題されている。

B－1　類04(7②)　類03(1①)　16(1)

次の記述は、アンテナの比帯域幅（使用可能な周波数帯域幅を中心周波数で割った値）について述べたものである。このうち正しいものを1、誤っているものを2として解答せよ。

ア　アンテナの入力インピーダンスが、周波数に対して一定である範囲が広いほど比帯域幅は大きくなる。

イ　比帯域幅は、パーセントで表示した場合、200〔%〕を超えることはない。

ウ　半波長ダイポールアンテナでは、細い素子より太い素子の方が比帯域幅は小さい。

エ　スリーブアンテナの比帯域幅は、ディスコーンアンテナの比帯域幅より大きい。

オ　対数周期ダイポールアレーアンテナの比帯域幅は、八木・宇田アンテナの比帯域幅より小さい。

解説　誤っている選択肢は、次のようになる。

ウ　半波長ダイポールアンテナでは、細い素子より太い素子の方が比帯域幅は**大きい**。

エ　スリーブアンテナの比帯域幅は、ディスコーンアンテナの比帯域幅より**小さい**。

オ　対数周期ダイポールアレーアンテナの比帯域幅は、八木・宇田アンテナの比帯域幅より大きい。

▶ **解答　ア－１　イ－１　ウ－２　エ－２　オ－２**

B－2　　02(11①)

次の記述は、図に示すように、無損失の平行二線式給電線の終端からl〔m〕の距離にある入力端から負荷側を見たインピーダンスZ〔Ω〕について述べたものである。このうち正しいものを１、誤っているものを２として解答せよ。ただし、終端における電圧をV_r〔V〕、電流をI_r〔A〕、負荷インピーダンスをZ_r〔Ω〕とし、無損失の平行二線式給電線の特性インピーダンスをZ_0〔Ω〕、位相定数をβ〔rad/m〕、波長をλ〔m〕とすれば、入力端における電圧Vと電流Iは、次式で表されるものとする。

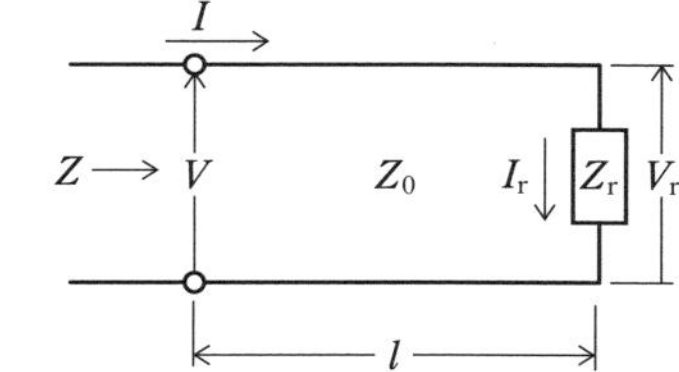

$$V=V_r\cos\beta l+jZ_0I_r\sin\beta l \text{〔V〕}$$
$$I=I_r\cos\beta l+j(V_r/Z_0)\sin\beta l \text{〔A〕}$$

ア　$l=\lambda/2$のとき、ZはZ_rと等しい。

イ　$l=\lambda/4$のとき、ZはZ_0^2/Z_rと等しい。

ウ　周波数が10〔MHz〕で$l=37.5$〔m〕のとき、ZはZ_rと等しい。

エ　$Z_r=\infty$（終端開放）のとき、Zは$-jZ_0\cot\beta l$と表される。

オ　$Z_r=0$（終端短絡）のとき、Zは$jZ_0\cot\beta l$と表される。

解説　終端からl〔m〕の距離にある入力端から負荷側を見たインピーダンス$\dot{Z}$〔Ω〕は、終端のインピーダンスを$\dot{Z}_r=\dot{V}_r/\dot{I}_r$とすると、問題で与えられた式を用いて、次式で表される。

$$\dot{Z}=\frac{\dot{V}}{\dot{I}}=\frac{\dot{V}_r\cos\beta l+jZ_0\dot{I}_r\sin\beta l}{\dot{I}_r\cos\beta l+j(\dot{V}_r/Z_0)\sin\beta l}=\frac{(\dot{V}_r/\dot{I}_r)\cos\beta l+jZ_0\sin\beta l}{\cos\beta l+j(\dot{V}_r/\dot{I}_r)(1/Z_0)\sin\beta l}$$
$$=Z_0\frac{\dot{Z}_r\cos\beta l+jZ_0\sin\beta l}{Z_0\cos\beta l+j\dot{Z}_r\sin\beta l}\text{〔Ω〕}\cdots(1)$$

各選択肢に与えられた条件を式(1)に代入することで、値を求めることができる。正しい選択肢は次のようになる。

ア　$l=\lambda/2$のとき$\beta l=\pi$となるので、$\cos\beta l=-1$、$\sin\beta l=0$となる。これらの値を式(1)に代入すると$\dot{Z}=Z_0\dot{Z}_r/Z_0=\dot{Z}_r$となる。

イ　$l=\lambda/4$のとき$\beta l=(2\pi/\lambda)\times(\lambda/4)=\pi/2$となるので、$\cos\beta l=0$、$\sin\beta l=1$となる。これらの値を式(1)に代入すると$\dot{Z}=Z_0^2/\dot{Z}_r$となる。

エ　$\dot{Z}_r=\infty$（終端開放）のとき、$\dot{Z}$は$-jZ_0\cot\beta l$と表される。
式(1)の各項を$\dot{Z}_r$で割れば、次式のようになる。

$$\dot{Z} = Z_0 \frac{\cos\beta l + j(Z_0/\dot{Z}_r)\sin\beta l}{(Z_0/\dot{Z}_r)\cos\beta l + j\sin\beta l} \quad \cdots \ (2)$$

式 (2) に $\dot{Z}_r = \infty$ を代入すると $\dot{Z} = Z_0 \times (\cos\beta l / j\sin\beta l) = -jZ_0\cot\beta l$ となる。

誤っている選択肢は次のようになる。

ウ　周波数 10〔MHz〕の波長は $\lambda = 30$〔m〕なので $l = (37.5/30)\lambda = 1.25\lambda$、$\beta l = 2.5\pi$ となるので、$\cos\beta l = 0$、$\sin\beta l = 1$ となる。これらの値を式 (1) に代入すると $\dot{Z} = Z_0^2/\dot{Z}_r$ となる。

オ　$\dot{Z}_r = 0$ (終端短絡) のとき、$\dot{Z}$ は $jZ_0\tan\beta l$ と表される。

式 (1) に $\dot{Z}_r = 0$ を代入すると $\dot{Z} = Z_0 \times (jZ_0\sin\beta l / Z_0\cos\beta l) = jZ_0\tan\beta l$ となる。

▶ 解答　アー1　イー1　ウー2　エー1　オー2

B−3　　22(1)

次の記述は、図に示すパスレングスレンズの原理的動作について述べたものである。□内に入れるべき字句を下の番号から選べ。ただし、同じ記号の□内には、同じ字句が入るものとする。

(1) 金属平行板内の電界は、金属平行板に［ア］であり、自由空間と同じ位相速度で、θ〔rad〕方向に金属平行板間を伝搬する。したがって、このときの電磁波の正面方向の位相速度は、自由空間の位相速度の［イ］倍になり、等価屈折率は、［ウ］で表せる。

(2) 電磁波が開口面上で同相となり、平面波が得られるように、金属平行板の焦点側の包絡線を［エ］としてある。

(3) 高次モードの発生を防ぐために、金属平行板の間隔を［オ］波長より狭くしてある。

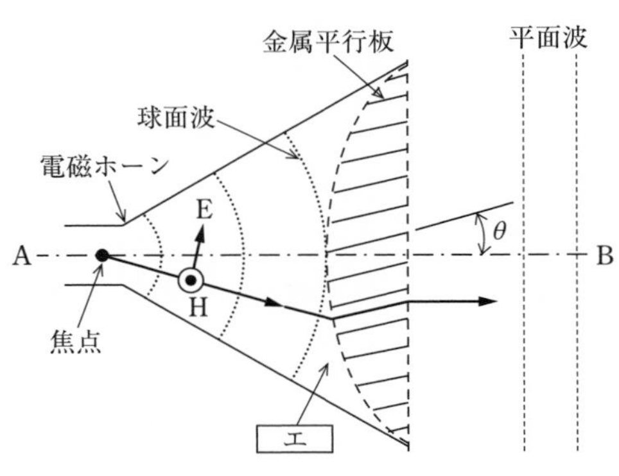

1	$\sin\theta$	2	双曲線	3	1/2	4	$1/\sin\theta$	5	垂直
6	$\cos\theta$	7	放物線	8	1/4	9	$1/\cos\theta$	10	平行

解説 導波管の開口部に設けられた金属平行板内の電界は、金属平行板に**垂直**であり、金属平行板を通過する電磁波は速度変化を受けることなく、自由空間中と同じ位相速度で伝搬する。

金属平行板は正面方向に対して角度 θ〔rad〕傾いているので、すきまを通り抜ける電磁波は行程差の分だけ位相の変化を受けて開口面に到達する。自由空間の位相速度を c〔m/s〕とすると、電磁波の正面方向の位相速度 v〔m/s〕は

$$v = c\cos\theta \quad \cdots \ (1)$$

なので、自由空間の位相速度の $\cos\theta$ 倍となる。屈折率は、真空中の位相速度と媒質中の位相速度の比で表されるので、等価屈折率 $n\,(>1)$ は、式(1)を用いれば次式で表される。

$$n = \frac{c}{v} = \frac{1}{\cos\theta}$$

▶ **解答　ア－5　イ－6　ウ－9　エ－2　オ－3**

B－4　　02(11②)

次の記述は、超短波(VHF)帯の地上伝搬において、伝搬路上に山岳がある場合の電界強度について述べたものである。□内に入れるべき字句を下の番号から選べ。

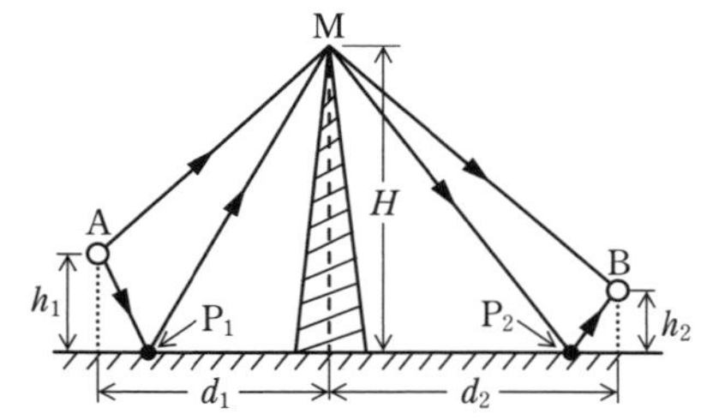

(1) 図において、送信点Aから山頂の点Mを通って受信点Bに到達する通路は、① AMB、② AP_1MB、③ AMP_2B、④ AP_1MP_2B の4通りある。この各通路に対応して、それぞれの［ア］を、$\dot{S}_1$、$\dot{S}_2$、$\dot{S}_3$、$\dot{S}_4$ とすれば、受信点Bにおける電界強度 $\dot{E}$ は、次式で表される。ただし、山岳がない場合の受信点の自由空間電界強度を $\dot{E}_0$〔V/m〕、大地の反射点 P_1 及び P_2 における大地反射係数をそれぞれ $\dot{R}_1$、$\dot{R}_2$ とする。

$$\dot{E} = \dot{E}_0(\dot{S}_1 + \dot{R}_1\dot{S}_2 + \dot{R}_2\dot{S}_3 + \boxed{\text{イ}})\ \text{〔V/m〕} \quad \cdots ①$$

(2) 送信点Aから山頂の点Mまでの直接波と大地反射波の位相差を ϕ_1〔rad〕及び山頂の点Mから受信点Bまでの直接波と大地反射波の位相差を ϕ_2〔rad〕とし、$\dot{R}_1 = \dot{R}_2 = -1$、$|\dot{S}| = |\dot{S}_1| = |\dot{S}_2| = |\dot{S}_3| = |\dot{S}_4|$ とすれば、式①は、次式で表される。

$$\dot{E} = \dot{E}_0 \times |\dot{S}| \times \{1 - e^{-j\phi_1} - e^{-j\phi_2} + \boxed{\text{ウ}}\}\ \text{〔V/m〕} \quad \cdots ②$$

式②を書き換えると次式で表される。

$$\dot{E} = \dot{E}_0 \times |\dot{S}| \times (1 - e^{-j\phi_1})(\boxed{\text{エ}})\ \text{〔V/m〕} \quad \cdots ③$$

(3) 式③を、電波の波長λ〔m〕、送受信アンテナ高h_1〔m〕、h_2〔m〕、山頂の高さH〔m〕、送受信点から山頂直下までのそれぞれの水平距離d_1〔m〕及びd_2〔m〕を使って書き直すと、受信電界強度の絶対値Eは、近似的に次式で表される。

$$E \fallingdotseq |\dot{E}_0| \times |\dot{S}| \times \left| 2\sin\left(\frac{2\pi h_1 H}{\lambda d_1}\right) \right| \times \boxed{\text{オ}} \text{〔V/m〕}$$

1 散乱係数　2 $\dot{R}_1\dot{R}_2\dot{S}_4{}^2$　3 $e^{-j(\phi_1-\phi_2)}$　4 $1+e^{-j\phi_2}$

5 $\left| 2\sin\left(\frac{2\pi h_2 H}{\lambda d_2}\right) \right|$　6 回折係数　7 $\dot{R}_1\dot{R}_2\dot{S}_4$　8 $e^{-j(\phi_1+\phi_2)}$

9 $1-e^{-j\phi_2}$　10 $\left| 2\cos\left(\frac{2\pi h_2 H}{\lambda d_2}\right) \right|$

解説 送信点Aから山頂の点Mを通って受信点Bに達する通路は、① AMB、② AP_1MB、③ AMP_2B、④ AP_1MP_2B の4通りである。これらの回折係数及び大地の反射係数は、①$\dot{S}_1$、②$\dot{R}_1\dot{S}_2$、③$\dot{R}_2\dot{S}_3$、④$\dot{R}_1\dot{R}_2\dot{S}_4$となるので、問題の式①は

$$\dot{E} = \dot{E}_0(\dot{S}_1 + \dot{R}_1\dot{S}_2 + \dot{R}_2\dot{S}_3 + \dot{R}_1\dot{R}_2\dot{S}_4)$$

となる。ここで、題意の条件を代入すると

$$\begin{aligned}\dot{E} &= \dot{E}_0(|\dot{S}_1| - |\dot{S}_2|e^{-j\phi_1} - |\dot{S}_3|e^{-j\phi_2} + (-1)(-1)|\dot{S}_4|e^{-j\phi_1}e^{-j\phi_2}) \\ &= \dot{E}_0|\dot{S}|(1 - e^{-j\phi_1} - e^{-j\phi_2} + e^{-j(\phi_1+\phi_2)}) \\ &= \dot{E}_0|\dot{S}|(1 - e^{-j\phi_1})(1 - e^{-j\phi_2})\end{aligned}$$

▶ **解答　ア－6　イ－7　ウ－8　エ－9　オ－5**

数学の公式

$e^a e^b = e^{a+b}$

$(a-b)(c-d) = ac - ad - bc + bd$

B－5 22(7)

次の記述は、電波吸収体について述べたものである。このうち正しいものを 1、誤っているものを 2 として解答せよ。

ア　電波吸収体には導電性材料、誘電性材料及び磁性材料が使われている。

イ　垂直方向からの入射波に対してほとんど反射が無い良好な電波吸収体は、あらゆる入射角度に対しても良好な吸収特性を示す。

ウ　一般に、あらゆる偏波の入射波に対して一様な吸収特性を持たせることは容易である。

エ　一般に、誘電性材料による電波吸収体は、表面をくさび形にしたり、あるいは吸収量の異なる材料を多層構造にしたりして、吸収特性を良くしたものが多い。

オ　誘電性材料と磁性材料を組み合わせることにより、広い周波数帯域で良好な吸収特性を持つ電波吸収体を構成することができる。

解説　誤っている選択肢は、次のようになる。

イ　垂直方向からの入射波に対してほとんど反射が無い良好な電波吸収体**であっても、入射角度が変わると良好な吸収特性を示すとは限らない。**

ウ　一般に、あらゆる偏波の入射波に対して一様な吸収特性を持たせることは**難しい。**

▶ 解答　ア－1　イ－2　ウ－2　エ－1　オ－1

無線工学B（令和5年7月期②）

A－1 04(1①) 02(11②)

次の記述は、マクスウェルの方程式から波動方程式を導出する過程について述べたものである。[　　] 内に入れるべき字句の正しい組合せを下の番号から選べ。ただし、媒質は等方性、非分散性、線形、均質として、誘電率を ε〔F/m〕、透磁率を μ〔H/m〕及び導電率を σ〔S/m〕とする。なお、同じ記号の [　　] 内には、同じ字句が入るものとする。

(1) 電界 $\boldsymbol{E}$〔V/m〕と磁界 $\boldsymbol{H}$〔A/m〕が共に角周波数 ω〔rad/s〕で正弦的に変化しているとき、両者の間には以下のマクスウェルの方程式が成立しているものとする。

$$\nabla\times\boldsymbol{E}=-j\omega\mu\boldsymbol{H} \quad \cdots ①$$

$$\nabla\times\boldsymbol{H}=(\sigma+j\omega\varepsilon)\boldsymbol{E} \quad \cdots ②$$

(2) 式①の両辺の [A] をとると、次式が得られる。

$$[\mathrm{B}]\ \nabla\times\boldsymbol{E}=-j\omega\mu\ [\mathrm{B}]\ \boldsymbol{H} \quad \cdots ③$$

(3) 式③の左辺は、ベクトルの公式により、以下のように表される。

$$[\mathrm{B}]\ \nabla\times\boldsymbol{E}=\nabla\nabla\cdot\boldsymbol{E}-\nabla^2\boldsymbol{E} \quad \cdots ④$$

(4) 通常の媒質中では、電子やイオンは存在しないとして、

$$\nabla\cdot\boldsymbol{E}=0 \quad \cdots ⑤$$

(5) 式②～⑤から、$\boldsymbol{H}$ を消去して、$\boldsymbol{E}$ に関する以下の波動方程式が得られる。

$$[\mathrm{C}]\ \boldsymbol{E}+\gamma^2\boldsymbol{E}=0$$

ここで、$\gamma^2=$ [D] であり、γ は伝搬定数と呼ばれている。

(6) また、$\boldsymbol{H}$ に関する波動方程式は以下のようになる。

$$[\mathrm{C}]\ \boldsymbol{H}+\gamma^2\boldsymbol{H}=0$$

	A	B	C	D
1	回転	$\nabla\times$	$\nabla\cdot$	$j\omega\mu(\sigma+j\omega\varepsilon)$
2	回転	$\nabla\cdot$	∇^2	$j\omega\mu(\sigma+j\omega\varepsilon)$
3	回転	$\nabla\times$	∇^2	$-j\omega\mu(\sigma+j\omega\varepsilon)$
4	発散	$\nabla\times$	$\nabla\cdot$	$-j\omega\mu(\sigma+j\omega\varepsilon)$
5	発散	$\nabla\cdot$	∇^2	$j\omega\mu(\sigma+j\omega\varepsilon)$

解説 x、y、z 座標軸の単位ベクトルを $\boldsymbol{i}$、$\boldsymbol{j}$、$\boldsymbol{k}$ とすると、ナブラ演算子 ∇ は次式で表される。

$$\nabla=\boldsymbol{i}\frac{\partial}{\partial x}+\boldsymbol{j}\frac{\partial}{\partial y}+\boldsymbol{k}\frac{\partial}{\partial z} \quad \cdots (1)$$

問題の式②は

$$\nabla\times\boldsymbol{H}=(\sigma+j\omega\varepsilon)\boldsymbol{E} \quad \cdots (2)$$

問題の式③は

$$\nabla\times\nabla\times\boldsymbol{E}=-j\omega\mu\,\nabla\times\boldsymbol{H} \quad \cdots (3)$$

Point
×は、クロスと呼び、ベクトルの外積を表す
∇×は rot（ローテーション）と書かれることもある

式(2)を式(3)に代入すると

$$\nabla\times\nabla\times\boldsymbol{E}=-j\omega\mu(\sigma+j\omega\varepsilon)\boldsymbol{E}\quad\cdots\ (4)$$

問題の式④、式⑤より

$$\nabla\times\nabla\times\boldsymbol{E}=-\nabla^2\boldsymbol{E}\quad\cdots\ (5)$$

式(4)、式(5)より

$$-\nabla^2\boldsymbol{E}=-j\omega\mu(\sigma+j\omega\varepsilon)\boldsymbol{E}$$

よって　$\nabla^2\boldsymbol{E}-j\omega\mu(\sigma+j\omega\varepsilon)\boldsymbol{E}=\nabla^2\boldsymbol{E}+\gamma^2\boldsymbol{E}=0$

ここで　$\gamma^2=-j\omega\mu(\sigma+j\omega\varepsilon)$　である。

▶ **解答　3**

出題傾向　下線の部分は、ほかの試験問題で穴埋めの字句として出題されている。

A－2　04(1②)　03(1②)

次の記述は、図に示すような線状アンテナの指向性について述べたものである。［　　］内に入れるべき字句の正しい組合せを下の番号から選べ。ただし、電界強度の指向性関数を $D(\theta)$ とする。

(1) 十分遠方における電界強度の指向性は、$D(\theta)$ に比例し、距離に［ A ］。

(2) 微小ダイポールの $D(\theta)$ は、［ B ］と表され、また、半波長ダイポールアンテナの $D(\theta)$ は、近似的に［ C ］と表される。

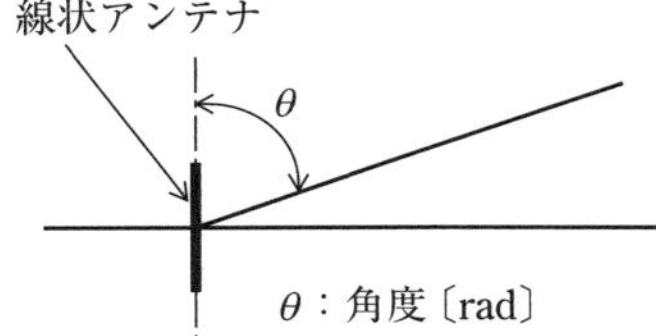

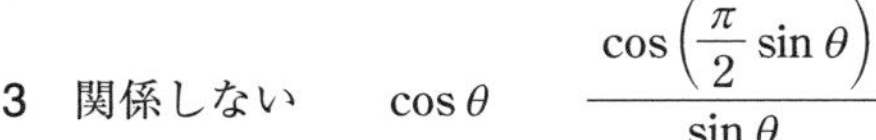

	A	B	C
1	反比例する	$\cos\theta$	$\dfrac{\cos\left(\dfrac{\pi}{2}\sin\theta\right)}{\sin\theta}$
2	反比例する	$\sin\theta$	$\dfrac{\cos\left(\dfrac{\pi}{2}\sin\theta\right)}{\sin\theta}$
3	関係しない	$\cos\theta$	$\dfrac{\cos\left(\dfrac{\pi}{2}\sin\theta\right)}{\sin\theta}$
4	関係しない	$\cos\theta$	$\dfrac{\cos\left(\dfrac{\pi}{2}\cos\theta\right)}{\sin\theta}$
5	関係しない	$\sin\theta$	$\dfrac{\cos\left(\dfrac{\pi}{2}\cos\theta\right)}{\sin\theta}$

解説 指向性の形から、sin と cos の数値が合わない選択肢を見つけると選択肢を絞ることができる。問題図において、微小ダイポールの指向性関数 $D(\theta)$ と半波長ダイポールアンテナの指向性関数 $D(\theta)$ は、$\theta=\pi/2$ の最大指向方向のときに $D(\theta)=1$、$\theta=0$ のときに $D(\theta)=0$ である。sin と cos の数値より、$\sin 0=0$、$\cos 0=1$、$\sin(\pi/2)=1$、$\cos(\pi/2)=0$ なので、これらの値を選択肢に代入すると、微小ダイポールの B の選択肢のうち $\cos\theta$ は $\theta=0$ のとき $D(\theta)=1$ なので誤りである。

半波長ダイポールアンテナの C の選択肢のうち $\dfrac{\cos\left(\dfrac{\pi}{2}\sin\theta\right)}{\sin\theta}$ は $\theta=0$ のとき $D(\theta)=\infty$ なので誤りである。

▶ **解答 5**

A－3 04(7②) 02(11②)

自由空間において、周波数 300〔MHz〕で半波長ダイポールアンテナに対する相対利得 10〔dB〕のアンテナを用いるとき、このアンテナの実効面積の値として、最も近いものを下の番号から選べ。

1 1.3〔m^2〕　2 2.2〔m^2〕　3 3.4〔m^2〕　4 4.7〔m^2〕　5 6.9〔m^2〕

解説 周波数 $f=300$〔MHz〕の電波の波長 λ〔m〕は

$$\lambda \fallingdotseq \frac{300}{f\text{〔MHz〕}}=\frac{300}{300}=1\text{〔m〕}$$

相対利得（真数）を G_D、その dB 値を G_{DdB} とすると

$$10\log_{10}G_D=G_{DdB}=10\text{〔dB〕}$$

よって　$G_D=10$

相対利得 G_D のアンテナの実効面積 A_e〔m^2〕は

$$A_e \fallingdotseq 0.13\lambda^2 G_D=0.13\times 1^2\times 10=1.3\text{〔m}^2\text{〕}$$

▶ **解答 1**

関連知識

半波長ダイポールアンテナの放射抵抗を $R_r \fallingdotseq 73.13$〔Ω〕とすると、実効面積 A_D〔m^2〕は

$$A_D=\frac{30\lambda^2}{\pi R_r}\fallingdotseq\frac{30\lambda^2}{3.14\times 73.13}\fallingdotseq 0.13\lambda^2\text{〔m}^2\text{〕}$$

微小ダイポールの実効面積 A_S〔m^2〕は

$$A_S \fallingdotseq 0.12\lambda^2\text{〔m}^2\text{〕}$$

等方性アンテナの実効面積 A_I〔m^2〕は

$$A_I=\frac{\lambda^2}{4\pi}\fallingdotseq 0.08\lambda^2\text{〔m}^2\text{〕}$$

A－4 04(7①)

次の記述は、自由空間を伝搬する電波の偏波について述べたものである。このうち誤っているものを下の番号から選べ。

1　電界の方向が大地に垂直な直線偏波を一般に垂直偏波という。
2　電界の方向が大地に平行な直線偏波を一般に水平偏波という。
3　電波の伝搬方向に垂直な面上で、互いに直交する方向の電界成分の位相差が $\pi/2$〔rad〕で、振幅が異なるとき、一般に楕円偏波という。
4　電波の伝搬方向に垂直な面上で、互いに直交する方向の電界成分の位相差が 0〔rad〕又は π〔rad〕で、振幅が異なるとき、一般に直線偏波という。
5　楕円偏波の長軸方向の電界強度 E_1 と短軸方向の電界強度 E_2 との比 (E_1/E_2) を軸比といい、軸比（真数）の大きさが∞に近いほど円偏波に近く、1 に近いほど直線偏波に近い。

解説　誤っている選択肢は次のようになる。

5　楕円偏波の長軸方向の電界強度 E_1 と短軸方向の電界強度 E_2 との比 (E_1/E_2) を軸比といい、軸比（真数）の大きさが∞に近いほど**直線偏波**に近く、1 に近いほど**円偏波**に近い。

▶ **解答　5**

A－5 04(1①)　03(1②)

電波の波長を λ〔m〕としたとき、図に示す水平部の長さが $\lambda/6$〔m〕、垂直部の長さが $\lambda/12$〔m〕の逆 L 形アンテナの実効高 h を表す式として、正しいものを下の番号から選べ。ただし、大地は完全導体とし、アンテナ上の電流は、給電点で最大の正弦状分布とする。

1　$h = \dfrac{\lambda}{4\pi}$〔m〕

2　$h = \dfrac{\lambda}{2\sqrt{2}\,\pi}$〔m〕

3　$h = \dfrac{\lambda}{2\pi}$〔m〕

4　$h = \dfrac{\sqrt{3}\,\lambda}{\sqrt{2}\,\pi}$〔m〕

5　$h = \dfrac{\sqrt{3}\,\lambda}{4\pi}$〔m〕

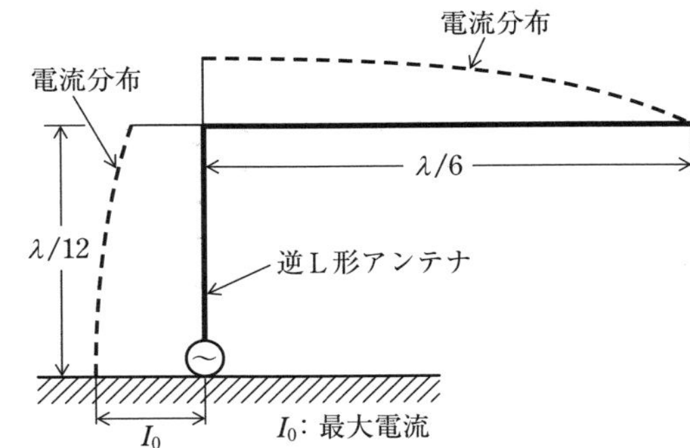

解説 アンテナの全長 l〔m〕は

$$l = \frac{\lambda}{6} + \frac{\lambda}{12} = \frac{\lambda}{4}\ \text{〔m〕}$$

なので、給電点の電流 I_0〔A〕が cos 関数で分布しているものとすることができる。逆L形アンテナは垂直部のみが放射に関係するので、垂直部の長さ $l = \lambda/12$ の電流を基部から積分して給電点の電流 I_0〔A〕で割れば実効高 h〔m〕を求めることができる。位相定数を $\beta = 2\pi/\lambda$ とすると

Point
実効高は、給電点の電流と同じ大きさの電流が一様に分布するとしたときの等価的な高さ

$$h = \frac{1}{I_0}\int_0^{\lambda/12} I_0 \cos\beta l\, dl = \frac{1}{\beta}\left|\sin\beta l\right|_0^{\lambda/12}$$

$$= \frac{\lambda}{2\pi}\left\{\sin\left(\frac{2\pi}{\lambda}\times\frac{\lambda}{12}\right) - \sin 0\right\}$$

$$= \frac{\lambda}{2\pi}\sin\frac{\pi}{6} = \frac{\lambda}{2\pi}\times\frac{1}{2} = \frac{\lambda}{4\pi}\ \text{〔m〕}$$

Point
電流分布をアンテナ先端からの sin 関数として、$\lambda/6$ ～ $\lambda/4$ の区間で積分して求めることもできる

▶ **解答 1**

数学の公式

$$\frac{d}{d\theta}\sin a\theta = a\cos a\theta$$

$$\int\cos a\theta\, d\theta = \frac{1}{a}\sin a\theta \qquad \text{（積分定数は省略）}$$

A－6 類 05(7①) 類 03(7①) 03(7②) 02(11②)

直径 2〔mm〕、線間隔 10〔cm〕の終端を短絡した無損失の平行二線式給電線において、終端から長さ 1.25〔m〕のところから終端を見たインピーダンスと等価となるコイルのインダクタンスの値として、最も近いものを下の番号から選べ。ただし、周波数を 20〔MHz〕とする。

1 19.6〔μH〕　2 15.2〔μH〕　3 9.6〔μH〕
4 5.9〔μH〕　5 2.5〔μH〕

解説 平行二線式給電線の導線の直径 $d = 2$〔mm〕$= 2\times10^{-3}$〔m〕、線間隔 $D = 10$〔cm〕$= 10^{-1}$〔m〕より、特性インピーダンス Z_0〔Ω〕は

$$Z_0 \fallingdotseq 276\log_{10}\frac{2D}{d} = 276\log_{10}\frac{2\times10^{-1}}{2\times10^{-3}} = 276\log_{10}10^2$$

$$= 276\times2 = 552\ \text{〔Ω〕}\quad\cdots\ (1)$$

周波数 $f = 20$〔MHz〕の電波の波長 λ〔m〕は

$$\lambda \fallingdotseq \frac{300}{f\text{〔MHz〕}} = \frac{300}{20} = 15\ \text{〔m〕}$$

長さ l〔m〕の終端を短絡した線路を入力端から見たインピーダンス $\dot{Z}_S$〔Ω〕は次式で表される。

Point

$$\tan\frac{\pi}{6}=\frac{1}{\sqrt{3}}$$

$$\dot{Z}_S = jZ_0\tan\beta l = jZ_0\tan\frac{2\pi}{\lambda}l$$

$$= jZ_0\tan\left(\frac{2\pi}{15}\times 1.25\right) = j552\tan\frac{\pi}{6} = j\frac{552}{\sqrt{3}} \fallingdotseq j\frac{552}{1.73} \fallingdotseq j319\ [\Omega] \quad \cdots (2)$$

$\dot{Z}_S$ を等価的なインダクタンス L〔H〕に置き換えると、次式が成り立つ。

$$j\omega L = j2\pi fL = j319\ [\Omega]$$

よって、L は次式で求めることができる。

$$L = \frac{319}{2\pi f} = \frac{319}{2\times\pi\times 20\times 10^6}$$

$$\fallingdotseq \frac{319}{3.14\times 40}\times 10^{-6} \fallingdotseq 2.54\times 10^{-6}\ [\mathrm{H}] \fallingdotseq 2.5\ [\mu\mathrm{H}]$$

▶ **解答　5**

出題傾向　終端を開放した線路において、等価となるコンデンサの静電容量を求める問題も出題されている。

A－7　04(1①)　02(11①)

図1は同軸線路の断面図であり、図2は平行平板線路の断面図である。これら二つの線路の特性インピーダンスが等しく、同軸線路の外部導体の内径 b〔m〕と内部導体の外径 a〔m〕との比 (b/a) の値が6であるときの平行平板線路の誘電体の厚さ d〔m〕と導体の幅 W〔m〕との比 (d/W) の値として、最も近いものを下の番号から選べ。ただし、両線路とも無損失であり、誘電体は同一とする。また、誘電体の比誘電率を ε_r とし、自由空間の固有インピーダンスを Z_0〔Ω〕とすると、平行平板線路の特性インピーダンス Z_p〔Ω〕は、$Z_p = (Z_0/\sqrt{\varepsilon_r})\times(d/W)$ で表され、$\log_{10}2 = 0.30$、$\log_{10}3 = 0.48$、とする。

1　0.22
2　0.26
3　0.29
4　0.32
5　0.35

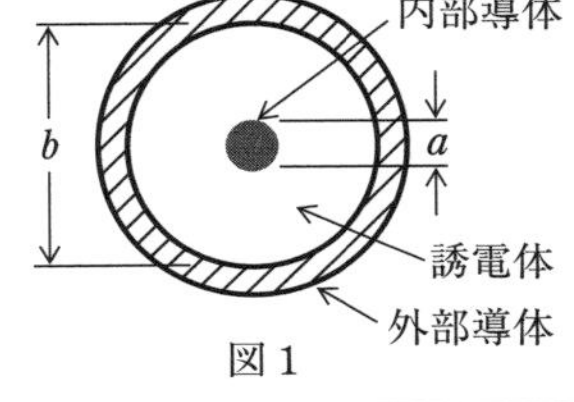

図1

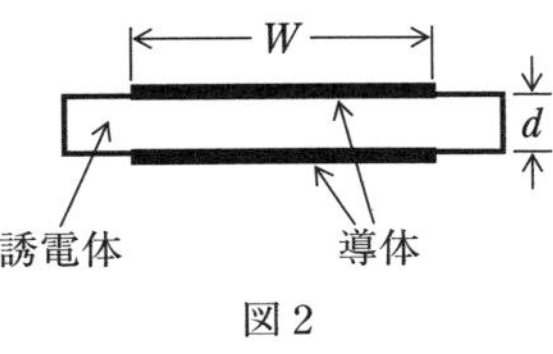

図2

解説　問題図1の内部導体の外径 a〔m〕、外部導体の内径 b〔m〕の同軸線路の特性インピーダンス Z_c〔Ω〕は次式で表される。

$$Z_c = \frac{138}{\sqrt{\varepsilon_r}} \log_{10} \frac{b}{a} \text{〔}\Omega\text{〕} \quad \cdots \ (1)$$

問題で与えられた条件 $b/a = 6$ を代入すると

$$Z_c = \frac{138}{\sqrt{\varepsilon_r}} \times \log_{10} 6 = \frac{138}{\sqrt{\varepsilon_r}} \times \log_{10}(2 \times 3) = \frac{138}{\sqrt{\varepsilon_r}} \times (\log_{10} 2 + \log_{10} 3)$$

$$= \frac{138}{\sqrt{\varepsilon_r}} \times (0.3 + 0.48) = \frac{138}{\sqrt{\varepsilon_r}} \times 0.78 \fallingdotseq \frac{108}{\sqrt{\varepsilon_r}} \text{〔}\Omega\text{〕} \quad \cdots \ (2)$$

平行平板線路の特性インピーダンス Z_p〔Ω〕は、問題で与えられた式より

$$Z_p = \frac{Z_0}{\sqrt{\varepsilon_r}} \times \frac{d}{W} \text{〔}\Omega\text{〕} \quad \cdots \ (3)$$

自由空間の固有インピーダンス $Z_0 = 120\pi \fallingdotseq 377$〔Ω〕と題意の条件から式 (2) = 式 (3) として、誘電体の厚さ d〔m〕と導体の幅 W〔m〕との比を求めると

$$\frac{d}{W} = \frac{108}{\sqrt{\varepsilon_r}} \times \frac{\sqrt{\varepsilon_r}}{Z_0} \fallingdotseq \frac{108}{377} \fallingdotseq 0.29$$

▶ **解答　3**

出題傾向

自由空間の固有 (特性) インピーダンス

$$Z_0 = \sqrt{\frac{\mu_0}{\varepsilon_0}} \fallingdotseq 120\pi \fallingdotseq 377 \text{〔}\Omega\text{〕}$$

はアンテナ理論の計算でも頻繁に使われる値である。

A－8　類 04(7②)　類 03(7①)　類 02(11②)　23(1)

次の記述は、図に示す方形導波管について述べたものである。［　　］内に入れるべき字句の正しい組合せを下の番号から選べ。ただし、自由空間波長を λ〔m〕とする。

(1) TE_{mn} モードの遮断波長は、［ A ］〔m〕である。

(2) TE_{10} モードにおける遮断波長は、［ B ］〔m〕、管内波長は、［ C ］〔m〕である。

(3) 管内を伝搬する電波の群速度は、位相速度より［ D ］。

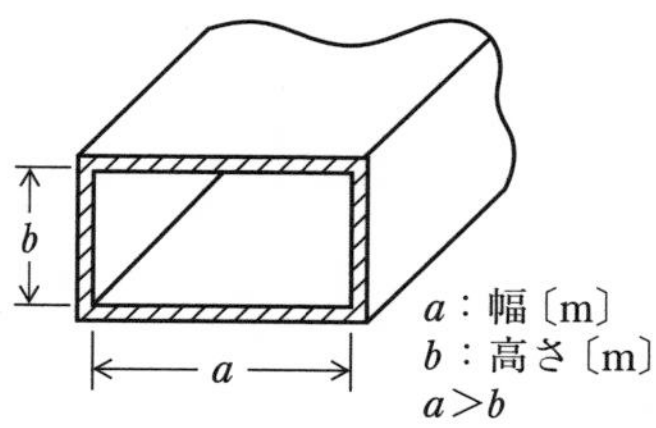

	A	B	C	D
1	$1/\sqrt{\left(\frac{m}{2a}\right)^2+\left(\frac{n}{2b}\right)^2}$	$2a$	$\lambda/\sqrt{1-\left(\frac{\lambda}{2b}\right)^2}$	速い
2	$1/\sqrt{\left(\frac{m}{2a}\right)^2+\left(\frac{n}{2b}\right)^2}$	$2b$	$\lambda/\sqrt{1-\left(\frac{\lambda}{2a}\right)^2}$	速い
3	$1/\sqrt{\left(\frac{m}{2a}\right)^2+\left(\frac{n}{2b}\right)^2}$	$2a$	$\lambda/\sqrt{1-\left(\frac{\lambda}{2a}\right)^2}$	遅い
4	$1/\sqrt{\left(\frac{n}{2a}\right)^2+\left(\frac{m}{2b}\right)^2}$	$2b$	$\lambda/\sqrt{1-\left(\frac{\lambda}{2b}\right)^2}$	速い
5	$1/\sqrt{\left(\frac{n}{2a}\right)^2+\left(\frac{m}{2b}\right)^2}$	$2b$	$\lambda/\sqrt{1-\left(\frac{\lambda}{2a}\right)^2}$	遅い

解説　TE_{10} モードの群速度 v_g〔m/s〕及び位相速度 v_p〔m/s〕は

$$v_g = c\sqrt{1-\left(\frac{\lambda}{2a}\right)^2}\ \text{〔m/s〕}\quad\cdots\ (1)$$

$$v_p = \frac{c}{\sqrt{1-\left(\frac{\lambda}{2a}\right)^2}}\ \text{〔m/s〕}\quad\cdots\ (2)$$

Point
$v_p v_g = c^2$
の関係がある

管内を伝搬する電波の自由空間の波長 λ は管内波長より短く、$\lambda < 2a$ の関係があるため、式(1)、式(2)の $\lambda/(2a)$ は1より小さい値となる。よって、$v_g < c < v_p$ となるため、群速度は位相速度より遅い。

▶ **解答　3**

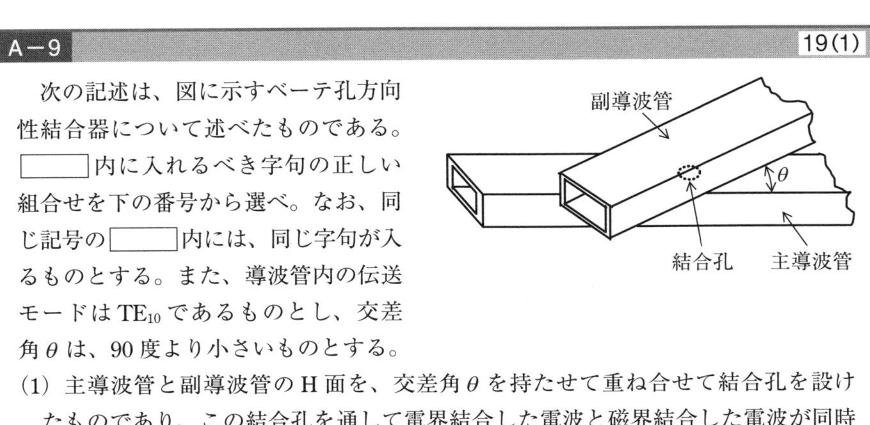

A－9　19(1)

次の記述は、図に示すベーテ孔方向性結合器について述べたものである。□内に入れるべき字句の正しい組合せを下の番号から選べ。なお、同じ記号の□内には、同じ字句が入るものとする。また、導波管内の伝送モードは TE_{10} であるものとし、交差角 θ は、90度より小さいものとする。

(1)　主導波管と副導波管のＨ面を、交差角 θ を持たせて重ね合せて結合孔を設けたものであり、この結合孔を通して電界結合した電波と磁界結合した電波が同時に副導波管内を進行する。このうち、［ A ］した電波が副導波管内を対称に両方向に進み、また、［ B ］した電波が副導波管を一方向に進む性質を利用した方向性結合器である。

(2) [A] した電波の大きさは、θ に無関係であるが、[B] した電波の大きさは [C] にほぼ比例して変わるので、θ をある一定値にすることにより、[A] して左右に進む一方の電波を [B] した電波で打ち消すと同時に他方向の電波に相加わるようにすることができる。

(3) この方向性結合器は、方向性(方向選別度)がほぼ周波数に [D] という特徴を持っている。

	A	B	C	D
1	電界結合	磁界結合	$\sin\theta$	比例する
2	電界結合	磁界結合	$\cos\theta$	比例する
3	電界結合	磁界結合	$\cos\theta$	無関係である
4	磁界結合	電界結合	$\sin\theta$	無関係である
5	磁界結合	電界結合	$\cos\theta$	比例する

▶ **解答 3**

出題傾向 穴埋め問題として頻繁に出題されている。

A－10 類 05(7①) 類 04(7①) 類 04(1①) 類 03(7②) 類 02(11①) 類 02(11②)

次の記述は、各種アンテナの特徴などについて述べたものである。このうち正しいものを下の番号から選べ。

1 半波長ダイポールアンテナを垂直方向の一直線上に等間隔に多段接続した構造のコーリニアアレーアンテナは、隣り合う各放射素子を互いに同振幅、逆位相で励振する。

2 頂角が 60 度のコーナレフレクタアンテナの指向特性は、励振素子と 2 枚の反射板による 5 個の影像アンテナから放射される 6 波の合成波として求められる。

3 対数周期ダイポールアレーアンテナは、半波長ダイポールアンテナに比べて狭帯域なアンテナである。

4 素子の太さが同じ二線式折返し半波長ダイポールアンテナの受信開放電圧は、同じ太さの半波長ダイポールアンテナの受信開放電圧と同じである。

5 ブラウンアンテナの放射素子と地線の長さは共に約 1/2 波長であり、地線は同軸給電線の外部導体と接続されている。

解説　誤っている選択肢は、次のようになる。

1　半波長ダイポールアンテナを垂直方向の一直線上に等間隔に多段接続した構造のコーリニアアレーアンテナは、隣り合う各放射素子を互いに同振幅、**同位相**で励振する。

3　対数周期ダイポールアレーアンテナは、半波長ダイポールアンテナに比べて**広帯域**なアンテナである。

4　素子の太さが同じ二線式折返し半波長ダイポールアンテナの受信開放電圧は、同じ太さの半波長ダイポールアンテナの受信開放電圧の**約２倍**である。

5　ブラウンアンテナの放射素子と地線の長さは共に約**1/4波長**であり、地線は同軸給電線の外部導体と接続されている。

▶ **解答　2**

A－11　04(1①)　03(1①)

図に示す三線式折返し半波長ダイポールアンテナを用いて150〔MHz〕の電波を受信したときの実効長の値として、最も近いものを下の番号から選べ。ただし、3本のアンテナ素子はそれぞれ平行で、かつ、極めて近接して配置されており、その素材や寸法は同じものとし、波長をλ〔m〕とする。また、アンテナの損失はないものとする。

1　76〔cm〕
2　96〔cm〕
3　115〔cm〕
4　155〔cm〕
5　191〔cm〕

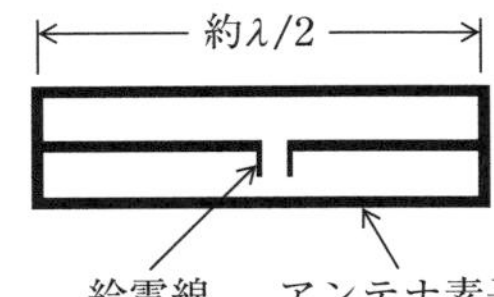

解説　周波数$f = 150$〔MHz〕の電波の波長λ〔m〕は

$$\lambda \fallingdotseq \frac{300}{f\,[\mathrm{MHz}]} = \frac{300}{150} = 2\ [\mathrm{m}]$$

三線式折返し半波長ダイポールアンテナの実効長l_eは半波長ダイポールアンテナの3倍となるので

$$l_e = 3 \times \frac{\lambda}{\pi} \fallingdotseq 3 \times 0.318 \times 2 \fallingdotseq 1.91\ [\mathrm{m}] = 191\ [\mathrm{cm}]$$

Point
$\frac{1}{\pi} \fallingdotseq 0.318 \fallingdotseq 0.32$
を覚えておくと計算が楽

▶ **解答　5**

無線工学の基礎
無線工学A
無線工学B
法規

A－12 類05(1②) 類04(1②) 03(7①) 類03(1①) 02(11②)

次の記述は、図に示すスロットアレーアンテナから放射される電波の偏波について述べたものである。[　　]内に入れるべき字句の正しい組合せを下の番号から選べ。ただし、スロットアレーアンテナは xy 面に平行な面を大地に平行に置かれ、管内には TE_{10} モードの電磁波が伝搬しているものとし、管内波長は λ_g〔m〕とする。また、$\lambda_g/2$〔m〕の間隔で交互に傾斜方向を変えてスロットがあけられているものとする。なお、同じ記号の[　　]内には、同じ字句が入るものとする。

(1) yz 面に平行な管壁には z 軸に[A]な電流が流れており、スロットはこの電流の流れを妨げるので、電波を放射する。

(2) 管内における y 軸方向の電界分布は、[B]〔m〕の間隔で反転しているので、管壁に流れる電流の方向も同じ間隔で反転している。交互に傾斜角の方向が変わるように開けられた各スロットから放射される電波の電界の方向は、各スロットに垂直な方向となる。

(3) 隣り合う二つのスロットから放射された電波の電界をそれぞれ y 成分と z 成分に分解すると、[C]は互いに逆向きであるが、もう一方の成分は同じ向きになる。このため、[C]が打ち消され、もう一方の成分は加え合わされるので、偏波は[D]となる。

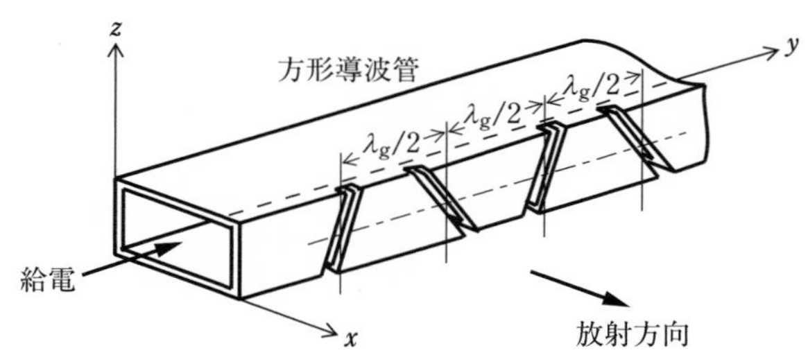

	A	B	C	D
1	垂直	$\lambda_g/4$	y 成分	水平偏波
2	垂直	$\lambda_g/4$	z 成分	垂直偏波
3	平行	$\lambda_g/2$	y 成分	水平偏波
4	平行	$\lambda_g/2$	z 成分	水平偏波
5	垂直	$\lambda_g/2$	z 成分	垂直偏波

解説 導波管内を TE_{10} モードで伝搬する電磁波は、電界が導波管の長辺に直角方向なので、管壁の電流は z 軸に平行な方向に流れる。各スロットの間隔 l は、管内波長 λ_g の 1/2 なので、隣り合う二つのスロットでは z 軸方向の電流は互いに逆向きとなり、ス

ロットから放射される電界のうち、z 軸方向の垂直成分は互いに打ち消される。スロットの傾斜する向きが互いに異なるので、電界の y 軸方向の水平成分は加え合わされ、偏波は水平偏波となる。

▶ 解答　4

出題傾向　下線の部分は、ほかの試験問題で穴埋めの字句として出題されている。

A－13　04(7①)　03(7①)

次の記述は、図に示す誘電体レンズアンテナの波源Oから誘電体の凸面上の点Pまでの距離を求める式の算出について述べたものである。□内に入れるべき字句の正しい組合せを下の番号から選べ。ただし、中心線CAの延長線上のOから凸面上の点A及び点Pまでの距離を、それぞれ l〔m〕及び r〔m〕とし、OAとOPのなす角を θ〔rad〕とする。

(1) 自由空間の電波の速度を v_0〔m/s〕、誘電体中の電波の速度を v_d〔m/s〕とすれば、Oから発射された電波が点Bと点Cに到達する時間は等しくなければならないので、次式が成り立つ。

$$\frac{l}{v_0}+\boxed{\text{A}}=\frac{r}{v_0}\ \text{〔s〕} \quad \cdots ①$$

(2) 誘電体の屈折率を n とすれば、次式の関係がある。

$$n=\boxed{\text{B}} \quad \cdots ②$$

したがって、式②を式①に代入すれば、r は次式となる。

$$r=\boxed{\text{C}}\ \text{〔m〕}$$

	A	B	C
1	$\dfrac{r\cos\theta-l}{v_d}$	$\dfrac{v_0}{v_d}$	$\dfrac{(n+1)l}{n\cos\theta-1}$
2	$\dfrac{r\cos\theta+l}{v_d}$	$\dfrac{v_d}{v_0}$	$\dfrac{(n+1)l}{n-\cos\theta}$
3	$\dfrac{r\cos\theta-l}{v_d}$	$\dfrac{v_d}{v_0}$	$\dfrac{(n-1)l}{n-\cos\theta}$
4	$\dfrac{r\cos\theta+l}{v_d}$	$\dfrac{v_0}{v_d}$	$\dfrac{(n+1)l}{n\cos\theta-1}$
5	$\dfrac{r\cos\theta-l}{v_d}$	$\dfrac{v_0}{v_d}$	$\dfrac{(n-1)l}{n\cos\theta-1}$

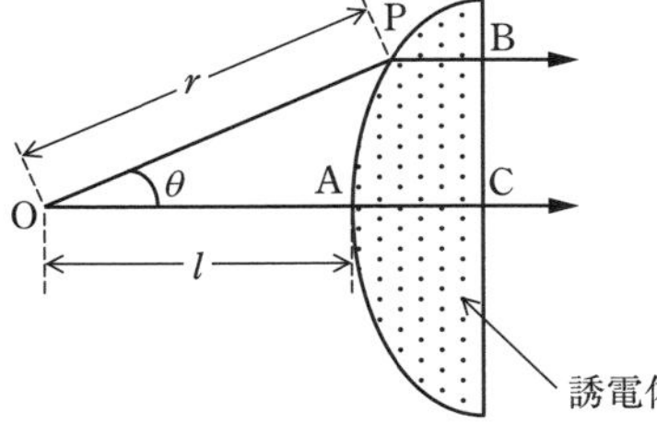

解説 解説図のように点 B と点 C に平行な直線を点 P と点 D に引くと、$l+x=r\cos\theta$ となるので、O から発射された電波が点 B と点 C に到達する時間が等しいとすると、次式が成り立つ。

$$\frac{r}{v_0}+\frac{y}{v_d}=\frac{l}{v_0}+\frac{x}{v_d}+\frac{y}{v_d}$$

$$=\frac{l}{v_0}+\frac{r\cos\theta-l}{v_d}+\frac{y}{v_d}$$

よって

$$\frac{l}{v_0}+\frac{r\cos\theta-l}{v_d}=\frac{r}{v_0}\ 〔\mathrm{s}〕\quad\cdots\ (1)$$

自由空間（真空）の屈折率を $n_0=1$、とすると次式の関係がある。

$$\frac{n}{n_0}=\frac{v_0}{v_d}\quad よって\quad n=\frac{v_0}{v_d}\quad\cdots\ (2)$$

式 (1) より

$$\frac{r\cos\theta-l}{v_d}=\frac{r-l}{v_0}$$

$$\frac{v_0}{v_d}(r\cos\theta-l)=r-l\quad\cdots\ (3)$$

式 (3) に式 (2) を代入すると

$$nr\cos\theta-nl=r-l$$

$$r(n\cos\theta-1)=(n-1)l$$

よって $r=\dfrac{(n-1)l}{n\cos\theta-1}$ 〔m〕

解答 5

A－14 25(1)

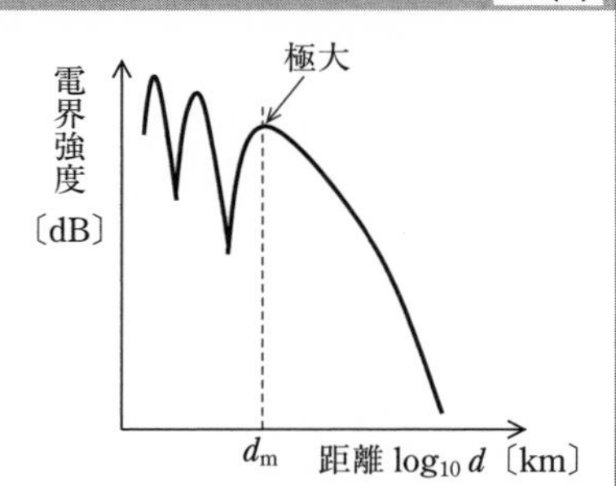

高さ 200〔m〕の送信アンテナから周波数 120〔MHz〕の電波を放射し、十分遠方で高さ 25〔m〕の受信アンテナで受信するときに、図に示す受信電界強度が極大となる点の送信アンテナからの距離の値 d_m〔km〕の値として、最も近いものを下の番号から選べ。ただし、大地は平面とし、大地の反射係数は、−1 とする。

1 5〔km〕 **2** 8〔km〕 **3** 12〔km〕
4 15〔km〕 **5** 20〔km〕

解説　周波数 $f = 120$〔MHz〕の電波の波長 λ〔m〕は

$$\lambda \fallingdotseq \frac{300}{f} = \frac{300}{120} = 2.5\text{〔m〕}$$

送受信点間の距離 d〔m〕、送信、受信アンテナの高さ h_1、h_2〔m〕、自由空間電界強度 E_0〔V/m〕のとき、電界強度 E〔V/m〕は次式で表される。

$$E = 2E_0 \left| \sin\theta \right| = 2E_0 \left| \sin\frac{2\pi h_1 h_2}{\lambda d} \right| \text{〔V/m〕} \quad \cdots (1)$$

式(1)の d が変化して受信電界強度が極大値 $E = 2E_0$ となるのは、$\sin\theta = 1$ のときである。距離 d が遠方から近づいてきたときに、最初に $\sin\theta = 1$ となるのは、$\theta = \pi/2$〔rad〕のときなので、式(1)の $\theta = \pi/2$ として、そのときの距離 d を求めると

$$d = \frac{2\pi h_1 h_2}{\lambda\theta} = \frac{2\pi \times 200 \times 25}{2.5 \times \dfrac{\pi}{2}} = 8{,}000\text{〔m〕} = 8\text{〔km〕}$$

▶ **解答　2**

出題傾向　電界強度の極小値を求める問題も出題されている。$\sin\theta = 0$ のときを求めればよい。

A－15　03(7②)

次の記述は、図に示すように真空中（媒質Ⅰ）から誘電率が異なる媒質（媒質Ⅱ）との境界に平面波が入射したときの反射について述べたものである。[　　]内に入れるべき字句の正しい組合せを下の番号から選べ。ただし、境界面は、直角座標の xz 面に一致させ、入射面は xy 面に平行で、電界及び磁界の関係は図に示すとおりとする。また、媒質Ⅱの屈折率を n、透磁率は真空中と同じとし、媒質Ⅰ及びⅡの導電率は零とする。

(1) 図に示すように電界が入射面に平行である場合の反射係数 R は、次式で表される。

$$R = \frac{E_r}{E_i} = \frac{n^2\cos i - \sqrt{n^2 - \sin^2 i}}{n^2\cos i + \sqrt{n^2 - \sin^2 i}}$$

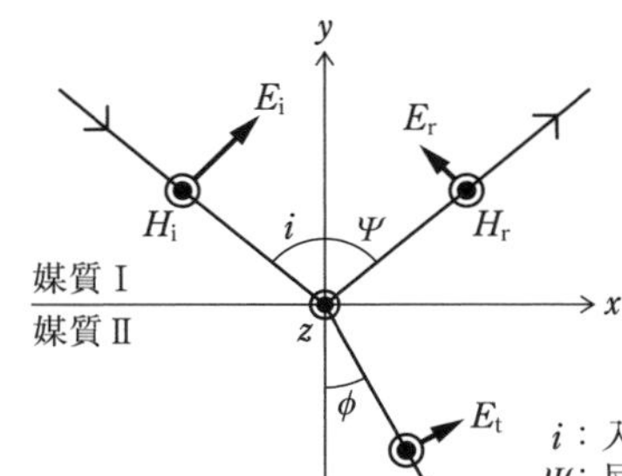

E_i：入射波の電界〔V/m〕
E_r：反射波の電界〔V/m〕
E_t：透過波の電界〔V/m〕
H_i：入射波の磁界〔A/m〕
H_r：反射波の磁界〔A/m〕
H_t：透過波の磁界〔A/m〕

i：入射角〔°〕
Ψ：反射角〔°〕
ϕ：屈折角〔°〕

(2) 上式において、$n=$ [A] の時、反射係数 R が零となり、反射波がないことになる。このときの入射角を [B] といい、このときの入射角と屈折角の和は [C]〔°〕である。

	A	B	C
1	$\tan i$	ブルースター角	90
2	$\tan i$	グレージング角	120
3	$\cot i$	ブルースター角	120
4	$\cot i$	グレージング角	90
5	$\cot i$	ブルースター角	90

解説 入射面は問題図の xy 平面なので、電界が入射面に平行な垂直偏波の電波が、大地などの媒質の異なる面に入射したときの状態を表している。空気中を伝搬する電波が大地で反射する場合に、入射角 i が 90 度付近において反射波が最小となる角度があり、その角度をブルースター角という。ブルースター角は水平偏波の場合は存在しない。

媒質Ⅰは真空で屈折率が 1 なので、媒質Ⅱの屈折率を n、入射角を i、屈折角を ϕ とするとスネルの法則より次式が成り立つ。

$$n=\frac{\sin i}{\sin \phi} \quad \cdots (1)$$

ブルースター角において次式が成り立つ。

$$n=\tan i=\frac{\sin i}{\cos i} \quad \cdots (2)$$

Point
三角関数の公式

$$\tan A=\frac{\sin A}{\cos A}$$

$$\cos\left(\frac{\pi}{2}-A\right)=\sin A$$

式 (1)、式 (2) より

$$\cos i=\sin \phi$$

$$=\cos(90〔°〕-\phi)$$

よって　$i+\phi=90$〔°〕

▶ **解答 1**

A－16 03(1①)

次の記述は、海抜高 h〔m〕にある超短波 (VHF) アンテナからの電波の見通し距離について述べたものである。[　] 内に入れるべき字句の正しい組合せを下の番号から選べ。ただし、等価地球半径係数を k として、等価地球半径を kR〔m〕と表す。なお、同じ記号の [　] 内には、同じ字句が入るものとする。

図に示すように、等価地球の中心を O、アンテナの位置 P から引いた等価地球への接線と等価地球との接点を Q、∠POQ を θ〔rad〕及び弧 QS の長さを d〔m〕とする。

(1) 直角三角形 POQ において、次式が成り立つ。

$$kR=(kR+h)\times \boxed{\text{ A }} \quad \cdots ①$$

式①を kR について整理すると次式が成り立つ。

$$h\times\boxed{\text{A}}=kR(1-\boxed{\text{A}})=2kR\times\sin^2\frac{\theta}{2}\quad\cdots②$$

$\theta=\boxed{\text{B}}$〔rad〕であり、$d\ll kR$ とすると、次式が成り立つ。

$$\cos\theta\fallingdotseq 1、\sin\frac{\theta}{2}\fallingdotseq\frac{\theta}{2}\quad\cdots③$$

(2) θ 及び式③を式②に代入すると、d は次式で与えられる。

$d\fallingdotseq\boxed{\text{C}}$〔m〕

	A	B	C
1	$\sin\theta$	$\dfrac{d}{kR}$	$\sqrt{2kRh}$
2	$\sin\theta$	$\dfrac{d}{2kR}$	$\sqrt{\dfrac{kRh}{2}}$
3	$\cos\theta$	$\dfrac{d}{2kR}$	$\sqrt{2kRh}$
4	$\cos\theta$	$\dfrac{d}{kR}$	$\sqrt{2kRh}$
5	$\cos\theta$	$\dfrac{d}{2kR}$	$\sqrt{\dfrac{kRh}{2}}$

解説　問題の式①から

$$kR=(kR+h)\cos\theta=kR\cos\theta+h\cos\theta$$

よって　$h\cos\theta=kR(1-\cos\theta)$　…（1）

三角関数の公式　$\cos 2x=1-2\sin^2 x$ より

$$h\cos\theta=kR\left\{1-\left(1-2\sin^2\frac{\theta}{2}\right)\right\}=2kR\sin^2\frac{\theta}{2}\quad\cdots(2)$$

θ〔rad〕は弧と半径の比なので、$\theta=\dfrac{d}{kR}$〔rad〕

問題の式③の条件から、式（2）は $h\cos\theta\fallingdotseq h$、$\sin^2\dfrac{\theta}{2}\fallingdotseq\left(\dfrac{\theta}{2}\right)^2$ なので

$$h\fallingdotseq 2kR\left(\frac{\theta}{2}\right)^2=2kR\left(\frac{d}{2kR}\right)^2=\frac{d^2}{2kR}$$

よって　$d\fallingdotseq\sqrt{2kRh}$〔m〕

▶ **解答　4**

$\cos(\alpha+\beta)=\cos\alpha\cos\beta-\sin\alpha\sin\beta$
$\cos 2x=\cos^2 x-\sin^2 x=1-2\sin^2 x$
$\cos^2 x=1-\sin^2 x$

A－17 04(1②) 02(11②)

次の記述は、対流圏伝搬におけるフェージングについて述べたものである。□内に入れるべき字句の正しい組合せを下の番号から選べ。ただし、等価地球半径係数を k とする。

(1) シンチレーションフェージングは、[A]の不規則な変動により生ずる。

(2) 干渉性 k 形フェージングは、直接波と[B]の干渉が k の変動に伴い変化するために生ずる。

(3) 回折性 k 形フェージングは、電波通路と大地とのクリアランスが十分でないとき、k の変化に伴い大地による回折損が変動することにより生ずる。k が[C]なると回折損が小さくなる。

	A	B	C
1	大気の屈折率	散乱波	大きく
2	太陽フレア	大地反射波	小さく
3	大気の屈折率	大地反射波	小さく
4	大気の屈折率	大地反射波	大きく
5	太陽フレア	散乱波	小さく

▶ **解答　4**

出題傾向 下線の部分は、ほかの試験問題で穴埋めの字句として出題されている。

A－18 03(7①)

次の記述は、アンテナの近傍界を測定するプローブの走査法について述べたものである。□内に入れるべき字句の正しい組合せを下の番号から選べ。

(1) 図に示すように電波暗室で被測定アンテナの近くに半波長ダイポールアンテナやホーンアンテナなどで構成されたプロー図に示すように電波暗室で被測定アンテナの近くに半波長ダイポールアンテナやホーンアンテナなどで構成されたプローブを置き、それを走査して近傍界の特性を測定し、得られた測定値から数値計算により遠方界の特性を求める。このための走査法には、円筒面走査法、平面走査法及び球面走査法がある。

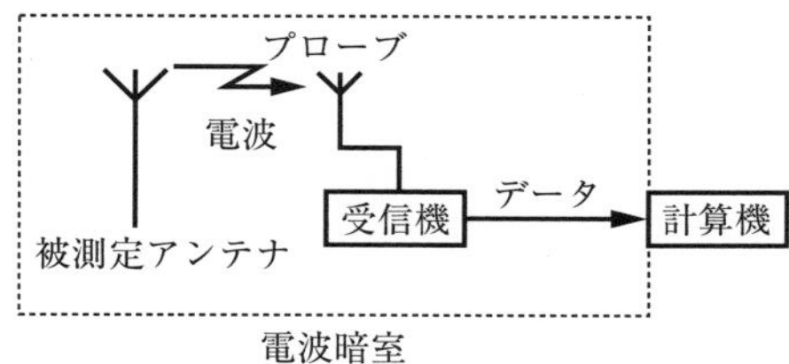

(2) 円筒面走査法では、被測定アンテナを大地に垂直な軸を中心に回転させ、プローブを［ A ］方向に走査して測定する。この走査法は、［ B ］アンテナなどのアンテナの測定に適している。

(3) 平面走査法では、(2)と同様のプローブを用い、被測定アンテナを回転させないでプローブを上下左右方向に走査して測定する。この走査法は、［ C ］アンテナなどのアンテナの測定に適している。

	A	B	C
1	左右	ファンビーム	ペンシルビーム
2	上下	ファンビーム	ペンシルビーム
3	左右	ファンビーム	無指向性
4	左右	ペンシルビーム	無指向性
5	上下	ペンシルビーム	ファンビーム

解説　平面走査法は、平面上でプローブを上下左右に移動させる。円筒面走査法は被測定アンテナを水平面で回転させプローブを上下に移動させることで円筒形に走査させることができる。

ペンシルビームアンテナは水平及び垂直方向に鋭い指向性を持つアンテナであり、ファンビームアンテナは水平又は垂直方向の片方向のみが鋭い扇形の指向性を持つアンテナである。

▶ **解答　2**

出題傾向　下線の部分は、ほかの試験問題で穴埋めの字句として出題されている。

球面走査法：被測定アンテナを大地に水平な軸と垂直な軸を中心に回転させ、プローブを固定して測定する。全方向の指向性を測定することができるので、ブロードビームアンテナや広角指向性のアンテナ測定に適しているが、近傍界から遠方界の変換は、ほかの測定方法に比べて難しい。

A－19　02(11②)

長さ l〔m〕の無損失給電線の終端を開放及び短絡して入力端から見たインピーダンスを測定したところ、それぞれ $-j120$〔Ω〕及び $+j30$〔Ω〕であった。この給電線の特性インピーダンスの値として、正しいものを下の番号から選べ。

1　20〔Ω〕　　2　35〔Ω〕　　3　50〔Ω〕　　4　60〔Ω〕　　5　75〔Ω〕

解説　特性インピーダンス Z_0〔Ω〕、長さ l〔m〕の終端開放線路を入力端から見たインピーダンス $\dot{Z}_F$〔Ω〕は

$$\dot{Z}_F = -jZ_0 \cot\beta l = -jZ_0 \frac{1}{\tan\beta l} \text{〔Ω〕} \quad \cdots (1)$$

終端短絡線路を入力端から見たインピーダンス $\dot{Z}_S$〔Ω〕は

$$\dot{Z}_S = jZ_0 \tan\beta l \text{〔Ω〕} \quad \cdots (2)$$

式(1)×式(2)より

$$\dot{Z}_F \times \dot{Z}_S = -jZ_0 \frac{1}{\tan\beta l} \times jZ_0 \tan\beta l = Z_0^2$$

$$Z_0^2 = \dot{Z}_F \times \dot{Z}_S = -j120 \times j30 = 2^2 \times 30 \times 30 = (2 \times 30)^2$$

よって　$Z_0 = 2 \times 30 = 60$〔Ω〕

▶ **解答　4**

関連知識　特性インピーダンス Z_0〔Ω〕、長さ l〔m〕の線路の入力端から、終端側を見たインピーダンス $\dot{Z}$〔Ω〕は、受端のインピーダンスを $\dot{Z}_R$〔Ω〕とすると、次式で表される。

$$\dot{Z} = Z_0 \frac{\dot{Z}_R \cos\beta l + jZ_0 \sin\beta l}{Z_0 \cos\beta l + j\dot{Z}_R \sin\beta l}$$

$$= Z_0 \frac{\dot{Z}_R + jZ_0 \tan\beta l}{Z_0 + j\dot{Z}_R \tan\beta l} \text{〔Ω〕}$$

Point
$$\tan\theta = \frac{\sin\theta}{\cos\theta}$$

A－20　　04(1①)　03(1②)

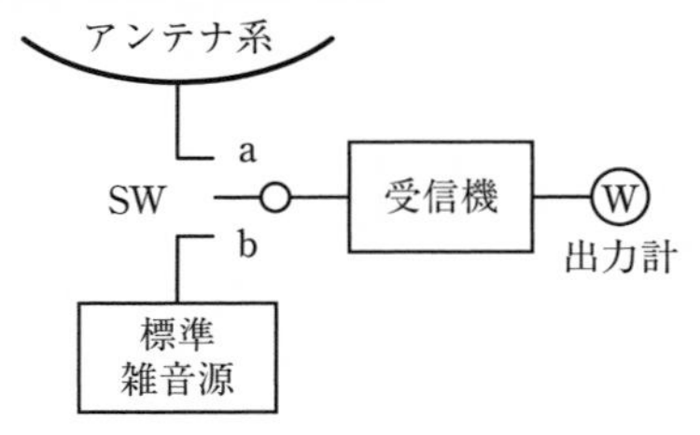

　次の記述は、図に示す構成により、アンテナ系雑音温度を測定する方法(Y 係数法)について述べたものである。[　　]内に入れるべき字句の正しい組合せを下の番号から選べ。ただし、アンテナ系雑音温度を T_A〔K〕、受信機の等価入力雑音温度を T_R〔K〕、標準雑音源を動作させないときの標準雑音源の雑音温度を T_0〔K〕、標準雑音源を動作させたときの標準雑音源の雑音温度を T_N〔K〕とし、T_0 及び T_N の値は既知とする。

(1) スイッチ SW を b 側に入れ、標準雑音源を動作させないとき、T_0〔K〕の雑音が受信機に入る。このときの出力計の読みを N_0〔W〕とする。

　SW を b 側に入れたまま、標準雑音源を動作させたとき、T_N〔K〕の雑音が受信機に入るので、このときの出力計の読みを N_N〔W〕とすると、N_0 と N_N の比 Y_1 は、次式で表される。

$$Y_1 = \frac{N_0}{N_N} = \boxed{\text{A}} \quad \cdots ①$$

　式①より、次式のように T_R が求まる。

$$T_R = \boxed{\text{B}} \quad \cdots ②$$

(2) 次に、SW を a 側に入れたときの出力計の読みを N_A〔W〕とすると、N_N と N_A の比 Y_2 は次式で表される。

$$Y_2 = \frac{N_N}{N_A} = \frac{T_N + T_R}{T_A + T_R} \quad \cdots ③$$

(3) 式③より、T_A は、次式で表される。

$T_A =$ [C]　… ④

式④に式②の T_R を代入すれば、T_A を求めることができる。

	A	B	C
1	$\frac{T_0 - T_R}{T_N - T_R}$	$\frac{T_0 - Y_1 T_N}{Y_1 + 1}$	$\frac{T_N - T_R}{Y_2} + T_R$
2	$\frac{T_0 - T_R}{T_N - T_R}$	$\frac{T_0 - Y_1 T_N}{1 - Y_1}$	$\frac{T_N + T_R}{Y_2} - T_R$
3	$\frac{T_0 - T_R}{T_N - T_R}$	$\frac{T_0 - Y_1 T_N}{Y_1 - 1}$	$\frac{T_N - T_R}{Y_2} - T_R$
4	$\frac{T_0 + T_R}{T_N + T_R}$	$\frac{T_0 - Y_1 T_N}{Y_1 + 1}$	$\frac{T_N + T_R}{Y_2} - T_R$
5	$\frac{T_0 + T_R}{T_N + T_R}$	$\frac{T_0 - Y_1 T_N}{Y_1 - 1}$	$\frac{T_N + T_R}{Y_2} - T_R$

解説　雑音温度を T〔K〕、帯域幅を B〔H〕、ボルツマン定数を k〔J/K〕とすると、雑音電力 N〔W〕は、$N = kTB$ で表され、雑音電力は雑音温度に比例する。

$N_0 = kB(T_0 + T_R)$、$N_N = kB(T_N + T_R)$ となるので、問題の式①は

$$Y_1 = \frac{N_0}{N_N} = \frac{T_0 + T_R}{T_N + T_R} \quad \cdots (1)$$

$$Y_1(T_N + T_R) = T_0 + T_R$$

$$Y_1 T_R - T_R = T_0 - Y_1 T_N$$

よって　$T_R = \dfrac{T_0 - Y_1 T_N}{Y_1 - 1}$

Y_2 は式(1)と同様に表されるので

$$Y_2 = \frac{T_N + T_R}{T_A + T_R} \quad \cdots (2)$$

$$Y_2(T_A + T_R) = T_N + T_R$$

$$Y_2 T_A = T_N + T_R - Y_2 T_R$$

よって　$T_A = \dfrac{T_N + T_R}{Y_2} - T_R$

▶ **解答　5**

下線の部分は、ほかの試験問題で穴埋めの字句として出題されている。

B－1

次の記述は、アンテナの実効長、利得及び実効面積について述べたものである。このうち正しいものを 1、誤っているものを 2 として解答せよ。

ア　電流分布が $I(x)$ である長さ $2l$ の線状アンテナ $(x=-l \sim +l)$ の実効長 l_e は次式で表される。ただし、給電電流を I_0 とする。

$$l_e = \frac{1}{I_0}\int_{-l}^{+l} I(x)\,dx$$

イ　無損失アンテナの半波長ダイポールアンテナを基準とした相対利得は指向性利得に等しい。

ウ　整合した状態におけるアンテナ利得を G とすれば、不整合のときの利得（動作利得）は GM で表される。ただし、M は反射損であり、Γ を反射係数とすれば $M=1/(1-|\Gamma|^2)$ である。

エ　自由空間に置かれたアンテナの利得は、そのアンテナの実効長に比例する。

オ　開口面上の電界分布が一様である理想的な開口面アンテナの実効面積は、そのアンテナの幾何学的開口面積に等しい。

解説　誤っている選択肢は次のようになる。

イ　無損失アンテナの**等方性アンテナ**を基準とした**絶対利得**は指向性利得に等しい。

ウ　整合した状態におけるアンテナ利得を G とすれば、不整合のときの利得（動作利得）は $\boldsymbol{G/M}$ で表される。ただし、M は反射損であり、Γ を反射係数とすれば $M=1/(1-|\Gamma|^2)$ である。

エ　自由空間に置かれたアンテナの利得は、そのアンテナの**実効面積**に比例する。

▶ **解答　アー1　イー2　ウー2　エー2　オー1**

B－2　類 06(1)　類 04(1②)　17(1)

次の記述は、同軸線路と導波管の伝送モードについて述べたものである。このうち正しいものを 1、誤っているものを 2 として解答せよ。

ア　方形導波管にも、TEM モードが存在する。

イ　方形導波管の TE_{mn} モードは H_{mn} モードと表すことがある。

ウ　方形導波管の TM_{mn} モードには、$m=0$ あるいは $n=0$ に対応するモードが存在する。

エ　円形導波管の基本モードは、TE_{11} モードである。

オ　同軸線路では、一般に、TEM モード以外は使用されない。

解説　誤っている選択肢は次のようになる。

ア　方形導波管には、TEM モードは**存在しない**。

ウ　方形導波管の TM_{mn} モードには、$m=0$ あるいは $n=0$ に対応するモードは**存在しない**。

▶解答　ア－2　イ－1　ウ－2　エ－1　オ－1

関連知識　導波管内の電磁界は導波管特有の形態として管軸方向に電界または磁界の成分を持つ。この管内の電磁界分布をモードという。電界 E だけが管軸方向の成分を持つ場合は、磁界は管軸と垂直方向成分となるので、これを E 波または TM 波（横磁界波）という。また磁界だけが管軸方向の成分を持ち、電界は管軸と垂直方向の成分を持つ場合を H 波または TE 波（横電界波）という。TEM モードは、電磁波の進行方向に電界と磁界の成分を持たないモードで、自由空間伝搬や同軸線路などの伝搬モードである。電界（または磁界）は導波管面の長辺および短辺方向に 1/2 波長分の変化で分布し、界と呼ばれる変化の山を一つ持つ。ここで、両方向の界の数を m、n とすれば、モード記号 TE_{mn}（または TM_{mn}）で表される。

B－3

04(7①)　03(7①)　02(11②)

次の記述は、図に示すヘリカルアンテナについて述べたものである。[　　]内に入れるべき字句を下の番号から選べ。ただし、ヘリックスのピッチ p は、数分の1波長程度とする。

(1) 図に示すアンテナは、一般に[ア]ヘリカルアンテナという。

(2) ヘリックスの1巻きの長さが[イ]に近くなると、電流はヘリックスの軸に沿った進行波となる。

(3) ヘリックスの1巻きの長さが1波長に近くなると、偏波は、[ウ]偏波になる。

(4) ヘリックスの巻数を[エ]すると、主ビームの半値角が小さくなる。

(5) ヘリックスの全長を 2.5 波長以上にすると、入力インピーダンスがほぼ一定になるため、使用周波数帯域が[オ]。

1	1/4 波長	2	サイドファイヤ	3	円	4	少なく	5	狭くなる
6	1 波長	7	エンドファイヤ	8	直線	9	多く	10	広くなる

解説　ヘリックスの巻数が多いほど利得が大きい。巻数を多くすると、主ビームの半値角が小さくなって、利得が増加する。

▶解答　ア－7　イ－6　ウ－3　エ－9　オ－10

下線の部分は、ほかの試験問題で穴埋めの字句として出題されている。

B－4 04(7①) 03(1①)

次の記述は、SHF帯及びEHF帯の電波の伝搬について述べたものである。□内に入れるべき字句を下の番号から選べ。

(1) 晴天時の大気ガスによる電波の共鳴吸収は、主に酸素分子及び水蒸気分子によるものであり、100〔GHz〕以下では、［ア］付近に水蒸気分子の共鳴周波数がある。

(2) 霧や細かい雨などのように波長に比べて十分小さい直径の水滴による減衰は、主に吸収によるものであり、周波数が低くなると［イ］する。

(3) 降雨による減衰は、雨滴による吸収と［ウ］で生じ、概ね10〔GHz〕以上で顕著になり、ほぼ200〔GHz〕までは周波数が高いほど、降雨強度が大きいほど、減衰量が大きくなる。

(4) 二つの通信回線のアンテナビームが交差している領域に［エ］があると、それによる散乱のために通信回線に干渉を起こすことがある。

(5) 降雨による交差偏波識別度の劣化は、形状が［オ］雨滴に進入する電波の減衰及び位相回転の大きさが偏波の方向によって異なることが原因で生ずる。

1 60〔GHz〕	2 増加	3 散乱	4 球状の	5 雨滴
6 22〔GHz〕	7 減少	8 回折	9 扁平な	10 霧の粒子

解説 雨滴に比較すると電波の波長は長いので、吸収や散乱は発生するが、回折は発生しない。

▶ **解答 ア－6 イ－7 ウ－3 エ－5 オ－9**

出題傾向 下線の部分は、ほかの試験問題で穴埋めの字句として出題されている。

B－5　02(11②)

次の記述は、マイクロ波アンテナの測定について述べたものである。このうち正しいものを１、誤っているものを２として解答せよ。

ア　アンテナの測定項目には、入力インピーダンス、利得、指向性、偏波などがある。

イ　三つのアンテナを用いる場合、これらのアンテナの利得が未知であっても、それぞれの利得を求めることができる。

ウ　円偏波アンテナの測定をする場合には、円偏波の電波を送信して測定することができるほか、直線偏波のアンテナを送信アンテナに用い、そのビーム軸のまわりに回転させながら測定することもできる。

エ　開口面アンテナの指向性を測定する場合の送受信アンテナの離すべき最小距離は、開口面の大きさと関係し、使用波長に関係しない。

オ　大形のアンテナの測定を電波暗室で行えない場合には、アンテナの寸法を所定の大きさまで縮小し、本来のアンテナの使用周波数に縮小率を掛けた低い周波数で測定する。

解説　誤っている選択肢は次のようになる。

エ　開口面アンテナの指向性を測定する場合の送受信アンテナの離すべき最小距離は、**開口面の大きさと使用波長によって異なる**。

オ　大形のアンテナの測定を電波暗室で行えない場合には、アンテナの寸法を所定の大きさまで縮小し、本来のアンテナの使用周波数を縮小率で**割った高い**周波数で測定する。

▶ **解答　ア－1　イ－1　ウ－1　エ－2　オ－2**

無線工学B（令和5年1月期①）

A－1 03(7①)

次の記述は、マクスウェルの方程式について述べたものである。［　　］内に入れるべき字句の正しい組合せを下の番号から選べ。ただし、媒質は均質、等方性、線形、非分散性とし、誘電率をε〔F/m〕、透磁率をμ〔H/m〕、及び導電率をσ〔S/m〕とする。また、対象の領域には、印加電流はないものとする。なお、同じ記号の［　　］内には、同じ字句が入るものとする。

(1) 電界$\boldsymbol{E}$〔V/m〕と磁界$\boldsymbol{H}$〔A/m〕に関するマクスウェルの方程式は、時間をt〔s〕とすると、次式で表される。

$$\boxed{\text{A}}\ \boldsymbol{E} = -\mu\frac{\partial \boldsymbol{H}}{\partial t} \quad \cdots ①$$

$$\boxed{\text{A}}\ \boldsymbol{H} = \sigma\boldsymbol{E} + \varepsilon\frac{\partial \boldsymbol{E}}{\partial t} \quad \cdots ②$$

(2) $\boldsymbol{H}$と$\boldsymbol{E}$が共に角周波数ω〔rad/s〕で正弦的に変化しているとき、$\boldsymbol{H}$と$\boldsymbol{E}$は、それぞれ次式で表される。

$\boldsymbol{H} = \boldsymbol{H_0}e^{j\omega t}$ … ③

$\boldsymbol{E} = \boldsymbol{E_0}e^{j\omega t}$ … ④

ここで、$\boldsymbol{H_0}$、$\boldsymbol{E_0}$は、時間に依存しない定数とする。

(3) 式③を式①へ代入すると、次式が得られる。

$\boxed{\text{A}}\ \boldsymbol{E} = \boxed{\text{B}}$ … ⑤

式④を式②へ代入すると、次式が得られる。

$\boxed{\text{A}}\ \boldsymbol{H} = \boxed{\text{C}}$ … ⑥

	A	B	C
1	$\nabla\cdot$	$j\omega\mu\boldsymbol{E}$	$(\sigma+j\omega\varepsilon)\boldsymbol{H}$
2	$\nabla\cdot$	$j\omega\mu\boldsymbol{E}$	$(\sigma-j\omega\varepsilon)\boldsymbol{H}$
3	$\nabla\times$	$-j\omega\mu\boldsymbol{E}$	$(\sigma+j\omega\varepsilon)\boldsymbol{H}$
4	$\nabla\times$	$-j\omega\mu\boldsymbol{H}$	$(\sigma+j\omega\varepsilon)\boldsymbol{E}$
5	$\nabla\times$	$j\omega\mu\boldsymbol{H}$	$(\sigma-j\omega\varepsilon)\boldsymbol{E}$

解説 x、y、z座標軸の単位ベクトルを$\boldsymbol{i}$、$\boldsymbol{j}$、$\boldsymbol{k}$とすると、ナブラ演算子∇は次式で表される。

$$\nabla = \boldsymbol{i}\frac{\partial}{\partial x} + \boldsymbol{j}\frac{\partial}{\partial y} + \boldsymbol{k}\frac{\partial}{\partial z} \quad \cdots (1)$$

Point
×は、クロスと呼び、ベクトルの外積を表す
∇×はrot（ローテーション）と同じ

問題の式③を式①へ代入すると

$$\nabla\times\boldsymbol{E} = -\mu\frac{\partial}{\partial t}\boldsymbol{H}_0e^{j\omega t} = -j\omega\mu\boldsymbol{H}_0e^{j\omega t} = -j\omega\mu\boldsymbol{H}$$

問題の式④を式②へ代入すると

$$\nabla \times \boldsymbol{H} = \sigma \boldsymbol{E}_0 e^{j\omega t} + \varepsilon \frac{\partial}{\partial t} \boldsymbol{E}_0 e^{j\omega t}$$

$$= \sigma \boldsymbol{E}_0 e^{j\omega t} + j\omega\varepsilon \boldsymbol{E}_0 e^{j\omega t} = (\sigma + j\omega\varepsilon) \boldsymbol{E}_0 e^{j\omega t} = (\sigma + j\omega\varepsilon) \boldsymbol{E}$$

▶ **解答　4**

数学の公式　$\frac{d}{dx} e^{ax} = ae^{ax}$　　$\frac{\partial}{\partial t}$ は偏微分の記号

A－2　類 04(7①)　類 03(7①)

次の記述は、アンテナの特性について述べたものである。［　　］内に入れるべき字句の正しい組合せを下の番号から選べ。

(1) 同じアンテナを直線上で同じ方向に2個並べたアンテナの指向性は、アンテナ単体の指向性に［ A ］を掛けたものに等しい。

(2) 半波長ダイポールアンテナでは、アンテナ素子が太い方が帯域幅が［ B ］。

(3) 対数周期ダイポールアレーアンテナは、［ C ］にわたって、ほぼ一定のインピーダンス特性を持つ。

	A	B	C
1	利得係数	広い	広帯域
2	利得係数	狭い	狭帯域
3	利得係数	狭い	広帯域
4	配列指向係数（アレーファクタ）	狭い	狭帯域
5	配列指向係数（アレーファクタ）	広い	広帯域

解説　一般にアンテナ素子を太くすると帯域幅は広くなる。対数周期ダイポールアレーアンテナは、隣り合うアンテナ素子の長さの比及び各アンテナ素子の先端を結ぶ2本の直線の交点（頂点）から隣り合うアンテナ素子までの距離の比を一定とし、隣り合うアンテナ素子ごとに逆位相で給電する広帯域アンテナである。

▶ **解答　5**

A－3　03(7①)　02(11②)

電界面内の電力半値幅が3.9度、磁界面内の電力半値幅が2.6度のビームを持つアンテナの指向性利得 G_d〔dB〕の値として、最も近いものを下の番号から選べ。ただし、アンテナからの全電力は、電界面内及び磁界面内の電力半値幅 θ_E〔rad〕及び θ_H〔rad〕内に一様に放射されているものとし、指向性利得 G_d（真数）は、次式で与えられるものとする。ただし、$\log_{10} 2 = 0.3$ とする。

$$G_d \fallingdotseq \frac{4\pi}{\theta_E \theta_H}$$

1　36〔dB〕　2　42〔dB〕　3　48〔dB〕　4　54〔dB〕　5　60〔dB〕

解説 θ_E、θ_H〔°〕の単位を〔rad〕に変換して指向性利得 G_d を求めると

$$G_d \fallingdotseq \frac{4\pi}{\theta_E \theta_H} = \frac{4\pi}{3.9 \times \dfrac{\pi}{180} \times 2.6 \times \dfrac{\pi}{180}}$$

$$\fallingdotseq \frac{4 \times 180^2}{10.14 \times 3.14} = \frac{129.6 \times 10^3}{31.84} \fallingdotseq 4 \times 10^3$$

dB で求めると

$$G_{ddB} = 10 \log_{10} G_d = 10 \log_{10} (4 \times 10^3)$$

$$= 10 \log_{10} 2^2 + 10 \log_{10} 10^3$$

$$= 2 \times 3 + 30 = 36 \text{〔dB〕}$$

Point
真数の掛け算は log の足し算
真数の累乗は log の掛け算

▶ **解答　1**

出題傾向 G_d を求める式が与えられないこともあるので式を覚えておいた方がよい。4π は全周の立体角（半径 1 の球の表面積）を表し、θ の値が小さいとき $\theta_E \times \theta_H$ はビームが作る表面積（半径 1 の弧の積）を表す。

A－4　02(11②)

次の記述は、パラボラアンテナのサイドローブの影響の軽減について述べたものである。このうち誤っているものを下の番号から選べ。

1　反射鏡面の鏡面精度を向上させる。
2　一次放射器の特性を変化させ、ビーム効率を低くする。
3　電波吸収体を一次放射器外周部やその支持柱に取り付ける。
4　オフセットパラボラアンテナにして一次放射器のブロッキングをなくす。
5　反射鏡面への電波の照度分布を変えて、開口周辺部の照射レベルを低くする。

解説 誤っている選択肢は次のようになる。

2　一次放射器の特性を**改善**させ、ビーム効率を**高く**する。

▶ **解答　2**

A－5 03(7②)

送信アンテナから距離40〔km〕の地点に設置した受信アンテナによって取り出すことのできる最大電力の値として、最も近いものを下の番号から選べ。ただし、送信電力を4〔W〕、送信アンテナの絶対利得を40〔dB〕、受信アンテナの実効面積を4〔m²〕とする。また、送受信アンテナは共に自由空間にあり、給電線の損失及び整合損はないものとする。

1　4.0×10^{-4}〔W〕　2　9.4×10^{-5}〔W〕　3　8.0×10^{-6}〔W〕
4　9.8×10^{-7}〔W〕　5　2.5×10^{-8}〔W〕

解説　送信アンテナの絶対利得（真数）をG_T、そのdB値をG_{TdB}とすると

$$10\log_{10}G_T=G_{TdB}=40\text{〔dB〕}\quad より\quad G_T=10^4$$

送信電力をP_T〔W〕、距離をd〔m〕、受信アンテナの実効面積をA_R〔m²〕とすると、受信電力P_R〔W〕は次式で表される。

$$P_R=\frac{G_TP_TA_R}{4\pi d^2}=\frac{10^4\times4\times4}{4\times\pi\times(40\times10^3)^2}$$

$$=\frac{16\times10^4}{4\times\pi\times16\times10^8}\fallingdotseq\frac{1}{4\times3.14}\times10^{-4}\fallingdotseq8\times10^{-6}\text{〔W〕}$$

▶ **解答　3**

A－6 04(1①)

次の記述は、1/4波長整合回路の整合条件について述べたものである。［　　］内に入れるべき字句の正しい組合せを下の番号から選べ。ただし、波長をλ〔m〕とし、給電線は無損失とする。

(1) 図に示すように、特性インピーダンスZ_0〔Ω〕の給電線と負荷抵抗R〔Ω〕とを、長さがl〔m〕、特性インピーダンスがZ〔Ω〕の整合用給電線で接続したとき、給電線の接続点Pから負荷側を見たインピーダンスZ_x〔Ω〕は、位相定数をβ〔rad/m〕とすれば、次式で表される。

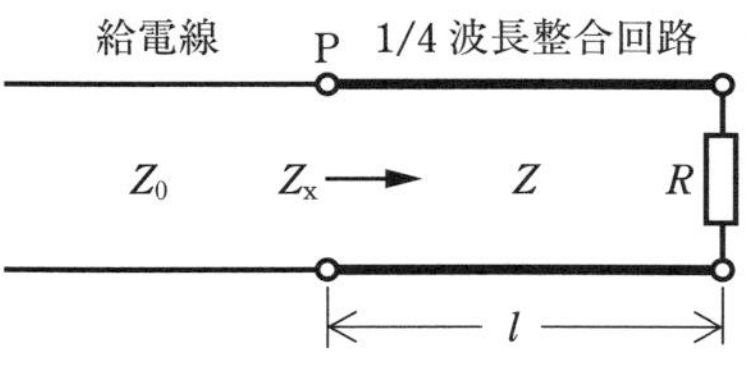

$$Z_x=Z\times(\boxed{\text{A}})\text{〔Ω〕}\quad\cdots①$$

(2) 1/4波長整合回路では、$l=\lambda/4$〔m〕であるから、βlは、次式となる。

$$\beta l=\boxed{\text{B}}\text{〔rad〕}\quad\cdots②$$

(3) 式②を式①へ代入すれば、次式が得られる。

$$Z_x=\boxed{\text{C}}\text{〔Ω〕}$$

(4) 整合条件を満たすための整合用給電線の特性インピーダンス Z〔Ω〕は、次式で与えられる。

$Z =$ [D]〔Ω〕

	A	B	C	D
1	$\dfrac{Z\cos\beta l + jR\sin\beta l}{R\cos\beta l + jZ\sin\beta l}$	$\pi/4$	Z^2/R	$(Z_0+R)/2$
2	$\dfrac{Z\cos\beta l + jR\sin\beta l}{R\cos\beta l + jZ\sin\beta l}$	$\pi/4$	$ZR/(Z+R)$	$\sqrt{Z_0 R}$
3	$\dfrac{Z\cos\beta l + jR\sin\beta l}{R\cos\beta l + jZ\sin\beta l}$	$\pi/2$	Z^2/R	$(Z_0+R)/2$
4	$\dfrac{R\cos\beta l + jZ\sin\beta l}{Z\cos\beta l + jR\sin\beta l}$	$\pi/2$	$ZR/(Z+R)$	$(Z_0+R)/2$
5	$\dfrac{R\cos\beta l + jZ\sin\beta l}{Z\cos\beta l + jR\sin\beta l}$	$\pi/2$	Z^2/R	$\sqrt{Z_0 R}$

解説 問題の式①の Z_x〔Ω〕は

$$Z_x = Z\,\frac{R\cos\beta l + jZ\sin\beta l}{Z\cos\beta l + jR\sin\beta l}\ \text{〔Ω〕} \quad \cdots\ (1)$$

$l = \lambda/4$ なので

$$\beta l = \frac{2\pi l}{\lambda} = \frac{2\pi}{\lambda} \times \frac{\lambda}{4} = \frac{\pi}{2}\ \text{〔rad〕}$$

$\cos(\pi/2) = 0$、$\sin(\pi/2) = 1$ なので、式(1)に代入すると

$$Z_x = Z\,\frac{jZ}{jR} = \frac{Z^2}{R} \quad \cdots\ (2)$$

整合条件より、式(2)の $Z_x = Z_0$〔Ω〕として Z〔Ω〕を求めると

$Z = \sqrt{Z_0 R}$〔Ω〕

▶ **解答 5**

A－7

類 05(1②) 類 04(1②) 03(7②) 類 02(11①)

図に示すように、特性インピーダンス Z_0 が 75〔Ω〕の無損失給電線と入力抵抗 R が 108〔Ω〕のアンテナを集中定数回路を用いて整合させたとき、リアクタンス X の大きさの値として、最も近いものを下の番号から選べ。

1　100〔Ω〕
2　90〔Ω〕
3　70〔Ω〕
4　45〔Ω〕
5　30〔Ω〕

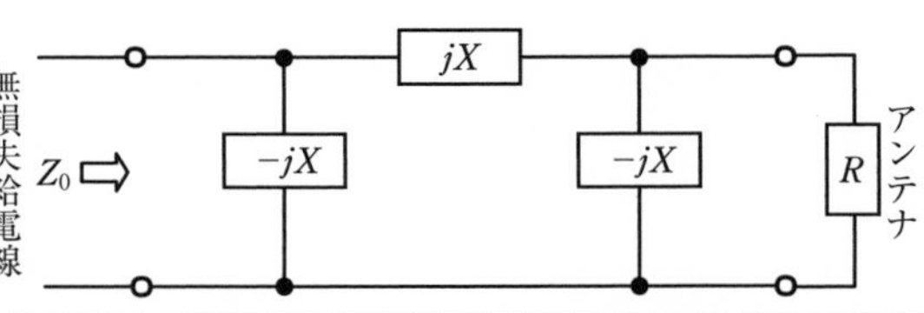

解説　無損失給電線と整合回路の接続点において、左右のアドミタンスが等しくなれば整合がとれるので次式が成り立つ。

$$\frac{1}{Z_0}=\frac{1}{-jX}+\frac{1}{jX+\dfrac{-jXR}{R-jX}}=j\frac{1}{X}+\frac{R-jX}{jX\times(R-jX)-jXR}$$

$$=j\frac{1}{X}+\frac{R-jX}{jXR+X^2-jXR}=j\frac{1}{X}+\frac{R}{X^2}-j\frac{1}{X}$$

$$=\frac{R}{X^2}$$

よって、リアクタンス X〔Ω〕を求めると

$$X=\sqrt{Z_0R}=\sqrt{75\times108}=\sqrt{8{,}100}$$

$$=\sqrt{90^2}=90\ 〔\Omega〕$$

▶ **解答　2**

整合回路がＴ形の回路も出題されている。
この問題のように√の解が簡単に求まるとは限らない。その場合は選択肢の値を２乗して答えを見つけることもできる。

A－8　類04(1①)　類03(1①)　03(1②)

特性インピーダンスが50〔Ω〕の無損失給電線の受端に接続された負荷への入射波電圧が60〔V〕、反射波電圧が40〔V〕であるとき、電圧波節から負荷側を見たインピーダンスの大きさとして、最も近いものを下の番号から選べ。

1　10〔Ω〕　2　20〔Ω〕　3　30〔Ω〕　4　40〔Ω〕　5　50〔Ω〕

解説　入射波電圧の大きさを $|\dot{V}_f|$、反射波電圧の大きさを $|\dot{V}_r|$ とすると、電圧定在波比 S は次式で表される。

$$S=\frac{V_{max}}{V_{min}}=\frac{|\dot{V}_f|+|\dot{V}_r|}{|\dot{V}_f|-|\dot{V}_r|}=\frac{60+40}{60-40}=5\quad\cdots\ (1)$$

電圧波節点は、受端に特性インピーダンス Z_0〔Ω〕よりも小さい抵抗 R〔Ω〕を接続したときと同じ状態となるので、次式が成り立つ。

$$S=\frac{Z_0}{R}\quad\cdots\ (2)$$

電圧波節点から負荷側を見たインピーダンス Z〔Ω〕は R と等しくなるので、式(2)に式(1)の数値を代入すると

$$Z=R=\frac{Z_0}{S}=\frac{50}{5}=10\ 〔\Omega〕$$

▶ **解答　1**

A－9 03(7①)

次の記述は、図に示すマジックTの基本的な動作について述べたものである。このうち誤っているものを下の番号から選べ。ただし、マジックTの各開口は、整合がとれているものとし、また、導波管内の伝送モードは、TE_{10}とする。

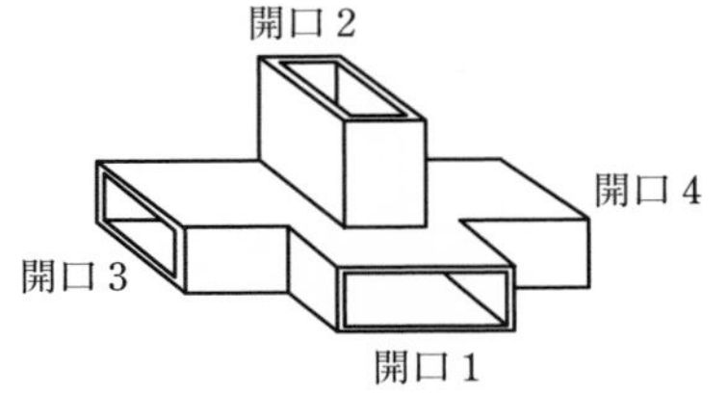

1 マジックTは、E分岐とH分岐を組み合わせた構造になっている。
2 開口1からの入力は、開口2には出力されない。
3 開口1からの入力は、開口3と4へ出力され、このときの開口3と4の出力は同相である。
4 開口2からの入力は、開口1には出力されない。
5 開口2からの入力は、開口3と4へ出力され、このときの開口3と4の出力は同相である。

解説 誤っている選択肢は次のようになる。

5 開口2からの入力は、開口3と4へ出力され、このときの開口3と4の出力は**逆相**である。

基本伝送モードのTE_{10}波は、電界が導波管の長辺に垂直である。開口1から開口3と4へ向かうときに、それぞれの電界の向きが同じなので、同相で出力される。開口1から開口2に向かうときは、電界に垂直な方向の辺の長さが短くなるので、遮断波長が短くなって出力されない。

▶ **解答 5**

A－10 24(7)

図に示す3〔MHz〕で共振する1/4波長逆L型接地アンテナのメートル・アンペアを20〔m・A〕にするための水平部の長さl_1〔m〕及び垂直部の高さl_2〔m〕の値の組合せとして、正しいものを下の番号から選べ。ただし、アンテナの電流分布は、図に示すように、水平部は正弦波状に分布し、垂直部は一様に分布するものとする。また、給電点電流を5〔A〕とする。

	l_1	l_2
1	5〔m〕	20〔m〕
2	9〔m〕	16〔m〕
3	13〔m〕	12〔m〕
4	17〔m〕	8〔m〕
5	21〔m〕	4〔m〕

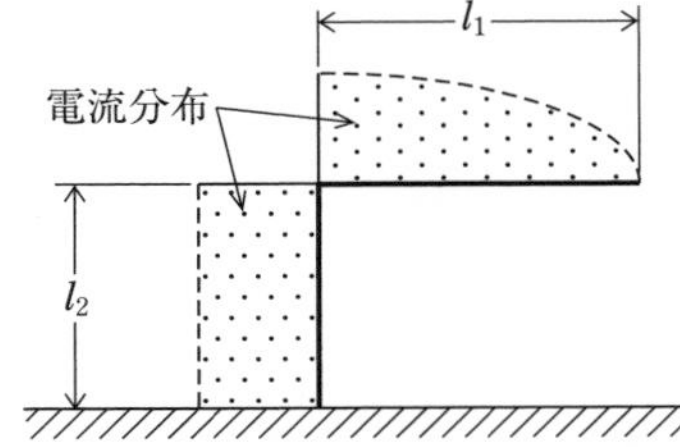

解説 逆Ｌ形接地アンテナは垂直部のみが放射に関係するので、実効高は垂直部の長さの電流を積分して求める。また、メートル・アンペアは実効高と給電点電流の積で表される。問題で与えられた条件より、垂直部の電流分布は一様なので、実効高と垂直部の長さ l_2〔m〕は等しくなる。よって、給電点の電流を I_0〔A〕とすると次式が成り立つ。

$$l_2 I_0 = 20\ \text{〔m·A〕}$$

よって　$l_2 = \dfrac{20}{I_0} = \dfrac{20}{5} = 4$〔m〕

Point この問題では l_2 の答えだけ分かれば、問題の答えが見つかる

周波数 $f = 3$〔MHz〕の電波の波長 λ〔m〕は

$$\lambda \fallingdotseq \frac{300}{f} = \frac{300}{3} = 100\ \text{〔m〕}$$

アンテナが共振するのは全長が $\lambda/4$ のときなので、水平部の長さ l_1〔m〕を求めると

$$l_1 = \frac{\lambda}{4} - l_2 = \frac{100}{4} - 4 = 25 - 4 = 21\ \text{〔m〕}$$

Point 全長は、$l_1 + l_2$

▶ **解答　5**

A－11　25(1)

次の記述は、円すいホーンレフレクタアンテナについて述べたものである。このうち誤っているものを下の番号から選べ。

1　開口面上に電波を散乱するものがないので、優れた放射特性を持っている。
2　円偏波で励振すると、ビームの方向が反射鏡光軸からずれる。
3　直線偏波で励振しても、交差偏波成分が現れない。
4　給電に用いる導波管を基本モードで励振したときの開口効率は、ホーンの開き角が小さいほど良くなる。
5　反射鏡からの反射波が給電点にほとんど戻らないために、広帯域にわたってインピーダンスの不整合が生じにくい。

解説 誤っている選択肢は次のようになる。

3　**構造が非対称なため**、直線偏波で励振したとき、交差偏波成分が**現れる**。

▶ **解答　3**

A－12　02(11①)

次の記述は、図に示すマイクロ波中継回線などに利用される無給電アンテナについて述べたものである。［　　］内に入れるべき字句の正しい組合せを下の番号から選べ。

(1) 無給電アンテナに用いられる平面反射板は、入射波の波源となる励振アンテナからの距離によって遠隔形平面反射板と近接形平面反射板に分けられる。このうち遠隔形平面反射板は、励振アンテナの［ A ］にあるものをいう。

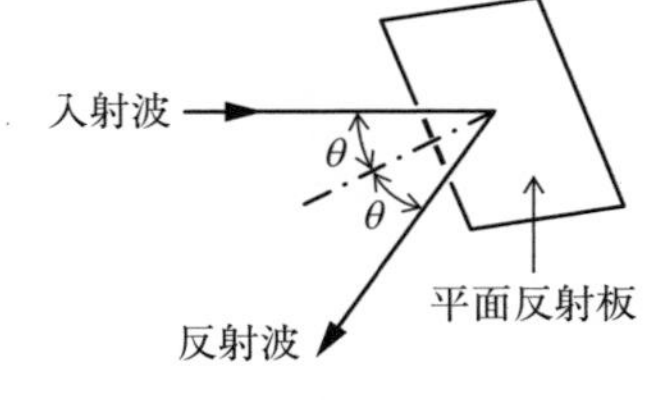

(2) 平面反射板の有効投影面積 S_e は、平面反射板の実際の面積を S〔m^2〕、入射角を θ〔rad〕、平面反射板の面精度などによって決まる開口効率を α とすれば、次式で表される。

$S_e =$ ［ B ］〔m^2〕

(3) 2θ が［ C ］になる場合には、2枚の平面反射板の組合せが有効であり、その配置形式には、交差形と平行形といわれるものがある。

	A	B	C
1	フレネル領域	$\alpha S \cos\theta$	鈍角
2	フレネル領域	$\alpha S \sin\theta$	鋭角
3	フラウンホーファ領域	$\alpha S \cos\theta$	鈍角
4	フラウンホーファ領域	$\alpha S \sin\theta$	鋭角
5	フラウンホーファ領域	$\alpha S \tan\theta$	鈍角

解説 アンテナの近傍領域がフレネル領域、遠方領域がフラウンホーファ領域である。

反射板に電波が垂直に入射するとき、有効投影面積が最大になる。$\theta = 0$〔rad〕のとき、$\sin\theta = 0$、$\cos\theta = 1$ なので $S_e = \alpha S \cos\theta$ となる。

▶ **解答 3**

Point
鈍角は
$\frac{\pi}{2} < \theta < \pi$
鋭角は
$0 < \theta < \frac{\pi}{2}$

出題傾向 下線の部分は、ほかの試験問題で穴埋めの字句として出題されている。

A－13

03(7②) 02(11①)

次の記述は、図に示すコーナレフレクタアンテナについて述べたものである。［　］内に入れるべき字句の正しい組合せを下の番号から選べ。ただし、波長を λ〔m〕とし、平面反射板又は金属すだれは、電波を理想的に反射する大きさであるものとする。

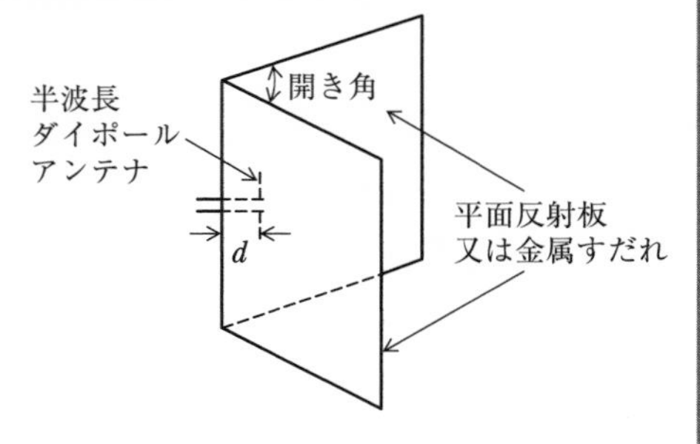

(1) 半波長ダイポールアンテナに平面反射板又は金属すだれを組み合わせた構造であり、金属すだれは半波長ダイポールアンテナ素子に平行に導体棒を並べたもので、導体棒の間隔は平面反射板と等価な反射特性を得るために約 $\lambda/10$ 以下にする必要がある。

(2) 開き角は、90 度、60 度などがあり、半波長ダイポールアンテナとその影像の合計数は、90 度では[A]、60 度では[B]であり、開き角が小さくなると影像の数が増え、例えば、45 度では[C]となる。これらの複数のアンテナの効果により、半波長ダイポールアンテナ単体の場合よりも鋭い指向性と大きな利得が得られる。

(3) アンテナパターンは、２つ折りにした平面反射板又は金属すだれの折り目から半波長ダイポールアンテナ素子までの距離 d〔m〕によって大きく変わる。理論的には、開き角が 90 度のとき、d = [D]では指向性が二つに割れて正面方向では零になり、d = [E]では主ビームは鋭くなるがサイドローブを生ずる。一般に、単一指向性となるように d を $\lambda/4$ ～ $3\lambda/4$ の範囲で調整する。

	A	B	C	D	E
1	4 個	6 個	8 個	λ	$3\lambda/2$
2	4 個	6 個	8 個	$3\lambda/2$	λ
3	3 個	5 個	9 個	$3\lambda/2$	λ
4	3 個	6 個	9 個	λ	$3\lambda/2$
5	3 個	5 個	9 個	λ	$3\lambda/2$

解説　平面反射板が鏡のように動作して、反射によって複数の等価的な影像アンテナが発生する。反射板の開き角が 90 度のとき、全周 360 度を 90 度で割って 360/90 = 4 に区切られた位置に半波長ダイポールアンテナ及び影像アンテナが生じる。60 度では 360/60 = 6 に、45 度では 360/45 = 8 に区切られた位置に半波長ダイポールアンテナ及び影像アンテナが生じる。

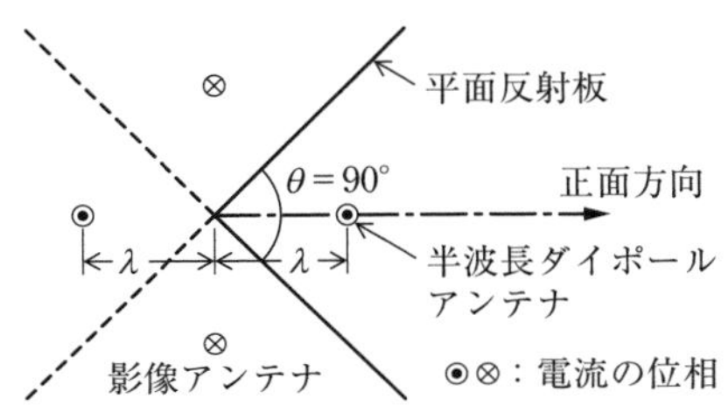

解説図のように開き角が 90 度で $d = \lambda$ のとき、平面反射板によって発生する影像アンテナ３本のうち２本は、半波長ダイポールアンテナと逆位相の電流が流れる。正面方向の遠方から見ると距離差が λ の位置に逆位相の電流が流れる影像アンテナが２本、2λ の位置に同位相の電流が流れる影像アンテナが１本発生するので、正面方向では同位相の電流が流れるアンテナ２本と逆位相の電流が流れるアンテナ２本からの電界が打ち消される。よって、正面方向の指向性が零となって指向性が二つに割れる。

▶ **解答　1**

下線の部分は、ほかの試験問題で穴埋めの字句として出題されている。

A－14 04(1②) 03(1②)

次の記述は、陸上の移動体通信の電波伝搬特性について述べたものである。□内に入れるべき字句の正しい組合せを下の番号から選べ。

(1) 基地局から送信された電波は、陸上移動局周辺の建物などにより反射、回折され、定在波を生じ、この定在波中を移動局が移動すると、受信波にフェージングが発生する。この変動は瞬時変動といわれ、レイリー分布則に従う。一般に、周波数が高いほど、また移動速度が［A］ほど変動が速いフェージングとなる。

(2) 瞬時変動の数十波長程度の区間での中央値を短区間中央値といい、基地局からほぼ等距離の区間内の短区間中央値は、［B］に従い変動し、その中央値を長区間中央値という。長区間中央値は、移動局の基地局からの距離をdとおくと、一般に$Xd^{-\alpha}$で近似される。ここで、X及びαは、送信電力、周波数、基地局及び移動局のアンテナ高、建物高等によって決まる。

(3) 一般に、移動局に到来する多数の電波の到来時間に差があるため、帯域内の各周波数の振幅と位相の変動が一様ではなく、［C］フェージングを生ずる。［D］伝送の場合には、その影響はほとんどないが、一般に、高速デジタル伝送の場合には、伝送信号に波形ひずみを生ずることになる。多数の到来波の遅延時間を横軸に、各到来波の受信レベルを縦軸にプロットしたものは伝搬遅延プロファイルと呼ばれ、多重波伝搬理論の基本特性の一つである。

	A	B	C	D
1	速い	対数正規分布則	周波数選択性	狭帯域
2	速い	指数分布則	跳躍性	狭帯域
3	遅い	対数正規分布則	周波数選択性	広帯域
4	遅い	対数正規分布則	跳躍性	狭帯域
5	遅い	指数分布則	跳躍性	広帯域

解説 レイリー分布は、確率変数が連続的な場合の連続型確率分布である。周波数選択性フェージングは、周波数によりフェージングの状態が異なるので、狭帯域伝送の場合には、その影響はほとんどない。高速デジタル伝送の場合は伝送帯域が広帯域なので、帯域内のフェージングが波形ひずみとなって伝送特性に影響する。

▶ **解答 1**

出題傾向 下線の部分は、ほかの試験問題で穴埋めの字句として出題されている。

A－15　03(7①)

次の記述は、電波雑音について述べたものである。このうち誤っているものを下の番号から選べ。

1　空電雑音は、雷放電によって発生する衝撃性雑音であり、遠距離の無数の地点で発生する個々の衝撃性雑音電波が電離層伝搬によって到来し、これらの雑音が重なりあって連続性雑音となる。

2　空電雑音のレベルは、熱帯地域では一般に雷が多く発生するので終日高いが、中緯度域では遠雷による空電雑音が主体となるので、夜間はD層による吸収を受けて低く、日中はD層の消滅に伴い高くなる。

3　電離圏雑音には、超長波(VLF)帯で発生する連続性の雑音や、継続時間の短い散発性の雑音などがある。

4　太陽以外の恒星から発生する雑音は宇宙雑音といい、銀河の中心方向から到来する雑音が強い。

5　静止衛星からの電波を受信する際、春分及び秋分の前後数日間、地球局の受信アンテナの主ビームが太陽に向くときがあり、このときの強い太陽雑音により受信機出力の信号対雑音比(S/N)が低下したりすることがある。

解説　誤っている選択肢は次のようになる。

2　空電雑音のレベルは、熱帯地域では一般に雷が多く発生するので終日高いが、中緯度域では遠雷による空電雑音が主体となるので、**日中**はD層による吸収を受けて低く、**夜間**はD層の消滅に伴い高くなる。

▶ **解答　2**

A－16　類06(1)　類04(1①)　類03(1①)　類02(1)　22(7)

送受信点間の距離が800〔km〕のF層1回反射伝搬において、半波長ダイポールアンテナから放射電力4.9〔kW〕で送信したとき、受信点での電界強度が48〔dBμV/m〕であった。第1種減衰が無いとき、第2種減衰量の値として、最も近いものを下の番号から選べ。ただし、F層の見掛けの高さを300〔km〕とし、電離層及び大地は水平な平面で、半波長ダイポールアンテナは大地などの影響を受けないものとする。また、$\log_{10} 7 \fallingdotseq 0.85$とする。

1　3〔dB〕　2　6〔dB〕　3　9〔dB〕　4　12〔dB〕　5　15〔dB〕

解説　電波がF層で反射して受信点に到達する伝搬距離は、解説図より$d = 1{,}000$〔km〕となる。電離層の減衰を考慮しないときの受信点における、1〔μV/m〕を0〔dBμV/m〕とした電界強度E_0〔dBμV/m〕は次式で表される。

$$E_0 = 20\log_{10}\left(\frac{7\sqrt{P}}{d}\times 10^6\right) = 20\log_{10}\left(\frac{7\sqrt{4.9\times 10^3}}{1{,}000\times 10^3}\times 10^6\right)$$

$$= 20\log_{10}\left(\frac{7\times 70}{10^6}\times 10^6\right) = 20\log_{10} 7^2 + 20\log_{10} 10$$

$$\fallingdotseq 20\times 2\times 0.85 + 20 = 34 + 20 = 54\ \text{〔dBμV/m〕}$$

Point 電界強度の真数の単位は〔V/m〕。1〔μV/m〕が 0〔dBμV/m〕なので、10^6 を掛ける

第 2 種減衰を Γ〔dB〕とすると、受信点の電界強度 E〔dBμV/m〕は

$$E = E_0 - \Gamma\ \text{〔dBμV/m〕}$$

よって

$$\Gamma = E_0 - E = 54 - 48 = 6\ \text{〔dB〕}$$

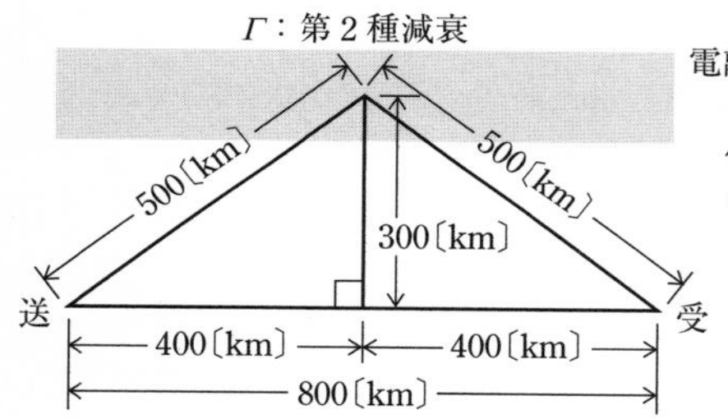

$\sqrt{300^2+400^2} = 500$〔km〕
$d = 2\times 500 = 1{,}000$〔km〕

Point 直角三角形の各辺の比 3、4、5 を覚えておくと計算が楽

▶ **解答 2**

A－17 02(11①)

球面大地における伝搬において、見通し距離が 30〔km〕であるとき、送信アンテナの高さの値として、最も近いものを下の番号から選べ。ただし、地球の表面は滑らかで、地球の半径を 6,370〔km〕とし、等価地球半径係数を 4/3 とする。また、$\cos x = 1 - x^2/2$ とする。

1 21〔m〕　**2** 32〔m〕　**3** 44〔m〕　**4** 53〔m〕　**5** 62〔m〕

解説 送信アンテナの高さを h〔m〕、地球の等価半径係数を k（＝4/3）とすると、見通し距離 d〔km〕は次式で表される。

Point h の単位は〔m〕、d の単位は〔km〕

$$d \fallingdotseq 3.57\times\sqrt{kh}\ \text{〔km〕} \fallingdotseq 4.12\times\sqrt{h}\ \text{〔km〕}$$

h〔m〕を求めると

$$h = \left(\frac{d}{4.12}\right)^2 = \left(\frac{30}{4.12}\right)^2 \fallingdotseq 53\ \text{〔m〕}$$

▶ **解答 4**

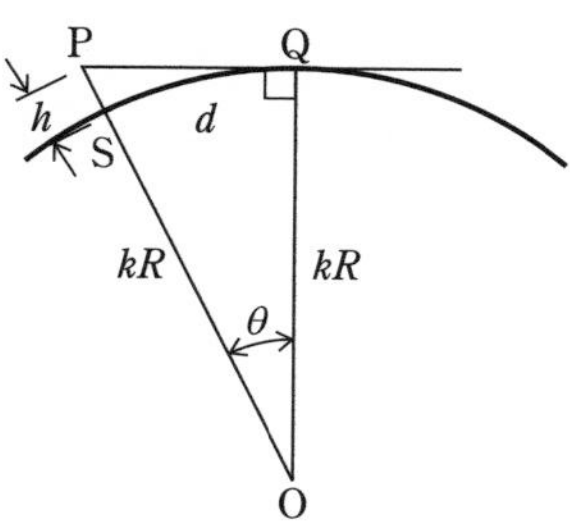

関連知識 解説図の直角三角形 POQ において次式が成り立つ。

$$kR=(kR+h)\cos\theta=kR\cos\theta+h\cos\theta$$

より $h\cos\theta=kR(1-\cos\theta)$ …（1）

問題で与えられた三角関数の公式より

$$h\cos\theta=kR\left\{1-\left(1-\frac{\theta^2}{2}\right)\right\}=\frac{kR\theta^2}{2} \quad \cdots (2)$$

θ〔rad〕は、弧と半径の比なので

$$\theta=\frac{d}{kR}\ \text{〔rad〕} \quad \cdots (3)$$

$\cos\theta\fallingdotseq 1$ より $h\cos\theta\fallingdotseq h$ となり、式(2)に式(3)を代入すると

$$h\fallingdotseq\frac{kR\theta^2}{2}=\frac{kR}{2}\left(\frac{d}{kR}\right)^2=\frac{d^2}{2kR} \quad \text{よって} \quad d\fallingdotseq\sqrt{2kRh} \quad \cdots (4)$$

式(4)に $R=6{,}370\times10^3$〔m〕を代入すると

$$d\fallingdotseq\sqrt{2kh\times6{,}370\times10^3}\fallingdotseq3.57\times10^3\times\sqrt{kh}\ \text{〔m〕}=3.57\times\sqrt{kh}\ \text{〔km〕}$$

A－18　　22(1)

次の記述は、アンテナの一般的な測定法について述べたものである。［　　］内に入れるべき字句の正しい組合せを下の番号から選べ。

(1) 半波長ダイポールアンテナの特性を300〔MHz〕で測定するとき、誘導電界の影響を無視できるようにするために、送信用のアンテナから離さなければならない距離は、通常［ A ］以上である。

(2) パラボラアンテナの特性を比較法によって測定する場合、送信アンテナと受信アンテナ間の許容できる最小距離は、それぞれのアンテナの直径の［ B ］に比例し、波長に［ C ］する。

	A	B	C
1	1〔m〕	和	比例
2	1〔m〕	和	反比例
3	1〔m〕	和の２乗	反比例
4	3〔m〕	和の２乗	反比例
5	3〔m〕	和の２乗	比例

解説 (1) 誘導電磁界の影響が無視できるようになる距離 d〔m〕は通常約 3λ 以上である。周波数300〔MHz〕の電波の波長は、$\lambda=1$〔m〕なので、$d=$ **3〔m〕** 以上である。

(2) 波長に比べて大きな開口面を持つアンテナの測定では、送信アンテナおよび受信アンテナの直径をそれぞれ D_1 および D_2 とし、波長を λ とすれば，誤差を2%以下に抑えるための送受信アンテナ間の最小距離 d_{min} は、次式で表される。

$$d_{min}=\frac{2(D_1+D_2)^2}{\lambda}$$

無線工学の基礎　無線工学A　無線工学B　法規

パラボラアンテナの特性を比較法によって測定する場合、送信アンテナおよび受信アンテナ間の許容できる最小距離は、それぞれのアンテナの直径 D_1 および D_2 の**和の 2 乗**に比例し、波長 λ に**反比例**する。

▶ **解答　4**

A－19　類 06(1)　類 04(7①)　03(1①)

次の記述は、ハイトパターンの測定について述べたものである。［　　］内に入れるべき字句の正しい組合せを下の番号から選べ。ただし、波長を λ〔m〕とし、大地は完全導体平面でその反射係数を -1 とする。

(1) 超短波（VHF）の電波伝搬において、送信アンテナの地上高、送信周波数、送信電力及び送受信点間距離を一定にしておいて、受信アンテナの高さを上下に移動させて電界強度を測定すると、直接波と大地反射波との干渉により、図に示すようなハイトパターンが得られる。

(2) 直接波と大地反射波との通路差 Δl は、送信及び受信アンテナの高さをそれぞれ h_1〔m〕、h_2〔m〕及び送受信点間の距離を d〔m〕とし、$d \gg (h_1 + h_2)$ とすると、次式で表される。

$\Delta l \fallingdotseq$ ［ A ］〔m〕

受信電界強度 $|E|$〔V/m〕は、自由空間電界強度を E_0〔V/m〕とすると、次式で表される。

$|E| \fallingdotseq 2E_0 \times |$［ B ］$|$〔V/m〕

(3) ハイトパターンの受信電界強度 $|E|$〔V/m〕が極大になる受信アンテナの高さ h_{m2} と h_{m1} との差 Δh は、［ C ］〔m〕である。

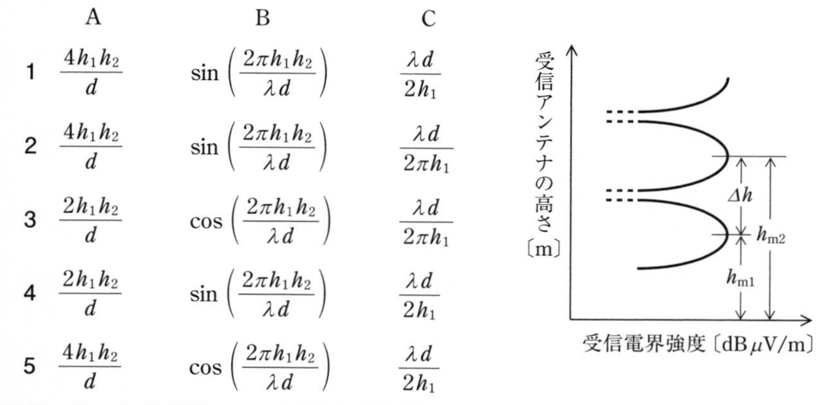

	A	B	C
1	$\dfrac{4h_1h_2}{d}$	$\sin\left(\dfrac{2\pi h_1h_2}{\lambda d}\right)$	$\dfrac{\lambda d}{2h_1}$
2	$\dfrac{4h_1h_2}{d}$	$\sin\left(\dfrac{2\pi h_1h_2}{\lambda d}\right)$	$\dfrac{\lambda d}{2\pi h_1}$
3	$\dfrac{2h_1h_2}{d}$	$\cos\left(\dfrac{2\pi h_1h_2}{\lambda d}\right)$	$\dfrac{\lambda d}{2\pi h_1}$
4	$\dfrac{2h_1h_2}{d}$	$\sin\left(\dfrac{2\pi h_1h_2}{\lambda d}\right)$	$\dfrac{\lambda d}{2h_1}$
5	$\dfrac{4h_1h_2}{d}$	$\cos\left(\dfrac{2\pi h_1h_2}{\lambda d}\right)$	$\dfrac{\lambda d}{2h_1}$

解説　解説図のように、直接波の伝搬通路 r_1〔m〕と大地反射波の伝搬通路 r_2〔m〕は次式で表される。

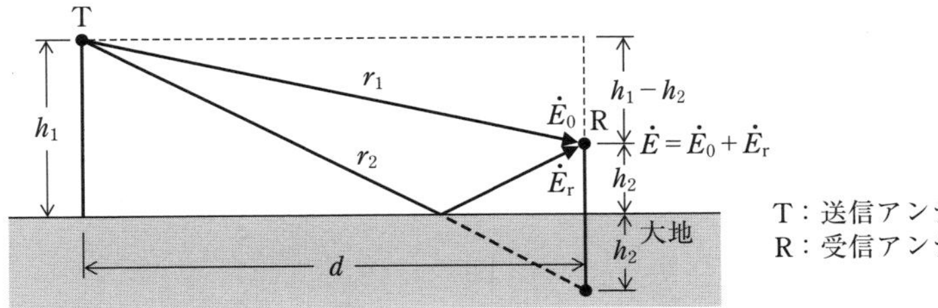

$$r_1=\sqrt{d^2+(h_1-h_2)^2}=d\left\{1+\left(\frac{h_1-h_2}{d}\right)^2\right\}^{\frac{1}{2}}\text{〔m〕}\quad\cdots\ (1)$$

$$r_2=\sqrt{d^2+(h_1+h_2)^2}=d\left\{1+\left(\frac{h_1+h_2}{d}\right)^2\right\}^{\frac{1}{2}}\text{〔m〕}\quad\cdots\ (2)$$

$d\gg(h_1+h_2)$ とすれば、式(1)、式(2)は２項定理より

$$r_1\fallingdotseq d\left\{1+\frac{1}{2}\left(\frac{h_1-h_2}{d}\right)^2\right\}$$

$$=d\left\{1+\frac{1}{2}\left(\frac{h_1^2}{d^2}-\frac{2h_1h_2}{d^2}+\frac{h_2^2}{d^2}\right)\right\}\text{〔m〕}\quad\cdots\ (3)$$

Point
２項定理（$x\ll1$ のとき）
$(1+x)^n\fallingdotseq1+nx$
$\sqrt{\ }$ は 1/2 乗

$$r_2\fallingdotseq d\left\{1+\frac{1}{2}\left(\frac{h_1+h_2}{d}\right)^2\right\}$$

$$=d\left\{1+\frac{1}{2}\left(\frac{h_1^2}{d^2}+\frac{2h_1h_2}{d^2}+\frac{h_2^2}{d^2}\right)\right\}\text{〔m〕}\quad\cdots\ (4)$$

伝搬通路差 Δl は、式(4)－式(3)によって求められるので、次式で表される。

$$\Delta l=r_2-r_1\fallingdotseq\frac{2h_1h_2}{d}\text{〔m〕}$$

自由空間の電界強度を E_0〔V/m〕、大地の反射係数を－1とすると、直接波と大地反射波による受信電界強度 E〔V/m〕は次式で表される。

$$E\fallingdotseq2E_0\left|\sin\frac{2\pi h_1h_2}{\lambda d}\right|$$

$$=2E_0|\sin\theta|\text{〔V/m〕}\quad\cdots\ (5)$$

Point
$\left|\sin\frac{\pi}{2}\right|=1$、
$\left|\sin\left(\frac{\pi}{2}+\pi\right)\right|=1$、
$\left|\sin\left(\frac{\pi}{2}+2\pi\right)\right|=1$、…

式(5)の $\theta=\pi/2$〔rad〕のときに sin は最大値１となる。最大値は π〔rad〕ごとに繰り返されるので、受信アンテナの高さ h_2 を変化させて受信電界強度が極大となる高さ h_{m1}〔m〕と h_{m2}〔m〕の差を Δh〔m〕とすると、次式が成り立つ。

$$\frac{2\pi h_1h_{m2}}{\lambda d}-\frac{2\pi h_1h_{m1}}{\lambda d}=\frac{2\pi h_1}{\lambda d}(h_{m2}-h_{m1})=\frac{2\pi h_1}{\lambda d}\Delta h=\pi$$

よって　$\Delta h=\dfrac{\lambda d}{2h_1}$〔m〕

▶ **解答　4**

数学の公式　2項定理

$$(1+x)^n=1+nx+\frac{n(n-1)}{1\times 2}x^2+\frac{n(n-1)(n-2)}{1\times 2\times 3}x^3+\cdots$$

$x \ll 1$のときは

$$(1+x)^n \fallingdotseq 1+nx$$

A－20　02(11①)

次の記述は、反射板を用いるアンテナ利得の測定法について述べたものである。□内に入れるべき字句の正しい組合せを下の番号から選べ。なお、同じ記号の□内には、同じ字句が入るものとする。

アンテナが一基のみの場合は、図に示す構成により以下のようにアンテナ利得を測定することができる。ただし、波長をλ〔m〕、被測定アンテナの開口径をD〔m〕、絶対利得をG(真数)、アンテナと垂直に立てられた反射板との距離をd〔m〕とし、dは、測定誤差が問題とならない適切な距離とする。

(1) アンテナから送信電力P_t〔W〕の電波を送信し、反射して戻ってきた電波を同じアンテナで受信したときの受信電力P_r〔W〕は、次式で与えられる。

$$P_r=\frac{G\lambda^2}{4\pi}\times \boxed{\text{A}} \quad \cdots ①$$

(2) アンテナには定在波測定器が接続されているものとし、反射波を受信したときの電圧定在波比をSとすれば、SとP_t及びP_rとの間には、次の関係がある。

$$\frac{P_r}{P_t}=(\boxed{\text{B}})^2 \quad \cdots ②$$

(3) 式①及び②より絶対利得Gは、次式によって求められる。

$$G=\boxed{\text{C}}\times\boxed{\text{B}}$$

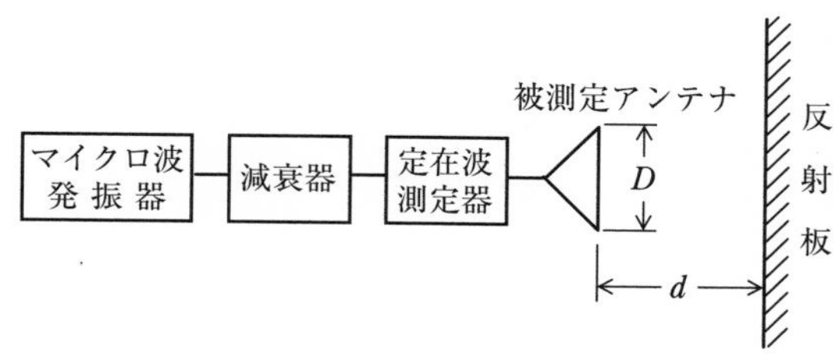

	A	B	C
1	$\dfrac{P_t G}{8\pi d^2}$	$\dfrac{S+1}{S-1}$	$\dfrac{16\pi d}{\lambda}$
2	$\dfrac{P_t G}{8\pi d^2}$	$\dfrac{S-1}{S+1}$	$\dfrac{16\pi d}{\lambda}$
3	$\dfrac{P_t G}{16\pi d^2}$	$\dfrac{S-1}{S+1}$	$\dfrac{8\pi d}{\lambda}$
4	$\dfrac{P_t G}{16\pi d^2}$	$\dfrac{S-1}{S+1}$	$\dfrac{16\pi d}{\lambda}$
5	$\dfrac{P_t G}{16\pi d^2}$	$\dfrac{S+1}{S-1}$	$\dfrac{8\pi d}{\lambda}$

解説　放射電力 P_t〔W〕の電波が反射板によって反射されて、被測定アンテナ方向に戻って来たときの電力束密度 p〔W/m^2〕は、距離が $2d$〔m〕なので

$$p = \frac{P_t G}{4\pi(2d)^2} = \frac{P_t G}{16\pi d^2}\ 〔\mathrm{W/m^2}〕 \quad \cdots (1)$$

被測定アンテナの実効面積 A_e〔m^2〕は

$$A_e = \frac{G\lambda^2}{4\pi}\ 〔\mathrm{m^2}〕 \quad \cdots (2)$$

受信電力 P_r〔W〕は

$$P_r = A_e p = \frac{G\lambda^2}{4\pi} \times \frac{P_t G}{16\pi d^2}\ 〔\mathrm{W}〕 \quad \cdots (3)$$

ここで、反射係数を Γ、電圧定在波比を S とすると

$$\frac{P_r}{P_t} = |\Gamma|^2 = \left(\frac{S-1}{S+1}\right)^2 \quad \cdots (4)$$

式(3)、式(4)からアンテナ利得 G を求めると

$$\frac{P_r}{P_t} = \frac{G^2\lambda^2}{4\times(4\pi d)^2} = \left(\frac{S-1}{S+1}\right)^2 \quad \cdots (5)$$

よって　$G = \dfrac{8\pi d}{\lambda} \times \dfrac{S-1}{S+1}$

▶ **解答　3**

出題傾向　下線の部分は、ほかの試験問題で穴埋めの字句として出題されている。

B－1 04(1①) 03(1①)

次の記述は、散乱断面積について述べたものである。[　] 内に入れるべき字句を下の番号から選べ。

(1) 均質な媒質中に置かれた媒質定数の異なる物体に平面波が入射すると、その物体が導体の場合には導電電流が生じ、また、誘電体の場合には [ア] が生じ、これらが二次的な波源になり、電磁波が再放射される。

(2) 図に示すように、自由空間中の物体へ入射する平面波の電力束密度が p_i〔W/m^2〕で、物体から距離 d〔m〕の受信点Rにおける散乱波の電力束密度が p_s〔W/m^2〕であったとき、物体の散乱断面積 σ は、次式で定義される。

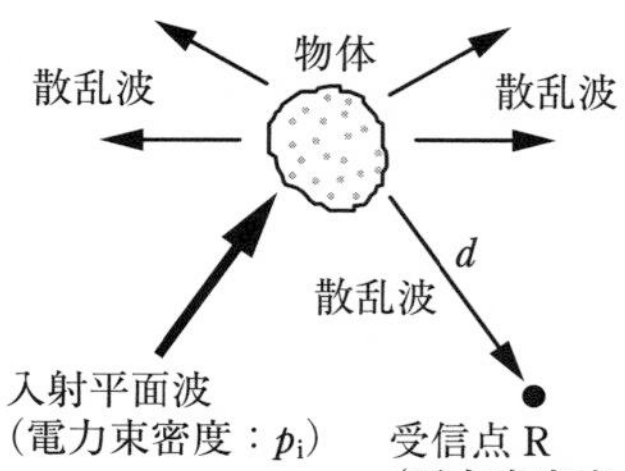

$$\sigma = \lim_{d \to \infty} \{4\pi d^2 (\boxed{\text{イ}})\} \text{〔m}^2\text{〕}$$

上式は、受信点における散乱電力が、入射平面波の到来方向に垂直な断面積 σ 内に含まれる入射電力を [ウ] で散乱する仮想的な等方性散乱体の散乱電力に等しいことを意味している。

(3) 散乱方向が入射波の方向と一致するときの σ をレーダー断面積又は [エ] 散乱断面積という。金属球のレーダー断面積 σ は、球の半径 r〔m〕が波長に比べて十分大きい場合、[オ]〔m^2〕にほぼ等しい。

1 分極	2 p_i/p_s	3 全方向に無指向性	4 前方
5 πr^2	6 磁化	7 p_s/p_i	
8 受信点方向に対して単一指向性		9 後方	10 $4\pi r^2$

▶ **解答 ア－1 イ－7 ウ－3 エ－9 オ－5**

出題傾向 下線の部分は、ほかの試験問題で穴埋めの字句として出題されている。

B－2 05(1②) 類04(1②) 03(7②)

次の記述は、TEM 波について述べたものである。このうち正しいものを1、誤っているものを2として解答せよ。

ア 電磁波の伝搬方向に電界及び磁界成分が存在しない横波である。
イ 電磁波の伝搬方向に直角な平面内では、電界と磁界が常に逆相で振動する。
ウ 導波管中を伝搬できない。
エ 平行二線式給電線を伝搬できない。
オ 真空の固有インピーダンスは、約 120〔Ω〕である。

解説　誤っている選択肢は次のようになる。

イ　電磁波の伝搬方向に直角な平面内では、電界と磁界が常に**同相**で振動する。

エ　平行二線式給電線を**伝搬できる**。

オ　真空の固有インピーダンスは、約 **376.7**〔Ω〕である。

▶ **解答　アー１　イー２　ウー１　エー２　オー２**

B－3　23(1)

次の記述は、自由空間伝送損失を求める過程について述べたものである。□内に入れるべき字句を下の番号から選べ。なお、同じ記号の□内には、同じ字句が入るものとする。ただし、半波長ダイポールアンテナの放射抵抗を 73.13〔Ω〕とし、アンテナの損失はないものとする。

(1) 相対利得 G_t(真数)の送信アンテナに、電力 P_t〔W〕を供給すると、最大放射方向の距離 d〔m〕の地点 Q における電界強度 E は、次式で表される。

$E =$ ［ア］〔V/m〕　…①

(2) 地点 Q に実効長 h_e〔m〕のアンテナを置いて受信するとき、アンテナの放射抵抗を R〔Ω〕とすると、アンテナの受信有能電力 P_r は、次式で表される。

$P_r =$ ［イ］〔W〕　…②

(3) 式①を式②に代入すれば、次式が得られる。

$\dfrac{P_r}{P_t} =$ ［ウ］　…③

(4) 放射抵抗 R〔Ω〕のアンテナの実効長 h_e は、相対利得を G_r(真数)、波長を λ〔m〕とすると、次式で表される。

$h_e =$ ［エ］　…④

(5) 式③へ式④を代入すれば、P_r は、次式で表される。

$P_r \fallingdotseq \dfrac{P_t G_t G_r}{［オ］}$〔W〕　…⑤

(6) 式⑤の［オ］が、求める自由空間伝送損失である。

1　$\dfrac{7\sqrt{G_t P_t}}{d}$　2　$\dfrac{(Eh_e)^2}{4R}$　3　$\dfrac{49 G_t h_e^2}{4Rd^2}$　4　$\dfrac{\lambda}{\pi\sqrt{G_r}}\sqrt{\dfrac{R}{73.13}}$

5　$\dfrac{6.0\pi^2 d^2}{\lambda^2}$　6　$\dfrac{\sqrt{45 G_t P_t}}{d}$　7　$\dfrac{(Eh_e)^2}{2R}$　8　$\dfrac{45 G_t h_e^2}{4Rd^2}$

9　$\dfrac{\lambda}{\pi}\sqrt{G_r}\sqrt{\dfrac{R}{73.13}}$　10　$\dfrac{4.7\pi^2 d^2}{\lambda^2}$

解説　相対利得とは半波長ダイポールアンテナと比較したときの利得である。相対利得 G_t のアンテナによる電界強度 E〔V/m〕は、次式で表される。

$$E = \frac{7\sqrt{G_t P_t}}{d}\ \text{〔V/m〕}\ \cdots\ (1)$$

受信アンテナに誘起する電圧 V〔V〕は、次式で表される。

Point 式の穴埋め問題は、前の行に含まれる記号に注意する

$$V = Eh_e\ \text{〔V〕}\ \cdots\ (2)$$

受信機の入力インピーダンスをアンテナの放射抵抗と同じ値 R〔Ω〕としたときが受信有能電力 P_r〔W〕なので、そのとき、受信機入力電圧は $V/2$〔V〕となる。よって

$$P_r = \left(\frac{Eh_e}{2}\right)^2 \times \frac{1}{R} = \frac{(Eh_e)^2}{4R}\ \text{〔W〕}\cdots\ (3)$$

式(1)を式(3)に代入すると

$$P_r = \frac{7^2 G_t P_t}{d^2} \times \frac{h_e^{\,2}}{4R}\ \text{〔W〕}\cdots\ (4)$$

よって、P_r/P_t を求めると

$$\frac{P_r}{P_t} = \frac{49\,G_t h_e^{\,2}}{4Rd^2}\quad\cdots\ (5)$$

半波長ダイポールアンテナの実効長を λ/π〔m〕とすると、放射抵抗 R〔Ω〕のアンテナの実効長 h_e〔m〕は相対利得と放射抵抗の $\sqrt{\ }$ に比例するので

$$h_e = \frac{\lambda}{\pi}\sqrt{G_r}\sqrt{\frac{R}{73.13}}\ \text{〔m〕}\cdots\ (6)$$

式(4)に式(6)を代入して、自由空間伝送損失 Γ を求めると

$$P_r = \frac{7^2 G_t P_t}{4Rd^2} \times \left(\frac{\lambda}{\pi}\right)^2 G_r \frac{R}{73.13} = G_t P_t G_r \times \frac{49\lambda^2}{4d^2\pi^2 \times 73.13}$$

$$\Gamma = \frac{G_t P_t G_r}{P_r}\quad \text{なので}\quad \Gamma = \frac{4d^2\pi^2 \times 73.13}{49\lambda^2} \fallingdotseq \frac{6.0\pi^2 d^2}{\lambda^2}$$

▶ **解答　ア－1　イ－2　ウ－3　エ－9　オ－5**

関連知識

送信アンテナと受信アンテナの相対利得を絶対利得で表すと、自由空間伝送損失は 1.64^2 倍になるので

$$\Gamma_0 = 1.64^2 \times \frac{6.0\pi^2 d^2}{\lambda^2} \fallingdotseq \frac{16\pi^2 d^2}{\lambda^2} = \left(\frac{4\pi d}{\lambda}\right)^2$$

B－4　04(1①) 03(1②)

次の記述は、角すいホーンアンテナについて述べたものである。［　　］内に入れるべき字句を下の番号から選べ。

(1) 方形導波管の終端を角すい状に広げて、導波管と自由空間の固有インピーダンスの整合をとり、［ア］を少なくして、導波管で伝送されてきた電磁波を自由空間に効率よく放射する。

(2) 導波管の電磁界分布がそのまま拡大されて開口面上に現れるためには、ホーンの長さが十分長く開口面上で電磁界の［イ］が一様であることが必要である。この条件がほぼ満たされたときの正面方向の利得 G（真数）は、波長を λ〔m〕、開口面積を A〔m²〕とすると、次式で与えられる。

$G=$［ウ］

(3) ホーンの［エ］を大きくし過ぎると利得が上がらない理由は、開口面の周辺部の位相が、中心部より［オ］ためである。位相を揃えて利得を上げるために、パラボラ形反射鏡と組み合わせて用いる。

1　反射	2　屈折	3　$\dfrac{32\lambda^2}{\pi A}$	4　開き角	5　遅れる
6　長さ	7　振幅	8　$\dfrac{32A}{\pi\lambda^2}$	9　位相	10　進む

解説　ホーンの開口面積を A〔m²〕、開口効率の理論値を $\eta=0.8$、波長を λ〔m〕とすると、絶対利得 G は次式で表される。

$$G=\frac{4\pi A}{\lambda^2}\eta=\frac{4\pi^2 A}{\pi\lambda^2}\times 0.8\fallingdotseq\frac{32A}{\pi\lambda^2}$$

Point　$\pi^2\fallingdotseq 10$

▶ **解答　ア－1　イ－9　ウ－8　エ－4　オ－5**

B－5　03(7②)

次の記述は、図に示す Wheeler cap（ウィーラー・キャップ）法による小形アンテナの放射効率の測定について述べたものである。［　　］内に入れるべき字句を下の番号から選べ。ただし、金属の箱及び地板の大きさ及び材質は測定条件を満たしており、アンテナの位置は箱の中央部に置いて測定するものとする。なお、同じ記号の［　　］内には、同じ字句が入るものとする。

(1) 入力インピーダンスから放射効率を求める方法

地板の上に置いた被測定アンテナに、アンテナ電流の分布を乱さないよう適当な形及び大きさの金属の箱をかぶせて隙間がないように密閉し、被測定アンテナの入力インピーダンスの［ア］を測定する。このときの値は、アンテナの放射抵抗が無視できるので損失抵抗 R_l〔Ω〕とみなすことができる。

次に、箱を取り除いて、同様に、入力インピーダンスの［ア］を測定する。このときの値は、被測定アンテナの放射抵抗を R_r〔Ω〕とすると［イ］〔Ω〕となる。

金属の箱をかぶせないときの入力インピーダンスの［ア］の測定値を R_{in}〔Ω〕、かぶせたときの入力インピーダンスの［ア］の測定値を R'_{in}〔Ω〕とすると、放射効率 η は、$\eta =$［ウ］で求められる。ただし、金属の箱の有無にかかわらず、アンテナ電流を一定とし、被測定アンテナは直列共振形とする。また、給電線の損失はないものとする。

(2) 電圧反射係数から放射効率を求める方法

金属の箱をかぶせないときの送信機の出力電力を P_o〔W〕、被測定アンテナの入力端子からの反射電力を P_{ref}〔W〕、(1)と同じように被測定アンテナに金属の箱をかぶせたときの送信機の出力電力を P'_o〔W〕、被測定アンテナの入力端子からの反射電力を P'_{ref}〔W〕とすると、放射効率 η は、次式で求められる。ただし、送信機と被測定アンテナ間の給電線の損失はないものとする。

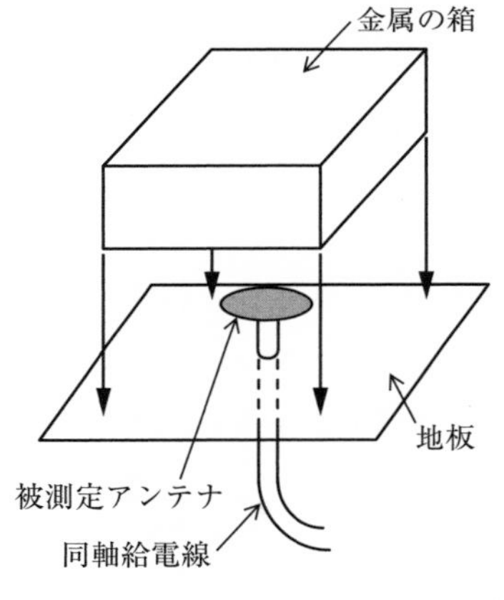

$$\eta = \frac{P_o - P_{ref} - (P'_o - P'_{ref})}{P_o - P_{ref}} \quad \cdots ①$$

$P_o = P'_o$ のとき、η は、式①より次式のようになる。

$$\eta = \frac{(P'_{ref}/P'_o) - (P_{ref}/P_o)}{\boxed{エ}} \quad \cdots ②$$

金属の箱をかぶせないときの電圧反射係数を $|\Gamma|$、かぶせたときの電圧反射係数を $|\Gamma'|$ とすると、η は、式②より、$\eta =$［オ］となり電圧反射係数から求められる。ただし、$|\Gamma'| \geqq |\Gamma|$ が成り立つ範囲で求められる。

1 虚数部　2 $R_r - R_l$　3 $1-(R_{in}/R'_{in})$　4 $1-(P_{ref}/P_o)$

5 $\dfrac{|\Gamma'|^2 - |\Gamma|^2}{1-|\Gamma|^2}$　6 実数部　7 $R_r + R_l$　8 $1-(R'_{in}/R_{in})$

9 $1-(P_o/P_{ref})$　10 $\dfrac{|\Gamma'| - |\Gamma|}{1-|\Gamma|}$

解説 (1) 入力インピーダンスから放射効率を求める方法

箱をかぶせないときの入力インピーダンスの実数部の測定値 R_{in}〔Ω〕は、アンテナの放射抵抗 R_r と損失抵抗 R_l の和となるので、次式で表される。

$R_{in} = R_r + R_l$〔Ω〕

箱をかぶせたときの測定値は $R'_{in}=R_l$〔Ω〕なので、放射効率 η を求めると次式で表される。

$$\eta=\frac{R_r}{R_r+R_l}=\frac{R_r+R_l-R_l}{R_r+R_l}$$

$$=\frac{R_{in}-R'_{in}}{R_{in}}=1-\frac{R'_{in}}{R_{in}}$$

(2) 電圧反射係数から放射効率を求める方法

箱をかぶせないときの送信機の出力電力を P_o〔W〕、アンテナからの反射電力を P_{ref}〔W〕とすると、アンテナに供給される電力 P_A〔W〕は次式で表される。

$$P_A=P_o-P_{ref}\text{〔W〕}\quad\cdots\ (1)$$

式 (1) の電力 P_A は放射電力と損失電力の和を表す。

箱をかぶせたときにアンテナに供給される電力 P'_A〔W〕は次式で表される。

$$P'_A=P'_o-P'_{ref}\text{〔W〕}\quad\cdots\ (2)$$

式 (2) の電力 P'_A は損失電力を表すので、放射電力 P〔W〕は次式で表される。

$$P=P_A-P'_A\text{〔W〕}\quad\cdots\ (3)$$

式 (1)、式 (2)、式 (3) より、放射効率 η は次式で表される。

$$\eta=\frac{P}{P_A}=\frac{P_A-P'_A}{P_A}=\frac{P_o-P_{ref}-(P'_o-P'_{ref})}{P_o-P_{ref}}\quad\cdots\ (4)$$

$P_o=P'_o$ の条件より、式 (4) は次のようになる。

$$\eta=\frac{P'_{ref}-P_{ref}}{P_o-P_{ref}}=\frac{\dfrac{P'_{ref}}{P'_o}-\dfrac{P_{ref}}{P_o}}{1-\dfrac{P_{ref}}{P_o}}=\frac{|\Gamma'|^2-|\Gamma|^2}{1-|\Gamma|^2}$$

ただし、金属の箱をかぶせないときの電圧反射係数を $|\Gamma|$、かぶせたときの電圧反射係数を $|\Gamma'|$ とする。

▶ **解答　アー6　イー7　ウー8　エー4　オー5**

出題傾向　下線の部分は、ほかの試験問題で穴埋めの字句として出題されている。

無線工学B（令和5年1月期②）

A－1

06(1)　03(7②)　02(11①)

次の記述は、自由空間内を伝搬する電波の偏波について述べたものである。□内に入れるべき字句の正しい組合せを下の番号から選べ。

(1) 電波の進行方向に垂直な面上で、互いに直交する方向の電界成分の位相差が A 〔rad〕で振幅が等しい電波は、円偏波であり、このとき振幅が異なる電波は、楕円偏波である。

(2) 電波の進行方向に垂直な面上で、互いに直交する方向の電界成分の位相差が0〔rad〕又は B 〔rad〕の電波は、直線偏波である。

(3) 楕円偏波の長軸方向の電界強度 E_1 と短軸方向の電界強度 E_2 との比 (E_1/E_2) を軸比といい、軸比（真数）の大きさが1に近いほど C 偏波に近く、∞に近いほど D 偏波に近い。

	A	B	C	D
1	$\pi/2$	π	円	直線
2	$\pi/2$	π	直線	円
3	0	$\pi/2$	円	直線
4	π	$\pi/2$	直線	円
5	π	$\pi/2$	円	直線

解説　軸比（真数）の大きさが1に近いほど円偏波に近くなる。軸比が∞に近くなると、短軸方向の電界強度が無くなるので、ほぼ長軸方向の電界 E_1 のみとなって直線偏波に近くなる。

▶ **解答　1**

出題傾向　楕円偏波の旋回についての内容も出題されている。
進行方向に向かって、時計回り（右回り）に偏波面が回転する偏波を右旋楕円偏波といい、反時計回りは左旋楕円偏波という。

A－2

03(7②)

自由空間において、放射電力が等しい半波長ダイポールと微小ダイポールアンテナによって最大放射方向の同じ距離の点に生ずるそれぞれの電界強度 E_1 及び E_2〔V/m〕の比 E_1/E_2 の値として、最も近いものを下の番号から選べ。ただし、$\sqrt{5}=2.24$ とする。

1　0.96　　2　1.04　　3　1.11　　4　1.25　　5　1.64

解説　放射電力を P〔W〕とすると、最大放射方向に距離 d〔m〕離れた点に生じる半波長ダイポール及び微小ダイポールアンテナの電界強度 E_1、E_2〔V/m〕は次式で表される。

$$E_1=\frac{7\sqrt{P}}{d}\ \text{〔V/m〕}\quad\cdots\ (1)$$

$$E_2=\frac{\sqrt{45P}}{d}\ \text{〔V/m〕}\quad\cdots\ (2)$$

式(1)、式(2)より、E_1/E_2 を求めると次式のようになる。

$$\frac{E_1}{E_2}=\frac{7}{\sqrt{45}}=\frac{7}{3\sqrt{5}}=\frac{7}{6.72}\fallingdotseq 1.04$$

▶ **解答　2**

微小ダイポールと半波長ダイポールアンテナの電界強度の比を求める問題も出題されている。

A－3　03(7①)

周波数が100〔MHz〕の電波を素子の太さが等しい二線式折返し半波長ダイポールアンテナで受信したとき、図に示す等価回路のようにアンテナに接続された受信機の入力端子ab間における電圧が3〔mV〕であった。このときの受信点における電界強度の値として、最も近いものを下の番号から選べ。ただし、アンテナと受信機の入力回路は整合がとれ、かつアンテナ及び給電線の損失はないものとする。また、アンテナの最大感度の方向は到来電波の方向と一致しているものとする。

1　4.7〔mV/m〕
2　3.1〔mV/m〕
3　2.5〔mV/m〕
4　1.4〔mV/m〕
5　0.9〔mV/m〕

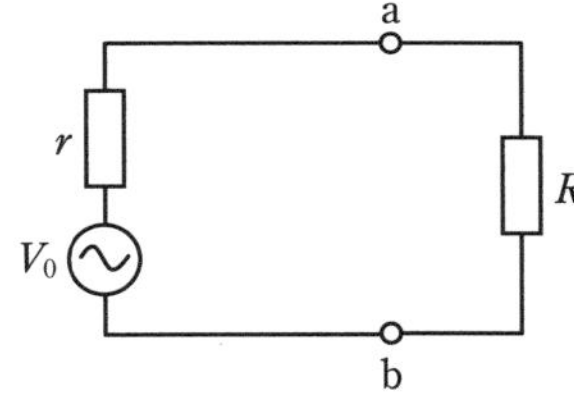

r ：アンテナの入力抵抗〔Ω〕
V_0：アンテナの誘起電圧〔V〕
R ：受信機の入力抵抗〔Ω〕

解説　二線式折返し半波長ダイポールアンテナの実効長 l_e〔m〕は、半波長ダイポールアンテナの2倍となるので

$$l_e=\frac{2\lambda}{\pi}\ \text{〔m〕}\cdots\ (1)$$

電界強度が E〔V/m〕のとき実効長 l_e のアンテナに誘起する電圧 V_0〔V〕は

$$V_0=El_e\ \text{〔V〕}\quad\cdots\ (2)$$

アンテナ回路のインピーダンスと受信機の入力インピーダンスが整合しているとき、端子ab間における最大受信機入力電圧 V_R〔V〕は式(2)の電圧の1/2となる。よって

$$V_R=\frac{V_0}{2}=\frac{El_e}{2}=\frac{E\lambda}{\pi}\ \text{〔V〕}\quad\cdots\ (3)$$

周波数$f=100$〔MHz〕の電波の波長λ〔m〕は

$$\lambda \fallingdotseq \frac{300}{f\text{〔MHz〕}} = \frac{300}{100} = 3\text{〔m〕}$$

式(3)より、電界強度Eを求めると

$$E = \frac{V_{\mathrm{R}}\pi}{\lambda} = \frac{3\times10^{-3}\times3.14}{3} = 3.14\times10^{-3}\text{〔V/m〕} \fallingdotseq 3.1\text{〔mV/m〕}$$

▶ **解答　2**

A－4　　24(7)

次の記述は、アンテナの利得について述べたものである。このうち誤っているものを下の番号から選べ。

1　相対利得の値は、絶対利得の値より約 2.15〔dB〕小さい。
2　等方性アンテナの相対利得は、約 0.6(真数)である。
3　アンテナが給電回路と整合しているときのアンテナの利得をG(真数)、不整合のときの反射損をM(真数)とすれば、アンテナの動作利得は、G/Mと表される。ただし、Γを反射係数とすれば、$M=1-|\Gamma|^2$である。
4　放射効率が 1 のアンテナの絶対利得は、指向性利得に等しい。
5　微小ダイポールの相対利得の値は、半波長ダイポールアンテナの相対利得の値より約 0.39〔dB〕低い。

解説　誤っている選択肢は次のようになる。

3　アンテナが給電回路と整合しているときのアンテナの利得をG(真数)、不整合のときの反射損をM(真数)とすれば、アンテナの動作利得は、G/Mと表される。ただし、Γを反射係数とすれば、$\boldsymbol{M=1/(1-|\Gamma|^2)}$である。

▶ **解答　3**

A－5　　03(1②)

次の記述は、絶対利得がG(真数)のアンテナの実効面積を表す式を求める過程について述べたものである。[　　　]内に入れるべき字句の正しい組合せを下の番号から選べ。

(1)　微小ダイポールの実効面積S_{s}は、波長をλ〔m〕とすると、次式で表される。

$S_{\mathrm{s}}=$ [A] 〔m^2〕

(2)　一方、実効面積がS〔m^2〕のアンテナの絶対利得G(真数)は、等方性アンテナの実効面積をS_{i}〔m^2〕とすると、次式で定義されている。

$G = S/S_{\mathrm{i}}$

(3)　また、微小ダイポールの絶対利得G_{s}(真数)は、次式で与えられる。

$G_{\mathrm{s}}=$ [B]

(4) したがって、絶対利得がG(真数)のアンテナの実効面積Sは、次式で与えられる。

$S=$ [C] 〔m²〕

	A	B	C
1	$3\lambda^2/(8\pi)$	1/2	$G\lambda^2/(2\pi)$
2	$3\lambda^2/(8\pi)$	1/2	$G\lambda^2/(4\pi)$
3	$3\lambda^2/(8\pi)$	3/2	$G\lambda^2/(4\pi)$
4	$3\lambda^2/(4\pi)$	3/2	$G\lambda^2/(2\pi)$
5	$3\lambda^2/(4\pi)$	1/2	$G\lambda^2/(4\pi)$

解説 電界強度E〔V/m〕、電力束密度W〔W/m²〕の空間に、実効面積S_s〔m²〕の微小ダイポールを置き、受信アンテナからP〔W〕の電力を取り出すことができるとすると、次式が成り立つ。

$$P=WS_s=\frac{E^2}{120\pi}S_s\text{〔W〕}\quad\cdots(1)$$

長さl〔m〕の微小ダイポールを受信アンテナとして用いた場合、最大電力供給条件のときの受信電力は

$$P=\frac{(El)^2}{4R_R}\text{〔W〕}\quad\cdots(2)$$

放射抵抗R_R〔Ω〕は

$$R_R=80\left(\frac{\pi l}{\lambda}\right)^2\text{〔Ω〕}\quad\cdots(3)$$

式(1)、式(2)、式(3)からS_sを求めると

$$S_s=\frac{P}{W}=\frac{(El)^2\lambda^2}{4\times80\times(\pi l)^2}\times\frac{120\pi}{E^2}=\frac{3\lambda^2}{8\pi}\text{〔m}^2\text{〕}\quad\cdots(4)$$

実効面積S〔m²〕のアンテナの絶対利得Gは

$$G=\frac{S}{S_i}$$

微小ダイポールの絶対利得$G_s=3/2$なので、$S_i=S_s\times(2/3)$となる。よって、絶対利得Gのアンテナの実効面積S〔m²〕は

$$S=GS_i=\frac{2GS_s}{3}=\frac{2\times G\times3\lambda^2}{3\times8\pi}=\frac{G\lambda^2}{4\pi}\text{〔m}^2\text{〕}$$

▶ **解答 3**

Point
式の誘導が難しいので
$S_s=\frac{3\lambda^2}{8\pi}$〔m²〕
を覚えておこう

Point
$\frac{\lambda^2}{4\pi}$〔m²〕
は等方性アンテナの実効面積

出題傾向 下線の部分は、ほかの試験問題で穴埋めの字句として出題されている。

A－6

類 05(1①)　04(1②)　類 03(7②)　02(11①)

図に示すように、特性インピーダンス Z_0 が 50〔Ω〕の無損失給電線と入力抵抗 R が 200〔Ω〕のアンテナを集中定数回路を用いて整合させたとき、リアクタンス X の大きさの値として、最も近いものを下の番号から選べ。

1　90〔Ω〕
2　95〔Ω〕
3　100〔Ω〕
4　105〔Ω〕
5　110〔Ω〕

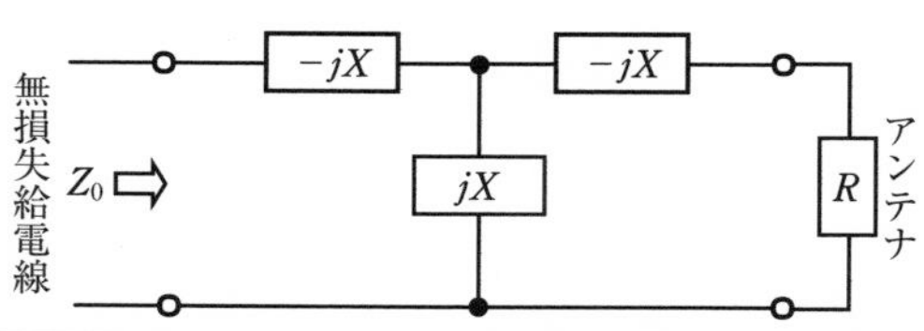

解説　無損失給電線と整合回路の接続点において、左右のインピーダンスが等しくなれば整合がとれるので次式が成り立つ。

$$Z_0 = -jX + \frac{jX \times (R - jX)}{jX + (R - jX)} = -jX + \frac{jXR + X^2}{R} = \frac{X^2}{R} \text{〔Ω〕}$$

よって、リアクタンス X〔Ω〕を求めると

$$X = \sqrt{Z_0 R} = \sqrt{50 \times 200} = \sqrt{10{,}000} = \sqrt{100^2} = 100 \text{〔Ω〕}$$

▶ **解答　3**

出題傾向　この問題のように$\sqrt{\ }$の解が簡単に求まるとは限らない。その場合は選択肢の値を 2 乗して答えを見つけることもできる。

A－7

03(1②)

特性インピーダンスが 50〔Ω〕、電波の伝搬速度が自由空間内の伝搬速度の 0.7 倍である無損失の同軸ケーブルの単位長当たりのインダクタンス L の値として、最も近いものを下の番号から選べ。

1　0.10〔μH/m〕　2　0.16〔μH/m〕　3　0.20〔μH/m〕
4　0.24〔μH/m〕　5　0.32〔μH/m〕

解説　同軸ケーブルの特性インピーダンスを Z_0〔Ω〕、単位長さ当たりのインダクタンスを L〔H/m〕、静電容量を C〔F/m〕とすると、次式の関係が成り立つ。

$$Z_0 = \sqrt{\frac{L}{C}} \text{〔Ω〕} \quad \cdots (1)$$

同軸ケーブルの伝搬速度を v〔m/s〕とすると、次式で表される。

$$v = \frac{1}{\sqrt{LC}} \text{〔m/s〕} \quad \cdots (2)$$

式 (1) ÷ 式 (2) より

$$\frac{Z_0}{v}=\sqrt{\frac{L}{C}}\times\sqrt{LC}=L \quad \cdots \ (3)$$

自由空間内の伝搬速度を $c=3\times10^8$〔m/s〕とすると、$v=0.7c$ を式(3)に代入して単位長さ当たりのインダクタンス L〔H/m〕を求めると

$$L=\frac{Z_0}{v}=\frac{Z_0}{0.7c}=\frac{50}{0.7\times3\times10^8}\fallingdotseq 0.24\times10^{-6}\text{〔H/m〕}=0.24\text{〔μH/m〕}$$

▶ **解答　4**

A－8　03(7①)

特性インピーダンスが 50〔Ω〕の無損失給電線の終端に、$25-j75$〔Ω〕の負荷インピーダンスを接続したとき、終端における反射係数と給電線上に生ずる電圧定在波比の値の組合せとして、正しいものを下の番号から選べ。

	反射係数	電圧定在波比
1	$\frac{1}{4}(1+j3)$	$\frac{5+\sqrt{3}}{5-\sqrt{3}}$
2	$\frac{1}{3}(1+j2)$	$\frac{5+\sqrt{3}}{5-\sqrt{3}}$
3	$\frac{1}{3}(1-j2)$	$\frac{3+\sqrt{5}}{3-\sqrt{5}}$
4	$\frac{1}{5}(-1+j3)$	$\frac{5+\sqrt{10}}{5-\sqrt{10}}$
5	$\frac{1}{5}(-1+j3)$	$\frac{10+\sqrt{5}}{10-\sqrt{5}}$

解説　給電線の特性インピーダンスを Z_0〔Ω〕、負荷インピーダンスを $\dot{Z}_R$〔Ω〕とすると、電圧反射係数 Γ は次式で表される。

$$\Gamma=\frac{\dot{Z}_R-Z_0}{\dot{Z}_R+Z_0}=\frac{25-j75-50}{25-j75+50}=\frac{-25-j75}{75-j75}$$

$$=\frac{25\times(-1-j3)}{25\times(3-j3)}=\frac{(-1-j3)\times(3+j3)}{(3-j3)\times(3+j3)}$$

$$=\frac{-3-j3-j3^2-j^2 3^2}{3^2-j^2 3^2}=\frac{6-j12}{18}$$

$$=\frac{1}{3}(1-j2)$$

Γ の絶対値を求めると

$$|\Gamma| = \frac{1}{3} \times \sqrt{1^2 + 2^2} = \frac{\sqrt{5}}{3}$$

電圧定在波比を S とすると

$$S = \frac{1+|\Gamma|}{1-|\Gamma|} = \frac{1+\frac{\sqrt{5}}{3}}{1-\frac{\sqrt{5}}{3}} = \frac{3+\sqrt{5}}{3-\sqrt{5}}$$

▶ **解答 3**

数学の公式
$(a+b)(a-b) = a^2 - b^2$
$j^2 = -1$

A－9 03(7②) 02(11②)

次の記述は、有限な導電率の導体中へ平面波が浸透する深さを表す表皮厚さ(深さ)について述べたものである。このうち誤っているものを下の番号から選べ。ただし、平面波はマイクロ波とし、e は自然対数の底で、$e \fallingdotseq 2.718$ とする。

1 導体内の電界、磁界及び電流の振幅が導体表面の振幅の $1/e$ に減少する導体表面からの距離をいう。
2 導体の透磁率が小さいほど、厚く(深く)なる。
3 導体の導電率が大きいほど、薄く(浅く)なる。
4 導体内の減衰定数が小さくなるほど、薄く(浅く)なる。
5 周波数が高くなるほど、薄く(浅く)なる。

解説 誤っている選択肢は次のようになる。

4 導体内の減衰定数が小さくなるほど、**厚く(深く)**なる。 ▶ **解答 4**

関連知識
表皮深さ：導体の導電率を σ、透磁率を μ、誘電率を ε、電波の角周波数を ω とすると、減衰定数 α 及び表皮深さ δ は次式で表される。

$$\alpha = \frac{1}{\delta} \qquad \delta = \sqrt{\frac{2}{\omega\mu\sigma}}$$

A－10 04(7②) 03(7②) 02(11①)

次の記述は、図に示す方形のマイクロストリップアンテナについて述べたものである。□内に入れるべき字句の正しい組合せを下の番号から選べ。

(1) 図1に示すように、地板上に波長に比べて十分に薄い誘電体を置き、その上に放射板を平行に密着して置いた構造であり、放射板の中央から少しずらした位置で放射板と [A] の間に給電する。

(2) 放射板と地板間にある誘電体に生ずる電界は、電波の放射には寄与しないが、放射板の周縁部に生ずる漏れ電界は電波の放射に寄与する。放射板の長さ l〔m〕を誘電体内での電波の波長 λ_0〔m〕の 1/2 にすると共振する。図２のように磁流 M_1 ～ M_6〔V〕で表すと、磁流 [B] は相加されて放射に寄与するが、他は互いに相殺されて放射には寄与しない。

(3) アンテナの入力インピーダンスは放射板上の給電点の位置により変化する。その周波数特性は、厚さ h〔m〕が厚いほど、幅 w〔m〕が広いほど [C] となる。

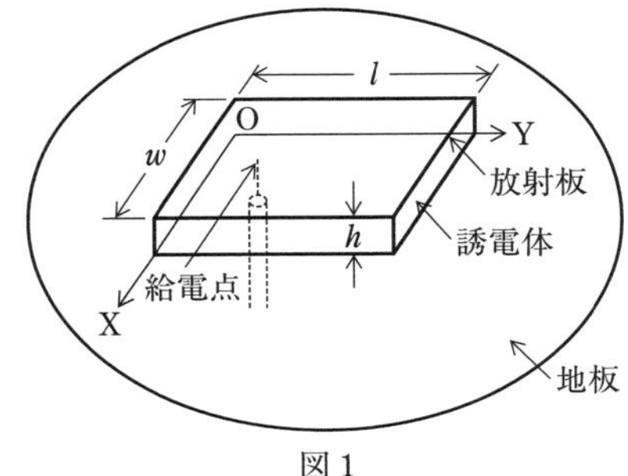

図１

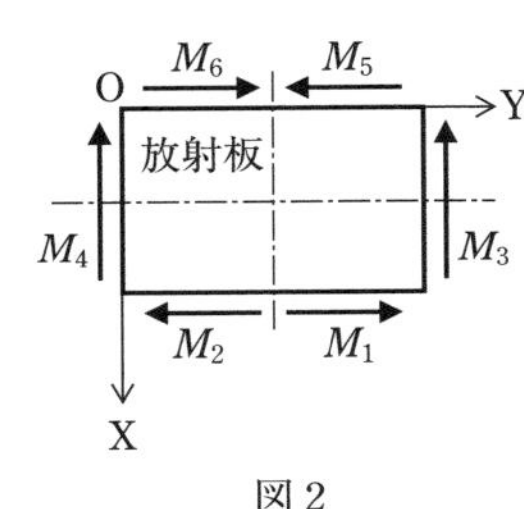

図２

	A	B	C
1	地板	M_3 と M_4	広帯域
2	地板	M_1 と M_5	広帯域
3	地板	M_3 と M_4	狭帯域
4	誘電体	M_1 と M_5	広帯域
5	誘電体	M_1 と M_5	狭帯域

▶ **解答　1**

出題傾向　下線の部分は、ほかの試験問題で穴埋めの字句として出題されている。

A－11　24(1)

次の記述は、開口面アンテナのサイドローブについて述べたものである。このうち誤っているものを下の番号から選べ。

1　反射鏡アンテナの場合、鏡面の精度を高めることによってサイドローブを低減できる。

2　パラボラアンテナの場合、反射鏡の回りに電波吸収体を用いた遮へい板を取り付けることによって広角サイドローブを低減できる。

3 レンズアンテナの場合、レンズ面における電波の照度分布を周辺にいくほど弱くなるようにすると、広角サイドローブを低減できる。

4 ホーンレフレクタアンテナの場合、一次放射器及びその支持柱などが電波通路上にないので、サイドローブ特性が良い。

5 カセグレンアンテナの場合、主反射鏡の面積に対する副反射鏡の面積の割合が小さいほど、近軸サイドローブが増加する。

解説 誤っている選択肢は次のようになる。

5 カセグレンアンテナの場合、主反射鏡の面積に対する副反射鏡の面積の割合が**大きい**ほど、近軸サイドローブが増加する。

▶ **解答 5**

A－12 04(1②) 03(1①)

図に示す円形パラボラアンテナの断面図の開口角 2θ〔rad〕と開口面の直径 $2r$〔m〕及び焦点距離 f〔m〕との関係を表す式として、正しいものを下の番号から選べ。ただし、θ について、次式が成り立つ。

$$\tan\frac{\theta}{2} = (1+\cot^2\theta)^{1/2} - \cot\theta$$

1 $\tan\dfrac{\theta}{2} = \dfrac{r}{f-r}$

2 $\tan\dfrac{\theta}{2} = \dfrac{f}{r}$

3 $\tan\dfrac{\theta}{2} = \dfrac{r}{4f}$

4 $\tan\dfrac{\theta}{2} = \dfrac{r}{2f}$

5 $\tan\dfrac{\theta}{2} = \dfrac{2r}{f}$

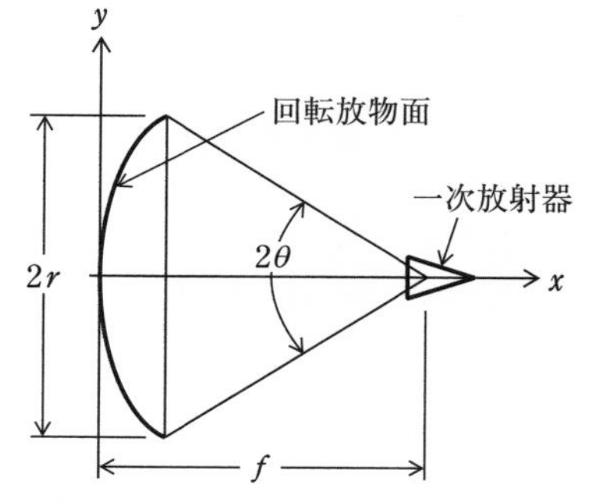

解説 解説図において、x 軸、放射器から放物面反射鏡までの直線、y 軸と平行な直線で作られた三角形から、次式が成り立つ。

$$\tan\theta_1 = \frac{y_1}{f-x_1} \quad \cdots\ (1)$$

反射鏡は放物面で構成されているので、次式の関係がある。

$$y^2 = 4fx \quad \cdots\ (2)$$

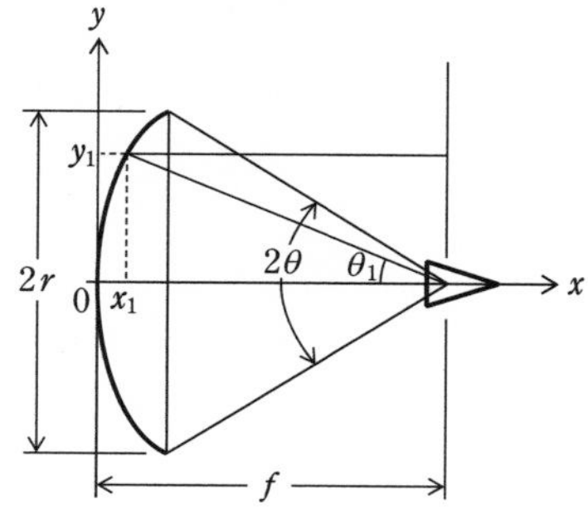

式(1)の $\theta_1=\theta$、$x_1=x$、$y_1=r$ として、式(2)を代入すると

$$\tan\theta=\frac{r}{f-\dfrac{r^2}{4f}}=\frac{4fr}{4f^2-r^2}\quad\cdots\ (3)$$

$\cot\theta$ は式(3)の逆数なので、これを問題で与えられた式に代入すると

$$\tan\frac{\theta}{2}=(1+\cot^2\theta)^{\frac{1}{2}}-\cot\theta$$

$$=\left\{1+\left(\frac{4f^2-r^2}{4fr}\right)^2\right\}^{\frac{1}{2}}-\frac{4f^2-r^2}{4fr}$$

$$=\left\{\frac{(4fr)^2+(4f^2-r^2)^2}{(4fr)^2}\right\}^{\frac{1}{2}}-\frac{4f^2-r^2}{4fr}$$

$$=\left\{\frac{16f^2r^2+(4f^2)^2-8f^2r^2+r^4}{(4fr)^2}\right\}^{\frac{1}{2}}-\frac{4f^2-r^2}{4fr}$$

$$=\left\{\frac{(4f^2+r^2)^2}{(4fr)^2}\right\}^{\frac{1}{2}}-\frac{4f^2-r^2}{4fr}=\frac{2r^2}{4fr}=\frac{r}{2f}$$

Point

式の誘導が難しいので、結果式を覚えた方がよい。図に１次放射器から $\theta/2$ の直線を引くと、直線の y 軸との交点はほぼ $r/2$ となるので、それを $\tan(\theta/2)$ とすれば答えが見つかる

▶ **解答　4**

A－13　03(7①)

次の記述は、図に示す反射板付きの水平偏波用双ループアンテナについて述べたものである。［　　］内に入れるべき字句の正しい組合せを下の番号から選べ。ただし、二つのループアンテナ間の給電線の長さは約 0.5 波長で、反射板とアンテナ素子の間隔は約 0.25 波長とする。

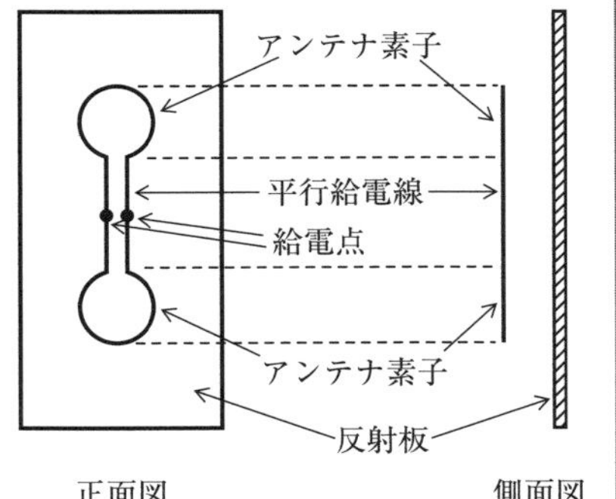

(1) 二つのループアンテナの各々の直径は、それぞれ約［ A ］波長である。

(2) 指向性は、［ B ］と等価であり、垂直面内で［ C ］となる。

	A	B	C
1	0.32	スーパターンスタイルアンテナ	8 字特性
2	0.32	反射板付き 4 ダイポールアンテナ	単一指向性
3	1	スーパターンスタイルアンテナ	8 字特性
4	1	反射板付き 4 ダイポールアンテナ	単一指向性
5	1	スーパターンスタイルアンテナ	単一指向性

解説 一つのループアンテナの全長が 1 波長 (1λ) なので、直径は $\lambda/\pi \fallingdotseq \mathbf{0.32}\lambda$ である。等価的に、一つのループアンテナが半波長ダイポールアンテナを約 0.27λ の間隔で 2 本配置したアンテナとなる。二つのループアンテナによる指向性は、**反射板付き 4 ダイポールアンテナ**と等価である。反射板が付いているので垂直面内及び水平面内の指向性は**単一指向性**となる。

▶ **解答 2**

A－14 03(1①)

次の記述は、通常用いられている周波数における衛星通信の伝搬変動について述べたものである。このうち誤っているものを下の番号から選べ。

1 固定衛星通信の対流圏におけるシンチレーションは、低仰角の場合は変動幅が大きく、また、その周期は電離圏シンチレーションの周期に比べると短い。
2 4 GHz 帯及び 6 GHz 帯の固定衛星通信において、直線偏波で直交偏波共用通信を行う場合、電離圏でのファラデー回転による偏波の回転が原因で、両偏波間に許容限度以上の干渉を生じさせるおそれがある。
3 海事衛星通信において、船舶に搭載する小型アンテナでは、ビーム幅が広くなり、直接波の他に海面反射波をメインビームで受信することがあるため、フェージングの影響が大きい。
4 航空衛星通信において、航空機の飛行高度が高くなるにつれて海面反射波が球面拡散で小さくなり、フェージングの深さも小さくなる。
5 陸上移動体衛星通信における伝搬変動の原因には、ビルディングやトンネルなどによる遮へい、樹木による減衰及びビルディングの反射などによるフェージングなどがある。

解説 誤っている選択肢は次のようになる。

1 固定衛星通信の対流圏におけるシンチレーションは、低仰角の場合は変動幅が大きく、また、その周期は電離圏シンチレーションの周期に比べると**長い**。

▶ **解答 1**

A－15　02(11②)

次の記述は、電離層における電波の反射機構について述べたものである。[　　] 内に入れるべき字句の正しい組合せを下の番号から選べ。

(1) 電離層の電子密度 N の分布は、高さと共に徐々に増加し、ある高さで最大となり、それ以上の高さでは徐々に減少している。N が零のとき、電波の屈折率 n はほぼ１であり、N が [A] のとき、n は最小となる。

(2) N が高さと共に徐々に増加している電離層内の N が異なる隣接した二つの水平な層を考え、地上からの電波が層の境界へ入射するとき、下の層の屈折率を n_i、上の層の屈折率を n_r、入射角を i、屈折角を r とすれば、n_r は、$n_r = n_i \times$ [B] で表される。

(3) このときの r は i より [C] ので、N が十分大きいとき、電離層に入射した電波は、高さと共に徐々に下に向かって曲げられ、やがて地上に戻ってくることになる。

	A	B	C
1	最大	$\sin r/\sin i$	大きい
2	最大	$\cos i/\cos r$	小さい
3	最大	$\sin i/\sin r$	大きい
4	最小	$\sin i/\sin r$	大きい
5	最小	$\sin r/\sin i$	小さい

解説　下層の入射角 i、屈折率 n_i、上層の屈折角 r、屈折率 n_r の関係はスネルの法則より

$$\frac{n_r}{n_i} = \frac{\sin i}{\sin r} \quad \text{よって} \quad n_r = n_i \frac{\sin i}{\sin r}$$

となる。電離層内ではある高さまで n_r が小さくなるので、屈折角 r は大きくなる。よって、電波は高さと共に下に向かって曲げられる。

▶ **解答　3**

出題傾向　下線の部分は、ほかの試験問題で穴埋めの字句として出題されている。

A－16　類04(7②)　04(1①)　類03(7②)　02(11①)

地上高が30〔m〕のアンテナから周波数150〔MHz〕の電波を送信したとき、送信点から15〔km〕離れた地上高10〔m〕の受信点における電界強度として、最も近いものを下の番号から選べ。ただし、受信点における自由空間電界強度を500〔μV/m〕とし、大地は完全導体平面でその反射係数を－1とする。

1	38〔μV/m〕	2	57〔μV/m〕	3	63〔μV/m〕
4	102〔μV/m〕	5	126〔μV/m〕		

解説 送受信点間の距離 d〔m〕、送信、受信アンテナの高さ h_1、h_2〔m〕、自由空間電界強度 E_0〔V/m〕のとき、電界強度 E〔V/m〕は次式で表される。

$$E = 2E_0 \left| \sin \frac{2\pi h_1 h_2}{\lambda d} \right| \text{〔V/m〕} \quad \cdots (1)$$

周波数 $f = 150$〔MHz〕の電波の波長 λ〔m〕は

$$\lambda \fallingdotseq \frac{300}{f\text{〔MHz〕}} = \frac{300}{150} = 2 \text{〔m〕}$$

式(1)において sin の値を求めると

$$\sin \frac{2\pi h_1 h_2}{\lambda d} = \sin \frac{2 \times 3.14 \times 30 \times 10}{2 \times 15 \times 10^3} = \sin 0.0628 \quad \cdots (2)$$

$\theta < 0.5$〔rad〕のとき $\sin\theta \fallingdotseq \theta$ なので、式(1)、式(2)より電界強度 E は

$$E \fallingdotseq 2E_0 \frac{2\pi h_1 h_2}{\lambda d} = 2 \times 500 \times 10^{-6} \times 0.0628$$

$$= 62.8 \times 10^{-6} \text{〔V/m〕} \fallingdotseq 63 \text{〔μV/m〕}$$

▶ **解答 3**

A－17 14(7)

次の記述は、スポラジック E 層(Es 層)について述べたものである。[　　]内に入れるべき字句の正しい組合せを下の番号から選べ。

(1) 層の厚さは数〔km〕前後であり、高さ[A]〔km〕付近に不規則に出現する。E 層に比べて電子密度が大きく、その変動が大きい。

(2) 出現頻度は、赤道地帯では、ほとんど季節変化は無く日中に多いが、中緯度地帯では、[B]の日中に多い。

(3) Es 層では、通常の状態では電離層を突き抜ける[C]の電波を反射するので遠距離異常伝搬の原因となり、通信や放送の受信に障害を与えることがある。

	A	B	C
1	50 ～ 70	冬季	SHF 帯
2	50 ～ 70	夏季	VHF 帯
3	100 ～ 110	冬季	SHF 帯
4	100 ～ 110	冬季	VHF 帯
5	100 ～ 110	夏季	VHF 帯

解説　電離層は地上からの高さ約80〔km〕付近にD層、約100〔km〕付近にE層、約200～400〔km〕付近にF層が存在し、主にHF(短波)帯までの周波の電波を反射する。VHF(超短波)帯の電波は、通常は電離層を突き抜けるが、スポラジックE層が発生すると主に100〔MHz〕以下の周波数のVHF(超短波)帯の電波を反射することがある。

▶ **解答　5**

A－18　04(1①)　類04(1②)　類03(1①)　03(1②)

次の記述は、自由空間において開口面の直径が波長に比べて十分大きなアンテナの利得を測定する場合に考慮しなければならない送受信アンテナ間の最小距離について述べたものである。[　　]内に入れるべき字句の正しい組合せを下の番号から選べ。

(1) 図に示すように、アンテナ1及びアンテナ2を距離R_1〔m〕離して対向させたとき、アンテナ1の開口面上の任意の点とアンテナ2の開口面上の任意の点の間の距離が一定でないため、両アンテナ開口面上の任意の点の間を伝搬する電波の相互間に位相差が生じ、測定誤差の原因となる。

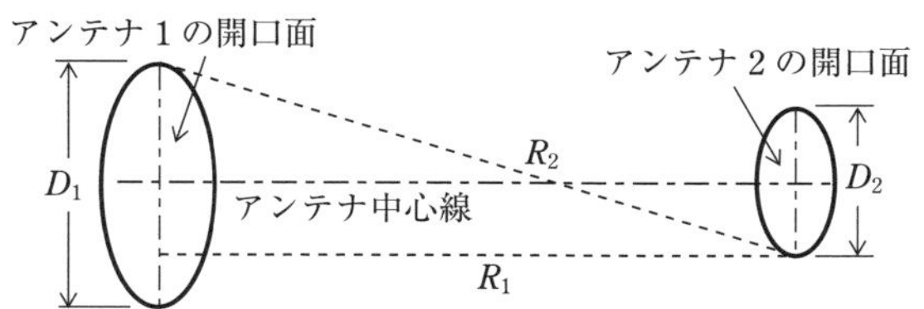

(2) 最大の誤差は、両アンテナの開口面上の2点間の最長距離R_2〔m〕と最短距離R_1〔m〕との差によって決まり、その差ΔRは、次式によって表される。ただし、アンテナ1及びアンテナ2の開口面の直径をそれぞれD_1〔m〕及びD_2〔m〕とし、$D_1 + D_2 \ll R_1$とする。

$$\Delta R = R_2 - R_1$$
$$= \sqrt{R_1{}^2 + \left(\frac{D_1}{2} + \frac{D_2}{2}\right)^2} - R_1$$
$$\fallingdotseq \boxed{\text{A}}\ \text{〔m〕}$$

(3) 通路差による測定利得の誤差を2〔%〕以内にするには、波長をλ〔m〕とすれば、通路差ΔRが[B]以下であればよいことが知られているので、両アンテナ間の最小距離R_{min}は、次式で表される。

$$R_{min} = \boxed{\text{C}}\ \text{〔m〕}$$

	A	B	C
1	$\dfrac{(D_1+D_2)^2}{4R_1}$	$\dfrac{\lambda}{16}$	$\dfrac{(D_1+D_2)^2}{2\lambda}$
2	$\dfrac{(D_1+D_2)^2}{8R_1}$	$\dfrac{\lambda}{4}$	$\dfrac{(D_1+D_2)^2}{4\lambda}$
3	$\dfrac{(D_1+D_2)^2}{8R_1}$	$\dfrac{\lambda}{16}$	$\dfrac{2(D_1+D_2)^2}{\lambda}$
4	$\dfrac{(D_1+D_2)^2}{4R_1}$	$\dfrac{\lambda}{16}$	$\dfrac{2(D_1+D_2)^2}{\lambda}$
5	$\dfrac{(D_1+D_2)^2}{4R_1}$	$\dfrac{\lambda}{4}$	$\dfrac{(D_1+D_2)^2}{2\lambda}$

解説 通路差 ΔR〔m〕は次式で表される。

$$\Delta R = R_2 - R_1 = \sqrt{R_1{}^2 + \left(\frac{D_1}{2} + \frac{D_2}{2}\right)^2} - R_1$$

$$= R_1\sqrt{1 + \left(\frac{D_1 + D_2}{2R_1}\right)^2} - R_1 \quad \cdots (1)$$

Point $\sqrt{\ }$ は $\dfrac{1}{2}$ 乗

式(1)の $\sqrt{\ }$ の項に 2 項定理を使うと

$$\Delta R \fallingdotseq R_1\left\{1 + \frac{1}{2}\left(\frac{D_1 + D_2}{2R_1}\right)^2\right\} - R_1 = \frac{(D_1 + D_2)^2}{8R_1} \text{〔m〕}$$

$R_{\min} = R_1$ として、$\Delta R = \lambda/16$ を式(2)に代入して $R_{\min}$ を求めると

$$\frac{\lambda}{16} = \frac{(D_1 + D_2)^2}{8R_{\min}}$$

よって $R_{\min} = \dfrac{2(D_1 + D_2)^2}{\lambda}$〔m〕

▶ **解答 3**

数学の公式 2 項定理

$$(1+x)^n = 1 + nx + \frac{n(n-1)}{1\times 2}x^2 + \frac{n(n-1)(n-2)}{1\times 2\times 3}x^3 + \cdots$$

$x \ll 1$ のときは

$$(1+x)^n \fallingdotseq 1 + nx$$

A－19 03(1②)

次の記述は、アンテナ利得の測定について述べたものである。［　　］内に入れるべき字句の正しい組合せを下の番号から選べ。

(1) 三つのアンテナを用いる場合、これらのアンテナの利得が未知であるとき、それぞれの利得を求めることが［ A ］。

(2) 寸法から利得を求めることができる［ B ］は、標準アンテナとして多く用いられる。

(3) 円偏波アンテナの測定をする場合、測定アンテナとして直線偏波のアンテナを用いることが［ C ］。

	A	B	C
1	できる	ブラウンアンテナ	できない
2	できる	ロンビックアンテナ	できる
3	できる	角すいホーンアンテナ	できる
4	できない	ロンビックアンテナ	できる
5	できない	ブラウンアンテナ	できない

解説 角すいホーンアンテナの長辺の長さを a〔m〕、短辺の長さを b〔m〕、開口効率の理論値を $\eta=0.8$ とすると、角すいホーンアンテナの絶対利得 G_I は

$$G_I=\frac{4\pi ab}{\lambda^2}\eta$$

の式で表されるので、寸法から利得を求めることができる。

▶ **解答　3**

A－20 03(1①)

次の記述は、電波暗室で用いられる電波吸収体の特性について述べたものである。［　　］内に入れるべき字句の正しい組合せを下の番号から選べ。

(1) 誘電材料による電波吸収体は、誘電材料に主に黒鉛粉末の損失材料を混入したり、表面に塗布したものである。自由空間との［ A ］のために、図1に示すように表面をテーパ形状にしたり、図2に示すように種々の誘電率の材料を層状に重ねて［ B ］特性にしたりしている。層状の電波吸収体の設計にあたっては、反射係数をできるだけ小さくするように、材料、使用周波数、誘電率などを考慮して各層の厚さを決めている。

(2) 磁性材料による電波吸収体には、焼結フェライトや焼結フェライトを粉末にしてゴムなどと混合させたものがある。その使用周波数は、通常、誘電材料による電波吸収体の使用周波数より［ C ］。

	A	B	C
1	整合	狭帯域	高い
2	整合	広帯域	低い
3	遮断	広帯域	高い
4	遮断	狭帯域	高い
5	遮断	広帯域	低い

導体板

図 1

導体板

図 2

解説 磁性材料の電波吸収体に平面波が入射すると、電波吸収体の厚さで決まる特定の周波数で反射係数が最小になる。その周波数帯で電波吸収体として用いられるので、周波数帯域は狭く、使用周波数は、通常、誘電材料による電波吸収体の周波数よりも低い。

▶ **解答 2**

B－1

04(1②) 03(1②)

次の記述は、図に示すように、同一の半波長ダイポールアンテナ A 及び B で構成したアンテナ系の利得を求める過程について述べたものである。[　　]内に入れるべき字句を下の番号から選べ。ただし、アンテナ系の相対利得 G（真数）は、アンテナ系に電力 P〔W〕を供給したときの十分遠方の点 O における電界強度を E〔V/m〕とし、このアンテナと置き換えた基準アンテナに電力 P_0〔W〕を供給したときの点 O における電界強度を E_0〔V/m〕とすれば、次式で与えられるものとする。なお、同じ記号の[　　]内には、同じ字句が入るものとする。

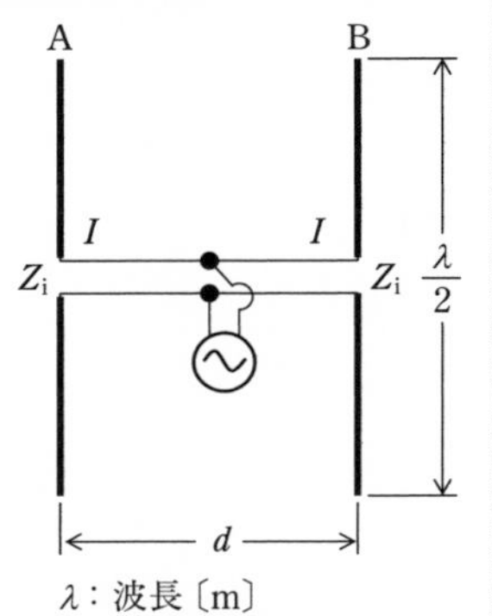

$$G = \frac{|E|^2}{P} \Big/ \frac{|E_0|^2}{P_0} = M/M_0 \quad \cdots ①$$

ただし、$M = \dfrac{|E|^2}{P}$、$M_0 = \dfrac{|E_0|^2}{P_0}$ とする。

(1) アンテナ A 及び B の入力インピーダンスは等しく、これを Z_i〔Ω〕、自己インピーダンスと相互インピーダンスも等しく、これらをそれぞれ Z_{11}〔Ω〕、Z_{12}〔Ω〕とすれば、Z_i は、次式で表される。

$Z_i =$ [ア]〔Ω〕 …②

(2) アンテナ A と同一の半波長ダイポールアンテナを基準アンテナとして、給電点の電流を I〔A〕、Z_{11} の抵抗分を R_{11}〔Ω〕とすれば、M_0 は、次式で表される。

$M_0 =$ [イ] …③

(3) アンテナ A 及び B にそれぞれ I を供給すれば、M は、次式で表される。ただし、

Z_{12} の抵抗分を R_{12}〔Ω〕とする。

$M =$ [ウ] …④

(4) 式③と④を式①へ代入すれば、アンテナ系の相対利得 G は、次式によって求められる。

$G =$ [エ] …⑤

(5) 式⑤において、R_{11} は一定値であるから、G は R_{12} のみの関数となる。R_{12} の値は [オ] によって変わるので、[オ] の大きさにより G を変えることができる。

1 $\dfrac{|E_0|^2}{R_{11}|I|^2}$　2 $2(Z_{11}+Z_{12})$　3 $\dfrac{R_{11}}{2(R_{11}+R_{12})}$　4 d

5 $\dfrac{|2E_0|^2}{2(R_{11}+R_{12})|I|^2}$　6 $Z_{11}+Z_{12}$　7 $\dfrac{|E_0|^2}{R_{11}|I|}$　8 $\dfrac{2R_{11}}{R_{11}+R_{12}}$

9 I　10 $\dfrac{|E_0|^2}{2(R_{11}+R_{12})^2|I|^2}$

解説 アンテナＡ及びＢそれぞれに電流 I を供給したとき、各アンテナからの電界強度を E_0 とすると、最大放射方向の電界強度は $2E_0$ となる。そのとき供給される電力は $2P$ となるので、M は次式で表される。

$$M = \frac{|2E_0|^2}{2P} = \frac{|2E_0|^2}{2(R_{11}+R_{12})|I|^2}$$

利得 G を求めると

$$G = \frac{M}{M_0} = \frac{\dfrac{|2E_0|^2}{2(R_{11}+R_{12})|I|^2}}{\dfrac{|E_0|^2}{R_{11}|I|^2}} = \frac{2R_{11}}{R_{11}+R_{12}}$$

アンテナの間隔 d が変化すると、相互インピーダンス $\dot{Z}_{12} = R_{12} + jX_{12}$ が変化するので、d の大きさにより G を変えることができる。

▶ **解答　ア－6　イ－1　ウ－5　エ－8　オ－4**

B－2　05(1①)　03(7②)

次の記述は、TEM 波について述べたものである。このうち正しいものを 1、誤っているものを 2 として解答せよ。

ア　電磁波の伝搬方向に電界及び磁界成分が存在する縦波である。

イ　電磁波の伝搬方向に直角な平面内では、電界と磁界が常に逆相で振動する。

ウ　導波管中を伝搬できない。

エ　平行二線式給電線を伝搬できる。

オ　真空の固有インピーダンスは、約 377〔Ω〕である。

解説 誤っている選択肢は次のようになる。

ア　電磁波の伝搬方向に電界及び磁界成分が**存在しない横波**である。

イ　電磁波の伝搬方向に直角な平面内では、電界と磁界が常に**同相**で振動する。

▶ **解答　ア－2　イ－2　ウ－1　エ－1　オ－1**

B－3　類05(7②)　04(1②)　類03(7①)　03(1①)　類02(11②)

次の記述は、図に示すスロットアレーアンテナから放射される電波の偏波について述べたものである。[　　]内に入れるべき字句を下の番号から選べ。ただし、スロットアレーアンテナはxy面に平行な面を大地に平行に置き、管内にはTE_{10}モードの電磁波が伝搬しているものとし、管内波長はλ_g〔m〕とする。また、$\lambda_g/2$〔m〕の間隔で交互に傾斜方向を変えてスロットがあけられているものとする。なお、同じ記号の[　　]内には、同じ字句が入るものとする。

(1) yz面に平行な管壁にはz軸に[ア]な電流が流れており、スロットはこの電流の流れを妨げるので、電波を放射する。

(2) 管内におけるy軸方向の電界分布は、管内波長の[イ]の間隔で反転しているので、管壁に流れる電流の方向も同じ間隔で反転している。交互に傾斜角の方向が変わるように開けられた各スロットから放射される電波の[ウ]の方向は、各スロットに垂直な方向となる。

(3) 隣り合う二つのスロットから放射された電波の電界をそれぞれy成分とz成分に分解すると、[エ]は互いに逆向きであるが、もう一方の成分は同じ向きになる。このため、[エ]が打ち消され、もう一方の成分は加え合わされるので、偏波は[オ]。

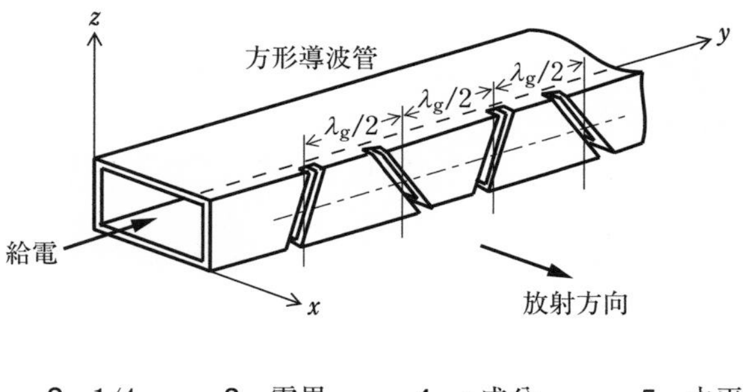

1　垂直	2　1/4	3　電界	4　z成分	5　水平偏波となる
6　平行	7　1/2	8　磁界	9　y成分	10　垂直偏波となる

解説　導波管内をTE_{10}モードで伝搬する電磁波は、電界が導波管の長辺に直角方向なので、管壁の電流はz軸に平行な方向に流れる。各スロットの間隔lは、管内波長λ_gの1/2なので、隣り合う二つのスロットではz軸方向の電流は互いに逆向きとなり、スロットから放射される電界のうち、z軸方向の垂直成分は互いに打ち消される。スロットの傾斜する向きが互いに異なるので、電界のy軸方向の水平成分は加え合わされ、偏波は水平偏波となる。

▶解答　ア－6　イ－7　ウ－3　エ－4　オ－5

B－4　03(7②)　02(11①)

次の記述は、マイクロ波(SHF)帯の電波の対流圏伝搬について述べたものである。[　　]内に入れるべき字句を下の番号から選べ。なお、同じ記号の[　　]内には、同じ字句が入るものとする。

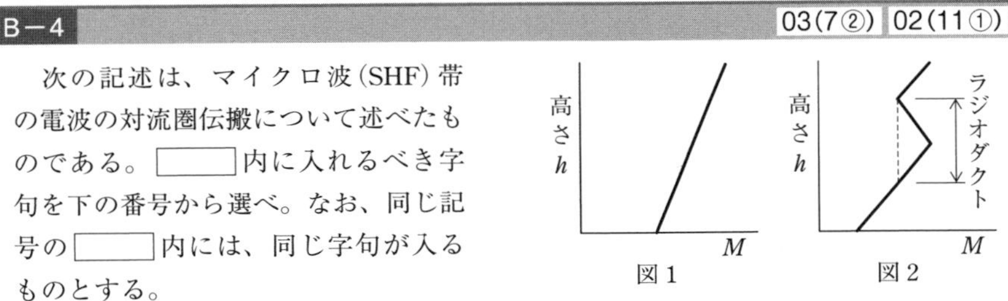

図１　図２

(1) 標準大気において、大気の屈折率nは地表からの高さとともに[ア]するから、標準大気中の電波通路は、送受信点間を結ぶ直線に対して上方に凸にわん曲する。

(2) 実際の大地は球面であるが、これを平面大地上の伝搬として等価的に取り扱うために、$m = n + (h/R)$で与えられる修正屈折率mが定義されている。ここで、h〔m〕は地表からの高さ、R〔m〕は地球の[イ]である。mは1に極めて近い値で不便なので、修正屈折示数Mを用いる。Mは、$M =$ [ウ] $\times 10^6$で与えられ、標準大気では地表からの高さとともに増加する。

(3) 標準大気のM曲線は、図１に示すように勾配が一定の直線となる。このM曲線の形を[エ]という。

(4) 大気中に温度などの[オ]層が生ずるとラジオダクトが発生し、電波がラジオダクトの中に閉じ込められて見通し距離より遠方まで伝搬することがある。このときのM曲線は、図２に示すように、ある範囲の高さで[エ]とは逆の勾配を持つ部分を生ずる。

1　均一　　2　$(m+1)$　　3　減少　　4　$(m-1)$　　5　標準形
6　接地形　　7　逆転　　8　増加　　9　半径　　10　等価半径

解説　大気の屈折率nは小数点以下数桁の1に極めて近い値で不便なので、修正屈折示数Mが用いられる。Mは次式で表される。

$$M = (m-1) \times 10^6 = \left(n - 1 + \frac{h}{R}\right) \times 10^6$$

地球の半径 R（≒ $6{,}370 \times 10^3$〔m〕）、標準大気では $h = 0$〔m〕のとき $n = 1.000315$ なので、このとき $M = 315$ となる。標準大気の M 曲線は、高さ h の増加と共に勾配が一定の直線となり問題図 1 で表される。この M 曲線の形を**標準形**という。

▶ **解答　ア－3　イ－9　ウ－4　エ－5　オ－7**

出題傾向　下線の部分は、ほかの試験問題で穴埋めの字句として出題されている。

関連知識　大気の状態により、M 曲線は解説図のように変化する。標準大気のときの曲線の勾配は $dM/dh = 0.118$ となり、電波は上方に凸の曲線を描き伝搬する。$dM/dh = 0$ のときに電波は地表面と平行に進み、$dM/dh < 0$ のときに電波は下方に凸の曲線を描き伝搬する。図のダクトで示すような範囲をラジオダクトと呼び、ラジオダクトが発生すると電波はダクト内で大きな屈折を繰り返しながら、見通し距離以遠にまで伝搬することがある。

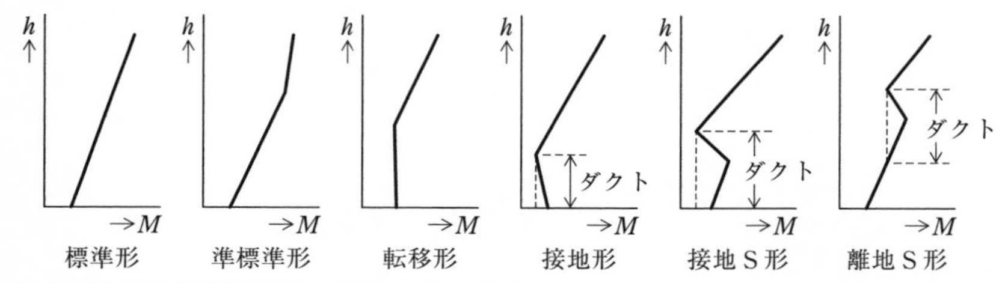

B－5　　03(7①)

次の記述は、図に示す電気的特性の等しい二つのマイクロ波アンテナの利得測定の方法について述べたものである。[　　] 内に入れるべき字句を下の番号から選べ。ただし、アンテナ間の距離 d〔m〕は、波長 λ〔m〕に比較して十分大きいものとする。

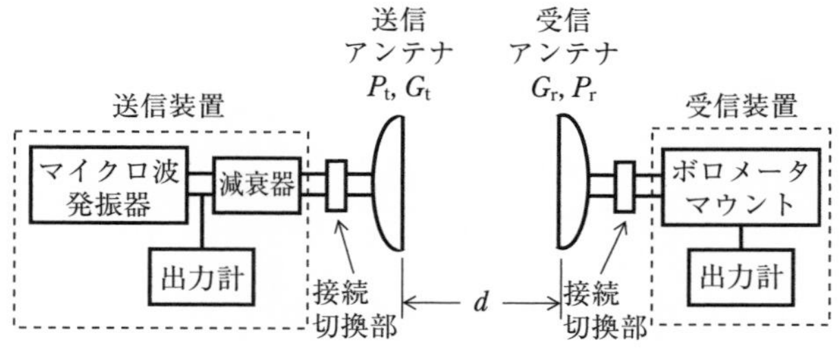

(1) 送受信アンテナの偏波面を一致させ、受信電力が［ア］となるように両アンテナの方向を調整する。そのときの送受信電力をそれぞれ P_t〔W〕及び P_r〔W〕とし、送受信アンテナの利得をそれぞれ G_t(真数)及び G_r(真数)とすれば、受信点における電力束密度 p は、次式で表される。

$p=$［イ］〔W/m²〕 …①

また、受信アンテナの実効面積 A_e は、次式で表される。

$A_e=$［ウ］〔m²〕 …②

したがって、P_r は式①と②から、次式で表される。

$P_r = A_e p =$［エ］〔W〕 …③

(2) 送受信アンテナの電気的特性が等しいことから、利得 G_t 及び G_r は等しくなり、これを G(真数)と置くと、式③から、次式が得られる。

$G_t = G_r = G =$［オ］

1 $\dfrac{P_t G_t}{4\pi d^2}$　2 $\left(\dfrac{\lambda}{4\pi d}\right)^2 G_t G_r P_t$　3 $\dfrac{\lambda^2 G_r}{4\pi}$　4 $\dfrac{4\pi d}{\lambda}\sqrt{\dfrac{P_t}{P_r}}$　5 最小

6 $\dfrac{P_t G_t}{2\pi d^2}$　7 $\left(\dfrac{\lambda}{2\pi d}\right)^2 G_t G_r P_t$　8 $\dfrac{\lambda^2 G_r}{2\pi}$　9 $\dfrac{4\pi d}{\lambda}\sqrt{\dfrac{P_r}{P_t}}$　10 最大

解説　等方性アンテナの実効面積 A_i〔m²〕は次式で表される。

$$A_i = \frac{\lambda^2}{4\pi}\text{〔m}^2\text{〕} \quad \cdots (1)$$

絶対利得 G_r のアンテナの実効面積 A_e〔m²〕は次式で表される。

$$A_e = A_i G_r = \frac{\lambda^2 G_r}{4\pi}\text{〔m}^2\text{〕} \quad \cdots (2)$$

Point
$4\pi d^2$ は半径 d の球の表面積

問題の式③は

$$P_r = A_e p = \frac{\lambda^2 G_r}{4\pi} \times \frac{P_t G_t}{4\pi d^2} = \left(\frac{\lambda}{4\pi d}\right)^2 G_t G_r P_t \quad \cdots (3)$$

$G_r = G_t = G$ とすると、式(3)は

$$P_r = \left(\frac{\lambda}{4\pi d}\right)^2 G^2 P_t \quad \cdots (4)$$

G を求めると

$$G = \frac{4\pi d}{\lambda}\sqrt{\frac{P_r}{P_t}}$$

▶**解答**　ア－10　イ－1　ウ－3　エ－2　オ－9

無線工学B（令和4年7月期①）

A－1 03(1②)

次の記述は、自由空間内の平面波を波動方程式から導出する過程について述べたものである。[　　]内に入れるべき字句の正しい組合せを下の番号から選べ。ただし、自由空間の誘電率を ε_0〔F/m〕、透磁率を μ_0〔H/m〕及び時間を t〔s〕として、電界 $\boldsymbol{E}$〔V/m〕が角周波数 ω〔rad/s〕で正弦波的に変化しているものとする。

(1) $\boldsymbol{E}$ については、以下の波動方程式が成立する。ここで、$k^2=\omega^2\mu_0\varepsilon_0$ とする。

$\nabla^2\boldsymbol{E}+k^2\boldsymbol{E}=0$ …①

(2) 直角座標系 (x, y, z) で、$\boldsymbol{E}$ が y だけの関数とすると、式①より、以下の式が得られる。

[A] $+k^2E_z=0$ …②

(3) 式②の解は、M、N を境界条件によって定まる定数とすると、次式で表される。

$E_z=Me^{-jky}+Ne^{+jky}$ …③

(4) 以下、式③の右辺の第1項で表される [B] のみを考える。ky が 2π の値をとるごとに同一の変化が繰り返されるから、$ky=2\pi$ を満たす y が波長 λ となる。すなわち、周波数を f〔Hz〕とすると、$\lambda=$ [C]〔m〕となる。

(5) 式③の右辺の第1項に時間項 $e^{j\omega t}$ を掛けると、E_z は、次式で表される。

$E_z=Me^{j(\omega t-ky)}$ …④

(6) 式④より、E_z の等位相面を表す式は、定数を K とおくと、次式で与えられる。

$\omega t-ky=K$ …⑤

(7) 式⑤の両辺を時間 t について微分すると、等位相面の進む速度、すなわち、電波の速度 v は以下のように表される。

$v=\dfrac{dy}{dt}=\dfrac{\omega}{k}=$ [D]〔ms〕

	A	B	C	D
1	$\dfrac{d^2E_z}{dy^2}$	前進波	$\dfrac{1}{f\sqrt{\mu_0\varepsilon_0}}$	$\sqrt{\mu_0\varepsilon_0}$
2	$\dfrac{d^2E_z}{dy^2}$	後退波	$\dfrac{\sqrt{\mu_0\varepsilon_0}}{f}$	$\sqrt{\mu_0\varepsilon_0}$
3	$\dfrac{d^2E_z}{dy^2}$	前進波	$\dfrac{1}{f\sqrt{\mu_0\varepsilon_0}}$	$\dfrac{1}{\sqrt{\mu_0\varepsilon_0}}$
4	$\dfrac{dE_z}{dy}$	前進波	$\dfrac{1}{f\sqrt{\mu_0\varepsilon_0}}$	$\dfrac{1}{\sqrt{\mu_0\varepsilon_0}}$
5	$\dfrac{dE_z}{dy}$	後退波	$\dfrac{\sqrt{\mu_0\varepsilon_0}}{f}$	$\sqrt{\mu_0\varepsilon_0}$

解説 x、y、z 座標軸の単位ベクトルを $\boldsymbol{i}$、$\boldsymbol{j}$、$\boldsymbol{k}$ とすると、ナブラ演算子∇は次式で表される。

$$\nabla = \boldsymbol{i}\frac{\partial}{\partial x} + \boldsymbol{j}\frac{\partial}{\partial y} + \boldsymbol{k}\frac{\partial}{\partial z} \quad \cdots (1)$$

∇^2 はラプラシアンと呼び、次式で表される。

$$\nabla^2 = \frac{\partial^2}{\partial x^2} + \frac{\partial^2}{\partial y^2} + \frac{\partial^2}{\partial z^2} \quad \cdots (2)$$

問題の式⑤の両辺を時間 t について微分すると

$$\frac{d}{dt}\omega t - \frac{d}{dt}ky = \frac{d}{dt}K$$

$$\omega - k\frac{dy}{dt} = 0 \quad \text{よって} \quad \frac{dy}{dt} = \frac{\omega}{k}$$

$k^2 = \omega^2 \mu_0 \varepsilon_0$ なので

$$v = \frac{\omega}{k} = \frac{1}{\sqrt{\mu_0 \varepsilon_0}} \ \text{〔m/s〕}$$

Point
定数 K の微分は
$$\frac{d}{dt}K = 0$$

▶ **解答　3**

出題傾向 下線の部分は、ほかの試験問題で穴埋めの字句として出題されている。

A−2 05(7②)

次の記述は、自由空間を伝搬する電波の偏波について述べたものである。このうち誤っているものを下の番号から選べ。

1 電界の方向が大地に垂直な直線偏波を一般に垂直偏波という。
2 電界の方向が大地に平行な直線偏波を一般に水平偏波という。
3 電波の伝搬方向に垂直な面上で、互いに直交する方向の電界成分の位相差が $\pi/2$〔rad〕で、振幅が異なるとき、一般に楕円偏波という。
4 電波の伝搬方向に垂直な面上で、互いに直交する方向の電界成分の位相差が 0〔rad〕又は π〔rad〕で、振幅が異なるとき、一般に円偏波という。
5 楕円偏波の長軸方向の電界強度 E_1 と短軸方向の電界強度 E_2 との比 (E_1/E_2) を軸比といい、軸比（真数）の大きさが∞に近いほど直線偏波に近く、1に近いほど円偏波に近い。

解説 誤っている選択肢は次のようになる。

4 電波の伝搬方向に垂直な面上で、互いに直交する方向の電界成分の位相差が $\boldsymbol{\pi/2}$ **〔rad〕**で、**振幅が同じ**とき、一般に円偏波という。

▶ **解答　4**

出題傾向 穴埋め補完式の問題としても出題されている。

A－3 02(11①)

次の記述は、半波長ダイポールアンテナの実効面積を求める過程について述べたものである。[　　]内に入れるべき字句の正しい組合せを下の番号から選べ。ただし、波長を λ〔m〕とする。

(1) 電界強度が E〔V/m〕の地点での電力束密度 p は、次式で与えられる。

p = [A]〔W/m²〕 … ①

(2) 電界強度が E〔V/m〕の地点にある半波長ダイポールアンテナの放射抵抗を R〔Ω〕とすると、最大電力（受信有能電力）P_r は、次式で表される。

P_r = [B]〔W〕 … ②

(3) 半波長ダイポールアンテナの実効面積 A_e は、次式で定義されている。

$A_e = P_r/p$〔m²〕

したがって、式①及び②から A_e は、次式で求められる。

A_e = [C]〔m²〕

	A	B	C
1	$\dfrac{E^2}{60\pi}$	$\dfrac{1}{4R}\left(\dfrac{\lambda}{\pi}E\right)^2$	$\dfrac{30\lambda^2}{\pi R}$
2	$\dfrac{E^2}{60\pi}$	$\dfrac{\lambda E^2}{\pi R}$	$\dfrac{120\lambda}{R}$
3	$\dfrac{E^2}{120\pi}$	$\dfrac{1}{4R}\left(\dfrac{\lambda}{\pi}E\right)^2$	$\dfrac{30\lambda^2}{\pi R}$
4	$\dfrac{E^2}{60\pi}$	$\dfrac{\lambda E^2}{\pi R}$	$\dfrac{60\lambda}{R}$
5	$\dfrac{E^2}{120\pi}$	$\dfrac{1}{R}\left(\dfrac{\lambda}{\pi}E\right)^2$	$\dfrac{15\lambda^2}{\pi R}$

解説 電界強度 E〔V/m〕の地点の電力束密度 p〔W/m²〕は、ポインチングの定理より

$$p = \frac{E^2}{Z_0} = \frac{E^2}{120\pi} \text{〔W/m}^2\text{〕} \quad \cdots (1)$$

Point
自由空間の特性インピーダンス $Z_0 = 120\pi$〔Ω〕

半波長ダイポールアンテナの実効長を $l_e = \lambda/\pi$〔m〕とすると、アンテナに誘起する電圧 V〔V〕は、$V = El_e$ で表される。また、負荷に最大電力が供給される条件は放射抵抗と負荷抵抗が等しくなったときなので、そのとき負荷に加わる電圧を $V/2$ とすると、最大電力 P_r〔W〕は

$$P_r = \frac{1}{R}\left(\frac{V}{2}\right)^2 = \frac{1}{4R}\left(\frac{\lambda}{\pi}E\right)^2 \text{〔W〕} \quad \cdots \ (2)$$

半波長ダイポールアンテナの実効面積 A_e〔m²〕は、式(1)、式(2)より

$$A_e = \frac{P_r}{p} = \frac{\lambda^2 E^2}{4R\pi^2} \times \frac{120\pi}{E^2} = \frac{30\lambda^2}{\pi R} \text{〔m}^2\text{〕}$$

▶ **解答　3**

A－4　06(1)　03(1①)

自由空間に置かれた直径１〔m〕のパラボラアンテナの最大放射方向の距離 10〔km〕の地点の電界強度の値として、最も近いものを下の番号から選べ。ただし、周波数を３〔GHz〕、送信電力を 10〔W〕、アンテナの開口効率を 0.6 とし、$\sqrt{1.8} = 1.3$ とする。

1　10〔mV/m〕　**2**　22〔mV/m〕　**3**　41〔mV/m〕
4　63〔mV/m〕　**5**　85〔mV/m〕

解説　周波数 $f = 3$〔GHz〕$= 3 \times 10^9$〔Hz〕の電波の波長 λ〔m〕は

$$\lambda \fallingdotseq \frac{3 \times 10^8}{f} = \frac{3 \times 10^8}{3 \times 10^9} = 10^{-1} \text{〔m〕}$$

パラボラアンテナの開口効率を η、開口面の直径を D〔m〕とすると、絶対利得 G_I（真数）は次式で表される。

$$G_I = \eta\left(\frac{\pi D}{\lambda}\right)^2 = 0.6 \times \frac{\pi^2 \times 1^2}{(10^{-1})^2} = 60 \times \pi^2$$

Point
次の式で $\sqrt{\ }$ をとるので π^2 のままにする

放射電力を P〔W〕、距離を d〔m〕とすると電界強度 E〔V/m〕は

$$E = \frac{\sqrt{30 G_I P}}{d} = \frac{\sqrt{30 \times 60 \times \pi^2 \times 10}}{10 \times 10^3}$$

$$= \sqrt{1.8 \times \pi^2 \times 10^4} \times 10^{-4} \fallingdotseq 1.3 \times 3.14 \times 10^{-2}$$

$$\fallingdotseq 40.8 \times 10^{-3} \text{〔V/m〕} \fallingdotseq 41 \text{〔mV/m〕}$$

▶ **解答　3**

関連知識

開口面アンテナの実効面積を A_e〔m²〕、幾何学的な開口面積を A〔m²〕とすると開口効率 η は

$$\eta = \frac{A_e}{A}$$

等方性アンテナの実効面積 A_I〔m²〕は

$$A_I = \frac{\lambda^2}{4\pi} \text{〔m}^2\text{〕}$$

実効面積 A_e のアンテナの絶対利得 G_I は、開口面の直径を D〔m〕とすると

$$G_I = \frac{A_e}{A_I} = \frac{4\pi}{\lambda^2} A_e$$

$$= \frac{4\pi}{\lambda^2} \eta\pi\left(\frac{D}{2}\right)^2 = \eta\left(\frac{\pi D}{\lambda}\right)^2$$

A－5 類 05(1①) 03(7①)

次の記述は、アンテナの利得及び指向性について述べたものである。[　　] 内に入れるべき字句の正しい組合せを下の番号から選べ。

(1) 受信アンテナの利得及び指向性は、[A] により、それを送信アンテナとして使用したときの利得及び指向性と同じである。

(2) 同じアンテナを直線上で同じ方向に 2 個並べたアンテナの指向性は、アンテナ単体の指向性に [B] を掛けたものに等しい。

(3) 等方性アンテナの半波長ダイポールアンテナに対する相対利得は、約 [C] (真数) である。

	A	B	C
1	可逆定理	利得係数	1.64
2	可逆定理	配列指向係数（アレーファクタ）	0.61
3	可逆定理	利得係数	0.61
4	バビネの原理	配列指向係数（アレーファクタ）	0.61
5	バビネの原理	利得係数	1.64

解説 絶対利得は等方性アンテナ基準にした利得であり、相対利得は半波長ダイポールアンテナを基準にした利得である。半波長ダイポールアンテナの絶対利得は 1.64 であり、等方性アンテナの相対利得は $1/1.64 \fallingdotseq 0.61$ となる。

▶ **解答　2**

出題傾向 基本アンテナの利得に関しては次の値が出題されている。
相対利得（半波長ダイポールアンテナ比）は絶対利得（等方性アンテナ比）より約 0.61 倍、約 2.15〔dB〕低い。微小ダイポールの絶対利得は約 1.5 倍、約 1.76〔dB〕。微小ダイポールの相対利得は約 －0.39〔dB〕。半波長ダイポールアンテナの絶対利得は約 1.64 倍、約 2.15〔dB〕。等方性アンテナの相対利得は約 0.61 倍、約 －2.15〔dB〕。

A－6 02(11①)

特性インピーダンスが 75〔Ω〕の無損失給電線に、$15+j30$〔Ω〕の負荷インピーダンスを接続したときの電圧透過係数の値として、正しいものを下の番号から選べ。

1　$0.5-j0.5$　　2　$0.5+j0.5$　　3　$0.6+j0.2$　　4　$0.6-j0.2$　　5　$0.8+j0.6$

解説 給電線の特性インピーダンスを Z_0〔Ω〕、負荷インピーダンスを $\dot{Z}_R$〔Ω〕、電圧反射係数を Γ とすると、電圧透過係数 T は次式で表される。

$$T = 1 + \Gamma = 1 + \frac{\dot{Z}_R - Z_0}{\dot{Z}_R + Z_0} = \frac{2\dot{Z}_R}{\dot{Z}_R + Z_0} = \frac{2 \times (15 + j30)}{15 + j30 + 75}$$

$$= \frac{30+j60}{90+j30} = \frac{1+j2}{3+j1} = \frac{(1+j2)(3-j1)}{(3+j1)(3-j1)}$$

$$= \frac{3+j6-j1+2}{3^2+1^2} = \frac{5+j5}{10} = 0.5+j0.5$$

▶ **解答　2**

$(a+b)(c-d) = ac+bc-ad-bd$
$(a+b)(a-b) = a^2-b^2$
$j^2 = -1$

A－7　03(1②)

図に示すように、特性インピーダンスが Z_i〔Ω〕の平行二線式給電線と負荷抵抗 R〔Ω〕との間に特性インピーダンスが Z_0〔Ω〕で、長さが l〔m〕の給電線を挿入して整合させた場合の Z_0 と l の組合せとして、正しいものを下の番号から選べ。ただし、端子 ab から負荷側を見たインピーダンス Z_{ab}〔Ω〕は、波長を λ〔m〕とすると次式で与えられる。また、各線路は無損失線路とし、R、Z_i、Z_0 の値は、それぞれ異なり、n は 0 又は正の整数とする。

$$Z_{ab} = Z_0\left(\frac{R\cos(2\pi l/\lambda)+jZ_0\sin(2\pi l/\lambda)}{Z_0\cos(2\pi l/\lambda)+jR\sin(2\pi l/\lambda)}\right)$$

	Z_0	l
1	$\sqrt{RZ_i}$〔Ω〕	$\lambda/4+n\lambda/2$〔m〕
2	$\sqrt{\dfrac{RZ_i}{2}}$〔Ω〕	$\lambda/8+n\lambda/2$〔m〕
3	$\sqrt{RZ_i}$〔Ω〕	$\lambda/2+n\lambda/4$〔m〕
4	$\sqrt{\dfrac{RZ_i}{2}}$〔Ω〕	$\lambda/4+n\lambda/2$〔m〕
5	$\sqrt{\dfrac{RZ_i}{2}}$〔Ω〕	$\lambda/2+n\lambda/4$〔m〕

解説　負荷抵抗 R〔Ω〕と線路の特性インピーダンス Z_0、Z_i〔Ω〕が純抵抗なので、端子 ab から負荷側を見たインピーダンス Z_{ab}〔Ω〕が純抵抗になったときに整合をとることができる。ここで $\beta=2\pi/\lambda$ とすると、問題で与えられた式において、$\cos\beta l=0$ となるときに整合がとれるので、これは $\beta l=\pi/2$（l で表すと $l=\lambda/4$）のときである。これを与えられた式に代入すると

$$Z_{ab} = Z_0 \frac{R\cos\beta l + jZ_0 \sin\beta l}{Z_0 \cos\beta l + jR\sin\beta l}$$

$$= Z_0 \frac{R\cos(\pi/2) + jZ_0 \sin(\pi/2)}{Z_0 \cos(\pi/2) + jR\sin(\pi/2)}$$

$$= \frac{Z_0^2}{R} \ [\Omega] \quad \cdots \ (1)$$

Point
$\sin\beta l = 0$ のときも Z_{ab} は純抵抗になるが、$Z_{ab} = R$ となって、題意のそれぞれ異なる条件と合わない

Point
$\cos(\pi/2) = 0 \quad \sin(\pi/2) = 1$

整合がとれるのは $Z_{ab} = Z_i$ なので、式(1)に代入すると

$$Z_i = \frac{Z_0^2}{R} \quad \text{よって} \quad Z_0 = \sqrt{RZ_i} \ [\Omega]$$

Z_{ab} は、$\beta l = \pi$ ごと（l で表すと $l = \lambda/2$ ごと）に同じ値をとるので、l が $\lambda/4 + n\lambda/2$〔m〕のときに整合をとることができる。

▶ **解答　1**

A－8　　29(1)

次の記述は、同軸線路の特性について述べたものである。このうち誤っているものを下の番号から選べ。

1　通常、直流から TEM 波のみが伝搬する周波数帯まで用いられる。
2　抵抗損および誘電体損は、周波数が高くなるにつれてともに増加する。
3　比誘電率が ε_s の誘電体が充てんされているときの特性インピーダンスは、比誘電率が 1 の誘電体が充てんされているときの特性インピーダンスの $1/\varepsilon_s$ 倍となる。
4　比誘電率が ε_s の誘電体が充てんされているときの位相定数は、比誘電率が 1 の誘電体が充てんされているときの位相定数の $\sqrt{\varepsilon_s}$ 倍となる。
5　通常、最も遮断波長が長い TE_{11} 波が発生する周波数より高い周波数領域では用いられない。

解説　誤っている選択肢は次のようになる。

3　比誘電率が ε_s の誘電体が充てんされているときの特性インピーダンスは、比誘電率が 1 の誘電体が充てんされているときの特性インピーダンスの $\boldsymbol{1/\sqrt{\varepsilon_s}}$ **倍**となる。

▶ **解答　3**

A－9　　03(1①)

次の記述は、図 1、図 2 及び図 3 に示す TE_{10} 波が伝搬している方形導波管の管内に挿入されたリアクタンス素子について述べたものである。［　　］内に入れるべき字句の正しい組合せを下の番号から選べ。ただし、導波管の内壁の短辺と長辺の比は 1 対 2 とし、管内波長を λ_g〔m〕とする。

(1) 導波管の管内に挿入された薄い金属片又は金属棒は、平行二線式給電線にリアクタンス素子を［A］に接続したときのリアクタンス素子と等価な働きをするので、整合をとるときに用いられる。

(2) 図１に示すように、導波管内壁の長辺の上下両側又は片側に管軸と直角に挿入された薄い金属片は、［B］の働きをする。

(3) 図２に示すように、導波管内壁の短辺の左右両側又は片側に管軸と直角に挿入された薄い金属片は、［C］の働きをする。

(4) 図３に示すように、導波管に細い金属棒（ねじ）が電界と平行に挿入されたとき、金属棒の挿入長 l〔m〕が［D］〔m〕より長いとインダクタンスとして働き、短いとキャパシタンスとして働く。

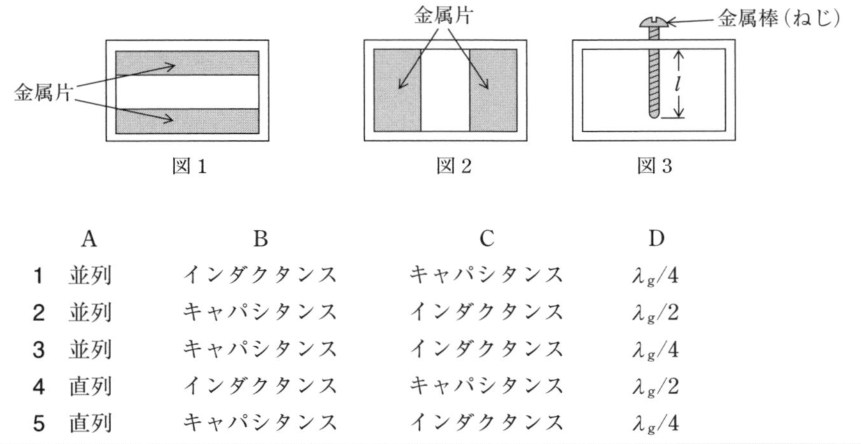

図１　図２　図３

	A	B	C	D
1	並列	インダクタンス	キャパシタンス	$\lambda_g/4$
2	並列	キャパシタンス	インダクタンス	$\lambda_g/2$
3	並列	キャパシタンス	インダクタンス	$\lambda_g/4$
4	直列	インダクタンス	キャパシタンス	$\lambda_g/2$
5	直列	キャパシタンス	インダクタンス	$\lambda_g/4$

解説　問題図３の金属棒は、アンテナ素子と等価な働きをするので、1/4 波長垂直接地アンテナとして考えることができる。

▶ **解答　3**

Point
コンデンサ（キャパシタンス）の働きは容量性窓、コイル（インダクタンス）の働きは誘導性窓という

A－10　類 05(7①)　類 05(7②)　類 04(1①)　類 03(7②)　類 02(11①)　類 02(11②)

次の記述は、各種アンテナの特徴について述べたものである。このうち誤っているものを下の番号から選べ。

1　半波長ダイポールアンテナを垂直方向の一直線上に等間隔に多段接続した構造のコーリニアアレーアンテナは、隣り合う各放射素子を互いに同振幅、同位相で励振する。

2　スリーブアンテナのスリーブの長さは、約 1/4 波長である。

3　対数周期ダイポールアレーアンテナは、隣り合うアンテナ素子の長さの比及び各アンテナ素子の先端を結ぶ2本の直線の交点（頂点）から隣り合うアンテナ素子までの距離の比を一定とし、隣り合うアンテナ素子ごとに同位相で給電する広帯域アンテナである。

4　ブラウンアンテナの放射素子と地線の長さは共に約1/4波長であり、地線は同軸給電線の外部導体と接続されている。

5　素子の太さが同じ二線式折返し半波長ダイポールアンテナの受信開放電圧は、同じ太さの半波長ダイポールアンテナの受信開放電圧の約2倍である。

解説 誤っている選択肢は、次のようになる。

3　対数周期ダイポールアレーアンテナは、隣り合うアンテナ素子の長さの比及び各アンテナ素子の先端を結ぶ2本の直線の交点（頂点）から隣り合うアンテナ素子までの距離の比を一定とし、隣り合うアンテナ素子ごとに**逆位相**で給電する広帯域アンテナである。

▶ **解答　3**

A－11　05(7②)　03(7①)

次の記述は、図に示す誘電体レンズの波源Oから誘電体上の点Pまでの距離を求める式の算出について述べたものである［　　］内に入れるべき字句の正しい組合せを下の番号から選べ。ただし、中心線R′Fの延長線上のOからレンズ面上の点F及び点Pまでの距離を、それぞれl〔m〕及びr〔m〕とし、OFとOPのなす角をθ度とする。

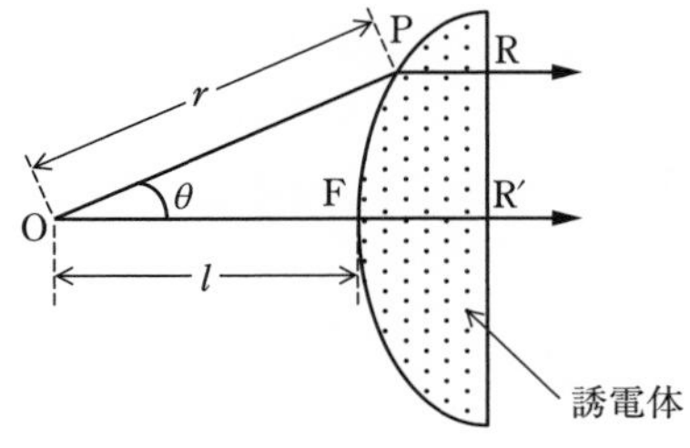

(1)　自由空間の伝搬速度をV_o〔m/s〕、誘電体中の伝搬速度をV_d〔m/s〕とすれば、Oから発射された電波が点Rと点R′に到達する時間は等しくなければならないので、次式が成り立つ。

$$\frac{l}{V_o} + \boxed{\text{A}} = \frac{r}{V_o}\text{〔s〕} \quad \cdots ①$$

(2)　誘電体レンズの屈折率をnとすれば、次式の関係がある。

$$n = \boxed{\text{B}} \quad \cdots ②$$

したがって、式②を式①に代入すれば、rは次式となる。

$$r = \boxed{\text{C}}\text{〔m〕}$$

	A	B	C
1	$\dfrac{r\cos\theta+l}{V_d}$	$\dfrac{V_d}{V_o}$	$\dfrac{(n-1)\,l}{n-\cos\theta}$
2	$\dfrac{r\cos\theta+l}{V_d}$	$\dfrac{V_o}{V_d}$	$\dfrac{(n+1)\,l}{1-n\cos\theta}$
3	$\dfrac{r\cos\theta-l}{V_d}$	$\dfrac{V_d}{V_o}$	$\dfrac{(n-1)\,l}{n-\cos\theta}$
4	$\dfrac{r\cos\theta-l}{V_d}$	$\dfrac{V_o}{V_d}$	$\dfrac{(n-1)\,l}{n\cos\theta-1}$
5	$\dfrac{r\cos\theta-l}{V_d}$	$\dfrac{V_d}{V_o}$	$\dfrac{(n+1)\,l}{n\cos\theta-1}$

解説　解説図のように点Rと点R′に平行な直線を点Pと点P′に引くと、$l+x=r\cos\theta$ となるので、Oから発射された電波が点Rと点R′に到達する時間が等しいとすると、次式が成り立つ。

$$\frac{r}{V_0}+\frac{y}{V_d}=\frac{l}{V_0}+\frac{x}{V_d}+\frac{y}{V_d}$$

$$=\frac{l}{V_0}+\frac{r\cos\theta-l}{V_d}+\frac{y}{V_d}$$

よって

$$\frac{l}{V_0}+\frac{r\cos\theta-l}{V_d}=\frac{r}{V_0}\ \text{〔s〕}\quad\cdots\ (1)$$

自由空間（真空）の屈折率を $n_0=1$、とすると次式の関係がある。

$$\frac{n}{n_0}=\frac{V_0}{V_d}\quad よって\quad n=\frac{V_0}{V_d}\quad\cdots\ (2)$$

式(1)より

$$\frac{r\cos\theta-l}{V_d}=\frac{r-l}{V_0}$$

$$\frac{V_0}{V_d}(r\cos\theta-l)=r-l\quad\cdots\ (3)$$

式(3)に式(2)を代入すると

$$nr\cos\theta-nl=r-l$$

$$r(n\cos\theta-1)=(n-1)\,l$$

よって　$r=\dfrac{(n-1)\,l}{n\cos\theta-1}$〔m〕

▶ **解答　4**

A－12 02(11①)

次の記述は、グレゴリアンアンテナについて述べたものである。[　　]内に入れるべき字句の正しい組合せを下の番号から選べ。

(1) 主反射鏡に回転放物面、副反射鏡に回転楕円面の[A]を用い、副反射鏡の一方の焦点を主反射鏡の焦点と一致させ、他方の焦点を一次放射器の[B]中心と一致させた構造である。

(2) また、[C]によるブロッキングをなくして、サイドローブ特性を良好にするために、オフセット型が用いられる。

	A	B	C
1	凹面側	開口端	一次放射器
2	凹面側	位相	副反射鏡
3	凸面側	位相	一次放射器
4	凸面側	開口端	一次放射器
5	凸面側	開口端	副反射鏡

▶ **解答 2**

出題傾向 下線の部分は、ほかの試験問題で穴埋めの字句として出題されている。

A－13 05(7①) 03(7②)

開口面の縦及び横の長さがそれぞれ 7〔cm〕及び 10〔cm〕の角錐ホーンアンテナを、周波数 6〔GHz〕で使用したときの絶対利得の値として、最も近いものを下の番号から選べ。ただし、電界(E)面及び磁界(H)面の開口効率を、それぞれ 0.76 及び 0.75 とする。

1　13〔dB〕　2　15〔dB〕　3　18〔dB〕　4　20〔dB〕　5　25〔dB〕

解説 周波数 $f = 6$〔GHz〕$= 6 \times 10^9$〔Hz〕の電波の波長 λ〔m〕は

$$\lambda \fallingdotseq \frac{3 \times 10^8}{f} = \frac{3 \times 10^8}{6 \times 10^9} = 5 \times 10^{-2}\ \text{〔m〕}$$

開口面の縦及び横の長さを a、b〔m〕、開口効率を $\eta_E = 0.76$、$\eta_H = 0.75$ とすると、絶対利得 G_I は

$$G_I = \frac{4\pi ab}{\lambda^2}\eta_E \eta_H = \frac{4 \times 3.14 \times 7 \times 10^{-2} \times 10 \times 10^{-2}}{(5 \times 10^{-2})^2} \times 0.76 \times 0.75$$

$$= \frac{4 \times 3.14 \times 7 \times 10 \times 0.76 \times 0.75}{5 \times 5} \times 10^{-4+4} \fallingdotseq 20$$

dB で求めると

$$G_{\mathrm{IdB}} = 10\log_{10}20 = 10\log_{10}2 + 10\log_{10}10$$
$$\fallingdotseq 3 + 10 = 13\ 〔\mathrm{dB}〕$$

Point
真数の掛け算は log の足し算
$\log_{10}10^1 = 1$
$\log_{10}2 \fallingdotseq 0.3$

▶ **解答　1**

A－14　03(1①)

次の記述は、図に示す第１フレネルゾーンについて述べたものである。［　　］内に入れるべき字句の正しい組合せを下の番号から選べ。

(1) 送信点Ｔから受信点Ｒ方向に測った距離 d〔m〕の地点における第１フレネルゾーンの回転楕円体の断面の半径 r〔m〕は、送受信点間の距離を D〔m〕、波長を λ〔m〕とすれば、次式で与えられる。

$r =$［　A　］〔m〕

(2) 周波数が 10〔GHz〕、d が 15〔km〕の地点での r が 15〔m〕となるとき、送受信点間の距離 D は約［　B　］〔km〕である。

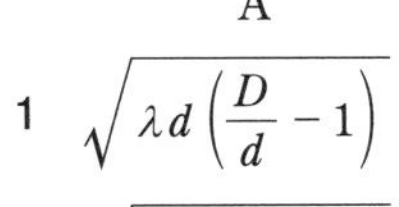

	A	B
1	$\sqrt{\lambda d\left(\dfrac{D}{d}-1\right)}$	6
2	$\sqrt{\lambda d\left(\dfrac{D}{d}-1\right)}$	12
3	$\sqrt{\lambda d\left(\dfrac{D}{d}-1\right)}$	18
4	$\sqrt{\lambda d\left(1-\dfrac{d}{D}\right)}$	24
5	$\sqrt{\lambda d\left(1-\dfrac{d}{D}\right)}$	30

解説　問題図において、第１フレネルゾーンは、$\overline{\mathrm{TP}}+\overline{\mathrm{PR}}$ の距離と D との通路差が半波長 $(\lambda/2)$ となるときなので

$$\overline{\mathrm{TP}}+\overline{\mathrm{PR}}-D=\sqrt{d^2+r^2}+\sqrt{(D-d)^2+r^2}-D=\frac{\lambda}{2} \quad \cdots (1)$$

ここで、$d \gg r$、$D \gg r$ とすれば、２項定理より次式が得られる。

$$\sqrt{d^2+r^2}=d\left(1+\frac{r^2}{d^2}\right)^{1/2}\fallingdotseq d\left(1+\frac{1}{2}\times\frac{r^2}{d^2}\right)=d+\frac{1}{2}\times\frac{r^2}{d} \quad \cdots (2)$$

$$\sqrt{(D-d)^2+r^2}=(D-d)\left(1+\frac{r^2}{(D-d)^2}\right)^{1/2}\fallingdotseq(D-d)\left(1+\frac{1}{2}\times\frac{r^2}{(D-d)^2}\right)$$

$$=(D-d)+\frac{1}{2}\times\frac{r^2}{D-d}\quad\cdots(3)$$

式(1)に式(2)と式(3)を代入して

$$d+\frac{1}{2}\times\frac{r^2}{d}+(D-d)+\frac{1}{2}\times\frac{r^2}{D-d}-D$$

$$=\frac{1}{2}\times\frac{r^2}{d}+\frac{1}{2}\times\frac{r^2}{D-d}=\frac{r^2}{2}\left(\frac{1}{d}+\frac{1}{D-d}\right)=\frac{r^2}{2}\left(\frac{D}{d(D-d)}\right)=\frac{\lambda}{2}\quad\cdots(4)$$

式(4)より、rを求めると

$$r^2=\frac{\lambda d(D-d)}{D}=\lambda d\left(1-\frac{d}{D}\right)\quad\cdots(5)$$

よって　$r=\sqrt{\lambda d\left(1-\dfrac{d}{D}\right)}$〔m〕　$\cdots(6)$

周波数$f=10$〔GHz〕$=10\times10^9$〔Hz〕の電波の波長λ〔m〕は

$$\lambda\fallingdotseq\frac{3\times10^8}{f}=\frac{3\times10^8}{10\times10^9}=3\times10^{-2}\text{〔m〕}$$

式(5)より、Dを求めると

$$r^2=\lambda d-\frac{\lambda d^2}{D}$$

$$D=\frac{\lambda d^2}{\lambda d-r^2}=\frac{3\times10^{-2}\times(15\times10^3)^2}{3\times10^{-2}\times15\times10^3-15^2}$$

$$=\frac{3\times15^2\times10^4}{2\times15\times15-15^2}=\frac{3\times10^4}{2-1}=3\times10^4\text{〔m〕}=30\text{〔km〕}$$

▶ **解答　5**

数学の公式　2項定理

$$(1+x)^n=1+nx+\frac{n(n-1)}{1\times2}x^2+\frac{n(n-1)(n-2)}{1\times2\times3}x^3+\cdots$$

$x\ll1$のときは

$$(1+x)^n\fallingdotseq1+nx$$

A－15　06(1)

次の記述は、平面大地における電波の反射について述べたものである。[　　　]内に入れるべき字句の正しい組合せを下の番号から選べ。なお、同じ記号の[　　　]内には、同じ字句が入るものとする。

(1) 平面大地の反射係数は、0度又は90度以外の入射角において、水平偏波と垂直偏波とではその値が異なり、[A]の方の値が大きいが、入射角が90度に近いときには、いずれも1に近い値となる。
(2) 垂直偏波では、反射係数が最小となる入射角があり、この角度を[B]と呼ぶ。
(3) 垂直偏波では、[B]以下の入射角のとき、反射波の位相が[C]に対して逆位相であるため、円偏波を入射すると反射波は、逆回りの円偏波となる。

	A	B	C
1	垂直偏波	ブルースター角	水平偏波
2	垂直偏波	最小入射角	垂直偏波
3	垂直偏波	最小入射角	水平偏波
4	水平偏波	最小入射角	垂直偏波
5	水平偏波	ブルースター角	水平偏波

解説 水平偏波では、入射角が変化しても反射波の位相は、位相角が180度のほぼ逆位相で変化しない。垂直偏波では、ブルースター角以下の入射角のとき、反射波の位相は位相角が0度のほぼ同位相であり、ブルースター角よりも大きくなると、位相角が180度のほぼ逆位相に大きく変化する。

水平偏波と垂直偏波の反射波の位相が同じ逆位相の場合は、電界を基準とした磁界の位相は同じなので円偏波を入射しても反射波の旋回する向きは変化しない。水平偏波と垂直偏波の反射波の位相が逆位相になる場合は、電界を基準とした磁界の位相が入射波と反射波とで逆転するので、円偏波を入射すると反射波は、逆回りの円偏波となる。

▶ **解答　5**

A−16　　02(11②)

周波数10〔GHz〕の電波を用いて地球局から3〔kW〕の出力で、静止衛星の人工衛星局へ送信したとき、絶対利得が20〔dB〕のアンテナを用いた人工衛星局の受信機入力が−84〔dBW〕であった。このときの地球局のアンテナの絶対利得の値として、最も近いものを下の番号から選べ。ただし、給電系の損失及び大気による損失は無視するものとし、静止衛星と地球局との距離を36,000〔km〕とする。また、1〔W〕= 0〔dBW〕、$\log_{10}2 = 0.3$ 及び $\log_{10}3 = 0.5$ とする。

1　60〔dB〕　2　65〔dB〕　3　70〔dB〕　4　75〔dB〕　5　80〔dB〕

解説 周波数 $f = 10$〔GHz〕$= 10 \times 10^9$〔Hz〕の電波の波長 λ〔m〕は

$$\lambda \fallingdotseq \frac{3 \times 10^8}{f} = \frac{3 \times 10^8}{10 \times 10^9} = 3 \times 10^{-2} \text{〔m〕}$$

距離 $d = 36{,}000$〔km〕$= 36 \times 10^6$〔m〕による伝搬損失 Γ〔dB〕は

$$\Gamma = 10\log_{10}\left(\frac{4\pi d}{\lambda}\right)^2 = 2 \times 10\log_{10}\left(\frac{4 \times \pi \times 36 \times 10^6}{3 \times 10^{-2}}\right)$$

$$\fallingdotseq 20\log_{10}(15 \times 10^9) = 20\log_{10}\left(\frac{3 \times 10}{2} \times 10^9\right)$$

$$= 20\log_{10}3 + 20\log_{10}10 - 20\log_{10}2 + 20\log_{10}10^9$$

$$\fallingdotseq 10 + 20 - 6 + 180 = 204 \text{〔dB〕}$$

Point
真数の掛け算は、log の足し算
真数の割り算は、log の引き算

送信電力を dBW で表すと P_T〔dBW〕は

$$10\log_{10}P_T = 10\log_{10}(3 \times 10^3) = 10\log_{10}3 + 10\log_{10}10^3$$

$$= 5 + 30 = 35 \text{〔dBW〕}$$

地球局及び人工衛星局のアンテナの絶対利得を、それぞれ G_T〔dB〕、G_R〔dB〕、人工衛星局の受信機入力を P_R〔dBW〕、地球局の送信機出力電力を P_T〔dBW〕とすると、次式が成り立つ。

$$P_R = P_T + G_T + G_R - \Gamma$$

G_T を求めると

$$G_T = P_R - P_T - G_R + \Gamma = -84 - 35 - 20 + 204 = 65 \text{〔dB〕}$$

▶ **解答 2**

A－17 24(7)

次の記述は、デリンジャ現象(SID)について述べたものである。このうち誤っているものを下の番号から選べ。

1 SID の継続時間は、10 数分から数 10 分の場合が多く、日照半球の太陽直下で最も影響が大きい。
2 SID による D 層と E 層の電子密度の急激な増加は、短波(HF)帯の電波を異常に減衰させて通信不能な状態にすることがある。
3 SID が起こる原因は、太陽フレアにより、D 層の電子密度が急上昇し、ここで電波が吸収されるためである。
4 SID による D 層の実効反射高度の低下に伴い、超長波(VLF)帯の電波の位相進み及び受信電界強度の減少が引き起こされる。
5 SID による電波の減衰は、短波(HF)帯では比較的低い方の周波数が最も影響を受ける。

解説 誤っている選択肢は、次のようになる。

4 SID による D 層の実効反射高度の低下に伴い、超長波(VLF)帯の電波の位相進み及び受信電界強度の**増加**が引き起こされる。

▶ **解答 4**

A－18 06(1)

周波数 20〔GHz〕、絶対利得 46〔dB〕、開口能率 60〔%〕のパラボラアンテナの指向性を測定するために必要な最小測定距離 $R_{\min}$ の値として、最も近いものを下の番号から選べ。ただし、パラボラアンテナの開口直径を D〔m〕、波長を λ〔m〕とすると、$R_{\min}$ は次式で表されるものとする。また、$\log_{10}2 \fallingdotseq 0.3$ とする。

$$R_{\min} = \frac{2D^2}{\lambda}\ \text{〔m〕}$$

1　100〔m〕　2　120〔m〕　3　150〔m〕　4　180〔m〕　5　200〔m〕

解説　周波数 $f = 20$〔GHz〕$= 20 \times 10^9$〔Hz〕の電波の波長 λ〔m〕は

$$\lambda \fallingdotseq \frac{3 \times 10^8}{f} = \frac{3 \times 10^8}{20 \times 10^9} = \frac{3}{20} \times 10^{-1} = 1.5 \times 10^{-2}\ \text{〔m〕}$$

アンテナの絶対利得（真数）を G、その dB 値を G_{dB} とすると

$$G_{\mathrm{dB}} = 46 = 40 + 6 = 10\log_{10} G\ \text{〔dB〕}$$
$$\fallingdotseq 10\log_{10}10^4 + 10\log_{10}2^2 = 10\log_{10}(10^4 \times 2^2)$$

よって　$G = 4 \times 10^4$

Point　真数の掛け算は、log の足し算

パラボラアンテナの開口能率を η、開口直径を D〔m〕とすると、絶対利得 G は

$$G = \eta\left(\frac{\pi D}{\lambda}\right)^2$$

D^2 を求めると

$$D^2 = \frac{G\lambda^2}{\eta\pi^2} \fallingdotseq \frac{4 \times 10^4}{0.6 \times 10} \times \left(\frac{3}{20} \times 10^{-1}\right)^2 = \frac{36}{24} = 1.5$$

Point　題意の式が D^2 なので２乗のまま求める　$\pi^2 \fallingdotseq 10$ を覚えておくと計算が楽

題意の式から $R_{\min}$ を求めると

$$R_{\min} = \frac{2D^2}{\lambda} = \frac{2 \times 1.5}{1.5 \times 10^{-2}} = 200\ \text{〔m〕}$$

▶ **解答　5**

関連知識　開口面アンテナの実効面積を A_e〔m^2〕、幾何学的な開口面積を A〔m^2〕とすると開口効率 η は

$$\eta = \frac{A_e}{A}$$

等方性アンテナの実効面積 A_I〔m^2〕は

$$A_I = \frac{\lambda^2}{4\pi}\ \text{〔m}^2\text{〕}$$

実効面積 A_e のアンテナの絶対利得 G は、開口直径を D〔m^2〕とすると

$$G = \frac{A_e}{A_I} = \frac{4\pi}{\lambda^2}A_e$$
$$= \frac{4\pi}{\lambda^2}\eta\pi\left(\frac{D}{2}\right)^2 = \eta\left(\frac{\pi D}{\lambda}\right)^2$$

A－19 06(1) 類 05(1①) 類 03(1①)

次の記述は、ハイトパターンの測定について述べたものである。［　　］内に入れるべき字句の正しい組合せを下の番号から選べ。ただし、波長を λ〔m〕とし、大地は完全導体平面でその反射係数を－1とする。

(1) 超短波(VHF)の電波伝搬において、送信アンテナの地上高、送信周波数、送信電力及び送受信点間距離を一定にして、受信アンテナの高さを上下に移動させて電界強度を測定すると、直接波と大地反射波との干渉により、図に示すようなハイトパターンが得られる。電界強度は、図のように周期的に大小を繰り返し、その周期は、周波数が低いほど［ A ］なる。

(2) 直接波と大地反射波との通路差 Δl は、送信及び受信アンテナの高さをそれぞれ h_1〔m〕、h_2〔m〕、送受信点間の距離を d〔m〕とし、$d \gg (h_1 + h_2)$ とすると、次式で表される。

$\Delta l \fallingdotseq$ ［ B ］〔m〕

(3) ハイトパターンの受信電界強度が極大になる受信アンテナの高さ h_{m2} と h_{m1} の差 Δh は、［ C ］〔m〕である。

	A	B	C
1	短く	$\dfrac{2h_1h_2}{d}$	$\dfrac{\lambda d}{2h_1}$
2	短く	$\dfrac{4h_1h_2}{d}$	$\dfrac{\lambda d}{2\pi h_1}$
3	短く	$\dfrac{4h_1h_2}{d}$	$\dfrac{\lambda d}{2h_1}$
4	長く	$\dfrac{4h_1h_2}{d}$	$\dfrac{\lambda d}{2\pi h_1}$
5	長く	$\dfrac{2h_1h_2}{d}$	$\dfrac{\lambda d}{2h_1}$

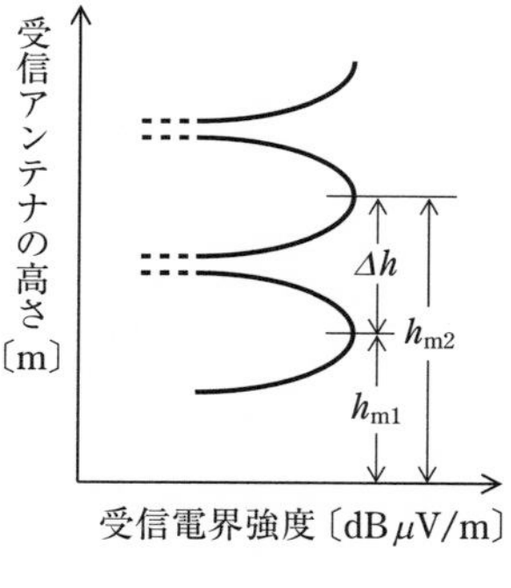

解説 解説図のように、直接波の伝搬通路 r_1〔m〕と大地反射波の伝搬通路 r_2〔m〕は次式で表される。

$$r_1 = \sqrt{d^2 + (h_1 - h_2)^2} = d\left\{1 + \left(\frac{h_1 - h_2}{d}\right)^2\right\}^{\frac{1}{2}} \text{〔m〕} \quad \cdots (1)$$

$$r_2 = \sqrt{d^2 + (h_1 + h_2)^2} = d\left\{1 + \left(\frac{h_1 + h_2}{d}\right)^2\right\}^{\frac{1}{2}} \text{〔m〕} \quad \cdots (2)$$

$d \gg (h_1 + h_2)$ とすれば、式(1)、式(2)は2項定理より

$$r_1 \fallingdotseq d\left\{1 + \frac{1}{2}\left(\frac{h_1 - h_2}{d}\right)^2\right\}$$

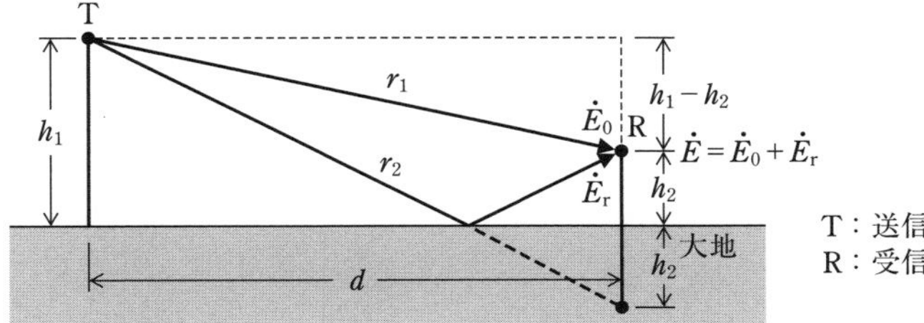

$$= d\left\{1+\frac{1}{2}\left(\frac{h_1^2}{d^2}-\frac{2h_1h_2}{d^2}+\frac{h_2^2}{d^2}\right)\right\} \text{〔m〕} \quad \cdots (3)$$

$$r_2 \fallingdotseq d\left\{1+\frac{1}{2}\left(\frac{h_1+h_2}{d}\right)^2\right\}$$

$$= d\left\{1+\frac{1}{2}\left(\frac{h_1^2}{d^2}+\frac{2h_1h_2}{d^2}+\frac{h_2^2}{d^2}\right)\right\} \text{〔m〕} \quad \cdots (4)$$

Point
2項定理（$x \ll 1$ のとき）
$(1+x)^n \fallingdotseq 1+nx$
$\sqrt{\ }$ は 1/2 乗

伝搬通路差 Δl は、式(4)－式(3)によって求められるので、次式で表される。

$$\Delta l = r_2 - r_1 \fallingdotseq \frac{2h_1h_2}{d} \text{〔m〕}$$

自由空間の電界強度を E_0〔V/m〕、大地の反射係数を－1とすると、直接波と大地反射波による受信電界強度 E〔V/m〕は次式で表される。

$$E \fallingdotseq 2E_0\left|\sin\frac{2\pi h_1h_2}{\lambda d}\right|$$

$$= 2E_0|\sin\theta| \text{〔V/m〕} \quad \cdots (5)$$

Point
$\left|\sin\frac{\pi}{2}\right|=1$、
$\left|\sin\left(\frac{\pi}{2}+\pi\right)\right|=1$、
$\left|\sin\left(\frac{\pi}{2}+2\pi\right)\right|=1$、…

式(5)の $\theta=\pi/2$〔rad〕のときに sin は最大値1となる。最大値は π〔rad〕ごとに繰り返されるので、受信アンテナの高さ h_2 を変化させて受信電界強度が極大となる高さ h_{m1}〔m〕と h_{m2}〔m〕の差を Δh〔m〕とすると、次式が成り立つ。

$$\frac{2\pi h_1h_{m2}}{\lambda d}-\frac{2\pi h_1h_{m1}}{\lambda d}=\frac{2\pi h_1}{\lambda d}(h_{m2}-h_{m1})=\frac{2\pi h_1}{\lambda d}\Delta h=\pi$$

よって　$\Delta h = \dfrac{\lambda d}{2h_1}$〔m〕

▶ **解答　5**

数学の公式　2項定理

$$(1+x)^n = 1+nx+\frac{n(n-1)}{1\times2}x^2+\frac{n(n-1)(n-2)}{1\times2\times3}x^3+\cdots$$

$x \ll 1$ のときは

$$(1+x)^n \fallingdotseq 1+nx$$

A－20 02(11②)

次の記述は、模型を用いて行う室内でのアンテナの測定について述べたものである。［　　］内に入れるべき字句の正しい組合せを下の番号から選べ。

短波(HF)帯のアンテナのような大きいアンテナや航空機、船舶、鉄塔などの大きな建造物に取り付けられるアンテナの特性を縮尺した模型を用いて室内で測定を行うことがある。

(1) 模型の縮尺率は、アンテナ材料の導電率に［ A ］、測定する空間の誘電率及び透磁率に［ B ］。

(2) 実際のアンテナの使用周波数を f〔Hz〕、模型の縮尺率を p ($p<1$) とすると、測定周波数 f_m〔Hz〕は、次式で求められる。

$f_m =$ ［ C ］〔Hz〕

	A	B	C
1	依存するが	依存しない	$f/(1+p)$
2	依存するが	依存しない	f/p
3	依存しないが	依存する	f/p^2
4	依存しないが	依存する	f/p
5	依存しないが	依存する	$f/(1+p)$

▶ **解答　2**

B－1 03(7①) 02(11①)

次の記述は、パラボラアンテナの開口面から放射される電波が平面波となる理由について述べたものである。［　　］内に入れるべき字句を下の番号から選べ。

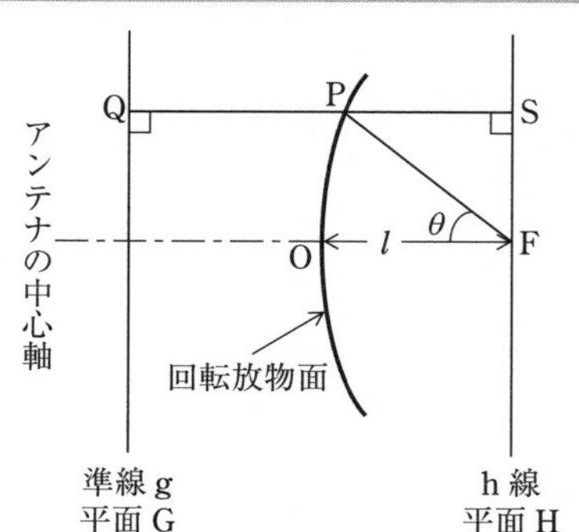

(1) 図に示すように、回転放物面の焦点をF、中心をO、回転放物面上の任意の点をPとすれば、FからPまでの距離 $\overline{FP}$ とPから準線gに下ろした垂線の足Qとの距離 $\overline{PQ}$ との間には、次式の関係がある。

$\overline{PQ} =$ ［ ア ］ …①

(2) Fを通りgに平行な直線をh線とし、Pからhに下ろした垂線の足をSとすれば、FからPを通ってSに至る距離 $\overline{FP}+\overline{PS}$ は、式①の関係から、次式で表される。

$\overline{FP}+\overline{PS} =$ ［ イ ］

(3) 焦点Fに置かれた等方性波源より放射され、回転放物面で反射されたすべての電波は、アンテナの中心軸に垂直でgを含む平面Gを見掛け上の［ウ］として、アンテナの中心軸に平行に、Gに平行でhを含む平面Hへ［エ］の平面波として到達する。

(4) Fから放射され回転放物面で反射されてHに至る電波通路の長さはすべて等しいから、放射角度$\theta=0$のときの電波通路の長さと$\theta\neq0$のときの電波通路の長さも等しく、$\overline{FP}+\overline{PS}$を焦点距離$l$で表すと、次式が成り立つ。

$$\overline{FP}+\overline{PS}=\overline{FP}\times(\boxed{オ})=2l$$

1 $\overline{FP}$	2 $2\overline{PQ}$	3 波源	4 同位相	5 $1+\cos\theta$
6 $2\overline{FP}$	7 $\overline{QS}$	8 反射点	9 逆位相	10 $1+\sin\theta$

解説 放物線は焦点からの距離$\overline{FP}$と準線までの距離$\overline{PQ}$が等しい曲線である。焦点から放物線上の任意の点を通りh線までの距離が、一定の$2l$となる。問題図において$\angle FPS=\theta$となるので、$\overline{FP}+\overline{PS}$を焦点距離$l$で表すと、次式が成り立つ。

$$\overline{FP}+\overline{PS}=\overline{FP}+\overline{FP}\cos\theta=\overline{FP}(1+\cos\theta)=2l$$

▶ **解答　ア－1　イ－7　ウ－3　エ－4　オ－5**

B－2

類06(1)　類04(7②)　03(1①)　類02(11②)

次の記述は、図に示す主導波管と副導波管を交差角θを持たせて重ね合わせて結合孔を設けたベーテ孔方向性結合器について述べたものである。このうち正しいものを1、誤っているものを2として解答せよ。ただし、導波管内の伝送モードは、TE_{10}とし、θは90度より小さいものとする。

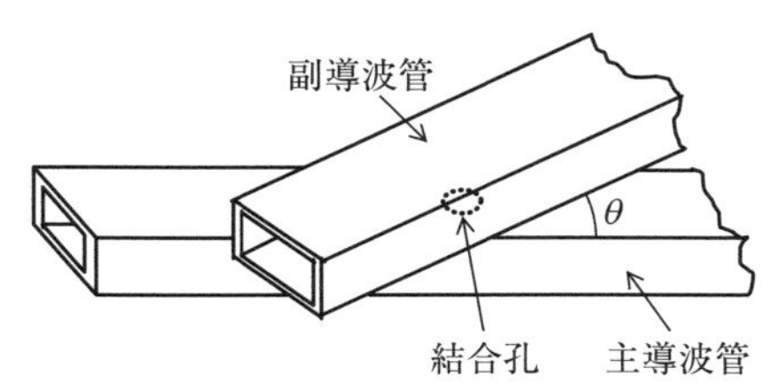

ア　主導波管と副導波管は、H面を重ね合わせる。

イ　磁界結合した電磁波が副導波管内を対称に両方向に進み、また、電界結合した電磁波が副導波管を一方向に進む性質を利用する。

ウ　θをある一定値にすることで、電界結合して左右に進む一方の電磁波を磁界結合した電磁波で打ち消すと同時に他方向の電磁波に相加わるようにする。

エ　電界結合した電磁波の大きさは、$\cos\theta$にほぼ比例して変わる。

オ　磁界結合した電磁波の大きさは、θに無関係である。

解説 誤っている選択肢は、次のようになる。

イ **電界結合**した電磁波が副導波管内を対称に両方向に進み、また、**磁界結合**した電磁波が副導波管を一方向に進む性質を利用する。

エ **磁界結合**した電磁波の大きさは、$\cos\theta$ にほぼ比例して変わる。

オ **電界結合**した電磁波の大きさは、θ に無関係である。

▶ **解答 ア－1 イ－2 ウ－1 エ－2 オ－2**

B－3 05(7②) 03(7①) 02(11②)

次の記述は、図に示すヘリカルアンテナについて述べたものである。[ ]内に入れるべき字句を下の番号から選べ。ただし、ヘリックスのピッチ p は、数分の 1 波長程度とする。

ヘリックス
軸方向
p
反射板

(1) 図に示すアンテナは、一般に [ア] ヘリカルアンテナという。

(2) ヘリックスの 1 巻きの長さが 1 波長に近くなると、電流はヘリックスの軸に沿った [イ] となる。

(3) ヘリックスの 1 巻きの長さが 1 波長に近くなると、偏波は、[ウ] 偏波になる。

(4) ヘリックスの巻数を [エ] すると、主ビームの半値角が大きくなる。

(5) ヘリックスの全長を 2.5 波長以上にすると、入力インピーダンスがほぼ一定になるため、使用周波数帯域が [オ]。

1 進行波	2 サイドファイヤ	3 円	4 少なく	5 狭くなる
6 定在波	7 エンドファイヤ	8 直線	9 多く	10 広くなる

解説 ヘリックスの巻数が多いほど利得が大きい。巻数を少なくすると、主ビームの半値角が大きくなって、利得が低下する。

▶ **解答 ア－7 イ－1 ウ－3 エ－4 オ－10**

出題傾向 下線の部分は、ほかの試験問題で穴埋めの字句として出題されている。

B－4

05(7②)　03(1①)

次の記述は、SHF帯及びEHF帯の電波の伝搬について述べたものである。☐内に入れるべき字句を下の番号から選べ。なお、同じ記号の☐内には、同じ字句が入るものとする。

(1) 晴天時の大気ガスによる電波の共鳴吸収は、主に［ア］及び水蒸気分子によるものであり、100〔GHz〕以下では、60〔GHz〕付近に［ア］分子の共鳴周波数がある。

(2) 霧や細かい雨などのように波長に比べて十分小さい直径の水滴による減衰は、主に吸収によるものであり、周波数が［イ］なると増加する。

(3) 降雨による減衰は、雨滴による吸収と［ウ］で生じ、概ね10〔GHz〕以上で顕著になり、ほぼ200〔GHz〕までは周波数が高いほど、降雨強度が大きいほど、減衰量が大きくなる。

(4) 降雨による減衰は、雨滴の半径が大きいと、垂直偏波に比べ水平偏波のほうが若干［エ］なる。

(5) 降雨による交差偏波識別度の劣化は、形状が［オ］雨滴に進入する電波の減衰及び位相回転の大きさが偏波の方向によって異なることが原因で生ずる。

1　窒素	2　高く	3　散乱	4　球状の	5　大きく
6　酸素	7　低く	8　回折	9　扁平な	10　小さく

解説　雨滴に比較すると電波の波長は長いので、吸収や散乱は発生するが、回折は発生しない。

▶ **解答　ア－6　イ－2　ウ－3　エ－5　オ－9**

B－5

03(1②)

次の記述は、無損失給電線上の定在波の測定により、アンテナの給電点インピーダンスを求める過程について述べたものである。☐内に入れるべき字句を下の番号から選べ。ただし、給電線の特性インピーダンスをZ_0〔Ω〕とする。

(1) 給電点からl〔m〕だけ離れた給電線上の点の電圧V及び電流Iは、給電点の電圧をV_L〔V〕、電流をI_L〔A〕、位相定数をβ〔rad/m〕とすれば、次式で表される。

$V = V_L \cos\beta l + jZ_0 I_L \sin\beta l$〔V〕　…①

$I = I_L \cos\beta l + j(V_L/Z_0)\sin\beta l$〔A〕　…②

したがって、給電点インピーダンスをZ_L〔Ω〕とすると、給電点からl〔m〕だけ離れた給電線上の点のインピーダンスZは、式①と②から次式で表される。

$Z = V/I =$［ア］〔Ω〕　…③

(2) 電圧定在波の最小値を V_{min}、電流定在波の最大値を I_{max}、入射波電圧を V_f〔V〕、反射波電圧を V_r〔V〕及び反射係数を Γ とすれば、V_{min} と I_{max} は、次式で表される。

$V_{min}=$ [イ]〔V〕 …④

$I_{max}=$ [ウ]〔A〕 …⑤

(3) 給電点からの電圧定在波の最小点までの距離 l_{min} の点は、電流定在波の最大になる点でもあるから、この点のインピーダンス Z_{min}〔Ω〕は、Z_0 と $|\Gamma|$ を用いて、次式で表される。

$Z_{min}=($ [エ] $)\times Z_0=Z_0/S$ …⑥

ここで、S は電圧定在波比である。

(4) 式③の l に l_{min} を代入した式と式⑥が等しくなるので、Z_L は、次式で表される。

$Z_L=$ [オ]〔Ω〕

上式から、S と l_{min} が分かれば、Z_L を求めることができる。

1 $Z_0\left(\dfrac{Z_0+jZ_L\tan\beta l}{Z_L+jZ_0\tan\beta l}\right)$　2 $|V_f|(1+|\Gamma|)$　3 $\dfrac{|V_f|(1+|\Gamma|)}{Z_0}$

4 $\dfrac{1-|\Gamma|}{1+|\Gamma|}$　5 $Z_0\left(\dfrac{1-jS\tan\beta l_{min}}{S-j\tan\beta l_{min}}\right)$　6 $Z_0\left(\dfrac{Z_L+jZ_0\tan\beta l}{Z_0+jZ_L\tan\beta l}\right)$

7 $|V_f|(1-|\Gamma|)$　8 $\dfrac{|V_f|(1-|\Gamma|)}{Z_0}$　9 $\dfrac{1+|\Gamma|}{1-|\Gamma|}$

10 $Z_0\left(\dfrac{S-j\tan\beta l_{min}}{1-jS\tan\beta l_{min}}\right)$

解説 線路上の電圧の最小値 V_{min} は進行波電圧 $\dot{V}_f$ と反射波電圧 $\dot{V}_r$ の絶対値の差で表されるので

$$V_{min}=|\dot{V}_f|-|\dot{V}_r|=|\dot{V}_f|\left(1-\frac{|\dot{V}_r|}{|\dot{V}_f|}\right)=|\dot{V}_f|(1-|\Gamma|)\quad\cdots(1)$$

Point

$$\Gamma=\frac{\dot{V}_r}{\dot{V}_f}$$

電圧最小点が電流最大点となる。そのとき電流の最大値 I_{max} は進行波電流 $\dot{I}_f$ と反射波電流 $\dot{I}_r$ の絶対値の和で表されるので

$$I_{max}=|\dot{I}_f|+|\dot{I}_r|=\frac{|\dot{V}_f|}{Z_0}+\frac{|\dot{V}_r|}{Z_0}=\frac{|\dot{V}_f|(1+|\Gamma|)}{Z_0}\quad\cdots(2)$$

電圧最小点のインピーダンス Z_{min} は、式(1)÷式(2)より

$$Z_{min}=\frac{V_{min}}{I_{max}}=\frac{1-|\Gamma|}{1+|\Gamma|}\times Z_0=\frac{Z_0}{S}\quad\cdots(3)$$

Point

$$S=\frac{1+|\Gamma|}{1-|\Gamma|}$$

▶ **解答　ア－6　イ－7　ウ－3　エ－4　オ－5**

無線工学B（令和4年7月期②）

A－1 03(7①) 02(11①)

次の記述は、自由空間に置かれた微小ダイポールを正弦波電流で励振した場合に発生する電界について述べたものである。[　　]内に入れるべき字句の正しい組合せを下の番号から選べ。

(1) 微小ダイポールの長さを l〔m〕、微小ダイポールを流れる電流を I〔A〕、角周波数を ω〔rad/s〕、波長を λ〔m〕、微小ダイポールの電流が流れる方向と微小ダイポールの中心から距離 r〔m〕の任意の点Pを見た方向とがなす角度を θ〔rad〕とすると、放射電界、誘導電界及び静電界の3つの成分からなる点Pにおける微小ダイポールによる電界強度 E_θ は、次式で表される。

$$E_\theta = \frac{j60\pi Il\sin\theta}{\lambda}\left(\frac{1}{r} - \frac{j\lambda}{2\pi r^2} - \frac{\lambda^2}{4\pi^2 r^3}\right)e^{j(\omega t - 2\pi r/\lambda)}\ \text{〔V/m〕} \cdots ①$$

(2) E_θ の放射電界の大きさを $|E_1|$〔V/m〕、E_θ の誘導電界の大きさを $|E_2|$〔V/m〕、E_θ の静電界の大きさを $|E_3|$〔V/m〕とすると、$|E_1|$、$|E_2|$、$|E_3|$ は、式①より微小ダイポールの中心からの距離 r が [A]〔m〕のとき等しくなる。

(3) 微小ダイポールの中心からの距離 $r = 5\lambda$〔m〕のとき、$|E_1|$、$|E_2|$、$|E_3|$ の比は、式①より $|E_1|:|E_2|:|E_3| \fallingdotseq$ [B] となる。

	A	B
1	λ/π	0.004：0.063：1
2	λ/π	1：0.032：0.001
3	λ/π	1：0.159：0.025
4	$\lambda/(2\pi)$	0.004：0.063：1
5	$\lambda/(2\pi)$	1：0.032：0.001

解説 問題の式①の（　）内の各項がそれぞれ放射電界、誘導電界、静電界を表すので、$|E_1| = |E_2| = |E_3|$ として、それらが等しくなる距離 r を求めると

$$\frac{1}{r} = \frac{\lambda}{2\pi r^2} = \frac{\lambda^2}{4\pi^2 r^3}$$

各辺に r^2 を掛けると

$$r = \frac{\lambda}{2\pi} = \left(\frac{\lambda}{2\pi}\right)^2 \times \frac{1}{r} \quad \text{よって} \quad r = \frac{\lambda}{2\pi} \text{となる。}$$

問題の式① において（　）内の各項に $r = \lambda$ を代入して $|E_1|:|E_2|:|E_3|$ を求めると、次式で表される。

$$|E_1|:|E_2|:|E_3| = \frac{1}{5\lambda} : \frac{\lambda}{2\pi \times 5^2\lambda^2} : \frac{\lambda^2}{4\pi^2 \times 5^3\lambda^3}$$

$$= 1 : \frac{1}{10\pi} : \frac{1}{100\pi^2}$$

ここで、$1/\pi \fallingdotseq 0.318$、$\pi^2 \fallingdotseq 10$ として計算すれば、1：0.032：0.001 となる。

▶ **解答　5**

A－2　類 05(7①)　03(1①)

次の記述は、アンテナの比帯域幅（使用可能な周波数帯域幅を中心周波数で割った値）について述べたものである。このうち誤っているものを下の番号から選べ。

1　アンテナの入力インピーダンスが、周波数に対して一定である範囲が広いほど比帯域幅は大きくなる。

2　比帯域幅は、パーセントで表示した場合、200〔%〕を超えることはない。

3　半波長ダイポールアンテナでは、太い素子より細い素子の方が比帯域幅は大きい。

4　ディスコーンアンテナの比帯域幅は、スリーブアンテナの比帯域幅より大きい。

5　対数周期ダイポールアレーアンテナの比帯域幅は、八木・宇田アンテナ（八木アンテナ）の比帯域幅より大きい。

解説　誤っている選択肢は、次のようになる。

3　半波長ダイポールアンテナでは、太い素子より細い素子の方が比帯域幅は**小さい**。

▶ **解答　3**

A－3　05(7②)　02(11②)

自由空間において、周波数 500〔MHz〕で半波長ダイポールアンテナに対する相対利得 20〔dB〕のアンテナを用いるとき、このアンテナの実効面積の値として、最も近いものを下の番号から選べ。

1　1.8〔m^2〕　2　2.6〔m^2〕　3　3.6〔m^2〕　4　4.7〔m^2〕　5　6.9〔m^2〕

解説　周波数 $f = 500$〔MHz〕の電波の波長 λ〔m〕は

$$\lambda \fallingdotseq \frac{300}{f\text{〔MHz〕}} = \frac{300}{500} = 0.6\text{〔m〕}$$

相対利得（真数）を G_D、その dB 値を G_{DdB} とすると

$$10\log_{10} G_D = G_{DdB} = 20\text{〔dB〕}$$

よって　$G_D = 10^2$

相対利得 G_D のアンテナの実効面積 A_e〔m^2〕は

$$A_e \fallingdotseq 0.13\lambda^2 G_D = 0.13 \times 0.6^2 \times 10^2 \fallingdotseq 4.7\text{〔m}^2\text{〕}$$

▶ **解答　4**

関連知識 半波長ダイポールアンテナの放射抵抗を $R_r \fallingdotseq 73.13$〔Ω〕とすると、実効面積 A_D〔m²〕は

$$A_D = \frac{30\lambda^2}{\pi R_r} \fallingdotseq \frac{30\lambda^2}{3.14 \times 73.13} \fallingdotseq 0.13\lambda^2 \text{〔m}^2\text{〕}$$

微小ダイポールの実効面積 A_S〔m²〕は

$$A_S \fallingdotseq 0.12\lambda^2 \text{〔m}^2\text{〕}$$

等方性アンテナの実効面積 A_I〔m²〕は

$$A_I = \frac{\lambda^2}{4\pi} \fallingdotseq 0.08\lambda^2 \text{〔m}^2\text{〕}$$

A－4

02(11①)

周波数６〔GHz〕、送信電力10〔W〕、送信アンテナの絶対利得30〔dB〕、送受信点間距離20〔km〕、及び受信入力レベル－40〔dBm〕の固定マイクロ波の見通し回線がある。このときの自由空間基本伝送損 L〔dB〕及び受信アンテナの絶対利得 G_r〔dB〕の最も近い値の組合せを下の番号から選べ。ただし、伝搬路は自由空間とし、給電回路の損失及び整合損失は無視できるものとする。また、1〔mW〕を0〔dBm〕、$\log_{10}2 = 0.3$、$\log_{10}\pi = 0.5$ とする。

	L	G_r
1	134	40
2	134	31
3	134	24
4	140	31
5	140	24

解説 周波数 $f = 6$〔GHz〕$= 6 \times 10^9$〔Hz〕の電波の波長 λ〔m〕は

$$\lambda \fallingdotseq \frac{3 \times 10^8}{f} = \frac{3 \times 10^8}{6 \times 10^9} = 5 \times 10^{-2} \text{〔m〕}$$

距離 d〔m〕による自由空間基本伝送損 L〔dB〕は

$$L = 10\log_{10}\left(\frac{4\pi d}{\lambda}\right)^2 = 2 \times 10\log_{10}\left(\frac{4 \times \pi \times 20 \times 10^3}{5 \times 10^{-2}}\right)$$

$$= 20\log_{10}(2^2 \times 2^2 \times \pi \times 10^5)$$

$$= 20 \times 2 \times \log_{10}2 + 20 \times 2 \times \log_{10}2 + 20\log_{10}\pi + 20\log_{10}10^5$$

$$= 12 + 12 + 10 + 100 = 134 \text{〔dB〕}$$

送信電力をdBmで表すと、P_t〔dBm〕は

$$P_t = 10\log_{10}(10 \times 10^3)$$

$$= 40 \text{〔dBm〕}$$

Point 真数の掛け算は、logの足し算

送信及び受信アンテナの絶対利得をそれぞれ G_t〔dB〕、G_r〔dB〕、受信入力レベルを

P_r〔dBm〕とすると、次式が成り立つ。

$$P_r = P_t + G_t + G_r - L$$

G_r を求めると

$$G_r = P_r - P_t - G_t + L = -40 - 40 - 30 + 134 = 24 \text{〔dB〕}$$

▶ **解答　3**

A－5

03(1①)

次の記述は、微小ダイポールの放射抵抗について述べたものである。□内に入れるべき字句の正しい組合せを下の番号から選べ。

(1) アンテナから電波が放射される現象は、給電点に電流 I〔A〕が流れ、アンテナからの放射によって電力 P_r〔W〕が消費されることである。これは、アンテナの代わりに負荷として抵抗 R_r を接続したことと等価である。したがって、次式が成り立つ。

$$R_r = \boxed{\text{A}} \text{〔Ω〕}$$

上式で表される仮想の抵抗 R_r〔Ω〕を放射抵抗と呼び、P_r〔W〕を放射電力と呼ぶ。

(2) 図に示すように、微小ダイポールから数波長以上離れた半径 r〔m〕の球面 S を考えたとき、P_r〔W〕は球面上の電力束密度の面積分として次式で求められる。ただし、微小ダイポールの長さを l〔m〕、波長を λ〔m〕、微小ダイポールの中心 O から任意の方向と微小ダイポールの軸とのなす角を θ〔rad〕とし、θ 方向における電界強度を E_θ〔V/m〕とする。

$$P_r = 2\int_0^{\pi/2} \frac{|E_\theta|^2}{120\pi} \cdot 2\pi r \sin\theta \cdot r d\theta = \boxed{\text{B}} \text{〔W〕}$$

(3) (1) 及び (2) から、微小ダイポールの放射抵抗 R_r は $\boxed{\text{C}}$〔Ω〕となる。

	A	B	C
1	$\dfrac{P_r}{120\pi\|I\|^2}$	$\dfrac{\pi^2\|I\|^2 l^2}{\lambda^2}$	$\dfrac{80\pi^2 l^2}{\lambda^2}$
2	$\dfrac{P_r}{120\pi\|I\|^2}$	$\dfrac{160\pi^2\|I\|^2 l^2}{\lambda^2}$	$\dfrac{160\pi^2 l^2}{\lambda^2}$
3	$\dfrac{P_r}{120\pi\|I\|^2}$	$\dfrac{80\pi^2\|I\|^2 l^2}{\lambda^2}$	$\dfrac{\pi^2 l^2}{\lambda^2}$
4	$\dfrac{P_r}{\|I\|^2}$	$\dfrac{\pi^2\|I\|^2 l^2}{\lambda^2}$	$\dfrac{\pi^2 l^2}{\lambda^2}$
5	$\dfrac{P_r}{\|I\|^2}$	$\dfrac{80\pi^2\|I\|^2 l^2}{\lambda^2}$	$\dfrac{80\pi^2 l^2}{\lambda^2}$

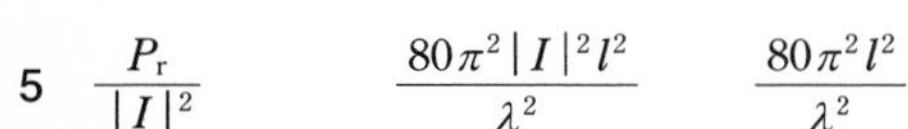

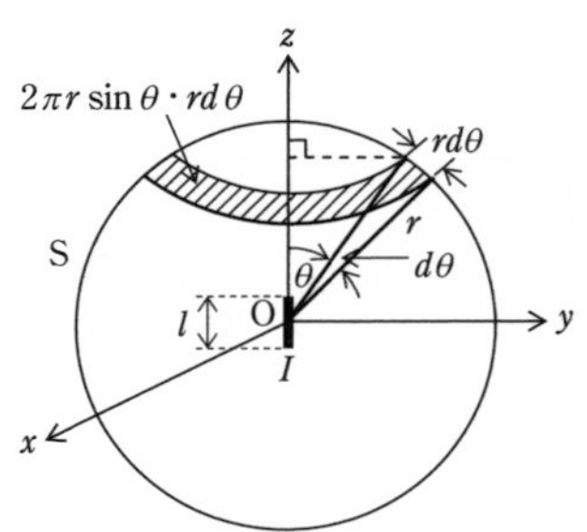

解説 微小ダイポールからθ方向の電界強度E_θ〔V/m〕は

$$E_\theta=\frac{60\pi|I|l}{\lambda r}\sin\theta\ \text{〔V/m〕}\quad\cdots\ (1)$$

の式で表される。$ds=2\pi r\sin\theta\times rd\theta$と式(1)を放射電力$P_r$〔W〕の式に代入すると

$$P_r=2\times\int_0^{\pi/2}\frac{|E_\theta|^2}{120\pi}ds$$

$$=2\times\frac{1}{120\pi}\times\frac{60^2\pi^2|I|^2l^2}{\lambda^2r^2}\times2\pi r\times r\times\int_0^{\pi/2}\sin^3\theta d\theta$$

$$=\frac{120\pi^2|I|^2l^2}{\lambda^2}\times\int_0^{\pi/2}\sin^3\theta d\theta\ \text{〔W〕}\quad\cdots\ (2)$$

式(2)を置換積分して解を求めると

$$P_r=\frac{120\pi^2|I|^2l^2}{\lambda^2}\times\frac{2}{3}$$

$$=\frac{80\pi^2|I|^2l^2}{\lambda^2}\ \text{〔W〕}\quad\cdots\ (3)$$

Point
式の誘導が難しいので
$R_r=80\left(\frac{\pi l}{\lambda}\right)^2$〔Ω〕
を覚えておこう

が得られる。放射抵抗R_r〔Ω〕を求めると

$$R_r=\frac{P_r}{|I|^2}=\frac{80\pi^2l^2}{\lambda^2}\ \text{〔Ω〕}$$

▶ **解答　5**

数学の公式　置換積分の計算

$$\int_0^{\pi/2}\sin^3\theta d\theta=\int_0^{\pi/2}(1-\cos^2\theta)\sin\theta d\theta$$

$\cos\theta=t$とおくと、$\sin\theta d\theta=-dt$、$\theta=0$のとき$t=1$、$\theta=\pi/2$のとき$t=0$なので

$$\int_0^{\pi/2}(1-\cos^2\theta)\sin\theta d\theta=-\int_1^0(1-t^2)dt$$

$$=[t]_0^1-\left[\frac{t^3}{3}\right]_0^1=1-\frac{1}{3}=\frac{2}{3}$$

A－6　類 06(1)　類 04(1①)　類 03(1②)　02(11②)

次の記述は、図に示すマイクロストリップ線路について述べたものである。□内に入れるべき字句の正しい組合せを下の番号から選べ。

(1) 開放線路の一種であるので、外部雑音の影響や放射損がある。放射損を少なくするために、比誘電率の［A］誘電体基板を用いる。

(2) 伝送モードは、通常、ほぼ［B］モードとして扱うことができる。

(3) 誘電体基板の比誘電率並びにストリップ導体及び誘電体基板の厚さが変わらないとき、特性インピーダンスは、ストリップ導体の幅W〔m〕が狭くなるほど［C］なる。

	A	B	C
1	大きい	TEM	大きく
2	大きい	TEM	小さく
3	大きい	TM	小さく
4	小さい	TE	小さく
5	小さい	TEM	大きく

ストリップ導体　W　誘電体基板　接地導体基板

解説　ストリップ導体の幅を W、誘電体基板の厚さを t、比誘電率を ε_r とすると、W/t が大きいほど、ε_r が大きいほど、線路の特性インピーダンスは小さくなる。厚さ t が変わらないときは、W が狭くなるほど特性インピーダンスは大きくなる。

▶ **解答　1**

下線の部分は、ほかの試験問題で穴埋めの字句として出題されている。

A－7　類 04(1②)　03(1①)

図に示す無損失の平行二線式給電線と 163〔Ω〕の純負荷抵抗を 1/4 波長整合回路で整合させるとき、この整合回路の特性インピーダンスの値として、最も近いものを下の番号から選べ。ただし、平行二線式給電線の導線の直径 d を 0.3〔cm〕、2 本の導線間の間隔 D を 15〔cm〕とする。

1　50〔Ω〕
2　75〔Ω〕
3　150〔Ω〕
4　300〔Ω〕
5　400〔Ω〕

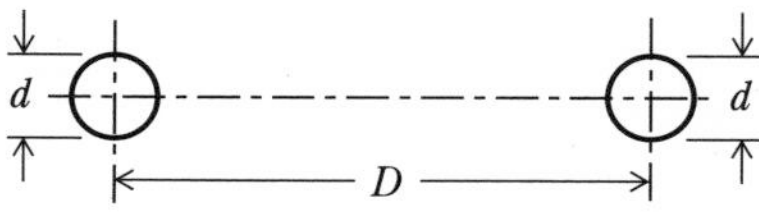

解説　平行二線式給電線の導線の直径を $d = 0.3$〔cm〕$= 0.3 \times 10^{-2}$〔m〕、導線間の間隔を $D = 15$〔cm〕$= 15 \times 10^{-2}$〔m〕とすると、特性インピーダンス Z_0〔Ω〕は次式で表される。

$$Z_0 \fallingdotseq 276 \log_{10} \frac{2D}{d} = 276 \log_{10} \frac{2 \times 15 \times 10^{-2}}{0.3 \times 10^{-2}} = 276 \log_{10} 10^2 = 276 \times 2 = 552 \text{〔Ω〕}$$

負荷インピーダンス R〔Ω〕を特性インピーダンス Z_Q〔Ω〕の 1/4 波長整合線路を用いて Z_0 に整合したときは次式が成り立つ。

$$Z_Q = \sqrt{RZ_0} = \sqrt{163 \times 552} \fallingdotseq \sqrt{9 \times 10^4} = 300 \text{〔Ω〕}$$

▶ **解答　4**

A－8

06(1)　類04(7①)　類03(1①)　02(11①)

次の記述は、図に示す主導波管と副導波管を交差角θを持たせ、重ね合わせて結合孔を設けたベーテ孔方向性結合器について述べたものである。このうち正しいものを下の番号から選べ。ただし、導波管内の伝送モードは、TE_{10}とし、θは90度より小さいものとする。

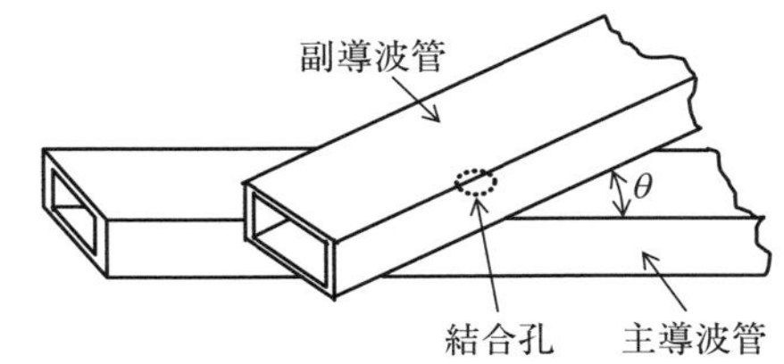

1　主導波管と副導波管は、E面を重ね合わせる。
2　θをある一定値にすることで、電界結合して左右に進む一方の電磁波を磁界結合した電磁波で打ち消すと同時に他方向の電磁波に相加わるようにする。
3　磁界結合した電磁波が副導波管内を対称に両方向に進み、また、電界結合した電磁波が副導波管を一方向に進む性質を利用する。
4　電界結合した電磁波の大きさは、$\cos\theta$にほぼ比例して変わる。
5　磁界結合した電磁波の大きさは、θに無関係である。

解説　誤っている選択肢は、次のようになる。

1　主導波管と副導波管は、**H面**を重ね合わせる。
3　**電界結合**した電磁波が副導波管内を対称に両方向に進み、また、**磁界結合**した電磁波が副導波管を一方向に進む性質を利用する。
4　**磁界結合**した電磁波の大きさは、$\cos\theta$にほぼ比例して変わる。
5　**電界結合**した電磁波の大きさは、θに無関係である。

▶ **解答　2**

A－9

28(7)

次の記述は、給電線とアンテナが整合していないときの伝送効率について述べたものである。[　　]内に入れるべき字句の正しい組合せを下の番号から選べ。

(1) 給電線とアンテナが整合しているとき、給電線への入射電力をP_T〔W〕、アンテナ入力端の電力をP_R〔W〕、線路の全長をl〔m〕、線路の減衰定数をα〔m^{-1}〕とすると、最大伝送効率η_0は、次式で表される。

$$\eta_0 = P_R/P_T = \exp(\boxed{\text{A}})$$

(2) 給電線とアンテナが整合していないとき、伝送効率ηは、次式で表される。ただし、アンテナ入力端の入射電力及び反射電力をそれぞれP_{RA}〔W〕、P_{RB}〔W〕とし、給電線への入射電力をP_{TA}〔W〕とし、アンテナ入力端からの反射電力が給電線を経て給電線入力端へ戻って来る電力をP_{TB}〔W〕とする。

$$\eta = \frac{P_{RA} - P_{RB}}{P_{TA} - P_{TB}} \quad \cdots ①$$

P_{RA} 及び P_{TB} は、次式となる。

$P_{RA} = P_{TA}\eta_0$〔W〕 …②

$P_{TB} = P_{RB}\eta_0$〔W〕 …③

アンテナ入力端の反射係数を Γ とすれば、P_{RB} は、次式となる。

$P_{RB} =$ [B]〔W〕 …④

式②、③、④を式①に代入すれば、η は、次式で表される。

$\eta =$ [C]

	A	B	C
1	$-\alpha l$	$P_{RA}\lvert\Gamma\rvert^2$	$\eta_0\dfrac{1-\lvert\Gamma\rvert^2}{1-\lvert\Gamma\rvert^2\eta_0}$
2	$-\alpha l$	$P_{RA}\lvert\Gamma\rvert$	$\eta_0\dfrac{1-\lvert\Gamma\rvert^2}{1-\lvert\Gamma\rvert^2\eta_0^2}$
3	$-\alpha l$	$P_{RA}\lvert\Gamma\rvert^2$	$\eta_0\dfrac{1-\lvert\Gamma\rvert^2}{1-\lvert\Gamma\rvert^2\eta_0^2}$
4	$-2\alpha l$	$P_{RA}\lvert\Gamma\rvert$	$\eta_0\dfrac{1-\lvert\Gamma\rvert^2}{1-\lvert\Gamma\rvert^2\eta_0}$
5	$-2\alpha l$	$P_{RA}\lvert\Gamma\rvert^2$	$\eta_0\dfrac{1-\lvert\Gamma\rvert^2}{1-\lvert\Gamma\rvert^2\eta_0^2}$

解説 整合している線路において、給電線の入射電力を P_T〔W〕、電圧を V_T〔V〕、アンテナの入力端電力を P_R〔W〕、電圧を V_R とすると、伝送効率 η_0 は次式で表される。

$$\eta_0 = \frac{P_R}{P_T} = \frac{V_R^2}{V_T^2} = \frac{(V_T e^{-\alpha l})^2}{V_T^2} = e^{-2\alpha l} = \exp(-2\alpha l) \quad \cdots (1)$$

Point
$\exp(x)$ は e^x のこと

負荷が整合されていない線路では、給電線の入射電力を P_{TA}〔W〕及び反射電力を P_{TB}〔W〕、アンテナ入力端の入射電力を P_{RA}〔W〕及び反射電力を P_{RB}〔W〕とすると

$P_{RA} = P_{TA}\eta_0$〔W〕 … (2)

$P_{TB} = P_{RB}\eta_0$〔W〕 … (3)

負荷が整合されていない線路の伝送効率 η は

$$\eta = \frac{P_{RA} - P_{RB}}{P_{TA} - P_{TB}} \quad \cdots (4)$$

アンテナ端の電圧反射係数を Γ とすると

$P_{RB} = P_{RA}\lvert\Gamma\rvert^2$〔W〕 … (5)

式(4)に式(2)、式(3)、式(5)を代入すると、伝送効率 η は

$$\eta = \frac{P_{RA} - P_{RA}|\Gamma|^2}{\dfrac{P_{RA}}{\eta_0} - P_{RA}|\Gamma|^2\eta_0} = \eta_0 \frac{1-|\Gamma|^2}{1-|\Gamma|^2\eta_0{}^2}$$

▶ **解答　5**

A－10　06(1)　03(1②)

アンテナ導線（素子）の特性インピーダンスが628〔Ω〕で、長さ12.5〔m〕の垂直接地アンテナを周波数3〔MHz〕に共振させて用いるとき、アンテナの基部に挿入すべき延長コイルのインダクタンスの値として、最も近いものを下の番号から選べ。ただし、大地は完全導体とする。

1　33〔μH〕　　2　50〔μH〕　　3　73〔μH〕
4　100〔μH〕　　5　124〔μH〕

解説　周波数$f=3$〔MHz〕の電波の波長λ〔m〕は

$$\lambda \fallingdotseq \frac{300}{f\text{〔MHz〕}} = \frac{300}{3} = 100\ \text{〔m〕}$$

垂直接地アンテナを特性インピーダンスZ_0〔Ω〕、長さl〔m〕の終端が開放された線路として、インピーダンス$\dot{Z}$〔Ω〕を求めると

$$\dot{Z} = -jZ_0 \cot\beta l = -jZ_0 \frac{1}{\tan\beta l}\ \text{〔Ω〕}\quad \cdots\ (1)$$

式(1)のtanを求めると

$$\tan\beta l = \tan\frac{2\pi}{\lambda}l = \tan\frac{2\pi}{100}\times 12.5 = \tan\frac{\pi}{4} = 1\quad \cdots\ (2)$$

式(2)を式(1)に代入して問題で与えられた値より

$$\dot{Z} = -jZ_0 = -j628\ \text{〔Ω〕}$$

アンテナを共振させるために用いられる延長コイルL〔H〕の誘導性リアクタンスX_L〔Ω〕の値は

$$X_L = 2\pi f L = Z_0\ \text{〔Ω〕}$$

Lを求めると

$$L = \frac{Z_0}{2\pi f} \fallingdotseq \frac{628}{2\times 3.14\times 3\times 10^6} \fallingdotseq 33\times 10^{-6}\ \text{〔H〕} = 33\ \text{〔μH〕}$$

▶ **解答　1**

A－11　03(7②)

次の記述は、図に示す対数周期ダイポールアレーアンテナについて述べたものである。このうち誤っているものを下の番号から選べ。

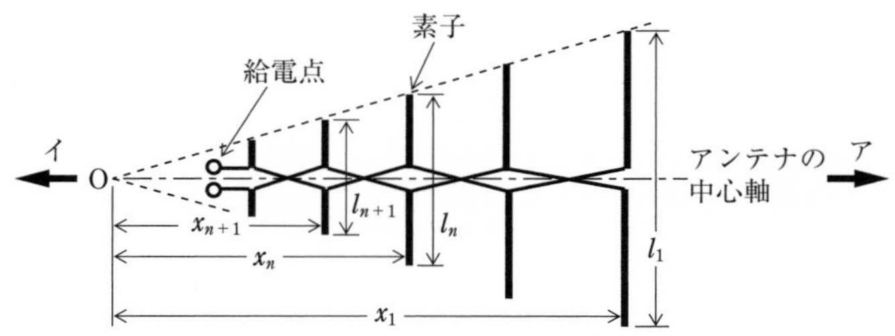

1 隣り合う素子の長さの比 l_{n+1}/l_n と隣り合う素子の頂点Oからの距離の比 x_{n+1}/x_n は等しい。
2 主放射の方向は矢印アの方向である。
3 素子にはダイポールアンテナが用いられ、隣接するダイポールアンテナごとに逆位相で給電する。
4 八木・宇田アンテナ（八木アンテナ）に比べて帯域幅が広い。
5 使用可能な周波数範囲は、最も長い素子と最も短い素子によって決まる。

解説 誤っている選択肢は、次のようになる。

2 主放射の方向は矢印**イの方向**である。

▶ **解答 2**

A－12 類 03(1②) 02(1)

次の記述は、カセグレンアンテナについて述べたものである。［　　］内に入れるべき字句の正しい組合せを下の番号から選べ。

(1) 副反射鏡の二つの焦点のうち、一方の焦点は、主反射鏡の焦点と一致し、他方の焦点は、［ A ］の励振点と一致している。
(2) 一次放射器から放射された［ B ］は、副反射鏡により反射され、さらに主反射鏡により反射されて、［ C ］となる。
(3) 放射特性の乱れは、オフセットカセグレンアンテナのほうが［ D ］。

	A	B	C	D
1	一次放射器	球面波	平面波	大きい
2	一次放射器	平面波	球面波	大きい
3	一次放射器	球面波	平面波	小さい
4	主反射鏡	球面波	平面波	大きい
5	主反射鏡	平面波	球面波	小さい

解説　カセグレンアンテナの副反射鏡は、回転双曲面なので焦点が二つある。ホーンアンテナなどの一次放射器の開口面において、開口角の頂点が励振点となる。

▶ **解答　3**

A－13

類 06(1)　03(1①)

次の記述は、ASR（空港監視レーダー）のアンテナについて述べたものである。□内に入れるべき字句の正しい組合せを下の番号から選べ。

(1)　垂直面内の指向性は、［A］特性である。

(2)　航空機が等高度で飛行していれば、航空機からの反射波の強度は、航空機までの距離に［B］。

(3)　水平面内のビーム幅は、非常に［C］。

	A	B	C
1	コサイン２乗	反比例する	狭い
2	コサイン２乗	無関係にほぼ一定となる	広い
3	コサイン２乗	反比例する	広い
4	コセカント２乗	反比例する	広い
5	コセカント２乗	無関係にほぼ一定となる	狭い

解説　解説図より、航空機までの距離 R〔m〕と高度 h〔m〕の関係は次式で表される。

$$h = R\sin\theta \text{〔m〕} \quad \cdots (1)$$

式(1)より、距離 R は

$$R = \frac{h}{\sin\theta} = h\,\mathrm{cosec}\,\theta \text{〔m〕} \quad \cdots (2)$$

電力指向性 $\mathrm{cosec}^2\theta$ 特性

反射波の受信電力は、指向性係数の２乗に比例するので、垂直面の指向性係数が $\mathrm{cosec}^2\theta$ の特性を持ったアンテナの受信電力は、航空機が等高度で飛行するとき距離に無関係にほぼ一定となる。

▶ **解答　5**

数学の公式

$$\frac{1}{\sin\theta} = \mathrm{cosec}\,\theta \qquad \frac{1}{\cos\theta} = \sec\theta$$

A－14

03(1②)

周波数 12〔GHz〕の電波の自由空間基本伝送損が 140〔dB〕となる送受信点間の距離の値として、最も近いものを下の番号から選べ。

1　17.1〔km〕　　2　19.9〔km〕　　3　25.7〔km〕

4　31.8〔km〕　　5　43.6〔km〕

解説 周波数 $f = 12$〔GHz〕$= 12 \times 10^9$〔Hz〕の電波の波長 λ〔m〕は

$$\lambda \fallingdotseq \frac{3 \times 10^8}{f} = \frac{3 \times 10^8}{12 \times 10^9} = 2.5 \times 10^{-2} \text{〔m〕}$$

自由空間基本伝送損（真数）を Γ、その dB 値を Γ_{dB} とすると

$$10 \log_{10} \Gamma = \Gamma_{dB} = 140 \text{〔dB〕} \quad \text{より} \quad \Gamma = 10^{14}$$

距離を d〔m〕とすると Γ は次式で表される。

$$\Gamma = \left(\frac{4\pi d}{\lambda} \right)^2 = 10^{14} \quad \cdots (1)$$

式（1）の両辺の$\sqrt{\ }$をとって、d を求めると

$$d = \frac{\lambda}{4\pi} \times 10^7 \fallingdotseq \frac{2.5 \times 10^{-2}}{4 \times 3.14} \times 10^7$$

$$\fallingdotseq 0.199 \times 10^5 \text{〔m〕} = 19.9 \text{〔km〕}$$

▶ **解答 2**

A－15 16(1)

次の記述は、電離圏中の電子密度のゆらぎ（不規則性）が衛星通信に与える影響について述べたものである。［　　］内に入れるべき字句の正しい組合せを下の番号から選べ。

(1) 電離圏中の電子密度のゆらぎは、F 層や中緯度地域における E 層でおき、入射電波を散乱又は屈折させ、受信電波の強度、位相、偏波面、到来方向の変動の原因になる。この変動をシンチレーションといい、通常ピッチが速く、その深さ（dB 値のピークからピーク）はほぼ周波数の［ A ］乗に反比例し、［ B ］の頃が最も大きい。

(2) シンチレーションは、地域的には F 層のゆらぎが夜間発達する［ C ］で最も多く発生する。

	A	B	C
1	3	夏至及び冬至	赤道地帯
2	3	夏至及び冬至	中緯度地域
3	1.5	春分及び秋分	中緯度地域
4	1.5	春分及び秋分	赤道地帯
5	1.5	夏至及び冬至	中緯度地域

▶ **解答 4**

A－16　03(7①)　02(11①)

次の記述は、等価地球半径係数 k に起因する k 形フェージングについて述べたものである。このうち誤っているものを下の番号から選べ。

1　k 形フェージングは、k が時間的に変化し、伝搬波に対する大地（海面）の影響が変化することによって生ずる。
2　回折 k 形フェージングは、電波通路と大地（海面）のクリアランスが不十分で、かつ、k が小さくなったとき、大地（海面）の回折損を受けて生ずる。
3　干渉 k 形フェージングの周期は、回折 k 形フェージングの周期に比べて短い。
4　干渉 k 形フェージングによる電界強度の変化は、反射点が海面であるときの方が大地であるときより小さい。
5　干渉 k 形フェージングは、k の変動により直接波と大地（海面）反射波の干渉状態が変化することによって生ずる。

解説　誤っている選択肢は、次のようになる。

4　干渉 k 形フェージングによる電界強度の変化は、反射点が**大地であるときの方が海面であるときより**小さい。

▶ **解答　4**

A－17　類05(1②)　類04(1①)　03(7②)　類02(11①)

地上高 50〔m〕の送信アンテナから電波を放射したとき、最大放射方向の 20〔km〕離れた、地上高 10〔m〕の受信点における電界強度の値として、最も近いものを下の番号から選べ。ただし、送信アンテナに供給する電力を 100〔W〕、周波数を 150〔MHz〕、送信アンテナの半波長ダイポールアンテナに対する相対利得を 6〔dB〕とし、大地は完全導体平面でその反射係数を −1 とする。また、アンテナの損失はないものとし、$\log_{10} 2 = 0.3$ とする。

1　0.2〔mV/m〕　　2　0.5〔mV/m〕　　3　1.1〔mV/m〕
4　1.5〔mV/m〕　　5　2.0〔mV/m〕

解説　送受信点間の距離 d〔m〕、送信、受信アンテナの高さ h_1、h_2〔m〕、自由空間電界強度 E_0〔V/m〕のとき、電界強度 E〔V/m〕は次式で表される。

$$E = 2E_0 \left| \sin \frac{2\pi h_1 h_2}{\lambda d} \right| \text{〔V/m〕} \quad \cdots (1)$$

周波数 $f = 150$〔MHz〕の電波の波長 λ〔m〕は

$$\lambda \fallingdotseq \frac{300}{f\text{〔MHz〕}} = \frac{300}{150} = 2\text{〔m〕}$$

式(1)において sin の値を求めると

$$\sin\frac{2\pi h_1 h_2}{\lambda d}=\sin\frac{2\times 3.14\times 50\times 10}{2\times 20\times 10^3}=\sin(7.85\times 10^{-2}) \quad \cdots \ (2)$$

$\theta<0.5$〔rad〕のとき $\sin\theta\fallingdotseq\theta$ なので、式(1)、式(2)より電界強度 E〔V/m〕を求める。相対利得 6〔dB〕の真数を $G=4$、送信アンテナに供給する電力を P〔W〕とすると E は次式で表される。

$$E\fallingdotseq 2E_0\frac{2\pi\, h_1 h_2}{\lambda d}=2\times\frac{7\sqrt{GP}}{d}\times\frac{2\pi\, h_1 h_2}{\lambda d}$$

$$=2\times\frac{7\sqrt{4\times 100}}{20\times 10^3}\times 7.85\times 10^{-2}=\frac{2\times 7\times 2\times 10\times 7.85}{20}\times 10^{-5}$$

$$=109.9\times 10^{-5}\fallingdotseq 1.1\times 10^{-3}\ \text{〔V/m〕}$$

$$=1.1\ \text{〔mV/m〕}$$

Point

$10\log_{10}2^2=2\times 10\log_{10}2$
$=2\times 10\times 0.3$
$=6$〔dB〕
より 6〔dB〕の真数は 4 となる

▶ **解答　3**

A－18　03(7①)

アンテナ利得が 30（真数）のアンテナを無損失の給電線に接続して測定した電圧定在波比（VSWR）の値が 3 であった。このアンテナの動作利得（真数）の値として、最も近いものを下の番号から選べ。

1　16.3　　2　22.5　　3　28.8　　4　37.9　　5　45.9

解説　電圧定在波比を S、アンテナ利得を G とすると、動作利得 G_w は

$$G_w=\frac{4S}{(1+S)^2}G=\frac{4\times 3}{(1+3)^2}\times 30=\frac{360}{16}=22.5$$

▶ **解答　2**

A－19　03(7②)

次の記述は、アンテナの測定をするときに考慮すべき事項について述べたものである。［　　］内に入れるべき字句の正しい組合せを下の番号から選べ。

(1) 被測定アンテナを、送信アンテナとして使用した場合と受信アンテナとして使用した場合のアンテナ利得及び指向性は、アンテナの［ A ］から等しい。

(2) 送受信アンテナ間の距離が短すぎるとアンテナ利得や指向性の測定値に誤差が生ずる。測定誤差を小さくするため、送信アンテナからの電波が受信アンテナの近傍で［ B ］とみなせるように送受信アンテナ間の距離を大きくとる必要がある。

(3) 屋外で測定する場合、周囲の建造物や樹木からの反射波による誤差が発生することがあるので、［ C ］で実施する。

	A	B	C
1	可逆性	球面波	ボアサイト
2	可逆性	平面波	オープンサイト
3	非可逆性	平面波	オープンサイト
4	非可逆性	球面波	ボアサイト
5	非可逆性	球面波	オープンサイト

解説　オープンサイトは周囲に電波を反射する物体のない屋外の試験場のことである。ボアサイトはアンテナビームの最大方向などの軸のことをいう。

▶ **解答　2**

A－20　03(7①)　02(11①)

次の記述は、平衡給電のアンテナの入力インピーダンス測定法について述べたものである。［　　］内に入れるべき字句の正しい組合せを下の番号から選べ。

(1) 一般にネットワークアナライザは不平衡系であり、ネットワークアナライザで［ A ］アンテナのような平衡給電のアンテナのインピーダンスを測定する場合、付属の不平衡ケーブルを直接接続するとアンテナ上で電流の不平衡が生じ、測定ケーブルに漏洩電流が流れて誤差を生ずる。このためバランを用いて対応しているが、バランの周波数特性により適用範囲が限定されたり、その効果を定量的に把握するのが難しいので、バランを測定周波数帯毎に変えて繰り返し測定する必要がある。

(2) バランを用いないで測定する場合は、測定するアンテナを地板の上に構成すればよい。図１に示す給電点で対称な構造をもつ方形ループアンテナの場合は、図２に示すように、図１の方形ループアンテナの縦方向の長さ l〔m〕の上半分 ($l/2$) を地板の上に設置すれば、地板の［ B ］効果を利用して測定できる。この状態で測定したインピーダンスは、自由空間に方形ループアンテナがある場合の測定値の［ C ］倍になる。ただし、地板の半径 r〔m〕を少なくとも２波長以上にする。

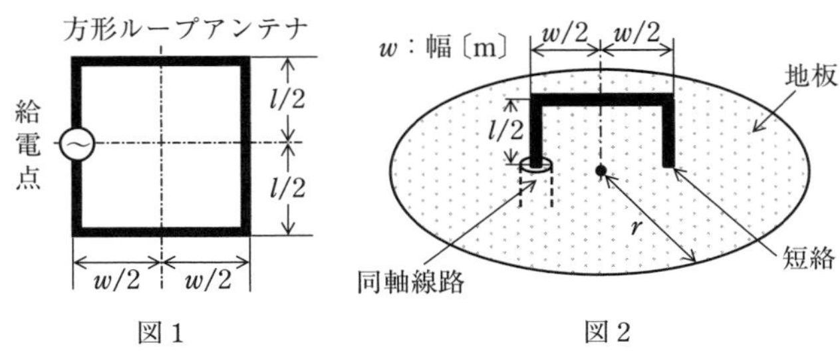

図１　図２

	A	B	C
1	半波長ダイポール	イメージ(影像)	1/2
2	半波長ダイポール	イメージ(影像)	2
3	半波長ダイポール	回折	2
4	逆L形	イメージ(影像)	2
5	逆L形	回折	1/2

▶ **解答　1**

B－1　06(1)　03(7②)　02(11②)

次の記述は、半波長ダイポールアンテナを用いた受信アンテナの散乱断面積を求める過程について述べたものである。[　　]内に入れるべき字句を下の番号から選べ。ただし、アンテナ及び給電線の損失はないものとし、アンテナの入力インピーダンスは純抵抗とする。

(1) 到来電波によりアンテナに誘導された起電力 V〔V〕によって、アンテナの放射抵抗 R_r〔Ω〕を流れる電流を I〔A〕とすれば、散乱電力 P_A は、次式で表される。

$P_A =$ [ア]〔W〕 …①

(2) P_A 及びその点の電力束密度 p により散乱断面積 A_s は、次式で表される。

$A_s = \dfrac{P_A}{p}$〔m²〕 …②

(3) 受信電界強度を E〔V/m〕、自由空間の固有インピーダンスを Z_0〔Ω〕とすると、p は、次式で表される。

$p =$ [イ]〔W/m²〕 …③

(4) 受信アンテナの入力インピーダンスと受信機の入力インピーダンスが整合しているとき、受信電力は最大値となり、また、同じ大きさの電力を受信アンテナが散乱していると考えられるので、式①の P_A は、次式となる。

$P_A =$ [ウ]〔W〕 …④

(5) 式②へ式③及び④を代入すると、A_s は、次式で求められる。

$A_s =$ [エ]〔m²〕

(6) 受信アンテナの入力インピーダンスと受信機の入力インピーダンスが整合しているとき、受信アンテナの散乱断面積は、受信アンテナの実効面積[オ]なる。

1 $|I|^2 R_r$　　2 $\dfrac{E^2}{2Z_0}$　　3 $\dfrac{V^2}{2R_r}$　　4 $\dfrac{V^2 Z_0}{2R_r E^2}$　　5 と等しく

6 $\dfrac{|I|^2}{4R_r}$　　7 $\dfrac{E^2}{Z_0}$　　8 $\dfrac{V^2}{4R_r}$　　9 $\dfrac{V^2 Z_0}{4R_r E^2}$　　10 の1/2と

解説 電界強度 E〔V/m〕、自由空間の特性インピーダンス $Z_0 = 120\pi$〔Ω〕の空間の電力束密度 p〔W/m²〕は、ポインチングの定理より

$$p = \frac{E^2}{Z_0} \text{〔W/m}^2\text{〕}$$

Point
電界の単位は〔V/m〕、磁界の単位は〔A/m〕、インピーダンスの単位は〔Ω〕であり、オームの法則の関係が成り立つ

アンテナの入力インピーダンスと受信機の入力インピーダンスが同じ値 R_r〔Ω〕のときに、整合して受信電力 P_A〔W〕は最大になる。このとき受信機に供給される電圧は誘起電圧 V〔V〕の 1/2 となるので

$$P_A = \left(\frac{V}{2}\right)^2 \times \frac{1}{R_r} = \frac{V^2}{4R_r} \text{〔W〕}$$

▶ **解答　ア－1　イ－7　ウ－8　エ－9　オ－5**

出題傾向 下線の部分は、ほかの試験問題で穴埋めの字句として出題されている。

B－2　類 05(7②)　03(7①)　02(11②)

次の記述は、図に示す方形導波管について述べたものである。［　　］内に入れるべき字句を下の番号から選べ。ただし、自由空間における電波の波長を λ〔m〕、速度を c〔m/s〕とする。

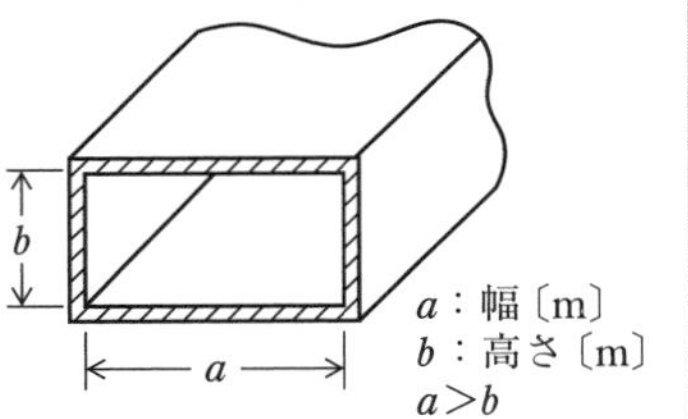

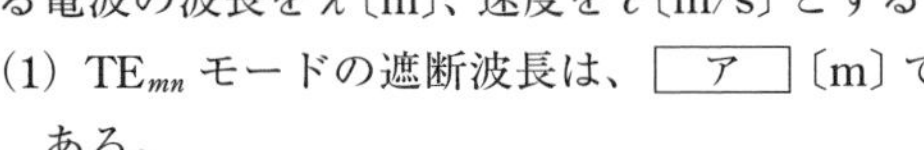

(1) TE_{mn} モードの遮断波長は、［ア］〔m〕である。

(2) TE_{10} モードにおける管内波長は、［イ］〔m〕、遮断波長は、［ウ］〔m〕である。導波管内を伝搬する電波の位相速度 v_p〔m/s〕は、群速度 v_g〔m/s〕より［エ］、v_p と v_g の間には［オ］の関係がある。

1 $\dfrac{1}{\sqrt{\left(\dfrac{n}{2a}\right)^2 + \left(\dfrac{m}{b}\right)^2}}$　　2 $2b$　　3 $\dfrac{\lambda}{\sqrt{1 - \left(\dfrac{\lambda}{2a}\right)^2}}$

4 速く　　5 $v_p v_g = c^2$　　6 $\dfrac{2}{\sqrt{\left(\dfrac{m}{a}\right)^2 + \left(\dfrac{n}{b}\right)^2}}$

7 $2a$　　8 $\dfrac{\lambda}{\sqrt{1 - \left(\dfrac{\lambda}{2b}\right)^2}}$　　9 遅く　　10 $v_p v_g = \sqrt{2}\,c^2$

解説 TE_{mn}モードの遮断波長λ_c〔m〕は

$$\lambda_c = \frac{2}{\sqrt{\left(\frac{m}{a}\right)^2+\left(\frac{n}{b}\right)^2}} = \frac{1}{\sqrt{\left(\frac{m}{2a}\right)^2+\left(\frac{n}{2b}\right)^2}} \text{〔m〕}$$

TE_{10}モードの位相速度v_p〔m/s〕及び群速度v_g〔m/s〕は

$$v_p = \frac{c}{\sqrt{1-\left(\frac{\lambda}{2a}\right)^2}} \text{〔m/s〕} \quad \cdots (1)$$

$$v_g = c\sqrt{1-\left(\frac{\lambda}{2a}\right)^2} \text{〔m/s〕} \quad \cdots (2)$$

Point
$2a>\lambda$なので
$\sqrt{1-\left(\frac{\lambda}{2a}\right)^2}<1$

式(1)、式(2)より

$$v_p v_g = c^2$$

▶ **解答　ア－6　イ－3　ウ－7　エ－4　オ－5**

B－3

05(1②)　03(7②)　02(11①)

次の記述は、図に示す方形のマイクロストリップアンテナについて述べたものである。□内に入れるべき字句を下の番号から選べ。ただし、給電は、同軸給電とする。

(1) 図1に示すように、地板上に波長に比べて十分に薄い誘電体を置き、その上に放射板を平行に密着して置いた構造であり、放射板の中央から少しずらした位置で放射板と［ア］の間に給電する。

(2) 放射板と地板間にある誘電体に生ずる電界は、電波の放射には寄与しないが、放射板の周縁部に生ずる漏れ電界は電波の放射に寄与する。放射板の長さl〔m〕を誘電体内での電波の波長λ_e〔m〕の［イ］にすると共振する。

図2に示すように磁流M_1～M_6〔V〕で表すと、磁流［ウ］は相加されて放射に寄与するが、他は互いに相殺されて放射には寄与しない。

アンテナの指向性は、放射板から［エ］軸の正の方向に最大放射方向がある単一指向性である。

(3) アンテナの入力インピーダンスは、放射板上の給電点の位置により変化する。また、その周波数特性は、厚さh〔m〕が［オ］ほど、幅w〔m〕が広いほど広帯域になる。

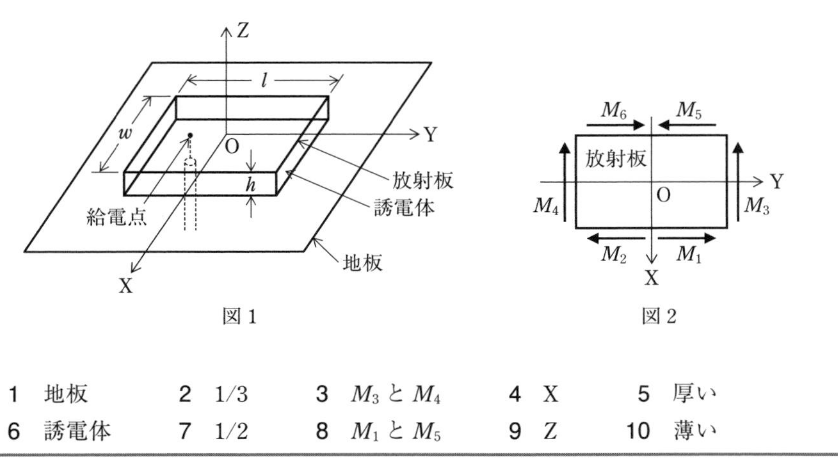

図 1　　　図 2

1　地板	2　1/3	3　M_3 と M_4	4　X	5　厚い
6　誘電体	7　1/2	8　M_1 と M_5	9　Z	10　薄い

▶ **解答　ア－1　イ－7　ウ－3　エ－9　オ－5**

出題傾向　下線の部分は、ほかの試験問題で穴埋めの字句として出題されている。

B－4　03(7①)

次の記述は、ダイバーシティ方式について述べたものである。このうち正しいものを 1、誤っているものを 2 として解答せよ。

ア　スペース (空間) ダイバーシティには、受信ダイバーシティと送信ダイバーシティがある。このうち受信ダイバーシティとは、電波の伝搬方向と同一の方向に数波長以上離した 2 基以上のアンテナを使用して受信する方式のことである。

イ　スペース (空間) ダイバーシティの効果は、異なる受信点間の電界強度変動の相関が大きいほど小さい。

ウ　偏波ダイバーシティは、主にダクト性フェージングの影響を軽減するのに有効である。

エ　偏波ダイバーシティの効果は、同じ受信点に直交する偏波面を持つ 2 つのアンテナを設置して、それらの出力を合成するか、あるいは、出力の大きな方のアンテナに切り替えることによって得られる。

オ　周波数ダイバーシティは、周波数が異なると、フェージングの状態が異なることを利用した方式である。

解説 誤っている選択肢は、次のようになる。

ア スペース(空間)ダイバーシティには、受信ダイバーシティと送信ダイバーシティがある。このうち受信ダイバーシティとは、電波の伝搬方向と**直角の方向**に数波長以上離した2基以上のアンテナを使用して受信する方式のことである。

ウ 偏波ダイバーシティは、主に**偏波性**フェージングの影響を軽減するのに有効である。

▶ **解答 ア－2 イ－1 ウ－2 エ－1 オ－1**

B－5 26(7)

次の記述は、電界や磁界などの遮へい(シールド)について述べたものである。[　　]内に入れるべき字句を下の番号から選べ。

(1) 静電遮へいは、静電界を遮へいすることであり、導体によって完全に囲まれた領域内に電荷がなければ、その領域内には[ア]が存在しないことを用いている。

(2) 磁気遮へいは、主として静磁界を遮へいすることであり、[イ]の大きな材料の中を磁力線が集中して通り、その材料で囲まれた領域内では、外部からの磁界の影響が小さくなることを用いている。

(3) 電磁遮へいは、主として高周波の電磁波を遮へいすることであり、電磁波により遮へい材料に流れる[ウ]が遮へいの作用をする。遮へい材は、銅や[エ]などの板や網などであり、網の場合には、網目の大きさによっては、網がアンテナの働きをするので、その大きさを波長に比べて十分[オ]しなければならない。

1 磁界	2 透過率	3 変位電流	4 アルミニウム	5 小さく
6 電界	7 透磁率	8 高周波電流	9 フッ素樹脂	10 大きく

▶ **解答 ア－6 イ－7 ウ－8 エ－4 オ－5**

無線工学B（令和4年1月期①）

A－1 05(7②) 02(11②)

次の記述は、マクスウェルの方程式から波動方程式を導出する過程について述べたものである。□内に入れるべき字句の正しい組合せを下の番号から選べ。ただし、媒質は等方性、非分散性、線形、均質として、誘電率を ε〔F/m〕、透磁率を μ〔H/m〕及び導電率を σ〔S/m〕とする。なお、同じ記号の□内には、同じ字句が入るものとする。

(1) 電界 $\boldsymbol{E}$〔V/m〕と磁界 $\boldsymbol{H}$〔A/m〕が共に角周波数 ω〔rad/s〕で正弦的に変化しているとき、両者の間には以下のマクスウェルの方程式が成立しているものとする。

$$\nabla\times\boldsymbol{E}=-j\omega\mu\boldsymbol{H}\quad\cdots①$$

$$\nabla\times\boldsymbol{H}=(\sigma+j\omega\varepsilon)\boldsymbol{E}\quad\cdots②$$

(2) 式①の両辺の［A］をとると、次式が得られる。

$$[\mathrm{B}]\ \nabla\times\boldsymbol{E}=-j\omega\mu\,[\mathrm{B}]\ \boldsymbol{H}\quad\cdots③$$

(3) 式③の左辺は、ベクトルの公式により、以下のように表される。

$$[\mathrm{B}]\ \nabla\times\boldsymbol{E}=\nabla\nabla\cdot\boldsymbol{E}-\nabla^2\boldsymbol{E}\quad\cdots④$$

(4) 通常の媒質中では、電子やイオンは存在しないので、

$$\nabla\cdot\boldsymbol{E}=0\quad\cdots⑤$$

(5) 式②～⑤から、$\boldsymbol{H}$ を消去して、$\boldsymbol{E}$ に関する以下の波動方程式が得られる。

$$[\mathrm{C}]\ \boldsymbol{E}+\gamma^2\boldsymbol{E}=0$$

ここで、$\gamma^2=$［D］であり、γ は伝搬定数と呼ばれている。

(6) また、$\boldsymbol{H}$ に関する波動方程式は以下のようになる。

$$[\mathrm{C}]\ \boldsymbol{H}+\gamma^2\boldsymbol{H}=0$$

	A	B	C	D
1	回転	$\nabla\times$	$\nabla\cdot$	$j\omega\mu(\sigma+j\omega\varepsilon)$
2	回転	$\nabla\times$	∇^2	$-j\omega\mu(\sigma+j\omega\varepsilon)$
3	回転	$\nabla\cdot$	$\nabla\cdot$	$j\omega\mu(\sigma+j\omega\varepsilon)$
4	発散	$\nabla\times$	$\nabla\cdot$	$-j\omega\mu(\sigma+j\omega\varepsilon)$
5	発散	$\nabla\cdot$	∇^2	$j\omega\mu(\sigma+j\omega\varepsilon)$

解説 x、y、z 座標軸の単位ベクトルを $\boldsymbol{i}$、$\boldsymbol{j}$、$\boldsymbol{k}$ とすると、ナブラ演算子 ∇ は次式で表される。

$$\nabla=\boldsymbol{i}\frac{\partial}{\partial x}+\boldsymbol{j}\frac{\partial}{\partial y}+\boldsymbol{k}\frac{\partial}{\partial z}\quad\cdots(1)$$

問題の式②は

$$\nabla\times\boldsymbol{H}=(\sigma+j\omega\varepsilon)\boldsymbol{E}\quad\cdots(2)$$

問題の式③は

$$\nabla\times\nabla\times\boldsymbol{E}=-j\omega\mu\nabla\times\boldsymbol{H}\quad\cdots(3)$$

Point

×は、クロスと呼び、ベクトルの外積を表す
∇×は rot（ローテーション）と書かれることもある

式 (2) を式 (3) に代入すると

$$\nabla\times\nabla\times\boldsymbol{E}=-j\omega\mu(\sigma+j\omega\varepsilon)\boldsymbol{E}\quad\cdots\ (4)$$

問題の式④、式⑤より

$$\nabla\times\nabla\times\boldsymbol{E}=-\nabla^2\boldsymbol{E}\quad\cdots\ (5)$$

式 (4)、式 (5) より

$$-\nabla^2\boldsymbol{E}=-j\omega\mu(\sigma+j\omega\varepsilon)\boldsymbol{E}$$

よって　$\nabla^2\boldsymbol{E}-j\omega\mu(\sigma+j\omega\varepsilon)\boldsymbol{E}=\nabla^2\boldsymbol{E}+\gamma^2\boldsymbol{E}=0$

ここで　$\gamma^2=-j\omega\mu(\sigma+j\omega\varepsilon)$　である。

▶ **解答　2**

出題傾向　下線の部分は、ほかの試験問題で穴埋めの字句として出題されている。

A－2　　01(7)

次の記述は、指向性の積の原理（指向性相乗の理）について述べたものである。□内に入れるべき字句の正しい組合せを下の番号から選べ。ただし、位相定数を β〔rad/m〕、電界強度の単位表示のための係数を A〔V〕とし、図に示すように原点 O に置かれたアンテナ a により電波が z 軸と角度 θ〔rad〕をなす方向へ放射されたとき、a から距離 d〔m〕の十分遠方の点における電界強度 E_1 は、a の指向性係数を D とすれば、次式で表されるものとする。なお、同じ記号の□内には、同じ字句が入るものとする。

$$E_1\fallingdotseq A\frac{e^{-j\beta d}}{d}D\ \text{〔V/m〕}$$

(1) a と同一のアンテナ b を z 軸上の原点から l〔m〕離れた点 Q に置き、a の電流の M 倍の電流を同位相で流したとき、十分遠方の点における電界強度 E_2 は、次式で表される。

$$E_2\fallingdotseq A\frac{e^{-j\beta d}}{d}DKM\ \text{〔V/m〕}$$

ここで、K は定数で、$K=$ [A] で表される。

(2) a、b、二つのアンテナによる十分遠方の点における合成電界強度 E は、次式で表される。

$$E=E_1+E_2\fallingdotseq A\frac{e^{-j\beta d}}{d}D\times(\ \boxed{\text{B}}\ )\ \text{〔V/m〕}$$

ここで、[B] は点 O に [C] を置き、電流がその M 倍の [C] を点 Q に置いたときの合成指向性を表す。

(3) 上式より、指向性が相似な複数のアンテナを配列したときの合成指向性は、アンテナ素子の指向性と [C] の配列の指向性との積で表されることが分かる。

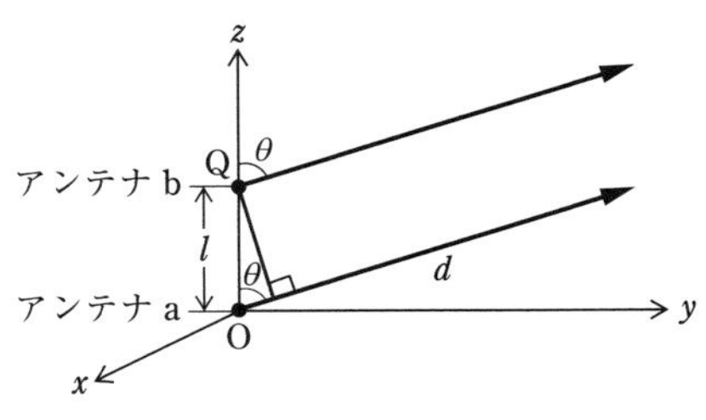

	A	B	C
1	$e^{j\beta l\cos\theta}$	$1+K\sqrt{M}$	無指向性点放射源
2	$e^{j\beta l\cos\theta}$	$1+KM$	無指向性点放射源
3	$e^{j\beta l\tan\theta}$	$1+KM$	半波長ダイポールアンテナ
4	$e^{j\beta l\sin\theta}$	$1+K\sqrt{M}$	半波長ダイポールアンテナ
5	$e^{j\beta l\sin\theta}$	$1+KM$	半波長ダイポールアンテナ

解説　合成電界 E〔V/m〕は

$$E = E_1 + E_2 \fallingdotseq A\frac{e^{-j\beta d}}{d}D + A\frac{e^{-j\beta d}}{d}DKM = A\frac{e^{-j\beta d}}{d}D\times(1+KM)\ \text{〔V/m〕}$$

▶ **解答　2**

A－3　05(7①)

次の記述は、自由空間において、一つのアンテナを送信と受信に用いたときのそれぞれの特性について述べたものである。このうち誤っているものを下の番号から選べ。

1　利得は、同じである。
2　放射電力密度の指向性と受信有能電力の指向性は、同じである。
3　入力(給電点)インピーダンスは、異なる。
4　アンテナ上の電流分布は、一般に異なる。
5　放射電界強度の指向性と受信開放電圧の指向性は、同じである。

解説　誤っている選択肢は、次のようになる。

3　入力(給電点)インピーダンスは、**同じである**。

▶ **解答　3**

A－4 05(7②) 03(1②)

電波の波長をλ〔m〕としたとき、図に示す水平部の長さが$\lambda/12$〔m〕、垂直部の長さが$\lambda/6$〔m〕の逆L形アンテナの実効高hを表す式として、正しいものを下の番号から選べ。ただし、大地は完全導体とし、アンテナ上の電流は、給電点で最大の正弦状分布とする。

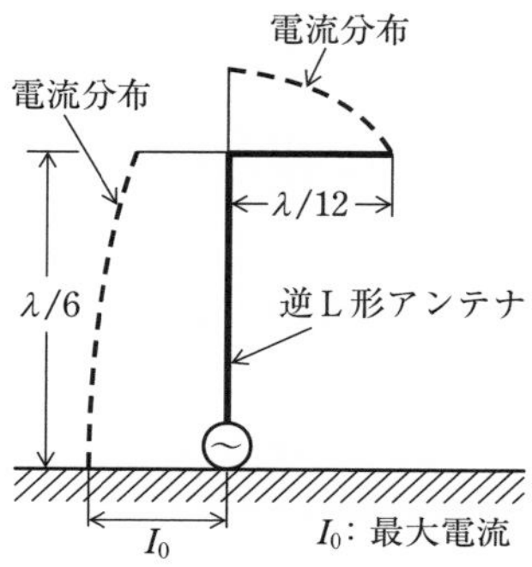

1 $h=\dfrac{\sqrt{3}\lambda}{2\sqrt{2}\pi}$〔m〕

2 $h=\dfrac{\lambda}{2\sqrt{2}\pi}$〔m〕

3 $h=\dfrac{\lambda}{2\pi}$〔m〕

4 $h=\dfrac{\sqrt{3}\lambda}{\sqrt{2}\pi}$〔m〕

5 $h=\dfrac{\sqrt{3}\lambda}{4\pi}$〔m〕

解説 アンテナの全長l〔m〕は

$$l=\frac{\lambda}{6}+\frac{\lambda}{12}=\frac{\lambda}{4}\ 〔m〕$$

なので、給電点の電流I_0〔A〕がcos関数で分布しているものとすることができる。逆L形アンテナは垂直部のみが放射に関係するので、垂直部の長さ$l=\lambda/6$の電流を基部から積分して給電点の電流I_0〔A〕で割れば実効高h〔m〕を求めることができる。位相定数を$\beta=2\pi/\lambda$とすると

$$h=\frac{1}{I_0}\int_0^{\lambda/6} I_0\cos\beta l\,dl=\frac{1}{\beta}\left|\sin\beta l\right|_0^{\lambda/6}$$

$$=\frac{\lambda}{2\pi}\left\{\sin\left(\frac{2\pi}{\lambda}\times\frac{\lambda}{6}\right)-\sin 0\right\}$$

$$=\frac{\lambda}{2\pi}\sin\frac{\pi}{3}=\frac{\lambda}{2\pi}\times\frac{\sqrt{3}}{2}=\frac{\sqrt{3}\lambda}{4\pi}\ 〔m〕$$

Point
実効高は、給電点の電流と同じ大きさの電流が一様に分布するとしたときの等価的な高さ

Point
電流分布をアンテナ先端からのsin関数として、$\lambda/12\sim\lambda/4$の区間で積分して求めることもできる

▶ **解答 5**

数学の公式

$$\frac{d}{d\theta}\sin a\theta=a\cos a\theta$$

$$\int\cos a\theta\,d\theta=\frac{1}{a}\sin a\theta$$ （積分定数は省略）

A－5 　01(7)

次の記述は、図に示すように、パラボラアンテナを用いてマイクロ波無給電中継を行う場合の送受信点間の伝搬損失について述べたものである。[　　]内に入れるべき字句の正しい組合せを下の番号から選べ。ただし、各アンテナにおける給電系の損失は無視できるものとする。なお、同じ記号の[　　]内には、同じ字句が入るものとする。

(1) 送信アンテナの絶対利得を G_t(真数)、送信電力を P_t〔W〕、無給電中継点におけるパラボラアンテナ１の絶対利得を G_1(真数)、送信点と無給電中継点間の自由空間伝搬損失を Γ_1 とすれば、パラボラアンテナ１の最大受信有能電力 P_1〔W〕は、次式となる。

$P_1 =$ [A] $\times P_t$〔W〕

したがって、送信点と無給電中継点間の区間損失 L_1 は、[A] の逆数で表せる。

同様にして、絶対利得 G_2(真数) のパラボラアンテナ２から再放射された電力を P_2〔W〕、無給電中継点と受信点間の自由空間伝搬損失を Γ_2 とすれば、絶対利得 G_r(真数) の受信アンテナの最大受信有能電力 P_r〔W〕及び無給電中継点と受信点間の区間損失 L_2 を求めることができる。

(2) 無給電中継の送受信点間の区間損失 L_{tr} は、P_t/P_r であり、$P_2 =$ [B]〔W〕であるから、L_{tr} は、次式で表される。

$L_{tr} =$ [C]

(3) (1) 及び (2) より、送受信点間の伝搬損失 Γ は、G_t 及び G_r を含めずに [D] と表すことができる。

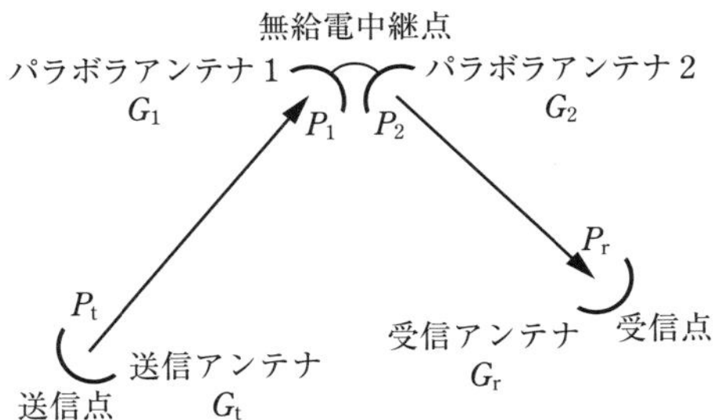

	A	B	C	D
1	$\dfrac{G_t G_1}{\Gamma_1}$	P_1	$\sqrt{L_1 L_2}$	$\dfrac{\Gamma_1 \Gamma_2}{G_1 G_2}$
2	$\dfrac{G_t G_1}{\Gamma_1}$	P_1	$L_1 L_2$	$\dfrac{\Gamma_1 \Gamma_2}{G_1 G_2}$
3	$\dfrac{G_t G_1}{\Gamma_1}$	$\dfrac{G_2 P_1}{G_1}$	$\sqrt{L_1 L_2}$	$\dfrac{G_1 G_2}{\Gamma_1 \Gamma_2}$
4	$\dfrac{\Gamma_1}{G_t G_1}$	$\dfrac{G_2 P_1}{G_1}$	$\sqrt{L_1 L_2}$	$\dfrac{G_1 G_2}{\Gamma_1 \Gamma_2}$
5	$\dfrac{\Gamma_1}{G_t G_1}$	P_1	$L_1 L_2$	$\dfrac{G_1 G_2}{\Gamma_1 \Gamma_2}$

解説 中継点の受信電力 P_1 は、アンテナの利得 G_t、G_1 に比例し、伝搬損失 Γ_1 に反比例するので

$$P_1 = \frac{G_t G_1}{\Gamma_1} P_t = \frac{1}{L_1} P_t \text{〔W〕} \quad \cdots \text{(1)}$$

受信点の受信電力 P_r は、中継点の送信電力 $P_2 = P_1$ なので

$$P_r = \frac{G_2 G_r}{\Gamma_2} P_1 = \frac{1}{L_2} P_1 \text{〔W〕} \quad \cdots \text{(2)}$$

式(1)、式(2)より次式が成り立つ。

$$P_r = \frac{G_2 G_r}{\Gamma_2} \times \frac{G_t G_1}{\Gamma_1} P_t = \frac{1}{L_2} \times \frac{1}{L_1} P_t = \frac{1}{L_{tr}} P_t$$

よって、送受信点間の区間損失 L_{tr} は

$$L_{tr} = \frac{P_t}{P_r} = L_1 L_2 \quad \cdots \text{(3)}$$

また

$$P_r = \frac{G_1 G_2}{\Gamma_1 \Gamma_2} G_t G_r P_t = \frac{1}{\Gamma} G_t G_r P_t \text{〔W〕} \quad \cdots \text{(4)}$$

よって、送受信点間の伝搬損失 Γ は

$$\Gamma = \frac{\Gamma_1 \Gamma_2}{G_1 G_2}$$

▶ **解答 2**

A−6 05(7②) 02(11①)

図１は同軸線路の断面図であり、図２は平行平板線路の断面図である。これら二つの線路の特性インピーダンスが等しく、同軸線路の外部導体の内径 b〔m〕と内部導体の外径 a〔m〕との比 (b/a) の値が４であるときの平行平板線路の誘電体の厚さ d〔m〕と導体の幅 W〔m〕との比 (d/W) の値として、最も近いものを下の番号から選べ。ただし、両線路とも無損失であり、誘電体は同一とする。また、誘電体の比誘電率を ε_r とし、自由空間の固有インピーダンスを Z_0〔Ω〕とすると、平行平板線路の特性インピーダンス Z_p〔Ω〕は、$Z_p = (Z_0/\sqrt{\varepsilon_r}) \times (d/W)$ で表され、$\log_{10} 2 = 0.3$ とする。

1　0.22
2　0.26
3　0.30
4　0.34
5　0.38

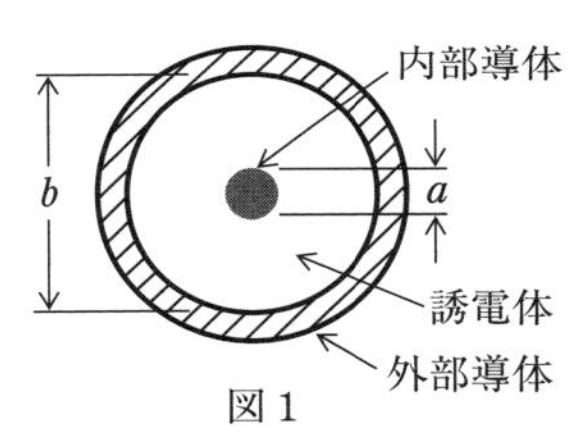

図１

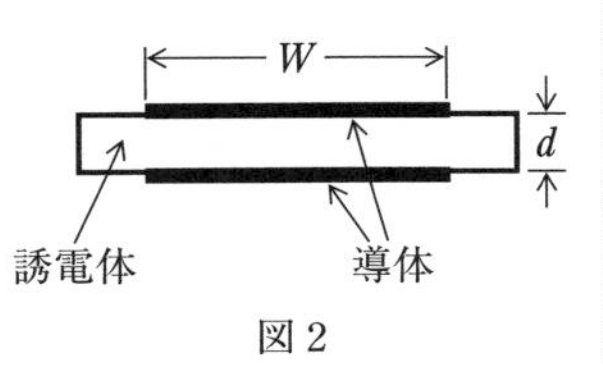

図２

解説　問題図１の内部導体の外径 a〔m〕、外部導体の内径 b〔m〕の同軸線路の特性インピーダンス Z_c〔Ω〕は次式で表される。

$$Z_c = \frac{138}{\sqrt{\varepsilon_r}} \log_{10} \frac{b}{a} \text{〔Ω〕} \quad \cdots (1)$$

問題で与えられた条件 $b/a = 4$ を代入すると

$$Z_c = \frac{138}{\sqrt{\varepsilon_r}} \times \log_{10} 4 = \frac{138}{\sqrt{\varepsilon_r}} \times \log_{10} 2^2 = \frac{138}{\sqrt{\varepsilon_r}} \times 2 \log_{10} 2$$

$$= \frac{138}{\sqrt{\varepsilon_r}} \times 0.6 = \frac{82.8}{\sqrt{\varepsilon_r}} \text{〔Ω〕} \quad \cdots (2)$$

平行平板線路の特性インピーダンス Z_p〔Ω〕は、問題で与えられた式より

$$Z_p = \frac{Z_0}{\sqrt{\varepsilon_r}} \times \frac{d}{W} \text{〔Ω〕} \quad \cdots (3)$$

自由空間の固有インピーダンス $Z_0 = 120\pi \fallingdotseq 377$〔Ω〕と題意の条件から式(2) = 式(3)として、誘電体の厚さ d〔m〕と導体の幅 W〔m〕との比を求めると

$$\frac{d}{W} = \frac{82.8}{\sqrt{\varepsilon_r}} \times \frac{\sqrt{\varepsilon_r}}{Z_0} \fallingdotseq \frac{82.8}{377} \fallingdotseq 0.22$$

▶ **解答　1**

出題傾向
自由空間の固有（特性）インピーダンス

$$Z_0 = \sqrt{\frac{\mu_0}{\varepsilon_0}} \fallingdotseq 120\pi \fallingdotseq 377 \text{〔Ω〕}$$

はアンテナ理論の計算でも頻繁に使われる値である。

A－7 03(1①) 類 03(1②)

無損失給電線上の電圧定在波比が 1.35 のとき、電圧波節点から負荷側を見たインピーダンスの値として、最も近いものを下の番号から選べ。ただし、給電線の特性インピーダンスは 75〔Ω〕とする。

1　42.3〔Ω〕　2　55.6〔Ω〕　3　68.9〔Ω〕
4　75.0〔Ω〕　5　87.8〔Ω〕

解説 電圧波節点は、受端に特性インピーダンス Z_0〔Ω〕よりも小さい抵抗 R〔Ω〕を接続したときと同じ状態となるので、電圧定在波比を S とすると、次式が成り立つ。

$$S = \frac{Z_0}{R} \quad \cdots (1)$$

電圧波節点から負荷側を見たインピーダンス Z〔Ω〕は R と等しくなるので、式(1)より

$$Z = R = \frac{Z_0}{S} = \frac{75}{1.35} \fallingdotseq 55.6 \text{〔Ω〕}$$

▶ **解答 2**

出題傾向 入射波電圧と反射波電圧が与えられ、電圧定在波比を求めてから負荷側を見たインピーダンスを求める問題も出題されている。

A－8 05(1①) 類 04(7①) 類 03(1②)

次の記述は、1/4 波長整合回路の整合条件について述べたものである。□内に入れるべき字句の正しい組合せを下の番号から選べ。ただし、波長を λ〔m〕とし、給電線は無損失とする。

(1) 図に示すように、特性インピーダンス Z_0〔Ω〕の給電線と負荷抵抗 R〔Ω〕とを、長さが l〔m〕、特性インピーダンスが Z〔Ω〕の整合用給電線で接続したとき、給電線の接続点 P から負荷側を見たインピーダンス Z_x〔Ω〕は、位相定数を β〔rad/m〕とすれば、次式で表される。

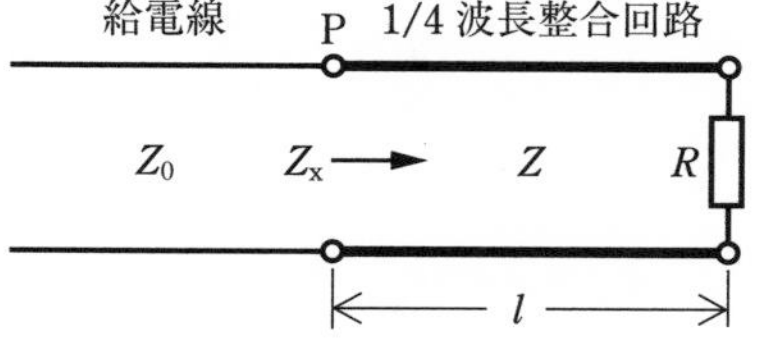

$Z_x = Z \times ($ □A□ $)$〔Ω〕 … ①

(2) 1/4 波長整合回路では、$l = \lambda/4$〔m〕であるから、βl は、次式となる。

$\beta l =$ □B□〔rad〕 … ②

(3) 式②を式①へ代入すれば、次式が得られる。

$Z_x =$ □C□〔Ω〕

(4) 整合条件を満たすための整合用給電線の特性インピーダンス Z〔Ω〕は、次式で与えられる。

$Z=$ [D]〔Ω〕

	A	B	C	D
1	$\dfrac{Z\cos\beta l+jR\sin\beta l}{R\cos\beta l+jZ\sin\beta l}$	$\pi/4$	Z^2/R	$(Z_0+R)/2$
2	$\dfrac{Z\cos\beta l+jR\sin\beta l}{R\cos\beta l+jZ\sin\beta l}$	$\pi/4$	$ZR/(Z+R)$	$\sqrt{Z_0R}$
3	$\dfrac{Z\cos\beta l+jR\sin\beta l}{R\cos\beta l+jZ\sin\beta l}$	$\pi/2$	Z^2/R	$(Z_0+R)/2$
4	$\dfrac{R\cos\beta l+jZ\sin\beta l}{Z\cos\beta l+jR\sin\beta l}$	$\pi/2$	Z^2/R	$\sqrt{Z_0R}$
5	$\dfrac{R\cos\beta l+jZ\sin\beta l}{Z\cos\beta l+jR\sin\beta l}$	$\pi/2$	$ZR/(Z+R)$	$(Z_0+R)/2$

解説　問題の式①の Z_x〔Ω〕は

$$Z_x=Z\frac{R\cos\beta l+jZ\sin\beta l}{Z\cos\beta l+jR\sin\beta l}\ \text{〔Ω〕}\ \cdots\ (1)$$

$l=\lambda/4$ なので

$$\beta l=\frac{2\pi l}{\lambda}=\frac{2\pi}{\lambda}\times\frac{\lambda}{4}=\frac{\pi}{2}\ \text{〔rad〕}$$

$\cos(\pi/2)=0$、$\sin(\pi/2)=1$ なので、式(1)に代入すると

$$Z_x=Z\frac{jZ}{jR}=\frac{Z^2}{R}\quad\cdots\ (2)$$

整合条件より、式(2)の $Z_x=Z_0$〔Ω〕として Z〔Ω〕を求めると

$$Z=\sqrt{Z_0R}\ \text{〔Ω〕}$$

▶ **解答　4**

A－9　06(1)　03(7①)

図に示す整合回路を用いて、特性インピーダンス Z_0 が 730〔Ω〕の無損失の平行二線式給電線と入力インピーダンス Z が 73〔Ω〕の半波長ダイポールアンテナとを整合させるために必要な静電容量 C の値として、最も近いものを下の番号から選べ。ただし、周波数を $30/\pi$〔MHz〕とする。

1　37〔pF〕
2　51〔pF〕
3　68〔pF〕
4　94〔pF〕
5　102〔pF〕

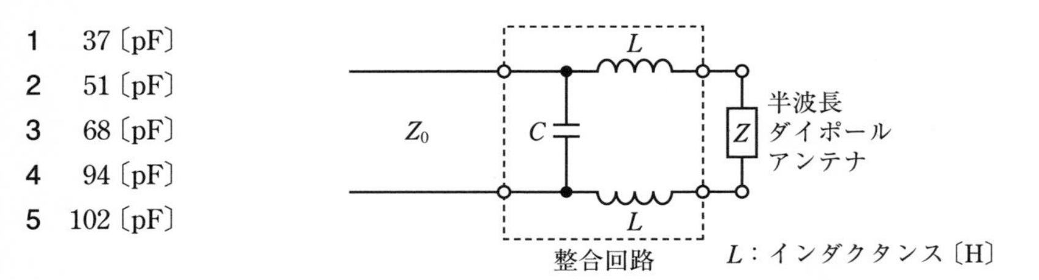

解説　給電線と整合回路の接続点において、左右を見たインピーダンスが等しければ整合をとることができる。そのときアドミタンスが等しくなるので、次式が成り立つ。

$$\frac{1}{Z_0}=j\omega C+\frac{1}{Z+j2\omega L}$$

$$Z+j2\omega L=j\omega CZZ_0-2\omega^2 LCZ_0+Z_0 \quad \cdots (1)$$

式(1)の実数部と虚数部がそれぞれ等しくなければならないので

$$Z=Z_0-2\omega^2 LCZ_0 \quad \cdots (2)$$

$$2L=CZZ_0 \quad \cdots (3)$$

Point
実数部と虚数部は、異なる次元の量を表しているので、二つの等式となる。これらの式を組み合わせて、L を消去した式を誘導する

C を求めるために、式(3)を式(2)の $2L$ に代入すると

$$Z=Z_0-\omega^2 C^2 Z_0^2 Z \quad \cdots (4)$$

角周波数を $\omega=2\pi f$〔rad/s〕、周波数を $f=(30/\pi)\times 10^6$〔Hz〕として、式(4)より C〔F〕を求めると

$$C=\frac{1}{\omega Z_0}\sqrt{\frac{Z_0-Z}{Z}}=\frac{1}{2\times\pi\times\dfrac{30}{\pi}\times 10^6\times 730}\times\sqrt{\frac{730-73}{73}}$$

$$=\frac{1}{4.38\times 10^{10}}\times 3 \fallingdotseq 68\times 10^{-12}\text{〔F〕}=68\text{〔pF〕}$$

▶ **解答　3**

出題傾向　インダクタンス L の値を求める問題も出題されている。

A－10　類 05(7①)　類 05(7②)　類 04(7①)　類 02(11①)　02(11②)

次の記述は、各種アンテナの特徴などについて述べたものである。このうち誤っているものを下の番号から選べ。

1　ブラウンアンテナの 1/4 波長の導線からなる地線は、同軸ケーブルの外部導体に漏れ電流が流れ出すのを防ぐ働きをする。
2　スリーブアンテナのスリーブの長さは、約 1/4 波長である。
3　ディスコーンアンテナは、スリーブアンテナに比べて広帯域なアンテナである。

4　頂角が90度のコーナレフレクタアンテナの指向特性は、励振素子と2枚の反射板による2個の影像アンテナから放射される3波の合成波として求められる。

5　対数周期ダイポールアレーアンテナは、半波長ダイポールアンテナに比べて広帯域なアンテナである。

解説　誤っている選択肢は、次のようになる。

4　頂角が90度のコーナレフレクタアンテナの指向特性は、励振素子と2枚の反射板による**3個**の影像アンテナから放射される**4波**の合成波として求められる。

▶ **解答　4**

A－11

05(7②)　03(1①)

図に示す三線式折返し半波長ダイポールアンテナを用いて300〔MHz〕の電波を受信したときの実効長の値として、最も近いものを下の番号から選べ。ただし、3本のアンテナ素子はそれぞれ平行で、かつ、極めて近接して配置されており、その素材や寸法は同じものとし、波長をλ〔m〕とする。また、アンテナの損失はないものとする。

1　76〔cm〕
2　96〔cm〕
3　115〔cm〕
4　155〔cm〕
5　191〔cm〕

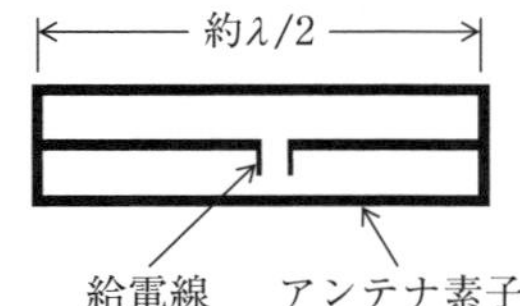

解説　周波数$f=300$〔MHz〕の電波の波長λ〔m〕は

$$\lambda \fallingdotseq \frac{300}{f〔\mathrm{MHz}〕} = \frac{300}{300} = 1〔\mathrm{m}〕$$

三線式折返し半波長ダイポールアンテナの実効長l_eは半波長ダイポールアンテナの3倍となるので

$$l_e = 3 \times \frac{\lambda}{\pi} \fallingdotseq 3 \times 0.32 \times 1 \fallingdotseq 0.96〔\mathrm{m}〕 = 96〔\mathrm{cm}〕$$

Point
$\dfrac{1}{\pi} \fallingdotseq 0.318 \fallingdotseq 0.32$
を覚えておくと計算が楽

▶ **解答　2**

A－12 類 05(7①) 類 02(11②)

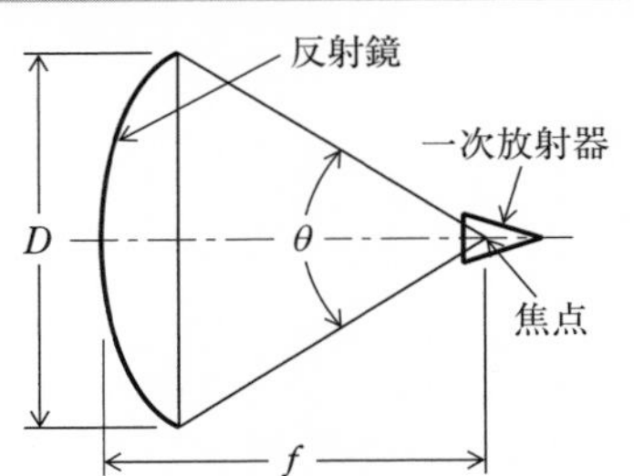

次の記述は、図に示すパラボラアンテナの特性について述べたものである。[　　]内に入れるべき字句の正しい組合せを下の番号から選べ。ただし、パラボラアンテナの開口直径を D〔m〕、開口面積を A〔m^2〕、実効面積を A_e〔m^2〕、開口角を θ〔°〕、焦点距離を f〔m〕、開口効率を η 及び波長を λ〔m〕とする。

(1) 開口効率 η は、[A] と表される。
(2) (1) より、絶対利得(真数)は、[B] と表される。
(3) 指向性の半値幅は、λ に [C]、D に [D] する。

	A	B	C	D
1	$\eta = \dfrac{A}{A_e}$	$\left(\dfrac{\pi D}{\lambda}\right)^2 \eta$	反比例	比例
2	$\eta = \dfrac{A}{A_e}$	$\left(\dfrac{\pi D}{\lambda}\right) \eta$	比例	反比例
3	$\eta = \dfrac{A_e}{A}$	$\left(\dfrac{\pi D}{\lambda}\right)^2 \eta$	反比例	比例
4	$\eta = \dfrac{A_e}{A}$	$\left(\dfrac{\pi D}{\lambda}\right)^2 \eta$	比例	反比例
5	$\eta = \dfrac{A_e}{A}$	$\left(\dfrac{\pi D}{\lambda}\right) \eta$	反比例	比例

解説 開口直径 D〔m〕、波長 λ〔m〕、開口効率 η、開口面積 A〔m^2〕より、絶対利得 G_I は次式で表される。

> **Point**
> 半径を r〔m〕とすると
> $A = \pi r^2$〔m^2〕

$$G_I = \frac{4\pi A}{\lambda^2}\eta = \frac{4\pi}{\lambda^2} \times \pi \left(\frac{D}{2}\right)^2 \eta = \left(\frac{\pi D}{\lambda}\right)^2 \eta$$

開口直径 D〔m〕、波長 λ〔m〕より、指向性の半値幅 ϕ〔°〕は近似的に次式で表される。

$$\phi \fallingdotseq 70\frac{\lambda}{D} \text{〔°〕} \quad \cdots (1)$$

式 (1) より、ϕ は λ に比例し、D に反比例する。

▶ **解答 4**

A－13　03(1②)

次の記述は、カセグレンアンテナについて述べたものである。このうち誤っているものを下の番号から選べ。

1　副反射鏡の二つの焦点のうち、一方の焦点と主反射鏡（回転放物面反射鏡）の焦点が一致し、他方の焦点と一次放射器の励振点が一致している。
2　一次放射器から放射された球面波は、副反射鏡により反射され、さらに主反射鏡により反射されて、平面波となる。
3　一次放射器を主反射鏡の頂点（中心）付近に置くことができるので、給電路を短くでき、その伝送損を少なくできる。
4　主反射鏡の正面に副反射鏡やその支持柱などがあり、放射特性の乱れは、オフセットカセグレンアンテナより少ない。
5　主及び副反射鏡の鏡面を本来の形状から多少変形して、高利得でサイドローブが少なく、かつ小さい特性を得ることができる。

解説　誤っている選択肢は次のようになる。

4　主反射鏡の正面に副反射鏡やその支持柱などがあり、放射特性の乱れは、オフセットカセグレンアンテナより**大きい**。

▶ **解答　4**

A－14　05(1②)　類04(7②)　類03(7②)　02(11①)

地上高が30〔m〕のアンテナから周波数300〔MHz〕の電波を送信したとき、送信点から15〔km〕離れた地上高10〔m〕の受信点における電界強度として、最も近いものを下の番号から選べ。ただし、受信点における自由空間電界強度を500〔μV/m〕とし、大地は完全導体平面でその反射係数を－1とする。

1　38〔μV/m〕　2　57〔μV/m〕　3　63〔μV/m〕
4　102〔μV/m〕　5　126〔μV/m〕

解説　送受信点間の距離d〔m〕、送信、受信アンテナの高さh_1、h_2〔m〕、自由空間電界強度E_0〔V/m〕のとき、電界強度E〔V/m〕は次式で表される。

$$E = 2E_0 \left| \sin \frac{2\pi h_1 h_2}{\lambda d} \right| \text{〔V/m〕} \quad \cdots (1)$$

周波数$f = 300$〔MHz〕の電波の波長λ〔m〕は

$$\lambda \fallingdotseq \frac{300}{f\text{〔MHz〕}} = \frac{300}{300} = 1 \text{〔m〕}$$

式(1)においてsinの値を求めると

$$\sin \frac{2\pi h_1 h_2}{\lambda d} = \sin \frac{2 \times 3.14 \times 30 \times 10}{1 \times 15 \times 10^3} \fallingdotseq \sin 0.126 \quad \cdots (2)$$

$\theta < 0.5$〔rad〕のとき $\sin\theta \fallingdotseq \theta$ なので、式(1)、式(2)より電界強度 E は

$$E \fallingdotseq 2E_0 \frac{2\pi h_1 h_2}{\lambda d} = 2 \times 500 \times 10^{-6} \times 0.126$$

$$= 126 \times 10^{-6}\,〔\mathrm{V/m}〕 = 126\,〔\mu\mathrm{V/m}〕$$

▶ **解答　5**

A－15　　06(1)　02(1)

次の記述は、フレネルゾーンについて述べたものである。［　　］内に入れるべき字句の正しい組合せを下の番号から選べ。

(1) 図において、距離 d〔m〕離れた送信点Tと受信点Rを結ぶ線分TR上の点Oを含み、線分TRに垂直な平面Sがある。S上の点Pを通る電波の通路長(TP＋PR)と［ A ］との通路差が $\lambda/2$ の整数倍となる点Pの軌跡は、S面上で複数の同心円となる。また、Sが線分TR上を移動したとき、T、Rを焦点とし、線分TRを回転軸とする回転楕円体となる。ただし、TO、ORの距離をそれぞれ d_1〔m〕、d_2〔m〕、また、波長を λ〔m〕とする。

(2) 回転楕円体に囲まれた領域をフレネルゾーンといい、最も内側の領域を第1フレネルゾーン、以下、第2、第3、第 n フレネルゾーンという。第 n フレネルゾーンの円の半径は、約［ B ］〔m〕となる。

(3) 見通し内で無線回線を設定する場合には自由空間に近い良好な伝搬路を保つ必要があり、一般には、少なくとも障害物が第1フレネルゾーンに入らないようにクリアランスを設ける必要がある。

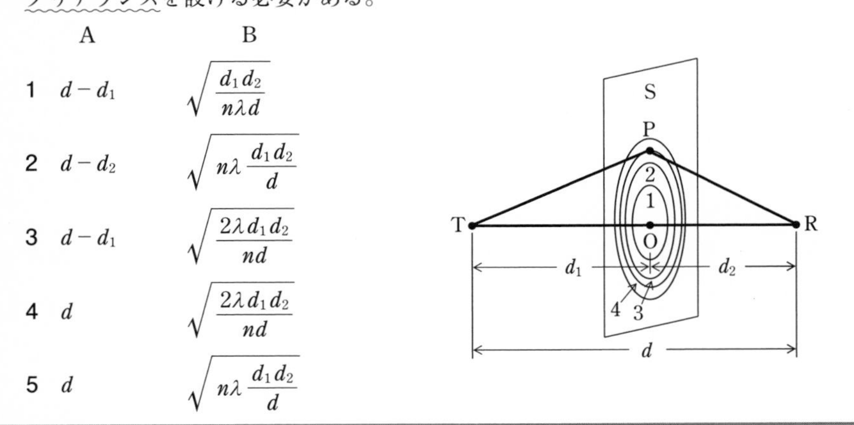

	A	B
1	$d - d_1$	$\sqrt{\dfrac{d_1 d_2}{n\lambda d}}$
2	$d - d_2$	$\sqrt{n\lambda \dfrac{d_1 d_2}{d}}$
3	$d - d_1$	$\sqrt{\dfrac{2\lambda d_1 d_2}{nd}}$
4	d	$\sqrt{\dfrac{2\lambda d_1 d_2}{nd}}$
5	d	$\sqrt{n\lambda \dfrac{d_1 d_2}{d}}$

解説　問題図において、OP間の距離を r〔m〕とすると、$\overline{\mathrm{TP}}$ と $\overline{\mathrm{PR}}$ の通路長の和と $d_1 + d_2$ との通路長の差が $n\lambda/2$（n は整数）になる条件から次式が成り立つ。

$$\overline{\mathrm{TP}} + \overline{\mathrm{PR}} - (d_1 + d_2) = \sqrt{d_1{}^2 + r^2} + \sqrt{d_2{}^2 + r^2} - (d_1 + d_2) = \frac{n\lambda}{2} \quad \cdots (1)$$

ここで、$d_1 \gg r$、$d_2 \gg r$ とすれば、式 (1) の $\sqrt{\ }$ の項に２項定理を使うと

$$\sqrt{d_1{}^2 + r^2} = d_1\left(1 + \frac{r^2}{d_1{}^2}\right)^{1/2} \fallingdotseq d_1\left(1 + \frac{1}{2} \times \frac{r^2}{d_1{}^2}\right) = d_1 + \frac{1}{2} \times \frac{r^2}{d_1} \quad \cdots (2)$$

$$\sqrt{d_2{}^2 + r^2} = d_2\left(1 + \frac{r^2}{d_2{}^2}\right)^{1/2} \fallingdotseq d_2\left(1 + \frac{1}{2} \times \frac{r^2}{d_2{}^2}\right) = d_2 + \frac{1}{2} \times \frac{r^2}{d_2} \quad \cdots (3)$$

式 (1) に式 (2)、式 (3) を代入すると

$$\frac{1}{2} \times \frac{r^2}{d_1} + \frac{1}{2} \times \frac{r^2}{d_2} = \frac{r^2}{2}\left(\frac{1}{d_1} + \frac{1}{d_2}\right) = \frac{r^2}{2}\left(\frac{d_1 + d_2}{d_1 d_2}\right) = \frac{n\lambda}{2}$$

よって、第 n フレネルゾーンの半径 r〔m〕は

$$r \fallingdotseq \sqrt{n\lambda \frac{d_1 d_2}{d_1 + d_2}} = \sqrt{n\lambda \frac{d_1 d_2}{d}} \text{〔m〕}$$

▶ **解答　5**

出題傾向　下線の部分は、ほかの試験問題で穴埋めの字句として出題されている。

数学の公式　２項定理

$$(1+x)^n = 1 + nx + \frac{n(n-1)}{1 \times 2}x^2 + \frac{n(n-1)(n-2)}{1 \times 2 \times 3}x^3 + \cdots$$

$x \ll 1$ のときは

$$(1+x)^n \fallingdotseq 1 + nx$$

A－16　06(1)　類 05(1①)　03(1①)

送受信点間の距離が 800〔km〕の F 層 1 回反射伝搬において、半波長ダイポールアンテナから放射電力 10〔kW〕で送信したとき、受信点での電界強度の大きさの値として、最も近いものを下の番号から選べ。ただし、F 層の高さは 300〔km〕であり、第一種減衰はなく、第二種減衰は 6〔dB〕とし、電離層及び大地は水平な平面で、半波長ダイポールアンテナは大地などの影響を受けないものとする。また、電界強度は 1〔μV/m〕を 0〔dBμV/m〕、$\log_{10} 7 = 0.85$ とする。

1　63〔dBμV/m〕　2　57〔dBμV/m〕　3　51〔dBμV/m〕
4　38〔dBμV/m〕　5　30〔dBμV/m〕

解説　電波が F 層で反射して受信点に到達する伝搬距離は、解説図より $d = 1{,}000$〔km〕となる。電離層の減衰を考慮しないときの受信点における、1〔μV/m〕を 0〔dBμV/m〕とした電界強度 E_0〔dBμV/m〕は次式で表される。

$$E_0 = 20\log_{10}\left(\frac{7\sqrt{P}}{d} \times 10^6\right) = 20\log_{10}\left(\frac{7\sqrt{10 \times 10^3}}{1{,}000 \times 10^3} \times 10^6\right)$$
$$= 20\log_{10} 7 + 20\log_{10} 10^{2+6-6} = 20 \times 0.85 + 20 \times 2$$
$$= 17 + 40 = 57 \text{〔dBμV/m〕}$$

Point　電界強度の真数の単位は〔V/m〕。1〔μV/m〕が 0〔dBμV/m〕なので、10^6 を掛ける

第二種減衰をΓ〔dB〕とすると、受信点の電界強度E〔dBμV/m〕は

$$E = E_0 - \Gamma = 57 - 6 = 51 \text{〔dBμV/m〕}$$

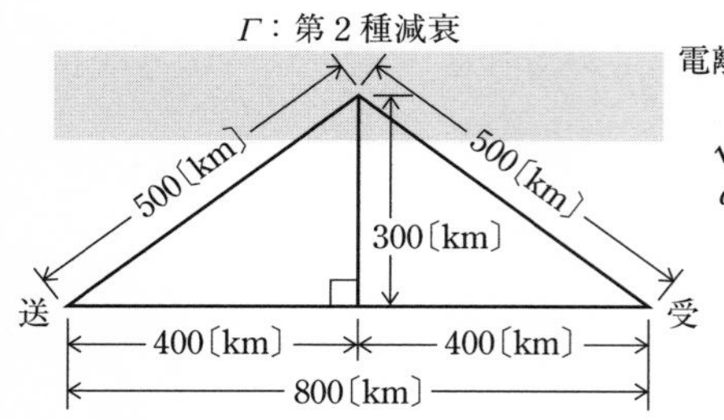

$\sqrt{300^2+400^2}=500$〔km〕
$d=2\times500=1{,}000$〔km〕

Point 直角三角形の各辺の比 3、4、5 を覚えておくと計算が楽

▶ **解答　3**

A－17 02(11②)

次の記述は、無線LANや携帯電話などで用いられるMIMO(Multiple Input Multiple Output)について述べたものである。このうち誤っているものを下の番号から選べ。

1　MIMOでは、送信側と受信側の双方に複数のアンテナを用いることによって、空間多重伝送による伝送容量の増大、ダイバーシティによる伝送品質の向上を図ることができる。
2　空間多重された信号は、複数の受信アンテナで受信後、チャネル情報を用い、信号処理により分離することができる。
3　MIMO伝送において、数十から数百ほどのアンテナ素子を用いて、高度なビームフォーミングによりミリ波など高周波数帯使用時の伝搬損失補償等を可能とする技術をMassive MIMOと呼ぶ。
4　複数のアンテナを近くに配置するときは、相互結合による影響を考慮する。
5　MIMOでは、垂直偏波は用いることができない。

解説　誤っている選択肢は次のようになる。

5　MIMOでは、垂直偏波を**用いることができる**。

MIMOでは複数のアンテナを用いる。それぞれのアンテナは空間的に離れて配置されるが、偏波面の異なるアンテナを組み合わせて用いることもできる。

▶ **解答　5**

A－18　05(7②)　03(1②)

次の記述は、図に示す構成により、アンテナ系雑音温度を測定する方法（Y係数法）について述べたものである。[　　]内に入れるべき字句の正しい組合せを下の番号から選べ。ただし、アンテナ系雑音温度を T_A〔K〕、受信機の等価入力雑音温度を T_R〔K〕、標準雑音源を動作させないときの標準雑音源の雑音温度を T_0〔K〕、標準雑音源を動作させたときの標準雑音源の雑音温度を T_N〔K〕とし、T_0 及び T_N の値は既知とする。

(1) スイッチSWをb側に入れ、標準雑音源を動作させないとき、T_0〔K〕の雑音が受信機に入る。このときの出力計の読みを N_0〔W〕とする。

SWをb側に入れたまま、標準雑音源を動作させたとき、T_N〔K〕の雑音が受信機に入るので、このときの出力計の読みを N_N〔W〕とすると、N_0 と N_N の比 Y_1 は、次式で表される。

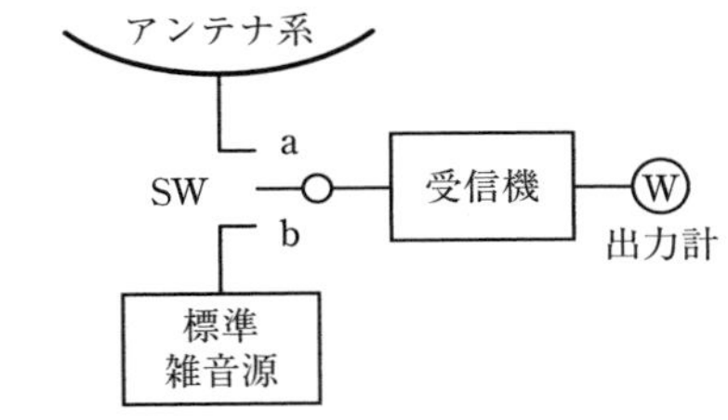

$$Y_1 = \frac{N_0}{N_N} = \boxed{\text{A}} \quad \cdots ①$$

式①より、次式のように T_R が求まる。

$$T_R = \boxed{\text{B}} \quad \cdots ②$$

(2) 次に、SWをa側に入れたときの出力計の読みを N_A〔W〕とすると、N_N と N_A の比 Y_2 は次式で表される。

$$Y_2 = \frac{N_N}{N_A} = \frac{T_N + T_R}{T_A + T_R} \quad \cdots ③$$

(3) 式③より、T_A は、次式で表される。

$$T_A = \boxed{\text{C}} \quad \cdots ④$$

式④に式②の T_R を代入すれば、T_A を求めることができる。

	A	B	C
1	$\dfrac{T_0 - T_R}{T_N - T_R}$	$\dfrac{T_0 - Y_1 T_N}{Y_1 + 1}$	$\dfrac{T_N - T_R}{Y_2} + T_R$
2	$\dfrac{T_0 - T_R}{T_N - T_R}$	$\dfrac{T_0 - Y_1 T_N}{Y_1 - 1}$	$\dfrac{T_N + T_R}{Y_2} - T_R$
3	$\dfrac{T_0 - T_R}{T_N - T_R}$	$\dfrac{T_0 - Y_1 T_N}{Y_1 - 1}$	$\dfrac{T_N - T_R}{Y_2} - T_R$
4	$\dfrac{T_0 + T_R}{T_N + T_R}$	$\dfrac{T_0 - Y_1 T_N}{Y_1 - 1}$	$\dfrac{T_N + T_R}{Y_2} - T_R$
5	$\dfrac{T_0 + T_R}{T_N + T_R}$	$\dfrac{T_0 - Y_1 T_N}{Y_1 + 1}$	$\dfrac{T_N - T_R}{Y_2} + T_R$

解説 雑音温度を T〔K〕、帯域幅を B〔H〕、ボルツマン定数を k〔J/K〕とすると、雑音電力 N〔W〕は、$N=kTB$ で表され、雑音電力は雑音温度に比例する。

$N_0=kB(T_0+T_R)$、$N_N=kB(T_N+T_R)$ となるので、問題の式①は

$$Y_1=\frac{N_0}{N_N}=\frac{T_0+T_R}{T_N+T_R} \quad \cdots (1)$$

$$Y_1(T_N+T_R)=T_0+T_R$$

$$Y_1T_R-T_R=T_0-Y_1T_N$$

よって $T_R=\dfrac{T_0-Y_1T_N}{Y_1-1}$

Y_2 は式(1)と同様に表されるので

$$Y_2=\frac{T_N+T_R}{T_A+T_R} \quad \cdots (2)$$

$$Y_2(T_A+T_R)=T_N+T_R$$

$$Y_2T_A=T_N+T_R-Y_2T_R$$

よって $T_A=\dfrac{T_N+T_R}{Y_2}-T_R$

▶ **解答 4**

出題傾向 下線の部分は、ほかの試験問題で穴埋めの字句として出題されている。

A－19 03(1①)

次の記述は、マイクロ波アンテナの利得の測定法について述べたものである。□内に入れるべき字句の正しい組合せを下の番号から選べ。ただし、波長を λ〔m〕とする。

(1) 利得がそれぞれ G_1（真数）及び G_2（真数）の二つのアンテナを距離 d〔m〕離して偏波面を揃えて対向させ、一方のアンテナから電力 P_t〔W〕を放射し、他方のアンテナで受信した電力を P_r〔W〕とすれば、P_r/P_t は、次式で表される。

$$P_r/P_t=(\boxed{\text{A}})^2G_1G_2 \quad \cdots ①$$

上式において、一方のアンテナの利得が既知であれば、他方のアンテナの利得を求めることができる。

(2) 二つのアンテナの利得が同じとき、式①からそれぞれのアンテナの利得は、次式により求められる。

$$G_1=G_2=\boxed{\text{B}}$$

(3) アンテナが一つのときは、□C□を利用すれば、この方法を適用することができる。

	A	B	C
1	$\dfrac{\lambda}{4\pi d}$	$\dfrac{4\pi d}{\lambda}\sqrt{\dfrac{P_t}{P_r}}$	回転板
2	$\dfrac{\lambda}{4\pi d}$	$\dfrac{4\pi d}{\lambda}\sqrt{\dfrac{P_r}{P_t}}$	反射板
3	$\dfrac{\lambda}{2\pi d}$	$\dfrac{\pi d}{\lambda}\sqrt{\dfrac{P_r}{P_t}}$	回転板
4	$\dfrac{\lambda}{2\pi d}$	$\dfrac{2\pi d}{\lambda}\sqrt{\dfrac{P_r}{P_t}}$	反射板
5	$\dfrac{\lambda}{2\pi d}$	$\dfrac{2\pi d}{\lambda}\sqrt{\dfrac{P_t}{P_r}}$	反射板

解説　等方性アンテナの実効面積 A_i〔m²〕は次式で表される。

$$A_i = \frac{\lambda^2}{4\pi}\ \text{〔m}^2\text{〕} \quad \cdots (1)$$

送信及び受信アンテナの絶対利得を G_1、G_2 とすると、G_2 のアンテナの実効面積 A_e〔m²〕は次式で表される。

$$A_e = A_i G_2 = \frac{\lambda^2 G_2}{4\pi}\ \text{〔m}^2\text{〕} \quad \cdots (2)$$

受信点の電力束密度 p〔W/m²〕は

$$p = \frac{P_t G_1}{4\pi d^2}\ \text{〔W/m}^2\text{〕} \quad \cdots (3)$$

Point
$4\pi d^2$ は半径 d の球の表面積

受信電力 P_r〔W〕は

$$P_r = A_e p = \frac{\lambda^2 G_2}{4\pi} \times \frac{P_t G_1}{4\pi d^2} = \left(\frac{\lambda}{4\pi d}\right)^2 G_1 G_2 P_t$$

よって

$$\frac{P_r}{P_t} = \left(\frac{\lambda}{4\pi d}\right)^2 G_1 G_2 \quad \cdots (4)$$

$G_1 = G_2 = G$ とすると、式(4)は

$$P_r = \left(\frac{\lambda}{4\pi d}\right)^2 G^2 P_t \quad \cdots (5)$$

G を求めると

$$G = \frac{4\pi d}{\lambda}\sqrt{\frac{P_r}{P_t}}$$

▶ **解答　2**

A－20 05(1②) 類04(1②) 類03(1①) 03(1②)

次の記述は、自由空間において開口面の直径が波長に比べて十分大きなアンテナの利得を測定する場合に考慮しなければならない送受信アンテナ間の最小距離について述べたものである。[　　]内に入れるべき字句の正しい組合せを下の番号から選べ。

(1) 図に示すように、アンテナ1及びアンテナ2を距離 R_1〔m〕離して対向させたとき、アンテナ1の開口面上の任意の点とアンテナ2の開口面上の任意の点の間の距離が一定でないため、両アンテナ開口面上の任意の点の間を伝搬する電波の相互間に位相差が生じ、測定誤差の原因となる。

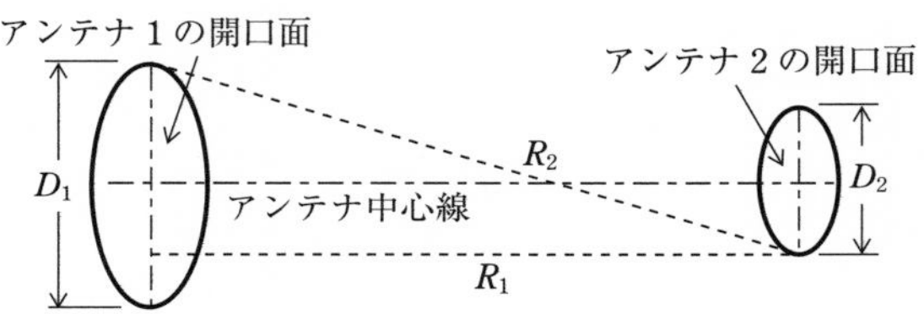

(2) 最大の誤差は、両アンテナの開口面上の2点間の最長距離 R_2〔m〕と最短距離 R_1〔m〕との差によって決まり、その差 ΔR は、次式によって表される。ただし、アンテナ1及びアンテナ2の開口面の直径をそれぞれ D_1〔m〕及び D_2〔m〕とし、$D_1 + D_2 \ll R_1$ とする。

$$\Delta R = R_2 - R_1$$
$$= \sqrt{R_1{}^2 + \left(\frac{D_1}{2} + \frac{D_2}{2}\right)^2} - R_1$$
$$\fallingdotseq \boxed{\text{A}}\ \text{〔m〕}$$

(3) 通路差による測定利得の誤差を2〔%〕以内にするには、波長を λ〔m〕とすれば、通路差 ΔR が[B]以下であればよいことが知られているので、両アンテナ間の最小距離 R_{min} は、次式で表される。

$$R_{min} = \boxed{\text{C}}\ \text{〔m〕}$$

	A	B	C
1	$\dfrac{(D_1+D_2)^2}{8R_1}$	$\dfrac{\lambda}{16}$	$\dfrac{2(D_1+D_2)^2}{\lambda}$
2	$\dfrac{(D_1+D_2)^2}{8R_1}$	$\dfrac{\lambda}{4}$	$\dfrac{(D_1+D_2)^2}{2\lambda}$
3	$\dfrac{(D_1+D_2)^2}{8R_1}$	$\dfrac{\lambda}{16}$	$\dfrac{(D_1+D_2)^2}{2\lambda}$
4	$\dfrac{(D_1+D_2)^2}{4R_1}$	$\dfrac{\lambda}{16}$	$\dfrac{2(D_1+D_2)^2}{\lambda}$
5	$\dfrac{(D_1+D_2)^2}{4R_1}$	$\dfrac{\lambda}{4}$	$\dfrac{(D_1+D_2)^2}{4\lambda}$

解説　通路差 ΔR〔m〕は次式で表される。

$$\Delta R = R_2 - R_1 = \sqrt{R_1{}^2 + \left(\frac{D_1}{2} + \frac{D_2}{2}\right)^2} - R_1$$

$$= R_1\sqrt{1 + \left(\frac{D_1 + D_2}{2R_1}\right)^2} - R_1 \quad \cdots \ (1)$$

Point
$\sqrt{\ }$ は $\frac{1}{2}$ 乗

式 (1) の $\sqrt{\ }$ の項に２項定理を使うと

$$\Delta R \fallingdotseq R_1\left\{1 + \frac{1}{2}\left(\frac{D_1 + D_2}{2R_1}\right)^2\right\} - R_1 = \frac{(D_1 + D_2)^2}{8R_1} \text{〔m〕}$$

▶ **解答　1**

数学の公式　２項定理

$$(1+x)^n = 1 + nx + \frac{n(n-1)}{1\times 2}x^2 + \frac{n(n-1)(n-2)}{1\times 2\times 3}x^3 + \cdots$$

$x \ll 1$ のときは

$$(1+x)^n \fallingdotseq 1 + nx$$

B－1

05(1①)　03(1①)

次の記述は、散乱断面積について述べたものである。［　　］内に入れるべき字句を下の番号から選べ。

(1) 均質な媒質中に置かれた媒質定数の異なる物体に平面波が入射すると、その物体が導体の場合には導電電流が生じ、また、誘電体の場合には［ア］が生じ、これらが二次的な波源になり、電磁波が再放射される。

(2) 図に示すように、自由空間中の物体へ入射する平面波の電力束密度が p_i〔W/m²〕で、物体から距離 d〔m〕の受信点Rにおける散乱波の電力束密度が p_s〔W/m²〕であったとき、物体の散乱断面積 σ は、次式で定義される。

$$\sigma = \lim_{d\to\infty}\{4\pi d^2(\boxed{\ イ\ })\}\ \text{〔m}^2\text{〕}$$

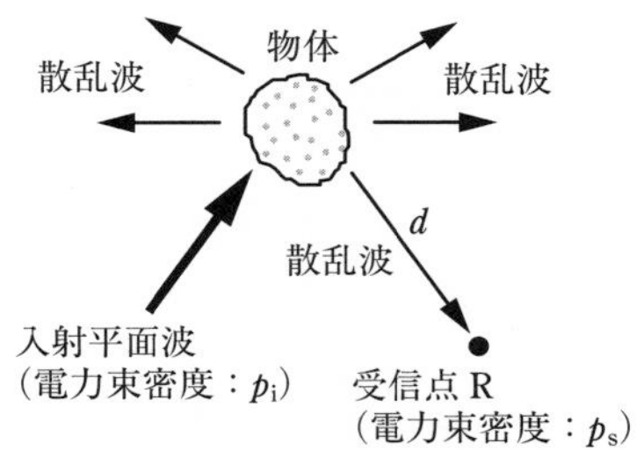

上式は、受信点における散乱電力が、入射平面波の到来方向に垂直な断面積 σ 内に含まれる入射電力を［ウ］で散乱する仮想的な等方性散乱体の散乱電力に等しいことを意味している。

(3) 散乱方向が入射波の方向と一致するときの σ をレーダー断面積又は［エ］散乱断面積という。金属球のレーダー断面積 σ は、球の半径 r〔m〕が波長に比べて十分大きい場合、［オ］〔m²〕にほぼ等しい。

1 分極	2 p_s/p_i	3 全方向に無指向性	4 後方
5 $4\pi r^2$	6 磁化	7 p_i/p_s	
8 受信点方向に対して単一指向性		9 前方	10 πr^2

▶ **解答　ア－1　イ－2　ウ－3　エ－4　オ－10**

出題傾向　下線の部分は、ほかの試験問題で穴埋めの字句として出題されている。

B－2　類 06(1)　02(1)

次の記述は、地上と衛星間の電波伝搬における対流圏及び電離圏の影響について述べたものである。このうち正しいものを1、誤っているものを2として解答せよ。

ア　大気の屈折率は、常時変動しているので電波の到来方向もそれに応じて変動し、シンチレーションの原因となる。

イ　大気による減衰は、晴天時の水滴を含まない大気の場合には衛星の仰角が低いほど大きくなる。

ウ　電離圏による第1種減衰は、超短波（VHF）帯以上の周波数では、周波数が高くなるほど大きくなる。

エ　電離圏の屈折率は、周波数が低くなると1に近づく。

オ　電波が電離圏を通過する際、その振幅、位相などに短周期の不規則な変動を生ずる場合があり、これを電離圏シンチレーションという。

解説　誤っている選択肢は次のようになる。

ウ　電離圏による第1種減衰は、超短波（VHF）帯の**高い方の周波数以上ではほとんど無視できる**。

エ　電離圏の屈折率は、周波数が**高くなる**と1に近づく。

▶ **解答　アー１　イー１　ウー２　エー２　オー１**

B－3　06(1)　類04(7②)　03(1②)　類02(11②)

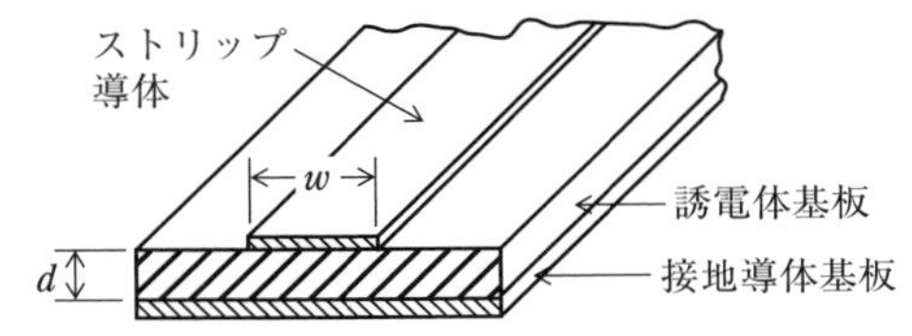

次の記述は、図に示すマイクロストリップ線路について述べたものである。［　　］内に入れるべき字句を下の番号から選べ。

(1) 接地導体基板の上にアルミナやフッ素樹脂などの厚さの薄い誘電体基板を密着させ、その上に幅が狭く厚さの極めて薄いストリップ導体を密着させた［ア］の線路である。

(2) 本線路は、開放線路の一種であり、外部雑音の影響や放射損がある。放射損を少なくするために、比誘電率［イ］誘電体基板を用いる。

(3) 特性インピーダンスは、ストリップ導体の幅を w、誘電体基板の厚さを d、誘電体基板の比誘電率を ε_r とすると、［ウ］が小さいほど、また ε_r が小さいほど、［エ］なる。

(4) 伝送モードは、通常、ほぼ［オ］モードとして扱うことができる。

1　不平衡形	2　の大きい	3　TE_{11}	4　d/w	5　大きく
6　平衡形	7　の小さい	8　TEM	9　w/d	10　小さく

解説　ストリップ導体の幅を w、誘電体基板の厚さを d、比誘電率を ε_r とすると、w/d が小さいほど、ε_r が小さいほど、線路の特性インピーダンスは大きくなる。

▶ **解答　アー１　イー２　ウー９　エー５　オー８**

出題傾向　下線の部分は、ほかの試験問題で穴埋めの字句として出題されている。

B－4　06(1)　02(11①)

次の記述は、図に示すようにアンテナに接続された給電線上の電圧定在波比(VSWR)を測定することにより、アンテナの動作利得を求める過程について述べたものである。［　　］内に入れるべき字句を下の番号から選べ。ただし、アンテナの利得を G(真数)、入力インピーダンスを Z_L〔Ω〕とする。また、信号源と給電線は整合がとれているものとし、給電線は無損失とする。

(1) 給電線上の任意の点から信号源側を見たインピーダンスは常に Z_0〔Ω〕である。アンテナ側を見たインピーダンスが最大値 Z_{max}〔Ω〕となる点では、アンテナに伝送される電力 P_t は、次式で表される。

$P_t =$［ア］〔W〕　…①

(2) VSWR を S とすると、Z_{max} = [イ] であるから、式①は、S、V_0 及び Z_0 で表すと次式となる。

P_t = [ウ] 〔W〕 … ②

アンテナと給電線が整合しているときの P_t を P_0 とすれば、式②から P_0 は、次式で表される。

P_0 = [エ] 〔W〕 … ③

(3) アンテナと給電線が整合していないために生ずる反射損 M は、式②と③から次式となる。

$M = P_0/P_t$ = [オ] … ④

(4) アンテナの動作利得 G_w (真数) の定義と式④から、G_w は次式で与えられる。

$$G_w = \frac{4SG}{(1+S)^2}$$

したがって、VSWR を測定することにより、G_w を求めることができる。

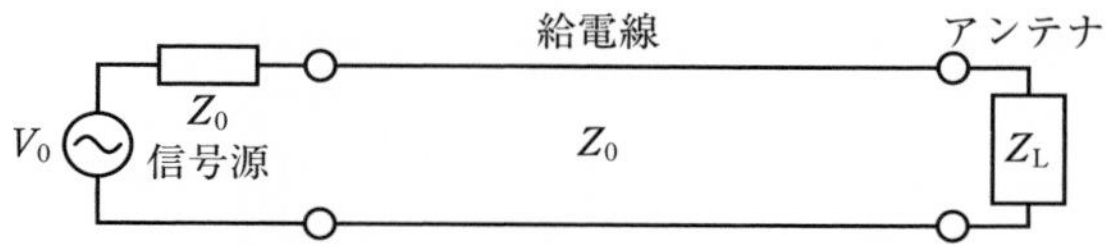

V_0：信号源の起電力
Z_0：信号源の内部インピーダンス及び
給電線の特性インピーダンス

1 $\left(\dfrac{V_0}{2Z_0}\right)^2 Z_{max}$　2 $S^2 Z_0$　3 $\dfrac{S^2 {V_0}^2}{Z_0(1+S^2)^2}$　4 $\dfrac{{V_0}^2}{2Z_0}$

5 $\dfrac{(1+S^2)^2}{4S^2}$　6 $\left(\dfrac{V_0}{Z_0+Z_{max}}\right)^2 Z_{max}$　7 SZ_0　8 $\dfrac{S{V_0}^2}{Z_0(1+S)^2}$

9 $\dfrac{{V_0}^2}{4Z_0}$　10 $\dfrac{(1+S)^2}{4S}$

解説 負荷側を見たインピーダンスが $Z_{max} = SZ_0$ の点において、信号源側を見たインピーダンスが Z_0 なので、問題の式①は

$$P_t = \left(\frac{V_0}{Z_0 + Z_{max}}\right)^2 Z_{max} = \frac{{V_0}^2}{(Z_0 + SZ_0)^2} SZ_0 = \frac{S{V_0}^2}{Z_0(1+S)^2} \text{〔W〕} \cdots (1)$$

整合がとれているときは $S = 1$ なので、式 (1) より

Point
$P = I^2 Z$

$$P_0 = \frac{{V_0}^2}{Z_0(1+1)^2} = \frac{{V_0}^2}{4Z_0} \text{〔W〕} \cdots (2)$$

$M = P_0/P_t$ は、式 (2) ÷ 式 (1) より

$$M = \frac{V_0^2}{4Z_0} \times \frac{Z_0(1+S)^2}{SV_0^2} = \frac{(1+S)^2}{4S} \quad \cdots (3)$$

アンテナの動作利得 G_w は給電線の整合状態を含めた利得なので

$$G_w = \frac{G}{M} = \frac{4SG}{(1+S)^2}$$

▶ **解答　アー6　イー7　ウー8　エー9　オー10**

出題傾向　下線の部分は、ほかの試験問題で穴埋めの字句として出題されている。

B－5　05(1①)　03(1②)

次の記述は、角錐ホーンアンテナについて述べたものである。□内に入れるべき字句を下の番号から選べ。

(1) 方形導波管の終端を角錐状に広げて、導波管と自由空間の固有インピーダンスの整合をとり、［ア］を少なくして、導波管で伝送されてきた電磁波を自由空間に効率よく放射する。

(2) 導波管の電磁界分布がそのまま拡大されて開口面上に現れるためには、ホーンの長さが十分長く開口面上で電磁界の［イ］が一様であることが必要である。この条件がほぼ満たされたときの正面方向の利得 G（真数）は、波長を λ〔m〕、開口面積を A〔m²〕とすると、次式で与えられる。

$G =$［ウ］

(3) ホーンの［エ］を大きくし過ぎると利得が上がらない理由は、開口面の周辺部の位相が、中心部より［オ］ためである。位相を揃えて利得を上げるために、パラボラ形反射鏡と組み合わせて用いる。

1　屈折	2　反射	3　$\dfrac{32\lambda^2}{\pi A}$	4　開き角	5　進む
6　長さ	7　位相	8　$\dfrac{32A}{\pi\lambda^2}$	9　振幅	10　遅れる

解説　ホーンの開口面積を A〔m²〕、開口効率の理論値を $\eta = 0.8$、波長を λ〔m〕とすると、絶対利得 G は次式で表される。

Point　$\pi^2 \fallingdotseq 10$

$$G = \frac{4\pi A}{\lambda^2}\eta = \frac{4\pi^2 A}{\pi\lambda^2} \times 0.8 \fallingdotseq \frac{32A}{\pi\lambda^2}$$

▶ **解答　アー2　イー7　ウー8　エー4　オー10**

無線工学B（令和4年1月期②）

A−1 05(7①) 類03(1①)

次の記述は、電界 $\boldsymbol{E}$〔V/m〕と磁界 $\boldsymbol{H}$〔A/m〕に関するマクスウェルの方程式について述べたものである。［　　］内に入れるべき字句の正しい組合せを下の番号から選べ。ただし、媒質は均質、等方性、線形、非分散性とし、誘電率を ε〔F/m〕、透磁率を μ〔H/m〕、導電率を σ〔S/m〕、印加電流を J_0〔A/m²〕及び時間を t〔s〕とする。なお、同じ記号の［　　］内には、同じ字句が入るものとする。

(1) $\boldsymbol{E}$ と $\boldsymbol{H}$ に関するマクスウェルの方程式は、次式で表される。

$$\boxed{\ \mathrm{A}\ }\ \boldsymbol{H} = J_0 + \sigma\boldsymbol{E} + \varepsilon\frac{\partial \boldsymbol{E}}{\partial t} \quad \cdots ①$$

$$\boxed{\ \mathrm{A}\ }\ \boldsymbol{E} = -\mu\frac{\partial \boldsymbol{H}}{\partial t} \quad \cdots ②$$

(2) 式①は、拡張された［ B ］の法則と呼ばれ、この右辺は、第1項の印加電流、第2項の導電流及び［ C ］と呼ばれている第3項からなる。第3項は、［ C ］が印加電流及び導電流と同様に磁界を発生することを表している。

(3) 式②は、［ D ］の法則と呼ばれ、磁界が変化すると、電界が発生することを表している。

	A	B	C	D
1	∇・	ファラデー	対流電流	アンペア
2	∇・	アンペア	変位電流	ファラデー
3	∇×	ファラデー	対流電流	アンペア
4	∇×	アンペア	変位電流	ファラデー
5	∇×	アンペア	対流電流	ファラデー

解説 拡張されたアンペアの法則は次式で表される。

$$\mathrm{rot}\,\boldsymbol{H} = J_0 + \sigma\boldsymbol{E} + \varepsilon\frac{\partial \boldsymbol{E}}{\partial t} \quad \cdots (1)$$

Point
rot は、ローテーションと呼ぶ

ファラデーの法則は次式で表される。

$$\mathrm{rot}\,\boldsymbol{E} = -\mu\frac{\partial \boldsymbol{H}}{\partial t} \quad \cdots (2)$$

式(1)、式(2)の rot はベクトルの回転を表し、∇を用いると次式で表される。

$$\nabla\times\boldsymbol{H} = J_0 + \sigma\boldsymbol{E} + \varepsilon\frac{\partial \boldsymbol{E}}{\partial t} \quad \cdots (3)$$

$$\nabla\times\boldsymbol{E} = -\mu\frac{\partial \boldsymbol{H}}{\partial t} \quad \cdots (4)$$

Point
∇はナブラと呼ぶ
×はクロスと呼び、ベクトルの外積を表す

x、y、z 座標軸の単位ベクトルを $\boldsymbol{i}$、$\boldsymbol{j}$、$\boldsymbol{k}$ とすると、ナブラ演算子∇は次式で表される。

$$\nabla = \boldsymbol{i}\frac{\partial}{\partial x} + \boldsymbol{j}\frac{\partial}{\partial y} + \boldsymbol{k}\frac{\partial}{\partial z} \quad \cdots (5)$$

式(3)において、$\sigma\boldsymbol{E}$ は空間の導電率によって空間を流れる導電流を表し、電束密度 $\boldsymbol{D}=\varepsilon\boldsymbol{E}$ を時間で微分した値は、空間に仮想的に流れる電流（変位電流）を表す。

電界や磁界は、x、y、z 座標の３次元空間に方向と大きさを持つベクトル量で表される。

▶ **解答　4**

関連知識

$\boldsymbol{J}$：導電流密度〔A/m²〕

$\boldsymbol{J}=\sigma\boldsymbol{E}$

$\boldsymbol{D}$：電束密度〔C/m²〕

$\boldsymbol{D}=\varepsilon\boldsymbol{E}=\varepsilon_S\varepsilon_0\boldsymbol{E}$（$\varepsilon_S$：比誘電率　ε_0：真空の誘電率〔F/m〕）

$\boldsymbol{B}$：磁束密度〔T〕

$\boldsymbol{B}=\mu\boldsymbol{H}=\mu_S\mu_0\boldsymbol{H}$（$\mu_S$：比透磁率　μ_0：真空の透磁率〔H/m〕）

A－2

05(7②)　03(1②)

次の記述は、図に示すような線状アンテナの指向性について述べたものである。□内に入れるべき字句の正しい組合せを下の番号から選べ。ただし、電界強度の指向性関数を $D(\theta)$ とする。

(1) 十分遠方における電界強度の指向性は、$D(\theta)$ に比例し、距離に［A］。

(2) 微小ダイポールの $D(\theta)$ は、［B］と表され、また、半波長ダイポールアンテナの $D(\theta)$ は、近似的に［C］と表される。

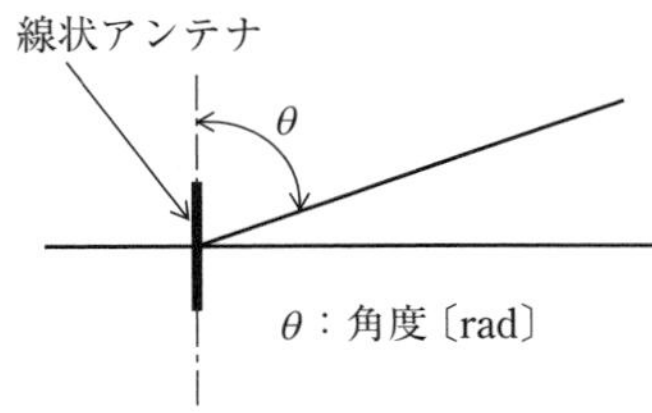

	A	B	C
1	反比例する	$\cos\theta$	$\dfrac{\cos\left(\dfrac{\pi}{2}\sin\theta\right)}{\sin\theta}$
2	反比例する	$\sin\theta$	$\dfrac{\cos\left(\dfrac{\pi}{2}\sin\theta\right)}{\sin\theta}$
3	関係しない	$\sin\theta$	$\dfrac{\cos\left(\dfrac{\pi}{2}\cos\theta\right)}{\sin\theta}$
4	関係しない	$\cos\theta$	$\dfrac{\cos\left(\dfrac{\pi}{2}\cos\theta\right)}{\sin\theta}$
5	関係しない	$\cos\theta$	$\dfrac{\cos\left(\dfrac{\pi}{2}\sin\theta\right)}{\sin\theta}$

解説 指向性の形から、sin と cos の数値が合わない選択肢を見つけると選択肢を絞ることができる。問題図において、微小ダイポールの指向性関数 $D(\theta)$ と半波長ダイポールアンテナの指向性関数 $D(\theta)$ は、$\theta=\pi/2$ の最大指向方向のときに $D(\theta)=1$、$\theta=0$ のときに $D(\theta)=0$ である。sin と cos の数値より、$\sin 0=0$、$\cos 0=1$、$\sin(\pi/2)=1$、$\cos(\pi/2)=0$ なので、これらの値を選択肢に代入すると、微小ダイポールの B の選択肢のうち $\cos\theta$ は $\theta=0$ のとき $D(\theta)=1$ なので誤りである。

半波長ダイポールアンテナの C の選択肢のうち $\dfrac{\cos\left(\dfrac{\pi}{2}\sin\theta\right)}{\sin\theta}$ は $\theta=0$ のとき $D(\theta)=\infty$ なので誤りである。

▶ **解答 3**

A－3 02(11②)

実効長 2〔m〕の直線状アンテナを周波数 30〔MHz〕で用いたとき、このアンテナの放射抵抗の値として、最も近いものを下の番号から選べ。ただし、微小ダイポールの放射電力 P は、ダイポールの長さを l〔m〕、波長を λ〔m〕及び流れる電流を I〔A〕とすれば、次式で表されるものとする。

$$P=80\left(\frac{\pi Il}{\lambda}\right)^2 \text{〔W〕}$$

1 31.6〔Ω〕 2 50.2〔Ω〕 3 81.4〔Ω〕
4 120.8〔Ω〕 5 168.7〔Ω〕

解説 周波数 $f=30$〔MHz〕の電波の波長 λ〔m〕は

$$\lambda \fallingdotseq \frac{300}{f\text{〔MHz〕}}=\frac{300}{30}=10\text{〔m〕}$$

放射抵抗を R_r〔Ω〕とすると、放射電力 P〔W〕は

$$P=I^2R_r\text{〔W〕}$$

で表されるので、問題で与えられた P の式より放射抵抗 R_r〔Ω〕は次式で表される。

$$R_r=\frac{P}{I^2}=80\left(\frac{\pi l}{\lambda}\right)^2=80\times\left(\frac{3.14\times 2}{10}\right)^2$$

$$=80\times(0.628)^2\fallingdotseq 31.6\text{〔Ω〕}$$

Point
$\pi^2\fallingdotseq 10$ で計算すると誤差はあるが、早く計算できる
$80\times\dfrac{\pi^2\times 2^2}{10^2}$
$=3.2\times\pi^2\fallingdotseq 32$〔Ω〕
→ 31.6〔Ω〕

▶ **解答 1**

P を求める式が問題に与えられない場合もあるので、放射抵抗 R_r の式を覚えておいた方がよい。

A－4　06(1)　02(11①)

次の記述は、アンテナの利得と指向性及び受信電力について述べたものである。このうち誤っているものを下の番号から選べ。

1　受信アンテナの利得や指向性は、可逆の定理により、送信アンテナとして用いた場合と同じである。
2　自由空間中で送信アンテナに受信アンテナを対向させて電波を受信するときの受信電力は、バビネの定理により求めることができる。
3　微小ダイポールの絶対利得は、等方性アンテナの約 1.5 倍であり、約 1.76〔dB〕である。
4　半波長ダイポールアンテナの絶対利得は、等方性アンテナの約 1.64 倍であり、約 2.15〔dB〕である。
5　一般に同じアンテナを複数個並べたアンテナの指向性は、アンテナ単体の指向性に配列指向係数を掛けたものに等しい。

解説　誤っている選択肢は、次のようになる。

2　自由空間中で送信アンテナに受信アンテナを対向させて電波を受信するときの受信電力は、**フリスの伝達公式**により求めることができる。

▶ **解答　2**

A－5　05(7①)　03(1①)

図に示す半波長ダイポールアンテナを周波数 30〔MHz〕で使用するとき、アンテナの入力インピーダンスを純抵抗とするためのアンテナ素子の長さ l〔m〕の値として、最も近いものを下の番号から選べ。ただし、アンテナ素子の直径を 5〔mm〕とし、碍子等による浮遊容量は無視するものとする。

1　2.42〔m〕　2　2.83〔m〕　3　3.63〔m〕
4　4.84〔m〕　5　5.36〔m〕

解説　周波数 $f = 30$〔MHz〕の電波の波長 λ〔m〕は

$$\lambda \fallingdotseq \frac{300}{f\text{〔MHz〕}} = \frac{300}{30} = 10\text{〔m〕}$$

短縮率を考慮しないアンテナ素子の長さ l_0〔m〕は $\lambda/4$ なので $l_0 = 2.5$〔m〕となる。直径 $d = 5$〔mm〕$= 5 \times 10^{-3}$〔m〕のアンテナ素子の特性インピーダンス Z_0〔Ω〕は

$$Z_0 = 138 \log_{10} \frac{2l_0}{d} = 138 \log_{10} \frac{2 \times 2.5}{5 \times 10^{-3}}$$

$$= 138 \log_{10} 10^3 = 138 \times 3 = 414\text{〔Ω〕}$$

Point
アンテナ線が波長に比較して細い場合は、Δ〔%〕は数〔%〕の値になる

短縮率 Δ は次式で表される。

$$\Delta = \frac{42.55}{\pi Z_0} = \frac{42.55}{3.14 \times 414} \fallingdotseq \frac{42.55}{1,300} \fallingdotseq 0.033$$

短縮率を考慮したアンテナ素子の長さ l〔m〕は次式で表される。

$$l = \frac{\lambda}{4}(1-\Delta) \fallingdotseq 2.5 \times (1-0.033) = 2.5 \times 0.967 \fallingdotseq 2.42 \text{〔m〕}$$

▶ **解答　1**

出題傾向　特性インピーダンス Z_0 を求める式が与えられている問題もある。

A－6　類 05(1①)　05(1②)　類 03(7②)　02(11①)

図に示すように、特性インピーダンス Z_0 が 75〔Ω〕の無損失給電線と入力抵抗 R が 147〔Ω〕のアンテナを集中定数回路を用いて整合させたとき、リアクタンス X の大きさの値として、最も近いものを下の番号から選べ。

1　90〔Ω〕
2　95〔Ω〕
3　100〔Ω〕
4　105〔Ω〕
5　110〔Ω〕

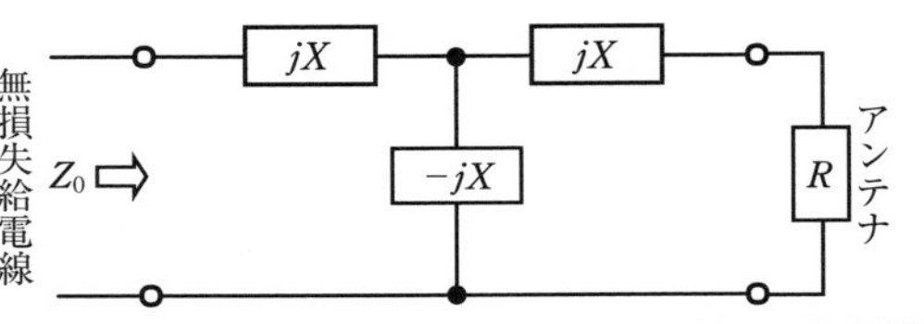

解説　無損失給電線と整合回路の接続点において、左右のインピーダンスが等しくなれば整合がとれるので次式が成り立つ。

$$Z_0 = jX + \frac{-jX \times (R+jX)}{-jX + (R+jX)} = jX + \frac{-jXR + X^2}{R} = \frac{X^2}{R} \text{〔Ω〕}$$

よって、リアクタンス X〔Ω〕を求めると

$$X = \sqrt{Z_0 R} = \sqrt{75 \times 147} = \sqrt{11,025} = \sqrt{105^2} = 105 \text{〔Ω〕}$$

▶ **解答　4**

出題傾向　この問題のように $\sqrt{\ }$ の解が簡単に求まるとは限らない。その場合は選択肢の値を 2 乗して答えを見つけることもできる。

A－7　類 04(7②)　29(1)

図に示すように、平行二線式給電線と入力抵抗が R〔Ω〕のアンテナとの間に長さが 1/4 波長の給電線を挿入して整合をとるときの整合用給電線の直径の値として、最も近いものを下の番号から選べ。ただし、平行二線式給電線の直径を d〔m〕、線間距離を D〔m〕とすると、その特性インピーダンス Z_0〔Ω〕は、次式で与えられるものとし、$d = 1$〔mm〕、$D = 50$〔mm〕とする。また、整合用給電線の線間距離を 50〔mm〕とし、$R = 138$〔Ω〕とする。

$$Z_0 \fallingdotseq 276\log_{10}\frac{2D}{d}\ 〔\Omega〕$$

1　10〔mm〕　　2　15〔mm〕
3　17〔mm〕　　4　20〔mm〕
5　23〔mm〕

←1/4 波長→
D
R
アンテナ
1/4 波長整合用給電線

解説　平行二線式給電線の導線の直径 $d = 1$〔mm〕$= 1\times10^{-3}$〔m〕、線間距離 $D = 50$〔mm〕$= 5\times10^{-2}$〔m〕より、特性インピーダンス Z_0〔Ω〕は

$$Z_0 \fallingdotseq 276\log_{10}\frac{2D}{d} = 276\log_{10}\frac{2\times5\times10^{-2}}{1\times10^{-3}} = 276\log_{10}10^2$$

$$= 276\times2 = 552\ 〔\Omega〕\quad\cdots\ (1)$$

1/4 波長整合線路の特性インピーダンスを Z_Q〔Ω〕とすると、アンテナの放射抵抗 R〔Ω〕と整合がとれているときは次式が成り立つ。

$$Z_Q = \sqrt{RZ_0} = \sqrt{138\times552}$$

$$= \sqrt{138\times138\times4} = 276\ 〔\Omega〕\quad\cdots\ (2)$$

Point
√ がとれるように、552 =138×4 を見つける

特性インピーダンス Z_Q〔Ω〕の整合用給電線の直径を d_Q〔m〕、線間距離を $D_Q = 50$〔mm〕$= 5\times10^{-2}$〔m〕とすると、次式が成り立つ。

$$Z_Q \fallingdotseq 276\log_{10}\frac{2D_Q}{d_Q} = 276\log_{10}\frac{2\times5\times10^{-2}}{d_Q} = 276\ 〔\Omega〕\quad\cdots\ (3)$$

式 (3) より d_Q〔mm〕を求めると

$$\frac{10\times10^{-2}}{d_Q} = 10^1\quad よって\quad d_Q = 10\times10^{-3}\ 〔m〕= 10\ 〔mm〕$$

▶ **解答　1**

出題傾向　特性インピーダンスを求める式の「276」の係数が「270」で与えられる問題もある。Z_0 を求める式が与えられないこともあるので式を覚えておいた方がよい。

A－8　05(7①)

次の記述は、平面波が有限な導電率の導体中へ浸透する深さを表す表皮厚さ（深さ）について述べたものである。［　　］内に入れるべき字句の正しい組合せを下の番号から選べ。ただし、平面波はマイクロ波とし、e を自然対数の底とする。

(1) 表皮厚さは、導体表面の電磁界強度が［ A ］に減衰するときの導体表面からの距離をいう。
(2) 表皮厚さが［ B ］なるほど、減衰定数は小さくなる。
(3) 表皮厚さは、導体の導電率が［ C ］なるほど薄くなる。

無線工学の基礎　無線工学A　無線工学B　法規

	A	B	C
1	$1/e$	厚く	大きく
2	$1/e$	厚く	小さく
3	$1/e$	薄く	小さく
4	$1/(2e)$	厚く	大きく
5	$1/(2e)$	薄く	小さく

解説 導体の導電率をσ、透磁率をμ、誘電率をε、電波の角周波数をωとすると、減衰定数α及び表皮厚さ（深さ）δは次式で表される。

$$\alpha = \frac{1}{\delta} \qquad \delta = \sqrt{\frac{2}{\omega\mu\sigma}}$$

表皮厚さδが大きく（厚く）なるほど、減衰定数αは小さくなる。導体の導電率σが大きくなるほど表皮厚さδは小さく（薄く）なる。

▶ **解答 1**

出題傾向 下線の部分は、ほかの試験問題で穴埋めの字句として出題されている。

A－9 06(1) 類05(7②)

次の記述は、同軸線路と導波管の伝送モードについて述べたものである。［　　］内に入れるべき字句の正しい組合せを下の番号から選べ。

(1) 同軸線路は、通常、［ A ］モードで用いられ、広帯域で良好な伝送特性を示す。

(2) 円形導波管のTE_{01}モードは、周波数が［ B ］なるほど減衰定数の値が低下する性質があるが、導波管の曲った所で他のモードが発生し、伝送損の増加や伝送波形にひずみを生ずることがある。

(3) 方形導波管は、通常、TE_{10}モードのみを伝送するため、$a=2b$に選び、$a<\lambda<$［ C ］を満足する波長範囲で用いる。ただし、導波管の断面内壁の長辺をa〔m〕、短辺をb〔m〕、波長をλ〔m〕とする。

	A	B	C
1	TE	低く	$2a$
2	TE	高く	$2a$
3	TE	低く	$3a$
4	TEM	低く	$3a$
5	TEM	高く	$2a$

解説 同軸給電線は通常、TEMモードで動作するので直流から使用することができ、UHF帯（300 MHz～3 GHz）までの伝送線路として用いられる。TEMモードは遮断波長が存在しない。

導波管内を伝送する電磁波の波長λが$2a$に近づくと、導波管の側壁で反射するときの進入角度θが90度に近づく。このとき、管内波長λ_gが長くなって$\lambda = 2a$のとき無限大となり電磁波の進行方向は側壁に直角となるので、管軸方向に進行できなくなる。このときの波長を遮断波長λ_Cと呼ぶ。

▶ **解答　5**

出題傾向 TE_{mn}波の遮断波長：管内の媒質の比誘電率ε_r、比透磁率μ_r、管の長辺の長さa〔m〕、短辺の長さb〔m〕の導波管にTE_{mn}波を伝送するときの遮断波長λ_C〔m〕は次式で表される。

$$\lambda_C = \frac{2\sqrt{\varepsilon_r \mu_r}}{\sqrt{\left(\frac{m}{a}\right)^2 + \left(\frac{n}{b}\right)^2}} \text{〔m〕}$$

A－10 　21(1)

次の記述は、誘電体レンズアンテナについて述べたものである。このうち誤っているものを下の番号から選べ。

1　電波の誘電体中の位相速度が自由空間中の位相速度と異なることを利用したアンテナである。
2　誘電体の屈折率は、誘電体の比誘電率をε_rとすれば、$1/\sqrt{\varepsilon_r}$である。
3　レンズの形状を凸レンズとして、球面波を平面波に変換する。
4　レンズの表面に整合層を設けることによって、レンズの表面で生ずる反射を抑えて放射パターンを改善できる。
5　ゾーニングを行うことによって、全体の重量を軽くするとともに、誘電損を少なくすることにより誘電体の媒質定数がアンテナ特性に与える影響を軽減することができる。

解説 誤っている選択肢は、次のようになる。

2　誘電体の屈折率は、誘電体の比誘電率をε_rとすれば、$\sqrt{\boldsymbol{\varepsilon_r}}$である。

▶ **解答　2**

A－11 　06(1)　03(1②)

次の記述は、図に示す対数周期ダイポールアレーアンテナについて述べたものである。［　　］内に入れるべき字句の正しい組合せを下の番号から選べ。

(1) 各素子の端を連ねる直線（点線）とアンテナの中心軸（一点鎖線）との交点を頂点Oとし、その交角を α〔rad〕、n 番目の素子の長さの1/2を l_n〔m〕、Oから n 番目の素子までの距離を x_n〔m〕とすれば、次式の関係がある。ただし、τ を対数周期比とする。

$$\tau = \boxed{\text{A}} = \frac{x_{n+1}}{x_n}$$

$$\alpha = \tan^{-1}\frac{l_n}{x_n}$$

(2) (1)の条件で、図のようにダイポールアンテナ（素子）を配置し、隣接するダイポールアンテナごとに［ B ］で給電する。

(3) τ と α を適切に設定すると、アンテナの中心軸上の矢印［ C ］の方向に最大値を持つ単一指向性が得られる。使用可能な周波数範囲は、最も長い素子と最も短い素子によって決まり、その範囲内で入力インピーダンスなどのアンテナ特性は周波数の［ D ］に対して周期的に小さな変化を繰り返す。

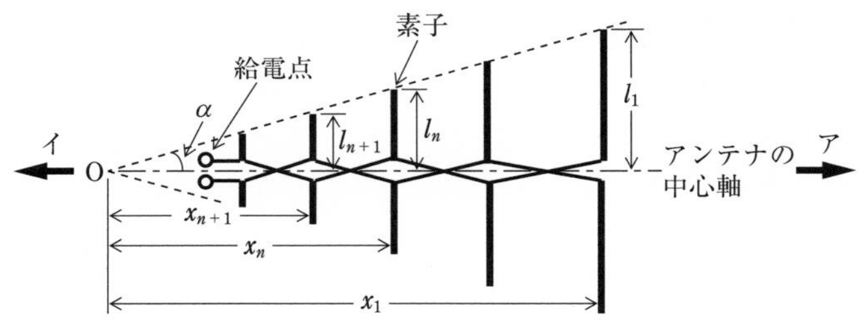

	A	B	C	D
1	l_{n+1}/l_n	同位相	ア	対数
2	l_{n+1}/l_n	逆位相	イ	対数
3	l_{n+1}/l_n	同位相	イ	2乗
4	l_n/l_{n+1}	同位相	ア	対数
5	l_n/l_{n+1}	逆位相	ア	2乗

解説 対数周期ダイポールアレーに給電すると、使用周波数に共振するアンテナ素子に最大電流が流れて電波を放射するが、隣接する素子は逆位相で給電して電波放射に関係しないようにする。共振素子より長い素子は反射素子として動作するので、アの方向に単一指向性を持つ。

$$\tau = \frac{l_{n+1}}{l_n} = \frac{x_{n+1}}{x_n} \text{より}$$

$$l_{n+1} = \tau l_n \quad \cdots \ (1)$$

ここで、$n+1$ を n に置き換えれば、$n=n-1$ となる。同様にして、次式が成り立つ。

$$l_n = \tau l_{n-1} \quad \cdots \ (2)$$

$$l_{n-1} = \tau l_{n-2} \quad \cdots \ (3)$$

式(2)に、式(3)を代入して、繰り返せば

$$l_n = \tau l_{n-1} = \tau^2 l_{n-2} = \cdots = \tau^{n-1} l_1 \quad \cdots \ (4)$$

式(4)から、最長の素子 l_1 と l_n の対数をとると

$$\log \frac{l_n}{l_1} = \log \tau^{n-1} = (n-1)\log \tau$$

となって、アンテナの特性は対数比で変化する。

▶ **解答　2**

出題傾向　下線の部分は、ほかの試験問題で穴埋めの字句として出題されている。

A－12　29(1)

次の記述は、3素子八木・宇田アンテナ（八木アンテナ）の帯域幅に関する一般的事項について述べたものである。このうち誤っているものを下の番号から選べ。

1　利得が最高になるように各部の寸法を選ぶと、帯域幅が狭くなる。
2　導波器の長さが中心周波数における長さよりも短めの方が、帯域幅が広い。
3　放射器、導波器及び反射器の導体が太いほど、帯域幅が狭い。
4　反射器の長さが中心周波数における長さよりも長めの方が、帯域幅が広い。
5　対数周期ダイポールアレーアンテナの帯域幅より狭い。

解説　誤っている選択肢は次のようになる。

3　放射器、導波器及び反射器の導体が太いほど、帯域幅が**広い**。

▶ **解答　3**

A－13　05(1②)　03(1①)

図に示す円形パラボラアンテナの断面図の開口角 2θ〔rad〕と開口面の直径 $2r$〔m〕及び焦点距離 f〔m〕との関係を表す式として、正しいものを下の番号から選べ。ただし、θ について、次式が成り立つ。

$$\tan\frac{\theta}{2} = (1+\cot^2\theta)^{1/2} - \cot\theta$$

1 $\tan\dfrac{\theta}{2}=\dfrac{r}{f-r}$

2 $\tan\dfrac{\theta}{2}=\dfrac{f}{r}$

3 $\tan\dfrac{\theta}{2}=\dfrac{r}{4f}$

4 $\tan\dfrac{\theta}{2}=\dfrac{2r}{f}$

5 $\tan\dfrac{\theta}{2}=\dfrac{r}{2f}$

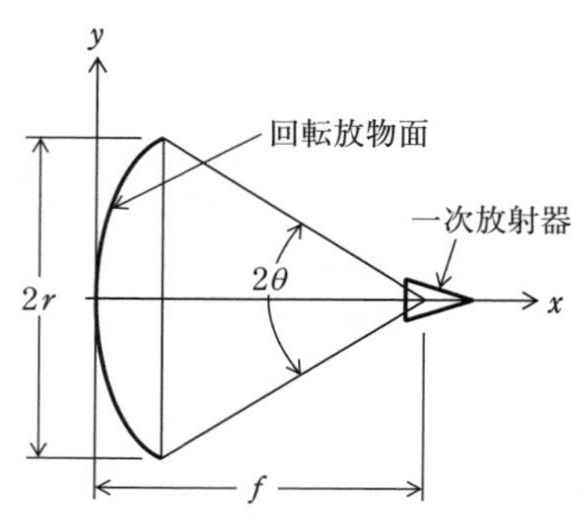

解説 解説図において、x 軸、放射器から放物面反射鏡までの直線、y 軸と平行な直線で作られた三角形から、次式が成り立つ。

$$\tan\theta_1=\frac{y_1}{f-x_1}\quad\cdots\ (1)$$

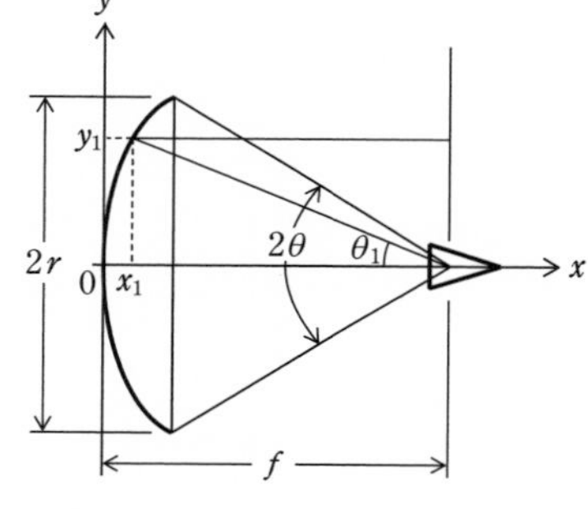

反射鏡は放物面で構成されているので、次式の関係がある。

$$y^2=4fx\quad\cdots\ (2)$$

式 (1) の $\theta_1=\theta$、$x_1=x$、$y_1=r$ として、式 (2) を代入すると

$$\tan\theta=\frac{r}{f-\dfrac{r^2}{4f}}=\frac{4fr}{4f^2-r^2}\quad\cdots\ (3)$$

$\cot\theta$ は式 (3) の逆数なので、これを問題で与えられた式に代入すると

$$\tan\frac{\theta}{2}=(1+\cot^2\theta)^{\frac{1}{2}}-\cot\theta$$

$$=\left\{1+\left(\frac{4f^2-r^2}{4fr}\right)^2\right\}^{\frac{1}{2}}-\frac{4f^2-r^2}{4fr}$$

$$=\left\{\frac{(4fr)^2+(4f^2-r^2)^2}{(4fr)^2}\right\}^{\frac{1}{2}}-\frac{4f^2-r^2}{4fr}$$

$$=\left\{\frac{16f^2r^2+(4f^2)^2-8f^2r^2+r^4}{(4fr)^2}\right\}^{\frac{1}{2}}-\frac{4f^2-r^2}{4fr}$$

$$=\left\{\frac{(4f^2+r^2)^2}{(4fr)^2}\right\}^{\frac{1}{2}}-\frac{4f^2-r^2}{4fr}=\frac{2r^2}{4fr}=\frac{r}{2f}$$

Point
式の誘導が難しいので、結果式を覚えた方がよい。図に１次放射器から $\theta/2$ の直線を引くと、直線の y 軸との交点はほぼ $r/2$ となるので、それを $\tan(\theta/2)$ とすれば答えが見つかる

▶ 解答　5

A－14　05(1①)　03(1②)

次の記述は、陸上の移動体通信の電波伝搬特性について述べたものである。[　　]内に入れるべき字句の正しい組合せを下の番号から選べ。

(1) 基地局から送信された電波は、陸上移動局周辺の建物などにより反射、回折され、定在波を生じ、この定在波中を移動局が移動すると、受信波にフェージングが発生する。この変動を瞬時変動といい、レイリー分布則に従う。一般に、周波数が[A]ほど、また移動速度が速いほど変動が速いフェージングとなる。

(2) 瞬時変動の数十波長程度の区間での中央値を短区間中央値といい、基地局からほぼ等距離の区間内の短区間中央値は、[B]に従い変動し、その中央値を長区間中央値という。長区間中央値は、移動局の基地局からの距離を d とおくと、一般に $Xd^{-\alpha}$ で近似される。ここで、X 及び α は、送信電力、周波数、基地局及び移動局のアンテナ高、建物高等によって決まる。

(3) 一般に、移動局に到来する多数の電波の到来時間に差があるため、帯域内の各周波数の振幅と位相の変動が一様ではなく、[C]フェージングを生ずる。[D]伝送の場合には、その影響はほとんどないが、一般に、高速デジタル伝送の場合には、伝送信号に波形ひずみを生ずることになる。多数の到来波の遅延時間を横軸に、各到来波の受信レベルを縦軸にプロットしたものは伝搬遅延プロファイルと呼ばれ、多重波伝搬理論の基本特性の一つである。

	A	B	C	D
1	高い	指数分布則	周波数選択性	広帯域
2	高い	指数分布則	周波数選択性	狭帯域
3	高い	対数正規分布則	周波数選択性	狭帯域
4	低い	対数正規分布則	跳躍性	狭帯域
5	低い	指数分布則	跳躍性	広帯域

解説　レイリー分布は、確率変数が連続的な場合の連続型確率分布である。周波数選択性フェージングは、周波数によりフェージングの状態が異なるので、狭帯域伝送の場合には、その影響はほとんどない。高速デジタル伝送の場合は伝送帯域が広帯域なので、帯域内のフェージングが波形ひずみとなって伝送特性に影響する。

▶ 解答　3

出題傾向　下線の部分は、ほかの試験問題で穴埋めの字句として出題されている。

A－15　01 (7)

図に示すように、周波数 200〔MHz〕、送信アンテナの絶対利得 10〔dB〕、水平偏波で放射電力 100〔W〕、送信アンテナの高さ 100〔m〕、受信アンテナの高さ 10〔m〕、送受信点間の距離 90〔km〕で、送信点から 60〔km〕離れた地点に高さ 300〔m〕のナイフエッジがあるときの受信点における電界強度の値として、最も近いものを下の番号から選べ。ただし、回折係数は 0.1 とし、アンテナの損失はないものとする。また、波長を λ〔m〕とすれば、AC 間と CB 間の通路利得係数 A_1 及び A_2 は次式で表されるものとする。

$$A_1 = 2\sin\frac{2\pi h_1 h_0}{\lambda d_1} \qquad A_2 = 2\sin\frac{2\pi h_2 h_0}{\lambda d_2}$$

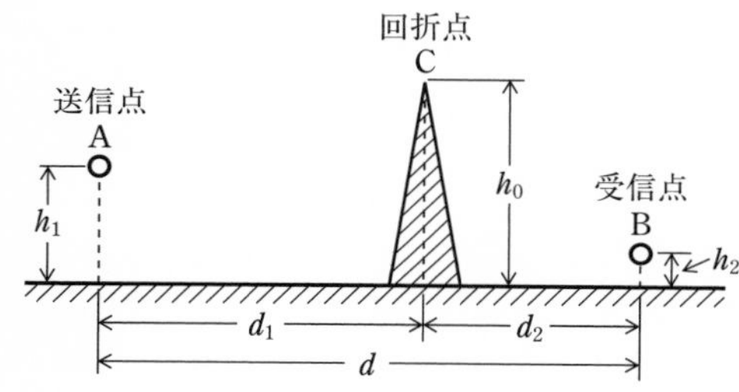

d ：A と B 間の地表距離〔m〕
d_1：A と C 間の地表距離〔m〕
d_2：C と B 間の地表距離〔m〕
h_0：ナイフエッジの高さ〔m〕
h_1、h_2：送受信アンテナの高さ〔m〕

1　280〔μV/m〕　　2　310〔μV/m〕　　3　412〔μV/m〕
4　565〔μV/m〕　　5　635〔μV/m〕

解説　周波数 $f = 200$〔MHz〕の電波の波長 λ〔m〕は

$$\lambda \fallingdotseq \frac{300}{f〔\mathrm{MHz}〕} = \frac{300}{200} = 1.5〔\mathrm{m}〕$$

送信アンテナの絶対利得（真数）を G_I、その dB 値を G_{IdB} とすると

$$10\log_{10} G_I = G_{IdB} = 10〔\mathrm{dB}〕$$

なので、$G_I = 10$

Point
電力比 10 倍は 10〔dB〕を覚えておく

電力を P〔W〕とすると、自由空間電界強度 E_0〔V/m〕は次式で表される。

$$E_0 = \frac{\sqrt{30 G_I P}}{d}〔\mathrm{V/m}〕$$

回折係数を S とすると、受信電界強度 E〔V/m〕は

$$E=\frac{\sqrt{30G_I P}}{d}\times S\times\left|2\sin\frac{2\pi h_1 h_0}{\lambda d_1}\right|\times\left|2\sin\frac{2\pi h_2 h_0}{\lambda d_2}\right|$$

$$=\frac{\sqrt{30\times10\times10^2}}{90\times10^3}\times0.1\times\left|2\sin\frac{2\times\pi\times100\times300}{1.5\times60\times10^3}\right|\times\left|2\sin\frac{2\times\pi\times10\times300}{1.5\times30\times10^3}\right|$$

$$=\frac{\sqrt{3}}{9}\times10^{-2}\times10^{-1}\times\left|2\sin\frac{2\pi}{3}\right|\times\left|2\sin\left(\frac{4}{3}\pi\times10^{-1}\right)\right|$$

$$\fallingdotseq\frac{\sqrt{3}}{9}\times10^{-3}\times2\times\frac{\sqrt{3}}{2}\times2\times\frac{4}{3}\times3.14\times10^{-1}\fallingdotseq\frac{1}{3}\times10^{-3}\times2\times0.42$$

$$=0.28\times10^{-3}\text{〔V/m〕}=280\text{〔μV/m〕}$$

Point
$d_2=90-60$
$=30$〔km〕

Point
$\frac{4}{3}\pi\times10^{-1}\fallingdotseq0.42<0.5$

▶ **解答　1**

数学の公式

$\sin\frac{2\pi}{3}=\frac{\sqrt{3}}{2}$

$\sin\theta\fallingdotseq\theta$（$\theta<0.5$〔rad〕のとき）

A－16　05(7②)　02(11②)

次の記述は、対流圏伝搬におけるフェージングについて述べたものである。　　　内に入れるべき字句の正しい組合せを下の番号から選べ。ただし、等価地球半径係数を k とする。

(1) シンチレーションフェージングは、[A]の不規則な変動により生ずる。

(2) 干渉性 k 形フェージングは、直接波と[B]の干渉が k の変動に伴い変化するために生ずる。

(3) 回折性 k 形フェージングは、電波通路と大地とのクリアランスが十分でないとき、k の変化に伴い大地による回折損が変動することにより生ずる。k が[C]なると回折損が大きくなる。

	A	B	C
1	大気の屈折率	散乱波	大きく
2	大気の屈折率	散乱波	小さく
3	大気の屈折率	大地反射波	小さく
4	太陽フレア	大地反射波	大きく
5	太陽フレア	散乱波	小さく

▶ **解答　3**

下線の部分は、ほかの試験問題で穴埋めの字句として出題されている。

A−17 類 05(7②) 05(1①) 類 03(1①) 02(11①)

球面大地における伝搬において、見通し距離が 26〔km〕であるとき、送信アンテナの高さの値として、最も近いものを下の番号から選べ。ただし、地球の表面は滑らかで、地球の半径を 6,370〔km〕とし、地球の等価半径係数を 4/3 とする。また、$\cos x = 1 - x^2/2$ とする。

1 20〔m〕 2 30〔m〕 3 40〔m〕 4 50〔m〕 5 60〔m〕

解説 送信アンテナの高さを h〔m〕、地球の等価半径係数を k (= 4/3) とすると、見通し距離 d〔km〕は次式で表される。

Point h の単位は〔m〕、d の単位は〔km〕

$$d \fallingdotseq 3.57 \times \sqrt{kh}\ \text{〔km〕} \fallingdotseq 4.12 \times \sqrt{h}\ \text{〔km〕}$$

h〔m〕を求めると

$$h = \left(\frac{d}{4.12}\right)^2 = \left(\frac{26}{4.12}\right)^2 \fallingdotseq 40\ \text{〔m〕}$$

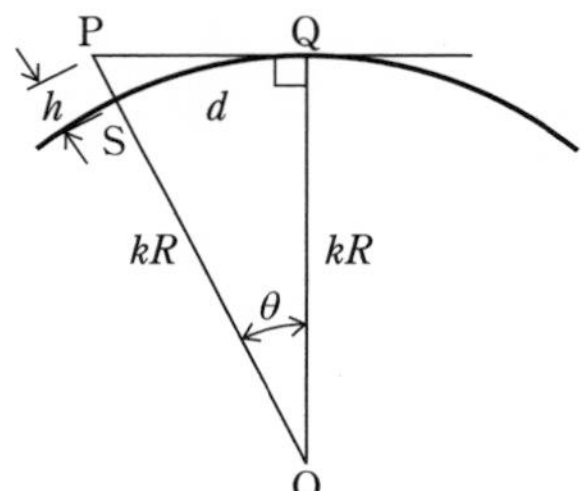

▶ **解答 3**

関連知識 解説図の直角三角形 POQ において次式が成り立つ。

$$kR = (kR + h)\cos\theta = kR\cos\theta + h\cos\theta$$

より $h\cos\theta = kR(1 - \cos\theta)$ … (1)

問題で与えられた三角関数の公式より

$$h\cos\theta = kR\left\{1 - \left(1 - \frac{\theta^2}{2}\right)\right\} = \frac{kR\theta^2}{2} \quad \cdots (2)$$

θ〔rad〕は、弧と半径の比なので

$$\theta = \frac{d}{kR}\ \text{〔rad〕} \quad \cdots (3)$$

$\theta < 0.5$〔rad〕とすると $\cos\theta \fallingdotseq 1$ より $h\cos\theta \fallingdotseq h$ となり、式(2)に式(3)を代入すると

$$h \fallingdotseq \frac{kR\theta^2}{2} = \frac{kR}{2}\left(\frac{d}{kR}\right)^2 = \frac{d^2}{2kR} \quad \text{よって} \quad d \fallingdotseq \sqrt{2kRh} \quad \cdots (4)$$

式(4)に $R = 6{,}370 \times 10^3$〔m〕を代入すると

$$d \fallingdotseq \sqrt{2kh \times 6{,}370 \times 10^3} \fallingdotseq 3.57 \times 10^3 \times \sqrt{kh}\ \text{〔m〕} = 3.57 \times \sqrt{kh}\ \text{〔km〕}$$

A−18 02(1)

次の記述は、アンテナ利得の測定について述べたものである。このうち誤っているものを下の番号から選べ。

1　３基のアンテナを使用した場合は、これらのアンテナの利得が未知であってもそれぞれの利得を求めることができる。
2　円偏波アンテナの利得の測定に、直線偏波アンテナは使用できない。
3　角錐ホーンアンテナは、その寸法から利得を求めることができるので、標準アンテナとして使用される。
4　屋外で測定することが困難な場合や精度の高い測定を必要とする場合には、電波暗室内における近傍界の測定と計算により利得を求めることができる。
5　衛星地球局用大形アンテナの利得の測定には、測定距離がフラウンホーファ領域になり、また、仰角が十分高く地面からの反射波の影響を避けることができるように、カシオペアＡなどの電波星の電波を受信する方法がある。

解説　誤っている選択肢は、次のようになる。

2　円偏波アンテナの利得の測定をする場合には、**一般に円偏波アンテナで測定するが、直線偏波アンテナをビーム軸のまわりに回転させて測定することもできる。**

▶ **解答　2**

A－19　02(11①)

次の記述は、実効長が既知のアンテナを接続した受信機において、所要の信号対雑音比 S/N（真数）を確保して受信することができる最小受信電界強度を受信機の雑音指数から求める過程について述べたものである。[　　]内に入れるべき字句の正しい組合せを下の番号から選べ。ただし、受信機の等価雑音帯域幅を B〔Hz〕とし、アンテナの放射抵抗を R_r〔Ω〕、実効長を l_e〔m〕、最小受信電界強度を E_{min}〔V/m〕及び受信機の入力インピーダンスを R_i〔Ω〕とすれば、等価回路は図のように示されるものとする。また、アンテナの損失はなく、アンテナ、給電線及び受信機はそれぞれ整合しているものとし、外来雑音は無視するものとする。

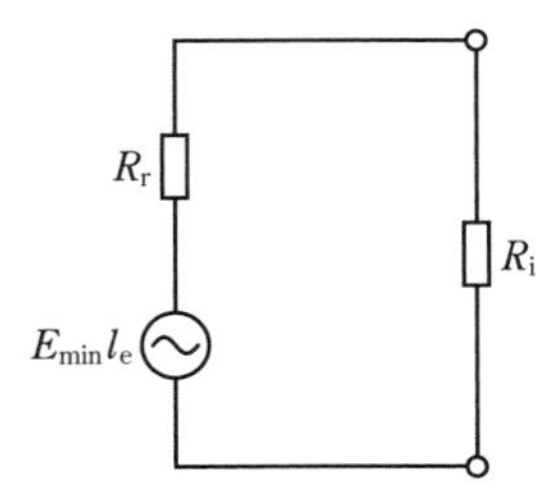

(1)　受信機の入力端の有能雑音電力 N_i は、ボルツマン定数を k〔J/K〕、絶対温度を T〔K〕とすれば、次式で表される。

$N_i = kTB$〔W〕　…①

アンテナからの有能信号電力 S_i は、次式で表される。

$S_i =$ [A]〔W〕　…②

(2)　受信機の出力端における S/N は、受信機の雑音指数 F（真数）と式①を用いて表すことができるので、S_i は、次式のようになる。

$S_i =$ [B]〔W〕　…③

(3) 式②と③から、E_{min} は次式で表されるので、F を測定することにより、受信可能な最小受信電界強度が求められる。

E_{min} = [C]〔V/m〕

	A	B	C
1	$(E_{min} l_e)^2 \dfrac{1}{R_r}$	$\dfrac{kTB}{F}(S/N)$	$l_e\sqrt{\dfrac{4kTBR_r(S/N)}{F}}$
2	$(E_{min} l_e)^2 \dfrac{1}{R_r}$	$FkTB(S/N)$	$\dfrac{1}{l_e}\sqrt{4FkTBR_r(S/N)}$
3	$(E_{min} l_e)^2 \dfrac{1}{R_r}$	$\dfrac{kTB}{F(S/N)}$	$l_e\sqrt{\dfrac{4kTBR_r}{F(S/N)}}$
4	$(E_{min} l_e)^2 \dfrac{1}{4R_r}$	$\dfrac{kTB}{F(S/N)}$	$l_e\sqrt{\dfrac{4kTBR_r}{F(S/N)}}$
5	$(E_{min} l_e)^2 \dfrac{1}{4R_r}$	$FkTB(S/N)$	$\dfrac{1}{l_e}\sqrt{4FkTBR_r(S/N)}$

解説 有能信号電力 S_i〔W〕は、整合がとれているときの受信機供給電力なので、アンテナの放射抵抗 R_r〔Ω〕と受信機の入力インピーダンス R_i〔Ω〕が等しい。受信機入力端の電圧はアンテナに発生する電圧の 1/2 となるので、次式が成り立つ。

$$S_i = \left(\frac{E_{min} l_e}{2}\right)^2 \frac{1}{R_r} = (E_{min} l_e)^2 \frac{1}{4R_r} \text{〔W〕} \quad \cdots (1)$$

Point
電力 P〔W〕は
$$P = \frac{V^2}{R}$$

雑音指数 F は次式で表される。

$$F = \frac{S_i/N_i}{S/N} \quad \cdots (2)$$

式 (2) より、S_i を求めると

$$S_i = FN_i\,(S/N) = FkTB\,(S/N) \text{〔W〕} \quad \cdots (3)$$

式 (1) = 式 (3) より、E_{min} を求めると

$$(E_{min} l_e)^2 \frac{1}{4R_r} = FkTB\,(S/N)$$

$$E_{min} = \frac{1}{l_e}\sqrt{4FkTBR_r\,(S/N)} \text{〔V/m〕}$$

▶ **解答 5**

A－20 02(11②)

次の記述は、開口面アンテナの測定における放射電磁界の領域について述べたものである。[　　] 内に入れるべき字句の正しい組合せを下の番号から選べ。なお、同じ記号の [　　] 内には、同じ字句が入るものとする。

(1) アンテナにごく接近した[A]領域では、静電界や誘導電磁界が優勢であるが、アンテナからの距離が離れるにつれてこれらの電磁界成分よりも放射電磁界成分が大きくなってくる。
(2) 放射電磁界成分が優勢な領域を放射界領域といい、放射近傍界領域と放射遠方界領域の二つの領域に分けられる。二つの領域のうち放射[B]領域は、放射エネルギーの角度に対する分布がアンテナからの距離によって変化する領域で、この領域において、アンテナの[B]の測定が行われる。
(3) アンテナの放射特性は、[C]によって定義されているので、[B]の測定で得られたデータを用いて計算により[C]の特性を間接的に求める。

	A	B	C
1	フレネル	遠方界	誘導電磁界
2	フレネル	近傍界	誘導電磁界
3	フレネル	遠方界	放射遠方界
4	リアクティブ近傍界	遠方界	放射遠方界
5	リアクティブ近傍界	近傍界	放射遠方界

解説 リアクティブ近傍界領域は、アンテナに極めて接近した距離（$R \leqq \lambda/2\pi$）で、静電界や誘導電磁界成分が強い領域である。距離が離れると静電界成分は距離の３乗に反比例して、誘導電磁界成分は距離の２乗に反比例するが、放射電磁界成分は距離に反比例するので、距離が離れるにつれ放射電磁界成分が大きくなってくる。

Point
リアクティブ近傍界はコイルのリアクタンスと同様な結合で発生する誘導電磁界のこと

▶ **解答　5**

B－1

05(1②)　03(1②)

次の記述は、図に示すように、同一の半波長ダイポールアンテナA及びBで構成したアンテナ系の利得を求める過程について述べたものである。[　　]内に入れるべき字句を下の番号から選べ。ただし、アンテナ系の相対利得G（真数）は、アンテナ系に電力P〔W〕を供給したときの十分遠方の点Oにおける電界強度をE〔V/m〕とし、このアンテナと置き換えた基準アンテナに電力P_0〔W〕を供給したときの点Oにおける電界強度をE_0〔V/m〕とすれば、次式で与えられるものとする。なお、同じ記号の[　　]内には、同じ字句が入るものとする。

$$G = \frac{|E|^2}{P} \bigg/ \frac{|E_0|^2}{P_0} = M/M_0 \quad \cdots ①$$

ただし、$M = \dfrac{|E|^2}{P}$、$M_0 = \dfrac{|E_0|^2}{P_0}$とする。

(1) アンテナA及びBの入力インピーダンスは等しく、これを Z_i〔Ω〕、自己インピーダンスと相互インピーダンスも等しく、これらをそれぞれ Z_{11}〔Ω〕、Z_{12}〔Ω〕とすれば、Z_i は、次式で表される。

Z_i = ［ ア ］〔Ω〕 …②

(2) アンテナAと同一の半波長ダイポールアンテナを基準アンテナとして、給電点の電流を I〔A〕、Z_{11} の抵抗分を R_{11}〔Ω〕とすれば、M_0 は、次式で表される。

M_0 = ［ イ ］ …③

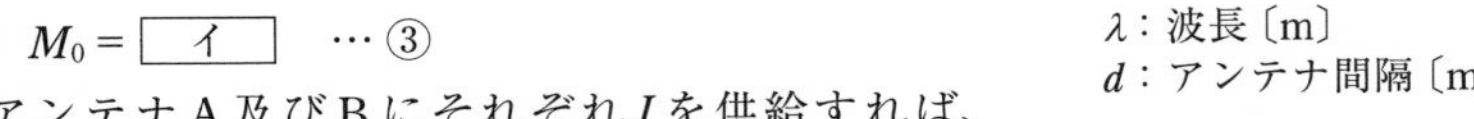

λ：波長〔m〕
d：アンテナ間隔〔m〕

(3) アンテナA及びBにそれぞれ I を供給すれば、M は、次式で表される。ただし、Z_{12} の抵抗分を R_{12}〔Ω〕とする。

M = ［ ウ ］ …④

(4) 式③と④を式①へ代入すれば、アンテナ系の相対利得 G は、次式によって求められる。

G = ［ エ ］ …⑤

(5) 式⑤において、R_{11} は一定値であるから、G は R_{12} のみの関数となる。R_{12} の値は［ オ ］によって変わるので、［ オ ］の大きさにより G を変えることができる。

1 $\dfrac{|E_0|^2}{R_{11}\,|I|}$　　2 $Z_{11}+Z_{12}$　　3 $\dfrac{R_{11}}{2(R_{11}+R_{12})}$　　4 I

5 $\dfrac{|2E_0|^2}{2(R_{11}+R_{12})\,|I|^2}$　　6 $2(Z_{11}+Z_{12})$　　7 $\dfrac{|E_0|^2}{R_{11}\,|I|^2}$　　8 $\dfrac{2R_{11}}{R_{11}+R_{12}}$

9 d　　10 $\dfrac{|E_0|^2}{2(R_{11}+R_{12})^2\,|I|^2}$

解説 アンテナA及びBそれぞれに電流 I を供給したとき、各アンテナからの電界強度を E_0 とすると、最大放射方向の電界強度は $2E_0$ となる。そのとき供給される電力は $2P$ となるので、M は次式で表される。

$$M=\frac{|2E_0|^2}{2P}=\frac{|2E_0|^2}{2(R_{11}+R_{12})\,|I|^2}$$

利得 G を求めると

$$G=\frac{M}{M_0}=\frac{\dfrac{|2E_0|^2}{2(R_{11}+R_{12})\,|I|^2}}{\dfrac{|E_0|^2}{R_{11}\,|I|^2}}=\frac{2R_{11}}{R_{11}+R_{12}}$$

アンテナの間隔 d が変化すると、相互インピーダンス $\dot{Z}_{12} = R_{12} + jX_{12}$ が変化するので、d の大きさにより G を変えることができる。

▶ 解答　ア－2　イ－7　ウ－5　エ－8　オ－9

B－2　24(1)

次の記述は、TEM 波について述べたものである。［　　］内に入れるべき字句を下の番号から選べ。

(1) 電磁波の伝搬方向に電界及び磁界成分を［ア］横波である。
(2) 電磁波の伝搬方向に直角な平面内では、電界と磁界が常に［イ］で振動する。
(3) 導波管中を伝搬［ウ］。
(4) 真空の固有インピーダンスは、［エ］〔Ω〕である。
(5) 位相速度は、光の速度と［オ］。

1　等しい	2　同相	3　90π	4　持たない	5　できる
6　異なる	7　逆相	8　120π	9　できない	10　持つ

▶ 解答　ア－4　イ－2　ウ－9　エ－8　オ－1

出題傾向　正誤式の問題として出題されることが多い。

B－3　03(1②)

次の記述は、中波(MF)帯及び短波(HF)帯の電波の伝搬について述べたものである。このうち正しいものを1、誤っているものを2として解答せよ。

ア　MF 帯の E 層反射波は、日中はほとんど使えないが、夜間は D 層の消滅により数千キロメートル伝搬することがある。
イ　MF 帯の地表波の伝搬損は、垂直偏波の場合の方が水平偏波の場合より大きい。
ウ　MF 帯の地表波は、伝搬路が海上の場合よりも陸上の場合の方が遠方まで伝搬する。
エ　HF 帯では、電離層の臨界周波数などの影響を受け、その伝搬特性は時間帯や周波数などによって大きく変化する。
オ　HF 帯では、MF 帯に比べて、電離層嵐(磁気嵐)やデリンジャー現象などの異常現象の影響を受けやすい。

解説　誤っている選択肢は、次のようになる。

イ　MF 帯の地表波の伝搬損は、**水平偏波**の場合の方が**垂直偏波**の場合より大きい。
ウ　MF 帯の地表波は、伝搬路が**陸上**の場合よりも**海上**の場合の方が遠方まで伝搬する。

▶ **解答　ア－1　イ－2　ウ－2　エ－1　オ－1**

B－4　類05(7②)　05(1②)　類03(7①)　03(1①)　類02(11②)

次の記述は、図に示すスロットアレーアンテナから放射される電波の偏波について述べたものである。[　　]内に入れるべき字句を下の番号から選べ。ただし、スロットアレーアンテナは xy 面に平行な面を大地に平行に置かれ、管内には TE_{10} モードの電磁波が伝搬しているものとし、管内波長は λ_g〔m〕とする。また、$\lambda_g/2$〔m〕の間隔で交互に傾斜方向を変えてスロットがあけられているものとする。なお、同じ記号の[　　]内には、同じ字句が入るものとする。

(1) yz 面に平行な管壁には z 軸に[ア]な電流が流れており、スロットはこの電流の流れを妨げるので、電波を放射する。

(2) 管内における y 軸方向の電界分布は、管内波長の[イ]の間隔で反転しているので、管壁に流れる電流の方向も同じ間隔で反転している。交互に傾斜角の方向が変わるように開けられた各スロットから放射される電波の[ウ]の方向は、各スロットに垂直な方向となる。

(3) 隣り合う二つのスロットから放射された電波の電界をそれぞれ y 成分と z 成分に分解すると、[エ]は互いに逆向きであるが、もう一方の成分は同じ向きになる。このため、[エ]が打ち消され、もう一方の成分は加え合わされるので、偏波は[オ]。

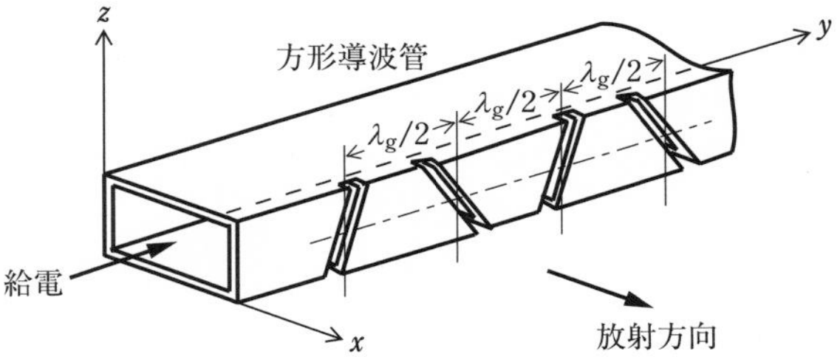

1　平行	2　1/2	3　電界	4　y 成分	5　水平偏波となる
6　垂直	7　1/4	8　磁界	9　z 成分	10　垂直偏波となる

解説　導波管内を TE_{10} モードで伝搬する電磁波は、電界が導波管の長辺に直角方向なので、管壁の電流は z 軸に平行な方向に流れる。各スロットの間隔 l は、管内波長 λ_g の 1/2 なので、隣り合う二つのスロットでは z 軸方向の電流は互いに逆向きとなり、スロットから放射される電界のうち、z 軸方向の垂直成分は互いに打ち消される。スロットの傾斜する向きが互いに異なるので、電界の y 軸方向の水平成分は加え合わされ、偏波は水平偏波となる。

▶ **解答　アー１　イー２　ウー３　エー９　オー５**

B－5

類 05(1②)　類 04(1①)　03(1①)　類 03(1②)

次の記述は、アンテナ利得などの測定において、送信又は受信アンテナの一方の開口の大きさが波長に比べて大きいときの測定距離について述べたものである。□内に入れるべき字句を下の番号から選べ。ただし、任意の角度を α とすれば、$\cos^2(\alpha/2)=(1+\cos\alpha)/2$ である。なお、同じ記号の□内には、同じ字句が入るものとする。

(1) 図１に示すように、アンテナ間の測定距離を L〔m〕、寸法が大きい方の円形開口面アンテナ１の直径を D〔m〕、その縁Pから小さい方のアンテナ２までの距離を L'〔m〕とすれば、L と L' の距離の差 ΔL は、次式で表される。ただし、$L>D$ とし、アンテナ２の大きさは無視できるものとする。

$$\Delta L = L' - L = \boxed{\text{ア}} - L$$

$$\fallingdotseq L\left\{1+\frac{1}{2}\left(\frac{D}{2L}\right)^2\right\} - L = \frac{D^2}{8L}\text{〔m〕}\quad\cdots①$$

波長を λ〔m〕とすれば、ΔL による電波の位相差 $\Delta\theta$ は、次式となる。

$$\Delta\theta = \boxed{\text{イ}}\text{〔rad〕}\quad\cdots②$$

(2) アンテナ１の中心からの電波の電界強度 $\dot{E}_0$〔V/m〕とその縁からの電波の電界強度 $\dot{E}_0'$〔V/m〕は、アンテナ２の点において、その大きさが等しく位相のみが異なるものとし、その大きさをいずれも E_0〔V/m〕とすれば、$\dot{E}_0$ と $\dot{E}_0'$ との間に位相差がないときの受信点での合成電界強度の大きさ E〔V/m〕は、□ウ□〔V/m〕である。また、位相差が $\Delta\theta$ のときの合成電界強度 $\dot{E}'$ の大きさ E' は、図２のベクトル図から、次式で表される。

$$E' = \boxed{\text{エ}} = \boxed{\text{ウ}} \times \cos\left(\frac{\Delta\theta}{2}\right)\text{〔V/m〕}\quad\cdots③$$

したがって、次式が得られる。

$$E'/E = \cos\left(\frac{\Delta\theta}{2}\right)\quad\cdots④$$

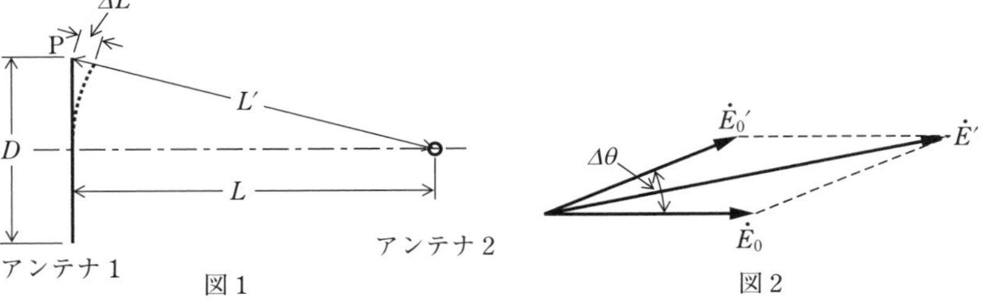

図１　　図２

(3) 式④へ$\Delta\theta = \pi/8$〔rad〕を代入すると、$E'/E \fallingdotseq 0.98$となり、誤差は約2〔%〕となる。したがって、誤差が約2〔%〕以下となる最小の測定距離L_{min}は、式②から次式となる。

$L_{min} =$ [オ]〔m〕

1 $\sqrt{4L^2 + D^2}$　2 $\dfrac{\pi D^2}{4\lambda L}$　3 $\sqrt{2}E_0$　4 $\sqrt{2}E_0\sqrt{1-\cos\Delta\theta}$

5 $\dfrac{D^2}{\lambda}$　6 $\sqrt{L^2 + \left(\dfrac{D}{2}\right)^2}$　7 $\dfrac{\pi D^2}{8\lambda L}$　8 $2E_0$

9 $\sqrt{2}E_0\sqrt{1+\cos\Delta\theta}$　10 $\dfrac{2D^2}{\lambda}$

解説 (1) 問題の式①は

$$\Delta L = L' - L = \sqrt{L^2 + \left(\frac{D}{2}\right)^2} - L$$

$$\fallingdotseq L\left\{1 + \frac{1}{2}\left(\frac{D}{2L}\right)^2\right\} - L = \frac{D^2}{8L}\ 〔m〕$$

Point

2項定理($x \ll 1$のとき)

$(1+x)^n \fallingdotseq 1 + nx$

$\sqrt{\ }$は$\dfrac{1}{2}$乗

位相定数を$\beta = 2\pi/\lambda$とすると、ΔLによって生じる位相差$\Delta\theta$〔rad〕は

$$\Delta\theta = \beta\Delta L = \frac{2\pi}{\lambda}\Delta L = \frac{\pi D^2}{4\lambda L}\ 〔rad〕$$

(2) 問題図2より、$E_0 = E_0'$の条件よりE'を求めると

$$E' = 2E_0\cos\left(\frac{\Delta\theta}{2}\right)\ 〔V/m〕$$

問題で与えられた三角関数の公式より、次式のようになる。

$$E' = 2E_0\frac{\sqrt{1+\cos\Delta\theta}}{\sqrt{2}} = \sqrt{2}E_0\sqrt{1+\cos\Delta\theta}\ 〔V/m〕$$

(3) 問題の式②に$\Delta\theta = \pi/8$を代入すると

$$\frac{\pi}{8} = \frac{\pi D^2}{4\lambda L}\quad よって\quad L = \frac{2D^2}{\lambda}\ 〔m〕$$

Lが最小の測定距離L_{min}を表す。

▶ 解答　ア－6　イ－2　ウ－8　エ－9　オ－10

数学の公式 2項定理

$$(1+x)^n = 1 + nx + \frac{n(n-1)}{1\times 2}x^2 + \frac{n(n-1)(n-2)}{1\times 2\times 3}x^3 + \cdots$$

$x \ll 1$のときは

$$(1+x)^n \fallingdotseq 1 + nx$$

無線工学 B（付録）

付録には令和３年７月期以前に出題された問題のうち、令和４年１月期から令和５年７月期に出題されていない問題を厳選して収録しています。

03（1①）A－10 　　02(1)

次の記述は、図に示すように移動体通信に用いられる携帯機のきょう体の上に外付けされたモノポールアンテナ（ユニポールアンテナ）について述べたものである。このうち誤っているものを下の番号から選べ。

1　携帯機のきょう体の上に外付けされたモノポールアンテナは、一般にその長さ h によってアンテナの特性が変化する。

2　長さ h が 1/2 波長のモノポールアンテナは、1/4 波長のモノポールアンテナと比較したとき、給電点インピーダンスが低い。

3　長さ h が 1/2 波長のモノポールアンテナは、1/4 波長のモノポールアンテナと比較したとき、携帯機のきょう体に流れる高周波電流が小さい。

4　長さ h が 1/2 波長のモノポールアンテナは、1/4 波長のモノポールアンテナと比較したとき、放射パターンがきょう体の大きさやきょう体に近接する手などの影響を受けにくい。

5　長さ h が 3/8 波長のモノポールアンテナは、1/2 波長のモノポールアンテナと比較したとき、50〔Ω〕系の給電線と整合が取りやすい。

解説　誤っている選択肢は次のようになる。

2　長さ h が 1/2 波長のモノポールアンテナは、1/4 波長のモノポールアンテナと比較したとき、給電点インピーダンスが**高い**。

1/4 波長のモノポールアンテナは、給電点の電流が最大、給電点の電圧が最小で給電する。1/2 波長のモノポールアンテナは給電点の電流が最小、給電点の電圧が最大で給電するので、1/2 波長のモノポールアンテナの方が、給電点インピーダンス（電圧／電流）が高い。

▶ **解答　2**

03 (7①) A−15 31 (1)

次の記述は、SHF 帯や EHF 帯の地上系固定通信において、降雨時に生ずる交差偏波について述べたものである。このうち誤っているものを下の番号から選べ。ただし、使用する偏波は直線偏波とする。

1 一つの周波数で、互いに直交する二つの偏波を用いて異なる信号を伝送すれば、周波数の利用効率が 2 倍になるが、降雨時には交差偏波が発生しやすい。

2 受信信号の主偏波の電界強度を E_p〔V/m〕、交差偏波の電界強度を E_c〔V/m〕とすると、通常、交差偏波識別度は、$20\log_{10}(E_p/E_c)$〔dB〕と表される。

3 落下中の雨滴は、雨滴内外の圧力や表面張力の影響を受け、落下方向につぶれた形に変形するが、その変形の度合いは、雨滴が大きいほど大きい。

4 風のある降雨時には、上下方向に扁平な回転楕円体に近い形に変形した雨滴が水平方向より傾き、その長軸方向の電界成分の減衰が短軸方向の電界成分の減衰よりも小さくなるために交差偏波が発生する。

5 交差偏波識別度は、降雨が強いほど、また、雨滴の傾きが大きいほど劣化する。

解説 誤っている選択肢は次のようになる。

4 風のある降雨時には、上下方向に扁平な回転楕円体に近い形に変形した雨滴が水平方向より傾き、その長軸方向の電界成分の減衰が短軸方向の電界成分の減衰よりも**大きく**なるために交差偏波が発生する。

▶ **解答 4**

法　　規

＜出題の分野と問題数＞

分　野	問題数
無線局の免許	5
無線設備	6
無線従事者	2
運用	4
監督・雑則・罰則	3
合計	20

表は、この科目で出題される分野と各分野の標準的な問題数です。各分野の問題数は試験期によって増減することがありますが、合計の問題数は変わりません。

問題形式は、4 肢択一式の A 形式問題（1 問 5 点）が 15 問、穴埋め補完式及び正誤式で五つの設問（1 問 1 点で 5 点満点）で構成された B 形式問題が 5 問出題されます。

1 問 5 点×20 問の 100 点満点で 60 点（6 割）以上が合格となります。

＜学習のポイント＞

出題される条文の範囲は、ほぼ変わりません。全く同じ問題あるいは、穴埋め問題の穴あきの位置が変わる問題が多く出題されます。既出問題の繰返し周期が短いので、2 期前の問題も学習してください。

法規の条文は、法改正によって変わることがあります。本書の問題は改正に合わせて変更してありますが、改正前の問題は設問が最新の問題と異なっているものもあります。改正後の条文に合った新しい方の問題で学習してください。

出題傾向（法　規）

1　各分野別の出題傾向

「無線局の免許」や「無線設備」の範囲の用語に関する問題については、毎回類題が出題される問題もありますが、穴あきの字句の場所が異なる問題が出題されるので、穴埋め以外の部分の字句も合わせて覚えてください。

「無線設備」の分野は用語の定義に関する問題が頻繁に出題されています。用語の意義や数値等は無線工学Ａや無線工学Ｂの分野の内容と関係がありますので、それらの科目の問題と関連づけて覚えるとよいでしょう。

「無線従事者」の分野は出題数が少ないのですが、既出問題の種類も少ないので確実に点を取ることができます。

「監督・雑則・罰則」の分野のうち、「罰則」の問題は他の分野の問題と合わせて１問として出題される場合が多いので、罰則に関係する規定を合わせて学習してください。

2　穴埋め問題の対策

穴あきの字句の場所が変わった問題が多く出題されます。他の試験期で穴埋めの字句として出題された部分については下線を付けてありますので、それらの字句も合わせて覚えてください。また、他の用語も出題される可能性がありますので、問題文は一通り目を通して内容を確認してください。

無線工学のＡ形式問題は５肢択一式ですが、法規はほぼ４肢択一式です。法令の条文の一部が穴あきになっている穴埋め問題が多く出題されています。穴あきがABCの三つある問題が多いのですが、そのうち二つについて正しい内容が分かれば正解が分かる問題が多いので、用語を正確に覚えておけば一つ分からない字句があっても解答を見つけられることがあります。

法令の条項の一部が穴あきとなっている問題が多く出題されます。穴あきの字句に比較すると問題文が長いので、問題文を読むことがかなりの負担になりますが、法規の穴埋めの字句は他の問題の正しい字句となっているものは少ないので、問題文を読まなくても選択肢の正しい字句のみから解答を見つけることができる問題が多く出題されています。

付録には令和３年７月期以前に出題された問題のうち、令和４年１月期から令和５年７月期に出題されていない問題を厳選して収録しています。

分野	項目	6年	5年				4年				3年				2年	
		1月	7月①	7月②	1月①	1月②	7月①	7月②	1月①	1月②	7月①	7月②	1月①	1月②	11月①	11月②
無線局の免許	法の目的、用語の定義（法1、2）	B1									B1	A1				
	無線局の開設（法4、110）		A1						A1						A1	B1
	欠格事由（法5）		B1	A2					A2				A1	B1		
	免許の申請（法6）	A1								A1				A1		
	申請の審査（法7）					B2							B1			
	予備免許、変更、免許の拒否（法8、9、11、19）			B2							A1	B1			B1	A1
	落成後の検査（法10）		A2						A4	A2					A2	A2
	免許の有効期間（法13、施7、8）	A3				A2				B1			A2	A2		
	再免許の申請期間（免18、19）	A3					A2			B1			A2			
	運用開始、休止の届出（法16、施10の2）					A3										
	変更の許可に係る検査（法18）	A4			A1			A1			A2	A2			A3	A3
	申請による周波数等の変更（法19、76）				A2								A3			
	免許後の変更（法9、17、18、19、71）		A3			A1								A3		
	免許の承継（法20）							A2								
	免許状（法21、24、施38、免22）						A1	B1								
	廃止、免許が効力を失ったとき（法22～24、78）			A4	B2			B5	B1	A3						
	情報の提供等（法25、施11の2の2）			A5					A5	A4			A4	A4		
	電波の利用状況の調査（法26の2）	A5										B2				
	特定無線局の免許の特例（法27条の2）							A3			A3					
	無線局の登録（法27の18、の21）			A1			B1									
	無線局の開設の届（法27条の31～33、施20）						A4					A4				
無線設備	周波数に関する定義（施2）				A4						A7	A7			B2	
	スプリアス発射等の定義（施2）			B1				B2				A7			B2	
	電力の定義（施2）	A6				A7			A8	A7			A6	A6		A5
	空中線の定義（施2）		B2				A11						A6			
	電波型式の表示（施4の2）			A8	A7	B3	A7		B3	A8			A7	A7	A7	A7

※白字は付録に収録している問題

分野	項目	6年	5年				4年				3年				2年	
		1月	7月①	7月②	1月①	1月②	7月①	7月②	1月①	1月②	7月①	7月②	1月①	1月②	11月①	11月②
無線設備	空中線電力の表示（施4の4）		A8					A7				A8				
	人工衛星局の条件（法36の2、施32の4）		A9			A4	B2	A4		A10	A5	A6			A6	A6
	人工衛星局の送信空中線（施32の3）	A10							A10					A9		
	地球局の送信空中線（施32）				A6								A9			
	周波数測定装置の備付け（法31、37、施11の3）				A8	A5				A5	A4			A5	A5	B2
	無線設備の機器の検定（法37）	A2			B1				A3				B2			
	特別特定無線設備の技術基準（法38の33～の35）		A6					A5								
	安全施設等（施21の3、22、23、25、26）	A9		A9	A9			A8	A9	B3		A9	A8		A8	A8
	空中線等の保安施設（施26）					A8					A8					
	送信空中線の型式、構成等（設20）				A10	A11					A10	A10			A10	A10
	空中線の指向特性（設22）			A6				A10						A8	A10	
	電波の質、受信設備の条件（法28、29、設24）	B2							A7		B2			B2		
	受信設備の条件、受信設備の監督（法29、82、設24）		A4							A6					A4	A4
	電波の質、電波の発射の停止（法28、72）			A3			A3						A5			
	周波数の許容偏差等（設5、6、7、14）			A10			A12						A5			
	空中線電力の許容偏差（設14）				A3				A12				A10			
	人体における比吸収率（設14の2）		A11													
	周波数の安定のための条件（設15、16）	A11				A9	A6			A11	A9			A10	A9	A9
	送信装置の変調（設18）		A10					A9								
	測定器の較正（法102の18）		A7	A7			A5	A6			A6	A3				
無線従事者	無線設備の操作の監督等（法39、79、施36、38）													A11		
	主任無線従事者（法39、施34の3、の5、の7）	A12	B4	B3	A11	B1		A11	B2	B4	B3				B3	B3
	主任無線従事者（施34の5）			A11			B3						A11	B3		
	免許が与えられない者（法41、42、79）		A5									A11				
	免許証の再交付、返納（施38、従47、50、51）	B3				A12	A13	B3	A6	A9	A11	B3		A11	A11	A11
	操作及び監督の範囲（施令3）				B3								B3			

※白字は付録に収録している問題

分野	項目	6年	5年				4年				3年				2年	
		1月	7月①	7月②	1月①	1月②	7月①	7月②	1月①	1月②	7月①	7月②	1月①	1月②	11月①	11月②
運用	免許状記載事項の遵守（法52～55、110、施37）	A15		A12	B4		B4	A12			A14	A14	B4	A12	B4	A14
	非常通信、非常の場合の無線通信（法52、74、運136）	A13			A12	A13					A12	A12			A12	A12
	非常の場合の無線通信の送信順位			A13			A15									
	混信等の防止（法56、施50の2）		A13					A13			A13			A13	A13	A13
	運用に関する規定に適合しない（法56～59）					A10	A14					A13				
	擬似空中線回路の使用（法57）		A15							A13			A13			
	暗語の使用（法58）	A8						A14								
	秘密の保護（法59、109）	B4			A13	B4		B4			B4	B4			A14	B4
	非常時運用人による無線局の運用（法70の7）		A14							A14			A14			
	免許人以外の者による無線局の運用（法70の8）			B5					B5					B4		
	周波数の測定等（法31、施11の3、40、運4）			A14		A14	A8			A12			A12			
	無線通信の原則（運10）		B3						A11	B2				A14		
	試験電波の発射（運14、18、39、139）				A14											
	呼出符号等の放送（運138）								A13							
	宇宙無線通信業務の無線局の運用（運262）								A15							
監督・雑則・罰則	周波数等の変更命令（法71）				B5		A9					B5	B5	A15		
	電波の発射の停止（法72）					A15				A15						
	無線局の検査（法71の5、72、73）								B4				A15	B5		
	非常の場合の無線通信（法74、74の2）		A12	A15												
	無線局の免許の取消し等（法76）				A15		B5	A15			A15				A15	B5
	特定無線局に対する監督（法76の2）		B5													
	無線従事者の免許の取消し等（法79）	A14				B5			A14						B5	A15
	報告（法80、81）			B4							B5	A15				
	高周波利用設備（法100、施45）				A5											
	伝搬障害防止区域の指定（法102の2）	A7				A6	A10					A5				
	基準不適合設備に関する勧告（法102の11）	B5								B5						

（法）電波法　（施令）電波法施行令　（施）電波法施行規則　（従）無線従事者規則　（設）無線設備規則

＊ 同じ試験期において、二つ以上の項目で1問になる問題もある

法　規（令和５年７月期①）

A－1　23(7)

次の記述は、無線局の開設について述べたものである。電波法（第4条及び第110条）の規定に照らし、□内に入れるべき最も適切な字句の組合せを下の1から5までのうちから一つ選べ。なお、同じ記号の□内には、同じ字句が入るものとする。

① 無線局を開設しようとする者は、総務大臣の免許を受けなければならない。ただし、次の(1)から(4)までに掲げる無線局については、この限りでない。

(1) [A] で総務省令で定めるもの

(2) 26.9メガヘルツから27.2メガヘルツまでの周波数の電波を使用し、かつ、空中線電力が0.5ワット以下である無線局のうち総務省令で定めるものであって、[B] のみを使用するもの

(3) 空中線電力が1ワット以下である無線局のうち総務省令で定めるものであって、電波法第4条の3（呼出符号又は呼出名称の指定）の規定により指定された呼出符号又は呼出名称を自動的に送信し、又は受信する機能その他総務省令で定める [C] により他の無線局にその運用を阻害するような混信その他の妨害を与えないように運用することができるもので、かつ、[B] のみを使用するもの

(4) 電波法第27条の21第1項の登録を受けて開設する無線局

② ①による免許若しくは電波法第27条の21第1項の規定による登録がないのに、無線局を開設した者又は①による免許若しくは電波法第27条の21第1項の規定による登録がないのに、かつ、電波法第70条の7（非常時運用人による無線局の運用）第1項、第70条の8（免許人以外の者による特定の無線局の簡易な操作による運用）第1項若しくは第70条の9（登録人以外の者による登録局の運用）第1項の規定によらないで、無線局を運用した者は、[D] に処する。

	A	B	C	D
1	小規模な無線局	適合表示無線設備	手続により運用すること	1年以下の懲役又は50万円以下の罰金
2	発射する電波が著しく微弱な無線局	適合表示無線設備	機能を有すること	1年以下の懲役又は100万円以下の罰金
3	小規模な無線局	無線設備の機器の型式検定に合格した機器	手続により運用すること	1年以下の懲役又は100万円以下の罰金

4	発射する電波が著しく微弱な無線局	無線設備の機器の型式検定に合格した機器	機能を有すること	1年以下の懲役又は50万円以下の罰金
5	発射する電波が著しく微弱な無線局	適合表示無線設備	手続により運用すること	1年以下の懲役又は50万円以下の罰金

▶ **解答　2**

懲役と罰金の組合せは、「1年以下の懲役又は50万円以下の罰金」、「1年以下の懲役又は100万円以下の罰金」、「2年以下の懲役又は100万円以下の罰金」、「3年以下の懲役又は150万円以下の罰金」、「5年以下の懲役又は250万円以下の罰金」がある。また、下線の部分は、ほかの試験問題で穴埋めの字句として出題されている。

A－2　04(1②)　02(11①)

固定局の工事落成後の検査に関する次の記述のうち、電波法（第10条）の規定に照らし、この規定に定めるところに適合するものはどれか。下の1から4までのうちから一つ選べ。

1　電波法第8条の予備免許を受けた者は、工事が落成したときは、その旨を総務大臣に届け出て、電波の型式、周波数及び空中線電力、無線従事者の資格（主任無線従事者の要件に係るものを含む。）及び員数（主任無線従事者の監督を受けて無線設備の操作を行う者を含む。）並びに時計及び書類について検査を受けなければならない。

2　電波法第8条の予備免許を受けた者は、工事が落成したときは、その旨を総務大臣に届け出て、その無線設備、無線従事者の資格（主任無線従事者の要件に係るものを含む。）及び員数並びに時計及び書類について検査を受けなければならない。

3　電波法第8条の予備免許を受けた者は、工事落成の期限の日になったときは、その旨を総務大臣に届け出て、その無線設備並びに無線従事者の資格（主任無線従事者の要件に係るものを含む。）及び員数について検査を受けなければならない。

4　電波法第8条の予備免許を受けた者は、工事落成の期限の日になったときは、その旨を総務大臣に届け出て、その無線設備、無線従事者の資格及び員数（主任無線従事者の監督を受けて無線設備の操作を行う者を含む。）並びに時計及び書類について検査を受けなければならない。

▶ **解答　2**

穴埋め問題も頻繁に出題されている。

A－3 27(7)

次の記述は、無線局（登録局を除く。）の無線設備の変更の工事、周波数等の変更及び総務大臣が免許人に対して行う処分について述べたものである。電波法（第17条、第19条及び第71条）の規定に照らし、［　　］内に入れるべき最も適切な字句の組合せを下の1から5までのうちから一つ選べ。

① 免許人は、無線設備の変更の工事をしようとするときは、あらかじめ総務大臣の許可を受けなければならず、この工事は、［ A ］に変更を来すものであってはならず、かつ、電波法第7条（申請の審査）第1項第1号又は第2項第1号の技術基準（電波法第3章（無線設備）に定めるものに限る。）に合致するものでなければならない。

② 総務大臣は、免許人が識別信号、電波の型式、周波数、空中線電力又は運用許容時間の指定の変更を申請した場合において、［ B ］その他特に必要があると認めるときは、その指定を変更することができる。

③ 総務大臣は、電波の規整その他公益上必要があるときは、無線局の［ C ］に支障を及ぼさない範囲内に限り、当該無線局の［ D ］の指定を変更し、又は人工衛星局の無線設備の設置場所の変更を命ずることができる。

	A	B	C	D
1	電波の型式、周波数又は運用許容時間	混信の除去	運用	周波数若しくは空中線電力
2	電波の型式、周波数又は運用許容時間	無線通信の秩序の維持	目的の遂行	電波の型式、周波数若しくは空中線電力
3	周波数、電波の型式又は空中線電力	混信の除去	目的の遂行	周波数若しくは空中線電力
4	周波数、電波の型式又は空中線電力	無線通信の秩序の維持	運用	電波の型式、周波数若しくは空中線電力
5	周波数、電波の型式又は空中線電力	混信の除去	運用	電波の型式、周波数若しくは空中線電力

▶ **解答 3**

下線の部分は、ほかの試験問題で穴埋めの字句として出題されている。

A－4 04(1②) 02(11①)

受信設備の条件及び受信設備に対する総務大臣の監督に関する次の記述のうち、電波法（第29条及び第82条）及び無線設備規則（第24条）の規定に照らし、これらの規定に定めるところに適合しないものはどれか。下の1から4までのうちから一つ選べ。

1 総務大臣は、受信設備が副次的に発する電波又は高周波電流が他の無線設備の機能に継続的かつ重大な障害を与えるときは、その設備の所有者又は占有者に対し、その障害を除去するために必要な措置を執るべきことを命ずることができ、放送の受信を目的とする受信設備以外の受信設備について、その必要な措置を執るべきことを命じた場合においては、当該措置の内容の報告を求めることができる。

2 電波法第29条（受信設備の条件）に規定する受信設備の副次的に発する電波が他の無線設備の機能に支障を与えない限度は、受信空中線と電気的常数の等しい擬似空中線回路を使用して測定した場合に、その回路の電力が4ナノワット以下でなければならない。(注)

注　無線設備規則第24条（副次的に発する電波等の限度）各項の規定において、別段の定めのあるものは、その定めるところによるものとする。

3 総務大臣は、受信設備が副次的に発する電波又は高周波電流が他の無線設備の機能に継続的かつ重大な障害を与えるときは、その設備の所有者又は占有者に対し、その障害を除去するために必要な措置を執るべきことを命ずることができる。

4 受信設備は、その副次的に発する電波又は高周波電流が、総務省令で定める限度を超えて他の無線設備の機能に支障を与えるものであってはならない。

▶ **解答　1**

A－5 03(7②)

無線従事者の免許等に関する次の記述のうち、電波法（第42条及び第79条）の規定に照らし、これらの規定に定めるところに適合しないものはどれか。下の1から4までのうちから一つ選べ。

1 総務大臣は、電波法第79条（無線従事者の免許の取消し等）第1項第1号又は第2号の規定により無線従事者の免許を取り消され、取消しの日から2年を経過しない者に対しては、無線従事者の免許を与えないことができる。

2 総務大臣は、無線従事者が不正な手段により免許を受けたときは、その免許を取り消すことができる。

3 総務大臣は、電波法第9章（罰則）の罪を犯し罰金以上の刑に処せられ、その執行を終わり、又はその執行を受けることがなくなった日から2年を経過しない者に対しては、無線従事者の免許を与えないことができる。

4 総務大臣は、無線従事者が電波法若しくは電波法に基づく命令又はこれらに基づく処分に違反したときは、6箇月以内の期間を定めてその業務に従事することを停止することができる。

解説 誤っている選択肢は次のようになる。

4 総務大臣は、無線従事者が電波法若しくは電波法に基づく命令又はこれらに基づく処分に違反したときは、**その免許を取り消し、又は3箇月以内**の期間を定めてその業務に従事することを停止することができる。

▶ **解答 4**

A－6

04(7②)

次の記述は、特別特定無線設備の技術基準適合自己確認等について述べたものである。電波法（第38条の33及び第38条の35）の規定に照らし、[ ]内に入れるべき最も適切な字句の組合せを下の1から5までのうちから一つ選べ。なお、同じ記号の[ ]内には、同じ字句が入るものとする。

① 特定無線設備（小規模な無線局に使用するための無線設備であって総務省令で定めるものをいう。）のうち、無線設備の技術基準、使用の態様等を勘案して、他の無線局の運用を著しく阻害するような混信その他の妨害を与えるおそれが少ないものとして総務省令で定めるもの（以下「特別特定無線設備」という。）の[A]は、その特別特定無線設備を、電波法第3章（無線設備）に定める技術基準に適合するものとして、その工事設計（当該工事設計に合致することの確認の方法を含む。）について自ら確認することができる。

② [A]は、総務省令で定めるところにより検証を行い、その特別特定無線設備の工事設計が電波法第3章（無線設備）に定める技術基準に適合するものであり、かつ、当該工事設計に基づく[B]が当該工事設計に合致するものとなることを確保することができると認めるときに限り、①による確認（以下「技術基準適合自己確認」という。）を行うものとする。

③ [A]は、技術基準適合自己確認をしたときは、総務省令で定めるところにより、次の(1)から(5)までに掲げる事項を総務大臣に届け出ることができる。

(1) 氏名又は名称及び住所並びに法人にあっては、その代表者の氏名

(2) 技術基準適合自己確認を行った特別特定無線設備の種別及び工事設計

(3) ②の検証の結果の概要

(4) (2)の工事設計に基づく［　B　］が当該工事設計に合致することの確認の方法
(5) その他技術基準適合自己確認の方法等に関する事項で総務省令で定めるもの

④　③による届出をした者（以下「届出業者」という。）は、総務省令で定めるところにより、②の検証に係る記録を作成し、これを［　C　］しなければならない。

⑤　届出業者は、届出工事設計(注)に基づく特別特定無線設備について、電波法第38条の34（工事設計合致義務等）第２項の規定による義務を履行したときは、当該特別特定無線設備に総務省令で定める［　D　］を付することができる。

注　③による届出に係る工事設計をいう。

	A	B	C	D
1	製造業者及び販売業者	一の特別特定無線設備	総務大臣に報告	表示
2	製造業者又は輸入業者	一の特別特定無線設備	保存	検査記録
3	製造業者又は輸入業者	特別特定無線設備のいずれも	保存	表示
4	製造業者及び販売業者	特別特定無線設備のいずれも	総務大臣に報告	検査記録
5	製造業者又は輸入業者	一の特別特定無線設備	総務大臣に報告	表示

▶ **解答　3**

下線の部分は、ほかの試験問題で穴埋めの字句として出題されている。

A－7　　04(7②)　03(7②)

測定器等の較正に関する次の記述のうち、電波法（第102条の18）の規定に照らし、この規定に定めるところに適合しないものはどれか。下の1から4までのうちから一つ選べ。

1　無線設備の点検に用いる測定器その他の設備であって総務省令で定めるもの（以下3及び4において「測定器等」という。）の較正は、国立研究開発法人情報通信研究機構（以下3及び4において「機構」という。）がこれを行うほか、総務大臣は、その指定する者（以下2、3及び4において「指定較正機関」という。）にこれを行わせることができる。

2　指定較正機関は、較正を行うときは、総務省令で定める測定器その他の設備を使用し、かつ、総務省令で定める要件を備える者にその較正を行わせなければならない。

3 機構又は指定較正機関は、測定器等の較正を行ったときは、総務省令で定めるところにより、その測定器等に較正をした旨の表示を付するとともにこれを公示するものとする。

4 機構又は指定較正機関による較正を受けた測定器等以外の測定器等には、較正をした旨の表示又はこれと紛らわしい表示を付してはならない。

解説 誤っている選択肢は次のようになる。

3 機構又は指定較正機関は、測定器等の較正を行ったときは、総務省令で定めるところにより、その測定器等に較正をした旨の**表示を付するものとする**。

▶ **解答 3**

A−8

04(7②) 03(7②)

空中線電力の表示に関する次の記述のうち、電波法施行規則(第4条の4)の規定に照らし、この規定に定めるところに適合しないものはどれか。下の1から4までのうちから一つ選べ。

1 電波の型式のうち主搬送波の変調の型式が「F」の記号で表される電波を使用する送信設備の空中線電力は、尖(せん)頭電力(pX)をもって表示する。

2 デジタル放送(F7W電波及びG7W電波を使用するものを除く。)を行う地上基幹放送局(注)の送信設備の空中線電力は、平均電力(pY)をもって表示する。

注 地上基幹放送試験局及び基幹放送を行う実用化試験局を含む。

3 無線設備規則第3条(定義)第15号に規定するローカル5Gの無線局の送信設備の空中線電力は、平均電力(pY)をもって表示する。

4 電波の型式のうち主搬送波の変調の型式が「J」の記号で表される電波を使用する送信設備の空中線電力は、尖(せん)頭電力(pX)をもって表示する。

解説 誤っている選択肢は次のようになる。

1 電波の型式のうち主搬送波の変調の型式が「F」の記号で表される電波を使用する送信設備の空中線電力は、**平均電力(pY)**をもって表示する。

▶ **解答 1**

A−9

04(1②)

次の記述は、人工衛星局の位置の維持について述べたものである。電波法施行規則(第32条の4)の規定に照らし、□内に入れるべき最も適切な字句の組合せを下の1から4までのうちから一つ選べ。

① 対地静止衛星に開設する人工衛星局（ A を除く。）であって、固定地点の地球局相互間の無線通信の中継を行うものは、公称されている位置から経度の(±)0.1度以内にその位置を維持することができるものでなければならない。

② 対地静止衛星に開設する人工衛星局（一般公衆によって直接受信されるための無線電話、テレビジョン、 B 又はファクシミリによる無線通信業務を行うことを目的とするものに限る。）は、公称されている位置から緯度及び経度のそれぞれ(±)0.1度以内にその位置を維持することができるものでなければならない。

③ 対地静止衛星に開設する人工衛星局であって、①及び②の人工衛星局以外のものは、公称されている位置から C 以内にその位置を維持することができるものでなければならない。

	A	B	C
1	実用化試験局	データ通信	経度の(±)0.5度
2	実用化試験局	データ伝送	緯度の(±)0.5度
3	実験試験局	データ伝送	経度の(±)0.5度
4	実験試験局	データ通信	緯度の(±)0.5度

▶ **解答　3**

出題傾向　下線の部分は、ほかの試験問題で穴埋めの字句として出題されている。

A－10　04(7②)

次の記述は、送信装置の変調について述べたものである。無線設備規則（第18条）の規定に照らし、 内に入れるべき最も適切な字句の組合せを下の１から４までのうちから一つ選べ。

① 送信装置は、 A によって搬送波を変調する場合には、 B において(±)100パーセントを超えない範囲に維持されるものでなければならない。

② アマチュア局の送信装置は、通信に C を与える機能を有してはならない。

	A	B	C
1	音声その他の周波数	変調波の尖(せん)頭値	秘匿性
2	音声その他の周波数	信号波の平均値	秘密
3	音声信号	信号波の平均値	秘匿性
4	音声信号	変調波の尖(せん)頭値	秘密

▶ **解答　1**

出題傾向　下線の部分は、ほかの試験問題で穴埋めの字句として出題されている。

A－11

次の記述は、人体にばく露される電波の許容値について述べた表の抜粋である。無線設備規則（第14条の2）の規定に照らし、[　　]内に入れるべき最も適切な字句の組合せを下の1から4までのうちから一つ選べ。なお、同じ記号の[　　]内には、同じ字句が入るものとする。

人体（側頭部及び両手を除く。）にばく露される電波の許容値は、次のとおりとする。

無線局の無線設備（送信空中線と人体（側頭部及び両手を除く。）との距離が20センチメートルを超える状態で使用するものを除く。）から人体（側頭部及び両手を除く。）にばく露される電波の許容値は、次の表の第1欄に掲げる無線局及び同表の第2欄に掲げる発射される電波の周波数帯の区分に応じ、それぞれ同表の第3欄に掲げる測定項目について、同表の第4欄に掲げる許容値のとおりとする。

<table>
<tr><td>1</td><td>無線局</td><td colspan="2">携帯無線通信を行う陸上移動局、広帯域移動無線アクセスシステムの陸上移動局、高度MCA陸上移動通信を行う陸上移動局、ローカル5Gの陸上移動局、700 MHz帯高度道路交通システムの陸上移動局、時分割多元接続方式広帯域デジタルコードレス電話の無線局、時分割・直交周波数分割多元接続方式デジタルコードレス電話の無線局、非静止衛星（対地静止衛星（地球の赤道面上に円軌道を有し、かつ、地球の自転軸を軸として地球の自転と同一の方向及び周期で回転する人工衛星をいう。）以外の人工衛星をいう。以下同じ。）に開設する人工衛星局の中継により携帯移動衛星通信を行う携帯移動地球局、無線設備規則第49条の23の2に規定する携帯移動地球局、インマルサット携帯移動地球局（インマルサットGSPS型に限る。）及び無線設備規則第49条の24の4に規定する携帯移動地球局</td></tr>
<tr><td>2</td><td>周波数帯</td><td colspan="2">100 KHz以上6 GHz以下</td></tr>
<tr><td>3</td><td>測定項目</td><td>人体（側頭部及び四肢を除く。）における比吸収率（電磁界にさらされたことによって任意の生体組織[A]グラムが任意の[B]間に吸収したエネルギーを[A]グラムで除し、更に[B]で除して得た値をいう。以下同じ。）</td><td>人体四肢（両手を除く。）における比吸収率</td></tr>
<tr><td>4</td><td>許容値</td><td>毎キログラム当たり[C]ワット以下</td><td>毎キログラム当たり4ワット以下</td></tr>
</table>

	A	B	C
1	10	6分	2
2	10	10分	3
3	100	10分	2
4	100	6分	3

解説　携帯電話等の電波が人体で吸収されるときの許容値を定めた規定である。一般にはSAR値といわれている。

▶ **解答　1**

出題傾向　該当する無線局については頻繁に改正されるので、出題期によって適用される無線局の内容が変わることがある。

A－12　30(7)

非常の場合の無線通信に関する次の記述のうち、電波法（第74条及び第74条の2）の規定に照らし、これらの規定に定めるところに適合しないものはどれか。下の1から4までのうちから一つ選べ。

1　総務大臣は、電波法第74条（非常の場合の無線通信）第1項に規定する通信の円滑な実施を確保するため必要な体制を整備するため、非常の場合における通信計画の作成、通信訓練の実施その他の必要な措置を講じておかなければならない。

2　総務大臣は、電波法第74条の2（非常の場合の通信体制の整備）第1項に規定する非常の場合における通信計画の作成、通信訓練の実施その他の必要な措置を講じようとするときは、免許人又は登録人の協力を求めることができる。

3　総務大臣は、地震、台風、洪水、津波、雪害、火災、暴動その他非常の事態が発生し、又は発生するおそれがある場合においては、人命の救助、災害の救援、交通通信の確保又は秩序の維持のために必要な通信を無線局に行わせることができる。

4　総務大臣が電波法第74条（非常の場合の無線通信）第1項の規定により無線局に通信を行わせたときは、国は、その通信によって生じた損失を補償しなければならない。

解説　誤っている選択肢は次のようになる。

4　総務大臣が電波法第74条（非常の場合の無線通信）第1項の規定により無線局に通信を行わせたときは、国は、**その通信に要した実費を弁償**しなければならない。

▶ **解答　4**

A－13 04(7②) 03(1②) 02(11①)

次の記述は、混信等の防止について述べたものである。電波法(第56条)及び電波法施行規則(第50条の2)の規定に照らし、[　　]内に入れるべき最も適切な字句の組合せを下の1から4までのうちから一つ選べ。

① 無線局は、[A]又は電波天文業務(注)の用に供する受信設備その他の総務省令で定める受信設備(無線局のものを除く。)で総務大臣が指定するものにその運用を阻害するような混信その他の[B]ならない。ただし、遭難通信、緊急通信、安全通信及び非常通信については、この限りでない。

注　宇宙から発する電波の受信を基礎とする天文学のための当該電波の受信の業務をいう。

② ①の指定に係る受信設備は、次の(1)又は(2)に掲げるもの(移動するものを除く。)とする。

(1) 電波天文業務の用に供する受信設備

(2) [C]の電波の受信を行う受信設備

	A	B	C
1	重要無線通信を行う無線局	妨害を与えない機能を有しなければ	宇宙無線通信
2	他の無線局	妨害を与えないように運用しなければ	宇宙無線通信
3	他の無線局	妨害を与えない機能を有しなければ	衛星通信
4	重要無線通信を行う無線局	妨害を与えないように運用しなければ	衛星通信

▶ **解答　2**

出題傾向 下線の部分は、ほかの試験問題で穴埋めの字句として出題されている。

A－14 04(1②) 03(1①)

次の記述は、非常時運用人による無線局(登録局を除く。)の運用について述べたものである。電波法(第70条の7及び第81条)の規定に照らし、[　　]内に入れるべき最も適切な字句の組合せを下の1から5までのうちから一つ選べ。

① 無線局(注1)の免許人は、地震、台風、洪水、津波、雪害、火災、暴動その他非常の事態が発生し、又は発生するおそれがある場合において、人命の救助、災害の救援、交通通信の確保又は秩序の維持のために必要な通信を行うときは、当該無線局の免許が効力を有する間、[A]ことができる。

注１　その運用が、専ら電波法第 39 条（無線設備の操作）第１項本文の総務省令で定める簡易な操作によるものに限る。以下同じ。

②　①により無線局を自己以外の者に運用させた免許人は、遅滞なく、非常時運用人[注2]の氏名又は名称、非常時運用人による［　B　］その他の総務省令で定める事項を総務大臣に届け出なければならない。

注２　当該無線局を運用する自己以外の者をいう。以下同じ。

③　②の免許人は、当該無線局の運用が適正に行われるよう、総務省令で定めるところにより、非常時運用人に対し、［　C　］を行わなければならない。

④　電波法第 74 条の２（非常の場合の通信体制の整備）第２項、第 76 条第１項及び第３項、第 76 条の２の２並びに第 81 条の規定は、非常時運用人について準用する。この場合において、必要な技術的読替えは、政令で定める。

⑤　総務大臣は、［　D　］その他無線局の適正な運用を確保するため必要があると認めるときは、非常時運用人に対し、無線局に関し報告を求めることができる。

	A	B	C	D
1	当該無線局を自己以外の者に運用させる	運用開始の期日	無線局の運用に関し適切な支援	無線通信の秩序の維持
2	総務大臣の許可を受けて当該無線局を自己以外の者に運用させる	運用の期間	無線局の運用に関し適切な支援	無線通信の円滑な実施
3	当該無線局を自己以外の者に運用させる	運用開始の期日	必要かつ適切な監督	無線通信の円滑な実施
4	当該無線局を自己以外の者に運用させる	運用の期間	必要かつ適切な監督	無線通信の秩序の維持
5	総務大臣の許可を受けて当該無線局を自己以外の者に運用させる	運用開始の期日	必要かつ適切な監督	無線通信の円滑な実施

▶ **解答　4**

下線の部分は、ほかの試験問題で穴埋めの字句として出題されている。

A－15　　04(1②)　03(1①)

次に掲げる場合のうち、無線局がなるべく擬似空中線回路を使用しなければならないときに該当しないものはどれか。電波法（第 57 条）の規定に照らし、下の１から４までのうちから一つ選べ。

1 固定局の無線設備の機器の調整を行うために運用するとき。
2 基幹放送局の無線設備の機器の試験を行うために運用するとき。
3 総務大臣又は総合通信局長(沖縄総合通信事務所長を含む。)が行う無線局の検査のために無線局を運用するとき。
4 実験等無線局を運用するとき。

解説 次のように規定されている。

無線局は、次に掲げる場合には、なるべく擬似空中線回路を使用しなければならない。

一 無線設備の機器の試験又は調整を行うために運用するとき。

二 実験等無線局を運用するとき。

▶ **解答 3**

出題傾向 無線設備の機器の試験又は調整を行うために運用する無線局は、基幹放送局や固定局の局種とは関係ない。基地局の場合でも同じ。

B－1 類 04(1①) 03(1②)

次に掲げる無線局のうち、電波法(第5条)の規定に照らし、日本の国籍を有しない人又は外国の法人若しくは団体に無線局の免許が与えられるものに該当するものを1、該当しないものを2として解答せよ。

ア 基幹放送をする無線局(受信障害対策中継放送、衛星基幹放送及び移動受信用地上基幹放送をする無線局を除く。)
イ 特定の固定地点間の無線通信を行う無線局(実験等無線局、アマチュア無線局、大使館、公使館又は領事館の公用に供するもの及び電気通信業務を行うことを目的とするものを除く。)
ウ 電気通信業務を行うことを目的とする無線局の無線設備を搭載する人工衛星の位置、姿勢等を制御することを目的として陸上に開設する無線局
エ 海岸局(電気通信業務を行うことを目的として開設するものを除く。)
オ 実験等無線局

解説 日本の国籍を有しない人又は外国の法人若しくは団体であっても免許が与えられる無線局には、選択肢イ、ウ、オのほかに、自動車その他の陸上を移動するものに開設し、若しくは携帯して使用するために開設する無線局又はこれらの無線局若しくは携帯して使用するための受信設備と通信を行うために陸上に開設する移動しない無線局、電気通信業務を行うことを目的とする無線局、アマチュア無線局、特定の条件の船舶の無線局、特定の条件の航空機の無線局、等がある。

▶ **解答 ア－2 イ－1 ウ－1 エ－2 オ－1**

B－2 類 04(7①) 類 03(1①) 22(1)

空中線の利得等の定義を述べた次の記述のうち、電波法施行規則（第２条）の規定に照らし、この規定に定めるところに適合するものを１、適合しないものを２として解答せよ。

ア 「空中線の相対利得」とは、基準空中線が空間に隔離された等方性空中線であるとき、かつ、その垂直二等分面が与えられた方向を含む半波無損失ダイポールであるときの与えられた方向における空中線の利得をいう。

イ 「実効輻射電力」とは、空中線に供給される電力に、与えられた方向における空中線の絶対利得を乗じたものをいう。

ウ 「等価等方輻射電力」とは、空中線に供給される電力に、与えられた方向における空中線の相対利得を乗じたものをいう。

エ 「空中線の利得」とは、与えられた空中線の入力部に供給される電力に対する、与えられた方向において、同一の距離で同一の電界を生ずるために、基準空中線の入力部で必要とする電力の比をいう。この場合において、別段の定めがないときは、空中線の利得を表す数値は、主輻射の方向における利得を示す。

オ 「空中線の絶対利得」とは、基準空中線が空間に隔離された等方性空中線であるときの与えられた方向における空中線の利得をいう。

解説 誤っている選択肢は次のようになる。

ア 「空中線の相対利得」とは、基準空中線が**空間に隔離され、かつ、その垂直二等分面が与えられた方向を含む半波無損失ダイポールであるときの**与えられた方向における空中線の利得をいう。

イ 「実効輻射電力」とは、空中線に供給される電力に、与えられた方向における空中線の**相対利得**を乗じたものをいう。

ウ 「等価等方輻射電力」とは、空中線に供給される電力に、与えられた方向における空中線の**絶対利得**を乗じたものをいう。

▶ **解答　ア－２　イ－２　ウ－２　エ－１　オ－１**

B－3 類 04(1①) 04(1②) 類 03(1②)

無線局の一般通信方法における無線通信の原則に関する次の記述のうち、無線局運用規則（第10条）の規定に照らし、この規定に定めるところに適合するものを１、適合しないものを２として解答せよ。

ア 無線通信を行うときは、自局の識別信号を付して、その出所を明らかにしなければならない。

イ 必要のない無線通信は、これを行ってはならない。

ウ 無線通信に使用する用語は、できる限り簡潔でなければならない。

エ　無線通信は、迅速に行うものとし、できる限り短時間に行わなければならない。

オ　固定業務及び陸上移動業務における通信においては、暗語を使用してはならない。

解説　無線通信の原則は4項目あり、正しい選択肢にない項目は次のとおりである。

無線通信は、正確に行うものとし、通信上の誤りを知ったときは、直ちに訂正しなければならない。

▶ **解答　ア－1　イ－1　ウ－1　エ－2　オ－2**

B－4　類04(7②)　03(7①)

次の記述は、固定局の主任無線従事者の職務について述べたものである。電波法（第39条）及び電波法施行規則（第34条の5）の規定に照らし、［　　］内に入れるべき最も適切な字句を下の1から10までのうちからそれぞれ一つ選べ。なお、同じ記号の［　　］内には、同じ字句が入るものとする。

① 電波法第39条（無線設備の操作）第4項の規定により［ア］主任無線従事者は、［イ］に関し総務省令で定める職務を誠実に行わなければならない。

② ①の総務省令で定める職務は、次の(1)から(5)までに掲げるとおりとする。

(1) 主任無線従事者の監督を受けて無線設備の操作を行う者に対する訓練（実習を含む。）の計画を［ウ］こと。

(2) 無線設備の機器の点検若しくは保守を行い、又はその監督を行うこと。

(3) ［エ］を作成し、又はその作成を監督すること（記載された事項に関し必要な措置を執ることを含む。）。

(4) 主任無線従事者の職務を遂行するために必要な事項に関し［オ］に対して意見を述べること。

(5) (1)から(4)までに掲げる職務のほか無線局の［イ］に関し必要と認められる事項

1　その選任の届出がされた
2　その選任について総務大臣の許可を受けた
3　無線設備の操作の監督
4　無線設備の操作
5　推進する
6　立案し、実施する
7　無線業務日誌その他の書類
8　無線局免許申請書及び無線業務日誌
9　総務大臣
10　免許人

▶ **解答　ア－1　イ－3　ウ－6　エ－7　オ－10**

出題傾向　下線の部分は、ほかの試験問題で穴埋めの字句として出題されている。

B－5　20(7)

次の記述は、特定無線局[注]に対する監督について述べたものである。電波法（第76条の2）の規定に照らし、□内に入れるべき最も適切な字句を下の1から10までのうちからそれぞれ一つ選べ。

注　電波法第27条の2（特定無線局の免許の特例）第1号又は第2号に掲げる無線局であって、適合表示無線設備のみを使用するものをいう。

総務大臣は、特定無線局（電波法第27条の2第1号に掲げる無線局に係るものに限る。）について、その包括免許の有効期間中において同時に開設されていることとなる特定無線局の数の［ア］のものが当該包括免許に係る指定無線局数を著しく［イ］ことが確実であると認めるに足りる相当な理由があるときは、その指定無線局数を［ウ］ことができる。この場合において、総務大臣は、併せて包括免許の［エ］の指定を［オ］。

1　最大	2　最小	3　上回る	4　下回る
5　削減する	6　増加する	7　空中線電力	8　周波数
9　変更するものとする		10　変更することができる	

▶ **解答　ア－1　イ－4　ウ－5　エ－8　オ－9**

法　　規（令和5年7月期②）

A－1

類 04(7①)　21(7)

次の記述は、総務大臣の登録を受けて開設する無線局について述べたものである。電波法（第4条及び第27条の21）の規定に照らし、□内に入れるべき最も適切な字句の組合せを下の1から4までのうちから一つ選べ。

① 電波を発射しようとする場合において当該電波と周波数を同じくする電波を受信することにより一定の時間自己の電波を発射しないことを確保する機能を有する無線局その他［A］を同じくする他の無線局の運用を阻害するような混信その他の妨害を与えないように運用することのできる無線局のうち総務省令で定めるものであって、［B］のみを使用するものを総務省令で定める［C］開設しようとする者は、総務大臣の登録を受けなければならない。

② ①の総務大臣の登録を受けて開設する無線局は、総務大臣の免許を受けることを要しない。

	A	B	C
1	使用する電波の型式及び周波数（総務省令で定めるものに限る。）	適合表示無線設備	周波数を使用して
2	無線設備の規格（総務省令で定めるものに限る。）	その型式について総務大臣の行う検定に合格した無線設備の機器	周波数を使用して
3	使用する電波の型式及び周波数（総務省令で定めるものに限る。）	その型式について総務大臣の行う検定に合格した無線設備の機器	区域内に
4	無線設備の規格（総務省令で定めるものに限る。）	適合表示無線設備	区域内に

▶ **解答　4**

A－2

03(1①)

次に掲げる者のうち、総務大臣が固定局の免許を与えないことができる者に該当するものはどれか。電波法（第5条）の規定に照らし、下の1から4までのうちから一つ選べ。

1 無線局の免許の有効期間満了により免許が効力を失い、その効力を失った日から2年を経過しない者
2 無線局を廃止し、その廃止の日から2年を経過しない者
3 無線局の免許の取消しを受け、その取消しの日から2年を経過しない者

4　電波法第 11 条の規定により免許を拒否され、その拒否の日から２年を経過しない者

解説　正しい選択肢のほかに規定されているのは、「電波法又は放送法に規定する罪を犯し罰金以上の刑に処せられ、その執行を終わり、又はその執行を受けることがなくなった日から２年を経過しない者」がある。

▶ **解答　3**

A－3　04(7①)　03(1①)

送信設備に使用する電波の質及び電波の発射の停止に関する次の記述のうち、電波法（第 28 条及び第 72 条）及び無線設備規則（第５条から第７条まで及び第 14 条）の規定に照らし、これらの規定に定めるところに適合しないものはどれか。下の１から４までのうちから一つ選べ。

1　総務大臣は、無線局の発射する電波が、総務省令で定める発射電波に許容される占有周波数帯幅の値に適合していないと認めるときは、当該無線局に対して臨時に電波の発射の停止を命ずることができる。
2　総務大臣は、無線局の発射する電波が、総務省令で定めるスプリアス発射又は不要発射の強度の許容値に適合していないと認めるときは、当該無線局に対して臨時に電波の発射の停止を命ずることができる。
3　総務大臣は、無線局の発射する電波が、総務省令で定める送信設備に使用する電波の周波数の許容偏差に適合していないと認めるときは、当該無線局に対して臨時に電波の発射の停止を命ずることができる。
4　総務大臣は、無線局の発射する電波が、総務省令で定める空中線電力の許容偏差に適合していないと認めるときは、当該無線局に対して臨時に電波の発射の停止を命ずることができる。

解説　「総務大臣は、無線局の発射する電波の質が総務省令で定めるものに適合していないと認めるときは、当該無線局に対して臨時に電波の発射の停止を命ずることができる」と規定されている。空中線電力の許容偏差は電波の質に該当しない。

▶ **解答　4**

A－4 類 04(1①) 04(1②)

次の記述は、無線局（包括免許に係るものを除く。）の免許が効力を失ったときに執るべき措置等について述べたものである。電波法（第 22 条から第 24 条まで及び第 78 条）及び電波法施行規則（第 42 条の 4）の規定に照らし、[ ]内に入れるべき最も適切な字句の組合せを下の 1 から 4 までのうちから一つ選べ。なお、同じ記号の[ ]内には、同じ字句が入るものとする。

① 免許人は、その無線局を[A]は、その旨を総務大臣に届け出なければならない。

② 免許人が無線局を廃止したときは、免許は、その効力を失う。

③ 免許がその効力を失ったときは、免許人であった者は、1 箇月以内にその免許状を返納しなければならない。

④ 無線局の免許がその効力を失ったときは、免許人であった者は、遅滞なく空中線の撤去その他の総務省令で定める電波の発射を防止するために必要な措置を講じなければならない。

⑤ ④の総務省令で定める電波の発射を防止するために必要な措置は、固定局の無線設備については、[B]すること（[B]することが困難な場合にあっては、[C]を撤去すること。）とする。

	A	B	C
1	廃止したとき	空中線を撤去すること又は当該固定局の通信の相手方である無線局の無線設備から当該通信に係る空中線を撤去	送信機、給電線又は電源設備
2	廃止したとき	空中線を撤去	送信機、給電線及び電源設備
3	廃止するとき	空中線を撤去すること又は当該固定局の通信の相手方である無線局の無線設備から当該通信に係る空中線を撤去	送信機、給電線及び電源設備
4	廃止するとき	空中線を撤去	送信機、給電線又は電源設備

▶ **解答 4**

A－5　類 04(1②)　類 03(1①)　02(1①)

次の記述は、無線局に関する情報の公表等について述べたものである。電波法(第25条)の規定に照らし、[ ]内に入れるべき最も適切な字句の組合せを下の1から4までのうちから一つ選べ。なお、同じ記号の[ ]内には、同じ字句が入るものとする。

総務大臣は、自己の無線局の開設又は周波数の変更をする場合その他総務省令で定める場合に必要とされる[A]に関する調査又は電波法第27条の12(特定基地局の開設指針)第3項第7号に規定する[B]を行おうとする者の求めに応じ、当該調査又は当該[B]を行うために必要な限度において、当該者に対し、無線局の[C]その他の無線局に関する事項に係る情報であって総務省令で定めるものを提供することができる。

	A	B	C
1	電波の利用状況	終了促進措置	免許の有効期間
2	混信若しくはふくそう	終了促進措置	無線設備の工事設計
3	電波の利用状況	特定周波数終了対策業務	無線設備の工事設計
4	混信若しくはふくそう	特定周波数終了対策業務	免許の有効期間

▶ **解答　2**

出題傾向　下線の部分は、ほかの試験問題で穴埋めの字句として出題されている。

A－6　類 04(7②)　03(1②)

次に掲げる事項のうち、空中線の指向特性を定めるものに該当しないものはどれか。無線設備規則(第22条)の規定に照らし、下の1から4までのうちから一つ選べ。

1　主輻射方向及び副輻射方向
2　空中線の利得及び能率
3　空中線を設置する位置の近傍にあるものであって電波の伝わる方向を乱すもの
4　給電線よりの輻射

解説　規定されているのは4項目。誤っている選択肢は次のようになる。

2　水平面の主輻射の角度の幅

▶ **解答　2**

無線工学の基礎　無線工学A　無線工学B　法規

A－7 04(7①)

次の記述は、測定器等の較正について述べたものである。電波法(第102条の18)及び測定器等の較正に関する規則(第2条)の規定に照らし、［　　］内に入れるべき最も適切な字句の組合せを下の1から4までのうちから一つ選べ。

① 無線設備の点検に用いる測定器その他の設備であって総務省令で定めるもの(以下「測定器等」という。)の較正は、国立研究開発法人情報通信研究機構がこれを行うほか、総務大臣は、その指定する者(以下「指定較正機関」という。)にこれを［ A ］。

② ①の総務省令で定める測定器等は、次の(1)から(7)までのとおりとする。

(1) 周波数計

(2) スペクトル分析器

(3) 電界強度測定器

(4) 高周波電力計

(5) 電圧電流計

(6) 標準信号発生器

(7) ［ B ］

③ 指定較正機関の指定は、［ C ］以内において政令で定める期間ごとにその更新を受けなければ、その期間の経過によって、その効力を失う。

	A	B	C
1	行わせるものとする	低周波発振器	5年以上10年
2	行わせるものとする	周波数標準器	1年以上3年
3	行わせることができる	低周波発振器	1年以上3年
4	行わせることができる	周波数標準器	5年以上10年

▶ **解答 4**

A－8　04(7①)　類04(1①)　03(1①)　02(11①)

次に掲げる電波の型式の記号表示と主搬送波の変調の型式、主搬送波を変調する信号の性質及び伝送情報の型式に分類して表す電波の型式のうち、電波の型式の記号表示が電波の型式の内容に該当するものはどれか。電波法施行規則（第4条の2）の規定に照らし、下の1から5までのうちから一つ選べ。

区分＼番号	電波の型式の記号	電波の型式		
		主搬送波の変調の型式	主搬送波を変調する信号の性質	伝送情報の型式
1	F1B	角度変調であって周波数変調	デジタル信号である単一チャネルのものであって、変調のための副搬送波を使用しないもの	電信（聴覚受信を目的とするもの）
2	G7W	角度変調であって位相変調	デジタル信号である2以上のチャネルのもの	次の①から⑥までの型式の組合せのもの ①　無情報 ②　電信 ③　ファクシミリ ④　データ伝送、遠隔測定又は遠隔指令 ⑤　電話（音響の放送を含む。） ⑥　テレビジョン（映像に限る。）
3	F2D	角度変調であって周波数変調	デジタル信号の1又は2以上のチャネルとアナログ信号の1又は2以上のチャネルを複合したもの	データ伝送、遠隔測定又は遠隔指令
4	J3E	振幅変調であって低減搬送波による単側波帯	アナログ信号である単一チャネルのもの	電話（音響の放送を含む。）
5	P0N	パルス変調であって無変調パルス列	アナログ信号である2以上のチャネルのもの	無情報

解説　誤っている選択肢の電波の型式の記号表示と正しい内容は次のとおりである。

＜主搬送波の変調の型式＞

「J」は、振幅変調であって抑圧搬送波による単側波帯

＜主搬送波を変調する信号の性質＞

「0」は、変調信号のないもの

「2」は、デジタル信号である単一チャネルのものであって、変調のための副搬送波を使用するもの

<伝送情報の型式>

「B」は、電信（自動受信を目的とするもの）

▶ **解答　2**

出題傾向　電波の型式の記号は頻繁に出題されており、特定の組合せの記号が出題されるので、その正しい内容を覚えておくこと。

A－9　類 04(1①)　類 02(11②)

次の記述は、無線設備から発射される電波の強度（電界強度、磁界強度、電力束密度及び磁束密度をいう。）に対する安全施設について述べたものである。電波法施行規則（第 21 条の 4）の規定に照らし、［　　］内に入れるべき最も適切な字句の組合せを下の 1 から 4 までのうちから一つ選べ。

無線設備には、当該無線設備から発射される電波の強度が電波法施行規則別表第 2 号の 3 の 3（電波の強度の値の表）に定める値を超える場所（人が通常、集合し、通行し、その他出入りする場所に限る。）に［ A ］のほか容易に出入りすることができないように、［ B ］をしなければならない。ただし、次の (1) から (4) までに掲げる無線局の無線設備については、この限りではない。

(1) 平均電力が 20 ミリワット以下の無線局の無線設備

(2) 移動する無線局の無線設備

(3) 地震、台風、洪水、津波、雪害、火災、暴動その他非常の事態が発生し、又は発生するおそれがある場合において、［ C ］無線局の無線設備

(4) (1) から (3) までに掲げるもののほか、この規定を適用することが不合理であるものとして総務大臣が別に告示する無線局の無線設備

	A	B	C
1	無線従事者	施設	総務大臣の認定を受けた
2	取扱者	設置	総務大臣の認定を受けた
3	無線従事者	設置	臨時に開設する
4	取扱者	施設	臨時に開設する

▶ **解答　4**

出題傾向　下線の部分は、ほかの試験問題で穴埋めの字句として出題されている。

A－10

04(7①)

次の記述は、スプリアス発射又は不要発射の強度の許容値について述べたものである。無線設備規則（第７条）の規定に照らし、[　　]内に入れるべき最も適切な字句の組合せを下の１から５までのうちから一つ選べ。なお、同じ記号の[　　]内には、同じ字句が入るものとする。

① スプリアス発射又は不要発射の強度の許容値は、無線設備規則別表第３号に定めるとおりとする。

② 無線設備規則別表第３号において使用する用語の意義は、次の(1)及び(2)のとおりとする。

(1)「スプリアス発射の強度の許容値」とは、[A]において給電線に供給される周波数ごとのスプリアス発射の[B]により規定される許容値をいう。

(2)「不要発射の強度の許容値」とは、[C]において給電線に供給される周波数ごとの不要発射の[B]（無線測位業務を行う無線局、[D] MHz 以下の周波数の電波を使用するアマチュア局及び単側波帯を使用する無線局（移動局又は[D] MHz 以下の周波数の電波を使用する地上基幹放送局以外の無線局に限る。）の送信設備（実数零点単側波帯変調方式を用いるものを除く。）にあっては、尖（せん）頭電力）により規定される許容値をいう。ただし、別に定めがあるものについてはこの限りでない。

	A	B	C	D
1	変調時	平均電力	無変調時	30
2	変調時	平均電力	無変調時	470
3	無変調時	平均電力	変調時	30
4	変調時	搬送波電力	無変調時	30
5	無変調時	搬送波電力	変調時	470

▶ **解答　3**

A－11

類 04(7①)　03(1①)　類 03(1②)

次に掲げる主任無線従事者の職務のうち、固定局の主任無線従事者の職務に該当しないものはどれか。電波法施行規則（第34条の5）の規定に照らし、下の１から４までのうちから一つ選べ。

1　主任無線従事者の職務を遂行するために必要な事項に関し免許人に対して意見を述べること。

2　無線設備の変更の工事を行い、又はその監督を行うこと。

3　主任無線従事者の監督を受けて無線設備の操作を行う者に対する訓練（実習を含む。）の計画を立案し、実施すること。

4 無線業務日誌その他の書類を作成し、又はその作成を監督すること(記載された事項に関し必要な措置を執ることを含む。)。

▶ **解答 2**

A－12 04(7②) 03(7②)

無線局を運用する場合における免許状又は登録状に記載された事項の遵守に関する次の記述のうち、電波法(第52条から第55条まで)の規定に照らし、これらの規定に定めるところに適合しないものはどれか。下の1から4までのうちから一つ選べ。

1 無線局を運用する場合においては、空中線電力は、免許状又は登録状に記載されたところによらなければならない。ただし、遭難通信については、この限りでない。
2 無線局を運用する場合においては、無線設備の設置場所、識別信号、電波の型式及び周波数は、その無線局の免許状又は登録状に記載されたところによらなければならない。ただし、遭難通信については、この限りでない。
3 無線局は、免許状に記載された目的又は通信の相手方若しくは通信事項(特定地上基幹放送局については放送事項)の範囲を超えて運用してはならない。ただし、遭難通信、緊急通信、安全通信、非常通信、放送の受信その他総務省令で定める通信については、この限りでない。
4 無線局は、免許状に記載された運用許容時間内でなければ、運用してはならない。ただし、遭難通信、緊急通信、安全通信、非常通信、放送の受信その他総務省令で定める通信を行う場合及び総務省令で定める場合は、この限りでない。

解説▶ 誤っている選択肢は次のようになる。

1 無線局を運用する場合においては、空中線電力は、次の(1)及び(2)に定めるところによらなければならない。ただし、遭難通信については、この限りでない。
(1) 免許状又は登録状に**記載されたものの範囲内**であること。
(2) 通信を行うため**必要最小のもの**であること。

▶ **解答 1**

出題傾向 穴埋め問題として頻繁に出題されている。

A－13 04(7①)

次の記述は、非常の場合の無線通信の送信順位について述べたものである。無線局運用規則(第129条)の規定に照らし、[　　]内に入れるべき最も適切な字句の組合せを下の1から5までのうちから一つ選べ。

① 電波法第74条(非常の場合の無線通信)第1項に規定する通信における通報の送信の優先順位は、次の(1)から(9)までのとおりとする。同順位の内容のものであるときは、受付順又は受信順に従って送信しなければならない。

(1) [A]に関する通報
(2) 天災の予報に関する通報(主要河川の水位に関する通報を含む。)
(3) 秩序維持のために必要な緊急措置に関する通報
(4) [B]に関する通報(日本赤十字社の本社及び支社相互間に発受するものを含む。)
(5) 電信電話回線の復旧のため緊急を要する通報
(6) [C]、道路の修理、罹災者の輸送、救済物資の緊急輸送等のために必要な通報
(7) [D]に関し、次の機関相互間に発受する緊急な通報
　中央防災会議並びに緊急災害対策本部、非常災害対策本部及び特定災害対策本部
　地方防災会議等
　災害対策本部
(8) 電力設備の修理復旧に関する通報
(9) その他の通報

② ①の順位によることが不適当であると認める場合は、①にかかわらず、適当と認める順位に従って送信することができる。

	A	B	C	D
1	人命の救助	遭難者救援	鉄道線路の復旧	非常災害地の救援
2	人命の救助	負傷者治療	空港港湾施設の復旧	非常災害地の救援
3	重大かつ急迫な危険の回避	遭難者救援	空港港湾施設の復旧	災害応急対策
4	重大かつ急迫な危険の回避	負傷者治療	鉄道線路の復旧	災害応急対策
5	人命の救助	遭難者救援	空港港湾施設の復旧	災害応急対策

▶ 解答　1

A－14 04(1②)

周波数の測定等に関する次の記述のうち、電波法施行規則(第40条)及び無線局運用規則(第4条)の規定に照らし、これらの規定に定めるところに適合しないものはどれか。下の1から4までのうちから一つ選べ。

1 電波法第31条の規定により周波数測定装置を備え付けた無線局は、自局の発射する電波の周波数を測定した結果、その偏差が許容値を超えるときは、直ちに調整して許容値内に保つとともに、その事実及び措置の内容を総務大臣又は総合通信局長(沖縄総合通信事務所長を含む。)に報告しなければならない。

2 基幹放送局においては、発射電波の周波数の偏差を測定したときは、その結果及び許容偏差を超える偏差があるときは、その措置の内容を無線業務日誌に記載しなければならない。

3 電波法第31条の規定により周波数測定装置を備え付けた無線局は、できる限りしばしば自局の発射する電波の周波数(電波法施行規則第11条の3第3号に該当する送信設備の使用電波の周波数を測定することとなっている無線局であるときは、それらの周波数を含む。)を測定しなければならない。

4 電波法第31条の規定により周波数測定装置を備え付けた無線局は、その周波数測定装置を常時電波法第31条に規定する確度を保つように較正しておかなければならない。

解説 誤っている選択肢は次のようになる。

1 電波法第31条の規定により周波数測定装置を備え付けた無線局は、自局の発射する電波の周波数を測定した結果、その偏差が許容値を超えるときは、直ちに調整して**許容値内に保たなければならない**。

▶ **解答 1**

A－15 類02(11②) 25(1)

次の記述は、非常の場合の無線通信について述べたものである。電波法(第74条及び第74条の2)の規定に照らし、[ ]内に入れるべき最も適切な字句の組合せを下の1から5までのうちから一つ選べ。

① 総務大臣は、地震、台風、洪水、津波、雪害、火災、暴動その他非常の事態が発生し、又は発生するおそれがある場合においては、人命の救助、災害の救援、[A]又は秩序の維持のために必要な通信を無線局に[B]ことができる。

② 総務大臣が①により無線局に通信を行わせたときは、国は、[C]を弁償しなければならない。

③　総務大臣は、①の通信の円滑な実施を確保するため必要な体制を整備するため、非常の場合における通信計画の作成、通信訓練の実施その他の必要な措置を講じておかなければならない。

④　総務大臣は、③の措置を講じようとするときは、［D］の協力を求めることができる。

	A	B	C	D
1	電力の供給	行わせる	その通信によって生じた損失	防災関係機関
2	交通通信の確保	行うように要請する	その通信に要した実費	防災関係機関
3	交通通信の確保	行わせる	その通信に要した実費	免許人又は登録人
4	電力の供給	行うように要請する	その通信に要した実費	防災関係機関
5	交通通信の確保	行うように要請する	その通信によって生じた損失	免許人又は登録人

▶ **解答　3**

出題傾向　下線の部分は、ほかの試験問題で穴埋めの字句として出題されている。

B－1　04(7②)

不要発射等の定義を述べた次の記述のうち、電波法施行規則(第２条)の規定に照らし、この規定に定めるところに適合するものを1、適合しないものを２として解答せよ。

ア　「スプリアス発射」とは、必要周波数帯外における１又は２以上の周波数の電波の発射であって、そのレベルを情報の伝送に影響を与えないで低減することができるものをいい、高調波発射、低調波発射、寄生発射及び相互変調積を含み、帯域外発射を含まないものとする。

イ　「帯域外発射」とは、指定周波数帯に近接する周波数の電波の発射で情報の伝送のための変調の過程において生ずるものをいう。

ウ　「不要発射」とは、スプリアス発射及び帯域外発射をいう。

エ　「スプリアス領域」とは、帯域外領域の外側のスプリアス発射が支配的な周波数帯をいう。

オ　「帯域外領域」とは、指定周波数帯の外側の帯域外発射が支配的な周波数帯をいう。

解説 誤っている選択肢は次のようになる。

イ 「帯域外発射」とは、**必要周波数帯**に近接する周波数の電波の発射で情報の伝送のための変調の過程において生ずるものをいう。

オ 「帯域外領域」とは、**必要周波数帯**の外側の帯域外発射が支配的な周波数帯をいう。

▶ **解答 ア－1 イ－2 ウ－1 エ－1 オ－2**

B－2 03(7②) 02(11①)

固定局の予備免許を受けた者が行う工事設計の変更等に関する次の記述のうち、電波法（第9条、第11条及び第19条）の規定に照らし、これらの規定に定めるところに適合するものを1、適合しないものを2として解答せよ。

ア 電波法第8条の予備免許を受けた者が行う工事設計の変更は、周波数、電波の型式又は空中線電力に変更を来すものであってはならず、かつ、電波法第7条（申請の審査）第1項第1号の電波法第3章（無線設備）に定める技術基準に合致するものでなければならない。

イ 電波法第8条の予備免許を受けた者は、混信の除去等のため予備免許の際に指定された周波数及び空中線電力の指定の変更を受けようとするときは、総務大臣に指定の変更の申請を行い、その指定の変更を受けなければならない。

ウ 電波法第8条の予備免許を受けた者は、無線設備の設置場所を変更しようとするときは、あらかじめ総務大臣に届け出なければならない。ただし、総務省令で定める軽微な事項については、この限りでない。

エ 電波法第8条の予備免許を受けた者は、工事設計を変更しようとするときは、あらかじめ総務大臣の許可を受けなければならない。ただし、総務省令で定める軽微な事項については、この限りでない。

オ 電波法第8条の予備免許を受けた者から予備免許の際に指定された工事落成の期限（期限の延長があったときは、その期限）経過後2週間以内に電波法第10条の規定による工事が落成した旨の届出がないときは、総務大臣は、その指定する期日に電波法第10条に規定する落成後の検査を実施する旨通知しなければならない。

解説 誤っている選択肢は次のようになる。

ウ 電波法第8条の予備免許を受けた者は、無線設備の設置場所を変更しようとするときは、あらかじめ総務大臣の**許可を受けなければならない**。

オ 電波法第8条の予備免許を受けた者から予備免許の際に指定された工事落成の期限（期限の延長があったときは、その期限）経過後2週以内に電波法第10条の規定による工事が落成した旨の届出がないときは、総務大臣は、**その無線局の免許を拒否しなければならない**。

▶ **解答　アー1　イー1　ウー2　エー1　オー2**

B－3　05(1①)　04(1①)　02(11①)

次の記述は、主任無線従事者の非適格事由について述べたものである。電波法(第39条)及び電波法施行規則(第34条の3)の規定に照らし、□内に入れるべき最も適切な字句を下の1から10までのうちからそれぞれ一つ選べ。なお、同じ記号の□内には、同じ字句が入るものとする。

① 主任無線従事者は、電波法第40条(無線従事者の資格)の定めるところにより、無線設備の操作の監督を行うことができる無線従事者であって、総務省令で定める事由に該当しないものでなければならない。

② ①の総務省令で定める事由は、次の(1)から(3)までに掲げるとおりとする。

(1) 電波法第9章(罰則)の罪を犯し［ア］の刑に処せられ、その執行を終わり、又はその執行を受けることがなくなった日から［イ］を経過しない者に該当する者であること。

(2) 電波法第79条(無線従事者の免許の取消し等)第1項第1号の規定により業務に従事することを［ウ］され、その処分の期間が終了した日から［エ］を経過していない者であること。

(3) 主任無線従事者として選任される日以前［オ］において無線局(無線従事者の選任を要する無線局でアマチュア局以外のものに限る。)の無線設備の操作又はその監督の業務に従事した期間が［エ］に満たない者であること。

1　罰金以上	2　懲役又は禁固	3　1年	4　2年	5　停止
6　制限	7　3箇月	8　6箇月	9　5年間	10　3年間

▶ **解答　アー1　イー4　ウー5　エー7　オー9**

出題傾向　下線の部分は、ほかの試験問題で穴埋めの字句として出題されている。

B－4　03(7①)　類03(7②)

次に掲げる場合のうち、電波法(第80条)の規定に照らし、無線局の免許人が総務省令で定める手続きにより総務大臣に報告しなければならないときに該当するものを1、該当しないものを2として解答せよ。

ア　電波法第74条(非常の場合の無線通信)第1項に規定する通信の訓練のための通信を行ったとき。

イ　電波法又は電波法に基づく命令の規定に違反して運用した無線局を認めたとき。

ウ　電波法第39条（無線設備の操作）の規定に基づき、選任の届出をした主任無線従事者に無線設備の操作の監督に関し総務大臣の行う講習を受けさせたとき。

エ　非常通信を行ったとき。

オ　総務大臣から電波の規正について指示を受け、相当な措置をしたとき。

解説　報告をしなければならない事項には正しい選択肢のほかに、「遭難通信、緊急通信、安全通信を行ったとき」、「無線局が外国において、あらかじめ総務大臣が告示した以外の運用の制限をされたとき」がある。

▶解答　ア－2　イ－1　ウ－2　エ－1　オ－2

B－5　04(1①)　03(1②)

次の記述は、免許人以外の者による特定の無線局の簡易な操作による運用について述べたものである。電波法（第70条の7、第70条の8、第76条及び第81条）及び電波法施行令（第5条）の規定に照らし、［　　］内に入れるべき最も適切な字句を下の1から10までのうちからそれぞれ一つ選べ。

① 電気通信業務を行うことを目的として開設する無線局(注1)の免許人は、当該無線局の免許人以外の者による運用（簡易な操作によるものに限る。以下同じ。）が［ア］に資するものである場合には、当該無線局の免許が効力を有する間、自己以外の者に当該無線局の運用を行わせることができる(注2)。

注1　無線設備の設置場所、空中線電力等を勘案して、簡易な操作で運用することにより他の無線局の運用を阻害するような混信その他の妨害を与えないように運用することができるものとして総務省令で定めるものに限る。

2　免許人以外の者が電波法第5条（欠格事由）第3項各号のいずれかに該当するときを除く。

② ①により自己以外の者に無線局の運用を行わせた免許人は、遅滞なく、当該無線局を運用する自己以外の者の氏名又は名称、当該自己以外の者による運用の期間その他の総務省令で定める［イ］なければならない。

③ ①により自己以外の者に無線局の運用を行わせた免許人は、当該無線局の運用が適正に行われるよう、総務省令で定めるところにより、［ウ］を行わなければならない。

④ ①により無線局の運用を行う当該無線局の免許人以外の者が電波法若しくは電波法に基づく命令又はこれらに基づく処分に違反したときは、3月以内の期間を定めて無線局の運用の停止を命じ、又は期間を定めて［エ］、周波数若しくは空中線電力を制限することができる。

⑤ 総務大臣は、無線通信の秩序の維持その他無線局の適正な運用を確保するため必要があると認めるときは、①により無線局の運用を行う当該無線局の免許人以外の者に対し、［オ］ことができる。

1　第三者の利益　　　　　　　　　　2　電波の能率的な利用
3　事項を総務大臣に届け出
4　事項に関する記録を作成し、当該自己以外の者による無線局の運用が終了した日から２年間保存し
5　当該自己以外の者に対し、必要かつ適切な監督
6　当該自己以外の者の要請に応じ、適切な支援
7　運用義務時間　　　　　　　　　　8　運用許容時間
9　無線局の運用の停止を命ずる　　　10　無線局に関し報告を求める

▶ **解答　アー2　イー3　ウー5　エー8　オー10**

出題傾向　下線の部分は、ほかの試験問題で穴埋めの字句として出題されている。

法　　規（令和５年１月期①）

A－1　03(7②)　02(11①)

次に掲げる事項のうち、総務省令で定める場合を除き、免許人が変更検査に合格しなければ、その変更に係る部分を運用してはならないときに該当するものはどれか。電波法（第18条）の規定に照らし、下の1から4までのうちから一つ選べ。

1　電波法第19条（申請による周波数等の変更）の規定により、周波数の指定の変更を申請し、その指定の変更を受けたとき。
2　電波法第17条（変更等の許可）の規定により、通信の相手方の変更を申請し、通信の相手方の変更の許可を受けたとき。
3　電波法第19条（申請による周波数等の変更）の規定により、識別信号の指定の変更を申請し、その指定の変更を受けたとき。
4　電波法第17条（変更等の許可）の規定により、無線設備の設置場所の変更又は無線設備の変更の工事を申請し、その許可を受け、当該変更又は工事を行ったとき。

解説　「電波法第17条第1項の規定により無線設備の設置場所の変更又は無線設備の変更の工事の許可を受けた免許人は、総務大臣の検査を受け、当該変更又は工事の結果が同条同項の許可の内容に適合していると認められた後でなければ、許可に係る無線設備を運用してはならない。ただし、総務省令で定める場合は、この限りでない。」と規定されている。

▶ **解答　4**

A－2　03(1①)

次の記述は、免許人（包括免許人を除く。）の申請による周波数等の変更について述べたものである。電波法（第19条及び第76条）の規定に照らし、［　　］内に入れるべき最も適切な字句の組合せを下の1から4までのうちから一つ選べ。

①　総務大臣は、免許人が識別信号、電波の型式、周波数、空中線電力又は［ A ］の指定の変更を申請した場合において、［ B ］特に必要があると認めるときは、その指定を変更することができる。
②　総務大臣は、免許人が不正な手段により電波法第19条（申請による周波数等の変更）の規定による①の指定の変更を行わせたときは、［ C ］ことができる。

	A	B	C
1	運用許容時間	混信の除去その他	その免許を取り消す
2	運用許容時間	電波の規整その他公益上	3月以内の期間を定めて無線局の運用の停止を命ずる
3	運用義務時間	混信の除去その他	3月以内の期間を定めて無線局の運用の停止を命ずる
4	運用義務時間	電波の規整その他公益上	その免許を取り消す

▶ **解答　1**

出題傾向　下線の部分は、ほかの試験問題で穴埋めの字句として出題されている。

A－3　04(1①)　03(1①)

送信設備の空中線電力の許容偏差に関する次の記述のうち、無線設備規則（第14条）の規定に照らし、この規定に定めるところに適合するものはどれか。下の1から4までのうちから一つ選べ。

1　超短波放送を行う地上基幹放送局の送信設備の空中線電力の許容偏差は、上限20パーセント、下限50パーセントとする。
2　中波放送を行う地上基幹放送局の送信設備の空中線電力の許容偏差は、上限5パーセント、下限10パーセントとする。
3　5 GHz帯無線アクセスシステムの無線局の送信設備の空中線電力の許容偏差は、上限10パーセント、下限50パーセントとする。
4　道路交通情報通信を行う無線局（2.5 GHz帯の周波数の電波を使用し、道路交通に関する情報を送信する特別業務の局をいう。）の送信設備の空中線電力の許容偏差は、上限50パーセント、下限70パーセントとする。

解説　誤っている選択肢は次のようになる。

1　超短波放送を行う地上基幹放送局の送信設備の空中線電力の許容偏差は、上限**10パーセント**、下限**20パーセント**とする。
3　5 GHz帯無線アクセスシステムの無線局の送信設備の空中線電力の許容偏差は、上限**20パーセント**、下限**80パーセント**とする。
4　道路交通情報通信を行う無線局（2.5 GHz帯の周波数の電波を使用し、道路交通に関する情報を送信する特別業務の局をいう。）の送信設備の空中線電力の許容偏差は、上限**20パーセント**、下限**50パーセント**とする。

▶ **解答　2**

A－4 03(7①) 類02(11①)

特性周波数等の定義を述べた次の記述のうち、電波法施行規則（第2条）の規定に照らし、この規定に定めるところに適合しないものはどれか。下の1から5までのうちから一つ選べ。

1 「特性周波数」とは、与えられた発射において容易に識別し、かつ、測定することのできる周波数をいう。
2 「周波数の許容偏差」とは、発射によって占有する周波数帯の中央の周波数の割当周波数からの許容することができる最大の偏差又は発射の特性周波数の基準周波数からの許容することができる最大の偏差をいい、百万分率又はヘルツで表わす。
3 「基準周波数」とは、特性周波数に対して、固定し、かつ、特定した位置にある周波数をいう。この場合において、この周波数の特性周波数に対する偏位は、割当周波数が発射によって占有する周波数帯の中央の周波数に対してもつ偏位と同一の絶対値及び同一の符号をもつものとする。
4 「割当周波数」とは、無線局に割り当てられた周波数帯の中央の周波数をいう。
5 「指定周波数帯」とは、その周波数帯の中央の周波数が割当周波数と一致し、かつ、その周波数帯幅が占有周波数帯幅の許容値と周波数の許容偏差の絶対値の2倍との和に等しい周波数帯をいう。

解説 誤っている選択肢は次のようになる。

3 「基準周波数」とは、**割当周波数**に対して、固定し、かつ、特定した位置にある周波数をいう。この場合において、この周波数の**割当周波数**に対する偏位は、**特性周波数**が発射によって占有する周波数帯の中央の周波数に対してもつ偏位と同一の絶対値及び同一の符号をもつものとする。

▶ **解答　3**

A－5 類17(1)

次の記述は、高周波利用設備について述べたものである。電波法（第100条）及び電波法施行規則（第45条）の規定に照らし、［　　］内に入れるべき最も適切な字句の組合せを下の1から4までのうちから一つ選べ。なお、同じ記号の［　　］内には、同じ字句が入るものとする。

① 次の(1)又は(2)に掲げる設備を設置しようとする者は、当該設備につき、総務大臣の許可を受けなければならない。
(1) 電線路に［ A ］以上の高周波電流を通ずる電信、電話その他の通信設備（ケーブル搬送設備、平衡2線式裸線搬送設備その他総務省令で定める通信設備を除く。）

(2) 無線設備及び(1)の設備以外の設備であって［ A ］以上の高周波電流を利用するもののうち、総務省令で定めるもの

② ①の(2)の総務省令で定める許可を要する高周波電流を利用する設備は次の(1)から(3)までのとおりである。

(1) 医療用設備（高周波のエネルギーを発生させて、そのエネルギーを医療のために用いるものであって、［ B ］を超える高周波出力を使用するものをいう。）

(2) 工業用加熱設備（高周波のエネルギーを発生させて、そのエネルギーを木材及び合板の乾燥、繭の乾燥、金属の溶融、金属の過熱、真空管の排気等工業生産のために用いるものであって、［ B ］を超える高周波出力を使用するものをいう。）

(3) 各種設備（高周波のエネルギーを直接負荷に与え又は加熱若しくは電離等の目的に用いる設備であって、［ B ］を超える高周波出力を使用するもの（(1)及び(2)に該当するもの、総務大臣が型式について指定した超音波洗浄機、超音波加工機、超音波ウエルダー、電磁誘導加熱を利用した文書複写印刷機械、無電極放電ランプ、一般用非接触電力伝送装置及び電気自動車用非接触電力伝送装置（電気自動車（電気を動力源の全部又は一部として用いる自動車をいう。）に搭載された蓄電池に対して給電できる非接触型の設備であって、鉄道のレールから５メートル以上離れた位置に設置するものをいう。）並びに電波法施行規則第46条の７に規定する型式確認を行った電子レンジ及び電磁誘導加熱式調理器を除く。）をいう。）

③ ①の許可を受けた者が当該設備を譲り渡したとき、又は①の許可を受けた者について相続、合併若しくは分割（当該設備を承継させるものに限る。）があったときは、当該設備を譲り受けた者又は相続人、合併後存続する法人若しくは合併により設立された法人若しくは分割により当該設備を承継した法人は、①の許可を受けた者の地位を承継する。

④ ③により①の許可を受けた者の地位を承継した者は、遅滞なく、その事実を証する書面を添えてその旨を総務大臣に［ C ］。

	A	B	C
1	10キロヘルツ	10ワット	届け出てその設備の検査を受けなければならない
2	10キロヘルツ	50ワット	届け出なければならない
3	5キロヘルツ	10ワット	届け出なければならない
4	5キロヘルツ	50ワット	届け出てその設備の検査を受けなければならない

▶ 解答　2

出題傾向　下線の部分は、ほかの試験問題で穴埋めの字句として出題されている。

A－6　03(1①)

次の記述は、地球局(宇宙無線通信を行う実験試験局を含む。)の送信空中線の最小仰角について述べたものである。電波法施行規則(第32条)の規定に照らし、[　　]内に入れるべき最も適切な字句の組合せを下の1から4までのうちから一つ選べ。

地球局の送信空中線の[A]の方向の仰角の値は、次の(1)から(3)までに掲げる場合においてそれぞれ(1)から(3)までに規定する値でなければならない。

(1) 深宇宙(地球からの距離が[B]以上である宇宙をいう。)に係る宇宙研究業務(科学又は技術に関する研究又は調査のための宇宙無線通信の業務をいう。以下同じ。)を行うとき　[C]以上

(2) (1)の宇宙研究業務以外の宇宙研究業務を行うとき　5度以上

(3) 宇宙研究業務以外の宇宙無線通信の業務を行うとき　3度以上

	A	B	C
1	最大輻射	100万キロメートル	8度
2	最小輻射	100万キロメートル	10度
3	最小輻射	200万キロメートル	8度
4	最大輻射	200万キロメートル	10度

▶ 解答　4

下線の部分は、ほかの試験問題で穴埋めの字句として出題されている。

A－7　04(1②)　03(1②)　02(11②)

次の表の各欄の事項は、それぞれ電波の型式の記号表示と主搬送波の変調の型式、主搬送波を変調する信号の性質及び伝送情報の型式に分類して表す電波の型式を示すものである。電波法施行規則(第4条の2)の規定に照らし、[　　]内に入れるべき最も適切な字句の組合せを下の1から5までのうちから一つ選べ。

電波の型式の記号	電波の型式		
	主搬送波の変調の型式	主搬送波を変調する信号の性質	伝送情報の型式
F2D	角度変調であって周波数変調	デジタル信号である単一チャネルのものであって、変調のための副搬送波を使用するもの	A
R2C	B	デジタル信号である単一チャネルのものであって、変調のための副搬送波を使用するもの	ファクシミリ
F8E	角度変調であって周波数変調	C	電話（音響の放送を含む。）
G7W	D	デジタル信号である２以上のチャネルのもの	次の①から⑥までの型式の組合せのもの ①　無情報 ②　電信 ③　ファクシミリ ④　データ伝送、遠隔測定又は遠隔指令 ⑤　電話（音響の放送を含む。） ⑥　テレビジョン（映像に限る。）

	A	B	C	D
1	データ伝送、遠隔測定又は遠隔指令	振幅変調であって抑圧搬送波による単側波帯	アナログ信号である単一チャネルのもの	振幅変調であって残留側波帯
2	テレビジョン（映像に限る。）	振幅変調であって抑圧搬送波による単側波帯	アナログ信号である２以上のチャネルのもの	振幅変調であって残留側波帯
3	データ伝送、遠隔測定又は遠隔指令	振幅変調であって低減搬送波による単側波帯	アナログ信号である２以上のチャネルのもの	角度変調であって位相変調
4	テレビジョン（映像に限る。）	振幅変調であって低減搬送波による単側波帯	アナログ信号である単一チャネルのもの	角度変調であって位相変調
5	データ伝送、遠隔測定又は遠隔指令	振幅変調であって抑圧搬送波による単側波帯	アナログ信号である単一チャネルのもの	角度変調であって位相変調

▶ 解答　3

出題傾向　電波の型式の記号は頻繁に出題されており、特定の組合せの記号が出題されるので、その正しい内容を覚えておくこと。

A－8　03(7①)　類 02(11②)

次の記述は、周波数測定装置の備付けについて述べたものである。電波法（第 31 条）及び電波法施行規則（第 11 条の 3）の規定に照らし、［　　］内に入れるべき最も適切な字句の組合せを下の 1 から 4 までのうちから一つ選べ。

① 総務省令で定める送信設備には、その誤差が使用周波数の［ A ］の 2 分の 1 以下である周波数測定装置を備え付けなければならない。

② ①の総務省令で定める送信設備は、次の (1) から (8) までに掲げる送信設備以外のものとする。

(1) 26.175 MHz を超える周波数の電波を利用するもの

(2) 空中線電力［ B ］以下のもの

(3) ①の周波数測定装置を備え付けている相手方の無線局によってその使用電波の周波数が測定されることとなっているもの

(4) 当該送信設備の無線局の免許人が別に備え付けた①の周波数測定装置をもってその使用電波の周波数を随時測定し得るもの

(5) 基幹放送局の送信設備であって、空中線電力 50 ワット以下のもの

(6) ［ C ］において使用されるもの

(7) アマチュア局の送信設備であって、当該設備から発射される電波の特性周波数を 0.025 パーセント以内の誤差で測定することにより、その電波の占有する周波数帯幅が、当該無線局が動作することを許される周波数帯内にあることを確認することができる装置を備え付けているもの

(8) (1) から (7) までに掲げる送信設備のほか総務大臣が別に告示するもの

	A	B	C
1	占有周波数帯幅	20 ワット	標準周波数局
2	許容偏差	20 ワット	特別業務の局
3	占有周波数帯幅	10 ワット	特別業務の局
4	許容偏差	10 ワット	標準周波数局

▶ 解答　4

下線の部分は、ほかの試験問題で穴埋めの字句として出題されている。

A－9 類 04(1②) 03(1①)

次の記述は、高圧電気（高周波若しくは交流の電圧 300 ボルト又は直流の電圧 750 ボルトを超える電気をいう。）に対する安全施設について述べたものである。電波法施行規則（第 23 条及び第 25 条）の規定に照らし、［　　］内に入れるべき最も適切な字句の組合せを下の 1 から 5 までのうちから一つ選べ。なお、同じ記号の［　　］内には、同じ字句が入るものとする。

① 送信設備の各単位装置相互間をつなぐ電線であって高圧電気を通ずるものは、線溝若しくは丈夫な絶縁体又は接地された金属しゃへい体の内に収容しなければならない。ただし、［ A ］のほか出入できないように設備した場所に装置する場合は、この限りでない。

② 送信設備の空中線、給電線又はカウンターポイズであって高圧電気を通ずるものは、その高さが人の歩行その他起居する平面から［ B ］以上のものでなければならない。ただし、次の (1) 又は (2) の場合は、この限りでない。

(1) ［ B ］に満たない高さの部分が、［ C ］構造である場合又は人体が容易に触れない位置にある場合

(2) 移動局であって、その移動体の構造上困難であり、かつ、［ D ］以外の者が出入しない場所にある場合

	A	B	C	D
1	無線従事者	2.5 メートル	絶縁された	取扱者
2	無線従事者	2.5 メートル	人体に容易に触れない	取扱者
3	取扱者	2.0 メートル	絶縁された	無線従事者
4	無線従事者	2.0 メートル	人体に容易に触れない	取扱者
5	取扱者	2.5 メートル	人体に容易に触れない	無線従事者

▶ **解答　5**

出題傾向　下線の部分は、ほかの試験問題で穴埋めの字句として出題されている。

A－10 03(7①) 02(11②)

送信空中線の型式及び構成等に関する次の事項のうち、無線設備規則（第 20 条）の規定に照らし、この規定に定めるところに該当しないものはどれか。下の 1 から 4 までのうちから一つ選べ。

1 整合が十分であること。
2 満足な指向特性が得られること。
3 空中線の利得及び能率がなるべく大であること。
4 発射可能な電波の周波数帯域がなるべく広いものであること。

無線工学の基礎
無線工学A
無線工学B
法規

解説 規定されているのは正しい選択肢の3項目。選択肢4は規定されていない。

▶ **解答 4**

A－11 05(7②) 04(1①) 02(11①)

次の記述は、主任無線従事者の非適格事由について述べたものである。電波法(第39条)及び電波法施行規則(第34条の3)の規定に照らし、[　　]内に入れるべき最も適切な字句の組合せを下の1から4までのうちから一つ選べ。なお、同じ記号の[　　]内には、同じ字句が入るものとする。

① 主任無線従事者は、電波法第40条(無線従事者の資格)の定めるところにより、無線設備の操作の監督を行うことができる無線従事者であって、総務省令で定める事由に該当しないものでなければならない。

② ①の総務省令で定める事由は、次の(1)から(3)までに掲げるとおりとする。

(1) 電波法第42条(免許を与えない場合)第1号に該当する者であること。

(2) 電波法第79条(無線従事者の免許の取消し等)第1項第1号(同条第2項において準用する場合を含む。)の規定により業務に従事することを停止され、その処分の期間が終了した日から[A]を経過していない者であること。

(3) 主任無線従事者として選任される日以前[B]において無線局(無線従事者の選任を要する無線局で[C]以外のものに限る。)の無線設備の操作又はその監督の業務に従事した期間が[A]に満たない者であること。

	A	B	C
1	6箇月	5年間	実験試験局
2	3箇月	3年間	実験試験局
3	3箇月	5年間	アマチュア局
4	6箇月	3年間	アマチュア局

▶ **解答 3**

出題傾向 下線の部分は、ほかの試験問題で穴埋めの字句として出題されている。

A－12 03(7①)

非常通信に関する次の記述のうち、電波法(第52条)の規定に照らし、この規定に定めるところに適合するものはどれか。下の1から4までのうちから一つ選べ。

1 地震、台風、洪水、津波、雪害、火災、暴動その他非常の事態が発生し、又は発生するおそれがある場合において、有線通信を利用することができないか又はこれを利用することが著しく困難であるときに人命の救助、災害の救援、交通通信の確保又は秩序の維持のために行われる無線通信をいう。

2　地震、台風、洪水、津波、雪害、火災、暴動その他非常の事態が発生した場合において、人命の救助、災害の救援、交通通信の確保又は秩序の維持のために行われる無線通信をいう。

3　地震、台風、洪水、津波、雪害、火災、暴動その他非常の事態が発生した場合において、総務大臣の命令を受けて、人命の救助、災害の救援、交通通信の確保又は秩序の維持のために行われる無線通信をいう。

4　地震、台風、洪水、津波、雪害、火災、暴動その他非常の事態が発生し、又は発生するおそれがある場合において、電気通信業務の通信を利用することができないか又はこれを利用することが著しく困難であるときに人命の救助、財産の保護、治安の維持、災害の救援、交通通信の確保又は秩序の維持のために行われる無線通信をいう。

▶ **解答　1**

A－13　06(1)　03(7①)　02(11①)　02(11②)

無線通信(注)の秘密の保護に関する次の記述のうち、電波法（第59条）の規定に照らし、この規定に定めるところに適合するものはどれか。下の１から４までのうちから一つ選べ。

注　電気通信事業法第４条（秘密の保護）第１項又は第164条（適用除外等）第３項の通信であるものを除く。

1　何人も法律に別段の定めがある場合を除くほか、特定の相手方に対して行われる無線通信を傍受してその存在若しくは内容を漏らし、又はこれを窃用してはならない。

2　何人も法律に別段の定めがある場合を除くほか、いかなる無線通信も傍受してはならない。

3　無線通信の業務に従事する何人も特定の相手方に対して行われる無線通信（暗語によるものに限る。）を傍受してその存在若しくは内容を漏らし、又はこれを窃用してはならない。

4　何人も法律に別段の定めがある場合を除くほか、総務省令で定める周波数を使用して行われるいかなる無線通信も傍受してその存在若しくは内容を漏らし、又はこれを窃用してはならない。

▶ **解答　1**

出題傾向　穴埋め問題も頻繁に出題されている。

A－14 類 27(1)

地上基幹放送局の試験電波の発射に関する次の記述のうち、無線局運用規則（第139条）の規定に照らし、この規定に定めるところに適合しないものはどれか。下の1から4までのうちから一つ選べ。

1 試験電波を発射するときは、無線局運用規則第14条第1項の規定にかかわらずレコード又は低周波発振器による音声出力によってその電波を変調することができる。

2 無線機器の試験又は調整のため電波の発射を必要とするときは、発射する前に自局の発射しようとする電波の周波数及びその他必要と認める周波数によって聴守し、他の無線局の通信に混信を与えないことを確かめた後でなければその電波を発射してはならない。

3 試験又は調整のために送信する音響又は映像は、当該試験又は調整のために必要な範囲内のものでなければならない。

4 無線機器の試験又は調整のため電波を発射したときは、その電波の発射の直後及びその発射中10分ごとを標準として、試験電波である旨並びに当該放送事業者名及び所在地を放送しなければならない。

解説 誤っている選択肢は次のようになる。

4 無線機器の試験又は調整のため電波を発射したときは、その電波の発射の直後及び発射中10分ごとを標準として、試験電波である旨及び「**こちらは（外国語を使用する場合は、これに相当する語）**」**を前置した自局の呼出符号又は呼出名称**（**テレビジョン放送を行う地上基幹放送局は、呼出符号又は呼出名称を表す文字による視覚の手段を併せて**）を放送しなければならない。

▶ **解答 4**

A－15 03(7①) 02(11②)

免許人が電波法若しくは電波法に基づく命令又はこれらに基づく処分に違反したときに、総務大臣が行うことのできる命令又は制限に関する次の事項のうち、電波法（第76条）の規定に照らし、この規定に定めるところに該当しないものはどれか。下の1から4までのうちから一つ選べ。

1 3月以内の期間を定めて行われる無線局の運用の停止の命令

2 期間を定めて行われる無線局の周波数又は空中線電力の制限

3 3月以内の期間を定めて行われる無線局の通信の相手方又は通信事項の制限

4 期間を定めて行われる無線局の運用許容時間の制限

解説　「総務大臣は、免許人等がこの法律、放送法若しくはこれらの法律に基づく命令又はこれらに基づく処分に違反したときは、３月以内の期間を定めて無線局の運用の停止を命じ、又は期間を定めて運用許容時間、周波数若しくは空中線電力を制限することができる。」と規定されている。３月以内の期間を定めて行われる無線局の通信の相手方又は通信事項の制限の処分はない。

▶ **解答　3**

B－1　類 06(1)　類 04(1①)　03(1①)

次に掲げる機器又は装置のうち、電波法（第 37 条）の規定に照らし、総務大臣の行う検定に合格したものでなければ、施設してはならない(注)ものに該当するものを 1、該当しないものを 2 として解答せよ。

注　総務大臣が行う検定に相当する型式検定に合格している機器その他の機器であって総務省令で定めるものを施設する場合を除く。

ア　電波法第 31 条の規定により備え付けなければならない周波数測定装置
イ　航空機に施設する無線設備の機器であって総務省令で定めるもの
ウ　人命若しくは財産の保護又は治安の維持の用に供する無線局の無線設備の機器
エ　放送の業務の用に供する無線局の無線設備の機器
オ　気象業務の用に供する無線局の無線設備の機器

解説　該当する選択肢のほかに、船舶安全法の規定に基づく命令により船舶に備えなければならないレーダー、船舶に施設する救命用の無線設備の機器であって総務省令で定めるもの、義務船舶局に開設する船舶地球局の無線設備の機器等がある。

▶ **解答　ア－1　イ－1　ウ－2　エ－2　オ－2**

B－2　30(7)

固定局の免許がその効力を失ったときに執るべき措置等に関する次の記述のうち、電波法（第 22 条、第 24 条及び第 78 条）及び電波法施行規則（第 42 条の 3）の規定に照らし、これらの規定に定めるところに適合するものを 1、適合しないものを 2 として解答せよ。

ア　免許人は、その固定局を廃止するときは、総務大臣の許可を受けなければならない。
イ　固定局の免許がその効力を失ったときは、免許人であった者は、1 箇月以内にその免許状を返納しなければならない。

ウ　固定局の免許がその効力を失ったときは、免許人であった者は、遅滞なく空中線の撤去その他の総務省令で定める電波の発射を防止するために必要な措置を講じなければならない。

エ　固定局の免許がその効力を失ったときは、免許人であった者は、電波の発射を防止するため、当該固定局の通信の相手方である固定局の無線設備から当該通信に係る空中線若しくは変調部を撤去しなければならない。

オ　固定局の免許がその効力を失ったときは、免許人は遅滞なく無線従事者の解任届を総務大臣に届け出なければならない。

解説　誤っている選択肢は次のようになる。

ア　免許人は、その固定局を廃止するときは、**その旨を総務大臣に届け出なければならない。**

エ　電波法第78条（電波の発射の防止）の総務省令で定める電波の発射を防止するために必要な措置は、固定局の無線設備については、**空中線を撤去すること（空中線を撤去することが困難な場合にあっては、送信機、給電線又は電源設備を撤去すること。）である。**

なお、選択肢**オ**の無線従事者解任届に関する規定はない。また、固定局が放送局等の無線局の場合でも規定の内容は変わらない。

▶ 解答　ア－2　イ－1　ウ－1　エ－2　オ－2

B－3　03(1①)

第一級陸上無線技術士の資格を有する無線従事者の操作の範囲に関する次の事項のうち、電波法施行令（第3条）の規定に照らし、この規定に定めるところに適合するものを1、適合しないものを2として解答せよ。

ア　海岸地球局の無線設備の技術操作

イ　無線航行陸上局の無線設備の技術操作

ウ　第三級アマチュア無線技士の操作の範囲に属する操作

エ　航空交通管制の用に供する航空局の無線設備の通信操作及び技術操作

オ　空中線電力が10キロワットのテレビジョン基幹放送局の無線設備の技術操作

解説　第一級陸上無線技術士の操作の範囲は、「無線設備の技術操作」、「第四級アマチュア無線技士の操作の範囲に属する操作」である。航空局の無線設備の通信操作は操作の範囲ではない。

▶ 解答　ア－1　イ－1　ウ－2　エ－2　オ－1

B－4　02(11②)

次の記述は、無線局の免許状等に記載された事項の遵守について述べたものである。電波法（第52条から第55条まで）の規定に照らし、［　］内に入れるべき最も適切な字句を下の1から10までのうちからそれぞれ一つ選べ。

① 無線局は、免許状に記載された［ア］（特定地上基幹放送局については放送事項）の範囲を超えて運用してはならない。ただし、次の(1)から(6)までに掲げる通信については、この限りでない。

(1) 遭難通信　(2) 緊急通信　(3) 安全通信　(4) 非常通信
(5) 放送の受信　(6) その他総務省令で定める通信

② 無線局を運用する場合においては、［イ］、識別信号、電波の型式及び周波数は、その無線局の免許状等(注)に記載されたところによらなければならない。ただし、遭難通信については、この限りでない。

注　免許状又は登録状をいう。以下同じ。

③ 無線局を運用する場合においては、空中線電力は、次の(1)及び(2)に定めるところによらなければならない。ただし、［ウ］については、この限りでない。

(1) 免許状等に記載されたものの範囲内であること。
(2) 通信を行うため［エ］ものであること。

④ 無線局は、免許状に記載された［オ］内でなければ運用してはならない。ただし、①の(1)から(6)までに掲げる通信を行う場合及び総務省令で定める場合は、この限りでない。

1　目的又は通信の相手方若しくは通信事項　　2　目的又は通信事項
3　無線設備　　4　無線設備の設置場所
5　遭難通信　　6　遭難通信、緊急通信、安全通信又は非常通信
7　十分な　　8　必要最小の
9　運用許容時間　　10　運用義務時間

▶ **解答**　ア－1　イ－4　ウ－5　エ－8　オ－9

出題傾向　下線の部分は、ほかの試験問題で穴埋めの字句として出題されている。

B－5　　03(1①)

次の記述は、周波数等の変更の命令について述べたものである。電波法（第71条）の規定に照らし、[　　]内に入れるべき最も適切な字句を下の1から10までのうちからそれぞれ一つ選べ。なお、同じ記号の[　　]内には、同じ字句が入るものとする。

① 総務大臣は、[ア]必要があるときは、無線局の[イ]に支障を及ぼさない範囲内に限り、当該無線局（登録局を除く。）の[ウ]の指定を変更し、又は登録局の[ウ]若しくは[エ]の変更を命ずることができる。

② ①により[エ]の変更の命令を受けた免許人は、その命令に係る措置を講じたときは、速やかに、その旨を[オ]しなければならない。

1　混信の除去その他特に
2　電波の規整その他公益上
3　目的の遂行
4　運用
5　周波数若しくは空中線電力
6　電波の型式、周波数若しくは空中線電力
7　人工衛星局の無線設備の設置場所
8　無線局の無線設備の設置場所
9　無線業務日誌に記載
10　総務大臣に報告

▶ **解答　ア－2　イ－3　ウ－5　エ－7　オ－10**

A－1　03(1②)

固定局の免許後の変更に関する次の記述のうち、電波法（第９条、第17条、第18条及び第19条）の規定に照らし、これらの規定に定めるところに適合しないものはどれか。下の１から４までのうちから一つ選べ。

1　総務大臣は、無線局の免許人が識別信号、電波の型式、周波数、空中線電力又は運用許容時間の指定の変更を申請した場合において、電波の規整その他公益上必要があると認めるときは、その指定を変更することができる。

2　無線局の免許人は、無線局の目的、通信の相手方、通信事項若しくは無線設備の設置場所を変更し、又は無線設備の変更の工事をしようとするときは、あらかじめ総務大臣の許可を受けなければならない（注）。ただし、無線設備の変更の工事であって、総務省令で定める軽微な事項のものについては、この限りでない。

注　基幹放送局以外の無線局が基幹放送をすることを内容とする無線局の目的の変更は、これを行うことができない。

3　無線設備の変更の工事は、周波数、電波の型式又は空中線電力に変更を来すものであってはならず、かつ、電波法第７条（申請の審査）第１項第１号の技術基準に合致するものでなければならない。

4　無線設備の設置場所の変更又は無線設備の変更の工事の許可を受けた無線局の免許人は、総務大臣の検査を受け、当該変更又は工事の結果が電波法第17条（変更等の許可）第１項の許可の内容に適合していると認められた後でなければ、許可に係る無線設備を運用してはならない。ただし、総務省令で定める場合は、この限りでない。

解説　誤っている選択肢は次のようになる。

1　総務大臣は、無線局の免許人が識別信号、電波の型式、周波数、空中線電力又は運用許容時間の指定の変更を申請した場合において、**混信の除去その他特に必要があると認めるときは**、その指定を変更することができる。

▶ **解答　1**

A－2　03(1②)

次の記述は、無線局の免許の有効期間について述べたものである。電波法（第13条）及び電波法施行規則（第７条）の規定に照らし、［　　］内に入れるべき最も適切な字句の組合せを下の１から４までのうちから一つ選べ。なお、同じ記号の［　　］内には、同じ字句が入るものとする。

①　免許の有効期間は、免許の日から起算して［ A ］において総務省令で定める。ただし、再免許を妨げない。

②　①の総務省令で定める免許の有効期間は、次の(1)から(7)までに掲げる無線局の種別に従い、それぞれ(1)から(7)までに定めるとおりとする。

(1) 地上基幹放送局（臨時目的放送を専ら行うものに限る。）　当該放送の目的を達成するために必要な期間

(2) 地上基幹放送試験局　[B]

(3) 衛星基幹放送局（臨時目的放送を専ら行うものに限る。）　当該放送の目的を達成するために必要な期間

(4) 衛星基幹放送試験局　[B]

(5) 特定実験試験局(注)　当該周波数の使用が可能な期間

注　総務大臣が公示する周波数、当該周波数の使用が可能な地域及び期間並びに空中線電力の範囲内で開設する実験試験局をいう。

(6) 実用化試験局　[B]

(7) その他の無線局　[C]

	A	B	C
1	5年を超えない範囲内	1年	3年
2	5年を超えない範囲内	2年	5年
3	10年を超えない範囲内	1年	5年
4	10年を超えない範囲内	2年	3年

▶ **解答　2**

出題傾向　下線の部分は、ほかの試験問題で穴埋めの字句として出題されている。

A－3　20(1)

次の記述は、無線局の運用開始及び休止の届出等について述べたものである。電波法（第16条）及び電波法施行規則（第10条の2）の規定に照らし、[　　]内に入れるべき最も適切な字句の組合せを下の1から5までのうちから一つ選べ。

①　免許人は、免許を受けたときは、遅滞なくその無線局の運用開始の期日を総務大臣に届け出なければならない。ただし、総務省令で定める無線局については、この限りでない。

②　①により届け出た無線局の運用を[A]以上休止するときは、免許人は、その休止期間を総務大臣に届け出なければならない。休止期間を変更するときも、同様とする。

③　①のただし書の規定により運用開始の届出を要しない無線局は、次の(1)から(8)までに掲げる無線局以外の無線局とする。

(1) B
(2) 海岸局であって、電気通信業務を取り扱うもの、海上安全情報の送信を行うもの又は2,187.5 kHz、4,207.5 kHz、6,312 kHz、8,414.5 kHz、12,577 kHz、16,804.5 kHz、27,524 kHz、156.525 MHz若しくは156.8 MHzの電波を送信に使用するもの
(3) 航空局であって電気通信業務を取り扱うもの又は航空交通管制の用に供するもの
(4) C
(5) 海岸地球局
(6) 航空地球局（航空機の安全運航又は正常運航に関する通信を行うものに限る。）
(7) D
(8) 特別業務の局（携帯無線通信等を抑止する無線局、道路交通情報通信を行う無線局（無線設備規則第49条の22に規定する無線局をいう。電波法施行規則第41条の2の6第26号において同じ。）及びA3E電波1,620 kHz又は1,629 kHzの周波数を使用する空中線電力10ワット以下の無線局を除く。）

	A	B	C	D
1	3箇月	基幹放送局	無線標定陸上局	気象援助局
2	1箇月	基幹放送局	無線航行陸上局	標準周波数局
3	3箇月	実験試験局	無線標定陸上局	標準周波数局
4	1箇月	基幹放送局	無線標定陸上局	気象援助局
5	1箇月	実験試験局	無線航行陸上局	気象援助局

▶ **解答　2**

出題傾向　下線の部分は、ほかの試験問題で穴埋めの字句として出題されている。

A－4

類 04(7①)　03(7①)　02(11②)

人工衛星局の無線設備の条件等に関する次の記述のうち、電波法（第36条の2）及び電波法施行規則（第32条の4及び第32条の5）の規定に照らし、これらの規定に定めるところに適合しないものはどれか。下の1から4までのうちから一つ選べ。

1　人工衛星局は、その無線設備の周波数及び空中線電力を遠隔操作により変更することができるものでなければならない。ただし、対地静止衛星に開設する人工衛星局以外の人工衛星局については、この限りでない。

無線工学の基礎　無線工学A　無線工学B　法規

2 対地静止衛星に開設する人工衛星局（一般公衆によって直接受信されるための無線電話、テレビジョン、データ伝送又はファクシミリによる無線通信業務を行うことを目的とするものに限る。）は、公称されている位置から緯度及び経度のそれぞれ（±）0.1 度以内にその位置を維持することができるものでなければならない。

3 対地静止衛星に開設する人工衛星局（実験試験局を除く。）であって、固定地点の地球局相互間の無線通信の中継を行うものは、公称されている位置から経度の（±）0.1 度以内にその位置を維持することができるものでなければならない。

4 人工衛星局の無線設備は、遠隔操作により電波の発射を直ちに停止することのできるものでなければならない。

解説　誤っている選択肢は次のようになる。

1 人工衛星局は、その**無線設備の設置場所**を遠隔操作により変更することができるものでなければならない。ただし、対地静止衛星に開設する人工衛星局以外の人工衛星局については、この限りでない。

▶ **解答　1**

A－5　04(1②)　03(1②)　02(11①)

周波数測定装置の備付けに関する次の記述のうち、電波法（第 31 条及び第 37 条）及び電波法施行規則（第 11 条の 3）の規定に照らし、これらの規定に定めるところに適合しないものはどれか。下の 1 から 4 までのうちから一つ選べ。

1 電波法第 31 条の規定により備え付けなければならない周波数測定装置は、その型式について、総務大臣の行う検定に合格したものでなければ、施設してはならない（注）。

注　総務大臣が行う検定に相当する型式検定に合格している機器その他の機器であって総務省令で定めるものを施設する場合を除く。

2 総務省令で定める送信設備には、その誤差が使用周波数の許容偏差の 2 分の 1 以下である周波数測定装置を備え付けなければならない。

3 空中線電力 10 ワット以下の送信設備には、電波法第 31 条に規定する周波数測定装置の備え付けを要しない。

4 26.175 MHz を超える周波数の電波を利用する送信設備には、電波法第 31 条に規定する周波数測定装置を備え付けなければならない。

解説　誤っている選択肢は次のようになる。

4 26.175 MHz を超える周波数の電波を利用する送信設備には、電波法第 31 条に規定する周波数測定装置の**備付けを要しない**。

▶ **解答　4**

穴埋め問題として出題されることが多い。

A－6　類 06(1)　類 04(7①)　03(7②)　02(1)

次の記述は、伝搬障害防止区域の指定について述べたものである。電波法(第102条の2)の規定に照らし、[　]内に入れるべき最も適切な字句の組合せを下の1から5までのうちから一つ選べ。

① 総務大臣は、[A]以上の周波数の電波による特定の固定地点間の無線通信で次の(1)から(6)までのいずれかに該当するもの(以下「重要無線通信」という。)の電波伝搬路における当該電波の伝搬障害を防止して、重要無線通信の確保を図るため必要があるときは、その必要の範囲内において、当該電波伝搬路の地上投影面に沿い、その中心線と認められる線の両側それぞれ[B]以内の区域を伝搬障害防止区域として指定することができる。

(1) 電気通信業務の用に供する無線局の無線設備による無線通信
(2) 放送の業務の用に供する無線局の無線設備による無線通信
(3) 人命若しくは財産の保護又は治安の維持の用に供する無線設備による無線通信
(4) [C]の用に供する無線設備による無線通信
(5) 電気事業に係る電気の供給の業務の用に供する無線設備による無線通信
(6) 鉄道事業に係る列車の運行の業務の用に供する無線設備による無線通信

② ①の伝搬障害防止区域の指定は、政令で定めるところにより告示をもって行わなければならない。

③ 総務大臣は、政令で定めるところにより、②の告示に係る伝搬障害防止区域を表示した図面を[D]の事務所に備え付け、一般の縦覧に供しなければならない。

	A	B	C	D
1	890 メガヘルツ	200 メートル	船舶又は航空機の安全な運航	総務大臣の指定する団体
2	890 メガヘルツ	100 メートル	気象業務	総務省及び関係地方公共団体
3	470 メガヘルツ	200 メートル	気象業務	総務大臣の指定する団体
4	470 メガヘルツ	100 メートル	船舶又は航空機の安全な運航	総務省及び関係地方公共団体
5	890 メガヘルツ	100 メートル	船舶又は航空機の安全な運航	総務大臣の指定する団体

▶ 解答 2

出題傾向 下線の部分は、ほかの試験問題で穴埋めの字句として出題されている。

A−7 06(1) 04(1②) 02(11②)

空中線電力等の定義を述べた次の記述のうち、電波法施行規則（第2条）の規定に照らし、この規定に定めるところに適合しないものはどれか。下の1から4までのうちから一つ選べ。

1 「平均電力」とは、通常の動作中の送信機から空中線系の給電線に供給される電力であって、変調において用いられる最低周波数の周期に比較してじゅうぶん長い時間（通常、平均の電力が最大である約10分の1秒間）にわたって平均されたものをいう。

2 「等価等方輻（ふく）射電力」とは、空中線に供給される電力に、与えられた方向における空中線の絶対利得を乗じたものをいう。

3 「尖（せん）頭電力」とは、通常の動作状態において、変調包絡線の最高尖（せん）頭における無線周波数1サイクルの間に送信機から空中線系の給電線に供給される平均の電力をいう。

4 「搬送波電力」とは、通常の動作状態における無線周波数1サイクルの間に送信機から空中線系の給電線に供給される最大の電力をいう。ただし、この定義は、パルス変調の発射には適用しない。

解説 誤っている選択肢は次のようになる。

4 「搬送波電力」とは、**変調のない**状態における無線周波数1サイクルの間に送信機から空中線系の給電線に供給される**平均**の電力をいう。ただし、この定義は、パルス変調の発射には適用しない。

▶ 解答 4

A−8 03(7①)

次の記述は、空中線等の保安施設について述べたものである。電波法施行規則（第26条）の規定に照らし、[ ]内に入れるべき最も適切な字句の組合せを下の1から4までのうちから一つ選べ。

無線設備の空中線系には[A]を、また、カウンターポイズには[B]をそれぞれ設けなければならない。ただし、26.175 MHzを超える周波数を使用する無線局の無線設備及び[C]の無線設備の空中線については、この限りでない。

	A	B	C
1	避雷器及び接地装置	避雷器	陸上移動局又は携帯局
2	避雷器又は接地装置	接地装置	陸上移動局又は携帯局
3	避雷器又は接地装置	避雷器	陸上移動業務又は携帯移動業務の無線局
4	避雷器及び接地装置	接地装置	陸上移動業務又は携帯移動業務の無線局

▶ **解答　2**

ほかの規定と合わせて、正誤式の問題として出題されることが多い。また、下線の部分は、ほかの試験問題で穴埋めの字句として出題されている。

A－9　03(7①)　02(11②)

次の記述は、周波数の安定のための条件について述べたものである。無線設備規則（第15条）の規定に照らし、［　　］内に入れるべき最も適切な字句の組合せを下の1から4までのうちから一つ選べ。

① 周波数をその許容偏差内に維持するため、送信装置は、できる限り電源電圧又は負荷の変化によって［ A ］ものでなければならない。

② 周波数をその許容偏差内に維持するため、発振回路の方式は、できる限り［ B ］の変化によって影響を受けないものでなければならない。

③ 移動局（移動するアマチュア局を含む。）の送信装置は、実際上起り得る［ C ］によっても周波数をその許容偏差内に維持するものでなければならない。

	A	B	C
1	発振周波数の影響を受けない	外囲の温度又は湿度	環境の急激な変化
2	発振周波数の影響を受けない	気圧	振動又は衝撃
3	発振周波数に影響を与えない	外囲の温度又は湿度	振動又は衝撃
4	発振周波数に影響を与えない	気圧	環境の急激な変化

▶ **解答　3**

正誤問題も頻繁に出題されている。また、下線の部分は、ほかの試験問題で穴埋めの字句として出題されている。

A－10　04(7①)　03(7②)

無線局の運用に関する次の記述のうち、電波法（第56条から第58条まで）の規定に照らし、これらの規定に定めるところに適合しないものはどれか。下の1から4までのうちから一つ選べ。

1 無線局は、電波を発射しようとする場合において、当該電波と周波数を同じくする電波を受信することにより一定の時間自己の電波を発射しないことを確保する機能等総務省令で定める機能を有することにより、他の無線局にその運用を阻害するような混信その他の妨害を与えないように運用することができるものでなければならない。ただし、遭難通信については、この限りでない。

2 無線局は、他の無線局又は電波天文業務(注)の用に供する受信設備その他の総務省令で定める受信設備(無線局のものを除く。)で総務大臣が指定するものにその運用を阻害するような混信その他の妨害を与えないように運用しなければならない。ただし、遭難通信、緊急通信、安全通信又は非常通信については、この限りでない。

注 宇宙から発する電波の受信を基礎とする天文学のための当該電波の受信の業務をいう。

3 アマチュア無線局の行う通信には、暗語を使用してはならない。

4 無線局は、次の(1)又は(2)に掲げる場合には、なるべく擬似空中線回路を使用しなければならない。

(1) 無線設備の機器の試験又は調整を行うために運用するとき。

(2) 実験等無線局を運用するとき。

解説 選択肢1について定める電波法の規定はない。

▶ **解答 1**

A－11 03(7②) 02(11①)

次の記述は、送信空中線の型式及び構成等について述べたものである。無線設備規則(第20条及び第22条)の規定に照らし、[ ]内に入れるべき最も適切な字句の組合せを下の1から5までのうちから一つ選べ。

① 送信空中線の型式及び構成は、次の(1)から(3)までに適合するものでなければならない。

(1) 空中線の[A]がなるべく大であること。

(2) [B]が十分であること。

(3) 満足な指向特性が得られること。

② 空中線の指向特性は、次の(1)から(4)までに掲げる事項によって定める。

(1) 主輻(ふく)射方向及び副輻(ふく)射方向

(2) [C]の主輻(ふく)射の角度の幅

(3) 空中線を設置する位置の近傍にあるものであって電波の伝わる方向を乱すもの

(4) [D]よりの輻(ふく)射

	A	B	C	D
1	利得及び能率	整合	水平面	給電線
2	発射可能な電波の周波数帯域	整合	垂直面	給電線
3	利得及び能率	調整	水平面	送信装置
4	発射可能な電波の周波数帯域	調整	水平面	送信装置
5	発射可能な電波の周波数帯域	整合	垂直面	送信装置

▶ **解答　1**

下線の部分は、ほかの試験問題で穴埋めの字句として出題されている。

A－12　類 04(7②)　04(1②)　03(7①)　02(11①)

無線従事者の免許証に関する次の記述のうち、電波法施行規則（第 38 条）及び無線従事者規則（第 50 条及び第 51 条）の規定に照らし、これらの規定に定めるところに適合しないものはどれか。下の１から４までのうちから一つ選べ。

1　無線従事者は、免許証を失ったために免許証の再交付を受けようとするときは、申請書に写真１枚を添えて総務大臣又は総合通信局長（沖縄総合通信事務所長を含む。）に提出しなければならない。

2　無線従事者は、氏名に変更を生じたときに免許証の再交付を受けようとするときは、申請書に免許証、写真１枚及び氏名の変更の事実を証する書類を添えて総務大臣又は総合通信局長（沖縄総合通信事務所長を含む。）に提出しなければならない。

3　無線従事者は、免許証の再交付を受けた後失った免許証を発見したときは、その発見した日から 10 日以内に再交付を受けた免許証を総務大臣又は総合通信局長（沖縄総合通信事務所長を含む。）に返納しなければならない。

4　無線従事者は、その業務に従事しているときは、免許証を携帯していなければならない。

解説　誤っている選択肢は次のようになる。

3　無線従事者は、免許証の再交付を受けた後失った免許証を発見したときは、その発見した日から 10 日以内に**その発見した免許証**を総務大臣又は総合通信局長（沖縄総合通信事務所長を含む。）に返納しなければならない。

▶ **解答　3**

A－13　03(7②)　02(11①)　類02(11②)

次の記述は、非常通信について述べたものである。電波法(第52条)の規定に照らし、[　　]内に入れるべき最も適切な字句の組合せを下の1から4までのうちから一つ選べ。

「非常通信」とは、地震、台風、洪水、津波、雪害、火災、暴動その他非常の事態が[A]において、[B]を利用することができないか又はこれを利用することが著しく困難であるときに人命の救助、災害の救援、[C]又は秩序の維持のために行われる無線通信をいう。

	A	B	C
1	発生した場合	電気通信業務の通信	交通通信の確保
2	発生し、又は発生するおそれがある場合	電気通信業務の通信	電力の供給
3	発生し、又は発生するおそれがある場合	有線通信	交通通信の確保
4	発生した場合	有線通信	電力の供給

▶ **解答　3**

出題傾向　下線の部分は、ほかの試験問題で穴埋めの字句として出題されている。

A－14　04(7①)　03(1①)

周波数の測定に関する次の記述のうち、電波法(第31条)、電波法施行規則(第11条の3)及び無線局運用規則(第4条)の規定に照らし、これらの規定に定めるところに適合するものはどれか。下の1から4までのうちから一つ選べ。

1　電波法第31条の規定により周波数測定装置を備え付けた無線局は、できる限りしばしば他局の発射する電波の周波数を測定し、総務大臣に報告しなければならない。

2　電波法第31条の規定により周波数測定装置を備え付けた無線局は、発射する電波の周波数を測定した結果、その偏差が許容値を超えるときは、直ちに措置して許容値内に保つとともに、その事実及び措置の内容を総務大臣又は総合通信局長(沖縄総合通信事務所長を含む。)に報告しなければならない。

3　電波法第31条の規定により周波数測定装置を備え付けた無線局は、その周波数測定装置を常時その誤差が使用周波数の許容偏差の3分の2以下となるように較正しておかなければならない。

4　免許人が別に備え付けた電波法第31条に規定する周波数測定装置をもってその使用電波の周波数を随時測定し得る送信設備を有する無線局は、別に備え付けた電波法第31条の周波数測定装置により、できる限りしばしば当該送信設備の発射する電波の周波数を測定しなければならない。

解説　誤っている選択肢は次のようになる。

1　電波法第31条の規定により周波数測定装置を備え付けた無線局は、できる限りしばしば**自局の発射する電波の周波数を測定しなければならない**。

2　電波法第31条の規定により周波数測定装置を備え付けた無線局は、発射する電波の周波数を測定した結果、その偏差が許容値を超えるときは、**直ちに調整して許容値内に保たなければならない**。

3　電波法第31条の規定により周波数測定装置を備え付けた無線局は、その周波数測定装置を常時その誤差が使用周波数の許容偏差の**2分の1以下**となるように較正しておかなければならない。

▶ **解答　4**

A－15　01(7)

総務大臣から臨時に電波の発射の停止を命ぜられることがある場合に関する次の事項のうち、電波法（第72条）の規定に照らし、この規定に定めるところに該当するものはどれか。下の1から4までのうちから一つ選べ。

1　無線局の発射する電波が他の無線局の運用に妨害を与えるおそれがあると認められるとき。

2　無線局の免許状に記載された目的の範囲を超えて運用したと認められるとき。

3　無線局の免許状に記載された空中線電力の範囲を超えて運用していると認められるとき。

4　無線局の発射する電波の質が総務省令で定めるものに適合していないと認められるとき。

解説「総務大臣は、無線局の発射する電波の質が総務省令で定めるものに適合していないと認めるときは、当該無線局に対して臨時に電波の発射の停止を命ずることができる。」と規定されている。

▶ **解答　4**

出題傾向　総務省令で定める電波の質は「周波数の許容偏差、発射電波に許容される占有周波数帯幅の値、スプリアス発射又は不要発射の強度の許容値」と規定されており、各項目について総務省令で定めるものに適合していない場合に、臨時に電波の発射の停止を命じられることを問う問題も出題されている。

B－1　04(1②)　02(11②)

固定局の主任無線従事者に関する次の記述のうち、電波法（第39条）の規定に照らし、この規定に定めるところに適合するものを1、適合しないものを2として解答せよ。

ア　主任無線従事者は、電波法第40条（無線従事者の資格）の定めるところにより、無線設備の操作の監督を行うことができる無線従事者であって、総務省令で定める事由に該当しないものでなければならない。

イ　電波法第40条（無線従事者の資格）の定めるところにより無線設備の操作を行うことができる無線従事者以外の者は、主任無線従事者の監督を受けなければ、モールス符号を送り、又は受ける無線電信の操作を行ってはならない。

ウ　固定局の免許人は、主任無線従事者を選任するときは、あらかじめ、その旨を総務大臣に届け出なければならない。これを解任するときも、同様とする。

エ　固定局の免許人からその選任の届出がされた主任無線従事者は、無線設備の操作の監督に関し総務省令で定める職務を誠実に行わなければならない。

オ　固定局の免許人は、その選任の届出をした主任無線従事者に総務省令で定める期間ごとに、固定局の無線設備の操作及び運用に関し総務大臣の行う訓練を受けさせなければならない。

解説　誤っている選択肢は次のようになる。

イ　モールス符号を送り、又は受ける無線電信の操作は、電波法第40条（無線従事者の資格）の定めるところにより、**無線従事者でなければ行ってはならない**。

ウ　固定局の免許人は、主任無線従事者を**選任したときは**、**遅滞なく**、その旨を総務大臣に届け出なければならない。これを**解任したとき**も、同様とする。

オ　固定局の免許人は、その選任の届出をした主任無線従事者に総務省令で定める期間ごとに、**無線設備の操作の監督**に関し総務大臣の行う**講習**を受けさせなければならない。

▶解答　ア－1　イ－2　ウ－2　エ－1　オ－2

B－2　03(1①)

次に掲げる総務大臣が固定局の免許の申請を受理したとき審査する事項のうち、電波法（第7条）の規定に照らし、この規定に定めるところに該当するものを1、該当しないものを2として解答せよ。

ア　工事設計が電波法第3章（無線設備）に定める技術基準に適合すること。

イ　総務省令で定める無線局（基幹放送局を除く。）の開設の根本的基準に合致すること。

ウ　周波数の割当てが可能であること。

エ　その無線局の業務を維持するに足りる経理的基礎があること。
オ　その無線局の業務を維持するに足りる技術的能力があること。

解説 審査事項には正しい選択肢のほかに、「主たる目的及び従たる目的を有する無線局にあっては、その従たる目的の遂行がその主たる目的の遂行に支障を及ぼすおそれがないこと」がある。

▶ **解答　アー１　イー１　ウー１　エー２　オー２**

B－3　類 04(7①)　類 04(1①)　類 03(1①)　類 02(11①)

電波の型式の表示に関する次の記述のうち、電波法施行規則（第４条の２）の規定に照らし、この規定に定めるところに適合するものを１、適合しないものを２として解答せよ。

ア 「F8C」は、主搬送波の変調の型式が角度変調であって周波数変調、主搬送波を変調する信号の性質がアナログ信号である２以上のチャネルのもの及び伝送情報の型式がテレビジョン（映像に限る。）のものを表示する。

イ 「G7D」は、主搬送波の変調の型式が角度変調であって位相変調、主搬送波を変調する信号の性質がデジタル信号である２以上のチャネルのもの及び伝送情報の型式がデータ伝送、遠隔測定又は遠隔指令のものを表示する。

ウ 「F3E」は、主搬送波の変調の型式が角度変調であって周波数変調、主搬送波を変調する信号の性質がアナログ信号である単一チャネルのもの及び伝送情報の型式が電話（音響の放送を含む。）のものを表示する。

エ 「C3F」は、主搬送波の変調の型式が振幅変調であって独立側波帯、主搬送波を変調する信号の性質がアナログ信号である単一チャネルのもの及び伝送情報の型式がファクシミリのものを表示する。

オ 「F9W」は、主搬送波の変調の型式が角度変調であって周波数変調、主搬送波を変調する信号の性質がデジタル信号の１又は２以上のチャネルとアナログ信号の１又は２以上のチャネルを複合したもの及び伝送情報の型式が次の(1)から(6)までの型式の組合せのものを表示する。

(1) 無情報　(2) 電信　(3) ファクシミリ
(4) データ伝送、遠隔測定又は遠隔指令
(5) 電話（音響の放送を含む。）　(6) テレビジョン（映像に限る。）

解説 誤っている選択肢は次のようになる。

ア 「F8C」は、主搬送波の変調の型式が角度変調であって周波数変調、主搬送波を変調する信号の性質がアナログ信号である２以上のチャネルのもの及び伝送情報の型式が**ファクシミリ**のものを表示する。

エ 「C3F」は、主搬送波の変調の型式が振幅変調であって**残留側波帯**、主搬送波を変調する信号の性質がアナログ信号である単一チャネルのもの及び伝送情報の型式が**テレビジョン（映像に限る。）**のものを表示する。

▶ **解答　アー2　イー1　ウー1　エー2　オー1**

B－4　04(7②)　03(7②)

次の記述は、無線通信[注]の秘密の保護について述べたものである。電波法（第59条及び第109条）の規定に照らし、[　　]内に入れるべき最も適切な字句を下の1から10までのうちからそれぞれ一つ選べ。なお、同じ記号の[　　]内には、同じ字句が入るものとする。

注　電気通信事業法第4条（秘密の保護）第1項又は第164条（適用除外等）第3項の通信であるものを除く。

① 何人も法律に別段の定めがある場合を除くほか、[ア]行われる[イ]を傍受してその存在若しくは内容を漏らし、又はこれを窃用してはならない。

② [ウ]に係る[イ]の秘密を漏らし、又は窃用した者は、1年以下の懲役又は50万円以下の罰金に処する。

③ [エ]がその業務に関し知り得た②の秘密を漏らし、又は窃用したときは、[オ]に処する。

1　特定の相手方に対して　　2　総務省令で定める周波数で
3　無線通信　　4　暗語による無線通信
5　無線局の取扱中　　6　通信の相手方の無線局
7　無線従事者　　8　無線通信の業務に従事する者
9　5年以下の懲役又は250万円以下の罰金
10　2年以下の懲役又は100万円以下の罰金

▶ **解答　アー1　イー3　ウー5　エー8　オー10**

出題傾向　懲役と罰金の組合せは、「1年以下の懲役又は50万円以下の罰金」、「1年以下の懲役又は100万円以下の罰金」、「2年以下の懲役又は100万円以下の罰金」、「3年以下の懲役又は150万円以下の罰金」、「5年以下の懲役又は250万円以下の罰金」がある。また、下線の部分は、ほかの試験問題で穴埋めの字句として出題されている。

B－5　06(1)　04(1①)　02(11②)

次に掲げる総務大臣が行う処分のうち、電波法(第79条)の規定に照らし、無線従事者が不正な手段により無線従事者の免許を受けたときに総務大臣から受けることがある処分に該当するものを1、該当しないものを2として解答せよ。

ア　無線従事者の免許の取消しの処分

イ　期間を定めてその無線従事者が従事する無線局の運用を停止する処分

ウ　3箇月以内の期間を定めて無線設備を操作する範囲を制限する処分

エ　3箇月以内の期間を定めてその業務に従事することを停止する処分

オ　期間を定めてその無線従事者が従事する無線局の周波数又は空中線電力を制限する処分

解説　総務大臣は、無線従事者が次の各号の一に該当するときは、その免許を取り消し、又は3箇月以内の期間を定めてその業務に従事することを停止することができる。

一　この法律若しくはこの法律に基く命令又はこれらに基く処分に違反したとき。

二　不正な手段により免許を受けたとき。

三　第42条第3号(無線従事者免許の欠格事由)に該当するに至ったとき。

▶ 解答　ア－1　イ－2　ウ－2　エ－1　オ－2

法　　規（令和４年７月期①）

A－1　26(7)

無線局の免許状に関する次の記述のうち、電波法(第21条及び第24条)、電波法施行規則(第38条)及び無線局免許手続規則(第22条)の規定に照らし、これらの規定に定めるところに適合しないものはどれか。下の1から4までのうちから一つ選べ。

1　免許人は、免許状に記載した事項に変更を生じたときは、その免許状を総務大臣に提出し、訂正を受けなければならない。

2　免許人は電波法第21条の免許状の訂正を受けようとするときは、次の(1)から(5)までに掲げる事項を記載した申請書を総務大臣又は総合通信局長(沖縄総合通信事務所長を含む。)に提出しなければならない。

(1)　免許人の氏名又は名称及び住所並びに法人にあっては、その代表者の氏名

(2)　無線局の種別及び局数

(3)　識別信号(包括免許に係る特定無線局を除く。)

(4)　免許の番号又は包括免許の番号

(5)　訂正を受ける箇所及び訂正を受ける理由

3　陸上移動局、携帯局又は携帯移動地球局にあっては、免許に係る事務を行う免許人の事務所に免許状を備え付けなければならない。

4　無線局の免許がその効力を失ったときは、免許人であった者は、1箇月以内にその免許状を返納しなければならない。

解説　誤っている選択肢は次のようになる。

3　陸上移動局、携帯局又は携帯移動地球局にあっては、その**無線設備の常置場所**に免許状を備え付けなければならない。

▶ **解答　3**

A－2　19(7)

次の記述は、無線局(アマチュア局(人工衛星等のアマチュア局を除く。)を除く。)の再免許の申請の期間について述べたものである。無線局免許手続規則(第18条)の規定に照らし、[　　]内に入れるべき最も適切な字句の組合せを下の1から4までのうちから一つ選べ。なお、同じ記号の[　　]内には、同じ字句が入るものとする。

①　再免許の申請は、特定実験試験局にあっては免許の有効期間満了前1箇月以上3箇月を超えない期間、その他の無線局にあっては免許の有効期間満了前[　A　]を超えない期間において行わなければならない。ただし、免許の有効期間が[　B　]以内である無線局については、その有効期間満了前[　C　]までに行うことができる。(注)

注　無線局免許手続規則第18条(申請の期間)第2項において別に定める場合を除く。

②　免許の有効期間満了前 C 以内に免許を与えられた無線局については、①にかかわらず、免許を受けた後直ちに再免許の申請を行わなければならない。

	A	B	C
1	6箇月以上1年	6箇月	1箇月
2	3箇月以上6箇月	6箇月	3箇月
3	6箇月以上1年	1年	3箇月
4	3箇月以上6箇月	1年	1箇月

解説　免許の有効期間は一般に5年であるが、同一の種別に属する無線局について、同じ期日に免許の有効期間が満了の日となる局種の基地局などは、免許の有効期間満了前1箇月以内に免許を与えられる場合もある。

▶ **解答　4**

A－3　05(7②)　03(1①)

送信設備に使用する電波の質及び電波の発射の停止に関する次の記述のうち、電波法（第28条及び第72条）及び無線設備規則（第5条から第7条まで及び第14条）の規定に照らし、これらの規定に定めるところに適合しないものはどれか。下の1から4までのうちから一つ選べ。

1　総務大臣は、無線局の発射する電波が、総務省令で定めるスプリアス発射又は不要発射の強度の許容値に適合していないと認めるときは、当該無線局に対して臨時に電波の発射の停止を命ずることができる。

2　総務大臣は、無線局の発射する電波が、総務省令で定める送信設備に使用する電波の周波数の許容偏差に適合していないと認めるときは、当該無線局に対して臨時に電波の発射の停止を命ずることができる。

3　総務大臣は、無線局の発射する電波が、総務省令で定める空中線電力の許容偏差に適合していないと認めるときは、当該無線局に対して臨時に電波の発射の停止を命ずることができる。

4　総務大臣は、無線局の発射する電波が、総務省令で定める発射電波に許容される占有周波数帯幅の値に適合していないと認めるときは、当該無線局に対して臨時に電波の発射の停止を命ずることができる。

解説　「総務大臣は、無線局の発射する電波の質が総務省令で定めるものに適合していないと認めるときは、当該無線局に対して臨時に電波の発射の停止を命ずることができる」と規定されている。空中線電力の許容偏差は電波の質に該当しない。

▶ **解答　3**

A－4 03(7②)

次の記述は、無線局の開設の届出等について述べたものである。電波法（第27条の31から第27条の33まで）及び電波法施行規則（第20条）の規定に照らし、[ ]内に入れるべき最も適切な字句の組合せを下の1から4までのうちから一つ選べ。なお、同じ記号の[ ]内には、同じ字句が入るものとする。

① 包括登録人(注)は、その登録に係る無線局を開設したとき（再登録を受けて当該無線局を引き続き開設するときを除く。）は、当該無線局ごとに、[A]以内で総務省令で定める期間内に、当該無線局に係る[B]その他の総務省令で定める事項を総務大臣に届け出なければならない。

注 電波法第27条の29（登録の特例）第1項の規定による登録を受けた者をいう。

② 包括登録人は、①により届け出た事項に変更があったときは、遅滞なく、その旨を総務大臣に届け出なければならない。

③ 包括登録人がその登録に係る[C]を廃止したときは、当該登録は、その効力を失う。

④ ①の総務省令で定める期間は、[A]とする。

	A	B	C
1	30日	運用開始の期日及び無線設備の設置場所	無線局
2	15日	運用開始の期日及び無線設備の設置場所	すべての無線局
3	30日	電波の型式、周波数及び空中線電力並びに移動範囲	すべての無線局
4	15日	電波の型式、周波数及び空中線電力並びに移動範囲	無線局

▶ **解答 2**

A－5 05(7②)

次の記述は、測定器等の較正について述べたものである。電波法（第102条の18）及び測定器等の較正に関する規則（第2条）の規定に照らし、[ ]内に入れるべき最も適切な字句の組合せを下の1から4までのうちから一つ選べ。

① 無線設備の点検に用いる測定器その他の設備であって総務省令で定めるもの（以下「測定器等」という。）の較正は、国立研究開発法人情報通信研究機構がこれを行うほか、総務大臣は、その指定する者（以下「指定較正機関」という。）にこれを[A]。

② ①の総務省令で定める測定器等は、次の(1)から(7)までのとおりとする。

(1) 周波数計

(2) スペクトル分析器

(3) 電界強度測定器

(4) 高周波電力計

(5) 電圧電流計

(6) 標準信号発生器

(7) [B]

③ 指定較正機関の指定は、[C] 以内において政令で定める期間ごとにその更新を受けなければ、その期間の経過によって、その効力を失う。

	A	B	C
1	行わせるものとする	周波数標準器	１年以上３年
2	行わせることができる	低周波発振器	１年以上３年
3	行わせることができる	周波数標準器	５年以上 10 年
4	行わせるものとする	低周波発振器	５年以上 10 年

▶ **解答　3**

A－6

06(1)　03(1②)

周波数の安定のための条件に関する次の記述のうち、無線設備規則（第 15 条及び第 16 条）の規定に照らし、これらの規定に定めるところに適合しないものはどれか。下の１から４までのうちから一つ選べ。

1 移動局（移動するアマチュア局を含む。）の送信装置は、実際上起こり得る振動又は衝撃によっても周波数をその許容偏差内に維持するものでなければならない。

2 水晶発振回路に使用する水晶発振子は、周波数をその許容偏差内に維持するため、恒温槽を有する場合は、恒温槽は水晶発振子の温度係数に応じてその温度変化の許容値を正確に維持するものでなければならない。

3 周波数をその許容偏差内に維持するため、送信装置は、できる限り外囲の温度又は湿度の変化によって発振周波数に影響を与えないものでなければならない。

4 水晶発振回路に使用する水晶発振子は、周波数をその許容偏差内に維持するため、発振周波数が当該送信装置の水晶発振回路により又はこれと同一の条件の回路によりあらかじめ試験を行って決定されているものでなければならない。

解説 誤っている選択肢は次のようになる。

3 周波数をその許容偏差内に維持するため、**発振回路の方式**は、できる限り外囲の温度若しくは湿度の変化によって**影響を受けない**ものでなければならない。

▶ **解答　3**

A－7 05(7②) 類04(1①) 03(1①) 02(11①)

次に掲げる電波の型式の記号表示と主搬送波の変調の型式、主搬送波を変調する信号の性質及び伝送情報の型式に分類して表す電波の型式のうち、電波の型式の記号表示が電波の型式の内容に該当するものはどれか。電波法施行規則（第4条の2）の規定に照らし、下の1から5までのうちから一つ選べ。

区分／番号	電波の型式の記号	電波の型式		
		主搬送波の変調の型式	主搬送波を変調する信号の性質	伝送情報の型式
1	G7W	角度変調であって位相変調	デジタル信号の1又は2以上のチャネルとアナログ信号の1又は2以上のチャネルを複合したもの	次の①から⑥までの型式の組合せのもの ① 無情報 ② 電信 ③ ファクシミリ ④ データ伝送、遠隔測定又は遠隔指令 ⑤ 電話（音響の放送を含む。） ⑥ テレビジョン（映像に限る。）
2	F2D	角度変調であって周波数変調	デジタル信号である単一チャネルのものであって、変調のための副搬送波を使用するもの	データ伝送、遠隔測定又は遠隔指令
3	J3E	振幅変調であって低減搬送波による単側波帯	アナログ信号である単一チャネルのもの	電話（音響の放送を含む。）
4	P0N	パルス変調であって無変調パルス列	デジタル信号である2以上のチャネルのもの	無情報
5	F1B	角度変調であって周波数変調	デジタル信号である単一チャネルのものであって、変調のための副搬送波を使用しないもの	電信（聴覚受信を目的とするもの）

解説 誤っている選択肢の電波の型式の記号表示と正しい内容は次のとおりである。

＜主搬送波の変調の型式＞

「J」は、振幅変調であって抑圧搬送波による単側波帯

＜主搬送波を変調する信号の性質＞

「0」は、変調信号のないもの

「7」は、デジタル信号である２以上のチャネルのもの
<伝送情報の型式>
「B」は、電信（自動受信を目的とするもの）

▶ **解答　2**

A－8　05(1②)　03(1①)

周波数の測定等に関する次の記述のうち、電波法（第 31 条）及び無線局運用規則（第４条）の規定に照らし、これらの規定に定めるところに適合するものはどれか。下の１から４までのうちから一つ選べ。

1　電波法第 31 条の規定により周波数測定装置を備え付けた無線局は、発射する電波の周波数を測定した結果、その偏差が許容値を超えるときは、直ちに調整して許容値内に保つとともに、その事実及び措置の内容を総務大臣又は総合通信局長（沖縄総合通信事務所長を含む。）に報告しなければならない。
2　総務省令で定める送信設備には、その誤差が使用周波数の許容偏差の３分の２以下である周波数測定装置を備え付けなければならない。
3　電波法第 31 条の規定により周波数測定装置を備え付けた無線局は、できる限りしばしば自局の発射する電波の周波数（電波法施行規則第 11 条の３第３号に該当する送信設備の使用電波の周波数を測定することとなっている無線局であるときは、それらの周波数を含む。）を測定しなければならない。
4　電波法第 31 条の規定により周波数測定装置を備え付けた無線局は、その周波数測定装置を毎日１回以上電波法第 31 条に規定する確度を保つように較正しておかなければならない。

▶ **解答　3**

A－9　類 03(7②)　03(1②)

総務大臣の行う無線局（登録局を除く。）の周波数等の変更の命令に関する次の記述のうち、電波法（第 71 条）の規定に照らし、この規定に定めるところに適合するものはどれか。下の１から４までのうちから一つ選べ。

1　総務大臣は、電波の規整その他公益上必要があるときは、無線局の目的の遂行に支障を及ぼさない範囲内に限り、当該無線局の電波の型式、周波数若しくは空中線電力の指定を変更し、又は無線局の無線設備の設置場所の変更を命ずることができる。
2　総務大臣は、電波の規整その他公益上必要があるときは、無線局の目的の遂行に支障を及ぼさない範囲内に限り、当該無線局の周波数若しくは空中線電力の指定を変更し、又は人工衛星局の無線設備の設置場所の変更を命ずることができる。

3 総務大臣は、混信の除去その他特に必要があるときは、無線局の目的の遂行に支障を及ぼさない範囲内に限り、当該無線局の識別信号、電波の型式、周波数若しくは空中線電力の指定を変更し、又は通信の相手方、通信事項若しくは無線局の無線設備の設置場所の変更を命ずることができる。

4 総務大臣は、混信の除去その他特に必要があるときは、無線局の目的の遂行に支障を及ぼさない範囲内に限り、当該無線局の電波の型式、周波数、空中線電力若しくは実効輻(ふく)射電力の指定を変更し、又は人工衛星局の無線設備の設置場所の変更を命ずることができる。

▶ **解答 2**

A－10 06(1) 類05(1②) 類03(7②)

次の記述は、伝搬障害防止区域の指定、重要無線通信障害原因となる高層部分の工事の制限等について述べたものである。電波法（第102条の2、第102条の3、第102条の5及び第102条の6）の規定に照らし、[　　]内に入れるべき最も適切な字句の組合せを下の1から5までのうちから一つ選べ。なお、同じ記号の[　　]内には、同じ字句が入るものとする。

① 総務大臣は、[A]以上の周波数の電波による特定の固定地点間の重要無線通信(注1)の電波伝搬路における当該電波の伝搬障害を防止して、重要無線通信の確保を図るため必要があるときは、その必要の範囲内において、当該電波伝搬路の地上投影面に沿い、その中心線と認められる線の両側それぞれ100メートル以内の区域を伝搬障害防止区域として指定[B]。

注1 電気通信業務の用に供する無線局の無線設備による無線通信、放送の業務の用に供する無線局の無線設備による無線通信、人命若しくは財産の保護又は治安の維持の用に供する無線設備による無線通信、気象業務の用に供する無線設備による無線通信、電気事業に係る電気の供給の業務の用に供する無線設備による無線通信及び鉄道事業に係る列車の運行の業務の用に供する無線設備による無線通信をいう。以下同じ。

② ①の伝搬障害防止区域内（その区域とその他の区域とにわたる場合を含む。）においてする次の(1)から(3)までのいずれかに該当する行為（以下「指定行為」という。）に係る工事の建築主(注2)は、総務省令で定めるところにより、当該指定行為に係る工事に自ら着手し又はその工事の請負人（請負工事の下請人を含む。以下同じ。）に着手させる前に、当該指定行為に係る工作物につき、敷地の位置、高さ、高層部分（工作物の全部又は一部で地表からの高さが[C]を超える部分をいう。以下同じ。）の形状、構造及び主要材料、その者が当該指定行為に係る工事の請負契約の注文者である場合にはその工事の請負人の氏名又は名称及び住所その他必要な事項を書面により総務大臣に届け出なければならない。

注２　工事の請負契約の注文者又はその工事を請負契約によらないで自ら行う者をいう。

(1) その最高部の地表からの高さが［　C　］を超える建築物その他の工作物（土地に定着する工作物の上部に建築される１又は２以上の工作物の最上部にある工作物の最高部の地表からの高さが［　C　］を超える場合における当該各工作物のうち、それぞれその最高部の地表からの高さが［　C　］を超えるものを含む。以下「高層建築物等」という。）の新築

(2) 高層建築物等以外の工作物の増築又は移築で、その増築又は移築後において当該工作物が高層建築物等となるもの

(3) 高層建築物等の増築、移築、改築、修繕又は模様替え（改築、修繕及び模様替えについては、総務省令で定める程度のものに限る。）

③　総務大臣は、②による届出があった場合において、その届出に係る事項を検討し、その届出に係る高層部分が当該伝搬障害防止区域に係る重要無線通信障害原因となると認められるときは、その高層部分のうち当該重要無線通信障害原因となる部分（以下「障害原因部分」という。）を明示し、理由を付した文書により、当該高層部分が当該伝搬障害防止区域に係る重要無線通信障害原因とならないと認められるときは、その検討の結果を記載した文書により、その旨を当該届出をした建築主に通知しなければならない。

④　③により、届出に係る高層部分が当該伝搬障害防止区域に係る重要無線通信障害原因となると認められる旨の通知を受けた建築主は、その通知を受けた日から［　D　］は、当該指定行為に係る工事のうち当該通知に係る障害原因部分に係るものを自ら行い又はその請負人に行わせてはならない[注３]。

注３　電波法第102条の６（重要無線通信障害原因となる高層部分の工事の制限）第１号から第３号までのいずれかに該当する場合を除く。

	A	B	C	D
1	890メガヘルツ	するものとする	31メートル	1年間
2	470メガヘルツ	するものとする	31メートル	1年間
3	470メガヘルツ	することができる	50メートル	2年間
4	890メガヘルツ	することができる	31メートル	2年間
5	890メガヘルツ	するものとする	50メートル	1年間

▶ 解答　4

出題傾向　下線の部分は、ほかの試験問題で穴埋めの字句として出題されている。

A－11　類 05(7①) 03(1①)

空中線の利得等の定義に関する次の記述のうち、電波法施行規則（第２条）の規定に照らし、この規定に定めるところに適合しないものはどれか。下の１から４までのうちから一つ選べ。

1 「空中線の相対利得」とは、基準空中線が空間に隔離された等方性空中線であるときの与えられた方向における空中線の利得をいう。
2 「実効輻(ふく)射電力」とは、空中線に供給される電力に、与えられた方向における空中線の相対利得を乗じたものをいう。
3 「空中線の利得」とは、与えられた空中線の入力部に供給される電力に対する、与えられた方向において、同一の距離で同一の電界を生ずるために、基準空中線の入力部で必要とする電力の比をいう。この場合において、別段の定めがないときは、空中線の利得を表す数値は、主輻(ふく)射の方向における利得を示す。
4 「空中線電力」とは、尖(せん)頭電力、平均電力、搬送波電力又は規格電力をいう。

解説　誤っている選択肢は次のようになる。

1 「空中線の相対利得」とは、基準空中線が空間に隔離され、**かつ、その垂直二等分面が与えられた方向を含む半波無損失ダイポール**であるときの与えられた方向における空中線の利得をいう。

▶ **解答　1**

A－12　05(7②)

次の記述は、スプリアス発射又は不要発射の強度の許容値について述べたものである。無線設備規則（第７条）の規定に照らし、[　　]内に入れるべき最も適切な字句の組合せを下の１から５までのうちから一つ選べ。なお、同じ記号の[　　]内には、同じ字句が入るものとする。

① スプリアス発射又は不要発射の強度の許容値は、無線設備規則別表第３号に定めるとおりとする。
② 無線設備規則別表第３号において使用する用語の意義は、次のとおりとする。
(1) 「スプリアス発射の強度の許容値」とは、[A]において給電線に供給される周波数ごとのスプリアス発射の[B]により規定される許容値をいう。
(2) 「不要発射の強度の許容値」とは、[C]において給電線に供給される周波数ごとの不要発射の[B]（無線測位業務を行う無線局、[D]の周波数の電波を使用するアマチュア局及び単側波帯を使用する無線局（移動局又は[D]の周波数の電波を使用する地上基幹放送局以外の無線局に限る。）の送信設備（実数零点単側波帯変調方式を用いるものを除く。）にあっては、尖頭(せんとう)電力）により規定される許容値をいう。ただし、別に定めがあるものについてはこの限りでない。

	A	B	C	D
1	変調時	平均電力	無変調時	470 MHz 以下
2	無変調時	平均電力	変調時	30 MHz 以下
3	変調時	搬送波電力	無変調時	30 MHz 以下
4	無変調時	搬送波電力	変調時	470 MHz 以下
5	変調時	平均電力	無変調時	30 MHz 以下

▶ **解答　2**

A－13　26(7)

次の記述は、無線従事者の免許証の再交付等について述べたものである。無線従事者規則（第 50 条及び第 51 条）の規定に照らし、[　　]内に入れるべき最も適切な字句の組合せを下の１から４までのうちから一つ選べ。なお、同じ記号の[　　]内には、同じ字句が入るものとする。

① 無線従事者は、[A]に変更を生じたとき又は免許証を汚し、破り、若しくは失ったために免許証の再交付を受けようとするときは、無線従事者免許証再交付申請書に次の (1) から (3) までに掲げる書類を添えて総務大臣又は総合通信局長（沖縄総合通信事務所長を含む。以下同じ。）に提出しなければならない。

(1) 免許証（免許証を失った場合を除く。）

(2) 写真[B]

(3) [A]の変更の事実を証する書類（[A]に変更を生じたときに限る。）

② 無線従事者は、免許の取消しの処分を受けたときは、その処分を受けた日から[C]以内にその免許証を総務大臣又は総合通信局長に返納しなければならない。免許証の再交付を受けた後失った免許証を発見したときも同様とする。

	A	B	C
1	本籍地の都道府県又は氏名	1 枚	1 箇月
2	氏名	1 枚	10 日
3	氏名	2 枚	1 箇月
4	本籍地の都道府県又は氏名	2 枚	10 日

▶ **解答　2**

出題傾向　正誤問題として頻繁に出題されている。

A－14　05(1②)　03(7②)

無線局の運用に関する次の記述のうち、電波法（第56条から第59条まで）の規定に照らし、これらの規定に定めるところに適合しないものはどれか。下の1から4までのうちから一つ選べ。

1　無線局は、次の(1)又は(2)に掲げる場合には、なるべく擬似空中線回路を使用しなければならない。
(1)　無線設備の機器の試験又は調整を行うために運用するとき。
(2)　実験等無線局を運用するとき。

2　実験等無線局及びアマチュア無線局の行う通信には、暗語を使用してはならない。

3　無線局は、他の無線局又は電波天文業務(注1)の用に供する受信設備その他の総務省令で定める受信設備（無線局のものを除く。）で総務大臣が指定するものにその運用を阻害するような混信その他の妨害を与えないように運用しなければならない。ただし、遭難通信、緊急通信、安全通信又は非常通信については、この限りでない。

注1　宇宙から発する電波の受信を基礎とする天文学のための当該電波の受信の業務をいう。

4　何人も法律に別段の定めがある場合を除くほか、特定の相手方に対して行われる無線通信(注2)を傍受してその存在若しくは内容を漏らし、又はこれを窃用してはならない。

注2　電気通信事業法第4条（秘密の保護）第1項又は第164条（適用除外等）第3項の通信であるものを除く。

解説　誤っている選択肢は次のようになる。

2　**アマチュア無線局**の行う通信には、暗語を使用してはならない。

▶ **解答　2**

A－15 05(7②)

次の記述は、非常の場合の無線通信の送信順位について述べたものである。無線局運用規則（第129条）の規定に照らし、□内に入れるべき最も適切な字句の組合せを下の１から４までのうちから一つ選べ。

① 電波法第74条（非常の場合の無線通信）第１項に規定する通信における通報の送信の優先順位は、次の(1)から(9)までのとおりとする。同順位の内容のものであるときは、受付順又は受信順に従って送信しなければならない。

(1) [A] に関する通報

(2) 天災の予報に関する通報（主要河川の水位に関する通報を含む。）

(3) 秩序維持のために必要な緊急措置に関する通報

(4) [B] に関する通報（日本赤十字社の本社及び支社相互間に発受するものを含む。）

(5) 電信電話回線の復旧のため緊急を要する通報

(6) 鉄道線路の復旧、道路の修理、罹災者の輸送、救済物資の緊急輸送等のために必要な通報

(7) [C] に関し、次の機関相互間に発受する緊急な通報

中央防災会議並びに緊急災害対策本部、非常災害対策本部及び特定災害対策本部

地方防災会議等

災害対策本部

(8) 電力設備の修理復旧に関する通報

(9) その他の通報

② ①の順位によることが不適当であると認める場合は、①にかかわらず、適当と認める順位に従って送信することができる。

	A	B	C
1	人命の救助	負傷者治療	災害応急対策
2	重大かつ急迫な危険の回避	負傷者治療	非常災害地の救援
3	重大かつ急迫な危険の回避	遭難者救援	災害応急対策
4	人命の救助	遭難者救援	非常災害地の救援

▶ **解答　4**

出題傾向　下線の部分は、ほかの試験問題で穴埋めの字句として出題されている。

B－1 類 05(7②) 28(7)

次の記述は、無線局の登録について述べたものである。電波法(第 27 条の 18 及び第 27 条の 21)の規定に照らし、[　　]内に入れるべき最も適切な字句を下の 1 から 10 までのうちからそれぞれ一つ選べ。なお、同じ記号の[　　]内には、同じ字句が入るものとする。

① 電波を発射しようとする場合において当該電波と周波数を同じくする電波を受信することにより一定の時間自己の電波を発射しないことを確保する機能を有する無線局その他無線設備の[ア](総務省令で定めるものに限る。以下同じ。)を同じくする他の無線局の運用を阻害するような混信その他の妨害を与えないように運用することのできる無線局のうち総務省令で定めるものであって、[イ]のみを使用するものを[ウ]開設しようとする者は、総務大臣の登録を受けなければならない。

② ①の登録を受けようとする者は、総務省令で定めるところにより、次の(1)から(4)までに掲げる事項を記載した申請書を総務大臣に提出しなければならない。
 (1) 氏名又は名称及び住所並びに法人にあっては、その代表者の氏名
 (2) 開設しようとする無線局の無線設備の[ア]
 (3) 無線設備の設置場所
 (4) [エ]

③ ②の申請書には、開設の目的その他総務省令で定める事項を記載した書類を添付しなければならない。

④ ①の登録の有効期間は、登録の日から起算して[オ]を超えない範囲内において総務省令で定める。ただし、再登録を妨げない。

1 工事設計　2 規格　3 適合表示無線設備
4 その型式について総務大臣の行う検定に合格した無線設備の機器
5 総務省令で定める区域内に　6 総務省令で定める周波数を使用して
7 周波数及び空中線電力　8 通信の相手方及び通信事項
9 10 年　10 5 年

▶ **解答 ア－2 イ－3 ウ－5 エ－7 オ－10**

B－2　類 05(1②)　類 03(7①)　類 02(11②)

人工衛星局の条件に関する次の記述のうち、電波法(第 36 条の 2)の規定に照らし、この規定に定めるところに適合するものを 1、適合しないものを 2 として解答せよ。

ア　人工衛星局は、その無線設備の設置場所を遠隔操作により変更することができるものでなければならない。ただし、総務省令で定める人工衛星局については、この限りでない。

イ　人工衛星局は、その発射する電波の周波数をその許容偏差内に維持するため自動的に修正することができるものでなければならない。

ウ　人工衛星局は、他の無線局の通信に混信を与えたときは、直ちに周波数の変更ができるものでなければならない。

エ　人工衛星局の無線設備は、遠隔操作により電波の発射を直ちに停止することのできるものでなければならない。

オ　人工衛星局の無線設備の制御装置は、自動的に空中線電力を適正に調整できるものでなければならない。

▶ **解答　ア－1　イ－2　ウ－2　エ－1　オ－2**

B－3　類 05(7②)　類 03(1①)　03(1②)

次に掲げる職務のうち、電波法施行規則(第 34 条の 5)の規定に照らし、主任無線従事者の職務に該当するものを 1、該当しないものを 2 として解答せよ。

ア　電波法又は電波法に基づく命令の規定に違反して運用した無線局を認めたときに総務省令で定める手続により総務大臣に報告すること。

イ　無線業務日誌その他の書類を作成し、又はその作成を監督すること(記載された事項に関し必要な措置を執ることを含む。)。

ウ　無線設備の機器の点検若しくは保守を行い、又はその監督を行うこと。

エ　無線設備の設置場所を変更し、又は無線設備の変更の工事をしようとするときに総務大臣の許可を受けること。

オ　主任無線従事者の監督を受けて無線設備の操作を行う者に対する訓練(実習を含む。)の計画を立案し、実施すること。

解説　総務大臣に報告をしなければならないのは、免許人と規定されている。総務大臣の許可を受けるときに申請をするのは、免許人と規定されている。

▶ **解答　ア－2　イ－1　ウ－1　エ－2　オ－1**

B－4　類 03(7①)　02(11①)　類 02(11②)

次の記述は、無線局の免許状等(注)に記載された事項の遵守について述べたものである。電波法（第 52 条から第 55 条まで）及び電波法施行規則（第 37 条）の規定に照らし、［　　］内に入れるべき最も適切な字句を下の 1 から 10 までのうちからそれぞれ一つ選べ。

注　免許状又は登録状をいう。

① 無線局は、免許状に記載された［ア］（特定地上基幹放送局については放送事項）の範囲を超えて運用してはならない。ただし、次の (1) から (6) までに掲げる通信については、この限りでない。

(1) 遭難通信　(2) 緊急通信　(3) 安全通信　(4) 非常通信
(5) 放送の受信　(6) その他総務省令で定める通信

② 次の (1) から (4) までに掲げる通信は、①の (6) の「総務省令で定める通信」とする。

(1) ［イ］ために行う通信
(2) 電波の規正に関する通信
(3) 電波法第 74 条（非常の場合の無線通信）第 1 項に規定する通信の訓練のために行う通信
(4) (1) から (3) までに掲げる通信のほか電波法施行規則第 37 条（免許状の目的等にかかわらず運用することができる通信）各号に掲げる通信

③ 無線局を運用する場合においては、［ウ］、識別信号、電波の型式及び周波数は、その無線局の免許状等に記載されたところによらなければならない。ただし、遭難通信については、この限りでない。

④ 無線局を運用する場合においては、空中線電力は、次の (1) 及び (2) の定めるところによらなければならない。ただし、［エ］については、この限りでない。

(1) 免許状等に記載されたものの範囲内であること。
(2) 通信を行うため［オ］であること。

⑤ 無線局は、免許状に記載された運用許容時間内でなければ、運用してはならない。ただし、①の (1) から (6) までに掲げる通信を行う場合及び総務省令で定める場合は、この限りでない。

1　無線局の種別、目的又は通信の相手方若しくは通信事項
2　目的又は通信の相手方若しくは通信事項
3　免許人以外の者のための通信であって、急を要するものを送信する
4　無線機器の試験又は調整をする
5　無線設備　6　無線設備の設置場所　7　遭難通信
8　遭難通信、緊急通信、安全通信又は非常通信
9　必要最小のもの　10　必要十分なもの

▶ **解答　ア－２　イ－４　ウ－６　エ－７　オ－９**

出題傾向　下線の部分は、ほかの試験問題で穴埋めの字句として出題されている。

B－5　03(7①)　02(11②)

次に掲げる命令又は制限のうち、電波法（第 76 条）の規定に照らし、免許人が電波法若しくは電波法に基づく命令又はこれらに基づく処分に違反したときに、総務大臣が行うことができる命令又は制限に該当するものを 1、該当しないものを 2 として解答せよ。

ア　期間を定めて行う無線局の通信の相手方の制限
イ　3 月以内の期間を定めて行う無線局の運用の停止
ウ　期間を定めて行う無線局の運用許容時間の制限
エ　期間を定めて行う無線局の周波数又は空中線電力の制限
オ　期間を定めて行う無線局の通信事項の制限

解説　「総務大臣は、免許人等がこの法律、放送法若しくはこれらの法律に基づく命令又はこれらに基づく処分に違反したときは、3 月以内の期間を定めて無線局の運用の停止を命じ、又は期間を定めて運用許容時間、周波数若しくは空中線電力を制限することができる。」と規定されている。

▶ **解答　ア－２　イ－１　ウ－１　エ－１　オ－２**

法　　規（令和4年7月期②）

A－1　06(1)　03(7①)　02(11②)

総務大臣から無線設備の変更の工事の許可を受けた免許人が、当該無線設備を運用するための手続きに関する次の記述のうち、電波法（第18条）の規定に照らし、この規定に定めるところに適合するものはどれか。下の1から4までのうちから一つ選べ。

1　無線設備の変更の工事を行った後、遅滞なく、その工事が終了した旨を総務大臣に届け出なければならない。

2　総務省令で定める場合を除き、総務大臣の検査を受け、無線設備の変更の工事の結果が許可の内容に適合していると認められた後でなければ、許可に係る無線設備を運用してはならない。

3　登録検査等事業者(注1)又は登録外国点検事業者(注2)の点検を受け、無線設備の変更の工事の結果が電波法第3章（無線設備）に定める技術基準に適合していると認められた後でなければ、許可に係る無線設備を運用してはならない。

注1　電波法第24条の2（検査等事業者の登録）第1項の登録を受けた者をいう。
　2　電波法第24条の13（外国点検事業者の登録等）第1項の登録を受けた者をいう。

4　無線設備の変更の工事を実施した旨を無線業務日誌に記載し、その後最初に行われる電波法第73条第1項の検査（定期検査）において、その工事の結果について総務大臣の確認を受けなければならない。

解説　誤っている選択肢のうち3については、次のようになる。

3　総務大臣の検査は、その検査を受けようとする者が、当該検査を受けようとする無線設備について登録検査等事業者又は登録外国点検事業者の登録を受けた者が総務省令で定めるところにより行った当該登録に係る点検の結果を記載した書類を総務大臣に提出した場合においては、その一部を省略することができる。

▶ **解答　2**

A－2　01(7)

次の記述は、陸上に開設する無線局の免許の承継について述べたものである。電波法（第20条）の規定に照らし、［　　］内に入れるべき最も適切な字句の組合せを下の1から4までのうちから一つ選べ。なお、同じ記号の［　　］内には、同じ字句が入るものとする。

①　免許人について相続があったときは、その相続人は、免許人の地位を承継する。

②　免許人たる法人が合併又は分割（無線局をその用に供する事業の全部を承継させるものに限る。）をしたときは、合併後存続する法人若しくは合併により設立された法人又は分割により当該事業の全部を承継した法人は、［　A　］免許人の地位を承継することができる。

③　免許人が無線局をその用に供する事業の全部の譲渡しをしたときは、譲受人は、［　A　］免許人の地位を承継することができる。
④　［　B　］免許人の地位を承継した者は、遅滞なく、その事実を証する書面を添えてその旨を総務大臣に［　C　］。

	A	B	C
1	総務大臣の許可を受けて	①から③までの規定により	届け出てその無線局の検査を受けなければならない
2	総務大臣の許可を受けて	①の規定により	届け出なければならない
3	総務大臣の登録を受けて	①から③までの規定により	届け出なければならない
4	総務大臣の登録を受けて	①の規定により	届け出てその無線局の検査を受けなければならない

▶ **解答　2**

出題傾向　下線の部分は、ほかの試験問題で穴埋めの字句として出題されている。

A－3　03(7①)

次の記述は、特定無線局の免許の特例について述べたものである。電波法（第27条の2）の規定に照らし、［　　］内に入れるべき最も適切な字句の組合せを下の1から4までのうちから一つ選べ。

次の(1)又は(2)のいずれかに掲げる無線局であって、［　A　］もの（以下「特定無線局」という。）を［　B　］開設しようとする者は、その特定無線局が目的、通信の相手方、［　C　］並びに無線設備の規格（総務省令で定めるものに限る。）を同じくするものである限りにおいて、電波法第27条の3（特定無線局の免許の申請）から同法第27条の11（特定無線局及び包括免許人に関する適用除外等）までに規定するところにより、これらの特定無線局を包括して対象とする免許を申請することができる。

(1)　移動する無線局であって、通信の相手方である無線局からの電波を受けることによって自動的に選択される周波数の電波のみを発射するもののうち、総務省令で定める無線局
(2)　電気通信業務を行うことを目的として陸上に開設する移動しない無線局であって、移動する無線局を通信の相手方とするもののうち、無線設備の設置場所、空中線電力等を勘案して総務省令で定める無線局

	A	B	C
1	適合表示無線設備のみを使用する	10 以上	電波の型式、周波数及び空中線電力
2	特定機器に係る適合性の評価を同じくする	2 以上	電波の型式、周波数及び空中線電力
3	特定機器に係る適合性の評価を同じくする	10 以上	電波の型式及び周波数
4	適合表示無線設備のみを使用する	2 以上	電波の型式及び周波数

▶ **解答 4**

出題傾向 下線の部分は、ほかの試験問題で穴埋めの字句として出題されている。

A－4 03(7②) 02(11①)

次の記述は、人工衛星局の無線設備の条件等について述べたものである。電波法（第 36 条の 2）及び電波法施行規則（第 32 条の 4 及び第 32 条の 5）の規定に照らし、［　　］内に入れるべき最も適切な字句の組合せを下の 1 から 5 までのうちから一つ選べ。

① ［ A ］の無線設備は、遠隔操作により電波の発射を直ちに停止することのできるものでなければならない。

② 対地静止衛星に開設する人工衛星局（実験試験局を除く。）であって、固定地点の地球局相互間の無線通信の中継を行うものは、公称されている位置から［ B ］にその位置を維持することができるものでなければならない。

③ 人工衛星局は、その無線設備の［ C ］ことができるものでなければならない。ただし、総務省令で定める人工衛星局については、この限りでない。

④ ③のただし書の総務省令で定める人工衛星局は、対地静止衛星に開設する［ D ］とする。

	A	B	C	D
1	人工衛星局（対地静止衛星に開設するものに限る。）	経度の（±）0.1 度以内	周波数及び空中線電力を遠隔操作により変更する	人工衛星局以外の人工衛星局
2	人工衛星局	経度の（±）0.1 度以内	設置場所を遠隔操作により変更する	人工衛星局以外の人工衛星局
3	人工衛星局	緯度及び経度のそれぞれ（±）0.5 度以内	周波数及び空中線電力を遠隔操作により変更する	人工衛星局
4	人工衛星局（対地静止衛星に開設するものに限る。）	経度の（±）0.1 度以内	設置場所を遠隔操作により変更する	人工衛星局
5	人工衛星局（対地静止衛星に開設するものに限る。）	緯度及び経度のそれぞれ（±）0.5 度以内	設置場所を遠隔操作により変更する	人工衛星局

▶ **解答　2**

出題傾向　下線の部分は、ほかの試験問題で穴埋めの字句として出題されている。

A－5　05(7①)

次の記述は、特別特定無線設備の技術基準適合自己確認等について述べたものである。電波法（第 38 条の 33 及び第 38 条の 35）の規定に照らし、[　　]内に入れるべき最も適切な字句の組合せを下の 1 から 4 までのうちから一つ選べ。なお、同じ記号の[　　]内には、同じ字句が入るものとする。

① 特定無線設備（小規模な無線局に使用するための無線設備であって総務省令で定めるものをいう。）のうち、無線設備の技術基準、使用の態様等を勘案して、他の無線局の運用を著しく阻害するような混信その他の妨害を与えるおそれが少ないものとして総務省令で定めるもの（以下「特別特定無線設備」という。）の[A]は、その特別特定無線設備を、電波法第 3 章（無線設備）に定める技術基準に適合するものとして、その工事設計（当該工事設計に合致することの確認の方法を含む。）について自ら確認することができる。

② [A]は、総務省令で定めるところにより検証を行い、その特別特定無線設備の工事設計が電波法第3章（無線設備）に定める技術基準に適合するものであり、かつ、当該工事設計に基づく特別特定無線設備のいずれもが当該工事設計に合致するものとなることを確保することができると認めるときに限り、①による確認（以下「技術基準適合自己確認」という。）を行うものとする。

③ [A]は、技術基準適合自己確認をしたときは、総務省令で定めるところにより、次の(1)から(5)までに掲げる事項を総務大臣に届け出ることができる。

(1) 氏名又は名称及び住所並びに法人にあっては、その代表者の氏名

(2) 技術基準適合自己確認を行った特別特定無線設備の種別及び工事設計

(3) ②の検証の[B]

(4) (2)の工事設計に基づく特別特定無線設備のいずれもが当該工事設計に合致することの確認の方法

(5) その他技術基準適合自己確認の方法等に関する事項で総務省令で定めるもの

④ ③による届出をした者（以下「届出業者」という。）は、総務省令で定めるところにより、②の検証に係る記録を作成し、これを保存しなければならない。

⑤ 届出業者は、③による届出に係る工事設計に基づく特別特定無線設備について、電波法第38条の34（工事設計合致義務等）第2項の規定による義務を履行したときは、当該特別特定無線設備に総務省令で定める[C]を付することができる。

	A	B	C
1	製造業者及び販売業者	業務の実施方法を定める書類	表示
2	製造業者又は輸入業者	業務の実施方法を定める書類	検査記録
3	製造業者又は輸入業者	結果の概要	表示
4	製造業者及び販売業者	結果の概要	検査記録

▶ **解答 3**

出題傾向 下線の部分は、ほかの試験問題で穴埋めの字句として出題されている。

A－6 05(7①) 類03(7①) 03(7②)

測定器等の較正に関する次の記述のうち、電波法（第102条の18）の規定に照らし、この規定に定めるところに適合しないものはどれか。下の1から4までのうちから一つ選べ。

1　無線設備の点検に用いる測定器その他の設備であって総務省令で定めるもの（以下２及び３において「測定器等」という。）の較正は、国立研究開発法人情報通信研究機構（以下２、３及び４において「機構」という。）がこれを行うほか、総務大臣は、その指定する者（以下２、３及び４において「指定較正機関」という。）にこれを行わせることができる。

2　機構又は指定較正機関は、測定器等の較正を行ったときは、総務省令で定めるところにより、その測定器等に較正をした旨の表示を付するものとする。

3　機構又は指定較正機関による較正を受けた測定器等以外の測定器等には、較正をした旨の表示又はこれと紛らわしい表示を付してはならない。

4　機構又は指定較正機関は、較正を行うときは、総務省令で定める測定器その他の設備を使用し、かつ、総務省令で定める要件を備える者にその較正を行わせなければならない。

解説　誤っている選択肢は次のようになる。

4「機構又は指定較正機関は」が誤り、正しくは「**指定較正機関は**」

▶ **解答　4**

A－7

05(7①)　03(7②)

空中線電力の表示に関する次の記述のうち、電波法施行規則（第４条の４）の規定に照らし、この規定に定めるところに適合しないものはどれか。下の１から４までのうちから一つ選べ。

1　デジタル放送（F7W 電波及び G7W 電波を使用するものを除く。）を行う地上基幹放送局(注)の送信設備の空中線電力は、平均電力（pY）をもって表示する。

注　地上基幹放送試験局及び基幹放送を行う実用化試験局を含む。

2　無線設備規則第３条（定義）第15号に規定するローカル5Gの無線局の送信設備の空中線電力は、平均電力（pY）をもって表示する。

3　電波の型式のうち主搬送波の変調の型式が「J」の記号で表される電波を使用する送信設備の空中線電力は、平均電力（pY）をもって表示する。

4　電波の型式のうち主搬送波の変調の型式が「F」の記号で表される電波を使用する送信設備の空中線電力は、平均電力（pY）をもって表示する。

解説　誤っている選択肢は次のようになる。

3　電波の型式のうち主搬送波の変調の型式が「J」の記号で表される電波を使用する送信設備の空中線電力は、**尖**（せん）**頭電力（pX）**をもって表示する。

▶ **解答　3**

無線工学の基礎　無線工学A　無線工学B　法規

A－8 06(1) 03(7②) 02(11①)

電波の強度(注1)に対する安全施設、高圧電気(注2)に対する安全施設等に関する次の記述のうち、電波法施行規則（第21条の2、第21条の3、第25条及び第26条）の規定に照らし、これらの規定に定めるところに適合しないものはどれか。下の1から4までのうちから一つ選べ。

注1　電界強度、磁界強度、電力束密度及び磁束密度をいう。
　2　高周波若しくは交流の電圧300ボルト又は直流の電圧750ボルトを超える電気をいう。

1　無線設備の空中線系には避雷器又は接地装置を、また、カウンターポイズには接地装置をそれぞれ設けなければならない。ただし、26.175 MHzを超える周波数を使用する無線局の無線設備及び陸上移動局又は携帯局の無線設備の空中線については、この限りでない。

2　無線設備には、当該無線設備から発射される電波の強度が電波法施行規則別表第2号の3の2（電波の強度の値の表）に定める値を超える場所（人が通常、集合し、通行し、その他出入りする場所に限る。）に無線従事者のほか容易に出入りすることができないように、施設をしなければならない。ただし、次の(1)から(3)までに掲げる無線局の無線設備については、この限りではない。
(1)　平均電力が30ミリワット以下の無線局の無線設備
(2)　陸上移動業務の無線局の無線設備
(3)　電波法施行規則第21条の3（電波の強度に対する安全施設）第1項第3号又は第4号に定める無線局の無線設備

3　送信設備の空中線、給電線若しくはカウンターポイズであって高圧電気を通ずるものは、その高さが人の歩行その他起居する平面から2.5メートル以上のものでなければならない。ただし、次の(1)又は(2)の場合は、この限りでない。
(1)　2.5メートルに満たない高さの部分が、人体に容易に触れない構造である場合又は人体が容易に触れない位置にある場合
(2)　移動局であって、その移動体の構造上困難であり、かつ、無線従事者以外の者が出入しない場所にある場合

4　無線設備は、破損、発火、発煙等により人体に危害を及ぼし、又は物件に損傷を与えることがあってはならない。

解説 誤っている選択肢は次のようになる。

2　無線設備には、当該無線設備から発射される電波の強度が電波法施行規則別表第2号の3の2（電波の強度の値の表）に定める値を超える場所（人が通常、集合し、通行し、その他出入りする場所に限る。）に**取扱者**のほか容易に出入りすることができないように、施設をしなければならない。ただし、次の(1)から(3)までに掲げる無線局の無線設備については、この限りではない。

(1) 平均電力が**20 ミリワット**以下の無線局の無線設備

(2) **移動する無線局**の無線設備

(3) 電波法施行規則第 21 条の 3(電波の強度に対する安全施設) 第 1 項第 3 号又は第 4 号に定める無線局の無線設備

▶ **解答　2**

A－9　05(7①)

次の記述は、送信装置の変調について述べたものである。無線設備規則(第 18 条)の規定に照らし、[　　　]内に入れるべき最も適切な字句の組合せを下の 1 から 4 までのうちから一つ選べ。

① 送信装置は、音声その他の周波数によって搬送波を変調する場合には、[A]において[B]を超えない範囲に維持されるものでなければならない。

② [C]の送信装置は、通信に秘匿性を与える機能を有してはならない。

	A	B	C
1	変調波の尖(せん)頭値	(±)85 パーセント	実験等無線局
2	信号波の平均値	(±)85 パーセント	アマチュア局
3	信号波の平均値	(±)100 パーセント	実験等無線局
4	変調波の尖(せん)頭値	(±)100 パーセント	アマチュア局

▶ **解答　4**

出題傾向　下線の部分は、ほかの試験問題で穴埋めの字句として出題されている。

A－10　類 05(7②)　類 03(1②)

次に掲げる事項のうち、空中線の指向特性を定めるものに該当しないものはどれか。無線設備規則(第 22 条)の規定に照らし、下の 1 から 4 までのうちから一つ選べ。

1 空中線の利得及び能率
2 空中線を設置する位置の近傍にあるものであって電波の伝わる方向を乱すもの
3 給電線よりの輻(ふく)射
4 主輻(ふく)射方向及び副輻(ふく)射方向

解説　誤っている選択肢は次のようになる。

1 水平面の主輻(ふく)射の角度の幅

▶ **解答　1**

A－11 類05(7①) 類03(1①) 類03(1②) 31(1)

次の記述は、固定局の主任無線従事者の職務について述べたものである。電波法(第39条)及び電波法施行規則(第34条の5)の規定に照らし、[ ]内に入れるべき最も適切な字句の組合せを下の1から4までのうちから一つ選べ。

① 電波法第39条(無線設備の操作)第4項の規定により[A]主任無線従事者は、無線設備の操作の監督に関し総務省令で定める職務を誠実に行わなければならない。

② ①の総務省令で定める職務は、次の(1)から(5)までのとおりとする。

(1) 主任無線従事者の監督を受けて無線設備の操作を行う者に対する訓練(実習を含む。)の計画を立案し、実施すること。

(2) 無線設備の[B]を行い、又はその監督を行うこと。

(3) 無線業務日誌その他の書類を作成し、又はその作成を監督すること(記載された事項に関し必要な措置を執ることを含む。)。

(4) 主任無線従事者の職務を遂行するために必要な事項に関し[C]に対して意見を述べること。

(5) その他無線局の無線設備の操作の監督に関し必要と認められる事項

	A	B	C
1	その選任の届出がされた	変更の工事	総務大臣
2	その選任について総務大臣の許可を受けた	変更の工事	免許人
3	その選任について総務大臣の許可を受けた	機器の点検若しくは保守	総務大臣
4	その選任の届出がされた	機器の点検若しくは保守	免許人

▶ **解答 4**

出題傾向

主任無線従事者に関する問題は頻繁に出題されており、主任無線従事者の非適格事由、選任、職務、講習に関することが出題される。また、下線の部分は、ほかの試験問題で穴埋めの字句として出題されている。

A－12 05(7②) 03(7②)

無線局を運用する場合における免許状又は登録状に記載された事項の遵守に関する次の記述のうち、電波法(第52条から第55条まで)の規定に照らし、これらの規定に定めるところに適合しないものはどれか。下の1から4までのうちから一つ選べ。

1　無線局を運用する場合においては、無線設備の設置場所、識別信号、電波の型式及び周波数は、その無線局の免許状又は登録状に記載されたところによらなければならない。ただし、遭難通信については、この限りでない。
2　無線局は、免許状に記載された目的又は通信の相手方若しくは通信事項（特定地上基幹放送局については放送事項）の範囲を超えて運用してはならない。ただし、遭難通信、緊急通信、安全通信、非常通信、放送の受信その他総務省令で定める通信については、この限りでない。
3　無線局は、免許状に記載された運用許容時間内でなければ、運用してはならない。ただし、遭難通信、緊急通信、安全通信、非常通信、放送の受信その他総務省令で定める通信を行う場合及び総務省令で定める場合は、この限りでない。
4　無線局を運用する場合においては、空中線電力は、免許状又は登録状に記載されたところによらなければならない。ただし、遭難通信については、この限りでない。

解説　誤っている選択肢は次のようになる。

4　無線局を運用する場合においては、空中線電力は、次の（1）及び（2）に定めるところによらなければならない。ただし、遭難通信については、この限りでない。
（1）免許状又は登録状に**記載されたものの範囲内**であること。
（2）通信を行うため**必要最小のもの**であること。

▶ **解答　4**

出題傾向　穴埋め問題として頻繁に出題されている。

A－13　05（7①）　03（1②）　02（11①）

次の記述は、混信等の防止について述べたものである。電波法（第56条）及び電波法施行規則（第50条の2）の規定に照らし、［　　］内に入れるべき最も適切な字句の組合せを下の1から5までのうちから一つ選べ。なお、同じ記号の［　　］内には、同じ字句が入るものとする。

①　無線局は、［ A ］又は電波天文業務（注）の用に供する受信設備その他の総務省令で定める受信設備（無線局のものを除く。）で総務大臣が［ B ］するものにその運用を阻害するような混信その他の妨害を与えないように運用しなければならない。ただし、［ C ］については、この限りでない。

注　宇宙から発する電波の受信を基礎とする天文学のための当該電波の受信の業務をいう。

②　①の［ B ］に係る受信設備は、次の（1）又は（2）に掲げるもの（移動するものを除く。）とする。

無線工学の基礎　無線工学A　無線工学B　法規

(1) 電波天文業務の用に供する受信設備

(2) [D]の電波の受信を行う受信設備

	A	B	C	D
1	他の無線局	指定	遭難通信、緊急通信、安全通信又は非常通信	宇宙無線通信
2	重要無線通信を行う無線局	認定	遭難通信、緊急通信、安全通信又は非常通信	衛星通信
3	他の無線局	指定	遭難通信、緊急通信、安全通信、非常通信又はその他総務省令で定める通信	宇宙無線通信
4	重要無線通信を行う無線局	指定	遭難通信、緊急通信、安全通信、非常通信又はその他総務省令で定める通信	衛星通信
5	他の無線局	認定	遭難通信、緊急通信、安全通信又は非常通信	衛星通信

▶ **解答　1**

出題傾向　下線の部分は、ほかの試験問題で穴埋めの字句として出題されている。

A－14　06(1)

暗語の使用に関する次の記述のうち、電波法（第58条）の規定に照らし、この規定に定めるところに適合するものはどれか。下の1から4までのうちから一つ選べ。

1　簡易無線局の行う通信には、暗語の使用が禁止されている。
2　陸上移動業務の無線局の行う通信には、暗語の使用が禁止されている。
3　実験等無線局の行う通信には、暗語の使用が禁止されている。
4　アマチュア無線局の行う通信には、暗語の使用が禁止されている。

▶ **解答　4**

A－15　22(7)

次に掲げる事由のうち、総務大臣が特定無線局（注）の包括免許を取り消すことができる場合に該当しないものはどれか。電波法（第76条）の規定に照らし、下の1から5までのうちから一つ選べ。

注　電波法第27条の2（特定無線局の免許の特例）第1号に掲げる無線局に係るものに限る。

1　特定無線局について、その包括免許の有効期間中において同時に開設されていることとなる特定無線局の数の最大のものが当該包括免許に係る指定無線局数を著しく下回ることが確実であると認めるに足りる相当な理由があるとき。

2　電波法第 76 条第１項の規定による無線局の運用の停止命令に従わないとき。

3　正当な理由がないのに、その包括免許に係る全ての特定無線局の運用を引き続き６月以上休止したとき。

4　電波法第 27 条の５（包括免許の付与）第１項第４号の運用開始の期限（期限の延長があったときは、その期限）までに特定無線局の運用を全く開始しないとき。

5　不正な手段により包括免許若しくは電波法第 27 条の８（変更等の許可）第１項の許可を受け、又は電波法第 27 条の９（申請による周波数、指定無線局数の変更）の規定による指定の変更を行わせたとき。

▶ **解答　1**

B－1

次の記述は、無線局の免許状の訂正等について述べたものである。電波法（第 21 条及び第 24 条）、電波法施行規則（第 38 条）及び無線局免許手続規則（第 22 条）の規定に照らし、[　　]内に入れるべき最も適切な字句を下の１から 10 までのうちからそれぞれ一つ選べ。

①　免許人は、[ア]に変更を生じたときは、その免許状を総務大臣に提出し、訂正を受けなければならない。

②　免許がその効力を失ったときは、免許人であった者は、[イ]その免許状を[ウ]しなければならない。

③　陸上移動局、携帯局又は携帯移動地球局にあっては、その[エ]に免許状を備え付けなければならない。

④　免許人は、電波法第 21 条の免許状の訂正を受けようとするときは、次の（1）から（5）までに掲げる事項を記載した申請書を総務大臣又は総合通信局長（沖縄総合通信事務所長を含む。）に提出しなければならない。

（1）免許人の氏名又は名称及び住所並びに法人にあっては、その代表者の氏名

（2）無線局の[オ]及び局数

（3）識別信号（包括免許に係る特定無線局を除く。）

（4）免許の番号又は包括免許の番号

（5）訂正を受ける箇所及び訂正を受ける理由

1	免許状に記載した事項	2	免許人の氏名又は住所	3	1箇月以内に
4	10日以内に	5	廃棄	6	返納
7	無線設備の常置場所	8	免許に係る事務を行う免許人の事務所		
9	種別	10	目的		

▶ **解答　ア－1　イ－3　ウ－6　エ－7　オ－9**

B－2

05(7②)

不要発射等に関する次の記述のうち、電波法施行規則(第2条)の規定に照らし、この規定に定めるところに適合するものを1、適合しないものを2として解答せよ。

ア　「帯域外発射」とは、必要周波数帯に近接する周波数の電波の発射で情報の伝送のための変調の過程において生ずるものをいう。

イ　「不要発射」とは、スプリアス発射及び帯域外発射をいう。

ウ　「スプリアス領域」とは、帯域外領域の内側のスプリアス発射が支配的な周波数帯をいう。

エ　「帯域外領域」とは、必要周波数帯の外側の帯域外発射が支配的な周波数帯をいう。

オ　「スプリアス発射」とは、必要周波数帯外における1又は2以上の周波数の電波の発射であって、そのレベルを情報の伝送に影響を与えないで除去することができるものをいい、高調波発射、低調波発射及び寄生発射を含み、相互変調積及び帯域外発射を含まないものとする。

解説　誤っている選択肢は次のようになる。

ウ　「スプリアス領域」とは、帯域外領域の**外側**のスプリアス発射が支配的な周波数帯をいう。

オ　「スプリアス発射」とは、必要周波数帯外における1又は2以上の周波数の電波の発射であって、そのレベルを情報の伝送に影響を与えないで**低減**することができるものをいい、高調波発射、低調波発射、**寄生発射及び相互変調積を含み、帯域外発射を含まない**ものとする。

▶ **解答　ア－1　イ－1　ウ－2　エ－1　オ－2**

B－3

類05(1②)　類03(7①)　類02(11①)　01(7)

無線従事者の免許証に関する次の記述のうち、電波法施行規則(第38条)及び無線従事者規則(第47条、第50条及び第51条)の規定に照らし、これらの規定に定めるところに適合するものを1、適合しないものを2として解答せよ。

ア　無線従事者が引き続き５年以上無線局の無線設備の操作に従事しなかったときは、免許は効力を失うものとし、遅滞なく免許証を総務大臣又は総合通信局長（沖縄総合通信事務所長を含む。以下イ、ウ、エ及びオにおいて同じ。）に返納しなければならない。

イ　総務大臣又は総合通信局長は、無線従事者の免許を与えたときは、免許証を交付するものとし、無線従事者は、その業務に従事しているときは、免許証を総務大臣又は総合通信局長の要求に応じて直ちに提示することができる場所に保管しておかなければならない。

ウ　無線従事者は、免許証の再交付を受けた後失った免許証を発見したときは、その発見した日から10日以内に再交付を受けた免許証を総務大臣又は総合通信局長に返納しなければならない。

エ　無線従事者は、免許の取消しの処分を受けたときは、その処分を受けた日から10日以内にその免許証を総務大臣又は総合通信局長に返納しなければならない。

オ　無線従事者は、免許証を失ったために免許証の再交付を受けようとするときは、無線従事者免許証再交付申請書に写真１枚を添えて総務大臣又は総合通信局長に提出しなければならない。

解説　誤っている選択肢は次のようになる。

ア　無線設備の操作に従事しなかったときに免許が効力を失う規定はない。

イ　総務大臣又は総合通信局長は、免許を与えたときは、免許証を交付するものとし、無線従事者は、その業務に従事しているときは、免許証を**携帯**していなければならない。

ウ　無線従事者は、免許証の再交付を受けた後失った免許証を発見したときは、その発見した日から10日以内に**その発見した免許証**を総務大臣又は総合通信局長に返納しなければならない。

▶解答　ア－2　イ－2　ウ－2　エ－1　オ－1

B－4　05(1②)　03(7②)

次の記述は、無線通信[注]の秘密の保護について述べたものである。電波法（第59条及び第109条）の規定に照らし、［　　］内に入れるべき最も適切な字句を下の１から10までのうちからそれぞれ一つ選べ。

注　電気通信事業法第４条（秘密の保護）第１項又は第164条（適用除外等）第３項の通信であるものを除く。

① 何人も法律に別段の定めがある場合を除くほか、[ア]行われる無線通信を傍受してその[イ]を漏らし、又はこれを窃用してはならない。

② [ウ]の秘密を漏らし、又は窃用した者は、[エ]に処する。

③ [オ]がその業務に関し知り得た②の秘密を漏らし、又は窃用したときは、2年以下の懲役又は100万円以下の罰金に処する。

1 特定の相手方に対して　　2 総務省令で定める周波数を使用して
3 存在若しくは内容　　4 個人情報
5 無線局の取扱中に係る暗語による無線通信
6 無線局の取扱中に係る無線通信
7 1年以下の懲役又は50万円以下の罰金
8 1年以下の懲役又は100万円以下の罰金
9 免許人又は無線従事者　　10 無線通信の業務に従事する者

▶ **解答 ア－1 イ－3 ウ－6 エ－7 オ－10**

出題傾向

懲役と罰金の組合せは、「1年以下の懲役又は50万円以下の罰金」、「1年以下の懲役又は100万円以下の罰金」、「2年以下の懲役又は100万円以下の罰金」、「3年以下の懲役又は150万円以下の罰金」、「5年以下の懲役又は250万円以下の罰金」がある。また、下線の部分は、ほかの試験問題で穴埋めの字句として出題されている。

B－5　　類04(1②)

無線局の免許(包括免許を除く。)がその効力を失ったときに、免許人が執るべき措置に関する次の記述のうち、電波法(第24条及び第78条)の規定に照らし、これらの規定に定めるところに適合するものを1、適合しないものを2として解答せよ。

ア 遅滞なく無線従事者の解任届を提出しなければならない。
イ 1箇月以内にその免許状を返納しなければならない。
ウ 速やかに無線局免許申請書の添付書類の写しを総務大臣に返納しなければならない。
エ 直ちにその無線設備を撤去しなければならない。
オ 遅滞なく空中線の撤去その他の総務省令で定める電波の発射を防止するために必要な措置を講じなければならない。

▶ **解答 ア－2 イ－1 ウ－2 エ－2 オ－1**

法　規（令和4年1月期①）

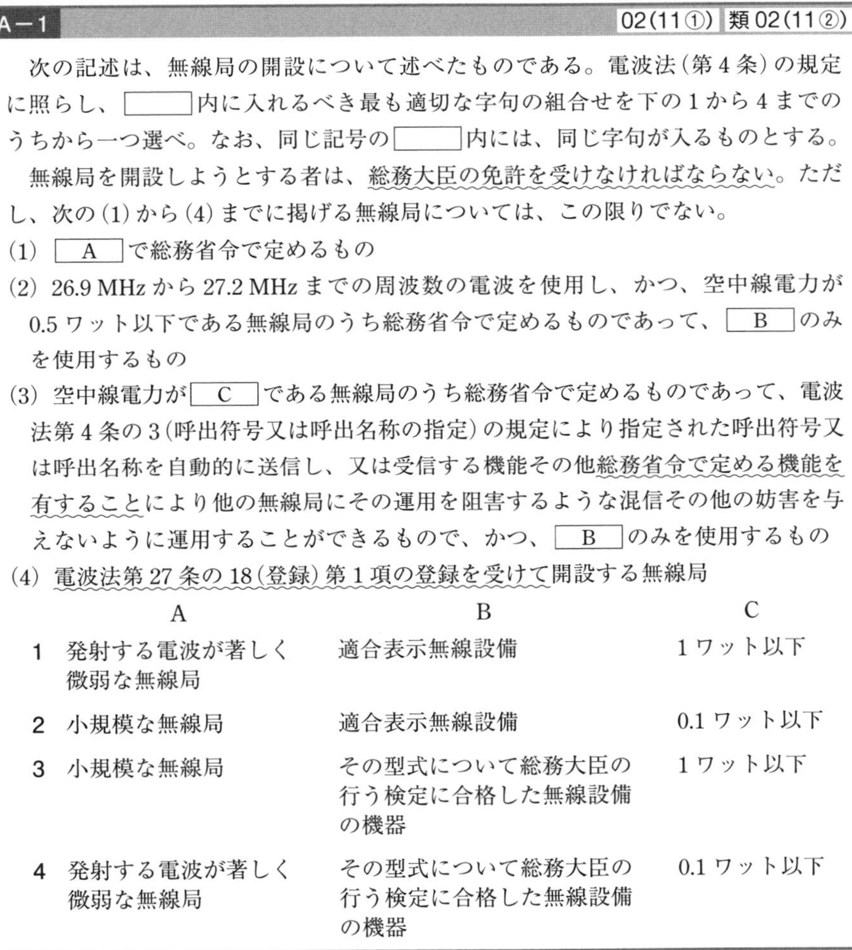

A－1　02(11①)　類 02(11②)

次の記述は、無線局の開設について述べたものである。電波法（第4条）の規定に照らし、[　　]内に入れるべき最も適切な字句の組合せを下の1から4までのうちから一つ選べ。なお、同じ記号の[　　]内には、同じ字句が入るものとする。

無線局を開設しようとする者は、総務大臣の免許を受けなければならない。ただし、次の(1)から(4)までに掲げる無線局については、この限りでない。

(1) [　A　]で総務省令で定めるもの

(2) 26.9 MHz から 27.2 MHz までの周波数の電波を使用し、かつ、空中線電力が 0.5 ワット以下である無線局のうち総務省令で定めるものであって、[　B　]のみを使用するもの

(3) 空中線電力が[　C　]である無線局のうち総務省令で定めるものであって、電波法第4条の3（呼出符号又は呼出名称の指定）の規定により指定された呼出符号又は呼出名称を自動的に送信し、又は受信する機能その他総務省令で定める機能を有することにより他の無線局にその運用を阻害するような混信その他の妨害を与えないように運用することができるもので、かつ、[　B　]のみを使用するもの

(4) 電波法第27条の18（登録）第1項の登録を受けて開設する無線局

	A	B	C
1	発射する電波が著しく微弱な無線局	適合表示無線設備	1ワット以下
2	小規模な無線局	適合表示無線設備	0.1ワット以下
3	小規模な無線局	その型式について総務大臣の行う検定に合格した無線設備の機器	1ワット以下
4	発射する電波が著しく微弱な無線局	その型式について総務大臣の行う検定に合格した無線設備の機器	0.1ワット以下

▶ **解答　1**

出題傾向　下線の部分は、ほかの試験問題で穴埋めの字句として出題されている。

A－2　類 05(7①)　類 03(1②)

日本の国籍を有しない人又は外国の法人若しくは団体に免許が与えられない無線局に関する次の事項のうち、電波法（第5条）の規定に照らし、この規定の定めるところに該当するものはどれか。下の1から4までのうちから一つ選べ。

1 電気通信業務を行うことを目的とする無線局の無線設備を搭載する人工衛星の位置、姿勢等を制御することを目的として陸上に開設する無線局
2 海岸局(電気通信業務を行うことを目的として開設するものを除く。)
3 自動車その他の陸上を移動するものに開設し、若しくは携帯して使用するために開設する無線局又はこれらの無線局若しくは携帯して使用するための受信設備と通信を行うために陸上に開設する移動しない無線局(電気通信業務を行うことを目的とするものを除く。)
4 電気通信業務を行うことを目的として開設する無線局

解説 日本の国籍を有しない人又は外国の法人若しくは団体であっても免許が与えられる無線局には、選択肢1、3、4のほかに、実験等無線局、アマチュア無線局、特定の条件の船舶の無線局、特定の条件の航空機の無線局、特定の固定地点間の無線通信を行う無線局、等がある。

▶ **解答 2**

A－3 06(1) 類05(1①) 類03(1①) 02(1)

総務大臣の行う型式検定に合格したものでなければ施設してはならない無線設備の機器(注)に関する次の事項のうち、電波法(第37条)の規定に照らし、この規定に定めるところに該当しないものはどれか。下の1から4までのうちから一つ選べ。

注 総務大臣が行う検定に相当する型式検定に合格している機器その他の機器であって総務省令で定めるものを施設する場合を除く。

1 人命若しくは財産の保護又は治安の維持の用に供する無線局の無線設備の機器
2 航空機に施設する無線設備の機器であって総務省令で定めるもの
3 電波法第31条の規定により備え付けなければならない周波数測定装置
4 電波法第34条(義務船舶局等の無線設備の条件)に規定する義務船舶局のある船舶に開設する総務省令で定める船舶地球局の無線設備の機器

解説 該当する選択肢のほかに、船舶安全法の規定に基づく命令により船舶に備えなければならないレーダー、船舶に施設する救命用の無線設備の機器であって総務省令で定めるもの等がある。

▶ **解答 1**

A－4 02(11②)

次の記述は、固定局及び陸上移動業務の無線局の落成後の検査について述べたものである。電波法(第10条)の規定に照らし、[　　]内に入れるべき最も適切な字句の組合せを下の1から4までのうちから一つ選べ。

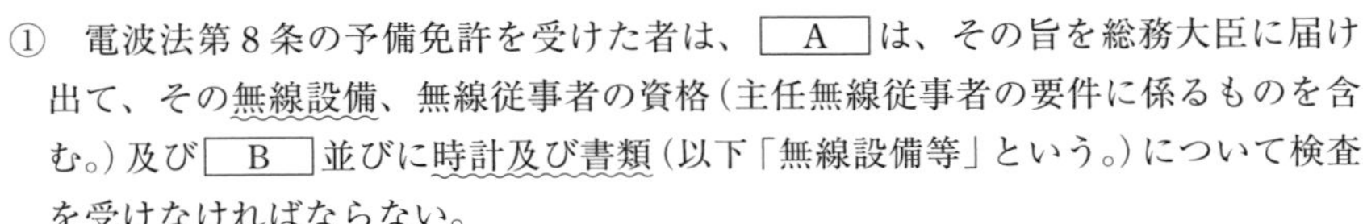

① 電波法第８条の予備免許を受けた者は、［ A ］は、その旨を総務大臣に届け出て、その無線設備、無線従事者の資格（主任無線従事者の要件に係るものを含む。）及び［ B ］並びに時計及び書類（以下「無線設備等」という。）について検査を受けなければならない。

② ①の検査は、①の検査を受けようとする者が、当該検査を受けようとする無線設備等について登録検査等事業者(注1)又は登録外国点検事業者(注2)が総務省令で定めるところにより行った当該登録に係る点検の結果を記載した書類を添えて①の届出をした場合においては、［ C ］を省略することができる。

注１　電波法第24条の２（検査等事業者の登録）第１項の登録を受けた者をいう。
　２　電波法第24条の13（外国点検事業者の登録等）第１項の登録を受けた者をいう。

	A	B	C
1	工事落成の期限の日になったとき	員数	当該検査
2	工事落成の期限の日になったとき	員数（主任無線従事者の監督を受けて無線設備の操作を行う者を含む。）	その一部
3	工事が落成したとき	員数	その一部
4	工事が落成したとき	員数（主任無線従事者の監督を受けて無線設備の操作を行う者を含む。）	当該検査

解説　登録検査等事業者の点検によって、検査の一部を省略することができる。新設検査は、定期検査のように登録検査等事業者の検査によって、検査を省略することができる規定はない。

▶ **解答　3**

出題傾向　下線の部分は、ほかの試験問題で穴埋めの字句として出題されている。

A－5　　03(1②)

無線局に関する事項に係る情報の提供に関する次の記述のうち、電波法（第25条）の規定に照らし、この規定に定めるところに適合するものはどれか。下の１から４までのうちから一つ選べ。

1 総務大臣は、電波の有効かつ適正な利用について啓発活動を行う場合その他総務省令で定める場合に必要とされる電波の利用状況に関する調査を行おうとする者の求めに応じ、当該調査を行うために必要な限度において、当該者に対し、当該者の求める無線局に関する情報を提供することができる。

2 総務大臣は、電波の利用の促進に関する調査研究を行う場合その他総務省令で定める場合に必要とされる電波の有効利用に関する調査を行おうとする者の求めに応じ、当該調査を行うために必要な限度において、当該者に対し、無線局の無線設備の工事設計その他の無線局に関する事項に係る情報であって総務省令で定めるものを提供することができる。

3 総務大臣は、自己の無線局の開設又は周波数の変更をする場合その他総務省令で定める場合に必要とされる混信又はふくそうに関する調査を行おうとする者の求めに応じ、当該調査を行うために必要な限度において、当該者に対し、無線局の無線設備の工事設計その他の無線局に関する事項に係る情報であって総務省令で定めるものを提供することができる。

4 総務大臣は、電波の利用に関する技術の調査研究及び開発を行う場合その他総務省令で定める場合に必要とされる電波の利用状況の調査を行おうとする者の求めに応じ、当該調査を行うために必要な限度において、当該者に対し、無線局の無線設備の工事設計その他の無線局に関する事項に係る情報であって総務省令で定めるものを提供することができる。

▶ **解答 3**

出題傾向 穴埋め問題として出題されることが多い。情報の利用方法についての規定もある。

A－6 06(1) 03(7②) 02(11②)

無線従事者の免許証に関する次の記述のうち、無線従事者規則(第47条、第50条及び第51条)の規定に照らし、これらの規定に定めるところに適合しないものはどれか。下の1から4までのうちから一つ選べ。

1 総務大臣又は総合通信局長(沖縄総合通信事務所長を含む。以下2、3及び4において同じ。)は、免許を与えたときは、免許証を交付する。

2 無線従事者は、免許の取消しの処分を受けたときは、その処分を受けた日から10日以内にその免許証を総務大臣又は総合通信局長に返納しなければならない。

3 無線従事者は、氏名に変更を生じたときに免許証の再交付を受けようとするときは、申請書に次の(1)から(3)までに掲げる書類を添えて総務大臣又は総合通信局長に提出しなければならない。

(1) 免許証

(2) 写真1枚

(3) 氏名の変更の事実を証する書類

4 無線従事者は、免許証の再交付を受けた後失った免許証を発見したときは、その発見した日から30日以内にその発見した免許証を総務大臣又は総合通信局長に返納しなければならない。

解説 誤っている選択肢は次のようになる。

4　無線従事者は、免許証の再交付を受けた後失った免許証を発見したときは、その発見した日から **10日**以内にその発見した免許証を総務大臣又は総合通信局長に返納しなければならない。

▶ **解答　4**

A－7　類 06(1)　類 03(1②)　30(7)

次の記述は、電波の質及び受信設備の条件について述べたものである。電波法(第28条及び第29条)及び無線設備規則(第24条)の規定に照らし、［　］内に入れるべき最も適切な字句の組合せを下の1から5までのうちから一つ選べ。なお、同じ記号の［　］内には、同じ字句が入るものとする。

① 送信設備に使用する電波の［ A ］電波の質は、総務省令で定めるところに適合するものでなければならない。

② 受信設備は、その副次的に発する電波又は高周波電流が、総務省令で定める限度をこえて［ B ］を与えるものであってはならない。

③ ②の副次的に発する電波が［ B ］を与えない限度は、受信空中線と［ C ］の等しい擬似空中線回路を使用して測定した場合に、その回路の電力が［ D ］以下でなければならない。

④ 無線設備規則第24条(副次的に発する電波等の限度)の規定において、③にかかわらず別に定めのある場合は、その定めるところによるものとする。

	A	B	C	D
1	周波数の偏差及び幅、高調波の強度等	他の無線設備の機能に支障	電気的常数	4ナノワット
2	周波数の偏差、幅及び安定度、高調波の強度等	電気通信業務の用に供する無線設備の機能に支障	電気的常数	4ナノワット
3	周波数の偏差及び幅、高調波の強度等	電気通信業務の用に供する無線設備の機能に支障	電気的常数	40ナノワット
4	周波数の偏差、幅及び安定度、高調波の強度等	他の無線設備の機能に支障	利得及び能率	40ナノワット
5	周波数の偏差及び幅、高調波の強度等	他の無線設備の機能に支障	利得及び能率	40ナノワット

▶ **解答　1**

出題傾向　下線の部分は、ほかの試験問題で穴埋めの字句として出題されている。

A－8　　03(1②)

次の記述は、空中線電力の定義について述べたものである。電波法施行規則(第2条)の規定に照らし、[　　]内に入れるべき最も適切な字句の組合せを下の1から5までのうちから一つ選べ。なお、同じ記号の[　　]内には、同じ字句が入るものとする。

① 「空中線電力」とは、尖(せん)頭電力、平均電力、搬送波電力又は規格電力をいう。

② 「尖(せん)頭電力」とは、通常の動作状態において、変調包絡線の最高尖(せん)頭における無線周波数1サイクルの間に送信機から空中線系の給電線に供給される[A]をいう。

③ 「平均電力」とは、通常の動作中の送信機から空中線系の給電線に供給される電力であって、変調において用いられる[B]の周期に比較してじゅうぶん長い時間(通常、平均の電力が[C])にわたって平均されたものをいう。

④ 「搬送波電力」とは、[D]における無線周波数1サイクルの間に送信機から空中線系の給電線に供給される[A]をいう。ただし、この定義は、パルス変調の発射には適用しない。

⑤ 「規格電力」とは、終段真空管の使用状態における出力規格の値をいう。

	A	B	C	D
1	最大の電力	最高周波数	最大である約10分の1秒間	通常の動作状態
2	最大の電力	最低周波数	最大である約2分の1秒間	通常の動作状態
3	平均の電力	最高周波数	最大である約2分の1秒間	変調のない状態
4	最大の電力	最低周波数	最大である約10分の1秒間	通常の動作状態
5	平均の電力	最低周波数	最大である約10分の1秒間	変調のない状態

▶ **解答　5**

出題傾向　下線の部分は、ほかの試験問題で穴埋めの字句として出題されている。

A－9　　類 05(7②)　02(11②)

次の記述は、無線設備から発射される電波の強度（電界強度、磁界強度、電力束密度及び磁束密度をいう。）に対する安全施設について述べたものである。電波法施行規則（第 21 条の 3）の規定に照らし、[　　]内に入れるべき最も適切な字句の組合せを下の 1 から 5 までのうちから一つ選べ。

無線設備には、当該無線設備から発射される電波の強度が電波法施行規則別表第 2 号の 3 の 2（電波の強度の値の表）に定める値を超える[A]に[B]のほか容易に出入りすることができないように、施設をしなければならない。ただし、次の (1) から (3) までに掲げる無線局の無線設備については、この限りではない。

(1) 平均電力が[C]以下の無線局の無線設備
(2) [D]の無線設備
(3) 電波法施行規則第 21 条の 3（電波の強度に対する安全施設）第 1 項第 3 号又は第 4 号に定める無線局の無線設備

	A	B	C	D
1	場所（人が出入りするおそれのあるいかなる場所も含む。）	取扱者	10 ミリワット	移動業務の無線局
2	場所（人が通常、集合し、通行し、その他出入りする場所に限る。）	無線従事者	10 ミリワット	移動する無線局
3	場所（人が通常、集合し、通行し、その他出入りする場所に限る。）	取扱者	20 ミリワット	移動する無線局
4	場所（人が通常、集合し、通行し、その他出入りする場所に限る。）	取扱者	10 ミリワット	移動業務の無線局
5	場所（人が出入りするおそれのあるいかなる場所も含む。）	無線従事者	20 ミリワット	移動業務の無線局

▶ **解答　3**

出題傾向　下線の部分は、ほかの試験問題で穴埋めの字句として出題されている。

A−10 06(1) 03(1②)

次の記述は、人工衛星局の送信空中線の指向方向について述べたものである。電波法施行規則(第32条の3)の規定に照らし、[　　] 内に入れるべき最も適切な字句の組合せを下の1から4までのうちから一つ選べ。なお、同じ記号の [　　] 内には、同じ字句が入るものとする。

① 対地静止衛星に開設する人工衛星局(一般公衆によって直接受信されるための無線電話、テレビジョン、データ伝送又はファクシミリによる無線通信業務を行うことを目的とするものを除く。)の送信空中線の地球に対する [A] の方向は、公称されている指向方向に対して、[B] のいずれか大きい角度の範囲内に、維持されなければならない。

② 対地静止衛星に開設する人工衛星局(一般公衆によって直接受信されるための無線電話、テレビジョン、データ伝送又はファクシミリによる無線通信業務を行うことを目的とするものに限る。)の送信空中線の地球に対する [A] の方向は、公称されている指向方向に対して [C] の範囲内に維持されなければならない。

	A	B	C
1	最小輻射	0.3度又は主輻射の角度の幅の10パーセント	0.3度
2	最小輻射	0.1度又は主輻射の角度の幅の5パーセント	0.1度
3	最大輻射	0.1度又は主輻射の角度の幅の5パーセント	0.3度
4	最大輻射	0.3度又は主輻射の角度の幅の10パーセント	0.1度

▶ **解答 4**

A−11 類05(7①) 類04(1②) 03(1②)

無線局の一般通信方法における無線通信の原則に関する次の記述のうち、無線局運用規則(第10条)の規定に照らし、この規定に定めるところに適合しないものはどれか。下の1から4までのうちから一つ選べ。

1 無線通信を行うときは、自局の識別信号を付して、その出所を明らかにしなければならない。

2 無線通信は、迅速に行うものとし、できる限り短時間に終了させなければならない。

3 無線通信に使用する用語は、できる限り簡潔でなければならない。

4 無線通信は、正確に行うものとし、通信上の誤りを知ったときは、直ちに訂正しなければならない。

解説 無線通信の原則は４項目あり、正しい選択肢にない項目は次のとおりである。
必要のない無線通信は、これを行ってはならない。

▶ **解答　2**

A－12　05(1①)　03(1①)

空中線電力の許容偏差に関する次の記述のうち、無線設備規則(第14条)の規定に照らし、この規定に定めるところに適合しないものはどれか。下の１から４までのうちから一つ選べ。

1　道路交通情報通信を行う無線局(2.5 GHz帯の周波数の電波を使用し、道路交通に関する情報を送信する特別業務の局をいう。)の送信設備の空中線電力の許容偏差は、上限20パーセント、下限50パーセントとする。
2　中波放送を行う地上基幹放送局の送信設備の空中線電力の許容偏差は、上限15パーセント、下限15パーセントとする。
3　超短波放送を行う地上基幹放送局の送信設備の空中線電力の許容偏差は、上限10パーセント、下限20パーセントとする。
4　5 GHz帯無線アクセスシステムの無線局の送信設備の空中線電力の許容偏差は、上限20パーセント、下限80パーセントとする。

解説 誤っている選択肢は次のようになる。

2　中波放送を行う地上基幹放送局の送信設備の空中線電力の許容偏差は、上限**5パーセント**、下限**10パーセント**とする。

▶ **解答　2**

A－13　01(7)

次の記述は、地上基幹放送局の呼出符号等の放送について述べたものである。無線局運用規則(第138条)の規定に照らし、[　　]内に入れるべき最も適切な字句の組合せを下の１から４までのうちから一つ選べ。なお、同じ記号の[　　]内には、同じ字句が入るものとする。

①　地上基幹放送局は、放送の開始及び終了に際しては、自局の呼出符号又は呼出名称(国際放送を行う地上基幹放送局にあっては、[A]を、テレビジョン放送を行う地上基幹放送局にあっては、呼出符号又は呼出名称を表す文字による視覚の手段を併せて)を放送しなければならない。ただし、これを放送することが困難であるか又は不合理である地上基幹放送局であって、別に告示するものについては、この限りでない。

無線工学の基礎　無線工学A　無線工学B　法規

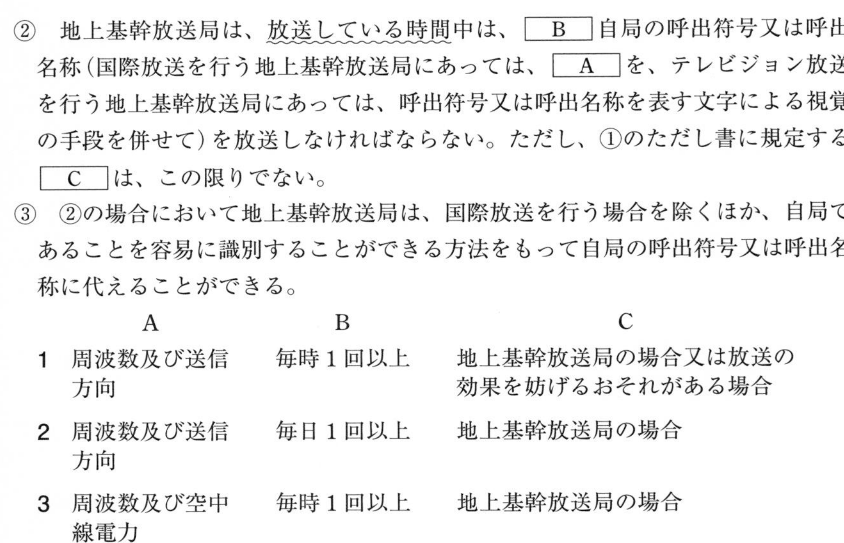

② 地上基幹放送局は、放送している時間中は、 B 自局の呼出符号又は呼出名称（国際放送を行う地上基幹放送局にあっては、 A を、テレビジョン放送を行う地上基幹放送局にあっては、呼出符号又は呼出名称を表す文字による視覚の手段を併せて）を放送しなければならない。ただし、①のただし書に規定する C は、この限りでない。

③ ②の場合において地上基幹放送局は、国際放送を行う場合を除くほか、自局であることを容易に識別することができる方法をもって自局の呼出符号又は呼出名称に代えることができる。

	A	B	C
1	周波数及び送信方向	毎時1回以上	地上基幹放送局の場合又は放送の効果を妨げるおそれがある場合
2	周波数及び送信方向	毎日1回以上	地上基幹放送局の場合
3	周波数及び空中線電力	毎時1回以上	地上基幹放送局の場合
4	周波数及び空中線電力	毎日1回以上	地上基幹放送局の場合又は放送の効果を妨げるおそれがある場合

▶ **解答　1**

出題傾向　下線の部分は、ほかの試験問題で穴埋めの字句として出題されている。

A－14　06(1)　05(1②)　02(11②)

無線従事者が不正な手段により無線従事者の免許を受けたときに総務大臣から受けることがある処分に関する次の事項のうち、電波法（第79条）の規定に照らし、この規定に定めるところに該当するものはどれか。下の1から4までのうちから一つ選べ。

1　6箇月以内の期間を定めてその無線従事者が従事する無線局の運用を制限する処分
2　3箇月以内の期間を定めて無線設備を操作する範囲を制限する処分
3　3箇月以内の期間を定めてその業務に従事することを停止する処分
4　6箇月以内の期間を定めてその無線従事者が従事する無線局の運用を停止する処分

解説 総務大臣は、無線従事者が次の各号の一に該当するときは、その免許を取り消し、又は３箇月以内の期間を定めてその業務に従事することを停止することができる。

Point 運用の停止や制限は、無線局に対する処分のこと

一　この法律若しくはこの法律に基く命令又はこれらに基く処分に違反したとき。
二　不正な手段により免許を受けたとき。
三　第42条第３号（無線従事者免許の欠格事由）に該当するに至ったとき。

▶ **解答　3**

A－15 　24(1)

次の記述は、宇宙無線通信の業務の無線局の運用について述べたものである。無線局運用規則（第262条）の規定に照らし、[　　]内に入れるべき最も適切な字句の組合せを下の１から４までのうちから一つ選べ。なお、同じ記号の[　　]内には、同じ字句が入るものとする。

① 対地静止衛星（注）に開設する人工衛星局以外の人工衛星局及び当該人工衛星局と通信を行う地球局は、その発射する電波が対地静止衛星に開設する人工衛星局と[A]との間で行う無線通信又は対地静止衛星に開設する衛星基幹放送局の放送の受信に混信を与えるときは、当該混信を除去するために必要な措置を執らなければならない。

注　地球の赤道面上に円軌道を有し、かつ、地球の自転軸を軸として地球の自転と同一の方向及び周期で回転する人工衛星をいう。以下同じ。

② 対地静止衛星に開設する人工衛星局と対地静止衛星の軌道と異なる軌道の他の人工衛星局との間で行われる無線通信であって、当該他の人工衛星局と地球の地表面との[B]が対地静止衛星に開設する人工衛星局と地球の地表面との[B]を超える場合にあっては、対地静止衛星に開設する人工衛星局の送信空中線の最大輻（ふく）射の方向と当該人工衛星局と対地静止衛星の軌道上の任意の点とを結ぶ直線との間でなす角度が[C]以下とならないよう運用しなければならない。

	A	B	C
1	地球局（移動する地球局を含む。）	最長距離	15度
2	地球局（移動する地球局を含む。）	最短距離	20度
3	固定地点の地球局	最長距離	20度
4	固定地点の地球局	最短距離	15度

▶ **解答　4**

B－1 　類 05(7②)　類 04(1②)　29(7)

次の記述は、無線局(包括免許に係るものを除く。)の免許がその効力を失ったときに執るべき措置等について述べたものである。電波法(第 22 条から第 24 条まで、第 78 条及び第 113 条)及び電波法施行規則(第 42 条の 3)の規定に照らし、[　　]内に入れるべき最も適切な字句を下の 1 から 10 までのうちからそれぞれ一つ選べ。

① 免許人は、その無線局を廃止するときは、[ア]ならない。

② 免許人が無線局を廃止したときは、免許は、その効力を失う。

③ 無線局の免許がその効力を失ったときは、免許人であった者は、[イ]にその免許状を[ウ]しなければならない。

④ 無線局の免許がその効力を失ったときは、免許人であった者は、遅滞なく空中線の撤去その他の総務省令で定める電波の発射を防止するために必要な措置を講じなければならない。

⑤ ④の総務省令で定める電波の発射を防止するために必要な措置は、固定局の無線設備については、空中線を撤去すること(空中線を撤去することが困難な場合にあっては、[エ]を撤去すること。)。

⑥ ④に違反して電波の発射を防止するために必要な措置を講じなかった者は、[オ]に処する。

1 総務大臣の許可を受けなければ　　2 その旨を総務大臣に届け出なければ
3 3 箇月以内　　4 1 箇月以内　　5 返納　　6 廃棄
7 送信機、給電線及び電源設備　　8 送信機、給電線又は電源設備
9 30 万円以下の罰金　　10 6 月以下の懲役又は 30 万円以下の罰金

▶ **解答　ア－2　イ－4　ウ－5　エ－8　オ－9**

出題傾向　下線の部分は、ほかの試験問題で穴埋めの字句として出題されている。

B－2　05(7②)　05(1①)　02(11①)

次の記述は、主任無線従事者の非適格事由について述べたものである。電波法(第39条)及び電波法施行規則(第34条の3)の規定に照らし、[　　]内に入れるべき最も適切な字句を下の1から10までのうちからそれぞれ一つ選べ。

① 主任無線従事者は、電波法第40条(無線従事者の資格)の定めるところにより、無線設備の[ア]を行うことができる無線従事者であって、総務省令で定める事由に該当しないものでなければならない。

② ①の総務省令で定める事由は、次の(1)から(3)までに掲げるとおりとする。

(1) 電波法第9章(罰則)の罪を犯し[イ]の刑に処せられ、その執行を終わり、又はその執行を受けることがなくなった日から[ウ]を経過しない者に該当する者であること。

(2) 電波法第79条(無線従事者の免許の取消し等)第1項第1号の規定により業務に従事することを[エ]され、その処分の期間が終了した日から3箇月を経過していない者であること。

(3) 主任無線従事者として選任される日以前[オ]において無線局(無線従事者の選任を要する無線局でアマチュア局以外のものに限る。)の無線設備の操作又はその監督の業務に従事した期間が3箇月に満たない者であること。

1　操作の監督	2　管理	3　罰金以上	4　懲役又は禁固	5　6箇月
6　2年	7　制限	8　停止	9　5年間	10　3年間

▶ **解答　ア－1　イ－3　ウ－6　エ－8　オ－9**

出題傾向　下線の部分は、ほかの試験問題で穴埋めの字句として出題されている。

B－3　類05(7②)　類04(7①)　類03(1①)　類02(11①)　02(1)

電波の型式の記号表示と主搬送波の変調の型式、主搬送波を変調する信号の性質及び伝送情報の型式に分類して表す電波の型式に関する次の事項のうち、電波法施行規則(第4条の2)の規定に照らし、この規定に定めるところに該当するものを1、該当しないものを2として解答せよ。

区分 / 記号	電波の型式の記号	電波の型式		
		主搬送波の変調の型式	主搬送波を変調する信号の性質	伝送情報の型式
ア	R2C	振幅変調であって、全搬送波による単側波帯	デジタル信号である単一チャネルのものであって、変調のための副搬送波を使用するもの	テレビジョン(映像に限る。)
イ	J3E	振幅変調であって、抑圧搬送波による単側波帯	アナログ信号である2以上のチャネルのもの	電話(音響の放送を含む。)
ウ	V1D	パルス変調(変調パルス列)であって、次の①から④までの各変調の組合せ又は他の方法によって変調するもの ① 振幅変調 ② 幅変調又は時間変調 ③ 位置変調又は位相変調 ④ パルスの期間中に搬送波を角度変調するもの	デジタル信号である単一チャネルのものであって、変調のための副搬送波を使用しないもの	データ伝送、遠隔測定又は遠隔指令
エ	G7W	角度変調であって、位相変調	デジタル信号の1又は2以上のチャネルとアナログ信号の1又は2以上のチャネルを複合したもの	次の①から⑥までの型式の組合せのもの ① 無情報 ② 電信 ③ ファクシミリ ④ データ伝送、遠隔測定又は遠隔指令 ⑤ 電話(音響の放送を含む。) ⑥ テレビジョン(映像に限る。)
オ	F2D	角度変調であって、周波数変調	デジタル信号である単一チャネルのものであって、変調のための副搬送波を使用するもの	データ伝送、遠隔測定又は遠隔指令

解説 誤っている選択肢の電波の型式の記号表示と正しい内容は次のとおりである。

＜主搬送波の変調の型式＞

「R」は、振幅変調であって低減搬送波による単側波帯

<主搬送波を変調する信号の性質>

「3」は、アナログ信号である単一チャネルのもの

「7」は、デジタル信号である２以上のチャネルのもの

<伝送情報の型式>

「C」は、ファクシミリ

▶ **解答　アー２　イー２　ウー１　エー２　オー１**

B－4　03(1②)

総務大臣がその職員を無線局に派遣し、その無線設備、無線従事者の資格等を検査させることができる場合に関する次の事項のうち、電波法（第 71 条の 5、第 72 条及び第 73 条）の規定に照らし、これらの規定に定めるところに該当するものを 1、該当しないものを 2 として解答せよ。

ア　無線局の発射する電波の質が電波法第 28 条（電波の質）の総務省令で定めるものに適合していないと認め、総務大臣が当該無線局に対し臨時に電波の発射の停止を命じたとき。

イ　無線局の発射する電波の質が電波法第 28 条（電波の質）の総務省令で定めるものに適合していないため、総務大臣が臨時に電波の発射の停止を命じた無線局からその発射する電波の質が同条の総務省令の定めるものに適合するに至った旨の申出を受けたとき。

ウ　電波利用料を納めないため督促状によって督促を受けた免許人が、その督促の期限までに電波利用料を納めないとき。

エ　無線設備が電波法第３章（無線設備）に定める技術基準に適合していないと認め、総務大臣が当該無線設備を使用する無線局の免許人等（注）に対し、その技術基準に適合するように当該無線設備の修理その他の必要な措置をとるべきことを命じたとき。

注　免許人又は登録人をいう。

オ　免許人が無線局の検査の結果について指示を受け相当な措置をしたときに、当該免許人から総務大臣又は総合通信局長（沖縄総合通信事務所長を含む。）に対し、その措置の内容についての報告があったとき。

▶ **解答　アー１　イー１　ウー２　エー１　オー２**

電波法（第 73 条）の規定は、総務省令で定める時期ごとに行う検査（定期検査）に関することも定められており、その内容も出題されている。

B－5　05(7②)　03(1②)

次の記述は、免許人以外の者による特定の無線局の簡易な操作による運用について述べたものである。電波法（第70条の7、第70条の8及び第81条）及び電波法施行令（第5条）の規定に照らし、[　　]内に入れるべき最も適切な字句を下の1から10までのうちからそれぞれ一つ選べ。

① 電気通信業務を行うことを目的として開設する無線局(注1)の免許人は、当該無線局の免許人以外の者による運用（簡易な操作によるものに限る。以下同じ。）が[ア]に資するものである場合には、当該無線局の免許が効力を有する間、[イ]の運用を行わせることができる(注2)。

注1　無線設備の設置場所、空中線電力等を勘案して、簡易な操作で運用することにより他の無線局の運用を阻害するような混信その他の妨害を与えないように運用することができるものとして総務省令で定めるものに限る。

2　免許人以外の者が電波法第5条（欠格事由）第3項各号のいずれかに該当するときを除く。

② ①により自己以外の者に無線局の運用を行わせた免許人は、遅滞なく、当該無線局を運用する自己以外の者の氏名又は名称、当該自己以外の者による運用の期間その他の総務省令で定める[ウ]なければならない。

③ ①により自己以外の者に無線局の運用を行わせた免許人は、当該無線局の運用が適正に行われるよう、総務省令で定めるところにより、[エ]を行わなければならない。

④ 総務大臣は、無線通信の秩序の維持その他無線局の適正な運用を確保するため必要があると認めるときは、①により無線局の運用を行う当該無線局の免許人以外の者に対し、[オ]ことができる。

1　第三者の利益　　2　電波の能率的な利用
3　総務大臣の許可を受けて自己以外の者に当該無線局
4　自己以外の者に当該無線局
5　事項を総務大臣に届け出
6　事項に関する記録を作成し、当該自己以外の者による無線局の運用が終了した日から2年間保存し
7　当該自己以外の者に対し、必要かつ適切な監督
8　当該自己以外の者の要請に応じ、適切な支援
9　無線局の運用の停止を命ずる　　10　無線局に関し報告を求める

▶ **解答**　ア－2　イ－4　ウ－5　エ－7　オ－10

A－1 類 06(1) 25(1)

次の記述は、無線局（基幹放送局を除く。）の免許の申請について述べたものである。電波法（第６条）の規定に照らし、□内に入れるべき最も適切な字句の組合せを下の１から４までのうちから一つ選べ。

① 無線局の免許を受けようとする者は、申請書に、次の(1)から(9)までに掲げる事項を記載した書類を添えて、総務大臣に提出しなければならない。

(1) 目的　(2) 開設を必要とする理由
(3) 通信の相手方及び通信事項　(4) 無線設備の設置場所
(5) 電波の型式並びに[A]　(6) 希望する運用許容時間
(7) 無線設備の工事設計及び[B]　(8) 運用開始の予定期日
(9) 他の無線局の免許人又は登録人との間で混信その他の妨害を防止するために必要な措置に関する契約を締結しているときは、その契約の内容

② 人工衛星局の免許を受けようとする者は、①の書類にその規定に掲げる事項のほか、その人工衛星の打上げ予定時期及び使用可能期間並びに[C]を併せて記載しなければならない。

	A	B	C
1	周波数及び実効輻（ふく）射電力	工事落成の予定期日	その人工衛星局を開設する人工衛星の軌道又は位置
2	希望する周波数の範囲及び空中線電力	工事落成の予定期日	その人工衛星局の目的を遂行できる人工衛星の位置の範囲
3	周波数及び実効輻（ふく）射電力	工事着手の予定期日	その人工衛星局の目的を遂行できる人工衛星の位置の範囲
4	希望する周波数の範囲及び空中線電力	工事着手の予定期日	その人工衛星局を開設する人工衛星の軌道又は位置

▶ **解答　2**

A－2 05(7①) 02(11①)

固定局の落成後の検査に関する次の記述のうち、電波法(第10条)の規定に照らし、この規定に定めるところに適合するものはどれか。下の1から4までのうちから一つ選べ。

1 電波法第8条の予備免許を受けた者は、工事が落成したときは、その旨を総務大臣に届け出て、その無線設備、無線従事者の資格(主任無線従事者の要件に係るものを含む。)及び員数並びに時計及び書類について検査を受けなければならない。

2 電波法第8条の予備免許を受けた者は、工事落成の期限の日になったときは、その旨を総務大臣に届け出て、その無線設備並びに無線従事者の資格(主任無線従事者の要件に係るものを含む。)及び員数について検査を受けなければならない。

3 電波法第8条の予備免許を受けた者は、工事落成の期限の日になったときは、その旨を総務大臣に届け出て、その無線設備、無線従事者の資格及び員数(主任無線従事者の監督を受けて無線設備の操作を行う者を含む。)並びに時計及び書類について検査を受けなければならない。

4 電波法第8条の予備免許を受けた者は、工事が落成したときは、その旨を総務大臣に届け出て、電波の型式、周波数及び空中線電力、無線従事者の資格(主任無線従事者の要件に係るものを含む。)及び員数(主任無線従事者の監督を受けて無線設備の操作を行う者を含む。)並びに計器及び予備品について検査を受けなければならない。

▶ **解答　1**

出題傾向　穴埋め問題として出題されることが多い。

A－3　05(7②)　類04(1①)

次の記述は、無線局(包括免許に係るものを除く。)の免許が効力を失ったときに執るべき措置等について述べたものである。電波法(第22条から第24条まで及び第78条)及び電波法施行規則(第42条の3)の規定に照らし、[　　]内に入れるべき最も適切な字句の組合せを下の1から4までのうちから一つ選べ。なお、同じ記号の[　　]内には、同じ字句が入るものとする。

① 免許人は、その無線局を[A]は、その旨を総務大臣に届け出なければならない。

② 免許人が無線局を廃止したときは、免許は、その効力を失う。

③ 免許がその効力を失ったときは、免許人であった者は、1箇月以内にその免許状を返納しなければならない。

④ 無線局の免許がその効力を失ったときは、免許人であった者は、遅滞なく空中線の撤去その他の総務省令で定める電波の発射を防止するために必要な措置を講じなければならない。

⑤ ④の総務省令で定める電波の発射を防止するために必要な措置は、固定局の無線設備については、[B]すること([B]することが困難な場合にあっては、[C]を撤去すること。)とする。

	A	B	C
1	廃止したとき	空中線を撤去	送信機、給電線及び電源設備
2	廃止するとき	空中線を撤去すること又は当該固定局の通信の相手方である無線局の無線設備から当該通信に係る空中線を撤去	送信機、給電線及び電源設備
3	廃止するとき	空中線を撤去	送信機、給電線又は電源設備
4	廃止したとき	空中線を撤去すること又は当該固定局の通信の相手方である無線局の無線設備から当該通信に係る空中線を撤去	送信機、給電線又は電源設備

▶ **解答　3**

A－4　　類 05(7②)　03(1①)

次の記述は、無線局に関する事項に係る情報の提供について述べたものである。電波法（第 25 条）の規定に照らし、［　］内に入れるべき最も適切な字句の組合せを下の 1 から 5 までのうちから一つ選べ。

① 総務大臣は、［ A ］場合その他総務省令で定める場合に必要とされる［ B ］に関する調査又は電波法第 27 条の 12（特定基地局の開設指針）第 2 項第 6 号に規定する終了促進措置を行おうとする者の求めに応じ、当該調査又は当該終了促進措置を行うために必要な限度において、当該者に対し、無線局の［ C ］その他の無線局に関する事項に係る情報であって総務省令で定めるものを提供することができる。

② ①に基づき情報の提供を受けた者は、当該情報を［ D ］の目的のために利用し、又は提供してはならない。

	A	B	C	D
1	自己の無線局の開設又は周波数の変更をする	混信若しくはふくそう	無線設備の工事設計	①の調査又は終了促進措置の用に供する目的以外
2	自己の無線局の開設又は周波数の変更をする	電波の利用状況	免許の有効期間	①の調査又は終了促進措置の用に供する目的以外
3	電波の能率的な利用に資する研究を行う	混信若しくはふくそう	免許の有効期間	第三者の利用
4	自己の無線局の開設又は周波数の変更をする	電波の利用状況	無線設備の工事設計	第三者の利用
5	電波の能率的な利用に資する研究を行う	電波の利用状況	無線設備の工事設計	第三者の利用

▶ **解答　1**

出題傾向　下線の部分は、ほかの試験問題で穴埋めの字句として出題されている。

A－5 05(1②) 03(1②) 02(11①)

周波数測定装置の備付けに関する次の記述のうち、電波法（第31条及び第37条）及び電波法施行規則（第11条の3）の規定に照らし、これらの規定に定めるところに適合しないものはどれか。下の1から4までのうちから一つ選べ。

1 電波法第31条の規定により備え付けなければならない周波数測定装置は、その型式について、総務大臣の行う検定に合格したものでなければ、施設してはならない(注)。

注 総務大臣が行う検定に相当する型式検定に合格している機器その他の機器であって総務省令で定めるものを施設する場合を除く。

2 総務省令で定める送信設備には、その誤差が使用周波数の許容偏差の2分の1以下である周波数測定装置を備え付けなければならない。

3 空中線電力10ワット以下の送信設備には、電波法第31条に規定する周波数測定装置の備付けを要しない。

4 26.175 MHzを超える周波数の電波を利用する送信設備には、電波法第31条に規定する周波数測定装置を備え付けなければならない。

解説 誤っている選択肢は次のようになる。

4 26.175 MHzを超える周波数の電波を利用する送信設備には、電波法第31条に規定する周波数測定装置の**備付けを要しない**。

▶ **解答 4**

出題傾向 穴埋め問題として出題されることが多い。

A－6 05(7①) 02(11①)

受信設備の条件及び受信設備に対する総務大臣の監督に関する次の記述のうち、電波法（第29条及び第82条）及び無線設備規則（第24条）の規定に照らし、これらの規定に定めるところに適合しないものはどれか。下の1から4までのうちから一つ選べ。

1 電波法第29条（受信設備の条件）に規定する受信設備の副次的に発する電波が他の無線設備の機能に支障を与えない限度は、受信空中線と電気的常数の等しい擬似空中線回路を使用して測定した場合に、その回路の電力が4ナノワット以下でなければならない。(注)

注 無線設備規則第24条（副次的に発する電波等の限度）各項の規定において、別段の定めのあるものは、その定めるところによるものとする。

2　総務大臣は、受信設備が副次的に発する電波又は高周波電流が他の無線設備の機能に継続的かつ重大な障害を与えるときは、その設備の所有者又は占有者に対し、その障害を除去するために必要な措置をとるべきことを命ずることができる。

3　受信設備は、その副次的に発する電波又は高周波電流が、総務省令で定める限度をこえて他の無線設備の機能に支障を与えるものであってはならない。

4　総務大臣は、受信設備が副次的に発する電波又は高周波電流が他の無線設備の機能に継続的かつ重大な障害を与えるときは、その設備の所有者又は占有者に対し、その障害を除去するために必要な措置をとるべきことを命ずることができ、放送の受信を目的とする受信設備以外の受信設備について、その必要な措置をとるべきことを命じた場合においては、当該措置の内容の報告を求めることができる。

▶ **解答　4**

A－7　06(1)　05(1②)　02(11②)

空中線電力等の定義に関する次の記述のうち、電波法施行規則（第2条）の規定に照らし、この規定に定めるところに適合しないものはどれか。下の1から5までのうちから一つ選べ。

1　「等価等方輻射電力」とは、空中線に供給される電力に、与えられた方向における空中線の絶対利得を乗じたものをいう。

2　「尖頭電力」とは、通常の動作状態において、変調包絡線の最高尖頭における無線周波数1サイクルの間に送信機から空中線系の給電線に供給される平均の電力をいう。

3　「搬送波電力」とは、通常の動作状態における無線周波数1サイクルの間に送信機から空中線系の給電線に供給される最大の電力をいう。ただし、この定義は、パルス変調の発射には適用しない。

4　「平均電力」とは、通常の動作中の送信機から空中線系の給電線に供給される電力であって、変調において用いられる最低周波数の周期に比較してじゅうぶん長い時間（通常、平均の電力が最大である約10分の1秒間）にわたって平均されたものをいう。

5　「実効輻射電力」とは、空中線に供給される電力に、与えられた方向における空中線の相対利得を乗じたものをいう。

解説 誤っている選択肢は次のようになる。

3 「搬送波電力」とは、**変調のない**状態における無線周波数１サイクルの間に送信機から空中線系の給電線に供給される**平均**の電力をいう。ただし、この定義は、パルス変調の発射には適用しない。

▶ **解答　3**

A－8 05(1①) 03(1②) 02(11②)

次の表の各欄の事項は、それぞれ電波の型式の記号表示と主搬送波の変調の型式、主搬送波を変調する信号の性質及び伝送情報の型式に分類して表す電波の型式を示すものである。電波法施行規則（第４条の２）の規定に照らし、[　　]内に入れるべき最も適切な字句の組合せを下の１から５までのうちから一つ選べ。

電波の型式の記号	電波の型式		
	主搬送波の変調の型式	主搬送波を変調する信号の性質	伝送情報の型式
D8E	[A]	アナログ信号である２以上のチャネルのもの	電話（音響の放送を含む。）
P0N	パルス変調であって無変調パルス列	変調信号のないもの	[B]
R2C	[C]	デジタル信号である単一チャネルのものであって、変調のための副搬送波を使用するもの	ファクシミリ
F9W	角度変調であって周波数変調	[D]	次の①から⑥までの型式の組合せのもの ①　無情報 ②　電信 ③　ファクシミリ ④　データ伝送、遠隔測定又は遠隔指令 ⑤　電話（音響の放送を含む。） ⑥　テレビジョン（映像に限る。）

	A	B	C	D
1	振幅変調であって独立側波帯	電信(聴覚受信を目的とするもの)	振幅変調であって低減搬送波による単側波帯	アナログ信号である単一チャネルのもの
2	同時に、又は一定の順序で振幅変調及び角度変調を行うもの	電信(聴覚受信を目的とするもの)	振幅変調であって全搬送波による単側波帯	デジタル信号の1又は2以上のチャネルとアナログ信号の1又は2以上のチャネルを複合したもの
3	同時に、又は一定の順序で振幅変調及び角度変調を行うもの	電信(聴覚受信を目的とするもの)	振幅変調であって低減搬送波による単側波帯	アナログ信号である単一チャネルのもの
4	振幅変調であって独立側波帯	無情報	振幅変調であって全搬送波による単側波帯	アナログ信号である単一チャネルのもの
5	同時に、又は一定の順序で振幅変調及び角度変調を行うもの	無情報	振幅変調であって低減搬送波による単側波帯	デジタル信号の1又は2以上のチャネルとアナログ信号の1又は2以上のチャネルを複合したもの

▶ **解答　5**

電波の型式の記号は頻繁に出題されており、特定の組合せの記号が出題されるので、その正しい内容を覚えておくこと。

A－9　05(1②)　03(7①)　02(11①)

無線従事者の免許証に関する次の記述のうち、電波法施行規則(第38条)及び無線従事者規則(第50条及び第51条)の規定に照らし、これらの規定に定めるところに適合しないものはどれか。下の1から4までのうちから一つ選べ。

1　無線従事者は、氏名又は住所に変更を生じたために免許証の再交付を受けようとするときは、申請書に免許証及び氏名又は住所の変更の事実を証する書類を添えて総務大臣又は総合通信局長（沖縄総合通信事務所長を含む。以下２及び３において同じ。）に提出しなければならない。

2　無線従事者は、免許証を失ったために免許証の再交付を受けようとするときは、申請書に写真１枚を添えて総務大臣又は総合通信局長に提出しなければならない。

3　無線従事者は、免許の取消しの処分を受けたときは、その処分を受けた日から10日以内にその免許証を総務大臣又は総合通信局長に返納しなければならない。

4　無線従事者は、その業務に従事しているときは、免許証を携帯していなければならない。

▶ **解答　1**

無線従事者が住所に変更を生じたときについて、規定している条文はない。

A－10　05(7①)

次の記述は、人工衛星局の位置の維持について述べたものである。電波法施行規則（第32条の4）の規定に照らし、［　　］内に入れるべき最も適切な字句の組合せを下の１から４までのうちから一つ選べ。

①　対地静止衛星に開設する人工衛星局（実験試験局を除く。）であって、［ A ］の無線通信の中継を行うものは、公称されている位置から経度の（±）0.1度以内にその位置を維持することができるものでなければならない。

②　対地静止衛星に開設する人工衛星局（一般公衆によって直接受信されるための無線電話、テレビジョン、データ伝送又はファクシミリによる無線通信業務を行うことを目的とするものに限る。）は、公称されている位置から［ B ］以内にその位置を維持することができるものでなければならない。

③　対地静止衛星に開設する人工衛星局であって、①及び②の人工衛星局以外のものは、公称されている位置から［ C ］以内にその位置を維持することができるものでなければならない。

	A	B	C
1	固定地点の地球局と移動する地球局の間	緯度及び経度のそれぞれ（±）0.1 度	経度の（±）0.3 度
2	固定地点の地球局相互間	緯度及び経度のそれぞれ（±）0.1 度	経度の（±）0.5 度
3	固定地点の地球局相互間	緯度及び経度のそれぞれ（±）0.2 度	経度の（±）0.3 度
4	固定地点の地球局と移動する地球局の間	緯度及び経度のそれぞれ（±）0.2 度	経度の（±）0.5 度

▶ **解答 2**

A－11 02(11①)

次の記述は、送信装置の水晶発振回路に使用する水晶発振子について述べたものである。無線設備規則（第 16 条）の規定に照らし、[　　]内に入れるべき最も適切な字句の組合せを下の 1 から 4 までのうちから一つ選べ。

水晶発振回路に使用する水晶発振子は、周波数をその[A]内に維持するため、次の (1) 及び (2) の条件に適合するものでなければならない。

(1) 発振周波数が[B]によりあらかじめ試験を行って決定されているものであること。

(2) 恒温槽を有する場合は、恒温槽は水晶発振子の温度係数に[C]維持するものであること。

	A	B	C
1	占有周波数帯幅の許容値	当該送信装置の水晶発振回路により又はこれと同一の条件の回路	かかわらず発振周波数を一定に
2	占有周波数帯幅の許容値	シンセサイザ方式の発振回路	応じてその温度変化の許容値を正確に
3	許容偏差	当該送信装置の水晶発振回路により又はこれと同一の条件の回路	応じてその温度変化の許容値を正確に
4	許容偏差	シンセサイザ方式の発振回路	かかわらず発振周波数を一定に

▶ **解答 3**

A－12　05(7②)　類 04(7①)　03(1①)

周波数の測定等に関する次の記述のうち、電波法施行規則（第 40 条）及び無線局運用規則（第 4 条）の規定に照らし、これらの規定に定めるところに適合しないものはどれか。下の 1 から 4 までのうちから一つ選べ。

1　基幹放送局においては、発射電波の周波数の偏差を測定したときは、その結果及び許容偏差を超える偏差があるときは、その措置の内容を無線業務日誌に記載しなければならない。

2　電波法第 31 条の規定により周波数測定装置を備えつけた無線局は、できる限りしばしば自局の発射する電波の周波数（電波法施行規則第 11 条の 3 第 3 号に該当する送信設備の使用電波の周波数を測定することとなっている無線局であるときは、それらの周波数を含む。）を測定しなければならない。

3　電波法第 31 条の規定により周波数測定装置を備えつけた無線局は、その周波数測定装置を常時電波法第 31 条に規定する確度を保つように較正しておかなければならない。

4　電波法第 31 条の規定により周波数測定装置を備えつけた無線局は、自局の発射する電波の周波数の偏差を測定した結果、その偏差が許容値を超えるときは、直ちに調整して許容値内に保つとともに、その事実及び措置の内容を総務大臣又は総合通信局長（沖縄総合通信事務所長を含む。）に報告しなければならない。

解説　誤っている選択肢は次のようになる。

4　電波法第 31 条の規定により周波数測定装置を備えつけた無線局は、自局の発射する電波の周波数の偏差を測定した結果、その偏差が許容値を超えるときは、直ちに調整して**許容値内に保たなければならない**。

▶ **解答　4**

A－13　05(7①)　03(1①)

無線局がなるべく擬似空中線回路を使用しなければならないときに関する次の事項のうち、電波法（第 57 条）の規定に照らし、この規定に定めるところに該当しないものはどれか。下の 1 から 4 までのうちから一つ選べ。

1　基幹放送局の無線設備の機器の試験を行うために運用するとき。

2　総務大臣又は総合通信局長（沖縄総合通信事務所長を含む。）が行う無線局の検査のために無線局を運用するとき。

3　実験等無線局を運用するとき。

4　固定局の無線設備の機器の調整を行うために運用するとき。

▶ **解答 2**

出題傾向 無線設備の機器の試験又は調整を行うために運用する無線局は、基幹放送局や固定局の局種とは関係ない。基地局の場合でも同じ。

A－14 05(7①) 03(1①)

次の記述は、非常時運用人による無線局(登録局を除く。)の運用について述べたものである。電波法(第70条の7)の規定に照らし、[　　]内に入れるべき最も適切な字句の組合せを下の1から4までのうちから一つ選べ。

① 無線局(注1)の免許人は、地震、台風、洪水、津波、雪害、火災、暴動その他非常の事態が発生し、又は発生するおそれがある場合において、人命の救助、災害の救援、交通通信の確保又は秩序の維持のために必要な通信を行うときは、当該無線局の免許が効力を有する間、[A]ことができる。

注1 その運用が、専ら電波法第39条(無線設備の操作)第1項本文の総務省令で定める簡易な操作によるものに限る。以下同じ。

② ①により無線局を自己以外の者に運用させた免許人は、遅滞なく、非常時運用人(注2)の氏名又は名称、非常時運用人による運用の期間その他の総務省令で定める[B]なければならない。

注2 当該無線局を運用する自己以外の者をいう。以下同じ。

③ ②の免許人は、当該無線局の運用が適正に行われるよう、総務省令で定めるところにより、非常時運用人に対し、[C]を行わなければならない。

	A	B	C
1	当該無線局を自己以外の者に運用させる	事項を記録し、非常時運用人に無線局を運用させた日から2年間これを保存し	無線局の運用に関し適切な支援
2	総務大臣の許可を受けて当該無線局を自己以外の者に運用させる	事項を記録し、非常時運用人に無線局を運用させた日から2年間これを保存し	必要かつ適切な監督
3	総務大臣の許可を受けて当該無線局を自己以外の者に運用させる	事項を総務大臣に届け出	無線局の運用に関し適切な支援
4	当該無線局を自己以外の者に運用させる	事項を総務大臣に届け出	必要かつ適切な監督

▶ **解答 4**

A－15 類01(7)　28(7)

次の記述は、無線局の発射する電波の質が総務省令で定めるものに適合していないと認めるときに、総務大臣がその無線局に対して行うことができる処分等について述べたものである。電波法(第72条)の規定に照らし、［　　］内に入れるべき最も適切な字句の組合せを下の1から4までのうちから一つ選べ。

① 総務大臣は、無線局の発射する電波の質が電波法第28条の総務省令で定めるものに適合していないと認めるときは、当該無線局に対して臨時に［A］を命ずることができる。

② 総務大臣は、①の命令を受けた無線局からその発射する電波の質が電波法第28条の総務省令の定めるものに適合するに至った旨の申出を受けたときは、その無線局に［B］なければならない。

③ 総務大臣は、②により発射する電波の質が電波法第28条の総務省令で定めるものに適合しているときは、直ちに［C］しなければならない。

	A	B	C
1	無線局の運用の停止	電波を試験的に発射させ	①の無線局の運用の停止を解除
2	電波の発射の停止	電波を試験的に発射させ	①の電波の発射の停止を解除
3	電波の発射の停止	電波の質の測定結果を報告させ	①の電波の発射の停止を解除
4	無線局の運用の停止	電波の質の測定結果を報告させ	①の無線局の運用の停止を解除

▶ **解答　2**

B－1 類06(1)　類03(1①)　29(7)

次の記述は、固定局の免許の有効期間及び再免許について述べたものである。電波法(第13条)、電波法施行規則(第7条及び第8条)及び無線局免許手続規則(第18条及び第19条)の規定に照らし、［　　］内に入れるべき最も適切な字句を下の1から10までのうちからそれぞれ一つ選べ。

① 免許の有効期間は、免許の日から起算して［ア］において総務省令で定める。ただし、再免許を妨げない。

② 固定局の免許の有効期間は、［イ］とする。

③　②の免許の有効期間は、同一の種別に属する無線局について同時に有効期間が満了するよう総務大臣が定める一定の時期に免許をした無線局に適用があるものとし、免許をする時期がこれと異なる無線局の免許の有効期間は、②にかかわらず、当該一定の時期に免許を受けた当該種別の無線局に係る免許の有効期間の満了の日までの期間とする。

④　②の無線局の再免許の申請は、免許の有効期間満了前［ウ］を超えない期間において行わなければならない。(注)

注　無線局免許手続規則第18条（申請の期間）第1項ただし書及び第3項において別に定めるものを除く。

⑤　総務大臣又は総合通信局長（沖縄総合通信事務所長を含む。）は、電波法第7条（申請の審査）の規定により再免許の申請を審査した結果、その申請が同条第1項各号の規定に適合していると認めるときは、申請者に対し、次の(1)から(4)までに掲げる事項を指定して、無線局の［エ］を与える。

(1) 電波の型式及び周波数　(2) 識別信号　(3) ［オ］

(4) 運用許容時間

1　5年を超えない範囲内	2　10年を超えない範囲内	3　5年
4　10年	5　6箇月以上1年	
6　3箇月以上6箇月	7　予備免許	8　免許
9　空中線電力	10　空中線電力及び実効輻(ふく)射電力	

▶ **解答　ア－1　イ－3　ウ－6　エ－8　オ－9**

B－2

05(7①)　類04(1①)　類03(1②)

無線局の一般通信方法における無線通信の原則に関する次の記述のうち、無線局運用規則（第10条）の規定に照らし、この規定に定めるところに適合するものを1、適合しないものを2として解答せよ。

ア　必要のない無線通信は、これを行ってはならない。

イ　無線通信に使用する用語は、できる限り簡潔でなければならない。

ウ　無線通信は、迅速に行うものとし、できる限り短時間に行わなければならない。

エ　固定業務及び陸上移動業務における通信においては、暗語を使用してはならない。

オ　無線通信は、正確に行うものとし、通信上の誤りを知ったときは、直ちに訂正しなければならない。

解説　無線通信の原則は4項目あり、正しい選択肢にない項目は次のとおりである。

無線通信を行うときは、自局の識別信号を付して、その出所を明らかにしなければならない。

▶ **解答　ア－1　イ－1　ウ－2　エ－2　オ－1**

B－3　類05(1①)　類03(1①)　27(1)

次の記述は、高圧電気に対する安全施設等について述べたものである。電波法施行規則(第22条、第23条及び第25条)の規定に照らし、[　　]内に入れるべき最も適切な字句を下の1から10までのうちからそれぞれ一つ選べ。なお、同じ記号の[　　]内には、同じ字句が入るものとする。

① 送信設備の各単位装置相互間をつなぐ電線であって高圧電気(高周波若しくは交流の電圧300ボルト又は直流の電圧[ア]を超える電気をいう。以下同じ。)を通ずるものは、線溝若しくは丈夫な絶縁体又は[イ]の内に収容しなければならない。ただし、取扱者のほか出入できないように設備した場所に装置する場合は、この限りでない。

② 送信設備の[ウ]であって高圧電気を通ずるものは、その高さが人の歩行その他起居する平面から[エ]以上のものでなければならない。ただし、次の(1)又は(2)の場合は、この限りでない。

(1) [エ]に満たない高さの部分が、人体に容易に触れない構造である場合又は人体が容易に触れない位置にある場合

(2) 移動局であって、その移動体の構造上困難であり、かつ、[オ]以外の者が出入しない場所にある場合

1　900ボルト　　2　750ボルト　　3　接地された金属しゃへい体
4　赤色塗装された金属しゃへい体　　5　空中線又は給電線
6　空中線、給電線又はカウンターポイズ
7　2.5メートル　　8　3.5メートル　　9　無線従事者
10　無線設備の取扱者

▶ **解答　ア－2　イ－3　ウ－6　エ－7　オ－9**

出題傾向　下線の部分は、ほかの試験問題で穴埋めの字句として出題されている。

B−4　05(1②)　02(11②)

無線局の主任無線従事者の要件に関する次の記述のうち、電波法（第39条）の規定に照らし、この規定に定めるところに適合するものを1、適合しないものを2として解答せよ。

ア　主任無線従事者は、電波法第40条（無線従事者の資格）の定めるところにより、無線設備の操作の監督を行うことができる無線従事者であって、総務省令で定める事由に該当しないものでなければならない。

イ　電波法第40条（無線従事者の資格）の定めるところにより無線設備の操作を行うことができる無線従事者以外の者は、主任無線従事者の監督を受けなければ、モールス符号を送り、又は受ける無線電信の操作を行ってはならない。

ウ　無線局の免許人等（注）は、主任無線従事者を選任するときは、あらかじめ、その旨を総務大臣に届け出なければならない。これを解任するときも、同様とする。

注　免許人又は登録人をいう。以下エ及びオにおいて同じ。

エ　無線局の免許人等からその選任の届出がされた主任無線従事者は、無線設備の操作の監督に関し総務省令で定める職務を誠実に行わなければならない。

オ　無線局の免許人等は、その選任の届出をした主任無線従事者に総務省令で定める期間ごとに、無線局の無線設備の操作及び運用に関し総務大臣の行う訓練を受けさせなければならない。

解説　誤っている選択肢は次のようになる。

イ　モールス符号を送り、又は受ける無線電信の操作は、電波法第40条（無線従事者の資格）の定めるところにより、**無線従事者でなければ行ってはならない**。

ウ　無線局の免許人等は、主任無線従事者を**選任したときは**、**遅滞なく**、その旨を総務大臣に届け出なければならない。これを**解任したとき**も、同様とする。

オ　無線局の免許人等は、その選任の届出をした主任無線従事者に総務省令で定める期間ごとに、**無線設備の操作の監督**に関し総務大臣の行う**講習**を受けさせなければならない。

▶ **解答　ア−1　イ−2　ウ−2　エ−1　オ−2**

B－5　06(1)　30(7)

次の記述は、基準不適合設備に対する対策について述べたものである。電波法（第102条の11）の規定に照らし、[　]内に入れるべき最も適切な字句を下の1から10までのうちからそれぞれ一つ選べ。なお、同じ記号の[　]内には、同じ字句が入るものとする。

① 総務大臣は、次の(1)又は(2)に掲げる場合において、(1)若しくは(2)に定める設計と同一の設計又は(1)若しくは(2)に定める設計と類似の設計であって電波法第3章（無線設備）に定める技術基準に適合しないものに基づき製造され、又は改造された無線設備（以下「基準不適合設備」という。）が[ア]されることにより、当該基準不適合設備を使用する無線局が他の無線局の運用に[イ]を与えるおそれがあると認めるときは、無線通信の秩序の維持を図るために必要な限度において、当該基準不適合設備の[ウ]に対し、その事態を除去するために必要な措置を講ずべきことを[エ]することができる。

(1) 無線局が他の無線局の運用を著しく阻害するような混信その他の妨害を与えた場合において、その妨害が電波法第3章に定める技術基準に適合しない設計に基づき製造され、又は改造された無線設備を使用したことにより生じたと認めるとき　当該無線設備に係る設計

(2) 無線設備が電波法第3章に定める技術基準に適合しない設計に基づき製造され、又は改造されたものであると認められる場合において、当該無線設備を使用する無線局が開設されたならば、当該無線局が他の無線局の運用を著しく阻害するような混信その他の妨害を与えるおそれがあると認めるとき　当該無線設備に係る設計

② 総務大臣は、①による[エ]をした場合において、その[エ]を受けた者がその[エ]に従わないときは、[オ]ことができる。

1 広く利用　　2 広く販売　　3 重大な悪影響
4 継続的な混信　　5 製造業者、輸入業者又は販売業者
6 利用者　　7 勧告　　8 命令
9 製造又は販売の中止を命ずる　　10 その旨を公表する

▶ **解答　ア－2　イ－3　ウ－5　エ－7　オ－10**

出題傾向　下線の部分は、ほかの試験問題で穴埋めの字句として出題されている。

法　規（付録）

付録には令和３年７月期以前に出題された問題のうち、令和４年１月期から令和５年７月期に出題されていない問題を厳選して収録しています

03(1②) A－1　02(1)　29(1)

次の記述は、無線局の免許の申請について述べたものである。電波法（第６条）の規定に照らし、[　　]内に入れるべき最も適切な字句の組合せを下の１から４までのうちから一つ選べ。なお、同じ記号の[　　]内には、同じ字句が入るものとする。

① 次に掲げる無線局（総務省令で定めるものを除く。）であって総務大臣が公示する[A]の免許の申請は、総務大臣が公示する期間内に行わなければならない。

(1) [B]を行うことを目的として陸上に開設する移動する無線局（１又は２以上の都道府県の区域の全部を含む区域をその移動範囲とするものに限る。）

(2) [B]を行うことを目的として陸上に開設する移動しない無線局であって、(1)に掲げる無線局を通信の相手方とするもの

(3) [B]を行うことを目的として開設する人工衛星局

(4) [C]

② ①の期間は、1月を下らない範囲内で周波数ごとに定める期間とし、①の規定による期間の公示は、免許を受ける無線局の無線設備の設置場所とすることができる区域の範囲その他免許の申請に資する事項を併せ行うものとする。

	A	B	C
1	地域に開設するもの	電気通信業務又は公共業務	基幹放送局
2	地域に開設するもの	電気通信業務	重要無線通信を行う無線局
3	周波数を使用するもの	電気通信業務又は公共業務	重要無線通信を行う無線局
4	周波数を使用するもの	電気通信業務	基幹放送局

▶ **解答　4**

出題傾向　下線の部分は、ほかの試験問題で穴埋めの字句として出題されている。

03(7①) A－1　31(1)

次の記述は、固定局の予備免許等について述べたものである。電波法（第８条及び第９条）の規定に照らし、[　　]内に入れるべき最も適切な字句の組合せを下の１から５までのうちから一つ選べ。なお、同じ記号の[　　]内には、同じ字句が入るものとする。

① 総務大臣は、無線局の免許の申請について、電波法第７条（申請の審査）の規定により審査した結果、その申請が同条第１項各号に適合していると認めるときは、申請者に対し、次の(1)から(5)までに掲げる事項を指定して、無線局の予備免許を与える。

(1) [A]　(2) 電波の型式及び周波数　(3) 識別信号

(4) 空中線電力　(5) 運用許容時間

② 総務大臣は、予備免許を受けた者から申請があった場合において、相当と認めるときは、①の(1)の[A]を延長することができる。

③ ①の予備免許を受けた者は、[B]を変更しようとするときは、あらかじめ[C]。但し、総務省令で定める軽微な事項については、この限りでない。

④ ③の変更は、周波数、電波の型式又は空中線電力に変更を来すものであってはならず、かつ、電波法第７条第１項第１号の[D]に合致するものでなければならない。

⑤ ①の予備免許を受けた者は、無線局の目的、通信の相手方、通信事項又は無線設備の設置場所を変更しようとするときは、あらかじめ[C](注)。

注　基幹放送局以外の無線局が基幹放送をすることとする無線局の目的の変更は、これを行うことができない。

	A	B	C	D
1	工事着手の期限	工事設計	総務大臣に届け出なければならない	無線局（基幹放送局を除く。）の開設の根本的基準
2	工事着手の期限	無線設備	総務大臣の許可を受けなければならない	無線局（基幹放送局を除く。）の開設の根本的基準
3	工事落成の期限	無線設備	総務大臣に届け出なければならない	電波法第３章（無線設備）に定める技術基準
4	工事落成の期限	工事設計	総務大臣の許可を受けなければならない	電波法第３章（無線設備）に定める技術基準
5	工事落成の期限	工事設計	総務大臣に届け出なければならない	無線局（基幹放送局を除く。）の開設の根本的基準

▶ **解答　4**

下線の部分は、ほかの試験問題で穴埋めの字句として出題されている。「呼出符号（標識符号を含む。）、呼出名称その他の総務省令で定める識別信号」は「識別信号」として出題されることもある。

02(11②)A－4 類03(7①) 類31(1) 30(1)

次の記述は、受信設備の条件及び受信設備に対する総務大臣の監督について述べたものである。電波法(第29条及び第82条)及び無線設備規則(第24条)の規定に照らし、[ ]内に入れるべき最も適切な字句の組合せを下の1から5までのうちから一つ選べ。なお、同じ記号の[ ]内には、同じ字句が入るものとする。

① 受信設備は、その副次的に発する電波又は高周波電流が、総務省令で定める限度をこえて[A]の機能に支障を与えるものであってはならない。

② ①の副次的に発する電波が[A]の機能に支障を与えない限度は、受信空中線と[B]の等しい擬似空中線回路を使用して測定した場合に、その回路の電力が[C]以下でなければならない。

③ 無線設備規則第24条(副次的に発する電波等の限度)各項の規定において、②にかかわらず別段の定めのあるものは、その定めるところによるものとする。

④ 総務大臣は、受信設備が副次的に発する電波又は高周波電流が[A]の機能に継続的かつ重大な障害を与えるときは、その設備の所有者又は占有者に対し、その障害を除去するために必要な措置をとるべきことを命ずることができる。

⑤ 総務大臣は、放送の受信を目的とする受信設備以外の受信設備について④の措置をとるべきことを命じた場合において特に必要があると認めるときは、[D]ことができる。

	A	B	C	D
1	他の無線設備	電気的常数	4ナノワット	その職員を当該設備のある場所に派遣し、その設備を検査させる
2	電気通信業務の用に供する無線設備	電気的常数	40ナノワット	その職員を当該設備のある場所に派遣し、その設備を検査させる
3	他の無線設備	電気的常数	40ナノワット	当該措置の内容の報告を求める
4	電気通信業務の用に供する無線設備	利得及び能率	4ナノワット	当該措置の内容の報告を求める
5	電気通信業務の用に供する無線設備	利得及び能率	40ナノワット	その職員を当該設備のある場所に派遣し、その設備を検査させる

▶ **解答 1**

下線の部分は、ほかの試験問題で穴埋めの字句として出題されている。

03(1①)A－15　27(7)

次の記述は、固定局の検査について述べたものである。電波法(第73条)の規定に照らし、[　　]内に入れるべき最も適切な字句の組合せを下の1から4までのうちから一つ選べ。なお、同じ記号の[　　]内には、同じ字句が入るものとする。

① 総務大臣は、総務省令で定める時期ごとに、あらかじめ通知する期日に、その職員を無線局(総務省令で定めるものを除く。)に派遣し、その無線設備、無線従事者の資格(主任無線従事者の要件に係るものを含む。以下同じ。)及び[A]並びに時計及び書類を検査させる。

② ①の検査は、当該無線局についてその検査を①の総務省令で定める時期に行う必要がないと認める場合においては、①の規定にかかわらず、その[B]ことができる。

③ ①の検査は、当該無線局(注1)の免許人から、①の規定により総務大臣が通知した期日の1月前までに、当該無線局の無線設備、無線従事者の資格及び[A]並びに時計及び書類について登録検査等事業者(注2)(無線設備等の点検の事業のみを行う者を除く。)が、総務省令で定めるところにより、当該登録に係る検査を行い、当該無線局の無線設備がその工事設計に合致しており、かつ、その無線従事者の資格及び[A]並びにその時計及び書類が電波法の関係規定にそれぞれ違反していない旨を記載した証明書の提出があったときは、①の規定にかかわらず、[C]することができる。

注1　人の生命又は身体の安全の確保のためその適正な運用の確保が必要な無線局として総務省令で定めるものを除く。

　2　登録検査等事業者とは、電波法第24条の2(検査等事業者の登録)第1項の登録を受けた者をいう。

	A	B	C
1	員数	時期を延期し、又は省略する	省略
2	員数(主任無線従事者の監督を受けて無線設備の操作を行う者を含む。)	時期を延期し、又は省略する	その一部を省略
3	員数(主任無線従事者の監督を受けて無線設備の操作を行う者を含む。)	時期を延期する	省略
4	員数	時期を延期する	その一部を省略

解説　登録検査等事業者の検査によって、検査を省略することができる。登録検査等事業者の点検によって、検査の一部を省略することができる規定もあり、その規定も出題されている。

▶ **解答　1**

出題傾向　下線の部分は、ほかの試験問題で穴埋めの字句として出題されている。

〈著者略歴〉

吉 川 忠 久（よしかわ　ただひさ）

学　歴　東京理科大学物理学科卒業

職　歴　郵政省関東電気通信監理局
　　　　日本工学院八王子専門学校
　　　　中央大学理工学部兼任講師
　　　　明星大学理工学部非常勤講師

- 本書の内容に関する質問は、オーム社ホームページの「サポート」から、「お問合せ」の「書籍に関するお問合せ」をご参照いただくか、または書状にてオーム社編集局宛にお願いします。お受けできる質問は本書で紹介した内容に限らせていただきます。なお、電話での質問にはお答えできませんので、あらかじめご了承ください。
- 万一、落丁・乱丁の場合は、送料当社負担でお取替えいたします。当社販売課宛にお送りください。
- 本書の一部の複写複製を希望される場合は、本書扉裏を参照してください。

2024-2025 年版
第一級陸上無線技術士試験
吉川先生の過去問解答・解説集

2024 年 4 月 25 日　　第 1 版第 1 刷発行

著　者　吉 川 忠 久
発 行 者　村 上 和 夫
発 行 所　株式会社 オーム社
　　　　郵便番号　101-8460
　　　　東京都千代田区神田錦町 3-1
　　　　電話　03(3233)0641(代表)
　　　　URL　https://www.ohmsha.co.jp/

組版　新生社　　印刷・製本　図書印刷
ISBN978-4-274-23178-0　Printed in Japan

合格のためのワンポイントアドバイス

1　受験科目についてのワンポイントアドバイス

一陸技に合格するためには4科目すべてに合格する必要がありますが、同時に4科目を受験して合格するのは簡単ではありません。そこで、1科目あるいは2科目に目標を絞って学習を進めるとよいでしょう。各科目とも合格すると3年間、その科目の試験が免除されます。

計算問題が多いのが、「無線工学の基礎」と「無線工学B」です。計算問題が苦手な方は、これらの科目を2期に分けて受験する方法がよいでしょう。また、試験問題のうち、計算問題はどちらの科目でも前の番号の方に多く出題されています。計算問題は解答するのに時間がかかるので、時間配分に注意してください。計算問題は後から取りかかるのも一つの方法です。

2　正誤式問題の正答数

B形式（1問1点×5問）の正誤を問う問題は，「1」又は「2」で五つの小問を答えますが、ほとんどの問題で「1」の数は2又は3です。全部「1」や「2」の答にはなりません。

3　特定の値から答えを導き出す

既に特定の値が分かっている数値を式に代入すると解答が分かる問題もあります。たとえば、「無線工学の基礎」の電気回路で出題されるインピーダンスのベクトル軌跡を図で答える問題では、角周波数ω〔rad/s〕が特定の値（たとえば、0、∞）のときのインピーダンス$\dot{Z}$〔Ω〕の値を求めて（0や±∞）、対応する図を見つけることもできます。選択肢が図のような問題では、簡単な計算によって$\omega=0$のとき$\dot{Z}=R$、$\omega=\infty$のときの$\dot{Z}=0$を求めることができるので、3が解答であることが分かります。

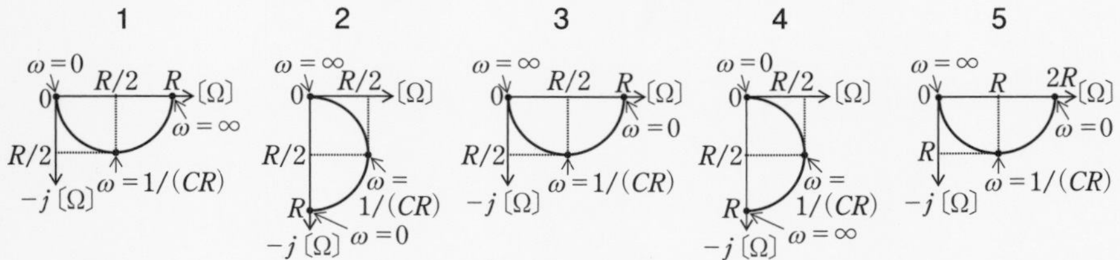

このように、問題で与えられた図や数値から複雑な計算をしなくても解答を見つけられる問題もあります。

4　穴埋め問題の対策

A形式問題、B形式問題ともに穴埋め式の問題が多く出題されています。A形式問題に出題される5肢択一式で字句が穴あきになっている穴埋め問題では、穴あきがABCの三つある問題が多く出題されます。これらの問題では、三つの字句の組合せを答える